O. D. CHWOLSON

PROFESSEUR ORDINAIRE A L'UNIVERSITÉ IMPÉRIALE DE ST-PÉTERSBOURG

TRAITÉ DE PHYSIQUE

OUVRAGE TRADUIT SUR LES ÉDITIONS RUSSE & ALLEMANDE

PAR

E. DAVAUX

INGÉNIEUR DE LA MARINE

Edition revue et considérablement augmentée par l'Auteur

SUIVIE DE

Notes sur la Physique théorique

PAR

E. COSSERAT
Correspondant de l'Institut,
Directeur
de l'Observatoire de Toulouse.

F. COSSERAT
Ingénieur en Chef des Ponts et Chaussées,
Ingénieur en Chef
à la Cie des Chemins de fer de l'Est.

TOME QUATRIÈME

DEUXIÈME FASCICULE

Champ magnétique constant

Avec 284 figures dans le texte

PARIS
LIBRAIRIE SCIENTIFIQUE A. HERMANN ET FILS
LIBRAIRES DE S. M. LE ROI DE SUÈDE
6, RUE DE LA SORBONNE, 6

1913

TRAITÉ DE PHYSIQUE

O. D. CHWOLSON

PROFESSEUR ORDINAIRE A L'UNIVERSITÉ IMPÉRIALE DE ST-PÉTERSBOURG

TRAITÉ DE PHYSIQUE

OUVRAGE TRADUIT SUR LES ÉDITIONS RUSSE & ALLEMANDE

PAR

E. DAVAUX

INGÉNIEUR DE LA MARINE

Édition revue et considérablement augmentée par l'Auteur

SUIVIE DE

Notes sur la Physique théorique

PAR

E. COSSERAT
Correspondant de l'Institut,
Directeur
de l'Observatoire de Toulouse.

F. COSSERAT
Ingénieur en Chef des Ponts et Chaussées,
Ingénieur en Chef
à la Cie des Chemins de fer de l'Est

TOME QUATRIÈME

DEUXIÈME FASCICULE

Champ magnétique constant

Avec 284 figures dans le texte

PARIS
LIBRAIRIE SCIENTIFIQUE A. HERMANN ET FILS
LIBRAIRES DE S. M. LE ROI DE SUÈDE
6, RUE DE LA SORBONNE, 6

1913

LIVRE II

CHAMP MAGNÉTIQUE CONSTANT

CHAPITRE PREMIER

PROPRIÉTÉS DU CHAMP MAGNÉTIQUE CONSTANT

1. Faits fondamentaux. — Nous avons étudié, dans le Livre I, le champ électrique constant, ses propriétés et les circonstances dans lesquelles il se produit. La propriété la plus caractéristique d'un tel champ consiste dans la manifestation, en chacun de ses points, d'une force de nature particulière, que nous avons désignée sous le nom de force électrique. Cette force n'agit que sur les corps électrisés, mais il est indifférent que la charge soit réelle ou fictive. Il existe une charge réelle sur les conducteurs, ainsi que sur les non-conducteurs, qu'on électrise par frottement, par exemple ; une charge fictive est supposée distribuée à la surface des diélectriques qui se trouvent dans un champ électrique et y sont soumis à la *polarisation diélectrique*. Le champ lui-même n'existe d'ailleurs que là où sont présentes des charges *réelles* d'électricité ; pour parler plus exactement, on n'a pas encore rencontré d'autres cas où ce champ se manifeste.

Il est possible de produire, dans une partie donnée de l'espace, des forces d'une autre nature, appelées *forces magnétiques* ; on nomme un tel espace *champ magnétique* et on dit qu'il est *constant*, quand les forces qui agissent en chacun de ses points ne varient pas avec le temps. On pourrait appeler un tel champ *magnétostatique* ; nous le nommerons simplement, dans ce second Livre, champ magnétique. Un champ magnétique est dit *uniforme*, lorsque la force magnétique a en tous ses points même grandeur *ou* même direction ; l'une de ces deux conditions est la conséquence nécessaire de l'autre.

Pour manifester un champ magnétique, on peut se servir d'une *aiguille aimantée*, dont nous supposerons la construction et les propriétés fondamentales bien connues de tous. Elle possède deux *pôles*, un pôle nord et un pôle sud. Lorsqu'on place, dans un champ magnétique *uniforme*, une aiguille aimantée, sur ses deux pôles agissent des forces égales en grandeur, mais de directions contraires ; il en est de même, quand on amène, en un même point d'un champ non-uniforme, d'abord l'un des pôles de l'aiguille, puis l'autre. On prend la direction de la force qui agit sur le pôle *nord* d'un aimant, pour *la direction de la force agissant dans le champ magnétique.*

Avant de considérer d'une manière plus approfondie les circonstances dans lesquelles se produit un champ magnétique et ses propriétés, nous allons donner un court aperçu de quelques faits fondamentaux, d'ailleurs bien connus en Physique élémentaire.

Il existe *deux sources principales du champ magnétique : les aimants et les courants électriques.* Les aimants sont ou des aimants *permanents*, construits surtout avec de l'acier, ou des aimants *temporaires*, par exemple des morceaux de fer doux placés dans un champ magnétique. Comme les aimants temporaires ne peuvent prendre naissance qu'en présence d'un champ magnétique, il est clair qu'on ne peut en toute rigueur les ranger parmi les sources du champ magnétique, ou tout au moins parmi les *sources premières.* Les aimants temporaires, qui se forment dans le champ magnétique d'un courant électrique, s'appellent des *électro-aimants.*

I. *Les aimants permanents en acier* ne peuvent être construits que dans un champ magnétique préexistant. Mais, lorsqu'il y a disparition de la source de ce champ, le champ lui-même n'est pas complètement supprimé. Une partie subsiste, liée pour ainsi dire à l'aimant en acier et *se déplaçant en même temps que lui,* de sorte qu'un tel aimant peut déjà être considéré comme une source indépendante de champ magnétique. Les aimants *attirent* le fer, l'acier, le nickel, le cobalt et quelques autres substances ; ces métaux adhèrent à la surface des aimants. On distingue, dans chaque aimant, une partie nord et une partie sud, dont les surfaces sont séparées par une *zone indifférente,* le long et dans le voisinage de laquelle l'attraction est nulle ou imperceptible. Il existe, dans chacune des deux parties, un point qui est appelé pôle ; on donne aux pôles les dénominations respectives de pôle nord et de pôle sud.

On peut admettre que sur les points très éloignés de l'aimant n'agissent que deux forces issues des pôles. Inversement, lorsqu'un aimant se trouve dans un champ magnétique *uniforme*, un couple agit sur lui comme nous le verrons, et les pôles servent de points d'application aux forces de ce couple. Dans les aimants ordinaires en forme de barres, de même que dans les aiguilles aimantées, les pôles se trouvent dans le voisinage des extrémités de l'aimant. La droite qui joint les deux pôles se nomme l'*axe de l'aimant.*

Une des propriétés les plus caractéristiques des aimants, aussi bien des aimants permanents que de ceux qui sont temporaires, est que, *si on brise ou morcelle un aimant, chacune de ses parties manifeste toutes les propriétés d'un aimant* : on trouve sur elle une partie nord et une partie sud, deux pôles, etc.

Lorsqu'on approche un aimant d'un autre aimant très mobile, on constate que *les pôles de noms contraires s'attirent, les pôles de même nom se repoussent.* On a déjà expliqué précédemment ce qu'on doit entendre par ces expressions.

Un *aimant très mobile*, placé dans un champ magnétique déjà existant dû à d'autres aimants ou à des courants électriques, *tend à prendre une position dans laquelle son axe a même direction* que les forces magnétiques. Cette définition n'est pas tout à fait exacte, mais nous pouvons la conserver provisoirement, en particulier dans le cas d'un petit aimant. Elle est tout à fait exacte, lorsque le champ est uniforme.

L'espace, qui entoure la sphère terrestre, est un champ magnétique; l'étude de l'ensemble des phénomènes magnétiques qui ont lieu dans ce champ constitue la *théorie du magnétisme terrestre*. La direction de la force magnétique en un point donné de ce champ ou, comme on a l'habitude de dire, la direction de la force du magnétisme terrestre fait avec le plan horizontal un angle qu'on appelle l'*inclinaison magnétique*. L'axe d'un aimant parfaitement mobile prend la direction de cette force. L'inclinaison est *nord* en presque tous les points de l'hémisphère nord; autrement dit, la moitié nord d'un aimant parfaitement mobile se dirige vers le *bas*. Le plan vertical, qui passe par cette direction, se nomme le *méridien magnétique*. L'angle que fait le méridien magnétique avec le méridien géographique s'appelle la *déclinaison magnétique*; pour Paris, cet angle est actuellement (1912), d'environ 13°50′ vers l'ouest. Un rôle très important est joué par la *composante horizontale de la force magnétique terrestre*, qui est évidemment égale à la force magnétique, agissant en un point donné, multipliée par le cosinus de l'angle d'inclinaison. L'axe d'un aimant, libre de tourner autour d'un axe *vertical* (aiguille aimantée de la boussole), se place dans le méridien magnétique, c'est-à-dire dans la direction de la composante horizontale de la force magnétique terrestre. L'axe d'un tel aimant fait avec le méridien géographique un angle égal à la déclinaison magnétique. Lorsque la déclinaison est petite, on peut dire que l'aiguille aimantée indique le nord par son extrémité nord, le sud par son extrémité sud.

II. Le *courant électrique* est un phénomène, dont le caractère fondamental peut actuellement être considéré comme connu de tous. Il peut être produit de beaucoup de manières différentes, que nous étudierons plus tard en détail. En pratique, on l'obtient le plus souvent dans des conducteurs métalliques, qui ont la forme de fils. *L'espace, qui entoure le courant électrique ou les conducteurs dans lesquels il passe, est un champ magnétique.* Lorsque toutes les propriétés du courant restent invariables pendant un certain temps, les propriétés de ce champ magnétique ne varient pas non plus; l'espace, qui entoure un courant électrique constant, est un champ magnétique constant. Un courant constant doit être *fermé*, c'est-à-dire que l'ensemble des conducteurs dans lesquels il passe doit former un *circuit fermé*.

Le courant électrique ou, plus exactement, le conducteur parcouru par le courant électrique est soumis, lorsqu'il est placé dans un champ magnétique déjà existant, dû à des aimants quelconques ou à d'autres courants électriques, à l'action de forces déterminées, qu'on peut considérer comme appliquées au conducteur lui-même, car elles tendent à le déplacer; nous avons appelé de telles forces des *forces pondéromotrices*. Si on ajoute encore qu'il existe dans l'espace entourant le courant des forces agissant sur les aimants, on se trouve naturellement conduit à introduire la notion d'*actions mutuelles*, en premier lieu *entre courant et aimant*, et en second lieu *entre courant et courant*. L'expression *action mutuelle* indique simplement, comme toujours, le fait que chacun des deux corps (un conducteur parcouru par un courant et un aimant ou deux conducteurs parcourus par des courants) est soumis, en présence de l'autre, à des forces pondéromotrices déterminées. Nous verrons plus loin quelles sont les directions de ces forces dans les différents cas.

Lorsqu'on étudie simplement une partie d'un champ magnétique et qu'il n'existe dans cette partie du champ ni aimants, ni courants électriques, on ne peut savoir si le champ est dû à la présence d'aimants ou à celle de courants électriques, dans d'autres parties du même champ inaccessibles à l'observation. *Les propriétés des champs magnétiques respectifs d'un aimant et d'un courant sont absolument identiques.* Toutefois, ceci cesse d'être exact, lorsqu'on étudie des parties du champ, qui se trouvent dans le voisinage immédiat des sources, c'est-à-dire d'aimants ou de conducteurs parcourus par des courants. Ces deux sources se distinguent alors essentiellement l'une de l'autre, par exemple par le mode de distribution des forces ; il existe aussi une autre différence, dont nous parlerons plus tard.

Si un même champ magnétique peut être produit aussi bien par la présence d'aimants que par celle de courants, il en résulte que *les aimants et les courants sont équivalents*, c'est-à-dire que les aimants peuvent être remplacés par des courants et inversement les courants par des aimants, sans que le champ magnétique soit modifié en aucun point d'une partie de l'espace qui ne renferme ni aimants, ni courants. S'il existe une équivalence, elle doit s'exprimer par deux règles déterminées et quantitatives, qui fournissent la position et les propriétés des aimants équivalents aux courants donnés ou des courants équivalents aux aimants donnés. Ces deux règles existent effectivement. La première règle indique comment un aimant peut, dans le cas le plus simple, être remplacé par un *solénoïde* et, dans le cas général, par un système plus complexe de courants, conforme à la théorie proposée par Ampère. La seconde règle détermine comment un courant peut être remplacé par une *double couche magnétique*. Il serait prématuré d'entrer ici dans plus de détails ; nous ferons, dans la suite, une ample étude de ces deux règles.

2. Comparaison des propriétés du champ magnétique constant et de celles du champ électrique constant. — Passons à la question très importante de l'analogie qui peut exister entre les propriétés du champ magnétique et celles du champ électrique que nous avons précédemment étudiées. En quoi consistent d'autre part les caractères distinctifs les plus frappants de ces deux champs, mise à part bien entendu la différence fondamentale que dans l'un agissent des forces électriques, dans l'autre des forces magnétiques, c'est-à-dire que dans l'un des corps électrisés, dans l'autre des aimants et des conducteurs parcourus par des courants sont soumis à des forces pondéromotrices ?

La réponse à ces deux questions a une grande importance pratique, car elle peut, s'il existe des propriétés analogues dans les deux champs, nous permettre d'utiliser ici plusieurs des résultats déjà obtenus dans l'étude du champ électrique. Nous ne sommes pas en état bien entendu de la donner tout de suite d'une manière complète et d'épuiser ce sujet, mais nous pouvons faire connaître les analogies les plus évidentes entre le champ magnétique et le champ électrique et les propriétés par lesquelles le premier se distingue essentiellement du second.

A. Propriétés du champ magnétique analogues a celles du champ électrique. I. L'action, en un point donné, des aimants et par suite aussi des courants peut être remplacée par celle de deux substances fictives, analogues aux deux électricités. Nous appellerons ces substances *magnétismes libres nord et sud* ou simplement *magnétismes;* nous parlerons aussi de *masses magnétiques* ayant telle ou telle distribution. Des masses magnétiques de même nom se repoussent mutuellement; des masses de noms contraires s'attirent.

II. La force f de l'action mutuelle qu'exercent l'une sur l'autre des masses magnétiques m et m' situées dans un milieu *homogène* est donnée par la formule de Coulomb

$$f = \frac{Cmm'}{\mu r^2}, \tag{1}$$

où C est un facteur de proportionnalité, r la distance entre les masses, μ une grandeur qui dépend du milieu dans lequel se trouvent m et m'; cette dernière grandeur s'appelle la *perméabilité magnétique* de la substance qui constitue le milieu et elle est tout à fait analogue à la constante diélectique K, que nous avons nommée aussi perméabilité électrique (page 65). Dans le vide, c'est-à-dire l'éther libre, on a $\mu = 1$. L'identité de la formule (1) et de la formule de Coulomb relative aux masses électriques (page 32) montre que toutes les propriétés géométriques et analytiques du champ électrique établies dans le premier Livre, par exemple celles des *lignes de force*, etc., correspondent à des propriétés analogues du champ magnétique. Nous pouvons donc, sans répéter les démonstrations, nous servir des résultats et des formules déjà obtenus, en remplaçant les masses électriques μ par les masses magnétiques m, la grandeur K par la grandeur μ et les lignes de force du champ électrique par les *lignes de force magnétique* du champ magnétique.

III. Les *corps magnétiques*, c'est-à-dire les corps qui, placés dans un champ magnétique, acquièrent les propriétés des aimants, sont, à beaucoup d'égards, entièrement analogues aux *diélectriques*, dont nous avons étudié les propriétés dans le premier Livre. Ce que nous avons établi pour les diélectriques pourra aussi s'appliquer aux corps magnétiques.

B. Propriétés du champ magnétique qui diffèrent de celles du champ électrique. I. *Il n'existe pas de conducteurs du magnétisme* analogues aux conducteurs de l'électricité; par suite, les formules et démonstrations qui se rapportent aux conducteurs (distribution de la charge, potentiel d'un conducteur, condensateurs, etc.) n'ont pas d'application dans l'étude du magnétisme. Tous les corps possèdent manifestement des propriétés magnétiques; autrement dit, *tous les corps possèdent à l'égard du magnétisme des propriétés semblables à celles des diélectriques relativement à l'électricité.* Mais ces propriétés n'apparaissent avec

netteté que dans un très petit nombre de substances, comme le fer, l'acier, le nickel, le cobalt et quelques minerais ou alliages. Les propriétés magnétiques des autres substances sont très peu sensibles; autrement dit, leur perméabilité magnétique diffère très peu de la valeur $\mu = 1$, qui se rapporte au vide, c'est-à-dire à l'éther libre.

Un aimant est analogue à un diélectrique polarisé; on peut le considérer comme formé de très petits éléments polarisés, possédant chacun deux pôles, où sont concentrées des masses magnétiques quantitativement égales, mais de noms contraires. Nous appellerons ces parties élémentaires des *aimants moléculaires*. Lorsqu'on admet que, dans un aimant, les aimants moléculaires ont une orientation dominante, le pôle nord d'un côté, le pôle sud du côté opposé, on s'explique facilement pourquoi, quand on brise un aimant, tous ses fragments représentent des aimants complets, c'est-à-dire possédant toutes les propriétés que manifestait l'aimant primitif avant sa rupture. En supposant en effet que toutes les propriétés d'un aimant résultent du fait qu'il consiste en un assemblage d'aimants moléculaires plus ou moins régulièrement orientés, il est clair que toute partie séparée d'un tel assemblage doit présenter toutes les propriétés d'un aimant, car elle se compose, comme l'aimant entier, d'aimants moléculaires pareillement associés.

II. *Il y a deux sortes de corps magnétiques* : les corps *paramagnétiques*, pour lesquels on a $\mu > 1$, et les corps *diamagnétiques*, pour lesquels on a $\mu < 1$; les corps diamagnétiques possèdent une perméabilité magnétique moindre que celle de l'éther libre. Dans tous les diélectriques, on a $K > 1$, de sorte que tous sont analogues aux corps paramagnétiques. Nous avons établi, page 64, la formule $K = 1 + 4\pi\gamma$, où γ désigne la susceptibilité électrique. Nous rencontrerons, dans l'étude du magnétisme, une formule analogue $\mu = 1 + 4\pi\varkappa$, où $\varkappa$ s'appelle la *susceptibilité magnétique*. D'après cela, *la susceptibilité électrique est toujours* (pour tous les diélectriques) *une grandeur positive, tandis que la susceptibilité magnétique peut être ou positive* (pour les paramagnétiques), *ou négative* (pour les diamagnétiques).

Comme nous l'avons vu, les lignes d'induction électrique tendent à passer à travers les substances qui possèdent la plus grande constante diélectrique K ou la plus grande susceptibilité électrique γ. Lorsqu'on introduit un diélectrique dans un champ électrique, les lignes d'induction éprouvent un changement; elles se condensent, pour ainsi dire, à l'intérieur du diélectrique. Quand on introduit une sphère paramagnétique dans un champ magnétique uniforme, par exemple, où les lignes d'induction sont des droites parallèles, ces lignes se disposent comme l'indique la figure 71, page 171. Avec une sphère diamagnétique, on obtient une distribution des lignes telle que celle représentée dans la figure 70, page 170. Pour les diélectriques *placés dans le vide*, un cas analogue à celui de cette dernière figure n'est pas possible; mais on le réalise, en amenant, dans un milieu diélectrique, un diélectrique sphérique, dont la perméabilité K est moindre que celle du milieu. On peut encore exprimer autrement ce qui vient d'être dit : *le vide, c'est-à-dire l'éther libre, possède la plus faible perméabilité électrique, mais non la plus petite perméabilité magnétique*; c'est dans le bismuth qu'on observe cette dernière; la susceptibilité $\varkappa$ prend, dans cette substance, sa plus grande valeur *négative*.

III. *Il n'existe pas de magnétisme réel*, c'est-à-dire analogue aux charges d'électricité qu'on peut produire sur des conducteurs et des non-conducteurs, de l'une des nombreuses manières que nous avons considérées dans le premier Livre. Le magnétisme libre, dont nous avons parlé plus haut, est analogue à l'électrisation fictive des diélectriques polarisés envisagée à la page 63. L'électricité réelle se trouve *au commencement et à la fin* des lignes de force qui partent dans tous les sens d'une surface électrisée ou qui y aboutissent. Les lignes de force magnétique n'ont ni commencement, ni fin ; ce sont des lignes fermées. Quand elles subissent une réfraction, en passant d'un milieu magnétique dans un autre, on peut remplacer la non-homogénéité des milieux par une couche de magnétisme libre à leur surface de séparation. La partie nord d'un aimant est la partie limitée par la surface d'où partent les lignes de force ; ces lignes reviennent à l'aimant par la surface de la partie sud. On suppose ici que l'aimant est environné d'un milieu dont la perméabilité magnétique μ_1 est plus petite que la perméabilité magnétique μ_2 de la substance de l'aimant. Si on avait, au contraire, $\mu_2 < \mu_1$, le magnétisme nord se trouverait sur la surface d'où sortent les lignes de force.

Lorsqu'on amène dans un champ magnétique une pièce de fer, les lignes de force la *traversent* ; c'est en cela que consiste la magnétisation du fer et c'est ce que manifeste l'apparition dans celui-ci des parties nord et sud. Nulle part, dans le fer, ne se trouvent d'extrémités de lignes de force et, par suite, en aucun endroit ne se trouve de magnétisme réel. Si on prend de l'acier au lieu du fer, une partie des lignes de force magnétique qui le traversent persistent, comme liées pour ainsi dire à la substance, après disparition de la source du champ magnétique. Elles sont disposées en partie à l'intérieur, en partie à l'extérieur du morceau d'acier considéré et constituent un système de lignes fermées. Ainsi, le magnétisme permanent qui subsiste dans l'acier ne se distingue essentiellement en rien du magnétisme temporaire, qui se manifeste dans le fer doux placé dans un champ magnétique. Il en résulte évidemment que les aimants permanents ne possèdent pas de magnétisme réel.

IV. Les lignes de force du champ magnétique ont, pour deux raisons, un caractère un peu différent de celui des lignes de force du champ électrique. Ces raisons sont la non-existence du magnétisme réel, ainsi que quelques propriétés particulières, purement *géométriques*, des lignes de force magnétique du champ des courants électriques. De là découlent les propriétés spéciales suivantes des lignes de force magnétique :

1. Les lignes de force magnétique sont toujours *fermées* ; elles traversent les corps magnétisés.

2. Les lignes de force magnétique d'un *courant électrique*, qui parcourt un conducteur quelconque, ne traversent pas ce conducteur, *mais l'enlacent seulement*. Elles constituent un ensemble de lignes fermées, entièrement situées dans le milieu extérieur au conducteur. Un long fil rectiligne, parcouru par un courant électrique, est entouré de lignes de force magnétique, qui ont la forme de cercles, dont les plans sont perpendiculaires au fil et

dont les centres sont disposés sur son axe. Les lignes de force ont encore la même forme, *dans le voisinage immédiat du fil*, même quand il n'est pas rectiligne.

3. L'ensemble des lignes de force qui entourent un courant électrique rappelle le *tourbillon* de l'hydrodynamique (Tome I), dont l'axe serait dans la direction du courant. Nous verrons qu'il existe, dans tout champ magnétique, des parties de l'espace qui sont remplies de tourbillons magnétiques ; on pourrait les appeler des *espaces tourbillonnaires*. Théoriquement, un champ électrostatique peut renfermer aussi, dans des conditions déterminées, des espaces tourbillonnaires ; mais, le champ que nous avons considéré dans le premier Livre, qui est lié à la présence de charges électriques et de diélectriques polarisés, ne contient pas de tels espaces.

3. Formules relatives à un champ magnétique quelconque. — L'analogie, signalée dans le paragraphe précédent, entre les propriétés du champ magnétique et celles du champ électrique, permet d'utiliser certaines démonstrations déjà présentées dans le premier Livre et d'écrire immédiatement un grand nombre de formules applicables au champ magnétique. Mais, en raison des différences entre les propriétés des deux champs, plusieurs propositions établies antérieurement ne peuvent s'étendre au champ magnétique (conducteurs, condensateurs) et, en second lieu, on peut obtenir, pour ce dernier, certaines formules spéciales, qui n'ont aucune signification pour le champ électrique. Il existe en outre des formules particulières pour le champ d'un aimant et d'autres pour celui d'un courant. Nous considérerons, dans ce paragraphe, les formules et les propositions qui sont applicables *à tout champ magnétique*.

L'action *extérieure* d'un aimant peut être regardée comme l'action de masses magnétiques fictives, distribuées en partie à la surface, en partie à l'intérieur de l'aimant, ou, conformément à la théorie de l'équipollence des masses électriques (page 176), simplement à la surface de l'aimant. L'action extérieure des courants peut se traduire également, comme nous le verrons, par l'action de masses magnétiques disposées d'une manière déterminée. Deux masses magnétiques m et m' agissent l'une sur l'autre avec une force f, que nous considérerons comme positive quand m et m' se repoussent. Nous avons déjà mentionné la formule

$$f = \frac{Cmm'}{\mu r^2}; \tag{1}$$

C désigne un facteur de proportionnalité, μ la perméabilité magnétique du milieu supposé *homogène* dans lequel se trouvent m et m', enfin r la distance entre m et m'. Nous considérerons aussi les masses magnétiques *nord* comme des quantités *positives*, et les masses *sud* comme des quantités *négatives*. Dans le vide et peut-être également dans certaines subtances, on a $\mu = 1$. Lorsqu'on a affaire à des corps fortement magnétiques, *on peut admettre que* $\mu = 1$ *dans l'air*. En posant $C = 1$, on obtient

$$f = \frac{mm'}{\mu r^2}. \tag{2}$$

Dans le vide, on a

$$f = \frac{mm'}{r^2}. \tag{3}$$

En faisant $C = 1$ dans (1), on introduit l'*unité de masse magnétique* ; on l'appelle unité *électromagnétique* (él. mag.) Pour $m = m' = 1$ et $r = 1$, on a $f = 1$. *L'unité électromagnétique de masse magnétique* agit, dans le vide, sur la même unité placée à l'unité de distance avec une force égale à l'unité de force. L'unité électromagnétique C. G. S. de masse magnétique agit, dans le vide, sur la même unité placée à 1^{cm} de distance avec une force égale à une dyne. Toutes les unités que nous rencontrerons plus tard dans ce second Livre sont des unités électromagnétiques ; c'est pourquoi nous omettrons, dans la plupart des cas, en parlant de ces unités, la désignation *él. mag.* La formule (2) donne, par analogie avec (13,*a*) de la page 34, l'équation de dimension

$$[m] = [\mu]^{\frac{1}{2}} M^{\frac{1}{2}} L^{\frac{3}{2}} T^{-1}. \tag{4}$$

En considérant μ comme un nombre abstrait, on a

$$[m] = M^{\frac{1}{2}} L^{\frac{3}{2}} T^{-1}. \tag{4,a}$$

Quand une masse magnétique est distribuée *uniformément* sur une surface d'aire s, on dit que cette distribution a une *densité superficielle* k, qui est égale à $k = m : s$; quand la distribution est *non-uniforme*, la densité superficielle en un point donné est définie par la relation différentielle

$$dm = k ds. \tag{5}$$

Supposons qu'en un point donné d'un champ magnétique agisse, sur la masse m, la force f ; le vecteur

$$H = \frac{f}{m} \tag{5,a}$$

se nomme l'*intensité du champ magnétique* en ce point. Au lieu d'intensité, on dit parfois *force* du champ magnétique, ce qui est moins correct. *On a l'habitude de désigner par* α, β *et* γ *les composantes de l'intensité* H *suivant les axes de coordonnées.*

Soit ds l'aire d'un élément de surface, H_n la composante de l'intensité (force) H suivant la normale à la surface ; le *flux de force* Φ et le *flux d'induction* Ψ à travers la surface sont donnés par les formules suivantes :

$$\Phi = \iint H_n ds, \tag{6}$$

$$\Psi = \iint \mu H_n ds. \tag{6,a}$$

En milieu homogène, on a

$$\Psi = \mu\, \Phi, \tag{6,b}$$

voir (16), (16,*a*), et (16,*b*), pages 35, 36. Chacun de ces flux est la somme algébrique des flux issus des diverses particules isolées ou non de magnétisme *libre*, mais toujours fictif comme nous l'avons vu. Supposons qu'en un certain point A se trouve la quantité de magnétisme m. *Si le point* A *se trouve à l'intérieur d'une surface fermée* s, *on a, pour un milieu homogène*,

$$\Phi = \frac{4\pi m}{\mu}, \tag{7}$$

$$\Psi = 4\pi m, \tag{7,a}$$

voir (18) et (18,*a*), page 37, la normale à la surface s étant menée vers l'extérieur de cette surface, c'est-à-dire les flux étant considérés de l'intérieur vers l'extérieur. Lorsque le point A est *sur la surface* s *elle-même*, on a, en milieu *homogène*,

$$\Phi = \frac{2\pi m}{\mu}, \tag{7,b}$$

$$\Psi = 2\pi m, \tag{7,c}$$

voir (18,*b*), page 37. Enfin, quand le point A est extérieur à la surface s, on a, en milieu *homogène*,

$$\Phi = \Psi = 0, \tag{7,d}$$

voir (18, *c*), page 38. Les formules (7), (7,*a*), (7,*b*), (7,*c*) et (7,*d*) restent applicables, si m représente des masses magnétiques tout à fait quelconques, isolées ou non, mais se trouvant seulement à l'intérieur, ou seulement sur la surface s, ou enfin seulement à l'extérieur de cette surface. Dans le cas général où il existe respectivement les masses m_i, $\overline{m}$ et m_e à l'intérieur, sur la surface et à l'extérieur, on a, en milieu *homogène*, les expressions

$$\Phi = \iint \mathrm{H}_n ds = \frac{4\pi m_i}{\mu} + \frac{2\pi \overline{m}}{\mu} \tag{8,a}$$

$$\Psi = \iint \mu \mathrm{H}_n ds = 4\pi m_i + 2\pi \overline{m}, \tag{8,b}$$

voir (19), page 38, la normale à la surface s étant menée vers l'extérieur de cette surface, c'est-à-dire les flux étant considérés de l'intérieur vers l'extérieur. Le flux d'induction est indépendant de la nature du milieu homogène ambiant. *Nous admettrons* qu'il ne dépend pas du tout des propriétés du milieu environnant, lorsqu'il n'est pas homogène, c'est-à-dire que *le flux d'induction est également exprimé, pour un milieu non-homogène, par la formule* (8,*b*), voir (19,*b*), page 38.

Désignons par ρ la *densité de volume du magnétisme* ; on a, en chaque point du champ,

$$\frac{\partial(\mu\alpha)}{\partial x} + \frac{\partial(\mu\beta)}{\partial y} + \frac{\partial(\mu\gamma)}{\partial z} = 4\pi\rho, \tag{9}$$

α, β, γ étant les composantes de l'intensité H, voir (20), page 40. Dans un milieu homogène, on a

$$(9,a) \qquad \frac{\partial \alpha}{\partial x} + \frac{\partial \beta}{\partial y} + \frac{\partial \gamma}{\partial z} = \frac{4\pi\rho}{\mu}.$$

Dans le vide et approximativement dans l'air, on a

$$(9,b) \qquad \frac{\partial \alpha}{\partial x} + \frac{\partial \beta}{\partial y} + \frac{\partial \gamma}{\partial z} = 4\pi\rho.$$

En tout point de l'espace où $\rho = 0$, on a

$$(9,c) \qquad \frac{\partial(\mu\alpha)}{\partial x} + \frac{\partial(\mu\beta)}{\partial y} + \frac{\partial(\mu\gamma)}{\partial z} = 0.$$

Dans un milieu homogène, on a, pour $\rho = 0$,

$$(9,d) \qquad \frac{\partial \alpha}{\partial x} + \frac{\partial \beta}{\partial y} + \frac{\partial \gamma}{\partial z} = 0.$$

Supposons qu'une surface s soit couverte de magnétisme et que la densité superficielle en un point donné soit k; désignons par n la direction de la normale *extérieure*. Soient en outre $H_{1,n}$ et $H_{2,n}$ les composantes normales de l'intensité du champ des deux côtés et près de la surface, H_n la composante pour un point de la surface même. En supposant que la perméabilité μ est la même des deux côtés de s, on a

$$(10) \qquad H_{1,n} - H_{2,n} = \frac{4\pi}{\mu} k;$$

dans le vide, on a simplement

$$(10,a) \qquad H_{1,n} - H_{2,n} = 4\pi k;$$

en outre,

$$(10,b) \qquad H_{1,n} - H_n = H_n - H_{2,n} = \frac{2\pi}{\mu} k,$$

et *dans le vide*,

$$(10,c) \qquad H_{1,n} - H_n = H_n - H_{2,n} = 2\pi k,$$

voir (22), (22,a), (23,c) et (23,d), pages 41 et 42.

On peut faire passer, par le contour d'un petit élément d'une surface quelconque, la surface latérale d'un *tube de force*. Soit σ l'aire d'une section droite de ce tube, μ la perméabilité magnétique du milieu à l'endroit où se trouve l'élément $d\sigma$ de cette section.

L'intégrale

$$(11) \qquad \psi = \iint \mu H \, d\sigma,$$

étendue à l'aire de la section droite du tube, s'appelle le *flux d'induction magnétique dans la section σ du tube*, voir (26), page 44. On démontre facilement que le flux d'induction reste invariable tout le long d'un tube d'induction, de sorte qu'on a, pour deux sections quelconques σ_1 et σ_2,

$$\text{(11, } a\text{)} \qquad \iint \mu_1 H_1 d\sigma_1 = \iint \mu_2 H_2 d\sigma_2,$$

voir (26, *b*) page 45. S'il existait du magnétisme réel, analogue à ce que nous avons appelé l'électricité libre, et si, entre les sections σ_1 et σ_2, se trouvait une quantité m de ce magnétisme, la différence $\psi_2 - \psi_1$ des flux d'induction dans ces sections serait égale à

$$\text{(11, } b\text{)} \qquad \psi_2 - \psi_1 = \iint \mu_2 H_2 d\sigma_2 - \iint \mu_1 H_1 d\sigma_1 = 4\pi m,$$

voir (26, *d*), page 45; mais il n'existe pas de magnétisme réel et par suite *le flux d'induction est le même dans toutes les sections d'un tube fermé.*

Occupons-nous maintenant des propriétés d'un tube de force magnétique en milieu *homogène*. Nous avons tout d'abord la relation

$$\text{(12)} \qquad H_1 : H_2 = \sigma_2 : \sigma_1.$$

voir (28), page 46. *L'intensité du champ est inversement proportionnelle à l'aire de la section droite du tube.* Nous pouvons introduire la notion du nombre de lignes de force, comme nous l'avons fait à la page 47. Soit N′ ce nombre, qui se rapporte à l'*aire unité* normale aux lignes de force. On démontre facilement que, dans un milieu homogène, on a, pour deux sections quelconques d'un tube de force

$$\text{(12, } a\text{)} \qquad N'_1 : N'_2 = H_1 : H_2,$$

voir (18, *b*), page 47. Lorsque, dans un milieu homogène, on fait passer, par chaque élément ds d'une surface quelconque s, partout normale aux lignes de force, $H'ds$ lignes de forces, H′ désignant l'intensité du champ sur l'élément ds, on a, pour tous les points du milieu, l'égalité

$$\text{(12, } b\text{)} \qquad N' = H',$$

voir (28, *d*), page 47. Au lieu de lignes de force, on pourrait considérer $H'ds$ tubes de force, dont la somme des sections droites serait égale à ds. *Le nombre de lignes de force ou de tubes de force menés, comme on l'a indiqué plus haut, dans un milieu homogène, à partir d'une surface quelconque s partout orthogonale à ces lignes ou tubes de force, est, en tous les points de ce milieu, égal à l'intensité du champ.*

Le flux de force total Φ, qui traverse une surface quelconque s, est égal *au nombre total des lignes de force* qui coupent cette surface. En désignant ce nombre par N, on a

$$\text{(12, } c\text{)} \qquad \Phi = \iint H_n ds = N.$$

La grandeur

$$(13) \qquad B = \mu H$$

s'appelle l'*induction magnétique* ou simplement l'*induction* au point donné du milieu magnétique ; elle est égale au flux d'induction magnétique, rapporté à l'unité d'aire normale aux lignes de force. Pour un tube d'induction très délié, on peut écrire l'égalité (11, *a*) sous la forme $\mu_1 H_1 \sigma_1 = \mu_2 H_2 \sigma_2$ ou $B_1\sigma_1 = B_2\sigma_2$, d'où

$$(13, a) \qquad B_1 : B_2 = \sigma_2 : \sigma_1,$$

voir (29, *a*), page 48. *Cette égalité reste vraie, quelles que soient les deux sections du tube, situées même dans des milieux différents, que l'on considère,* tandis que la formule (12) ne se rapporte qu'à un milieu homogène. Menons maintenant, par chaque élément ds d'une surface quelconque s partout orthogonale aux tubes d'induction, $B'ds$ tubes d'induction, B' représentant la valeur de l'induction pour l'élément ds. On a alors, *dans toutes les parties du champ magnétique*, l'égalité

$$(14) \qquad N' = B',$$

où N' désigne le nombre de tubes d'induction, *rapporté à l'unité d'aire* normale aux tubes. *Le flux d'induction* ψ *dans chacun des tubes d'induction ainsi construits est égal à l'unité*; si nous considérons en effet un seul de ces tubes de section σ, on a $\psi = \mu H'\sigma = B'\sigma = N'\sigma$; $N'\sigma$ étant le nombre de tubes qui traversent la section σ, on a ici $N'\sigma = 1$, d'où $\psi = 1$. Nous appellerons de tels tubes des *tubes d'induction unités*. On a, dans chacun de ces tubes,

$$(15) \qquad H' = \frac{1}{\mu\sigma}$$

$$(15, a) \qquad B' = H'\mu = \frac{1}{\sigma}.$$

D'une quantité m de magnétisme (fictif) émane un nombre

$$(16) \qquad \nu = 4\pi m$$

de tubes d'induction, et de l'unité de magnétisme le nombre

$$(16, a) \qquad \nu_1 = 4\pi,$$

voir (29, *c*) et (29, *f*), page 49.

Nous admettrons que le long d'un tube d'induction *unité* existe une certaine *tension* p, égale à

$$(17) \qquad p = \frac{H'}{8\pi} = \frac{1}{8\pi\mu\sigma},$$

voir (32, *f*), page 52. *La tension* P *par unité d'aire* normale aux tubes d'induction est

$$(17, a) \qquad P = \frac{p}{\sigma} = \frac{H'}{8\pi\sigma} = \frac{\mu H'^2}{8\pi} = \frac{B'H'}{8\pi} = \frac{1}{8\pi\mu\sigma^2},$$

puisque dans un tube unité le flux est égal à $\mu H'\sigma = B'\sigma = 1$. MAXWELL a établi, par des considérations analogues à celles que nous avons indiquées au Livre premier, pages 52 et 98, qu'*il faut, pour l'équilibre des tubes d'induction, que leur surface latérale supporte une pression égale à* P (par unité d'aire).

Au passage d'un milieu (μ_1) dans un autre (μ_2), les tubes d'induction subissent une *réfraction*. Si α_1 et α_2 sont les angles formés par l'axe d'un tube et la normale à la surface de séparation des deux milieux, on a

$$\text{(18)} \qquad \frac{\operatorname{tg}\alpha_1}{\operatorname{tg}\alpha_2} = \frac{\mu_1}{\mu_2} = \textit{const.},$$

voir (31, *c*), page 50. *La composante normale de l'induction n'éprouve pas de changement*, voir (31), page 50.

Lorsqu'il se trouve, dans un milieu dont la perméabilité est μ_1, un corps de perméabilité μ_2, on a, pour chaque tube d'induction, la relation $\psi = \mu_1 H_1 \sigma_1 = \mu_2 H_2 \sigma_2$ ou $\psi = B_1\sigma_1 = B_2\sigma_2$. *On peut remplacer le corps* (μ_2) *par une couche de magnétisme fictif, distribuée convenablement sur la surface de ce corps, aucune variation du champ magnétique n'étant produite par cette substitution dans le milieu extérieur*. La densité k de cette couche est déterminée par les formules

$$\text{(19)} \qquad k\sigma = -\frac{\mu_2-\mu_1}{4\pi\mu_2}\psi = -\frac{\mu_2-\mu_1}{4\pi\mu_2}\mu_1 H_1\sigma_1 = -\frac{\mu_2-\mu_1}{4\pi}H_2\sigma_2,$$

σ désignant un élément de surface du corps. Quand le corps se trouve dans un milieu *non magnétique* ($\mu_1 = 1$), on a, en posant $\mu_2 = \mu$,

$$\text{(19, }a\text{)} \qquad k\sigma = -\frac{\mu-1}{4\pi\mu}\psi = -\frac{\mu-1}{4\pi\mu}H_1\sigma_1 = -\frac{\mu-1}{4\pi}H_2\sigma_2;$$

mais $\sigma_2 : \sigma = \cos\alpha$, α désignant l'angle formé par les lignes de force *à l'intérieur* du corps magnétique avec la normale à la surface de ce corps ; on obtient ainsi

$$\text{(19, }b\text{)} \qquad k = -\frac{\mu-1}{4\pi}H_2\cos\alpha.$$

La détermination expérimentale de la densité k présente de grandes difficultés, car elle dépend de l'intensité du champ H_1, qui est lui-même dû en partie à une couche de magnétisme fictif, c'est-à-dire dépend de k. Le problème de l'état électrique d'une sphère diélectrique placée dans un champ électrique uniforme peut servir d'exemple pour la question qu'il s'agit ici de résoudre. Nous considérerons dans la suite un problème analogue relatif au champ magnétique.

Un corps, dans lequel μ est plus grand que pour le milieu environnant, produit donc dans ce milieu les mêmes forces qu'une couche de magnétisme libre recouvrant la surface du corps. Cette couche fictive semble exister réellement et agir directement en tous les points du milieu extérieur. Cette action est particulièrement grande à la surface même du corps, où les attractions et les répulsions sont particulièrement sensibles. En établissant la formule (19), nous avons supposé que les lignes d'induction passent du premier milieu (μ_1) dans le second (μ_2), c'est-à-dire pénètrent dans le milieu considéré. Il est clair que *la partie de la surface du corps, par laquelle les lignes ou les tubes d'induction pénètrent dans le corps, est couverte de magnétisme négatif, c'est-à-dire sud* ($k < 0$), *et la partie, par laquelle ils sortent du corps, de magnétisme positif, c'est-à-dire nord, si* $\mu_2 > \mu_1$. *Lorsqu'au contraire* $\mu_2 < \mu_1$, *à l'entrée des tubes d'induction se trouve du magnétisme nord, à la sortie du magnétisme sud.*

Supposons maintenant que l'on ait $\mu_1 = 1$ dans le milieu environnant; désignons la perméabilité du corps donné par μ et l'intensité du champ magnétique *à l'intérieur* de ce corps par H. Imaginons qu'on découpe dans le corps un parallélépipède droit très petit de base s, de longueur l et de volume $v = ls$. Si on sépare effectivement ce parallélépipède du corps, sans modification des tubes d'induction qui le traversent et forment l'angle α avec la normale à la base s, les couches fictives de magnétisme présentent sur les bases une densité, dont la valeur *absolue* est égale à

$$k'_1 = \frac{\mu - 1}{4\pi} H \cos \alpha, \tag{20}$$

voir (19, *b*). Lorsque la longueur l est dans la direction des lignes de force ($\alpha = 0$), la densité sur les bases est égale à

$$k' = \frac{\mu - 1}{4\pi} H, \tag{20, a}$$

d'où

$$k'_1 = k' \cos \alpha. \tag{20, b}$$

La quantité de magnétisme m sur chacune des bases est (pour $\alpha = 0$) égale à

$$m = k's. \tag{21}$$

Le produit

$$M = ml \tag{22}$$

s'appelle le *moment magnétique* de l'élément que l'on a isolé par la pensée dans le corps. Le rapport

$$I = \frac{M}{v}, \tag{23}$$

c'est-à dire *le moment magnétique rapporté à l'unité de volume, se nomme degré ou intensité de magnétisation dans le volume v*. En faisant $M = ml = k'sl$ et $v = sl$, on trouve

$$I = k'. \tag{23, a}$$

Le degré de magnétisation est mesuré par la densité du magnétisme fictif sur une aire normale aux tubes d'induction. Quand la magnétisation est non-uniforme, on peut considérer un volume infiniment petit Δv et écrire ΔM au lieu de M ; dans ce cas, *le degré de magnétisation en un point donné* est égal à

$$I = \lim. \frac{\Delta M}{\Delta v} = \frac{dM}{dv}. \tag{23, b}$$

Le degré de magnétisation dépend de l'intensité H du champ ; quand on pose

$$(24) \qquad I = \varkappa H,$$

$\varkappa$ s'appelle la *susceptibilité magnétique de la substance*. Les formules (23,*a*) et (20,*a*) donnent

$$\frac{\mu - 1}{4\pi} H = \varkappa H,$$

d'où

$$(25) \qquad \mu = 1 + 4\pi\varkappa ;$$

cette formule importante lie la perméabilité magnétique μ *et la susceptibilité magnétique* $\varkappa$. Dans le vide, on a $\mu = 1$, $\varkappa = 0$.

Considérons, à l'intérieur d'un corps placé dans un champ magnétique *uniforme* d'intensité H, un espace *vide* limité par deux plans parallèles infiniment voisins, perpendiculaires aux lignes de force du champ, et soit H′ l'intensité du champ à l'intérieur de ce *vide*. Les plans seront alors recouverts de couches de magnétisme fictif, dont la densité est

$$k' = I = \varkappa H.$$

On a, dans le cas considéré,

$$(25,a) \qquad \mu = \frac{H'}{H},$$

et comme $\mu H = B$, voir (13), il s'ensuit que

$$(25,b) \qquad B = H',$$

voir (34,*b*) et (34,*c*), page 65. *La perméabilité magnétique d'une substance est égale au rapport de l'intensité du champ à l'intérieur de cette substance* (dans une fente infiniment étroite que l'on imagine dans cette substance) *à l'intensité du champ extérieur*, pour lequel $\mu = 1$.

L'induction B *est numériquement égale à l'intensité du champ dans la fente infiniment étroite imaginée à l'intérieur de la substance magnétique.*

Pour en finir avec les propositions fondamentales de la théorie des lignes de force et des lignes d'induction dans le champ magnétique, nous mentionnerons encore les méthodes connues que l'on indique en Physique élémentaire, *pour la recherche pratique de la forme des lignes de force magnétique*.

L'une de ces méthodes est basée sur ce que l'axe d'une petite aiguille aimantée, très mobile, placée dans le champ magnétique, prend la direction des lignes de force. En notant la direction de l'axe d'une telle aiguille aux différents points du champ magnétique, on peut complètement étudier la distribution des lignes de force dans ce champ.

Une autre méthode consiste à saupoudrer de limaille de fer une feuille de papier ou une lame de verre, disposées horizontalement dans un champ magnétique. Les particules de limaille sont magnétisées, adhérent les unes aux autres par leurs pôles de noms contraires et se groupent en files, le long des lignes de force magnétique, en dessinant ce qu'on appelle des *spectres magnétiques*. Différents procédés pour fixer ces spectres ont été proposés par MEUNIER, FARADAY, GERLAND, EBERT, LINDECK, MACH, KOWALSKI et d'autres encore, mais nous ne nous y arrêterons pas.

4. Potentiel magnétique. — Nous avons défini au § 6 du Chapitre I du premier Livre (page 70) ce qu'on appelle le *potentiel électrique* V, dans un champ électrique constant dû à des charges d'électricité réelle sur des conducteurs ou des diélectripues. L'une des plus importantes propriétés du potentiel électrique consiste en ce qu'il représente, dans les circonstances indiquées, une fonction de point *uniforme* et *continue*. Nous n'avons rencontré la notion de discontinuité (saut) du potentiel qu'en introduisant l'idée de double couche électrique (page 84).

Dans la théorie du champ magnétique, une grandeur tout à fait analogue, le *potentiel magnétique*, que nous désignerons aussi par la lettre V, joue un rôle également prépondérant. Toutefois, l'analogie n'est pas complète ; nous rencontrerons bientôt des cas où *le potentiel magnétique n'est pas une fonction de point uniforme* et où on peut, en partant d'un point donné pour y revenir, retrouver la valeur primitive du potentiel magnétique ou une *valeur nouvelle, selon le chemin que l'on a parcouru.*

Cependant l'analogie entre le potentiel magnétique et le potentiel électrique se vérifie complètement, quand on se borne, comme nous allons le faire, au cas spécial où le *champ magnétique* est simplement dû à des *aimants* et se produit dans un milieu *homogène* ($\mu = const.$). Nous supposerons donc que nous n'avons pas affaire à des courants électriques, mais seulement à des aimants permanents distribués d'une manière quelconque dans l'espace (μ) et à des corps paramagnétiques ou diamagnétiques. Les forces, qui se manifestent dans le champ magnétique *à l'extérieur* de ces aimants et de ces corps ne changent pas, lorsqu'on les suppose engendrées par des masses magnétiques distribuées d'une manière déterminée *sur les surfaces* des aimants et des corps magnétiques. La densité superficielle k de cette distribution est donnée par la formule (19), dans laquelle il faut faire $\mu_1 = \mu$. Nous supposerons pourtant, en vue de généraliser, qu'en dehors de cette distribution superficielle, il existe encore des masses magnétiques possédant une densité de volume ρ. Soit m ou dm un élément du magnétisme qui engendre le champ extérieur, m' une masse placée en un point quelconque de ce champ.

L'*énergie potentielle* W de deux masses magnétiques m et m' distantes de r est égale à

$$W = \frac{mm'}{\mu r}, \tag{26}$$

voir (36, *a*), page 71. L'expression générale du *potentiel* V en un point quelconque A du champ magnétique est

$$V = \frac{1}{\mu}\int\frac{dm}{r} = \frac{1}{\mu}\iint\frac{kds}{r} + \frac{1}{\mu}\iiint\frac{\rho dv}{r}, \tag{27}$$

ds et dv étant respectivement des éléments d'aire et de volume, voir (37,b), page 72.

Le travail R *des forces magnétiques*, dans le déplacement de la masse magnétique m' du point A (V_1) au point B (V_2), ou le *travail des forces extérieures* qui transportent m' de B en A, est donné par l'expression suivante :

$$R = m'(V_1 - V_2), \tag{28}$$

voir (38), page 73. Si on pose $m' = 1$, $V_1 = V$ et si on suppose B à l'infini, on obtient $R = V$. *Le potentiel magnétique en un point est égal au travail effectué par les forces magnétiques dans le transport de l'unité de masse magnétique* ($m = 1$), *par un chemin quelconque, du point considéré à l'infini, ou au travail des forces extérieures, dans le transport de la masse* $m = 1$ *de l'infini en ce point.* Le potentiel V est, *dans ce cas*, une fonction uniforme et continue des coordonnées x, y, z du point. Les surfaces

$$V = \varphi(x, y, z) = const. \tag{28,a}$$

s'appellent les *surfaces de niveau* du potentiel magnétique. L'intensité H du champ est égale à

$$H = -\frac{\partial V}{\partial n}, \tag{29}$$

voir (39,b), page 75, où n est la direction de la normale à la surface de niveau ; le vecteur H a aussi même direction que cette normale. On a les formules

$$\left\{\begin{aligned} \frac{\partial V}{\partial l} &= \frac{\partial V}{\partial n}\cos(n,l), \\ \left(\frac{\partial V}{\partial n}\right)^2 &= \left(\frac{\partial V}{\partial x}\right)^2 + \left(\frac{\partial V}{\partial y}\right)^2 + \left(\frac{\partial V}{\partial z}\right)^2, \\ \frac{\partial V}{\partial l} &= \frac{\partial V}{\partial x}\cos(l,x) + \frac{\partial V}{\partial y}\cos(l,y) + \frac{\partial V}{\partial z}\cos(l,z), \end{aligned}\right. \tag{29,a}$$

voir (39, e, f, g), page 76. La composante H_l de l'intensité suivant la direction l est égale à

$$H_l = -\frac{\partial V}{\partial l}. \tag{29,b}$$

Nous désignerons les composantes de l'intensité H suivant les axes de coordonnées par α, β, γ, de sorte que $\alpha = H\cos(H,x)$, etc., et

$$H = \sqrt{\alpha^2 + \beta^2 + \gamma^2}. \tag{29,c}$$

On a alors

$$\alpha = -\frac{\partial V}{\partial x}, \qquad \beta = -\frac{\partial V}{\partial y}, \qquad \gamma = -\frac{\partial V}{\partial z}, \tag{29,d}$$

et

$$(30)\qquad \begin{cases} \dfrac{\partial \alpha}{\partial y} = \dfrac{\partial \beta}{\partial x}, \\ \dfrac{\partial \beta}{\partial z} = \dfrac{\partial \gamma}{\partial y}, \\ \dfrac{\partial \gamma}{\partial x} = \dfrac{\partial \alpha}{\partial z}, \end{cases}$$

voir (40,*d*) et (40,*e*), page 77. Pour la *force f*, qui agit en un point donné du champ magnétique sur la masse magnétique m', on a les expressions

$$(30,a)\qquad \begin{cases} f = -m' \dfrac{\partial V}{\partial n}, \\ f_l = -m' \dfrac{\partial V}{\partial l}, \end{cases}$$

et, dans le cas particulier où $m' = 1$,

$$f_x = -\frac{\partial V}{\partial x}, \qquad f_y = -\frac{\partial V}{\partial y}, \qquad f_z = -\frac{\partial V}{\partial z}.$$

Les lignes de force magnétique sont (dans ce dernier cas) les trajectoires orthogonales des surfaces de niveau du potentiel (voir page 77). La formule (8,*a*) donne

$$(31)\qquad \iint \frac{\partial V}{\partial n}\, ds = -\frac{4\pi m_i}{\mu} - \frac{2\pi \overline{m}}{\mu},$$

l'intégration étant étendue à une surface fermée *quelconque s*, *n* étant la direction de la normale extérieure à l'élément *ds* de cette surface, m_i la somme des masses situées à l'intérieur, $\overline{m}$ la somme de celles situées sur la surface même, V le potentiel non seulement des masses m_i et $\overline{m}$, mais aussi des masses arbitraires m_e *à l'extérieur* de la surface *s*. *A l'intérieur des masses magnétiques possédant une densité de volume* (s'il y en a de telles), on a, voir (9) et (29, *d*),

$$(32)\qquad \frac{\partial\left(\mu \dfrac{\partial V}{\partial x}\right)}{\partial x} + \frac{\partial\left(\mu \dfrac{\partial V}{\partial y}\right)}{\partial y} + \frac{\partial\left(\mu \dfrac{\partial V}{\partial z}\right)}{\partial z} = -4\pi\rho,$$

où ρ est la densité de volume. En dehors de telles masses, on a $\rho = 0$. *Dans un champ uniforme* (μ = *const.*) *et à l'extérieur des masses magnétiques possédant une densité de volume*, on a l'équation

$$(33)\qquad \frac{\partial^2 V}{\partial x^2} + \frac{\partial^2 V}{\partial y^2} + \frac{\partial^2 V}{\partial z^2} = 0.$$

Lorsqu'il existe une distribution superficielle de magnétisme, sur une surface des deux côtés de laquelle la perméabilité est respectivement μ_1 et μ_2, et le potentiel V_1 et V_2, on a

$$(34)\qquad \mu_1 \frac{\partial V_1}{\partial n} - \mu_2 \frac{\partial V_2}{\partial n} = -4\pi k,$$

n étant la direction de la normale du côté de μ_1, voir (42), page 79. Dans un milieu *homogène*, on a

$$\frac{\partial V_1}{\partial n} - \frac{\partial V_2}{\partial n} = -\frac{4\pi k}{\mu}. \tag{34, a}$$

L'équation de dimension de l'unité de potentiel magnétique, voir (4), page 439 et (27), est

$$[V] = \frac{[m]}{[\mu]L} = \frac{[\mu]^{\frac{1}{2}}M^{\frac{1}{2}}L^{\frac{3}{2}}T^{-1}}{[\mu]L} = [\mu]^{-\frac{1}{2}}M^{\frac{1}{2}}L^{\frac{1}{2}}T^{-1}, \tag{35}$$

où $[\mu]$ est la dimension de la perméabilité magnétique. Si on considère μ comme un nombre abstrait, on a

$$[V] = M^{\frac{1}{2}}L^{\frac{1}{2}}T^{-1}. \tag{35, a}$$

Nous appellerons la grandeur $1 : \mu$ la *résistance magnétique* du milieu, ou plus simplement encore, avec les auteurs anglais, la *réluctance* du milieu. Comme nous l'avons vu (page 443), le flux d'induction magnétique ψ est une grandeur constante dans toutes les sections d'un même tube d'induction, de sorte qu'on a, pour un tube très délié,

$$\psi = \mu H \sigma = \textit{const.}, \tag{36}$$

σ désignant l'aire de la section droite du tube. Soit dl la longueur d'un tronçon infiniment petit du tube; nous appellerons *réluctance* de ce tronçon l'expression $\frac{dl}{\mu\sigma}$ et *réluctance d'un tronçon fini quelconque du tube* l'intégrale

$$r = \int \frac{dl}{\mu\sigma}. \tag{37}$$

La formule (36) donne

$$\psi \frac{dl}{\mu\sigma} = H\,dl.$$

Si on intègre le long du tube entre deux quelconques de ses sections droites et si on tient compte que ψ est une constante, on obtient

$$\psi \int \frac{dl}{\mu\sigma} = \int H\,dl,$$

d'où, voir (37),

$$\psi = \frac{\int H\,dl}{\int \frac{dl}{\mu\sigma}} = \frac{\int H\,dl}{r}. \tag{38}$$

Nous dirons que la grandeur $\int H\,dl$ est la *force magnétomotrice* qui agit dans le tronçon de tube considéré. La formule (38) montre que *le flux d'induction magnétique* ψ *est, dans chaque tube d'induction, proportionnel à la force magnétomotrice agissant sur un tronçon quelconque de ce tube et inversement proportionnel à la réluctance de ce tronçon*. L'analogie entre cette loi et la loi d'OHM, que nous étudierons plus loin, est encore plus complète, si on regarde la grandeur ψ comme l'*intensité d'un courant magnétique* dans le tube considéré. Lorsqu'on se limite à une portion de ce tube, dans laquelle le *potentiel magnétique est une fonction uniforme*, on peut écrire (38) sous la forme suivante :

$$(38, a) \qquad \psi = \frac{\int H dl}{r} = -\frac{\int \frac{\partial V}{\partial l} dl}{r} = \frac{V_1 - V_2}{r}.$$

La *double couche magnétique* est tout à fait analogue à la double couche électrique (page 84); deux surfaces parallèles S_1 et S_2 (fig. 161), distantes

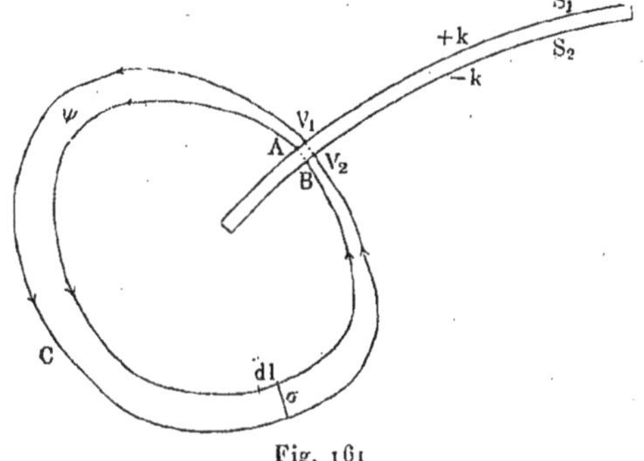

Fig. 161

l'une de l'autre de δ, sont couvertes respectivement de magnétismes nord et sud, dont nous désignerons les densités superficielles par $+k$ et $-k$. La grandeur

$$(39) \qquad \omega = k\delta$$

est le *moment de la double couche*; il est évident que, pour k constant, le moment de la double couche est égal au moment d'une partie de la couche dont l'aire est égale à l'unité. Soient V_1 et V_2 les potentiels en deux points A et B situés sur une même normale aux surfaces S_1 et S_2. On a

$$(40) \qquad V_1 - V_2 = \frac{4\pi\omega}{\mu_0},$$

μ_0 désignant la perméabilité magnétique du milieu qui environne la double couche, voir (47, c), page 85. Cette équation montre que le potentiel magnétique fait un saut au passage à travers la double couche magnétique et que *la grandeur* $V_1 - V_2$ *du saut du potentiel est la même en tous les points de la couche.*

Toutes les lignes de force, par suite aussi tous les tubes d'induction, sortent par la surface S_1, pour rentrer dans la double couche par la surface S_2. Soit maintenant ACB l'un des tubes d'induction. La formule (38, *a*) donne, pour l'intensité ψ du *courant magnétique* dans ce tube, l'expression

$$(40, a) \qquad \psi = \frac{4\pi\omega}{\mu_0 r} = \frac{4\pi\omega}{\mu_0 \int \frac{dl}{\mu\sigma}}.$$

La force magnétomotrice est la même pour tous les tubes; elle est égale à $4\pi\omega$, ω *désignant le moment de la double couche magnétique.* La formule (40, *a*) fait voir en outre que *tous les tubes, qui possèdent le même flux d'induction magnétique* (ou la même intensité de courant magnétique), par exemple tous les tubes unités d'induction, *possèdent la même réluctance* r. Soit

$$r_0 = \int \frac{dl}{\sigma}$$

la réluctance d'un tube dans un milieu *non magnétique* ($\mu = 1$) et supposons que la double couche se trouve environnée du milieu *homogène* ($\mu = \mu_0 =$ *const.*), où se trouvent aussi tous les tubes. Dans ce cas, la formule (40, *a*) devient

$$(41) \qquad \psi = \frac{4\pi\omega}{r_0}.$$

Cette formule montre que *le flux d'induction magnétique d'une double couche magnétique donnée est indépendant des propriétés magnétiques du milieu homogène environnant.* Il faut remarquer qu'il s'agit ici d'une double couche donnée, pour laquelle k, et par suite aussi ω, est une grandeur donnée indépendante du milieu environnant.

Pour l'*énergie potentielle* W de masses magnétiques quelconques, dans un milieu homogène, dont la perméabilité est μ, on a l'expression, voir (26),

$$(42) \qquad W = \frac{1}{2\mu} \sum\sum \frac{mm'}{r}.$$

Les deux sommations s'étendent *à toutes les masses élémentaires*, de sorte que chaque couple m, m' revient deux fois. Nous donnerons à la formule (42) l'expression suivante

$$W = \frac{1}{2} \sum m \sum \frac{m'}{\mu r};$$

comme la somme $\sum \frac{m'}{\mu r}$ est le potentiel V au point où se trouve la masse m, on peut écrire

$$(42, a) \qquad W = \frac{1}{2} \sum m V,$$

et ici la sommation s'étend de nouveau à toutes les masses magnétiques élémentaires.

Dans la formule (42, *a*), la grandeur V est le potentiel des masses magnétiques *m*. Le cas où les masses magnétiques se trouvent *dans un champ magnétique déjà existant*, de potentiel V′, est beaucoup plus important. Il est évident qu'alors l'*énergie potentielle* W, qui correspond *seulement à l'action du champ extérieur*, mais non aux forces intérieures entre les masses élémentaires *m*, est égale à

$$W = \sum mV'. \tag{42, b}$$

5. Formule de Stokes. — Dans l'étude de diverses questions théoriques, il est très utile de transformer une intégrale curviligne prise suivant un contour fermé en une intégrale étendue à une surface limitée par ce contour. C'est une question dont nous nous sommes déjà occupé (Tome III, Chap. VIII, page 438). Nous allons maintenant donner la formule que les géomètres anglais désignent sous le nom de *formule de* STOKES; elle était déjà connue d'AMPÈRE qui, au moins dans un cas particulier, s'en est servi, sous une autre forme, en électromagnétisme.

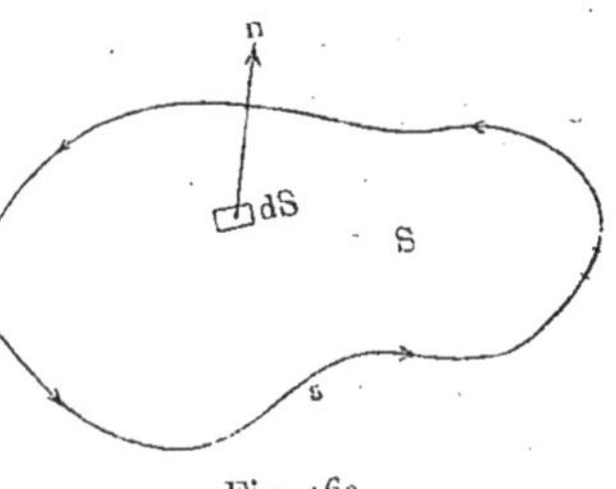

Fig. 162

Il importe d'abord de bien définir le sens dans lequel on prend une intégrale curviligne le long d'un contour fermé. Soit (*fig.* 162) une surface quelconque S limitée par le contour *s*, *n* la normale à l'élément *d*S de cette surface; à chaque élément *d*S correspond une direction de la normale, sui-

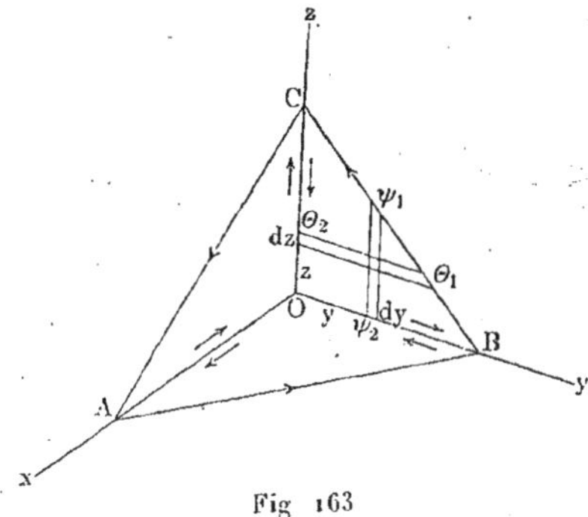

Fig 163

vant le côté de la surface S que l'on considère; nous choisirons donc un côté déterminé de cette surface dans ce qui va suivre. On peut parcourir le contour *s* dans deux sens; nous conviendrons d'appeler *sens positif* celui qui, pour un observateur placé sur la normale *n*, ayant les pieds en *d*S et la tête dans la direction de cette normale, lui apparaît *opposé au sens du mouvement des* *aiguilles d'une montre*; ce sens positif est indiqué sur la figure par des flèches. Il est bien évident que si on donnait à la normale n la direction contraire à celle qui a été choisie, le sens positif de parcours du contour se trouverait aussi changé.

Considérons maintenant trois axes de coordonnées Ox, Oy, Oz (*fig.* 163), que nous ne disposerons pas comme d'ordinaire, mais de façon que *l'axe positif des y vienne sur l'axe positif des z, dans une rotation positive* (de sens inverse de celui de la rotation des aiguilles d'une montre) *autour de l'axe positif des x*; des rotations analogues autour de Oy et de Oz amènent Oz sur Ox, Ox sur Oy.

Soient φ, ψ et θ trois fonctions *finies, continues et uniformes* de x, y, z. La formule de Stokes est la suivante

$$(43)\quad \int_s \varphi dx + \psi dy + \theta dz$$
$$= \iint_S \left(\frac{\partial \theta}{\partial y} - \frac{\partial \psi}{\partial z}\right) dydz + \left(\frac{\partial \varphi}{\partial z} - \frac{\partial \theta}{\partial x}\right) dzdx + \left(\frac{\partial \psi}{\partial x} - \frac{\partial \varphi}{\partial y}\right) dxdy;$$

on peut aussi évidemment écrire cette égalité sous la forme

$$(43, a)\quad \int_s \left(\varphi \frac{dx}{ds} + \psi \frac{dy}{ds} + \theta \frac{dz}{ds}\right) ds = \iint \left\{ \left(\frac{\partial \theta}{\partial y} - \frac{\partial \psi}{\partial z}\right) \cos(n, x) + \right.$$
$$\left. \left(\frac{\partial \varphi}{\partial z} - \frac{\partial \theta}{\partial x}\right) \cos(n, y) + \left(\frac{\partial \psi}{\partial x} - \frac{\partial \varphi}{\partial y}\right) \cos(n, z) \right\} dS.$$

Nous allons d'abord démontrer cette formule pour un triangle ABC (*fig.* 163). Comme les expressions qui figurent sous les signes d'intégration de la formule (43) ont une signification indépendante du choix des axes, il est clair que les deux intégrales ne changent pas de valeur, quand on modifie la position des axes de coordonnées. Menons ces derniers de telle façon qu'ils passent par les sommets A, B, C du triangle ABC. On voit facilement que l'intégrale curviligne le long du contour fermé ABCA du triangle est égale à la somme des trois intégrales curvilignes le long des contours OBCO, OCAO et OABO; ainsi que les flèches le montrent, les chemins OA, OB et OC sont en effet parcourus deux fois dans des sens opposés. Sur le contour OBCO, on a $dx = 0$; sur OCAO, on a $dy = 0$; sur OABO, on a $dz = 0$; par suite

$$(43, b)\quad \int_{ABCA} \varphi dx + \psi dy + \theta dz$$
$$= \int_{OBCO} \psi dy + \theta dz + \int_{OCAO} \theta dz + \varphi dx + \int_{OABO} \varphi dx + \psi dy.$$

Cela posé considérons l'intégrale de surface

$$\omega_1 = \iint \frac{\partial \theta}{\partial y} dydz,$$

étendue à l'aire du triangle OBC. En intégrant d'abord par rapport à y, c'est-à-dire en laissant z constant, on a

$$\omega_1 = \int dz \int \frac{\partial \theta}{\partial y}\, dy = \int (\theta_1 - \theta_2)\, dz,$$

où θ_1 et θ_2 se rapportent aux côtés BC et OC. L'intégration est effectuée dans le sens BCO et on doit par suite considérer dz comme négatif, lorsqu'on va de C vers O. Sur OB, $dz = 0$; par suite

$$(43,c) \qquad \omega_1 = \iint \frac{\partial \theta}{\partial y}\, dy dz = \int_{\text{OBCO}} \theta dz.$$

On trouve d'une manière analogue, pour l'intégrale

$$\omega_2 = \iint \frac{\partial \psi}{\partial z}\, dy dz,$$

étendue à l'aire du même triangle OBC,

$$\omega_2 = \int dy \int \frac{\partial \psi}{\partial z}\, dz = \int (\psi_1 - \psi_2)\, dy,$$

où ψ_1 se rapporte à BC, ψ_2 à OB. Quand on va dans le sens OBCO, on doit considérer dy comme négatif sur BC. Sur CO, on a $dy = 0$; par conséquent

$$(43,d) \qquad \omega_2 = \iint \frac{\partial \psi}{\partial z}\, dy dz = -\int_{\text{OBCO}} \psi dy.$$

Les formules (43,c) et (43,d) donnent

$$\int_{\text{OBCO}} \psi dy + \theta dz = \iint_{\text{OBC}} \left(\frac{\partial}{\partial y} - \frac{\partial \psi}{\partial z}\right) dy dz.$$

On trouve deux résultats analogues pour les triangles OCAO et OABO. En ajoutant, on obtient, voir (43,b),

$$(43,e)\left\{\begin{aligned} &\int_{\text{ABCA}} \varphi dx + \psi dy + \theta dz \\ &= \iint_{\text{OBC}} \left(\frac{\partial \theta}{\partial y} - \frac{\partial \psi}{\partial z}\right) dy dz + \iint_{\text{OCA}} \left(\frac{\partial \varphi}{\partial z} - \frac{\partial \theta}{\partial x}\right) dz dx + \iint_{\text{OAB}} \left(\frac{\partial \psi}{\partial x} - \frac{\partial \varphi}{\partial y}\right) dx dy.\end{aligned}\right.$$

Supposons maintenant le tétraèdre OABC infiniment petit. On peut, dans ce cas, considérer les différences $\frac{\partial \theta}{\partial y} - \frac{\partial \psi}{\partial z}$, etc. comme des grandeurs constantes, de sorte qu'on peut écrire, par exemple,

$$(43,f) \iint_{\text{OBC}} \left(\frac{\partial}{\partial y} - \frac{\partial \psi}{\partial z}\right) dy dz = \left(\frac{\partial \theta}{\partial y} - \frac{\partial \psi}{\partial z}\right) \iint_{\text{OBC}} dy dz = \left(\frac{\partial \theta}{\partial y} - \frac{\partial \psi}{\partial z}\right) \times \text{aire OBC}.$$

Soit n la direction de la normale au triangle ABC ; comme l'intégration a été effectuée dans le sens ABCA, n est dirigé de l'origine O vers l'observateur. En désignant par dS l'aire du triangle ABC, l'aire de OBC est $dS \cos(n,x)$; si on introduit cette valeur dans (43,f) et si on transforme d'une manière analogue les deux autres intégrales dans (43,e), on obtient, *pour l'intégrale curviligne le long du contour du petit triangle* ABC, l'expression

$$(44)\quad \begin{cases} \displaystyle\int_{ABCA} \varphi dx + \psi dy + \theta dz \\ \displaystyle = \left\{ \left(\frac{\partial\theta}{\partial y} - \frac{\partial\psi}{\partial x}\right) \cos(n,x) + \left(\frac{\partial\varphi}{\partial z} - \frac{\partial\theta}{\partial x}\right) \cos(n,y) + \left(\frac{\partial\psi}{\partial x} - \frac{\partial}{\partial y}\right) \cos(n,z) \right\} dS. \end{cases}$$

Il est aisé maintenant de passer au cas général où la surface S et son contour s sont quelconques. Tout d'abord on peut réduire le contour s à être un contour polygonal, puisqu'il suffirait d'augmenter indéfiniment le nombre des côtés du polygone pour avoir une courbe quelconque. On peut ensuite par ce contour polygonal faire passer une surface polyédrale dont les faces soient des triangles. En appliquant la formule (44) à chacun de ces triangles et, ajoutant les résultats obtenus, on aura la formule cherchée (43) ou (43,a). En effet, les côtés des triangles se présentent chacun deux fois, sauf ceux qui font partie du contour polygonal ; comme ils sont parcourus dans des sens opposés, il ne reste que les intégrales curvilignes relatives aux éléments ds du contour lui-même.

6. Travail des forces magnétiques. — Quand un pôle magnétique, où l'on suppose concentrée la quantité de magnétisme m', se déplace dans un champ magnétique, les forces magnétiques effectuent en général un certain travail, que nous désignerons par R. Posons $m' = 1$; nous dirons que, dans ce cas, il y a déplacement d'un *pôle unité*.

Supposons d'abord que nous ayons affaire à un *champ magnétique d'aimants* et considérons seulement la partie de l'espace qui est *extérieure à ces aimants*. Le potentiel V est alors une fonction de point continue et *uniforme*, qui s'exprime par la formule générale (27), page 447. Le travail R, pour $m' = 1$, est égal à

$$(45)\qquad R = V_1 - V_2,$$

voir (28), page 448, et se trouve indépendant du chemin par lequel le pôle unité a passé d'un certain point A (de potentiel V_1) à un autre point B (de potentiel V_2). On a, pour tout *chemin fermé*,

$$(46)\qquad R = 0.$$

Il est très important de remarquer que (45) et (46) se rapportent au cas où le déplacement a lieu suivant des chemins entièrement *en dehors de l'espace occupé par les aimants*.

Nous allons encore établir une autre expression pour R. Supposons qu'un pôle magnétique se déplace de A en B suivant une certaine courbe s, dont l'élément ds a pour composantes dx, dy, dz suivant les directions des axes de coordonnées. Soit H_s la composante de l'intensité magnétique H dans la direction de la tangente à la courbe s. Il est évident que, pour $m' = 1$, on a

$$R = \int_A^B H_s ds, \tag{47}$$

où les limites de l'intégration curviligne (du point A au point B) sont indiquées symboliquement. Désignons, comme plus haut, par α, β, γ les composantes de la force H suivant les axes de coordonnées. On a alors

$$H_s = \alpha \cos(s,x) + \beta \cos(s,y) + \gamma \cos(s,z),$$

et par suite

$$R = \int_A^B \left\{ \alpha \cos(s,x) + \beta \cos(s,y) + \gamma \cos(s,z) \right\} ds.$$

Comme $ds \cos(s,x) = dx$, $ds \cos(s,y) = dy$, $ds \cos(s,z) = dz$, on peut aussi écrire

$$R = \int_A^B \alpha dx + \beta dy + \gamma dz. \tag{48}$$

En portant dans (47), la valeur

$$H_s = -\frac{\partial V}{\partial s}, \tag{49}$$

voir (29, b), on obtient la formule (45).

Occupons-nous maintenant du cas où *la courbe s est fermée*. D'après le théorème de STOKES, on peut donner à l'expression (48) la forme suivante

$$\left\{\begin{aligned} R &= \int_s \alpha dx + \beta dy + \gamma dz \\ &= \iint_S \left\{ \left(\frac{\partial \gamma}{\partial y} - \frac{\partial \beta}{\partial z}\right) \cos(n,x) + \left(\frac{\partial \alpha}{\partial z} - \frac{\partial \gamma}{\partial x}\right) \cos(n,y) + \left(\frac{\partial \beta}{\partial x} - \frac{\partial \alpha}{\partial y}\right) \cos(n,z) \right\} dS, \end{aligned}\right. \tag{50}$$

l'intégrale double s'étendant à tous les éléments d'une *surface* S *quelconque*, qui passe par la courbe s. Quelle que soit la position de la courbe s (à l'extérieur des aimants), on peut toujours mener la surface S de façon qu'elle se trouve aussi tout entière en dehors des aimants donnés. Mais, dans cette partie de l'espace, les forces magnétiques ont évidemment un potentiel, et par suite les composantes α, β, γ satisfont aux *conditions d'intégrabilité* (30), qui annulent l'intégrale double du second membre de (50). Il se confirme ainsi que l'on a $R = 0$, d'accord avec (46).

Passons au cas où *les lignes de force sont fermées et situées entièrement dans un milieu homogène*. Soit s (*fig*. 164) l'une de ces lignes de force; son sens de parcours est indiqué par une flèche. Comme la force H a, en tous les points de cette ligne, la direction de l'élément ds, il est clair que le travail R, dans le déplacement d'un pôle unité, par exemple en partant de A le long de la ligne s, pour revenir de nouveau en A, c'est-à-dire

$$R = \int_s H ds = \int_s \alpha dx + \beta dy + \gamma dz,$$

n'est pas *nul*, mais a une valeur positive ou négative suivant le sens du déplacement du pôle unité. Menons par le contour s une surface quelconque S et appliquons la formule (50). Comme R n'est pas nul, il est clair que *les conditions d'intégrabilité* (30) *ne peuvent être satisfaites pour tous les éléments* dS *de la surface* S. Supposons que ω soit, dans S, le domaine où les conditions (30) ne sont pas remplies. Comme ces conditions d'intégrabilité sont une conséquence nécessaire de l'existence d'un potentiel V des forces magnétiques, il faut que *dans le domaine* ω *les forces magnétiques ne possèdent pas de potentiel*.

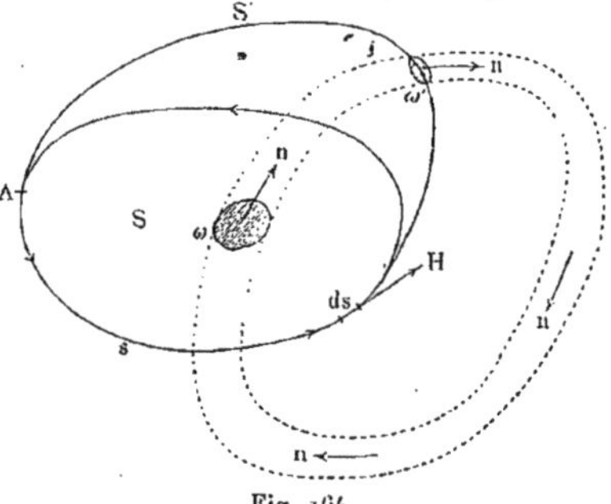

Fig. 164

On peut mener par la ligne de force s une infinité de surfaces S différentes et sur chacune d'elles se trouvera nécessairement un domaine, pour lequel les conditions (30) ne seront pas remplies, c'est-à-dire pour lequel les expressions $\frac{\partial\gamma}{\partial y} - \frac{\partial\beta}{\partial z}$, $\frac{\partial\alpha}{\partial z} - \frac{\partial\gamma}{\partial x}$, $\frac{\partial\beta}{\partial x} - \frac{\partial\alpha}{\partial y}$ ne seront pas nulles. On obtient ainsi, sur la surface S' par exemple, le domaine ω', etc. On se rend compte facilement que le lieu géométrique de tous ces domaines doit occuper un *espace fermé annulaire*. En tous les points de cet espace, les forces magnétiques *n'ont pas de potentiel*. C'est l'*espace tourbillonnaire*, dont nous avons déjà fait mention plus haut. Ainsi, *un espace tourbillonnaire et une ligne de force fermée doivent s'enlacer comme deux maillons successifs d'une même chaîne.* Les conditions (30) étant remplies en tous les points des surfaces S, S', etc., à l'exception de ceux situés à l'intérieur de l'espace tourbillonnaire, on peut évidemment, dans la formule (50), remplacer l'intégrale de surface par une intégrale qui ne s'étend qu'à la portion ω de la surface S. Désignons par σ l'expression suivante

$$\sigma = \iint_\omega \left\{ \left(\frac{\partial\gamma}{\partial y} - \frac{\partial\beta}{\partial z}\right)\cos(n,x) + \left(\frac{\partial\alpha}{\partial z} - \frac{\partial\gamma}{\partial x}\right)\cos(n,y) + \left(\frac{\partial\beta}{\partial x} - \frac{\partial\alpha}{\partial y}\right)\cos(n,z) \right\} dS.$$

On voit que le travail R effectué par les forces magnétiques, quand un pôle magnétique unité fait le tour de la ligne de force fermée s est égal à

$$R = \sigma. \tag{52}$$

De cette égalité découlent une série de conséquences très importantes. Si on prend, au lieu de la surface S, une autre surface quelconque S′, ayant pour contour la même ligne de force s, on obtient, au lieu de (51), une intégrale analogue σ' étendue à une autre section ω' du même espace tourbillonnaire; mais on a alors $R = \sigma'$ et par conséquent $\sigma' = \sigma$.

L'intégrale double σ de la forme (51) a même valeur pour toutes les sections de l'espace tourbillonnaire auquel des surfaces quelconques donnent naissance. Ceci peut être regardé comme une propriété caractéristique de l'espace tourbillonnaire considéré.

Soit donné un espace tourbillonnaire. Il est clair que *toutes les lignes de force doivent enlacer cet espace et que, pour toutes les lignes de force, le travail R est le même et égal à σ*. Il est facile de voir aussi que tout ce qui a été exposé précédemment subsiste, lorsque les surfaces S, S′, etc., coupent plusieurs fois l'espace tourbillonnaire; le nombre des sections est évidemment toujours impair.

Comme le travail R s'exprime toujours par la formule (48), on a, non seulement pour les lignes de force, mais *pour toute courbe fermée qui enlace l'espace tourbillonnaire, la même valeur du travail* $R = \pm\sigma$.

Nous avons vu qu'en dehors de l'espace tourbillonnaire les forces magnétiques H (α, β, γ) ont certainement un potentiel V. Le travail R qu'elles effectuent, voir (47), est égal à

$$R = \int_A^B H_s ds = -\int_A^B \frac{dV}{ds} ds = -\int_A^B dV. \tag{52, a}$$

Pour une courbe fermée, *qui n'enlace pas l'espace tourbillonnaire*, on a toujours $R = 0$; mais, si, partant d'un point quelconque A du champ magnétique, on parcourt une courbe qui enlace l'espace tourbillonnaire, pour revenir au même point, alors le travail est égal, comme on l'a vu, à

$$R = -\int dV = \pm\sigma. \tag{53}$$

Cette dernière équation montre que *le potentiel magnétique n'est pas une fonction uniforme, lorsqu'il existe un espace tourbillonnaire dans le champ magnétique*. Si V_0 est l'une quelconque des valeurs du potentiel, les autres valeurs sont

$$V = V_0 - p\sigma, \tag{54}$$

p étant un nombre entier arbitraire, positif ou négatif. Lorsqu'on choisit, pour le potentiel du point A, une valeur *déterminée* V_0, et qu'on revient en A après avoir parcouru une courbe fermée, on retrouve en A la valeur primitive V_0, pourvu que la courbe n'enlace pas l'espace tourbillonnaire. On trouve, au

contraire, une autre valeur $V = V_0 - p\sigma$, si la courbe a fait p fois le tour de l'espace tourbillonnaire.

Voyons de quoi dépend le *signe du nombre p*. Dans l'expression de σ figure la direction n de la normale aux surfaces S, S', etc. et on a vu que le sens de cette normale est entièrement déterminé par celui des lignes de force. *Il existe donc, dans chaque espace tourbillonnaire, un sens déterminé n* (voir *fig.* 164), que nous appellerons sens positif ou *sens du courant* et qui a une relation très simple avec le sens positif des lignes de force. Le sens des lignes de force, ainsi que le sens du courant dans l'espace tourbillonnaire, se déduisent l'un de l'autre par une même règle : si, en parcourant la ligne de force s (*fig.* 164), on passe à travers l'espace annulaire tourbillonnaire, le sens du courant se présente comme opposé au sens du mouvement des aiguilles d'une montre ; si, marchant le long de l'espace tourbillonnaire, dans le sens du courant, on passe à travers une ligne de force, le sens positif sur la ligne de force est aussi opposé au sens du mouvement des aiguilles d'une montre. On peut formuler autrement la relation entre le sens positif sur les lignes de force, ainsi que sur toute autre ligne fermée enlaçant le courant, et le sens positif à l'intérieur de l'espace annulaire tourbillonnaire, c'est-à-dire le sens du courant lui-même, en employant ce qu'on appelle la *règle du tire-bouchon*. On sait que, pour enfoncer un tire-bouchon, il faut faire tourner sa poignée dans le sens du mouvement des aiguilles d'une montre et qu'alors la vis du tire-bouchon prend un mouvement de translation qui l'éloigne de l'opérateur.

Si on fait tourner la tête d'une vis dans le sens du courant, la vis se déplace dans le sens positif de la ligne de force qui traverse le circuit du courant ; si on fait tourner la tête de la vis dans le sens positif de la ligne de force, la vis progresse dans le sens du courant qui traverse la ligne de force. On peut facilement se convaincre de l'exactitude de cette règle, en considérant la figure 164.

Il est clair maintenant que, dans la formule (54), le nombre p est positif, lorsqu'un chemin fermé quelconque enlace l'espace tourbillonnaire p fois dans le sens positif (sens positif des lignes de force) ; p est négatif, quand l'enlacement a lieu dans le sens opposé.

Nous avons envisagé séparément deux cas du champ magnétique : celui du champ *extérieur* aux aimants, avec ses lignes de force non fermées, et celui d'un espace homogène, dans lequel existent des lignes de force fermées. Dans le premier cas, on peut considérer le potentiel comme uniforme ; dans le second, il doit exister des espaces tourbillonnaires et le potentiel V est une fonction non-uniforme. Cependant, la différence entre ces deux cas disparaît, quand on considère non seulement l'espace extérieur aux aimants, mais aussi l'espace intérieur, c'est-à-dire si on regarde toujours les lignes de force comme des lignes fermées. Il est évident que ces lignes doivent, dans toutes les circonstances, enlacer des espaces tourbillonnaires et que le potentiel V ne peut en général être alors considéré comme une fonction uniforme.

Nous avons vu que le potentiel d'une *double couche magnétique infiniment mince* subit un saut égal à

$$V_1 - V_2 = \frac{4\pi\omega}{\mu_0}, \tag{55}$$

voir (40), page 451. Si on envisage seulement les valeurs du potentiel V dans l'espace et si on n'a pas égard à l'existence de la double couche MN (*fig.* 165), qui se confond en quelque sorte avec la surface S, on peut admettre que les points A et B, situés des deux côtés de la couche, coïncident. Dans ce cas, le potentiel de la double couche est une fonction de point non-uniforme, et on a l'expression

$$V = V_0 - p \frac{4\pi\omega}{\mu_0}, \tag{56}$$

analogue à la formule (54). Quand la ligne fermée s part d'un point quelconque C, où l'une des valeurs du potentiel est V_0, et ne traverse pas le contour de la double couche, on retrouve de nouveau la valeur V_0, en revenant en C; mais si la ligne s enlace p fois ce contour, on obtient en C une valeur déterminée par la formule (56); p est ici *positif*, lorsque *s traverse la couche de la face sud* (—) *à la face nord* (+).

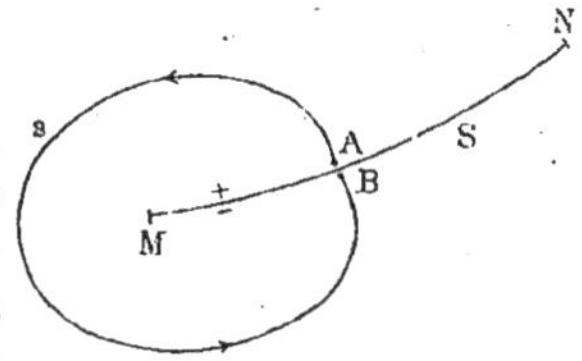

Fig. 165

On remarquera *l'analogie qui se présente entre le potentiel d'une double couche magnétique et le potentiel dans l'espace où se trouve un espace tourbillonnaire annulaire, disposé le long du contour de la double couche.* A la grandeur $\frac{4\pi\omega}{\mu_0}$ dans l'expression du premier, correspond la grandeur σ dans celle du second; on a, voir (39), $\omega = k\delta$ pour le moment ou la puissance de la couche; σ est donné par la formule (51). *Le sens du courant, dans l'espace tourbillonnaire* (page 460), *lorsqu'on regarde le contour de la couche du côté nord de cette couche, est opposé au sens de rotation des aiguilles d'une montre.* Comme nous le verrons dans la suite, cette analogie se poursuit beaucoup plus loin.

BIBLIOGRAPHIE

3. — Formules relatives à un champ magnétique quelconque.

MEUNIER. — *Cosmos*, 1867; *La Nature*, **12**, p. 350, 1884.
MACH. — *Zeitschr. f. phys. Unterricht*, **3**, p. 160, 1890.
GERLAND. — *Zeitschr. f. Elektrotechnik*, **3**, p. 694.
EBERT. — *Magnetische Kraftfelder*, 2e éd., Leipzig 1905, p. 8.
LINDECK. — *Instr.* **9**, p. 352, 1889.

CHAPITRE II

SOURCES DU CHAMP MAGNÉTIQUE. AIMANTS.

1. Aimants temporaires et aimants permanents. — Nous avons considéré, dans le chapitre précédent, les propriétés du champ magnétique, indépendamment des sources, aimants ou courants, qui lui donnent naissance. Nous allons passer maintenant à une étude plus approfondie de ces sources, avant tout des aimants. Comme nous l'avons déjà vu, il existe des *aimants temporaires* et des *aimants permanents*. Peut-être serait-il plus exact de dire qu'il y a un magnétisme temporaire et un magnétisme permanent. En toute rigueur, les aimants permanents seuls peuvent servir de sources indépendantes du champ magnétique; mais les aimants temporaires, dont le magnétisme est dû à un champ magnétique déjà existant, modifient à un tel point ce champ que l'on peut, sans assimilation forcée, les compter parmi les sources du champ magnétique. D'ailleurs, le magnétisme rémanent apparaît presque toujours précisément comme un résidu du magnétisme produit par un champ magnétique et, pour cette raison, on ne doit pas séparer complètement l'étude des aimants permanents de celle des aimants temporaires.

On a proposé diverses *images mécaniques de la magnétisation*, à laquelle les substances magnétiques, le fer par exemple, se trouvent soumises dans le champ magnétique. Telle est l'hypothèse aujourd'hui abandonnée de *deux agents ou fluides magnétiques particuliers*. On suppose que, dans les plus petites particules du corps, est contenu un mélange neutre des deux fluides, qui n'exerce aucune action extérieure. Sous l'influence du champ magnétique, ce mélange se décompose dans chaque particule, le fluide *nord* se rassemblant d'un côté de la particule, le fluide *sud* de l'autre. Chaque particule devient ainsi un aimant moléculaire. Plus l'intensité du champ est grande, plus la particule est magnétisée fortement. Il ne s'effectue pas de passage du fluide d'une particule à l'autre. Quand le champ extérieur disparaît, les fluides se réunissent de nouveau. Si cette réunion n'est pas complète, on a le cas du magnétisme rémanent.

Une autre hypothèse présente un grand intérêt; c'est celle des *aimants moléculaires qui peuvent éprouver une rotation*. On suppose que, dans le fer par exemple, les molécules possèdent déjà les propriétés des aimants, c'est-à-dire constituent des aimants moléculaires.

Dans le fer non-magnétisé, les axes de ces aimants sont orientés d'une manière uniformément désordonnée. Le plus petit morceau de fer renferme un nombre très grand d'aimants moléculaires, dont l'action résultante dans l'espace extérieur est nulle, les pôles nord et sud des différents aimants moléculaires étant orientés en nombre égal dans toutes les directions. Mais si le fer se trouve dans un champ magnétique, les aimants moléculaires commencent à éprouver une *rotation*, due à ce que sur leurs pôles nord agit une force dans une direction et sur leurs pôles sud une autre force dans la direction opposée. L'axe d'un aimant moléculaire tend ainsi à prendre la direction de la force magnétique qui s'exerce à l'endroit où se trouve cet aimant. Certaines forces, dont l'origine peut faire l'objet de diverses hypothèses, s'opposent à la rotation des aimants moléculaires. Plus l'intensité du champ est grande, plus sont grands eux-mêmes les angles dont tournent les aimants moléculaires. Le désordre uniforme dans la distribution de l'orientation de ces aimants disparaît : la plupart des pôles nord s'orientent dans la direction de la force magnétique, la plupart des pôles sud dans la direction opposée. Chaque partie du fer, supposée séparée du reste de la subtance, doit produire dans l'espace extérieur les mêmes actions qu'un aimant dont l'axe a pour direction la force magnétique. La *limite* de magnétisation est atteinte, lorsque les axes de tous les aimants moléculaires ont pris partout la direction de la force magnétique.

Quand le champ extérieur disparaît, les aimants élémentaires reviennent à leurs anciennes positions et se disposent, comme auparavant, d'une manière uniformément désordonnée. Le magnétisme *temporaire* disparaît. Mais, si les aimants moléculaires ne reviennent pas tous dans leurs anciennes positions ou n'y reviennent pas complètement, un certain *magnétisme rémanent* persiste après la disparition du champ. La théorie des aimants moléculaires qui subissent une rotation donne seulement une image mécanique de la magnétisation, sans toucher à la question de la nature intime du magnétisme ; un aimant moléculaire est en lui-même une chose aussi énigmatique que tout aimant fini.

Nous ferons connaître, dans le Chapitre VII, § 5, la théorie d'Ampère, d'après laquelle un aimant élémentaire consiste en une particule matérielle entourée par un courant électrique. Suivant les vues modernes, un tel courant peut être engendré par un ou plusieurs électrons, qui tournent autour de la particule matérielle avec une très grande vitesse.

La théorie du magnétisme a reçu, par les travaux de Langevin (1905) et de Weiss (1905-1911) une direction tout à fait nouvelle. Nous parlerons en détail de ces travaux au Chapitre VIII et nous nous bornerons ici à quelques indications. Langevin admet que les molécules représentent des aimants élémentaires et exécutent, par l'agitation calorifique, des mouvements non organisés tels que ceux qui animent les molécules d'un gaz (Tome I). Par suite, les axes des aimants élémentaires qui, comme nous le verrons, sont perpendiculaires aux plans des courants qui les entourent, prennent toutes les directions possibles, lorsqu'il n'existe aucun champ magnétique. Sous l'influence d'un tel champ, les axes des aimants élémentaires, agités d'une manière tout à fait irrégulière, subissent une rotation pendant leur mouvement.

Le développement théorique de cette hypothèse conduit à des résultats extrêmement importants que nous exposerons plus tard.

WEISS, dans toute une série de mémoires, a poursuivi l'idée de LANGEVIN. Il admet que chaque molécule magnétique n'est influencée, en dehors du mouvement calorifique et du champ magnétique, que par l'action *magnétique* des molécules voisines et que d'ailleurs les autres forces purement moléculaires ne jouent aucun rôle. J'avais antérieurement indiqué (1875) qu'il était nécessaire, dans l'étude théorique de la magnétisation, de tenir compte de l'action mutuelle magnétique entre molécules voisines. WEISS arrive en outre à ce résultat que les moments magnétiques (§ **2**) des aimants élémentaires sont, pour diverses substances, des multiples d'une même grandeur, qu'il a nommée *magnéton* et qui joue un rôle analogue à celui de l'électron. Nous parlerons aussi de cette théorie dans le Chapitre VIII.

Sur des idées entièrement différentes repose *l'explication de la magnétisation d'une substance par la pénétration dans cette substance des lignes ou tubes d'induction magnétique.* Les tubes d'induction se présentent ici comme donnés et, en quelque sorte, comme une notion primitive. Nous ne savons pas au fond en quoi consiste le mécanisme de la modification dans l'éther qui correspond à la naissance d'un tube d'induction, et nous ignorons même si cette modification est de caractère purement statique ou simplement dynamique. On peut seulement dire qu'il existe le long des tubes d'induction une tension et qu'ils exercent par leur surface latérale une pression, l'une et l'autre étant déterminées par la formule (17,a), page 443. En traversant un corps quelconque, les tubes d'induction s'attachent, pour ainsi dire, à la substance du corps, de sorte que la tension qui existe dans ces tubes met le corps en mouvement et produit des forces *pondéromotrices.* La nature intime du magnétisme est ainsi reléguée à l'arrière-plan et il n'est plus question du mécanisme intérieur de la magnétisation.

L'essentiel est l'existence du champ magnétique ; la magnétisation n'est pas autre chose que le signe extérieur de la modification dans la distribution des lignes de force du champ, qui est produite par la présence d'un corps dont la perméabilité magnétique diffère de celle du milieu environnant. La densité du *magnétisme libre fictif* sur la surface d'un corps est (par analogie avec les charges électriques sur les conducteurs) entièrement définie par la formule (20), page 445.

Revenons au magnétisme *rémanent.* Supposons qu'un corps amené dans le champ magnétique, une tige d'acier par exemple, ait acquis le degré de magnétisation I, lequel, comme nous l'avons vu, est déterminé en chaque point du corps par la densité de la couche magnétique fictive à la surface de la partie du corps que l'on imagine isolée, cette surface devant être normale aux lignes de force ; ce degré de magnétisation peut aussi être mesuré par le moment d'une telle partie isolée, divisé par son volume, voir (23) et (23,a), page 445. Quand le champ extérieur disparaît, une certaine magnétisation I_e persiste. Le rapport $I_e : I$ multiplié par le nombre 100 est la grandeur en centièmes du *magnétisme rémanent relatif* ; on pourrait appeler cette grandeur la *rétentivité* (retentivity, Retentionsfähigkeit). Elle dépend de la composition et du mode de fabrication de l'acier. Plaçons l'acier magnétisé dans un champ de signe contraire, c'est-à-dire dans un champ qui produirait sur un morceau d'acier vierge une magnétisation opposée à celle déjà existante, et supposons que l'intensité H de ce champ augmente peu à peu en partant de zéro. Le magnétisme rémanent I_c commence d'abord à décroître et atteint la valeur zéro pour une certaine intensité déterminée H_c du champ. Ce n'est que pour $H > H_c$ que les magnétismes temporaire et rémanent de signe contraire commencent à apparaître. L'intensité H_c (plus exactement $-H_c$), qui fait disparaître le magnétisme rémanent, peut être appelée l'intensité du *champ démagnétisant*. Pour ne pas confondre cette grandeur avec la force démagnétisante, dont nous parlerons plus tard, et qui agit à l'intérieur des corps magnétisés, nous nommerons H_c l'*intensité coercitive* ; cette désignation a été proposée en 1885 par J. Hopkinson.

2. Moment magnétique. Pôles. — Pour présenter la notion de moment magnétique d'un aimant sous sa forme la plus générale, nous ne nous appuierons que sur une seule propriété de l'aimant, à savoir qu'il renferme toujours des quantités égales de magnétisme positif (nord) et de magnétisme négatif (sud). La distribution de ces deux magnétismes à l'intérieur et sur la surface de l'aimant ne jouera aucun rôle dans ce qui suit. En affectant de signes convenables les diverses masses m de magnétisme libre, on obtient l'égalité fondamentale

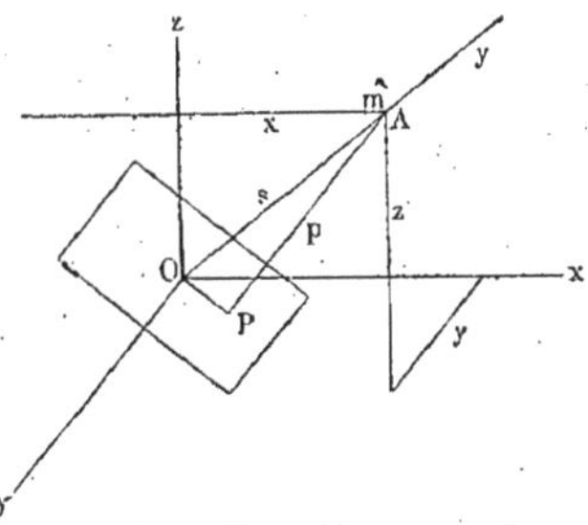

Fig. 166

$$\sum m_i = 0, \tag{1}$$

où m_i est la quantité de magnétisme concentrée en l'un des points A de l'aimant. Soit P (*fig.* 166) un plan quelconque, p la longueur de la perpendiculaire abaissée du point A sur le plan P, que l'on comptera positivement lorsque le point A se trouvera d'un côté déterminé de P. Considérons la somme

$$M_p = \sum m_i p, \tag{2}$$

qui s'étend à toutes les particules de magnétisme libre. Lorsqu'on déplace le plan P *parallèlement* à lui-même de la distance q, on obtient, au lieu de M_p, l'expression

$$M_{p+q} = \sum m_i (p+q) = \sum m_i p + \sum m_i q ;$$

mais, dans la dernière somme, q est le même pour tous les termes et d'autre part $\sum m_i = 0$; par suite

$$M_{p+q} = \sum m_i p + q \sum m_i = \sum m_i p.$$

En comparant à (2), on voit que

$$M_{p+q} = M_p ;$$

autrement dit, la somme considérée n'est pas modifiée par un déplacement parallèle du plan P. Il s'ensuit que la grandeur M_p ne dépend que de la *direction* de la normale p au plan P, mais non de la position de ce plan dans l'espace. Nous donnerons, pour un instant, à la grandeur M_p le nom de *moment magnétique de l'aimant dans la direction p*. Cette grandeur est un *vecteur* dont la direction est celle de p positif. Le vecteur M_p a une direction déterminée, mais ne possède pas évidemment d'origine déterminée, c'est-à-dire de point d'application ; il peut par conséquent être représenté par une flèche, menée d'un point quelconque de l'espace. Soient x, y, z les coordonnées du point A ; en prenant pour plan P le plan coordonné zOy (*fig.* 167), on a

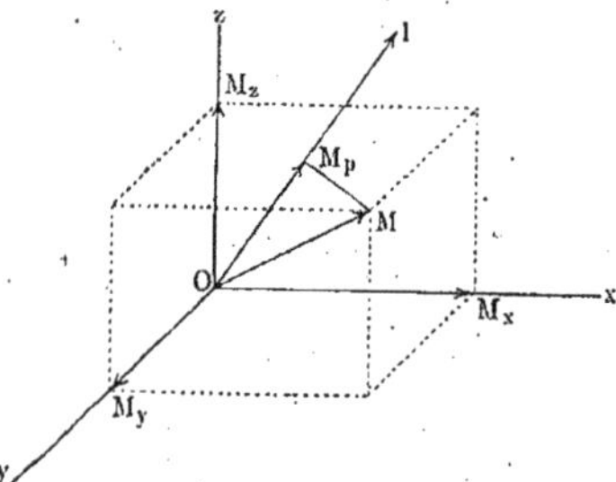

Fig. 167

$p = x$. Dans ce cas, le moment dans la direction de x est $M_x = \sum m_i x$. On trouve de la même manière les moments M_y et M_z et on a les trois moments magnétiques

$$(3) \qquad M_x = \sum m_i x, \qquad M_y = \sum m_i y, \qquad M_z = \sum m_i z.$$

Cherchons la relation qui existe entre ces trois moments et le moment M_p pris dans une direction p quelconque. A cet effet, menons le plan P par l'origine des coordonnées et soit $OA = s$. On a évidemment

$$M_p = \sum m_i p = \sum m_i s \cos(s,p) ;$$

mais $s \cos(s,p) = x \cos(x,p) + y \cos(y,p) + z \cos(z,p)$, et par suite

$$M_p = \sum m_i x \cos(x,p) + \sum m_i y \cos(y,p) + \sum m_i z \cos(z,p)$$
$$= \cos(x,p) \sum m_i x + \cos(y,p) \sum m_i y + \cos(z,p) \sum m_i z,$$

c'est-à-dire

$$(4) \qquad M_p = M_x \cos(x,p) + M_y \cos(y,p) + M_z \cos(z,p).$$

Construisons le vecteur M qui a pour composantes M_x, M_y, M_z suivant les axes de coordonnées (*fig.* 177); on a

(5) $$M = \sqrt{M_x^2 + M_y^2 + M_z^2};$$

(5,*a*) $$M = M_x \cos(M,x) + M_y \cos(M,y) + M_z \cos(M,z);$$

il est clair que M est le *moment magnétique dans la direction* OM. On a en outre

(5,*b*) $$M_x = M\cos(M,x), \qquad M_y = M\cos(M,y), \qquad M_z = M\cos(M,z).$$

Soit OM_p le moment magnétique M_p dans une certaine direction p; en portant (5,*b*) dans (4), il vient

$$M_p = M\left\{\cos(M,x)\cos(p,x) + \cos(M,y)\cos(p,y) + \cos(M,z)\cos(p,z)\right\},$$

c'est-à-dire

(6) $$M_p = M\cos(M,p).$$

Nous dirons que M est le *moment magnétique principal*; la formule (6) montre que *le moment magnétique dans une direction quelconque est égal à la projection du moment magnétique principal M sur cette direction*. Le moment magnétique dans une direction perpendiculaire à M est *nul*.

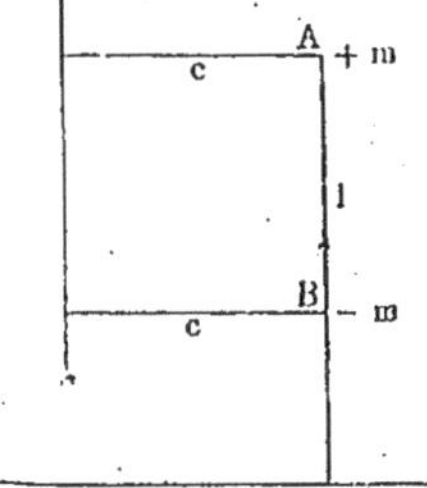

Fig. 168

Dans le cas particulier d'un aimant simplement constitué par deux masses magnétiques $+m$ et $-m$ respectivement aux points A et B (*fig.* 168), on a, pour le moment magnétique dans la direction BA,

(7) $$M = m(l + a) + (-m)a = ml,$$

où $l = BA$. Dans une direction perpendiculaire à BA, le moment est égal à $mc + (-m)c = 0$. Il est évident que (7) est le moment magnétique principal, dans le cas particulier considéré, et que cette grandeur est identique à celle donnée par la formule (22), page 445. Quand on parle d'une manière générale du *moment magnétique* d'un aimant, on sous-entend toujours qu'il s'agit du moment magnétique principal, dont la grandeur est évidemment le *maximum* de M_p.

Amenons un aimant de forme quelconque PQ (*fig.* 169) dans un *champ magnétique uniforme* d'intensité H; la direction des lignes de force est indiquée sur la figure par la flèche H. Soit m_n l'une des particules de magnétisme nord, m_s l'une des particules de magnétisme sud et

(8) $$m = \sum m_n = \sum m_s$$

la quantité totale de magnétisme nord ou de magnétisme sud. Sur chaque particule m_n agit une force Hm_n, dans la direction de la ligne de force, et sur chaque particule m_s agit une force Hm_s, dans la direction opposée. La résultante des forces parallèles Hm_n est égale à $\sum Hm_n = H\sum m_n = mH$ et la résultante des forces Hm_s a aussi la même grandeur. Ces deux résultantes Hm sont parallèles, mais de directions contraires ; *leurs points d'application* A et B *s'appellent les pôles de l'aimant*, A étant le pôle nord, B le pôle sud, BA *l'axe de l'aimant*. Désignons par l la distance entre les deux pôles, par φ l'angle que fait l'axe BA avec la direction des lignes de force. Sur l'aimant, agit dans un champ uniforme un *couple*, dont le moment $\mathfrak{M}$ est égal à Hmp, $p =$ BC étant perpendiculaire à Hm; mais on a $p = l \sin \varphi$, et par suite

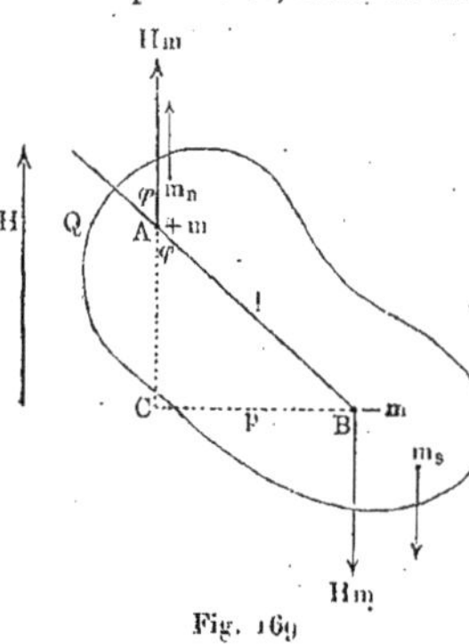

Fig. 169

$$(9) \qquad \mathfrak{M} = Hml \sin \varphi.$$

Soient x_n, y_n, z_n les coordonnées du point m_n, x_s, y_s, z_s celles du point m_s, ξ_n, η_n, ζ_n celles du point A, ξ_s, η_s, ζ_s celles du point B. D'après la règle de composition des forces parallèles, on a

$$(10) \begin{cases} \xi_n = \dfrac{\sum m_n H x_n}{\sum m_n H} = \dfrac{\sum m_n x_n}{m}, & \eta_n = \dfrac{\sum m_n y_n}{m}, \qquad \zeta_n = \dfrac{\sum m_n z_n}{m}, \\ \xi_s = \dfrac{\sum m_s x_s}{m}, \qquad \eta_s = \dfrac{\sum m_s y_s}{m}, & \zeta_s = \dfrac{\sum m_s z_s}{m}. \end{cases}$$

Il est clair que si les magnétismes étaient des masses pondérables, les pôles seraient les *centres de gravité* du magnétisme nord et du magnétisme sud pris séparément. On a, pour le moment magnétique M_x de l'aimant, l'expression, voir (3) et (10),

$$M_x = \sum m_i x_i = \sum m_n x_n - \sum m_s x_s = m\xi_n - m\xi_s,$$

et de même

$$M_y = m\eta_n - m\eta_s, \qquad M_z = m\zeta_n - m\zeta_s ;$$

ces différences ne sont pas autre chose que les moments magnétiques, dans la direction des axes de coordonnées, d'un aimant qui possède seulement le magnétisme $+m$ au pôle A et le magnétisme $-m$ au pôle B.

Le moment magnétique d'un aimant ne change pas, quand on concentre tout le magnétisme nord au pôle nord, tout le magnétisme sud au pôle sud. Le moment magnétique d'un tel aimant est égal à ml, voir (7), dans la direction de l'axe BA. Il s'ensuit que, *dans tout aimant, le moment magnétique dans la direction de l'axe* (moment principal) *est égal en grandeur au produit de la quantité* m *de l'un ou l'autre magnétisme par la distance entre les pôles*, c'est-à-dire que l'on a

$$(11) \qquad M = ml.$$

La formule (9) donne maintenant

$$\mathfrak{M} = \text{MH} \sin \varphi. \tag{12}$$

Un aimant, amené dans un champ magnétique uniforme, est soumis à l'action d'un couple, dont le moment est égal au produit du moment magnétique de l'aimant par l'intensité du champ et par le sinus de l'angle compris entre l'axe de l'aimant et la direction des lignes de force. Le maximum du moment du couple, savoir

$$\mathfrak{M}_{max} = \text{MH} \tag{12, a}$$

a lieu pour $\varphi = 90^{\circ}$, c'est-à-dire quand les lignes de force sont perpendiculaires à l'axe de l'aimant. Pour $\varphi = 0$, $\mathfrak{M} = 0$; *si l'aimant est mobile, il tend à se placer de façon que son axe soit parallèle aux lignes de force.*

Nous mentionnerons seulement une généralisation des considérations qui précèdent. Soit $Oxyz$ un trièdre trirectangle mobile par rapport au trièdre trirectangle $O'x'y'z'$ que nous regarderons comme fixe ; on considère un corps constitué par des masses m_i invariablement liées à $Oxyz$ et auxquelles sont appliquées des forces F_i de directions invariablement liées à $O'x'y'z'$ et d'intensités constantes, quelle que soit la position de $Oxyz$ par rapport à $O'x'y'z'$. Pour chaque position du trièdre $Oxyz$, on sait remplacer le système des forces F_i par un système réduit statiquement équivalent (Tome I) ; on peut se proposer en outre de rechercher la loi de variation de ce système réduit suivant les positions de $Oxyz$. La solution de ce dernier problème a donné naissance à une branche importante de la statique qui a reçu le nom d'*astatique*, et dont l'origine remonte à E. F. A. Minding. Ses résultats ont été étendus par A. F. Möbius et M. Steichen, puis par O. J. Broch et N. M. F. Moigno qui ont donné des applications à la théorie du magnétisme. Il faut réserver une place spéciale à G. Darboux qui, tout en rectifiant des résultats antérieurs de A. F. Möbius, a obtenu par une voie simple d'importantes propositions complètement nouvelles. Enfin on pourra consulter les Traités de I. Somow, de E. J. Routh et de H. E. Timerding, ainsi que l'article de l'*Encyclopédie des sciences mathématiques*, éd. française, Tome IV, vol. 2, sur les fondements géométriques de la Statique par P. Appell et L. Lévy.

3. Potentiel et énergie d'un aimant. — Nous avons indiqué au § 4 du Chapitre précédent quelques propriétés générales du *potentiel magnétique*, c'est-à-dire du potentiel des forces qui prennent naissance dans le champ magnétique. Nous allons maintenant considérer spécialement le cas où le champ magnétique est dû à des *aimants*. Envisageons d'abord le *potentiel d'un petit aimant*, ou, ce qui revient au même, d'un aimant, dont les dimensions sont petites comparativement à sa distance au point A dont nous voulons déterminer le potentiel V (*fig.* 170). Soient P, P les pôles, PP $= l$; déterminons la position du point A par les coordonnés polaires r et φ et désignons par r_1 et r_2 les distances du point A aux pôles. Le potentiel cherché V est égal à

$$V = \frac{m}{\mu}\left(\frac{1}{r_1} - \frac{1}{r_2}\right) = \frac{m}{\mu}\frac{r_2 - r_1}{r_1 r_2},$$

μ désignant la perméabilité magnétique du milieu environnant.

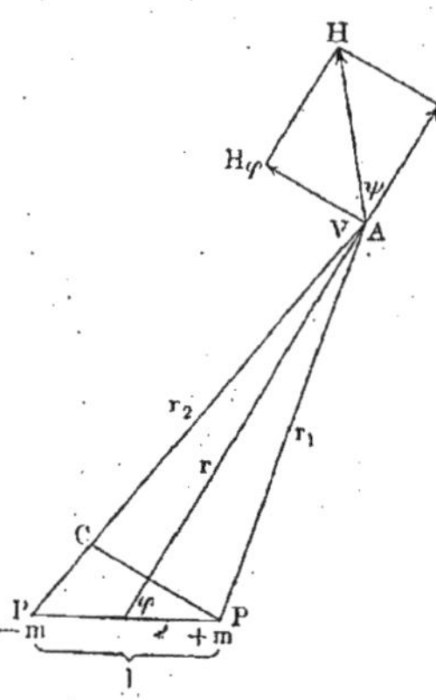

Fig. 170

En supposant l très petit relativement à r, on peut évidemment poser au dénominateur $r_1 r_2 = r^2$ et au numérateur $r_2 - r_1 = l\cos\varphi$. On obtient ainsi $V = \frac{ml\cos\varphi}{\mu r^2}$; mais ml est égal au moment magnétique M de l'aimant, et par suite

$$(13) \qquad V = \frac{M\cos\varphi}{\mu r^2}.$$

Le *moment magnétique* apparaît ici comme caractéristique de l'aimant donné. La composante H_r de l'intensité H, dans la direction de r est

$$(13,a) \qquad H_r = -\frac{\partial V}{\partial r} = \frac{2M\cos\varphi}{\mu r^3}.$$

La composante H_φ, dans la direction perpendiculaire à r, est

$$(13,b) \qquad H_\varphi = -\frac{1}{r}\frac{\partial V}{\partial \varphi} = \frac{M\sin\varphi}{\mu r^3}.$$

L'intensité H du champ au point A est

$$(13,c) \qquad H = \sqrt{H_r^2 + H_\varphi^2} = \frac{M}{\mu r^3}\sqrt{1 + 3\cos^2\varphi}\ :$$

l'angle ψ compris entre la direction de H et r est déterminé par la formule

$$(13,d) \qquad tg\psi = \frac{H_\varphi}{H_r} = \frac{1}{2}\,tg\varphi.$$

Appliquons l'expression (13) au cas où *l'aimant a la forme d'un prisme* (*fig.* 171), dont les bases S sont couvertes de magnétismes ayant respectivement pour densités superficielles $+k$ et $-k$: soit δ la hauteur du prisme, l la direction de l'axe magnétique ; nous supposerons qu'il n'existe pas de magnétisme libre sur la surface latérale du prisme et que δ est très petit comparativement à la distance $r = a$A. On a alors dans (13) $M = Sk\delta$ et φ est l'angle laA. Décrivons autour de A comme centre une sphère de rayon r et soit Ω l'angle solide sous lequel on voit la surface S du point A. Cet angle découpe dans la surface sphérique une certaine aire S' qui, pour Ω très petit, est $S' = S \cos \varphi$; on a en outre $S' = r^2\Omega$, de sorte que $S \cos \varphi = r^2\Omega$. Si on fait dans (13) $M = Sk\delta$ et $\cos \varphi = r^2\Omega : S$, il vient

$$V = \frac{Sk\delta r^2\Omega}{\mu S r^2} = \frac{k\delta\Omega}{\mu}. \tag{14}$$

Le potentiel du très petit aimant considéré en un point donné est proportionnel à l'angle solide sous lequel on voit de ce même point la base de l'aimant.

Passons maintenant à la détermination du potentiel d'un *aimant de forme quelconque et de dimensions finies* par rapport à sa distance au point A où l'on cherche le potentiel V. *Pour simplifier, nous supposerons* $\mu = 1$. Soient ξ, η, ζ, les coordonnées du point A et $dv = dxdydz$ un élément de volume de l'aimant au point x, y, z. La portion de l'aimant contenue dans le volume dv

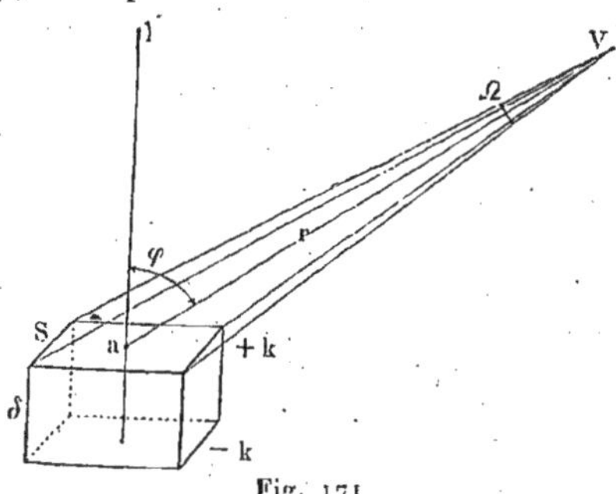

Fig. 171

peut être considérée comme un petit aimant. Si I est le degré de magnétisation au point x, y, z, le moment M de ce petit aimant est $Idv = Idxdydz$. Le potentiel correspondant dV au point A est, voir (13),

$$dV = \frac{I \cos (l,r)\, dxdydz}{r^2}$$

où

$$r^2 = (\xi - x)^2 + (\eta - y)^2 + (\zeta - z)^2,$$

$$\cos (l,r) = \cos (l,x) \cos (r,x) + \cos (l,y) \cos (r,y) + \cos (l,z) \cos (r,z).$$

On peut porter le degré de magnétisation I sur la direction de l'axe l ; soient A, B, C les composantes de ce vecteur suivant les axes de coordonnées, de sorte que $A = I \cos (l,x)$, etc. En remarquant que $\cos (r, x) = \frac{\xi - x}{r}$, etc., il vient

$$dV = \left(A \frac{\xi - x}{r^3} + B \frac{\eta - y}{r^3} + C \frac{\zeta - z}{r^3}\right) dxdydz.$$

On se rend facilement compte que $\frac{\partial \frac{1}{r}}{\partial x} = \frac{\xi - x}{r^3}$, etc., de sorte qu'on a finalement l'expression suivante

$$dV = \left(A \frac{\partial \frac{1}{r}}{\partial x} + B \frac{\partial \frac{1}{r}}{\partial y} + C \frac{\partial \frac{1}{r}}{dz} \right) dxdydz. \tag{15}$$

Cette formule donne le potentiel au point ξ, η, ζ qui est dû à la partie de l'aimant, dont le volume est $dxdydz$ et dont le vecteur de magnétisation a pour composantes A, B, C dans la direction des axes de coordonnées. Ces dernières composantes sont des fonctions de x, y, z et le potentiel dû à l'aimant entier est égal à

$$(16) \qquad V = \iiint \left(A \frac{\partial \frac{1}{r}}{dx} + B \frac{\partial \frac{1}{r}}{dy} + C \frac{\partial \frac{1}{r}}{dz} \right) dxdydz.$$

Considérons le premier terme de cette intégrale, que nous écrirons

$$(16, a) \qquad V_x = \iiint A \frac{\partial \frac{1}{r}}{\partial x} dxdydz = \iint dydz \int A \frac{\partial \frac{1}{r}}{\partial x} dx;$$

on a, en intégrant par parties,

$$\int A \frac{\partial \frac{1}{r}}{\partial x} dx = \left| \frac{A}{r} \right|_1^2 - \int \frac{1}{r} \frac{\partial A}{\partial x} dx.$$

Prenons pour élément de l'intégrale V_x un tube infiniment étroit (*fig.* 172) de section $dydz$, qui découpe sur la surface S de l'aimant deux aires dS_1 et

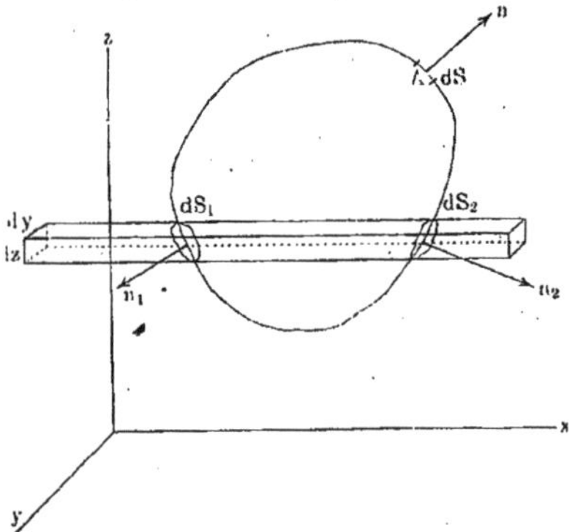

Fig. 172

dS_2 ; soient n_1 et n_2 les normales *extérieures* à ces aires, A_1, r_1 et A_2, r_2 les valeurs de A et r en dS_1 et dS_2. On a $dS_2 \cos(n_2, x) = - dS_1 \cos(n_1, x) = dydz$, d'après la convention sur le sens des normales ; par conséquent

$$V_x = \iint \frac{A_2}{r_2} \cos(n_2, x)\, dS_2 + \iint \frac{A_1}{r_1} \cos(n_1, x)\, dS_1 - \iiint \frac{1}{r} \frac{\partial A}{\partial x} dxdydz.$$

La première intégrale s'étend à tous les éléments dS_2 de sortie des tubes et la seconde à tous les éléments d'entrée. Il est clair que la totalité des éléments dS_1 et dS_2 donne la surface entière de l'aimant et on peut par suite écrire plus simplement

$$V_x = \iint \frac{\overline{A}}{r} \cos(n, x)\, dS - \iiint \frac{1}{r} \frac{\partial A}{\partial x}\, dxdydz,$$

où dS est un élément de la surface de l'aimant, n la normale *extérieure* à cet élément, $\overline{A}$ la valeur de la grandeur A à la surface de l'aimant. Si on transforme de la même manière les deux autres termes de l'intégrale (16), on obtient

$$(16, b) \quad \begin{cases} V = \iint \dfrac{\overline{A} \cos(n, x) + \overline{B} \cos(n, y) + \overline{C} \cos(n, z)}{r}\, dS \\ \qquad - \iiint \dfrac{1}{r} \left(\dfrac{\partial A}{\partial x} + \dfrac{\partial B}{\partial y} + \dfrac{\partial C}{\partial z} \right) dxdydz. \end{cases}$$

Cette expression montre que V peut être considéré comme le potentiel de masses *fictives*, dont les unes se trouvent *sur la surface* S de l'aimant et ont pour densité superficielle

$$(17) \qquad k = \overline{A} \cos(n, x) + \overline{B} \cos(n, y) + \overline{C} \cos(n, z),$$

les autres étant situées *à l'intérieur* de l'aimant et ayant pour densité de volume

$$(18) \qquad \rho = -\left(\frac{\partial A}{\partial x} + \frac{\partial B}{\partial y} + \frac{\partial C}{\partial z} \right).$$

En substituant, comme on le fait souvent, au signe d'intégrale multiple, celui de l'intégrale de surface ou de volume, on a finalement

$$(19) \qquad V = \int \frac{k dS}{r} + \int \frac{\rho dv}{r}.$$

Si $\overline{I}$ est la magnétisation à la surface, on a $\overline{A} = \overline{I} \cos(\overline{I}, x)$, etc., et par suite on peut écrire au lieu de (17)

$$(20) \qquad k = \overline{I} \cos(\overline{I}, n).$$

La densité superficielle est égale à la projection sur la normale extérieure de l'aimantation à la surface. Par convention, nous appelons *magnétisme libre* les masses magnétiques fictives de surface ou de volume. Les formules (17) ou (20) et (18) montrent que *la distribution du magnétisme libre dépend de celle de l'aimantation* I (A, B, C). Nous considérerons plus loin quelques cas particuliers ; auparavant, nous envisagerons celui où *l'aimantation est uniforme*, c'est-à-dire où I, et par suite aussi A, B, C ont la même grandeur et la même direction en tous les points de l'aimant. Lorsque l'on a

$$(21) \qquad I = const.$$

et partout la même direction pour ce vecteur, alors

(21, *a*) $$\rho = 0,$$

(21, *b*) $$V = I \int \frac{\cos(I, n)}{r} dS.$$

Comme I est le moment magnétique de l'unité de volume, il est clair que, dans le cas d'une magnétisation uniforme, le moment M de l'aimant de volume v est

(21, *c*) $$M = Iv.$$

Dans un *aimant prismatique*, dont l'axe géométrique est parallèle à I, on a sur la surface latérale $\cos(I, n) = 0$, par suite $k = 0$; sur les bases, $(\cos I, n) = \pm 1$. *Il ne se trouve de magnétisme libre que sur les bases; la densité de ce magnétisme est en valeur absolue égale au degré d'aimantation du prisme.* Soit s l'aire de l'une et l'autre base, L la longueur de l'aimant; la quantité de magnétisme est égale à $m = \pm Is$; les pôles se trouvent aux centres de gravité des bases; la distance entre les pôles est L. Le moment magnétique est $M = mL = IsL = Iv$, ce qui est d'accord avec (21, *c*).

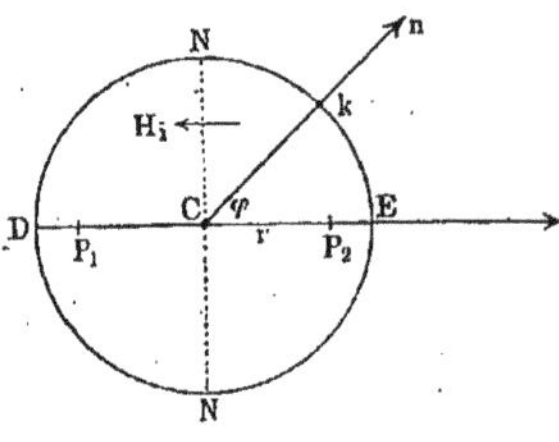

Fig. 173

Avec une *sphère aimantée uniformément* de rayon r, on a $k = I\cos(I, n) = I\cos\varphi$ (*fig.* 173). L'hémisphère NEN est couvert de magnétisme nord, l'hémisphère NDN de magnétisme sud; la densité est proportionnelle à $\cos\varphi$; sur l'équateur NN, elle est nulle. La quantité totale m de magnétisme de même nom est

(22) $$m = \int_{\varphi=0}^{\varphi=\frac{\pi}{2}} \int_{\psi=0}^{\psi=2\pi} I\cos\varphi . r^2 \sin\varphi d\varphi d\psi = \pi I r^2.$$

Le moment M est égal à $Iv = \frac{4}{3}\pi r^3 I$; or $M = ml$, l étant la distance P_1P_2 entre les pôles; par suite

(22, *a*) $$l = \frac{M}{m} = \frac{\frac{4}{3}\pi r^3 I}{\pi I r^2} = \frac{4}{3} r.$$

Il résulte de là que $CP_1 = CP_2 = \frac{2}{3} r$. On obtient le même résultat, si on détermine les positions des centres de gravité des masses $+ m$ et $- m$. Nous avons considéré au § **10** du Chap. I du premier Livre le cas où une sphère est couverte d'électricité, dont la densité k est proportionnelle au cosinus de la latitude. On a alors *à l'intérieur de la sphère* un champ uniforme; l'intensité ψ du champ et la densité k sont déterminées par les formules (72, *a*), (72, *b*), pages 142, 143 et on a $\psi = -$ F. Désignons maintenant par H_i l'intensité d'un *champ magnétique à l'intérieur* de la sphère ; comme ce vecteur a une direction *opposée* à celle de I (voir *fig.* 173), on a

$$k = I \cos \varphi = -\frac{3}{4\pi} H_i \cos \varphi,$$

d'où

$$H_i = -\frac{4}{3}\pi I. \tag{22, b}$$

Considérons encore une *plaque très mince, infiniment étendue et uniformément aimantée* ; supposons que l'aimantation I soit normale aux faces de la plaque. On a, comme dans le cas d'un cylindre, pour la densité du magnétisme libre sur les faces de la plaque, $k = \pm$ I. Chacune des deux faces donne, *à l'intérieur* de la plaque, la force $2\pi k = 2\pi I$, dirigée de la face nord vers la face sud, c'est-à-dire en sens inverse de I. On obtient ainsi, pour l'intensité du champ *à l'intérieur de la plaque*,

$$H_i = -4\pi I. \tag{22, c}$$

Nous avons établi les formules qui permettent de calculer le potentiel V d'un aimant donné. Les surfaces V = *const.* sont les surfaces de niveau du potentiel ; en construisant les trajectoires orthogonales de ces surfaces, on obtient les *lignes de force* du champ magnétique de l'aimant. Dans le cas très simple où on a deux pôles P_1 et P_2 (*fig.* 174), renfermant des *quantités égales de magnétismes de noms contraires*, le potentiel V au point M est égal à $\frac{m}{r_1} - \frac{m}{r_2}$ et par suite l'équation des surfaces de niveau du potentiel est

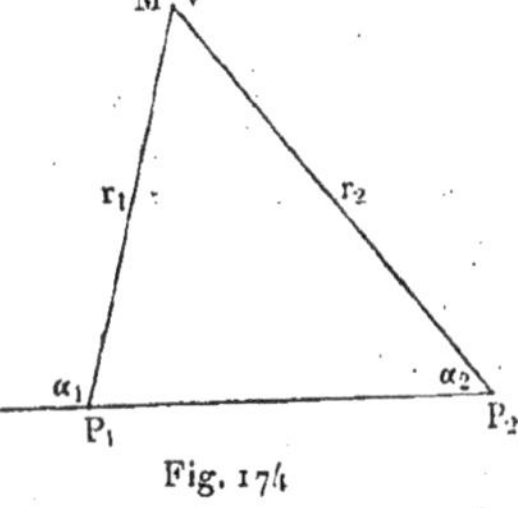

Fig. 174

$$\frac{1}{r_1} - \frac{1}{r_2} = const. \tag{23}$$

L'équation des *lignes de force* est

$$\cos \alpha_1 - \cos \alpha_2 = const., \tag{23, a}$$

où α_1 et α_2 sont les angles que font les rayons vecteurs r_1, r_2 avec l'axe de l'aimant. Dans le cas de deux pôles *égaux et de même nom*, on obtient pour l'équation des *surfaces de niveau de potentiel*

$$\frac{1}{r_1} + \frac{1}{r_2} = const. \tag{23, b}$$

et pour l'équation des *lignes de force*

$$\cos \alpha_1 + \cos \alpha_2 = const. \tag{23, c}$$

MAXWELL, LINDECK, EBERT et d'autres encore ont proposé diverses méthodes pour tracer ces lignes.

Nous allons maintenant déterminer l'*énergie d'un aimant amené dans un champ magnétique donné*. Comme les notations V et H (α, β, γ) se rapportent jusqu'ici au *potentiel* et à l'*intensité du champ de l'aimant lui-même*, nous désignerons le potentiel et l'intensité du champ magnétique donné par V' et H' (α', β', γ'.)

Considérons d'abord un aimant infiniment petit, qui renferme les quantités $+m$ et $-m$ de magnétisme; soient dl la distance entre les pôles, V'_1 et V'_2 les valeurs du potentiel V' en ces pôles. La formule (42, *b*), page 453, donne, pour l'énergie potentielle dW de l'aimant,

$$dW = m(V'_1 - V'_2) = m\,dl\,\frac{\partial V'}{\partial l} = -mH'_l dl, \tag{23, d}$$

H'_l étant la composante du champ dans la direction l, qui *va* de $-m$ à $+m$. Soit I (A, B, C), comme auparavant, l'aimantation du petit aimant, dv son volume. On a $m\,dl = I\,dv$, les deux expressions représentant le moment magnétique et par suite

$$dW = -IH'_l dv = -IH' \cos(H', l)\, dv.$$

En outre, $\cos(H', l) = \cos(H', x)\cos(l, x) + \cos(H', y)\cos(l, y) + \cos(H', z)\cos(l, z)$ et $I\cos(l, x) = A$, etc., $H'\cos(H', x) = \alpha'$, etc. ; on a donc

$$dW = -(A\alpha' + B\beta' + C\gamma')\, dv, \tag{24}$$

et par conséquent, pour l'*énergie potentielle d'un aimant fini*,

$$W = -\int (A\alpha' + B\beta' + C\gamma')\, dv. \tag{25}$$

Cette formule peut aussi s'établir autrement, en envisageant le *magnétisme libre* dont les densités k et ρ sont données par les formules (17) et (18). On a, d'après (42, *b*) page 453,

$$W = \int V' \frac{k\,ds}{r} + \int V' \frac{\rho\,dv}{r};$$

en transformant cette expression, on retrouve (25).

Dans le cas d'un champ extérieur *uniforme*, les grandeurs α', β', γ' sont constantes; en substituant $\alpha' = H'\cos(H', x)$, etc., on a

$$W = -H' \left\{ \cos(H', x) \int A\,dv + \cos(H', y) \int B\,dv + \cos(H', z) \int C\,dv \right\}.$$

Soit M le moment magnétique de l'aimant; la composante $M\cos(M, x)$ suivant l'axe des x est évidemment la somme des composantes suivant cet axe des moments Idv des aimants élémentaires dans lesquels l'aimant donné peut être décomposé. On a donc

$$M \cos (M, x) = \int I \cos (I, x)\, dv = \int A dv.$$

En remplaçant les intégrales par leur valeur, on obtient

$$W = -H'M \{\cos (H', x) \cos (M, x) + \cos (H', y) \cos (M, y) + \cos (H', z) \cos (M, z)\}$$

ou

(26) $$W = -H'M \cos (H', M).$$

L'énergie *potentielle* est minimum et par suite l'équilibre de l'aimant est *stable*, lorsque $\cos (H', M) = 1$, c'est-à-dire quand l'axe de l'aimant est parallèle aux lignes de force, ce qui concorde avec la fin du § **2** (page 469).

Nous rappellerons que toutes les formules de ce paragraphe ont été établies dans l'hypothèse où la perméabilité magnétique du milieu $\mu = 1$. *Si* μ *n'est pas égal à un, il faut, dans les expressions de* V, *introduire* μ *au dénominateur.*

4. Potentiel et énergie d'une double couche magnétique (feuillet magnétique). — Nous avons indiqué au § **4** du Chapitre précédent les propriétés du champ magnétique qui sont analogues à celles du champ électrique et nous avons alors rencontré la notion de double couche magnétique, que l'on appelle aussi *feuillet magnétique*. Nous avons appelé moment ou encore *puissance* du feuillet magnétique le produit $\omega = k\delta$, où δ est l'épaisseur du feuillet, $\pm k$ la densité superficielle qui est la même sur les deux faces du feuillet. Le feuillet est *simple*, quand, en tous ses points, ω a la même grandeur ; *composé*, lorsque ω a une grandeur variable. Quand nous parlerons dans la suite d'un *feuillet*, nous sous-entendrons toujours qu'il s'agit d'un feuillet *simple*.

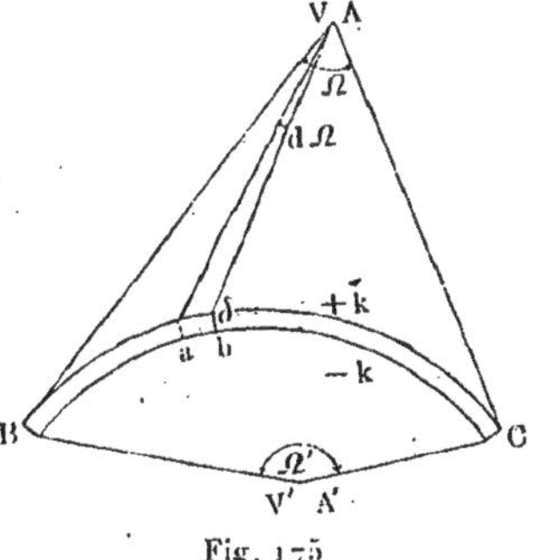

Fig. 175

Cherchons la grandeur du potentiel V d'un feuillet magnétique BC (*fig.* 175) en un point donné A. Partageons le feuillet en éléments et soit *ab* l'un de ces éléments. dV son potentiel au point A. Cet élément *ab* représente précisément le petit aimant dont le potentiel est déterminé par la formule (14), page 471, où nous devons écrire maintenant, pour l'angle solide, $d\Omega$ au lieu de Ω. Comme $k\delta$ est la puissance ω du feuillet magnétique, on a

$$dV = \frac{\omega}{\mu} d\Omega,$$

d'où, pour le *potentiel* V *du feuillet magnétique* (simple) au point A,

(27) $$V = \frac{\omega}{\mu} \Omega,$$

où $\omega = k\delta$ est *la puissance du feuillet*, Ω *l'angle solide sous lequel on voit du point* A *le contour du feuillet*. Si d'un autre point A', c'est le côté négatif ou face sud du feuillet qui est visible, le potentiel V' au point A' est égal à

$$V' = -\frac{\omega}{\mu}\,\Omega', \tag{27, a}$$

Ω' étant l'angle solide sous lequel est vu le contour. Lorsque les deux faces du feuillet sont l'une et l'autre en partie visibles du point donné, $V = \frac{\omega}{\mu}\int d\Omega$ renferme des éléments de noms contraires, qui s'ajoutent algébriquement.

Supposons que les points A et A' se rapprochent indéfiniment d'un même

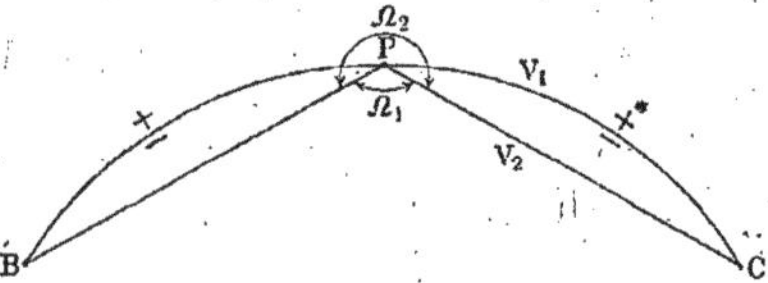

Fig. 176

point P du feuillet (*fig.* 176), que nous considérons comme infiniment mince. On a alors, à la surface du feuillet, du côté *positif* le potentiel $V_1 = \frac{\omega}{\mu}\Omega_1$, du côté négatif le potentiel $V_2 = -\frac{\omega}{\mu}\Omega_2$; mais $\Omega_1 + \Omega_2 = 4\pi$ et par suite $V_2 = -\frac{\omega}{\mu}(4\pi - \Omega_1) = \frac{\omega}{\mu}\Omega_1 - 4\pi\frac{\omega}{\mu} = V_1 - 4\pi\frac{\omega}{\mu}$; on voit donc que

$$V_1 - V_2 = 4\pi\frac{\omega}{\mu}, \tag{27, b}$$

ce qui concorde entièrement avec (40), page 451, car, dans le calcul du potentiel, nous avons envisagé un milieu de perméabilité magnétique μ.

La formule (27) montre que le potentiel V d'un feuillet magnétique et par suite aussi la force qui agit en un point quelconque A, ne dépendent pas du tout de la forme de la surface de ce feuillet, mais seulement de son contour. Quand on fait varier la surface, il ne faut pas cependant franchir le point A, car dans ce passage le potentiel change brusquement de la quantité $4\pi\omega : \mu$ et l'intensité H change de sens.

Dans un feuillet magnétique dont la surface est fermée, on a $\Omega = 0$ et $\Omega' = 4\pi$, de sorte que

$$V = 0, \quad V' = -\frac{4\pi\omega}{\mu} = const.\,;$$

l'intensité du champ est évidemment nulle, aussi bien à l'extérieur qu'à l'intérieur du feuillet fermé.

Les surfaces de niveau du potentiel d'un feuillet magnétique sont les surfaces

$$\Omega = const. \tag{27, c}$$

L'intensité du champ, qui est dirigée suivant la normale n à la surface (27, c), a pour grandeur

$$H = -\frac{\partial V}{\partial n} = -\frac{\omega}{\mu}\frac{\partial \Omega}{\partial n}. \tag{27, d}$$

Proposons-nous de déterminer la valeur de l'*énergie potentielle d'un feuillet magnétique*, amené dans un champ magnétique d'intensité H'. Soit dW l'énergie potentielle d'un élément d'aire dS de ce feuillet. D'après la formule (23, d), page 476,

$$dW = -mH'_l dl,$$

où m désigne la quantité de magnétisme en chacun des pôles de l'élément considéré ; on a $m = kdS$, k représentant la densité superficielle du magnétisme sur chaque face du feuillet ; en outre, $dl = \delta$, qui est l'épaisseur de la double couche ; enfin H'_l est la composante de l'intensité du champ dans la direction l et dans le sens de $-m$ vers $+m$, c'est-à-dire du côté négatif (sud) du feuillet vers le côté positif (nord). Nous désignerons cette direction, qui est *normale* à la surface S, par n. On a ainsi

$$dW = -k\delta H'_n dS = -\omega H'_n dS, \tag{27, e}$$

en remarquant que $k\delta = \omega$; d'où

$$W = -\omega \int H_n dS.$$

Mais la direction n étant perpendiculaire à dS, la dernière intégrale n'est autre que le *flux de force* Φ' ou le nombre total N de lignes de force, voir (12, c), page 442, qui passent à l'intérieur du contour du feuillet, voir (12, b), page 442. On a donc

$$W = -\omega\Phi' = -\omega N. \tag{28}$$

L'énergie potentielle d'un feuillet magnétique est égale au produit, affecté du signe moins, de la puissance du feuillet par le flux de force Φ' *ou par le nombre total de lignes de force, qui passent à l'intérieur du contour du feuillet dans le sens de la face négative vers la face positive.* Le signe moins indique que lorsque Φ' est positif, c'est-à-dire quand les lignes de force ont effectivement le sens indiqué, les forces magnétiques, dans le déplacement du feuillet de la position qu'il occupe à l'infini, effectuent un travail négatif, tandis que les forces extérieures, qui déplacent le feuillet, effectuent un travail positif.

Envisageons le cas très important où *le champ extérieur est dû lui-même à la présence d'un autre feuillet magnétique.* Désignons par ω_1 la puissance du premier feuillet, par ω_2 celle du second, qui donne naissance au champ extérieur. Soit en outre $\Phi_{1,2} = N_{1,2}$ le flux ou le nombre total de lignes de force qui passent à l'intérieur du contour du premier feuillet et sortent du second. Désignons par $W_{1,2}$ l'énergie potentielle cherchée. La formule (28) donne

$$W_{1,2} = -\omega_1\Phi_{1,2} = -\omega_1 N_{1,2} ; \tag{28, a}$$

mais le flux total des lignes de force qui sortent du *second* feuillet est proportionnel à la puissance ω_2 de ce second feuillet, comme le montre la formule (27, *d*) ; la partie $\Phi_{1,2}$ de ce flux, qui passe à l'intérieur du contour du *premier* feuillet, doit donc être aussi proportionnelle à ω_2. Soit $\frac{L_{1,2}}{\mu}$ le facteur de proportionnalité, c'est-à-dire posons

$$(29) \qquad \Phi_{1,2} = N_{1,2} = \frac{L_{1,2}}{\mu}\,\omega_2.$$

Le facteur $L_{1,2}$ *ne dépend évidemment que de la grandeur, de la forme et de la position relative des contours des deux feuillets magnétiques : c'est une grandeur d'un caractère purement géométrique.* En portant (29) dans (28, *a*), il vient

$$(30) \qquad W_{1,2} = -\frac{\omega_1\omega_2}{\mu}\,L_{1,2}.$$

Désignons maintenant par $W_{2,1}$ l'énergie potentielle du *second* feuillet, qui se trouve dans le champ magnétique dû au *premier* feuillet. Soit $\Phi_{2,1} = N_{2,1}$ le flux ou le nombre total de lignes de force qui sortent du *premier* feuillet et viennent passer à l'intérieur du contour du *second*. Comme dans la formule (28, *a*), on a

$$(30, a) \qquad W_{2,1} = -\omega_2\Phi_{2,1} = -\omega_2 N_{2,1}.$$

La grandeur $\Phi_{2,1} = N_{2,1}$ est proportionnelle à ω_1 ; soit

$$(30, b) \qquad \Phi_{2,1} = N_{2,1} = \frac{L_{2,1}}{\mu}\,\omega_1,$$

où $L_{2,1}$ est une grandeur purement géométrique comme $L_{1,2}$. Les formules (30, *a*) et (30, *b*) donnent

$$(30, c) \qquad W_{2,1} = -\frac{\omega_1\omega_2}{\mu}\,L_{2,1}.$$

Des formules que nous venons d'établir découlent une série de conséquences très importantes. $W_{1,2}$ est le travail qu'il faut effectuer pour amener le premier feuillet à une distance infinie du second ; $W_{2,1}$ est le travail dans un même déplacement du second feuillet par rapport au premier. Ces grandeurs sont évidemment égales, car elles représentent le travail nécessaire *pour amener les deux feuillets à une distance infinie l'un de l'autre*. On a donc

$$(30, d) \qquad W_{1,2} = W_{2,1}.$$

Nous conserverons par suite la seule notation $W_{1,2}$ et nous l'appellerons l'*énergie potentielle des deux feuillets magnétiques*. Les formules (30) et (30, *c*) donnent alors

$$(31) \qquad L_{1,2} = L_{2,1}.$$

Les grandeurs géométriques $L_{1,2}$ *et* $L_{2,1}$ *qui entrent respectivement dans les formules* (30) *et* (30, *c*) *sont égales*. Nous conserverons la seule notation $L_{1,2}$ et nous nommerons cette grandeur le *coefficient d'induction mutuelle des contours des deux feuillets magnétiques dans le vide* ($\mu = 1$). Nous indiquerons dans la suite l'origine de cette dénomination.

Lorsqu'on a fait choix des notations $W_{1,2}$ et $L_{1,2}$, *on doit conserver aussi seulement la formule* (30). Les formules (29), (30, *b*) et (31) donnent maintenant

$$\frac{\Phi_{1,2}}{\Phi_{2,1}} = \frac{N_{1,2}}{N_{2,1}} = \frac{\omega_2}{\omega_1}. \tag{32}$$

Dans le cas particulier où $\omega_1 = \omega_2$, on a

$$\left\{ \begin{aligned} \Phi_{1,2} &= \Phi_{2,1}, \\ N_{1,2} &= N_{2,1}. \end{aligned} \right. \tag{33}$$

Quand on a deux feuillets magnétiques de forme quelconque, mais de même puissance, le flux ou le nombre total des lignes de force, qui sortent du premier feuillet et passent à l'intérieur du contour du second, est égal au flux ou au nombre total des lignes de force, qui sortent du second feuillet et passent à l'intérieur du contour du premier. Il n'est pas difficile de traduire également en langage ordinaire la formule plus générale (32). La formule (30) exprime maintenant que l'*énergie potentielle de deux feuillets magnétiques est égale au produit changé de signe des puissances* ω_1 *et* ω_2 *de ces feuillets, multiplié par le coefficient d'induction mutuelle* $L_{1,2}$ *de leurs contours*.

Il existe différentes formules pour le calcul de la grandeur $L_{1,2}$; nous établirons l'une d'entre elles. Dans la figure 177, les feuillets magnétiques sont

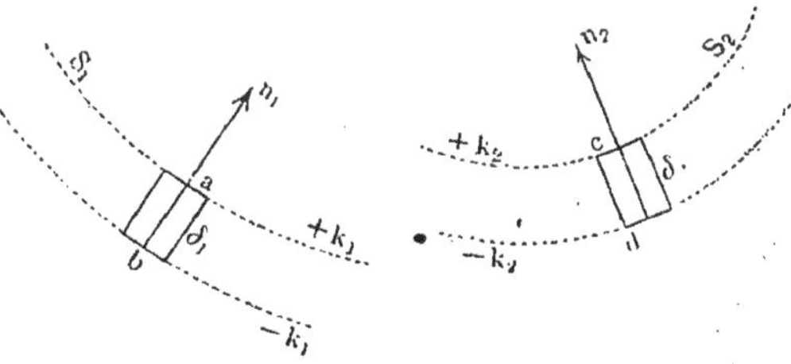

Fig. 177

représentés par des lignes en pointillé. Prenons deux éléments infiniment petits *ab* et *cd* de ces feuillets, dont les aires sont respectivement dS_1 et dS_2 ; soient n_1 et n_2 les normales aux faces positives de ces éléments, r la distance entre *ab* et *cd*, que l'on peut prendre égale à *ac*. Désignons enfin l'énergie potentielle des deux éléments par $w_{1,2}$ et soient V_a, V_b les potentiels de l'aimant *cd* aux points *a* et *b*. On a évidemment

$$w_{1,2} = k_1 dS_1 \left(V_a - V_b\right) ; \tag{34}$$

mais

$$V_a = \frac{k_2 dS_2}{\mu}\left(\frac{1}{ac} - \frac{1}{ad}\right); \tag{34, a}$$

on a $\frac{1}{ac} = \frac{1}{r}$ et $\frac{1}{ad}$ se déduit de $\frac{1}{ac}$ par un déplacement $dn_2 = -\delta_2$ dans la direction n_2, de sorte que

$$\frac{1}{ad} = \frac{1}{r} + \frac{\partial \frac{1}{r}}{\partial n_2} dn_2 = \frac{1}{r} - \frac{\partial \frac{1}{r}}{\partial n_2} \delta_2 ;$$

on a donc

$$(34, b) \qquad V_a = \frac{1}{\mu} k_2 \delta_2 dS_2 \frac{\partial \frac{1}{r}}{\partial n_2}.$$

V_b se déduit de V_a par un déplacement $dn_1 = -\delta_1$ dans la direction n_1 et par suite

$$V_b = V_a + \frac{\partial V_a}{\partial n_1} dn_1 = V_a - \frac{\partial V_a}{\partial n_1} \delta_1,$$

d'où

$$V_a - V_b = \frac{\partial V_a}{\partial n_1} \delta_1 = \frac{1}{\mu} k_2 \delta_1 \delta_2 dS_2 \frac{\partial^2 \frac{1}{r}}{\partial n_1 \partial n_2}.$$

En portant cette valeur dans (34) et en posant $k_1\delta_1 = \omega_1$, $k_2\delta_2 = \omega_2$, on obtient

$$(34, c) \qquad w_{1,2} = \frac{\omega_1 \omega_2}{\mu} \frac{\partial^2 \frac{1}{r}}{\partial n_1 \partial n_2} dS_1 dS_2,$$

d'où, pour l'*énergie potentielle totale des deux feuillets*,

$$(35) \qquad W_{1,2} = \frac{\omega_1 \omega_2}{\mu} \iint \frac{\partial^2 \frac{1}{r}}{\partial n_1 \partial n_2} dS_1 dS_2.$$

Si on compare cette expression à (30), on trouve, pour le *coefficient d'induction mutuelle de deux feuillets dans le vide*,

$$(36) \qquad L_{1,2} = -\iint \frac{\partial^2 \frac{1}{r}}{\partial n_1 \partial n_2} dS_1 dS_2.$$

Dans (35) et (36), chacune des intégrations simples s'étend à tous les éléments de la surface du feuillet correspondant.

5. Magnétisme libre. — Nous avons rencontré, dans ce qui précède, deux grandeurs caractéristiques de l'état magnétique d'un corps : le degré d'aimantation ou simplement l'*aimantation* I et le *magnétisme libre*, magnétisme superficiel et de volume. La première de ces grandeurs I, qui est vectorielle et dont nous avons désigné les composantes par A, B, C, détermine l'état magnétique *vrai* d'une substance en un point donné. Elle est égale au *moment magnétique de l'unité de volume* en ce point, c'est-à-dire au moment dM d'un élément infiniment petit de l'aimant, qu'on imagine isolé du corps entier, divisé par le volume dv de cet élément. Le magnétisme libre est une substance *fictive*, dont l'action, obéissant à une loi déterminée, peut être substituée à celle qui se manifeste réellement dans l'espace, en présence du corps magnétisé. Nous avons trouvé, pour la *densité k du magnétisme libre superficiel*, les formules (17) et (20), page 473,

$$k = \bar{I} \cos(\bar{I}, n) = \bar{A} \cos(n, x) + \bar{B} \cos(n, y) + \bar{C} \cos(n, z), \tag{37}$$

où $\bar{I}$ ($\bar{A}$, $\bar{B}$, $\bar{C}$) désigne l'aimantation à la surface, n la normale *extérieure* à cette surface. Pour la *densité de volume ρ du magnétisme libre intérieur*, on a la formule (18),

$$\rho = -\left(\frac{\partial A}{\partial x} + \frac{\partial B}{\partial y} + \frac{\partial C}{\partial z}\right). \tag{38}$$

Considérons d'abord le magnétisme libre *intérieur*. La formule (38) montre que $\rho = 0$ pour $I = const.$ et que *la présence du magnétisme libre est due à la non-invariabilité de I, c'est-à-dire à la non-uniformité de l'aimantation vraie*. Cette dépendance entre ρ et I peut s'expliquer d'une manière élémentaire comme il suit. Envisageons deux éléments voisins a et b de l'aimant SN (*fig.* 178) ; soit σ l'aire de la base, Δx la longueur de l'élément a, I son ai-

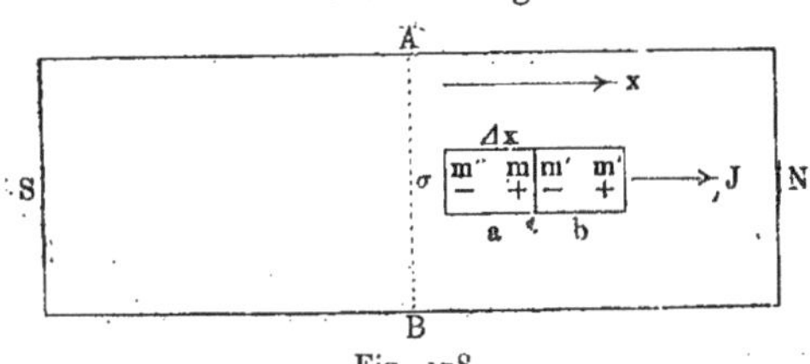

Fig. 178

mantation, le vecteur I ayant la direction de l'axe des x. Aux extrémités de l'élément a se trouvent les magnétismes $\pm m$, qui deviendraient des magnétismes *libres*, si on isolait de l'aimant cet élément. L'aimantation de l'élément b est égale à $I + \Delta I$; à ses extrémités se trouvent les magnétismes $\pm m'$. Le moment magnétique de l'élément a est égal à $m\Delta x$; il a aussi pour expression $I.\ \sigma\Delta x$, de sorte qu'on a $m = \sigma I$. De la même manière, on a $m' = \sigma(I + \Delta I)$. Si on admet que $(+m)$ et $(-m')$ sont dans un même plan, on obtient, pour le magnétisme libre dans ce plan,

$$m - m' = -\sigma\Delta I = -\sigma \frac{\partial I}{\partial x} \Delta x.$$

A la limite, on peut admettre que ce magnétisme libre est distribué dans le volume $\sigma\Delta x$ de l'élément a ; sa densité de volume est alors

$$\rho = \frac{m - m'}{\sigma\Delta x} = -\frac{\partial I}{\partial x}. \tag{39}$$

Nous avons supposé que I a la direction de l'axe des x ; nous laissons au lecteur le soin d'établir la formule plus générale (38), en considérant, comme nous avons eu à le faire à maintes reprises dans ce Traité, un parallélépipède infiniment petit, dont les arêtes sont Δx, Δy, Δz.

Dans les méthodes d'aimantation usuelles, on obtient le magnétisme nord (+) sur toute la moitié nord du corps qu'on aimante, le magnétisme sud (—) sur toute la moitié sud. La formule (39) montre qu'il est nécessaire pour cela que le *maximum* I_m de I corresponde à la zone indifférente ; autrement dit, *l'aimantation réelle doit aller en diminuant du milieu* AB *de l'aimant vers ses deux extrémités*. Un aimant est donc ordinairement aimanté plus fortement à l'endroit où précisément la densité du magnétisme libre fictif est nulle.

Nous devons remarquer que le raisonnement que nous venons de faire sur la figure 178 n'est pas tout à fait rigoureux. Nous avons supposé que les quantités de magnétisme $+ m$ d'un élément de l'aimant et $- m'$ de l'élément voisin se composaient pour ainsi dire de manière à former une seule masse $m - m'$. En réalité, une telle composition des masses peut être irréalisable ; les particules aimantées les plus petites sont, en effet, probablement séparées les unes des autres par des intervalles.

Nous laissons également au lecteur le soin de démontrer que la quantité totale de magnétisme libre *de même signe* (magnétisme superficiel et magné-

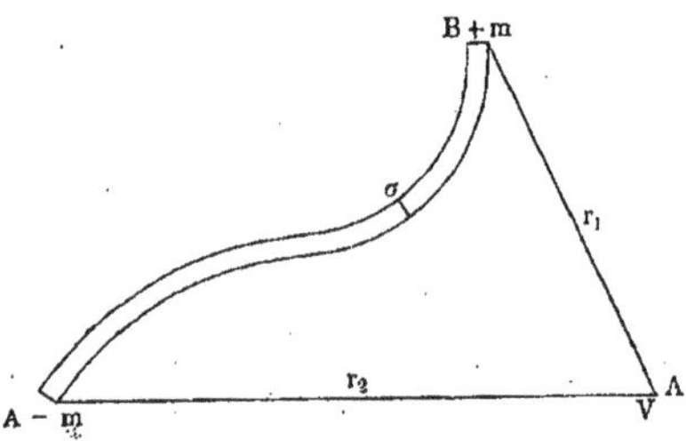

Fig. 164

tisme intérieur), qui se trouve dans une moitié de l'aimant, est numériquement égale au maximum I_m de l'aimantation qui a lieu dans la zone neutre AB.

Considérons maintenant quelques cas particuliers d'aimantation. Soit un aimant infiniment délié AB (*fig.* 179) de section constante σ, aimanté uniformément de telle sorte que le vecteur $I = const.$ ait partout la direction de l'axe géométrique de l'aimant. Il est clair que $k = 0$ sur la surface latérale, car, pour cette surface, on a, dans la formule (37),

$$\cos(I, n) = 0 ;$$

en outre, $\rho = 0$ partout, puisque A, B et C dans (38) sont des grandeurs constantes. Il ne se trouve de magnétisme libre qu'aux extrémités A et B, qui sont les pôles de l'aimant. On appelle un tel aimant filiforme uniformément aimanté un *solénoïde magnétique*. La quantité $\pm m$ de magnétisme libre aux pôles est égale à $\pm I\sigma$, la formule (37) donnant $k = \bar{I} = I$. Le potentiel V en un point A a pour valeur, *lorsque la perméabilité magnétique du milieu environnant* $\mu = 1$,

$$V = I\sigma\left(\frac{1}{r_1} - \frac{1}{r_2}\right). \tag{40}$$

Le potentiel d'un solénoïde magnétique ne dépend aucunement de la forme du solénoïde, mais seulement de la position de ses extrémités. Un *solénoïde magnétique fermé* donne en tous les points de l'espace $V = 0$, par suite aussi $H = 0$. Il ne renferme aucun magnétisme libre et n'exerce aucune action magnétique extérieure ; il peut néanmoins posséder une aimantation très forte. Un tel solénoïde annulaire représente une *chaîne magnétique fermée.*

Parmi les différentes distributions de l'aimantation dans les aimants de forme et de grandeur quelconques, l'aimantation *solénoïdale* et l'aimantation *lamellaire* offrent un intérêt tout particulier.

L'aimantation est dite *solénoïdale*, quand tout l'aimant peut être décomposé en solénoïdes magnétiques. On a partout, dans un tel aimant,

$$\rho = 0, \tag{41}$$

ou, voir (38),

$$\frac{\partial A}{\partial x} + \frac{\partial B}{\partial y} + \frac{\partial C}{\partial z} = 0. \tag{41, a}$$

Cette dernière équation exprime la condition pour qu'il y ait aimantation solénoïdale.

Le potentiel de l'aimant est, dans ce cas, voir (37),

$$V = \int \frac{k dS}{r} = I \int \frac{\cos(I, n)}{r} dS. \tag{41, b}$$

L'aimantation est dite *lamellaire*, quand tout l'aimant peut être décomposé en un nombre infini de *feuillets magnétiques simples*. Chaque feuillet possède une puissance déterminée et se trouve porté par une certaine surface S (*fig.* 180). L'aimantation I a, en chaque point, une direction normale à la surface S qui passe par ce point. Soit *ab* l'un de ces feuillets magnétiques infiniment minces, *n* la normale à sa surface, *dn* son épaisseur. La puissance de ce feuillet est une grandeur infiniment petite égale à $k dn$, où k est la densité *finie* du magnétisme libre, qui se manifesterait à la surface S, si on séparait le feuillet *ab* de l'aimant. Découpons, dans le feuillet, un élément d'aire dS et de volume $dv = dS dn$. Le moment magnétique de cet élément est $k dS dn = k dv$; d'autre part ce moment est égal à $I dv$, par suite $I = k$, et la *puissance du feuillet* est par conséquent égale à $I dn$, I étant dans la direction

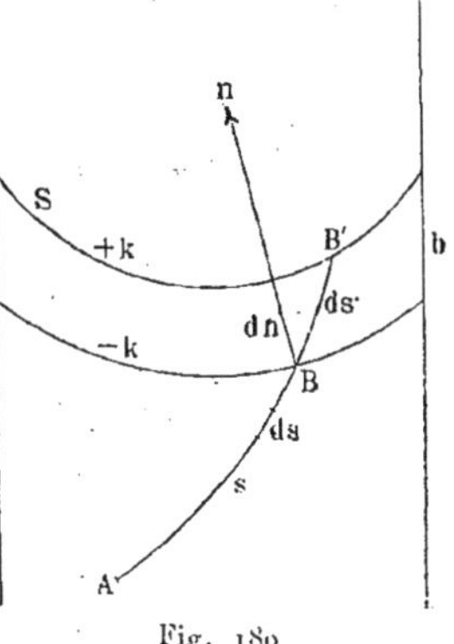

Fig. 180

de la normale n. Soit A un point quelconque pris pour origine ; si on passe de ce point, suivant une courbe quelconque s, en un point quelconque B sur la surface du feuillet considéré, la somme des puissances de tous les feuillets traversés par la courbe s ne dépend évidemment ni de la forme de cette courbe s, ni de la position du point B sur la surface S. Cette somme est une fonction des coordonnées x, y, z du point B et les surfaces S des feuillets traversés sont ses surfaces de niveau. Nous désignerons cette fonction par $\varphi(x, y, z)$; on peut lui donner la forme symbolique

$$\varphi = \int_A^B I dn = \int_A^B I \cos(dn, ds)\, ds = \int_A^B I \cos(I, ds)\, ds. \tag{42}$$

L'orsqu'on traverse la double couche ab de B en B′, la fonction φ s'accroît de $d\varphi = I dn$; on a donc

$$I = \frac{\partial \varphi}{\partial n}. \tag{43}$$

Nous appellerons la fonction φ le *potentiel d'aimantation* : ce potentiel joue par rapport à I le même rôle que le potentiel V par rapport à l'intensité H. La formule (43) donne

$$d\varphi = I dn = I \cos(I, ds)\, ds ;$$

mais on a $I \cos(I, ds)\, ds = A dx + B dy + C dz$, où $A = I \cos(I, n)$, etc., $dx = ds \cos(ds, dx)$, etc. On obtient ainsi

$$A dx + B dy + C dz = d\varphi,$$

d'où

$$A = \frac{\partial \varphi}{\partial x}, \qquad B = \frac{\partial \varphi}{\partial y}, \qquad C = \frac{\partial \varphi}{\partial z}. \tag{43, a}$$

On en déduit que

$$\left\{ \begin{aligned} \frac{\partial A}{\partial y} - \frac{\partial B}{\partial x} &= 0 \\ \frac{\partial B}{\partial z} - \frac{\partial C}{\partial y} &= 0 \\ \frac{\partial C}{\partial x} - \frac{\partial A}{\partial z} &= 0. \end{aligned} \right. \tag{44}$$

Dans l'aimantation lamellaire, il existe un potentiel φ d'aimantation ; les surfaces de niveau de ce potentiel sont les surfaces des feuillets magnétiques. L'aimantation I est partout normale à ces surfaces de niveau et sa grandeur est déterminée par la formule (43). *La condition d'aimantation lamellaire est exprimée par les formules* (44).

La dénomination de *potentiel* n'est bien entendu choisie ici que par analogie ; il n'existe aucune espèce de relation entre une grandeur telle que φ et un travail.

Après avoir considéré l'origine du magnétisme libre, sa distribution dans quelques cas particuliers, et les actions *extérieures* auxquelles il donne naissance, il convient d'ajouter quelques mots sur ses effets en des points qui se trouvent à *l'intérieur* de l'aimant. Nous étudierons dans la suite d'une manière plus approfondie ce qui se passe *à l'intérieur* d'une substance magnétique ; nous ne parlerons ici que d'une circonstance particulièrement essentielle, ce qu'on appelle l'action *démagnétisante* du magnétisme libre ; nous envisagerons surtout d'ailleurs le côté qualitatif du phénomène.

Plaçons un barreau de fer AB (*fig.* 181) dans un champ magnétique, dont l'intensité est représentée en grandeur et en direction par la flèche H ; soit L la longueur, d l'épaisseur du barreau. Sous l'effet seul de ce champ, on obtiendrait une certaine aimantation I_0 ; mais on voit sur la figure que les masses magnétiques libres $\pm m$, que l'on regarde comme distribuées sur les bases s, produisent à l'intérieur de l'aimant un certain champ H_i, dont la direction est *opposée* à celle du champ extérieur H. Il en résulte une aimantation I plus petite que I_0. C'est l'apparition du champ intérieur H_i qui donne lieu à l'action démagnétisante du *magnétisme libre* ou, comme on dit parfois, des *extrémités de l'aimant*. Cette action est minimum au milieu du barreau et augmente quand on s'approche des extrémités. Pour un barreau aimanté très allongé, on peut admettre qu'on a $H_i = 0$ en son milieu. La valeur moyenne H'_i dans le barreau entier est proportionnelle à m, c'est-à-dire à d^2 ; on peut en outre regarder H'_i comme inversement proportionnel à L^2. Soit $L : d = q$; on peut appeler ce rapport le *degré d'allongement* du barreau ; on voit que *l'action démagnétisante moyenne H'_i des extrémités du barreau est inversement proportionnelle au degré d'allongement q du barreau.*

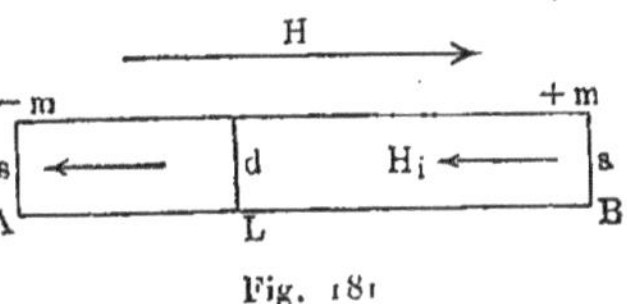

Fig. 181

Le rapport

$$N' = -\frac{H'_i}{I} \tag{45}$$

se nomme le *coefficient moyen de démagnétisation* ; c'est un nombre *abstrait*, puisque H'_i et I ont les mêmes dimensions (voir § **6**). Lorsqu'on suppose donnés H'_i et I, on a

$$N'q^2 = C, \tag{45, a}$$

C étant un nombre constant, c'est-à-dire indépendant de L et de d. Les expériences avec des barreaux de fer cylindriques ont confirmé la formule (45, a) ; on a trouvé $C = 45$, pour $q > 100$, c'est-à-dire pour des barreaux très allongés.

Quand on place un *anneau* en fer dans un champ annulaire, où H et par suite aussi I_0 sont partout tangents à des cercles concentriques au cercle axial de l'anneau, on obtient une *chaîne magnétique fermée* ; il n'y a pas de magnétisme libre et la grandeur I_0 correspond partout à l'intensité H du champ. Mais si on pratique une fente dans l'anneau, sur les deux faces de cette fente apparaît du magnétisme libre et, au lieu de la valeur I_0, on observe une valeur moyenne I plus faible. Dans une *sphère uniformément aimantée*, la formule (22, *b*), page 475, donne en tout point la même valeur de N' :

(45, *b*) $$N' = \frac{4}{3}\pi \ (= 4{,}1888).$$

Dans un *disque mince*, dont les faces sont perpendiculaires à H, on a, voir (22, *c*), page 475,

$$N' = 4\pi \ (= 12{,}5664).$$

C'est pour un tel disque qu'on obtient *le plus grand coefficient de démagnétisation*. Nous allons mentionner encore sans démonstration quelques autres formules.

Ellipsoïde de révolution, dont l'axe est parallèle à H ; le demi-axe de révolution est c, le rayon de l'équateur est a ; soit $c : a = q$, e l'excentricité.

1. *Ovoïde* (ellipsoïde allongé), $c > a$, $q > 1$, $e = \sqrt{1 - \frac{a^2}{c^2}} = \sqrt{1 - \frac{1}{q^2}}$.

(45, *d*) $$N' = 4\pi\left(\frac{1}{e^2} - 1\right)\left(\frac{1}{2e}\log\frac{1+e}{1-e} - 1\right)$$

$$= \frac{4\pi}{q^2 - 1}\left\{\frac{q}{\sqrt{q^2-1}}\log\left(q + \sqrt{q^2-1}\right) - 1\right\}.$$

Pour un ovoïde très allongé ($q > 50$), on peut poser

(45, *e*) $$N' = \frac{4\pi}{q^2}(\log 2q - 1),$$

où *log* est le signe des logarithmes naturels.

2. *Sphéroïde* (ellipsoïde aplati), $c < a$, $q < 1$, $e = \sqrt{1 - \frac{c^2}{a^2}} = \sqrt{1 - q^2}$.

(45, *f*) $$N' = \frac{4\pi}{e^2}\left(1 - \frac{1}{e}\sqrt{1-e^2}\arcsin e\right)$$

$$= \frac{4\pi}{1-q^2}\left(1 - \frac{q}{\sqrt{1-q^2}}\arccos q\right).$$

Dans un *cylindre aimanté transversalement* (H perpendiculaire à l'axe du cylindre), on a

(45, *g*) $$N' = 2\pi.$$

Nous emprunterons les valeurs suivantes de N' à l'ouvrage de Du Bois.

Ellipsoïde de révolution (H parallèle à l'axe de révolution), $q = c : a$,

$q =$	0	0,5	1	5	10	20	50	100
$N' =$	12,5664	6,5864	4,1888	0,7015	0,2549	0,0848	0,0181	0,0065

$q =$	200	500	1000
$N' =$	0,0016	0,0003	0,00008.

Le premier nombre se rapporte à un disque mince, le second à un sphéroïde, le troisième à une sphère, les suivants à des ovoïdes.

Cylindre aimanté longitudinalement, $q = L : d$,

$q =$	0	10	15	25	50	100	200	500	1000
$N' =$	12,5664	0,2160	0,1206	0,0533	0,0162	0,0045	0,0011	0,00018	0,00018.

En partant de $q = 100$, on a $N'q^2 = 45$, voir (45, *a*).

Parmi les nombreuses recherches faites à ce sujet, nous mentionnerons le travail important de SHUDDEMAGEN (1910) relatif à des barreaux de fer *cylindriques*. Il a trouvé que, *q étant donné*, la grandeur N′ dépend de la valeur *absolue* du diamètre du barreau et varie par exemple de 10 à 16 %, quand le diamètre augmente de 3mm,175 à 19mm,05. Pour une tige donnée, N′ n'est pratiquement constant que si l'induction ne dépasse pas 10 000 unités C. G. S.; quand l'induction B croît au delà de cette valeur, N′ diminue rapidement. La formule $N'q^2 = 45$ n'est alors satisfaite que lorsque $q > 150$ et l'induction plus petite que 8000.

6. Unités des grandeurs magnétiques. — Les grandeurs physiques que l'on rencontre dans l'étude du champ magnétique et de ses sources, sont mesurées par ce qu'on appelle les *unités magnétiques*. Nous donnerons, dans ce paragraphe, quelques indications sur ces unités et sur leurs dimensions. Les unités C. G. S. présentent aujourd'hui, comme d'ailleurs dans presque toutes les parties de la Physique, une importance particulière; néanmoins, pour quelques grandeurs, on doit encore avoir égard aux *unités de* GAUSS, où les unités fondamentales sont le millimètre, le milligramme et la seconde; on continue en effet, dans quelques observatoires magnétiques, à utiliser ces unités pour la mesure de l'intensité du magnétisme terrestre.

1. QUANTITÉ DE MAGNÉTISME *m*. Nous avons déjà donné à la page 439 la définition de l'unité de masse magnétique, sur laquelle est basée la construction des *unités électromagnétiques*. Nous avons trouvé, pour ses dimensions, les formules (4) et (4, *a*), page 439.

$$(46)\qquad \begin{cases} [m] = [\mu]^{\frac{1}{2}} L^{\frac{3}{2}} M^{\frac{1}{2}} T^{-1}, \\ [m] = L^{\frac{3}{2}} M^{\frac{1}{2}} T^{-1}. \end{cases}$$

La relation entre les unités C. G. S. et celles de GAUSS s'obtient à l'aide de la règle donnée dans le Tome I :

$$(46, a)\qquad \begin{cases} 1 \text{ unité C. G. S} = 1\, \dfrac{(\text{cm})^{\frac{3}{2}}(\text{gr})^{\frac{1}{2}}}{\text{sec}} = 1\, \dfrac{(10\,\text{mm})^{\frac{3}{2}}(1\,000\,\text{mgr})^{\frac{1}{2}}}{\text{sec}} \\ = 1\,000\, \dfrac{(\text{mm})^{\frac{3}{2}}(\text{mgr})^{\frac{1}{2}}}{\text{sec}} = 1\,000 \text{ unités de Gauss.} \end{cases}$$

Pour les *valeurs numériques* d'une quantité donnée de magnétisme, on a, dans les deux systèmes,

$$(46, b)\qquad m\,(\text{C. G. S.}) = 0{,}001\ m\,(\text{Gauss}).$$

2. INTENSITÉ D'UN CHAMP H $(\alpha, \beta, \gamma) = f : m$, où f est une force. On a

$$(47)\qquad [H] = [f] : [m] = LMT^{-2} : [\mu]^{\frac{1}{2}} L^{\frac{3}{2}} M^{\frac{1}{2}} T^{-1} = [\mu]^{-\frac{1}{2}} L^{-\frac{1}{2}} M^{\frac{1}{2}} T^{-1},$$

ou, si l'on considère μ comme un nombre abstrait,

$$(47, a)\qquad [H] = L^{-\frac{1}{2}} M^{\frac{1}{2}} T^{-1},$$

$$(47, b)\qquad \left\{\begin{array}{l} 1 \text{ unité C. G. S.} = 1\,(\text{cm})^{-\frac{1}{2}}(\text{gr})^{\frac{1}{2}}(\text{sec})^{-1} \\ = 1\,(10\,\text{mm})^{-\frac{1}{2}}(1\,000\,\text{mgr})^{\frac{1}{2}}(\text{sec})^{-1} \\ = 10\,(\text{mm})^{-\frac{1}{2}}(\text{mgr})^{\frac{1}{2}}\,\text{sec}^{-1} = 10 \text{ unités de Gauss,} \end{array}\right.$$

$$(47; c)\qquad H\,(\text{C. G. S.}) = 0{,}1\;H\,(\text{Gauss}).$$

Si donc la composante horizontale de l'intensité du magnétisme terrestre est donnée, par un observatoire magnétique, égale à 1,4 (GAUSS), elle est égale à 0,14 unité C. G. S. d'intensité.

L'unité C. G. S. d'intensité est l'intensité en un point telle que, sur l'unité C. G. S. de quantité de magnétisme, agit une force d'une dyne. Actuellement, l'unité C. G. S. d'intensité porte le nom de *gauss*.

3. La DENSITÉ SUPERFICIELLE DU MAGNÉTISME LIBRE est $k = m : s$, où s est une aire.

$$(48)\qquad [k] = \frac{[m]}{L^2} = [\mu]^{\frac{1}{2}} L^{-\frac{1}{2}} M^{\frac{1}{2}} T^{-1}.$$

4. La DENSITÉ DE VOLUME DU MAGNÉTISME LIBRE est $\rho = m : v$, où v est un volume.

$$(48, a)\qquad [\rho] = \frac{[m]}{L^3} = [\mu]^{\frac{1}{2}} L^{-\frac{3}{2}} M^{\frac{1}{2}} T^{-1}.$$

5. Le MOMENT MAGNÉTIQUE est $M' = ml$, où l est une longueur.

$$(49)\qquad [M'] = [m]\,L = [\mu]^{\frac{1}{2}} L^{\frac{5}{2}} M^{\frac{1}{2}} T^{-1}$$

et, dans le cas particulier où μ est un nombre abstrait,

$$(49, a)\qquad [M'] = L^{\frac{5}{2}} M^{\frac{1}{2}} T^{-1}.$$

$$(49, b)\qquad \left\{\begin{array}{l} 1 \text{ unité C. G. S.} = 1\,(\text{cm})^{\frac{5}{2}}(\text{gr})^{\frac{1}{2}}(\text{sec})^{-1} = 1\,(10\,\text{mm})^{\frac{5}{2}}(\text{mgr})^{\frac{1}{2}}(\text{sec})^{-1} \\ = 10\,000\,(\text{mm})^{\frac{5}{2}}(\text{mgr})^{\frac{1}{2}}(\text{sec})^{-1} = 10\,000 \text{ unités de Gauss.} \\ M'\,(\text{C. G. S.}) = 0{,}0001\;M'\,(\text{Gauss}). \end{array}\right.$$

Quand m est égal à l'unité C. G. S. de magnétisme et $l = 1^{\text{cm}}$, on a $M' =$ 1 unité C. G. S. de moment magnétique.

6. AIMANTATION I (A, B, C) $= M' : v$, où v est un volume.

$$(50)\qquad [I] = [M'] : L^3 = [\mu]^{\frac{1}{2}} L^{-\frac{1}{2}} M^{\frac{1}{2}} T^{-1}.$$

Les grandeurs k et I ont les mêmes dimensions, comme cela doit être, voir (20), page 473. L'aimantation est $I = 1$ unité C. G. S., quand le moment magnétique d'un centimètre cube est égal à l'unité C. G. S. de moment.

7. Flux de force $\Phi = Hs$, où s est une aire.

$$(51) \qquad [\Phi] = [H] L^2 = [\mu]^{-\frac{1}{2}} L^{\frac{3}{2}} M^{\frac{1}{2}} T^{-1}.$$

8. Le flux d'induction est $\Psi = \mu\Phi$.

$$(51, a) \qquad [\Psi] = [\mu] [\Phi] = [\mu]^{\frac{1}{2}} L^{\frac{3}{2}} M^{\frac{1}{2}} T^{-1}.$$

9. Le potentiel magnétique ou la force magnétomotrice est $V = m : l\mu$, où l est une longueur.

$$(52) \qquad [V] = [m] : L [\mu] = [\mu]^{-\frac{1}{2}} L^{\frac{1}{2}} M^{\frac{1}{2}} T^{-1}.$$

Le produit Vm a pour dimensions

$$[\mu]^{-\frac{1}{2}} L^{\frac{1}{2}} M^{\frac{1}{2}} T^{-1} [\mu]^{\frac{1}{2}} L^{\frac{3}{2}} M^{\frac{1}{2}} T^{-1} = L^2 M T^{-2},$$

c'est-à-dire les dimensions d'un *travail*, comme il fallait s'y attendre.

10. La résistance magnétique d'un milieu est $1 : \mu$ (page 450) et a évidemment pour dimension $[\mu]^{-1}$. La résistance magnétique d'un tronçon de tube d'induction est égale à $r = V : \Psi$, voir (38, a), page 451,

$$(53) \; [r] = [V] : [\Psi] = [\mu]^{-\frac{1}{2}} L^{\frac{1}{2}} M^{\frac{1}{2}} T^{-1} : [\mu]^{\frac{1}{2}} L^{\frac{3}{2}} M^{\frac{1}{2}} T^{-1} = [\mu]^{-1} L^{-1},$$

et, dans le cas particulier où μ est un nombre abstrait,

$$(53, a) \qquad [r] = \frac{1}{L}.$$

La formule (37), page 450, donne le même résultat, car σ a pour dimension L^2.

11. La puissance d'une double couche magnétique ou d'un feuillet magnétique est $\omega = k\delta$, où δ est une longueur.

$$(53, b) \qquad [\omega] = [k] L = [\mu]^{\frac{1}{2}} L^{-\frac{1}{2}} M^{\frac{1}{2}} T^{-1}. L = [\mu]^{\frac{1}{2}} L^{\frac{1}{2}} M^{\frac{1}{2}} T^{-1}.$$

La formule (35), page 482, donne, pour les dimensions de la grandeur $W_{1,2}$,

$$(53, c) \qquad [W_{1,2}] = [\omega]^2 [\mu]^{-1} L^{-1}. L^{-2}. L^4 = L^2 M T^{-2},$$

c'est-à-dire les dimensions d'un travail.

12. Le coefficient d'induction mutuelle des contours de deux feuillets dans le vide $L_{1,2}$, voir (36), page 482, a évidemment pour dimension,

$$(54) \qquad [L_{1,2}] = L.$$

Nous parlerons plus tard du coefficient d'induction mutuelle dans un *milieu quelconque* ; ses dimensions sont $[\mu]$ L.

7. Aimants naturels et aimants artificiels (en acier). — Nous avons rencontré différentes grandeurs, qui caractérisent les propriétés des aimants ; les principales sont l'aimantation I et le magnétisme libre. Comme nous l'avons vu, il existe un magnétisme permanent et un magnétisme temporaire. En étudiant, dans ce Chapitre, les aimants comme *sources du champ magnétique*, nous devons donner une attention particulière aux *aimants permanents*, car ces aimants seuls peuvent être regardés comme les sources primitives d'un champ, ainsi que nous l'avons déjà vu au § **1**. Nous étudierons dans la suite comment on produit le magnétisme temporaire dans un champ magnétique, en rangeant ce phénomène parmi les *effets du champ magnétique*.

Il y a deux sortes d'aimants permanents, les aimants naturels et les aimants artificiels. Les aimants naturels sont des minerais de fer que l'on trouve en divers endroits, par exemple dans l'Oural. Tel est l'oxyde magnétique $Fe^3O^4 = FeO + Fe^2O^3$, qui possède de la manière la plus marquée les propriétés des aimants : la pyrite $6FeS + Fe^2S^3$ est moins magnétique. Les morceaux de minerai, qui viennent d'être extraits du sol, ne manifestent presque jamais de propriétés magnétiques ; il faut pour cela un certain temps d'extraction et encore l'aimantation est-elle loin d'apparaître dans tous les morceaux. Lorsqu'on aimante artificiellement un tel minerai, on y trouve presque autant de magnétisme résiduel que dans l'acier. Les figures 182 et 183

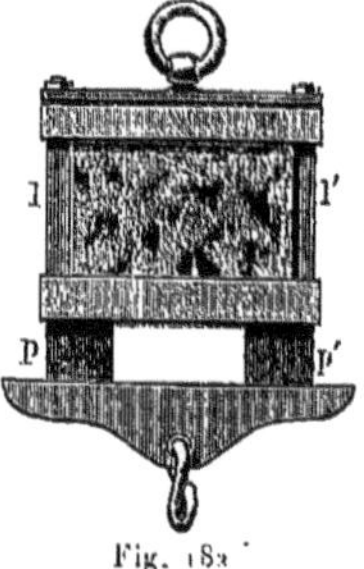

Fig. 182

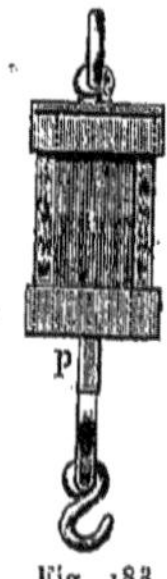

Fig. 183

représentent un aimant naturel, contre les pôles duquel sont appliquées des plaques de fer *l* et *l'* par des anneaux en cuivre ; ces plaques se terminent par des parties plus épaisses *p* et *p'* où se transportent les pôles magnétiques.

Les aimants *artificiels* sont fabriqués avec de l'*acier*. On leur donne la forme de *barreaux* ou de *fers à cheval*. Les aimants formés de plusieurs lamelles superposées sont particulièrement puissants ; ces lamelles sont d'abord aimantées séparément et seulement ensuite réunies ensemble ; celles du milieu sont un peu plus longues. La figure 184 montre un aimant rectiligne (vu latéralement et en plan) constitué par neuf lamelles, qui ne se touchent pas. Les pôles magnétiques se trouvent aux extrémités communes *ff*. On construit aussi de la même manière des aimants en fer à cheval. On ajoute à un aimant en fer à cheval un barreau ou une lame de fer qu'on appelle son *armature*. Un aimant en fer à cheval avec son armature forme une chaîne magnétique.

On a constaté que la perte graduelle de magnétisme rémanent diminue, quand on ajoute une armature. C'est pour cette raison que les barreaux aimantés sont ordinairement conservés par deux dans un étui ; on les dispose l'un contre l'autre parallèlement, les pôles de noms contraires en regard et les extrémités réunies par de petits barreaux de fer doux. Jamin a construit des aimants en *fer à cheval* très puissants, avec un grand nombre de lamelles minces d'acier (jusqu'à 50).

Le choix de l'acier et la manière dont il a été produit jouent un grand rôle dans la préparation des aimants en barreau. Suivant la destination que doit recevoir l'aimant, on s'efforce, dans certains cas, d'obtenir la plus grande puissance possible, c'est-à-dire *le maximum de magnétisme rémanent*; dans d'autres, c'est moins la quantité que la *constance du magnétisme rémanent* qui

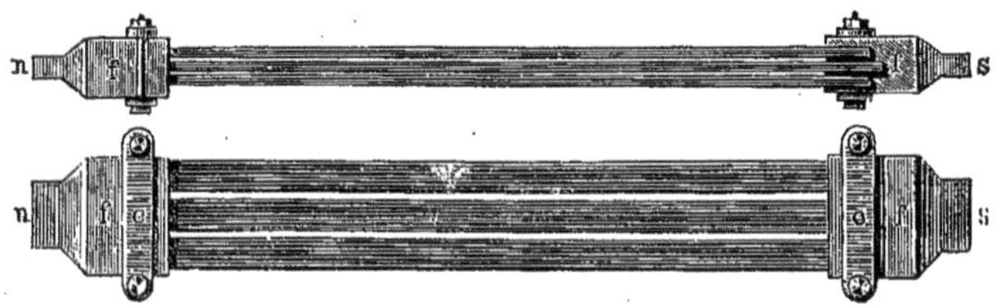

Fig. 184

est importante. Pour réaliser le premier objectif, l'acier doit posséder le maximum de *rétentivité* (§ 1, page 464), pour le second la plus grande *force coercitive* possible (page 465).

L'acier doit être *trempé*, c'est-à-dire chauffé jusqu'à une certaine température et refroidi brusquement dans l'eau. L'acier recuit, c'est-à-dire chauffé et ensuite refroidi lentement, possède une très grande rétentivité.

Barus et Strouhal (1883), Holborn (1891), Guthe (1897) et Mme Curie (1898) ont cherché les meilleurs procédés à employer pour la fabrication des aimants. Mme Curie a trouvé que, pour les sortes d'acier renfermant 0,8 à 1,4 % de carbone, la meilleure température de trempe est de 760° à 800°. Après la trempe, il faut maintenir l'acier, pendant 48 heures, à une température de 60° à 70°, l'aimanter jusqu'à saturation, puis le désaimanter jusqu'à réduire à 0,9 l'aimantation ainsi atteinte. Des aimants ainsi fabriqués possèdent une très grande constance, c'est-à-dire une grande force coercitive. Barus et Strouhal ont proposé de maintenir l'acier à 100° après la trempe, pendant 24 heures et ensuite, après aimantation, encore 5 heures à la même température. Ils ont reconnu en outre qu'un aimant devient insensible aux actions mécaniques, lorsqu'on le soumet au préalable, pendant un certain temps, à des secousses, des chocs, des échauffements, etc.

L'aimantation de l'acier s'effectuait autrefois par friction ; cette méthode n'est plus employée aujourd'hui que pour les observations magnétiques faites au cours de voyages scientifiques. On pose le barreau d'acier directement sur une table ou, comme le représentent les figures 185 et 186, sur les extrémités de noms contraires de deux aimants N et S', en le soutenant au milieu par une petite pièce de bois. La friction s'effectue avec deux aimants

ns et $n's'$. Dans la *touche simple* (*fig.* 185), on met les extrémités n et s' en contact avec le milieu du barreau et on fait glisser dans la direction des flèches, en sens contraires. On répète cette opération plusieurs fois. Dans la *double touche* (*fig.* 186), on place, entre les extrémités n et s', une petite

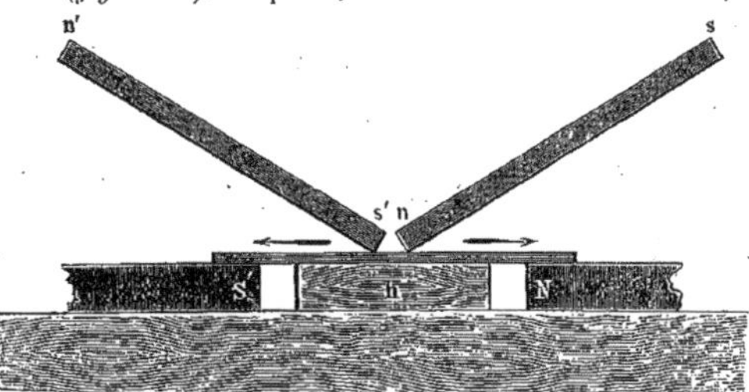

Fig. 185

pièce de bois l et on déplace simultanément les deux aimants à plusieurs reprises dans le même sens, d'une extrémité du barreau à l'autre ; pour terminer, on les ramène au milieu du barreau et on les enlève.

Aujourd'hui, on se sert presque exclusivement de la méthode d'aimantation électromagnétique ; on place le barreau, durant un intervalle assez court, à l'intérieur d'une bobine, dans laquelle on lance un courant électrique. Une intensité de champ H de 700 unités C. G. S. à l'intérieur de la bobine

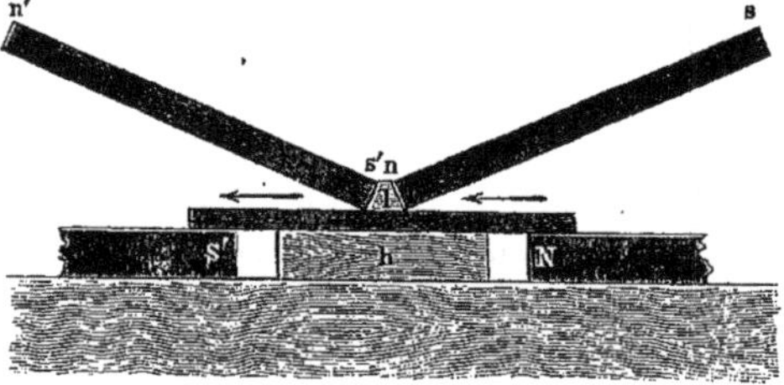

Fig 186

est tout à fait suffisante. Supposons que la bobine renferme n_1 couches de fil et qu'il y ait, dans chaque couche, n_2 tours de fil par centimètre de longueur de la bobine. Nous verrons que l'intensité i du courant (en *ampères*) peut être calculée par la formule

$$(55) \qquad i = \frac{H}{0{,}4\pi n_1 n_2}.$$

d'où l'on déduit, pour $H = 700$,

$$(55, a) \qquad i = \frac{560}{n_1 n_2}.$$

Les propriétés de l'aimant dépendent beaucoup de la *nature de l'acier* ; avec les bonnes sortes d'acier ordinaire, qui ne renferment pas d'autres corps étrangers que le carbone, on peut obtenir une aimantation moyenne I allant jusqu'à 400 unités C. G. S., exceptionnellement jusqu'à 480. Dans de longs fils d'acier, où l'on peut négliger l'action démagnétisante des extrémités (page 487), on atteint $I = 780$ unités C. G. S. Comme Barus et Strouhal l'ont montré, la forme du barreau influe fortement sur l'aimantation que l'on obtient.

Une addition de silicium à l'acier ne lui donne aucune propriété remarquable. Au contraire l'acier, auquel on a ajouté G ou Wo est très propre à la fabrication des aimants. En particulier, l'*acier au tungstène* est remarquable ; il possède une grande rétentivité et une force coercitive énorme ; celle-ci est trois fois plus grande que pour les meilleures sortes d'acier ordinaire. Holborn, Negbaur, P. Meyer, Du Bois se sont occupés de l'étude de l'acier au tungstène ; Hopkinson a étudié les propriétés de l'acier qui renferme Si ou Mn.

L'*acier au nickel* possède des propriétés extrêmement curieuses, qui ont fait l'objet des recherches très approfondies de Guillaume, ainsi que de celles de Dumont, Dumas et d'autres encore. Le magnétisme rémanent de cet alliage n'est pas grand : nous parlerons plus tard de son magnétisme temporaire.

Occupons-nous maintenant de la *distribution du magnétisme libre à la surface d'un aimant en acier*. Il existe deux méthodes principales pour déterminer cette distribution : la méthode d'oscillation d'une aiguille aimantée et la méthode d'arrachement.

La *méthode d'oscillation* est très peu précise et ne s'applique qu'à des aimants très longs ; elle a été employée par Coulomb. Elle est basée sur ce que le *nombre d'oscillations* par seconde d'une aiguille aimantée, dans un champ magnétique, est proportionnel à $\sqrt{H}$, H étant la composante de l'intensité du champ dans le plan où oscille l'aiguille ; pour les aiguilles aimantées de construction ordinaire, ce plan est horizontal. Soient H_0 la composante horizontale de l'intensité du magnétisme terrestre et n_0 le nombre d'oscillations de l'aiguille, lorsqu'elle se trouve seulement sous l'influence du magnétisme terrestre. On peut admettre que $H_0 = c_1 n_0^2$, c_1 étant un facteur de proportionnalité. On place l'aimant verticalement, on amène l'aiguille aimantée à une petite distance d'une section horizontale quelconque de l'aimant, dans le plan du méridien magnétique, qui passe par l'axe de l'aimant du côté nord lorsque la section est dans la moitié nord, du côté sud quand elle est dans la moitié sud. L'intensité du champ, dans le voisinage immédiat de l'aiguille est égale à $H_0 + H$; on suppose que $H = c_2 k$, k désignant la densité superficielle pour la section considérée, c_2 un facteur de proportionnalité, ce qui n'est évidemment pas exact. Si le nombre des oscillations de l'aiguille est n, on a $H + H_0 = c_1 n^2$; on en déduit $H = c_1 (n^2 - n_0^2)$; mais $H = c_2 k$ et par suite $k = C(n^2 - n_0^2)$, où $C = c_1 : c_2$. La grandeur $n^2 - n_0^2$ peut donc servir de *mesure* à la densité superficielle k. En déterminant n à différentes hauteurs, on a une idée de la distribution du magnétisme libre dans l'aimant.

Dans la *méthode d'arrachement*, on place l'aimant horizontalement et on mesure la force f nécessaire pour en arracher une petite sphère de *fer doux*, en contact avec la surface horizontale de l'aimant. Au lieu d'une petite sphère, on peut prendre un petit cylindre à base inférieure arrondie. On pose

$f = ck^2$, k étant la densité du magnétisme libre à l'endroit où l'arrachement a lieu Rigoureusement, f est proportionnel à kk_1, k_1 désignant la densité du magnétisme sur la petite sphère ou le petit cylindre. Mais, pour du fer doux, on peut, dans de certaines limites, admettre que k_1 est proportionnel à k, de sorte que $f = ck^2$. La grandeur $\sqrt{f}$ sert donc de mesure à la grandeur cherchée k. Une balance ordinaire ou mieux une balance à resssort appropriée pour de telles mesures est employée pour déterminer la force f.

Biot a déduit de ses observations la relation suivante entre la densité du magnétisme libre en un point et la distance x de ce point au milieu de l'aimant, dont la longueur est $2l$:

$$k = a(b^x - b^{-x}), \tag{56}$$

a et b étant des constantes. Pour $x = 0$, c'est-à-dire au milieu de l'aimant, on a $k = 0$; aux extrémités $k = \pm a(b^l - b^{-l})$. En toute rigueur, la grandeur k que l'on obtient par l'une ou l'autre des deux méthodes précédentes ne représente pas la densité k d'une couche superficielle de magnétisme libre, mais doit être considérée comme la mesure de la quantité totale de magnétisme libre contenue dans une couche transversale mince de l'aimant, ayant partout la même épaisseur. En supposant que l'aimantation I a, dans toutes les couches, la direction de l'aimant, on peut regarder k comme identique, d'après sa signification physique, à la grandeur ρ de la formule (39), page 483. Cette formule donne :

$$I = I_0 - a_1(b^x + b^{-x}), \tag{56,a}$$

où I_0 est l'aimantation au milieu de l'aimant, $a_1 = a : \log b$. La formule (56,a) porte le nom de Van Rees, qui a déterminé I directement par la *méthode d'induction* que nous ferons connaître plus loin.

Passons à la détermination des *pôles* des aimants. Nous avons défini à la page 465 les pôles magnétiques comme les *centres de gravité* des magnétismes de même nom m et $-m$. En désignant par l la distance entre les pôles, le moment magnétique M de l'aimant est donné, comme nous l'avons vu, par la formule (11), page 468,

$$M = ml ; \tag{57}$$

en outre, les pôles sont les points d'application des forces du couple, qui, dans un champ magnétique *uniforme*, agit sur l'aimant. On voit facilement que l'action de l'aimant en des points, dont la distance à l'aimant est très grande comparativement aux dimensions de ce dernier, est la même que si les quantités totales de magnétisme de même nom $+m$ et $-m$ se trouvaient concentrées aux pôles. Cependant, la détermination de la position des pôles d'un aimant n'offre pas grand intérêt théorique et n'a presque aucune importance dans les applications. La position théorique des pôles, en tant que centres de gravité des magnétismes libres de même nom, est intimement liée à la distribution de ces magnétismes. Connaissant cette distribution, on peut obtenir par le calcul la position des pôles. Il ne pourrait y avoir d'intérêt pratique à la détermination des pôles que lorsque l'aimant se trouve dans un champ uniforme ou quand on considère son action sur des points très éloignés. Mais précisément dans ces deux cas, toutes les grandeurs qui ont quelque importance dans les applications sont proportionnelles au moment magnétique M, qui se présente comme le produit des deux facteurs m et l. C'est ce que montre, dans le premier cas, la formule (12), page 469, et dans le second, toutes les formules qui expriment l'action de l'aimant en des points très éloignés ; cette dernière est toujours proportionnelle à M. L'une des formules qui se rapporte à cette action sera établie un peu plus loin, et les formules générales dans l'un des Chapitres suivants (Actions pondéromotrices des aimants). D'ailleurs la formule (13, c), page 470, confirme également ce que nous venons de dire. Or, le moment M ne change pas, quand on remplace m et l par d'autres grandeurs m_1 et l_1, telles que

$$m_1 l_1 = ml = M. \tag{57, a}$$

Si donc, au lieu des vrais pôles, on en prend d'autres distants de l_1, où on suppose concentrées d'autres masses magnétiques m_1 satisfaisant à la condition (57a), ni l'action du champ uniforme sur l'aimant, ni l'action de l'aimant lui-même en des points très éloignés ne se trouvent modifiées. Autrement dit, dans les deux cas seuls où la position des pôles, c'est-à-dire la distance l, pourrait présenter de l'intérêt, il n'y a que la grandeur M qu'il soit important de connaître.

L'action d'un aimant en un point A *voisin* ne peut être remplacée par celle de deux masses magnétiques égales et de noms contraires, concentrées en deux points déterminés. Mais supposons que le point A se trouve à une distance r de l'aimant telle que l'on puisse négliger $L_1^4 : r^4$, mais non $L_1^2 : r^2$, L_1 différant peu de la longueur L de l'aimant. L'action de l'aimant au point A peut alors être remplacée par celle de deux masses $\pm m_1$, concentrées aux points P_1 et P_2 à une distance l_1 l'un de l'autre, m_1 et l_1 satisfaisant à l'équation (57, a). RIECKE a appelé ces points des *pôles équivalents*. La position de ces pôles, c'est-à-dire les grandeurs l_1 et m_1, dépendent de la position du point A.

Nous allons prendre un exemple simple, qui rendra plus clair ce qui précède. Considérons un aimant BC (*fig.* 187), où les magnétismes de noms

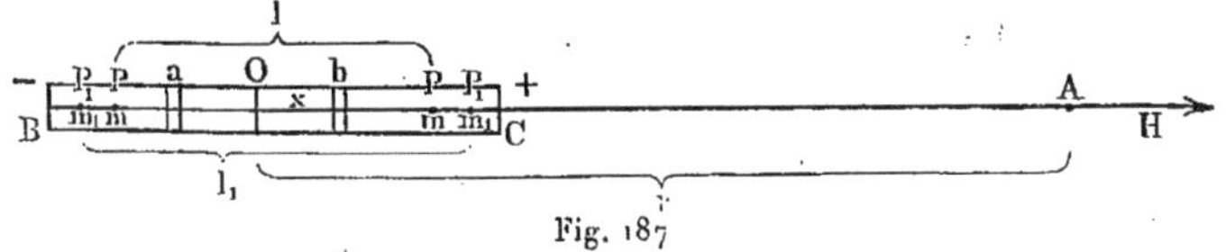

Fig. 187

contraires $+m$ et $-m$ sont distribués *symétriquement* par rapport au milieu O de cet aimant. Soit M le moment magnétique, P, P les pôles *ordinaires*, $PP = l$, $M = ml$. Le point A se trouve sur le prolongement de l'axe à la distance $OA = r$; désignons par H l'intensité du champ au point A, par L la longueur de l'aimant. Proposons-nous de calculer la grandeur H. Prenons deux éléments a et b de l'aimant, placés symétriquement à la distance x de

O et de longueur dx ; soit λdx la quantité *totale* de magnétisme libre dans ces éléments. Introduisons en outre la notation

$$\int_0^{\frac{1}{2}L} \lambda x^n dx = M_n. \tag{57, b}$$

Il est clair que pour $n = 0$ et $n = 1$, on a

$$\begin{cases} m = M_0, \\ M = 2M_1. \end{cases} \tag{57, c}$$

Les deux éléments a et b pris ensemble donnent en A l'intensité de champ dH, qui est égale à

$$\begin{aligned} dH &= \frac{\lambda dx}{(r-x)^2} - \frac{\lambda dx}{(r+x)^2} = \lambda dx \frac{4rx}{(r^2-x^2)^2} \\ &= \lambda dx \frac{4rx}{r^4\left(1-\frac{x^2}{r^2}\right)^2} = \frac{4\lambda x dx}{r^3}\left(1-\frac{x^2}{r^2}\right)^{-2} \\ &= \frac{4\lambda x dx}{r^3}\left(1+\frac{2x^2}{r^2}+\frac{3x^4}{r^4}+\frac{4x^6}{r^6}+\dots\right). \end{aligned}$$

On en déduit

$$H = \frac{4}{r^3}\int \lambda x dx + \frac{8}{r^5}\int \lambda x^3 dx + \frac{16}{r^7}\int \lambda x^5 dx + \dots,$$

où toutes les intégrales sont prises de $x = 0$ à $x = \frac{L}{2}$. Si on introduit la notation (57, b) et si on tient compte de (57, c), on a

$$H = \frac{2M}{r^3}\left(1 + \frac{4M_3}{r^2 M} + \frac{8M_5}{r^4 M} + \dots\right). \tag{58}$$

Déterminons maintenant l'intensité H' qui est produite au point A par deux masses magnétiques $\pm m_1$, qui se trouvent en P_1, P_1 tels que $P_1P_1 = l_1$. On a

$$\begin{aligned} H' &= \frac{m_1}{\left(r-\frac{1}{2}l_1\right)^2} - \frac{m_1}{\left(r+\frac{1}{2}l_1\right)^2} = \frac{2rl_1m_1}{\left(r^2-\frac{1}{4}l_1^2\right)^2} \\ &= \frac{2rl_1m_1}{r^4\left(1-\frac{l_1^2}{4r^2}\right)^2} = \frac{2l_1m_1}{r^3}\left(1-\frac{l_1^2}{4r^2}\right)^{-2} \\ &= \frac{2l_1m_1}{r^3}\left(1+\frac{l_1^2}{2r^2}+\frac{3l_1^4}{16r^4}+\dots\right). \end{aligned} \tag{58, a}$$

Pour avoir $H = H'$, il faut d'abord que

$$l_1 m_1 = M; \tag{58, b}$$

autrement dit, le moment magnétique de l'*aimant équivalent* doit être égal au moment magnétique de l'aimant donné. Il en résulte déjà que les pôles équivalents P_1, P_1 peuvent remplacer les pôles ordinaires, dans tous les cas où le moment joue un rôle, aussi bien pour un aimant amené dans un champ magnétique uniforme que pour la recherche de l'action d'un aimant sur des points *très* éloignés. La distance l est déterminée par l'expression

$$l = \frac{M}{m} = \frac{2\int \lambda x dx}{\int \lambda dx}. \tag{58, c}$$

La distance l_1 doit être choisie de façon que H' diffère le moins possible de H. En se contentant de deux termes dans les séries (58) et (58, *a*), on a

$$l_1 = \sqrt{\frac{8M_3}{M}} = 2\sqrt{\frac{\int \lambda x^3 dx}{\int \lambda x dx}}. \tag{58, d}$$

Cette formule donne la distance l_1 des pôles équivalents, dans le cas considéré ; la quantité correspondante m_1 de magnétisme en ces pôles est ensuite obtenue par la formule (58, *b*). La longueur l_1 diffère visiblement de l. Par exemple, lorsqu'il existe une relation linéaire entre λ et x, on a $l = \frac{2}{3}$ L, $l_1 = \sqrt{\frac{3}{5}}$ L $= 1,1619\ l$. La différence est de plus de 16 °/₀ ou de presque $\frac{1}{6}$. Si on voulait atteindre une exactitude encore plus grande, il faudrait égaler les sommes des seconds et troisièmes termes dans les développements (58) et (58, *a*) ; mais on n'obtiendrait ainsi qu'un faible changement dans la grandeur l_1, quand L : r n'est pas grand.

Les formules que nous avons établies se rapportent à la position particulière du point A qui est représentée sur la figure 187. Riecke a fait une étude approfondie de la dépendance entre la grandeur l_1 et la position du point A ; il a trouvé que l_1 a la même valeur pour tous les points A situés sur une droite passant par le milieu de l'aimant, mais que cette valeur change d'une droite à une autre.

On a proposé beaucoup de méthodes pour la *détermination expérimentale* de la position des pôles P, P ou des pôles P_1, P_1. Lorsque la loi de distribution du magnétisme libre est connue, la distance l entre les pôles ordinaires P, P se calcule facilement par la formule (58, *c*). Pouillet, Benoit, F. Kohlrausch, van Rees, Petrouschewski, Mascart, Holborn, Mme Curie, Benedicks (1902), Ruoss (1908), Salmon (1909) et d'autres encore ont donné différentes méthodes pour la détermination de la longueur l, mais nous ne nous y arrêterons pas, eu égard à ce que nous avons dit plus haut. Les valeurs numériques, obtenues par divers auteurs pour le rapport l : L, où L désigne la longueur de l'aimant, oscillent entre de très larges limites, ce qui n'a rien d'étonnant, puisque la position des pôles dépend de la distribution du magnétisme libre, laquelle doit dépendre elle-même de la forme de l'aimant, des propriétés de l'acier, du procédé et du degré d'aimantation. On peut prendre approximativement l : L = 0,8. Mme Curie a trouvé, pour des barreaux à section carrée (longueur 20^cm^, largeur 1^cm^), des nombres qui oscillent entre 0,72 et 0,84. Benedicks a constaté que le rapport l : L croît en même temps que le degré d'aimantation.

Le poids maximum, qu'un aimant artificiel est capable de porter, s'appelle sa *force portante*. Si on suppose que l'aimantation a été amenée au degré le plus élevé possible, on peut dire que la force portante dépend seulement de la nature de l'acier et de la forme de l'aimant. Les aimants en fer à cheval possèdent à poids égal une force portante plus que double de celle des aimants rectilignes, qui ne supportent le poids que par une extrémité. Häcker a comparé la force portante Q d'aimants faits avec la même sorte d'acier et ayant la même forme, mais un poids P différent. Il a déduit de ses observations la formule empirique

$$Q = aP^{\frac{2}{3}}, \tag{59}$$

où a désigne un nombre constant. La grandeur $q = Q : P$ représente la force portante relative à l'unité de poids de l'aimant. La relation (59) donne

$$q = \frac{a}{\sqrt[3]{P}}. \tag{59, a}$$

On voit que la force portante relative d'un aimant *diminue*, quand le poids de ce dernier augmente. Lorsque $P = a^3$, l'aimant peut porter exactement son propre poids ; si $P > a^3$, il porte moins ; si $P < a^3$, il porte plus. Häcker a trouvé qu'en exprimant P et Q en kilogrammes, on a $a = 10{,}33$ pour les aimants en fer à cheval. Cependant, dans les meilleurs aimants qu'on fabrique aujourd'hui, a est bien supérieur à ce nombre et peut aller jusqu'à 20.

Le degré d'aimantion et par suite aussi la force portante des aimants artificiels décroît dans le cours du temps, quand les aimants sont abandonnés à eux-mêmes. Ce fait était déjà connu du savant arabe Geber (Abû Mûsa Gâbir ben Hajjaw). Plus la force coercitive (page 465) est grande, plus cette perte de force portante est lente : elle diminue beaucoup, quand les aimants font partie d'une chaîne magnétique fermée (page 493).

8. Influence des actions mécaniques et des variations de température sur les aimants artificiels. — Des secousses, ainsi que des efforts d'extension ou de torsion, alternativement répétés plusieurs fois dans des sens différents sur une tige d'acier durant son aimantation, augmentent le magnétisme rémanent.

Un *ébranlement* mécanique, dans un aimant artificiel en acier, *diminue* son aimantation. G. Wiedemann, Villari, Streintz, Brown, Berson, Krüse et d'autres encore ont étudié l'influence des chocs, d'une chute d'une certaine hauteur, etc. Lorsqu'on soumet un aimant à une série de chocs, l'influence de ces chocs décroît peu à peu et s'exprime, d'après Streintz, pour le n^e choc, par une fonction exponentielle de la forme a^{-n}, ou, d'après Berson, par la branche descendante d'une hyperbole équilatère. Krüse a observé que l'effet des ébranlements mécaniques, dans la chute répétée d'un aimant, ne dépend pas des dimension de ce dernier, mais de la nature de l'acier. Dans une chute d'une hauteur de $9^m,6$, la perte de magnétisme rémanent peut s'élever jusqu'à 25 %. G. Wiedemann a trouvé un résultat très intéressant : si on démagnétise un aimant en acier, en le soumettant à l'action d'un champ magnétique négatif, une partie de l'aimantation primitive réapparaît sous l'influence de secousses mécaniques. L'*extension* donne lieu à une perte de magnétisme, qui se retrouve quand cesse la traction.

L'*effet de la torsion* sur les aimants artificiels en acier présente un intérêt particulier. G. Wiedemann notamment, Wertheim, Matteucci, Knott et d'autres encore ont étudié cet effet. Nous allons indiquer les résultats les plus importants, obtenus par Wiedemann. Le magnétisme rémanent de barreaux d'acier diminue dans la torsion, mais plus lentement que n'augmente l'angle de torsion ; la décroissance est proportionnelle à l'aimantation primitive. La *détorsion* produit une nouvelle diminution du magnétisme. Une torsion répétée plusieurs fois dans un sens et dans l'autre n'a qu'une faible influence, mais la première détorsion produit de nouveau une diminution notable de magnétisme.

Le résultat suivant doit être particulièrement signalé. Si, après une torsion répétée dans les deux sens, le magnétisme ne varie plus dans l'état de détorsion, une torsion dans un sens produit une diminution du magnétisme, dans l'autre une augmentation. L'influence de la torsion sur l'acier partiellement ou complètement démagnétisé n'est pas moins remarquable. Si la diminution du magnétisme est faible, l'aimant perd dans de petites torsions moins de magnétisme qu'une tige simplement aimantée. Si la désaimantation a été importante, le magnétisme augmente d'abord dans la torsion, atteint un maximum, puis diminue. Plus la désaimantation a été complète, plus est grande la torsion dans laquelle le maximum est atteint. Si la désaimantation a été absolue, la torsion (ainsi que tout ébranlement mécanique) rétablit une partie de l'aimantation primitive.

G. Wiedemann a donné des différents effets des actions mécaniques sur les aimants une explication très détaillée, qui est basée sur la théorie des aimants moléculaires capables de subir une rotation. On pourra consulter à ce sujet l'ouvrage de G. Wiedemann, *Die Lehre von der Elektrizität*, Tome III, Braunschweig 1895.

Considérons maintenant l'effet des *variations de température* sur les aimants en acier. Faraday a montré que des aimants, chauffés jusqu'à la température d'ébullition de l'huile d'amandes (inférieure à 400°), perdent complètement leur magnétisme rémanent, bien qu'ils puissent encore recevoir à cette température du magnétisme *temporaire*.

Quand on chauffe, pour la première fois, un aimant en acier fraîchement aimanté, jusqu'à une certaine température t, le magnétisme de cet aimant diminue : ce phénomène avait déjà été observé par Canton (1759). Si on ramène ensuite l'aimant à sa température primitive t_0, une *partie* du magnétisme perdu se retrouve. La perte dans l'échauffement se compose donc de deux parties : une perte temporaire et une perte définitive. Dans un second échauffement jusqu'à la température t, il se produit une nouvelle perte, mais qui est moindre que la perte temporaire due au premier échauffement; par refroidissement, il y a encore une certaine perte définitive, inférieure toutefois à celle observée après l'échauffement et le refroidissement primitifs. Une troisième variation de température entre t et t_0 donne encore une perte définitive de magnétisme plus petite. Lorsqu'on répète un grand nombre de fois les mêmes alternatives d'échauffement et de refroidissement, on n'obtient plus finalement qu'une perte temporaire dans l'échauffement, c'est-à-dire que l'état magnétique se rétablit complètement dans le refroidissement. L'aimant a alors atteint en quelque sorte un certain état stationnaire entre les températures t_0 et t. Quand on chauffe un tel aimant jusqu'à une température $t_1 < t$, sa perte de magnétisme est uniquement temporaire; mais si on le chauffe jusqu'à une température $t_1 > t$, il manifeste à la température t_0 une nouvelle perte définitive de magnétisme et un nouvel état stationnaire n'est atteint qu'après de nouveaux échauffements répétés jusqu'à la température t_1, suivis chaque fois d'un refroidissement jusqu'à t_0.

La grandeur de la perte définitive de magnétisme, dans de telles alternatives répétées d'échauffement et de refroidissement, dépend de la forme et de la substance de l'aimant. Soit m_0 le magnétisme primitif de l'aimant, $m = m_0(1 - \beta)$ le magnétisme rémanent après des alternatives répétées d'échauffement jusqu'à la température t et de refroidissement jusqu'à la température t_0. On constate que β croît presque proportionnellement à l'épaisseur de la barre; en outre, β est d'autant moindre que l'aimant est plus long. Avec de l'acier dur, β est beaucoup plus grand qu'avec de l'acier doux. On a trouvé, par exemple, pour $t_0 = 10°$ et $t = 100°$, $\beta = 0{,}153$ avec de l'acier doux et $\beta = 0{,}515$ avec de l'acier dur.

Le coefficient de température α d'un aimant, préalablement amené à l'état stationnaire mentionné plus haut, présente une très grande importance dans toutes les observations que l'on fait sur les aimants ou avec eux. Dans la formule $m = m_0 \{ 1 - \alpha(t - t_0) \}$, la grandeur $m_0\alpha(t - t_0)$ exprime exclusivement la perte *temporaire* de magnétisme dans l'échauffement de t_0 à t. Avec des aimants anciennement préparés, on a obtenu un coefficient de température allant de 0,0007 à 0,0010 et même au delà; avec des aimants préparés récemment, α oscille entre 0,0002 et 0,0009, selon la nature de l'acier, le degré de trempe et les dimensions de l'aimant. MOUREAUX a trouvé, pour la plupart des aimants actuellement en usage dans les observatoires magnétiques, des valeurs de α comprises entre 0,0004 et 0,0005. ASHWORTH (1898) a constaté que α est très petit pour les sortes d'acier les plus dures. Pour quelques aciers au nickel, ainsi que pour les fils d'acier, α est *négatif*; on peut aussi produire des sortes d'acier pour lesquelles $\alpha = 0$. DURWARD (1898) a également déterminé α pour les différentes espèces d'acier.

Il est très remarquable que le *premier refroidissement* d'un aimant fraîchement préparé *diminue* aussi son magnétisme. Lorsqu'on aimante à 100° une tige d'acier, elle perd par refroidissement une partie de son magnétisme. Si on l'échauffe de nouveau, son magnétisme diminue encore, mais il augmente déjà dans le refroidissement qui suit. TROWBRIDGE a trouvé, dans l'une de ses expériences, que le magnétisme d'un aimant en acier fabriqué à 20° diminue de plus de 65 °/₀, quand il est refroidi jusqu'à — 140°; DEWAR et FLEMING ont cependant constaté que, dans le *refroidissement brusque* d'un aimant en acier jusqu'à la température de l'air liquide (— 185°), il peut se produire aussi bien une diminution qu'un accroissement de magnétisme, suivant la composition de l'acier, par exemple suivant sa teneur en nickel.

L'acier plus ou moins désaimanté présente aussi des propriétés curieuses à l'égard de l'influence de la variation de température. Le petit tableau suivant donne les résultats de cinq séries d'observations faites par G. WIEDEMANN sur une tige d'acier doux ; M désigne le magnétisme rémanent primitif à 0°, m le magnétisme, après démagnétisation à 0°, m_{100} le magnétisme après échauffement à 100°, m_0 le magnétisme après refroidissement à 0°.

	M	m	m_{100}	m_0
1	70,5	70,5	42,2	54,5
2	72	40 1	27	48,5
3	70	25	18	39,5
4	72	2	2	9
5	75	0	0	9,5

La première série se rapporte au cas où l'aimant n'a pas été du tout désaimanté ($m = M$) et la dernière au cas où la désaimantation est complète ($m = 0$). Ce tableau montre qu'avec une faible désaimantation, l'échauffement et le refroidissement consécutif produisent une nouvelle diminution du magnétisme ($m_0 < m$). Avec une désaimantation notable, on a un *accroissement* du magnétisme après échauffement et refroidissement ($m_0 > m$). La dernière série est particulièrement intéressante : une tige, qui ne manifeste aucun magnétisme ($m = 0$), devient magnétique quand on l'échauffe à 100° et qu'on la refroidit ensuite à 0° ($m_0 = 9,5$). G. WIEDEMANN a en outre trouvé que si, inversement, on aimante à 100° (M) et désaimante (m) la tige, en la refroidissant jusqu'à 0° (m_0) et en l'échauffant de nouveau jusqu'à 100° (m_{100}), on peut obtenir, suivant le degré de démagnétisation, soit $m_{100} < m$, soit $m_{100} > m$. La dernière inégalité a lieu aussi dans le cas où $m = 0$ ($M = 56$, $m = 0$, $m_0 = 14,5$, $m_{100} = 5,55$).

G. WIEDEMANN a étudié théoriquement l'influence de la variation de température sur le magnétisme rémanent Cette influence est double évidemment; d'un côté, une variation de température produit une variation *temporaire* du magnétisme, qui disparaît, quand on revient à la température primitive; d'un autre côté, elle a pour conséquence la *suppression* définitive d'une partie du magnétisme rémanent. En se basant sur la théorie des aimants moléculaire capables de rotation, on peut admettre que le magnétisme de chaque molécule est fonction de la température, ce qui explique la variation *temporaire* du magnétisme. En même temps, l'échauffement change, par exemple, la structure intérieure de la substance, rend les molécules plus mobiles et écarte peut-être dans quelques cas les causes qui les empêchent de revenir dans les positions qu'elles occupaient avant l'aimantation. Par suite, beaucoup de molécules reviennent, quand la température s'élève, dans leurs positions avant l'aimantation ou du moins s'en rapprochent et ceci correspond à la disparition définitive d'une partie du magnétisme rémanent.

9. Oscillations simples, amorties et apériodiques d'un aimant. — Considérons un aimant NS (*fig.* 188), libre de tourner autour d'un axe passant par le point O et perpendiculaire au plan de la figure. Supposons l'aimant amené dans un champ magnétique *uniforme* ; soit H la *composante*, dans le plan de la figure, de l'intensité du champ, M le moment magnétique de l'aimant. Les pôles se trouvent en P_1 et P_2 à une distance $P_1P_2 = l$; AB est la direction de la composante H, qui est en même temps la direction de l'axe de l'aimant, lorsque celui-ci se trouve dans sa position d'équilibre. Quand l'aimant est écarté de cette dernière position d'un angle $P_1OB = \varphi$, il est sous l'influence d'un couple dont les forces $F = Hm$ et dont le moment est MH sin φ, voir (12) page 469. Soit P la position d'équilibre du pôle P_1, s l'arc PP_1, $f = -F \sin\varphi$ la composante de la force F suivant la tangente et dans le sens négatif de l'arc s. Pour φ suffisamment petit, on peut poser $f = -F\varphi = -\frac{2F}{l}s$. Cette expression montre que, pour de très petites déviations, l'aimant exécute un *mouvement vibratoire harmonique* autour de sa position d'équilibre. Nous allons étudier ce mouvement. Supposons que, sous l'influence du couple FF, l'aimant tourne pendant le temps dt de l'angle $-d\varphi$. Le travail $d\tau$ du couple est égal au produit du moment du couple par $-d\varphi$, c'est-à-dire $-$ MH sin $\varphi d\varphi$ (puisque $d\tau = -2fds = -2F\sin\varphi ds = -2F\frac{l}{2}\sin\varphi\, d\varphi = -Hml\sin\varphi\, d\varphi = -MH\sin\varphi d\varphi$). Ce travail est égal à l'accroissement de la force vive J de l'aimant dans son mouvement de rotation. Nous avons vu (Tome I) que J est le demi-produit du moment d'inertie du corps par rapport à l'axe de rotation et du carré de la vitesse angulaire $\frac{d\varphi}{dt}$. En désignant par K le moment d'inertie de l'aimant par rapport à l'axe de rotation, on a donc $J = \frac{1}{2}K\left(\frac{d\varphi}{dt}\right)^2$ et par suite

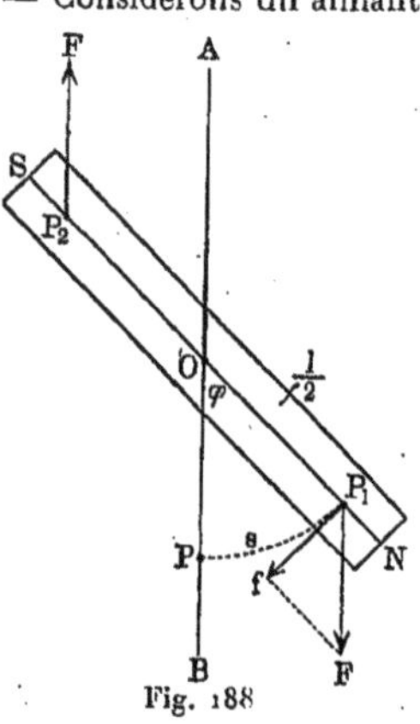

Fig. 188

$$dJ = K\frac{d\varphi}{dt}\frac{d^2\varphi}{dt^2}dt = K\frac{d^2\varphi}{dt^2}d\varphi.$$

L'égalité $d\tau = dJ$ donne alors

$$K\frac{d^2\varphi}{dt^2} = -MH\sin\varphi,$$

ou

$$\frac{d^2\varphi}{dt^2} = -\frac{MH}{K}\sin\varphi. \tag{60}$$

Pour de très petites oscillations, on peut écrire

$$\frac{d^2\varphi}{dt^2} = -\frac{MH}{K}\varphi. \tag{60, a}$$

En pratique, on observe non pas l'angle φ, mais une grandeur y qui lui est *proportionnelle*, par exemple le nombre de divisions d'une échelle, dans la méthode connue de déviation d'un miroir (Tome I). En introduisant la grandeur y, on obtient, pour l'*équation des petites oscillations d'un aimant*,

$$\frac{d^2y}{dt^2} + \frac{MH}{K}y = 0, \tag{61}$$

ou, en posant

$$\frac{MH}{K} = c^2, \tag{61, a}$$

l'équation

$$\frac{d^2y}{dt^2} + c^2y = 0. \tag{62}$$

Cette équation différentielle linéaire du second ordre à coefficients constants est satisfaite par une valeur de la forme $y = Ce^{\alpha t}$. Si on porte cette valeur dans (62), on obtient $\alpha^2 + c^2 = 0$, d'où $\alpha = \pm ci$ $(i = \sqrt{-1})$. L'intégrale complète est donc

$$y = C_1e^{cit} + C_2e^{-cit} = (C_1 + C_2)\cos ct + i(C_1 - C_2)\sin ct.$$

Supposons que, pour $t = 0$, on ait $y = 0$ et la vitesse $\frac{dy}{dt} = v_0$. La première condition exige que $C_1 + C_2 = 0$, de sorte que

$$y = i(C_1 - C_2)\sin ct.$$

La seconde condition, introduite dans l'expression de la vitesse

$$\frac{dy}{dt} = ic(C_1 - C_2)\cos ct,$$

donne

$$ic(C_1 - C_2) = v_0.$$

On en déduit

$$i(C_1 - C_2) = \frac{v_0}{c},$$

par suite

$$y = \frac{v_0}{c} \sin ct. \tag{63}$$

$$\frac{dy}{dt} = v = v_0 \cos ct. \tag{63, a}$$

On obtient l'amplitude a, en faisant $v = 0$, ce qui donne $ct = \frac{\pi}{2}$ et en portant dans (63) cette valeur : on a alors

$$a = \frac{v_0}{c}. \tag{63, b}$$

La durée T_1 d'une oscillation *complète* se déduit de l'équation

$$c(t + T_1) = ct + 2\pi;$$

on en déduit

$$T_1 = \frac{2\pi}{c}. \tag{63, c}$$

Les formules (63, b) et (63, c) conduisent à donner à l'équation (63) la forme

$$y = a \sin 2\pi \frac{t}{T_1}; \tag{64}$$

c'est l'équation des *mouvements vibratoires harmoniques*. Au moyen de (61, a) et (63, c), on obtient la durée T_1 d'une oscillation complète de l'aimant.

On a, pour *la durée* $T = \frac{1}{2} T_1$ *d'une demi-oscillation de l'aimant*,

$$T = \pi \sqrt{\frac{K}{MH}}. \tag{65}$$

La durée T *d'oscillation d'un aimant est inversement proportionnelle à la racine carrée de l'intensité* H *du champ magnétique qui agit dans le plan d'oscillation.* Il en résulte que le nombre n des oscillations (dans un temps donné) est proportionnel à $\sqrt{H}$ ou que n^2 est proportionnel à H, ce que nous avions admis à la page 495.

La formule (65) donne la durée d'oscillation, quand les écarts restent assez petits pour que le sinus puisse être remplacé par l'arc dans l'équation (60). Dans le cas général, la demi-période T a pour expression

$$T = \sqrt{\frac{2H}{MK}} \int_0^{\alpha} \frac{d\varphi}{\sqrt{\cos\varphi - \cos\alpha}}. \tag{65, a}$$

En développant en série l'expression comprise sous le radical, on a, par un calcul connu,

$$T = \pi \sqrt{\frac{K}{MH}} \left\{ 1 + \left(\frac{1}{2}\right)^2 \sin^2 \frac{\alpha}{2} + \left(\frac{1.3}{2.4}\right)^2 \sin^4 \frac{\alpha}{2} + \left(\frac{1.3.5}{2.4.6}\right)^2 \sin^6 \frac{\alpha}{2} + \dots \right\}. \tag{65, b}$$

Dans beaucoup de cas, il est suffisamment précis de prendre la formule suivante

$$(65.c) \qquad T = \pi\sqrt{\frac{K}{MH}}\left(1 + \frac{1}{4}\sin^2\frac{\alpha}{2}\right),$$

ou celle encore plus simple

$$(65, d) \qquad T = \pi\sqrt{\frac{K}{MH}}\left(1 + \frac{\alpha^2}{16}\right).$$

En portant (61, a) dans (63, b), il vient

$$(65, e) \qquad v_0 = ac = a\sqrt{\frac{MH}{K}}.$$

En établissant l'équation (60), nous avons fait l'hypothèse qu'aucune force n'agit sur l'aimant en dehors de celles qui sont définies par l'intensité du champ magnétique. Supposons maintenant qu'en plus des forces dues à ce champ agisse encore sur l'aimant *un couple proportionnel à la vitesse angulaire de l'aimant*, qui s'oppose à son mouvement, c'est-à-dire tend à le faire tourner dans le sens opposé à celui de $\frac{d\varphi}{dt}$. Ce couple ne se manifeste naturellement que pendant le mouvement de l'aimant; la *résistance de l'air environnant* par exemple peut le faire naître. Nous rencontrerons un autre cas beaucoup plus important de mouvement d'un aimant, placé dans un champ magnétique et soumis en même temps à un couple résistant analogue, dans la théorie des galvanomètres munis de ce qu'on appelle des *amortisseurs*. Nous verrons que lorsqu'il se trouve dans le voisinage d'un aimant en mouvement des métaux non magnétiques, du cuivre par exemple, il se produit dans ces métaux des courants électriques, qui réagissent sur l'aimant et s'opposent à son mouvement; l'intensité de ces courants et par suite leur action sont, à chaque instant, proportionnelles à la vitesse du mouvement de l'aimant.

Le moment a du couple, qui s'oppose au mouvement de l'aimant, est égal à $-n\frac{d\varphi}{dt}$, où n est un facteur de proportionnalité. Si l'angle φ diminue de la quantité $d\varphi$, le travail de ce couple est égal à $-n\frac{d\varphi}{dt}d\varphi$; on a par suite, pour l'accroissement dJ de la demi-force vive,

$$dJ = K\frac{d^2\varphi}{dt^2}d\varphi = -MH\sin\varphi d\varphi - n\frac{d\varphi}{dt}d\varphi.$$

En supposant φ très petit et en introduisant la grandeur c^2, voir (61, a), ainsi que la notation

$$\frac{n}{K} = 2p,$$

on obtient, pour l'*équation du mouvement d'un aimant sous l'influence d'un amortisseur*,

$$(66) \qquad \frac{d^2\varphi}{dt^2} + 2p\frac{d\varphi}{dt} + c^2\varphi = 0.$$

Pour $p = 0$, on retrouve l'équation déjà considérée du mouvement d'un aimant sans amortissement. La grandeur p se présente donc ici, en quelque sorte, comme la *mesure de l'amortissement*, c'est-à-dire comme la mesure de la cause qui s'oppose au mouvement de l'aimant. Si on introduit de nouveau la grandeur y, directement observable et proportionnelle à l'angle φ, on obtient l'équation

$$\frac{d^2y}{dt^2} + 2p\frac{dy}{dt} + c^2y = 0. \tag{67}$$

Cette équation est également linéaire, du second ordre et à coefficients constants. Elle est satisfaite par une fonction y de la forme $Ce^{\alpha t}$; en portant cette valeur dans (67), on trouve

$$\alpha^2 + 2p\alpha + c^2 = 0$$

$$\alpha_1 = -p + \sqrt{p^2 - c^2}, \qquad \alpha_2 = -p - \sqrt{p^2 - c^2}. \tag{67, a}$$

La solution de l'équation (67) a donc la forme générale suivante

$$y = C_1e^{\alpha_1 t} + C_2e^{\alpha_2 t}, \tag{67, b}$$

où C_1 et C_2 sont des coefficients constants arbitraires.

Il faut distinguer deux cas : l'amortissement n'est pas très fort ou il est très prononcé.

I. L'amortissement n'est pas très fort ; il y a un mouvement oscillatoire amorti. C'est le cas où

$$p < c. \tag{68}$$

Si on introduit la notation

$$q = \sqrt{c^2 - p^2}, \tag{68, a}$$

on a

$$\alpha_1 = -p + qi, \qquad \alpha_2 = -p - qi$$

et la formule (67, b) donne

$$\begin{aligned} y &= C_1e^{-pt}(\cos qt + i\sin qt) + C_2e^{-pt}(\cos qt - i\sin qt) \\ &= (C_1 + C_2)\,e^{-pt}\cos qt + i\,(C_1 - C_2)\,e^{-pt}\sin qt. \end{aligned}$$

Supposons que, pour $t = 0$, on ait $y = 0$ et $\frac{dy}{dt} = v = v_0$. La première condition exige que $C_1 + C_2 = 0$; par suite

$$y = i\,(C_1 - C_2)\,e^{-pt}\sin qt. \tag{68, b}$$

On a donc

$$v = i\,(C_1 - C_2)\,e^{-pt}(q\cos qt - p\sin qt),$$

et la deuxième condition donne

$$qi(C_1 - C_2) = v_0. \tag{68, c}$$

On déduit de là, en tenant compte de $C_1 + C_2 = 0$,

$$C_1 = \frac{v_0}{2qi}, \qquad C_2 = -\frac{v_0}{2qi},$$

de sorte que

$$y = \frac{v_0}{q} e^{-pt} \sin qt. \tag{68, d}$$

Posons

$$\frac{v_0}{q} = \frac{v_0}{\sqrt{c^2 - p^2}} = a; \tag{68, e}$$

on a finalement

$$y = ae^{-pt} \sin qt. \tag{69}$$

Pour $p = 0$, c'est-à-dire en l'absence d'amortissement, on obtient le mouvement vibratoire harmonique simple. L'équation (69) est identique à l'équation du mouvement oscillatoire amorti qui a été considérée dans le Tome I. Nous avons affaire ici à un mouvement oscillatoire dont l'amplitude diminue progressivement. La première amplitude est

$$a_1 = \frac{aq}{\sqrt{q^2 + p^2}} e^{-\frac{p}{q} \operatorname{arc\,tg} \frac{p}{q}}. \tag{69, a}$$

Le logarithme naturel λ du rapport des valeurs absolues de deux amplitudes successives a_n et a_{n+1} s'appelle le *décrément logarithmique* ; il est égal à

$$\lambda = \log \frac{a_n}{a_{n+1}} = \frac{\pi p}{q}. \tag{69, b}$$

L'intervalle de temps τ, entre un passage par la position d'équilibre et le suivant, est donné par la formule suivante

$$\tau = \frac{\pi}{q} = \frac{\pi}{\sqrt{c^2 - p^2}}. \tag{69, c}$$

Pour $p = 0$, on obtient une durée d'oscillation $T = \frac{\pi}{c}$, voir (63, c), où $T_1 = 2T$. On a évidemment $\tau > T$, car

$$\frac{\tau^2}{T^2} = \frac{c^2}{c^2 - p^2} = \frac{q^2 + p^2}{q^2} = \frac{\pi^2 + \frac{\pi^2 p^2}{q^2}}{\pi^2} = \frac{\pi^2 + \lambda^2}{\pi^2}. \tag{69, d}$$

Les formules (68, e) et (69, a) donnent

$$(69, e) \qquad v_0 = aq = a_1 \sqrt{q^2 + p^2}\, e^{\frac{p}{q} \operatorname{arc\,tg} \frac{q}{p}};$$

telle est la *relation qui lie la vitesse initiale v_0 à l'amplitude initiale a_1*.

De (69, b) et (69, c), il résulte que

$$(69, f) \qquad \lambda = p\tau.$$

En introduisant λ et τ à la place de p et q, on obtient, au lieu de (69, a) et (69, e), les formules

$$(69, g) \qquad a_1 = a \frac{\pi}{\sqrt{\pi^2 + \lambda^2}}\, e^{-\frac{\lambda}{\pi} \operatorname{arc\,tg} \frac{\lambda}{\pi}},$$

$$(69, h) \qquad v_0 = a \frac{\pi}{\tau} = a_1 \frac{\sqrt{\pi^2 + \lambda^2}}{\tau}\, e^{\frac{\lambda}{\pi} \operatorname{arc\,tg} \frac{\pi}{\lambda}}.$$

II. L'AMORTISSEMENT EST TRÈS FORT ; LE MOUVEMENT EST APÉRIODIQUE. Supposons que l'on ait dans (67)

$$(70) \qquad p > c.$$

Introduisons la notation

$$(71) \qquad q = \sqrt{p^2 - c^2}.$$

Les formules (67, a) donnent maintenant

$$(71, a) \qquad y = e^{-pt} (C_1 e^{qt} + C_2 e^{-qt}).$$

La vitesse v du mouvement est égale à

$$(71, b) \qquad v = \frac{dy}{dt} = - e^{-pt} \{ (p - q)\, C_1 e^{qt} + (p + q)\, C_2 e^{-qt} \}.$$

Nous considérerons trois cas particuliers.

1. *L'aimant est écarté d'un angle auquel correspond la valeur $y = a$; on a, dans cette position, $v = 0$, $t = 0$. L'aimant est ensuite abandonné à lui-même* : il s'agit de chercher comment y et v dépendent de t. La condition d'avoir $y = a$ et $v = 0$, pour $t = 0$, exige que $C_1 + C_2 = a$ et $(p - q)\, C_1 + (p + q)\, C_2 = 0$. Les valeurs de C_1 et C_2 qu'on en déduit, portées dans (71, a) et (71, b), donnent

$$(72) \qquad y = \frac{ae^{-pt}}{2q} \{ (p + q)\, e^{qt} - (p - q)\, e^{-qt} \}$$

$$(72, a) \qquad v = - \frac{(p^2 - q^2)\, ae^{-pt}}{2q} (e^{qt} - e^{-qt}).$$

La première de ces formules montre que la déviation y ne devient négative pour aucune valeur positive de t et que ce n'est que pour $t = \infty$ qu'on a

$y = 0$. *L'aimant n'oscille pas ; il se rapproche asymptotiquement de sa position d'équilibre*, et il ne l'atteint théoriquement qu'après un temps infini. Pratiquement, on voit l'aimant se mouvoir vers sa position d'équilibre et s'arrêter lorsqu'il l'a atteinte. On dit qu'un tel mouvement est *apériodique*. La vitesse v atteint sa plus grande valeur

$$(72, b) \qquad v_m = -a\sqrt{p^2 - q^2}\left(\frac{p-q}{p+q}\right)^{\frac{p}{2q}}$$

au bout du temps

$$(72, c) \qquad t_m = \frac{1}{2q}\log\frac{p+q}{p-q},$$

qui est indépendant de la déviation primitive a ; la vitesse décroît ensuite.

2. *L'aimant, dévié de $y = a$, subit une percussion*, de sorte qu'à l'instant $t = 0$, il possède une vitesse $-v_0$ vers la position d'équilibre. Les conditions pour C_1 et C_2 sont maintenant les suivantes :

$$C_1 + C_2 = a, \qquad (p-q)C_1 + (p+q)C_2 = v_0.$$

On en déduit

$$(73) \qquad y = \frac{e^{-pt}}{2q}\left\{\left[v - a(p-q)\right]e^{-qt} - \left[v_0 - a(p+q)\right]e^{qt}\right\}.$$

Cette expression donne $y = 0$ pour

$$(73, a) \qquad t_1 = \frac{1}{2q}\log\frac{v_0 - a(p-q)}{v_0 - a(p+q)}.$$

Pour que t_1 soit positif, il faut que

$$(73, b) \qquad v_0 > a(p+q).$$

L'aimant atteint alors sa position d'équilibre avec une vitesse

$$(73, c) \qquad v_0' = -\sqrt{(v_0 - ap)^2 - a^2q^2}\left[\frac{v_0 - a(p+q)}{v_0 - a(p-q)}\right]^{\frac{p}{2q}},$$

passe de l'autre côté de cette position, s'arrête (voir cas 3) et revient asymptotiquement à la position de repos. Lorsque v_0 est inférieur ou égal à $a(p+q)$, l'aimant, bien qu'ayant subi une percussion, ne passe pas par la position d'équilibre.

3. *L'aimant se trouve dans sa position d'équilibre* ($y = 0$) *et subit à l'instant $t = 0$ une percussion, qui lui communique la vitesse v_0*. Pour $t = 0$, on a $y = 0$, $v = v_0$, ce qui exige que $C_1 + C_2 = 0$, $(p-q)C_1 + (p+q)C_2 = -v_0$. Au lieu de (71, a), on a

$$(74) \qquad y = \frac{v_0 e^{-pt}}{2q}\left(e^{qt} - e^{-qt}\right),$$

$$(74, a) \qquad v = \frac{v_0 e^{-pt}}{2q}\left\{(p+q)e^{-qt} - (p-q)e^{qt}\right\}.$$

On trouve que $v = 0$ à l'instant

$$t_m = \frac{1}{2q} \log \frac{p+q}{p-q}, \tag{74, b}$$

valeur qui est *indépendante de la vitesse initiale* v_0 ; la plus grande déviation y_m est égale à

$$y_m = \frac{v_0}{\sqrt{p^2 - q^2}} \left(\frac{p-q}{p+q}\right)^{\frac{p}{2q}}, \tag{74, c}$$

Il est intéressant de remarquer que la formule (72, c) est identique à (74, b) et que (72, b) est très analogue à (74, c).

III. Cas de transition. Supposons que l'on ait, dans l'équation (66),

$$p = c ; \tag{75}$$

les racines α_1 et α_2, voir (67, a), deviennent alors égales. On sait, d'après la théorie des équations différentielles linéaires à coefficients constants, comment il faut procéder dans ce cas. Nous suivrons cependant une autre méthode, en faisant $q = 0$ dans les formules du cas II ; on trouve des expressions de la forme $\frac{0}{0}$, dont il suffit de déterminer la valeur par la règle bien connue.

1. Pour $t = 0$, on a $y = a$, $v = 0$: la formule (72) donne ainsi, pour $q = 0$:

$$y = ae^{-pt}(1 + pt) \tag{76}$$

$$v = -ap^2te^{-pt}. \tag{76, a}$$

Le mouvement est apériodique. On a le maximum de vitesse

$$v_m = -\frac{ap}{e}, \tag{76, b}$$

à l'instant

$$t_m = \frac{1}{p}. \tag{76, c}$$

2. Pour $t = 0$, on a $y = a$, $v = -v_0$; la formule (73) donne pour $q = 0$

$$y = \{a - (v_0 - ap)t\} e^{-pt} : \tag{77}$$

L'aimant passe par sa position d'équilibre à l'instant

$$t_1 = \frac{a}{v_0 - ap}, \tag{77, a}$$

avec la vitesse

$$v'_0 = -(v_0 - ap)e^{\frac{ap}{v_0 - ap}}. \tag{77, b}$$

Pour que l'aimant dépasse cette position d'équilibre, on doit avoir

$$v_0 > ap. \tag{77, c}$$

3. Pour $t = 0$, on a $y = 0$, $v = v_0$. La formule (74) donne pour $q = 0$

$$y = v_0 t e^{-pt}, \tag{78}$$

$$v = v_0 e^{-pt}(1 - pt). \tag{78, a}$$

A l'instant

$$t_m = \frac{1}{p}, \tag{78, b}$$

a lieu la déviation maximum

$$y_m = \frac{v_0}{pe}. \tag{78, c}$$

La théorie que nous venons de donner du mouvement amorti d'un aimant est due à Gauss. Des cas plus compliqués ont été étudiés par Schering, O. D. Chwolson, P. Weiss, E. Dorn ; E. du Bois-Reymond a donné aussi une théorie des mouvements apériodiques. Plus récemment, Pierre Curie (1891) a introduit, dans l'étude d'un mouvement amorti, une notion analogue à celle de l'*équation réduite de* Van der Waals, ainsi que l'idée des *états correspondants* de mouvement (voir Tome III).

BIBLIOGRAPHIE

—

1. — Aimants temporaires et aimants permanents

P. Langevin. — *Ann. de chim. et phys.*, (8), **5**, pp. 70, 245, 1905.
P. Weiss. — *Journ. de phys.*, (5), **1**, pp. 900, 965, 1911.
Shuddemagen. — *Proc. Amer. Acad. of Arts and Sc.* **43**, p. 185, 1907.
Hopkinson. — *Phil. Trans.* **176**, p. 465, 1885.

2. — Moment magnétique. Pôles.

E. F. A. Minding. — *J. reine angew. Math.* **14**, p. 289, 1835 ; **15**, p. 27, 1836 ; *Handbuch der Differential und Integral Rechnung*, **2**, (*Mechanik*), Berlin, 1838, pp. 78 et suiv.

A. F. Möbius. — *Lehrbuch der Statik*, **1**, Leipzig, 1837, chap. 8 et 9; *Werke*, **3**, Leipzig, 1886, pp. 185-247.
M. Strichen. — *J. reine angew. Math.*, **38**, p. 277, 1849.
O. J Broch. — *Lehrbuch der Mechanik*, Berlin, 1854, pp. 82, 134 et suiv.
N. M. F. Moigno. — *Leçons de mécanique analytique, Statique*, Paris, 1868, pp. 206-245.
G. Darboux. — *Mém. Soc. sc. phys. nat. Bordeaux*, (2), **2**, 1878, pp. 1 65; *Sur l'équilibre astatique*, Paris, 1877; voir Th. Despeyrous, *Cours de mécanique* (édition revue et annotée par G. Darboux), **1**, Paris, 1884, p. 391.
I. Somow. — *Theoretische Mechanik*, **2**, trad. par A. Ziwet, Leipzig, 1879, pp. 355-407.
E. J. Routh. — *Analytical statics* (2e éd), **2**, Cambridge, 1902.
H. E. Timerding. — *Geometrie der Kräfte*, Leipzig, 1908, pp. 266-286 (Chap 18).

3. — Potentiel et énergie d'un aimant.

Lindeck. — *Instr.*, **9**, p. 352, 1889.
Ebert. — *Magnetische Kraftfelder*, 2e éd. München, 1905, p. 8.

4, 5. — Feuillet magnétique. Magnétisme libre.

Sir William Thomson (Lord Kelvin). — *A Mathematical Theory of Magnetism*, *Proc. Roy. Soc.*, juin 1849, *Reprint of Papers on Electrostatics and Magnetism*, London, 1884, p. 344.

7. — Aimants naturels et aimants artificiels.

Jamin. — *C. R.*, **76**, p. 1153, 1873; **77**, p. 305, 1873; *Carls Repert. d. Phys.*, **9**, p. 253, 1873.
Barus et Strouhal. — *Bull. Unit. States Geol. Surv.* **14**, 1885; *W. A.*, **11**, p. 930, 1880; **20**, pp. 525, 621, 662, 1883.
Holborn. — *Instr.* **11**, p. 113, 1891; *Berl. Ber.*, 1898, p. 159.
Guthe. — *Trans. Am. Electr Eng.*, **14**, p. 59, 1897; *Proc. Phys. Soc.*, **15**, p. 268, 1897.
Mme Curie. — *Bull. de la Soc. d'Encouragement de l'Industrie*, **3**, p. 36, 1898; *The Metallographist.*, 1, p. 107, 1898.
Hopkinson. — *Trans. Proc. Soc.*, **2**, p. 463, 1885.
Negbauer. — *Elektrotechn. Zeitschr.*, 1889, p. 348.
P. Meyer. — *Electrotechn. Zeitschr.* 1889, p. 582.
Du Bois. — *Phil. Mag*, (5), **29**, p. 293, 1890.
Coulomb. — *Mém. de l'Acad.*, 1789, p. 468.
Biot. — *Traité de phys.*, **3**, p. 76, 1816.
Riecke. — *Pogg. Ann.*, **149**, p. 62, 1873; *W. A.*, **8**, p. 299, 1879.
F. Kohlrausch. — *W. A.*, **22**, p. 411, 1884; **27**, p. 45, 1886; **31**, p. 609, 1887.
Petrouschewski. — *Pogg. Ann.*, **150**, pp. 388, 537, 1873; **152**, p. 42, 1874; *Cours de Physique* (en russe), 2e éd. St-Pétersbourg, 1873, p. 313.
Pouillet. — *C. R.*, **67**, p. 853, 1868.
Benoît. — *C. R.*, **84**, p. 76, 1877.
Van Rees. — *Pogg. Ann.*, **70**, p. 15, 1847.
Mascart. — *C. R.*, **104**, p. 635, 1887; *Ann. de Chim. et Phys.*, (6) **18**, p. 1, 1884; *Traité de magnétisme terrestre*, 1900, p. 82.
Benedicks. — *Journ. de Phys.*, (4) **1**, p. 302, 1902; *Bihang t. k. Svenska Vet. Ak. Handl.*, **27**, I, 1902.

Ruoss. — *Ann. der Phys.* (4) **27**, p. 113, 1908.
Salmon. — *Journ. de Phys.*, (4) **8**. p. 579, 1909.
Häcker. — *P. A.* **57**, p. 321, 1842 ; **62**, p. 366, 1844 ; **72**, p. 63, 1847 ; **74**, p. 394, 1848.
Geber (Abû Mûsa Gâbir ben Hajjaw). — Voir E. Wiedemann, *W. A.*, **4**, p. 320, 1878.

8. — Influence des actions mécaniques et des variations de température sur les aimants artificiels.

G. Wiedemann. — *Pogg. Ann.*, **100**, p. 241, 1857.
Villari. — *N. Cim.*, **27**, 1868 ; *P. A.*, **137**, p. 569, 1869.
Streintz. — *Wien. Ber.*, **76**, p. 946, 1877.
Brown. — *Phil. Mag.*, (5) **23**, p. 420, 1887.
Berson. — *C. R.*, **106**, p. 592, 1888 ; **108**, p. 94, 1899.
Krüse — *Wien. Ber.*, **109**, p. 195, 1900.
Wertheim. — *C. R.*, **35**, p. 702, 1852 ; *Ann. de chim. et phys.*, (3) **50**, p. 385, 1857.
Matteucci. — *C. R.*, **24**, p. 301, 1847 ; *Ann. de chim. et phys.*, (3) **53**, p. 385, 1858.
Knott. — *Phil. Trans. R. Soc. Edinb.*, **36**, p. 485, 1891.
G. Wiedemann. — (Torsion). *Pogg. Ann.*, **103**, p. 563, 1858 ; **106**, p. 161, 1859 ; *Verh. Baseler Naturf. Ges.*, **2**, p. 169, 1860 ; *W. A.*, **27**, p. 376, 1886.
Canton. — *Phil. Trans.*, 1759, p. 398.
Ashworth. — *Proc. R. Soc* , **62**, p. 210, 1898.
Durward. — *Sill. Journ.* **5**, p. 245, 1898.
Trowbridge. — *Sill. Journ.* (3) **21**, p. 316, 1881.
G. Wiedemann. — (Variation de température). *Pogg. Ann.*, **100**, p. 235, 1852 ; **103**, p. 563, 1858 ; **125**, p. 355, 1864.

9. — Oscillations simples, amorties et apériodiques d'un aimant.

Gauss. — *Resultate des magnetischen Vereins*, 1837, p. 58.
Schering. — *W. A.*, **9**, pp. 287, 452, 1880.
Chwolson. — *Amortisseurs magnétiques* (en russe), St.-Pétersbourg, 1880 ; *Mém. de l'Acad. des Sc. de St.-Pétersbourg*, (7) **26**, n° 14, 1879 ; **28**, n° 3, 1880.
P. Weiss. — *Journ. de phys.*, (3) **4**, p. 420, 1895.
E. Dorn. — *Wied. Ann.*, **17**, p. 634, 1882.
E. du Bois Reymond. — *Berl. Ber.*, 1869, p. 807 ; 1870, p. 537 ; *Abh.*, **1**, p. 284.
P. Curie. — *Équations réduites pour le calcul des mouvements amortis, La lumière électrique*, **41**, 1891, pp. 201, 270, 307, 356 ; *Œuvres publiées par la Soc. de phys.* 1908, p. 158.

CHAPITRE III

SOURCES DU CHAMP MAGNÉTIQUE. COURANT ÉLECTRIQUE

1. Introduction. — Après avoir étudié, dans le Chapitre précédent, la première des deux sources du champ magnétique, les aimants et principalement les aimants permanents, nous allons maintenant considérer la seconde, le courant électrique. Nous nous occuperons, dans le présent Chapitre, de l'un des cas où ce courant prend naissance, de quelques-unes des questions qui se posent dans ce mode de production, ainsi que des propriétés du champ magnétique dans l'espace environnant les corps où se manifeste le phénomène du courant électrique. *Nous ne ferons pas encore ici l'étude approfondie du côté théorique de notre sujet.*

Nous avons rencontré dans le premier Livre, Chapitre II, toute une série de phénomènes, qui serviront de point de départ à nos considérations ultérieures; il convient, pour la commodité du lecteur, de les rappeler brièvement.

Lorsque deux corps A et B de nature différente, formés de substances conductrices de l'électricité, sont amenés en contact, tous deux apparaissent électrisés, l'un positivement, l'autre négativement. Leurs potentiels V_1 et V_2 sont inégaux; il se manifeste entre eux une *différence de potentiel*; autrement dit encore, au passage de l'un à l'autre corps, il existe un *saut de potentiel* $V_1 - V_2$. Nous avons appelé *force électromotrice* (E) la cause de ce phénomène, et admis que cette force a la direction du *saut d'élévation*, c'est-à-dire du corps de plus petit potentiel V_2 au corps de plus grand potentiel V_1. Nous avons pris, pour sa mesure, la grandeur de ce saut et nous avons posé, voir (7), page 198,

$$E = V_1 - V_2. \tag{1}$$

Nous avons aussi écrit symboliquement $E = A \mid B = - B \mid A$. Dans une chaîne de corps différents en contact l'un avec l'autre A, B, C, ..., M, N, agissent une série de forces électromotrices e_k, dont la somme forme la *force électromotrice de la chaîne* E :

$$E = A \mid B + B \mid C + \ldots + M \mid N = \sum e_k = V_1 - V_n: \tag{1, a}$$

cette somme est égale à la différence des potentiels V_1 et V_n aux extrémités de la chaîne, voir (10), page 199. Nous avons appelé *chaîne régulièrement ouverte*, une chaîne dans laquelle les corps extrêmes sont identiques.

La force électromotrice d'une chaîne régulièrement ouverte, composée de conducteurs de la première classe (métaux, charbon, minéraux, oxydes) *est nulle.* Les corps qui sont identiques, c'est-à-dire les extrémités de la chaîne, se trouvent à des potentiels égaux.

Pour une chaîne de ce genre, composée de trois corps différents, on obtient la *loi de* Volta, qui est exprimée par la formule (12), p. 200,

$$A \mid B + B \mid C = A \mid C. \tag{2}$$

Les conducteurs de la première classe peuvent être rangés en une *série de* Volta (page 201).

Les *conducteurs de la seconde classe* ou *électrolytes* (acides et sels dissous ou fondus) ne suivent pas la loi de Volta. La force électromotrice E, qui agit dans une chaîne régulièrement ouverte dans la composition de laquelle entrent des électrolytes S, c'est-à-dire la différence de potentiel $V_1 - V_2$ des extrémités d'une telle chaîne, n'est pas nulle. On a, par exemple,

$$E = V_1 - V_2 = A \mid S + S \mid B + B \mid A \lesseqgtr 0, \tag{2, a}$$

et encore

$$E = V_1 - V_2 = A \mid S_1 + S_1 \mid S_2 + S_2 \mid B + B \mid A \lesseqgtr 0, \tag{2, b}$$

voir (13), page 201. Au lieu de la formule (2), on a maintenant

$$A \mid S + S \mid B \lesseqgtr A \mid B. \tag{2, c}$$

Le sens de la force électromotrice E coïncide avec le sens dans lequel prédominent les sauts positifs, c'est-à-dire avec un sens d'élévation ; en d'autres termes, E est dirigé de V_2 vers V_1, si $V_2 < V_1$. Une combinaison de corps formant une telle chaîne s'appelle un *élément galvanique*. Divers schémas d'éléments de ce genre ont été donnés dans (14, *a*, *b*, *c*, *d*), page 202. Nous avons introduit la notation

$$(A, B) = A \mid S + S \mid B + B \mid A,$$

et démontré que

$$(A, B) + (B, C) = (A, C); \tag{2, d}$$

cette égalité reste vraie, lorsque

$$(A, B) = A \mid S_1 + S_1 \mid S_2 + S_2 \mid B + B \mid A, \tag{2, e}$$

voir page 203. Quand on change les corps A, B, C, on doit laisser invariables les électrolytes S, ou S_1 et S_2. Un élément type, dont la force électromotrice est définie par le schéma (2, *e*), est l'*élément* Daniell, qui a été décrit à la

4. Loi d'Ohm. Couplage des éléments. — Nous prendrons, comme point de départ des raisonnements qui vont suivre, les deux formules (2, *f*), page 518, et (15), page 527, où nous changerons cependant un peu les notations. Nous écrirons la première de ces formules de la manière suivante

$$E = \sum e_k = V' - V''. \tag{24}$$

Elle indique que la force électromotrice E d'un élément est égale à la somme des forces électromotrices ou des sauts de potentiel e_k que l'on rencontre dans le circuit, ainsi qu'à la différence $V' - V''$ des potentiels aux extrémités du circuit régulièrement ouvert. La seconde formule

$$I = \frac{V_1 - V_2}{R_{1,2}} \tag{25}$$

donne l'intensité du courant, *dans une partie géométriquement et physiquement homogène du circuit*, lorsque la résistance de cette partie est $R_{1,2}$ et la différence de potentiel de ses extrémités $V_1 - V_2$. La formule (25) indique que, *dans tout tel tronçon du circuit, la chute de potentiel a même valeur, l'intensité du courant restant la même*; plus est grande la résistance de l'unité de longueur du conducteur qui forme le circuit, plus le potentiel s'abaisse rapidement. Envisageons maintenant une partie du circuit *homogène physiquement, mais non géométriquement*. Les segments AB et BC (*fig.* 193) sont de même

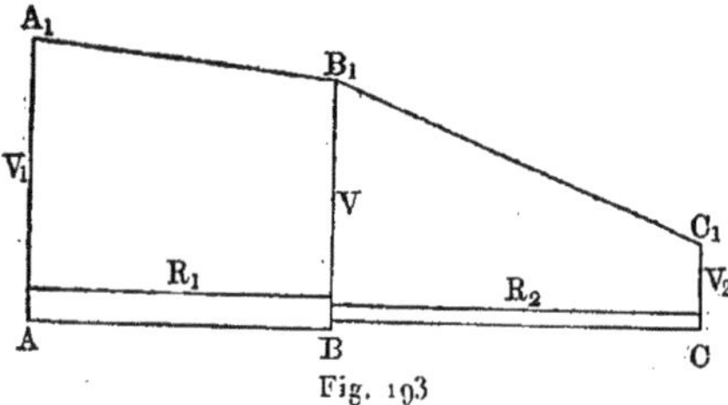

Fig. 193

substance et diffèrent seulement par leur dimension transversale ; soient V_1 et V_2 les potentiels en A et en C, R_1 et R_2 les résistances des parties AB et BC. Les abscisses étant prises suivant le circuit, portons les valeurs des potentiels en ordonnées; la distribution du potentiel est alors représentée graphiquement par une ligne brisée $A_1B_1C_1$; la chute est plus rapide le long de BC que le long de AB. Désignons par V le potentiel en B et par $R_{1,2}$ la somme $R_1 + R_2$; on a

$$I = \frac{V_1 - V}{R_1} = \frac{V - V_2}{R_2} = \frac{(V_1 - V) + (V - V_2)}{R_1 + R_2} = \frac{V_1 - V_2}{R_{1,2}}, \tag{25, a}$$

$$V = \frac{V_1R_2 + V_2R_1}{R_1 + R_2}. \tag{25, b}$$

La première de ces équations montre que la formule (25) reste applicable à toute partie du circuit qui est physiquement homogène, quoique géométriquement hétérogène. Considérons ensuite une partie du circuit *physiquement hétérogène*. Soit AC un tronçon du circuit formé de deux parties AB et BC de substance différente (*fig.* 194), telles qu'en B agit la force électromotrice e, égale au saut de potentiel $V'' - V'$. La distribution du potentiel est représentée par la ligne brisée $A_1B'B''C_1$, où $B''B' = V'' - V' = e$ et on a

$$(25, c) \qquad I = \frac{V_1 - V'}{R_1} = \frac{V'' - V_2}{R_2} = \frac{(V_1 - V') + (V'' - V_2)}{R_1 + R_2}$$
$$= \frac{(V_1 - V_2) + (V'' - V')}{R_1 + R_2} = \frac{V_1 - V_2 + e}{R_{1.2}};$$

on en déduit

$$(25, d) \quad V' = \frac{V_1R_2 + V_2R_1 - eR_1}{R_1 + R_2}, \qquad V'' = \frac{V_1R_2 + V_2R_1 + eR_2}{R_1 + R_2}.$$

Prenons enfin le *circuit fermé* tout entier. On y rencontre des *sauts* de potentiel, que nous regardons comme positifs quand ils correspondent à une élévation de potentiel, et des *chutes* que nous compterons positivement lorsqu'il y a abaissement de potentiel. Si, partant d'un point quelconque M du circuit, où il n'existe pas de variation brusque du potentiel, nous faisons le tour

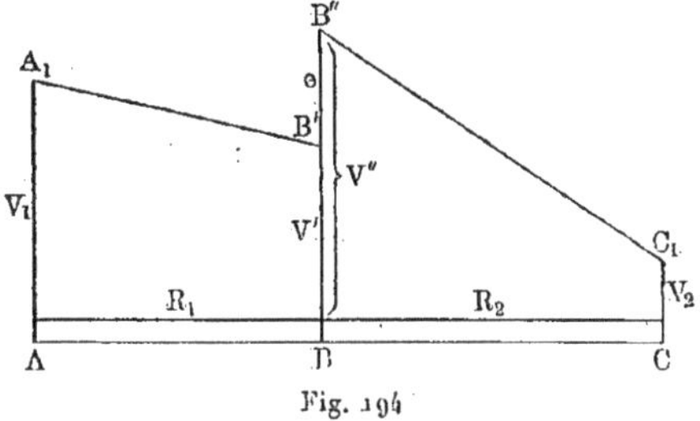

Fig. 194

entier du circuit, pour revenir au même point M, nous retrouvons aussi la valeur primitive du potentiel ; par conséquent *la somme des variations du potentiel tout le long du circuit fermé est nulle*. Comme ces variations ne peuvent être que des sauts et des chutes, il est clair que, *dans un circuit fermé, la somme des sauts de potentiel est égale à la somme des chutes ;* mais la somme des sauts n'est autre que la force électromotrice E agissant dans le circuit, et par suite, *dans un circuit fermé la somme de toutes les chutes de potentiel est égale à la force électromotrice* E. Partageons le *circuit entier* en tronçons physiquement homogènes ; soient V_1 et V_2 les potentiels aux extrémités du premier tronçon, V_3 et V_4 les potentiels aux extrémités du second, etc. ; V_2 n'est naturellement pas égal à V_3, ni V_4 à V_5, car il existe des sauts de potentiel aux limites séparatives de ces tronçons. Désignons par $R_{1,2}$, $R_{3,4}$, etc. les résistances respectives des tronçons et par $R = R_{1,2} + R_{3,4} + \ldots$ la résistance du circuit entier. Pour chaque tronçon, on peut écrire l'équation (25, *a*) et on a ainsi

$$I = \frac{V_1 - V_2}{R_{1,2}} = \frac{V_3 - V_4}{R_{3,4}} = \ldots = \frac{(V_1 - V_2) + (V_3 - V_4) + (V_5 - V_6) + \ldots}{R_{1,2} + R_{3,4} + R_{5,6} + \ldots}.$$

sateur ; la charge de ce dernier mesurait la différence de potentiel des points a et b. Pour la partie liquide du circuit, on se servait de fils-sondes D. On voit facilement comment KOHLRAUSCH a pu déterminer la chute de potentiel en fonction de la résistance, en faisant varier les points a et b, en changeant les conducteurs, etc.

L'exactitude de la loi d'OHM, dans le cas où le circuit contient de *très mauvais conducteurs* a fait l'objet de travaux dus à GAUGAIN (1860, fils de coton) et à J. J. THOMSON et NEWALL (1887, huile d'olive, sulfure de carbone, benzine). Elle a été démontrée, dans les *électrolytes* bons conducteurs, pour de faibles chutes de potentiel (10^{-6} volt par centimètre), par KOHLRAUSCH et NIPPOLDT (1869), dans les mauvais conducteurs (eau distillée) avec de fortes chutes (100 volts par centimètre) par KOHLRAUSCH et HEYDWEILLER (1894). L'exactitude de la loi d'OHM dans les électrolytes s'est trouvée confirmée avec les *courants alternatifs* par KOHLRAUSCH et GROTRIAN (1874), les alternances

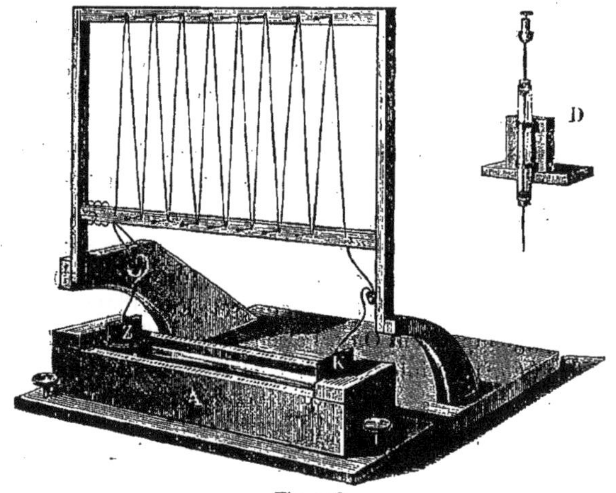

Fig. 196

s'élevant jusqu'à 100 par seconde ; E. COHN (1884) est allé jusqu'à 25 000 oscillations du courant par seconde ; enfin NERNST (1897) et ERSKINE (1897), jusqu'à des millions de vibrations (rayons de HERTZ). E. COHN a montré théoriquement que si la loi de l'électrolyse due à FARADAY (voir plus loin) est exacte, des écarts à la loi d'OHM ne peuvent se manifester dans les électrolytes, même avec 10^9 vibrations par seconde ; ce n'est que pour un nombre de vibrations par seconde de l'ordre de 10^{15} (vibrations lumineuses) que la loi d'OHM cesse d'être applicable.

BELLATI et LUSSANNA, HERWIG, SIEMENS et plus particulièrement BRAUN ont indiqué une série de substances, pour lesquelles la loi d'OHM ne se vérifie pas complètement, lorsqu'on les place dans un circuit ; mais il se produit, dans ce cas, des phénomènes secondaires, qui influent sur les résultats d'observation.

La loi d'OHM permet de calculer l'intensité du courant dans un circuit où agissent n éléments formant ce qu'on appelle une *batterie*. Soit e la force électromotrice, r la résistance *d'un seul* élément, R_0 la résistance du circuit extérieur, E la force électromotrice, R_i la résistance de la batterie. On peut associer les éléments *en série, en parallèle* ou *par groupes*. Considérons d'abord les deux premiers modes de groupement. Nous avons déjà montré à la page 206 que l'on a $E = ne$ dans le couplage en série, $E = e$ dans le couplage en parallèle. On a évidemment $R_i = nr$ dans le couplage en série, $R_i = r : n$ dans le couplage en parallèle, puisque n éléments associés en parallèle forment, pour ainsi dire, un élément unique, où le courant traverse une section d'aire n fois plus grande. Le tableau suivant se comprend sans plus d'explications :

	Formule générale	R_0 très grand	R_0 très petit
Un seul élément	$I = \frac{e}{r + R_0}$,	$I = \frac{e}{R_0}$,	$I = \frac{e}{r}$,
n éléments en série . . .	$I = \frac{ne}{nr + R_0}$,	$I = \frac{ne}{R_0}$,	$I = \frac{e}{r}$,
n éléments en parallèle . .	$I = \frac{e}{\frac{r}{n} + R_0}$,	$I = \frac{e}{R_0}$,	$I = \frac{ne}{r}$

Les deux dernières colonnes verticales montrent que, quand la résistance *extérieure* R_0 est très grande par rapport à la résistance intérieure R_i, il faut associer les éléments en série ; si, au contraire, R_0 est petit comparé à R_i, il faut les associer en parallèle.

Posons $n = pq$, où p et q sont deux nombres entiers. On peut associer les n éléments donnés en *groupes*, savoir p éléments en série et les q groupes obtenus en parallèle, ou, ce qui revient au même, q éléments en parallèle et les p groupes obtenus en série. On a dans ce cas $E = pe$; $R_i = \frac{pr}{q}$, de sorte que l'intensité du courant est

$$I = \frac{pe}{\frac{pr}{q} + R_0}. \tag{27}$$

En faisant $q = \frac{n}{p}$, il vient

$$I = \frac{pe}{\frac{p^2r}{n} + R_0}. \tag{27, a}$$

Comment faut-il choisir les facteurs p et q pour obtenir *la plus grande intensité de courant possible*, ou encore quel est *à ce point de vue* le meilleur groupement des n éléments ? Pour résoudre ce problème, considérons provisoirement I comme une fonction du nombre p variable d'une manière continue. Pour I maximum, on doit avoir $\frac{dI}{dp} = 0$, c'est-à-dire

$$\frac{dI}{dp} = \frac{\left(\frac{p^2r}{n} + R_0\right)e - pe.\frac{2pr}{n}}{\left(\frac{p^2r}{n} + R_0\right)^2} = \frac{R_0 - \frac{p^2r}{n}}{\frac{p^2r}{n} + R_0}e = 0 ;$$

il en résulte que

$$(27, b) \qquad \frac{p^2 r}{n} = R_0,$$

ou

$$(27, c) \qquad R_i = R_0.$$

L'intensité maximum de courant a lieu avec un groupement des n éléments tel que la résistance de la batterie soit égale à la résistance extérieure du circuit. La formule (27, b) et l'égalité $q = n : p$ donnent

$$(27, d) \qquad p = \sqrt{\frac{R_0}{r} n}, \qquad q = \sqrt{\frac{r}{R_0} n}.$$

En pratique, il faut choisir pour p et q les nombres entiers les plus voisins de ceux donnés par ces formules, qui satisfont à l'égalité $pq = n$.

On peut encore employer d'autres modes de couplage que ceux que nous venons de considérer, dans lesquels, par exemple, les groupes particuliers ne sont pas égaux. Wassmuth, Auerbach, Grawinkel et Tsétline ont résolu divers problèmes de ce genre. En outre, dans certaines circonstances, on ne cherche pas à obtenir la plus grande intensité de courant possible, mais à satisfaire à certaines autres conditions. Telle est notamment la condition que le fonctionnement de la batterie soit le plus *économique* possible, c'est-à-dire que la dépense de substance (l'usure de Zn par exemple), par unité d'intensité de courant, soit la plus petite possible. Weinhold et Handl, en particulier, se sont occupés de cette dernière question.

Pour terminer, nous dirons quelques mots de la *fermeture d'un circuit par la terre*. Soit PQ (*fig.* 197) la surface du sol, A et B deux plaques métalliques

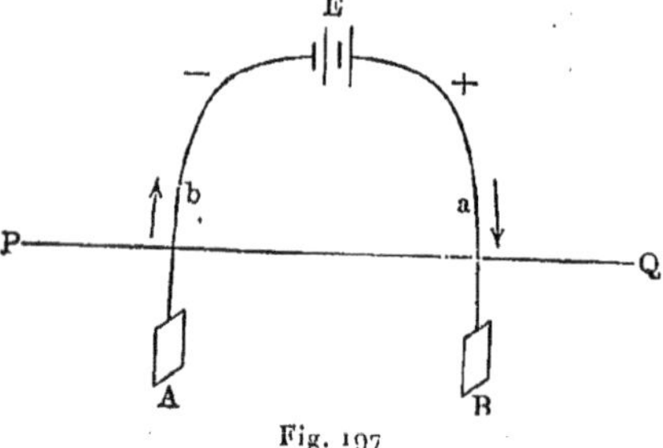

Fig. 197

enfoncées dans ce dernier ; lorsqu'on relie ces plaques à la batterie E, on constate que le circuit est fermé, c'est-à-dire qu'un courant continu passe dans bEa, même si la distance entre A et B est considérable. Ce serait une erreur d'admettre qu'il passe alors dans le sol un courant d'électricité positive de B vers A. On doit plutôt considérer la Terre comme un immense réservoir d'électricité au potentiel zéro. La batterie E maintient en a un potentiel positif, en b un potentiel négatif, de sorte qu'il s'établit un courant continu d'électricité positive de a par B à la Terre et de la Terre par A vers b.

Il importe souvent d'observer qu'en fermant un circuit par la Terre, on introduit presque toujours de nouvelles forces électromotrices, qui agissent aux surfaces de contact des plaques A et B avec le sol plus ou moins humide. Lorsque les forces électromotrices dans le circuit sont en général petites et qu'il s'agit de mesures précises, la circonstance indiquée peut jouer un rôle non-négligeable.

5. Courants dérivés. — Nous avons supposé jusqu'ici que le circuit se compose d'un élément ou d'une batterie et d'une suite linéaire de conducteurs (fils). Dans la partie extérieure d'un tel circuit, la direction du courant est partout la même et la chute de potentiel dans cette direction est constamment positive, c'est-à-dire correspond toujours à un abaissement du potentiel. Passons maintenant au cas où les conducteurs linéaires forment un *réseau*, en différents points duquel les conducteurs se ramifient, tandis qu'en d'autres agissent des forces électromotrices. Le problème qui se pose alors est le suivant : *on donne un réseau déterminé, c'est-à-dire la disposition géométrique des conducteurs et leurs résistances respectives, ainsi que les forces électromotrices, en grandeur, direction et position. qui agissent dans le réseau ; il s'agit de déterminer l'intensité des courants, dans tous les conducteurs dont se compose le réseau, en grandeur et sens*. La solution complète de ce problème s'obtient à l'aide des *deux équations de* Kirchhoff que nous allons considérer.

Supposons qu'en un certain point P du réseau se rencontrent plusieurs conducteurs; nous appellerons un tel point un *nœud*. Comme il ne se produit en un nœud ni accumulation, ni perte d'électricité, il est clair qu'il doit sortir de ce nœud autant d'électricité qu'il en afflue vers lui; en d'autres termes, la somme des intensités I des courants dirigés vers le nœud doit être égale à la somme des intensités I des courants qui s'en éloignent. Si on convient de considérer comme positifs les courants qui se dirigent vers un nœud, comme négatifs ceux qui s'en éloignent, on a plus simplement l'équation

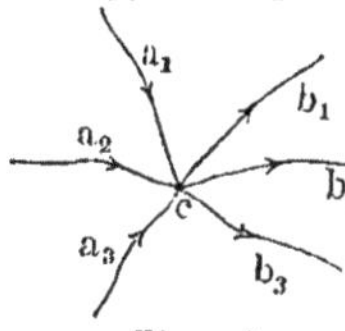

Fig. 198

$$\sum I = 0. \tag{28}$$

Première loi de Kirchhoff. *La somme des intensités des courants dans les conducteurs qui se rencontrent en un nœud est nulle* ; on doit affecter de signes contraires les courants qui se dirigent vers le nœud et ceux qui s'en éloignent.

La deuxième équation de Kirchhoff est relative à un système quelconque de conducteurs formant, dans le réseau donné, une figure fermée que nous appellerons un *contour fermé*. ABCDEFGA (*fig*. 199) représente un tel contour, où agissent les forces électromotrices données E_1, E_2, E_3, etc. Chaque tronçon AB, BC, etc., a une résistance déterminée, qui est également *donnée* ; il s'agit de déterminer l'intensité I et le sens du courant qui passe dans chacun de ces tronçons. Considérons dans le contour les parties qui ne renferment aucune source de force électromotrice, ni aucun nœud, par exemple les parties Aa, bB, BC, Cc, dD, DE, EF, etc. La formule (25, a) montre que, dans chacune de ces parties, la chute de potentiel est égale en grandeur au produit de l'intensité I du courant par la résistance et possède même sens que le courant. Si l'on parcourt tout le contour dans un sens quelconque déterminé, la somme des chutes de potentiel sera égale à la somme des grandeurs IR ; mais la somme des chutes, qui sont comptées positivement quand il y a *abaissement* de potentiel, doit être égale à la somme des sauts, qui sont

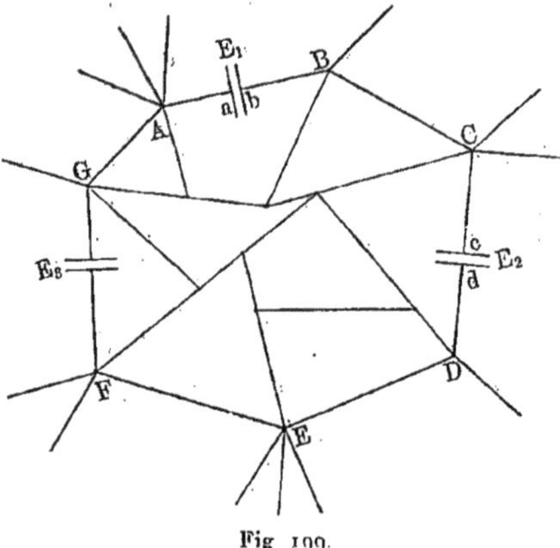

Fig 199.

comptés positivement lorsqu'il y a *élévation*, puisque la somme de *toutes* les variations de potentiel que l'on rencontre en parcourant le contour doit être nulle. On obtient ainsi l'équation

$$\sum IR = \sum E; \tag{29}$$

lorsqu'il n'existe dans le contour considéré aucune force électromotrice, on a

$$\sum IR = 0. \tag{29, a}$$

Deuxième loi de Kirchhoff. *Dans tout contour fermé, la somme des produits des intensités des courants par les résistances respectives des parties du contour est égale à la somme des forces électromotrices.* En parcourant le contour, on doit compter I positivement lorsque le courant est dirigé dans le sens de parcours, E positivement quand on rencontre un saut de potentiel correspondant à une *élévation*.

En écrivant les équations (28) et (29) ou (29, a), pour les divers nœuds et contours fermés du réseau, on trouve toujours le nombre d'équations nécessaire et suffisant pour déterminer toutes les inconnues I.

Comme l'intensité I du courant est la même dans Aa et bB par exemple, ou dans cC et dD, il est clair que les parties AB, CD, FG, qui renferment un saut de potentiel, donneront chacune un terme de la forme IR, R désignant la résistance totale d'une telle partie.

Nous ferons ici une remarque très importante au sujet des équations de la forme (28) et (29). Le problème que l'on se pose consiste, comme on l'a dit, à déterminer les intensités I des courants en grandeur et sens. On pourrait penser que le sens des courants doit être déjà connu lorsqu'on écrit les équations (28) et (29), puisque les grandeurs I, ainsi qu'on l'a vu plus haut, doivent être introduites avec des signes convenables ; mais, en réalité, cette difficulté n'existe pas. Dans certains cas, on voit tout de suite, d'après la disposition même des diverses parties du réseau, *quel sens* doit avoir le courant dans chacune de ces parties. S'il n'en est pas ainsi, il faut attribuer aux courants I un sens arbitraire quelconque ; lorsqu'on trouve, en résolvant les équations (28) et (29), $I > 0$, cela veut dire que le sens admis est le bon, sinon on obtient $I < 0$.

D'autres équations générales, relatives aux dérivations de courant dans un système de conducteurs, ont encore été établies par plusieurs auteurs, notamment par Bosscha, Helmholtz, Borgmann, Slouguinoff, etc. ; les méthodes à suivre pour établir et résoudre les systèmes d'équations (28) et (29) ont été étudiées par Maxwell, Fleming, Ulbricht, Guillaume (1891), Ahrens (1897) et d'autres encore. Nous ne nous arrêterons pas sur ces travaux, car nous n'aurons à considérer actuellement que des dérivations très simples, qui ne donnent lieu à aucune difficulté. Dans le Chapitre consacré aux mesures électriques, nous rencontrerons quelques cas de dérivations plus compliquées.

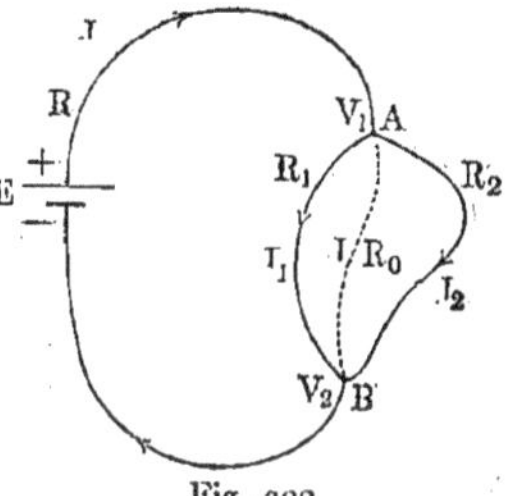

Fig. 200

I. Dérivation simple et shunt. Le schéma d'une dérivation simple de courant est donné par la figure 200. Dans le circuit, agit la force électromotrice E ; les points A et B sont reliés entre eux par deux fils de résistances R_1 et R_2 ; la partie AEB a une résistance R. Il s'agit de trouver les intensités de courant I, I_1 et I_2 dans la partie principale du circuit et dans les deux branches AB. Les sens de ces courants sont immédiats ; ils sont indiqués par des flèches. La formule (28) donne, pour le point A,

$$I = I_1 + I_2. \tag{30}$$

D'après la seconde équation de Kirchhoff, appliquée au contour formé par la dérivation, on a

$$I_1R_1 - I_2R_2 = 0$$

ou

$$I_1R_1 = I_2R_2. \tag{30, a}$$

Pour le contour AI_1BEA, on doit écrire

$$IR + I_1R_1 = E. \tag{30, b}$$

On obtient donc trois équations pour les trois inconnues I, I_1, I_2. L'équation (30, *a*) donne

$$\frac{I_1}{I_2} = \frac{R_2}{R_1}. \tag{30, c}$$

Les intensités des courants dans deux branches parallèles sont inversement proportionnelles aux résistances de ces branches; d'après (30) et (30, *c*), on a

$$I_1 = \frac{IR_2}{R_1 + R_2}, \quad I_2 = \frac{IR_1}{R_1 + R_2}. \tag{30, d}$$

Enfin, d'après (30, *b*),

$$I = \frac{E(R_1 + R_2)}{R(R_1 + R_2) + R_1R_2} = \frac{E}{R + \dfrac{R_1R_2}{R_1 + R_2}}, \tag{30, e}$$

$$I_1 = \frac{ER_2}{R(R_1 + R_2) + R_1R_2}, \quad I_2 = \frac{ER_1}{R(R_1 + R_2) R_1R_2}. \tag{30, f}$$

Ces dernières formules renferment la solution du problème. Lorsque I est donné, (30, *d*) déterminent les intensités I_1 et I_2, en lesquelles I se dédouble.

On appelle *résistance de la dérivation* la résistance R_0 d'un conducteur qui, introduit entre les points A et B à la place des deux fils AI_1B et AI_2B (voir sur la fig. 200 la ligne en pointillé), ne modifierait pas l'intensité I du courant dans la partie principale du circuit. Mais, après une telle substitution, on a $I = \frac{E}{R + R_0}$; en comparant avec (30, *e*), on obtient la formule importante qui suit

$$R_0 = \frac{R_1R_2}{R_1 + R_2}. \tag{30, g}$$

La résistance d'un système de deux conducteurs parallèles introduits dans un circuit est égale au produit des résistances des deux fils divisé par leur somme. On peut aussi mettre (30, *g*) sous la forme suivante :

$$\frac{1}{R_0} = \frac{1}{R_1} + \frac{1}{R_2}. \tag{30, h}$$

La conductibilité d'un système de deux conducteurs intercalés en parallèle dans un circuit est égale à la somme des conductibilités de ces conducteurs. L'équation (30, *g*) peut s'établir sans avoir recours à (30, *b*). Soient V_1 et V_2 les potentiels des points A et B ; on a

$$I_1 = \frac{V_1 - V_2}{R_1}, \quad I_2 = \frac{V_1 - V_2}{R_2}, \quad I = \frac{V_1 - V_2}{R_0}.$$

Des deux premières formules on déduit (30, *c*) ; en portant d'autre part ces valeurs de I, I_1, I_2 dans (30) et en divisant par $V_1 - V_2$, on obtient (30, *h*) et par suite (30, *g*).

On utilise la dérivation simple dans ce qu'on appelle le *shuntage* des appareils, par exemple des galvanomètres. Supposons que le courant I du circuit soit trop intense pour passer dans un appareil donné G (*fig.* 201). En introduisant l'appareil dans le circuit entre les points A et B, on désire n'y faire passer qu'un courant I_g, constituant une fraction déterminée donnée de I, par exemple 0,1 I ou 0,01 I, etc. Soit, d'une manière générale,

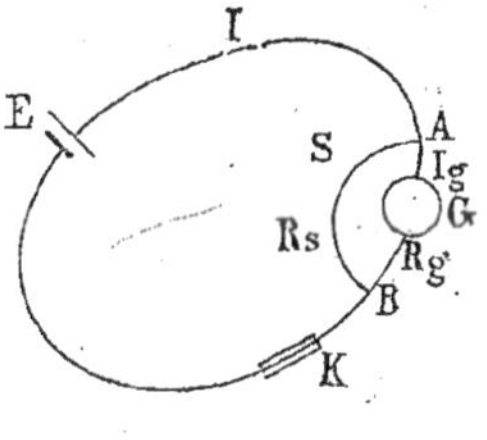

$$(30, i) \qquad I_g = \frac{1}{n} I,$$

Fig. 201

n étant un nombre donné. On relie à cet effet les points A et B par un fil que l'on appelle *shunt* ; R_g désignant la résistance de l'appareil shunté, il s'agit de déterminer la résistance R_s du shunt en fonction des deux grandeurs données R_g et n. Les formules (30, d) donnent

$$I_g = \frac{R_s}{R_s + R_g} I.$$

L'équation de condition (30, i) donne donc

$$\frac{R_s}{R_s + R_g} = \frac{1}{n},$$

d'où

$$(30, k) \qquad R_s = \frac{1}{n - 1} R_g.$$

S'il doit passer par l'appareil la n^e partie du courant, il faut que la résistance du shunt soit la $(n - 1)^e$ partie de la résistance de l'appareil. En introduisant le shunt S, on diminue la résistance totale du circuit, de sorte que l'intensité I du courant augmente. Pour que I ne change pas, on doit introduire dans le circuit une résistance K *compensatrice*. Avant l'introduction du shunt, la résistance entre les points A et B était R_g ; après son introduction, elle devient $\frac{R_g R_s}{R_g + R_s}$, voir (30, g). On a donc

$$(30, l) \quad K = R_g - \frac{R_g R_s}{R_g + R_s} = \frac{R_g^2}{R_g + R_s} = \frac{R_g^2}{R_g + \frac{R_g}{n - 1}} = \frac{n - 1}{n} R_g.$$

Si on veut, par exemple, que $I_g = \frac{1}{10} I$, on doit prendre $R_s = \frac{1}{9} R_g$ et $K = \frac{9}{10} R_g$.

II. Dérivation multiple. Entre les points A et B sont intercalés en nombre arbitraire des fils ayant respectivement pour résistances R_1, R_2, R_3, ..., R_k,

... ; E et R conservent leur ancienne signification. On se propose de déterminer les valeurs de I et des I_k, étant données celles de E, R et des R_k. Au point A, on a

$$(31) \qquad I = \sum I_k.$$

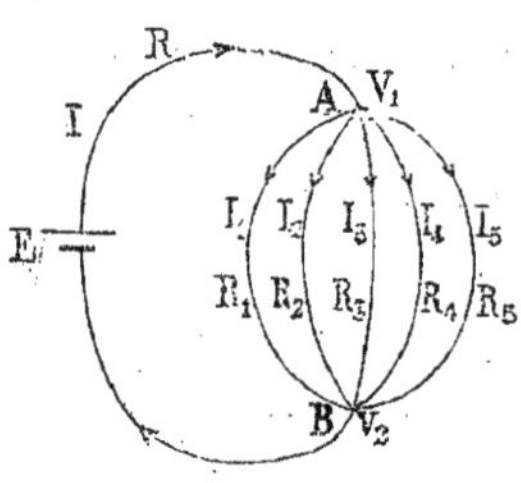

Fig. 202

Soient V_1 et V_2 les potentiels des points A et B, R_0 la résistance de la dérivation, c'est-à-dire de tout le faisceau des fils montés en parallèle. On a

$$(31, a) \quad I_1 = \frac{V_1 - V_2}{R_1}, \quad I_2 = \frac{V_1 - V_2}{R_2}, \quad I_3 = \frac{V_1 - V_2}{R_3}, \quad \ldots, \quad I_k = \frac{V_1 - V_2}{R_k}, \quad \ldots;$$

on en déduit $I_1R_1 = I_2R_2 = I_3R_3 = \ldots = I_kR_k = \ldots$, ou

$$(31, b) \qquad \frac{I_1}{\frac{1}{R_1}} = \frac{I_2}{\frac{1}{R_2}} = \frac{I_3}{\frac{1}{R_3}} = \ldots = \frac{I_k}{\frac{1}{R_k}} = \ldots.$$

Les intensités des courants dans les fils en parallèle sont inversement proportionnelles aux résistances ou directement proportionnelles aux conductibilités des fils. Si on introduit, au lieu du faisceau de fils, un fil unique de résistance R_0, on a

$$(31, c) \qquad I = \frac{V_1 - V_2}{R_0}.$$

En portant (31, c) et (31, a) dans (30), il vient

$$(31, d) \qquad \frac{1}{R_0} = \sum \frac{1}{R_k}.$$

La conductibilité du faisceau entier est égale à la somme des conductibilités des fils qui le composent. On a en outre

$$(31, e) \qquad I = \frac{E}{R + R_0} = \frac{E}{R + \frac{1}{\sum \frac{1}{R_k}}} = \frac{E \sum \frac{1}{R_k}}{R \sum \frac{1}{R_k} + 1}.$$

Enfin (31, b) et (30) donnent, pour le p^e courant I_p,

$$I_p = \frac{\frac{1}{R_p}}{\sum \frac{1}{R_n}} I = \frac{E}{R_p} \frac{1}{R \sum \frac{1}{R_n} + 1}. \tag{31, f}$$

On a, pour *quatre* conducteurs par exemple,

$$I = \frac{R_2R_3R_4 + R_1R_3R_4 + R_1R_2R_4 + R_1R_2R_3}{R(R_2R_3R_4 + R_1R_3R_4 + R_1R_2R_4 + R_1R_2R_3) + R_1R_2R_3R_4} E. \tag{31, g}$$

Les quatre termes du numérateur sont les numérateurs des expressions de I_1, I_2, I_3 et I_4 ; le dénominateur est identique à celui de ces dernières. On arriverait aux mêmes formules, en appliquant (29) aux contours $AEBI_1A$, AI_1BI_2A, AI_2BI_3A, etc.

III. Pont de Wheatstone. Le pont de Wheatstone, dont nous avons déjà rencontré une disposition à la page 375, est représenté sous une forme schématique, pour le cas le plus simple, dans la figure 203. Il ne se distingue de

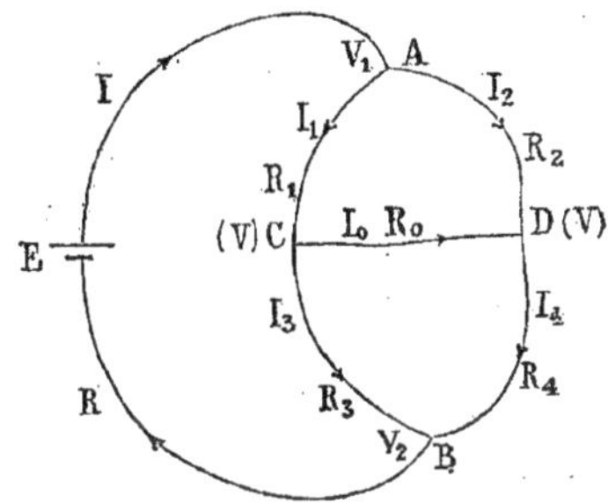

Fig. 203

la dérivation simple que par l'addition du conducteur CD, qui constitue ce qu'on appelle le pont ; AC, AD, BC et BD sont les quatre branches ou côtés du pont. Désignons les résistances et les intensités des courants par les lettres indiquées sur la figure. Les grandeurs E, R, R_1, R_2, R_3, R_4 et R_0 sont données ; les inconnues sont I, I_1, I_2, I_3, I_4 et I_0. La première loi de Kirchhoff appliquée aux points A, C et B donne

$$\begin{cases} I = I_1 + I_2, \\ I_1 = I_0 + I_3, \\ I = I_3 + I_4. \end{cases} \tag{32}$$

Nous avons attribué arbitrairement au courant I_0 la direction de C vers D. La deuxième loi de Kirchhoff, appliquée aux contours AFBCA, ACDA et CDBC, fournit les équations

$$\begin{cases} I R + I_1R_1 + I_3R_3 = E, \\ I_1R_1 + I_0R_0 - I_2R_2 = 0, \\ I_0R_0 + I_4R_4 - I_3R_3 = 0. \end{cases} \tag{32, a}$$

Des six équations (32) et (32, *a*), on peut tirer les six intensités de courant cherchées. En résolvant ces équations, on trouve, pour l'*intensité de courant dans le pont*,

$$(32, b)\quad \begin{cases} I_0 = \dfrac{E(R_2R_3 - R_1R_4)}{K}, \\ K = R_0\{(R_1+R_2+R_3+R_4)R + (R_1+R_3)(R_2+R_4)\} \\ \quad + R(R_3+R_4)(R_1+R_2) + R_1R_3(R_2+R_4) + R_2R_4(R_1+R_3). \end{cases}$$

L'intensité du courant dans le pont est nulle, quand $R_2R_3 - R_1R_4 = 0$ *ou quand*

$$(32, c)\qquad \frac{R_1}{R_2} = \frac{R_3}{R_4},$$

c'est-à-dire lorsque les résistances des quatre branches forment une proportion géométrique. En raison de l'importance de cette dernière relation, nous allons montrer comment on peut l'établir directement. Lorsque $I_0 = 0$, on a évidemment $I_1 = I_3$ et $I_2 = I_4$, car il n'y a pas de dérivation de courant aux points C et D. La seconde loi de Kirchhoff donne, pour les contours ACDA et CDBC,

$$I_1R_1 - I_2R_2 = 0, \qquad I_3R_3 - I_4R_4 = 0,$$

d'où

$$\frac{R_1}{R_2} = \frac{I_2}{I_1}, \qquad \frac{R_3}{R_4} = \frac{I_4}{I_3};$$

mais les membres de droite sont égaux, puisque $I_2 = I_4$, $I_1 = I_3$, et il en est de même par suite des membres de gauche, ce qui donne la relation (32, *c*). Le raisonnement suivant est aussi très instructif. Soient V_1 et V_2 les potentiels des points A et B ; le long de ACB et de ADB, le potentiel s'abaisse de V_1 à V_2. Le sens du courant I_0 dans le pont est déterminé par celui des deux points C et D qui a le potentiel le plus élevé ; $I_0 = 0$, quand C et D ont le même potentiel. Il en résulte qu'à tout point C (ou D) sur l'un des conducteurs, on peut faire correspondre un point D (ou C) sur l'autre, tel que l'intensité du courant soit nulle dans le pont qui réunit ces deux points ; mais, comme $I_1 = I_3$ et $I_2 = I_4$, on a

$$I_1 = \frac{V_1 - V}{R_1} = I_3 = \frac{V - V_2}{R_3}.$$

$$I_2 = \frac{V_1 - V}{R_2} = I_4 = \frac{V - V_4}{R_4};$$

en divisant la seconde équation par la première, on obtient la relation (32, *c*).

Le schéma du pont de Wheatstone peut recevoir des formes diverses ; si, par exemple, on trace la branche AEB à l'intérieur du contour ACBDA, on obtient une figure qui rappelle un quadrilatère avec ses deux diagonales ; dans l'une des diagonales agit la batterie E, dans l'autre on mesure l'intensité I_0 du courant. Lorsque la condition (32, c) est satisfaite, la fermeture ou l'ouverture de l'une des diagonales n'influe pas sur l'intensité du courant dans l'autre : I_0 reste égal à zéro ; I ne varie évidemment pas, si on ouvre la diagonale CD quand elle n'est parcourue par aucun courant.

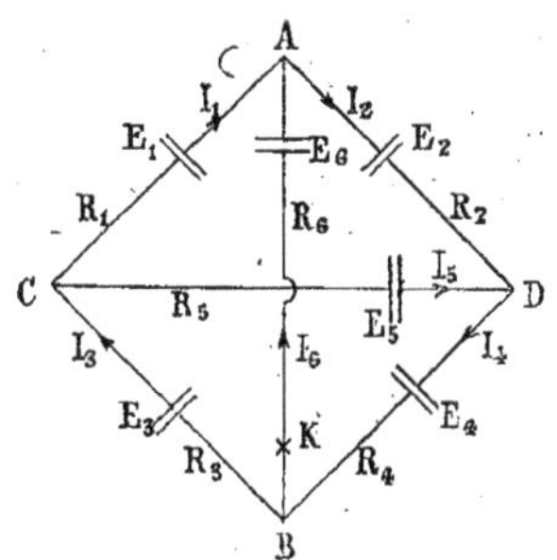

Fig. 204

Fröhlich a montré qu'avec une telle disposition des diagonales, la relation (32, *c*) convient aussi dans le cas beaucoup plus général où agissent, dans les six conducteurs formant le réseau, des forces électromotrices. La figure 204 représente un tel cas ; R_1 à R_6 et E_1 à E_6 désignent respectivement les résistances et les forces électromotrices ; I_1 à I_6 sont les intensités des courants, *quand les deux diagonales sont fermées.* Les flèches indiquent les sens des forces électromotrices ; comme les sens des courants peuvent être d'abord choisis arbitrairement (page 541), nous allons admettre que ces mêmes flèches désignent aussi les sens des courants. En K se trouve un interrupteur de courant. Supposons que la fermeture ou l'ouverture de la diagonale AB n'influe pas sur l'intensité de courant I_5 dans la diagonale CD. La première équation de Kirchhoff donne alors, pour les points A, D et C,

$$(32, d)\quad I_2 = I_1 + I_6, \qquad I_4 = I_5 + I_2 = I_5 + I_1 + I_6, \qquad I_3 = I_1 + I_5.$$

La seconde équation de Kirchhoff donne, pour les contours ACDA et BCDB,

$$E_1 + E_2 - E_5 = I_1R_1 + I_2R_2 - I_5R_5,$$
$$E_3 + E_4 - E_5 = I_3R_3 + I_4R_4 + I_5R_5,$$

ou, d'après (32, *d*),

$$\begin{aligned} E_1 + E_2 - E_5 &= I_1R_1 + (I_1 + I_6)\,R_2 - I_5R_5 \\ &= I_1\,(R_1 + R_2) - I_5R_5 + I_6R_2 \\ E_1 + E_4 - E_5 &= (I_1 + I_5)\,R_3 + (I_5 + I_1 + I_6)\,R_4 + I_5R_5 \\ &= I_1\,(R_3 + R_4) + I_5\,(R_3 + R_4 + R_5) + I_6R_4. \end{aligned}$$

Ouvrons la branche AB ; les membres de gauche des deux dernières équations ne changent pas ; à droite, $I_6 = 0$, I_5 *ne varie pas par hypothèse*, I_1 prend une nouvelle valeur I'_1. Les membres de gauche ne changeant pas, on doit avoir

$$\begin{aligned} I_1 (R_1 + R_2) - I_5R_5 + I_6R_2 &= I'_1 (R_1 + R_2) - I_5R_5, \\ I_1 (R_3 + R_4) + I_5 (R_3 + R_4 + R_5) + I_6R_4 & \\ &= I'_1 (R_3 + R_4) + I_5 (R_3 + R_4 + R_5), \end{aligned}$$

ou

$$\begin{aligned} (I'_1 - I_1) (R_1 + R_2) &= I_6R_2, \\ (I'_1 - I_1) (R_3 + R_4) &= I_6R_4 ; \end{aligned}$$

on en déduit

$$\frac{R_1 + R_2}{R_3 + R_4} = \frac{R_2}{R_4}, \quad \text{ou} \quad \frac{R_1}{R_2} = \frac{R_3}{R_4}.$$

Lorsque, dans les six conducteurs, c'est-à-dire dans les quatre côtés et les deux diagonales qui constituent le schéma général du pont de Wheatstone, *agissent des forces électromotrices quelconques, on a la proposition suivante ; si l'ouverture ou la fermeture d'une diagonale n'influe pas sur l'intensité du courant dans l'autre diagonale, les résistances des quatre côtés forment la proportion géométrique* (32, *c*). La proposition reste vraie, quand quelques-unes des grandeurs E_1 à E_6 sont nulles, par exemple toutes sauf une ; dans le cas du pont simple (*fig.* 203), tous les E sont nuls, sauf E_6.

IV. Pont double de Wheatstone. Pont de Thomson (Lord Kelvin). Le schéma de cette dérivation est représenté dans la figure 205 ; il se distingue du schéma de pont simple en ce qu'une extrémité H du pont CH est reliée au conducteur supplémentaire DHF. Les résistances des conducteurs sont désignées par R_1 à R_7 : R_1 et R_2, R_3 et R_4, R_5 et R_6 sont disposées symétriquement. Considérons simplement le cas où, *dans le pont CH, l'intensité du courant* $I = 0$. L'intensité du courant a alors même valeur I_1 dans AC et CB, même valeur I_2 dans AD et FB, et enfin même valeur I_3 dans DH et HF, ainsi qu'il est indiqué sur la figure. L'intensité du courant dans DF est désignée par I_4. En appliquant la seconde équation de Kirchhoff aux contours ADHCA et FBCHF, on obtient

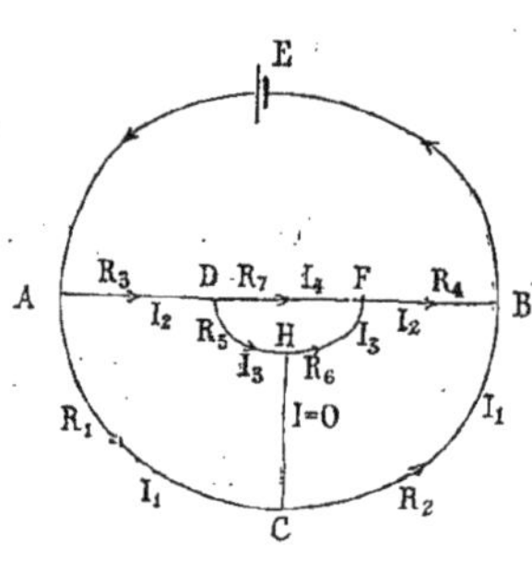

Fig. 205

$$(33) \qquad \begin{cases} R_1I_1 = R_3I_2 + R_5I_3, \\ R_2I_1 = R_4I_2 + R_6I_3. \end{cases}$$

Les formules donnent le théorème important qui suit :

Lorsqu'on a, dans le pont, $I = 0$, et quand deux quelconques des trois rapports $\frac{R_1}{R_2}$, $\frac{R_3}{R_4}$, $\frac{R_5}{R_6}$ sont égaux, les trois rapports sont égaux. Pour obtenir la condition générale sous laquelle $I = 0$, appliquons la première équation de Kirchhoff au point D et la seconde au contour DHFD ; on a ainsi

$$(33, a) \qquad I_2 = I_3 + I_4,$$

$$(33, b) \qquad (R_5 + R_6)\, I_3 = R_7 I_4.$$

Ces équations donnent

$$I_2 = I_3 \left(1 + \frac{R_5 + R_6}{R_7}\right).$$

Si on porte cette valeur dans (33) et si on divise la première de ces deux équations par la seconde, on obtient, I_1 et I_3 disparaissant,

$$(33, c) \qquad \frac{R_1}{R_2} = \frac{R_3\left(1 + \frac{R_5 + R_6}{R_7}\right) + R_5}{R_4\left(1 + \frac{R_5 + R_6}{R_7}\right) + R_6}.$$

On retrouve, pour $R_7 = 0$, la condition du pont simple $R_1 : R_2 = R_3 : R_4$.

V. Deux éléments sont montés en série. Les éléments E_1 et E_2 (*fig.* 206) sont montés en série ; les deux points A et B sont réunis par un fil. Les parties AE_1B et AE_2B ont des résistances R_1 et R_2, qui comprennent naturellement les résistances des éléments eux-mêmes ; la résistance de AB est R. Les intensités des courants sont désignées par I_1, I_2 et I ; les sens des courants I_1 et I_2 ne sont pas douteux, mais le sens du courant I a été pris arbitrairement de A vers B. Les équations de Kirchhoff appliquées au point A et aux contours AE_1BA et AE_2BA donnent

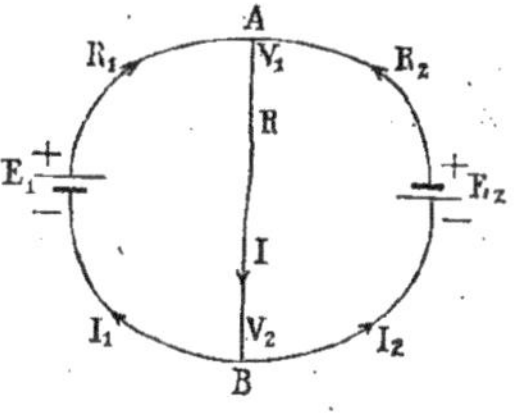

Fig. 206

$$(34) \qquad I_1 = I_2 + I,$$

$$(34, a) \qquad I_1 R_1 + IR = E_1,$$

$$(34, b) \qquad I_2 R_2 - IR = E_2.$$

Lorsque $I = 0$, on a $I_1 = I_2$, $I_1 R_1 = E_1$, $I_2 R_2 = E_2$, d'où l'on déduit

$$(34, c) \qquad \frac{R_1}{R_2} = \frac{E_1}{E_2}.$$

Pour que l'intensité du courant dans la branche de jonction AB *soit nulle, il faut que la condition* (34, *c*) *soit remplie*. Si on résout les trois équations (34), (34, *a*), (34, *b*), on trouve

$$(34, d) \qquad I_1 = \frac{E_1(R + R_2) + E_2R}{RR_1 + RR_2 + R_1R_2},$$

$$(34, e) \qquad I_2 = \frac{E_2(R + R_1) + E_1R}{RR_1 + RR_2 + R_1R_2},$$

$$(34, f) \qquad I = \frac{E_1R_2 - E_2R_1}{RR_1 + RR_2 + R_1R_2}.$$

La dernière formule donne pour $I = 0$ la condition (34, *c*).

VI. Deux éléments sont montés en parallèle. Ce schéma (*fig*. 207) ne se distingue du précédent qu'en ce que les éléments E_1 et E_2 sont montés en

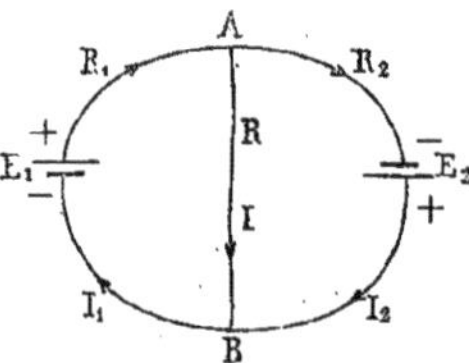

Fig. 207

parallèle. Aucun doute n'est ici possible sur le sens du courant I ; les sens des courants I_1 et I_2 sont au contraire pris arbitrairement. Les équations de Kirchhoff donnent

$$(35) \qquad I = I_1 + I_2,$$

$$(35, a) \qquad I_1R_1 + RI = E_1,$$

$$(35, b) \qquad I_2R_2 + RI = E_2.$$

Lorsque $I_1 = 0$, on a $I = I_2$ et

$$(35, c) \qquad E_1 = RI,$$

$$(35, d) \qquad E_2 = (R + R_2)I;$$

on en déduit

$$(35, e) \qquad \frac{E_1}{E_2} = \frac{R}{R + R_2} < 1.$$

L'intensité du courant, dans la branche qui contient l'élément E_1, *ne peut être nulle que lorsque* $E_1 < E_2$ *et quand la condition* (35, *e*) *est satisfaite ; on a alors* $E_1 = RI$, *où* R *est la résistance du fil de jonction* AB, I *l'intensité de courant commune à toutes les parties du contour* ABE_2A. En raison de l'importance de ce résultat, nous l'établirons encore de la manière suivante. Soit $I_1 = 0$, V_1 et V_2 les potentiels des points A et B. Comme il n'y a pas de courant dans

BE_1A, il n'existe pas de chute de potentiel ; la branche BE_1A représente en quelque sorte un circuit régulièrement ouvert et par suite $V_1 - V_2 = E_1$. Mais on a dans AB,

$$I = \frac{V_1 - V_2}{R} = \frac{E_1}{R}, \quad \text{d'où} \quad E_1 = RI.$$

En outre le courant I a même intensité dans tout le circuit ABE_2A et par suite

$$I = \frac{E_2}{R + R_2}.$$

En comparant les deux valeurs de I ainsi obtenues, on trouve (35, *e*).

En résolvant les trois équations (35), (35, *a*) et (35, *b*), on a

$$(35, f) \qquad I_1 = \frac{E_1 (R + R_2) - E_2 R}{RR_1 + RR_2 + R_1 R_2},$$

$$(35, g) \qquad I_2 = \frac{E_2 (R + R_1) - E_1 R}{RR_1 + RR_2 + R_1 R_2},$$

$$(35, h) \qquad I = \frac{E_1 R_2 + E_2 R_1}{RR_1 + RR_2 + R_1 R_2}.$$

Lorsque $E_1 = E_2 = E$, la dernière formule donne

$$(35, i) \qquad I = \frac{E}{R + \dfrac{R_1 R_2}{R_1 + R_2}}.$$

Si en outre $R_2 = R_1$, on obtient

$$(35, k) \qquad I = \frac{E}{R + \dfrac{R_1}{2}}.$$

Ces deux formules confirment que la force électromotrice de deux éléments montés en parallèle est la même que celle d'un seul élément ; (35, *k*) confirme que la résistance de ces éléments est moitié de la résistance d'un seul élément. Il est facile de généraliser ces conclusions pour un nombre quelconque d'éléments montés en parallèle.

VII. Courants dans les plaques minces et dans les corps a trois dimensions. Nous avons considéré jusqu'ici la distribution du courant dans un réseau de fils ou un système de conducteurs linéaires. Nous allons dire maintenant quelques mots sur la distribution d'un courant dans les plaques minces ou corps à deux dimensions et dans les corps à trois dimensions.

Soit S (*fig.* 208) une plaque *plane* infiniment mince et conductrice de l'électricité ; désignons par c sa conductibilité spécifique et par h son épaisseur. Deux fils sont soudés à l'une des faces de la plaque ; soient s_1 et s_2 les endroits par lesquels le courant I pénètre dans la plaque et en sort. Il s'agit de déterminer les *lignes de courant*, c'est-à-dire les courbes que suit l'électricité dans son mouvement de s_1 vers s_2. En considérant l'épaisseur h comme infiniment petite, on peut admettre que le courant n'a lieu que parallèlement aux faces de la plaque, autrement dit qu'il constitue un mouvement à deux dimensions seulement. Considérons l'élément de plaque $dxdy$ et déterminons la quantité d'électricité $d\eta$ qui *pénètre* dans cet élément du-

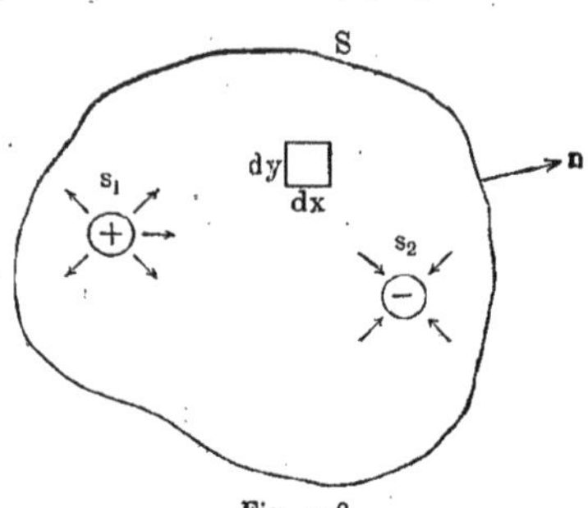

Fig. 208

rant le temps τ. Il pénètre par le côté dy la quantité d'électricité $-\,chdy\,\frac{\partial V}{\partial x}\,\tau$, par le côté opposé une quantité qui se déduit de la précédente en faisant varier x de dx et en changeant le signe, c'est-à-dire $chdy\left(\frac{\partial V}{\partial x}+\frac{\partial^2 V}{\partial x^2}\,dx\right)\tau$; il pénètre donc au total dans l'élément, par les deux côtés, la quantité d'électricité $ch\tau\,\frac{\partial^2 V}{dx^2}\,dxdy$. Par le côté dx et celui qui lui est opposé, il passe la quantité $ch\tau\,\frac{\partial^2 V}{\partial y^2}\,dxdy$, de sorte qu'on a finalement

$$d\eta = ch\tau\left(\frac{\partial^2 V}{dx^2}+\frac{\partial^2 V}{dy^2}\right)dxdy.$$

Dans l'état stationnaire du courant, on doit avoir en tous les points de la plaque, exception faite de ceux à l'intérieur de s_1 et s_2, $d\eta = 0$, c'est-à-dire

$$\frac{\partial^2 V}{\partial x^2}+\frac{\partial^2 V}{\partial y^2}=0. \tag{36}$$

Si $dxdy$ est pris à l'intérieur de s_1, on a $d\eta = \frac{I\tau}{s_1}\,dxdy$, puisque, durant le temps τ, il pénètre dans la plaque, par toute l'aire s_1, la quantité d'électricité $I\tau$; de même, pour les points à l'intérieur de s_2, on a $d\eta = -\frac{I\tau}{s_2}\,dxdy$. On obtient donc, *à l'intérieur de* s_1,

$$\frac{\partial^2 V}{\partial x^2}+\frac{\partial^2 V}{\partial y^2}=\frac{I}{chs_1}, \tag{36, a}$$

et *à l'intérieur de* s_2,

$$\frac{\partial^2 V}{\partial x^2}+\frac{\partial^2 V}{\partial y^2}=-\frac{I}{chs_2}. \tag{36, b}$$

Comme on suppose que l'électricité ne peut passer par le contour extérieur de la plaque, *on doit avoir tout le long de ce contour*

$$(36, c) \qquad \frac{\partial V}{\partial n} = 0,$$

où n (voir la *fig.* 208) est la direction de la normale au bord de la plaque.

Nous allons montrer d'abord dans quelques cas simples comment les équations précédentes permettent de déterminer complètement la fonction V, connaissant la forme de la plaque, la position des points s_1 et s_2 d'entrée et de sortie de l'électricité, ainsi que les grandeurs c, h et I.

Pour une plaque s'étendant indéfiniment dans tous les sens, la condition (36, c) disparaît. La fonction

$$(36, d) \qquad V = A - \frac{I}{2\pi ch} \log \frac{r_1}{r_2}$$

satisfait aux équations (36), (36, a) et (36, b), A étant une constante arbitraire, r_1 et r_2 les distances à s_1 et s_2 du point où le potentiel est V. L'équation V = *const.* des lignes de niveau du potentiel est

$$(36, e) \qquad \frac{r_1}{r_2} = const.$$

Ces lignes sont des cercles qui entourent excentriquement les points s_1 et s_2 ; leurs trajectoires orthogonales, c'est-à-dire les *lignes de courant*, sont des *arcs de cercle réunissant* s_1 *et* s_2.

Dans une plaque circulaire, *au bord de laquelle se trouvent* s_1 *et* s_2, les lignes de courant sont également des arcs de cercle.

Lorsque la plaque se compose de *parties de conductibilité différente*, les lignes de courant subissent une réfraction au passage d'une partie dans l'autre. Désignons par s la courbe séparative de deux telles parties de la plaque et supposons que V_1 et c_1 se rapportent à l'une, V_2 et c_2 à l'autre ; soit ds un élément de la courbe s, n la direction de la normale à cet élément. On a alors, en tous les points de la courbe s, la relation

$$(36, f) \qquad c_1 \frac{\partial V_1}{\partial n} = c_2 \frac{\partial V_2}{\partial n},$$

qui exprime qu'il ne se produit en ces points ni accumulation, ni perte d'électricité. *Le long de la courbe* s, on a $V_1 - V_2 = const.$; par suite

$$(36, g) \qquad \frac{\partial V_1}{\partial s} = \frac{\partial V_2}{\partial s}.$$

La ligne de courant en un point est dirigée suivant la diagonale du rectangle construit dans le premier milieu sur $\frac{\partial V_1}{\partial n}$ et $\frac{\partial V_1}{\partial s}$, dans le second sur

$\frac{\partial V_2}{\partial n}$ et $\frac{\partial V_2}{\partial s}$. Soient φ_1 et φ_2 les angles formés respectivement dans les deux milieux par la ligne de courant avec la normale ; on a évidemment

$$\operatorname{tg} \varphi_1 = \frac{\partial V_1}{\partial s} : \frac{\partial V_1}{\partial n}, \qquad \operatorname{tg} \varphi_2 = \frac{\partial V_2}{\partial s} : \frac{\partial V_2}{\partial n}.$$

Les équations (36, g) et (36, f) donnent donc

$$(36, h) \qquad \frac{\operatorname{tg} \varphi_1}{\operatorname{tg} \varphi_2} = \frac{c_1}{c_2}.$$

Cette formule exprime la loi de réfraction des lignes de courant. Quincke a étudié théoriquement et expérimentalement la distribution du courant dans une plaque circulaire, moitié en Pb et moitié en Cu (*fig.* 209) ; les électrodes

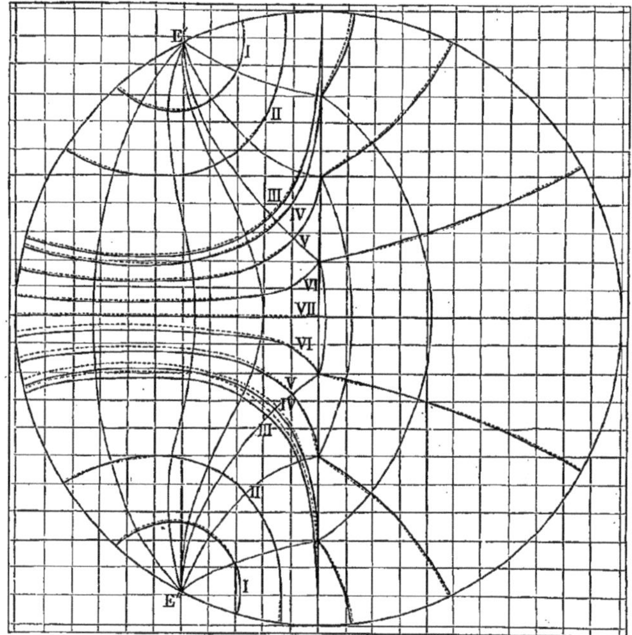

Fig. 209

se trouvent en E' et E'' ; on voit, sur la figure, les lignes de courant réfractées, qui réunissent E' à E''.

En dehors des lignes de courant, suivant lesquelles se propage l'électricité, les *lignes d'égale intensité de courant* présentent encore un grand intérêt ; l'intensité n'est nullement constante le long des lignes de courant, puisque ces dernières, en partant de l'une des électrodes, divergent d'abord et ensuite convergent vers l'autre électrode. Il y a *égale intensité de courant* aux points où $\frac{\partial V}{\partial N} = const.$, N désignant la normale à la ligne de niveau du potentiel. On peut exprimer cette condition sous la forme suivante :

$$(36, i)\qquad \left(\frac{\partial V}{\partial x}\right)^2 + \left(\frac{\partial V}{\partial y}\right)^2 = const.$$

Dans le cas d'une plaque s'étendant indéfiniment dans tous les sens, où les lignes de niveau du potentiel ont pour équation $r_1 : r_2 = const.$, voir (36, *e*) et où les lignes de courant sont des arcs de cerle réunissant s_1 et s_2, l'équation des lignes d'égale intensité de courant est $r_1 r_2 = const.$; ces dernières lignes sont des *lemniscates*, qui enveloppent les points s_1 et s_2.

Le problème de la propagation du courant dans un plan a été rattaché pour la première fois par Kirchhoff (1875) à la théorie de la *représentation conforme* des aires planes. La proposition sur laquelle cette théorie repose est la suivante ;

Les courbes planes qu'on obtient en égalant à des constantes la partie réelle et la partie imaginaire d'une fonction quelconque $f(z)$ de la variable complexe $z = x + iy$ forment un sytème orthogonal et isotherme. De plus, la formule

$$(36, k)\qquad Z = f(z),$$

qui donne deux équations réelles, définit un mode de transformation avec conservation de la grandeur et du sens de rotation des angles,

Considérons une fonction V′, qu'on peut nommer le *potentiel conjugué* de V, telle que

$$(36, l)\qquad \begin{cases} \dfrac{\partial V}{\partial x} = \dfrac{\partial V'}{\partial y}, \\[2mm] \dfrac{\partial V}{\partial y} = -\dfrac{\partial V'}{\partial x}; \end{cases}$$

la fonction V′ satisfait comme V à l'équation (36) ; les courbes $V' = const.$ sont les trajectoires orthogonales des courbes $V = const.$, puisque

$$\frac{\partial V}{\partial x}\frac{\partial V'}{\partial x} + \frac{\partial V}{\partial y}\frac{\partial V'}{\partial y} = 0 ;$$

enfin, ces deux familles de courbes forment un système isotherme, car

$$\left(\frac{\partial V}{\partial x}\right)^2 + \left(\frac{\partial V}{\partial y}\right)^2 = \left(\frac{\partial V'}{\partial x}\right)^2 + \left(\frac{\partial V'}{\partial y}\right)^2.$$

Les courbes $V' = const.$ sont ce que nous avons appelé les *lignes de courant*. Cela posé, si on envisage la fonction $Z = V + iV'$, on obtient précisément une fonction de la variable complexe z, telle que (36, *k*).

Parmi les fonctions de ce genre, il convient de prendre ici la suivante :

$$(36, m)\qquad Z = -\frac{1}{2\pi ch}\log(z - z_0);$$

elle correspond en effet à une source unique de courant au point z_0 par lequel le courant I entre dans le plan des x, y, d'après les propriétés que possède dans le plan le *potentiel logarithmique*

$$V = m \log \frac{1}{r},$$

propriétés qui sont entièrement analogues à celles du potentiel newtonien dans l'espace ; ces deux potentiels ne diffèrent que parce que le premier ne s'annule pas à l'infini et peut avoir un signe quelconque. Quand il y a plusieurs électrodes, on peut prendre une somme de termes de la forme (36, m). Considérons, par exemple, la partie du plan qui se trouve au-dessus de l'axe des x et soient z_0 et z_1 les points d'entrée et de sortie du courant I, on aura

$$Z = -\frac{I}{2\pi ch}\left(\log\frac{z - z_0}{z - z_1} + \log\frac{z - \bar{z}_0}{z - \bar{z}_1}\right),$$

en désignant par $\bar{z}_0$ et $\bar{z}_1$ les variables imaginaires conjuguées de z_0 et z_1.

La partie imaginaire de cette dernière expression Z étant constante sur l'axe des x, on voit que, pour obtenir la solution du problème actuellement proposé pour une plaque limitée par une courbe quelconque, il suffit de faire la représentation conforme du demi-plan précédent sur le domaine intérieur à la courbe donnée, de manière que l'axe des x corresponde à la nouvelle limite. Pour le cercle, la transformation est très simple ; en désignant par a le rayon de ce cercle, on doit prendre

$$\zeta = a\,\frac{1 + iz}{1 - iz},$$

et la solution cherchée est

$$Z = -\frac{I}{2\pi ch}\left(\log\frac{\zeta - \zeta_0}{\zeta - \zeta_1} + \log\frac{\zeta - \zeta'_0}{\zeta - \zeta'_1}\right),$$

ζ_0, ζ_1, ζ'_0, ζ'_1 étant les points de la seconde aire, qui correspondent aux points z_0, z_1, $\bar{z}_0$, $\bar{z}_1$ de la première.

On trouvera tous les détails nécessaires sur la théorie de la représentation conforme des aires planes dans les ouvrages de G. Darboux, *Théorie générale des surfaces*, Tome I, p. 170, et de E. Picard, *Traité d'analyse*, Tome II, p. 268.

Beltrami (1868) a établi la forme que prend l'équation (36) sur une surface quelconque, où le carré de l'élément linéaire est

$$ds^2 = E du^2 + 2F du dv + G dv^2 ;$$

on a alors l'équation

$$(36, n) \qquad \frac{\partial}{\partial u}\,\frac{G\frac{\partial V}{\partial u} - F\frac{\partial V}{\partial v}}{\sqrt{EG - F^2}} + \frac{\partial}{\partial v}\,\frac{E\frac{\partial V}{\partial v} - F\frac{\partial V}{\partial u}}{\sqrt{EG - F^2}} = 0,$$

et le potentiel V′ se trouve défini par la relation différentielle

$$dV' = -\frac{E\frac{\partial V}{\partial v} - F\frac{\partial V}{\partial u}}{\sqrt{EG - F^2}}\,du + \frac{G\frac{\partial V}{\partial u} - F\frac{\partial V}{\partial v}}{\sqrt{EG - F^2}}\,dv.$$

L'élément linéaire d'une surface quelconque peut, d'une infinité de manières, être ramené à la forme

$$ds^2 = \lambda^2 (dx^2 + dy^2),$$

voir, G. Darboux *Théorie générale des surfaces*, Tome I, p. 148 ; on dit, dans ce cas, qu'il y a *représentation conforme* de la surface sur le plan et on voit que l'équation (36, n) se réduit à (36). On peut donc encore appliquer des solutions telles que (36, m) à l'étude de la distribution du courant sur une surface courbe, comme l'ont fait Kirchhoff, C. Neumann, Lipzchitz et W. Wolf.

L'étude de la propagation du courant dans un *milieu à trois dimensions* conduit également à la détermination du potentiel V ; les trajectoires orthogonales des *surfaces de niveau* de ce dernier sont les *lignes de courant* cherchées. On se rend facilement compte que V satisfait en tous les points du milieu, sauf les électrodes, à l'équation

$$\frac{\partial^2 V}{\partial x^2} + \frac{\partial^2 V}{\partial y^2} + \frac{\partial^2 V}{\partial z^2} = 0, \tag{37}$$

analogue à (36). A la surface du milieu, on a

$$\frac{\partial V}{\partial n} = 0. \tag{37, a}$$

A la limite de ces deux milieux différents, on a l'équation (36, f) et la réfraction des lignes de courant s'effectue conformément à la loi exprimée par la formule (36, h). A la surface des électrodes, qui peuvent se trouver à la frontière ou à l'intérieur du milieu, on a une condition qui, dans chaque cas particulier, s'écrit facilement, en exprimant que la quantité totale d'électricité, pénétrant dans l'unité de temps à l'intérieur du milieu par la surface des électrodes, est égale à $\pm$ I, où I désigne l'intensité donnée du courant à l'extérieur du milieu. La densité i du courant est

$$i = -c\frac{\partial V}{\partial N}, \tag{37, b}$$

N étant la normale à la surface V = *const.* Désignons par u, v, w *les composantes de la densité i du courant suivant les directions des axes de coordonnées.* On a alors, dans un milieu isotrope,

$$u = -c\frac{\partial V}{\partial x}, \quad v = -c\frac{\partial V}{\partial y}, \quad w = -c\frac{\partial V}{\partial z}. \tag{37, c}$$

Dans un milieu anisotrope, u, v, w sont des fonctions linéaires des trois dérivées partielles de V.

La grandeur V peut être, en général, considérée comme le potentiel de deux masses électriques de même grandeur, mais de signes contraires, couvrant les surfaces des électrodes, et de certaines masses fictives distribuées sur toute la surface du milieu; ces dernières doivent être déterminées de manière à satisfaire à la condition (37, a). Envisageons le cas le plus simple, celui d'un *milieu s'étendant indéfiniment dans tous les sens*, à l'intérieur duquel se trouvent deux électrodes sphériques S_1 et S_2 de rayon ρ très petit comparativement à la distance d entre les électrodes. Le potentiel V, en un point quelconque M, est dans ce cas

$$V = C\left(\frac{1}{r_1} - \frac{1}{r_2}\right), \tag{38}$$

où C est une constante, r_1 et r_2 les distances du point M aux centres des sphères S_1 et S_2. On a évidemment

$$I = -4\pi\rho^2 c\left(\frac{\partial V}{\partial r_1}\right)_{r_1=\rho}.$$

Mais, comme ρ est petit comparativement à d, on peut, dans le voisinage de la surface de l'électrode S_1, poser $V = C : r_1$; on a alors

$$I = -4\pi\rho^2 cC\left(-\frac{1}{r_1^2}\right)_{r_1=\rho} = 4\pi cC,$$

et en portant la valeur de C déduite de cette relation dans (38), il vient

$$V = \frac{I}{4\pi c}\left(\frac{1}{r_1} - \frac{1}{r_2}\right). \tag{38, a}$$

Les lignes de courant sont évidemment identiques aux lignes de force magnétique dans le cas de deux pôles magnétiques de noms contraires ; leur équation est $\cos\alpha_1 + \cos\alpha_2 = const.$, voir (23, c), page 475, α_1 et α_2 étant les angles formés par les rayons vecteurs r_1 et r_2 avec la droite S_1S_2. Les potentiels V_1 et V_2 des sphères S_1 et S_2 sont

$$V_1 = \frac{I}{4\pi c}\cdot\frac{1}{\rho}, \qquad V_2 = -\frac{I}{4\pi c}\cdot\frac{1}{\rho}, \tag{38, b}$$

en négligeant $1 : (d - \rho)$ vis-à-vis de $1 : \rho$. On peut appeler la grandeur R, définie par la formule $I = (V_1 - V_2) : R$, la résistance du milieu d'étendue infinie; (38, b) donne

$$R = \frac{1}{2\pi c\rho}. \tag{38, c}$$

La résistance du milieu considéré est inversement proportionnelle au rayon des électrodes et indépendante de leur distance.

Quand on plonge, dans une solution de sulfate de cuivre, une plaque horizontale d'argent, de platine ou de laiton, reliée au pôle négatif d'une pile, et un fil vertical relié au pôle positif, on obtient sur la plaque, comme résultat de l'électrolyse (voir plus loin), un dépôt de cuivre, qui affecte la forme d'anneaux rouge clair, séparés les uns des autres par des anneaux sombres. Des solutions de sels de manganèse ou d'oxyde de plomb dans la potasse caustique donnent des anneaux tout à fait analogues aux anneaux colorés de Newton (Tome II), quant à la disposition des couleurs. Ces anneaux ont été découverts et étudiés, pour la première fois, par Nobili (1827); on les appelle les anneaux de Nobili. Guébhard (1880) a attiré de nouveau l'attention sur ce phénomène et a obtenu des figures plus compliquées avec plusieurs électrodes. La production des anneaux de Nobili ou des figures de Guébhard s'explique complètement par la théorie de la propagation du courant dans une plaque.

L'épaisseur de la couche déposée dans l'électrolyse est en un point proportionnelle à la *densité* du courant en ce point, et la couleur dépend de cette épaisseur. Les figures obtenues correspondent donc aux courbes d'intersection de la surface de la plaque avec les surfaces d'égale densité du courant. L'équation de ces dernières est évidemment $\frac{\partial V}{\partial N} = 0$. Voigt, H. Weber, Heine, Ditscheiner, Riemann et d'autres encore ont donné une théorie complète de la production des anneaux de Nobili et des figures de Guébhard. Delvalez (1909) en a fait de nouveau récemment l'étude.

6. Champ magnétique d'un courant électrique. — Nous avons fait connaître, dans le premier Chapitre de ce Livre II, les propriétés générales du champ magnétique qui sont indépendantes de ses sources; dans le Chapitre II, nous avons considéré spécialement le champ magnétique dû aux aimants, notamment aux doubles couches ou feuillets magnétiques. Nous allons maintenant étudier le champ magnétique qui prend naissance autour des conducteurs parcourus par un courant électrique. Nous rappellerons d'abord quelques-unes des formules qui ont été précédemment établies. Les composantes α, β, γ du vecteur que nous avons appelé intensité du champ magnétique satisfont, à l'extérieur des aimants ou des espaces tourbillonnaires, aux conditions (30), page 449,

$$\frac{\partial \alpha}{\partial y} = \frac{\partial \beta}{\partial x}, \quad \frac{\partial \beta}{\partial z} = \frac{\partial \gamma}{\partial y}, \quad \frac{\partial \gamma}{\partial x} = \frac{\partial \alpha}{\partial z}. \tag{39}$$

Le travail des forces magnétiques est nul, quand un pôle magnétique se déplace sur une courbe fermée quelconque n'enlaçant pas un espace tourbillonnaire.

Lorsqu'il existe dans le champ magnétique des lignes de force fermées, situées entièrement dans un même milieu homogène, de telles lignes de force enlacent forcément au moins un espace tourbillonnaire (page 458), à l'intérieur duquel les forces magnétiques n'ont pas de potentiel et où les composantes α, β, γ ne satisfont pas aux équations (39). *L'espace tourbillonnaire doit être fermé, c'est-à-dire avoir la forme d'un anneau.* Nous désignerons par σ l'expression suivante, voir (51), page 458,

$$(39, a)\quad \sigma = \iint \left\{ \left(\frac{\partial\gamma}{\partial y} - \frac{\partial\beta}{\partial z}\right)\cos(n,x) + \left(\frac{\partial\alpha}{\partial z} - \frac{\partial\gamma}{\partial x}\right)\cos(n,y) + \left(\frac{\partial\beta}{\partial x} - \frac{\partial\alpha}{\partial y}\right)\cos(n,z) \right\} ds,$$

l'intégration s'étendant à tous les éléments ds d'une section quelconque de l'espace tourbillonnaire ; nous pouvons nous représenter cette section comme étant une partie d'une surface qui a pour contour une ligne de force quelconque, ou plus généralement une ligne fermée quelconque enlaçant l'espace tourbillonnaire. *La grandeur σ a la même valeur pour toutes les sections d'un espace tourbillonnaire donné* ; elle est égale au travail R des forces magnétiques, quand l'unité de quantité de magnétisme se déplace suivant un chemin fermé quelconque, enlaçant *une seule fois* l'espace tourbillonnaire. Plus exactement on a :

$$(39, b)\qquad R = \pm\sigma,$$

où le signe dépend du sens du déplacement de la masse magnétique. Le potentiel V est une fonction non-uniforme ; cette fonction varie de la quantité σ, lorsque, parcourant une courbe fermée qui enlace l'espace tourbillonnaire, on revient au point de départ. On a donc

$$(39, c)\qquad V = V_0 - p\sigma,$$

voir (54), page 459. Il existe dans un espace tourbillonnaire un *sens de parcours* que nous avons appelé *positif*. Ce sens et le sens positif des lignes de force, pour lequel on a $R > 0$ et $p > 0$, sont définis, l'un par rapport à l'autre, par la règle de la vis ou du tire-bouchon (page 461). *Une double couche ou feuillet magnétique* possède en chaque point une puissance $\omega = k\delta$, où $\pm k$ est la densité du magnétisme, δ l'épaisseur de la couche. Le potentiel V de la couche en un point quelconque M est égal à

$$(39, d)\qquad V = \omega\Omega,$$

voir (27), page 477, où Ω est l'*angle solide*, sous lequel on voit de M le contour de la couche. En traversant la couche, le potentiel fait un saut égal à

$$(39, e)\qquad V_1 - V_2 = 4\pi\omega,$$

voir (27, *b*), page 478. L'énergie potentielle d'un feuillet magnétique placé dans un champ magnétique est donnée par la formule (28), page 479, celle de deux feuillets, par la formule (30), page 480.

Nous allons maintenant aborder l'étude des propriétés spéciales du champ magnétique d'un courant électrique. On ne peut naturellement avoir une idée des propriétés fondamentales de ce champ que par la voie de l'expérience. Quand nous avons introduit la notion d'intensité I du courant, comme grandeur caractéristique d'un courant donné et *à priori* mesurable, sous les mêmes conditions, par l'intensité H du champ, nous avons considéré (voir page 521) le cas particulier d'un *conducteur rectiligne de grande longueur*. Nous avons vu que les lignes de force sont des cercles qui entourent le conducteur et que l'intensité du champ, à la distance r de ce conducteur, est exprimée par la formule (3, a), page 521,

$$H = \frac{cI}{r}, \tag{40}$$

c étant un facteur de proportionnalité. En prenant $c = 2$, c'est-à-dire en posant

$$H = \frac{2I}{r}, \tag{41}$$

nous avons introduit l'*unité électromagnétique d'intensité de courant*. L'expérience suivante confirme l'exactitude de la formule (40). Au conducteur linéaire vertical AB (*fig.* 210) est attaché, par trois fils, un anneau, sur lequel

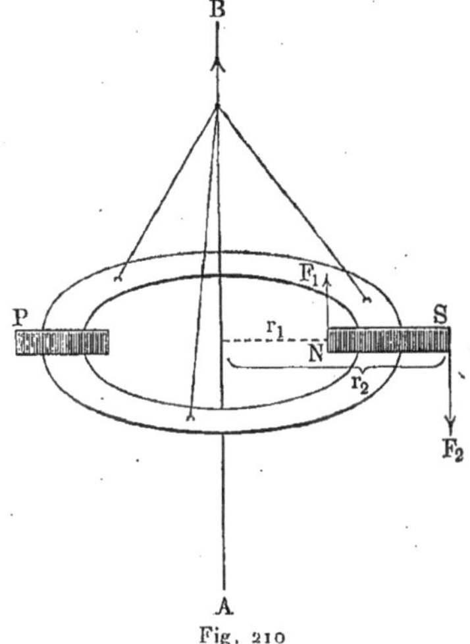

Fig. 210

reposent un aimant NS et un contrepoids P. Si on fait passer un courant par AB, l'anneau reste immobile, bien que sur les pôles N et S agissent les forces $F_1 = H_1 m$ et $F_2 = H_2 m$, m désignant la quantité de magnétisme en chaque pôle. Il s'ensuit que le moment des forces F_1 et F_2 par rapport à l'axe AB est nul, c'est-à-dire que $F_1 r_1 - F_2 r_2 = 0$, où r_1 et r_2 sont les distances des pôles de l'aimant à AB. On a donc

$$H_1 m r_1 - H_2 m r_2 = 0,$$

d'où

$$H_1 : H_2 = r_2 : r_1 ;$$

l'intensité du champ est inversement proportionnelle à la distance r.

En partant de la formule (41), on obtient, pour le *travail* R des forces magnétiques, quand l'unité de quantité de magnétisme circule autour du courant sur l'une des lignes de force,

$$R = 2\pi r H = 2\pi r \frac{2I}{r} = 4\pi I. \tag{42}$$

Les forces agissant dans le champ magnétique du courant, lequel ne se distingue pas du champ des aimants, possèdent évidemment un potentiel V et satisfont, *à l'extérieur du courant,* aux équations (39). Déterminons la valeur de ce potentiel. Soit P un plan quelconque passant par le courant rectiligne considéré et faisant un angle θ avec un plan origine P_0. *Tous les plans tels que* P *sont des surfaces équipotentielles,* car, dans le déplacement d'un pôle magnétique dans le plan P partout perpendiculaire aux lignes de force, le travail des forces magnétiques est nul. Désignons par V_1 et V les valeurs respectives du potentiel dans les plans P_0 et P. Le travail, dans le déplacement de la quantité de magnétisme $m = 1$ de P_0 à P, suivant l'une des lignes de force, est égal à $r\theta . H = r\theta . \frac{2I}{r} = 2I\theta$; par suite

$$V = V_1 - 2I\theta. \tag{42, a}$$

Si on prend le plan des xy perpendiculaire au courant et l'axe des x dans le plan P_0, on a, en désignant par x, y les coordonnées d'un point quelconque dans le plan P, $\text{tg}\,\theta = \frac{y}{x}$, de sorte que

$$V = V_1 - 2I \operatorname{arc\,tg} \frac{y}{x}. \tag{42 b}$$

La *non-uniformité* du potentiel est mise en évidence par cette formule d'une manière très nette. Quand on circule autour du courant, V varie de la quantité $4\pi I$ après chaque tour, et le potentiel V d'un point M peut s'exprimer d'une manière générale par la formule

$$V = V_0 - 4\pi p I, \tag{42, c}$$

où p est un nombre entier positif ou négatif, qui indique combien de fois on a fait le tour du courant dans le sens positif des lignes de force, ce dernier étant lié à celui du courant par la règle de la vis (page 521). Comme (42, c) ne peut dépendre du choix de la courbe sur laquelle on se déplace, il est clair que le travail R est égal à

$$R = 4\pi p I, \tag{42, d}$$

quelle que soit la courbe parcourue par la masse magnétique, pourvu qu'en partant d'un certain point M pour y revenir, on ait tourné p fois autour du courant. Quand on revient en M, sans avoir tourné complètement autour du courant, ou après avoir fait le même nombre de tours dans le sens positif et dans le sens négatif, on a $R = 0$ et on retrouve en M la valeur initiale du potentiel.

L'espace occupé par le courant lui-même, c'est-à-dire par le conducteur linéaire rectiligne, *est un espace tourbillonnaire* ; les forces magnétiques n'y possèdent pas de potentiel et les conditions (39) n'y sont pas satisfaites. *Le sens de parcours positif de l'espace tourbillonnaire coïncide évidemment avec celui du courant* I, puisque ces deux sens sont liés l'un et l'autre à celui des lignes de force par la règle de la vis. En comparant (42, *c*) à (39, *c*) ou, ce qui revient au même, (42) à (39, *b*), on a la formule très importante

$$4\pi I = \sigma, \tag{43}$$

σ étant exprimé par l'intégrale (39, *a*), étendue maintenant à une section quelconque du conducteur traversée par le courant.

Pour obtenir les lignes de force, dans le cas considéré, à l'aide de limaille de fer, on fait passer un fil vertical par un petit trou pratiqué dans une feuille de carton horizontale et on envoie dans le fil un courant aussi intense que possible. Si on saupoudre alors le carton de limaille, celle-ci se dispose comme le montre la figure 211.

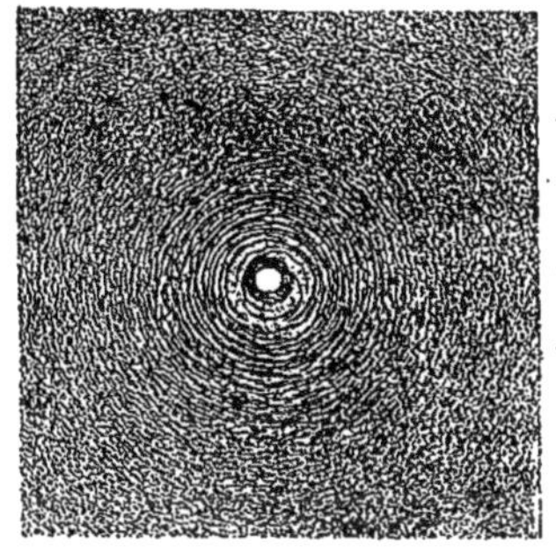

Fig. 211

Nous avons considéré jusqu'ici le champ magnétique d'un long courant rectiligne, pour reconnaître les propriétés fondamentales du champ du courant électrique. *Occupons-nous maintenant du cas général où le conducteur linéaire parcouru par le courant a une forme quelconque* et voyons ce que l'observation directe nous donne.

L'observation montre d'abord que *les lignes de force du champ magnétique d'un courant linéaire sont toujours des courbes fermées*, entièrement situées dans l'espace qui entoure le conducteur parcouru par le courant. Ceci reste vrai, si près que l'on soit de la surface du conducteur. Il s'ensuit que :

1. *L'espace occupé par un conducteur linéaire, dans lequel passe un courant, est un espace tourbillonnaire ; les forces magnétiques n'y possèdent pas de potentiel et les équations* (39) *n'y sont pas satisfaites* ;

2. *Il n'existe que des courants électriques fermés* ;

3. *Le travail* R *relatif à une courbe fermée quelconque, enlaçant p fois le conducteur linéaire, ne dépend ni de la forme de cette courbe, ni de sa position, et est égal à*

$$R = p\sigma, \tag{44}$$

σ étant donné par la formule (39, *a*).

4. *La grandeur σ a la même valeur pour toute section du conducteur déterminée par une surface quelconque* ; la normale *n* doit être prise dans le sens de parcours du courant électrique,

Le travail R ne dépend pas de la courbe qui enlace le courant, mais seulement de la grandeur σ, laquelle ne dépend elle-même que de ce qui se passe *à l'intérieur du conducteur*, c'est-à-dire des propriétés particulières du courant. Il est clair, d'autre part, que, pour une courbe donnée enlaçant le courant, c'est-à-dire pour une disposition donnée du conducteur, le travail R est proportionnel à l'intensité H du champ aux points de l'espace environnant. Nous avons appelé la grandeur, qui caractérise la propriété du courant dont dépend l'intensité du champ *observé*, l'*intensité du courant* et nous l'avons désignée par I. Le travail R est évidemment proportionnel à I ; il s'ensuit que σ est lui-même proportionnel à I et qu'on peut écrire

$$R = \sigma = CI, \tag{45}$$

R se rapportant à une courbe qui enlace *une seule fois* ($p = 1$) le conducteur. En posant $C = 4\pi$, c'est-à-dire

$$R = \sigma = 4\pi I, \tag{46}$$

on introduit une unité déterminée d'intensité de courant. La formule (4), qui nous a fourni l'unité él. mag. d'intensité de courant, et la formule (42), qui en découle, montrent qu'en *faisant dans* (45) $C = 4\pi$, *on introduit simplement d'une autre manière la même unité électromagnétique d'intensité de courant.*

Quand la quantité de magnétisme m se déplace sur une courbe fermée, le travail R_m, exprimé en unités absolues, est égal à

$$R_m = \sigma m = 4\pi m I. \tag{46, a}$$

On a donc, pour les dimensions de l'unité d'intensité de courant,

$$[I] = [R_m] : [m] ;$$

mais $[R_m]$ est un travail et par suite $[R_m] = ML^2 : T^2$; la formule (4), page 439, donne

$$[I] \doteq ML^2T^{-2} : [\mu]^{\frac{1}{2}}M^{\frac{1}{2}}L^{\frac{3}{2}}T^{-1} = [\mu]^{-\frac{1}{2}}M^{\frac{1}{2}}L^{\frac{1}{2}}T^{-1}, \tag{46, b}$$

ce qui concorde avec (4, a), page 522.

Si on porte dans (46) la valeur de σ, il vient

$$\left\{ \begin{aligned} 4\pi I = \iint \Big\{ \left(\frac{\partial\gamma}{\partial y} - \frac{\partial\beta}{\partial z}\right) \cos(n, x) + \left(\frac{\partial\alpha}{\partial z} - \frac{\partial\gamma}{\partial x}\right) \cos(n, y) \\ + \left(\frac{\partial\beta}{\partial x} - \frac{\partial\alpha}{\partial y}\right) \cos(n, z) \Big\} ds ; \end{aligned} \right. \tag{46, c}$$

ici ds est un élément de la section du conducteur par une surface quelconque. Nous avons appelé *densité i du courant* le quotient de l'intensité du courant par l'aire de la section droite du conducteur parcouru par le courant. Nous regarderons i comme un vecteur dirigé suivant la tangente au conducteur linéaire et nous désignerons par u, v, w les composantes suivant les axes de coordonnées de ce vecteur. On a évidemment

$$I = \iint i \cos(n, i)\, ds\ ;$$

mais en outre $\cos(n,i) = \cos(n,x)\cos(i,x) + \cos(n,y)\cos(i,y) + \cos(n,z)\cos(i,z)$ et $u = i\cos(i,x)$, $v = i\cos(i,y)$, $w = i\cos(i,z)$; on a donc

$$(46, d)\quad 4\pi I = 4\pi \iint \{ u\cos(n,x) + v\cos(n,y) + w\cos(n,z) \}\, ds.$$

En comparant (46, c) et (46, d) et en remarquant que l'égalité de ces deux intégrales doit avoir lieu *pour toute surface* qui coupe le conducteur, on obtient *les célèbres équations de* MAXWELL, *qui lient les projections u, v, w sur les axes de la densité i du courant en un point quelconque du conducteur aux composantes α, β, γ de l'intensité* H *du champ au même point* :

$$(47)\qquad \begin{cases} 4\pi u = \dfrac{\partial\gamma}{\partial y} - \dfrac{\partial\beta}{\partial z}, \\[2mm] 4\pi v = \dfrac{\partial\alpha}{\partial z} - \dfrac{\partial\gamma}{\partial x}, \\[2mm] 4\pi w = \dfrac{\partial\beta}{\partial x} - \dfrac{\partial\alpha}{\partial y}. \end{cases}$$

Il est important de rapprocher ces relations des équations (39), qui se rapportent à tous les points extérieurs au conducteur parcouru par le courant, c'est-à-dire aux points où les forces magnétiques ont un potentiel. Les équations (47) montrent d'une manière tout à fait nette que les forces magnétiques ne peuvent avoir de potentiel à l'intérieur du conducteur parcouru par un courant.

Nous allons maintenant indiquer une propriété particulièrement importante du champ magnétique. *L'intensité du champ d'un courant donné ne dépend pas de la substance qui remplit l'espace autour du courant, pourvu que cette substance soit homogène, isotrope et occupe une étendue indéfinie.* En effet, supposons d'abord que l'on ait partout, dans le milieu environnant, $\mu = 1$. Lorsqu'on amène, dans ce milieu, un corps, pour lequel μ n'est pas égal à un, il se manifeste dans ce corps, comme nous le montrerons rigoureusement dans le Chapitre sur l'induction magnétique, une distribution solénoïdale de magnétisme, où la densité de volume du magnétisme à l'intérieur du corps est nulle ; il n'apparaît de magnétisme libre qu'*à la surface* du corps, et c'est seulement ce dernier qui change le champ magnétique. Lorsque les dimensions du corps augmentent de manière à remplir tout l'espace environnant le courant jusqu'à la surface même du conducteur, il n'y a plus du tout de magnétisme libre, car la surface extérieure du corps se trouve à l'infini et, sur la surface de contact avec le conducteur, il ne peut plus y avoir de magnétisme libre, puisque les lignes de force qui enlacent le courant ne peuvent partir de cette surface. La présence d'une telle substance ne change donc pas l'intensité H du champ en un point donné M et la grandeur de la force qui agit *sur une masse de magnétisme libre en ce point* ne dépend pas de μ, pourvu que μ ait la même valeur dans tout l'espace.

Nous indiquerons encore comment on peut remplacer un courant fermé donné par un système de courants élémentaires équivalent. Soit ABCDA (*fig.* 212) un courant fermé d'intensité I. Menons par la courbe ABCDA une surface, que nous diviserons en un certain nombre d'éléments s ; la division a été faite sur la figure 212 à l'aide de deux systèmes de courbes qui se coupent. Entourons chacun de ces éléments s d'un courant d'intensité I, ayant même sens que le courant donné ABCDA. On voit immédiatement que tous ces courants s'annulent deux à deux, sur les contours des éléments s non contigus au courant donné ABCDA ; par exemple, il existe, dans le côté ab, deux courants I de sens contraires, dont l'action extérieure totale est par suite nulle. Il ne reste que les courants qui circulent suivant le contour ABCDA. On arrive donc finalement au résultat suivant : *tout courant fermé*

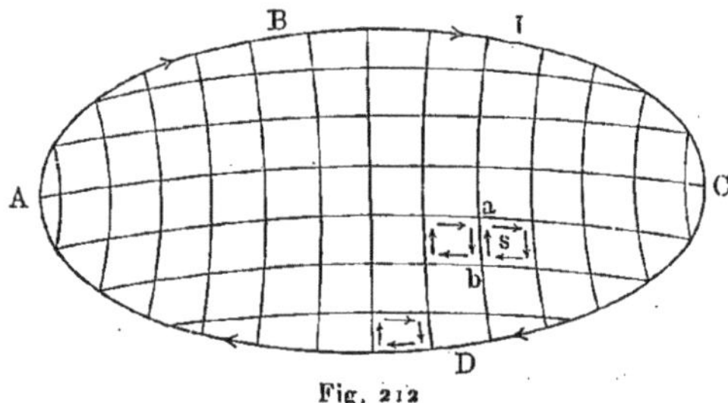

Fig. 212

peut être remplacé par un nombre quelconque, infiniment grand même, de courants fermés, ayant même intensité et même sens que le courant donné : ces courants élémentaires peuvent être disposés sur une surface quelconque ayant pour contour le courant donné ; les aires limitées par eux doivent recouvrir toute la surface, comme l'indique la figure 212.

Les considérations que nous avons développées jusqu'ici peuvent être rapprochées très utilement de celles que l'on rencontre dans l'hydrodynamique, depuis la création par Helmholtz et Lord Kelvin de la théorie des tourbillons ; il nous suffira d'ailleurs, pour le moment, d'envisager le mouvement *permanent* d'un fluide, de même que nous nous bornons actuellement à l'étude d'un champ magnétique *constant*.

Dans le mouvement *permanent* d'un fluide, la vitesse en un point du fluide, dont nous désignerons les composantes par α, β, γ pour mieux faire ressortir qu'elle est analogue à l'intensité d'un champ magnétique constant, est seulement fonction de x, y, z et ne dépend pas du temps t. Helmholtz et Lord Kelvin ont introduit, dans l'étude de ce mouvement, la notion de *cir-*

culation le long d'une ligne fluide fermée. La circulation le long de la courbe s est définie par l'intégrale curviligne

$$\sigma = \int_s \alpha dx + \beta dy + \gamma dz,$$

qui est l'analogue du travail des forces magnétiques, quand l'unité de quantité de magnétisme se déplace suivant le chemin fermé s. La circulation peut recevoir une autre expression à l'aide de la formule de Stokes. Faisons passer, par la courbe s, une surface simplement connexe S, dont cette courbe soit la limite. On a

$$\int_s \alpha dx + \beta dy + \gamma dz = \iint_S \left\{ l\left(\frac{\partial\gamma}{\partial y} - \frac{\partial\beta}{\partial z}\right) + m\left(\frac{\partial\alpha}{\partial z} - \frac{\partial\gamma}{\partial x}\right) + n\left(\frac{\partial\beta}{\partial x} - \frac{\partial\alpha}{\partial y}\right) \right\} dS,$$

où l'intégrale double est étendue à tous les éléments dS de la surface S et où l, m, n sont les cosinus directeurs $\cos(n, x)$, $\cos(n, y)$, $\cos(n, z)$ de la normale n à l'élément dS. En hydrodynamique, les quantités $\frac{\partial\gamma}{\partial y} - \frac{\partial\beta}{\partial z}$, $\frac{\partial\alpha}{\partial z} - \frac{\partial\gamma}{\partial x}$, $\frac{\partial\beta}{\partial x} - \frac{\partial\alpha}{\partial y}$ sont égales aux projections ξ, η, ζ du *vecteur tourbillon* multipliées par le facteur 2 (Tome I) ; en électromagnétisme ce sont les projections de la densité du courant multipliées par 4π, voir (47). L'intégrale double du second membre est appelée, dans la théorie des tourbillons, le *flux tourbillonnaire* à travers la portion de surface S, ou encore l'*intensité tourbillonnaire* de cette portion de surface. Dans la théorie du champ magnétique constant, c'est le *flux d'électricité* ou encore l'*intensité du courant*, à un facteur constant près. Il nous suffira d'employer dans ce qui suit le langage de la théorie des tourbillons ; les explications qui précèdent permettront de traduire tous les résultats dans le langage de l'électromagnétisme.

Il est aisé de voir que le flux tourbillonnaire, à travers une surface fermée tracée dans un fluide en mouvement permanent, est nul. Cela résulte immédiatement de ce que les composantes ξ, η, ζ du vecteur tourbillon vérifient identiquement, d'après leurs expressions à l'aide des dérivées de α, β, γ, l'identité

$$\frac{\partial\xi}{\partial x} + \frac{\partial\eta}{\partial y} + \frac{\partial\zeta}{\partial z} = 0 ;$$

or, étant donnée une surface fermée S limitant un volume V, le théorème de Green donne

$$\iint_S (l\xi + m\eta + n\zeta)\, dS = \iiint_V \left(\frac{\partial\xi}{\partial x} + \frac{\partial\eta}{\partial y} + \frac{\partial\zeta}{\partial z}\right) dV ;$$

le flux tourbillonnaire est donc nul à travers la surface S considérée.

Une *ligne tourbillonnaire* est une ligne qui admet pour tangente en chacun de ses points le vecteur tourbillon (ξ, η, ζ) ; c'est donc l'analogue d'un courant électrique linéaire. Dans un fluide en mouvement permanent, les lignes tourbillonnaires forment une famille de courbes à deux paramètres, ou une *congruence* dans le langage géométrique, telle qu'il en passe une et une seule par chaque point du fluide ; il en est de même pour les lignes de courant dans un champ magnétique.

Une *surface tourbillonnaire* est une surface telle qu'en chacun de ses points elle soit tangente au vecteur tourbillon en ce point. Sur une surface tourbillonnaire, on peut tracer une infinité simple de lignes tourbillonnaires ; il suffit, en effet, de tracer sur cette surface les lignes telles qu'en chacun de leurs points le vecteur tourbillon leur soit tangent. Inversement, pour obtenir toutes les surfaces tourbillonnaires, il suffit de prendre les surfaces engendrées par des lignes tourbillonnaires : par exemple, on tracera dans le fluide, une courbe AB, et l'on prendra la suite des lignes tourbillonnaires issues des divers points de AB ; ces lignes forment une surface tourbillonnaire.

Si la courbe AB n'est pas fermée, la surface obtenue est *simplement connexe*. Si elle est fermée, on obtient une surface en forme de tube appelée *tube tourbillonnaire*, qui n'est plus *simplement connexe*. Soient T une surface, (ξ, η, ζ) le tourbillon en un point de cette surface, $l\xi + m\eta + n\zeta$ la composante du tourbillon suivant la normale (l, m, n) à T ; pour que cette surface soit une surface tourbillonnaire, il faut et il suffit que l'on ait, en chaque point de T,

$$l\xi + m\eta + n\zeta = 0,$$

qui est la condition pour que le vecteur (ξ, η, ζ) soit tangent à la surface.

Pour qu'une surface T *soit une surface tourbillonnaire, il faut et il suffit que la circulation le long de toute ligne fermée s, tracée sur la surface de façon à limiter une aire* S *simplement connexe, soit nulle*. En effet, traçons sur T une ligne fermée s limitant une portion S de la surface ; la circulation le long de s est exprimée par l'intégrale double $2\iint_S (l\xi + m\eta + n\zeta)\, dS$. Si la surface T est une surface tourbillonnaire, la circulation est nulle quelle que soit la courbe s, car $l\xi + m\eta + n\zeta$ est nul. Réciproquement, si la circulation est nulle quelle que soit la courbe s, l'intégrale double précédente est nulle, *quelle que soit la portion* S *de la surface* T à laquelle elle est étendue ; donc l'élément différentiel $l\xi + m\eta + n\zeta$ est nul et la surface T est une surface tourbillonnaire.

On peut tracer sur la surface du tube des lignes fermées d'une autre nature, par exemple une ligne faisant le tour du tube ; une telle ligne ne limite pas *à elle seule* une aire sur le tube et *la circulation n'est pas nulle*. Pour toutes les lignes de ce genre tracées sur un même tube tourbillonnaire, *la circulation a la même valeur*. Soit en effet une seconde ligne faisant aussi le tour du tube. Considérons deux cloisons Σ et Σ' ayant pour contour respectivement les deux lignes. Ces deux cloisons, avec la surface latérale du tube comprise entre elles, forment une surface fermée analogue à un cylindre de bases Σ et Σ'. Le flux tourbillonnaire total à travers cette surface fermée est nul ; mais le flux à travers la surface tourbillonnaire latérale du tube est nul ;

le flux à travers Σ est donc égal en valeur absolue au flux à travers Σ', ou encore l'intensité tourbillonnaire de Σ est égale à celle de Σ'. D'après le théorème de STOKES, la circulation sur le contour de Σ est donc égale à la circulation sur le contour de Σ'. Ce résultat conduit à une première conclusion : *un tube tourbillonnaire ne peut pas se terminer à l'intérieur du fluide* ; dans le cas très simple où il y a analogie avec le champ magnétique, il se ferme sur lui-même comme un anneau. *A chaque tube tourbillonnaire est attaché un nombre σ qui est la circulation le long d'une courbe fermée quelconque faisant une fois le tour du tube, ou encore l'intensité tourbillonnaire d'une section transversale.*

Considérons maintenant l'espace occupé par le fluide ; il sera en général divisé en deux parties : l'une remplie des éléments du fluide pour lesquels le tourbillon est nul, l'autre remplie des éléments pour lesquels le tourbillon est différent de zéro ; cette deuxième partie se divise comme nous venons de le voir, dans le cas où il y a analogie avec le champ magnétique, en anneaux tourbillonnaires entourés de fluide animé d'un mouvement irrotationnel. C'est ici que vont intervenir les remarquables notions d'*Analysis situs*, qui ont été d'abord introduites dans le plan par RIEMANN (1857), puis dans l'espace par HELMHOLTZ (1858) et par LORD KELVIN (1869), et qui ont tant contribué à éclaircir la théorie du champ magnétique. Nous emprunterons l'exposé suivant à l'ouvrage de P. APPELL, *Traité de Mécanique rationnelle*, Tome III, page 406.

Nous porterons notre attention sur la partie du fluide animée d'un mouvement irrotationnel ; dans cette partie du fluide, ξ, η, ζ sont nuls et les vitesses dérivent d'un potentiel V (x, y, z) que nous supposons ici indépendant de t, puisque nous envisageons seulement un mouvement permanent. La circulation le long d'une ligne fluide fermée s'exprime par l'intégrale

$$\int \alpha dx + \beta dy + \gamma dz = -\int dV$$

prise le long de la ligne : cette intégrale est la variation continue subie par la fonction V quand le point géométrique x, y, z fait le tour de la ligne.

PROPOSITION FONDAMENTALE. — *Si une ligne fermée tracée dans la partie sans rotation peut, par déformation continue et sans sortir de cette partie, être réduite à un point, la circulation le long de cette ligne est* NULLE *et par suite, la variation de* V *le long de cette ligne est nulle.*

En effet, imaginons dans le fluide sans rotation une ligne s pouvant, par déformation continue, être réduite à un point : dans cette déformation, elle engendre une portion de surface S qu'elle limite entièrement, et, d'après le théorème de STOKES, la circulation le long de s est exprimée par l'intégrale $2\iint_S (l\xi + m\eta + n\zeta)\, dS$; mais la surface S étant tout entière dans la partie sans rotation, le tourbillon (ξ, η, ζ) est nul sur S, donc $l\xi + m\eta + n\zeta$ est nul et la circulation est *nulle*. Il en résulte que la variation de la fonction V, suivie par continuité le long de la ligne s, est nulle.

Etudions maintenant la circulation le long des diverses courbes qu'on peut tracer dans la partie sans rotation. Différents cas sont à distinguer, suivant l'*ordre de connexion* de l'espace occupé par cette partie :

1° *La partie sans rotation occupe un espace simplement connexe.* — Un espace est dit *simplement connexe*, quand toute ligne fermée tracée dans cet espace peut, par continuité et sans sortir des limites du dit espace, être réduite à un point ; l'espace extérieur à une sphère est simplement connexe ; l'espace extérieur à un tore ne l'est pas, car une courbe fermée tracée à l'extérieur du tore, de façon à faire un tour autour du tore en l'enlaçant, ne peut évidemment pas être réduite par continuité à un point sans pénétrer dans l'espace intérieur du tore.

Il résulte immédiatement de la proposition fondamentale précédente que, si l'espace occupé par le fluide sans rotation est simplement connexe, la circulation le long d'une ligne quelconque de ce fluide est nulle et que le potentiel V est uniforme dans ce fluide.

2° *La partie sans rotation occupe un espace doublement connexe.* — Un espace est doublement connexe lorsqu'en menant une seule cloison, on peut, sans morceler l'espace, le rendre simplement connexe. Il en est ainsi pour l'espace extérieur à un anneau ; on peut, dans cet espace, tracer deux espèces de courbes fermées ; les unes s ne passant pas dans l'anneau et pouvant, par suite, être réduites par continuité à un point sans sortir de l'espace considéré ; le long de ces lignes la circulation est nulle ; les autres s_1 passant une ou plusieurs fois dans l'anneau. Prenons une ligne s_1 faisant un tour ; nous allons montrer que *la circulation a la même valeur constante* σ_1 le long de toutes les lignes de ce genre. Pour cela, considérons deux lignes s_1 et s'_1 enlaçant chacune une fois l'anneau. On peut rendre l'espace extérieur à l'anneau simplement connexe en fermant l'ouverture de l'anneau par une cloison. Prenons sur s_1 deux points C et D infiniment voisins l'un de l'autre, situés de part et d'autre de la cloison ; prenons sur s'_1 deux points infiniment voisins C' et D' placés de la même façon, et joignons CC' et DD' par deux lignes infiniment voisines, placées de part et d'autre de la cloison. La ligne $Cs_1DD's'_1C'C$ est une ligne fermée de la première catégorie pouvant, par continuité, être réduite à un point sans pénétrer dans l'espace intérieur de l'anneau. La circulation le long de cette ligne est donc nulle. Si on désigne la circulation le long d'une ligne par le parcours effectué sur cette ligne mis entre parenthèses, on a

$$(Cs_1D) + (DD') + (D's'_1C') + (C'C) = 0.$$

Mais les deux lignes CC' et DD' étant infiniment voisines, on a

$$(DD') = (CC') = -(C'C);$$

on en conclut

$$(Cs_1D) + (D's'_1C') = 0$$
$$(Cs_1D) = (C's'_1D);$$

c'est ce que nous voulions établir. Ainsi, le long de toutes les lignes s_1 passant une fois dans l'anneau, la circulation a la même valeur σ_1 ; on appelle cette constante le *module de ces lignes*. Il est aisé de voir que, si une ligne fermée tracée dans l'espace passe deux fois dans l'anneau, la circulation le long de cette ligne est $2\sigma_1$, etc. L'espace extérieur à l'anneau a été rendu simplement connexe en fermant l'ouverture de l'anneau par une cloison : la fonction V est alors uniforme dans cet espace, mais ses valeurs, en deux points C et D infiniment voisins de part et d'autre de cette cloison, diffèrent de σ_1. Ce cas se présente lorsqu'un seul anneau tourbillonnaire existe dans un fluide indéfini sans rotation ; le fluide sans rotation occupe alors précisément un espace tel que celui que nous venons de considérer. Le module σ_1 est l'intensité de l'anneau tourbillonnaire, comme on le voit en considérant une ligne s_1 passant dans l'anneau, infiniment près de la surface de l'anneau. Le rapprochement entre cet anneau tourbillonnaire et l'espace tourbillonnaire que nous avons considéré précédemment dans le champ magnétique est immédiat.

3° *Espace triplement connexe.* — Un espace est triplement connexe quand on peut le rendre simplement connexe par deux cloisons : tel est, par exemple, l'espace extérieur à l'ensemble de deux anneaux. On peut tracer dans cet espace trois espèces de lignes fermées. Les premières s peuvent être réduites par continuité à un point sans sortir de l'espace considéré ; la circulation le long de ces lignes est nulle. Les deuxièmes s_1 passent dans l'ouverture de l'un des anneaux : si elles y passent une fois, la circulation le long de ces lignes est une constante σ_1, appelée *module de ces lignes*. Les troisièmes s_2 passent dans l'ouverture de l'autre anneau ; si elles y passent une fois, la circulation le long de ces lignes est une constante σ_2, appelée module de ces lignes. Une ligne $s's''$ traversant une fois chaque anneau donne pour la circulation la valeur $\sigma_1 + \sigma_2$; en effet, en joignant deux points A, B de cette ligne par une courbe passant à l'extérieur des deux anneaux, on voit que la circulation le long de la ligne $s's''$ est la somme des circulations le long des lignes $BAs'B$ et $ABs''A$, car

$$(BA) + (AB) = 0;$$

cette circulation est donc bien $\sigma_1 + \sigma_2$.

Actuellement, on rendrait l'espace indéfini simplement connexe à l'aide de deux cloisons fermant l'un le premier anneau, l'autre le second anneau. La fonction V serait uniforme dans cet espace ainsi cloisonné : la différence de ses valeurs en deux points infiniment voisins de part et d'autre de la première cloison serait σ_1 ; en deux points infiniment voisins de part et d'autre de la deuxième cloison, σ_2. Ce cas se présente quand deux anneaux tourbillonnaires existent dans un fluide indéfini sans rotation, ou quand il se trouve deux espaces tourbillonnaires dans un champ magnétique.

4° *Connexion d'ordre n.* — On traitera de même les espaces dont la connexion est d'ordre n et dont le type est un espace indéfini avec $n - 1$ anneaux : à l'aide de $n - 1$ cloisons, on rendrait ces espaces simplement connexes.

7. Loi de Biot et Savart. Remplacement d'un courant par un feuillet magnétique. Solénoïde. — BIOT et SAVART, en étudiant le champ magnétique d'un courant, sont arrivés à cette conclusion que la force, avec laquelle un courant fermé agit sur un pôle magnétique, peut être considérée comme la résultante d'un nombre infini de forces issues des *éléments* infiniment petits dans lesquels on peut imaginer que le courant est décomposé. Soit AB (*fig.* 213) une partie du courant, ds la longueur de l'un des éléments dans lesquels on suppose que ce courant est décomposé, r la distance de cet élément au pôle magnétique m, φ l'angle formé par ds et r. *D'après la loi de* BIOT *et* SAVART, *l'élément de courant ds agit sur m avec une force f déterminée en grandeur par la formule*

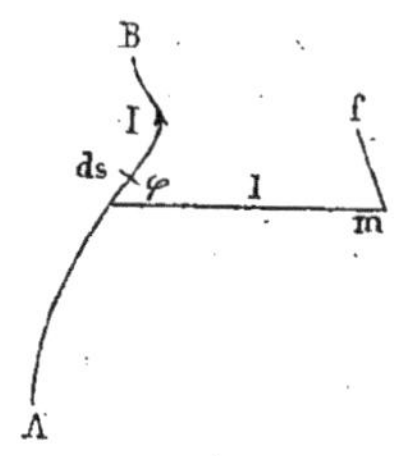

Fig. 213

$$f = C\frac{Imds}{r^2}\sin\varphi, \tag{48}$$

où C *est un facteur de proportionnalité. Cette force est normale au plan passant par ds et r et possède un sens qui est déterminé par la règle de la vis.* Lorque le courant I va de A vers B, la force f, normale au plan de la figure, va du lecteur à ce plan. Si on donne un courant *fermé* de forme quelconque, la détermination de l'intensité du champ en un point quelconque est ainsi ramenée par la formule (48) à une simple question d'intégration.

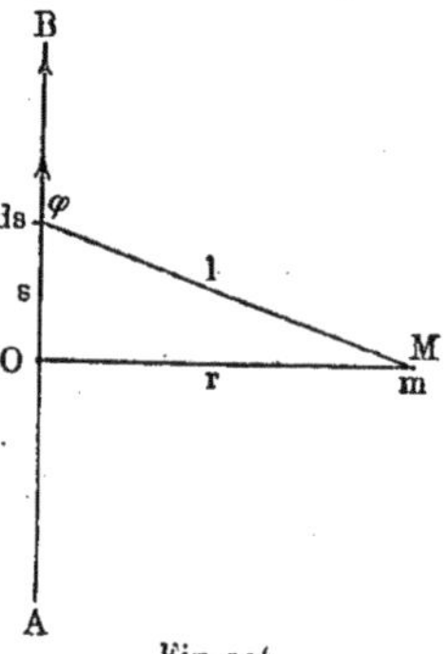

Fig. 214

Appliquons d'abord la formule (48) pour calculer l'intensité du champ magnétique d'un courant rectiligne d'étendue indéfinie AB (*fig.* 214), en un point M situé à une distance r de AB. Dans ce cas, la résultante F de toutes les forces f est égale à la somme de ces dernières, qui ont même direction normale au plan de la figure. En comptant s positivement à partir du point O dans le sens OB, on a,

$$F = \int_{-\infty}^{+\infty}\frac{CIm}{l^2}\sin\varphi\, ds = CIm\int_{-\infty}^{+\infty}\frac{\sin\varphi\, ds}{l^2}.$$

Introduisons la variable indépendante φ. On a $l = r : \sin\varphi$, $s = -r\,\mathrm{cotg}\,\varphi$, $ds = \frac{r}{\sin^2\varphi}d\varphi$ et les limites de l'angle φ sont évidemment o et π. On a donc

$$F = CIm\int_0^{\pi}\frac{\sin\varphi\,.\,\sin^2\varphi}{r^2}\cdot\frac{rd\varphi}{\sin^2\varphi} = \frac{CIm}{r}\int_0^{\pi}\sin\varphi d\varphi = \frac{2CIm}{r}.$$

Si on pose $m = 1$, on trouve pour l'intensité du champ en M

$$H = \frac{2CI}{r}. \tag{48, a}$$

En comparant cette expression à (41), page 561, on voit en premier lieu, que la loi de Biot et Savart conduit à la relation qui existe effectivement entre H et r, et en second lieu, que *si on pose* C = 1 *dans la formule de* Biot *et* Savart, *on introduit par là même l'unité électromagnétique d'intensité de courant.* Il est facile de voir que (48. a) donne, pour l'unité d'intensité de courant, la même équation de dimension que celle que nous avons déjà établie deux fois, en nous basant d'abord sur la formule (4), page 521, et ensuite sur la formule (46, a), page 564, voir (4, a) et (46, b).

Considérons maintenant le cas également très important d'un *courant circulaire*, c'est-à-dire d'un courant qui suit un cercle, de rayon R. L'une des

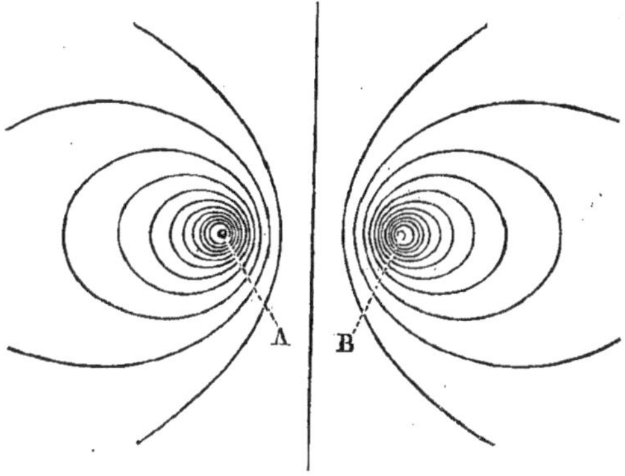

Fig. 215

lignes de force est alors l'axe même du cercle, autrement dit la droite, normale au plan du cercle, qui passe par son centre. On a représenté dans la figure 215 une section du champ du courant passant par cet axe ; le courant, dont le plan est perpendiculaire au plan de la figure, coupe cette section aux

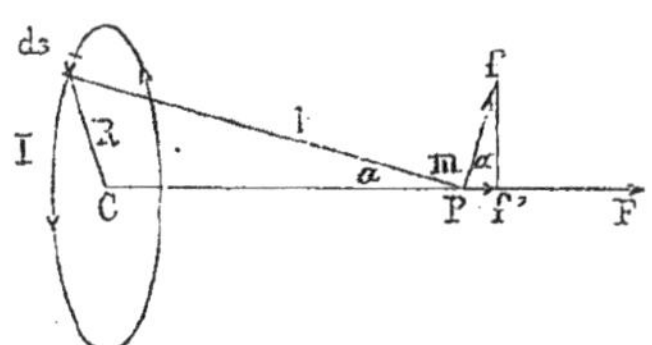

Fig. 216

points A et B. Cherchons l'intensité H du champ au point P (*fig.* 216), situé sur l'*axe* du courant circulaire à la distance l du courant lui-même (et non de son centre C). A l'élément de courant ds est due une force f perpendiculaire au plan (l, ds) ; la grandeur de cette force, exprimée en *unités électromagné-*

tiques, se déduit de (48) en faisant $C = 1$ et $\sin\varphi = \sin(l, ds) = 1$; on a ainsi $f = \frac{Imds}{l^2}$. Toutes les forces f ont pour lignes d'action les génératrices d'un cône de révolution, dont l'axe coïncide avec l'axe du courant donné. Il est évident que la résultante R est égale à la somme des projections f' des forces f sur cet axe. On voit sur la figure que $f' = f \sin\alpha$ et $\sin\alpha = R : l$. On a par suite $f' = \frac{Ids \cdot m \cdot R}{l^3}$ et

$$F = \int \frac{ImR}{l^3} ds = \frac{ImR}{l^3} \int ds = \frac{ImR}{l^3} 2\pi R = \frac{2\pi R^2 Im}{l^3}.$$

En faisant $m = 1$, on obtient, pour l'*intensité* H *du champ au point* P,

$$H = \frac{2\pi R^2 I}{l^3}. \tag{49}$$

Au *centre du cercle*, on a $l = R$, et par conséquent

$$\begin{cases} F_0 = \dfrac{2\pi Im}{R} \\ H_0 = \dfrac{2\pi I}{R}. \end{cases} \tag{49, a}$$

Désignons par F_s et H_s la force et l'intensité du champ au centre C, dues au courant I dans l'arc de cercle s. On a évidemment $F_s : F_0 = s : 2\pi R$, d'où

$$F_s = \frac{Ism}{R^2}, \tag{49, b}$$

$$H_s = \frac{R^2}{Is}. \tag{49, c}$$

Ces dernières formules donnent une nouvelle définition de l'*unité électromagnétique d'intensité de courant*; cette unité est l'intensité d'un courant qui, dans un arc de cercle de longueur unité et de rayon unité ($R = 1$), donne naissance au centre du cercle à l'unité électromagnétique d'intensité de champ ($H_s = 1$), c'est-à-dire agit sur l'unité électromagnétique de quantité de magnétisme ($m = 1$), placée en ce centre, avec l'unité de force ($F_s = 1$).

L'unité électromagnétique C. G. S. *d'intensité de courant* (10 *ampères*) *est l'intensité d'un courant qui, dans un arc de cercle de* 1^{cm} *de longueur et de* 1^{cm} *de rayon, donne naissance au centre du cercle à l'unité électromagnétique* C. G. S. *d'intensité de champ, autrement dit agit sur l'unité* C. G. S. *de quantité de magnétisme placée au centre du cercle avec une force égale à une dyne.*

Nous pouvons aborder maintenant l'une des questions les plus importantes de la théorie du courant électrique, celle de l'équivalence, dans certaines limites, des actions extérieures d'un courant et d'un feuillet magnétique, ou du *remplacement possible d'un courant par un feuillet magnétique*, disposé sur une surface arbitraire S ayant pour contour la ligne de parcours du courant.

Nous avons vu que les lignes de force ont dans les deux cas une disposition analogue; elles enlacent le conducteur du courant ou le contour du feuillet. Le travail R, dans le déplacement de l'unité de quantité de magnétisme sur une ligne de force fermée enlaçant le courant I, c'est-à-dire la période du potentiel $V_1 - V_2$, est égal, voir (46), page 564, à

(50) $$R = V_1 - V_2 = 4\pi I.$$

Pour un feuillet magnétique, quand on se déplace, en enlaçant le contour, d'une face de la surface S à l'autre face, voir (40), page 451, ou (27, *b*), page 478, on a

(50, *a*) $$R = V_1 - V_2 = 4\pi \frac{\omega}{\mu},$$

où $\omega = k\delta$ est la puissance du feuillet, μ la perméabilité magnétique du milieu environnant. L'analogie entre les formules (50) et (50, *a*) est évidente. Comme la question de l'équivalence d'un courant et d'un feuillet magnétique présente un intérêt considérable, nous indiquerons d'abord les considérations par lesquelles Drude, dans son ouvrage *Physik des Äthers*, a établi cette équivalence.

Soit *s* un conducteur linéaire fermé, dans lequel passe un courant I, et soit S′ une surface quelconque renfermant complètement dans son espace intérieur la ligne *s*. Le champ magnétique, *à l'extérieur de la surface* S′, ne se distingue absolument en rien du champ magnétique des aimants; les forces magnétiques ont partout un potentiel, qui est uniforme puisque R = 0 pour toutes les courbes fermées ne coupant pas la surface S′. D'après ce que nous avons établi au Livre I au sujet de l'équipollence des masses électriques (voir Livre I, Chap. I, § **10**, V, page 176), nous pouvons énoncer actuellement la proposition suivante: s'il existe à l'extérieur d'une surface fermée quelconque S′ un champ magnétique, en tous les points duquel les forces magnétiques ont un potentiel, il est toujours possible de trouver une distribution de masse magnétique sur la surface S′, telle que le champ magnétique dû à cette distribution, à l'extérieur de la surface S′, soit précisément le champ magnétique donné. Le champ du courant peut donc être considéré à l'extérieur de S′ comme un champ dû à une distribution de masse magnétique sur S′. Considérons une surface quelconque S à l'intérieur de S′, limitée par la ligne de parcours du courant. La surface S′ est absolument arbitraire; on exige seulement qu'elle renferme entièrement dans son espace intérieur la ligne du courant. On peut par conséquent imaginer qu'elle se contracte de telle façon qu'elle devienne infiniment voisine, à l'extérieur, du conducteur du courant, en même temps qu'elle se rapproche à une distance infiniment petite des deux faces de la surface limitée S. En négligeant les dimensions transversales du conducteur, on obtient ainsi deux distributions de masse magnétique des deux côtés de S, que l'on peut supposer d'ailleurs partout à la même distance δ.

Le nombre des lignes de force, qui pénètrent d'un côté à l'intérieur de ces deux distributions, est le même que celui des lignes qui en sortent de l'autre; il s'ensuit que les densités respectives *k* de ces deux distributions doivent avoir même grandeur et qu'elles ne diffèrent que par le signe; deux telles distributions forment un feuillet magnétique, simple d'ailleurs, puisque le saut de potentiel $4\pi \frac{\omega}{\mu}$, où $\omega = k\delta$, a partout la même valeur $4\pi I$. *Le courant I peut donc être remplacé par un feuillet magnétique, dont le contour est la ligne de parcours du courant et dont la puissance ω est déterminée par l'égalité*

$$\frac{\omega}{\mu} = \mathrm{I}. \tag{51}$$

Nous allons arriver au même résultat, en partant de la loi de BIOT et SAVART. Considérons l'action d'un courant rectangulaire infiniment petit sur un point extérieur quelconque. Supposons que le courant I suive, dans le sens ABCDA (*fig.* 217) le contour d'un rectangle situé dans le plan xOy.

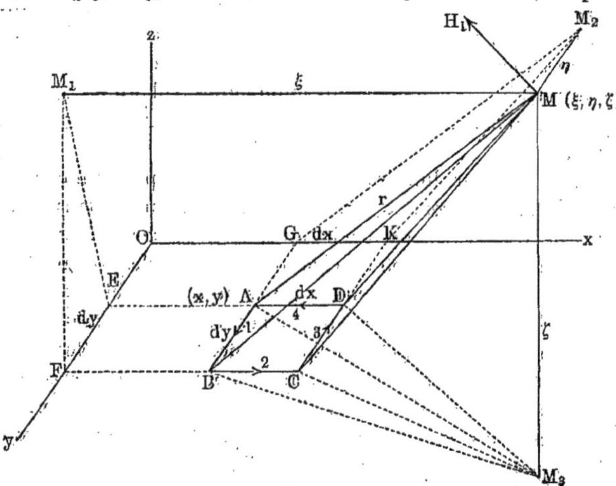

Fig. 217

Soient x, y, les coordonnées du point A, AD $= dx$, AB $= dy$; affectons les indices 1, 2, 3, 4 aux côtés AB, BC, CD et DA. Proposons-nous de déterminer l'intensité H du champ du courant au point M, dont les coordonnées sont $MM_1 = \xi$, $MM_2 = \eta$, $MM_3 = \zeta$. En prolongeant les côtés du rectangle ABCD, nous avons sur les axes Ox et Oy, les segments GK $= dx$ et EF $= dy$. Joignons les points M et M_3 aux points A, B, C et D, le point M_1 à F et E, enfin le point M_2 à G et K.

L'intensité H est la résultante des quatre intensités H_1, H_2, H_3 et H_4 dues aux quatre éléments du courant rectangulaire I; nous désignerons par H_x, H_y, H_z les composantes parallèles aux axes de coordonnées du vecteur H, par $H_{1,x}$, $H_{1,y}$, $H_{1,z}$ celles du vecteur H_1, etc. On a

$$H = \sqrt{H_x^2 + H_y^2 + H_z^2}, \tag{52}$$

$$\left\{\begin{aligned} H_x &= H_{1,x} + H_{2,x} + H_{3,x} + H_{4,x}, \\ H_y &= H_{1,y} + H_{2,y} + H_{3,y} + H_{4,y}, \\ H_z &= H_{1,z} + H_{2,z} + H_{3,z} + H_{4,z}, \end{aligned}\right. \tag{52, a}$$

$$H_{1,x} = H_1 \cos(H_1, x), \quad H_{1,y} = H_1 \cos(H_1, y), \quad H_{1,z} = H_1 \cos(H_1, z). \tag{52, b}$$

avec des formules analogues pour les composantes des vecteurs H_2, H_3 et H_4.

Désignons par r la distance AM ; on a

$$(52, c) \qquad r = \sqrt{(\xi - x)^2 + (\eta - y)^2 + \zeta^2},$$

$$(52, d) \qquad \begin{cases} -\dfrac{\partial r}{\partial x} = \dfrac{\partial r}{\partial \xi} = \dfrac{\xi - x}{r}, \\ -\dfrac{\partial r}{\partial y} = \dfrac{\partial r}{\partial \eta} = \dfrac{\eta - y}{r}, \\ \dfrac{\partial r}{\partial \zeta} = \dfrac{\zeta}{r}. \end{cases}$$

Nous avons à déterminer, à l'aide de la loi de BIOT et SAVART, les vecteurs H_1, H_2, H_3, H_4 et leurs composantes. On n'a représenté sur la figure que le vecteur H_1.

L'élément de courant AB donne en M une intensité H_1 qui a pour grandeur

$$(53) \qquad H_1 = \frac{I dy}{r^2} \sin \text{MAB} = \frac{I}{r^3} r dy \sin \text{MAB} = \frac{2I}{r^3} \text{aire MAB},$$

qui est perpendiculaire au plan MAB et, conformément à la règle d'AMPÈRE, a le sens indiqué sur la figure.

On a

$$H_{1,x} = H_1 \cos (H_1, x) = \frac{2I}{r^3} \text{aire MAB} \cos (H_1, x);$$

mais l'angle que fait H_1 avec l'axe des x est supplémentaire de l'angle entre les plans MAB et zOy ; par suite

$$(53, a) \quad H_{1,x} = -\frac{2I}{r^3} \text{aire MAB} \cos (\text{MAB}, zOy) = -\frac{2I}{r^3} \text{aire } M_1\text{EF} = -\frac{I\, dy}{r^3} \zeta.$$

D'autre part

$$(53, b) \qquad H_{1,y} = H_1 \cos (H_1, y) = 0,$$

puisque le vecteur H_1, étant perpendiculaire au plan MAB, est perpendiculaire à la direction des y.

Enfin,

$$(53, c) \qquad H_{1,z} = H_1 \cos (H_1, z) = \frac{2I}{r^3} \text{aire MAB.} \cos (H_1, z)$$

$$= \frac{2I}{r^3} \text{aire MAB.} \cos (\text{MAB}, xOy) = \frac{2I}{r^3} \text{aire } M_3\text{AB} = \frac{I\, dy}{r^3} (\xi - x).$$

D'une manière analogue, on a

$$H_4 = \frac{I\, dx}{r^2} \sin \text{MAD} = \frac{I}{r^3} r dx \sin \text{MAD} = \frac{2I}{r^3} \text{aire MAD}.$$

Le vecteur H_4 est normal à MAD et s'éloigne du lecteur, c'est-à-dire dans le sens des y négatifs. On a

(53, *d*) $$H_{4,x} = H_4 \cos(H_4, x) = 0,$$

(53, *e*) $$H_{4,y} = H_4 \cos(H_4, y) = -\frac{2I}{r^3} \text{ aire MAD. } \cos(\text{MAD}, xOz) = -\frac{2I}{r^3} \text{ aire } M_2KG = -\frac{Idx}{r^3} z,$$

(53, *f*) $$H_{4,z} = H_4 \cos(H_4, z) = \frac{2I}{r^3} \text{ aire MAD. } \cos(\text{MAD}, xOy) = -\frac{2I}{r^3} \text{ aire } M_3AD = \frac{Idx}{r^3}(\eta - y).$$

Le courant CD diffère du courant AB par le sens et par la coordonnée $x + dx$ qui remplace x. On a donc, voir (52, *d*),

(53, *g*) $$H_{3,x} = -\left(H_{1,x} + \frac{\partial H_{1,x}}{dx} dx\right) = \frac{Idy}{r^3}\zeta - \frac{3Idy}{r^4}\frac{\partial r}{\partial x}\zeta dx = \frac{Idy}{r^3}\zeta + \frac{3Idydx}{r^5}(\xi - x)\zeta,$$

(53, *h*) $$H_{3,y} = 0$$

(53, *i*) $$H_{1,z} = -\left(H_{1,z} + \frac{\partial H_{1,z}}{\partial x} dx\right) = -\frac{Idy}{r^3}(\xi - x) + \frac{Idy}{r^3} dx - \frac{3Idydx}{r^5}(\xi - x)^2.$$

De même

(53, *j*) $$H_{2,x} = 0$$

(53, *k*) $$H_{2,y} = -\left(H_{4,y} + \frac{\partial H_{4,y}}{\partial y} dy\right) = \frac{Idx}{r^3}\zeta + \frac{3Idxdy}{r^5}(\eta - y)\zeta$$

(53, *l*) $$H_{4,z} = -\left(H_{4,z} + \frac{\partial H_{4,z}}{\partial y} dy\right) = -\frac{Idx}{r^3}(\eta - y) + \frac{Idx}{r^3} dy - \frac{3Idxdy}{r^5}(\eta - y)^2.$$

Les formules (52, *a*) donnent maintenant

(54) $$H_x = \frac{3Idxdy}{r^5}(\xi - x)\zeta$$

(54, *a*) $$H_y = \frac{3Idxdy}{r^5}(\eta - y)\zeta$$

$$H_z = \frac{2Idxdy}{r^3} - \frac{3Idxdy}{r^5}[(\xi - x)^2 + (\eta - y)^2] = \frac{2Idxdy}{r^3} - \frac{3Idxdy}{r^5}(r^2 - \zeta^2),$$

c'est-à-dire

(54, *b*) $$H_z = -\frac{Idxdy}{r^3} + \frac{3Idxdy}{r^5}\zeta^2.$$

Les trois dernières formules donnent les composantes de H *au point* M.

Désignons par Ω' l'angle solide infiniment petit, sous lequel on voit du point M le rectangle ABCD, Soit σ l'aire de la section de cet angle solide par une sphère de rayon r, décrite du point M comme centre. On a $\sigma = r^2\,\Omega'$ et d'autre part

$$\sigma = \text{aire ABCD.} \cos(\sigma, \text{ABCD}) = dxdy \cos(r,\zeta) = dxdy\,\frac{\zeta}{r},$$

d'où

$$(55) \qquad \Omega' = \frac{dxdy}{r^3}\,\zeta.$$

Ceci donne, voir (52, d),

$$(55, a) \qquad \frac{\partial\Omega'}{\partial\xi} = -\frac{3\,dxdy}{r^4}\,\frac{\partial r}{\partial\xi}\,\zeta = -\frac{3\,dxdy}{r^5}\,(\xi - x)\,\zeta,$$

$$(55, b) \qquad \frac{\partial\Omega'}{\partial\eta} = -\frac{3\,dxdy}{r^5}\,(\eta - y)\,\zeta,$$

$$(55, c) \qquad \frac{\partial\Omega'}{\partial\zeta} = \frac{dxdy}{r^3} - \frac{3\,dxdy}{r^5}\,\zeta^2.$$

Si on compare ces trois expressions à (54), (54, a) et (54, b), on trouve

$$(56) \qquad \left\{ \begin{aligned} H_x &= -\frac{\partial(I\Omega')}{\partial\xi}, \\ H_y &= -\frac{\partial(I\Omega')}{\partial\eta}, \\ H_z &= -\frac{\partial(I\Omega')}{\partial\zeta}. \end{aligned} \right.$$

Les composantes H_x, H_y, H_z se rapportent ici au point M de coordonnées ξ, η, ζ. Ces formules montrent que *le potentiel* V′ *du courant* I, *qui suit le rectangle* ABCD, *est, au point* M,

$$(57) \qquad V' = I\Omega' + const.\,;$$

autrement dit, *il est égal à une constante près au produit de l'intensité du courant par l'angle solide, sous lequel on voit du point* M *la ligne fermée que parcourt le courant.* D'après ce qu'on a vu précédemment, on peut d'ailleurs écrire

$$(58) \qquad V' = I\Omega' - 4\pi p I,$$

p désignant combien de fois la ligne de parcours du courant a été enlacée, en partant de M pour revenir en ce même point.

Remplaçons le courant ABCD par un feuillet magnétique ayant pour contour le rectangle ABCD et une puissance $\omega = k\delta$; $\pm k$ est la densité superficielle sur les faces du feuillet, $+k$ (magnétisme nord) se trouve du côté des z positifs, et δ est la distance entre les deux faces du feuillet. On peut considérer un tel feuillet comme un aimant court, dont l'axe est parallèle à l'axe des z et dont le moment est

$$M = k\delta dx dy = \omega dx dy. \tag{59}$$

D'après le Chapitre II, le potentiel de cet aimant a pour expression, voir (14), page 471,

$$V = \frac{k\delta}{\mu}\Omega' = \frac{\omega}{\mu}\Omega', \tag{59, a}$$

Ω' ayant la même signification que dans (57) ; on a en outre la formule, voir (13, c), page 470,

$$H = \frac{M}{\mu r^3}\sqrt{1 + 3\cos^2\varphi},$$

où φ désigne l'angle formé par r et l'axe de l'aimant. En introduisant la valeur du moment magnétique M donnée par (59), on a

$$H = \frac{\omega dx dy}{\mu r^3}\sqrt{1 + 3\cos^2\varphi}. \tag{59, b}$$

Lorsqu'on compare (57) à (59, a), on voit que le courant infiniment petit considéré peut être remplacé par un feuillet magnétique tel que l'on ait $I = \omega : \mu$. Cette condition n'est autre que l'égalité (51), dont il nous reste maintenant à démontrer la validité pour un courant *quelconque*.

Auparavant, nous chercherons encore la grandeur H de l'intensité du champ du courant rectangulaire que nous venons de considérer. On a, voir (52),

$$H^2 = H_x^2 + H_y^2 + H_z^2.$$

En remarquant que

$$(\xi - x)^2 + (\eta - y)^2 = r^2 - \zeta^2,$$

on trouve, d'après (54) et (54, a), que

$$H_x^2 + H_y^2 = \frac{9I^2dx^2dy^2}{r^{10}}\zeta^2(r^2 - \zeta^2).$$

Si on ajoute H_z^2, voir (54, b), on obtient

$$H^2 = \frac{9I^2dx^2dy^2}{r^8}\zeta^2 - \frac{9I^2dx^2dy^2}{r^{10}}\zeta^4 + \frac{I^2dx^2dy^2}{r^6} - \frac{6I^2dx^2dy^2}{r^8}\zeta^2 + \frac{9I^2dx^2dy^2}{r^{10}}\zeta^4$$
$$= \frac{I^2dx^2dy^2}{r^6} + \frac{3I^2dx^2dy^2}{r^8}\zeta^2 = \frac{I^2dx^2dy^2}{r^6}\left(1 + 3\frac{\zeta^2}{r^2}\right).$$

Désignons par φ l'angle compris entre r et l'axe des z ; on a $\cos\varphi = \zeta : r$, et par suite

$$H = \frac{I dx dy}{r^3}\sqrt{1 + 3\cos^2\varphi}. \tag{59, c}$$

L'angle φ est le même dans (59, b) et (59, c), puisque l'axe magnétique du feuillet, qui remplace le courant ABCDA, a la direction de l'axe des z. En comparant (59, b) à (59, c), on voit de nouveau qu'il y a équivalence du courant et du feuillet, lorsque $I = \omega : \mu$.

Passons au *cas général où le courant* I *parcourt un conducteur linéaire fermé quelconque*. En s'appuyant sur la proposition établie à la fin du § 6, page 566, on peut remplacer le courant considéré par une infinité de courants élémentaires I disposés sur une surface quelconque S ayant pour contour la ligne de parcours du courant donné. En traçant sur S deux systèmes de lignes orthogonales (voir *fig.* 212, page 566), on peut admettre que chacun de ces courants élémentaires parcourt le périmètre d'un rectangle infiniment petit. Si on remplace chacun de ces courants élémentaires par un feuillet magnétique, on obtient finalement un feuillet unique, qui couvre toute l'aire de la surface S ; la puissance ω de ce feuillet est partout la même et se trouve déterminée par l'égalité $I = \omega : \mu$.

Il est donc démontré, en partant de la loi de Biot *et* Savart, *que tout courant fermé* I *peut être remplacé par un feuillet magnétique, qui couvre l'aire d'une surface quelconque* S *ayant pour contour la ligne de parcours du courant*. La puissance ω de ce feuillet est déterminée par l'égalité

$$\frac{\omega}{\mu} = I. \tag{59, d}$$

La face nord du feuillet doit être tournée du côté d'où le sens du courant paraît opposé au sens de rotation des aiguilles d'une montre.

Le potentiel V du courant fermé considéré est égal à la somme des potentiels des courants fermés élémentaires qui lui sont équivalents. La formule (58) donne

$$V = \sum V' = \sum I\Omega' - 4\pi p I = I \sum \Omega' - 4\pi p I.$$

Le signe de sommation ne s'applique pas au second terme de l'expression (58), car une ligne qui coupe la surface S *ne traverse que le contour d'un seul des courants élémentaires*, par lesquels on a remplacé le courant fermé quelconque donné. Soit Ω l'angle solide sous lequel on voit ce dernier, c'est-à-dire le contour de la surface S ; on a $\Sigma\Omega' = \Omega$ et par suite

$$V = I\Omega - 4\pi p I. \tag{60}$$

Le potentiel en un point donné d'un courant fermé quelconque est une fonction non-uniforme, dont l'une des valeurs est le produit de l'intensité I *du courant par l'angle solide sous lequel on voit du point la ligne de parcours du courant* ; la période de la fonction est égale à $4\pi I$.

Dans la démonstration qui précède, nous avons pris pour point de départ la loi de Biot et Savart. Inversement, on peut déduire l'expression de cette loi des propriétés d'un potentiel de double couche (voir Livre I, Chap. I, p. 86). Il suffit pour cela d'appliquer la formule de Stokes à l'intégrale double par laquelle on peut exprimer l'angle solide Ω sous lequel on voit d'un point quelconque (ξ, η, ζ) de l'espace une surface quelconque S limitée par une courbe fermée s. Un élément dS de cette surface est vu sous un angle égal à

$$\frac{\cos(r, n)}{r^2} dS,$$

en appelant r la distance du point (ξ, η, ζ) à un point (x, y, z) de l'élément, et en appelant (r, n) l'angle fait par la droite joignant le second point au premier avec la direction de la normale en (x, y, z) à la surface ; ainsi compté, cet angle solide est positif ou négatif suivant que l'angle (r, n) est aigu ou obtus. Or, en désignant par $\cos(n, x)$, $\cos(n, y)$, $\cos(n, z)$ les cosinus des angles de la normale avec les axes, on a

$$\cos(r, n) = \frac{\xi - x}{r} \cos(n, x) + \frac{\eta - y}{r} \cos(n, y) + \frac{\zeta - z}{r} \cos(n, z).$$

La somme des angles solides pour tous les éléments dS de S est donc

$$\Omega = \iint \left\{ \frac{\xi - x}{r^3} \cos(n, x) + \frac{\eta - y}{r^3} \cos(n, y) + \frac{\zeta - z}{r^3} \cos(n, z) \right\} dS.$$

Cette intégrale de surface étendue à S est indépendante de la surface S passant par le contour s et ne dépend que de ce dernier, car on a (voir E. Picard, *Traité d'Analyse*, Tome I, 2ᵉ éd. p. 127)

$$\frac{\partial}{\partial x}\left(\frac{\xi - x}{r^3}\right) + \frac{\partial}{\partial y}\left(\frac{\eta - y}{r^3}\right) + \frac{\partial}{\partial z}\left(\frac{\zeta - z}{r^3}\right) = 0$$

avec

$$r^2 = (x - \xi)^2 + (y - \eta)^2 + (z - \zeta)^2.$$

Proposons-nous d'exprimer les dérivées partielles de Ω, considéré comme fonction de ξ, η, ζ, par des intégrales curvilignes, au moyen de la formule de Stokes. Prenons, par exemple, la dérivée partielle de Ω par rapport à ξ ; nous aurons

$$\frac{\partial \Omega}{\partial \xi} = \iint \left[\frac{\partial}{\partial \xi}\left(\frac{\xi - x}{r^3}\right) \cos(n, x) + \frac{\partial}{\partial \xi}\left(\frac{\eta - y}{r^3}\right) \cos(n, y) + \frac{\partial}{\partial \xi}\left(\frac{\zeta - z}{r^3}\right) \cos(n, z) \right] dS.$$

Nous devons chercher des fonctions α, β, γ de x, y, z, telles que

$$\frac{\partial \gamma}{\partial y} - \frac{\partial \beta}{\partial z} = - \frac{\partial}{\partial \xi}\left(\frac{\xi - x}{r^3}\right),$$

$$\frac{\partial \alpha}{\partial z} - \frac{\partial \gamma}{\partial x} = - \frac{\partial}{\partial \xi}\left(\frac{\eta - y}{r^3}\right),$$

$$\frac{\partial \beta}{\partial x} - \frac{\partial \alpha}{\partial y} = - \frac{\partial}{\partial \xi}\left(\frac{\zeta - z}{r^3}\right).$$

Or, prenons $\alpha = 0$; nous devons choisir, s'il est possible, β et γ de manière à satisfaire aux équations

$$\frac{\partial\gamma}{\partial x} = -\frac{3(\eta - y)(\xi - x)}{r^5}, \qquad \frac{\partial\beta}{\partial x} = +\frac{3(\zeta - z)(\xi - x)}{r^5},$$

et

$$\frac{\partial\beta}{\partial z} - \frac{\partial\gamma}{\partial y} = \frac{1}{r^3} - \frac{3(\xi - x)^2}{r^5}.$$

Ces équations seront vérifiées si l'on prend

$$\gamma = +\frac{y - \eta}{r^3}, \qquad \beta = -\frac{z - \zeta}{r^3},$$

et, par suite, l'intégrale curviligne

$$\int_s \alpha dx + \beta dy + \gamma dz$$

se réduira ici à

$$\int_s \frac{(y - \eta)\, dz - (z - \zeta)\, dy}{r^3}.$$

On trouvera de la même manière

$$\frac{\partial\Omega}{\partial\eta} = \int_s \frac{(z - \zeta)\, dx - (x - \xi)\, dz}{r^3},$$

$$\frac{\partial\Omega}{\partial\zeta} = \int_s \frac{(x - \xi)\, dy - (y - \eta)\, dx}{r^3}.$$

Il est facile de voir que les éléments différentiels dans ces trois intégrales curvilignes sont les composantes du vecteur de Biot et Savart.

J. Bertrand (1890) a fait remarquer que l'équivalence, au point de vue du champ de force créé dans l'espace environnant, d'un feuillet magnétique et d'un courant électrique parcourant le contour de ce feuillet, ne peut avoir lieu, en admettant pour le magnétisme la loi de Coulomb, que si le courant agit suivant la loi de Biot et Savart. C. de Jans (1910), en laissant indéterminée la loi d'action du magnétisme aussi bien que celle du courant (sauf certaines conditions d'une grande généralité), s'est proposé de démontrer que l'équivalence d'un feuillet et d'une ligne qui le limite n'est possible que si l'agent qui recouvre les deux faces du feuillet agit suivant la loi de Coulomb, et qu'en même temps les éléments du contour agissent suivant la loi de Biot et Savart.

L'intensité H du champ, où le potentiel est déterminé par la formule (60), est égale à

$$\text{(60, } a) \qquad H = -I\frac{\partial\Omega}{\partial n},$$

n étant la direction de la normale à la surface $\Omega = const.$ Appliquons cette formule au cas déjà considéré (*fig.* 216) d'un courant circulaire qui agit en un point situé sur son axe. Soit AB (*fig.* 218) le diamètre du courant, dont le plan est perpendiculaire au plan de la figure ; R, l et x ont ici la même signification que dans la figure 216. L'angle solide Ω au point P est égal au

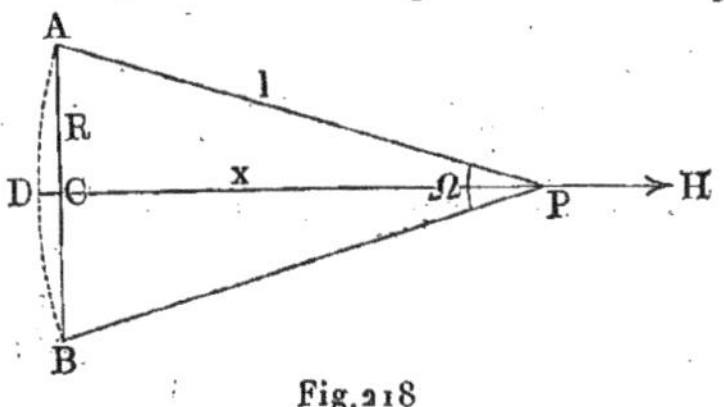

Fig. 218

produit de 4π par le rapport de l'aire du segment sphérique ADB, c'est-à-dire $2\pi l\mathrm{CD} = 2\pi l(l - x)$, à l'aire totale $4\pi l^2$ de la sphère. On a donc

$$\Omega = 2\pi \frac{l - x}{l} = 2\pi - \frac{2\pi x}{\sqrt{\mathrm{R}^2 + x^2}}.$$

La normale en P ayant la direction de l'axe des x, la formule (60, a) donne

$$\mathrm{H} = -\mathrm{I}\frac{\partial\Omega}{\partial x} = -\frac{2\pi\mathrm{R}^2\mathrm{I}}{(\mathrm{R}^2 + x^2)^{\frac{3}{2}}} = -\frac{2\pi\mathrm{R}^2\mathrm{I}}{l^3},$$

ce qui est d'accord avec (49).

Supposons que le courant I suive le contour d'une *figure plane* ayant une aire σ. L'action de ce courant sera la même que celle d'un feuillet magnétique couvrant l'aire plane σ. L'axe magnétique du feuillet est perpendiculaire au plan de l'aire σ ; le moment magnétique M du feuillet a pour expression $\mathrm{M} = k\sigma\delta = \omega\sigma$; mais on a l'égalité $\mathrm{I} = \omega : \mu$ et par suite

$$(60, b) \qquad \mathrm{M} = \mathrm{I}\sigma\mu.$$

Pour des points suffisamment éloignés, on peut remplacer le feuillet par un aimant court, sans changer la direction de l'axe magnétique et la grandeur du moment magnétique. Il s'ensuit que *l'action d'un courant plan fermé* I *sur des points éloignés peut être remplacée par l'action d'un aimant court, dont l'axe est perpendiculaire au plan du courant et dont le moment magnétique est égal au produit de l'intensité du courant par l'aire autour de laquelle circule le courant et par la perméabilité magnétique du milieu environnant.* Le *pôle nord* de cet aimant doit se trouver du côté d'où le sens du courant paraît opposé au sens de rotation des aiguilles d'une montre. Pour $\mu = 1$, on a

$$(60, c) \qquad \mathrm{M} = \mathrm{I}\sigma.$$

La notion de *solénoïde* se rattache étroitement à ce qui précède. Considérons un grand nombre de courants fermés, d'intensité égale I et entourant les mêmes aires planes σ disposées parallèlement. Ces courants apparaissent comme enfilés sur une même ligne droite, à laquelle leurs plans sont perpendiculaires. Un ensemble de tels courants s'appelle un *solénoïde*, ou moins simplement un *solénoïde électrodynamique*, quand on veut le distinguer du solénoïde magnétique que nous avons envisagé à la page 485. La droite qui traverse tous les courants est l'*axe du solénoïde*. Pour simplifier, on peut supposer que toutes les aires σ sont celles de cercles égaux, dont les centres sont situés sur l'axe du solénoïde. *En toute rigueur, il faudrait regarder l'intensité I des courants comme infiniment petite et le nombre de ces courants infiniment voisins comme infiniment grand*. Nous admettrons cependant que I a une grandeur finie et que les courants se trouvent à une distance β l'un de l'autre très petite, mais aussi finie. Soit n le nombre des courants par unité de longueur du solénoïde ; on a

$$n\beta = 1. \tag{61}$$

La grandeur

$$I_s = nI \tag{61, a}$$

peut être nommée la *puissance du solénoïde* ; on peut la considérer comme une grandeur donnée, qui ne varie pas lorsque le nombre n croît indéfiniment et qu'en même temps l'intensité I diminue au delà de toute limite.

Soit AB (*fig.* 219) l'axe du solénoïde ; les droites en traits *pleins*, qui lui

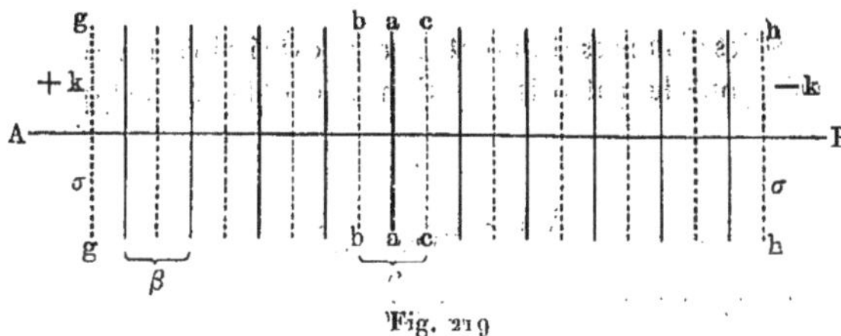

Fig. 219

sont perpendiculaires, représentent les traces sur le plan de la figure des plans des courants, distants de β. Remplaçons chaque courant aa par un feuillet magnétique. Si on pose $\mu = 1$, on a, voir (59, d),

$$\omega = I. \tag{61, b}$$

Ici $\omega = k\delta$, $\pm k$ désignant la densité magnétique sur deux plans parallèles à aa, distants de δ. *Posons* $\delta = \beta$, c'est-à-dire remplaçons le courant aa par le feuillet magnétique $bbcc$, dont les plans sont à une distance $\frac{\beta}{2}$ de aa. On a dans ce cas, $\omega = k\beta = I$, et on en déduit, voir (61) et (61, a),

$$k = \frac{I}{\beta} = nI = I_s. \tag{61, c}$$

Effectuons une telle substitution pour tous les courants ; dans chacun des plans, dont les traces sont représentées en pointillé, coexistent deux couches superficielles de magnétisme de *noms contraires*, dont l'action résultante est nulle. Il ne subsiste que l'action des deux plans extrêmes gg et hh, sur lesquels se trouvent les quantités $\pm m$ de magnétisme, m ayant pour expression

(61, d) $$m = k\sigma = nI\sigma = I_s\sigma.$$

L'action extérieure d'un solénoïde est égale à l'action de deux masses magnétiques $\pm m$, uniformément distribuées sur les deux bases et telles que $m = I_s\sigma$, $I_s = nI$ étant la puissance du solénoïde, σ l'aire de sa section droite.

Tout ce qui précède s'applique évidemment aussi à un solénoïde *non rectiligne*, en prenant n assez grand pour qu'on puisse considérer les plans de deux courants voisins comme parallèles.

L'action extérieure d'un solénoïde ne dépend pas de sa forme, c'est-à-dire de la forme de son axe, mais seulement de la position de ses extrémités. On peut dire que l'action extérieure d'un solénoïde est en quelque sorte uniquement due à ses extrémités. Nous appellerons ces extrémités *nord* et *sud*, l'extrémité nord étant celle où le sens du courant est contraire au sens de rotation des aiguilles d'une montre. *Un solénoïde fermé n'exerce aucune action extérieure.*

Le potentiel V *d'un solénoïde électrodynamique* en un point extérieur quelconque P est égal à

(61, e) $$V = nI\sigma\left\{\frac{1}{r_1} - \frac{1}{r_2}\right\} = I_s\sigma\left\{\frac{1}{r_1} - \frac{1}{r_2}\right\},$$

où r_1 et r_2 sont les distances du point P aux extrémités du solénoïde. Nous avons trouvé, pour le potentiel V d'un solénoïde magnétique, voir (40), page 485,

(61, f) $$V = I\sigma\left(\frac{1}{r_1} - \frac{1}{r_2}\right),$$

où I désigne le *degré d'aimantation*. *L'action d'un solénoïde électrodynamique est identique à celle d'un solénoïde magnétique, si les extrémités de même nom des deux solénoïdes ont même position et si en outre la puissance $I_s = nI$ du premier solénoïde est numériquement égale au degré d'aimantation* I *du second.*

Il est facile de déterminer le *flux de force* Φ à l'intérieur d'un solénoïde. Soit AB (*fig.* 220) le solénoïde, P un point à son intérieur. Menons deux

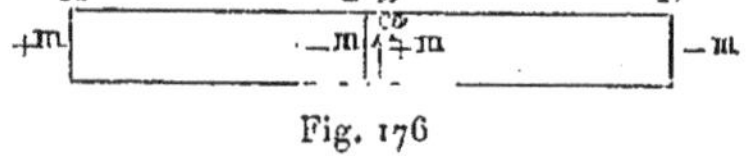

Fig. 176

sections a et b infiniment voisines du point P. Le point P est un point extérieur pour les deux solénoïdes Aa et bB ; l'action de ces derniers est égale à l'action de masses magnétiques $\pm m = \pm k\sigma$ uniformément distribuées sur les sections a et b. L'action du solénoïde infiniment court ab est évidemment nulle. Il en résulte que *le flux de force* Φ *à l'intérieur du solénoïde* est, voir (61, d),

(62) $$\Phi = 4\pi m = 4\pi nI\sigma = 4\pi I_s\sigma.$$

Pour un solénoïde, dont la longueur est grande comparativement aux dimensions linéaires de la section droite, on peut admettre que le flux de force est distribué uniformément sur l'aire σ de la section droite. Dans ce cas, *l'intensité* H *du champ à l'intérieur du solénoïde* est égal à $\Phi : \sigma$ c'est-à-dire

$$H = 4\pi n I = 4\pi I_s. \tag{63}$$

Cette formule très importante reste vraie aussi bien pour un solénoïde non rectiligne que pour un solénoïde fermé. Nous rappellerons encore une fois que les résultats précédents ne sont absolument rigoureux que pour un solénoïde idéal, dans lequel I est infiniment petit et n au contraire infiniment grand. On peut se rendre compte facilement que, dans l'égalité $m = nI\sigma$, voir (61, d), les deux membres ont les mêmes dimensions, en remarquant que n n'est pas un nombre abstrait, mais la valeur numérique d'une certaine grandeur physique (la densité de distribution des courants), dont la dimension, comme il résulte de (61), est égale à L^{-1}.

Pratiquement, on réalise quelque chose d'approchant un solénoïde, en envoyant un courant dans un fil fin isolé, enroulé sur la surface d'un cylindre, de façon que les différentes spires soient en contact.

Comme le montre la formule (63), *l'intensité* H *du champ à l'intérieur d'un solénoïde ne dépend pas de l'aire de la section droite.* Il s'ensuit qu'une *bobine électrodynamique*, c'est-à-dire un fil enroulé sur un cylindre en plusieurs couches et parcouru par un courant, constitue une série de solénoïdes ayant un axe commun, H étant donné dans l'espace intérieur par la formule (63), où n désigne alors le nombre total de spires de fil par unité de longueur de la bobine.

Lorsque toutes les couches renferment le même nombre n_1 de spires par unité de longueur et que le nombre des couches est n_2, on a $n = n_1 n_2$, et on obtient, *pour l'intensité* H *du champ à l'intérieur de la bobine,* l'expression

$$H = 4\pi n_1 n_2 I. \tag{63, a}$$

Fabry (1910) s'est proposé de déterminer dans quelles conditions on pouvait produire des champs magnétiques intenses au moyen de bobines sans fer. Les procédés actuellement en usage n'ont pas permis de dépasser une cinquantaine de mille gauss, et encore de pareilles valeurs n'ont-elles été atteintes que dans des volumes très faibles, insuffisants pour certaines expériences. C'est ainsi que le phénomène de Zeeman n'a pas été étudié dans des champs de plus de 36000 gauss. Il est facile de voir que la puissance nécessaire pour produire un champ donné croît comme le carré de l'intensité de ce champ, comme l'étendue linéaire du creux de la bobine, comme la résistance du fil, enfin comme le coefficient de foisonnement ou le rapport du volume de la bobine au volume réellement occupé par le métal. Fabry a calculé que pour produire un champ de 100 000 gauss, à la température de l'air liquide, dans un espace cylindrique de 1cm de rayon, il faudrait une puissance de 100 kilowatts ; la quantité de chaleur dégagée serait de 25 grandes calories par seconde et la consommation d'air liquide pour le refroidissement atteindrait 24 litres par seconde. A la température ordinaire la puissance nécessaire s'élèverait à 600 kilowatts ; il y aurait quelque difficulté à balayer l'énorme quantité de chaleur dégagée dans un volume très petit et il faudrait sans doute augmenter l'étendue du creux où se produit le champ magnétique, la puissance croissant comme la dimension linéaire de cette étendue, mais le volume dans lequel la chaleur est dégagée comme le cube de cette dimension.

8. Energie d'un courant amené dans un champ magnétique. — Un courant électrique est soumis, comme un aimant, à l'action du champ magnétique où il se trouve amené et qui est dû en général à des aimants quelconques ou à d'autres courants. Cette action du champ sur un courant se manifeste par des forces pondéromotrices, qui donnent naissance à un déplacement du *conducteur* parcouru par le courant. La nécessité de l'existence d'une telle action est une conséquence directe de la loi de l'égalité de l'action et de la réaction. Lorsqu'on dit, en effet, qu'un courant est entouré d'un champ magnétique, cela signifie qu'il se manifeste, en présence du courant, des forces pondéromotrices agissant sur les aimants qui se trouvent dans le champ. D'après la loi de l'égalité de l'action et de la réaction, il doit se manifester des forces pondéromotrices égales, mais directement opposées, sur le courant, quand des aimants se trouvent dans son voisinage. Mais de telles forces sont les forces d'un champ magnétique et par suite, il est clair qu'un courant, amené dans un champ magnétique dû à des aimants, doit aussi être soumis à des forces pondéromotrices. En outre, puisque le champ magnétique d'un courant ne diffère pas au fond de celui d'un aimant, un courant amené dans le champ magnétique d'un autre courant doit également être soumis à des forces pondéromotrices. *De là découle la nécessité de l'existence d'une action mutuelle des courants.*

On peut aller plus loin. Nous n'avons rien dit jusqu'ici des actions pondéromotrices d'un aimant sur lui-même, car nous avons envisagé un aimant comme un solide invariable. Il est évident que le champ magnétique d'un aimant donné ne peut donner naissance à un déplacement d'ensemble de cet aimant, puisque les actions mutuelles entre deux particules quelconques de l'aimant sont égales en grandeur et opposées en direction. Mais, si on construit un aimant dont quelques parties sont mobiles, l'action de l'aimant sur lui-même peut être mise en évidence. Lorsque, par exemple, on ploie une lame mince d'acier en forme de fer à cheval, qu'on la fixe d'abord de façon qu'aucune de ses parties ne puisse se déplacer, puis qu'on l'aimante de manière à faire apparaître des pôles à ses deux extrémités et enfin qu'on la libère de toute contrainte, les extrémités de la lame viennent à une distance telle que l'action mutuelle des pôles soit équilibrée par les forces élastiques dues à la flexion de cette sorte de ressort. L'action d'un aimant sur lui-même se traduit donc par une *déformation de l'aimant*. Une telle déformation doit exister, au moins à un degré très faible, dans tout aimant ; nous reviendrons plus loin sur cette question.

L'action pondéromotrice d'un courant sur lui-même joue un rôle beaucoup plus important. Tout élément d'un circuit fermé se trouve dans le champ magnétique de tous les autres éléments du même circuit, et par suite des forces agissent sur lui qui tendent à le déplacer. Tous les éléments d'un circuit fermé sont donc sous l'action de forces pondéromotrices issues, pour ainsi dire, du circuit lui-même ; en d'autres termes, *un circuit fermé tend à se déformer*. Ce phénomène peut se mettre aisément en évidence ; il n'est pas difficile de construire un circuit dont quelques-unes des parties soient mobiles : on peut faire flotter sur un liquide ces parties, les munir de charnières, enfin les constituer par des fils fins flexibles.

Quand un courant commence à se déplacer, dans le champ magnétique donné où il a été amené, les forces qui agissent sur ce courant effectuent un certain travail, qui mesure *l'énergie potentielle* W *du courant dans le champ magnétique*, dont nous désignerons l'intensité par H'. Nous allons déterminer la grandeur W par deux méthodes.

L'action extérieure du courant I sur les sources, qui nous sont inconnues (aimants ou courants), du champ H' est égale à l'action sur les mêmes sources d'un feuillet magnétique, situé sur une surface quelconque S limitée par la ligne de parcours du courant et dont la puissance ω est égale à $I\mu$, μ étant la perméabilité magnétique du milieu environnant. Il s'ensuit que l'action du champ H' sur le courant I est égale à l'action du champ sur ce feuillet magnétique et que *l'énergie potentielle* W *du courant doit être égale à l'énergie potentielle du feuillet*. Nous avons trouvé, pour cette dernière, voir (28), page 479,

$$W = -\omega\Phi' = -\omega N', \tag{64}$$

Φ' désignant le flux de force et N' le nombre total de *lignes de forces* qui traversent la surface S du feuillet. On en déduit, pour un courant I qui se trouve dans un milieu *homogène* μ,

$$W = -I\mu\Phi' = -I\mu N'. \tag{64, a}$$

Lorsque le milieu est *hétérogène*, l'intensité H' du champ autour de l'élément dS de la surface S est due aussi bien aux sources primitivement données du champ qu'aux masses magnétiques fictives que l'on imagine à la surface de séparation des substances de nature différente remplissant le milieu. Remplaçons le courant donné, de la manière que nous connaissons, par un nombre infini de courants élémentaires distribués sur la surface S et chacun de ces courants élémentaires par un feuillet magnétique, dont l'énergie dW sera égale à $-\omega H'_n dS$, voir (27, *e*), page 479 ; H'_n désigne ici la composante de l'intensité du champ suivant la direction de la normale n à dS. En faisant $\omega = I\mu$, on a

$$dW = -I\mu H'_n dS\,;$$

d'où

$$W = -I\int \mu H'_n dS\,;$$

mais $\mu H'_n = B'_n$, c'est-à-dire est égal à la composante de *l'induction magnétique* suivant la direction de la normale n. On a par suite

$$W = -I\int B'_n dS = -IN, \tag{64, b}$$

où on désigne par N, pour le distinguer de N′ dans (64, *a*), le nombre total de *lignes d'induction* qui coupent la surface S. *L'énergie potentielle d'un courant, qui se trouve dans un champ magnétique, est donc égale au produit changé de signe de l'intensité du courant par le flux d'induction ou par le nombre total de lignes d'induction qui passent à l'intérieur de la ligne de parcours du courant, en venant du côté où le sens du courant est le même que le sens de rotation des aiguilles d'une montre*. Nous appellerons ce côté, *le côté sud*. Pour un milieu homogène, la formule (74, *b*) se change en (64, *a*).

Calculons maintenant W d'une autre manière. Déterminons d'abord les forces pondéromotrices qui agissent sur le conducteur du courant I, dans le champ magnétique H′. Soit AB (*fig.* 221) le conducteur du courant I, dont le

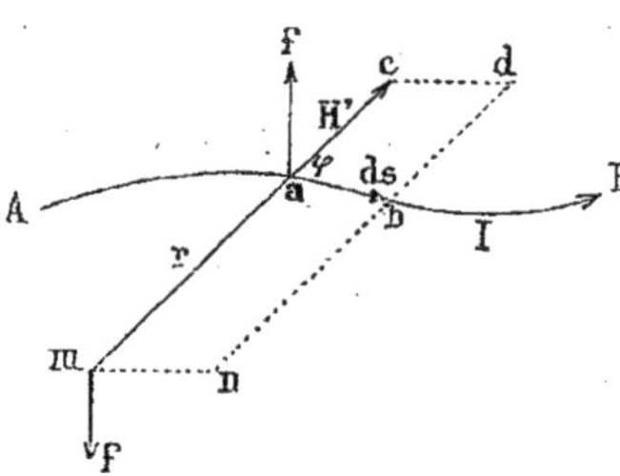

Fig. 221

sens est de A vers B, $ab = ds$ un élément du courant, $ac =$ H′ l'intensité du champ *extérieur*, mesurée par la force qui agirait au point *a* s'il s'y trouvait, au lieu de l'élément du courant, *l'unité de quantité de magnétisme*. L'action du champ sur l'élément de courant *ds* ne dépend évidemment pas de la source de ce champ. Nous pouvons supposer par suite que l'intensité H′ du champ est due à une quantité de magnétisme *m*, qui se trouve à une certaine distance *r* de *a*, *r* ayant la direction de H′ et l'égalité

$$(65) \qquad H' = \frac{m}{\mu r^2},$$

devant être satisfaite par *m* et *r*.

La force *f* exercée par l'élément *ds* sur *m* est, voir (48),

$$(65,\ a) \qquad f = \frac{m I ds}{r^2} \sin\varphi,$$

où φ est l'angle *cab* et où l'intensité du courant est exprimée en unités *él.mag.* (C = 1). Cette force est normale au plan (*r*, *ds*), c'est-à-dire à *mabn* et son sens est celui indiqué dans la figure, conformément à la règle d'Ampère. D'après le principe de l'égalité de l'action et de la réaction, le pôle *m* agit sur l'élément de courant *ds* avec une force égale et parallèle à *f*, mais de sens opposé. En portant (65) dans (65, *a*), il vient

$$(66) \qquad f = I\mu H' ds \sin\varphi.$$

Les auxiliaires m et r, que nous avions introduites, n'entrent plus dans cette expression. Le produit H$'ds$ *sin* φ est égal à l'aire du parallélogramme *abcd*. On a donc

$$f = \mu I \times aire\,(H', ds) \tag{66, a}$$

où aire (H$'$,ds) désigne symboliquement l'aire de *abcd*. La force f, qui agit sur l'élément de courant Ids, placé dans le champ magnétique H$'$, est normale au plan de H$'$ et de ds; son sens se détermine par une règle analogue à celle d'Ampère : *lorsqu'on nage dans la direction et le sens du courant et qu'on regarde dans la direction et le sens des lignes de force, la force qui agit sur le courant paraît dirigée vers la gauche.*

Une autre règle est connue sous le nom de règle de la main gauche : *si le pouce est à angle droit sur l'index et le médius de la main gauche, eux-mêmes rectangulaires, et si le médius indique le sens du courant, l'index celui des lignes de force du champ, le pouce donne la direction et le sens de la force qui agit sur le courant.*

Cela posé, déterminons le travail dR effectué par les forces f, quand chaque élément du courant subit un déplacement infiniment petit. A cet effet, calculons d'abord le travail dR$'$ effectué dans un déplacement infiniment petit de l'un des éléments Ids du courant. Le déplacement de ds peut être obtenu par une translation suivie d'une rotation de l'élément autour d'un de ses points.

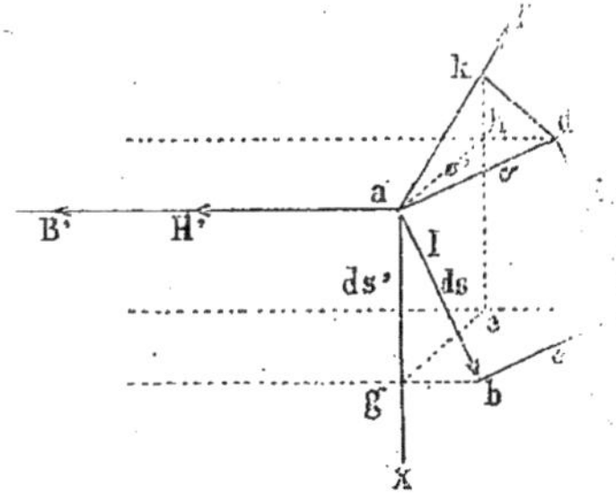

Fig. 222

Si on choisit, pour ce dernier, le point d'application de la force f à l'élément ds, le travail effectué dans la rotation est nul, et il suffit par suite de calculer le travail de la force f dans la translation correspondant à cette rotation. Soit $ab = ds$ l'élément de courant (*fig.* 222), aH$'$ l'intensité du champ. La force f est normale au plan baH$'$; sa grandeur est donnée par la formule (66) dans laquelle φ est l'angle baH$'$. Supposons que le courant I ait le sens ab, de sorte que la force f est dirigée de l'observateur vers le plan de la figure. Considérons la translation qui amène ab en dc ; désignons $ad = bc$ par σ. Le travail cherché dR$'$ est égal à

$$dR' = f\sigma \cos(f, \sigma) = I\mu H' ds \sin(H', ds).\ \sigma \cos(f, \sigma). \tag{67}$$

Menons la normale ax au plan faH' ; le plan fax sera perpendiculaire à H'. Comme la force f est normale au plan baH' et qu'en même temps f est perpendiculaire à ax, il est clair que les droites aH', ax et ab sont situées dans un même plan perpendiculaire à fax. La perpendiculaire abaissée de b sur le plan fax rencontre ce dernier au point g situé sur la droite ax, puisque le plan bag, qui n'est autre que le plan baH', est perpendiculaire au plan fax. Soit $ageh$ la projection de $abcd$ sur le plan fax. Menons encore la perpendiculaire dk à af ; eh prolongé coupe af au point k, car dh étant normal au plan fax et dk perpendiculaire à af, hk est aussi perpendiculaire à af ; mais eh est parallèle à xa et par conséquent perpendiculaire à af, d'où résulte que hk est le prolongement de eh. L'angle ake est donc droit, de sorte que ak est la hauteur du parallélogramme $ageh$. Il s'ensuit que

$$\text{aire} \,.\, ageh = ag \times ak. \tag{67, a}$$

Revenons maintenant à la formule (67). Comme on le voit sur la figure, on a

$$ds \sin(H', ds) = ab \sin(baH') = ab \cos(bag) = ag,$$
$$\sigma \cos(f, \sigma) = ad \cos(daf) = ak.$$

En portant ces valeurs dans (67) et en tenant compte de (67, a), on obtient

$$dR' = I\mu H' \times \text{aire} \,.\, ageh;$$

si on introduit, à la place de $\mu H'$, l'induction B', on a

$$dR' = IB' \times \text{aire} \,.\, ageh.$$

Le plan $ageh$ est perpendiculaire à B' ; par suite, $B' \times$ aire . $ageh$ est le flux d'induction qui traverse le parallélogramme $ageh$. Dautre part, $ageh$ est la projection du parallélogramme $abcd$ sur le plan fax, qui est lui-même perpendiculaire au vecteur B' ; il en résulte que le flux d'induction, qui traverse $ageh$, est égal au flux d'induction qui traverse l'aire $abcd$ décrite par l'élément de courant ds dans son déplacement. Au lieu du flux d'induction, on pourrait aussi considérer le nombre des lignes d'induction qui traversent l'aire $abcd$; toutes ces lignes d'induction sont coupées par l'élément ds, quand il se déplace de la position ab à la position dc.

Avant de formuler une conclusion, nous examinerons quel signe on doit attribuer à dR'. Nous avons obtenu pour dR' une valeur positive, lorsque l'angle daf est aigu ; quand daf est obtus, c'est-à-dire quand le parallélogramme $abcd$ n'est pas situé derrière, mais devant le plan (ds, H'), le travail dR' est négatif. Dans le premier cas ($dR' > 0$), l'observateur, qui nage dans la direction et le sens du courant I (de a vers b) et qui regarde dans la direction et le sens des lignes de force, se déplace vers la gauche ; dans le second cas ($dR' > 0$), il se déplace vers la droite.

Il faut enfin indiquer que ce qui précède reste vrai pour un déplacement fini de l'élément de courant, car un déplacement fini peut être décomposé en une infinité de déplacements infiniment petits.

On obtient finalement le résultat suivant :

Le travail effectué par un champ magnétique extérieur, dans un déplacement fini quelconque de l'élément de courant ds, est égal au produit de l'intensité I *du courant par le flux d'induction qui traverse l'aire décrite par l'élément ds dans son déplacement, ou encore égal au produit de l'intensité* I *du courant par le nombre des lignes d'induction que coupe l'élément ds dans son déplacement. Ce travail est positif, lorsque le déplacement a lieu à gauche d'un observateur, nageant dans la direction et le sens du courant et regardant dans la direction et le sens des lignes d'induction.*

La figure 222 montre clairement que, dans le calcul du travail dR', on peut remplacer l'élément de courant ds par sa projection sur un plan perpendiculaire aux lignes de force et considérer le déplacement de cette projection, au lieu du déplacement de l'élément lui-même. En effet, quand l'élément $ds' = ag$ se déplace en he, le travail dR' est égal à $f\sigma' \cos(f, \sigma)$, σ' désignant ah. D'après la formule générale (66), où on a maintenant $\sin\varphi = \sin(H', ds') = 1$, la force f est égale à $I\mu H'ds'$, de sorte que $dR' = I\mu H'ds' \,.\, \sigma' \cos(f, \sigma)$; mais $\sigma' \cos(f, \sigma') = ak$, $ds' = ag$ et par suite $dR' = I\mu H' \times ak \times ag$ ou, voir (67, *a*). $dR' = IB' \times$ aire . $ageh$, ce qui n'est autre chose que la formule (67, *b*.

Considérons le travail dR effectué par le champ magnétique quand *tous les éléments du courant fermé* subissent un déplacement infiniment petit ; dR est évidemment égal à la somme des travaux dR' accomplis respectivement dans les déplacements de tous les éléments ds de courant. Quelle que soit la forme de la ligne de parcours du courant, il y a toujours, pour cette ligne fermée, deux côtés tels que si on regarde de l'un le courant, le sens qui prédomine est celui de la rotation des aiguilles d'une montre, et si on regarde de l'autre le sens est opposé. Nous avons déjà nommé le premier de ces côtés le côté *sud* ; nous appellerons le second, le côté *nord*.

Lorsque l'élément ds se déplace, le travail dR' peut être positif ou négatif ; d'autre part, *le nombre* N *des lignes d'induction, qui passent à l'intérieur de la ligne de parcours du courant*, peut augmenter ou diminuer dans le déplacement de l'élément ds de courant. *Existe-t-il une relation entre le signe du travail dR' et la variation du nombre* N *de lignes d'induction qui passent à l'intérieur de la ligne de parcours du courant ?* Une question se pose d'abord, celle du sens des lignes d'induction relativement à celui du courant : ces lignes peuvent traverser l'intérieur de la ligne de parcours du courant, en passant du côté sud au côté nord ou inversement. *Nous compterons* N *positivement, quand les lignes d'induction passent à l'intérieur de la ligne de parcours du courant dans le sens qui va du côté sud vers le côté nord.* Quand ces lignes auront le sens opposé, nous considérerons N comme négatif ; nous dirons alors que N *augmente*, par exemple, lorsque le nombre absolu des lignes d'induction qui passent à l'intérieur de la ligne de parcours du courant *diminue*.

Envisageons la figure 223 ; supposons que les lignes d'induction traversent le plan de la figure dans le sens qui part du lecteur, lequel regarde par suite dans la direction et le sens des lignes de force. Soit ds un élément du courant, dont la ligne de parcours peut occuper deux positions ; les projections de ces deux positions possibles, sur le plan de la figure, sont indiquées par des cercles en pointillé. Si le courant a la position A, on a évidemment $N > o$; s'il a la position B, on a $N < o$. La force f qui agit sur ds est dirigée vers la gauche.

Deux cas de déplacement de l'élément ds sont possibles.

1. Le travail dR' est $> o$; l'élément ds se déplace dans une direction qui fait un angle aigu avec f, c'est-à-dire vers la gauche. Il est clair que N *croît* dans les deux positions A et B du courant.

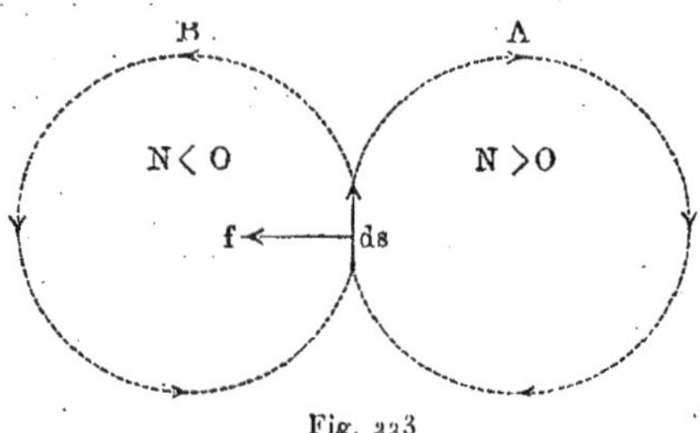

Fig. 223

2. Le travail dR' est $< o$; l'élément ds se déplace vers la droite; le nombre N des lignes d'induction *diminue* dans les deux positions A et B du courant.

Le travail dR' *et la variation du nombre des lignes d'induction, qui passent à l'intérieur de la ligne de parcours du courant, sont tous deux positifs ou tous deux négatifs.*

Nous avons vu que dR' est égal au produit de l'intensité I du courant par le nombre des lignes d'induction que coupe l'élément ds dans son déplacement; mais c'est aussi évidemment le nombre des lignes qui pénètrent à nouveau à l'intérieur de la ligne de parcours du courant ou en sortent. En appliquant ce qui précède à tous les éléments de courant ds et en désignant par dN l'accroissement du nombre des lignes d'induction, qui traversent l'intérieur de la ligne de parcours du courant, *on obtient, pour le travail* dR *du champ magnétique, quand tous les éléments du courant subissent un déplacement infiniment petit, l'expression*

$$dR = IdN. \tag{68}$$

Le travail dR est égal à la diminution dW de l'énergie potentielle du courant et du champ, de sorte que

$$dW = -IdN, \tag{68, a}$$

d'où $W = -IN + const.$; mais, quand on enlève le courant du champ magnétique, on a $N = o$ et $W = o$, et par suite la constante est nulle; on a donc

$$W = -IN, \tag{69}$$

ce qui concorde avec la formule (64, b), que nous avons obtenue en remplaçant le courant par un feuillet magnétique. Nous avons aussi exprimé en langage ordinaire à cet endroit le résultat auquel nous parvenons.

On déduit de (68), *pour le travail* R *du champ magnétique, dans un déplacement fini du courant, l'expression*

$$R = I(N_2 - N_1), \tag{69, a}$$

où N_1 *est le nombre des lignes d'induction qui, dans la position initiale du courant, traversent l'intérieur de sa ligne de parcours du côté sud vers le côté nord,* N_2 *le nombre correspondant dans la nouvelle position du courant.*

De la formule (69, *a*) découle une série de conséquences.

Supposons que le champ soit *uniforme*, que par suite les lignes d'induction soient des droites parallèles, et que le courant ait un *déplacement d'ensemble*, c'est-à-dire que *sa ligne de parcours conserve une forme invariable* dans son déplacement.

Dans une translation du courant, c'est-à-dire dans un déplacement du courant parallèlement à lui-même, le travail R du champ est nul.

Dans la rotation d'un tel courant, autour d'un axe parallèle aux lignes d'induction, le travail R du champ est nul.

Le travail d'un champ uniforme n'est différent de zéro que lorsqu'une rotation du courant a lieu autour d'un axe non parallèle aux lignes d'induction.

Dans la translation d'un courant dans un champ non-uniforme, le travail R est positif lorsque le côté sud du courant se déplace d'un endroit où l'intensité du champ est moindre vers un autre où elle est plus grande.

Toutes ces conclusions sont relatives à un courant dont la ligne de parcours conserve une forme *invariable*. Lorsque les éléments de cette ligne, c'est-à-dire les éléments des conducteurs parcourus par le courant, peuvent se déplacer chacun d'une manière quelconque, tout en satisfaisant à la loi de continuité, le travail est déterminé par la formule générale (69, *a*).

Occupons-nous maintenant du cas très important où le champ magnétique extérieur est dû à un autre courant, c'est-à-dire cherchons *l'énergie potentielle* $W_{1,2}$ *de deux courants* d'intensités I_1 et I_2. Supposons le milieu homogène, de sorte que sa perméabilité magnétique μ est partout la même. Il est clair, d'après ce qui précède, que l'énergie $W_{1,2}$ doit être égale à l'énergie de deux feuillets magnétiques de puissances $\omega_1 = \mu I_1$ et $\omega_2 = \mu I_2$; cette énergie est déterminée par la formule (30), page 480, et en substituant les valeurs de ω_1 et ω_2, on a

$$W_{1,2} = - I_1 I_2 \mu L_{1,2}, \tag{70}$$

où $L_{1,2}$ est une grandeur purement géométrique, qui ne dépend que de la disposition dans l'espace des lignes de parcours des deux courants. *La grandeur* $\mu L_{1,2}$ *s'appelle le coefficient d'induction mutuelle des deux courants* (page 481); ses dimensions sont $[\mu]$ L, comme il a déjà été dit à la page 491. Nous avons vu qu'on peut calculer $L_{1,2}$ à l'aide de la formule

$$L_{1,2} = - \int\int \frac{\partial^2 \left(\frac{1}{r}\right)}{\partial n_1 \partial n_2} dS_1 dS_2. \tag{71}$$

voir (36), page 482. Désignons par $\Psi_{1,2} = N_{1,2}$ le flux d'induction ou le nombre de lignes d'induction, qui sortent de l'intérieur de la ligne de parcours du premier courant pour entrer dans l'intérieur de la ligne de parcours du second, quand $I_1 = 1$, et par $\Psi_{2,1} = N_{2,1}$ le flux d'induction ou le nombre de lignes d'induction qui sortent de l'intérieur de la ligne de parcours du second courant pour entrer dans celui de la ligne de parcours du premier, quand $I_2 = 1$. On a alors, dans la formule (69), $I = I_2$, $N = I_1 N_{1,2}$ dans le premier cas, $I = I_1$, $N = I_2 N_{2,1}$ dans le second, ce qui donne

$$(71, a) \qquad W = -I_1 I_2 N_{1,2} = -I_1 I_2 N_{2,1},$$

on en déduit

$$(71, b) \qquad \begin{cases} N_{1,2} = N_{2,1}, \\ \Psi_{1,2} = \Psi_{2,1}. \end{cases}$$

De ces relations, qui sont analogues aux égalités (33), page 481, découle la proposition suivante : *lorsqu'on a deux courants de même intensité* I, *le flux d'induction* $I\Psi_{1,2}$ *ou le nombre de lignes d'induction* $IN_{1,2}$, *qui sortent de l'intérieur de la ligne de parcours du premier courant et traversent l'intérieur de la ligne de parcours du second, est égal au flux d'induction* $I\Psi_{1,2}$ *ou au nombre* $IN_{2,1}$ *de lignes d'induction, qui sortent de l'intérieur de la ligne de parcours du second courant et entrent à l'intérieur de la ligne de parcours du premier.* En comparant (70) et (71, *a*), on trouve

$$(71, c) \qquad \mu L_{1,2} = \Psi_{1,2} = N_{1,2}.$$

Le coefficient d'induction mutuelle de deux courants est égal au flux d'induction ou au nombre de lignes d'induction qui sortent de l'intérieur de la ligne de parcours de l'un des courants et traversent celui de la ligne de parcours de l'autre courant, quand les intensités des courants sont égales à l'unité.

La formule (70) montre que *l'énergie potentielle de deux courants est égale au produit* $I_1 I_2$ *changé de signe des intensités des courants, multiplié par le coefficient* $\mu L_{1,2}$ *de leur induction mutuelle,* lequel est égal au flux d'induction qu'on vient de définir.

La grandeur $L_{1,2}$ est donnée, dans la formule (71), par une intégrale qui s'étend à deux surfaces S_1 et S_2, ayant respectivement pour contours les deux courants donnés. Une telle expression, tout à fait naturelle quand il s'agit de *deux feuillets magnétiques* dont les faces sont S_1 et S_2, paraît un peu artificielle lorsqu'on a affaire à deux courants, c'est-à-dire, au point de vue géométrique, à deux lignes fermées dans l'espace; mais on peut transformer la formule (71) de façon qu'il n'y figure que les éléments ds_1 et ds_2 des lignes de parcours des deux courants.

Désignons par x_1, y_1, z_1 et x_2, y_2, z_2 les coordonnées d'un point de chacun des éléments ds_1 et ds_2. En appliquant deux fois la formule de Stokes, voir (43), page 454, on trouve l'identité suivante :

$$(72) \qquad \int\int \frac{1}{r}\left(\frac{dx_1}{ds_1}\frac{dx_2}{ds_2} + \frac{dy_1}{ds_1}\frac{dy_2}{ds_2} + \frac{dz_1}{ds_1}\frac{dz_2}{ds_2}\right) ds_1 ds_2 = -\int\int \frac{\partial^2\left(\frac{1}{r}\right)}{\partial n_1 \partial n_2} dS_1 dS_2.$$

Le membre de gauche de cette identité est une intégrale curviligne double, qui s'étend aux deux lignes de parcours s_1 et s_2 des courants, r désignant la distance entre les éléments ds_1 et ds_2 de ces lignes. Le membre de droite est une intégrale de surface double étendue aux deux surfaces S_1 et S_2, dans laquelle r est la distance entre les éléments dS_1 et dS_2, n_1 et n_2 les normales à ces éléments. Soit ε l'angle que font les éléments ds_1 et ds_2 ; on a

$$\cos \varepsilon = \frac{dx_1}{ds_1}\frac{dx_2}{ds_2} + \frac{dy_1}{ds_1}\frac{dy_2}{ds_2} + \frac{dz_1}{ds_1}\frac{dz_2}{ds_2}.$$

En portant dans (72) et tenant compte de (71), on obtient, *pour le coefficient d'induction mutuelle de deux courants*, l'expression

$$(73) \qquad \mu L_{1,2} = \mu \iint \frac{\cos \varepsilon}{r} ds_1 ds_2,$$

et on a, *pour l'énergie potentielle de deux courants*, voir (70),

$$(74) \qquad W_{1,2} = - I_1 I_2 \mu \iint \frac{\cos \varepsilon}{r} ds_1 ds_2,$$

r étant la distance entre les élément ds_1 et ds_2, ε l'angle que font entre eux ces derniers.

Nous avons indiqué à la page 588 que les différents éléments d'un courant fermé exercent l'un sur l'autre des actions pondéromotrices, et que, par suite, les éléments mobiles d'un circuit peuvent se déplacer sous l'action du champ magnétique du circuit lui-même. Il en résulte que *tout courant possède une certaine énergie potentielle, que nous désignerons par* $W_{1,1}$. On voit facilement que la force f, qui agit dans ce cas sur l'élément ds du courant, a un sens indépendant de celui du courant dans le circuit, puisque le sens des lignes d'induction change en même temps que le sens du courant. On se trouve toujours dans le cas A, qui correspond à la moitié de droite de la figure 223 ; *le courant tend donc à augmenter l'aire de la surface dont il forme le contour.*

Il est aisé de trouver l'expression de l'énergie $W_{1,1}$, qui doit être égale à l'énergie potentielle propre d'un feuillet magnétique. Quand on associe deux à deux les éléments du feuillet, on doit prendre la *moitié* de la somme obtenue, puisque chaque couple d'éléments apparaît deux fois dans cette somme. Au lieu de la formule (70), on a maintenant

$$(75) \qquad W_{1,1} = -\frac{1}{2} I_1^2 \mu L_{1,1}.$$

La grandeur $\mu L_{1,1}$ s'appelle le *coefficient de self-induction du courant donné.* Les formules (71) et (73) donnent

$$(76) \qquad L_{1,1} = -\int\int \frac{\partial^2 \left(\frac{1}{r}\right)}{\partial n_1 \partial n'_1} dS_1 dS'_1 = \int\int \frac{\cos \varepsilon}{r} ds_1 ds'_1,$$

dS_1 et dS'_1 étant des éléments d'une même surface, ds_1 et ds'_1 des éléments d'une même courbe. Au lieu de (75), on peut écrire

$$W_{1,1} = -\frac{1}{2} I_1^2 \mu \iint \frac{\cos \varepsilon}{r} ds_1 ds'_1. \tag{77}$$

L'énergie potentielle totale W de deux courants I_1 et I_2 se compose de trois parties $W_{1,1}$, $W_{1,2}$, et $W_{2,2}$. Les formules (69) et (75) donnent

$$W = -\mu\left(\frac{1}{2} I_1^2 L_{1,1} + I_1 I_2 L_{1,2} + \frac{1}{2} I_2^2 L_{2,2}\right); \tag{78}$$

$L_{1,2}$ est le coefficient d'induction mutuelle des deux courants, $L_{1,1}$ et $L_{2,2}$ les coefficients de self-induction, pour un milieu dans lequel $\mu = 1$.

9. Remarques sur le caractère des lois qui déterminent les forces électriques et magnétiques. — On rencontre, dans l'étude des phénomènes électriques et magnétiques trois sortes de lois : des *lois ponctuelles*, des *lois différentielles* et des *lois intégrales*. Nous avons déjà parlé de cette distinction à la page 33.

Les lois *ponctuelles* déterminent l'action mutuelle de deux quantités des substances élémentaires, dont la science admet l'existence pour diverses raisons. La question de la réalité de ces substances n'a d'ailleurs qu'une importance secondaire. Même si l'on est absolument persuadé de leur non-réalité, on peut cependant continuer à les considérer, en raison de la commodité que présente une telle notion. On se représente souvent de très petites quantités de ces substances comme concentrées en certains points, d'où paraissent issues les forces observées. A ces lois ponctuelles appartiennent la loi de Coulomb et celle de Weber, dont il a été parlé à la page 33. La signification que l'on doit attacher à ces lois et leur caractère se trouvent suffisamment mis en lumière par ces quelques remarques.

Des lois *différentielles* apparaissent dans l'étude du courant électrique ; elles définissent le rôle que joue un *élément de courant* pris isolément, dans les phénomènes que l'on observe en présence d'un circuit fermé sous différentes conditions. La loi de Biot et Savart en est un exemple ; on a

$$f = \frac{mids}{l^2} \sin \varphi, \tag{79}$$

voir (48), page 572, où nous posons $C = 1$. La formule (74), page 597, nous fournit un autre exemple de loi différentielle : si on admet que l'énergie potentielle de deux courants est égale à la somme des énergies potentielles élémentaires des éléments de courants pris deux à deux, on peut prendre, pour l'énergie potentielle $w_{1,2}$ de deux tels éléments, l'expression

$$w_{1,2} = -I_1 I_2 \mu \frac{\cos \varepsilon}{r} ds_1 ds_2. \tag{80}$$

Les lois *intégrales* définissent le côté quantitatif des phénomènes observés directement en présence des *courants fermés*. Une loi intégrale, lorsqu'elle se vérifie dans un très grand nombre de cas particuliers aussi différents que possible, exprime un fait incontestable et peut servir à prédire, *avec une certitude absolue*, le caractère quantitatif d'un phénomène donné, en supposant naturellement que ce phénomène ne sorte pas des limites entre lesquelles s'applique la loi intégrale. Comme exemple d'une telle loi, on peut citer celle qui est exprimée par la formule (74) et qui détermine l'énergie potentielle de deux courants :

$$W_{1,2} = - I_1 I_2 \mu \iint \frac{\cos \varepsilon}{r} ds_1 ds_2. \tag{80, a}$$

On peut encore mentionner toutes les formules qui expriment l'action d'un courant *fermé* sur un pôle magnétique et que l'on déduit par intégration de la formule (79) de Biot et Savart, par exemple les formules générales (56), page 579, ou les formules particulières (48, *a*), page 573 et (49), page 574.

Les considérations différentielles, qui ont servi à l'origine à établir une loi intégrale, peuvent, dans la suite, être reconnues tout à fait inadmissibles ; mais cela peut n'avoir aucune conséquence pour la valeur de la loi intégrale elle-même. Quels que soient les changements que subiront nos idées sur l'essence des phénomènes, nous aurons toujours le droit de calculer l'énergie potentielle de deux courants par la formule (80, *a*), *ou par toute autre formule déduite de* (80, *a*) *par voie de transformation*. Ainsi, les lois intégrales expriment des *faits*, et on peut dire, par suite, que, dans leur application, il ne s'agit pas de physique théorique, mais de physique *mathématique*, conformément à la distinction générale que nous avons établie à ce sujet dans le Tome I.

Les lois différentielles ne peuvent être l'objet d'aucune vérification expérimentale directe, car on ne peut observer de phénomènes dus aux éléments, pris isolément, d'un courant *fermé* ; seul le *phénomène intégral* peut être soumis à l'observation. Cependant, les lois intégrales sont en réalité toujours tirées de lois différentielles ; ainsi, la formule forcément exacte (50) a été déduite de la formule (48). Il pourrait sembler par suite que l'exactitude, vérifiée par l'expérience, d'une loi intégrale entraîne celle de la loi différentielle, dont elle a été tirée par voie d'intégration. Il y aurait là une vue erronée, qui se trouve écartée par cette remarque très simple que l'on peut obtenir une même valeur, pour une intégrale définie, avec des fonctions très différentes sous le signe d'intégration. *Il est clair, en effet, qu'à une fonction donnée, on peut ajouter toute autre fonction, dont l'intégrale, prise entre les limites relatives au cas considéré, est nulle.*

Considérons, par exemple, la formule (79) de Biot et Savart ; désignons symboliquement par F (ds, m) une fonction des coordonnées du pôle m et de l'élément de courant Ids, qui possède la propriété que toutes les forces qu'elle exprime donnent, après sommation le long d'une ligne de parcours *fermée*, une résultante nulle. On peut remplacer la loi différentielle (79) par la suivante

$$f = \frac{mids}{l^2} \sin \varphi + F(ds, m) ; \tag{81}$$

on voit facilement que F (ds, m) doit être la *différentielle complète* d'une certaine fonction des coordonnées d'un point de l'élément ds. La loi de Biot et Savart pourrait donc être remplacée par une loi quelconque de la forme (81), et rien ne permettrait d'établir celle de ces lois qui correspond à la réalité. Il en est de même de la formule (74) ou (80, a), d'où ne résulte nullement la formule (80); on peut remplacer cette dernière par une expression de la forme

$$(81, a) \qquad w_{1,2} = -I_1 I_2 \mu \frac{\cos \varepsilon}{r} ds_1 ds_2 + F(ds_1, ds_2),$$

où F (ds_1, ds_2) est une fonction des coordonnées et des directions des éléments ds_1 et ds_2, dont la double sommation le long des lignes s_1 et s_2 a une valeur nulle.

On peut aller plus loin. Ce qui est exprimé par une loi intégrale se réalise sans aucun doute; par exemple, les forces H_x, H_y, H_z dans (56) ou l'énergie (74) sont effectivement observées. Mais il est possible que les grandeurs déterminées par les lois différentielles n'existent pas du tout. L'action du *champ magnétique* d'un courant sur un pôle magnétique est certaine; il n'en est pas de même, en général, de l'action d'un élément de courant sur un pôle. Cette dernière notion dérive au fond de l'idée d'*actio in distans*. Ce qu'on peut seulement dire, c'est qu'*un courant agit sur un pôle magnétique, comme si chaque élément de courant agissait séparément sur ce pôle avec une force donnée par l'une quelconque des expressions de la forme* (81). Il en est de même pour les formules (80, a) et (81, a); nous verrons, dans la suite, qu'on peut remplacer (80), par exemple, par l'expression

$$(81, b) \qquad w_{1,2} = -I_1 I_2 \mu \frac{\cos \varphi_1 \cos \varphi_2}{r} ds_1 ds_2,$$

où φ_1 est l'angle (r, ds_1) et φ_2 l'angle (r, ds_2). Il résulte avec évidence de ce que l'on vient de dire que les lois différentielles sont essentiellement indéterminées, qu'elles ne peuvent être vérifiées et que l'existence même des grandeurs, qui sont déterminées par les lois, ne peut acquérir la certitude scientifique.

BIBLIOGRAPHIE

4. — Loi d'Ohm. Couplage des éléments.

Ohm. — *Die galvanische Kette*, 1827; *Neudr.*, Leipzig, 1887; *Pogg. Ann.*, **4**, p. 79, 1825; **7**, p. 117, 1826; **55**, p. 178, 1842; *Schweiggers Journ.*, **44**, 1825; **46**, p. 137, 1826; **49**, p. 1, 1827.

Fechner. — *Massbestimmungen*, 1831.
Pouillet. — *C. R.*, **4**, p. 267, 1837; *P. A.*, **42**, p. 281, 1837.
Beetz. — *P. A.*, **117**, p. 15, 1862; **125**, p. 126, 1865.
F. Kohlrausch. — *P. A.*, **138**, pp. 280, 370, 1869.
Schuster. — *Phil. Mag.*, **48**, pp. 251, 350, 1875.
Chrystall. — *Rep. Brit. Assoc.*, 1876, p. 36.
Cohn. — *W. A.*, **21**, p. 646, 1884.
Fitzgerald et Trouton. — *Rep. Brit. Assoc.*, 1886, 1887, 1888.
Ermann. — *Gilb. Ann.*, **8**, p. 205, 1801; **10**, p. 1, 1802.
R. Kohlrausch. — *P. A.*, **75**, pp. 88, 250, 1848 : **78**, p. 1, 1849.
Gaugain. — *Ann. de chim. et phys.*, (3), **59**, p. 5, 1860; **60**, p. 326, 1860; **63**, p. 261, 1861.
Sulzberger. — *Diss.*, Zürich, 1889; *Beibl.*, **14**, p. 998, 1890.
J. J. Thomson et Newall. — *Proc. R. Soc.*, **42**, p. 410, 1887.
Kohlrausch et Nippold. — *P. A.*, **138**, pp. 280, 370, 1869.
Kohlrausch et Heydweiller. — *W. A.*, **53**, p. 209, 1894.
Kohlrausch et Grotrian. — *P. A.*, **154**, pp. 1, 215, 1875.
E. Cohn. — *W. A.*, **21**, p. 146, 1884; **38**, p. 217, 1889.
Nernst. — *W. A.*, **60**, p. 600, 1897.
Erskine. — *W. A.*, **62**, p. 454, 1897; **66**, p. 269, 1898.
Bellati et Lussana. — *Atti. R. Inst. Venet.*, (6), **6**, 1888.
Herwig. — *P. A.*, **153**, p. 115, 1874.
Siemens. — *Berl. Ber.*, 1876, p. 108.
Braun. — *P. A.*, **153**, p. 556, 1874; *W. A.*, **1**, p. 95, 1877; **4**, p. 476, 1878.
Wassmuth. — *Repert. d. Phys.*, 1879, p. 536.
Auerbach. — *Elektrotechn. Zeitschr.*, **8**, p. 66, 1887.
Grawinkel. — *Lum. électr.*, **33**, p. 136, 1889.
Tsétline. — *J. de la Soc. russe phys.-chim.*, **20**, p. 29, 1888.
Weinhold. — *Elektrotechn. Zeitschr.*, **8**, p. 124, 1887.
Handl. — *Zeitschr. f. Elektrotechn.*, **5**, p. 346, 1887.

5. — Courants dérivés.

Kirchhoff. — *P. A.*, **64**, p. 512, 1845; **67**, p. 344, 1846; **72**, p. 497, 1847; **75**, p. 189, 1848; **78**, p. 506, 1849; **102**, p. 529, 1857; *Berl. Ber.*, 1875, p. 487; 1883, p. 519.
Bosscha. — *P. A.*, **104**, p. 460, 1858.
Helmholtz. — *P. A.*, **89**, pp. 211, 353, 1853; *Crelles Journ.* **72**.
Maxwell. — *Treatise*, **1**, p. 367, 1881; *Cambr. Phil. Trans.*, **10**, p. 27, 1856.
Fleming. — *Phil. Mag.*, (5), **20**, p. 221, 1885.
Ulbricht. — *Elektrotechn. Zeitschr.*, **11**, p. 270, 1888.
Guillaume. — *C. R.*, **112**, p. 223, 1891.
Ahrens. — *Math. Annal.*, **49**, 1897.
Borgmann. — *J. de la Soc. russe phys.-chim.*, **18**, p. 8, 1886.
Slouguinoff. — *J. de la Soc. russe phys.-chim.*, **18**, p. 177, 1886.
Fröhlich. — *Elektrotechn. Zeitschr.*, **9**, p. 140, 1888; *W. A.*, **30**, p. 156, 1887.
Quincke. — *P. A.*, **97**, p. 382, 1856.
E. Beltrami. — *Sulla theoria generale di parametri differenziali, Bologna Mem.*, (2), **8**, 1868, p. 549.
C. Neumann. — *Mathem. Ann.*, **10**, p. 569, 1876.
Lipschitz. — *Crelles Journ.*, **58**, p. 152, 1861; **61**, p. 1, 1863.

W. Wolf. — *Diss.*, Leipzig, 1876.

Nobili. — *P. A.*, **9**, p. 183, 1827; **10**, p. 392, 1827; *Bibl. univers.*, **33**, p. 302, 1826; **34**, p. 194; **35**, p. 40; **36**, p. 4; **37**, p. 177.

Guébhard. — *J. de Phys.*, (2), **1**, p. 205, 1882; **2**, p. 87, 1883; *C. R.*, **90**, pp. 984, 1124, 1880; **93**, pp. 403, 792, 1881; **94**, pp. 437, 851, 1882; **96**, p. 1424, 1883; *W. A.*, **20**, p. 684, 1883.

W. Voigt. — *W. A.*, **17**, p. 257, 1882; **19**, p. 183, 1883; **21**, p. 710, 1884.

H. Weber. — *Crelles Journ.*, **75**, p. 75, 1873.

Heine. — *Berl. Ber.*, 1874, p. 186.

Ditscheiner. — *Wien. Ber.*, **78**, pp. 1, 93, 1878; *W. A.*, **5**, p. 282, 1878.

Riemann. — *P. A.*, **95**, p. 130, 1855.

Delvalez. — *Journ. de Phys.*, (4), **8**, p. 174. 1909.

6. — Champ magnétique d'un courant électrique.

Stokes. — (Formule). Cambridge University Calendar, 1854.

Riemann. — *Lehrsätze aus der Analysis Situs*, Crelle, 1857.

Helmholtz. — *Über Integrale der hydrodynamischen Gleichungen, welche den Wirbelbewegungen entsprechen*, Crelle, 1858; traduit par Tait dans le *Phil. Mag.*, **1**, 1867.

Lord Kelvin. — *On Vortex Motion, Trans. R. Soc. of. Edinburgh*, **25**, p. 217-260, 1869; *Math. and phys. Papers*, **4**, p. 13-66, 1910.

7. — Loi de Biot et Savart.

Biot. — *Précis élément. de physique*, **2**, p. 704, 1823; *Ann. de chim. et phys.*, (2), **15**, p. 222, 1820.

Biot et Savart. — *Collect. de Mém.*, **2**, p. 113.

J. Bertrand. — *Leçons sur la théorie mathématique de l'électricité*, Paris, 1890, p. 178.

C. de Jans. — *J. de Phys.*, (4), **9**, p. 906, 1910.

Fabry. — *J. de Phys.*, (4), **9**, p. 129, 1910.

CHAPITRE IV

PHÉNOMÈNES THERMIQUES ET MÉCANIQUES A L'INTÉRIEUR D'UN CIRCUIT

1. Phénomènes thermiques. — Dans le Chapitre précédent, nous avons considéré l'un des cas où le champ magnétique d'un courant électrique prend naissance et nous avons fait connaître les propriétés de ce champ. Il serait naturel de nous occuper maintenant des autres circonstances où se présente un courant électrique; mais nous préférons étudier d'abord une série de phénomènes qu'on observe *à l'intérieur* d'un circuit fermé et qui sont indépendants de la source du courant, c'est-à-dire de la manière dont il est engendré. Ceci nous permettra de nous orienter dans la *théorie* de la naissance d'un courant, aussi bien dans le cas du courant hydroélectrique, dont nous avons déjà envisagé les *conditions* de production, que dans tous ceux où peut apparaître le champ magnétique du courant électrique et qui feront l'objet du Chapitre VI.

On observe *à l'intérieur* d'un circuit fermé, parcouru par un courant stationnaire, constant, une série de phénomènes très importants, dont nous allons aborder l'étude. On désigne parfois ces phénomènes sous le nom *d'actions de courant, mais cette expression est mal choisie*, car elle éveille l'idée complètement définie que le courant est quelque chose de déjà donné, qui *produit* dans le circuit tel ou tel phénomène. Quand on constate simultanément l'existence d'un courant dans le circuit et la production d'un phénomène déterminé dans le même circuit, on ne peut *a priori* regarder le phénomène observé comme étant nécessairement le résultat de l'action du courant. Il est en effet possible que ce phénomène prenne naissance en même temps que le courant, comme effet d'une certaine cause première qui est aussi la source du courant. En outre, le phénomène qui nous apparaît comme une action du courant peut être en réalité la cause elle-même qui produit le courant. Il n'est pas douteux que, dans certains cas, le phénomène donné ne représente effectivement le résultat du passage du courant électrique dans les corps qui constituent le circuit ; mais, quand on ne veut pas résoudre à l'avance le problème des rapports mutuels entre le courant électrique et les phénomènes observés dans le circuit, on ne doit pas parler des actions du courant.

Les phénomènes les plus importants que l'on observe dans un circuit sont les phénomènes *thermiques* et les phénomènes *chimiques*. Nous considérerons dans ce Chapitre les premiers ; le Chapitre suivant sera consacré aux seconds.

Nous avons déjà déterminé à la page 525 le travail effectué par les forces électriques, dans une portion de circuit fermé, quand l'électricité s'écoule d'un endroit à potentiel élevé vers un autre à potentiel plus bas, voir (12), page 525. Nous avons ensuite évalué la quantité de chaleur Q équivalente à ce travail, voir (17), page 527,

$$Q = A(V_1 - V_2)It = AI^2Rt = \frac{A(V_1 - V_2)^2 t}{R},$$

où I désigne l'intensité du courant, R la résistance de la portion considérée du circuit, $V_1 - V_2$ la différence de potentiel des extrémités du tronçon, t le temps, A l'équivalent thermique du travail. Si I est exprimé en ampères, R en ohms, $V_1 - V_2$ en volts, t en secondes, Q en joules (1 *joule* étant équivalent à 10 mégaergs ou égal à 0,24 calorie-gramme), on a $A = 1$. On obtient donc, pour la quantité de chaleur Q dégagée dans un tronçon du circuit, les expressions suivantes, voir (22), page 530,

$$(1) \qquad Q = (V_1 - V_2)It = I^2Rt = \frac{(V_1 - V_2)^2 t}{R} \text{ joules.}$$

$$(1, a) \quad Q = 0,24(V_1 - V_2)It = 0,24 I^2Rt = 0,24 \frac{(V_1 - V_2)^2 t}{R} \text{ calor. gram.}$$

Nous allons encore indiquer une formule utilisée en pratique. Soit l la longueur du conducteur exprimée en centimètres, s l'aire de sa section droite en millimètres carrés, ρ la résistance spécifique (qui est égale à 1 pour Hg); la quantité de chaleur dégagée *pendant une minute* est égale à

$$Q' = 0{,}13703 I^2 \frac{l\rho}{s} \text{ calor. gram.}, \qquad (1\,b)$$

I étant exprimé en ampères.

Il est nécessaire d'ajouter que la portion considérée du circuit doit être *homogène*, car il se produit, aux endroits où des substances de nature différente sont en contact, des phénomènes particuliers dont il sera parlé plus tard. L'égalité $Q = I^2Rt$ se traduit par la loi suivante : *La quantité de chaleur, qui est dégagée dans une partie homogène d'un circuit fermé, est proportionnelle au carré de l'intensité du courant, à la résistance du tronçon considéré et au temps.*

Cette loi a été établie théoriquement par Clausius (1852), mais elle avait été trouvée expérimentalement bien avant par Joule (1841); E. Becquerel (1843) l'a vérifiée par une méthode un peu plus exacte; les recherches les plus précises et les plus complètes qui en ont montré l'entière rigueur sont dues à E. Lenz (1844). Il serait juste de l'appeler, comme en Russie, la *loi de* Joule *et de* Lenz. La chaleur, qui se dégage dans un circuit fermé conformément à la loi précédente, se nomme la *chaleur de* Joule.

L'appareil, dont s'est servi Lenz dans ses expériences, est représenté par la figure 224. Un vase en verre, dont le fond percé se trouve tourné vers le haut, est fixé à une planchette en bois; par le bouchon en verre B passent deux fils épais, réunis aux vis de pression ss qui servent pour la mise en circuit; à l'intérieur du vase en verre, on peut attacher, aux extrémités de ces deux fils, divers fils plus fins de Pt ou d'autre métal. On verse, dans le vase, de l'alcool dont on mesure la température à l'aide du thermomètre f. En faisant varier l'intensité du courant, ainsi que la résistance du fil placé dans le vase, et en mesurant le temps au bout duquel la température s'élève de 1°, Lenz a pu vérifier l'exactitude de la loi formulée plus haut. D'autres expériences ont été effectuées sur les conducteurs *solides* par Botto, Romney Robinson, Jahn, Dieterici, H. Weber, etc. Parmi ces auteurs, Jahn et Dieterici ont mesuré Q au moyen du calorimètre à glace de Bunsen (Tome III). Dieterici s'est servi de l'échauffement des fils pour la détermination de l'équivalent mécanique de la chaleur et H. Weber, pour la mesure de la résistance de ces fils. Bien que Dieterici et H. Weber soient partis de l'hypothèse de l'exactitude de la loi de Joule-Lenz, ils ont cependant obtenu, entre autres résultats de leurs recherches, une vérification indirecte de la loi elle-même.

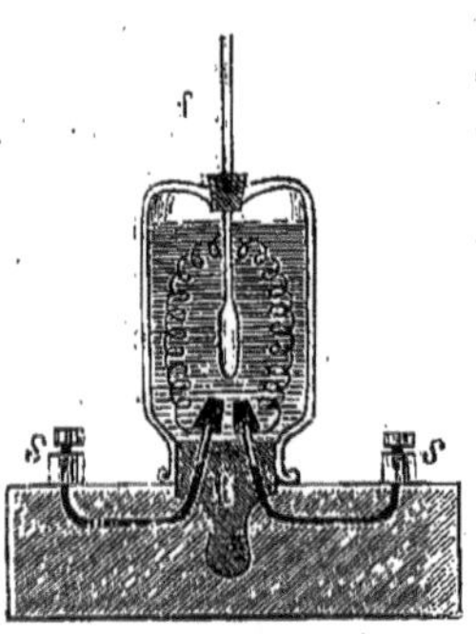

Fig. 224

Les travaux des savants précédents (Joule, Becquerel, Jahn) ont montré que, dans les *liquides* qui font partie d'un circuit, il se produit également un dégagement de chaleur conforme à la loi de JOULE et de LENZ. Pour s'en rendre compte, il est nécessaire de prendre quelques précautions, car les phénomènes chimiques, qui ont lieu dans les liquides du circuit, peuvent être accompagnés de phénomènes calorifiques. Des recherches faites avec soin ne laissent aucun doute sur la validité de la loi de JOULE et de LENZ pour les conducteurs liquides, et par suite, d'une manière générale, *pour toutes les parties d'un circuit fermé*. Cela permet d'étendre les formules à la chaleur dégagée dans tout le circuit. Supposons le circuit décomposé en parties homogènes et laissons de côté les phénomènes calorifiques particuliers, qui se passent aux endroits où il y a contact entre des parties différentes du circuit ; on a, pour chaque partie, une expression de la forme

$$Q_i = I^2 R_i t \text{ joules},$$

R_i étant la résistance de la partie considérée, Q_i la chaleur qu'elle dégage. Désignons par R la résistance du circuit entier et par Q la quantité totale de *chaleur de* JOULE qu'il dégage ; on a $Q = \sum Q_i = I^2 t \sum R_i = I^2 R t$. Si on introduit, d'après la loi d'OHM ($I = E : R$), la force électromotrice E, on obtient

$$(2) \quad \begin{cases} Q = I^2 R t = IEt = \dfrac{E^2 t}{R} \text{ joules}, \\ Q = 0{,}24 I^2 R t = 0{,}24 IEt = 0{,}24 \dfrac{E^2 t}{R} \text{ petites calories}. \end{cases}$$

Ici I est exprimé en ampères, R en ohms, E en volts, t en secondes.

Nous avons mentionné que DIETERICI avait utilisé l'échauffement des conducteurs par un courant, pour déterminer l'équivalent mécanique de la chaleur. D'autres travaux sur cette question (QUINTUS ICILIUS, JOULE, F. WEBER, GRIFFITH) ont été signalés dans le Tome III.

Pour maintenir dans le circuit entier une intensité de courant de 1 ampère, quand la force électromotrice est égale à 1 volt, ou une même intensité dans une partie de circuit où la différence de potentiel aux extrémités est de 1 volt, il faut une dépense de travail de 1 joule = 10 mégaergs = 0,102 kilogrammètre *par seconde*, c'est-à-dire que la *source primitive* du travail effectué doit posséder une *puissance* de 1 watt ou de $\frac{1}{736}$ cheval. Le *watt* s'appelle aussi *ampère-volt*. On a, pour la puissance Z, les formules

$$(3) \quad \begin{cases} Z = IE = I(V_1 - V_2) = I^2 R = \dfrac{E^2}{R} = \dfrac{(V_1 - V_2)^2}{R} \text{ watts}, \\ Z = \dfrac{1}{736} IE = \dfrac{1}{736} I(V_1 - V_2) = \dfrac{1}{736} I^2 R = \dfrac{1}{736} \dfrac{E^2}{R} = \dfrac{1}{736} \dfrac{(V_1 - V_2)^2}{R} \text{ chev.} ; \end{cases}$$

$V_1 - V_2$ se rapporte au cas où on envisage seulement une partie du circuit, E à celui où le circuit entier est considéré.

Supposons, par exemple, qu'on veuille fermer une batterie d'éléments de force électromotrice E et de résistance R, par un fil de résistance x telle que la quantité de chaleur Q dégagée par ce fil soit maximum. On a

$$Q = \frac{(V_1 - V_2)^2}{x} = \left(\frac{Ex}{R + x}\right)^2 \frac{1}{x} = \frac{E^2 x}{(R + x)^2}.$$

Le maximum de Q a lieu pour $x = R$; il est égal à $\frac{1}{4}\frac{E^2}{R}$.

Le problème de l'échauffement de deux fils *montés en parallèle* et de résistances R_1, R_2, entre lesquels se partage un courant $I = I_1 + I_2$, présente un intérêt particulier. On a évidemment

$$Q = R_1 I_1^2 + R_2 I_2^2 = R_1 I_1^2 + R_2 (I - I_1)^2.$$

En égalant à zéro la dérivée première de Q par rapport à I_1, on obtient $R_1 I_1 = R_2 I_2$. La dérivée seconde est égale à $2(R_1 + R_2)$; par suite Q est *minimum* pour $R_1 I_1 = R_2 I_2$, condition effectivement réalisée dans la dérivation du courant; voir (30, *a*), p. 541. Le minimum de Q est $R_0 I^2$, R_0 étant déterminé par la formule (30, *g*), p. 542. Ce résultat se généralise facilement, dans le cas d'une dérivation multiple.

Le *son* que rend un fil tendu, dans lequel on envoie un courant intermittent, s'explique notamment par son échauffement et son refroidissement alternatifs.

La chaleur Q, dégagée par les conducteurs qui constituent un circuit fermé, *échauffe* ces conducteurs. Le *degré de cet échauffement* dépend non seulement de Q, mais aussi des propriétés des conducteurs et du milieu ambiant. La grandeur Q dépend entre autres, comme nous l'avons vu, de la résistance du conducteur ; par suite, lorsqu'on envoie un courant successivement dans une série de fils de même épaisseur, celui dont la résistance spécifique est la plus grande s'échauffe en général plus fortement ; un fil de platine, par exemple, s'échauffe plus qu'un fil de fer et celui-ci plus qu'un fil de cuivre.

La température à laquelle un conducteur s'échauffe dépend de la conductibilité calorifique du gaz environnant. Nous avons décrit, dans le Chapitre du Tome III sur la conductibilité des gaz, une expérience de Grove, qui a montré qu'un fil entouré d'hydrogène s'échauffe moins qu'un fil entouré d'azote, d'oxygène ou d'acide carbonique.

La question de savoir comment l'*élévation de température* d'un fil dépend de l'intensité du courant et des dimensions du fil est très complexe et ne peut être résolue théoriquement avec exactitude, car les lois du refroidissement ne sont pas connues d'une manière assez précise. Le problème est rendu encore plus difficile par le fait que la résistance R du fil augmente en même temps que la température, ce qui peut agir sur l'intensité I du courant dans le circuit ; en outre, la variation de R fait varier Q, et d'une manière particulièrement importante si on maintient I constant.

Lorsqu'on suppose I donné et invariable, on arrive au résultat théorique suivant. Soit l la longueur, d l'épaisseur, h la conductibilité calorifique extérieure, ρ la résistance spécifique du fil, T_0 la température du milieu ambiant, T la température cherchée à laquelle le fil est porté. Cette température est atteinte, quand la quantité de chaleur $Q = I^2R$, dégagée par le fil dans l'unité de temps, est égale à la quantité de chaleur Q' perdue par la surface πdl; on a

$$Q' = C\pi dlhf(T, T_0),$$

C étant un facteur de proportionnalité. Mais on a en outre $R = \frac{4\rho l}{\pi d^2}$; on peut par suite poser $\rho = \rho_0[1 + \alpha(T - T_0)]$, où ρ_0 est la résistance spécifique à la température T_0. En portant ρ dans R et en égalant les grandeurs Q et Q', on obtient

$$\frac{4l\rho_0 I^2}{\pi d^2}[1 + \alpha(T - T_0)] = C\pi dlhf(T, T_0).$$

On en déduit, en désignant par k un nouveau facteur de proportionnalité,

$$\frac{f(T, T_0)}{1 + \alpha(T - T_0)} = \frac{k\rho_0 I^2}{hd^3}. \tag{4}$$

Pour de très petits échauffements, on peut écrire que le membre de gauche est égal à l'accroissement de température $T - T_0$. Quelle que soit la forme de la fonction $f(T, T_0)$, le premier membre de l'égalité (4) reste d'ailleurs invariable, lorsque le fil (ρ_0, h ou d) variant ainsi que l'intensité du courant, on réalise toujours le même accroissement de température de T_0 à T. On obtient donc le *même échauffement de fil*, lorsque la condition

$$\frac{\rho_0 I^2}{hd^3} = const. \tag{4, a}$$

est remplie.

Par exemple, *des fils de même substance, mais d'épaisseur d différente, sont également échauffés, quand le carré de l'intensité* I *du courant croît proportionnellement au cube du diamètre d du fil*, où quand

$$I = Cd^{\frac{3}{2}}. \tag{4, b}$$

Pour des courants suffisamment intenses, des fils de métaux difficilement fusibles commencent à devenir *incandescents*. J. Müller, Zöllner et Waltenhofen ont cherché comment varie l'intensité lumineuse en fonction de I et de d; mais ils sont arrivés à des résultats discordants. J. Müller a trouvé qu'on obtient le même éclat, c'est-à-dire la même quantité de lumière émise par l'*unité de surface* d'un fil de substance donnée, lorsque l'intensité I du courant est proportionnelle au diamètre d du fil. Zöllner a pris également des fils d'épaisseur d différente, en éclairant avec eux une plaque de verre mat et en déterminant les intensités I du courant, pour lesquelles on obtenait les mêmes éclairements du verre mat, c'est-à-dire pour lesquelles la *surface totale* du fil émettait la même quantité de lumière; il a reconnu que, *dans ces conditions*, I doit croître proportionnellement à d, ce qui est évidemment en complet désaccord avec le résultat de Müller.

Pour faire *fondre* un fil, il faut le chauffer jusqu'à une température déterminée; la relation qui existe entre l'intensité de courant I nécessaire pour arriver à la fusion et le diamètre d est donnée par la formule (4, *b*). Preece a déterminé la valeur numérique du coefficient C pour plusieurs métaux. Il a trouvé que, pour $d = 1^{mm}$, l'intensité I du courant exprimée en ampères prend les valeurs suivantes :

	Cu	Al	Pt	argentan	Fe	Sn	Pb	
I =	80,0	59,2	40,8	40,4	24,1	12,8	10,8	ampères.

La propriété des fils de pouvoir être portés au rouge par un courant est utilisée notamment pour l'inflammation des mines, ainsi qu'en chirurgie (traitement galvanocaustique).

L'application la plus importante de l'incandescence par le courant se rencontre dans l'*éclairage électrique*, dont l'étude ne peut être faite ici, car elle appartient au domaine de l'électrotechnique. Il existe aujourd'hui comme on sait, deux méthodes principales d'éclairage électrique, l'une employant des *lampes à arc* où la source lumineuse est constituée par l'*arc voltaïque*, l'autre des *lampes à incandescence*. Nous parlerons de l'arc voltaïque dans le Chapitre sur la décharge électrique. Une lampe à incandescence (*fig.* 225) est constituée par une ampoule en verre, ordinairement en forme de poire, dans laquelle on a réalisé le vide le plus parfait possible. Il s'y trouve un *filament de charbon*, dont la longueur, l'épaisseur et la forme diffèrent beaucoup suivant la destination de la lampe. L'idée première de l'incandescence d'une tige mince de charbon dans le vide est due à l'ingénieur russe Ladiguine. La fabrication de filaments de charbon, suffisamment fins et en même temps assez durs, a été réalisée pour la première fois par Edison. Aujourd'hui, on les obtient avec des substances organiques carbonisées, par exemple avec du papier, des fibres de plante, etc. Les lampes sont caractérisées par leur *intensité lumineuse*, c'est-à-dire par le nombre de bougies qu'elles fournissent en éclairage normal, et par la différence de potentiel en volts qui doit exister aux extrémités du filament de charbon pour produire cette incandescence normale. On parle, par exemple, de lampes de 100 volts, 16 bougies. La résistance du filament de charbon est en général très grande et peut atteindre quelques centaines d'ohms ; la résistance du filament incandescent est environ la moitié de sa résistance à la température ordinaire. La puissance Z absorbée par la lampe est déterminée par l'une des formules (3) de la page 605. Les recherches de Voit, H. F. Weber et d'autres encore ont montré que l'*intensité lumineuse* émise par une lampe *croît* à peu près *proportionnellement au cube de la puissance absorbée*.

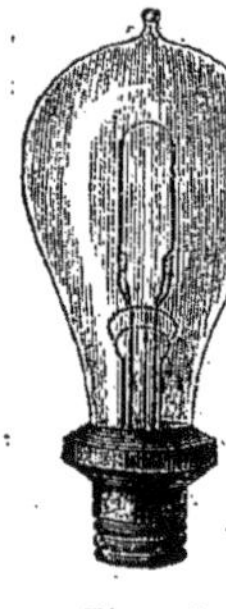

$\frac{1}{2}$

Fig. 225

Dans ces derniers temps, on a fait un grand usage de la lampe Nernst, où le filament de charbon est remplacé par une tige très mince, dont la partie constituante principale est de l'oxyde de magnésium, lequel ne conduit pas l'électricité à la température ordinaire. L'échauffement préalable de cette tige est obtenu en faisant passer le courant dans un fil de platine enroulé sur elle; la tige est ainsi rendue conductrice et portée à l'incandescence par le courant.

Aux phénomènes calorifiques, observés dans un circuit fermé, appartiennent aussi les phénomènes de PELTIER et de THOMSON (effet THOMSON); nous les considérerons en même temps que les phénomènes thermoélectriques. Nous avons déjà parlé brièvement du premier de ces phénomènes à la page 213.

2. Endosmose électrique. Mouvement de particules en suspension. — On observe, dans un circuit fermé, un phénomène purement mécanique très intéressant, le mouvement d'un liquide à travers une cloison poreuse ou dans un tube étroit, et presque toujours dans la direction que nous avons choisie pour celle du courant électrique. Ce phénomène a été découvert à Moscou par REUSS (1807); PORRET, BECQUEREL et d'autres encore l'ont confirmé et reproduit de diverses manières. Il a été étudié pour la première fois en détail par G. WIEDEMANN (1852), qui en a donné les lois; nous allons exposer les recherches de ce dernier physicien.

G. WIEDEMANN s'est servi de deux appareils, dont le premier est représenté par la figure 226. Le vase poreux *a*, en argile non cuite, est fermé herméti-

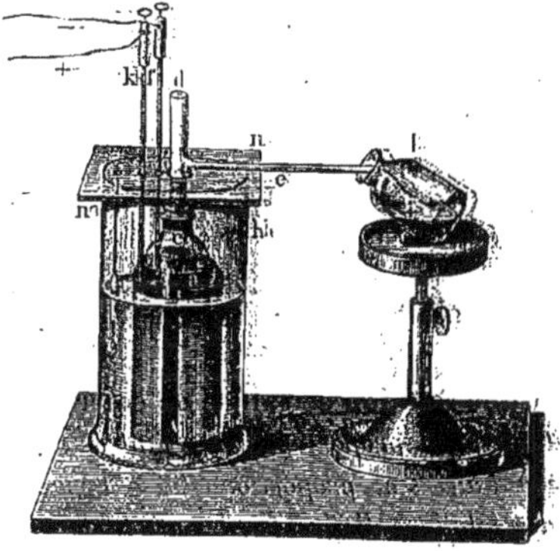

Fig. 226

quement en haut par la cloche en verre *c*, dans le col de laquelle est disposé le tube *d* muni d'une branche latérale *e*. A l'intérieur de *a* se trouve un cylindre de cuivre ou de platine, duquel part le fil *f* qui traverse la paroi de la cloche en verre *c*. Le vase *a* est placé dans un large cylindre *h*, contenant un second cylindre métallique *i* auquel est soudé le fil *k*. Les vases *h* et *a* renferment de l'eau ou un autre liquide à étudier. Aussitôt que l'appareil est introduit dans le circuit, de façon que le courant passe de *i* vers *c* à travers le vase poreux, le liquide monte dans le tube *d* et s'écoule dans le vase *l* par la branche *e*. Pour changer l'aire *s* de la paroi poreuse, que le liquide traverse pour ainsi dire sous pression, WIEDEMANN recouvrait une partie de la paroi du vase poreux avec une couche de résine; pour modifier l'épaisseur *d* de la paroi, il grattait progressivement les couches extérieures de cette paroi.

Wiedemann a déterminé d'abord comment la quantité en poids m d'eau, qui traverse la paroi poreuse dans un temps déterminé, dépend de l'intensité I du courant, de l'aire s et de l'épaisseur d de la paroi. Les expériences ont montré que *la quantité de liquide q est proportionnelle à l'intensité I du courant et ne dépend ni de l'aire s, ni de l'épaisseur d de la paroi du vase poreux.*

Le premier appareil de Wiedemann met en évidence le caractère du phénomène, que l'on a appelé d'une manière qui n'est pas très heureuse l'*endosmose électrique*. La paroi poreuse en argile non cuite peut être remplacée par une vessie, par du sable fin, etc. ; mieux le liquide conduit le courant, plus le phénomène s'affaiblit.

Pour mesurer la *pression p*, sous l'influence de laquelle a lieu le mouvement du liquide, G. Wiedemann a construit un second appareil, qui ne se distingue du premier qu'en ce que le tube latéral e est muni d'un manomètre à mercure (*fig.* 227), le tube d étant fermé à son extrémité supérieure.

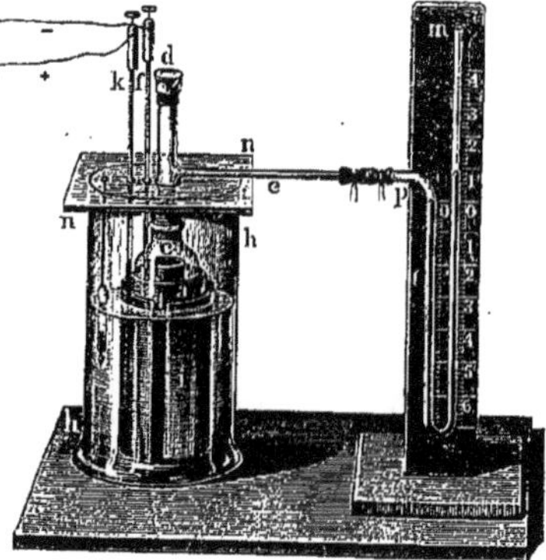

Fig. 227

Le vase a renfermait une solution de sulfate de cuivre. On constate alors que *la pression hydrostatique p est proportionnelle à l'intensité I du courant, inversement proportionnelle à l'aire s et proportionnelle à l'épaisseur d de la paroi du vase poreux : pour des solutions différentes de sulfate de cuivre, la pression p est, entre certaines limites, à peu près proportionnelle à la résistance spécifique ρ de la solution.*

Les deux résultats obtenus par Wiedemann sont exprimés par les formules suivantes :

$$q = a\mathrm{I} \tag{5}$$

$$p = b\,\frac{\mathrm{I}d}{s}; \tag{5, a}$$

a et b désignent deux facteurs de proportionnalité et q est *indépendant* de s et de d. Ces deux formules concordent bien entre elles, si l'on doit chercher la cause qui produit la pression p dans la capillarité des chemins par lesquels le liquide s'écoule; cette pression doit être en effet proportionnelle à la longueur de ces chemins, c'est-à-dire à l'épaisseur d de la paroi poreuse, et proportionnelle à la densité du courant qui traverse cette paroi, c'est-à-dire à la grandeur $\frac{I}{s}$. Il est clair en outre que q doit être proportionnel à p et à s; d'après la loi de Poiseuille (Tome I), la quantité de liquide q, pour une pression donnée, est inversement proportionnelle à la longueur du tube capillaire, autrement dit à l'épaisseur d de la paroi. Nous devons donc avoir pour q une formule telle que la suivante :

$$q = b_1 \frac{ps}{d};$$

en introduisant la valeur (5, a) de p, on obtient (5). Supposons que p soit effectivement proportionnel à la résistance spécifique ρ, c'est-à-dire qu'on puisse écrire

$$p = c\mathrm{I}\frac{\rho d}{s}. \quad (5, b)$$

La grandeur $\frac{\rho d}{s}$ est la résistance du liquide qui se trouve à l'intérieur de la cloison poreuse; mais la grandeur $\mathrm{I}\frac{\rho d}{s}$ est égale à la différence $V_1 - V_2$ des potentiels des deux côtés de la paroi et on obtient par suite la formule

$$p = c(V_1 - V_2). \quad (5, c)$$

La pression hydrostatique est proportionnelle à la différence de potentiel des deux côtés de la paroi.

Freund a étudié comment la grandeur q dépend de la *concentration* de la solution.

Quincke (1861) a montré le premier que, dans les tubes capillaires, il se produit aussi un mouvement des liquides introduits dans le circuit. L'appareil

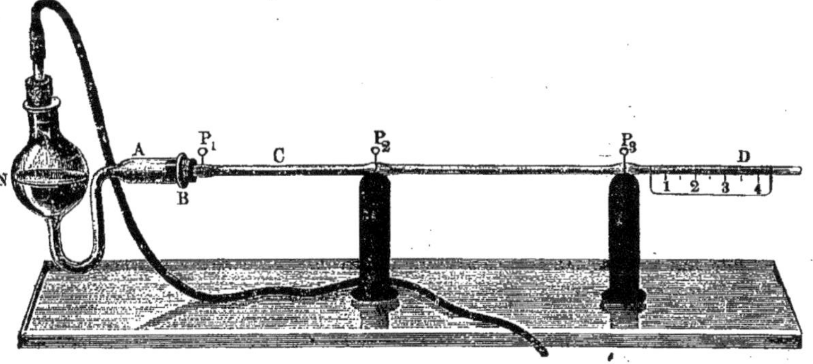

Fig. 228

de Quincke (*fig.* 228) comprend un tube étroit de verre CD, relié au réservoir N qui renferme le liquide à étudier. Le tube possède une légère inclinaison sur l'horizontale, l'extrémité D étant plus élevée que l'extrémité C. En insufflant de l'air dans le vase N, on peut remplir le tube de liquide jusqu'à une certaine division de l'échelle D. Si, par deux des trois fils de platine P_1, P_2, P_3, soudés dans le tube, on fait passer, dans la direction CD, la décharge d'une bouteille de Leyde ou le courant d'une batterie, le liquide se déplace dans la même direction. Des expériences avec des courants électriques ont montré que l'*ascension du liquide*, mesurée par le déplacement de l'extrémité de la colonne liquide dans D, est proportionnelle à l'intensité du courant, à la longueur de la colonne de liquide introduite dans le circuit, c'est-à-dire à la force électromotrice agissant sur elle, et inversement proportionnelle au carré du rayon du tube. La paroi du tube a également une influence; dans un tube argenté, l'ascension est moindre que dans un tube en verre ordinaire.

On n'observe une ascension que dans les liquides mauvais conducteurs; de l'eau, renfermant 0,1 % de NaCl ou 0,04 % de H^2SO^4, ne manifeste déjà plus aucun mouvement.

Quincke a fait l'observation remarquable que quelques liquides se meuvent en sens inverse de la direction du courant. Il en est ainsi notamment pour l'un des alcools, en outre pour l'essence de térébenthine dans un tube recouvert à l'intérieur de gomme laque, etc.

Van der Ven (1901) a signalé une circonstance, qui pourrait influer sur les résultats des expériences précédentes : le passage d'un courant dans une solution produit une variation de la concentration, qui doit favoriser le mouvement du liquide observé. Dans une série de travaux (1902 à 1905), il a étudié diverses solutions de sels et en a trouvé un certain nombre (azotates en particulier) qui sont transportées en *sens inverse* de la direction du courant. Dans deux mémoires ultérieurs (1906, 1907) il a indiqué que, parmi 14 sels étudiés, les sulfates seulement se meuvent dans la direction du courant électrique, tandis que les nitrates, les chlorates et aussi l'acétate de plomb se déplacent dans la direction opposée.

Cruse (1905) a étudié le passage de l'eau distillée à travers une cloison poreuse en argile (Pukalmasse), en fonction de la température (de 10° à 70°) et de l'intensité du courant. Il a trouvé que la vitesse d'écoulement de l'eau, pour une intensité de courant constante, croît quand la température dépasse 10°. De 35 à 40°, la vitesse passe par un *maximum* ; elle s'abaisse ensuite, d'abord très rapidement (jusqu'à 50°), ensuite plus lentement. A 50° la vitesse est la même qu'à 10°. Cruse a reconnu en outre que la formule (5) ne se vérifie pas pour de grandes valeurs de I. La grandeur a croît d'abord en même temps que I, atteint un maximum et ensuite diminue.

Lorsqu'on introduit, dans un circuit, un liquide *où des particules sont en suspension*, ces particules peuvent entrer en mouvement. Ce phénomène a été observé pour la première fois par Reuss, ensuite par Faraday, Armstrong, etc... Quincke l'a étudié soigneusement. Il a constaté que les particules en suspension dans l'eau se meuvent *en sens inverse de la direction du courant*, qu'il s'agisse de particules solides, liquides ou gazeuses (bulles). Nous n'entrerons pas dans plus de détails.

Les phénomènes de l'endosmose électrique sont en relation étroite avec l'apparition d'une différence de potentiel, quand on fait passer sous pression un liquide à travers une cloison poreuse ou un tube capillaire, phénomène que nous avons étudié à la page 280. Nous pouvons ajouter maintenant que la direction du courant, qu'on obtient en reliant deux électrodes plongées dans un liquide en mouvement (voir *fig.* 101 et 102, page 280), est toujours opposée à celle du courant qui produirait le mouvement donné du liquide; en d'autres termes, *quand un liquide s'écoule à travers des canaux étroits, il se produit un courant qui s'oppose à ce mouvement*. Le travail, qu'il faut dépenser pour vaincre cette résistance, constitue la source de l'énergie du courant. Ce courant est parfois appelé *courant capillaire*.

Une *explication théorique* de l'endosmose électrique, du mouvement des particules en suspension, ainsi que du phénomène des courants capillaires a été donnée pour la première fois par Quincke. Elle est basée sur l'hypothèse qu'entre le liquide et la paroi du tube capillaire existe une différence de potentiel, la paroi étant presque toujours électrisée négativement, le liquide positivement. Sur la surface intérieure du tube capillaire se forme une double couche électrique, l'électricité positive se trouvant sur les particules du liquide. Si le courant est fermé, cette dernière électricité est mise en mouvement par les mêmes forces électriques qui produisent le courant électrique.

Le liquide doit être mauvais conducteur, car ce n'est que dans ce cas que ses particules se meuvent en même temps que les charges d'électricité libre qui se trouvent sur elles. Les particules en suspension sont électrisées *négativement* par leur contact avec le liquide; c'est pourquoi elles se meuvent en sens inverse du courant. Helmholtz (1879) a donné une théorie mathématique complète de ces phénomènes. Dorn a vérifié, par voie expérimentale, quelques conséquences de cette théorie, dont nous avons déjà parlé à la page 281. Elle a été développée par Lamb (1888) et par Mme Smoluchowski (1903), qui en ont donné une variante.

On a donné récemment une application technique à la propriété que possède le courant électrique de transporter les liquides à travers les corps poreux, pour le séchage de la tourbe et des substances poreuses analogues. Le Comte v. Schwerin (1903) et Nernst (1909) ont fait une étude pratique et théorique de cette méthode.

3. Influence du courant sur les propriétés des conducteurs solides. — Il faut distinguer entre les variations temporaires des propriétés de la substance, qui se produisent pendant qu'elle est traversée par le courant, et les variations permanentes qui se présentent comme le résultat d'une action prolongée du courant.

La question de l'influence du courant électrique sur les *dimensions*, c'est-à-dire sur la longueur ou le volume des conducteurs, est restée longtemps discutée. Les expériences d'Edlund, Streintz, Doppler et en partie aussi de F. Exner avaient donné des résultats contradictoires, et ce sont seulement les recherches de Blondlot (1878) et celles de Righi, qui ont montré que le *courant ne produit pas de variation dans les dimensions d'un conducteur*, en exceptant, bien entendu, les changements qui résultent de l'échauffement.

Wertheim a étudié les propriétés élastiques d'un fil, lorsqu'il est parcouru par un courant électrique. Il a trouvé que la *résistance à la rupture* diminue et qu'il en de même du module de YOUNG. STREINTZ et MEBIUS n'ont pas observé que ce résultat se vérifiait.

DUFOUR a reconnu que la résistance d'un fil de cuivre diminue et que celle d'un fil de fer augmente, *après* une durée prolongée du passage du courant.

La *résistance électrique* des fils croît peu à peu, comme l'a établi QUINTUS ICILIUS, s'ils servent de conducteurs du courant.

Il est difficile de déterminer dans quelle mesure les variations que l'on observe dans les propriétés des conducteurs sont l'effet immédiat du courant et jusqu'à quel point elles sont la conséquence d'un échauffement permanent, quoique faible.

Aux phénomènes, qui se produisent dans un circuit fermé, appartiennent aussi les *effets physiologiques*. Leur étude ne rentre pas dans le cadre de ce livre, et nous nous bornerons à donner quelques indications à ce sujet en traitant des courants alternatifs. On utilise les effets physiologiques des courants continus en électrothérapie.

BIBLIOGRAPHIE

1. — Phénomènes thermiques.

CLAUSIUS. — *P. A.*, **87**, p. 415, 1852.
JOULE. — *Phil. Mag.*, **19**, p. 260, 1841 ; *Rep. Brit. Assoc.*, 1887, p. 512.
E. BECQUEREL. — *Arch. sc. phys.*, **3**, p. 181, 1843 ; *Ann. de chim. et de phys.*, (3), **9**, p. 21, 1843.
E. LENZ. — *P. A.*, **61**, p. 18, 1844.
BOTTO. — *Arch. de l'Electr.*, **5**, 1845.
ROMNEY ROBINSON. — *Trans. Irish. Acad.*, (1), **22**, p. 3, 1849.
JAHN. — *W. A.*, **25**, p. 49, 1885 ; **31**, p. 925, 1887 ; **37**, p. 414.
DIETERICI. — *W. A.*, **33**, p. 417, 1888.
H. WEBER. — *Diss.* Leipzig, 1863.
J. MÜLLER. — *Fortschr. d. Physik*, 1849, p. 384.
ZÖLLNER. — *Baseler Verhandl.*, (3), **2**, p. 311, 1859.
WALTENHOFEN. — *Sitzungsber. d. böhm. Ges. d. Wiss.*, 1874, p. 79.
PREECE. — *Proc. R. Soc.*, **36**, p. 464, 1884 ; **43**, p. 280, 1888.

2. — Endosmose électrique.

REUSS. — *Mém. de la Soc. imp. des natural. de Moscou*, **2**, p. 327, 1809.
PORRET. — *Thomson's Journal*, 1816, juillet ; *Gilb. Ann*, **66**, p. 272, 1820.
A. BECQUEREL. — *Traité d'Electr.*, **3**, p. 102, 1835.
G. WIEDEMANN. — *Pogg. Ann.*, **87**, p. 321, 1852.

Freund. — *W. A.*, **7**, p. 44, 1879.
Quincke. — *Pogg. Ann.*, **113**, p. 513, 1861.
Van der Ven. — *Arch. Néerl.* (2), **6**, p. 127, 1901 ; *Arch. Mus. Teyl.* (2), **8**, pp. 93, 199, 363, 390, 489, 1902-03 ; **9**, pp. 97, 217, 573, 1904-05 ; **10**, pp. 85, 433, 1906-07.
Cruse. — *Phys. Zeitschr.*, **6**, p. 201, 1905.
Faraday. — *Exper. Res. Ser.*, **13**, 1839.
Armstrong. — *Pogg. Ann.*, **60**, p, 354, 1843 ; *Phil. Mag.*, (3), **23**, p. 199, 1843.
Helmholtz. — *W. A.*, **7**, p. 351, 1879 ; *Ges. Abh.*, **1**, p. 855.
Dorn. — *W. A*, **9**, p. 513, 1880 ; **10**, p. 70, 1880.
Lamb. — *Phil. Mag.*, **5**, **25**, p. 52, 1888.
Smoluchowski. — *Bull.*, Cracovie, **3**, p. 182, 1903.
Graf. v. Schwerin. — *Zeitschr. f. Elektrochemie*, **9**, p. 739, 1903.
Nernst. — *Verh. d. d. phys. Ges.*, **11**, p. 112, 1909.

3. — Influence sur les propriétés des conducteurs solides.

Edlund. — *Pogg. Ann.*, **129**, p. 15, 1866 ; **131**, p. 337, 1887 ; *Arch. des sc. phys.*, **27**, p. 269, 1866.
Streintz. — *Wien. Ber.*, **67**, p. 323, 1873 ; *Pogg. Ann.*, **150**, p. 368, 1873.
Doppler. — *Pogg. Ann*, **46**, p. 128, 1839.
F. Exner. — *Pogg. Ann. Ergbd.*, **7**, p. 431, 1876 ; *Wien. Ber.*, **71**, p. 761, 1875 ; **75**, p. 373, 1877 ; *W. A.*, **2**. p. 100, 1877.
Blondlot. — *C. R.*, **87**, p. 206, 1878.
Righi. — *N. Cim.*, **7**, p. 116, 1880.
Wertheim. — *Ann. de chim. et de phys.*, (3), **12**, p. 610, 1844.
Mebius. — *Oefvers. K. Vet Akad. Forhandl.*, 1887, p. 681.
Dufour. — *Pogg. Ann.*, **99**, p. 611, 1856.
Quintus Icilius. — *Pogg. Ann.*, **101**, p. 86, 1857.

CHAPITRE V

PHÉNOMÈNES CHIMIQUES A L'INTÉRIEUR D'UN CIRCUIT. ÉLECTROLYSE. THÉORIE DU COURANT HYDROÉLECTRIQUE

1. Introduction. Lois de l'électrolyse. — Le second groupe de phénomènes que l'on observe dans un circuit fermé est celui des *phénomènes chimiques*. Rappelons d'abord brièvement la terminologie qui est employée et que nous avons déjà fait connaître.

Les substances, dans lesquelles on observe des phénomènes chimiques quand on les introduit dans un circuit, s'appellent des *électrolytes*. Leur introduction dans le circuit s'effectue ordinairement de la manière suivante : on plonge dans l'électrolyte, presque toujours liquide, deux *électrodes*, l'*anode* (électrode positive) et la *cathode* (électrode négative) à une certaine distance l'une de l'autre. Dans la plupart des cas, on se sert de plaques métalliques comme électrodes. Le phénomène, qui se produit dans l'électrolyte introduit dans le circuit fermé, s'appelle *électrolyse*. A un point de vue purement extérieur, le phénomène de l'électrolyse consiste dans l'apparition ou, comme on dit encore, dans la séparation, sur la *surface des électrodes*, de substances déterminées qui ne sont souvent autres que les parties chimiquement différentes composant l'électrolyte. Ces substances, qui se séparent dans l'électrolyse, s'appellent des *ions*; sur l'anode se forme l'*anion*, sur la cathode le *cathion*. Ainsi, dans l'électrolyse d'une solution aqueuse de $ZnCl^2$ entre des électrodes de platine, apparaît sur l'anode l'anion Cl et sur la cathode le cathion Zn. Considérés *extérieurement*, l'anion et le cathion représentent les produits de la décomposition de l'électrolyte et, il faut ajouter, d'une décomposition produite par le passage du courant à travers l'électrolyte.

Nous avons parlé, dans le Tome I, de la notion d'*équivalence* des atomes et des groupes d'atomes, et nous avons vu qu'il faut distinguer d'un côté le poids atomique et le poids moléculaire, d'un autre côté le poids équivalent. Sont monovalents H, K, Na, Cl, Br, AzH^4, OH, CAz, BrO^3, etc ; tous ces atomes ou groupes d'atomes sont *équivalents* à un atome d'hydrogène, c'est-à-dire qu'ils peuvent s'unir à lui ou le remplacer. Sont bivalents Ba, Sr, Zn, Cu, O, SO^4, CO^3, etc. Le *poids moléculaire* de chaque groupe est égal à la somme des poids atomiques entrant dans sa composition. *Le poids équivalent est égal à la k^e partie du poids atomique ou du poids moléculaire*, si le groupe d'atomes a la valence k ou si le composé se décompose en *ions* de valence k. On a, par exemple, pour les groupes AzH^4, OH, AzO^3, etc. ou pour les composés NaCl, AzH^4Cl, $AgAzO^3$, NaHO, $KMnO^4$, etc., un poids équivalent égal au poids moléculaire ($k = 1$); mais dans d'autres cas, on a les poids équivalents suivants $\frac{1}{2}$ O $= 8$; $\frac{1}{2}$ $SO^4 = 48{,}03$; $\frac{1}{2}$ $H^2SO^4 = 49{,}04$; $\frac{1}{2}$ $CuSO^4 = 79{,}83$; $\frac{1}{3}$ H^3PO^4, $\frac{1}{4}$ $Na^4P^2O^7$, $\frac{1}{4}$ C $= 2{,}99$, $\frac{1}{5}$ Na^5IO^6, $\frac{1}{6}$ Al^2Cl^6, etc.

L'*équivalent-gramme* pèse autant de grammes qu'il y a d'unités dans le poids équivalent.

Il ne faut pas oublier qu'*on ne parle d'équivalents que relativement à des ions et à des composés qui peuvent se décomposer en ions de noms contraires* (anion et cathion).

Un même élément, de même qu'un groupe déterminé d'atomes, peuvent avoir des valences différentes suivant les combinaisons. Ainsi, le cuivre est monovalent dans la combinaison CuCl, de sorte que son poids équivalent est égal au poids atomique Cu $= 63{,}18$; dans $CuCl^2$, le cuivre est bivalent et son poids équivalent $\frac{1}{2}$ Cu $= 31{,}59$. L'ion Fe peut être bivalent et trivalent, Sn bivalent et tétravalent, etc.

Suivant la définition proposée par HITTORF, seules peuvent être des électrolytes les substances qui, dans les réactions, effectuent entre elles un double échange, les parties constituantes échangées jouant précisément le rôle d'*ions*; la chimie nomme en général actuellement de tels corps des *sels*, en comptant aussi parmi eux les substances où l'un des ions est l'hydrogène. La dénomination de sel attribuée aux électrolytes n'épuise pas probablement d'une manière complète la question : cela ressort déjà de ce qu'il n'existe pas de limite bien nette entre les sels et les non-sels.

H, les *métaux*, AzH^4, et en général tous les corps qui forment un électrolyte avec Cl, AzO^3 ou un autre radical acide, jouent le rôle de *cathion* dans l'électrolyse.

Les haloïdes, OH, les radicaux acides tels que AzO^3, SO^4, PO^4, ClO^3, etc., généralement tous les corps qui peuvent former un électrolyte avec H, Na ou un métal, jouent le rôle d'*anion*. Nous indiquerons plus loin quelques exemples moins simples.

Nous verrons que les ions, dont un électrolyte se compose, sont en réalité séparés aux électrodes dans des cas relativement rares. A leur apparition aux électrodes, les ions entrent très souvent dans des réactions diverses, purement *chimiques*, par exemple avec le dissolvant, avec la substance de l'électrode, avec l'électrolyte lui-même, etc. Comme résultat de ces réactions, que l'on considère comme des *phénomènes secondaires* dans l'électrolyse, apparaissent en réalité sur les électrodes non pas les ions, dont se compose l'électrolyte, mais des substances tout autres. Supposons, par exemple, qu'on ait introduit dans le circuit une solution aqueuse de Na^2SO^4 ; les ions sont $2\,Na$ et SO^4. Le sodium entre immédiatement en réaction avec le dissolvant, c'est-à-dire avec l'eau, conformément à l'équation $2\,Na + 2\,H^2O = 2\,NaHO + H^2$; il se forme à la cathode de la lessive de soude et de l'hydrogène. A l'anode, se produit la réaction $SO^4 + H^2O = H^2SO^4 + O$, lorsque l'anode est en platine, en charbon, etc. ; si elle est en cuivre, par exemple, on obtient la réaction $SO^4 + Cu = CuSO^4$ et il y a dissolution de l'anode avec formation de sulfate de cuivre. Ainsi, au lieu des ions Na^2 et SO^4, apparaissent les composés $H^2 + 2\,NaHO$ et $H^2SO^4 + O$ ou $CuSO^4$. Nous étudierons, dans la suite, plus en détail, les divers cas d'actions secondaires dans l'électrolyse.

Les *lois quantitatives* de l'électrolyse ont été découvertes par FARADAY (1833-34). Ces lois sont au nombre de deux.

LOI I. *La quantité en poids des ions, qui apparaissent sur les électrodes par l'introduction d'un électrolyte dans le circuit, est proportionnelle à la quantité d'électricité qui parcourt le circuit.* Cette quantité η est égale au produit It de l'intensité du courant par le temps. Nous mesurerons la quantité η en coulombs et nous pouvons dire qu'à chaque coulomb qui s'écoule correspond une quantité bien déterminée en poids des ions qui se séparent.

LOI II. *Les quantités en poids d'ions différents, qui se séparent aux électrodes par le passage dans le circuit d'une même quantité d'électricité, sont proportionnelles aux poids équivalents de ces ions.*

De ces deux lois découlent une série de conséquences très importantes.

1. La quantité en poids de l'ion, qui se sépare dans l'électrolyse, *ne dépend*

pas de l'électrolyte, dans la composition duquel entre cet ion, pourvu que sa valence reste la même dans tous les cas. Quand une quantité déterminée d'électricité s'écoule dans le circuit, il se sépare toujours une même quantité en poids de H, Ag, K, Na, Cl, SO^4, OH, etc. Mais, par exemple, la quantité de cuivre séparée dans l'électrolyse de CuCl est deux fois plus grande que dans l'électrolyse de $CuCl^2$, parce que le poids équivalent est, dans le premier cas, égal à Cu (c'est-à-dire au poids atomique) et, dans le second, à $\frac{1}{2}$ Cu ; au contraire, la quantité de chlore dégagée est la même dans les deux cas.

2. Un équivalent-gramme d'un ion quelconque se sépare sur l'électrode, lorsqu'il s'écoule dans le circuit une quantité bien déterminée d'électricité que l'on désigne par la lettre F pour rappeler le nom de Faraday. On a :

$$F = 96540 \text{ coulombs.} \quad (1)$$

3. La quantité d'ions séparés ne dépend ni de la nature du *dissolvant* ni de la substance des *électrodes*; elle ne dépend pas non plus des *phénomènes secondaires* qui peuvent accompagner l'électrolyse.

4. La quantité d'ions séparés ne dépend pas de l'état dans lequel se trouve l'électrolyte, qu'il soit *fondu* ou *dissous*.

5. La quantité d'ions séparés ne dépend pas de *l'intensité* I *du courant* dans le circuit, pourvu que le *produit de cette intensité par le temps*, pendant lequel a lieu l'électrolyse, reste le même.

Un grand nombre de travaux ont été entrepris pour vérifier les deux lois de l'électrolyse ; mais toutes ces recherches n'ont plus aujourd'hui qu'un intérêt historique et nous ne mentionnerons que très brièvement quelques-unes d'entre elles.

La question suivante est particulièrement importante : existe-t-il dans les électrolytes une conductibilité *métallique*, même très faible, en dehors de la conductibilité *électrolytique* ; autrement dit, une partie du courant, même très faible peut-elle traverser l'électrolyte sans provoquer la séparation corrélativedes ions.

Les expériences soignées de Buff ont montré que l'intensité du courant, entre de larges limites (de 1 à 200) est proportionnelle à la quantité d'ions séparés, mais ne pouvaient donner une réponse définitive à la question. Faraday lui-même admettait la possibilité d'une conductibilité métallique des électrolytes et pensait que l'électrolyse ne commence qu'avec une intensité de courant dépassant un certain minimum. Cependant, les travaux ultérieurs ont établi *l'exactitude complète de la première loi* et par suite l'absence absolue de conductibilité métallique dans les électrolytes. *Dans un circuit comprenant un électrolyte, il ne peut y avoir de courant sans électrolyse, c'est-à-dire sans apparition d'ions sur les électrodes en contact avec l'électrolyte.* Ostwald et Nernst (1889) ont montré, par exemple, que dans le passage de la décharge d'une bouteille de Leyde, renfermant au total 5.10^{-6} coulomb environ, à travers une solution faible d'acide sulfurique, on obtenait à la cathode une bulle d'hydrogène, de dimensions correspondant parfaitement à la première loi de l'électrolyse.

Mais on trouve une démonstration encore plus convaincante dans les phénomènes de *polarisation*, dont nous avons déjà parlé à la page 224 et sur lesquels nous reviendrons plus en détail dans la suite. Une importance *décisive* s'attache ici aux expériences de Sokolow, qui a réussi à montrer qu'il y a déjà polarisation pour des forces électromotrices de 0,001 volt. Il n'y a aucune raison de supposer que la limite, au-dessous de laquelle la polarisation cesse, est ainsi atteinte.

Nous avons parlé à la page 536 de la relation qui existe, d'après les recherches de E. Cohn, entre la loi de l'électrolyse et la loi d'Ohm appliquée aux électrolytes.

Les phénomènes de l'électrolyse ne dépendent naturellement d'aucune manière de la *source* du courant électrique. Aussi, le courant extrêmement faible que l'on obtient quand on relie entre eux les conducteurs d'une machine électrique à frottement ou à influence, ou quand on met les deux conducteurs à la terre, donne également des phénomènes électrolytiques. Ritter, Faraday, Riess, Andrews, Buff, Davy, Armstrong, et d'autres encore l'ont fait voir par des expériences directes. Ostwald et Nernst (1889) ont montré que lorsqu'on produit de l'induction électrostatique dans un liquide, l'apparition des deux charges à la surface du liquide est accompagnée d'électrolyse.

Les recherches que de nombreux savants ont faites avec beaucoup de soin établissent également que la *deuxième loi de l'électrolyse* est tout à fait exacte.

Nous avons vu que, d'après cette loi, à une même quantité d'électricité F qui parcourt le circuit, correspond la séparation d'un équivalent-gramme d'un ion quelconque. *La quantité en poids de l'ion qui se sépare sur une électrode, quand un coulomb traverse le circuit, s'appelle l'équivalent électrochimique de cet ion* ; on a l'habitude de l'exprimer en *milligrammes*.

Si on désigne le poids atomique ou moléculaire de l'ion par m, sa valence par k, à F coulombs correspondent $m : k$ grammes ; ceci donne pour *l'équivalent électro-chimique* p l'expression

(2) $$p = \frac{1\,000\, m}{kF} \text{ milligr.},$$

d'où

(2, a) $$F = \frac{1\,000\, m}{kp}.$$

Pour les quantités en poids P_1 et P_2 de deux ions quelconques, qui se séparent par le passage dans le circuit d'un même nombre de coulombs, on a

(2, b) $$\frac{P_1}{P_2} = \frac{m_1}{m_2} \cdot \frac{k_2}{k_1}.$$

La dernière formule peut servir pour la *vérification de la seconde loi de l'électrolyse*, qu'elle exprime sous la forme la plus simple. La formule (2, a) permet de déterminer la grandeur F, quand des mesures directes ont donné l'équivalent électrochimique.

La quantité en poids p' de l'ion, correspondant à un *ampère-heure* (3 600 coulombs), est égale à 3600 p ou, en grammes, à

$$(2, c) \qquad p' = \frac{3600\, m}{kF} \text{ grammes.}$$

Une vérification de la seconde loi de l'électrolyse à l'aide de la formule (2, b) a été faite en premier lieu par LORD RAYLEIGH (1884), GRAY (1886) et SHAW (1887) ; ils ont comparé les quantités en poids P_1 et P_2 *d'argent* et de *cuivre* correspondant à un même nombre de coulombs. En posant H = 1,008 et en prenant pour l'argent $m_1 = 107{,}93$, pour le cuivre $m_2 = 63{,}604$ (d'après RICHARDS), on obtient $P_1 : P_2 = 3{,}3942$ (on a ici $k_1 = 1$, $k_2 = 2$). Les auteurs mentionnés ont trouvé pour ce rapport : LORD RAYLEIGH, 3,406 ; GRAY, 3,4013 ; SHAW, 3,3998. Le travail le plus récent, celui de TH. W. RICHARDS et HEIMROD (1902), a donné un résultat si voisin de la valeur théorique, déterminée par voie purement chimique, qu'inversement, en partant de ce résultat pour évaluer le poids atomique du cuivre, on obtient Cu = 63,601. Ce travail important démontre d'une manière définitive l'exactitude de la seconde loi de l'électrolyse, c'est-à-dire la proportionnalité des équivalents électrochimiques aux poids équivalents.

Il découle de la seconde loi qu'il suffit de connaître *l'équivalent électrochimique* p d'un ion quelconque pour avoir la même grandeur pour tous les ions. Les mesures les plus importantes de la grandeur p se rapportent à *l'argent* ; elle a été en outre déterminée pour le *cuivre* et pour *l'hydrogène.*

L'équivalent électrochimique de l'argent a été déterminé à plusieurs reprises et avec le plus grand soin (par l'électrolyse d'une solution de $AgAzO^3$). Jusqu'à une époque récente, les valeurs suivantes étaient considérées comme les plus exactes :

	p
MASCART (1882)	1,1156 mgr.
F. et W. KOHLRAUSCH (1884)	1,1183 »
LORD RAYLEIGH et Mrs. SIGDWICK (1884) .	1,1179 »

En attribuant plus de crédit aux deux derniers nombres, on pourrait prendre $p = 1{,}118$ mgr, d'où l'on déduit, à l'aide de la formule (2,a), en faisant $k = 1$, $m = 107{,}93$, la valeur F = 96538, au lieu de celle que nous avons adoptée plus haut F = 96540. Les déterminations ultérieures de POTIER et PELLAT (1,1192), PATTERSON et GUTHE (1,1192), KAHLE (1,1183) ont été effectuées jusqu'en 1900. Tous ces travaux, ainsi que les précédents, ont été soumis à un examen critique de la part de LEDUC. Après 1900, ont été publiées les recherches suivantes. D'abord celles de TH. W. RICHARDS et HEIMROD (1902), qui ont donné pour Ag la valeur $p = 1{,}1175$ mgr. et pour le *cuivre*

$$(3) \qquad p = 0{,}32929 \text{ mgr (Cu).}$$

PELLAT et LEDUC (1903) ont d'autre part trouvé pour l'argent $p = 1{,}1195$ mgr ; enfin DIJK et KUNST (1904) ont obtenu le nombre $p = 1{,}11823$ mgr.

DIJK a montré qu'en chauffant le voltamètre jusqu'au rouge la grandeur p n'est pas influencée. Dans un travail paru plus tard (1906), DIJK est arrivé à ce résultat que la valeur la plus probable est

$$(3, a) \qquad p = 1,1180 \text{ mgr. (Ag).}$$

GUTHE (1906) a donné simultanément le nombre $p = 1,11773$ mgr., qui ne diffère que très peu du précédent. Récemment, on a encore publié un grand nombre de mesures précises de p pour Ag. F. KOHLRAUSCH (1908) a confirmé le nombre $p = 1,1183$ mgr. obtenu antérieurement (1884) par lui et par W. KOHLRAUSCH ; SMITH, MATHER et LOWRY (1908, National physical Laboratory) ont trouvé $p = 1,11827$ mgr. ; JANET, LAPORTE et DE LA GORCE (1908, Laboratoire Central d'électricité) sont arrivés au nombre $p = 1,11821$ mgr. ; et les deux derniers physiciens (1910) au nombre 1,11829 mgr. qui diffère très peu de celui des savants anglais. On peut donc dire maintenant que 1 coulomb sépare une quantité d'argent très peu différente de 1,11828 mgr.

Le Congrès des électriciens de Londres (1908) s'est placé à un tout autre point de vue, comme nous le verrons plus tard dans le Chapitre X. Il a adopté le nombre

$$(3, b) \qquad p = 1,11800 \text{ mgr.},$$

comme équivalent électrochimique de l'argent fixé une fois pour toutes et en vue de définir par ce nombre l'ampère et le coulomb ; la convention primitive que cette grandeur doit être égale à 0,1 C. G. S disparaît donc. Les deux zéros à la fin du nombre ont pour but d'indiquer que cette valeur ne doit jamais plus être changée.

BOSE et CONRAT (1908), JÄGER et STEINWEHR ont étudié les propriétés du voltamètre à argent. EISENWEHR (1911) a fait l'étude des solutions de AgFl et les a trouvées commodes.

Nous remarquerons encore que, par le passage de 1 *coulomb* dans le circuit, se dégagent les volumes de gaz suivants (à 0° et sous 760^{mm} de pression) :

$$(3, c) \qquad \begin{cases} \text{hydrogène} & 0^{cmc},116, \\ \text{gaz tonnant} & 0^{cmc},174. \end{cases}$$

On a, pour *l'équivalent électrochimique de l'hydrogène* p (H), d'après la formule (2), où il faut poser $m = 1$ et $k = 1$,

$$(3, d) \qquad p\,(\text{H}) = \frac{1000}{\text{F}}\,mgr. = \frac{1}{\text{F}}\,gr. = 0^{gr},00001036.$$

LEHFELDT (1908) a trouvé pour le volume du gaz tonnant la valeur $0^{cmc},17394$ et $\text{F} = 96590$ coulombs.

F. KOHLRAUSCH et H. WEBER (1908) ont cherché si l'équivalent électrochimique dépend de la *température*. Ils ont trouvé que le coefficient de température de cette grandeur (entre 10° et 70°), dans l'électrolyse de $NaAzO^3$, $NaClO^3$ et KBr, est certainement plus petit que 10^{-6}, et dans celle de KI plus petit que

10^{-7}. La question de savoir si le coefficient de température est réellement nul ne peut pas naturellement se résoudre expérimentalement ; on peut admettre théoriquement la possibilité d'une dépendance à l'égard de la température, en se basant sur la nouvelle théorie des électrons.

2. Quelques cas particuliers d'électrolyse. — Nous considérerons d'abord quelques *appareils*, dont on se sert ordinairement en électrolyse. Pour de simples expériences de cours, on peut employer l'appareil représenté par la figure 229. La solution se trouve dans un tube en U : on prend comme électrodes des fils ou des plaques de Pt ou d'un autre métal, suivant l'électrolyse que l'on veut réaliser.

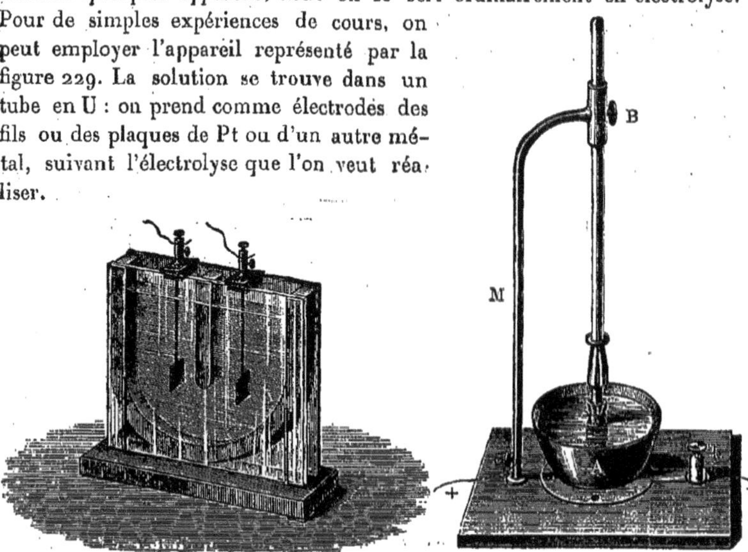

Fig. 229 Fig. 230

Pour l'électrolyse de *l'azotate d'argent*, on utilise un appareil appelé *voltamètre à argent* ; nous verrons dans la suite pour quelle raison cette dénomination a été adoptée. Il se compose d'une coupelle en platine A(*fig* 230), renfermant la solution de $AgAzO^3$ et servant de cathode. Dans la solution, plonge

Fig. 231

une baguette d'argent, fixée à l'extrémité inférieure, formant pince à ressort, d'une tige qu'on peut élever et abaisser. Les bornes *b* et *c* servent à introduire l'appareil dans le circuit. La baguette d'argent est entourée d'un petit sac de mousseline, où restent les particules d'argent qui se détachent de la baguette corrodée, en même temps que d'autres produits secondaires qui se se forment à l'anode.

Si l'on désire introduire *à la suite l'un de l'autre* dans le circuit plusieurs électrolytes, on les relie, comme le montre la figure 231, par des fils ou des siphons remplis de liquides appropriés.

Dans l'électrolyse de quelques solutions (H^2SO^4, Na^2SO^4, KHO et d'autres encore), il se dégage sur les électrodes de l'oxygène et de l'hydrogène. Si on désire recueillir séparément les deux gaz, on peut se servir de l'appareil de A.W. Hofmann (*fig.* 232), qui se compose de trois tubes A, B et C communiquant entre eux à leur partie inférieure. Le tube C du milieu se termine à sa partie supérieure par une boule R, ouverte et formant réservoir ; les tubes latéraux contiennent les électrodes de platine P et P', reliées par des fils aux vis de serrage K et K' ; ces tubes sont munis de robinets h et h'. On remplit d'abord tout l'appareil avec la solution à étudier, en la versant dans le vase R, les robinets h et h' étant ouverts. On ferme ensuite les robinets et on met l'appareil en circuit. Les gaz se rassemblent à la partie supérieure des tubes A et B, refoulant le liquide de A et B dans R par le tube C du milieu. On a représenté sur la figure le cas où P sert d'anode, P' de cathode, de sorte qu'il se rassemble dans A une certaine quantité d'oxygène et dans B un volume double d'hydrogène. Les tubes A et B sont munis d'une graduation.

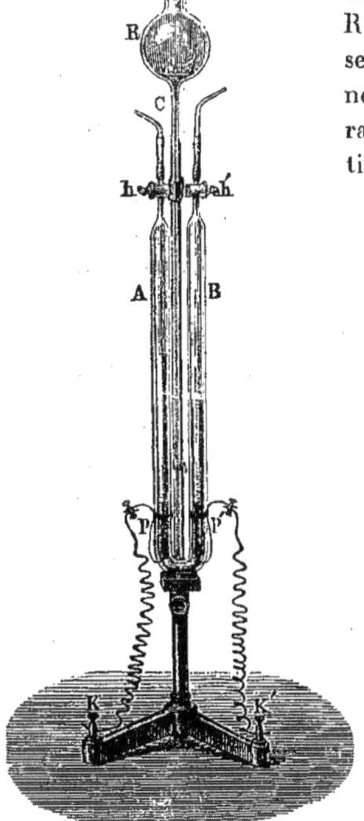

Fig. 232

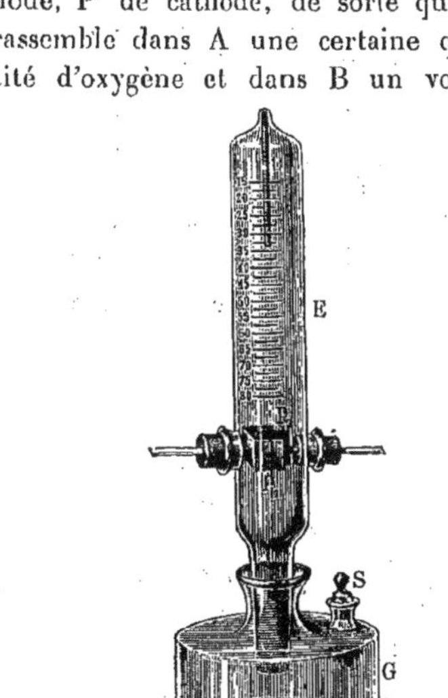

Fig. 233

Pour obtenir un mélange des deux gaz, c'est-à-dire le gaz tonnant, on peut employer l'appareil de F. Kohlrausch (*fig.* 233), qui se compose d'un cylindre gradué E, dans lequel se trouvent les électrodes de platine p_1 et p_2 et à la partie supérieure un thermomètre. L'extrémité inférieure du cylindre est rétrécie et enfoncée dans un vase G, lequel présente une ouverture latérale avec un bouchon S, qui doit être enlevé lorsque l'appareil est introduit dans le circuit. Pour recueillir de grandes quantités de gaz tonnant, on peut aussi se servir de l'appareil représenté sur la figure 234, *en partie en coupe*. Le couvercle A est traversé par les fils *c* et *d* qui aboutissent à deux grandes plaques constituant les électrodes, ainsi que par le tube *b* qui sert à conduire les gaz à l'extérieur de l'appareil.

Fig. 234

Nous décrirons plus loin quelques appareils moins simples, qui servent à l'étude des différentes couches de l'électrolyte soumis à l'électrolyse.

Avant de passer à l'examen de quelques cas particuliers d'électrolyse, nous ferons plusieurs remarques générales.

Lorsque, sur l'une des électrodes, doit se former un ion sous la forme d'un corps solide adhérent à l'électrode, la *densité du courant*, qui dépend aussi bien de *l'intensite du courant* dans le circuit que de la grandeur des électrodes, ne doit pas dépasser certaines limites. Bornons-nous à un exemple. Dans l'électrolyse d'une solution de $CuSO^4$, du cuivre se sépare sur la cathode. Si la densité du courant est petite (courant faible, grande surface de la cathode), le cuivre se précipite en couche très compacte ; mais si, au contraire, la densité du courant est grande (courant intense, petite surface de la cathode), on obtient une couche de cuivre à gros grains, peu compacte, qui s'émiette.

Les propriétés physiques de l'ion solide qui se sépare sont en outre fortement influencées par la concentration de la solution, par la température et en outre par divers mélanges d'autres substances. On a fait ces temps derniers une série d'expériences, qui ont montré qu'en remuant bien l'électrolyte, la densité de courant peut être notablement augmentée sans préjudice pour la couche qui se précipite.

On pensait autrefois que l'électrolyse n'est possible qu'avec des *liquides*. Cependant un certain nombre de phénomènes montrent que *l'électrolyse peut avoir lieu aussi dans des substances solides* et à des températures qui restent très éloignées de la température de fusion de ces substances. Ainsi le sulfure de cuivre (CuS), le sulfure de thallium, le chlorure, le bromure et l'iodure de plomb (E. Wiedemann), l'iodure d'argent peuvent être soumis à l'électrolyse sous l'état solide ou légèrement ramollis.

L'électrolyse du verre, étudiée par Warburg, présente un intérêt particulier. On place une éprouvette remplie de mercure dans un large vase en verre, renfermant du mercure avec un peu de sodium ; la cathode se trouve dans le vase intérieur, l'anode dans le vase extérieur. A 300° (le verre ne fond pas au-dessous de 700°) se produit l'électrolyse du verre, Na se séparant du silicate de soude comme cathion dans le vase intérieur et en quantité qui correspond rigoureusement au nombre de coulombs ayant traversé le circuit.

La même quantité de Na passait du vase extérieur dans le verre. S'il se trouve du mercure pur des deux côtés du verre, l'intensité du courant dans le circuit baisse, au bout d'une heure, jusqu'à 0,001 de sa valeur initiale, parce qu'il se précipite du côté de l'anode, comme produit de l'électrolyse, une couche mauvaise conductrice d'acide silicique. De nouvelles recherches sur l'électrolyse du verre ont été faites par Tegetmeyer (1890), Roberts-Austen (1891, 1895), Heydweiller et Kopfermann (1910), Leblanc et Kerschbaum (1910).

Warburg et Tegetmeyer (1887) ont montré que le *quartz* peut être aussi décomposé électrolytiquement à 225°, mais seulement dans la direction de son *axe optique* ; or le quartz fond à une température qui n'est pas inférieure à 1500°. F. M. Exner (1901) a reconnu que le quartz amorphe, obtenu par fusion, conduit déjà sensiblement le courant vers 100 à 150° ; il est très probable qu'il y a également électrolyse dans ce cas. Une étude très approfondie de la question a été faite par Saposchnikow (1910, 1911). Il a trouvé que le quartz cristallin, dans la direction de l'axe, ne suit la loi d'Ohm que pour des courants faibles et de courte durée. Si le champ est plus intense, de 4 000 voltcentimètres par exemple, les écarts deviennent d'autant plus grands que le champ est plus fort et son action plus longue. On arrive finalement à un *courant de saturation*, comme dans les gaz ainsi que nous le verrons. Les radiations violettes, les rayons Röntgen et du radium ont sur le quartz la même action ionisante (voir plus loin). Jaffé (1911) a aussi mis en évidence l'existence d'un *courant de saturation* pour plusieurs corps très mauvais conducteurs. Un grand nombre *d'électrolytes solides* ont été étudiés par Haber (1908) et ses élèves, par exemple $BaCl^2$, les sels de K et Na, $AgCl$, Cu^2Cl^2, la porcelaine, etc. Bose (1902) a découvert un cas remarquable d'électrolyse de substance solide, celle des *oxydes portés au rouge*, qui constituent le filament de la lampe à incandescence de Nernst. On constate que quand on fait *brûler* une telle lampe, c'est-à-dire lorsqu'elle est portée à l'incandescence par le courant *dans le vide*, une séparation du métal a lieu à la cathode ; la résistance du filament s'abaisse jusqu'à 0,1 de sa valeur initiale. Le filament, au lieu d'être porté au rouge blanc, est simplement échauffé au rouge et l'ampoule se remplit d'une lueur bleuâtre, qui est probablement due à la diffusion de la lumière dans le milieu trouble produit par les particules du métal incandescent (voir Tome II). Dans la combustion à l'air, ce phénomène ne se produit pas. Le métal s'oxyde de nouveau, de sorte qu'à l'intérieur du filament incandescent existe un courant d'oxygène absorbé du côté de la cathode et qui se dégage à l'anode. Lorsqu'on emploie du courant alternatif, la lampe brûle aussi dans le vide uniformément et les phénomènes précédents ne se manifestent pas.

Il a déjà été mentionné à la page 617 que la première apparition des ions sur les électrodes est très souvent accompagnée de *phénomènes secondaires* qui ont un caractère purement *chimique*. Ostwald (*Allgem. Chem.* II, **1**, p. 968, 1893) distingue, dans ces phénomènes secondaires de l'électrolyse, cinq cas :

1. *Les ions sont polymérisés*, Exemples : $2H = H^2$; $2Cl = Cl^2$; etc.

2. *Les ions sont décomposés*. Exemples : dans l'électrolyse des sels ammoniacaux, apparaît sur la cathode l'ammonium AzH^4, lequel se décompose en AzH^3

qui reste dans la solution et en hydrogène qui se dégage. Mais, lorsque du mercure sert de cathode, il ne se produit pas de décomposition et il se forme un almagame d'ammonium. Dans l'électrolyse des acétates, apparaît l'anion $C^2H^3O^2$, qui se décompose en éthane et en acide carbonique suivant l'équation $2C^2H^3O^2 = C^2H^6 + 2CO^2$. Des actions secondaires analogues accompagnent en général très souvent l'électrolyse des acides organiques et de leurs sels.

3. *Les ions agissent sur le dissolvant.* Nous avons déjà parlé de l'électrolyse de Na^2SO^4, dans laquelle on a les actions secondaires suivantes : sur la cathode, $Na^2 + 2H^2O = 2NaHO + H^2$; sur l'anode, $2SO^4 + 2H^2O = 2H^2SO^4 + O^2$. Dans l'électrolyse de Na^2SO^3, il ne se dégage pas d'oxygène à l'anode ; SO^3 se combine avec H^2O pour donner de l'acide sulfurique.

4. *Les ions agissent sur l'électrolyte.* Différentes circonstances sont ici possibles :

a) l'anion se combine avec l'électrolyte : $Sn\,Cl^2$ donne à l'anode la réaction $SnCl^2 + Cl^2 = SnCl^4$;

b) le cathion s'unit à l'électrolyte : $Cu\,Cl^2$ donne à la cathode la réaction $Cu + CuCl^2 = Cu^2Cl^2$;

c) les ions donnent avec l'électrolyte une réaction plus compliquée : dans l'électrolyse de $HAzO_3$, on a à la cathode la réaction $4H^2 + HAzO^3 = AzH^3 + 3H^2O$; l'azotate de plomb donne à l'anode de l'oxygène, qui décompose le sel avec formation de peroxyde de plomb et d'acide azotique avec l'eau.

5. *Les ions agissent sur les électrodes.* La circonstance la plus simple est la combinaison de l'anion avec l'anode et il se forme alors le sel du métal qui constitue l'anode. Des anodes de Pt et de Au elles-mêmes sont parfois soumises à cette action. $SO^4 + Cu = CuSO^4$, $2Cl + Zn = ZnCl^2$ peuvent servir d'exemples de l'action des ions sur les électrodes. Dans l'électrolyse du chlorure d'ammonium AzH^4Cl, il se produit, quand MnO^2 sert d'anode (élément Leclanché), la réaction $2AzH^4 + 2MnO^2 = 2AzH^3 + Mn^2O^3 + H^2O$. L'électrolyse de $ZnCl^2$ fournit un exemple intéressant, lorsque la cathode est du zinc, l'anode du chlorure d'argent $Ag\,Cl$ (élément de Warren de la Rue) : à l'anode a lieu la réaction $Cl^2 + Zn = ZnCl^2$; à la cathode, la réaction $2AgCl + Zn = 2Ag + ZnCl^2$.

Un intérêt tout particulier s'attache aux phénomènes qui se produisent dans ce qu'on appelle *l'électrolyse de l'eau* ou plus exactement, comme nous le verrons plus tard, dans l'électrolyse des solutions aqueuses, telles que le résultat des actions secondaires est de l'hydrogène à la cathode, de l'oxygène à l'anode (solutions de H^2SO^4, Na^2SO^4, KHO, etc.), un volume d'oxygène correspondant à deux d'hydrogène. En fait, on observe parfois des écarts très notables pour ce rapport (qui atteint jusqu'à 1 : 3, 5 au lieu de 1 : 2) ; en outre, les quantités des deux gaz sont inférieures à celles auxquelles on devrait s'attendre d'après la théorie, c'est-à-dire à celles qui correspondent à la quantité d'électricité qui a traversé le circuit. Supposons que l'eau renferme H^2SO^4 et que les électrodes ne s'oxydent pas. Les circonstances suivantes peuvent alors influer sur les quantités de gaz qui se dégagent.

1. Lorsque la solution est neuve, c'est-à-dire n'a pas encore été soumise à l'électrolyse, les gaz se dissolvent et l'oxygène se dissout deux fois plus que l'hydrogène (à 0°).

2. Certains métaux *absorbent l'hydrogène.* Sans parler du palladium, qui absorbe jusqu'à 900 volumes de H^2 (Tome I, occlusion), une certaine quantité de ce gaz est aussi absorbée par les électrodes de platine usuellement employées ; il en est de même de Ni, en particulier du nickel poreux.

3. Une partie de l'anion O se condense en *ozone* (O^3), de sorte que le volume de gaz diminue à l'anode. Soret a montré qu'il peut se former jusqu'à 2 °/₀ d'ozone.

4. Il peut se former à l'anode de *l'acide persulfurique*, dont l'anhydride est S^2O^7.

5. Il se produit à l'anode du *peroxyde d'hydrogène* H^2O^2 ; Richarz a montré que le peroxyde d'hydrogène s'obtient par décomposition de l'acide persulfurique qui apparaît au début.

6. Quand il se trouve de l'air dissous dans l'eau, une partie de l'oxygène qui se dégage s'unit à l'azote dissous pour former de *l'acide azotique*.

Comme on le voit par ce qui précède, presque tous les phénomènes indiqués manifestent une diminution du volume visible de l'oxygène gazeux. Engelhardt (1902) a exposé, dans une monographie très détaillée, tout ce qui a trait à l'électrolyse de l'eau et à ses diverses applications techniques.

Nous avons déjà mentionné que l'électrolyse des *électrolytes fondus* suit les mêmes lois que l'électrolyse des solutions. Toutefois, dans l'électrolyse des sels fondus, par exemple des composés des métaux lourds avec les éléments halogènes, il est extrêmement difficile d'obtenir des ions en quantités correspondant aux lois de l'électrolyse. Cela vient de ce que les ions se dissolvent dans la masse fondue ; il en est ainsi en particulier pour les métaux qui se diffusent jusqu'à l'anode, où ils s'unissent en partie de nouveau à l'élément halogène. En outre, les métaux se vaporisent partiellement. Il y a lieu par suite de s'étonner que Faraday ait pu découvrir précisément sur des sels fondus les lois de l'électrolyse ; il n'a réussi que grâce au choix, comme anode, du métal qui se sépare à la cathode ($PbCl^2$). Ce n'est qu'en 1900 que Helfenstein est parvenu à démontrer que l'électrolyse de $PbCl^2$, $PbBr^2$, PbI^2, $SnCl^2$, $ZnCl^2$, $CdCl^2$, $BiCl^3$ et AgCl fondus suit rigoureusement les lois de Faraday. Il a dû, pour cela, saturer au préalable le sel fondu avec le métal correspondant et séparer complètement l'une de l'autre la cathode et l'anode, en interposant entre elles des diaphragmes poreux.

Bunsen a montré comment on peut *obtenir certains métaux*, par exemple Mg

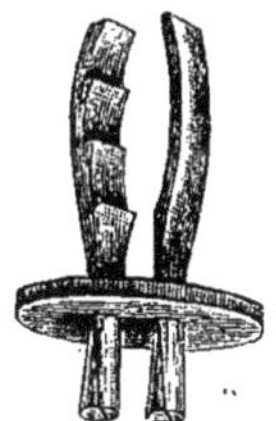

Fig. 235

et Li, par électrolyse de leurs sels fondus. La figure 235 représente l'appareil qui sert à obtenir le *magnésium*. Il se compose d'un creuset en porcelaine, qui est divisé, presque jusqu'au fond, par une cloison. Dans ce creuset, sont disposées des électrodes en charbon, qui traversent le couvercle en porcelaine. On fond, dans le creuset, $MgCl^2$, que l'on met ensuite en circuit. On donne à la cathode en charbon la forme dentelée qui est représentée sur la figure ; par cette disposition, le magnésium qui se dépose sur la cathode ne monte pas en haut du creuset et peut être recueilli après refroidissement de toute la masse. Beaucoup de physiciens ont depuis obtenu divers autres métaux (Rb, Cs, Be, Ca, Sr, Ba, Al, Ce, La) et métalloïdes (Bo, Si, Fl), par électrolyse de leurs sels fondus. On trouvera une exposition détaillée de ces travaux dans le chapitre I de l'ouvrage de Bogorodski (Partie I, Kazan, 1905, en russe), qui est cité dans la bibliographie.

Nous allons parler de quelques cas particuliers d'électrolyse qui présentent un intérêt spécial.

Le travail de Davy (1807) a une très grande importance au point de vue historique. Davy a en effet démontré, par l'électrolyse de la *potasse caustique* et de la *soude caustique* fondues, que ces corps étaient des composés chimiques; il en a tiré le premier de nouveaux métaux, le potassium et le sodium. Seebeck a donné le procédé suivant pour obtenir ces métaux : un morceau humide d'alcali est posé sur une plaque de platine qui sert d'anode ; on y creuse un logement qu'on remplit de mercure, dans lequel on plonge un fil de platine servant de cathode. On obtient ainsi l'amalgame du métal correspondant. Il est encore plus simple de verser le mercure dans un vase et sur ce mercure une solution concentrée d'alcali ; on plonge l'anode dans la solution et la cathode, isolée, dans le mercure. Davy a aussi obtenu du baryum métallique, avec un mélange pâteux de carbonate de baryte, de baryte et d'eau, par la méthode de Seebeck.

Une étude très complète des travaux relatifs à l'électrolyse des substances inorganiques *fondues* se trouve dans l'ouvrage mentionné plus haut de Bogorodski (Chap. II, pages 40 à 163), qui a réalisé lui-même l'électrolyse de $KAzO^3$, $NaAzO^3$, $LiAzO^3$ fondus. La même question est traitée d'une manière étendue dans le livre de R. Lorenz, *Die Elektrolyse geschmolzener Salze*, Halle a. S. 1905. L'intéressante question de l'électrolyse des *alliage* métalliques et des amalgames a été seulement effleurée dans quelques travaux de Obach (1876), Elsässer (1879) et Jenkins ; le dernier de ces auteurs a cherché à démontrer l'impossibilité d'une électrolyse des alliages.

Moissan (1886) a obtenu le *fluor* par électrolyse de l'acide fluorhydrique.

Les métaux, en se séparant à la cathode par électrolyse des sels, forment parfois de très jolies arborescences ; tel est, par exemple, l'*arbre de Saturne*, qui se produit dans l'électrolyse de l'acétate ou de l'azotate de plomb.

L'électrolyse du *sulfate de cuivre* a été l'objet de nombreuses recherches, car elle joue un rôle important dans la technique (galvanoplastie). Förster et Seidel (1897) ont montré qu'il peut se former, dans cette électrolyse, au voisinage de la cathode, un sulfate (Cu^2SO^4), dans lequel le cuivre est *monovalent* ; ce composé, dans une solution aqueuse non acide, donne du protoxyde de cuivre qui se précipite sur la cathode. Dans l'électrolyse d'une solution de *sulfate de fer*, il se sépare sur l'anode du fer spongieux et du protoxyde de fer.

On obtient des masses de fer consistantes à l'aide notamment d'une solution de deux parties de sulfate de fer et d'une partie de sel ammoniac. Le fer électrolytique renferme presque toujours de l'hydrogène, de l'oxyde de carbone et autres gaz. Les propriétés de ce fer ont été étudiées en particulier par Houllevigue (1897).

Dans l'électrolyse des acides, tels que H^2SO^4, etc., il n'apparaît généralement à la cathode que de l'hydrogène, à l'anode $SO^3 + O$, l'acide se reformant et l'hydrogène se dégageant. D'ailleurs Geuther (1859) et Warburg (1868) ont encore remarqué que, dans certaines conditions, par exemple sous forte concentration ou température élevée, il se sépare à la cathode, dans l'électrolyse de *l'acide sulfurique*, du soufre et du sulfure d'hydrogène. Gehrcke (1903) a montré que S et SH^2 se produisent aussi dans l'électrolyse d'une solution diluée et à température ordinaire, lorsque l'une des électrodes a une très petite surface. A basse température et pour une grande densité de courant, il se forme à l'anode de l'acide persulfurique $H^2S^2O^8$.

Dans l'électrolyse de quelques *composés d'urane*, un phénomène étrange se présente. Dans l'électrolyse de *l'oxychlorure d'urane* UO^2Cl^2 notamment, on obtient à l'anode Cl^2 et à la cathode le groupe UO^2 (uranyle), qui joue ici le rôle d'un *métal* (cathion).

On observe un phénomène remarquable dans l'électrolyse de l'eau acidulée, quand on se sert comme anode d'une plaque ou d'un fil d'*aluminium*. Ce phénomène a été étudié pour la première fois par Beetz, qui a trouvé que sur une anode d'aluminium une partie de l'oxygène oxyde le métal ; il y a production d'oxyde d'aluminium et en outre d'un autre oxyde inférieur, qui forme à la surface du métal une couche grise *conduisant très mal l'électricité*. Lecher a mesuré la résistance de cette couche, en introduisant dans le circuit une solution d'alun, l'une des électrodes étant en Pt, l'autre en Al. Dans l'une des expériences, l'intensité du courant était de 2 ampères, quand Al servait de cathode, et seulement de 0,01 ampère pour la direction de courant contraire. La résistance de la couche était alors égale à 880 ohms. Cook (1904) a observé que, quand la différence de potentiel appliquée à un voltamètre à aluminium augmente, il se produit un brusque accroissement de l'intensité du courant ; ceci a lieu à [illegible]° pour V = 47 volts, à 48° pour V = 22 volts. Au-dessus de 55°, le phénomène ne se manifeste plus du tout ; il est accompagné d'un changement d'aspect de la couche qui se forme à l'anode, laquelle se transforme en cristaux colorés, microscopiques, une partie de la surface métallique étant à nu. Corbino et Maresca (1906) ont trouvé que lorsqu'on emploie des solutions, le phénomène de formation de l'anode dépend de la nature de l'anion. Les anions AzO^3, CO^3, CH^3, COO ne donnent aucune formation ; la plus forte a lieu dans des solutions de tartrate, où la tension peut atteindre 150 volts. L'épaisseur de la couche isolante est alors égale à 0,05 micron ; le champ électrique dans cette couche est de 3 millions de volts par millimètre et la pression due à l'attraction électrostatique s'élève à 2000 atm.

D'autres expériences ont été faites dans ces derniers temps par Zimmermann (1905), par Jacobs (1906) et tout particulièrement par G. Schulze (1906, 1907),

G. SCHULZE a reconnu que la couche vraiment active n'est pas la couche solide, mais une couche d'oxygène extrêmement mince ($5^{\mu\mu}$), qui se forme contre la couche solide poreuse. Il évalue à 5500 atm. la pression électrostatique et à 8200 volts pour 1μ la chute de tension.

Le magnésium, étudié par CAMPETTI (1901) et MARESCA (1906), ainsi que le tantale, le colombium ou niobium, et le vanadium, donnent lieu à des phénomènes analogues à ceux que manifeste l'aluminium. G. SCHULZE (1907) a étudié particulièrement le tantale et a trouvé que les électrodes de tantale se forment plus rapidement que les électrodes d'aluminium et cela pour la totalité des 47 électrolytes expérimentés. La chute de tension à l'anode peut atteindre 1000 volts. Récemment de nombreux travaux ont été publiés ; ils sont dus principalement à G. SCHULZE (1907-1911), BOLTON (1907), PIERCE (1907-1909), ATHANASIADIS (1909), FLOWERS (1909), TAYLOR (1909), WALTER (1909), CARMAN et BALES (1910) et à d'autres encore. Nous parlerons d'abord des résultats obtenus par G. SCHULZE. Il a étudié (1907) Mg, Bi, et Sb et a trouvé, pour Mg, l'effet de soupape (Ventilwirkung) dans les solutions de KOH, K^2CO^3 et $Na^2HPO^4 + AzH^3$, avec une chute de tension de 350 volts à l'anode ; il en est de même pour Sb dans presque tous les électrolytes (700 volts) et pour Bi (600 volts dans la solution de KHO). L'oxyde du métal anode se forme d'abord et ensuite une combinaison du métal avec l'anion de l'électrolyte, Plus tard (1908), G. SCHULZE a fait porter ses recherches sur le *Niobium*, dont l'effet de soupape avait déjà été reconnu antérieurement par BOLTON (1907, 120 volts). Il a trouvé que Nb jouissait de propriétés analogues à celles du tantale. G. SCHULZE (1908) a observé ensuite que Zn et Cd, dans des solutions de K^2CO^3, Ag dans des solutions de HCl, HBr et HI, Cu dans des solutions de HFl manifestent des effets de soupape. Dans son dernier travail (1911), il a cherché quelle dépendance existait entre la tension maximum et la nature des électrolytes. WALTER (1909) a étudié l'effet de soupape du tungstène, dont les propriétés sont intermédiaires entre celles de l'aluminium et du tantale. Nous indiquerons plus tard les phénomènes remarquables que PIERCE et FLOWERS ont observés dans quelques cristaux.

En 1897 GRÄTZ a montré qu'on peut utiliser l'effet de soupape *pour transformer un courant alternatif en un courant de direction constante*. A cet effet, il reliait en série des vases renfermant une solution d'alun où des plaques de charbon et d'aluminium jouaient le rôle d'électrodes. Chacun de ces vases a une *conductibilité unipolaire*, pourvu que la force électromotrice ne dépasse pas 22 volts ; autrement dit, un courant traverse librement le vase dans une direction, mais non dans la direction opposée, quand l'aluminium est employé comme anode. On constate que la non-conductibilité d'un tel vase s'établit instantanément, aussitôt qu'apparaît dans le circuit une force électromotrice de direction convenable. On a représenté, dans les figures 236 et 237, deux dispositions adoptées par GRÄTZ pour *redresser* un courant alternatif. Dans le schéma de la figure 236, on obtient des courants pulsatoires de direction constante dans les deux conducteurs P et Q ; M désigne l'alternateur, A et B deux batteries des vases décrits plus haut, le trait le plus long représentant une plaque d'aluminium. Les courants de direction MC ne peuvent passer que par A et suivent par suite le parcours MCAQDM : les courants de direction contraire ne peuvent pas passer passer par A et suivent le circuit MDPBCM. Dans le schéma de la figure 237, on obtient un courant de direction constante dans le conducteur QP ; on a ici quatre séries de vases A, B, C et D. Comme les flèches l'indiquent, l'un des courants suit la direction

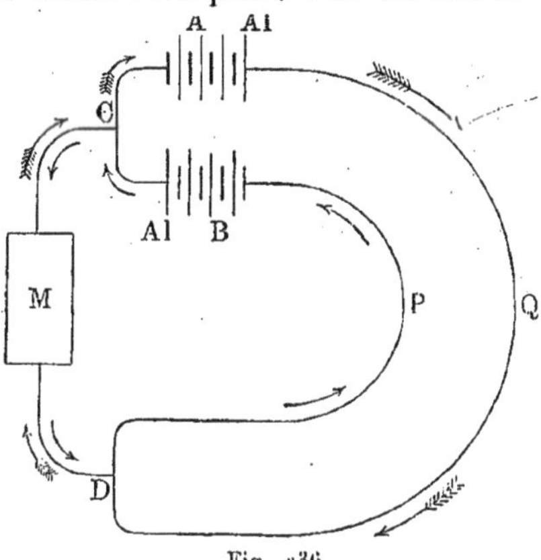

Fig. 236

MEAQPCFM, l'autre la direction MFDQPBEM. Les deux courants traversent QP dans la même direction. La méthode de GRÄTZ a été étudiée d'une manière détaillée par CAMPETTI, NORDEN, MAYRHOFFER, LECHER, BARTORELLI, COOK (1905), CHARTERS (1905) et d'autres encore. NORDEN a trouvé qu'il se produit, sur l'électrode d'aluminium, $Al^2(OH)^6$, lequel se transforme en $Al^2O^3 (SO^3)^3$ en présence de H^2SO^4.

W. MITKIÉWITSCH (1901) a amélioré le *redresseur* de GRÄTZ à anode d'aluminium.

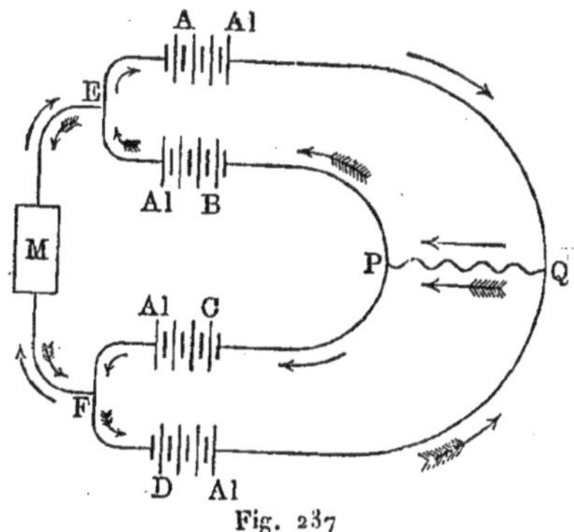

Fig. 237

nium. Il emploie, au lieu d'alun, une solution de bicarbonate de soude, qui présente l'avantage qu'un élément, construit suivant le schéma plomb-soude-aluminium, peut redresser un courant de 150 volts.

MITKIÉWITSCH a aussi donné une théorie du redresseur de courant à aluminium, dans laquelle il identifie les phénomènes qui ont lieu à l'anode en aluminium avec ceux qui se passent à l'anode de l'arc voltaïque. Il conclut de ses observations que le courant passe du liquide aux endroits dénudés de l'aluminium sous forme de petits arcs voltaïques, le phénomène lui-même possédant la plus grande analogie avec celui de l'arc. Les schémas qu'il a proposés pour redresser complètement un courant alternatif seront indiqués plus tard, quand nous traiterons des courants alternatifs.

Au lieu de l'aluminium, on peut aussi prendre des électrodes de tantale et de niobium pour le redressement des courants alternatifs, ainsi que quelques *corps cristallins*, comme l'ont montré Pierce et Flowers. Pierce a trouvé que la conductibilité des cristaux de *carborundum* augmente avec un courant alternatif et qu'elle peut être 4000 fois plus grande dans une direction que dans l'autre. Il a observé plus tard des propriétés analogues dans les cristaux de molybdénite, d'anatase, de brookite et de pyrite de fer, Flowers dans les cristaux de sulfure de plomb. On n'a pas encore trouvé l'explication de ces phénomènes singuliers.

L'électrolyse des *sels doubles* présente, comme nous le verrons plus loin, un très grand intérêt théorique, car la question de savoir *en quels ions se décomposent les sels doubles* peut avoir une importance décisive dans le choix entre les différentes théories de l'électrolyse. Cette question a été élucidée pour la première fois par Hittorf, qui a montré qu'on doit distinguer *trois cas dans l'électrolyse des sels doubles*.

1. Il existe des sels doubles qui ne sont qu'un *mélange* de deux sels. Ceux-ci donnent, dans l'électrolyse, *deux métaux* à la cathode. Tels sont $KAl(SO^4)^2$, $K^2Mg(SO^4)^2$, $K^2Zn(SO^4)^2$, etc. Ceci concorde parfaitement avec le fait que, dans la diffusion de ces sels à travers des cloisons poreuses, chacune des parties constituantes se diffuse séparément, avec le coefficient de diffusion qui lui est propre.

2. Dans un *second type de sels doubles*, l'un des métaux, le métal alcalin ou alcalino-terreux, apparaît comme cathion, tandis que tout le reste, l'autre métal et l'acide libre jouent le rôle d'anion. *On trouve que ces sels doubles subissent précisément cette décomposition dans les réactions de double échange avec d'autres sels*, voir page 617. Ainsi, le sel $KAg(CAz)^2$ donne d'abord à la cathode K, à l'anode $Ag(CAz)^2 = AgCAz + CAz$ et ce n'est que par des réactions secondaires que l'argent est séparé à la cathode ; le sel Na^2PtCl^6 se décompose dans le cathion Na^2 et l'anion $PtCl^6 = PtCl^4 + Cl^2$; le sel $NaAuCl^4$ donne le cathion Na, l'anion $AuCl^4$, etc. Il est intéressant d'observer que les sels $K^4Fe(CAz)^6$ et $K^3Fe(CAz)^6$ donnent à la cathode K^4 et K^3 et à l'anode le même groupe $Fe(CAz)^6$, qui, dans le premier cas, est tétravalent, et dans le second, trivalent. Cette décomposition des sels doubles a conduit Ostwald à admettre l'existence d'acides tels que $HAg(CAz)^2$, H^2PtCl^6, $H^4Fe(CAz)^6$, etc.

3. Un troisième type est formé par des sels pour ainsi dire *intermédiaires* entre les sels des deux premiers types. Tels sont les sels $KAuCl^4$, $KHgCl^3$, K^2CdI. En solution concentrée, le cathion est K, qui cependant déplace le métal lourd du sel, de sorte que sur la cathode apparaissent Au, Hg ou Cd. En solution diluée, le sel double se décompose et seul le sel de potassium est

soumis à l'électrolyse ; à l'anode n'apparaît pas du tout le groupe qui renferme le métal lourd.

L'électrolyse de *l'iodure de cadmium* CdI^2 présente un phénomène très intéressant. Le cadmium se sépare à la cathode et non seulement le surplus d'iode n'apparaît pas à l'anode, mais il s'y dépose aussi du cadmium. Il faut donc admettre qu'il se forme dans la solution une sorte de sel double, le polymère Cd^2I^4, dont les ions sont Cd et CdI^4. Avec des solutions d'iodure de cadmium dans les alcools éthylique et amylique, il se forme même Cd^3I^6, dont les ions sont Cd et Cd^2I^6. Après HITTORF, LENZ a étudié l'électrolyse des sels de cadmium. L'explication de l'électrolyse des sels doubles donnée par HITTORF a trouvé une confirmation éclatante dans les recherches de KISTIAKOWSKI sur l'abaissement de la température de congélation et l'élévation du point d'ébullition des solutions de ces sels.

Il existe des électrolytes, qui peuvent être décomposés en ions *de deux manières différentes ;* BREDIG les a appelés des *électrolytes amphotères.* Tel est, par exemple, $Pb(OH)^2$, qui donne le cathion Pb et l'anion 2OH ou le cathion 2H et l'anion PbO^2. La théorie des électrolytes amphotères a été développée par WALKER (1905) ; elle a été étudiée par LUNDÈN (1906), etc.

Beaucoup de travaux ont été récemment consacrés à l'électrolyse des composés organiques, mais nous ne pouvons aborder ce domaine sans sortir du cadre de cet ouvrage.

L'électrolyse des solutions de plusieurs électrolytes, c'est-à-dire des *mélanges*, a été étudiée par de nombreux auteurs. Lorsque deux sels d'un même acide sont contenus dans une solution, il ne se sépare en courant faible que l'un des métaux ; le second n'apparaît que pour une densité de courant plus grande. Dans la série des métaux Au, Ag, Bi, Cu, Sn, Pb, Cd, Zn, chacun se sépare avant celui qui le suit. De même, sur deux anions un seul se sépare en faible courant ; par exemple, d'un mélange de KCl et KI, *l'iode* seul se sépare. HITTORF a montré qu'on a ici affaire à une réaction secondaire ; sur l'électrode, apparaissent les ions des deux sels, mais l'un déplace l'autre de son sel. En dehors de la densité de courant, les additions de corps étrangers jouent aussi un grand rôle. Ainsi, d'une solution de sels de cuivre et de zinc seul le cuivre se sépare ; mais si on ajoute KCAz à la solution, les deux métaux se déposent sur la cathode sous forme de *laiton.*

O. LEHMANN a observé d'intéressants phénomènes avec le microscope. D'une solution de chlorures d'étain et de zinc se séparent à la cathode des chaînes de cristaux tétragonaux d'étain, prolongées par des fils irréguliers (dendrites) de zinc, comme le montre la figure 238. BUFF, PAALZOW, ARRHENIUS et, ces derniers temps, CHASSY, SCHRADER, HOFFGARTEN et WOLF se sont occupés de la question de l'électrolyse des mélanges.

Nous ne nous arrêterons pas sur les phénomènes qu'on observe lorsque plusieurs électrolytes en contact l'un avec l'autre sont introduits successivement dans le circuit, car ces phénomènes s'expliquent en grande partie avec facilité et ne présentent aucun intérêt particulier. Ils sont traités en détail dans l'ouvrage de G. WIEDEMANN, *Die Lehre von der Elektrizität,* T. II, pages 593 à 608, 1894. Une nouvelle étude de quelques phénomènes se rattachant à ce sujet a été faite par NERNST et RIESENFELD.

Pour terminer, nous indiquerons encore un phénomène singulier, observé parfois dans l'électrolyse : les ions solides exercent, en se déposant sur l'électrode, une *pression* sur celle-ci, qui peut atteindre une valeur très élevée, mais aussi être négative. MILLS (1877) a introduit, comme cathode, la boule argentée d'un thermomètre, dans une solution de sulfate de cuivre. Quand le cuivre se précipite sur la boule, le thermomètre se met à indiquer une température plus élevée que la température réelle et ce phénomène disparaît,

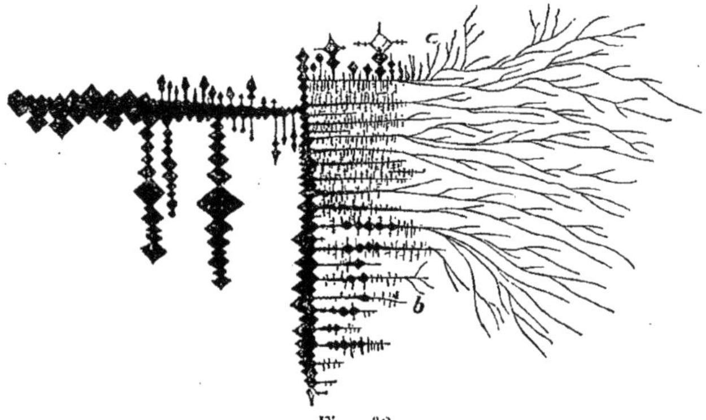

Fig. 238

quand le cuivre est enlevé par dissolution. La pression exercée par le cuivre dépasse 100 atmosphères. Avec un courant *faible*, on observe une *pression négative* ; le métal, en dépôt très compact, exerce pour ainsi dire une traction sur le réservoir du thermomètre. BOUTY a étudié en détail ce phénomène et en a donné l'explication suivante. La température du métal qui se précipite peut être différente de la température moyenne du liquide à la surface du thermomètre. Si la première est plus élevée que la seconde, le précipité comprime le réservoir en se refroidissant. Si elle est plus basse, la couche de métal qui adhère fortement au réservoir exerce sur lui une traction.

L'électrolyse trouve de nombreuses *applications pratiques*, dont l'examen nous conduirait trop loin. Telle est la *galvanoplastie*, qui permet d'obtenir des copies métalliques exactes des objets en relief (monnaies, médailles, clichés typographiques, etc.). La galvanoplastie a été inventée par l'académicien JACOBI de Saint Pétersbourg et presque simultanément par SPENCER en Angleterre. Elle a aussi pour objet de recouvrir des objets d'une couche mince d'un métal quelconque, par exemple dans la dorure, l'argenture, le nickelage, etc. On place le corps, sur lequel on désire obtenir le dépôt du métal, dans une solution de composition convenable, d'où ce métal se sépare pendant l'électrolyse sur le corps qui sert de cathode. Il convient de mentionner également le *raffinage des métaux*, par exemple du cuivre. On met du cuivre en morceaux (des riblons notamment) dans une solution de sulfate de cuivre et on s'en sert comme anode ; le cuivre se dissout et se précipite à l'état pur sur la cathode.

On peut encore signaler le traitement électrique des minerais, qui constitue *l'electrométallurgie*, et bien d'autres applications industrielles.

3. Conductibilité des électrolytes. — Le développement actuel de la théorie de l'électrolyse a conduit à l'explication du lien étroit qui existe entre la conductibilité des électrolytes et certaines grandeurs qui jouent un rôle particulièrement important dans le phénomène même de l'électrolyse. Aussi, estimons-nous nécessaire de parler dès maintenant des résultats de la mesure de la conductibilité des électrolytes, bien que les méthodes employées pour cette mesure ne doivent être considérées que plus tard.

La conductibilité d'un électrolyte en solution dépend de la substance dissoute, de la concentration de la solution, de la température et enfin du dissolvant, en considérant comme appartenant aussi à ce dernier les substances étrangères qui y sont dissoutes.

Occupons-nous d'abord des travaux entrepris pour découvrir la liaison qui peut exister entre la conductibilité électrolytique des solutions et leurs autres propriétés physiques, en particulier leur *frottement intérieur*. La possibilité d'une telle liaison a été indiquée pour la première fois par Hankel (1846) et ensuite par G. Wiedemann (1856), qui s'est exprimé d'une manière très précise sur ce point, en s'appuyant sur les recherches qu'il a faites personnellement avec le plus grand soin.

Les raisons, qui conduisent à admettre un lien entre la conductibilité électrolytique et le frottement intérieur ou viscosité (Tome I) d'une solution sont les suivantes. Quelque idée que l'on se fasse sur le mécanisme intérieur de l'électrolyse, on a certainement affaire à un mouvement de matière (ions) à l'intérieur de la solution, dans la direction des électrodes. A ce mouvement s'oppose le frottement des particules en mouvement contre celles de la solution ; plus ce frottement est grand, plus il faut une grande force électromotrice pour déplacer les ions vers les électrodes, autrement dit, plus doit être grande la différence de potentiel des électrodes ou, plus simplement, la chute de potentiel à l intérieur de l'électrolyte *pour une intensité donnée de courant dans le circuit*. Mais cela revient à dire qu'en même temps que la grandeur de ce frottement augmente, la résistance de la solution doit aussi s'élever. Toutefois, le frottement qu'éprouvent les ions dans leur mouvement à l'intérieur de la solution et le frottement intérieur lui-même de la solution, qui est mesuré par l'une des méthodes indiquées dans le Tome I, ne sont pas identiques, bien qu'on puisse admettre qu'il doive exister une relation entre eux et peut-être, dans beaucoup de cas, qu'ils sont proportionnels l'un à l'autre. Plus la viscosité d'un liquide est grande, plus est grande aussi la résistance qu'éprouve un corps à s'y déplacer et par suite aussi les ions.

On doit donc réellement s'attendre à une certaine relation entre la résistance et la viscosité d'une solution, mais on ne peut nullement conclure à la proportionnalité rigoureuse entre ces grandeurs.

Les recherches de G. Wiedemann, Grotrian, R. Lenz, Stéphan, E. Wiedemann, Arrhenius, Bouty, Walden et d'autres encore ont confirmé, dans beaucoup de cas, l'existence d'une telle relation ou du moins ont établi que la dépendance de la résistance à l'égard de divers facteurs est analogue à celle de la viscosité vis-à-vis des mêmes facteurs. Une revue de tous les travaux relatifs à ce sujet a été donnée par Gouré de Villemontée (1901). Les résultats qui ont le plus d'importance sont les suivants.

G. Wiedemann (1856) a étudié les solutions de $CuSO^4$, $Cu(AzO^3)^2$, $AgAzO^3$ et KHO et a reconnu que, *pour chacune d'elles*, la conductibilité k est proportionnelle à la concentration p et inversement proportionnelle à la viscosité η de la solution. Grotrian (1876) a étudié les solutions de KCl, NaCl, $CaCl^2$, $MgCl^2$, $BaCl^2$, $MgSO^4$ et $ZnSO^4$; il a trouvé que la conductibilité k est inversement proportionnelle à la n^e puissance de la viscosité η, n oscillant, pour les différentes solutions, entre 0,7513 et 0,4554. R. Lenz a conclu de ses observations que les résistances w et η varient d'une manière analogue en fonction de la concentration p ; on peut poser $w = a\,(1 - bp^m)$, $\eta = a_1\,(1 - b_1p^m)$, mais b n'est pas égal à b_1.

Les expériences de Foussereau (1885) et de L. Poincaré (1890) ont montré que, *pour les sels fondus* $NaAzO^3$, $KAzO^3$, AzH^4AzO^3, le rapport des grandeurs w et η change peu, quand la température varie entre 162° et 360°. Grotrian et Kohlrausch ont étudié comment les grandeurs w et η varient en fonction de la température dans les solutions et ils ont trouvé, pour les acides chlorhydrique, azotique et sulfurique et pour la soude, une analogie presque complète dans la dépendance des deux coefficients de température (à 18°) à l'égard de la concentration. Ainsi, pour les solutions d'acide sulfurique, les deux coefficients présentent des maxima au même degré de concentration. Bouty a même constaté que pour les solutions très diluées de certains sels, les coefficients de température des grandeurs w et η sont égaux. E. Wiedemann, Arrhenius, C. Stéphan, Massoulier, Holland et d'autres encore ont établi une relation déterminant l'influence d'additions de substances étrangères (glycérine, alcool, gélatine) sur w et η. De nouvelles recherches sont dues à Arndt (1907), Dutoit et Duperthuis (1908), Chanoz (1909), Walden (1911) et tout particulièrement à H. C. Jones qui, avec ses élèves, a publié jusqu'en 1908, plus de 10 mémoires. Nous n'entrerons pas dans les détails et nous nous bornerons à indiquer que les expériences confirment, comme on pouvait s'y attendre d'après ce qui a été exposé plus haut, l'existence d'une relation entre les variations des grandeurs w et η, mais qu'on ne peut parler ni d'une égalité, ni d'une proportionnalité des grandeurs caractéristiques, dans chacun des cas considérés. Nous parlerons plus loin des recherches de Walden.

On a en outre des raisons de s'attendre à une relation entre la conductibilité électrolytique des solutions et le *coefficient de diffusion* de la substance dissoute, car le phénomène de la diffusion et le mouvement des ions à l'intérieur des solutions présentent beaucoup de caractères communs. La possibilité d'une telle relation a été indiquée pour la première fois par G. Wiedemann (1858). Les expériences de Long (1880) ont montré que les sels qui se diffusent le plus vite *dans l'eau* donnent les solutions aqueuses qui possèdent la plus grande conductibilité. R. Lenz a étudié les solutions alcooliques de KI, NaI et CdI^2. Il a trouvé que, pour les solutions de KI et NaI, la conductibilité électrolytique et la vitesse de diffusion varient exactement de la même manière, quand la teneur en alcool et la concentration de la solution changent : pour CdI^2, il n'a pas observé une telle concordance. L'addition d'une certaine quantité de pétrole à la solution alcoolique de KI (73 % d'alcool) diminue de même la conductibilité électrolytique et la vitesse de diffusion.

Avant d'aborder la question de la dépendance qui existe entre la *conductibilité électrolytique* des solutions et la concentration, la température et le dissolvant, nous devons faire connaître quelles sont les unités dont on se sert presque toujours maintenant, depuis les travaux de F. Kohlrausch, quand on considère les résultats de la mesure de la conductibilité des liquides. Il faut en outre que nous mentionnions encore un groupe d'unités, dont se sont servis autrefois de nombreux savants, Ostwald par exemple. Nous avons affaire ici à deux grandeurs principales et à une troisième, qui est le rapport des deux premières. Les deux grandeurs principales sont la *conductibilité* et la *concentration.*

La conductibilité est ou a été mesurée autrefois de la manière suivante :

1. On prend comme unité la *conductibilité du mercure à* 0°. Nous désignerons par k la valeur numérique de la conductibilité ainsi mesurée. Pour beaucoup de métaux, on a $k > 1$; pour les solutions, k est toujours une fraction très petite.

2. On prend, comme unité de conductibilité, la conductibilité d'une substance, *dont un centimètre cube présente une résistance d'un ohm* (Kohlrausch). On a l'habitude de désigner par $\varkappa$ la valeur numérique de la conductibilité ainsi mesurée. Les solutions de quelques acides possèdent approximativement la conductibilité unité. De la définition de l'ohm (colonne de Hg de 106^{cm},3 de longueur et de 1$^{mm^2}$ de section), résulte qu'un centimètre cube de mercure possède une résistance de $\frac{1}{106,3 \times 100} = \frac{1}{10\,630}$ ohm. On a donc $\varkappa = 10\,630$ pour le mercure ; autrement dit, *l'unité de* Kohlrausch *est* 10 630 *fois plus petite* que l'ancienne unité à mercure, avec laquelle on avait $k = 1$ pour le mercure. On a évidemment, d'une manière générale,

$$\varkappa = 10\,630\, k \tag{4}$$

3. Ostwald prenait, pour unité de conductibilité, la conductibilité d'une substance, dont un centimètre cube possède une résistance égale à l'unité de Siemens (colonne de Hg de 100^{cm} de longueur et de 1$^{mm^2}$ de section, à 0°). Nous désignerons par $\varkappa'$ les valeurs numériques correspondantes des conductibilités. L'unité d'Ostwald est évidemment égale à 1,063 fois celle de Kohlrausch et par suite

$$\left\{ \begin{aligned} \varkappa &= 1{,}063\, \varkappa' \\ \varkappa' &= 10\,000\, k. \end{aligned} \right. \tag{4, a}$$

Passons maintenant à la *concentration des solutions.*

La concentration était autrefois mesurée par le *pourcentage* en poids de la substance contenue dans la solution.

Kohlrausch emploie deux méthodes pour exprimer numériquement la concentration d'une solution :

1. (KOHLRAUSCH). *La concentration est déterminée par le nombre η d'équivalents-grammes de la substance, contenus dans un centimètre cube de la solution.* KOHLRAUSCH appelle η la *concentration équivalente*. La valeur inverse

$$\varphi = \frac{1}{\eta} \tag{5}$$

est la mesure du degré de dilution de la solution ; ce degré de dilution est numériquement égal au volume (exprimé en *centimètres cubes*) de la solution, qui contient un équivalent-gramme de la substance dissoute ; η *ne peut évidemment être qu'une petite fraction*.

2. (KOHLRAUSCH). La concentration est déterminée par le nombre m d'*équivalents-grammes* de la substance, contenus *dans un litre* de la solution ; ce nombre s'appelle aussi la *concentration équivalente*. L'inverse de sa valeur

$$\bar{v} = \frac{1}{m} \tag{5,a}$$

est le volume (en *litres*) de la solution, qui renferme un équivalent-gramme de la substance dissoute. Si la solution renferme η équivalents-grammes dans 1^{cmc}, il se trouve évidemment $1\,000\,\eta$ équivalents-grammes dans un litre ; il s'ensuit donc que

$$\left\{\begin{array}{l} m = 1\,000\,\eta, \\ v = 0{,}001\,\varphi. \end{array}\right. \tag{5,b}$$

3. On prend, pour unité de concentration, la concentration d'une *solution normale* (Tome I), qui renferme une *molécule-gramme* de la substance dans un litre de la dissolution. Nous désignerons par m' la valeur numérique de la concentration. Soit s l'équivalence de la substance dissoute (pour NaCl, par exemple on a $s = 1$; pour H^2SO^4, $CuSO^4$, on a $s = 2$). La molécule-gramme renferme s équivalents-grammes ; par suite, la troisième unité de concentration est s fois *plus grande* que la seconde et on a

$$m' = \frac{m}{s}. \tag{5, c}$$

4. Si, au lieu d'un litre, on prend de nouveau un *centimètre cube*, on obtient la grandeur

$$\eta' = \frac{\eta}{s}. \tag{5, d}$$

Considérons une solution de H^2SO^4. Son poids moléculaire est égal à 98,08, son équivalence $s = 2$, son poids équivalent est 49,04 ; la molécule-gramme renferme $98^{gr},08$, l'équivalent-gramme est $49^{gr},04$. Supposons alors que un centimètre cube de la solution contienne $0^{gr},4904$ de H^2SO^4 ; dans ce cas, $\eta = 0{,}01$, $m = 10$, $m' = 5$, $\eta' = 0{,}005$.

Le rapport de la conductibilité à la concentration donne les grandeurs suivantes :

1. KOHLRAUSCH appelle *conductibilité équivalente* la grandeur

(6) $$\Lambda = \frac{\varkappa}{\eta} = \varkappa\varphi.$$

2. Dans des travaux antérieurs, KOHLRAUSCH prenait pour *conductibilité équivalente* la grandeur

(6, *a*) $$\lambda = \frac{k}{m} = kv.$$

D'après les formules (4) et (5, *b*), on a $\varkappa = 10\,630\,k$ et $\eta = 0{,}001\,m$; les formules (6) et (6, *a*) donnent donc

(6, *b*) $$\Lambda = 1{,}063.\,10^7\,\lambda.$$

3. Si l'on introduit la concentration η' et si, avec OSTWALD, on exprime la conductibilité par $\varkappa'$, le rapport

(6, *c*) $$\mu = \frac{\varkappa'}{\eta'}$$

s'appelle la *conductibilité moléculaire*.

En posant $\varkappa' = 10\,000\,k$ et $\eta' = \frac{\eta}{s} = \frac{0{,}001\,m}{s}$, on obtient

(6, *d*) $$\mu = 10^7\,\frac{ks}{m} = 10^7\lambda s$$

(6, *e*) $$\Lambda = 1{,}603\,\frac{\mu}{s}.$$

Dans ce qui suit, nous aurons surtout affaire aux grandeurs k, $\varkappa$, η, m, Λ et λ.

Il existe une littérature très riche sur la résistance des électrolytes, qui renferme une très grande quantité de matériaux importants. On trouvera une bibliographie complète jusqu'à l'année 1898 dans l'ouvrage de F. KOHLRAUSCH et L. HOLBORN, *Das Leitvermögen der Electrolyte*, Leipzig 1898, pages 137 à 143; il contient des tableaux des résultats de mesure, pages 145 à 201. On pourra également consulter les ouvrages de W. OSTWALD, *Lehrbuch der allgemeinen Chemie*, Vol. II, 1 (*Chemische Energie*), 2e éd., pages 721 à 772, Leipzig 1893, de WHETHAM, *Solution and Electrolysis*, 1895, de LANDOLT et BÖRNSTEIN, *Physikalisch-chemische Tabellen*. Une bibliographie détaillée, avec indication des résultats des mesures, est contenue dans l'ouvrage de G. WIEDEMANN, *Die Lehre von der Elektrizität*, T. II, pages 567 à 665, Braunschweig 1894. Nous nous bornerons à donner quelques résultats particulièrement intéressants.

Il faut distinguer entre les résultats des mesures, qui ont été obtenus pour des solutions de concentration moyenne ou élevée, et ceux qui se rapportent à la *conductibilité électrolytique des solutions très diluées*. Nous verrons que ce sont précisément les travaux qui se rapportent à des solutions très diluées, qui présentent actuellement le plus grand intérêt théorique.

On n'a trouvé aucune loi ou rapport *simple* pour les *solutions non-diluées*. En général, quand la concentration augmente, la conductibilité électrolytique k des solutions aqueuses se met d'abord à croître, atteint un certain maximum et ensuite diminue. En exprimant la concentration par le pourcentage p en poids de la substance dissoute, la dépendance entre k et p a été représentée par des formules empiriques, telles que $k = \alpha p - \beta p^2$, k étant pris égal à zéro pour le dissolvant lui-même ($p = 0$). Beetz (1862) s'est servi de la formule plus compliquée $k = a + bp - cp^2 + dp^3$ et a déterminé les valeurs numériques des coefficients qu'elle renferme, pour des solutions de $ZnSO^4$.

On obtient une idée plus nette de la dépendance entre la conductibilité électrolytique des solutions et leur concentration par une représentation *graphique*. Dans la figure 239, que nous empruntons, avec l'autorisation gracieuse de F. Kohlrausch et de l'éditeur Teubner, à l'ouvrage de F. Kohlrausch et L. Holborn, se trouvent représentées les courbes construites par

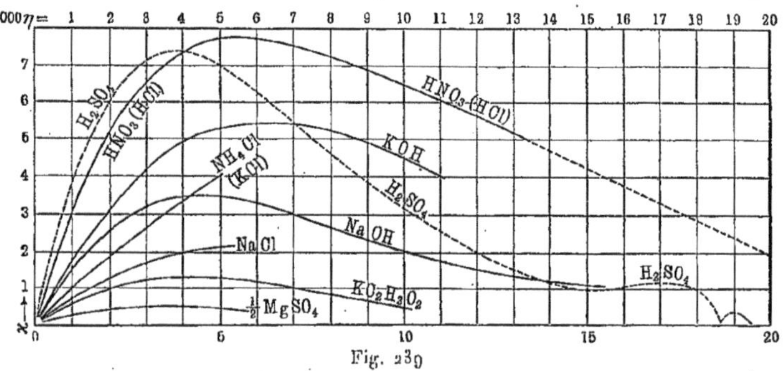

Fig. 239

F. Kohlrausch. On a pris pour abscisse la grandeur $1\,000\,\eta = m$, voir (5 b), c'est-à-dire l'équivalent-gramme par litre de la solution, et pour ordonnée la conductibilité électrolytique $\varkappa$. Citons les nombres trouvés par Kohlrausch (1876), pour le *pourcentage* p en poids de quelques acides correspondant à un maximum de la conductibilité électrolytique $10^4\varkappa$; nous indiquons en même temps les valeurs maxima, ainsi que la densité δ des solutions.

Acides	p %	$10^4\varkappa$	δ
Acide azotique.	29,7	7793	1,185
— chlorhydrique	18,3	7626	1,092
— sulfurique	30,4	7350	1,224
— phosphorique	46,8	2086	1,307
— oxalique	9,4	835	1,045
— tartrique	22.4	100	1,107
— acétique.	16,6	16,1	1,022

Les solutions *d'acide sulfurique* présentent un intérêt particulier. Leur conductibilité a trois maxima et deux minima, comme on le voit sur la figure 239. Le premier maximum correspond à $m = 1\,000\,\eta = 3,9$ (30,4 % de H^2SO^4) ; puis, vient le premier minimum pour $m = 15,25$ ($H^2SO^4 + H^2O$), ensuite le second maximum pour $m = 17,2$, le second minimum pour H^2SO^4 pur. Au delà, on a déjà une solution de l'anhydride SO^3 dans H^2SO^4 ; la conductibilité augmente d'abord rapidement et devient finalement presque égale à zéro pour l'anhydride pur SO^3.

Quelques groupes d'électrolytes possèdent une conductibilité équivalente presque constante, alors que leur concentration varie dans de larges limites. Tels sont les acides monoéquivalents HCl, HBr, HI, $HAzO^3$; en outre, les sels haloïdes de K et AzH^4, les sulfates de K et AzH^4, les chlorures de Ba, Sr et Ca, les sulfates de Mg, Zn et Cu.

Pour le même anion, la conductibilité diminue pour les sels de K, AzH^4, Na, Li, suivant l'ordre de ces derniers. Pour le même cathion, les anions des sels de I, Br, Cl, Fl, AzO^3, $C^2H^3O^2$ ont une conductibilité décroissante dans l'ordre indiqué.

Quand la température s'élève, la grandeur k augmente rapidement. Les coefficients de température (vers 20°) oscillent entre 0,0087 et 0,072. Le dernier nombre (7 % pour 1°) se rapporte à une solution à 43 % de NaHO. Pour les sels neutres, les valeurs extrêmes de ces coefficients sont 0,0141 et 0,0412. Les coefficients de température de la conductibilité k des solutions des sels d'acides monobasiques décroissent d'abord lorsque la concentration augmente ; mais, pour les acides eux-mêmes, les coefficients ne dépendent aucunement de la concentration.

Quand la température varie, le degré de concentration p, pour lequel k est maximum, varie lui-même. Ainsi, pour l'acide sulfurique à 0°, on a $p = 30,2$ mais à 70°, on a déjà $p = 35,4$.

On trouve, en général, que les coefficients de température sont d'autant plus grands que la conductibilité des solutions est plus petite, de sorte que, *sous ce rapport, la différence entre les propriétés de substances différentes diminue quand la température croît.* Mais cette règle ne s'applique ni à des solutions mauvaises conductrices, ni à des solutions très concentrées.

Arrhenius (1889) a prévu, par des considérations théoriques sur lesquelles nous reviendrons, qu'il peut y avoir des solutions pour lesquelles le coefficient de température est *négatif*, de sorte que la conductibilité k diminue lorsque la température augmente. Telles sont les solutions normales d'acide phosphorique (H^3PO^4) et d'acide hypophosphorique (H^3PO^2). Pour le premier, k possède un maximum à 72° ; pour le second, à 54° ; ce dernier a la même conductibilité à 25° et à 90°.

Noyes et Coolidge (1903) ont étudié, dans un travail remarquable, la conductibilité électrolytique des solutions *aqueuses* de NaCl et de KCl, jusqu'à la température de 306°.

Passons maintenant à la conductibilité des *solutions diluées*. F. Kohlrausch s'est occupé tout spécialement de cette question ; il a été jusqu'à considérer des solutions ne renfermant pas plus de 10^{-5} molécule-gramme de la substance dans un litre de la solution, de sorte que η descendait jusqu'à 10^{-8} et même des valeurs plus petites. F. KOHLRAUSCH a calculé des tableaux de la *conductibilité équivalente*, c'est-à-dire de la grandeur $\Lambda = \frac{\varkappa}{\eta} = \frac{\varkappa}{0{,}001\, m}$, voir (6) et (5, *b*), pour différentes valeurs de η ou de m. Il a aussi représenté graphiquement la grandeur Λ en fonction de $1\,000\,\eta = m$. Il a trouvé que *la conductibilité électrolytique équivalente augmente en même temps que la dilution de la solution et tend, pour des solutions infiniment diluées, vers une certaine valeur limite* que nous désignerons par Λ_0. La dépendance entre la conductibilité équivalente et la concentration η s'exprime, pour les solutions les plus diluées, par une formule empirique telle que

$$\Lambda = \Lambda_0 - a\eta^{\frac{1}{3}}. \tag{7}$$

Λ apparaît comme une fonction linéaire de la grandeur $\eta^{\frac{1}{3}}$, qu'on peut considérer de nouveau comme une fonction linéaire de la concentration. Si on détermine Λ pour les plus petites valeurs de η, on peut obtenir la grandeur Λ_0 par le calcul. KOHLRAUSCH a trouvé, par exemple pour les solutions de KCl et de NaCl, les valeurs suivantes de Λ :

$1\,000\,\eta = m$	0,0001	0,0002	0,0005	0,001	0,002	0,005	0,01	0,05	0,1
KCl	129,5	129,1	128,3	127,6	126,6	124,6	122,5	115,9	111,9
NaCl	109,7	109,2	108,5	107,8	106,7	104,8	102,8	95,9	92,5.

Pour les deux sels, on obtient pour a environ la valeur 400 ; en outre, pour KCl, la valeur $\Lambda_0 = 131$, mais, pour NaCl, $\Lambda_0 = 111$. Indiquons les valeurs de Λ trouvées pour $1\,000\,\eta = m = 0{,}0001$, c'est-à-dire pour les solutions les plus faibles.

$\Lambda = \frac{\varkappa}{\eta}$ pour $1\,000\,\eta = m = 0{,}0001$ (équivalent-gramme par litre).

KCl	NaCl	LiCl	AzH^4Cl	KI	$KAzO^3$	$NaAzO^3$	$AgAzO^3$
129,5	109,7	100,7	129,2	130,3	124,7	103,7	115,5

$KClO^3$	$KC^2H^3O^2$	$NaC^2H^3O^2$	$\frac{1}{2}K^2SO^4$	$\frac{1}{2}Na^2SO^4$	$\frac{1}{2}LiSO^4$	$\frac{1}{2}BaCl^2$
120,2	100,0	76,8	133,5	110,5	100,9	120,5

$\frac{1}{2}ZnCl^2$	$\frac{1}{2}BaAz^2O^6$	$\frac{1}{2}ZnSO^4$	$\frac{1}{2}CuSO^4$
110	117,2	109,3	113,3.

$\Lambda = \frac{\varkappa}{\eta}$ pour $1\,000\,\eta = m = 0{,}001$.

KOH	NaOH	HCl	$HAzO^3$	$\frac{1}{2}H^2SO^4$	$\frac{1}{3}H^3PO^3$
234	208	377	375	361	106.

Un coup d'œil sur ces nombres fait apparaître des règles d'une simplicité remarquable.

1. *Pour chaque couple de cathions, la différence des valeurs de Λ est approximativement la même, quels que soient les anions.*

2. *Pour chaque couple d'anions, la différence des valeurs de Λ est approximativement la même, quels que soient les cathions.*

Montrons-le sur quelques exemples.

1. Différence pour les cathions			2. Différence pour les anions			
	K — Na	Na — Li		Cl — AzO^3	Cl — $C^2H^3O^2$	$\frac{1}{2}SO^4$ — Cl
Cl	19,8	9,0	K	4,8	29,5	4,0
AzO^3	21,0	—	Na	6,0	32,9	0,8
$C^2H^3O^2$	23,2	—	Li	—	—	0,2
SO^4	23,0	9,6	Zn	—	—	0,7

Il faut tenir compte de ce que les valeurs de Λ sont très difficiles à déterminer de sorte qu'elles peuvent ne pas être tout à fait exactes ; en outre, on a pris les valeurs de Λ au lieu des valeurs limites Λ_0, pour lesquelles on devrait beaucoup plus s'attendre à des lois et à des rapports simples. En supposant que les deux règles ci-dessus s'appliquent aussi aux valeurs limites Λ_0, on peut évidemment les remplacer par l'unique *loi* suivante.

La valeur limite Λ_0 de la conductibilité électrolytique équivalente d'une solution est égale à la somme de deux grandeurs, caractéristiques pour les deux éléments constituants (cathion et anion) de l'électrolyte ; autrement dit, pour chacun des deux éléments, une telle grandeur caractéristique est indépendante de celle de l'autre élément. Ces grandeurs représentent donc en quelque sorte la *conductibilité équivalente limite des parties constituantes de l'électrolyte, c'est-à-dire du cathion et de l'anion.* Si on désigne l'électrolyte symboliquement par CA, le cathion par C, l'anion par A, la loi précédente s'exprime par la formule suivante facile à interpréter :

$$\Lambda_0 = \Lambda_0\,(C) + \Lambda_0\,(A). \tag{8}$$

La valeur limite de la conductibilité équivalente d'une solution répond à une propriété *additive* (Tome I). Nous indiquerons plus loin la véritable signification physique des grandeurs Λ_0 (C) et Λ_0 (A) ; cependant, nous citerons dès maintenant quelques nombres donnés par Kohlrausch en 1902.

	H	K	Na	AzH^4	Ag	$\frac{1}{2}Ba$	$\frac{1}{2}Mg$	$\frac{1}{2}Zn$
Λ_0 (C) =	318	64.7	43,5	64,4	54,0	56,3	46,0	43,6
	HO	Cl	I	AzO^3	$\frac{1}{2}SO^4$	$\frac{1}{2}CO^3$		
Λ_0 (A) =	174	65,4	66,4	61,8	68,7	70.		

De ces nombres, on déduit, par *simple addition*, les conductibilités Λ_0 des solutions des composés correspondants.

L'*influence de la température* sur la conductibilité électrolytique des solutions *diluées* est également plus simple que dans le cas des solutions non-diluées. Le *coefficient de température* est *presque le même* pour toutes les solutions diluées de *sels*. Il est égal en moyenne à 0,025 et oscille entre 0,0216 et 0,0265. Pour les solutions *d'acides forts* ($HAzO^3$, H^2SO^4, HCl), les coefficients sont aussi presque égaux, mais atteignent seulement la valeur 0,016 ; pour les alcalis, ils ont des valeurs intermédiaires, par exemple 0,0194 pour KHO et 0,0174 pour NaHO. Quand la concentration croît jusqu'à une certaine valeur limite (voir page 640), les coefficients de température *diminuent*. Pour les solutions diluées, mieux encore que pour les solutions concentrées, se confirme la règle que *le coefficient de température est d'autant plus grand que la conductibilité électrolytique de la solution est plus faible*. Déguisne (1895) a trouvé qu'on peut poser, pour les valeurs de $m = 0,0001$ à 0,05 (équivalent-gramme par litre) :

$$(9) \qquad \varkappa_t = \varkappa_{18}\left[1 + \alpha(t - 18) + \beta(t - 18)^2\right].$$

Kohlrausch (1901) a reconnu que cette formule exprime très bien la dépendance entre la conductibilité électrolytique et la température ; il a trouvé en outre la relation remarquable

$$\beta = 0,0163\,(\alpha - 0,0174).$$

Pour des températures comprises entre $-35°$ et $-41°$, on a $\varkappa = 0$. Plus tard (1903), il a constaté que le *frottement intérieur* η de l'eau s'exprime également par une formule analogue qui donne $\eta = 0$ à $-34°$;

La conductibilité électrolytique des sels fondus a été déterminée par Braun, Foussereau, W. Kohlrausch (1882), Bouty et L. Poincaré, Grätz, Colridge, Brown, Bogorodski, Arndt (1906), Goodwin et Wentworth (1907), Lorenz et Kalmus (1907) et d'autres encore. On trouvera une revue détaillée des travaux de ces auteurs dans l'ouvrage de Bogorodski (voir § 2).

La conductibilité électrolytique k des mélanges de deux électrolytes a été mesurée par Paalzow, Bouchotte, Bender, Bouty, Khrouschtschow et Paschkow, Klein, Arrhenius et d'autres encore. L'intérêt principal réside ici dans la recherche de solutions telles que, pour leurs mélanges, k puisse être calculé à l'aide de la formule $(V_1 + V_2)k = V_1k_1 + V_2k_2$, où V_1 et V_2 sont les volumes des parties constituantes du mélange, k_1 et k_2 leurs conductibilités. Khrouschtschow et Paschkow ont trouvé que les mélanges $\frac{1}{2}$ KCl + $ZnCl^2$, $K^2SO^4 + Mg\,SO^4$, etc. constituent des solutions de ce genre. Arrhenius, qui a étudié les solutions d'acides, a appelé *isohydriques* de telles solutions. Il a constaté que lorsque deux solutions sont isohydriques pour des volumes égaux, elles le sont aussi pour tous volumes et en outre que *si deux solutions sont séparément isohydriques avec une troisième, elles le sont entre elles*. Pour tout couple d'acides, on peut trouver des solutions isohydriques ; on observe que ces solutions ont approximativement les mêmes conductibilités k_1 et k_2.

Les liquides chimiquement purs possèdent en général une résistance considérable. Cette circonstance est très importante au point de vue théorique.

Occupons-nous d'abord de la *conductibilité électrolytique de l'eau pure*. La détermination de cette conductibilité est extrêmement difficile, en raison de la grande difficulté que l'on éprouve à obtenir de l'eau pure. Avant Kohlrausch, on avait notamment trouvé les valeurs suivantes pour $10^{10}\, k$, en prenant, comme précédemment, $k = 1$ pour Hg;

Pouillet	80	Oberbeck	15	Quincke	2,16
Becquerel	70	Rosetti	4,5	Magnus	1,33

Dans ses premiers travaux, Kohlrausch (1878) avait montré l'impossibilité d'obtenir, par distillation à l'air libre, de l'eau dont la conductibilité soit inférieure à $\varkappa = 0{,}7 \cdot 10^{-6}$ ou $k = 0{,}7 \cdot 10^{-10}$ (Hg); ce nombre est deux fois plus petit que celui de Magnus. Dans un travail postérieur (1885), il a distillé l'eau dans le vide, en prenant toute une série de précautions. Il est parvenu de cette manière à aller jusqu'à $\varkappa = 0{,}26 \cdot 10^{-6}$ à 18°. Enfin, dans un dernier travail, exécuté en commun avec Heydweiller (1894), il a réussi à obtenir le degré de pureté de l'eau le plus élevé qui ait jamais été atteint. On a pour cette eau à une température de 18° :

$$\varkappa = 0{,}043 \cdot 10^{-6}, \quad k = 0{,}040 \cdot 10^{-10}\ (\mathrm{Hg}).$$

Kohlrausch déduit de là par le calcul, pour la conductibilité de *l'eau absolument pure* $\varkappa$ (à 18°), les valeurs

$$\varkappa = 0{,}040 \cdot 10^{-6}, \quad k = 0{,}036 \cdot 10^{-10}\ (\mathrm{Hg}).$$

Le coefficient de température de la conductibilité électrolytique de l'eau pure est très grand ; on obtient

$$\text{à } 0^\circ,\ \varkappa = 0{,}01 \cdot 10^{-6}\ ;\ \text{à } 18^\circ,\ \varkappa = 0{,}04 \cdot 10^{-6}\ ;\ \text{à } 50^\circ,\ \varkappa = 0{,}17 \cdot 10^{-6}.$$

Quand on étudie $\varkappa$ pour les solutions aqueuses diluées, il faut tenir compte de la conductibilité de l'eau, si la concentration m est très petite, c'est-à-dire si $m < 0{,}001$ pour les acides et les bases, par exemple, ou $m < 0{,}0001$ pour les sels neutres.

En dehors de l'eau, beaucoup d'autres électrolytes à l'état chimiquement pur conduisent très mal le courant ou ne le conduisent pas du tout. Ceci a été indiqué, pour la première fois, par F. Kohlrausch (1876). Gore avait déjà remarqué antérieurement que les acides liquides anhydres HCl et HFl ne conduisent pas le courant. Bleckrode (1878), Hittorf (1878) et d'autres encore ont ensuite confirmé ce fait pour les liquides suivants : acides anhydres HCl, HBr, HI, HFl, H^2S et H^3As ; anhydrides SO^2, CO^2, B^2O^3, CrO^3, As^2O^3, SO^3 ; acides organiques anhydres, tels que les acides acétique, benzoïque, malique, butyrique, etc ; en outre CAz, CS^2, C^2Cl^4, C^2Cl^6, CCl^4 liquides. Aux très mauvais conducteurs, appartiennent de plus beaucoup de composés métallo-organiques, les carbures d'hydrogène, les huiles grasses et éthérées, les alcools, éthers, etc.

Bien que nous ayons employé jusqu'ici simplement le mot solution, nous n'avons eu en vue que les solutions *aqueuses*. Cependant, la conductibilité des solutions des électrolytes *dans d'autres dissolvants* ne présente pas un intérêt théorique moindre. Sous ce rapport, de très nombreux liquides ont été étudiés ; sur cette question, les travaux les plus importants ont été effectués en Russie : Kabloukow, R. Lenz, Walden, Tsentnerschwer, Zélinsky et Krapiwine, Plotnikow, et d'autres savants russes encore s'en sont occupés ; parmi les autres auteurs, on peut citer Franklin et Krauss, Carrara, Hartwig, di Ciommo, Vicentini, Fitzpatrick, Stéphan, etc. Nous ferons d'abord quelques remarques générales. Les solutions *aqueuses* d'électrolytes possèdent généralement une conductibilité *plus grande* que les solutions dans d'autres liquides. Il y a cependant des exceptions. Ainsi, Franklin et Kraus ont trouvé que certaines solutions de sels dans l'acétone, l'acétonitrile et AzH^3 liquide, possèdent une conductibilité plus grande que les solutions des mêmes sels dans l'eau. Voici un petit tableau des valeurs limites de la conductibilité électrolytique équivalente :

	Acétone	Acétonitrile	AzH^3 (— 34°)	Eau
NaI	140	160	—	121
KI	154	—	340	143
KBr	—	—	340	144
AzH^4Cl	—	—	304	144
$AgAzO^4$	—	160	280	121

Walden et Tsentnerschwer (1901) ont trouvé que la conductibilité électrolytique des solutions des sels Az (CH^3) ^{4}I et Az (C^2H^5) ^{4}I dans SO^2 liquide est jusqu'à trois fois plus grande que dans l'eau. Tsentnerschwer (1902) a obtenu le même résultat avec les solutions de beaucoup de sels dans HCy liquide.

On a constaté de plus que les lois simples trouvées par Kohlrausch pour les solutions aqueuses ne s'appliquent pas aux solutions dans d'autres liquides. Ainsi Kabloukow a trouvé que la conductibilité équivalente des solutions de HCl dans l'éther diminue en même temps que la concentration, qu'elle croît toutefois d'abord et décroît ensuite dans l'alcool isoamylique. En outre, la conductibilité équivalente de NaI et de NaBr dans le benzonitrile, de $AgAzO^3$ dans la pyridine et de $FeCl^3$ dans la pyridine et dans la benzaldéhyde diminue aussi en même temps que la concentration. Pour beaucoup de solutions dans l'acétone et SO^2 liquide, elle augmente lorsque la concentration diminue, mais il ne semble pas qu'elle tende vers une valeur limite déterminée.

Nous avons vu que le coefficient de température de la conductibilité électrolytique est presque toujours positif pour les solutions aqueuses. Pour les solutions non-aqueuses, on observe beaucoup plus souvent un coefficient négatif ; c'est la règle, à partir d'une certaine température, pour les solutions dans SO^2 liquide, comme l'ont montré Walden et Tsentnerschwer. Ainsi, la conductibilité d'une solution de KI dans SO^2 augmente de — 78° (température de solidification de SO^2) à — 20°, mais ensuite diminue constamment jusqu'à la température critique de SO^2 (+ 157°), à laquelle elle est pratiquement nulle. En outre, la conductibilité d'une solution de AzH^4CAzS dans SO^2 a son maximum à — 48°, celle d'une solution de S (CH^3) ^{3}I à + 5°, etc. On observe aussi quelque chose d'analogue pour une solution dans AzH^3 liquide.

Cattaneo a montré qu'on peut préparer des mélanges d'alcool et d'éther, dans lesquels la conductibilité des solutions de certains sels ($FeCl^3$, $AuCl^3$, etc.) est indépendante de la température. Tel est le cas, par exemple, pour une solution de 1,019 % de $FeCl^3$ dans un mélange de 100 parties d'éther et 66,5 d'alcool.

Les solutions de sels dans les *alcools* (R. LENZ, KABLOUKOW, CARRARA, etc.) possèdent une conductibilité moindre que les solutions aqueuses et l'ordre dans lequel elles se rangent, d'après leur conductibilité, est aussi différent. La conductibilité équivalente *diminue*, dans beaucoup de cas, en même temps que la concentration. WALDEN a trouvé que les solutions dans BCl^3, PCl^3, PBr^3, $SbCl^5$, $SiCl^4$, $SnCl^4$, SO^3 et Br^2 ne possèdent pas une conductibilité sensible. Les dissolvants suivants donnent des solutions dont la conductibilité croît dans l'ordre S^2Cl^2, SO^2, Cl^2, $SOCl^2$, $POCl^3$, $AsCl^3$, $SbCl^3$. CIOMMO (1901) a étudié la conductibilité des solutions de KOH et NaOH dans 96 % de *glycérine*. On observe, pour ces solutions, des *maxima* (5 % de KOH ; 7,03 % de NaOH), comme dans les solutions aqueuses. Le coefficient de température est extrêmement grand : 0,21 pour NaOH et 0,17 pour KOH.

Les recherches les plus étendues sur la conductibilité des solutions *non-aqueuses* ont été faites par WALDEN dans les années 1900 à 1907. Il a étudié d'abord (1903) des dissolvants inorganiques et a abordé ensuite l'étude de nombreux dissolvants organiques. Malheureusement, ces remarquables recherches sortent du cadre d'un Traité de *Physique* et nous devons nous borner par suite à en dire seulement quelques mots. Beaucoup de substances, qu'on ne peut en aucune façon considérer comme des sels ou des acides, se comportent comme des électrolytes dans SO^2 liquide (à — 10°). Tels sont, par exemple, les haloïdes, les composés des haloïdes entre eux et avec P, Sb et Sn ; en outre, AzOCl, $POCl^3$, $SOCl^2$, SO^2Cl^2, etc. Dans toute une série de travaux importants, WALDEN (1903 à 1906) a étudié les solutions dans 50 liquides organiques, en se servant, pour la comparaison des dissolvants, de la substance dissoute $Az(C^2H^5)^4I$. WALDEN a déterminé la conductibilité de ce sel dans différents solvants et en a déduit son degré de dissociation (voir plus loin). WALDEN (1906) a en outre déterminé le coefficient de viscosité des dissolvants purs. Il a trouvé que, *pour un même électrolyte* $Az(C^2H^5)^4I$, *le produit de la viscosité du dissolvant par la valeur limite* Λ_0 *est une grandeur qui a la même valeur pour tous les dissolvants étudiés et se trouve indépendante de la température*. WALDEN (1910) a aussi étudié la conductibilité des solutions non-aqueuses à de *basses températures*. Il a reconnu que, dans 12 dissolvants organiques, la conductibilité est d'autant plus petite, quand la température s'abaisse, que le frottement intérieur est plus grand. Le point de solidification de la solution n'est nullement un point particulier et la conductibilité n'éprouve en ce point aucune discontinuité ; elle se rapproche asymptotiquement de l'axe des températures.

PLOTNIKOW a étudié également la conductibilité électrolytique dans différents dissolvants (brome, éther, etc.). Les solutions dans le *brome* présentent un intérêt particulier. Il existe toute une série de substances, dont les solutions dans le brome conduisent le courant ; la solution de PBr^5 est particulièrement bonne conductrice et sa conductibilité présente un maximum pour la concentration $PBr^5 + 20\,Br$. La conductibilité spécifique des solutions concentrées a généralement une grandeur anormale; elle dépasse jusqu'à 1000 fois la conductibilité spécifique des solutions diluées.

Lewis et Wheeler (1906) ont trouvé que les solutions concentrées de KI *dans l'iode liquide*, entre 120° et 160°, conduisent aussi bien que les meilleures solutions aqueuses. Dans les solutions diluées, la conductibilité *moléculaire* croît linéairement avec la concentration jusqu'à un maximum, pour diminuer ensuite.

Steele, Mc Intosh et Archibald (1905) ont étudié l'électrolyse dans les gaz liquéfiés HCl, HBr, HI, SH^2 et PH^3 employés comme dissolvants; parmi les corps cités, PH^3 ne possède aucun pouvoir ionisant.

Nous parlerons plus tard de la relation qui existe entre la *constante diélectrique* du dissolvant et la conductibilité électrolytique d'une solution.

La conductibilité des solutions aqueuses, auxquelles ont été ajoutées des substances mauvaises conductrices, a été étudiée par E. Wiedemann (glycérine), Lüdeking (gélatine), Arrhenius (alcools, éther, acétone) et d'autres encore. Arrhenius a trouvé que la conductibilité k d'une telle solution est représentée par la formule $k = k_0(1 - ax)^2$ où k_0 se rapporte à la solution aqueuse et où x est le pourcentage en volume de la substance ajoutée.

Nichols et Merritt (1904) ont observé que la conductibilité des solutions alcooliques de quelques substances fluorescentes (éosine, etc.) diminue lorsqu'on les éclaire et qu'on produit de la fluorescence.

En terminant ce paragraphe sur la conductibilité des solutions d'électrolytes nous ajouterons à notre exposition quelques applications.

1. Kistiakowski (1890) a montré qu'en mesurant la conductibilité de la solution d'un *sel double*, on peut reconnaître si ce sel appartient aux mélanges (alun) ou aux sels doubles typiques tels que $K^3Fe(CAz)^6$, voir page 632. Dans ce but, on détermine la valeur limite Λ_0 de la conductibilité équivalente de la solution, laquelle, comme les tableaux le font voir, oscille généralement, pour les différents sels, entre les nombres 100 et 135 à 18°. Si Λ_0 se trouve entre ces limites, on est fondé à admettre que le sel est un sel double typique; au contraire, si Λ_0 est à peu près égal à la somme des grandeurs Λ'_0 et Λ''_0, relatives aux parties constituantes du sel, ce sel est un mélange.

2. Kohlrausch et Rose (1893), ainsi que Hollemann (1893) ont indiqué comment on peut déduire, d'observations sur la conductibilité, *la solubilité des substances difficilement solubles*, telles que AgCl, AgBr, AgI, $BaSO^4$, BaC^2O^4, divers silicates, etc. La formule (6), $\Lambda = \varkappa : \eta$, de la page 639 donne

$$\eta = \frac{\varkappa}{\Lambda}.$$

La grandeur Λ peut être calculée à l'aide de la formule (8), qui s'applique aussi aux solutions très diluées; $\varkappa$ se détermine par voie expérimentale, en retranchant de la conductibilité observée de la solution celle de l'eau. Ainsi, pour AgCl, les nombres du tableau de la page 643 donnent

$$\Lambda(\mathrm{AgCl}) = \Lambda(\mathrm{Ag}) + \Lambda(\mathrm{Cl}) = 54{,}0 + 65{,}4 = 119{,}4.$$

La mesure a donné 1 000 η = 0,00001 équivalent-gramme par litre = 0,01 équivalent-milligramme par litre = 1,46 milligrammes par litre.

La solubilité des substances difficilement solubles a été déterminée au moyen de cette méthode par J. Kohlrausch et Dolezalek (1901) pour AgBr et AgI. En outre, deux mémoires importants ont paru en 1903, l'un de F. Kohlrausch (en collaboration avec F. Rose et Dolezalek), qui a étudié 41 solutions, l'autre de Böttger qui en a étudié 31. Enfin Gardner et Guérassimow (1904) ont déterminé aussi par cette méthode la solubilité de quelques sels d'acides faibles.

3. Lorsqu'on possède des tableaux ou des courbes pour la conductibilité électrolytique $\varkappa$ de la solution d'une substance déterminée à divers degrés de concentration, on peut naturellement obtenir, par la mesure de $\varkappa$, le degré de concentration, s'il est inconnu. Quand une solution donnée renferme deux électrolytes, on peut également, comme Erdmann (1897) l'a montré, déterminer dans beaucoup de cas la concentration des parties constituantes du mélange dissous.

4. On peut obtenir une *évaluation approchée* de la quantité des sels *inconnus* dissous dans l'eau par la règle suivante ; la conductibilité $\varkappa$ à la température ordinaire multipliée par 10 000 est approximativement égale au nombre d'équivalents-milligrammes dans un litre de la solution. On peut se convaincre facilement de l'exactitude de cette règle, en supposant que Λ = 100. S'il se trouve seulement, dans la solution, des sels des acides HCl, H^2SO^4 et H^2CO^3 et s'il s'agit d'ailleurs des sels de métaux non-nobles, le poids équivalent oscille entre 60 et 90. En le prenant égal à 75, on obtient la règle suivante : *le nombre* $0{,}75.\varkappa.10^6$ *est approximativement égal au nombre de milligrammes des sels, qui sont dissous dans un litre d'eau.*

4. Théorie de l'électrolyse. Travaux antérieurs à ceux de F. Kohlrausch. — Une théorie de l'électrolyse doit résoudre deux problèmes :

1. En quoi consiste le *mécanisme de l'électrolyse*, c'est-à-dire comment s'effectue l'apparition des ions sur les électrodes, celles-ci pouvant se trouver à une très grande distance l'une de l'autre ? Dans la solution, se trouve un électrolyte, qui représente un composé chimique des ions. En quel endroit a lieu la décomposition de l'électrolyte et pourquoi les ions ne deviennent-ils visibles que sur les électrodes ?

2. *Quel rôle joue le courant électrique*, dans le circuit où doit être introduit l'électrolyte ? Quelle est en général l'action de l'électricité ?

Remarquons qu'à peu près jusqu'en 1888, c'est-à-dire jusqu'à l'apparition des travaux d'Arrhenius, on retrouvait, à la base de toutes les considérations théoriques sur l'électrolyse, une même idée qui peut s'exprimer brièvement ainsi : « *le courant décompose l'électrolyte* ». La *décomposition par le courant* se présentait comme un fait évident, qui ne pouvait être mis en doute ; les physiciens cherchaient seulement à expliquer pourquoi et comment le courant décompose l'électrolyte.

Nous allons considérer, dans l'ordre historique, le développement des notions théoriques qui se sont progressivement formées sur l'électrolyse.

Une action chimique de l'électricité, la décomposition de l'eau, a été observée pour la première fois par Paetz von Troostwyk et Deimann (1789), en faisant passer à travers l'eau la décharge d'une bouteille de Leyde. Ritter (1799) a décomposé le premier l'eau, au moyen du courant galvanique ; indépendamment de lui, mais certainement plus tard, Nicholson et Carlisle (1800) ont observé le même phénomène. Ensuite, furent découverts les phénomènes fondamentaux de l'électrolyse par les travaux de nombreux physiciens, en particulier ceux de Davy.

Grothus (1805) a donné la première explication du *mécanisme* de l'électrolyse et du rôle des forces électriques qui entrent en action dans ce phénomène. La théorie qu'il a donnée est la suivante. Les parties constituantes de la molécule de tout électrolyte sont liées à des charges d'électricité égales et de noms contraires ; par exemple, dans la molécule NaCl, l'atome Na est lié à la charge $+e$, l'atome Cl à la charge $-e$. Lorsqu'on introduit la solution dans un circuit, toutes les molécules s'orientent de telle façon que tous les atomes Na soient tournés vers la cathode, tous les atomes Cl vers l'anode. Ensuite, toutes les molécules se décomposent, l'atome Na de la première molécule se séparant avec sa charge à la cathode, l'atome Cl de la première molécule se combinant avec l'atome Na de la seconde, l'atome Cl de la seconde avec l'atome Na de la troisième, etc., enfin l'atome Cl de la dernière molécule se séparant avec sa charge à l'anode. Les molécules NaCl nouvellement formées tournent aussitôt de 180°, de telle sorte que tous les atomes Na sont de nouveau orientés vers la cathode, tous les atomes Cl vers l'anode. Toutes les nouvelles molécules se décomposent à leur tour, les atomes extrêmes Na et Cl se séparant avec leurs charges sur les électrodes, les autres se combinant deux à deux pour former de nouvelles molécules, qui tournent de 180°, se décomposent, etc. Le fait que les ions n'apparaissent que sur les électrodes et ne manifestent pas leur présence à l'intérieur de l'électrolyte est, de cette manière, complètement expliqué. Il est très intéressant de voir que cette ancienne théorie de l'électrolyse conduit déjà à la notion d'un courant des ions, ceux-ci se mouvant vers les électrodes dans deux directions opposées. Le trait le plus caractéristique de la théorie de Grothus est l'hypothèse d'une décomposition ininterrompue et d'une nouvelle formation de molécules à partir des ions en mouvement.

La théorie de Grothus a été généralement admise, pendant toute la première moitié du siècle précédent. Dans cette période, on a seulement cherché à la compléter de diverses manières. Nous nous bornerons à donner une exposition très succincte des théories plus complètes qui ont été proposées.

Il faut mentionner avant tout la célèbre théorie électrochimique de Berzélius (1812), légèrement modifiée dans la suite par Fechner (1838). Les points les plus essentiels de cette théorie sont les suivants : chaque atome est lié à *deux* charges d'électricité de noms contraires ; quand deux atomes entrent en combinaison, l'une des charges se sépare dans chaque atome en totalité ou en partie, de sorte que, dans le composé, chaque atome renferme un excès de l'une des deux charges. Les deux charges, qui se sont séparées, restent libres d'après Berzélius, s'unissent entre elles d'après Fechner.

De la Rive (1856) suppose aussi que, dans une molécule, par exemple dans la molécule KCl, chacun des deux atomes est lié à deux charges de noms contraires; la charge positive du chlore et la charge négative du potassium se trouvent sur les côtés en regard des atomes, la charge négative du chlore et la charge positive du potassium occupant, pour ainsi dire, les côtés extérieurs de la molécule.

Ampère (1821) admet que chaque atome possède *une seule* charge, qui lui est propre, et qu'il est entouré par une charge de l'espace environnant de grandeur égale mais de nom contraire. Quand deux atomes se combinent, ces charges induites deviennent *libres* et passent dans l'espace environnant.

Nous ne nous arrêterons pas sur les théories assez compliquées de Schönbein (1857) et de Magnus (1857), qui se rapportent aux détails du *mécanisme* de l'électrolyse. Il est étonnant que Faraday, qui a cependant découvert les lois de l'électrolyse, n'ait rien proposé de nouveau au sujet de ce mécanisme. Dans la cinquième série de ses *Exp. Res.* (§§ 158, 524, 826 à 832), il dit seulement que les forces chimiques, sous l'influence du courant, subissent une modification qui les fait agir plus fortement dans une direction que dans la direction contraire, de sorte que les ions sont pour ainsi dire poussés dans le sens déterminé où ils se meuvent, tandis qu'ils se combinent et se séparent sans cesse.

Une nouvelle ère, dans l'histoire des recherches théoriques sur les phénomènes de l'électrolyse, a commencé avec la seconde moitié du siècle dernier. Les travaux classiques qui la caractérisent sont les uns d'ordre purement expérimental, les autres d'ordre théorique.

A la série des travaux d'ordre *expérimental* se rattachent les noms de Daniell et Miller (1839, 1844), G. Wiedemann (1856), Hittorf (1853-1859), F. Kohlrausch (1876) et Ostwald (1888). La seconde série comprend des recherches *théoriques* où l'on rencontre les noms de Clausius (1857), Helmholtz (1880), Arrhenius (1888) et Ostwald (1888). L'expérience et la théorie ont ainsi progressé parallèlement, en se complétant l'une l'autre, et ont permis d'édifier la théorie actuelle de l'électrolyse. Nous nous en tiendrons à la marche *historique* du développement de cette théorie et nous étudierons les travaux qui l'ont établie dans l'ordre où ils ont paru.

Les *recherches expérimentales*, dont nous nous occuperons d'abord, ont eu surtout pour but de déterminer les modifications qui se produisent dans la distribution de l'électrolyte à l'intérieur de la solution, pendant l'électrolyse. Gmelin (1838) et Pouillet (1845) avaient observé que la décoloration des solutions, pendant l'électrolyse, a lieu surtout autour de la cathode; mais les premières études précises sont dues à Daniell et à Miller. Ils se sont servis d'un appareil, dans lequel on peut étudier séparément les différentes couches de la solution de l'électrolyte, une fois que celle-ci a été soumise pendant un certain temps à l'électrolyse. La figure 240 représente un de ces appareils; il se compose de trois vases contigus, séparés par des cloisons poreuses; les électrodes se trouvent dans les deux vases extrêmes. Un inconvénient de cet appareil est que les cloisons ne s'opposent pas à la diffusion ; les résultats obtenus par DANIELL et MILLER se sont trouvés, pour cette raison, inexacts. En étudiant le contenu des trois vases après l'électrolyse, ils ont observé que, dans l'électrolyse de $CuSO^4$, $ZnSO^4$ et AzH^4Cl par exemple, les quantités to-

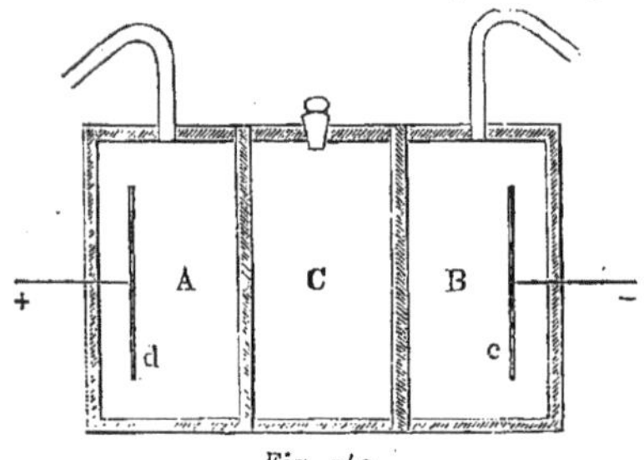

Fig. 240

tales de Cu et de Zn dans le vase renfermant la cathode, ainsi que la quantité totale de Cl dans le vase renfermant l'anode étaient restées sans changement. Ils en ont conclu que, dans l'électrolyse, les ions Cu et Zn, par exemple, demeurent immobiles, tandis que l'ion SO^4 se déplace en passant devant eux.

G. WIEDEMANN (1856) et son élève KIRMIS (1878) se sont servis d'un appa-

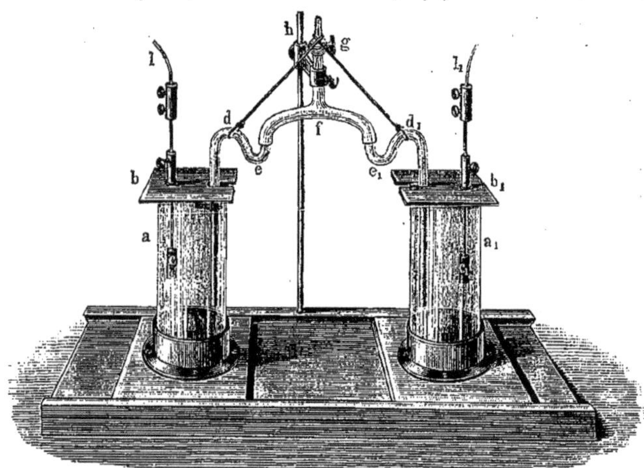

Fig. 241

reil mieux disposé. Deux vases a et a_1 (*fig.* 241), renfermant les électrodes, sont reliés par un tube dfd, muni d'un robinet g. Les deux vases, ainsi que le tube de communication, sont remplis avec l'électrolyte. Les résultats obtenus par G. WIEDEMANN concordent bien avec ceux qu'HITTORF a trouvés, dans les recherches qu'il a effectuées de 1853 à 1859, et que nous allons maintenant exposer. *Ces travaux remarquables ont complètement éclairci la question de ce qu'on appelle le transport des ions* (*Wanderung der Ionen*) *dans l'électrolyse*. Pour obtenir une idée aussi claire que possible de la façon dont varie la distribution de l'électrolyte, Hittorf a partagé toute la colonne liquide en couches, entre lesquelles ne pouvait presque pas se produire de diffusion et qu'il était facile de séparer. La figure 242 représente l'un des appareils qu'il a employés; il est constitué par une séries de vases emmanchés les uns dans les autres; le fond de chacun d'eux est formé par une membrane (parchemin, vessie) ou par une mince plaque poreuse d'argile. A la fin de l'électrolyse, on peut démonter l'appareil et étudier séparément chacune des couches de l'électrolyte; A et E sont les électrodes.

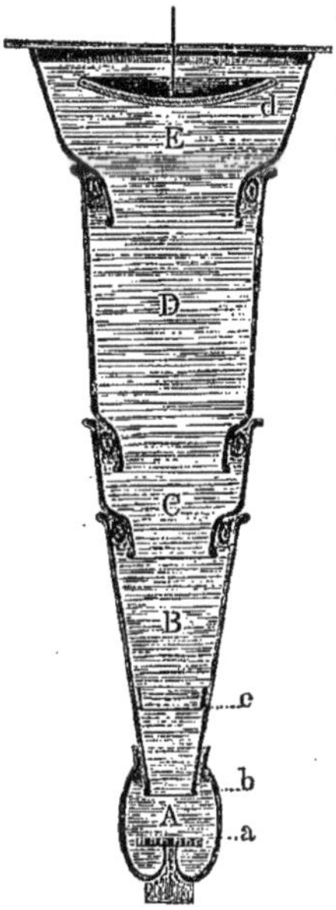

Fig. 242

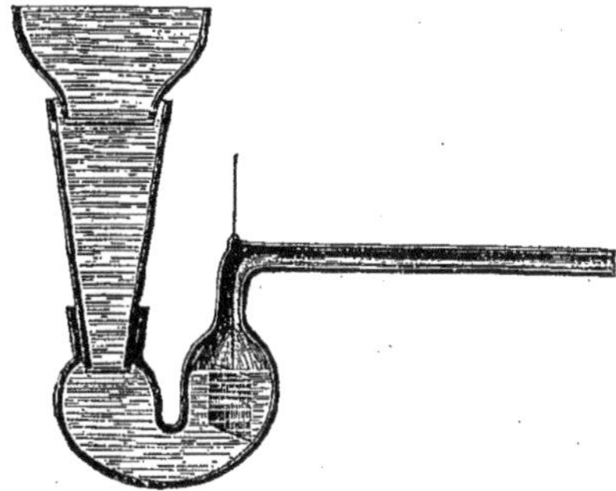

Fig. 243

La figure 243 représente la partie de l'un de ces appareils, employé dans le cas où un gaz se dégage à l'électrode inférieure.

Pour comprendre l'importance des grandeurs qu'Hittorf appelle *facteurs de transport des ions* (*Uberführungszahlen der Ionen*) et qu'il désigne par n et $1 - n$, considérons la figure 244, qui représente le vase avec l'électrolyte

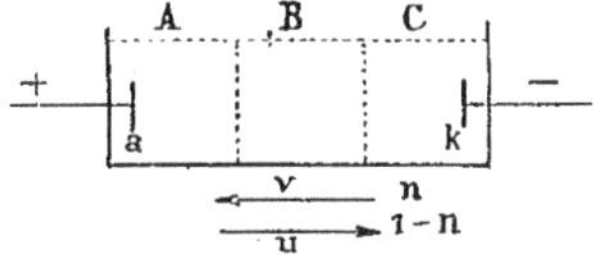

Fig. 244

dissous ; k est la cathode, a l'anode. Supposons toute la colonne liquide partagée en trois parties A, B et C, les parties extrêmes A et C étant contiguës aux électrodes; soit F la quantité d'électricité, c'est-à-dire 96540 coulombs, voir (1), page 618, qui traverse le vase. Dans ce cas, il se sépare sur k et sur a un équivalent-gramme (éq. gr.) de cathion et d'anion. Ceux-ci se sont déplacés à l'intérieur de la solution, vers les électrodes, dans deux directions contraires. Maintenant se pose la question : *d'où proviennent* les équivalents-grammes d'ions qui se sont séparés, c'est-à-dire en quels endroits se trouvaient-ils dans la solution avant l'électrolyse, lorsqu'ils formaient encore les parties constituantes des molécules de l'électrolyte ou du moins paraissaient tels ? Nous supposerons que, pendant l'électrolyse, la concentration de la solution n'a pas changé dans la partie B; la largeur de cette partie ne devant jouer aucun rôle dans nos raisonnements, nous pourrons même la prendre nulle.

Les vitesses, avec lesquelles les ions se meuvent, dépendent, *en premier lieu*, des forces électriques qui agissent sur eux. Si on admet que le mouvement des ions a même caractère que le mouvement de très petits corps dans un milieu résistant, les vitesses, mais non les accélérations, doivent être proportionnelles aux forces agissantes. *En second lieu*, les vitesses des ions doivent dépendre des ions eux-mêmes, c'est-à-dire de leur pouvoir de déplacement à l'intérieur d'une solution possédant des propriétés données. Nous caractériserons ce pouvoir par une grandeur particulière, que nous appellerons la *mobilité* des ions ; nous désignerons la *mobilité du cathion* par u, celle de l'*anion* par v. Ces grandeurs sont proportionnelles aux vitesses réelles de transport des ions sous l'influence d'une force électrique donnée, la même naturellement pour chaque ion (même chute de potentiel).

Soient p_a et p_c le nombre d'équivalents-grammes de *chacun* des ions de l'électrolyte qui ont disparu des régions a et k. On doit évidemment avoir

$$p_a + p_c = 1, \tag{10}$$

puisque, dans toute la solution, a disparu 1 éq. gr. de l'électrolyte, quand F coulombs d'électricité ont traversé la solution.

Supposons d'abord que l'on ait $u = v$, c'est-à-dire que les deux ions possèdent la même mobilité et par suite aussi la même vitesse. Dans ce cas, il est passé de C en A, vers l'anode a, un nombre n d'équivalents-grammes de l'anion, égal au nombre d'équivalents-grammes de cathion qui sont parvenus à la cathode c en allant de A en C. Comme on le voit facilement, on a *alors* $n = \frac{1}{2}$. En effet, de A sont sortis n éq. gr. de cathion et par suite n éq. gr. d'anion ont été libérés sur l'anode; en outre, n autres éq. gr. d'anions sont passés de C à l'anode, sur laquelle ont apparu $2n$ éq. gr. d'anion. Mais nous savons que, sur l'anode, s'est formé *un* éq. gr. d'anion ; on a par suite $2n = 1$ ou $n = \frac{1}{2}$. Il s'ensuit que, dans ce cas, une section quelconque de B a été traversée par $\frac{1}{2}$ éq. gr. de chacun des ions. En même temps, en A et en C a disparu $\frac{1}{2}$ éq. gr. de l'électrolyte, de sorte que $p_a = p_c = \frac{1}{2}$. *La diminution de la concentration dans A et dans C, c'est-à-dire dans le voisinage des deux électrodes, est la même, quand les mobilités u et v des ions sont les mêmes.*

Soient maintenant des mobilités u et v différentes ; le nombre n_c d'éq. gr. de cathion qui ont passé de A en C est alors différent du nombre n_a d'éq. gr. de l'anion qui ont passé de C en A. On voit d'abord que les nombres n_c

et n_a doivent être proportionnels aux vitesses et par suite aussi aux mobilités u et v des ions, de sorte que l'on a

$$\frac{n_a}{n_c} = \frac{v}{u}. \tag{11}$$

On a en outre évidemment $n_c + n_a = 1$. En effet, de A sont sortis n_c éq. gr. du cathion et par suite n_c éq. gr. de l'anion ont été libérés, lesquels se sont séparés sur l'anode; de plus, n_a éq. gr. de l'anion se sont portés de C sur l'anode, de sorte qu'au total $(n_c + n_a)$ éq. gr. de l'anion se sont séparés sur l'anode; or ce nombre doit, comme nous le savons, donner 1 éq. gr. Nous introduirons en conséquence une nouvelle notation et nous écrirons n au lieu de n_a et $1 - n$ au lieu de n_c. B *est alors traversé, dans des directions opposées, par n éq. gr. de l'anion et par $(1 - n)$ éq. gr. du cathion.* Ce sont ces nombres n et $1 - n$ qu'Hittorf appelle les *facteurs de transport* (Überführungszahlen) *de l'anion et du cathion.* Au lieu de l'égalité (11) nous avons maintenant

$$\frac{n_a}{n_c} = \frac{n}{1-n} = \frac{v}{u}, \tag{12}$$

d'où

$$n_a = n = \frac{v}{u+v}, \tag{12, a}$$

$$n_c = 1 - n = \frac{u}{u+v}. \tag{12, b}$$

On se rend compte enfin facilement que $n (= n_a) = p_c$ et $1 - n (= n_c) = p_a$. En effet si de C sont sortis $n (= n_a)$ éq. gr. de l'*anion*, autant d'éq. gr. (p_c) de l'électrolyte ont disparu de C, c'est-à-dire autour de la *cathode*, puisque les n éq. gr. correspondants du *cathion* se sont séparés sur la cathode et les $(1 - n)$ éq. gr. du cathion, qui sont venus de A et se précipitent aussi sur la cathode, n'ont aucune influence sur la concentration de la solution autour de la cathode. Il est clair dès lors que $n = p_c$, et on démontrerait de la même manière que $1 - n (= n_c) = p_a$.

Si on avait fait passer à travers la solution, non pas F, mais un nombre quelconque de coulombs, on aurait obtenu d'autres valeurs pour les décroissements P_a et P_c des concentrations autour de l'anode et de la cathode; mais on aurait évidemment

$$P_c : P_a = p_c : p_a = n_a ; n_c = n : (1 - n),$$

d'où, d'après (12)

$$\frac{n}{1-n} = \frac{v}{u} = \frac{P_c}{P_a}, \tag{13}$$

$$\left\{ \begin{aligned} n_a &= n = \frac{P_c}{P_a + P_c}, \\ n_c &= 1 - n = \frac{P_a}{P_a + P_c}. \end{aligned} \right. \tag{14}$$

Les dernières formules indiquent un *mode pratique de détermination des facteurs de transport des ions : le facteur n de transport de l'anion est égal au rapport du changement* P_c *de la concentration à la cathode à la variation totale* $P_a + P_c$ *de la concentration de la solution ; le facteur de transport* $1 - n$ *du cathion est égal au rapport du changement* P_a *de la concentration à l'anode à la variation* $P_a + P_c$ *de la concentration de la solution.*

C'est un fait très important qu'*il suffit de rechercher la concentration à l'une des électrodes*, pour obtenir les facteurs de transport des ions, puisque la variation totale $P_a + P_c$ de la concentration est immédiatement déterminée par la quantité d'ion équivalente qui se sépare sur cette même électrode ; on peut encore obtenir cette variation totale *par le calcul*, lorsqu'on connaît l'intensité du courant et la durée de son action, c'est-à-dire le nombre de coulombs écoulés, ou enfin employer l'une quelconque des méthodes permettant d'évaluer la quantité d'ions libérés ou d'électrolyte disparu. Pratiquement, on détermine par l'analyse chimique la quantité de l'un des ions à l'une des électrodes, de sorte qu'il existe *quatre* méthodes pour la détermination du nombre n.

Le grand mérite d'Hittorf est d'avoir introduit la notion des facteurs de transport n et $1 - n$ de l'anion et du cathion et indiqué la voie à suivre pour les déterminer. Hittorf a déterminé les facteurs de transport des ions du *sulfate de cuivre* ; il intercalait, dans le même circuit, un voltamètre à argent où se précipitait $1^{gr},008$ d'argent ; il correspond à cette quantité d'argent $0^{gr},2955$ de Cu, qui doivent se précipiter sur la cathode placée dans la solution de $CuSO^4$. Ce nombre 0,2955 correspond à la diminution totale de concentration $P_a + P_c$, qui figure dans les formules (14). La solution, qui entoure la *cathode*, perd pendant l'électrolyse $0^{gr},2112$ de cuivre, nombre qui sert de mesure à la diminution P_c de la concentration autour de la cathode. Le rapport

$$n = \frac{0,2112}{0,2955} = 0,715$$

donne le *facteur n de transport de l'anion* SO^4. On déduit de là, pour le facteur de transport de Cu dans la solution donnée, la valeur $1 - 0,715 = 0,285$. Dans le cas considéré, à 0,715 éq. gr. de l'anion SO^4, qui traverse la section moyenne du vase dans la direction de l'anode, correspond donc 0,28 éq. gr. de Cu qui est transporté dans la direction opposée. La formule (12) donne

$$\frac{v}{u} = \frac{\text{vitesse de } SO^4}{\text{vitesse de Cu}} = \frac{0,715}{0,285} = 2,5.$$

L'anion SO^4 se déplace par conséquent, dans la solution de sulfate de cuivre étudiée, 2,5 fois plus vite que le cathion Cu.

L'exemple suivant est également dû à Hittorf. On soumet à l'électrolyse une solution à 4 % de $AgAzO^3$ à $18°,4$. Sur la cathode se précipite $0^{gr},3208$ d'argent. L'électrolyte perd, pendant l'électrolyse, autour de la cathode, $0^{gr},1691$ d'argent. Il s'ensuit que $0,1691 : 0,3208 = 0,527$ est le facteur de transport de l'anion AzO^3 et $1 - 0,527 = 0,473$ celui de Ag. On pourrait aussi faire le raisonnement suivant : il se précipite à la cathode $0^{gr},3208$ d'argent, et cependant il n'en disparaît autour de la cathode que $0^{gr},1691$; par suite, $0,3208 - 0,1691 = 0^{gr},1517$ d'argent passe de la solution, qui entoure l'anode, sur la cathode. Le nombre $0,1517 : 0,3208 = 0,473$ est donc le facteur de transport de l'argent, et $1 - 0,473 = 0,527$ celui de AzO^3. Dans ce cas, la différence des vitesses u et v est faible ; leur rapport est égal à 1,11.

Bogdan a donné un exemple de détermination de n, pour une solution diluée de KCl ; une plaque de zinc sert d'anode, de sorte qu'il se forme, dans la solution autour de l'anode, $ZnCl^2$. On soumet à l'analyse le liquide de l'*anode*, qui renferme, avant l'électrolyse, $0^{gr},084011$ de KCl pour 100^{gr} de la solution. Il se précipite, dans le voltamètre à argent, $0^{gr},2887$ d'argent, ce qui correspond à $0,2887 : 107,93$ éq. gr. Un nombre égal à $0,2887 : 107,93$ d'équivalents-grammes de C passent évidemment du liquide de l'anode sur la cathode. Comme il se précipite, dans le voltamètre, $0^{gr},2887$ d'argent, il apparaît sur l'anode $0^{gr},094831$ de chlore, ce qui donne $0^{gr},182300$ de $ZnCl^2$. $660^{gr},42$ du liquide de l'anode sont soumis à l'analyse ; on trouve, dans 100^{gr} de ce liquide, $0^{gr},047106$ de chlore et par suite, dans tout le liquide de l'anode, $0^{gr},3111$ de chlore ; sur ce nombre, $0^{gr},09483$ se trouvent unis au zinc, comme nous l'avons vu, de sorte que $0,31110 - 0,09483 = 0^{gr},21627$ de chlore sont unis à K, ce qui correspond à $0^{gr},45511$ de KCl. Si on y ajoute $0^{gr},18230$ de $ZnCl^2$, on voit que $660^{gr},42$ de liquide de l'anode renferment $0^{gr},64$ de sels et $659^{gr},78$ de H^2O. Dans ce poids d'eau, étaient contenus avant l'électrolyse

$$659,78 \cdot \frac{0,084011}{100 - 0,084011} = 0^{gr},55475 \text{ de KCl.}$$

Si on retranche de ce poids $0^{gr},45511$, on trouve que $0^{gr},09964$ de KCl ont disparu du liquide de l'anode, ce qui correspond à $0,09964 : 74,6$ éq. gr. de KCl. Un nombre égal d'équivalents-grammes de K sont passés du liquide de l'anode à la cathode. On déduit de là le facteur de transport $1 - n$ du cathion K :

$$1 - n = \frac{0,09964}{74,6} : \frac{0,2887}{107,93} = 0,499.$$

On obtient 0,501 pour le facteur de transport n de l'anion Cl. Les deux ions se meuvent avec des vitesses presque égales.

Comme exemple de vitesses d'ions très différentes, on peut prendre une solution de H^2SO^4 (1^{gr} de H^2SO^4 pour $5^{gr},415$ de H^2O), pour laquelle on a

$$n = 0,174, \qquad 1 - n = 0,826 ;$$

le cathion H se déplace ici 5,4 fois plus vite que l'anion $SO^4 = SO^3 + O$. Pour HBr, on obtient $n = 0,174$, $1 - n = 0,826$. Pour $(UO^2)Cl^2$, on a $n = 0,132$, $1 - n = 0,868$; le cathion Cl se déplace presque 6,6 fois plus vite que l'uranyle UO^2. Enfin, pour HIO^3, le cathion H se déplace presque 9 fois plus vite que l'anion IO^3 ($n = 0,102$).

En étudiant les sels doubles, HITTORF a découvert la séparation en ions dont il a été parlé à la page 632.

Dans l'étude des solutions concentrées de CdI^2, HITTORF a obtenu pour Cd des valeurs négatives ; par exemple, pour une solution de 1gr de CdI^2 dans 1gr,8313 de H^2O, il a trouvé les valeurs $n = 1,258$, $1 - n = -0,258$; pour une solution de 1gr de CdI^2 dans 3gr,179 d'alcool amylique, il a même obtenu $n = 2,3$, $1 - n = -1,3$. Le facteur de transport négatif signifie qu'il a disparu du liquide de la cathode plus de cadmium qu'il ne s'en est séparé à la cathode. HITTORF a expliqué complètement ce fait, en admettant que, dans le cas considéré, il n'y a pas du tout d'ions I et $\frac{1}{2}$ Cd ; il se forme 2 CdI^2 dans la solution et $\frac{1}{2}$ Cd apparaît comme anion, $\frac{1}{2}(CdI^2 + I^2)$ comme cathion. Nous avons déjà mentionné cette explication à la page 633.

Il ne faut pas oublier qu'une détermination du facteur n, par étude de la concentration de la solution autour de l'anode ou de la cathode, n'est possible que s'il existe une *couche neutre*, dont la concentration ne varie pas durant l'électrolyse.

HITTORF a aussi cherché comment les facteurs de transport dépendent de l'intensité du courant dans le circuit, de la température et de la concentration de la solution. Il a trouvé que *n est indépendant de l'intensité du courant*, c'est-à-dire de la grandeur de la chute de potentiel dans l'électrolyte. Cela montre que le rapport des vitesses des ions est indépendant de la grandeur de la force qui agit sur ces ions. On devait s'attendre à ce résultat ; il concorde avec l'hypothèse que les vitesses des ions sont proportionnelles aux forces qui agissent sur eux.

HITTORF n'a pas constaté (entre 4° et 21°) d'influence de la *température* sur les facteurs de transport. Dans la suite, LOEB et NERNST (1888) et en particulier BEIN (1892) ont trouvé que lorsque la température croît, le facteur n varie, *en se rapprochant de la valeur* 0,5. Mais cette variation est très lente ; elle est imperceptible, par exemple, pour $AgAzO^3$, $CuSO^4$ et CdI^2 et elle ne dépasse pas 10 % pour une variation de température de 70° (pour NaCl et $CaCl^2$).

L'influence du *degré de concentration de la solution* sur les facteurs de transport est très grande, ainsi que HITTORF l'a déjà observé. Il n'y a pas à s'en étonner : la concentration de la solution doit agir sur la mobilité des ions qu'elle renferme et comme cette influence peut ne pas être la même pour les deux ions, le rapport des mobilités et par suite aussi les facteurs de transport doivent varier en même temps que le degré de concentration. Nous allons en donner quelques exemples. $CuSO^4$ donne, dans des solutions diluées, 0,356 pour le facteur de transport $n_c = 1 - n$ du cuivre, 0,276 dans des solutions concentrées ; la mobilité du cuivre comparée à celle de l'anion SO^4 diminue, quand la concentration de la solution augmente. On obtient le résultat inverse pour le cathion Ag dans $AgAzO^3$; pour des solutions diluées on a ici $n_c = 0,474$, pour des solutions concentrées 0,532. La dépendance des facteurs de transport à l'égard de la concentration est particulièrement grande pour H^2SO^4. Dans des solutions concentrées, on obtient, comme facteur de l'*anion* (SO^4), le nombre $n = 0{,}400$; quand on augmente la dilution de la solution, n diminue d'abord jusqu'à 0,174, pour croître ensuite jusqu'à 0,212. Au contraire, pour NaCl par exemple, le facteur n dépend peu de la concentration : dans les solutions diluées, on a $n = 0{,}622$; dans les solutions concentrées, $n = 0{,}648$. Cette dépendance s'accuse encore moins nettement pour KCl ; la concentration agit presque identiquement sur la mobilité des deux ions. Dans les solutions concentrées de CdI^2, on a $n = 1{,}258$ (voir plus haut) ; dans des solutions diluées, $n = 0{,}613$; mais, dans ce cas, la composition de l'électrolyte et les ions eux-mêmes changent avec la concentration. Quand la dilution de la solution augmente, les molécules doubles $2\,CdI^2$ se décomposent et les ions $\frac{1}{2}$ Cd et $\frac{1}{2}$ ($CdI^2 + I^2$) sont remplacés par les ions $\frac{1}{2}$ Cd et I.

5. Théorie de l'électrolyse. Travaux de F. Kohlrausch. — Après Hittorf, le progrès le plus important a été accompli par F. Kohlrausch qui, en 1876, a découvert la loi du *transport indépendant des ions* et a montré la *dépendance qui existe entre la mobilité des ions de l'électrolyte et la conductibilité de la solution soumise à l'électrolyse.*

La loi de F. Kohlrausch s'énonce comme il suit : *la mobilité d'un ion déterminé, dans une solution très diluée, ne dépend pas de la nature de l'autre ion*, ou, ce qui revient au même, *ne dépend pas de l'électrolyte dans la composition duquel entre l'ion considéré.* Tout anion possède une mobilité v qui lui est propre ; de même, tout cathion a une mobilité u en quelque sorte spécifique. On comprend facilement que cette loi ne puisse se rapporter qu'aux solutions très diluées ; dans de telles solutions, le dissolvant, qu'on peut regarder comme pur, s'oppose seul au mouvement de l'ion. Il ne résulte évidemment pas de la loi de Kohlrausch que les facteurs de transport $n_a = n$ et $n_c = 1 - n$ sont constants aussi pour des ions donnés, car ces facteurs, comme le montrent les formules (12,*a*) et (12,*b*), dépendent de u et v, de sorte que le facteur n, par exemple, dépend, pour un même anion, du cathion auquel il est combiné dans l'électrolyte.

F. Kohlrausch a rattaché cette loi à une autre d'après laquelle *la conductibilité limite équivalente* Λ_0 *de la solution d'un électrolyte est une grandeur additive, égale à la somme des conductibilités limites équivalentes de l'anion et du cathion* (page 643). Ces deux dernières grandeurs ne dépendent respectivement que de la nature de l'anion ou du cathion. Nous avons déjà exprimé cette loi symboliquement par la formule (8), page 643, qui devient, *en enlevant les indices*,

$$\Lambda = \Lambda(C) + \Lambda(A). \qquad (15)$$

La grandeur Λ est déterminée par la formule (6), où $\varkappa$ est la conductibilité de la solution en unités de Kohlrausch (page 638) et η la concentration, c'est-à-dire le nombre d'équivalents-grammes dans 1^{cmc} de la solution, voir page 638. Au lieu de Λ, on pourrait prendre aussi la grandeur $\lambda = k : m$, voir (6, *a*), page 639, k étant la conductibilité électrolytique par rapport au mercure (page 637) et m la concentration, c'est-à-dire le nombre d'équivalents-grammes dans un litre de la solution (page 638). On obtiendrait, dans ce cas, au lieu de la formule (15), la formule symbolique

$$\lambda = \lambda(C) + \lambda(A). \tag{16}$$

La formule (6, b) page 639, donne

$$\left\{\begin{array}{l} \Lambda(C) = 1{,}063.10^7\lambda(C), \\ \Lambda(A) = 1{,}063.10^7\lambda(A). \end{array}\right. \tag{17}$$

La relation entre les grandeurs Λ ou λ d'une part et la mobilité des ions d'autre part a été établie par KOHLRAUSCH à l'aide des considérations suivantes. Découpons dans la solution un cube dont les arêtes sont égales à l'unité de longueur. Si la conductibilité de la solution est k (par rapport à Hg à 0°), la résistance d'un tel cube est $1 : k$. Soit m la concentration de la solution; supposons que contre deux faces opposées du cube se trouvent appliquées des électrodes, dont la différence de potentiel soit égale à l'unité. D'après la loi d'OHM, on obtient, dans ce cas, pour l'intensité I, l'expression $I = k$. Mais l'intensité du courant est égale à la somme des quantités d'électricité, qui sont transportées dans l'unité de temps par les cathions et les anions, dans des directions opposées, à travers la section transversale de la solution. La quantité d'électricité transportée par les cathions doit être proportionnelle au degré de concentration m et à la mobilité u des cathions, de sorte qu'on peut l'exprimer par Bmu, B étant un facteur de proportionnalité qui dépend du choix de *l'unité de mobilité*; les anions transportent de même la quantité d'électricité Bmv. L'intensité du courant est donc égale à $I = Bm(u + v)$; or on a $I = k$ et par suite $k = Bm(u + v)$. En divisant des deux côtés par m et en tenant compte de la formule $\lambda = k : m$, on trouve

$$\lambda = B(u + v). \tag{18}$$

La conductibilité équivalente λ se compose de deux parties proportionnelles aux mobilités des ions. En comparant (18) à (16), on peut poser

$$\left\{\begin{array}{l} \lambda(C) = Bu, \\ \lambda(A) = Bv. \end{array}\right. \tag{19}$$

La conductibilité limite équivalente de l'ion est mesurée par sa mobilité. En posant $B = 1$, il vient

$$\lambda = u + v, \tag{20}$$

$$\lambda(C) = u, \qquad \lambda(A) = v. \tag{21}$$

Lorsqu'on prend, comme unité de mobilité, la mobilité d'un ion dont la conductibilité limite équivalente est égale à un, on obtient le résultat suivant : *la valeur limite de la conductibilité équivalente d'un ion est numériquement égale à la mo-*

bilité de cet ion; la conductibilité limite équivalente de la solution d'un électrolyte est égale à la somme des mobilités des ions de cet électrolyte.

Les formules (20) et (21) ne sont pas commodes dans la pratique ; en effet, la conductibilité k de la solution par rapport à Hg est une grandeur très petite; il en est de même de λ, u et v. Avec F. Kohlrausch, nous nous servirons des grandeurs $\Lambda = \varkappa : \eta$, $\Lambda(A)$ et $\Lambda(C)$, qui sont $1{,}063.10^7$ fois *plus grandes* respectivement que les grandeurs $\lambda = k : m$, $\lambda(A)$ et $\lambda(C)$. Nous introduirons de même une nouvelle unité pour la mobilité, qui sera de son côté la $1{,}063.10^{7\text{ème}}$ *partie* de l'unité qui nous donnait les valeurs numériques u et v pour les mobilités. Nous désignerons par l_a et l_c les valeurs numériques des mobilités exprimées avec cette nouvelle unité, de sorte que l'on aura

$$(22)\qquad \begin{cases} l_a = 1{,}063.10^7\, v, \\ l_c = 1{,}063.10^7\, u. \end{cases}$$

Au lieu de (20) et (21), on a maintenant

$$(23)\qquad \Lambda = l_a + l_c,$$

$$(24)\qquad \Lambda(C) = l_c, \qquad \Lambda(A) = l_a,$$

et au lieu de (12), (12, *a*) et (12, *b*), on doit écrire

$$(25)\qquad \frac{n_a}{n_c} = \frac{n}{n-1} = \frac{l_a}{l_c},$$

$$(25, a)\qquad \begin{cases} n_a = n = \dfrac{l_a}{l_a + l_c}, \\ n_c = 1 - n = \dfrac{l_c}{l_a + l_c}. \end{cases}$$

Avec les formules (23) et (24), on a alors

$$(26)\qquad n_a = n = \frac{\Lambda(A)}{\Lambda} = \frac{\Lambda(A)}{\Lambda(A) + \Lambda(C)},$$

$$(27)\qquad n_c = 1 - n = \frac{\Lambda(C)}{\Lambda} = \frac{\Lambda(C)}{\Lambda(A) + \Lambda(C)}.$$

$$(28)\qquad \frac{n_a}{n_c} = \frac{n}{1-n} = \frac{\Lambda(A)}{\Lambda(C)}.$$

Ces formules remarquables traduisent la relation qui lie deux sortes de grandeurs, à première vue complètement différentes, savoir les facteurs de transport, mesurés par la variation de la concentration aux électrodes, et les valeurs limites des conductibilités équivalentes des ions, que l'on obtient en mesurant la conductibilité des solutions. Cette relation est exprimée d'une manière particulièrement nette par la formule (28). Les expériences donnent directement les facteurs de transport n_a et n_c et la conductibilité $\varkappa$ de la solution. A l'aide de ces trois grandeurs, on peut calculer les mobilités l_a et l_c des ions ou les valeurs limites $\Lambda(A)$ et $\Lambda(C)$ de leurs conductibilités équivalentes ; les formules (25, a) et (23) donnent

$$(29) \qquad \begin{cases} l_a = \Lambda(A) = n_a \dfrac{\varkappa}{\eta}, \\ l_c = \Lambda(C) = n_c \dfrac{\varkappa}{\eta}; \end{cases}$$

η désignant la concentration de la solution. Nous avons déjà donné à la page 643 quelques valeurs numériques des conductibilités équivalentes limites des ions. Il est clair maintenant que ces nombres donnent aussi les mobilités des mêmes ions. On a indiqué, dans le tableau qui suit, les mobilités l de divers ions à 18° ; ces valeurs numériques sont dues à Kohlrausch. Comme il a corrigé lui-même à différentes reprises ses nombres, nous avons ajouté l'année où ils ont été publiés.

Ions	l	Années	Ions	l	Années	Ions	l	Années
Li . . .	33,44	1902	SCAz . .	56,63	1902	$C^5H^9O^2$.	25,7	1902
Na . . .	43,55	»	AzO^3 . .	61,78	»	$C^6H^{11}O^2$.	24,3	»
K . . .	64,67	»	ClO^3 . .	55,03	»	$\frac{1}{2}$ Zn . .	45,6	»
Rb . . .	67,6	»	IO^3 . . .	33,87	»	$\frac{1}{2}$ Mg . .	46,0	»
Cs . . .	68,2	»	BrO^3 . .	46,2	»	$\frac{1}{2}$ Ba . .	56,3	»
AzH^4 . .	64,4	»	ClO^4 . .	64,7	»	$\frac{1}{2}$ Pb . .	61,5	»
Tl . . .	66,00	»	IO^4 . . .	47,7	»	$\frac{1}{2}$ SO^4 . .	68,7	»
Ag . . .	54,02	»	MnO^4 . .	53,4	»	H . . .	318	1901
Fl . . .	46,64	»	CHO^2 . .	46,7	»	OH . . .	174	»
Cl . . .	65,44	»	$C^2H^3O^2$ . .	35,0	»	$\frac{1}{2}$ Sr . .	53,0	»
Br . . .	67,63	»	$C^3H^5O^2$ . .	31,0	»	$\frac{1}{2}$ Cu . .	49,0	»
I	66,40	»	$C^4H^7O^2$ . .	27,6	»	$\frac{1}{2}$ Ca . .	53,0	1898

Bredig (1874) a déterminé les mobilités des divers ions organiques. Le tableau précédent montre que *la plus grande mobilité appartient au cathion* H ; ensuite vient l'anion OH, dont la mobilité est presque deux fois moindre ; tous les autres ions se meuvent beaucoup plus lentement. Les nombres de notre tableau correspondent aux *valeurs limites de la mobilité*, dans les solutions infiniment diluées. En formant la somme des deux nombres, on obtient la conductibilité limite équivalente de l'électrolyte correspondant ; on a, par exemple, pour NaCl, la valeur $\Lambda = 43,55 + 65,44 = 108,99$. Dans les solutions qui ne sont pas infiniment diluées, on trouve des valeurs de la mobilité l *plus petites*. En voici quelques exemples tirés des tableaux de F. Kohlrausch (1898). On a indiqué, dans la première ligne, le degré de concentration ; la température est de 18°.

$m = 1\,000\,\eta$	0	0,00001	0,001	0,01	0,05	0,1
H . . .	318	316	314	310	302	296
HO. . .	174	172	171	167	161	157
$\frac{1}{2}$ Zn . .	47,5	45,1	42,3	35,9	27,9	24,0
$\frac{1}{2}$ Ca . .	53,0	50,6	47,8	41,4	33,4	29,4
$\frac{1}{2}$ Sr . .	54,0	51,7	48,9	42,4	34,4	30,5
$\frac{1}{2}$ SO^4 . .	69,7	67,2	64,0	56,1	46,1	41,9

Noyes et Sammet (1902) ont trouvé, pour H à 18°, la valeur limite 329,8.

Lorsqu'on connaît les grandeurs l_a et l_c, on peut aussi déterminer les *vitesses absolues* des ions pour une chute donnée de potentiel. Désignons par U et V les vitesses réelles du cathion et de l'anion, exprimées en centimètres par seconde, dans le cas où la chute de potentiel est de 1 volt par centimètre. Considérons 1^{cmc} de la solution, aux deux faces opposées duquel est appliquée une différence de potentiel de 1 volt. Supposons que η éq. gr. de l'électrolyte soient contenus dans ce centimètre cube de solution.

Si la conductibilité de la solution en unités de Kohlrausch est égale à $\varkappa$, la résistance du centimètre cube considéré est égale à $\frac{1}{\varkappa}$ ohms. D'après la loi d'Ohm, l'intensité I du courant est égale à $1 : \frac{1}{\varkappa} = \varkappa$ amp. ; par suite, $\varkappa$ coulombs traversent par seconde la section transversale. Dans une seconde, tout le cathion, qui se trouve dans une couche d'épaisseur U, traverse la section. Le volume de cette couche est égal à U^{cmc} ; cette couche renferme donc $U\eta$ éq. gr. de cathion, liés à $U\eta F$ coulombs, où $F = 96\,540$. On trouverait de la même manière que l'anion transporte en une seconde $V\eta F$ coulombs. Nous devons par suite avoir

$$\varkappa = (U + V)\eta F,$$

d'où

$$U + V = \frac{\varkappa}{\eta} \cdot \frac{1}{F} = \frac{\Lambda}{F}. \tag{30}$$

Mais les vitesses des ions sont respectivement proportionnelles à leurs mobilités l_c et l_a, de sorte qu'on a, (voir (24) et (25),

$$\frac{V}{U} = \frac{l_a}{l_c} = \frac{\Lambda(A)}{\Lambda(C)} = \frac{n_a}{n_c}. \tag{30,a}$$

Comme $\Lambda = \Lambda(A) + \Lambda(C) = l_a + l_c$, on a évidemment

$$(30,b) \quad \begin{cases} V = \dfrac{l_a}{F} = \dfrac{l_a}{96540} = 0,00001036\, l_a, \\ U = \dfrac{l_c}{F} = \dfrac{l_c}{96540} = 0,00001036\, l_c. \end{cases}$$

On obtient les vitesses absolues des ions en $\frac{\text{cm.}}{\text{sec.}}$, pour une chute de potentiel de $\frac{1 \text{ volt}}{1 \text{ cm.}}$, en divisant les mobilités ou les conductibilités équivalentes l_a et l_c par $F = 96540$, ou en les multipliant par l'équivalent électrochimique de l'hydrogène exprimé en grammes, voir (3,c), page 621. Les expériences donnent la conductibilité Λ de la solution et les facteurs de transport $n_a = n$ et $n_c = 1 - n$. Si on exprime V et U avec ces grandeurs, on trouve

$$(30,c) \quad \begin{cases} V = \dfrac{\Lambda n_a}{96540} = 0,00001036\, n\Lambda, \\ U = \dfrac{n_c \Lambda}{96540} = 0,00001036\,(1 - n)\Lambda. \end{cases}$$

Les formules (30,b) et les valeurs de l_a et l_c données à la page 622 fournissent, pour les vitesses réelles des ions à 18° et pour une chute de potentiel de $\frac{1 \text{ volt}}{1 \text{ cm.}}$, les nombres suivants :

	U		V
K	0,000676 $\frac{\text{cm.}}{\text{sec.}}$	Cl	0,000683 $\frac{\text{cm.}}{\text{sec.}}$
Na	0,000460	AzO^3	0,000630
Li	0,000368	ClO^3	0,000582
AzH^4	0,000665	OH	0,001802
Ag	0,000577		
H	0,003294		

C'est le cathion H qui possède la plus grande vitesse $U = 0,033 \frac{\text{mm.}}{\text{sec.}}$. Quand la température croît, les vitesses des ions augmentent.

Kohlrausch (1879) a montré que, connaissant les vitesses U et V, *on peut calculer la grandeur de la force f_n* qui doit agir sur une quantité déterminée d'ion, par exemple sur 1 éq. gr., pour lui communiquer une vitesse donnée à l'intérieur du liquide, une vitesse de 1^{cm} par seconde notamment. On sait qu'un coulomb-volt est égal à un joule ou à $0^{\text{kgm}},102 = 10^{\text{kgcm}},2$. Cela veut dire qu'avec une chute de potentiel de 1 volt par centimètre, il faut dépenser un travail de $10^{\text{kgcm}},2$ pour transporter 1 coulomb à 1^{cm} de distance. Il s'ensuit que, précisément dans les conditions où nous avons obtenu les vitesses U et V, sur chaque coulomb d'électricité agit une force de $10^{\text{kg}},2$. Mais l'équivalent-gramme de l'ion renferme $F = 96540$ coulombs et par suite, sur 1 éq. gr. de l'ion agit une force de $96540 \times 10,2 = 984700^{\text{kg}}$. Sous l'influence de cette force, l'équivalent-gramme se meut avec une vitesse U ou V $\frac{\text{cm.}}{\text{sec.}}$. La force f_c ou f_a, qui doit agir sur 1 éq. gr. de cathion ou d'anion, pour lui communiquer à l'intérieur de la solution une vitesse de 1cm par seconde, est évidemment égale à

$$(31)\qquad \begin{cases} f_c = \frac{984\,700}{U} \text{kg.}, \\ f_a = \frac{984\,700}{V} \text{kg.}, \end{cases}$$

où U et V doivent être exprimés en $\frac{\text{cm.}}{\text{sec.}}$. Dans les solutions très diluées, on obtient à 18° les valeurs (arrondies) suivantes de la force f, qui communique à un équivalent-gramme d'ion une vitesse de 1cm par seconde :

	f		f
K	$1\,470 \cdot 10^6$ kg.	Ag	$1\,720 \cdot 10^6$ kg.
Na	$2\,180 \cdot 10^6$	Cl	$1\,450 \cdot 10^6$
Li	$2\,830 \cdot 10^6$	I	$1\,430 \cdot 10^6$
AzH^4	$1\,490 \cdot 10^6$	AzO^3	$1\,540 \cdot 10^6$
H	$300 \cdot 10^6$	OH	$552 \cdot 10^6$

Ainsi, la force cherchée est en général de plusieurs milliards de kilogrammes. Elle est employée à vaincre le frottement intérieur du liquide, qui s'oppose au mouvement des ions. L'énormité de cette force ne doit pas étonner. Nous avons établi, dans le Tome III (Chap. XIV, § 6), la formule de Nernst déterminant la force K, qui doit agir sur une molécule-gramme d'une substance, pour qu'elle se déplace dans la solution avec une vitesse de 1cm par seconde. Pour une mol. gr. d'urée, on a $K = 2\,500 \cdot 10^6$ kg., c'est-à-dire une grandeur de même ordre que les valeurs que nous venons d'indiquer. Quand la température croît, la force f diminue, ce qui s'explique facilement par la diminution du frottement intérieur, dans le mouvement des ions à travers la solution.

Nous pouvons nous arrêter dans cette exposition des travaux d'Hittorf, qui a introduit la notion des *facteurs de transport*, et de ceux de Kohlrausch, qui a trouvé la relation entre la *mobilité* des ions et la *conductibilité* de la solution ainsi que la loi du *déplacement indépendant* des ions. A la suite de ces recherches fondamentales, un grand nombre de mémoires ont été publiés par différents auteurs sur les facteurs de transport et sur les vitesses des ions. Nous parlerons très brièvement de quelques-unes de ces études. Le travail de G. Wiedemann a déjà été mentionné à la page 652. Un résumé de toutes les déterminations expérimentales des facteurs de transport effectuées jusqu'en 1893 a été donné par Fitzpatrik et reproduit dans l'ouvrage de Wheatham, *Solution and Electrolysis*, 1895.

Nous signalerons seulement les travaux de Weiske, Bourgoin, Kuschel, Lussana, etc.

R. Lenz (1882) a déterminé les facteurs de transport pour diverses solutions alcooliques. L'appareil dont il s'est servi est représenté par la figure 245. L'anode *bb* (grille) se trouve dans le vase A, la cathode (mercure) dans le vase D. C est un bouchon en verre, à l'aide duquel on ferme le vase A après l'électrolyse ; on sépare ainsi l'un de l'autre les liquides modifiés pendant l'électrolyse dans le voisinage des électrodes. Lenz a trouvé, pour une solution de CdI^2, que le facteur de transport de l'iode décroît d'abord, lorsque la teneur en alcool augmente, et croît ensuite.

Ostwald (1888) a déterminé les facteurs de transport d'un grand nombre d'*anions organiques* et en a déduit une série de lois. Il a d'abord montré que *les anions isomères possèdent la même mobilité*. Il a en outre observé que la mobilité de l'anion est d'autant plus petite qu'il est de structure plus complexe, c'est-à-dire qu'il renferme plus d'atomes. Quand le nombre des atomes est petit, la mobilité de l'anion dépend de la nature de ces atomes ; mais, lorsque le nombre des atomes est supérieur à 12, la mobilité est complètement déterminée par le nombre d'atomes. Bredig (1892) a poursuivi les recherches d'Ostwald, en étudiant la mobilité des *cathions organiques*. Il a trouvé que les *cathions isomères* possèdent aussi la même mobilité et que la mobilité diminue en général, lorsque le nombre des atomes augmente ; il a découvert en outre un certain nombre de lois relatives aux cas où il y a addition de CH^2, H, CAz^2 et où l'on remplace l'hydrogène par le chlore, le brome ou le groupe amide, etc. Walden a reconnu que la mobilité diminue aussi, quand le nombre des atomes augmente, pour les anions des acides de la série grasse.

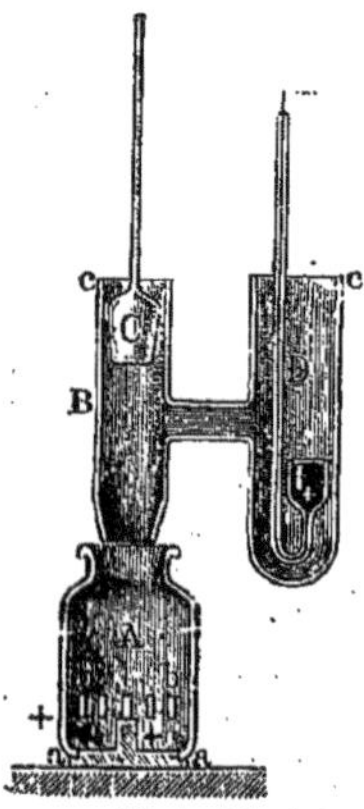

Fig. 245

Loeb et Nernst (1888) se sont servis de l'appareil représenté par la figure 246. Dans la boule latérale, se trouve la cathode (argent) ; à la partie inférieure du long tube, l'anode. En insufflant de l'air dans B après l'électrolyse, on peut refouler par le tube C des couches quelconques de la colonne liquide, en commençant par les plus basses, pour les soumettre à l'analyse. Les couches les plus élevées doivent bien entendu rester sans changement. Ces deux physiciens se sont assurés qu'il ne se produit de mélange, dans la solution, ni par diffusion, ni par convection. Ils ont mesuré les facteurs de transport pour 8 sels d'argent et ont ainsi déterminé avec une grande exactitude la mobilité du cathion Ag.

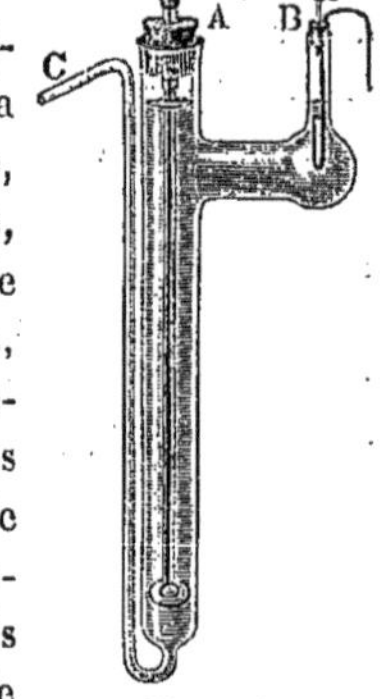

Fig. 246

Kistiakowski (1890) et Bein (1892) ont employé des appareils semblables comme principe à celui que nous venons de décrire. Kistiakowski a construit le premier un appareil, dans lequel le prélèvement des couches de la colonne liquide s'effectue directement au moyen d'un robinet placé à la partie inférieure de cette colonne. Il a étudié surtout les sels complexes (page 632) et a montré que la loi de KOHLRAUSCH leur est également applicable, lorsqu'on a affaire à des solutions très diluées. Dans l'appareil de BEIN, la solution à étudier remplit un tube ADEF plusieurs fois coudé (*fig.* 247); la cathode se trouve dans A et l'anode dans B; les échantillons de liquide sont prélevés séparément par le robinet F et ensuite analysés. Tout le tube est placé dans un vase rempli d'eau, dont la température est maintenue constante par un courant d'eau froide ou de vapeur d'eau, amené par le serpentin BB.

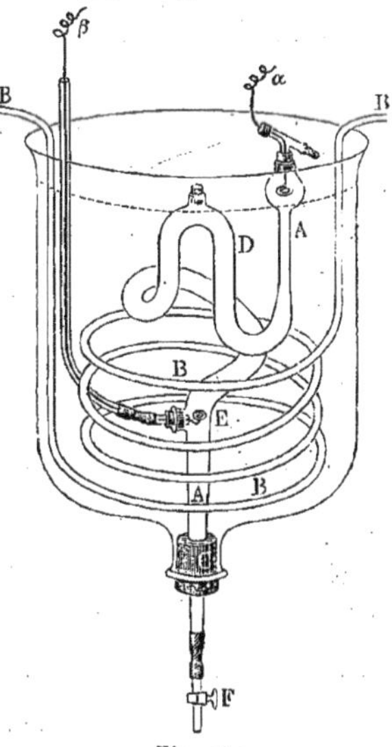

Fig. 247

D'autres déterminations des facteurs de transport et de la mobilité des ions sont dues à KÜMMEL et en particulier à JAHN et ses élèves HOPFGARTNER, METELKA, BOGDAN, etc. Nous parlerons plus loin des travaux d'ABEGG et STEELE. HITTORF (1902) a comparé les résultats de ces dernières recherches à ceux qu'il avait obtenus lui-même quarante ans auparavant et il a expliqué pourquoi ses valeurs ne pouvaient être tout à fait exactes. F. KOHLRAUSCH a poursuivi ses études, dans toute une série de mémoires, jusqu'à ces derniers temps.

6. Théorie de l'électrolyse. Clausius, Helmholtz et Arrhenius. — Nous avons dit à la page 651 que, parallèlement aux recherches expérimentales, se sont développés une série de travaux théoriques relatifs au *mécanisme de l'électrolyse*. Nous allons passer maintenant à l'étude de ces derniers; ils ont conduit à la *théorie de la dissociation électrolytique*, dont nous avons déjà parlé à maintes reprises.

Toutes les théories anciennes partaient de cette idée que les forces électriques *décomposent* l'électrolyte, c'est-à-dire séparent les ions en surmontant l'affinité chimique. CLAUSIUS (1857) a remarqué le premier que si cette manière de voir était juste, il faudrait, pour chaque composé chimique, un minimum déterminé de force électrique, en vue de vaincre l'affinité chimique. Plus l'affinité est grande, plus cette force devrait être grande. Or, en réalité, la plus petite force électromotrice donne déjà naissance à l'électrolyse, dans tout électrolyte. CLAUSIUS a été conduit par suite à l'hypothèse que, dans toute solution d'un électrolyte, une partie des molécules est dissociée en ions. La décomposition des molécules s'effectue par les chocs dans la rencontre des molécules entre elles ou avec celles du dissolvant, mais peut-être aussi par d'autres causes. Cette décomposition a lieu sans cesse; par contre, les ions se combinent aussi de nouveau constamment, dans leurs rencontres fortuites. Un état d'équilibre statistique s'établit ainsi dans la solution. *Le courant agit simplement sur les ions déjà existants*, qu'il pousse dans des directions opposées,

Il est juste de rappeler qu'avant Clausius, Williamson (1851) avait déjà émis l'idée d'une dissociation spontanée de la substance contenue dans une solution. Il admettait que, dans l'acide chlorhydrique, les molécules HCl se décomposent *toutes* sans cesse et se reforment ensuite. Hittorf (1853) s'est peu à peu rallié à l'idée de Clausius et il a montré que les meilleurs électrolytes sont précisément les composés des substances, entre lesquelles l'affinité chimique est particulièrement forte.

L'idée de l'existence d'une dissociation des électrolytes dans les solutions est due à Clausius ; mais, d'après sa théorie, cette dissociation aurait une durée extrêmement réduite ; les ions n'existent séparés que pendant des intervalles très courts. Il convient de remarquer que cette dissociation a un tout autre caractère que celle dont nous avons parlé dans le Tome III, qui a lieu lorsqu'une substance se trouve à l'état gazeux. Ainsi, la vapeur du sel ammoniac se décompose, sous faible pression, suivant la formule $AzH^4Cl = AzH^3 + HCl$; dans une solution de sel ammoniac, au contraire, la dissociation en ions s'effectue suivant la formule $AzH^4Cl = AzH^4 + Cl$.

Le développement ultérieur qu'a reçu l'idée de Clausius est dû à Helmholtz (1880). Helmholtz a surtout précisé le rôle du courant électrique et expliqué à quoi est dépensée réellement l'énergie du courant, qui est évidemment consommée dans l'électrolyse et se trouve numériquement égale à l'énergie libérée dans la combinaison chimique des ions, c'est-à-dire dans la formation de l'électrolyte à partir de ces ions. Cette égalité paraît d'abord conduire à l'idée que le courant *décompose* l'électrolyte ; mais Helmholtz part de l'hypothèse que l'électrolyte se trouve dans la solution, à l'état de *complète dissociation* en ions, chaque ion étant lié à une quantité déterminée d'électricité positive ou négative. Dans chaque volume élémentaire de la solution se trouvent les mêmes quantités d'anion et de cathion, de sorte que leur action électrique ne se décèle en rien à l'extérieur. *Les ions sont complètement libres et, en dehors des forces électriques, aucune autre force, chimique par exemple, n'agit entre eux.* Sous l'influence de la plus petite force électrique, qui apparaît comme la conséquence de l'existence d'une différence de potentiel entre les électrodes, commence le déplacement des ions de noms contraires dans des directions opposées. L'électricité liée aux ions donne à ces derniers des propriétés différentes de celles des substances ordinaires. L'élément simple Na ne peut se trouver dans l'eau sans la décomposer ; mais le cathion Na, c'est-à-dire $\mathrm{Na}\,\overset{+}{.}\,e$, représente quelque chose d'essentiellement différent de l'atome Na et peut se mouvoir librement dans l'eau. Quand le cathion est parvenu à la cathode et lui a cédé sa charge, il se transforme en quelque sorte dans la substance ordinaire, avec toutes ses propriétés ; Na privé de sa charge décompose l'eau.

L'énergie du courant n'est pas employée à la décomposition de l'électrolyte, mais, si on peut s'exprimer ainsi, à la *décomposition des ions*, c'est-à-dire à la séparation des charges électriques de ces ions. La dissociation elle-même, c'est-à-dire la décomposition de l'électrolyte *en ions* s'effectue sous l'influence du dissolvant et est accompagnée d'une certaine dépense d'énergie. La théorie d'HELMHOLTZ ne conduit à aucune contradiction et se trouve en parfait accord avec le principe de la conservation de l'énergie. Prenons, par exemple, l'électrolyte NaCl. Nous avons, en premier lieu, l'égalité *thermochimique* (voir Tome III, Chap. V)

$$\text{(32)} \qquad \text{Na} + \text{Cl} = \text{NaCl} + q,$$

q étant l'énergie dégagée dans la formation de Na Cl à partir du sodium et du chlore. La décomposition de l'électrolyte en ions, qui a lieu avec une dépense d'énergie q', peut être exprimée par l'égalité suivante :

$$\text{(32, }a\text{)} \qquad \text{NaCl} + \overset{+}{e}\overset{-}{e} = \text{Na} \,.\, \overset{+}{e} + \text{Cl} \,.\, \overset{-}{e} - q'.$$

Ici q' est petit comparativement à q. Le travail du courant, qui décompose les ions, exige une dépense d'énergie $q - q'$ et s'exprime par l'égalité

$$\text{(32, }b\text{)} \qquad \text{Na} \,.\, \overset{+}{e} + \text{Cl} \,.\, \overset{-}{e} = \text{Na} + \text{Cl} + \overset{+}{e}\overset{-}{e} - (q - q').$$

Non seulement les trois égalités précédentes ne se contredisent pas, mais chacune d'elles est la conséquence nécessaire des deux autres.

La théorie d'HELMHOLTZ, où l'on admet que, *dans toute solution* d'un électrolyte, *toutes* les molécules sont dissociées, n'a pas reçu dans la suite de nouveau développement.

Un dernier pas a été fait par ARRHENIUS, qu'on peut appeler le fondateur de la *théorie moderne de la dissociation électrolytique* ; nous avons déjà parlé de cette dernière dans les Tomes I et III, ainsi que dans le Tome actuel. ARRHENIUS a exposé les bases de sa théorie dans les années 1887 et 1888 ; elles consistent, comme nous l'avons vu, dans les propositions suivantes :

Dans toute solution d'un électrolyte, une partie des molécules de ce dernier est dissociée. Le degré de dissociation, c'est-à-dire le rapport du nombre des molécules dissociées au nombre total des molécules dans la solution, dépend de la concentration de cette dernière et augmente lorsque la concentration diminue.

Nous désignerons le degré de dissociation par α. Pour une certaine concentration, suffisamment petite, qui diffère suivant les électrolytes, on a $\alpha = 1$; autrement dit, la dissociation est complète, toutes les molécules de l'électrolyte sont décomposées en ions.

Chaque *équivalent-gramme* d'ion est lié à F (96540) coulombs. On sait que la *molécule-gramme* d'une substance quelconque renferme un même nombre N de molécules ou d'atomes. Il s'ensuit que tout ion monovalent (H, K, Na, Cl, Br, OH, AzO^3 etc.) est lié à la quantité d'électricité F : N, qui forme un *électron* ; un ion bivalent (Ba, SO^4, etc) est lié à deux électrons, un ion trivalent à trois, etc. Les ions se meuvent librement dans la solution et se dirigent vers les électrodes sous l'influence des forces électriques. De plus amples détails ont déjà été donnés à ce sujet dans le premier Livre, Chap. II, § 2 (page 193) ; nous avons alors considéré la théorie de la dissociation électrolytique comme quelque chose d'achevé, indépendamment de la manière dont elle a pris progressivement naissance à partir des phénomènes de l'électrolyse. Comme nous l'avons vu, un électron est approximativement égal à 6,6 . 10^{-10} unité él.-st. C. G. S. d'électricité. Connaissant les dimensions approchées des atomes et supposant qu'ils sont sphériques, on peut calculer au moins l'ordre de grandeur du *potentiel d'un atome*. Lodge (1885) a effectué pour la première foi un tel calcul; il a reconnu que ce potentiel n'est pas élevé et qu'il n'atteint que quelques volts.

La théorie de la dissociation électrolytique abandonne complètement l'idée d'un courant qui, traversant l'électrolyte, décompose la substance de ce dernier. Dans l'électrolyse a lieu exclusivement un mouvement d'ions déjà libres; le courant électrolytique à l'intérieur de la solution d'un électrolyte consiste seulement dans le mouvement des électricités transportées par les ions.

Arrhenius ne s'est nullement borné à développer l'idée de Clausius. Son grand mérite est d'avoir su confirmer, par voie expérimentale, une série de conséquences, qui découlent du principe fondamental de sa théorie, d'après lequel le degré de dissociation α dépend de la concentration de la solution; il a en même temps indiqué la relation qui existe entre des grandeurs aussi dissemblables que la conductibilité d'une solution, d'une part, et le point de congélation, le point d'ébullition, la tension de la vapeur de la solution, sa pression osmotique, d'autre part.

Nous avons vu dans le Tome I, et plus en détail dans le Tome III, que l'équation $pv = RT$, où p désigne la pression osmotique, R la constante de l'équation de Clapeyron, est applicable aux solutions des non-électrolytes (du sucre par exemple). Mais, pour les électrolytes, cette équation doit être remplacée par $pv = iRT$, où i est un facteur indiquant combien de fois a augmenté le nombre des molécules de la substance dissoute, par la dissociation. Le même facteur i entre aussi dans les formules qui déterminent l'abaissement du point de congélation, l'élévation du point d'ébullition et la diminution de la tension de la vapeur. Il existe toute une série de méthodes, pour la détermination expérimentale du facteur i. La relation entre le facteur i et le degré de dissociation α s'établit facilement. Soit N le nombre de molécules de l'électrolyte dans un volume quelconque de la solution; une partie α de ces molécules s'est dissociée, chaque molécule s'étant décomposée en p ions. On a, par exemple, $p = 2$ pour KCl, $p = 3$ pour H^2SO^4, $Ba(AzO^3)^2$, $CuCl^2$, $p = 5$ pour $FeCy^6K^4$. Les molécules dissociées ont alors donné $pN\alpha$ molécules actives, qui avec $N(1 - \alpha)$ molécules non-dissociées donnent en tout $N(1 - \alpha) + pN\alpha = N\{1 + (p - 1)\alpha\}$ molécules. On déduit de là que

$$i = 1 + (p - 1)\alpha. \tag{33}$$

Mais si la théorie d'Arrhenius est exacte, si réellement le transport d'électricité dans les solutions est dû aux ions libres, la conductibilité équivalente λ ou Λ doit évidemment croître, au moins pour les solutions diluées, en même temps que le nombre des molécules actives, c'est-à-dire que le nombre d'ions $pN\alpha$. *La théorie d'*Arrhenius *explique donc parfaitement pourquoi la conductibilité équivalente augmente lorsqu'on continue à diluer les solutions faibles.* On peut admettre, pour les solutions *diluées*, que λ est proportionnel au nombre $pN\alpha$ des ions ; autrement dit, *la conductibilité équivalente est proportionnelle au degré de dissociation* α. Si on désigne par λ_0 la valeur limite (pour $\alpha = 1$) de la conductibilité équivalente, on obtient

$$\frac{\lambda}{\lambda_0} = \alpha. \tag{33, a}$$

En portant α dans (33), on a l'expression

$$i = 1 + (p - 1)\frac{\lambda}{\lambda_0}. \tag{34}$$

Cette expression remarquable donne la relation, mentionnée plus haut, entre la conductibilité de la solution et les quatre grandeurs auxquelles elle est liée : la pression osmotique, la diminution de la tension de la vapeur, l'abaissement du point de congélation et l'élévation du point d'ébullition. Arrhenius a vérifié la formule (34) et, dans deux mémoires remarquables (1887, 1888), a montré son exactitude pour un très grand nombre de solutions. Il a déterminé la grandeur i, à l'aide de la formule (34), en premier lieu par des observations sur la conductibilité des solutions et en second lieu par des observations cryoscopiques, c'est-à-dire en cherchant le point de congélation d'une solution. Nous avons établi, dans le Tome III, Chap. IV, § **10**, les formules qui s'appliquent à ce cas. Les recherches de van't Hoff et de Reicher (1889) ont donné une autre confirmation de la formule (34). On a constaté cependant que, pour certaines solutions, la valeur de i calculée par la formule (34) diffère notablement de celle trouvée directement par voie cryoscopique ; il en est ainsi, en particulier, pour les solutions de $CaCl^2$, $MgCl^2$, $CuCl^2$, $SrCl^2$. L'origine des écarts notables observés dans ces solutions n'est pas encore connue. Il est possible qu'une partie des molécules de $CaCl^2$, par exemple, ne se décompose pas en Ca + Cl + Cl, mais donne les ions CaCl + Cl. Il y a d'ailleurs une raison pour que la grandeur i, calculée à l'aide de la formule (34), soit plus petite que sa valeur vraie. La loi de Kohlrausch sur le déplacement indépendant des ions conduit à la formule (18), page 660, d'après laquelle λ est proportionnel à la somme $u + v$ des mobilités des ions. La théorie d'Arrhenius conduit à admettre que λ est en outre proportionnel au degré de dissociation α. On obtient par suite, avec un choix convenable de l'unité de mobilité, au lieu de la formule (20), l'expression

$$\lambda = \alpha(u + v). \tag{35}$$

Dans le cas limite $\alpha = 1$, on a $\lambda = \lambda_0$; mais on a aussi alors d'autres mobilités u_0 et v_0, de sorte que

$$\lambda_0 = u_0 + v_0. \tag{35, a}$$

Il est certain que $u_0 + v_0 > u + v$, car la mobilité croit en même temps que la dilution de la solution ; il s'ensuit que l'on a $\alpha > \frac{\lambda}{\lambda_0}$ et par conséquent, la valeur vraie de i, donnée par la formule (33), est plus grande que celle calculée au moyen de la formule (34). ABEGG (1892) a tenu compte de cette circonstance et a cherché à introduire une correction correspondante; il a, en effet, constaté un accord bien meilleur de la théorie avec les résultats d'expérience. Ce n'est pas ici le lieu de nous étendre sur les résultats que l'on a obtenus en cherchant à établir comment le degré de dissociation α dépend de la concentration m dans diverses solutions. Nous nous bornerons à dire que, pour les concentrations très faibles, quand par exemple $m = 0,0001$, la grandeur α est voisine de 1 dans les solutions de sels, d'acides forts et de bases fortes; au contraire, la valeur de α est petite pour les acides et les bases faibles. Bien entendu, dans toutes les solutions de non-électrolytes, on a $\alpha = 0$.

Lorsque *la température s'élève*, la mobilité des ions augmente; mais le degré de dissociation *diminue*, pour beaucoup d'acides et de sels, quand la température croît, comme ARRHENIUS (1892) l'a montré (voir plus loin). Il est visible par là que la conductibilité, qui est proportionnelle à la mobilité des ions et au degré de dissociation, peut parfois décroître aussi, lorsque la température augmente, ainsi qu'ARRHENIUS l'a prévu le premier (page 641).

La théorie de la dissociation électrolytique a fait un nouveau progrès important avec OSTWALD (1888) et simultanément avec PLANCK. Ces savants ont établi une formule, qui représente la *loi de dilution des solutions*, c'est-à-dire *la relation entre la conductibilité équivalente* λ *d'une solution et la concentration* m *(nombre de molécules-grammes par litre de solution), à une température donnée* t *et pour une pression donnée* p. Dans le Tome III, Chap. XIV, a été donnée une formule relative à la décomposition en ses deux parties constituantes A et B d'une substance (AB) qui se trouve dans la solution. Nous avons désigné par n_1 le nombre de molécules-grammes de la substance (AB), c'est-à-dire de la substance non-dissociée, par n_2 le nombre de molécules-grammes des substances A et B, qui se sont formées par suite de la dissociation, et enfin par n_0 le nombre de molécules-grammes du dissolvant. En introduisant la grandeur $n = n_0 + n_1 + n_2 + n_2$, on obtient les *concentrations* $h_1 = n_1 : n$ et $h_2 = n_2 : n$. En nous appuyant sur les formules générales de PLANCK, nous avons établi que

$$\frac{h_2^2}{h_1} = K(p, t), \tag{36}$$

où le membre de droite est une fonction de p et de t, qui se réduit à une constante, lorsque p et t sont donnés. Les *concentrations* h_1 et h_2 déterminent les quantités relatives des substances (AB), A et B, contenues dans le mélange de ces trois substances et du dissolvant lui-même. Il est facile d'exprimer α et m à l'aide des grandeurs n_0, n_1 et n_2. La dissociation α, pour un *électrolyte binaire*, est évidemment égale à

$$\alpha = \frac{n_2}{n_1 + n_2}, \tag{36, a}$$

car le nombre de molécules de l'électrolyte serait égal à $n_1 + n_2$, s'il n'y avait aucune dissociation. On a en outre n_0 molécules-grammes de dissolvant; supposons qu'une molécule-gramme ait un volume de ω litres (pour l'eau, on a $\omega = 0{,}018$); alors $n_1 + n_2$ molécules-grammes d'électrolyte sont dissoutes dans ωn_0 litres de *dissolvant*; il en résulte que, pour les solutions suffisamment diluées, on peut prendre le nombre m de molécules-grammes, dissoutes dans un litre de la *solution*, égal à

$$(36, b) \qquad m = \frac{n_1 + n_2}{\omega n_0}.$$

En portant dans (36) les valeurs de h_1 et de h_2, on a

$$(36, c) \qquad \frac{h_2^2}{h_1} = \frac{n_2^2}{n_1(n_0 + n_1 + 2n_2)} = \frac{n_2^2}{n_1 n_0} = \mathrm{K}(p, t),$$

la grandeur $n_1 + 2n_2$ pouvant être négligée. En outre, on déduit de (36, a) et (36, b) les expressions

$$n_2 = (n_1 + n_2)\,\alpha, \qquad n_1 = (n_1 + n_2)\,(1 - \alpha), \qquad n_0 = (n_1 + n_2) : \omega m.$$

En portant ces trois valeurs dans la formule (36, c) et en mettant en évidence le facteur ω dans l'expression de la fonction K (p, t), il vient

$$(36, d) \qquad \frac{\alpha^2 m}{1 - \alpha} = \mathrm{K}\,(p, t).$$

Cette équation montre *comment, p et t ne changeant pas, la dissociation α varie en fonction de la concentration m*. Elle ne nous donne évidemment rien de nouveau, car elle n'est qu'une transformation de l'équation (36). Mais, en introduisant la valeur $\lambda : \lambda_0$ de α, voir (33, a), on a l'équation d'Ostwald

$$(37) \qquad \frac{\lambda^2 m}{\lambda_0(\lambda_0 - \lambda)} = \mathrm{K}(p, t),$$

qui exprime la dépendance entre la conductibilité équivalente λ de la solution d'un électrolyte binaire et sa concentration, pour p et t invariables. Les premières observations d'Ostwald lui-même, ainsi que celles de van't Hoff et de Reicher (1888) ont fourni une confirmation remarquable de cette équation pour les solutions de 9 acides organiques. Les recherches ultérieures ont montré que *seuls les acides et les bases faibles suivent la loi* d'Ostwald. Pour les solutions de sels, d'acides forts et de bases fortes, l'équation (37) n'est plus applicable. Ostwald a déterminé en 1889 la valeur de K, pour plus de 200 acides organiques. Les conséquences importantes, qui découlent de ce vaste ensemble de mesures, présentent surtout un intérêt chimique et nous ne pouvons entrer ici dans plus de détails.

Pour les solutions auxquelles la formule (37) n'est pas applicable, différentes formules empiriques ont été proposées; telles sont la formule de Rudolphi

$$(37, a) \qquad \frac{\lambda^2 \sqrt{m}}{\lambda_0(\lambda_0 - \lambda)} = const.$$

et celle de VAN'T HOFF

$$\frac{\lambda^3 m}{\lambda_0 (\lambda_0 - \lambda)^2} = const. \tag{37, b}$$

D'autres formules ont été données par STORCH, BANCROFT, BARMWATER et en particulier par JAHN et KOHLRAUSCH. Ce dernier a fait toute une série de recherches devenues classiques sur la relation entre la conductibilité et la concentration des solutions diluées.

ARRHENIUS (1889) a fait un autre pas important dans la théorie des phénomènes électrolytiques. Nous avons établi, dans le Tome III, Chap. XIV, la formule

$$\frac{\partial \log K}{\partial t} = \frac{q}{HT^2}, \tag{37, c}$$

où q est la chaleur latente de dissociation d'une molécule-gramme de l'électrolyte, T la température absolue, H la constante de l'équation $pv = HT$, rapportée à la molécule-gramme de la substance. ARRHENIUS a pu, connaissant les valeurs de K pour deux températures, déterminer la *chaleur latente de dissociation électrolytique* q de huit acides, entre autres de l'acide phosphorique, l'acide hypophosphorique, des acides acétique, propionique, fluorhydrique et succinique. Pour sept des acides étudiés on a constaté que q était négatif; il n'est positif que pour l'acide succinique. Lorsqu'on a $q < 0$, cela veut dire que *la dissociation électrolytique est, dans beaucoup de cas, un phénomène exothermique*, autrement dit un phénomène lié à un dégagement de chaleur. L'équation (36, *d*), qu'on peut, pour une faible dissociation, écrire sous la forme $\alpha^2 m = K$, ainsi que l'équation (37, *c*), montrent que l'on a aussi $\frac{\partial \alpha}{\partial t} < 0$, pour $q < 0$, c'est-à-dire que, *pour les électrolytes très faibles mentionnés, la dissociation diminue lorsque la température augmente.* On s'explique, comme il a déjà été remarqué, que la conductibilité des solutions de H^3PO^4 et H^3PO^2, en partant de certaines températures, diminue quand la température croît.

Tout ce qui a été exposé jusqu'ici, sur la question de la dissociation électrolytique, se rapporte seulement aux solutions *aqueuses*. Pour les solutions *non-aqueuses*, beaucoup des conséquences déduites de la théorie d'ARRHENIUS se vérifient très mal ou même pas du tout. Cela provient en premier lieu de ce que d'autres dissolvants produisent une dissociation beaucoup plus faible et, dans la plupart des cas, extrêmement faible de l'électrolyte dissous ; en second lieu, la mobilité des ions peut ne pas être la même dans des dissolvants différents. Seul le CyH liquide possède un pouvoir dissociant encore plus grand que celui de l'eau, comme l'a montré TSENTNERSCHWER. WALDEN (1911) a découvert que le *formamide* $HCOAzH^2$ jouit également, pour certains électrolytes, d'un plus grand pouvoir dissociant que celui de l'eau ; de même H^2SO^4, la nitrosodiméthylamine $(CH^3)^2Az.AzO$, l'acide formique, les alcools méthylique et éthylique. J. J. THOMSON et NERNST ont reconnu que *le pouvoir dissociant d'un dissolvant est d'autant plus grand que sa constante diélectrique est elle-même plus grande.* L'aniline, le chloroforme, la benzine, l'éther possèdent un faible pouvoir inductif et on constate effectivement que les électrolytes qui y sont dissous sont très peu dissociés et que les solutions elles-mêmes possèdent une faible conductibilité. TIMMERMANS (1906) a confirmé cette règle ; il a trouvé aussi que des corps fortement polymérisés ont un grand pouvoir dissociant. Il est remarquable que certains électrolytes dissous dans l'acide formique, HCl par exemple, aient une faible conductibilité. Au contraire, certaines solutions de sels dans AzH^3 et SO^2 liquéfiés, dans l'acétone, l'acétonitrile possèdent une conductibilité plus grande que les solutions aqueuses correspondantes. Ici, se fait évidemment sentir l'influence de la mobilité des ions, qui est plus grande dans ces dissolvants que dans l'eau.

Nous avons mentionné à la page 647 les travaux de WALDEN (1903 à 1907), qui a étudié la conductibilité de 50 liquides organiques et leur action dissociante. Il a aussi déterminé les constantes diélectriques de ces liquides et trouvé qu'à une constante diélectrique plus grande correspond aussi un plus grand pouvoir dissociant. Lorsqu'une substance possède le même degré de dissociation dans des dissolvants différents, le produit de la constante diélectrique du dissolvant par la racine cubique du degré de dilution a la même valeur pour toutes les solutions. Les substances indiquées plus haut, qui possèdent un grand pouvoir dissociant, se distinguent par une très grande valeur de la constante diélectrique K. Pour CyH, on a $K = 95$; pour la formamide, $K > 84$; pour H^2SO^4, $K > 84$; pour la nitrosodiméthylamine, $K = 53,3$. Dans une conférence très intéressante faite devant la *Faraday Society*, WALDEN (1910) a traité la question de savoir si l'eau est un électrolyte et arrive à cette conclusion que c'est seulement dans les dissolvants fortement acides ou basiques que l'eau est dissociée et prend les propriétés d'un électrolyte ; dans les autres dissolvants, l'eau n'est pas dissociée d'une manière appréciable, même s'ils possèdent une très grande constante diélectrique.

La théorie de la dissociation électrolytique explique le fait que *la dissolution est souvent accompagnée d'une contraction* ; nous avons déjà signalé ce phénomène dans le Tome I. DRUDE et NERNST (1894) ont fait remarquer que la contraction a lieu précisément dans les solutions d'électrolytes et ils l'ont expliquée par une *électrostriction* de nature particulière, c'est-à-dire comme le résultat d'une action mécanique des charges des ions sur le dissolvant. Si cette explication est exacte, la contraction doit être une propriété additive pour les solutions aqueuses très fortement diluées ; autrement dit, elle doit être une fonction linéaire de deux grandeurs dépendant de la nature des ions. Cela concorde parfaitement avec ce que nous avons dit dans le Tome I sur la règle de VALSON et sur ses *modules*. CARRARA et LEVI (1900) ont étudié la contraction qui se manifeste dans la dissolution avec divers dissolvants organiques et ils ont trouvé qu'il existe aussi pour ceux-ci, conformément à la théorie de DRUDE et de NERNST, une relation entre la contraction (électrostriction) et la dissociation électrolytique dans la solution.

Il existe toute une série de méthodes pour la *mesure directe des vitesses des ions*. LODGE a proposé le premier plusieurs de ces méthodes. Deux vases séparés A et B renferment des solutions d'un même électrolyte ou de deux électrolytes différents ; dans chacun de ces vases, plonge une des deux électrodes. Les vases sont réunis par un tube C, qui renferme une autre solution additionnée dans certains cas de gélatine ou d'agar-agar. En lançant un courant à travers ACB, on peut observer directement comment l'un des ions ou les deux pénètrent des vases dans le tube C. Lodge remplissait, par exemple, A et B, avec une solution diluée de H^2SO^4, mais le tube C avec de la gélatine renfermant du NaCl et de la phénolphtaléine, à peine colorée par une solution de natron. Au passage du courant, l'ion H^2 donne naissance, quand il pénètre dans le tube C, à HCl, de sorte que la gélatine se décolore. La vitesse avec laquelle la décoloration se propage est la vitesse cherchée de l'ion. Dans une autre expérience, A et B renfermaient une solution de $BaCl^2$, et le tube C de la gélatine avec de l'acide acétique et du sulfate d'argent. Les précipités de $BaSO^4$ et AgCl, qui se formaient, indiquaient les vitesses des ions Ba et Cl. Dans d'autres cas, les vases renfermaient $CuSO^4$ et NaHO, le tube C de la gélatine avec NaCl et de la phénolphtaléïne non-colorée ; l'ion HO, en décomposant NaCl, colorait la phtaléïne du phénol. Quand les vases renfermaient Na^2SO^4 et $BaCl^2$; il se formait à un endroit déterminé du tube C, où se rencontraient les ions SO^4 et Ba, une lamelle transversale de $BaSO^4$; d'après la position de cette dernière, on pouvait déterminer les vitesses relatives des ions.

Whetham (1892) a modifié la méthode de Lodge. Il amène l'une au-dessus de l'autre, dans un vase, des solutions de deux électrolytes (AC) et (BC), ayant un ion commun C et colorées d'une manière différente. En faisant passer un courant, C se meut dans une direction, A et B dans la direction opposée, de sorte que la surface de séparation des deux liquides se déplace. La vitesse de ce déplacement est déterminée par la vitesse de l'ion dont dépend la coloration. Nernst (1897) place, dans la partie inférieure d'un tube en U, une solution concentrée, colorée en rouge, de $KMnO^4$ et de H^3BO^3, et au-dessus, dans les deux branches, des solutions de $KAzO^3$, qui renferment les électrodes. En faisant passer le courant, l'ion MnO^4 se meut vers l'anode, la coloration dans les deux branches se déplaçant avec la vitesse du mouvement de l'ion.

D'autres méthodes ont été proposées par Masson (1889), Noyes et Blanchard, et d'autres encore. La plus précise et la plus commode est celle d'Abegg et Steele (1901) ; c'est un perfectionnement de la méthode de Whetham. Considérons trois solutions, en contact l'une avec l'autre, des électrolytes (AC), (BC) et (BD), dont les deux premiers ont l'ion A de commun, les deux derniers le cathion B. Supposons que les anions C et D se meuvent dans la direction de la première solution (AC) vers la troisième (BD), qui renferme l'anode, et les cathions A et B dans la direction opposée, vers la cathode qui se trouve dans la solution (AC). On peut démontrer que la surface de séparation de deux solutions reste toujours très nette et facile à observer, bien que les deux solutions soient incolores ; si, des deux ions, celui qui marche le premier a la plus grande mobilité, une diffusion des solutions n'est pas possible. *Les vitesses respectives de déplacement des deux surfaces de séparation des solutions sont entre elles comme les mobilités des ions B et C de l'électrolyte intermédiaire.* Cette remarquable méthode permet donc de déterminer directement le rapport $u : v$ des mobililités des deux ions. Denison et Steele (1905) l'ont employée.

Conclusion. Nous avons exposé avec quelque détail, dans les paragraphes précédents, la théorie de la dissociation électrolytique. Nous avons vu qu'elle permet d'aborder avec fruit l'étude de toute une série de phénomènes observés dans les solutions aqueuses. Mais, le tableau que nous avons tracé serait entaché d'un exclusivisme étroit, si nous n'ajoutions pas qu'il y a un groupe nombreux d'auteurs non-ralliés à la théorie de la dissociation dans les solutions et si nous passions sous silence les côtés faibles de cette théorie. En Russie, Mendéléieff, D. Konowalow, Flawitzki, Chrouschtschow, Bogorodski, et, parmi les auteurs des autres pays, Armstrong, Crompton, Reichler, Helfenstein, Kahlenberg, Traube, etc., n'admettent pas la théorie de la dissociation électrolytique des solutions. Comme nous l'avons vu, les résultats de cette théorie ne concordent pas, dans beaucoup de détails avec les observations, et elle est plus ou moins applicable aux solutions non-aqueuses. Elle a été sans conteste d'une grande utilité, comme hypothèse de travail ; mais il y a lieu de penser qu'elle subira avec le temps des modifications très importantes, qui peut-être la transformeront complètement. C'est ce qu'a indiqué Bancroft, dans un discours qu'il a prononcé en quittant la vice-présidence de la section de Chimie à Philadelphie en 1904, ainsi que Bogorodski (1905), dans la préface de son ouvrage sur l'électrolyse des substances inorganiques fondues, que nous avons cité déjà plusieurs fois.

Parmi les tentatives faites pour perfectionner la théorie de la dissociation électrolytique, nous mentionnerons un travail de Malmström (1905), où il a pris pour point de départ de ses considérations l'équation de van der Waals relative aux mélanges (Tome III) et eu égard à l'énergie électrique des ions libres. Cependant, les formules qu'il a établies ne sont pas non plus vérifiées par les électrolytes fortement dissociés. Brillouin (1906) a donné une explication théorique de la relation qui existe entre la grandeur de la dissociation et le pouvoir diélectrique du dissolvant. Steele, Mc Intosh et Archibald (voir § 3) ont cherché à réfuter les objections de Kahlenberg, en faisant l'hypothèse que la substance dissoute n'acquiert, dans beaucoup de cas, la faculté de se décomposer en ions, qu'après s'être unie à une ou plusieurs molécules du dissolvant, comme on le voit nettement avec AzH^3, qui, en s'unissant à une molécule H^2O, donne les ions AzH^4 et HO.

M. Planck (1902) a montré, dans un travail très intéressant, quelles propriétés des solutions (y compris celles relatives à l'électrolyse) peuvent être établies rigoureusement, *indépendamment de la théorie de la dissociation*, à l'aide des principes de la Thermodynamique et ne peuvent, par suite, être mises en doute.

Les expériences de Durrant (1907), qui ont fait voir que les ions possèdent aussi, dans la diffusion ordinaire, des vitesses différentes, plaident en faveur de la théorie de la dissociation ; plus rapidement que tous les autres, se meut l'ion d'hydrogène.

7. Polarisation électrolytique. — Nous avons déjà décrit brièvement, dans le premier Livre de ce Tome, Chap. II, § 7, page 224, le phénomène de la polarisation électrolytique. Extérieurement, ce phénomène se présente de la manière suivante. Appelons, d'une manière générale, *voltamètre*, un vase renfermant deux électrodes, plongées soit dans un même liquide, soit dans deux liquides différents disposés l'un au-dessus de l'autre ou séparés par une cloison poreuse. Lorsqu'on applique aux électrodes du voltamètre une certaine différence de potentiel, en l'intercalant dans le circuit d'un courant électrique, il prend naissance au premier moment, dans le circuit, un courant dont l'intensité I est déterminée par la loi d'Ohm, c'est-à-dire par la force électromotrice E agissant à *l'extérieur du voltamètre*, par la force électromotrice E' agissant dans le voltamètre lui-même et par la résistance r du voltamètre, ainsi que par la résistance R des autres parties du circuit en dehors du voltamètre (la grandeur E' a été désignée par E à la page 224). On a donc

$$I = \frac{E + E'}{R + r}. \tag{38}$$

Dans le *cas particulier* où $E' = 0$ (électrodes identiques dans un même liquide), on a

$$I = \frac{E}{R + r}, \tag{38,a}$$

ou, en désignant la différence de potentiel des électrodes dans ce cas par $V_1 - V_2$,

$$I = \frac{V_1 - V_2}{r}. \tag{38,b}$$

On constate qu'on n'obtient souvent une telle intensité de courant qu'au premier moment, et qu'elle *diminue* ensuite très rapidement, parfois presque jusqu'à *s'annuler*. Dans un petit nombre de cas exceptionnels, I augmente lentement.

Il n'est pas douteux que cette variation de l'intensité du courant ne soit essentiellement due aux phénomènes électrolytiques qui se produisent dans le voltamètre à sa mise en circuit. Mais l'effet de ces phénomènes peut être double : il peut consister dans une variation de la résistance r du voltamètre ou dans l'apparition d'une nouvelle force électromotrice.

Une variation de résistance du voltamètre a lieu dans les circonstances suivantes :

1. Quand les ions qui se séparent aux électrodes conduisent très mal l'électricité ; tel est le cas, par exemple, lorsqu'il y a séparation de soufre.

2. Quand les ions forment, par leur action sur les électrodes, une couche mauvaise conductrice, par exemple une couche d'oxyde ; tel est le cas considéré à la page 629, où une électrode en aluminium s'oxyde.

3. Quand il se forme dans la solution elle-même, par suite de l'électrolyse, de nouvelles substances, dont la conductibilité (mobilité des ions) diffère de la conductibilité de l'électrolyte primitif. On peut mentionner également ici les cas rares où l'intensité du courant croît avec le temps. Ainsi, dans une

solution de $CuSO^4$, il se forme H^2SO^4 entre des électrodes de Pt ; comme la mobilité de H est plus grande que celle de Cu, la résistance r intérieure du voltamètre diminue avec le temps. Une variation de concentration de la solution, comme résultat de l'électrolyse, peut aussi avoir pour conséquence une variation de la résistance r.

Mais, en outre de la variation d'intensité du courant, qui peut s'expliquer comme nous venons de le dire, on observe encore, dans beaucoup de cas, une *diminution rapide* de cette intensité. Cette diminution peut provenir de l'apparition, à l'intérieur du voltamètre, d'une résistance particulière qui n'est identique à aucune de celles que nous avons énumérées, ou de la naissance dans le voltamètre d'une nouvelle force électromotrice e, de direction opposée à celle de la force E. On a en effet longtemps admis qu'entre les électrodes et le liquide apparaît, dans l'électrolyse, une *résistance de passage* de nature particulière. On doit cependant regarder aujourd'hui comme démontré qu'il n'existe aucune résistance de ce genre, mais que l'électrolyse fait naître dans le voltamètre une nouvelle force électromotrice, qu'on peut appeler *force électromotrice de polarisation* ou simplement *polarisation*.

Nous supposerons d'abord qu'avant l'introduction du voltamètre dans le circuit, il n'existe aucune force électromotrice dans ce voltamètre. Les formules (38, a) et (38, b) se rapportent à ce cas. Quand la polarisation e apparaît, l'intensité I du courant s'exprime par l'une des nouvelles formules suivantes :

$$(39)\qquad \begin{cases} I = \dfrac{E - e}{R + r}, \\ I = \dfrac{V_1 - V_2 - e}{r}. \end{cases}$$

Lorsqu'on retire du circuit le voltamètre, après que la polarisation s'y est produite, et qu'on le relie ensuite directement à un galvanomètre, ce dernier montre que, dans le nouveau circuit ainsi formé, existe un courant, qui, *dans le voltamètre*, a une direction opposée à celle du courant I. L'intensité I_p de ce courant de *polarisation*, comme on l'appelle, est donnée *au premier moment* par la formule

$$(39,a)\qquad I_p = -\frac{e}{r + R_1},$$

R_1 désignant la résistance de toutes les parties extérieures du circuit. *L'intensité I_p s'abaisse rapidement jusqu'à s'annuler.*

L'apparition de la polarisation e peut être due à deux causes. En premier lieu, les *électrodes*, identiques à l'origine, *peuvent cesser de l'être*, par suite de l'action des ions sur elles ; dans ce cas, le voltamètre devient en quelque sorte un élément galvanique avec deux électrodes différentes dans un même liquide. Il en est ainsi, quand les électrodes sont couvertes au début de couches identiques d'un oxyde métallique, de litharge par exemple, et sont plongées dans une solution diluée d'acide sulfurique. Dans l'électrolyse, une couche s'oxyde (celle de l'anode) avec formation de peroxyde, l'autre (celle de la cathode) se réduit en des oxydes inférieurs ou même complètement en métal. Le courant de polarisation, dans l'*élément de polarisation* (*accumulateur*) ainsi formé, va dans la direction de la surface réduite vers la surface oxydée ; l'électrode couverte de peroxyde est l'électrode positive.

En second lieu, *les ions, sans exercer d'action chimique sur les électrodes, peuvent, par leur simple apparition à la surface de ces dernières, produire déjà une polarisation*. Ce cas est le plus important et nous nous en occuperons tout d'abord.

Nous supposerons les *ions gazeux*. Un exemple typique est le suivant : le voltamètre renferme deux lames de platine, qui plongent dans une solution d'acide sulfurique ou d'un autre électrolyte, dans l'électrolyse duquel se dégagent de l'hydrogène et de l'oxygène. Nous considérerons en premier lieu cette *polarisation due à l'hydrogène et à l'oxygène*.

Le phénomène de la polarisation paraît avoir été observé pour la première fois par Gautherot (1802) ; il a été ensuite étudié par Ritter (1803), Marianini, de la Rive, Matteucci, etc.

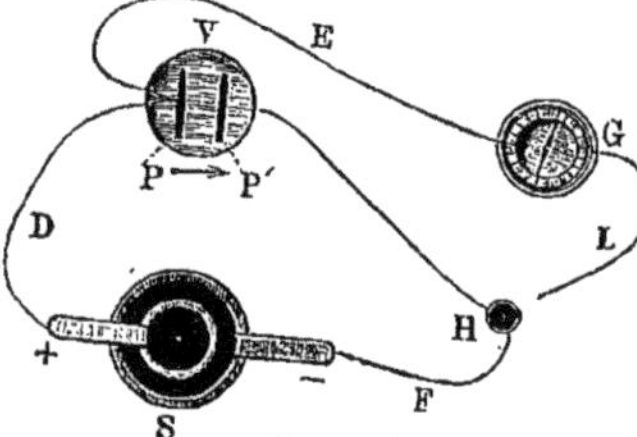

Fig. 248

Pour rendre manifeste le phénomène de la polarisation, on peut se servir de l'appareil représenté schématiquement par la figure 248 ; S est un élément, V le voltamètre avec les électrodes P et P', G un galvanoscope, H une coupelle de mercure. Le courant traverse le voltamètre de P à P' ; si on sort l'extrémité du fil F de la coupelle H et si on plonge dans H l'extrémité du fil L, l'existence du courant de polarisation, qui traverse V de P' à P, est décelée par le galvanoscope G.

Poggendorf (1844) a construit une sorte de *balance* très simple, à l'aide de laquelle on peut *charger* rapidement et à plusieurs reprises quatre voltamètres montés *en parallèle* et ensuite les décharger à travers un galvanomètre, après les avoir montés *en série*, ce qui donne une force électromotrice quadruple. L'appareil se compose d'un plateau en bois A (*fig.* 249), dans lequel sont pratiquées huit paires de cavités remplies de mercure. Les cavités o_1 et o^1, h_1 et h^1, etc. sont réunies entre elles par des fils ; les cavités o_1, h_1, o_2, h_2, etc. sont réunies respectivement aux plaques O_1, H_1, O_2, H_2, etc. Sur le plateau A est posé un couvercle, représenté à part, qui s'appuie par les pointes des deux vis s et s_1 sur les lamelles n et n_1 percées de petits trous. Sur le couvercle sont fixés des fils, comme la figure l'indique ; les fils $a\,a$... sont reliés au fil P. Les fils P et Z sont reliés au *circuit polarisant* (une batterie hydro-électrique) ; O et H sont reliés avec le circuit de polarisation (galvanomètre ou autre appareil). Lorsqu'on incline le couvercle vers la droite, les fils a et b plongent dans le mercure des cavités o^1, h^1, etc. et tous les voltamètres sont disposés en parallèle sur le circuit ; si on incline ensuite le couvercle vers la gauche, les voltamètres sont disposés en série, puisque les fils c, dd, ff, etc, plongent dans le mercure des cavités o_1, h_1, etc. En faisant basculer rapidement avec la main le couvercle, on obtient un fort courant de polarisation, mais il est discontinu. La figure 250 représente une coupe transversale de l'appareil; les fils *a* et *b* ne se trouvent pas dans le plan d'une même section transversale. D'autres appareils ont été construits, dans le même but, par SIEMENS, J. MÜLLER, BOHN et d'autres encore.

Les premières recherches précises sur la polarisation sont dues à FECHNER

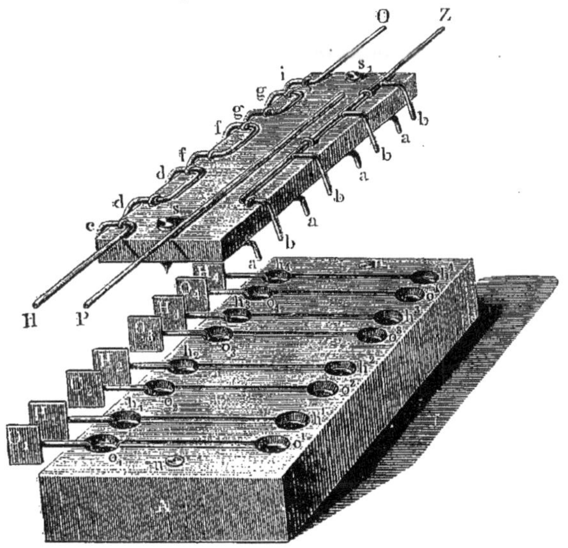

Fig. 249

(1831) et POGGENDORF (1841); nous ne nous appesantirons pas sur leurs travaux, qui avaient entre autres pour but de déterminer la résistance particulière de passage, laquelle n'existe pas, comme on l'a montré plus tard.

Une étude de la polarisation devenue classique est celle de E. LENZ (1843), qui a mis en parfaite lumière le caractère de ce phénomène et a découvert les lois les plus importantes auxquelles il est soumis. Il a trouvé notamment que la polarisation, c'est-à-dire la grandeur de la force électromotrice *e*, augmente en même temps que l'intensité du courant polarisant, ou plus exactement, en même temps que la force électromotrice E appliquée au voltamètre. Mais cet accroissement ne lui fait pas dépasser une certaine limite e_m; la polarisation ne croît pas au-delà de cette limite, quelles que soient les grandeurs de la force électromotrice E et de l'intensité I du courant qui traverse le voltamètre. Le maximum e_m dépend de la substance de l'électrode et de la nature du gaz qui se dégage à sa surface.

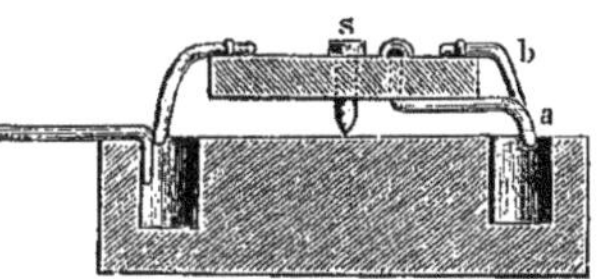

Fig. 250

LENZ a en outre reconnu que la polarisation *e* se compose de deux parties, qui prennent naissance séparément aux deux électrodes. Si on remplace l'une des électrodes polarisées par une électrode fraîche, non-polarisée, une polarisation e_1, plus petite que e, se manifeste ; il en est de même de la polarisation e_2 qui apparaît, lorsqu'on substitue à l'autre électrode une électrode non-polarisée ; on a $e = e_1 + e_2$. Supposons, pour prendre un exemple, que les électrodes soient en Pt et que les gaz polarisants soient O et H ; désignons par Pt_0 et Pt_H les électrodes polarisées ; on a alors

$$Pt_0 \mid Pt_H = Pt_0 \mid Pt + Pt \mid Pt_H = + Pt_0 \mid Pt - Pt_H \mid Pt.$$

Enfin E. Lenz a montré aussi le premier qu'il n'est pas besoin de recourir à une *résistance de passage* particulière, pour expliquer le phénomène de la polarisation.

Nous avons déjà parlé à la page 224 des *électrodes non-polarisables* ; ce sont des métaux qui se trouvent dans des solutions de leurs sels, par exemple Cu dans une solution de $CuSO^4$, Zn dans une solution de $ZnCl^2$, etc.

Nous ne considérerons pas en détail les *méthodes de mesure de la polarisation e*. Ces méthodes se confondent généralement avec les méthodes générales de mesure des forces électromotrices que nous décrirons plus tard. On emploie surtout ici les méthodes de compensation. Nous mentionnerons seulement la méthode de Fuchs, spécialement destinée à la mesure de la polarisation. Laissant de côté les détails, nous nous bornerons à la figure schématique 251. Un tube horizontal porte trois tubes verticaux, dans lesquels se trouvent les électrodes a et b, dont on désire mesurer la polarisation, et une électrode supplémentaire c, qui est reliée à l'*électromètre* E ; la seconde borne de l'électromètre est reliée à l'une des deux électrodes a ou b, de telle façon que l'instrument mesure la différence de potentiel entre c et l'électrode qu'on lui associe. Supposons qu'on mesure la différence de potentiel entre b et c. Si on relie alors a et b à la batterie S, l'indication de l'électromètre change d'une quantité égale à la polarisation de l'électrode b. On peut placer a, b et c dans des vases différents, reliés par des siphons, et choisir pour électrode c du zinc amalgamé, plongeant dans une solution de sulfate de zinc ; l'électrode c est dans ce cas impolarisable. F. E. Neumann, Föppl et d'autres encore ont proposé diverses méthodes spéciales pour la mesure de e. Pirani a fait une étude critique de toutes ces méthodes.

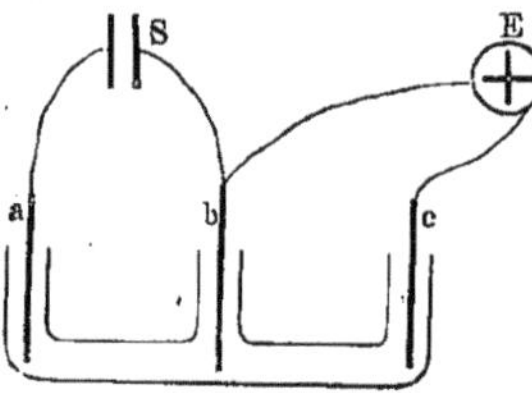

Fig. 251

La grandeur de la polarisation dépend d'une manière assez complexe de la force électromotrice E appliquée aux électrodes ou de l'intensité I du courant qui traverse le voltamètre. Les recherches de Crova (1863) et de F. Exner (1878) ont montré que, pour un accroissement graduel de la grandeur E, en partant de zéro, *e est égal au début à* E *en valeur absolue*, mais naturellement de direction opposée ; I est alors nul, il n'y a pas de courant et aucun dégagement sensible de gaz, sous forme de bulles, ne se produit. En partant d'une certaine valeur $E = e'$ on a $e < E$ et en même temps un courant I s'établit et une électrolyse sensible a lieu. A partir de ce moment, commence pour ainsi dire une seconde période; CROVA a déterminé comment, dans cette seconde période, la polarisation e dépend de l'*intensité* I *du courant*. Il a trouvé que e peut être exprimé par une formule telle que

$$e = A - Be^{-\alpha I}, \tag{40}$$

où A, B et α sont des constantes. Pour $I = 0$, on a $e = A - B$; pour $I = \infty$, $e = A$. Avec des électrodes en platine, CROVA a obtenu, pour la valeur de A, environ 2,7 volts ; pour la valeur de B, environ 0,3 volt. On a donc, jusqu'à $E = E' = 2{,}4$ volts, $e = E$ et $I = 0$. Quand $E > 2{,}4$ volts, $I > 0$ et e s'accroît encore plus, jusqu'à la valeur limite 2,7 volts. F. EXNER est arrivé à un résultat un peu différent ; il a trouvé que $e = E$, tant que E n'est pas supérieur à 2 volts environ ; e augmente ensuite, atteint son *maximum* $e = 2{,}23$ volts (2,3 Daniells) pour $E = 2{,}5$ et ne peut plus prendre une valeur supérieure, quelque accroissement que reçoive E.

BUFF, RAOULT, POGGENDORF, FROMME et, en particulier, SAWINOFF (1891) ont déterminé la *valeur maximum* de la polarisation pour différents électrodes et électrolytes. Le dernier de ces auteurs a mesuré la polarisation de l'anode et de la cathode, dans le cas où les deux électrodes sont en platine ; diverses substances ont été choisies comme électrolytes, mais, dans tous les cas, la polarisation a été produite par l'hydrogène et l'oxygène se dégageant, dans l'électrolyse, sur les électrodes. SAWINOFF a trouvé les valeurs suivantes de la polarisation exprimée en Daniells :

	H^2SO^4	NaHO	KHO	Na^2SO^4	K^2SO^4	$MgSO^4$
Polarisation maximum à l'anode	1,20	1,25	1,23	1,42	1,47	1,10
» » à la cathode	1,11	1,46	1 42	1,47	1,46	1,44

La dépendance entre la polarisation maximum et la *substance des électrodes* a été étudiée par PIRANI, STREINTZ, TAFEL (1905) et d'autres encore. Il a été reconnu que la substance joue un rôle extrêmement important. Ainsi, la polarisation d'électrodes en cuivre, dans une solution d'acide sulfurique, ne dépasse pas 0,5 volt, tandis qu'elle peut aller jusqu'à 2,5 et même 3 volts pour d'autres électrodes. KOCH et WÜLLNER ont même obtenu 3,5 volts avec des électrodes en platine. La polarisation du *platine platiné* est inférieure d'environ 0,5 volt à celle du platine poli ; ce phénomène est intéressant au point de vue théorique.

BEETZ (1880) a fait une étude particulièrement soignée de la polarisation de diverses électrodes. Il a confirmé les résultats déjà obtenus en partie par E. LENZ. Ainsi, il a trouvé, par la méthode de FUCHS, que la polarisation d'une électrode en platine par l'hydrogène ou l'oxygène, dans une solution de H^2SO^4, ne dépend ni de la substance de l'autre électrode, ni du liquide qui l'entoure ; toute la polarisation du voltamètre est égale à la somme des polarisations des deux électrodes. La grandeur de la polarisation dépend des *dimensions des deux électrodes* ; quand les électrodes ont des dimensions très différentes, la polarisation de la plus petite peut atteindre une valeur notable, tandis que celle de la plus grande peut être très petite ou même tout à fait insensible. Si les deux électrodes sont très petites, la polarisation peut également atteindre des valeurs beaucoup plus grandes que pour des électrodes de grande dimension.

Quand un circuit renfermant un voltamètre est fermé, la polarisation de ce dernier n'atteint pas instantanément la valeur e, qui correspond à la différence de potentiel appliquée aux électrodes du voltamètre. F. Kohlrausch (1873) a constaté que la polarisation e est proportionnelle à la quantité q d'électricité qui a traversé le voltamètre, lorsque le courant n'a été fermé qu'un temps très court. Mais ceci ne s'applique qu'à de faibles courants polarisants. Bartoli (1880) a trouvé que e peut s'exprimer par la formule suivante

$$(40,a) \qquad e = \frac{B}{2}\left(1 - 10^{-\alpha\frac{q}{s}}\right) + \frac{B_1}{2}\left(1 - 10^{-\alpha_1\frac{q_1}{s_1}}\right),$$

où s et s_1 sont les aires des deux électrodes, B, B_1, α et α_1 des constantes. Dans beaucoup de cas, on peut poser $B = B_1$, et $\alpha = \alpha_1$. Lorsque les aires des électrodes sont égales, on obtient la formule

$$(40,b) \qquad e = B\left(1 - 10^{-\alpha\frac{q}{s}}\right).$$

Kohlrausch a déterminé la *quantité* approximative de *gaz*, qui doit apparaître aux électrodes, pour qu'une polarisation déterminée e soit atteinte. Il a trouvé que, pour la polarisation du platine par l'hydrogène et l'oxygène, on a $e = 1$ Daniell, quand sur 1^{cmq} de la surface d'une électrode apparaît $15 \cdot 10^{-8}$ mgr. d'hydrogène et simultanément sur 1^{cmq} de la surface de l'autre électrode $12 \cdot 10^{-7}$ mgr. d'oxygène.

L'*augmentation graduelle* de la polarisation e, après fermeture du circuit, et sa *diminution graduelle*, après l'ouverture du circuit, ont été étudiées par de nombreux auteurs. Edlund (1852) a montré que, $0^{sec},02$ après la fermeture du circuit, la polarisation du Pt, dans l'acide sulfurique étendu, atteint le quart de sa valeur finale. On peut dire qu'en général la polarisation s'établit très vite. Mais, dans la plupart des cas, elle baisse très lentement, lorsqu'on laisse le voltamètre *ouvert*, après ouverture du circuit. Même au bout d'un mois, il se manifeste encore des traces de la force électromotrice qui avait été produite dans le voltamètre. Quand, au contraire, on *ferme* le voltamètre, de telle sorte qu'un *courant* de polarisation prend naissance, la polarisation et par suite aussi l'intensité de ce courant diminuent rapidement, plus lentement cependant que n'a lieu l'apparition de la polarisation, après fermeture du courant polarisant. Ces phénomènes ont été étudiés très en détail par Fromme, Bernstein, Macaluso, Streintz, Helmholtz, Bouty, Salomon (1897) et d'autres encore. Bouty a trouvé que la vitesse avec laquelle la polarisation augmente n'est pas la même pour les deux électrodes : cet accroissement se produit sur l'anode plus lentement que sur la cathode. La somme e des polarisations des deux électrodes est un peu *plus petite* que E, c'est-à-dire que la force polarisante. *C'est pourquoi il passe toujours par le voltamètre, même pour les plus petites valeurs de* E, *un courant, quoique très faible.* On appelle ce courant, dont l'existence avait déjà été remarquée antérieurement, *courant restant*.

Des *secousses* données aux électrodes produisent une diminution de la polarisation. *Quand la température augmente*, la polarisation diminue, comme l'ont montré les expériences de Crova, Poggendorff, Beetz et d'autres encore. Pour les courants faibles, l'influence de la température se fait plus sentir sur l'électrode couverte d'hydrogène que sur celle couverte d'oxygène. Nous reviendrons plus tard sur la théorie de ce phénomène. Une *pression* n'exerce aucune action *sensible* sur la polarisation ; on peut cependant établir théoriquement que la polarisation doit *augmenter*, quand la pression s'élève.

La plupart des recherches sur la polarisation produite par les ions gazeux se rapportent à la polarisation due à l'oxygène et à l'hydrogène. Il existe cependant aussi une série de travaux relatifs à la polarisation par d'*autres gaz*. Les premiers travaux sur ce sujet sont dus à E. Lenz et à Sawélieff (1846), puis à Beetz, Raoult, etc.. Beetz a étudié la polarisation du platine par le chlore, le brome et l'iode ; il a trouvé, pour le chlore la valeur 0,505 D, pour le brome 0,33 D et pour l'iode 0,17 D, tandis que, d'après ses mesures, la polarisation par l'hydrogène est égale à 0,9 D.

Après avoir fait connaître le caractère général du phénomène de la polarisation, considérons *ce qui se passe réellement à la surface de l'électrode, dans la polarisation*. Quand un voltamètre est introduit dans un circuit et qu'entre ses électrodes s'établit une différence de potentiel déterminée E, aussitôt le mouvement des ions vers les électrodes commence ; en même temps que les ions se meuvent également leurs charges. Lorsque les ions atteignent la surface des électrodes, ils ne cèdent pas immédiatement à celles-ci leurs charges, mais forment d'abord une couche sur elles ; *pour prendre à l'ion sa charge*, une certaine force électromotrice de grandeur déterminée est nécessaire. La charge de l'un des ions et celle qui est à la surface de l'une des électrodes forment une *double couche électrique* (page 84), c'est-à-dire quelque chose qui rappelle tout à fait un *condensateur chargé*. Un voltamètre polarisé peut être regardé comme un système de *deux condensateurs* ; la distance des surfaces (charges) dans chacun d'eux est très petite, et, par suite, *la capacité de ces deux condensateurs, autrement dit la capacité du voltamètre polarisé*, est très grande. A chaque double couche ou à chaque condensateur, correspond une différence de potentiel (*saut* de potentiel), qui dépend de la nature des ions et de leur quantité. Les deux différences de potentiel e_1 et e_2, qui se produisent ainsi aux deux électrodes, constituent ce que nous avons appelé plus haut la polarisation des électrodes. Quand la somme $e = e_1 + e_2$ devient *en grandeur* égale à la différence de potentiel E des électrodes, il doit évidemment s'établir dans tout le circuit une distribution *statique* des charges ; la somme des forces électromotrices (sauts de potentiel) agissant dans tout le circuit fermé devient nulle et en même temps l'intensité du courant dans le circuit tombe à zéro.

Lorsqu'on augmente E et par conséquent aussi les charges des électrodes, de nouvelles quantités d'ions sont attirées par les surfaces des électrodes et les charges des deux condensateurs considérés augmentent, tant que la somme des sauts de potentiel, c'est-à-dire la polarisation du voltamètre, n'a pas atteint de nouveau la valeur E. En même temps que les charges augmentent et par suite aussi la différence de potentiel des deux faces de chaque double couche, la force électrique F croît aussi ; cette force agit entre la charge de l'ion et celle de l'électrode et *tend à enlever à l'ion sa charge*, par suite aussi à produire une *décomposition* de l'ion, c'est-à-dire en fait le phénomène de l'électrolyse. On est donc conduit à se représenter que l'ion conserve sa charge avec une force déterminée, qu'on pourrait appeler sa *ténacité*. Dès que la force électrique F devient égale à cette ténacité, commence une électrolyse sensible. Le Blanc, dont les travaux ont particulièrement contribué à éclaircir le phénomène de la polarisation, conteste l'existence d'un *maximum de polarisation*, au sens que l'on a attaché plus haut à cette expression. Par contre, il introduit la notion d'*intensité de décomposition*, en entendant par là la grandeur de la force électromotrice qui commence à décomposer les ions, en surmontant sur les deux électrodes la ténacité des ions. Le Blanc a déterminé l'intensité de décomposition ainsi que la ténacité pour de nombreux électrolytes. Il a trouvé notamment que la ténacité de l'ion métallique, qui se sépare de la solution du sel d'un métal donné, c'est-à-dire le saut de potentiel à la cathode pour lequel commence une séparation continue et régulière du métal, est précisément égale à la force électromotrice, autrement dit au saut de potentiel entre ce métal et la solution de son sel. Ainsi, Cd donne, dans une solution (normale) de $CdSO^4$, une force électromotrice de + 0,16 volt, et, dans l'électrolyse de cette solution, la séparation de Cd commence précisément lorsque la polarisation de l'électrode négative devient égale à 0,16 volt. Le Blanc a réussi de cette manière à rattacher la théorie des forces électromotrices de Nernst (page 214) à celle du phénomène opposé de l'électrolyse.

Remarquons encore que Le Blanc, en partant de la notion de ténacité des ions, a fourni une explication nouvelle du fait que, dans l'électrolyse de la solution d'un mélange de sels différents, les métaux ne se séparent pas tous simultanément, mais dans un ordre déterminé. D'après lui, les ions se séparent suivant l'ordre de grandeur de leur ténacité : tout d'abord, la charge est enlevée à l'ion qui possède la moindre ténacité, le métal correspondant se précipitant sur l'électrode ; ensuite, vient le tour de l'ion qui possède, parmi ceux subsistant dans la solution, la plus petite ténacité, etc.

Le Blanc a trouvé que l'intensité de décomposition, dans les solutions de nombreux *acides* ou *bases*, est approximativement égale à 1,67 volt. Les recherches plus récentes de Nernst (1897), Glaser et Bose (1898) ont permis de déterminer plus exactement chacune des deux parties qui constituent cette grandeur. Ces auteurs ont pris une électrode à très grande surface, une autre à très petite aire ; on peut supposer que la polarisation de la première est égale à zéro. Ils ont reconnu que la courbe, qui représente en fonction de E l'intensité du courant passant par le voltamètre (courant restant mentionné plus haut) présente *plusieurs* brisures, où la vitesse d'accroissement de l'intensité du courant augmente brusquement. Cette circonstance peut s'expliquer par une décomposition de l'électrolyte en ions de diverses natures, par exemple H^2O en H^2 et O ou en HO et H, H^2SO^4 en H^2 et SO^4 ou en H et HSO^4.

Comme nous l'avons dit, un voltamètre polarisé peut être regardé comme l'ensemble de *deux condensateurs*; l'électrolyte et les deux surfaces intérieures se trouvent au même potentiel; *l'électrolyte ne peut donc nullement être comparé à un conducteur* qui réunirait les surfaces des deux condensateurs. Cela résulte déjà de ce que la décharge du voltamètre polarisé ne se produit pas brusquement, mais relativement avec beaucoup de lenteur. Colley (1879), Blondlot, Oberbeck, Collin, Bouty, Lietzau, F. Kohlrausch, M. Wien, Gordon (1897), Sokolow (1896) et Krüger (1903) se sont particulièrement occupés de la recherche de la *capacité d'un voltamètre*. Colley a montré qu'en aucun cas un voltamètre ne peut être considéré comme un simple condensateur, ainsi qu'on le pensait auparavant, mais qu'il correspond, comme on l'a indiqué plus haut, à un système de deux condensateurs.

Soient q la capacité d'un condensateur, η sa charge, V la différence de potentiel des deux surfaces de ce condensateur; dans le cas considéré, V n'est pas autre chose que la force électromotrice e de polarisation du voltamètre. La capacité d'un condensateur ordinaire est une grandeur constante, qui ne dépend, comme nous le savons, que de la forme et des dimensions du condensateur; elle est déterminée par la formule $q = \eta : V$. Pour le voltamètre, on devrait avoir $q = \eta : e$; mais, lorsqu'on mesure, pour différentes valeurs de la polarisation e, la quantité d'électricité η, qui s'écoule dans le voltamètre, quand on le charge, ou qui traverse le circuit du courant de polarisation à la décharge du voltamètre, on trouve que *la capacité q du voltamètre n'est pas une grandeur constante, mais varie avec la polarisation e.* Il y a donc lieu de parler d'une capacité q du voltamètre pour la polarisation e et de poser

$$(41) \qquad q = \frac{d\eta}{de} = f(e).$$

Blondlot (1881) a cherché le premier comment la capacité q dépend de la polarisation e. Il a trouvé que la capacité *croît* avec la polarisation e et a introduit la notion de la capacité q_0 pour e infiniment petit, en l'appelant la *capacité initiale* du voltamètre. Blondlot a déduit de ses observations que la capacité initiale q_0, avec des électrodes en platine, ne dépend ni du signe de la polarisation, ni de la nature de l'électrolyte, mais seulement de la grandeur e. En valeur absolue, la plus petite capacité mesurée dans un voltamètre est égale à la capacité d'un condensateur plan, dont les surfaces se trouvent distantes d'un millionième de millimètre. Oberbeck (1883) a trouvé un résultat différent : la capacité d'un voltamètre dépendrait aussi bien de l'électrolyte que de la substance de l'électrode.

La variation de capacité, quand la polarisation croît, c'est-à-dire quand augmente le *temps* durant lequel la force électromotrice E agit sur le voltamètre, s'explique par les *phénomènes secondaires* accompagnant la polarisation. Ces phénomènes sont *l'absorption des gaz par la substance de l'électrode* (occlusion), *la dissolution et la diffusion des gaz*, et, dans quelques cas, *l'action des gaz dissous dans l'électrolyte* (oxygène de l'air ou gaz dissous dans des expériences antérieures), enfin *les phénomènes chimiques secondaires* à la surface des électrodes. Comme résultat final de tous ces phénomènes, on obtient une *dépolarisation* plus ou moins continue *des électrodes*, et celle-ci entraîne un accroissement de la capacité, qui est mesurée par le courant chargeant ou déchargeant le voltamètre.

WIEDEBURG (1894) a étudié théoriquement l'influence des phénomènes secondaires sur la polarisation. Il donne, pour la capacité du voltamètre, l'expression

$$q = \frac{c}{1 - \frac{e}{e_m}},$$

où c est une constante, e_m la valeur maximum de la polarisation, pour laquelle la capacité devient théoriquement infiniment grande. M. WIEN (1896), SOKOLOW (1897) et GORDON (1897) ont étudié la capacité du voltamètre par voie expérimentale. SOKOLOW pense que la *capacité réelle de polarisation*, qui dépend seulement des doubles couches électriques à la surface des électrodes, est *bien moindre* que la capacité déterminée par la mesure du courant de charge ou de décharge. GORDON a mesuré la capacité au moyen du pont de WHEATSTONE, par la méthode de NERNST, avec des courants alternatifs. Il a observé notamment que le platine platiné donne une capacité beaucoup plus grande que le platine pur, ce qui concorde avec ce qui vient d'être exposé.

Le *courant restant* mentionné plus haut, qui traverse le voltamètre, même pour les plus faibles forces électromotrices appliquées à celui-ci, s'explique également par les actions secondaires précédentes. Ainsi, l'oxygène dissous (non pas l'ion) peut recevoir de la cathode de l'électricité négative, c'est-à-dire se transformer en ion et s'unir à l'ion d'hydrogène pour former de l'eau. Les autres phénomènes secondaires mentionnés peuvent encore produire une dépolarisation continue, c'est-à-dire une diminution de la polarisation, qui se rétablit aussi continuellement par de nouveaux courants d'ions se dirigeant vers les électrodes. Le mouvement de ces ions représente le courant restant.

L'explication du rôle que jouent dans l'électrolyse les gaz dissous dans l'électrolyte ou absorbés par les électrodes, ainsi que les gaz qui se diffusent d'une électrode à l'autre, est due à HELMHOLTZ, qui a appelé *courant de convection* le courant traversant le voltamètre, quand une très faible force électromotrice lui est appliquée. WITKOWSKI a étudié d'une manière spéciale, théoriquement et expérimentalement, l'influence de l'absorption de l'hydrogène par une électrode de platine. Il a trouvé que l'intensité I du courant, qui traverse le voltamètre après que s'est écoulé un temps t depuis la fermeture du courant, s'exprime par une formule telle que

$$I = \frac{\alpha}{\sqrt{t}} + \beta,$$

où α dépend entre autres de la vitesse avec laquelle l'hydrogène pénètre dans le platine. Lorsque le circuit de charge est fermé pendant le temps θ et que le circuit du voltamètre est ensuite fermé, l'intensité I' du courant de polarisation, au bout du temps t après son apparition, s'exprime par la formule

$$I' = \frac{\alpha}{\sqrt{t}} - \frac{\alpha}{\sqrt{t+0}} - \delta.$$

Les expériences ont confirmé l'exactitude de ces formules; où β correspond au courant restant constant et où δ dépend des charges antérieures du voltamètre.

Lorsqu'on ferme hermétiquement le voltamètre, qu'on éloigne complètement du liquide et des électrodes l'oxygène et l'hydrogène et qu'on intercale ensuite le voltamètre dans un circuit, où agit une faible force électromotrice, l'intensité du courant s'abaisse rapidement jusqu'à s'annuler ; un courant restant continu ne peut plus, comme l'a montré Helmholtz, exister dans de telles circonstances. Nous verrons dans le paragraphe suivant, à quels résultats Helmholtz est arrivé, en faisant application des considérations thermodynamiques à l'étude théorique des phénomènes qui se produisent dans le voltamètre. On doit à Sokolow (1896) d'autres recherches plus approfondies dans ce domaine.

Ostwald a développé d'une manière très détaillée une représentation du mécanisme de la polarisation, en partant de la *théorie de la dissociation électrolytique*. Il distingue plusieurs cas particuliers. Le plus simple est celui où le métal se trouve dans la solution d'un de ses sels. Il existe alors une double couche, qui équilibre la différence entre la tension de dissolution (page 221) et la pression osmotique. Lorsqu'on augmente le potentiel de l'électrode, le cathion positif sort de cette électrode : quand, au contraire, on diminue son potentiel, le cathion passe du liquide à l'électrode. Les deux actions se poursuivent, tant que l'ancienne différence de potentiel n'est pas rétablie. Il ne se produit pas du tout de polarisation subsistant après le passage du courant. S'il n'y a pas du tout, dans l'électrolyse, de cathion provenant de la substance de l'électrode (charbon, platine) et si on donne à cette électrode un potentiel quelconque *positif*, il se forme une double couche électrique, dont une face est constituée d'anion. Si, au contraire, on donne à l'électrode un potentiel négatif ou si on diminue son potentiel positif, une partie de l'anion s'éloigne de la surface des électrodes. Il prend ainsi naissance une nouvelle différence de potentiel entre l'électrode et l'électrolyte et c'est en cela que consiste le phénomène de la polarisation.

Ainsi qu'on l'a déjà mentionné à la page 226, Nernst regarde le voltamètre polarisé comme un élément de *concentration*. La force électromotrice de polarisation est donnée par la formule (42), page 221. Salomon (1897) a développé la théorie de Nernst et tenu compte de la diffusion qui se produit à l'intérieur de l'électrolyte. Il a établi, pour l'intensité du courant restant, une formule, dont il croit pouvoir expliquer la concordance incomplète avec les résultats de l'expérience par l'hypothèse que les électrolytes possèdent une certaine conductibilité *métallique*, quoique très faible, ne dépassant pas

$2,4 \cdot 10^{-5}$ de leur conductibilité électrolytique. ROTHÉ (1894) a aussi étudié expérimentalement et théoriquement le phénomène de la polarisation.

Il convient de dire ici quelques mots du phénomène surprenant de la *passivité* de certains métaux, qui paraissait tout à fait clair et simple jusqu'à une époque relativement récente et semblait, sous certaines formes particulières, en parenté très étroite avec le phénomène de la polarisation. Le phénomène en question consiste en ce que certains métaux, surtout le *fer*, le *nickel*, le *cobalt* et le *chrome*, peuvent se trouver dans deux états différents, qui ont été appelés respectivement *actif* et *passif*. La passivité a été constatée et étudiée pour la première fois sur le *fer*. Le fer passif diffère du fer ordinaire surtout par les deux propriétés suivantes : en premier lieu, placé dans une solution d'acide sulfurique ou d'un autre acide à côté du fer ordinaire (actif), il apparaît comme électropositif, de sorte qu'on peut obtenir un courant allant, en dehors du liquide, du fer passif au fer actif; en second lieu, le fer passif ne se dissout pas dans $HAzO^3$ dilué, dont la densité est 1,3 environ et qui exerce une action très vive sur le fer actif.

La transformation du fer actif en fer passif se produit, quand on plonge le premier, pendant un temps très court, dans de l'acide azotique concentré; en outre, quand le fer actif joue le rôle d'anode sur laquelle se dégage de l'oxygène; enfin, quand on chauffe du fer jusqu'au rouge à l'air libre. Toutes ces circonstances montraient parfaitement, semble-t-il, que la passivité était due à une mince couche d'oxyde, se formant à la surface du métal. Cette couche protège le fer contre l'action de l'acide et rapproche le fer des substances électropositives, telles que le platine, les peroxydes, etc. Cette explication se trouvait en parfaite concordance avec le fait que la passivité disparaît quand le fer passif a servi de cathode dans un voltamètre, ne fût-ce qu'un temps très court, de sorte qu'une désoxydation de la couche superficielle pouvait être produite par l'hydrogène qui se dégage. La disparition de la passivité, quand on enlève la couche superficielle, par exemple avec du papier à émeri, ou quand on chauffe le fer passif dans un courant d'hydrogène, paraissait encore plus convaincante. Cependant, cette explication si simple de la passivité du fer et d'autres métaux n'a pu être maintenue, lorsqu'ont paru sur cette question toute une série de travaux dus à HITTORF, FINKELSTEIN, MICHELI, W. MÜLLER, W. MÜLLER et KÖNIGSBERGER, OSTWALD et d'autres encore. Dans son premier travail sur le *chrome* inactif (passif), HITTORF (1899) a montré, par toute une suite d'expériences, que l'activité et la passivité, qui transforme en quelque sorte le chrome en un métal précieux, ne pouvaient être expliquées par la présence d'une couche superficielle de métal oxydé. Il a trouvé que le chrome apparaît comme actif, précisément quand il est recouvert d'une couche d'oxyde. Dans un second travail (1900), HITTORF a étudié le fer, comparé ses propriétés à celles du chrome et montré que la *passivité du fer ne peut non plus dépendre d'une couche superficielle oxydée*. On doit admettre que, dans un métal passif, les molécules se trouvent dans un certain état particulier de contrainte, dont la nature n'a pu être encore complètement mise en évidence. Les expériences de FINKELSTEIN (1901) ont pleinement confirmé les résultats obtenus par HITTORF. MICHELI a fait voir, par l'étude optique de la lumière réfléchie, que le fer actif est aussi couvert d'une couche d'oxyde. Fredenhagen (1903, 1905) a émis l'idée que la passivité pourrait être une conséquence de l'absorption (occlusion) de l'oxygène par la couche superficielle du fer. Muthmann et Fraunberger (1904) sont également arrivés à la même conclusion ; ils ont trouvé qu'en dehors de Fe, Ni, Cr et Co, Nb, V, Mo, W et Ru manifestent aussi le phénomène de la passivité. Hollis (1904) a montré qu'il existe, pour chaque métal, une température, au-dessus de laquelle l'état passif ne se produit pas par un acide (100° pour Fe, 80° pour Ni, etc.). Haber et Goldschmidt, ainsi que Gordon et Clark, se sont de nouveau prononcés (1906) pour la couche d'oxyde. Dans ces dernières années, un très grand nombre d'autres travaux ont été publiés sur la passivité, notamment par Fredenhagen (1908), Sackur (1908), Ruer (1908), Byers (1908), Müller et Königsberger (1909), Alvares (1909), Kistiakowsky (1909), Krassa (1909), Manchot (1909), Flade (1911) et Grave (1911). Une exposition critique et détaillée de ces différentes recherches et des diverses théories auxquelles elles ont donné lieu se trouve en particulier dans les mémoires de Fredenhagen (1908), Byers (1908) et Grave (1911). Mais, en dépit de tous ces efforts, la question reste encore non résolue. Ruer arrive à ce résultat que Pt passif est dû à une couche de superoxyde. Fredenhagen et Sackur défendent la théorie de la vitesse de réaction établie par Le Blanc (1904), d'après laquelle une couche de gaz se forme à l'anode quand la réaction est lente. Manchot se prononce pour la couche d'oxyde, dont il démontre l'existence par l'ozone, et de même Flade. Enfin Grave parvient à la conclusion que Fe et Ni *purs* sont *passifs* et que l'état actif est dû à l'hydrogène, qui joue le rôle de catalyseur.

Kistiakowsky a plongé deux plaques de fer dans une solution acide de bichromate de potasse et a fermé l'élément par un voltamètre, qui pendant des heures entières, par périodes de 20 secondes, accusait des pulsations de + 0,4 volt et — 0,4 volt, l'intensité du courant atteignant 0,15 ampère. Cet élément fournissait ainsi un courant alternatif.

Nous ne nous arrêterons pas sur les remarquables recherches d'Ostwald, relatives aux phénomènes périodiques qui accompagnent la dissolution du chrome dans les acides et qui se rattachent à ceux que nous venons de considérer, car il faut, comme Ostwald l'a montré, abandonner l'idée qu'ils possèdent un lien étroit avec les phénomènes électrolytiques.

Rappelons encore, pour terminer, la *polarisation du mercure* et les *phénomènes électrocapillaires*, que nous avons étudiés en détail pages 226 à 238.

8. Eléments hydroélectriques. Eléments normaux. — En étudiant le contact des corps comme source du champ électrique, nous avons été amené à introduire (page 202) la notion d'élément voltaïque, que l'on appelle également élément hydroélectrique. Nous avons donné les schémas (pages 202) des différentes combinaisons possibles de conducteurs de la première classe et de la seconde classe, qui peuvent constituer un élément voltaïque et nous avons vu, sous quelle forme modifiée, l'analogue de la loi de Volta (page 202) s'applique à plusieurs éléments de nature diverse. Remarquons ici que les conducteurs de la seconde classe, qui entrent dans la constitution des éléments, s'appellent ordinairement, pour simplifier, des *liquides*, de sorte qu'on distingue, en particulier, les éléments à un ou deux liquides. En outre, la *force électromotrice* E d'un élément est numériquement égale à la différence de potentiel aux extrémités d'un circuit régulièrement ouvert, c'est-à-dire tel qu'à ses extrémités se trouvent des substances identiques (en pratique, ordinairement du cuivre). La grandeur E est égale à la somme des forces électromotrices agissant aux surfaces de contact des substances de nature différente, qui constituent l'élément. Ainsi que nous l'avons fait voir, la question de la valeur relative des forces partielles dont se compose E n'est pas encore résolue. Nous considérerons plus tard les méthodes de mesure de E ; nous avons fait connaître les propriétés de la grandeur E qui découlent de sa définition (page 206), ainsi que celles qui peuvent être établies par voie thermodynamique, lorsqu'on suppose que le passage de l'électricité à travers l'élément est accompagné dans celui-ci de processus *réversibles* (pages 209 à 213).

Nous avons étudié en détail, dans les paragraphes précédents, les phénomènes d'électrolyse qu'on observe quand un électrolyte, c'est-à-dire un conducteur de la seconde série, est intercalé dans le circuit. Dans un circuit fermé, où l'élément est la source du courant, ce courant doit aussi traverser l'élément lui-même ; il doit donc se produire à l'intérieur de celui-ci tous les phénomènes qui accompagent l'introduction de l'élément, en tant que système de substances différentes, dans le circuit d'un autre courant quelconque. En d'autres termes, quand l'élément est en fonction, il doit s'y produire les phénomènes d'électrolyse que nous venons d'étudier. Comme tous les corps introduits dans le circuit, l'élément possède une résistance déterminée, parfois assez considérable. Il peut se produire aussi, à l'intérieur de l'élément, le phénomène de polarisation considéré dans le paragraphe qui précède. Dans les éléments à un électrolyte, la polarisation et par suite la diminution de force électromotrice sont presque inévitables.

Aujourd'hui qu'on utilise presque partout le courant des machines ou des accumulateurs (voir plus loin), les éléments n'ont plus le même rôle qu'autrefois. Nous pourrons donc nous borner à un court aperçu sur les éléments les plus intéressants ; nous nous arrêterons un peu plus sur ce qu'on appelle les éléments normaux et sur les éléments photoélectriques ; enfin, nous dirons quelques mots des accumulateurs.

Nous avons déjà indiqué à la page 203 les parties constituantes (Cu — $CuSO^4$ — $ZnSO^4$ — Zn — Cu) de l'élément Daniell. Le zinc est, dans cet élément comme dans d'autres encore, amalgamé avec avantage. Nous avons décrit à la page 203 et représenté dans la figure 77 l'une des formes les plus usuelles de l'élément Daniell ; quand il est en fonction, $CuSO^4$ se décompose avec séparation de Cu sur le cylindre de cuivre ; SO^4 passe au zinc, qui se dissout en formant $ZnSO^4$. La force électromotrice de l'élément Daniell est d'un peu plus d'un volt.

Il existe un grand nombre de modifications de l'élément Daniell, dont quelques-unes sont employées en télégraphie. Le plus souvent, le vase poreux est supprimé ; la solution de sulfate de cuivre, plus lourde, est disposée à la partie inférieure du vase, et, immédiatement au-dessus, se trouve une solution diluée d'acide sulfurique ou de sulfate de zinc. Parmi les piles ainsi modifiées, nous mentionnerons l'élément Meidinger, particulièrement répandu en Russie ; la figure 252 le représente en coupe. Il se compose d'un grand vase en verre, dont la partie supérieure est plus large que la partie inférieure ; dans cette dernière se trouve un petit vase, qui renferme une solution de $CuSO^4$ et un cylindre de cuivre, d'où part vers l'intérieur un fil de cuivre isolé. Sur le bord supérieur de la partie large du grand vase s'appuie un ballon en verre, contenant de l'eau et une grande quantité de cristaux de $CuSO^4$, dont la solution saturée s'écoule par un tube dans le petit vase inférieur, à mesure que la solution est décomposée dans ce dernier. Le grand vase est rempli d'une solution de sel d'Epsom ; un cylindre en zinc s'appuie sur le ressaut intérieur du grand vase. Les éléments de Buff, Kramer, Carré, W. Thomson, Siemens et Halske, Varley, Minotto, Trouvé, Callaud, Krüger, etc., sont d'autres modifications de l'élément Daniell. La figure 253 représente l'élément très simple de Callaud, qui est souvent employé en France ; un vase en verre renferme à sa partie inférieure une solution de $CuSO^4$ et une lame de cuivre, d'où part un fil isolé à la gutta-percha ; à la partie supérieure du vase est

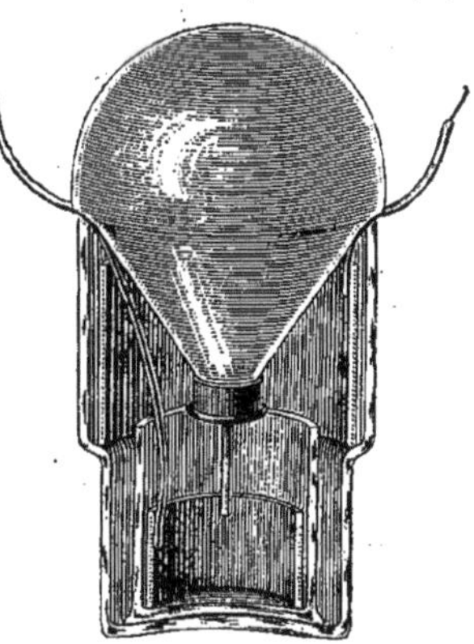

Fig. 252

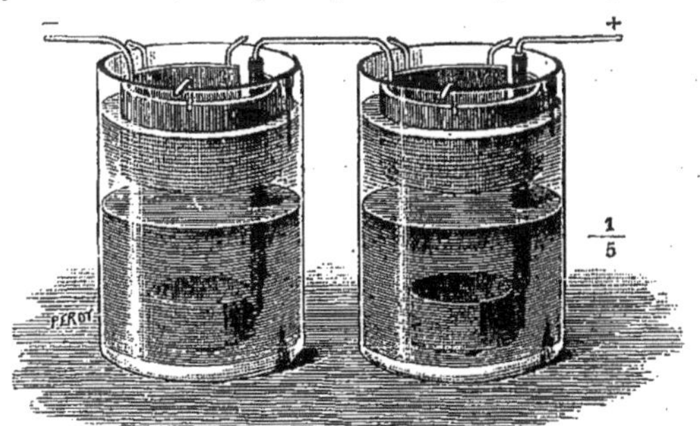

Fig. 253

suspendu un anneau en zinc, dans une solution diluée de $ZnSO^4$. L'ancien élément de Buff est également intéressant (*fig.* 254) ; il renferme à sa partie inférieure du mercure, dans lequel plonge l'extrémité inférieure d'une tige de zinc placée dans un tube en verre *d* ; au-dessus du mercure se trouve une solution de $ZnSO^4$. Le tube large *c*, fermé en bas par une vessie, renferme une solution de $CuSO^4$ et une baguette de cuivre : le tube *b* est ouvert aux deux bouts.

L'élément Leclanché est très répandu en France ; on le construit sous deux formes. Ses parties constituantes sont : zinc entouré d'une solution de sel ammoniac et charbon en contact avec du bioxyde de manganèse. La figure 255 représente un élément Leclanché du premier type ; il se compose d'un vase poreux, où on place un prisme de charbon et un mélange de charbon et de bioxyde de manganèse ; dans le vase extérieur en verre se trouvent une solution de sel ammoniac et une baguette de zinc. Dans l'élément du second type, à *aggloméré* et sans vase poreux, le charbon ainsi que la baguette de zinc se trouvent dans une solution de sel ammoniac ; le charbon est entouré d'une

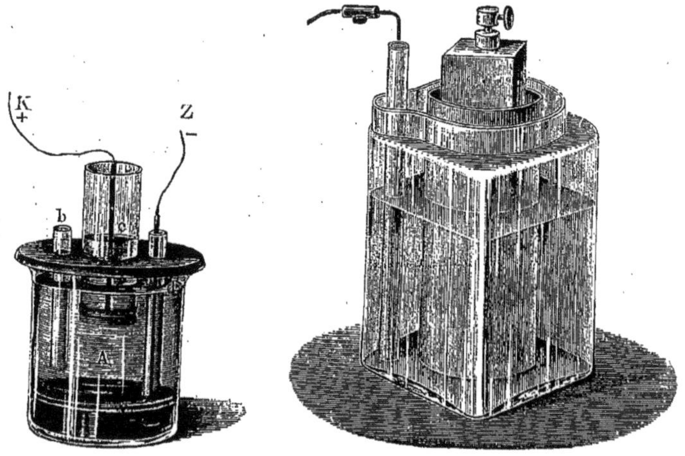

Fig. 254 Fig 255

masse de bioxyde de manganèse, de charbon (ou graphite) et de laque, comprimée à 250°. Parfois des plaques de cet aggloméré sont fixées contre la tige de charbon, au moyen d'anneaux en caoutchouc.

Quand l'élément Leclanché est en fonction, $2AzH^4Cl$ est décomposé : Cl^2 se dégage sur le zinc, en formant $ZnCl^2$, et $2AzH^4$ se décompose en $2AzH^3$, qui reste dans la solution, et H^2 qui désoxyde le MnO^2, en formant de l'eau et MnO ; MnO^2 agit donc comme dépolarisant. La force électromotrice de l'élément Leclanché est d'environ $1^v,6$.

L'élément de Lalande et Chaperon se compose d'un grand vase, mais bas, en tôle de fer, qui sert de pôle positif. Sur le fond du vase se trouve une couche d'oxyde de cuivre noir (CuO), qui joue le rôle de dépolarisant. Le vase est rempli avec une solution de KHO et renferme à sa partie supérieure une lame horizontale de zinc, qui repose sur des isolateurs en faïence disposés aux angles du vase. Il existe différentes modifications de cet élément. Quand il est en fonction, la réaction suivante se produit :

$$Zn + 2KHO + CuO = K^2O^2Zn + H^2O + Cu ;$$

l'oxyde de cuivre est réduit, mais le zinc donne le composé facilement soluble

K^2O^2Zn. La force électromotrice est d'environ 1 volt. On peut utiliser cet élément comme accumulateur (voir plus loin) : quand tout le CuO est réduit, on peut le reconstituer et précipiter le zinc, en faisant passer à travers l'élément un courant d'une autre source, dans la direction du fer vers le zinc.

Warren de la Rue et Müller ont construit un élément, où AgCl sert de dépolarisant. Il se compose d'un petit vase en verre avec une solution de NaCl, dans laquelle plongent une tige de zinc et un fil d'argent, dont l'extrémité inférieure est entourée d'une baguette (de 54^{mm} de longueur et de 7^{mm},6 d'épaisseur) de chlorure d'argent, appliquée contre elle par fusion. Warren de la Rue et Müller ont construit une batterie de 11 000 éléments de ce genre. Quand l'élément est en fonction, 2NaCl est décomposé; 2Cl se dirige vers le zinc, où il forme $ZnCl^2$, tandis que 2Na forme avec l'eau 2NaHO : les 2H, qui restent, donnent avec 2AgCl de l'acide chlorydrique et l'argent est libéré ; HCl et NaHO forment de nouveau de l'eau et NaCl. Peut-être le Na qui se sépare agit-il aussi directement sur AgCl, en formant NaCl et Ag. La force électromotrice de cet élément est d'environ 1 volt.

L'élément de Grove renferme du zinc dans une solution de H^2SO^4 et du Pt dans de l'acide azotique, qui sert de dépolarisant. L'hydrogène, qui se sépare sur le Pt, désoxyde l'acide azotique, en formant Az^2O^4, qui se dissout dans le reste de l'acide, ainsi que d'autres oxydes. Poggendorff a un peu modifié la forme de cet élément ; sa force électromotrice est égale à 1^v,6.

Dans l'élément de Bunsen, le platine, qui est cher, est remplacé par un cylindre en charbon comprimé.

Dans les éléments à *acide chromique*, le dépolarisant est l'acide chromique ; mais celui-ci n'est pas employé à l'état pur et il est remplacé par diverses solutions de bichromate de potasse et d'acide sulfurique, le rapport en poids de ces deux substances pouvant varier. Bunsen recommande de prendre 3 parties de $K^2Cr^2O^7$ et 4 parties de $H^2SO^4 + H^2O$, pour 18 parties d'eau ; d'autres conseillent de prendre 12 parties de sel et 25 parties d'acide, pour 100 parties d'eau. Bunsen a construit des éléments avec deux liquides : Zn dans une solution de H^2SO^4 et charbon dans une solution de chrome. Quand cet élément est en fonction, il se produit des réactions très diverses, suivant la composition du liquide chromique et peut-être aussi l'intensité du courant. Le dépolarisant est ici l'acide chromique, qui se sépare de $K^2Cr^2O^7$, avec formation de chromates et parfois d'alun de chrome. Parmi les différentes réactions, dont on présume l'existence avec plus ou moins de raison, nous mentionnerons les deux suivantes :

$$3Zn + K^2Cr^2O^7 + 6H^2SO^4 = 3ZnSO^4 + Cr^2S^2O^9 + K^2SO^4 + 6H^2O,$$

$$3Zn + K^2Cr^2O^7 + 7H^2SO^4 = 3ZnSO^4 + Cr^2S^3O^{12} + K^2SO^4 + 7H^2O.$$

L'élément à un liquide de Grenet est très usité ; il se compose d'une bouteille (*fig.* 256), dans laquelle est versée la solution chromique. Au couvercle, en caoutchouc vulcanisé, sont fixées deux lames de charbon KK ; la lame de zinc Z est fixée à une tige qu'on peut soulever à une hauteur telle que le zinc se trouve au-dessus du liquide, quand l'élément ne fonctionne pas. Si on abaisse la lame de zinc, l'élément donne une grande force électromotrice (jusqu'à 2 volts), qui cependant tombe très rapidement. Cet élément est commode, lorsqu'il s'agit d'obtenir un fort courant pendant un instant assez court.

Warren a construit un élément, qui possède une force électromotrice de 3 volts, (zinc, charbon renfermant du bore et solution d'un sel de manganèse).

Iablotschkoff a établi toute une série d'éléments qui sont, il est vrai, inutilisables en pratique, mais sont intéressants au point de vue théorique. Ainsi, il a formé un élément avec des plaques de C et Na empilées l'une sur l'autre, qui entre en action sous l'influence de l'humidité de l'air et donne 4 volts. Il a fondu en outre $NaAzO^4$ dans un pot en fonte et y a enfoncé une baguette de charbon ; le charbon s'oxyde aux dépens de l'oxygène du salpêtre et joue le rôle de pôle négatif, quand l'élément est en action, tandis que la fonte constitue le pôle positif. A. Becquerel avait déjà construit antérieurement (1855) un élément analogue (Pt, $KAzO^3$, C). Plus tard, on a encore construit de nombreux éléments, dans lesquels le charbon est oxydé à une température élevée, par exemple ceux dus à Korda (1895) et à Jacques (1896); ce dernier employait C | NaOH | Fe et fournissait de l'air au charbon avec le NaOH fondu, ce qui a d'ailleurs été contesté par beaucoup d'auteurs puisque l'oxygène doit être ajouté à Fe. Bechterew (1911) a étudié dans un travail étendu l'élément de Jacques et autres analogues jusqu'à 1400°. Il a trouvé, pour l'élément de Jacques, que la force électromotrice maximum était égale à 0v,9, un peu en dessous de la température de fusion de NaOH. D'autres chercheurs ont essayé d'utiliser l'oxydation directe du charbon à la température ordinaire. Ainsi, Tommasi (1904) a établi un élément où le pôle positif est le charbon entouré de peroxyde de plomb et le pôle négatif également le charbon, mais entouré d'une solution concentrée de NaCl. Quand le circuit est fermé, le charbon décompose l'eau ($C + 2H^2O = CO^2 + 4H$) et l'hydrogène réduit le peroxyde ($PbO^2 + 4H = Pb + 2H^2O$). Cet élément donne environ 0v,7. Jone (1905) a construit aussi avec du charbon un élément qui fonctionne à température élevée.

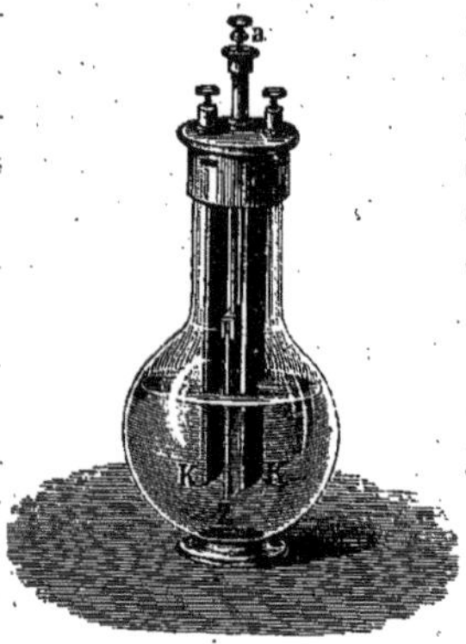

Fig. 256

Nous ne nous arrêterons pas sur les éléments *à gaz*, car nous avons déjà indiqué les plus essentiels, pages 262 à 264. Nous ajouterons seulement que les mesures récentes de Lewis (1906) ont donné, pour la force électromotrice de l'élément $O^2 - H^2$, avec un électrolyte quelconque, la valeur 1v,217, qui est beaucoup plus grande que celle admise jusqu'ici (1v,07 d'après Smale); mais elle concorde d'une manière remarquable avec la valeur 1v,23 obtenue théoriquement par Nernst (1905).

Les *éléments secs*, qu'on pourrait d'ailleurs avec plus de raison appeler des éléments humides, sont extrêmement répandus, surtout pour les usages domestiques; l'électrolyte est une masse pulvérulente, parfois indifférente, imbibée d'un liquide convenable.

Nous parlerons plus loin de l'élément à gravitation du physicien russe Colley.

Occupons-nous maintenant de la question très importante des *éléments normaux;* on en trouvera une description détaillée dans l'ouvrage de Jäger, *Die Normalelemente*, Halle, 1902 ; un exposé des travaux consacrés à ces éléments est donné par cet auteur, ainsi que par Gouy dans un de ses mémoires (voir la bibliographie).

On appelle *éléments normaux* des éléments qui peuvent servir *d'étalons de force électromotrice*. Il est facile de voir à quelles conditions ils doivent satisfaire. Tout d'abord, il doit être possible de les construire suivant un schéma défini, bien établi, comportant aussi des indications précises sur la façon de préparer les substances qui entrent dans leur constitution. Un élément construit d'après ce schéma doit posséder une force électromotrice bien déterminée et très exactement fixée (en volts), la dépendance de cette force à l'égard de la température étant connue avec toute l'exactitude possible; la force électromotrice de l'élément ne doit pas varier, lorsque l'élément est traversé, dans une direction ou dans l'autre, par un courant dont l'intensité ne dépasse pas une certaine valeur maximum établie.

La dernière condition ne peut être satisfaite que si la composition de l'élément ne subit, pendant le passage du courant, aucune espèce de modification ni chimique, ni physique, telle par exemple qu'une variation de la concentration. L'élément doit être *entièrement réversible*; il doit par suite constituer un système en équilibre stable (Tome III), dont les phases ne se modifient que quantitativement, quand il est traversé par le courant.

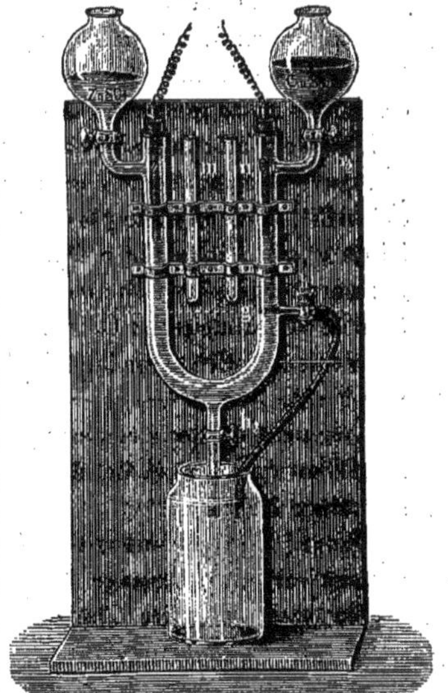
Fig. 257

L'élément Daniell satisfait, dans une certaine mesure, aux conditions énoncées, si le zinc est entouré d'une solution saturée de $ZnSO^4$ et s'il y a un excès de cristaux de $CuSO^4$ et de $ZnSO^4$ (dans le cas où le courant traverse l'élément de Cu à Zn). L'élément de Fleming (voir plus loin) est une variante de l'élément Daniell; mais ici, la grande solubilité du dépolarisant ($CuSO^4$) est un inconvénient, car on doit avoir deux liquides en contact, entre lesquels est inévitable une diffusion mutuelle, qui a évidemment pour conséquence une variation de composition de l'élément. Il s'ensuit qu'on doit employer comme dépolarisant, un corps solide peu soluble conduisant le courant. Les corps AgCl (Warren de la Rue) et Hg^2Cl^2 (Helmholtz) conviennent

WULF a observé que la résistance intérieure de l'élément de CLARK dépend beaucoup de la température.

Passons maintenant à *l'élément au cadmium* de WESTON ; il se distingue de l'élément de CLARK en ce que l'amalgame de zinc et $ZnSO^4$ sont remplacés par un amalgame de cadmium et par $CdSO^4$. On doit distinguer les éléments WESTON-C° et les éléments ordinaires. Les uns et les autres ont la forme de l'élément de CLARK représentée dans la figure 258. L'élément WESTON-C° renferme une solution saturée à 4° de $CdSO^4$, de sorte qu'à la température ordinaire la solution n'est pas complètement saturée ; à l'intérieur de l'élément, se trouvent en outre des cloisons en amiante et en porcelaine munie de canaux, qui permettent de le transporter. Dans l'élément ordinaire, la solution est saturée, comme dans l'élément de CLARK, et il y a un excès de cristaux de $CdSO^4$. L'amalgame de cadmium doit renfermer de 10 à 13 °/₀ de cadmium, mais pas plus. Bien entendu, la pâte doit renfermer aussi $CdSO^4$ au lieu de $ZnSO^4$. De nombreux auteurs, parmi lesquels nous citerons DEARLOVE, KOHNSTAMM et COHEN, TAYLOR, BLONDIN, HENDERSON, MAREK, COHEN, BARNES, JÄGER, WIND, HULETT (1907) ont étudié l'élément de WESTON ; JÄGER et LINDECK en ont fait une étude particulièrement soignée au Physikalische Reichsanstalt (Charlottenbourg). Remarquons que CZAPSKI avait déjà construit en 1884 un élément au cadmium ; mais WESTON (1892) lui a donné le premier la constitution qui convient à un élément normal.

COHEN a indiqué quelques irrégularités manifestées par l'élément au cadmium ; mais les études de JÄGER et LINDECK ont conduit à ce résultat qu'on doit actuellement considérer cet élément comme satisfaisant le mieux aux conditions requises pour un élément normal et qu'il fonctionne tout à fait régulièrement entre 0° et 40°. La valeur de E est voisine de 1 volt, ce qui présente aussi certains avantages. La dépendance de E à l'égard de la température est, pour les éléments avec un excès de $CdSO^4$, donnée par la formule

$$E_t = 1{,}0186 - 0{,}000038\,(t - 20°) - 0{,}00000065\,(t - 20°)^2 \text{ volts.}$$

Le coefficient de température à 20° est environ 20 *fois plus petit* que celui de l'élément de CLARK. Dans l'élément WESTON-C°, on peut considérer E comme *indépendant de la température*, entre les limites que l'on rencontre en pratique, et égal à

$$E = 1^{v}{,}0190.$$

KLEMENCIČ a montré que la résistance intérieure de l'élément de WESTON présente aussi une constance remarquable avec le temps. La Conférence internationale, qui s'est réunie à Berlin en octobre 1905 (où malheureusement on n'avait pas convié des représentants de tous les pays), s'est prononcée en faveur de l'élément au cadmium avec excès de $CdSO^4$ et l'a regardé comme le meilleur élément normal existant actuellement. En Angleterre également, une Commission particulière (1904) a élaboré des règles pour la préparation des parties constituantes de l'élément au cadmium et pour sa bonne construction.

Le rapport des forces électromotrices des éléments de Clark et de Weston a été fréquemment déterminé. Les nombres les meilleurs sont les suivants :

$$\frac{\text{Clark } 0^\circ}{\text{Weston } 20^\circ} = 1,4228, \qquad \frac{\text{Clark } 15^\circ}{\text{Weston } 20^\circ} = 1,4067.$$

Le dernier de ces nombres a été trouvé d'une manière indépendante, d'un côté par Jäger et Lindeck, de l'autre par Barnes et Lucas.

Depuis 1907, on a publié un très grand nombre de recherches sur l'élément Weston, qui sont dues notamment à Janet, Laporte et Jouaust (1908-1910), Carhart (1908), Wolf et Waters (1907), F. E. Smith (1910), Cohen (1910), Baillehache (1911), Haga et Borrema (1910), et à beaucoup d'autres. L'intérêt général s'est porté sur cet élément, après que le Congrès des Electriciens de Londres (1908) a décidé que le *volt international* doit être défini par la force électromotrice de l'élément Weston. Nous parlerons en détail de cette question au Chapitre X et nous dirons seulement ici qu'en 1911, le résultat des travaux d'une Commission internationale réunie à Washington a été publié et qu'il a donné, *pour l'élément Weston à 20° C.*,

$$E = 1^{v},0183.$$

Haga et Borrema ont trouvé E = 1,01835 à 17°.

9. Éléments photoélectriques. Accumulateurs. — Deux corps identiques (électrodes), placés dans un électrolyte et se trouvant dans les mêmes conditions physiques, ne peuvent présenter de différence de potentiel ; dans un élément formé avec eux, la force électromotrice E = 0 et, quand on ferme un circuit où l'élément est intercalé, on n'obtient aucun courant et on a, par conséquent, I = 0. Mais, si les électrodes ne se trouvent pas dans les mêmes conditions physiques, E et I peuvent être différents de zéro. C'est ainsi, par exemple, que la *compression* d'une électrode ou la chute sur elle d'un *flux d'énergie rayonnante*, qui fait éprouver à la surface de l'électrode une modification, donne lieu à une différence de potentiel des électrodes et à la naissance d'un courant électrique, quand on ferme le circuit. Un tel élément s'appelle un *élément photoélectrique*. Lorsque le rayonnement sur l'élément cesse, la force électromotrice E de cet élément diminue rapidement, en particulier s'il se trouve dans un circuit fermé.

Dans ce domaine, les premières recherches un peu étendues sont celles de E. Becquerel, qui a couvert des lames d'argent d'une mince couche de AgCl et les a placées dans une solution diluée de H^2SO^4 ; en éclairant l'une d'elles, un courant se produit et les radiations du spectre solaire entre les raies D et E sont trouvées les plus actives. Iégoroff a construit, avec deux éléments de cette nature, un photomètre différentiel, que nous avons décrit et figuré dans le Tome II, Chap. IX. Borgmann a établi un appareil de cours très commode ; il se compose de sept tubes en U, disposés parallèlement dans une caisse en bois, noircie intérieurement. Entre les branches des tubes, se trouve une feuille de carton. Ces tubes sont remplis avec une solution (à 2 °/₀) de H^2SO^4 ; les électrodes sont des lames d'argent iodurées. Si on soulève la porte latérale de la caisse et si on éclaire les électrodes tournées vers cette porte on obtient une déviation du galvanomètre.

Les *métaux* complètement *purs* ne sont pas impressionnables par la lumière, comme l'ont montré MINCHIN, G. C. SCHMIDT, PELLAT et d'autres encore. G. C. SCHMIDT a trouvé que Zn, Cu et Pb absolument purs sont insensibles à la lumière. Lorsque les surfaces des métaux ont été au préalable modifiées chimiquement, ils deviennent en général sensibles. Il s'agit non seulement des métaux soumis à l'action des haloïdes, mais aussi des métaux qui ont été oxydés, sulfurés, etc. Dans ce cas, les lames peuvent ne plus être identiques ; en éclairant l'une d'elles, une force électromotrice prend naisssance, en même temps qu'un courant d'une certaine intensité. Quand l'éclairement est intermittent, on entend, avec un téléphone intercalé dans le circuit, un son, dont la hauteur correspond au nombre des interruptions de l'éclairement. C'est sur ce phénomène que repose le radiophone de CHAPERON et MERCADIER, qui ont placé, dans de l'eau acidulée, deux lames d'argent, l'une pure, l'autre recouverte d'une couche de sulfure d'argent. GOUY et RIGOLLOT ont employé du cuivre pur et du cuivre oxydé, dans une solution de NaCl.

G. C. SCHMIDT a étudié très soigneusement l'influence de la lumière sur des électrodes d'*oxyde de cuivre* dans une solution de NaHO ou KHO. Il a trouvé que l'influence lumineuse dépend, aussi bien en grandeur qu'en signe, du potentiel de la lame (par rapport au liquide) et de la longueur d'onde des radiations incidentes. Des études analogues sont dues à HANKEL, RIGOLLOT, ALLEGRETTI et d'autres encore. Il est intéressant d'observer qu'une lame d'or, qui a servi d'anode dans l'électrolyse de l'eau et s'est recouverte d'un dépôt brun, d'oxyde probablement, devient sensible à la lumière ; ce phénomène a été étudié par BOSE et KOCHAN ; l'action la plus vive est exercée par les radiations de longueur d'onde comprise entre 410 $\mu\mu$ et 478 $\mu\mu$.

SABINE a trouvé que le sélénium cristallisé est également sensible à la lumière dans l'eau ; la différence de potentiel, entre la plaque non éclairée et la plaque éclairée, va jusqu'à $0^v,1$. PÉLABON (1910) a construit un élément très sensible à la lumière au moyen de Se et d'un alliage de Se et Sb, dans une solution de $SbCl^3$ dans l'acide chlorhydrique. Pendant l'éclairement, la force électromotrice *s'élève* très rapidement, atteint un maximum et descend, après quelques heures jusqu'à sa valeur primitive. Si on met fin à l'éclairement, la force électromotrice *s'abaisse* peu à peu de la grandeur à laquelle elle s'était élevée tout d'abord, atteint un minimum et augmente de nouveau lentement jusqu'à sa valeur initiale.

L'action photochimique dépend inégalement, suivant les substances, de la longueur d'onde. RIGOLLOT a observé, par exemple, l'action la plus vive avec les radiations infra-rouges, pour le sulfure d'argent, et avec les radiations ultra-violettes, pour l'iodure de cuivre.

Une *théorie* des éléments photoélectriques a été donnée par E. BECQUEREL, ensuite par GRIVEAUX, LUGGIN, G. C. SCHMIDT et d'autres encore. H. SCHOLL (1905) a étudié d'une manière particulièrement approfondie les phénomènes photoélectriques sur l'iodure d'argent humide; il a reconnu que l'action lumineuse donne naissance à plusieurs phénomènes, dont l'un peut prédominer suivant les circonstances. D'une part, il y a une dissociation, dans laquelle, en outre des ions de l'iodure d'agent, semblent apparaître des électrons négatifs; d'autre part, il se forme un nouveau corps instable, excitable photoélectriquement, qui se transforme facilement dans la substance initiale. WILDERMANN (1905-1907) a fait des recherches théoriques basées sur la théorie actuelle des éléments; il a trouvé que, parmi les éléments photoélectriques, il y en a qui sont constants ou instables, réversibles ou irréversibles. Il a donné, dans les divers cas possibles, des formules pour la force électromotrice E. Il a en outre étudié théoriquement et expérimentalement les périodes de la variation de E, qui ont lieu au début de l'éclairement (période d'induction) et après qu'il a cessé (période de déduction).

Les éléments photoélectriques et les *accumulateurs* ou *éléments de polarisation*, que nous allons maintenant considérer, possèdent certaines propriétés, qui établissent entre eux une sorte de parenté. Les uns comme les autres se trouvent dans un état inactif, lorsque les deux lames sont aussi identiques que possible ou présentent une faible différence de potentiel E. L'énergie extérieure rend les plaques dissemblables au point que l'élément peut posséder une force électromotrice notable. Une provision de cette énergie extérieure est pour ainsi dire emmagasinée (accumulée) sous forme d'énergie chimique et dépensée quand l'élément entre en fonction. Dans les éléments photoélectriques, l'énergie extérieure est l'énergie rayonnante; dans les accumulateurs, c'est de l'énergie électrique.

Nous avons vu au § 7 qu'un voltamètre polarisé possède une force électromotrice E et peut donner naissance à un courant (de polarisation); un tel voltamètre représente, sous sa forme la plus simple, un accumulateur. Mais, la valeur de E, dans le voltamètre, est très inconstante, et il n'est pas commode d'obtenir ainsi un courant durable. On ne donne aujourd'hui le nom d'*accumulateur* qu'à des éléments qui, une fois chargés, c'est-à-dire polarisés par le passage d'un courant, peuvent ensuite fournir eux-mêmes un courant, pendant un intervalle de temps notable, *la grandeur* E *devant rester constante le plus longtemps possible*.

Les accumulateurs jouent actuellement un rôle très important, aussi bien dans l'Electrotechnique que dans la pratique des laboratoires de Physique, car ils constituent la source la plus commode et la plus sûre pour obtenir des courants *constants* et, si besoin est, des courants très intenses. Dans les accumulateurs aujourd'hui en usage, E *est voisin de 2 volts*; la *résistance* intérieure est en général de *quelques millièmes d'ohm* et dépasse rarement 0,01 ohm. La résistance intérieure d'une batterie d'accumulateurs montés en *série* est donc généralement très faible comparativement à celle d'une batterie d'éléments ordinaires.

Il existe présentement un grand nombre de types d'accumulateurs, différant par leur constitution intérieure, par les substances qui servent à les construire et par le mode technique de préparation de ces substances. Dans beaucoup de cas, ces particularités constituent des secrets de fabrication.

L'étude des accumulateurs et de leur emploi, suivant le but que l'on veut atteindre, forme un Chapitre important de l'*Electrotechnique* ; dans ce Traité de Physique générale, nous devons nous borner à des indications très succinctes. On trouvera des détails dans les traités généraux d'Electrotechnique, ainsi que dans les ouvrages spécialement consacrés aux accumulateurs ; quelques-uns de ces derniers sont mentionnés dans la bibliographie.

A quelques types exceptionnels près, dont la valeur technique n'est pas encore bien établie aujourd'hui (1913), tous les accumulateurs employés dans la pratique sont des accumulateurs *au plomb*. Ils sont constitués par deux plaques, de construction parfois très compliquée, dans la composition desquelles entre du plomb. Après la charge, c'est-à-dire après un passage suffisant du courant dans une direction convenable, la surface de l'une des plaques, la plaque négative, est formée d'une *masse friable et spongieuse de plomb* ; celle de l'autre plaque, la plaque positive, d'un oxyde supérieur de plomb, surtout de *peroxyde de plomb* (PbO^2). Comme liquide, on se sert d'une solution aqueuse d'acide sulfurique.

L'historique des accumulateurs est, en quelques mots, le suivant. Les premiers accumulateurs ont été construits en 1860 par GASTON PLANTÉ ; il prenait du plomb comme matière initiale, c'est-à-dire deux plaques lisses de plomb, qu'il amenait, par un mode de *formation* compliqué et de très longue durée (dont il sera question plus loin), à un état tel qu'elles étaient, après la charge, recouvertes des couches superficielles de plomb spongieux et de peroxyde de plomb dont nous venons de parler. En 1881, FAURE a proposé le premier de recouvrir les plaques de plomb d'une pâte formée d'oxydes de plomb, laquelle devait se transformer par la charge, en plomb spongieux sur l'une des plaques, en PbO^2 sur l'autre. L'invention de FAURE a subi des modifications et des perfectionnements innombrables. Il est très intéressant de remarquer que, dans ces derniers temps, beaucoup de fabriques d'accumulateurs ont renoncé à l'emploi de la pâte et sont revenues à la méthode de PLANTÉ, en modifiant toutefois essentiellement la construction et, en particulier, le procédé de *formation* des plaques de plomb. Les premiers travaux dans ce sens ont été publiés en 1891 (EPSTEIN) ; mais ce n'est qu'en 1897 qu'on est arrivé à des résultats satisfaisants.

L'élément primitif de PLANTÉ se compose de deux feuilles de plomb (de $0^m,600$ de longueur, $0^m,200$ de largeur, $0^m,001$ d'épaisseur), séparées l'une de l'autre par des bandes de caoutchouc et enroulées en spirale (*fig.* 259) ; à chacune d'elles est soudée une lamelle de plomb. Le cylindre ainsi constitué est placé dans un vase en verre renfermant une solution d'acide sulfurique. La *formation* de l'accumulateur, suivant l'expression consacrée, s'effectue de la manière suivante. On lance à travers l'élément un courant, qui produit PbO^2 sur l'une des plaques et débarrasse l'autre des traces d'oxyde. L'élément est ensuite déchargé, PbO^2 se transformant en PbO, qui se forme aussi sur l'autre plaque. On lance de nouveau un courant à travers l'élément et, par réduction de PbO, il se forme sur la plaque négative une mince couche de plomb poreux. A la décharge suivante, l'oxydation pénètre plus profondément dans la plaque, de sorte que la charge qui suit donne une couche encore plus épaisse de plomb poreux. En même temps et à chaque nouvelle charge, la couche de peroxyde de plomb augmente d'épaisseur sur l'autre plaque. En répétant la charge et la décharge un grand nombre de fois, on peut obtenir finalement sur les plaques, après la dernière charge, des couches assez épaisses de plomb spongieux ou de peroxyde de plomb. La formation doit se prolonger pendant *plusieurs mois*, avant que l'accumulateur soit prêt à fonctionner, c'est-à-dire prêt à donner un courant constant pendant un temps suffisamment long. C'est là évidemment un inconvénient sérieux.

En 1881, FAURE a le premier commencé à Paris à recouvrir les plaques de plomb de minium, qui pouvait se transformer, après une formation relativement courte (100 heures environ), en PbO^2 et en plomb spongieux. Il convient d'ailleurs de rappeler que déjà en 1861, CHARLES KIRCHHOFF avait pris à New-York un brevet au sujet d'un élément secondaire, *analogue en principe aux accumulateurs actuels*. Les premiers éléments de FAURE étaient très imparfaits, car les couches actives tombaient facilement. Les premières améliorations furent apportées par KHOTINSKI et ensuite par SELLON et WOLCKMAR; les travaux de ces deux derniers chercheurs ont conduit à la construction des accumulateurs de l'*Electrical Power Storage Company*. Depuis, comme nous l'avons déjà dit, on a construit un grand nombre de types d'accumulateurs, parmi lesquels nous citerons les systèmes TUDOR, POLLACK, OERLIKON, FULMEN et ceux de la *Société pour le travail électrique des métaux*. L'ossature de plomb est ou centrale, et la masse active est alors soutenue sur elle des deux côtés, ou double, afin de porter cette masse sous la forme de deux grilles par exemple. La forme de l'ossature varie très souvent et parfois est assez compliquée. Le support de la plaque positive est en plomb pur ; on ajoute 2 % d'antimoine à celui de la plaque négative. La masse active est également préparée de diverses manières ; sa partie constituante principale est du minium, mais quelquefois aussi de la litharge avec différentes additions.

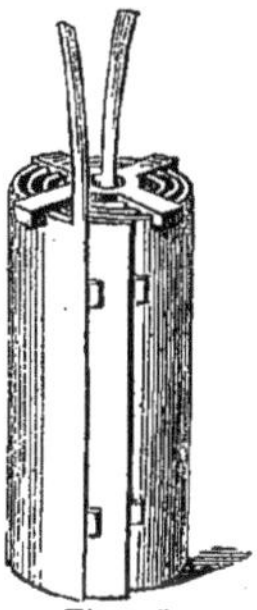

Fig. 259

Les nombreux inconvénients inhérents aux accumulateurs du type FAURE ont conduit les constructeurs à revenir aux éléments du type PLANTÉ ; mais la forme des plaques en plomb a été modifiée et la formation, en particulier, a été simplifiée et est devenue plus rapide. Tels sont les accumulateurs des systèmes HAGEN, *Battery Company* (London), FRANKE, TUDOR (Lille), FULMEN (Paris), *Société pour le travail électrique des métaux* (Paris), MONOBLOC (Bruxelles), BARY, etc. La forme complexe, lamellaire par exemple, que l'on donne aux masses de plomb pour qu'elles présentent la plus grande surface possible, paraît essentielle, de même que la formation à l'aide d'un électrolyte auquel on ajoute des substances corrosives, afin d'aider le plomb à devenir poreux.

On peut considérer comme parfaitement expliquées les *réactions chimiques* qui se produisent dans les accumulateurs. Dans l'élément chargé, on a, sur l'une des plaques, PbO^2, sur l'autre Pb. A la décharge PbO^2 est réduit, Pb oxydé, et H^2SO^4 réagissant, il se forme sur les deux plaques $PbSO^4$. On a donc les réactions suivantes :

A LA CHARGE :

Sur l'anode, $PbSO^4 + SO^4 + 2H^2O = PbO^2 + 2H^2SO^4$,
Sur la cathode, $PbSO^4 + H^2 = Pb + H^2SO^4$;

A LA DÉCHARGE :

Sur l'anode, $PbO^2 + H^2 + H^2SO^4 = PbSO^4 + 2H^2O$,
Sur la cathode, $Pb + SO^4 = PbSO^4$.

On peut représenter symboliquement tout le processus de la manière suivante :

$$PbO^2 + Pb + 2H^2SO^4 \rightleftarrows 2PbSO^4 + 2H^2O\,;$$

les flèches indiquent qu'il y a réversibilité. Les équations précédentes ne donnent que d'une manière générale les substances qui entrent dans les réactions et les produits qui en résultent finalement : mais elles ne disent rien des détails, c'est-à-dire des ions, qui, d'après la théorie de la dissociation électrolytique, doivent jouer un rôle dans la charge de l'accumulateur, quand $PbSO^4$ se présente comme électrolyte. LIEBENOW, LE BLANC, ELBS, STREINTZ, DOLEZALEK, etc., se sont occupés de cette question. LIEBENOW pense que les ions se forment conformément à l'équation

$$2PbSO^4 + 2H^2O = \overset{+}{Pb} + 4\overset{+}{H} + \overset{--}{PbO^2} + 2\overset{--}{SO^4},$$

c'est-à-dire que PbO^2 qui se sépare sur l'anode, apparaît notamment comme anion. DOLEZALEK s'est aussi complètement rallié à cette manière de voir.

La force électromotrice E d'un accumulateur chargé est d'environ $2^v,3$ à $2^v,4$; à la décharge, E baisse assez rapidement jusqu'à 2^v et ensuite reste constant pendant un certain temps ; E recommence alors à baisser, mais lentement. Il faut interrompre le fonctionnement de l'élément, dès que E est tombé au-dessous de $1^v,9$ ou $1^v,8$.

La caractéristique principale d'un accumulateur est son *coefficient d'effet utile* ou son *rendement*, c'est-à-dire le rapport de l'énergie électrique dont on peut disposer à la décharge à celle qui a été dépensée pour la charge. Le rapport de ces énergies, qui sont mesurées par le produit du nombre de volts et du nombre total d'ampères-heures, oscille en général entre 0,70 et 0,80. Le rapport de la quantité d'électricité (nombre d'ampères-heures) fournie par l'accumulateur à celle qui l'a traversé dans la charge possède une autre valeur : ce dernier rapport, qui est égal à 0,9 environ, se nomme le *rendement en quantité*, tandis que le premier rapport considéré s'appelle le *rendement en énergie*. Enfin, la *capacité* de l'accumulateur a aussi une importance particulière ; elle est déterminée par la quantité d'électricité que l'accumulateur peut fournir à la décharge. En appelant Q cette quantité, I l'intensité de la décharge et t la durée de celle-ci, on a d'une façon générale

$$Q = \int I dt.$$

Lorsque la décharge a lieu à intensité constante, il suffit de faire le produit de cette intensité par le temps exprimé en heures, pour obtenir la capacité en ampères-heures. On rapporte souvent la capacité exprimée en ampères-heures au kilogramme d'accumulateur.

Nous avons considéré exclusivement les accumulateurs au plomb ; l'un de leurs inconvénients est d'avoir un poids considérable. On a cherché à diverses reprises à construire des accumulateurs avec d'autres substances. Parmi ces tentatives il faut citer l'accumulateur d'Edison, dont l'idée remonte à Jungener. Dans l'accumulateur d'Edison, la plaque négative renferme un mélange d'oxyde de fer et de graphite, et la plaque positive Ni $(HO)^4$. A la charge, l'oxyde de fer est réduit et il se forme un oxyde supérieur de nickel. Comme liquide, on emploie une solution de KHO ou NaHO. Zedner a trouvé qu'il se forme Ni^2O^3 sur l'anode ; en réalité, c'est l'hydrate $Ni^2O^3.3H^2O$ ou Ni $(OH)^3$; la force électromotrice est égale à $1^v,305$.

10. Théorie des éléments hydroélectriques. — Avec l'ordre que nous avons adopté dans notre exposition, nous avons déjà eu à faire connaître les fondements de la théorie des éléments hydroélectriques. Il nous reste à procéder à une révision systématique, à étendre l'étude de certaines questions et à considérer une série de recherches *expérimentales*, dont nous n'avons pas encore abordé l'examen. Mais nous devons, avant tout, indiquer clairement ce qu'on peut attendre d'une telle théorie, à quelles questions elle doit répondre. On constate qu'on peut aborder de trois manières différentes la théorie des éléments hydroélectriques ou, en d'autres termes, suivant la façon dont on se pose le problème, arriver à trois sortes de théories.

En premier lieu, on peut considérer un élément fermé comme un système, dans lequel se produit une *transformation d'énergie*, et demander à la théorie d'établir les lois quantitatives qui régissent cette transformation, la question du mécanisme des phénomènes qui se passent à l'intérieur de l'élément étant laissée de côté. Une telle théorie, s'appuyant sur les principes de la Thermodynamique, doit conduire à des résultats *indépendants de toute représentation hypothétique*, touchant la structure de la matière, la nature intime de l'électrolyse, etc.

En second lieu, on peut entendre par *théorie des éléments hydroélectriques*, une théorie qui doit déterminer le mécanisme des phénomènes à l'intérieur d'un élément et indiquer la source des charges électriques.

En troisième lieu, on peut envisager le problème que se pose la théorie comme une étude encore plus approfondie sur l'essence même du courant électrique dans les conducteurs. Nous n'aborderons pas en ce moment une théorie de cette nature, qui doit s'appliquer également aux courants électriques de toute espèce dans les conducteurs, quelle que soit leur source.

Nous considérerons d'abord la théorie relative aux *transformations d'énergie*, qui se produisent dans un élément.

Quand un élément est en fonction, une certaine quantité d'*énergie potentielle chimique* disparaît ; à sa place, se manifeste évidemment *entre autres* l'énergie cinétique du courant électrique, laquelle se transforme en énergie calorifique, pourvu qu'elle ne soit pas employée à effectuer un travail ayant pour résultat d'autres formes d'énergie. Nous avons désigné par q, à la page 208, la quantité d'électricité exprimée en *joules* (0,24 calorie-gramme), correspondant aux réactions chimiques qui ont lieu dans l'élément, lorsqu'il est traversé par un *coulomb*. Si Q coulombs passent dans un circuit fermé, où agit une force électromotrice de E volts, le travail des forces électriques est égal à QE joules, la somme des chutes de potentiel dans le circuit fermé étant égale à E. Lorsque $Q = 1$ coulomb, on obtient l'énergie électrique E. Si on admet que *toute* l'énergie chimique se transforme en énergie électrique, on a l'égalité

$$E = q, \tag{42}$$

voir (25, *a*), page 210, qui exprime la *règle de* Thomson (1851), qu'Helmholtz (1847) avait aussi antérieurement considérée comme exacte. E. Becquerel (1843) avait déjà d'ailleurs formulé explicitement l'égalité (42). Nous avons donné à la page 211 un exemple de calcul de E pour l'élément Daniell, qui aboutit à un résultat tout à fait satisfaisant. On trouve que la formule (42) conduit également, pour quelques autres éléments, à des résultats qui concordent avec la réalité.

Des recherches expérimentales, sur la relation qui lie la chaleur dégagée en circuit fermé et celle qui correspond aux réactions chimiques dans l'élément, ont été entreprises pour la première fois par Favre. Il a introduit à la fois l'élément et les conducteurs, qui ferment le circuit, à l'intérieur de son calorimètre à mercure (Tome III) et s'est assuré que la quantité totale Q de chaleur, qui se dégage *dans tout le circuit*, est exactement égale à la chaleur des réactions chimiques qui ont lieu dans l'élément. Ce résultat signifie que Q est indépendant de la façon dont se passent ces réactions, que ce soit en circuit ouvert ou en circuit fermé, et que la résistance totale de ce dernier ne joue aucun rôle. Mais, quand il a mesuré séparément la chaleur d'échauffement du circuit (effet Joule), il a trouvé qu'elle est plus petite que Q, qu'il se dégage dans l'élément plus de chaleur qu'il n'en correspond à sa résistance relative. Il en résulte que toute l'énergie chimique ne se transforme pas en énergie électrique. Les expériences de Raoult, de Moser et d'Edlund ont généralement conduit à la même conclusion.

De très nombreuses recherches dues à Braun ont en outre montré que E *peut être non seulement plus petit, mais aussi plus grand que* q ; autrement dit, l'énergie électrique qui apparaît dans le circuit, peut être plus grande que l'énergie chimique dépensée, ce qui n'est évidemment possible que dans le cas où se produit, à l'intérieur de l'élément lui-même et à côté de l'effet Joule (échauffement), un refroidissement, c'est-à-dire une absorption d'énergie calorifique et la transformation de celle-ci en énergie électrique. Braun a donné aussi l'explication thermodynamique de ce phénomène. Nous allons indiquer l'un des cas qu'il a étudiés ; c'est celui de l'élément Cd — $CdSO^4$ — $FeSO^4$ — Fe. Si on pose, pour l'élément Daniell, $E = 100$, la formule (42) donne la valeur $E = 7,2$, Fe devant former le pôle négatif et le courant aller dans l'élément de Fe vers Cd ; on constate cependant que $E = -9,3$ et que par suite le courant a une direction opposée. ALDER WRIGHT et C. THOMSON, HERROUN, PAGLIANI et d'autres encore ont aussi signalé des cas où la formule (42) conduit à des résultats complétement en désaccord avec la réalité. CHAPERON et d'autres ont cherché à expliquer théoriquement cette discordance.

GIBBS et HELMHOLTZ ont donné une réponse complète à la question. Nous avons établi aux pages 210 et 211 les formules auxquelles conduit la théorie thermodynamique. Elles se rapportent exclusivement à un élément *réversible*. Nous avons donné deux formules en considérant un circuit *ouvert* (*fig.* 81, page 208) ; mais comme E ne varie pas quand on ferme le circuit, ces formules s'appliquent évidemment aussi à la force électromotrice E agissant en circuit fermé. La première de ces formules, voir (25), page 210, détermine la relation vraie entre E et q et remplace la formule inexacte (42). Elle a la forme suivante

$$E = q + T \frac{\partial E}{\partial T}, \tag{43}$$

en écrivant T à la place de t dans la dérivée. Selon le signe de $\frac{\partial E}{\partial T}$, E peut être plus grand ou plus petit que q. Quelques autres conséquences ont été mentionnées à la page 210.

Occupons-nous des travaux qui ont été entrepris en vue de vérifier la formule (43). Les premières recherches sont dues à CZAPSKI (1884) et à GOCKEL (1885) ; ils ont obtenu une confirmation qualitative de cette formule, c'est-à-dire trouvé le même signe pour les grandeurs $E - q$ et $\frac{\partial E}{\partial T}$; la concordance quantitative ne pouvait être satisfaisante, en l'absence de données exactes pour le calcul de la grandeur q. Des recherches plus approfondies ont été faites ensuite par JAHN, qui a mesuré la *quantité totale* de chaleur Q dégagée dans tout le circuit fermé, sous l'intensité de courant I, pendant le temps t ; d'après le principe de la conservation de l'énergie, Q doit être égal à la chaleur correspondant aux réactions *chimiques* de l'élément, ainsi que cela a été vérifié dans les expériences de FAVRE (page 708). Si Q est exprimé en joules, I en ampères et t en secondes, on a $Q = qIt$. JAHN a en outre déterminé la grandeur E et calculé l'énergie électrique Q', qui apparaît durant le temps t et se transforme en chaleur de JOULE ; on a évidemment $Q' = EIt$. La différence $Q' - Q = (E - q)\,It$ doit, d'après la formule (43), être égale à $T \frac{\partial E}{\partial T} It$; pour trouver cette dernière grandeur, il faut connaître le coefficient thermique α de E. La figure 260 représente schématiquement la disposition des appareils de JAHN. L'élément étudié est placé dans le réservoir d'un calorimètre à glace de BUNSEN (Tome III) ; de l'élément partent des fils de connexion (de résistance ρ) jusqu'aux points A et B où se trouvent connectés un galvanomètre T de faible résistance et un voltmètre G (de 200 000 ohms de résistance) ;

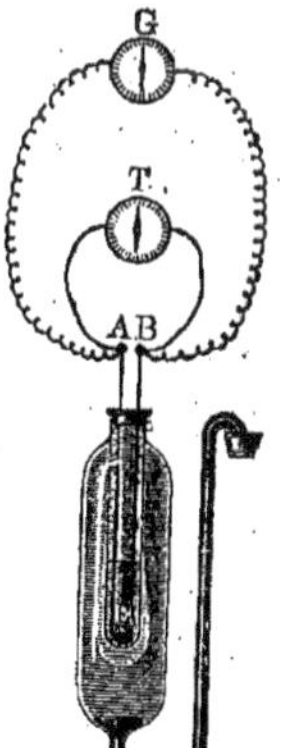

Fig. 260

ce dernier permet de mesurer la différence de potentiel e des points A et B (voir plus loin, ce qui est dit sur les voltmètres). Soit W la chaleur dégagée pendant le temps t dans le calorimètre. On voit facilement que la chaleur totale Q est donnée par la formule

$$Q = W + I^2 \rho t + Iet.$$

La chaleur dégagée dans le circuit AGB peut être négligée. On a pour Q′ l'expresssion $Q' = IEt$. L'intensité de courant I a été mesurée au moyen de T, la grandeur e au moyen de G, la grandeur E également avec G, le circuit ATB étant ouvert. Le coefficient thermique α a été déterminé par comparaison des valeurs de E, pour deux éléments se trouvant à des températures différentes. Toutes les grandeurs entrant dans la formule d'Helmholtz, qui s'écrit ici

$$IEt = W + I^2 \rho t + Iet + T \frac{\partial E}{\partial T} t,$$

sont donc connues. En posant

$$T \frac{\partial E}{\partial T} It = Q_0, \tag{44}$$

on a

$$Q' - Q = Q_0. \tag{45}$$

Jahn a déterminé expérimentalement les grandeurs I, E, e, t (3600^{sec}), W, ρ (0,^{ohm}1) et α ; il a calculé ensuite Q_0 à l'aide des deux formules (44) et (45). Il a obtenu, pour six éléments étudiés, une concordance quantitative tout à fait satisfaisante. Dans quatre cas, Q_0 était négatif ($E < q$) ; dans deux, positif ($E > q$). Ces derniers comprenaient l'*élément* Daniell, où l'énergie électrique surpasse par suite l'énergie chimique, de sorte qu'il doit se dégager, dans l'élément, *moins* de chaleur que ne l'exige la loi de Joule. D'autres mesures pour la vérification de la formule (43) ont été effectuées par Bugarszky, Chrouschtschow et Sitnikow, Loven, Klein, Zuppinger et d'autres encore ; Czepinsky et V. H. Weber ont étudié des éléments avec des électrolytes fondus.

R. Gans (1901) a généralisé un peu la théorie d'Helmholtz et a montré que la formule (43) doit être remplacée par la suivante

$$E = q + T \frac{\partial E}{\partial T} - ET \frac{\partial \log k}{\partial T}, \tag{47}$$

où k désigne une grandeur, qui dépend des facteurs de transport (page 653); on a, par exemple, pour l'élément de concentration (page 216), $k = 1 : n$, n étant le facteur de transport de l'*anion* ; pour tous les autres éléments considérés ci-dessus, on a $k = 1$, et par suite le troisième terme de l'expression de E disparaît.

Denizot (1904) a tiré de la formule (43) une série de conséquences intéressantes; il a montré notamment que les observations sur l'élément réversible peuvent servir à l'établissement d'une échelle des températures absolues.

En appliquant la théorie de l'énergie libre à l'élément *réversible*, nous avons obtenu la formule (31), page 212,

$$\frac{\partial E}{\partial p} = A(v_1 - v_2), \tag{47}$$

qui est relative à la *compression isothermique* de l'élément; p est la pression extérieure, $v_2 - v_1$ la variation de volume qui se produit dans l'élément, lorsqu'il est traversé par un coulomb. Si, par exemple, le volume augmente ($v_2 > v_1$), E *diminue*, quand la pression extérieure augmente. La formule (47) a été établie pour la première fois par Duhem; R. Gans l'a généralisée. Gilbaut (1891) a mesuré, dans différents éléments, la variation ΔE pour un accroissement de p allant jusqu'à 100 atmosphères. Dans l'élément Daniell, on trouve $\Delta E = 5.10^{-5}$ volt, dans un accumulateur $\Delta E = 12.10^{-5}$ volt, dans l'élément Bunsen $\Delta E = -405.10^{-5}$ volt, dans l'élément à gaz $\Delta E = +845.10^{-5}$ volt. De nouvelles mesures ont été faites par R. Ramsey (1901), qui a soumis à une pression s'élevant jusqu'à 310^{atm} les éléments de Weston, Clark, Helmholtz, Daniell et Warren de la Rue. Dans les deux premiers, on constate un accroissement régulier de la grandeur E, dans le troisième l'accroissement se ralentit aux pressions élevées; l'élément Daniell a un coefficient de pression négatif très petit; dans le cinquième on obtient des résultats différents, suivant l'état de AgCl.

Les formules (43) et (47) sont purement thermodynamiques; pour les établir, on part simplement du fait que, dans l'élément, se produisent des réactions chimiques et que de l'énergie électrique apparaît dans le circuit. Nous allons passer maintenant aux théories dans lesquelles, en dehors des principes de la thermodynamique, la notion de transport des ions dans deux directions opposées joue un rôle important, c'est-à-dire où l'on fait une hypothèse sur le mécanisme de l'électrolyse. Telle est la théorie de l'*élément de gravitation*. Considérons une colonne verticale d'électrolyte avec des électrodes identiques en haut et en bas, par exemple une solution de $AgAzO^3$ entre des électrodes d'argent. Lorsqu'on fait traverser une telle colonne par le courant d'un élément quelconque, le cathion Ag se dirige vers le haut quand la cathode s'y trouve, et l'anion AzO^3 vers le bas. Le cathion Ag = 106 est plus lourd que l'anion $AzO^3 = 62$ et par suite une partie de l'énergie du courant doit être dépensée dans le travail exigé par l'ascension de la différence des poids. Ceci doit diminuer l'intensité du courant I; autrement dit, I doit être plus petit que dans la position horizontale de la colonne. Le phénomène est analogue à la polarisation et peut être regardé comme la conséquence de l'apparition d'une force électromotrice particulière e de gravitation. Si on retourne la colonne ou si on fait passer le courant en sens inverse, la force de la pesanteur produit un travail, dont le résultat doit être l'accroissement de l'intensité du courant ou l'apparition d'une force électromotrice e, ayant même sens que celle qui agit déjà dans le circuit. C'est pour cette raison qu'une telle colonne a reçu le nom d'*élément de gravitation*. Maxwell (1873) a indiqué en quelques lignes (*Treatise*

I, p. 317) la nécessité du phénomène que nous venons de décrire. COLLEY a développé d'une manière indépendante et approfondie la théorie de l'élément de gravitation et, dès 1872, en avait entrepris la vérification expérimentale; mais son premier travail n'a pu être imprimé qu'en 1875. Il a montré comment on doit calculer la grandeur *e* en tenant compte non seulement de la différence des poids de l'anion et du cathion, mais aussi des facteurs de transport (page 653), dont dépendent les chemins parcourus respectivement par l'un et par l'autre ion. Nous considérerons *e* comme positif, lorsque I augmente. Il est évident que, pour $AgAzO^3$, la grandeur *e* est positive, quand le courant va de haut en bas. Les expériences de COLLEY ont confirmé ce résultat au point de vue qualitatif, mais non au point de vue quantitatif. Pour les solutions de ZnI^2 et CdI^2, le sens de *e* doit être contraire (voir page 658, au sujet de l'électrolyse de ces sels); ceci a été confirmé égalemement par l'expérience, et une concordance *quantitative* avec le résultat théorique s'est aussi réalisée. D'autres recherches sont dues à PIRANI, DES COUDRES (CdI^2) et R. RAMSEY ($ZnSO^4$ et $CdSO^4$).

Un autre exemple d'une théorie, non seulement basée sur des considérations thermodynamiques, mais ayant égard aussi au transport des ions dans l'électrolyte, est fournie par celle qu'HELMHOLTZ a donnée pour *l'élément de concentration* et que nous avons mentionnée à la page 223. Nous avons vu que l'élément de concentration se compose de deux métaux identiques, plongés dans deux solutions du même électrolyte, différemment concentrées. Il s'agit de déterminer la force électromotrice E d'un tel élément. Nous ne présenterons pas toutes les déductions d'HELMHOLTZ et nous nous bornerons à en indiquer la marche générale. Soient m_1 équivalents d'eau dans la première solution et m_2 dans la seconde, pour un équivalent de l'électrolyte dissous; ces grandeurs caractérisent les concentrations respectives des solutions. Lorsqu'on ferme l'élément, un courant se met à le traverser. Supposons qu'il passe un coulomb; il se produit un déplacement de l'anion dans un sens, du cathion dans le sens opposé. Si on suppose en outre que l'intensité du courant est très faible, on peut négliger la chaleur de JOULE dégagée dans le circuit et admettre que le travail, qui est effectué dans le circuit par le passage d'un coulomb d'une électrode à l'autre, est égal à E joules. Le transport des ions produit une variation de concentration des deux solutions, qui ne diffère en rien de celle qui résulterait du transport d'une certaine quantité d'eau pure de l'une des solutions dans l'autre, car la quantité de sel dissous n'a pas varié. On peut inversement transporter cette quantité d'eau de la solution dont la concentration a diminué dans celle où elle a augmenté. Supposons que la première possédait la concentration m_1; soient m la grandeur variable de la concentration, comprise entre m_1 et m_2, et p_1, p_2, p les tensions de vapeur saturante au-dessus des solutions m_1, m_2 et m (Tome III). Imaginons qu'on vaporise isothermiquement de la solution m_1 la quantité d'eau nécessaire, en la transformant en vapeur saturante de tension p_1. On sépare alors de la solution cette vapeur, qui cesse évidemment d'être saturée. Ensuite, on la comprime ou on la détend (nous ne savons jusqu'ici laquelle des deux opérations on doit supposer) jusqu'à la tension p_2; on la met en contact avec la solution

m_2, ce qui la sature de nouveau, et, par compression, on l'amène à l'état liquide. On voit facilement que le travail, qui a dû être dépensé dans ce transport, est égal à celui produit par la variation de la tension de vapeur de p_1 à p_2. Comme le système entier est revenu à son état primitif, il est clair que le travail total du système doit être nul. HELMHOLTZ est ainsi conduit à la formule

$$(48) \qquad V_1 - V_2 = E = p_0 v_0 \int_{p_1}^{p_2} m\,(1 - n)\,\frac{dp}{p};$$

V_1 et V_2 sont les potentiels des électrodes qui se trouvent respectivement dans les solutions m_1 et m_2 ; p_0 est la tension de vapeur au-dessus de l'eau pure, v_0 le volume de l'unité de poids de cette vapeur et n le facteur de transport du cathion, lequel dépend de la concentration m ou de la tension de vapeur p. Pour le calcul de la grandeur E, HELMHOLTZ fait l'hypothèse que la différence des concentrations est faible et qu'on peut poser $1 - n = const.$: il applique en outre la formule de WÜLLNER

$$p_0 - p = \frac{b}{m},$$

où b désigne un nombre constant. Si on pose $b : p_0 = m_0$, on obtient

$$(48, a) \qquad V_1 - V_2 = E = bv_0\,(1 - n) \log \frac{m_2 - m_0}{m_1 - m_0};$$

p_1 et p_2 étant en général peu différents de p, on peut négliger m_0 et écrire

$$(49) \qquad V_1 - V_2 = bv_0\,(1 - n) \log \frac{m_2}{m_1}.$$

Comme on le voit, on a $V_1 > V_2$ pour $m_2 > m_1$; il s'ensuit que l'électrode, qui se trouve dans la solution m_1 *la plus concentrée*, est l'électrode *positive* ; le courant, à l'intérieur de l'élément, va de la solution la plus faible à la plus concentrée. Les expériences de MOSER ont pleinement confirmé ce résultat.

Nous avons mentionné (page 223) l'élément qui se compose *d'un seul* liquide homogène et de deux amalgames ne différant que par leur concentration. RICHARDS et FORBES (1907) ont publié une étude étendue sur cet élément; elle renferme une exposition historique détaillée, qui établit que la théorie des éléments de ce genre a été développée pour la première fois par v. TÜRIN (St-Pétersbourg).

D'autres exemples de recherches théoriques basées sur des considérations thermodynamiques se trouvent dans les études remarquables d'HELMHOLTZ sur la force électromotrice de *polarisation* dans le voltamètre ordinaire (décomposition de l'eau) et sur le cas de deux éléments réversibles, montés en série, mais *en opposition*, et ne différant que par la concentration de la solution de l'électrolyte. Nous nous bornerons à citer une formule indiquant comment la force électromotrice de polarisation E dépend de la pression p (en atmosphères) du *gaz tonnant*, qui se rassemble au-dessus de la surface du liquide :

$$(50) \qquad E = E_a + \frac{10^{-7}cTR}{6} \log p;$$

c désigne l'équivalent électrochimique, R la constante des gaz pour l'hydrogène, E_a la valeur de E pour $p = 1^{atm}$. HELMHOLTZ donne la valeur $E_a = 1^v,6647$. SOKOLOW a conclu de ses nombreuses expériences que E_a n'est pas une grandeur constante dans la formule (50), mais dépend de la pression ; il a obtenu, pour le cas d'une pression très faible, la valeur $E_a = 0^v,745$ et pense que des valeurs encore plus petites sont possibles.

Les recherches de STREINTZ, DOLEZALECK, FÖRSTER, etc. sur l'*accumulateur au plomb* (ordinaire) se rattachent étroitement aux travaux théoriques d'HELMHOLTZ.

STREINTZ a étudié les accumulateurs du système TUDOR et a montré que E croît en même temps que la *concentration* de la solution d'acide sulfurique. Pour une concentration $c = 86^{gr},3$ par litre, on a $E = 1^v,900$; pour $c = 684^{gr},2$, E atteint $2^v,235$. Il a en outre cherché comment la grandeur E dépend de la température t. Il a trouvé que $dE : dt$ dépend de la concentration de la solution, et par suite aussi de E. Pour $E = 1^v,9223$, on a $dE : dt = 140.10^{-6}$; quand E croît jusqu'à $2^v,0031$, $dE : dt$ croît jusqu'à 335.10^{-6} ; ensuite $dE : dt$ diminue jusqu'à 73.10^{-6} pour $E = 2^v,2070$. Enfin STREINTZ a encore vérifié, pour l'accumulateur, la formule (43) d'HELMHOLTZ, en se servant, comme JAHN, du calorimètre à glace ; mais il disposait d'une manière tout autre les parties de son appareil. Il a reconnu que la formule d'HELMHOLTZ représente très bien les résultats d'observation ; ceux-ci ont donné $E > q$.

DOLEZALEK a déterminé théoriquement par deux méthodes la dépendance entre E et la concentration. Considérons deux accumulateurs et supposons que pour une molécule-gramme d'acide on ait n_1^{gr} d'eau dans l'un et n_2^{gr} dans l'autre. Si on les réunit par les pôles de même nom, on obtient un courant, qui produit une augmentation de la concentration dans l'un des accumulateurs, une diminution dans l'autre. On peut rétablir l'état primitif par une distillation isothermique. En calculant le travail nécessaire à cet effet, on détermine la différence ΔE des forces électromotrices des deux accumulateurs. Soient p_1, p_2 et p les tensions de la *vapeur d'eau* au-dessus des solutions n_1, n_2 et n ; on a alors :

$$(51) \quad \Delta E = 0,110.10^{-4}T \left\{ n_2 \log p_2 - n_1 \log p_1 + 18 \log \frac{p_2}{p_1} - \int_{n_1}^{n_2} \log p dn \right\};$$

une seconde méthode de calcul s'appuie sur la formule (43), qui a ici la forme suivante

$$(52) \qquad \Delta E = q + T \frac{\partial \Delta E}{\partial t},$$

où q est calculé d'après l'*effet calorifique* dans la variation de concentration, et le dernier terme d'après la dépendance trouvée par STREINTZ entre la grandeur E et la concentration. Les formules (51) et (52) ont donné des résultats qui concordent pleinement entre eux et avec les observations.

La théorie des éléments hydroélectriques proposée par NERNST a un tout autre caractère que celles que nous avons considérées jusqu'ici. Les fondements de cette théorie, ainsi que les formules auxquelles elle conduit dans les différents cas, ont déjà été exposés en détail aux pages 214 à 224. Nous nous bornerons à rappeler les formules (40), (43), (44), (45) et (46) que nous avons données alors. PLANCK a généralisé la théorie de NERNST ; JOHNSON (1904) l'a encore plus développée.

Nous avons obtenu, pour l'*élément de concentration*, la formule (44), page 222. Cependant nous venons d'indiquer une autre formule (49), donnée par HELMHOLTZ pour le même élément. On trouve que, pour les solutions *diluées*, les deux formules sont identiques. Toute une série d'objections ont été élevées contre la théorie de NERNST ; elles ont amené dans ces dernières années (depuis 1900) une controverse qui dure encore et à laquelle ont pris part ARRHENIUS, JAHN, NERNST, SAND, KAHLENBERG et d'autres encore. Cette controverse a pris naissance avec les doutes que l'on a commencé à avoir récemment sur l'exactitude de la théorie de la dissociation électrolytique (voir page 677). Nous ne nous arrêterons pas sur les autres applications qu'a reçues la théorie de NERNST, par exemple celles qu'on en a faites à l'élément de polarisation, à l'élément à gaz, etc.

BIBLIOGRAPHIE

1. — Introduction. Lois de l'électrolyse.

FARADAY. — (Lois de l'électrolyse). *Exper. Res. Ser.*, **3**, § 377 ; **7**, §§ 732, 783, 821, etc. ; édition allemande de KALISCHER, **1**, p. 177 et suiv.

BUFF. — *Ann. d. Chem. u. Pharm.*, **85**, p. 1, 1853 ; **96**, p. 257, 1855.

OSTWALD et NERNST. — *Phys. Chem.*, **3**, p. 120, 1889.

A. P. SOKOLOW. — *J. de la Soc. russe phys.-chim.*, **28**, p. 129, 1896.

RITTER. — *Gilb. Ann.*, **2**, p. 154, 1799.

RIESS. — *Reibungselektr.*, **2**, § 610 ; *Abhandl.*, **1**, p. 105 ; *Berl. Ber.*, 1860, p. 5 ; *P. A.*, **67**, p. 135, 1846 ; **69**, p. 31, 1849.

ANDREWS. — *Rep. Brit. Assoc.*, **2**, p. 46, 1855 ; *P. A.*, **99**, p. 493, 1856.

DAVY. — *Gilb. Ann.*, **28**, p. 158, 1808 ; *Phil. Trans.*, 1806.

ARMSTRONG. — *P. A.*, **60**, p. 354, 1843.

LORD RAYLEIGH. — *Phil. Trans.*, **2**, p. 458, 1884.

GRAY. — *Phil. Mag.*, (5), **22**, p. 389, 1886 ; **25**, p. 179, 1888.

SHAW. — *Phil. Mag.*, (6), **23**, p. 138, 1887.

MASCART. — *Journ. de Phys.*, (2), **1**, p. 109, 1882 ; **3**, p. 283, 1884.

F. et W. Kohlrausch. — *W. A.*, **27**, p. 1, 1886.
Lord Rayleigh et Mrs Sigdwick. — *Phil. Trans.*, **2**, p. 411, 1884.
Potier et Pellat. — *Journ. de Phys.*, (2), **9**, p. 381, 1890.
Patterson et Guthe. — *Phys. Rev.*, **7**, p. 251, 1898.
Kahle. — *Instr.*, **18**, p. 229, 1898; *W. A.*, **67**, p. 1, 1899.
Leduc. — *Rapp. prés. au Congr. internat. de Phys.*, **2**, p. 440, 1900.
Guthe. — *Phys. Ztschr.*, **1**, p. 235, 1900; *Ann. d. Phys.*, (4), **20**, p. 429, 1906; **21**, p. 913, 1906, *Phys. Rev.*, **22**, p. 117, 1906; *Bull. Bur. of Standards*, **2**, p. 33, 1906.
Richards et Heimrod. — *Phys. Chem.*, **41**, p. 302, 1902.
Pellat et Leduc. — *C. R.*, **136**, p. 1649, 1903.
Dijk et Kunst. — *Ann. d. Phys.*, (4), **14**, p. 569, 1904.
Dijk. — *Arch. Néerland.*, (2), **9**, p. 442; **10**, p. 277, 1905; *Ann. d. Phys.* (4), **19**, p. 249, 1906.
F. Kohlrausch. — *Ann. d. Phys.*, (4), **26**, p. 580, 1908.
Smith, Mather et Lowry. — *Phil. Trans. R. Soc.*, **207** *A*, p. 545, 1908; *Proc. R. Soc.*, **80**, p. 77, 1908; *Electrician*, **60**, p. 403, 1908.
Janet, Laporte et de la Gorce. — *Travaux du Labor. Central d'électricité*, Paris, 1908, p. 119; *Bull. de la Soc. internat. des Electriciens*, (2), **8**, p. 523, 1908.
Laporte et de la Gorce. — *Travaux du Labor. Central d'électricité*, Paris 1910; *Bull. de la Soc. internat. des Electriciens*, (2), **10**, p. 157, 1910; *Electrician*, **65**, p. 21, 1910; *C. R.*, **150**, p. 278, 1910.
Jäger et Steinwehr. — *Instr.*, **28**, pp. 327, 353, 1908.
Leduc. — *C. R.*, **134**, p. 237, 1902.
Janet. — *Journ. de Phys.*, (4), **8**, p. 551, 1909.
Smith et Mather. — *Proc. R. Soc.*, **80**, p. 77, 1908.
F. Kohlrausch et F. H. Weber. — *Annal. d. Phys.*, (4), **26**, p. 409, 1908; *Verh. d. d. phys. Ges.*, 1907, p. 681.
Lehfeldt. — *Phil. Mag.*, (6), **15**, p 614, 1908.
Bose et Conrat. — *Ztschr. f. Elektrochemie*, **14**, p. 86, 1908.
Eisenreich. — *Ztschr. f. phys. Chem.*, **76**, p. 643, 1911.

2 — Cas particuliers d'électrolyse.

E. Wiedemann. — *Pogg. Ann.*, **154**, p. 318, 1874.
Warburg. *W. A.*, **21**, p. 622, 1884.
Warburg et Tegetmeyer. — *W. A.*, **32**, p. 442. 1887; **35**, p. 455, 1888.
Tegetmeyer. — *Wied. Ann.*, **41**, p. 18, 1890.
Roberts-Austen. — *Engineering*, **55**, pp. 608, 630. 1891; **59**, p. 742, 1895.
Heydweiller et Kopfermann. — *Ann. d. Phys.*, (4), **32**, p. 739, 1910.
Le Blanc et Kirschbaum. — *Ztschr. f. phys. Chem.*, **72**, p. 468. 1910.
F. M. Exner. — *Verh. d. deutsch. phys. Ges.*, **3**, p. 26, 1901.
Saposchnikow. — *Jour. de la Soc. russe phys.-chim.*, **42**, p. 376, 1910; **43**, p. 423, 1911.
Jaffé. — *Annal. d. Phys.*, (4), **32**, p. 739, 1910.
Haber. — *Annal. d. Phys*, (4), **26**, p. 927, 1908.
Bose. — *Annal. d. Phys.*, (4), **9**, p. 164, 1902; *Gött. Nachr.*, 1902, p. 1.
Soret. — *P. A.*, **118**, p. 623, 1863.
Richarz. — *W. A.*, **24**, p. 183, 1885; **31**, p. 912, 1887.
Helfenstein. — *Inaug. Diss.*, Zürich, 1900.
Engelhardt. — *Die Elecktrolyse des Wassers*, Halle a/S., 1902.

BUNSEN. — *Lieb. Ann.*, **82**, p. 137, 1852; **94**, p. 107, 1855.
BOGORODSKI. — *Matériaux pour l'électrochimie des composés inorganiques à l'état dit pyro-liquide* (en russe). Partie I. Kazan, 1905.
R. LORENZ. — *Die Elektrolyse geschmolzener Salze*, 2ᵉ partie, Halle a/S., 1905.
OBACH. — *P. A., Ergbd.*, **7**, p. 280, 1876.
ELSÄSSER. — *W. A.*, **8**, p. 455, 1879.
JENKINS. — *Rep. R. Soc.*, 1891 (Cardiff), p. 613; *Chem. News*, **64**, p. 157.
DAVY. — *Phil. Trans.*, 1808, p. 1; *Gilb. Ann.*, **30**, p. 369, 1808; **31**, p. 113, 1809.
SEEBECK. — *Gilb. Ann.*, **28**, p. 367, 1808.
MOISSAN. — (Fl). *C. R.*, **102**, p. 1543, 1886; **103**, pp. 202, 256, 1886.
FÖRSTER et SEIDEL. — *Ztschr. f. anorg. Chem.*, **14**, p. 106, 1897.
HOULLEVIGUE. — *Journ. de Phys.*, (3), **6**, p. 246, 1897.
GEUTHER. — *Lieb. Ann.*, **109**, p. 129, 1859.
WARBURG. — *P. A.*, **135**, p. 114, 1868.
GEHRCKE. — *Verh. d. deutsch. phys. Ges.*, **5**, p. 263, 1903.
BEETZ. — *P. A.*, **127**, p. 45, 1886; *Ann. d. Phys.*, (4), **2**, p. 94, 1877.
LECHER. — *Wien. Ber.*, **107**, p. 740, 1898.
G. SCHULZE. — *Annal. d. Phys.*, (4), **21**, p. 929, 1906; **22**, p. 543, 1907; **23**, p. 226, 1907; **24**, p. 43, 1907; **25**, p. 775, 1908; **26**, p. 372, 1908; **28**, p. 787, 1909; **31**, p. 1053, 1910; **34**, p. 657, 1911; *Ztschr. f. Electrochemie*, 1908, p. 333.
PIERCE. — *Phys. Rev.*, **25**, p. 31, 1907; **28**, p. 153, 1909; **29**, p. 478, 1909.
ATHANASIADIS. — *C. R.*, **149**, p. 667, 1909; *Journ. de Phys.*, (4), **8**, p. 675, 1909.
FLOWERS. — *Phys. Rev.*, **29**, p. 445, 1909.
BOLTON. — *Ztschr. f. Elektrochemie*, **13**, p. 145, 1907.
TAYLOR. — *Annal. d. Phys.*, (4), **30**, p. 987, 1909.
CARMAN et BALES. — *Phys. Rev.*, **30**, p. 776, 1910.
WALTER. — *Journ. Inst. Electr. Engin.*, **43**, p. 547, 1909.
GRÄTZ. — *W. A.*, **62**, p. 323, 1897.
CAMPETTI. *Atti R. Acc. d. Sc. Torino*, **34**, p. 90, 1899; **36**, p. 251, 1901.
NORDEN. — *Ztschr. f. Elektrochem.*, **6**, pp. 159, 188, 1899.
LECHER. — *Wien. Ber.*, **107**, p. 739, 1898.
COOK. — *Phys. Rev.*, **18**, p. 23, 1904; **20**, p. 312, 1905.
CHARTERS. — *Journ. phys. Chem.*, **9**, p. 110, 1905.
BARTORELLI. — *N. Cim.*, (5), **1**, p. 112, 1901; *Phys. Ztschr.*, **2**, p. 469, 1901.
MAYERHOFER. — *Elektrotechn. Ztschr.*, **21**, pp. 913, 926, 1900.
HITTORF. — (Sels doubles). *P. A*, **89**, p. 1, 1853; **103**, p. 1. 1858; **106**, pp. 337, 513, 1859.
R. LENZ. — *Bull. de l'Acad. imp. de Saint-Pétersb.*, **30**, n° 9, p. 34, 1882.
KISTIAKOWSKI. — *Phys. Chem.*, **6**. p. 97, 1890.
BREDIG. — *Ztschr. f. Elektrochem.*, **6**, p. 33, 1899.
WALKER. — *Phys. Chem.*, **49**, p. 82. 1904; **51**, p. 706, 1905.
LUNDÈN. — *Phys. Chem.*, **54**, p. 532, 1906.
HITTORF. — (Mélanges) *P. A.*, **103**, p. 48, 1858.
LEHMANN. — *Phys. Chem.*, **4**, p. 525, 1889.
BUFF. — *Lieb. Ann.*, **105**, p. 156, 1858.
PAALZOW. — *P. A.*, **136**, p. 489, 1869.
ARRHENIUS. — *W. A.*, **30**, p. 51, 1887; *Ztschr. f. phys. Chem.*, **2**, p. 284, 1888.

Chassy. — *Ann. de chim. et phys.*, (6), **21**, p. 241, 1900 ; *Journ. de Phys.*, (2), **9**, p. 305, 1890.
Schrader. — *Ztschr. f. Elektroehem.*, **3**, p. 498, 1897.
Hoffgartner. — *Phys. Chem.*, **25**, p. 115, 1898 ; *Ztschr. f. Elektrochem.*, **4**, p. 445, 1898.
Wolf. — *Ztschr. f. phys. Chem.*, **40**, p. 222, 1902 ; *Ztschr. f. Elektrochem.*, **8**, p. 117, 1902.
Nernst et Riesenfeld. — *Gött. Nachr.*, 1901, p. 54.
Riesenfeld. — *Ztschr. f. Elektrochem.*, **7**, p. 645, 1901.
Bouty. — *C. R.*, **88**, p. 714, 1879.
Mills. — *Proc. R. Soc.*, **26**, p. 504, 1877.

3. — Conductibilité des électrolytes.

Kohlrausch et Holborn. — *Leitvermögen der Elektrolyte*, Leipzig, 1898.
Hankel. — *P. A.*, **69**, p. 263, 1846.
G. Wiedemann. — *P. A.*, **99**, pp. 177, 228, 1856.
Grotrian. — *P. A*, **157**, pp. 130, 237, 1876 ; **160**, p. 238, 1877 ; *W. A.*, **8**, p 529, 1879.
R. Lenz. — *Mém. de l'Acad. imp. de Saint-Pétersb.*, (7), **26**, n° 3, p. 51, 1878.
C. Stephan. — *W. A.*, **17**, p. 673, 1882.
E. Wiedemann. — *W. A.*, **20**, p 537, 1883.
Arrhenius. — *Phys. Chem.*, **9**, p. 487, 1892.
Bouty. — *C. R.*, **98**, p. 362, 1884 ; *Journ. de Phys.*, (2), **3**, p. 325, 1884 ; **6**, p. 14, 1887.
Gouré de Villemontée. — *Rapp. prés. au Congr. internat. de Physique*, **4**, p. 84. 1901.
Foussereau. — *Ann. de chim. et phys.*, (6), **5**, p. 359, 1885.
L. Poincaré. — *Ann. de chim. et phys.*, (6), **21**, p. 315, 1890.
Massoulier. — *C. R.*, **130**, p. 773, 1900 ; **143**, p. 218, 1906.
Dutoit et Duperthuis. — *Journ. de chim. phys.*, **6**, p. 726. 1908.
Chanoz. — *C. R.*, **148**, pp. 618, 986, 1909 ; **149**, p. 598, 1909.
Arndt. — *Ztschr. f. Elektrochemie*, **13**, pp. 510, 809, 1907.
H. C. Jones et divers collaborateurs. — *Amer. Chem. J.*, (4), **28**, p 329, 1902 ; **32**, p. 522, 1904 ; **34**, p. 481, 1905 ; **36**, p. 325, 1906 ; **41**, p. 433, 1909 ; **42**, p. 37, 1909 ; *Ztschr. f. phys. Chem.*, **56**, p. 129, 1906 ; **57**, pp. 193, 257, 1906 ; **61**, p. 641, 1908 ; **62**, p. 44, 1908 ; **69**, p. 404, 1909.
Walden. — *Ztschr. f. phys. Chem.*, **55**, p. 246, 1906 ; **73**, p. 257, 1910 ; **78**, p. 257, 1911.
Holland. — *W. A.*, **50**, p. 261, 1893.
Euler. — *W. A*, **63**, p. 273, 1898 ; *Phys. Chem.*, **25**, p. 536, 1898.
Grotrian. — (Frottement). *P. A.*, **157**, p. 130, 1876 ; **160**, p. 238, 1877 ; *W A.*, **8**, p. 529, 1879.
G. Wiedemann. — (Diffusion). *P. A.*, **104**, p. 170, 1858.
Long. — *W. A.*, **9**, p. 632, 1880.
R. Lenz. — (Diffusion). *Mém. de l'Acad. imp. de Saint-Pétersb.*, (7), **30**, 1882.
Beetz. — *P. A*, **117**, p. 1, 1862.
F. Kohlrausch. — *P. A.*, **159**, p. 260, 1876.
Arrhenius. — *Phys. Chem.*, **1**, p. 96, 1889.
Noyes et Coolidge. — *Phys. Chem.*, **46**, p. 323, 1903 ; *Amer. Chem. Soc.*, **26**, p 134, 1904.

F. Kohlrausch. — *Berl. Ber.*, 1900, p. 1002 ; 1901, p. 1026 ; 1902, p. 574 ; *Proc. R. Soc.*, **71**, p. 338, 1903.
Kohlrausch et Grüneisen. — *Berl. Ber.*, 1904, p. 1215.
Déguisne — *Diss.* Strasbourg, 1895.
Braun. — *P. A.*, **154**, p. 161, 1875.
W. Kohlrausch. — *W. A.*, **17**, p. 642, 1882.
Bouty et L. Poincaré. — *C. R.*, **107**, pp. 88, 332, 1888 ; *Ann. de chim. et phys.*, (6), **17**, p. 52, 1889.
L. Poincaré. — *C. R.*, **108**, p. 138, 1889 ; **109**, p. 174, 1889 ; *Journ. de Phys.*, (2), **9**, p. 473, 1890.
Grätz. — *W. A.*, **40**, p. 18, 1890.
Foussereau. — *C. R.*, **98**, p. 1326, 1884.
Paalzow. — *P. A.*, **136**, p. 489, 1869.
Bouchotte. — *C. R.*, **62**, p. 955, 1864.
Bender. — *W. A.*, **22**, p. 181, 1884 ; **31**, p. 872, 1887.
Chroustchtschow et Paschkow. — *C. R.*, **108**, p. 1162, 1889.
Klein. — *W. A.*, **27**, p. 151, 1886.
Bouty. — *C. R.*, **103**, p. 39, 1886 ; **104**, pp. 1699, 1839, 1887 ; *Ann. de chim. et phys.*, (6), **14**, p. 74, 1888.
F. Kohlrausch. — (Eau) *P. A. Ergbd.*, **8**, p. 1, 1878 ; *W. A.*, **24**, p. 48, 1885 ; **44**, p. 577, 1891.
Arrhenius. — *W. A.*, **30**, p. 51, 1887.
Magnus. — *W. A.*, **24**, p. 48, 1885.
Heydweiller. — *W. A.*, **53**, p. 209, 1894.
F. Kohlrausch et Heydweiller. — (Eau). *W. A.*, **53**, p. 209, 1894.
Gore. — *Proc. R. Soc.*, **159**, pp. 173, 256, 1869.
Bleckrode. — *W. A.*, **3**, p. 161, 1878.
Hittorf. — *W. A.*, **4**, p. 405, 1878.
Kabloukow. — *Théorie moderne des solutions* (en russe), Moscou, 1891 ; *Phys. Chem.*, **4**, p. 429, 1889 ; *Journ. de la Soc. russe phys.-chim.*, **23**, p. 391, 1891.
R. Lenz. — *Mém. de l'Acad. imp. de Saint-Pétersb.*, (7), **30**, n° 9, 1882.
Walden et Tsentnerschwer. — *Bull. de l'Acad. de Saint-Pétersb.*, 1901, Juin ; *Ztschr. f. anorg. Chem.*, **30**, p. 145, 1902 ; *Phys. Chem.*, **39**, p. 813, 1902.
Tsentnerschwer. — *Phys. Chem.*, **39**, p. 217, 1902.
Walden — *Ber. d. d. chem. Ges.*, **32**, p. 2862, 1899 ; *Ztschr. f. anorg. Chem.*, **25**, p. 209, 1900 ; **29**, p. 371, 1901 ; *Phys. Chem.*, **43**, p. 385, 1903 ; **46**, p. 163, 1903 ; **54**, p. 129, 1906 ; **55**, pp. 207, 281, 683, 1906 ; **58**, p. 497, 1907 ; **59**, pp. 192, 385, 1907 ; **60**, p. 87, 1907.
Lewis et Wheeler. — *Phys. Chem.*, **56**, p. 179, 1906.
Jones, Lindsay, Caroll, Bingham, Mc Master. — *Amer. Chem. J.*, **28**, p. 329, 1902 ; **32**, p. 321, 1904 ; **34**, p. 481, 1905 ; **36**, 1906 ; *Phys. Chem.*, **56**, p. 129, 1906 ; **57**, pp. 193, 257, 1906.
Plotnikow. — *J. de la Soc. russe phys.-chim.*, **34**, p. 466, 1902 ; **35**, p. 794, 1903 ; **36**, p. 1282, 1904 ; **37**, p. 318, 1905 ; **38**, p. 1096, 1906 ; *Phys. Chem.*, **48**, p. 220, 1904.
Steele, Mc Instosh et Archibald. — *Phil. Trans.*, **205**, pp. 98, 120, 138, 148, 1905 ; *Phys. Chem.*, **55**, p. 129, 1906.
Zélinski et Krapiwine. — *Phys. Chem.*, **21**, p. 35, 1896.
Franklin et Kraus. — *Amer. Chem. Journ.*, **23**, p. 277, 1900.
Carrara. — *Gaz. chim. ital.*, **26**, p. 119, 1896 ; **27**, p. 422, 1897.

HARTWIG. — *W. A.*, **33**, p. 58, 1888; **43**, p. 839, 1891; *Progr. Kreisrealschule*, Nürnberg, 1896.
DI CIOMMO. — *N. Cim.*, (5), **2**, p. 81, 1901.
VICENTINI. — *Mem. di Torino* (2), **36**, 1884.
FITZPATRICK. — *Rep. Brit. Ass.*, 1886; *Phil. Mag.*, (5), **24**, p. 377, 1887.
STEPHAN. — *W. A.*, **17**, p. 673, 1882.
E. WIEDEMANN. — *W. A.* **20**, p. 537, 1883.
LÜDEKING. — *W. A.*, **37**, p. 172, 1889.
ARRHENIUS. — *Öfvers. af k. Vetensk. Ak. Förhandl.*, 1885, p. 121.
NICHOLS et MERRITT. — *Phys. Rev.*, **19**, p. 415, 1904.
KISTIAKOWSKI. — *J. de la Soc. russe phys.-chim.*, **23**, p. 411, 1890.
KOHLRAUSCH et ROSE. — *Berl. Ber.*, 1893, p. 453; *W. A.*, **50**, p. 127, 1893; *Phys. Chem.*, **12**, p. 234, 1893.
HOLLEMANN. — *Phys. Chem.*, **12**, p. 125, 1893.
ERDMANN. — *Chem. Ber.*, **30**, p. 1175, 1897.
F. KOHLRAUSCH et DOLEZALEK. — *Berl. Ber.* 1901, p. 1018.
F. KOHLRAUSCH. — *Phys. Chem.*, **44**, p. 197, 1903.
BÖTTGER. — *Phys. Chem.*, **46**, p. 521, 1903.
GARDNER et GUÉRASIMOW. — *J. de la Soc. russe phys.-chim.*, **36**, *Sect. chim.*, p. 761, 1904.

4. — Théorie de l'électrolyse. Travaux antérieurs à F. Kohlrausch.

PAETZ VAN TROOSTWYK et DEIMANN. — *Jour. de Phys.*, **2**, p. 130, 1789.
RITTER. — *Gilb. Ann.*, **2**, p. 80, 1799.
NICHOLSON et CARLISLE. — *Nicholsons Journ.*, **4**, p. 179, 1800; *Gilb. Ann.*, **6**, p. 340, 1800.
DAVY. — *Phil. Trans.*, 1806; *Gilb. Ann.*, **28**, p. 158, 1808.
GROTTHUS. — *Phys.-chem. Forschungen*, 1820, p. 115; *Gehlers Journ.*, **5**, p. 816, 1808; *Ann. de chim. et phys.*, **58**, p. 64, 1806; **63**, p. 20, 1808.
BERZÉLIUS. — *Gilb. Ann.*, **27**, p. 270, 1807; **42**, p. 45, 1812.
FECHNER. — *P. A.*, **44**, p. 39, 1838.
DE LA RIVE. — *Ann. de chimie*, **28**, p. 190, 1825; *Traité d'électr.*, **2**, p. 814, 1856.
AMPÈRE. — *Journ. de Phys.*, **93**, p. 450, 1821.
SCHÖNBEIN. — *Verhandl. d. Naturf. Ges. in Basel*, **1**, p. 32, 1857.
MAGNUS. — *P. A.*, **102**, p. 1, 1857; **104**, p. 567, 1858.
GMELIN. — *P. A.*, **44**, p. 30, 1838.
POUILLET. — *C. R.*, **20**, p. 1544, 1845.
DANIELL et MILLER. — *Phil. Trans.*, **1**, p. 4, 1844; *P. A.*, **64**, p. 18, 1845.
DANIELL. — *Phil. Trans.*, **1**, p. 103, 1839; *P. A. Ergbd.*, **1**, p. 565, 1842.
G. WIEDEMANN. — *P. A.*, **99**, p. 177, 1856.
KIRMIS. — *W. A.*, **4**, p. 503, 1878.
HITTORF. — *P. A.*, **89**, p. 177, 1853; **98**, p. 1, 1856; **103**, pp. 1, 466, 1858; **106**, pp. 337, 513, 1859.
MC BAIN. — *Ztschr. f. Elektrochem.*, **11**, p. 961, 1905.
JAHN. — *Phys. Chem.*, **58**, p. 641, 1907.
LÖB et NERNST. — *Phys. Chem.*, **2**, p. 962, 1888.
BEIN. — *W. A.*, **46**, p. 29, 1892; *Diss.*, Berlin, 1892.

5. — Théorie de l'électrolyse. Travaux de F. Kohlrausch.

F. KOHLRAUSCH. — *Gött. Nachr.*, 1876, p. 213.

F. Kohlrausch. — (Mobilités). *Berl. Ber.*, 1901, p. 1026 ; 1902, p. 572 ; *Ztschr. f. Elektrochemie*, **13**, pp. 333, 645, 1907 ; 14, p. 129, 1908.
Heydweiller. — *Annal. d. Phys.*, (4), **30**, p. 873, 1909.
Noyes et Sammet. — *Amer. Chem. Soc.*, **24**, p. 944, 1902 ; *Phys. Chem.*, 43, p. 49, 1903.
Bredig. — *Phys. Chem.*, **13**, p. 191, 1894.
Kohlrausch et Steinwehr. — *Berl. Ber.*, 1902, p. 581.
G. Wiedemann. — *P. A.*, **99**, p. 177, 1856 ; **104**, p. 162, 1858.
Fitzpatrick. — *Rep. of. Brit. Assoc.*, 1893.
Weiske. — *P. A.*, **103**, p. 466, 1858.
Bourgoin. — *Ann. de chim. et phys.*, (4), **15**, p. 18, 1868.
Kuschel. — *W. A.*, **13**, p. 289, 1881.
Lussana. — *Atti Ist. Venet.* (7), **3**, p. 1144, 1892.
R. Lenz. — *Mém. de l'Acad. imp. de St-Pétersb.* (7), **30**, p. 64, 1882.
Ostwald. — *Phys. Chem.*, **1**, p. 75, 1887 ; **2**, p. 840, 1888.
Bredig. — *Phys. Chem.*, **13**, pp. 191, 289, 1894 ; *Diss.*, Leipzig, 1893.
Löb et Nernst. — *Phys. Chem.*, **2**, p. 962, 1888.
Kistiakowski. — *Phys. Chem.*, **6**, p. 104, 1890.
Kümmel. — *W. A.*, **64**, p. 655, 1898.
Jahn. — *Phys. Chem.*, **37**, p. 673, 1901.
Bogdan. — *Diss.*, Berlin, 1901.
Hittorf. — *Arch. Néerl.* (2), **6**, p. 671, 1901 ; *Phys. Chem.*, **39**, p. 613, 1902.
Hoppgartner. — *Phys. Chem.*, **25**, p. 119, 1898.

6. — Théorie de l'électrolyse. Clausius, Helmholtz et Arrhenius.

Clausius. — *P. A.*, **101**, p. 338, 1858.
Williamson. — *Lieb. Ann.*, **77**, p. 37, 1851.
Hittorf. — *P. A.*, **103**, p. 1, 1858 ; **106**, p. 513, 1859.
Helmholtz. — *W. A.*, **11**, p. 737, 1880 ; *Abhandl.*, **1**, p. 898.
Arrhenius. — *Phys. Chem.*, **1**, p. 631, 1887 ; **2**, p. 491, 1888 ; **4**, p. 96, 1889 ; **9**, p. 339, 1892 ; *Lum. électr.*, **35**, p. 401 ; **36**, p. 458 ; **37**, p. 513 ; **38**, p. 563 ; *Bihang till Svenska Vetensk. Handl.*, **8**, nos 13, 14, 1884.
Lodge. — *Rep. Brit. Assoc.*, 1885.
Van't Hoff et Reicher. — *Phys. Chem.*, **2**, p. 777, 1888 ; **3**, p. 198, 1889.
Abegg. — *Öfvers. Kgl. Sv. Ak. Förhandl.*, 1892, n° 10, p. 517.
Ostwald. — *Phys. Chem.*, **2**, p. 270, 1888 ; **3**, pp. 170, 241, 369, 1889.
Planck. — *W. A.*, **34**, p. 147, 1888.
Rudolphi. — *Phys. Chem.*, **17**, p. 385, 1895.
Barmwater. — *Phys. Chem.*, **28**, pp. 134, 428, 1899.
Storch. — *Phys. Chem.*, **19**, p. 13, 1896.
Bancroft. — *Phys. Chem.*, **31**, p. 188, 1899.
Jahn. — *Phys. Chem.*, **37**, p. 490, 1901 ; **41**, pp. 265, 288, 1902.
Tsentnerschwer. — *Phys. Chem.*, **39**, p. 217, 1902.
J. J. Thomson. — *Phil. Mag.*, (5), **36**, p. 320, 1893.
Nernst. — (Constante diélectrique). *Phys. Chem.*, **13**, p. 531, 1894.
Drude et Nernst. — *Phys. Chem.*, **15**, p. 79, 1894.
Timmermans. — *Chem. Centrabbl.*, **77**, II, p. 484, 1906.
Walden. — *Ztschr. f. phys. Chem.*, **46**, p. 175, 1903 ; **54**, pp. 179 ; 207, 1905 ; **55**, pp. 230, 683, 1906 ; **75**, p. 574, 1910 ; *Bull. de l'Ac. de St-Pétersb.*, (6), 1911, p. 1055 ; L'eau est-elle un électrolyte ? *Trans. Faraday Soc.*, **6**, 1910.

CARRARA et LEVI. — *N. Cim.* (4), **12**, p. 284, 1900 ; *Gaz. Chim.*, **30**, II, p. 197, 1900.
LODGE. — *Rep. Brit. Assoc. Birmingham*, 1886 ; *Beibl.*, **11**, p. 466, 1887.
WHETHAM. — *Proc. R. Soc.*, **52**, p. 284, 1892 ; **58**, p. 182, 1895 ; *Phys. Chem.*, **11**, p. 220, 1893 ; *Phil. Mag.* (5), **44**, p. 1, 1898.
NERNST. *Ztschr. f. Elektrochem.*, **3**, p. 308, 1897.
MASSON. — *Phil. Trans.*, 1899.
NOYES et BLANCHARD. — *Phys. Chem.*, **36**, p. 1, 1901.
ABEGG. — *Ztschr. f. Elektrochem.*, **7**, pp. 618, 1011, 1901 ; *Phys. Ztschr.* **13**, pp. 110, 124, 1901.
ABEGG et GAUSS. — *Phys. Chem.*, **40**, p. 737, 1902
STEELE. — *Proc. R. Soc.*, **68**, p. 358, 1901 ; *Ztschr. f. Elektrochem.*, **7**, p. 729, 1901 ; *Phys. Chem.*, **40**, p. 689, 1902 ; *Trans. Chem. Soc.*, **79**, p. 414, 1901.
DENISON et STEELE. — *Proc. R. Soc.*, **76**, p. 556, 1905 ; *Phys. Chem.*, **57**, p. 110, 1907.
DENISON. — *Phys. Chem.*, **44**, p. 575, 1903.
KAHLENBERG. — *Phil. Mag.*, (6), **9**, p. 349, 1905.
BRILLOUIN. — *Ann. de chim. et phys.*, (8), **7**, p. 289, 1906.
MALMSTRÖM. — *Ann. de phys.*, (4), **18**, p. 413, 1905.
PLANCK. — *Phys. Chem.*, **41**, p. 212, 1902.
DURRANT. — *Proc. R. Soc.*, **78**, p. 342, 1907.

7. — Polarisation électrolytique.

GAUTHEROT. — Voir SUE, *Hist. du Galvanisme*, **1**, p. 204 ; *Vogts Neues Magazin*, **4**, p. 832, 1802.
RITTER. — *Vogts Neues Magazin*, **6**, p. 104, 1803.
MARIANINI. — *Ann. de chim. et phys.*, **36**, p. 113, 1826 ; *Schweiggers Journ.*, **49**, p. 30, 1827.
DE LA RIVE. — *Ann. de chim. et phys.*, **27**, p. 190, 1825 ; **37**, p. 225, 1828 ; *Pogg. Ann.*, **10**, p. 190, 1827 ; **15**, p. 122, 1829 ; *Bibl. Univers.*, **35**, p. 92, 1826.
MATTEUCCI. — *Ann. de chim. et phys.*, **63**, p. 256, 1836 ; **66**, p. 277, 1837.
POGGENDORFF. — *P. A.*, **61**, p. 586, 1844 (Balance) ; **52**, p. 497, 1841.
J. MÜLLER. — *Fortschr. d. Phys.*, 1849, p. 356.
BOHN. — *Instr.*, **7**, p. 301, 1887.
FECHNER. — *Massbestimmungen*, 1831, p. 34.
E. LENZ. — *P. A.*, **59**, pp. 203, 407, 1843.
FUCHS. — *P. A.*, **156**, p. 158, 1875.
F. E. NEUMANN. — Voir WILD, Zürich, *Vierteljahrsschrift*, **2**, p. 213, 1857.
FÖPPL. — *W. A.*, **27**, p. 189, 1886.
PIRANI. — *W. A.*, **21**, p. 73, 1873.
CROVA. — *Ann. de chim. et phys.*, (3), **68**, p. 413, 1863.
F. EXNER. — *W. A.*, **5**, p. 338, 1878 ; **6**, p. 388, 1879.
BUFF. — *P. A.*, **130**, p. 342, 1867.
RAOULT. — *Ann. de chim. et phys.*, (4), **2**, p. 365, 1864.
POGGENDORFF. — *P. A.*, **73**, p. 301, 1848.
FROMME. — *W. A.*, **12**, p. 399, 1879 ; **29**, p. 497, 1886 ; **30**, pp. 77, 320, 503, 1887.
SAWINOW. — *Journ. de la Soc. russe phys.-chim.*, **23**, p. 474, 1891.
STREINTZ. — *W. A.*, **13**, p. 659, 1881 ; **32**, p. 125, 1887 ; **33**, p. 465, 1888 ; **34**, p. 751, 1888.

Koch et Wüllner. — *W. A.*, **45**, p. 475, 1892.
Tafel. — *Phys. Chem.*, **50**, p. 641, 1905.
Beetz. — *W. A.*, **10**, p. 348, 1880 ; **12**, p. 290, 1881.
F. Kohlrausch. — *P. A.*, **148**, p. 143, 1873.
Bartoli. — *N. Cim.*, **7**, p. 234, 1880.
Edlund. — *P. A.*, **85**, p. 209, 1852.
Bernstein. — *P. A.*, **155**, p. 177, 1875.
Macaluso. — *Math.-phys. Ber. d. K. Sächs. Ges. d. Wiss.*, 1873, p. 306.
Helmholtz. — *W. A.*, **11**, p. 737, 1880 ; *Berl. Ber.*, 11 Mars 1880.
Bouty. — *Journ. de Phys.*, (1), **8**, p. 289, 1879 ; **10**, p. 241, 1881 ; (2), **1**, p. 346, 1882.
Poggendorff. — (Température). *P. A.*, **61**, p. 619, 1884 ; **70**, p. 198, 1847.
Beetz. — (Température). *P. A.*, **79**, p. 103, 1850 ; (autres gaz), *P. A.*, **90**, p. 42, 1853.
E. Lenz et Sawélieff. — *P. A.*, **67**, p. 493, 1846.
Raoult. — *Ann. de chim. et phys.*, (4), **2**, p. 370, 1864.
Le Blanc. — *Phys. Chem.*, **8**, p. 299, 1891 ; **12**, p. 333, 1892.
Nernst. — *Berl. Ber.*, **30**, p. 1547, 1897.
Glaser. — *Ztschr. f. Elektrochem.*, **4**, p. 355, 1898.
Bose. — *Ztschr. f. Elektrochem.*, **5**, p. 153, 1898.
Colley. — *W. A.*, **7**, p. 206, 1879.
Blondlot. — *C. R.*, **89**, p. 148, 1879 ; *Journ. de Phys.*, (1), **10**, pp. 277, 333, 1881. *Thèse de doctorat* n° 460, Paris, 1881.
Oberbeck. — *W. A.*, **19**, p. 215, 1883.
Lietzau. — *W. A.*, **55**, p. 338, 1895.
Bouty. — *C. R.*, **116**, pp. 628, 691, 1893 ; **118**, p. 918, 1894 ; *Journ. de Phys.*, (3), **3**, p. 498, 1894 ; *Ann. de chim. et phys.*, (7), **3**, p. 145, 1894.
F. Kohlrausch. — *P. A.*, **148**, p. 143, 1873 ; *Jubelbd.*, p. 296, 1874.
M. Wien. — *W. A.*, **58**, p. 37, 1896.
Gordan. — *W. A.*, **61**, p. 1, 1897.
Sokolow. — *J. de la Soc. russe phys.-chim*, **19**, p. 191, 1887 ; **28**, p. 129, 1896.
Krüger. — *Diss.* Göttingen, 1903.
Colin. — *C. R*, **117**, p. 459, 1894.
Wiedeburg. — *W. A.*, **51**, p. 302, 1894.
Helmholtz. — *P. A.*, **150**, p. 486, 1873 ; *W. A.*, **2**, p. 737, 1880 ; **34**, p. 737, 1888 ; *Berl. Ber.*, 1873, pp. 559, 587 ; 1883, p. 647 ; *Proc. R. Soc. Edinb.*, 1880-1881, p. 202.
Witkowski. — *W. A.*, **11**, p. 759, 1880.
Ostwald. — *Allgem. Chem.*, II, **1**, p. 975, 1893.
Nernst. — *Theoret. Chem.*, 1900, p. 681.
Salomon. — *Phys. Chem.*, **24**, p. 55, 1897.
Rothé. — *Ann. de chim. et phys.*, (8), **1**, pp. 215, 289, 433, 1904 ; *Jour. de Phys.*, (4), **3**, p. 661, 1904 ; *Thèse de doctorat*, Paris, 1904.
Hittorf. — *Phys. Ztschr.*, **2**, p. 229, 1901 ; *Ztschr. f. Elektrochem.*, **6**, p. 6, 1899 ; **7**, p. 168, 1900 ; *Phys. Chem.*, **25**, p. 729, 1898 ; **30**, p. 481, 1899 ; **34**, p. 385, 1900.
Micheli. — *Arch. des sc. phys. et natur.*, (10), 1900.
Finkelstein. — *Phys. Chem.*, **39**, p. 91, 1901.
Fredenhagen. — *Phys. Chem.*, **43**, p. 1, 1903 ; *Ztschr. f. Elektrochem.*, **11**, p. 857, 1905.

OSTWALD. — (*Passivité*). *Phys. Ztschr.*, **1**, p. 87, 1899; *Abhandl. d. math.-phys. Klasse d. K. Sächs. Ges. d. Wiss.*, **25**, p. 221, 1899; **26**, p. 27, 1900.
MUTHMANN et FRAUNBERGER. — *Münch. Ber.*, 1904, p. 201.
W. MÜLLER. — *Phys. Chem.*, **48**, p. 577, 1904; *Ztschr. f. Elektrochem.*, **10**, p. 518, 1904; **11**, p. 823, 1905.
HABER et GOLDSCHMIDT. — *Ztschr. f. Elektrochem.*, **12**, p. 49, 1906.
GORDON et CLARK. — *Ztschr. f. Elektrochem.*, **12**, p. 769, 1906.
W. MÜLLER et KÖNIGSBERGER. — *Phys. Ztschr.*, **5**, pp. 413, 797, 1904; **6**, pp. 847, 849, 1905; **7**, p. 796, 1906; *Verh. d. d. phys. Ges.*, 1906, p. 545.
HOLLIS. — *Cambr. Proc.*, **12**, p. 452, 1904.
FREDENHAGEN. — *Ztschr. f. phys. Chem.*, **63**, p. 1, 1908.
RUER. — *Ztschr. f. Elektrochemie*, **14**, p. 309, 1908.
SACKUR. — *Ztschr. f. Elektrochemie*, **14**, p. 607, 1908.
BYERS. — *J. Amer. Chem. Soc.*, **30**, p. 1718, 1908.
MÜLLER et KÖNIGSBERGER. — *Ztschr. f. Elecktrochemie*, **15**, p. 742, 1909.
ALVARES. — *Ztschr. f. Elektrochemie*, **15**, p. 142, 1909.
KISTIAKOWSKY. — *Ztschr. f. Elektrochemie*, **15**, p. 268, 1909; *Ztschr. f. phys. Chemie*, **70**, p. 206, 1909; *J. de la Soc. russe phys.-chim., Sect. chim.*, 1908, p. 1782; *Diss. St-Pétersb.*, 1910.
KRASSA. — *Ztschr. f. Elektrochem.*, **15**, p. 490, 1909.
MANCHOT. — *Chem. Ber.*, **42**, p. 3942, 1909.
FLADE. — *Ztschr. f. phys. Chem.*, **76**, p. 513, 1911.
GRAVE. — *Jahrb. d. Radioaktivität*, **8**, pp. 91, 174, 1911; *Ztschr. f. phys. Chem.*, **77**, p. 513, 1911.
LE BLANC. — *Boltzmann-Festschrift*, p. 183, 1904.

8. — Eléments hydroélectriques. Eléments normaux.

DANIELL. — *Phil. Trans.*, **1**, p. 117, 1836; *P. A.*, **42**, p. 272, 1837.
MEIDINGER. — *P. A.*, **108**, p. 602, 1859.
CALLAUD. — *Cosmos*, **19**, 1861; **20**, 1862.
SIEMENS et HALSKE. — *P. A.*, **108**, p. 608, 1859.
BUFF. — *Lieb. Ann.*, **85**, p. 4, 1853.
VARLEY. — *Jour. Tel. Soc.*, **10**, p. 452, 1882.
LECLANCHÉ. — *C. R.*, **83**, p. 54, 1876; **87**, p. 329, 1878; *Les Mondes*, **16**, p. 532, 1868; *Dingl. Journ.*, **186**, p. 270, 1867; **188**, p. 96, 1868.
DE LALANDE. — *C. R.*, **97**, p. 164, 1883; **112**, p. 1243, 1891.
WARREN DE LA RUE et MÜLLER. — *C. R.*, **77**, p. 794, 1868; **81**, pp. 686, 746, 1875; *P. A.*, **135**, p. 496, 1868; **157**, p. 290, 1876.
GROVE. — *Phil. Mag.*, (3), **15**, p. 287, 1839; *P. A.*, **48**, p. 300, 1839; **49**, p. 511, 1840; *C. R.*, **8**, p. 567, 1839.
POGGENDORFF. — *P. A.*, **54**, p. 425, 1840; **134**, p. 478, 1868.
BUNSEN. — *P. A.*, **54**, p. 417, 1841; **55**, p. 265, 1842; *Lieb. Ann.*, **38**, p. 311, 1841.
WARREN. — *Chem. News*, **71**, p. 2, 1895.
TOMMASI. — *Eclairage électr.*, **41**, *Supplém.*, p. XC, 1904.
BECHTEREW. — *Ztschr. f. Elektrochemie*, **17**, p. 851, 1911; *Journal (Iswestija) du Polytechnicum de St-Pétersb.*, **15**, p. 443, 1911.
NERNST. — *Ztschr. f. Elektrochem.*, **11**, p. 835, 1905.
LEWIS. — *Phys. Chem.*, **55**, p. 465, 1906.
JONE. — *Eclairage électr.*, **43**, p. 395, 1905.

A. Becquerel. — *Traité d'électricité et de magnétisme*, 1855.
Jäger. — *Die Normalelemente*, Halle, 1902.
Gouy. — *Rapports prés. au Congr. internat. de Phys.*, **2**, p. 422, Paris, 1900.
Raoult. — *Ann. de chim. et phys.*, (4), **2**, p. 345, 1864.
Kittler. — *W. A.*, **17**, p. 890, 1882.
Lodge. — *Phil. Mag.*, (5), **5**, p. 1, 1878.
Crova et Garbe. — *Journ. de Phys.*, (2), **3**, p. 299, 1884.
Fleming. — *Phil. Mag.*, (5), **26**, p. 120, 1888 ; *Zentralbl. f. Elektrotechn.*, **8**, p. 711, 1886 ; **10**, p. 684, 1888.
Helmholtz. — *Berl. Ber.*, 1882, p. 834.
Negbauer. — *W. A.*, **44**, p 767, 1891.
Ostwald. — *Phys. Chem.*, **1**, p. 403, 1887.
Richards. — *Phys. Chem.*, **24**, p. 39, 1897.
Schoop. — *Die Primärelemente*, Halle, 1895.
Gouy. — *C. R.*, **104**, p. 781, 1887 ; *Journ. de Phys.*, (2), **7**, p. 532, 1888 ; *Phys. Chem.*, **2**, p. 978, 1888.
Mauri. — *Atti d. R. Ist. Lomb. di Scienze* (2), **30**, 1897 ; *N. Cim.*, (4), **7**, p. 197, 1898.
Latimer Clark. — *Proc. R. Soc.*, **20**, p. 144, 1872 ; *Phil. Trans.*, **164**, p. 1, 1874 ; *J. of the Soc. of Telegr. Engin.*, **7**, p. 53, 1878.
Lord Rayleigh. — *Phil. Trans.*, **175**, p. 412, 1884 ; **176**, p. 781, 1885 ; *Electrician*, **24**, p. 295, 1890.
Kahle. — *W. A.*, **51**, pp. 174, 203, 1894 ; **59**, p. 532, 1896 ; **64**, p. 92, 1898 ; **67**, p. 1, 1899 ; *Instr.*, **12**, p. 117, 1892 ; **13**, pp. 191, 293, 1893 ; **18**, p. 230, 1898.
Feussner. — *Samml. elektrotechn. Vorträge* (Voit), **1**, *Heft* 3, p. 135, 1897.
Carhart. — *The Electro-Chimist and Metallurgist*, **1**, p. 37, 1901 ; *Phil. Mag.*, (5), **28**, p. 420, 1889.
Callendar et Barnes. — *Electrician*, **39**, p. 638, 1897 ; *Proc. R. Soc.*, **62**, p. 117, 1897.
Barnes. — *Phys. Rev.*, **10**, p. 268, 1900 ; *Phys. Ztschr.*, **2**, p. 52, 1900.
Jäger et Kahle. — (Clark et Weston). *W. A.*, **65**, p. 926, 1898.
Jäger et Lindeck. — (Clark) *Ann. d. Phys.*, (4), **5**, p. 1, 1901.
Perot et Fabry. — *Ann. de chim. et de phys.*, (7), **13**, 1898.
Lindeck. — (Clark). *Instr.*, **12**, p. 12, 1892.
Jäger. — (Clark). *W. A* , **63**, p. 354, 1897.
Marek. — (Clark et Weston). *Ann. d. Phys.*, (4), **1**, p. 617, 1900.
M. Iwanow. — (Clark). *Ann. du bur. principal des poids et mesures* (en russe), **5**, p. 36, 1900
Hulett. — *Phys. Rev.*, **22**, p. 321, 1906 ; **23**, p. 166, 1906 ; **25**, p. 16, 1907.
Guthe et v. Ende. — *Phys. Rev.*, **24**, p 214, 1907.
Alder Wright. — (Clark). *Phil. Mag.*, (5) **16**, p. 25, 1883.
Glazebrook et Skinner. — *Phil. Trans.*, **183**, p. 567, 1892.
Wulf. — *Wien. Ber.*, **106**, p. 562, 1897.
Ayrton et Cooper. — *Proc. R. Soc.*, **59**, p. 368, 1896.
Luther. — *Ztschr. f. Elektrochem.*, **8**, p. 493, 1902
Weston. — *Electrician*, **30**, p. 741, 1892 ; **31**, p. 645, 1893 ; *Elektrotechn. Ztschr.*, **13**, p. 235, 1892.
Dearlove. — *Electrician*, **31**, p. 645, 1893.
Jäger — *Elektrotechn. Ztschr.*, **18**, p. 647, 1897 ; *Ann. d. Phys.*, (4), 1901, p. 123 ; *Instr.*, **20**, p. 317, 1900.

Jäger et Wachsmuth. — *Elektrotechn. Ztschr.*, **15**, p. 507, 1894; *W. A.*, **59**, p. 575, 1896.
Kohnstamm et Cohen. — *W. A.*, **65**, p. 344, 1898.
Taylor. — *Phys. Rev.*, **7**, p. 149, 1898.
Blondin. — *Eclair. électr.*, **20**, pp. 98, 239, 1899.
Henderson. — *Phil. Mag.*, **48**, p. 152, 1899.
Cohen. — *Ann. d. Phys.*, (4), **2**, p. 863, 1900; *Phys. Chem.*, **34**, p. 621, 1901; *Kgl. Akad. v. Wet.*, Amsterdam, 24 novembre 1900.
Barnes. — *Phys. Rev.*, **10**, p. 268, 1900.
Wind. — *Kgl. Akad. v. Wet.*, Amsterdam, 1901, p. 595.
Jäger et Lindeck. — *Ann. d. Phys.*, (4), **3**, p. 366, 1900; **5**, p. 1, 1901; *Phys. Chem.*, **35**, p. 98, 1900; **37**, p. 641, 1901; *Instr.*, **21**, pp. 33, 65, 1901.
Czapski. — *W. A.*, **21**, p. 235, 1884.
Klemenčič. — *Ann. d. Phys.*, (4), **2**, p. 848, 1900.
Carhart, Hamilton, Rosa, Sharp, Arnold. (Commission). — *Chem. News*, **90**, p. 225, 1904; *Verh. d. internat. Konferenz über elektr. Masseinheiten*, Berlin, 1906.
Barnes et Lucas. — *Journ. Phys. Chem.*, **8**, p. 196, 1904.
Carhart. — *Phys. Rev.*, **26**, p. 125, 1908.
Jouaust. — *C. R.*, **147**, p. 42, 1908.
Wolf et Waters. — *Bull. Bur. of Stand.*, **3**, p. 623, 1907; reprint **67, 70, 71**.
F.-E. Smyth. — *Proc. R. Soc.*, **80**, p. 75, 1907; *Phil. Mag.*, (6), **19**, p. 250, 1910; *Phil. Trans.*, **207**, p. 393, 1910.
Cohen. — *Ztschr. f. phys. Chem.*, **75**, p. 437, 1910; **76**, p. 75, 1910; *Phys. Ztschr.*, **11**, p. 852, 1910.
Baillehache. — *Arch. sc. phys. et natur.*, (4), **31**, p. 185, 1911.
Haga et Bornema. — *Amsterd. Proc.*, **13**, I, p. 587, 1910.

9. — Eléments photoélectriques. Accumulateurs.

E. Becquerel. — *C. R.*, **9**, pp. 145, 561, 1839; Thèse, 1840; *Ann. de phys. et chim.*, (3), **9**, p. 268, 1843; **32**, p. 176, 1851; **36**, p. 99, 1859; *Bibl. univ. de Genève*, **35**, p. 136, 1841; *La lumière*, **2**, p. 121, 1868.
N. Iégoroff. — *J. de la Soc. russe phys.-chim.*, **9**, pp. 33, 143, 1878; *J. de Phys.*, (1), **5**, p. 283, 1876.
I. Borgmann. — *J. de la Soc. russe phys.-chim.*, **14**, p. 258, 1883.
Minchin. — *Phil. Mag.*, (5), **31**, p. 207, 1891.
G.-C. Schmidt. — *W. A.*, **67**, p. 563, 1899.
Pellat. — *C. R.*, **89**, p. 227, 1879.
Chaperon et Mercadier. — *C. R.*, **106**, p. 1595, 1888.
Gouy et Rigollot. — *C. R.*, **106**, p. 1470, 1888.
Hankel. — *W. A.*, **1**, p. 402, 1877; *Ber. d. K. Sächs. Ges.*, **27**, p. 399, 1875.
Rigollot. — *J. de Phys.*, (3), **6**, p. 520, 1897.
Allegretti. — *Phys. Ztschr.*, **2**, p. 317, 1901; *Nuov. Cim.*, (5), **1**, p. 189, 1901.
Bose et Kochan. — *Phys. Chem.*, **38**, p. 18, 1901.
Kochan. — *Diss.*, Breslau, 1902; *Ztschr. f. Elektrochem.*, **9**, pp. 33, 61, 97, 1903; *Jahrb. f. Radoakt. u. Elektronik*, **2**, p. 186, 1905 (Compte rendu).
Sabine. — *Nature* (en anglais), **17**, p. 172, 1878; *Phil. Mag.*, (6), **5**, p. 401, 1879.
Pélabon. — *C. R.*, **151**, p. 641, 1910.
Griveaux. — *C. R.*, **107**, p. 837, 1888.
Luggin. — *Phys. Chem.*, **23**, p. 577, 1897.
Wildermann. — *Phys. Chem.*, **52**, p. 208, 1905; **59**, pp. 533, 703, 1907; **60**, p. 70, 1907; *Proc. R. Soc.*, **74**, p. 369, 1905; **77**, p. 274, 1906.

PLANTÉ. — *Recherches sur l'électricité*, Paris, 1883.

TAMINE. — *Recherches théor. et prat. sur les accumulateurs*, Mons, 1885.

SACK. — *Die Akkumulatoren*, Wien, 1892.

JUMEAU. — Etat actuel de l'industrie des accumulateurs, dans l'*Etat actuel des industries électriques*, Paris, Gauthier-Villars, 1906, pp. 93-140.

HOPPE. — *Die Akkumulatoren für Elektrizität*, Berlin, 1892.

ELBS. — *Die Akkumulatoren*, Leipzig, 1893.

DOLEZALEK. — *Die Theorie des Bleiakkumulators*, Halle, 1901.

SCHOOP. — *Handbuch der elektr. Akkumulatoren*, Stuttgart, 1898.

ZACHARIAS. — *Die Akkumulatoren*, Iéna, 1901.

ZACHARIAS. — *Transportable Akkumalatoren*, Berlin, 1898.

PLANTÉ. — *C. R.*, **49**, p. 402, 1859 ; **50**, p. 640, 1860 ; **95**, p. 418, 1882 ; *Ann. de chim. et phys.*, (4), **15**, 1868 ; *P. A.*, **109**, p. 655, 1860.

CH. KIRCHHOFF. — Voir ZACHARIAS, *Die Akkumulatoren*, Iéna, 1901, pp. 7-10.

LIEBENOW. — *Ztschr. f. Elektrochem.*, **2**, p. 420, 1895/96.

LE BLANC. — *Lehrb. d. Elektrochem.*, 1re éd., p. 223, 1896 ; 2e édit., p. 251, 1900.

ELBS. — *Ztschr. f. Elektrochem.*, **6**, p. 46, 1899.

DOLEZALEK. — *W. A.*, **65**, p. 894, 1898 ; *Ztschr. f. Elektrochem.*, **4**, p. 349, 1898.

STREINTZ. — *W. A.*, **38**, p. 344, 1889 ; **43**, p. 241, 1891 ; **46**, p. 449, 1892 ; **49**, p. 564, 1893.

ZEDNER. — *Ztschr. f. Elektrochem.*, **11**, p. 809, 1905 ; **12**, p. 463, 1906.

10. — Théorie des éléments hydroélectriques.

E. BECQUEREL. — *Ann. de chim. et phys.*, (4), **9**, p. 21, 1843.

HELMHOLTZ. — *Erhaltung der Kraft*, 1847.

W. THOMSON. — *Phil. Mag.*, (4), **1**, p. 177, 1851 ; **2**, pp. 429, 551, 1881.

FAVRE. — *C. R.*, **36**, p. 342, 1853 ; **39**, p. 1212, 1854 ; **45**, p. 56, 1857 ; **46**, p. 658, 1858 ; **47**, p. 599, 1858 ; *Ann. de chim. et phys.*, (3), **40**, p. 293, 1854.

RAOULT. — *Ann. de chim. et phys.*, (4), **4**, p. 392, 1865.

EDLUND — *P. A.*, **137**, p. 481, 1869 ; **159**, p. 420, 1876 ; *W. A.*, **19**, p. 287, 1883.

BRAUN. — *W. A.*, **5**, p. 182, 1878 ; **16**, p. 561, 1882 ; **17**, p. 593, 1882 ; **33**, p. 337, 1888 ; *Berl. Ber.*, 1885, p. 291.

ALDER WRIGHT et C. THOMPSON. — *Phil. Mag.*, (5), **19**, pp. 1, 209, 1885.

HERROUN. — *Phil. Mag.*, (5), **27**, p. 209, 1889.

PAGLIANI. — *Atti di Torino*, **25**, p. 509, 1890.

CHAPERON. — *C. R.*, **92**, p. 786, 1881 ; *Bull. de la Soc. internat. des Electriciens*, **3**, p. 377, 1886.

MOSER. — *W. A.*, **14**, p. 62, 1881.

HELMHOLTZ. — *Berl. Ber.*, 1882, p. 825 ; 1883, p. 647.

GIBBS. — *Trans. Ac. Connecticut*, 1878 ; *Thermodynamische Studien*, trad. par OSTWALD, Leipzig, 1898, p. 388.

CZAPSKI. — *W. A.*, **21**, p. 209, 1884.

GOCKEL. — *W. A.*, **24**, p. 618, 1885 ; **33**, p. 10, 1888 ; **40**, p. 450, 1890.

JAHN. — *W. A.*, **28**, pp. 21, 491, 1886 ; **34**, p. 785, 1888.

BUGARSZKY. — *Ztschr. f. anorg. Chem.*, **14**, p. 145, 1897.

CHROUSCHTSCHOW et SITNIKOW. — *C. R.*, **108**, p. 937, 1889.

KLEIN. — *Phys. Chem.*, **26**, p. 361, 1901.

ZUPPINGER. — *Diss.*, Strasbourg, 1900.

CZEPINSKY. — *Ztschr. f. anorg. Chem.*, **19**, p. 208, 1889.

O.-H. Weber. — *Ztschr. f. anorg. Chem.*, **21**, p. 305, 1889.
Lovén. — *Phys. Chem.*, **20**, p. 456, 1896.
Gans. — *Ann. d. Phys.*, (4), **6**, p. 315, 1901.
Duhem. — *Potentiel thermodynamique*, Paris, 1886, p. 117.
Gilbaut. — *C. R.*, **113**, p. 465, 1891 ; *Lum. électr.*, **42**, p. 7 ; **43**, p. 174.
R. Ramsey. — *Phys. Rev.*, **13**, p. 1, 1901 ; *Phys. Ztschr.*, **3**, p. 177, 1902.
Colley. — *J. de la Soc. russe phys.-chim.*, **7**, p. 333, 1875 ; **8**, p. 182, 1876 ; *P. A.*, **157**, pp. 370, 624, 1876 ; *W. A.*, **16**, p. 39, 1882 ; *Phil. Mag.*, (5), **1**, p. 419, 1876 ; *Nature*, **17**, p. 282, 1878.
Pirani. — (Lettre à Maxwell). *Nature*, **17**, p. 180, 1878.
Descoudres. — *W. A.*, **57**, p. 232, 1896.
Helmholtz. — (Élément de concentration). *W. A.*, **3**, p. 201, 1878 ; *Berl. Ber.*, 1877 ; *Ges. Abh.*, **1**, p. 840.
Moser. — *W. A.*, **3**, p. 216, 1878 ; **14**, p. 62, 1881.
v. Türin. — *Phys. Chem.*, **5**, p. 340, 1890.
Richards et Forbes. — *Phys. Chem.*, **58**, p. 683, 1907.
Helmholtz. — (Polarisation). *Berl. Ber.*, 1883, p. 647 ; *Ges. Abh.*, **3**, p. 92.
Helmholtz. — (Deux éléments en opposition). *Berl. Ber.*, 1882. p. 825 ; *Ges. Abh.*, **2**, p. 981.
Sokolow. — *J. de la Soc. russe phys.-chim.*, **28**, p. 167, 1896.
Dolezalek. — *W. A.*, **65**, p. 894, 1898 ; *Ztschr. f. Elektrochem.*, **4**, p. 349, 1898.
Streintz. — *W. A.*, **38**, p. 344, 1889 ; **43**, p. 241, 1891 ; **46**, p. 449, 1892 ; **49**, p. 564, 1893.
Nernst. — *Phys. Chem.*, **2**, p. 613, 1888 ; **4**, p. 129, 1889 ; **36**, p. 596, 1901 ; **38**, p. 487, 1901.
Planck. — *W. A.*, **40**, p. 561, 1890 ; **44**, p. 385, 1891 ; *Phys. Chem.*, **41**, p. 212, 1902.
Johnson. — *Ann. d. Phys.*, (4), **14**, p. 995, 1904.
Arrhenius. — *Phys. Chem.*, **37**, p. 315, 1901.
Sand. — *Phys. Chem.*, **36**, p. 499, 1901.
Jahn. — *Phys. Chem.*, **35**, p. 1, 1900 ; **36**, p. 453, 1901 ; **37**, p. 490, 1901 ; **38**, p. 125, 1901 ; **41**, p. 257, 1902.
Kahlenberg. — *Journ. of phys. Chem.*, **5**, p. 339, 1901.

CHAPITRE VI

PHÉNOMÈNES THERMOÉLECTRIQUES A L'INTÉRIEUR D'UN CIRCUIT.

1. Introduction. — Nous avons énuméré dans le Livre I, Chap. II, pages 190 à 296, les sources du champ électrique, c'est-à-dire les phénomènes ou les opérations qui s'accompagnent de l'apparition de l'électrisation de corps quelconques. Après avoir étudié d'une manière approfondie trois de ces sources, l'induction électrostatique, le contact et le frottement, nous avons donné au § **15** du même Chapitre quelques indications sur les diverses autres sources d'électricité. Dans le Livre II, nous avons fait connaître le phénomène du champ magnétique constant, qui prend naissance avec une source d'électricité continue et un circuit fermé; nous avons considéré le courant électrique dû au contact ou à l'action chimique, et mentionné en outre, dans le Livre II, Chapitre IV, § **2**, page 609, ce qu'on appelle un courant capillaire, dont la source a été étudiée page 280.

Parmi les autres sources d'électricité, les suivantes peuvent aussi produire un courant électrique : l'induction électrostatique, le frottement, le champ magnétique variable (page 282) et la force thermoélectromotrice (page 271). C'est sur le frottement ou sur l'induction électrostatique que repose la construction des machines électriques (page 282), dont les conducteurs manifestent des différences de potentiel énormes, pouvant aller jusqu'à des centaines de milliers de volts. Ces machines fournissent un courant électrique ininterrompu, lorsqu'on réunit les conducteurs par une suite continue de substances conductrices. Cependant, on n'obtient ainsi qu'un courant extrêmement faible, mais qui possède toutes les propriétés appartenant au courant hydroélectrique : il est entouré d'un champ magnétique, produit l'électrolyse, etc. La différence entre une machine électrique et une batterie d'éléments consiste en ce que la première manifeste des *potentiels élevés* aux extrémités d'un circuit ouvert, mais donne un courant très faible, c'est-à-dire *met en circulation de très petites quantités d'électricité*, tandis que les piles fournissent de petits potentiels, mais de grandes quantités d'électricité. Lorsque, dans les deux cas, on est en présence d'un circuit fermé, on peut considérer la machine électrique comme une partie du circuit possédant une très grande résistance.

Les courants produits par un champ magnétique variable, dont l'intensité et la direction sont des fonctions du temps, seront étudiés dans le Tome V. Il ne nous reste donc ici à considérer que le courant produit par une *force thermoélectromotrice* (page 271) ; on l'appelle courant thermoélectrique. La production d'un tel courant se trouve étroitement liée à deux autres phénomènes : le *phénomène* Peltier, dont nous avons déjà eu l'occasion de parler (page 213) et l'*effet* Thomson, qui consiste dans une variation de la distribution de chaleur dans un conducteur non uniformément chauffé, lorsque ce conducteur est parcouru par un courant électrique. Au sens étroit du mot, on a l'habitude de n'appeler *thermoélectrique* que le phénomène où prend naissance un courant thermoélectrique. On peut néammoins comprendre, dans le Chapitre de la Thermoélectricité, les phénomènes Peltier et Thomson, si l'on envisage comme thermoélectriques tous les phénomènes dans le circuit, où il y a une relation entre l'électricité et la chaleur, à l'exception toutefois de la transformation de l'énergie électrique en énergie calorifique, que nous avons étudiée dans le Chapitre IV et qui obéit à la loi de Lenz-Joule.

Broniewski a rassemblé une bibliographie de la Thermoélectricité (1882-1909) dans la *Revue de Métallurgie* **7**, p. 360, 1910.

2. Courant thermoélectrique. Corps solides. — Nous avons déjà parlé du courant thermoélectrique dans le Tome II, lorsque nous avons indiqué les procédés employés pour l'étude des radiations infrarouges, et dans le Tome III, quand nous avons décrit les méthodes de mesure des températures, en particulier des températures élevées (pyromètres thermoélectriques). On trouvera un exposé historique des recherches sur les phénomènes thermoélectriques, dans les mémoires de Streit.

Considérons les phénomènes thermoélectriques qui se produisent dans un circuit fermé constitué uniquement par des métaux. Nous avons vu que, d'après la loi de Volta (page 200), la somme des forces électromotrices est nulle dans un circuit fermé constitué seulement par des conducteurs de la première classe, c'est-à-dire ne renfermant pas d'électrolytes. On a supposé toutefois que toutes les parties du circuit se trouvaient à la même température. Seebeck a découvert en 1823 que la loi de Volta cesse d'être vraie, quand les soudures, c'est-à-dire les endroits où sont unies les diverses parties du circuit, sont à des températures différentes. Prenons le cas très simple où le circuit ne comprend que *deux* métaux, par exemple une tige de bismuth *ab* (*fig.* 261) et un fil de cuivre *aedb*, soudés entre eux en *a* et *b*. Quand la température t_2 de la soudure *b* devient supérieure à la température t_1 de la soudure *a*, un courant se manifeste dans le circuit fermé, qui est dirigé *du bismuth vers le cuivre à travers la soudure à la température la plus élevée.* Nous appellerons *positif* (thermoélectriquement) le métal *vers lequel* se dirige le courant à travers la soudure *à la température la plus élevée* et *négatif* l'autre métal. Dans le système Bi — Cu, le cuivre est donc positif, le bismuth négatif. La grandeur de la force thermoélectromotrice E, qui agit dans un circuit formé de deux métaux, dépend de la nature de ces métaux, ainsi que des températures t_1 et t_2 de leurs soudures. Si A et B sont deux métaux, on peut écrire symboliquement

Fig. 261

$$(1) \qquad E = A\,(t_1^0)\,B\,(t_2^0)\,A,$$

ou plus simplement, lorsque les températures t_1 et t_2 sont données,

$$(2) \qquad E = (A, B),$$

A étant le métal positif, de sorte que $(A, B) = -(B, A)$.

Lorsque, dans la formule (1), on a $t_2 > t_1$ et que le courant traverse la soudure (t^0) en allant de B vers A, A est le métal positif, B le métal négatif. Pour comprendre comment E apparaît, il faut supposer que la force électromotrice $e = A \mid B$, voir (8), page 198, est une fonction de la température t. En posant

$$(3) \qquad e = A \mid B = f(t),$$

on a évidemment

(4) $$E(t_1, t_2) = e_2 - e_1 = f(t_2) - f(t_1).$$

Après SEEBECK, les phénomènes thermoélectriques ont été étudiés d'une manière approfondie par BECQUEREL, qui a trouvé notamment la loi suivante : pour deux métaux donnés, la grandeur E aux températures t_1 et t_2 des soudures est égale à la somme algèbrique des deux valeurs de E correspondant la première aux températures t_1 et t, la seconde aux températures t et t_2, t désignant une troisième température quelconque. On peut écrire symboliquement

$$E(t_1, t_2) = E(t_1, t) + E(t, t_2),$$

relation qui résulte immédiatement, comme on le voit, de la formule (4). Il faut évidemment, dans la sommation, faire attention aux signes des valeurs de E, c'est-à-dire au sens du courant.

Une combinaison de deux métaux ou d'autres corps (voir plus loin), qui donne un courant thermoélectrique, s'appelle un *élément* ou *couple thermoélectrique*, ou simplement un *thermoélément*.

Dans un circuit fermé, ne renfermant qu'*un* métal, on a $E = 0$, quelle que soit la distribution des températures le long du circuit. On trouve de même que dans un circuit constitué par deux métaux, E ne dépend que des températures t_1 et t_2 des soudures ; il ne dépend nullement de la distribution des températures dans les deux métaux. Ce fait a été indiqué par MAGNUS.

SEEBECK, en combinant les différents métaux, a trouvé qu'on peut les ranger en une série analogue à celle de VOLTA (page 200). *Quand on combine deux à deux les métaux de cette série, celui qui précède l'autre est toujours négatif, celui qui suit positif.* Après SEEBECK, des séries analogues ont été établies par BECQUEREL, HANKEL, W. THOMSON, ERHARD, BACHMÉTIEFF et d'autres encore. Ainsi, HANKEL donne la série : (—) Na, K, Bi, Ni, Co, Pd, Hg, Pt, Au, Cu, Sn, Al, Pb, Zn, Ag, Cd, Fe, Sb (+), et W. THOMSON la suivante : (—) Bi, Pt_1, Al, Sn, Pb, Pt_2, Cu, Pt_3, Zn, Ag, Cd, Fe (+), où Pt_1, Pt_2 et Pt_3 sont des sortes différentes de platine ; cette dernière série est valable pour des températures comprises entre 10° et 32°. La non-concordance des résultats auxquels sont arrivés les divers observateurs s'explique par ce fait que la position d'un métal dans la série change suivant les matières étrangères qu'il renferme et suivant son mode de fabrication. C'est en outre un autre fait très important que l'ordre de succession dépende aussi, comme nous le verrons plus tard, des températures t_1 et t_2 des soudures.

Quand on compare les valeurs de E pour différentes combinaisons de deux métaux, *en prenant aux soudures les mêmes températures t_1 et t_2*, on trouve une loi analogue à celle de VOLTA, qui s'exprime par la formule (15), page 202. Avec la notation symbolique (2), on a

(5) $$(A, B) + (B, C) = (A, C),$$

relation qui peut se déduire de la formule (4). On voit en effet que l'on a

$$(A, B) = A \mid B\,(t_2) - A \mid B\,(t_1),$$
$$(B, C) = B \mid C\,(t_2) - B \mid C\,(t_1);$$

lorsque les températures t_2 et t_1 sont *égales*, $A \mid B + B \mid C = A \mid C$; en additionnant les deux égalités précédentes et en remarquant que

$$(A, C) = A \mid C\,(t_2) - A \mid C\,(t_1),$$

on obtient la relation (5). Il résulte de cette dernière que, t_1 et t_2 ayant des valeurs données, il suffit de connaître les valeurs de E correspondant aux combinaisons des métaux considérés avec un métal M arbitrairement choisi, pour calculer les valeurs de E relatives à toutes les combinaisons possibles des métaux entre eux ; connaissant, par exemple, les valeurs de (A, M) et (B, M), on a

$$(A, B) = (A, M) + (M, B) = (A, M) - (B, M).$$

Envisageons maintenant un circuit formé par trois métaux. Soient les métaux A et B, dont les soudures sont respectivement aux température t_1 et t_2; si on intercale, dans la soudure à température t_2, le métal C, dont les deux extrémités sont à la température t_2, E ne change pas ; c'est ce qu'on peut exprimer symboliquement de la manière suivante :

$$A\,(t_1)\,B\,(t_2)\,A = A\,(t_1)\,B\,(t_2)\,C\,(t_2)\,A.$$

En effet, $B\,(t_2)\,C\,(t_2)\,A = B\,(t_2)\,A$; plus simplement, on a, à la température t_2, $B \mid C + C \mid A = B \mid A$. Au lieu d'un seul métal C, on peut intercaler entre B et A un nombre quelconque de métaux, à condition que toutes les

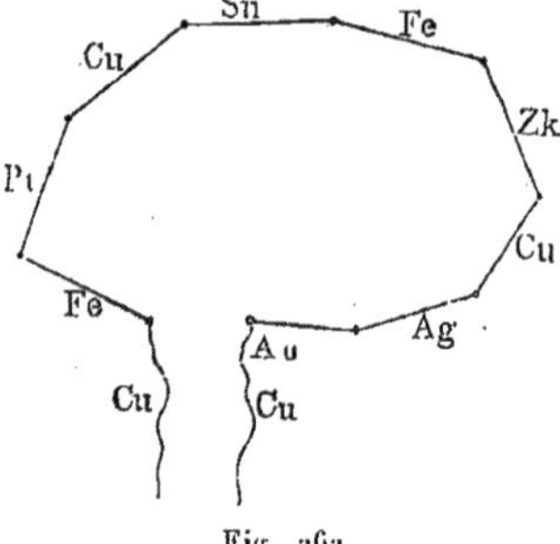

Fig. 262

soudures entre B et A soient à la même température t_2. Le raisonnement peut encore se présenter autrement. Soit $E = A\,(t_1)\,B\,(t_2)\,C\,(t_2)\,D\,(t_2)\,F\,(t_2) \ldots (t_2)\,M\,(t_2)\,A$: on peut écrire $E = A \mid B\,(t_1) + B \mid C\,(t_2) + C \mid D\,(t_2) + D \mid F\,(t_2) + \ldots + M \mid A\,(t_2)$, et, en retranchant l'égalité $0 = A \mid B\,(t_2) + B \mid C\,(t_2) + C \mid D\,(t_2) + D \mid F\,(t_2) + \ldots + M \mid A\,(t_2)$, on obtient $E = A \mid B\,(t_1) - A \mid B\,(t_2) = A \mid B\,(t_1) + B \mid A\,(t_2) = A\,(t_1)\,B\,(t_2)\,A$.

Becquerel a formé un circuit avec un certain nombre de métaux différents soudés entre eux (*fig.* 262) et il a trouvé que quand toutes les soudures se trouvaient à la même température t_1^0, sauf une entre les métaux M et N qui était portée à la température t_2^0, on obtenait la même valeur pour E que dans le circuit $M\,(t_1)\,N\,(t_2)\,M$.

Parmi les nombreux travaux que l'on a fait sur la grandeur E, on peut mentionner aussi ceux de Matthiessen (1858), E. Becquerel (1864) et Bachmétieff (1886 à 1891). Dans les recherches plus récentes, qui ont porté sur des *métaux aussi purs que possible*, on doit citer les expériences très soignées d'Holborn et Day (1899), ainsi que celles de Jäger et Diesselhorst (1900), toutes effectuées au *Physikalische Reichsanstalt* à Charlottenbourg. Bachmétieff a obtenu une relation entre le sens de la force E et la distribution en série des métaux ou autres éléments avec poids atomique croissant. Lorsqu'on détermine le sens de E pour chaque groupe de substances voisines, on observe dans la série un changement régulier du sens ; ainsi E ayant deux fois le même sens vers la substance de moindre poids atomique, a ensuite deux fois le sens contraire, comme le montre le schéma suivant :

$$\mathrm{Cr} \rightarrow \mathrm{Mn} \rightarrow \mathrm{Fe} \leftarrow \mathrm{Co} \leftarrow \mathrm{Ni} \rightarrow \mathrm{Cu} \rightarrow \mathrm{Zn} \leftarrow \mathrm{Ga} \leftarrow \mathrm{Ge} \rightarrow \mathrm{As} \rightarrow \mathrm{Se}.$$

Seebeck a étudié les propriétés thermoélectriques des *alliages* et a reconnu que, dans beaucoup de cas, un alliage de deux métaux ne se place pas dans la série thermoélectrique entre les métaux dont il est constitué. Ce résultat a été confirmé par de nombreuses recherches dues à Rollmann, E. Becquerel (1866), Matthiessen, Hutchins (1894), etc. Les *amalgames* ont été étudiés par C. L. Weber (1884), des Coudres (1891), Bachmétieff (1891) et Englisch (1893). Ce dernier a comparé les amalgames de différents métaux avec les alliages de plomb et des mêmes métaux ; il a trouvé, pour les amalgames, la série thermoélectrique : (—) Li, Na, K, Tl, Cu, Ag, Sb, Zn, Cd, Sn, Pb, Bi (+), et, pour les alliages de plomb, la série : (—) Sn, Tl, Sb, Zn, Cd, Bi (+), où les métaux ne se suivent pas dans le même ordre. Bachmétieff a observé que les amalgames des métaux Zn, Sn, Pb, Cd, Cu, etc., se placent dans la série entre Hg et le métal correspondant, tandis que les amalgames de Bi, Tl, Na et Mg ne se trouvent pas entre Hg et le métal. Nous ne pouvons nous arrêter sur les autres résultats nombreux et intéressants auxquels il est arrivé.

Le *palladium* renfermant de l'hydrogène est thermoélectriquement positif par rapport au palladium pur.

Des recherches systématiques, sur les propriétés thermoélectriques des alliages ont été publiées presque simultanément en 1910 par Rudolfi, Haken et Broniewski. Elles montrent qu'on doit distinguer trois genres principaux d'alliages. Au premier genre appartiennent les alliages qui consistent en un mélange mécanique de cristaux des deux métaux. Dans ces alliages, la force thermoélectrique obéit à la règle des mélanges ; la courbe qui traduit la dépendance existant entre la force thermoélectrique et le pourcentage de composition est une droite. Au second genre appartiennent les alliages qui forment des solutions solides et des cristaux mixtes ; la courbe a une forme en U, autrement dit, la force thermoélectrique est *plus petite* pour l'alliage que pour ses constituants. Enfin le troisième genre comprend les alliages de métaux qui peuvent donner lieu à une ou plusieurs combinaisons ; dans ce cas, la courbe a souvent une forme très compliquée, avec plusieurs minima et maxima et des points anguleux qui correspondent aux combinaisons. Comme alliage du premier genre, on peut citer Sn — Cd ; dans le second genre, Au — Ag, Cu — Ni, Sb — Bi ; dans le troisième genre, Sb — Fe, dont la courbe présente un rebroussement pour Sb^2Fe^3, en outre Cd — Sb et Al — Cu, dont la courbe possède trois maxima et trois minima. Broniewski distingue 6 formes principales de courbes et 7 formes secondaires, en tout 13 formes différentes et autant d'espèces d'alliages ; parmi celles-ci, on peut mentionner, par exemple, les alliages qui manifestent non un minimum, mais un maximum de la force thermoélectrique (Pb — Bi, Sn — Bi, Cd — Bi, Sn — Cd). Haken a étudié surtout les alliages du tellure avec Sb, Sn, Bi et Pb, qui appartiennent tous au troisième genre. Il regarde l'étude de la force thermoélectrique comme un procédé très sensible pour découvrir les combinaisons. Il a trouvé en outre qu'en général la force thermoélectrique est d'autant plus grande que la conductibilité est plus petite. Weidert (1905) avait observé antérieurement que la force thermoélectrique du sélénium *diminue* pendant l'éclairement, ce qui s'accorde avec la manière de voir d'Haken.

Braun a montré qu'il se manifeste aussi des forces thermoélectriques entre les métaux *fondus*.

On peut constituer des circuits thermoélectriques, non seulement avec des métaux, mais aussi avec d'autres conducteurs solides, en particulier avec certains *minéraux* (oxydes, pyrites, etc.), qui, associés à des métaux, donnent parfois des forces thermoélectriques très notables. Stephan, E. Becquerel, Groth et d'autres encore ont étudié des systèmes de ce genre.

Lussana (1893) s'est occupé des *sels solides*, et notamment des combinaisons de $NaAzO^3$ avec $KAzO^3$, $KClO^3$, $ZnCl^2$, $HgCl^2$, AzH^4AzO^3 : il a mesuré la différence de potentiel aux extrémités d'une chaîne ouverte, car, en raison de la mauvaise conductibilité des sels, on obtient un courant trop faible en circuit fermé. Il a trouvé des valeurs de E assez élevées ; la température joue le même rôle qu'avec les métaux (voir plus loin). Lorsqu'un sel éprouve des transformations (AzH^4AzO^3 à 35°, 86° et 125°, voir Tome III), on remarque une discontinuité dans l'allure de la grandeur E.

Des phénomènes thermoélectriques assez complexes se produisent *dans les substances conductrices cristallines* ; W. Thomson en a donné une théorie. Il a trouvé que, dans les cristaux uniaxes, la grandeur de la force électromotrice E, dans une direction formant l'angle α avec l'axe, est donnée par la formule suivante :

$$E = E_1 \cos^2 \alpha + E_2 \sin^2 \alpha. \qquad (6)$$

L. Perrot a étudié le *bismuth cristallisé*, en y découpant de petites tiges ayant leur axe parallèle ou perpendiculaire à l'axe optique, ou faisant avec lui un angle $\alpha = 40°$. Le cristal était placé entre deux lames de cuivre et les points de contact maintenus à des températures t_1 et t_2. Dans le premier cas (parallélisme), E était beaucoup plus grand que dans le second (perpendicularité). Ainsi, pour $t_1 = 11°$ et $t_2 = 30°$, on avait, dans le premier cas,

E = 0^v,00190, et dans le second, E = 0^v,00084. La troisième tige ($\alpha = 40°$) a confirmé pleinement la formule (6).

La *valeur absolue* de la force thermoélectromotrice E pour les métaux est en général très petite, comparée à la force électromotrice des éléments hydro-électriques. Si les éléments thermoélectriques ne donnent pas néanmoins de courant trop peu intense, cela tient à la très faible résistance du circuit thermoélectrique, formé uniquement de métaux, c'est-à-dire de bons conducteurs du courant. Nous allons donner quelques nombres à titre d'exemple.

L'élément Bi — Cu donne, pour $t_1 = 0°$ et $t_2 = 100°$, E = 0^v,003; l'élément Cu-argentan, E = 0^v,001. D'après les recherches de Chassagny et Abraham, Fe — Cu donne, dans les mêmes conditions, E = 0^v,00109; Fe — Pt, E = 0^v,00168; Cu — Pt, E = 0^v,00059. Matthiessen a déterminé E pour un grand nombre d'éléments formés par le plomb et d'autres métaux, où l'on avait $t_1 = 19°$ et $t_2 = 20°$; il a obtenu, par exemple, (Pb, Bi) = 0^v,000097; (Sb, Pb) = 0^v,000030; d'où l'on déduit (Sb, Bi) = 0^v,00012. Des éléments, renfermant certains minéraux, donnent des valeurs beaucoup plus grandes pour E. Bunsen a trouvé, avec quelques minerais de cuivre associés à du cuivre, E = 0^v,07, pour $t_2 - t_1 = 100°$. Stefan a même obtenu la valeur E = 0^v,17; mais il n'indique pas la différence de température $t_2 - t_1$ correspondante.

Occupons-nous maintenant des circonstances intéressantes où un courant thermoélectrique prend naissance dans un circuit *chimiquement homogène*, dont toutes les parties sont formées d'*un même* métal, mais peuvent différer par leur *état physique*. Nous distinguerons cinq cas.

I. Les parties du circuit ont une *structure*, déterminée par le *mode de fabrication* du métal, qui est différente. Déjà Seebeck avait remarqué que les métaux trempés sont plus négatifs que les mêmes métaux adoucis par le recuit. Magnus (1851) a pris un fil de laiton durci et a recuit une moitié de ce fil; en chauffant l'endroit où il y a passage de la partie durcie à la partie adoucie, il a obtenu un courant thermoélectrique. E. Becquerel (1864), Barus (1879), Oberbeck (1884), G. Wiedemann et d'autres encore ont étudié divers cas particuliers de ce phénomène. Barus s'est occupé des propriétés thermoélectriques de l'acier et a trouvé également que l'acier trempé est plus négatif que l'acier recuit.

II. L'influence d'*actions purement mécaniques*, telles que l'*extension*, la *compression*, etc. change aussi la position d'un métal dans la série thermoélectrique. W. Thomson (1856) enroulait le milieu d'un fil de fer doux autour d'une tige en bois horizontale et laissait pendre librement l'une des extrémités du fil, tandis qu'il attachait un poids à l'autre. En chauffant la partie enroulée sur la tige, une force électromotrice E se manifestait, dans le sens *de la partie tendue à la partie non déformée*. Différents cas particuliers ont été ensuite étudiés par Le Roux (1867), Tunzelmann (1878), E. Cohn (1879),

Fig. 263

EWING (1881), BACHMÉTIEFF (1889), DES COUDRES (1890), G. S. MEYER (1896) et d'autres encore.

Lorsqu'on fait un nœud dans un fil (*fig.* 263) et qu'on chauffe le fil d'un côté au voisinage du nœud, on obtient également un courant thermoélectrique.

LE ROUX a trouvé que, dans l'extension, le courant est dirigé de la partie allongée vers celle qui n'est pas déformée, pour Pd, Fe, Pt, Ag, le laiton et l'acier, mais de sens contraire pour Zn et Cu. TUNZELMANN a montré que, pour Fe, Cu et l'acier, le sens du courant dépend du degré d'extension. BACHMÉTIEFF a reconnu qu'il existe, pour Fe, une extension dans laquelle E devient maximum ; c'est précisément pour cette extension que la susceptibilité magnétique du fer est maximum. DES COUDRES a constaté que du *mercure* comprimé et du mercure non comprimé peuvent donner un courant thermoélectrique, le mercure comprimé étant positif. AGRICOLA (1902) a confirmé ce résultat jusqu'à une pression de 100^{atm} ; la force thermoélectrique est proportionnelle à la pression. De nouvelles recherches sur l'effet de la pression à l'égard de la position d'un métal dans la série thermoélectrique ont été faites par E. WAGNER (1908) et HÖRIG (1909). Le premier a étudié 15 métaux et 2 alliages et a trouvé que, pour Mg, Sn, Al et la manganine, le courant passe à l'endroit échauffé du métal comprimé vers celui non comprimé ; pour Cu, Au, Pb, Ag, Ni, Fe, Pt, Pd, Cd, Zn, Hg, Bi et le constantan en sens contraire. La force électromotrice E est très petite ; sous une pression de 1 kg par cm^2 et pour une différence de température de 1°, on a, avec le mercure $E = 2,18.10^{-4}$ microvolt, avec Al $0,006.10^{-4}$ microvolt ; on obtient la plus grandeur valeur de E, soit $7,1.10^{-4}$ microvolt, avec Bi. HÖRIG a étudié l'élément Hg — Pt et l'élément KNa — Pt, KNa étant l'alliage eutectique (Tome III). L'élément Hg — Pt a manifesté un changement $\Delta E = 2,18.10^{-10}$ volt pour un degré et pour une augmentation de pression de 1^{kg} par cm^2. Avec le second élément on a $\Delta E = 2,13.10^{-10}$ volt. Dans les deux cas, ΔE est proportionnel à la pression jusqu'à 1400^{kg} par cm^2.

G. S. MEYER a trouvé que, dans l'extension des métaux magnétiques, la variation de l'état magnétique a une grande importance ; le résultat thermoélectrique de cette variation (voir plus loin, IV) peut masquer complètement l'effet de l'extension.

III. BECQUEREL, MAGNUS, LE ROUX, GAUGAIN, ROSING, EGG-SIEBERG et d'autres encore ont montré que le contact de métaux identiques, mais à des *températures différentes*, peut produire un courant thermoélectrique. On fait l'expérience en réunissant deux fils identiques à un galvanomètre et en chauffant l'extrémité de l'un des fils ; si on met cette extrémité en contact avec l'extrémité froide de l'autre fil, un courant se produit. Il est difficile de dire si le rôle principal n'appartient pas dans ce cas à la modification de structure due à l'échauffement, dont l'effet serait analogue aux modifications produites par les actions mécaniques. MATTEUCCI et MAGNUS ont constaté qu'on n'obtient pas de courant thermoélectrique en mettant en contact du mercure froid et du mercure chaud. ROSING a observé ce fait intéressant que, dans le *plomb*, le phénomène actuel n'est presque pas perceptible, même quand on chauffe jusqu'à 300° ; dans Au, Ag, Cu, Fe, Sn, Pt et dans un alliage de Pt avec Ir, le courant va de l'extrémité froide à l'extrémité chaude ; dans Pd et l'argentan, le sens du courant est inverse, tandis que dans Al, il dépend du degré d'échauffement. On constate que les métaux du premier groupe ont un pouvoir thermoélectrique (voir plus loin) positif (par rapport au plomb) ; ceux du second, un pouvoir négatif ; pour l'aluminium, le signe dépend de la température.

IV. L'introduction d'un métal dans un *champ magnétique*, change sa position dans la série thermoélectrique ; ainsi, du fer aimanté est thermoélectriquement positif par rapport au fer non aimanté. Nous considérerons ce genre de phénomène dans le Chapitre consacré à l'influence du champ magnétique sur les propriétés physiques des substances.

V. BORGMANN (1877) a montré que le passage du courant dans un fil de *fer* modifie la position de ce métal dans la série thermoélectrique. Il a construit un pont de WHEATSTONE (page 545), dans lequel les quatre branches ainsi que le pont étaient constitués de fil de fer identique. Quand la condition connue ($r_2r_3 - r_1r_4 = 0$) est remplie, les branches sont parcourues par un courant intense, tandis qu'il n'y a pas de courant dans le pont. En chauffant l'une des extrémités du pont, on peut s'assurer qu'une nouvelle force électromotrice prend naissance en cet endroit. En effet, en changeant le sens du courant dans le circuit principal (à l'aide d'un commutateur), on obtient dans le pont des déviations de signes contraires, mais de *grandeurs différentes*, ce qui n'est possible que s'il existe, dans le pont lui-même, une force électromotrice.

3. Rôle de la température dans les phénomènes thermoélectriques. — Nous avons admis, dans le paragraphe précédent, que la force électromotrice $e = A \mid B$, au contact de deux métaux, est une certaine fonction de la température t, et nous avons posé, voir (1), page 730.

$$e = A \mid B = f(t). \tag{7}$$

Si t_1 et t_2 sont les températures des soudures des deux métaux A et B constituant le circuit fermé, une force électromotrice $E = (A, B)$ prend naissance dans ce circuit et a pour valeur

$$E = (A, B) = e_2 - e_1 = f(t_2) - f(t_1). \tag{8}$$

Soit $t_2 > t_1$. Pour les deux métaux donnés, E dépend de t_2 et t_1, cette dépendance étant déterminée par la forme de la fonction $e = f(t)$. Si e ne variait pas du tout avec la température, on aurait $E = 0$. La forme la plus simple de $f(t)$ est une fonction linéaire

$$e = A \mid B = e_0 + at, \tag{9}$$

qui donne

$$E = (A, B) = a(t_2 - t_1). \tag{10}$$

Dans ce cas, E croît proportionnellement à la différence de température des soudures et est indépendant de la valeur absolue de ces températures. Il existe des couples de métaux, pour lesquels la formule (10) se vérifie entre d'assez larges limites. Tels sont, par exemple, les couples (Cu, Bi), (Ag, Cu) (Au, Cu) et (Pt, Fe), dont le premier a été étudié par POUILLET, REGNAULT et GAUGAIN et les deux suivants par GAUGAIN, qui a trouvé que, pour (Au, Cu), E croît proportionnellement à $t_2 - t_1$, depuis $t_1 = t_2 = 20°$ jusqu'à $t_2 = 300°$. Pour d'autres couples, la relation entre E et les températures t_1 et t_2 est moins simple. Lorsque, t_1 restant invariable, t_2 augmente graduellement, E ne croît pas proportionnellement à la différence $t_2 - t_1$; tantôt E croît plus vite que cette différence, tantôt plus lentement. On observe parfois un maximum de E pour une valeur déterminée T de t_2; pour $t_2 > T$, E décroît, et quelquefois s'annule pour changer ensuite de *signe*; autrement dit, le courant change de sens.

Cherchons théoriquement à quelles conséquences conduit la substitution à la formule (9) de l'expression du second degré

$$e = A \mid B = e_0 + at + bt^2. \tag{11}$$

On déduit de cette expression

$$E = a(t_2 - t_1) + b(t_2^2 - t_1^2), \tag{12}$$

ou

$$E = a(t_2 - t_1)\left[1 + \frac{b}{a}(t_1 + t_2)\right]. \tag{13}$$

Deux cas sont possibles : b peut être positif ou négatif. Aux couples, pour lesquels b est positif, appartiennent par exemple (Pt, Zn), (Pt, Cu), (Pb, Cu), (Cu, Zn), (Cu, argentan), (Pt, Pd), etc.

A l'égard du couple (Pt, Pd), BECQUEREL a trouvé que, si on prend $E = 1$ pour $t_1 = 0°$ et $t_2 = 100°$, on obtient $E = 28{,}07$ pour $t_1 = 0°$ et $t_2 = 1400°$, au lieu de la valeur 14 qui répond à $b = 0$.

En considérant la grandeur $\eta = e - e_0 = at + bt^2$ comme une fonction de t, on peut la représenter par une parabole telle que ODF (*fig.* 264). Le sommet D de cette parabole a pour abscisse

$$\tau = -\frac{a}{2b}, \tag{14}$$

et pour ordonnée

$$\eta_m = -\frac{a^2}{4b}. \tag{15}$$

Pour caractériser le couple par ces deux grandeurs, il faut faire la substitution

$$a = +\frac{2\eta_m}{\tau}, \qquad b = -\frac{\eta_m}{\tau^2}; \tag{15,a}$$

on a alors

$$(16) \qquad \eta = e - e_0 = + \frac{\eta_m}{\tau^2} t (2\tau - t),$$

$$(17) \qquad E = + \frac{\eta}{\tau^2} (t_2 - t_1) \left[2\tau - (t_1 + t_2) \right].$$

La grandeur E est représentée graphiquement, dans la figure 264, par la différence des ordonnées des deux points de la parabole dont les abscisses sont t_1 et t_2. Si ces points sont A et B, on a $E = BC$. On voit facilement ce

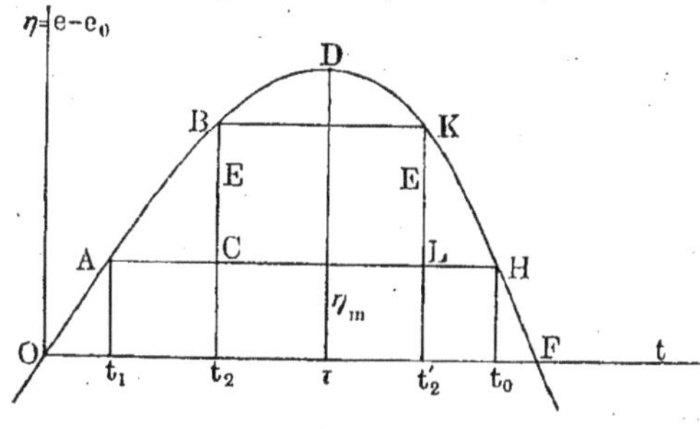

Fig. 264

qui arrive lorsque, t_1 restant invariable (on suppose toujours $t_1 < \tau$), on fait croître t_2 graduellement. La force E atteint un maximum pour $t_2 = \tau$ et diminue ensuite. Pour une certaine valeur $t_2 = t_0$, satisfaisant à l'égalité

$$(18) \qquad t_0 - \tau = \tau - t_1,$$

on a $E = 0$; en outre

$$(19) \qquad t_0 - t_1 = 2(\tau - t_1),$$

$$(20) \qquad t_0 + t_1 = 2\tau.$$

Pour $t_2 > t_0$, le courant change de sens.

Nous appellerons τ la température du *point neutre*. Nous désignerons de plus par t_i la somme des températures t_1 et t_2 des soudures dans le cas où $E = 0$ (non pour $t_2 = t_1$) et t_i sera nommé la *température d'inversion*. De ce qui précède, on peut déduire toute une série de conséquences.

Si on admet l'exactitude de la formule (11), on a les propositions suivantes :

I. Pour toute valeur $t_1 < \tau$, la grandeur E atteint un maximum, quand $t_2 = \tau = -a : 2b$, c'est-à-dire lorsque t_2 est égal à la température du point neutre.

II. La grandeur E s'annule et le courant change de sens, pour une différence des températures des soudures double de la différence des températures à laquelle correspond le maximum de E.

III. La somme des températures des soudures pour lesquelles E s'annule de nouveau c'est-à-dire la température d'inversion t_i, est indépendante de t_1

c'est une grandeur constante, pour un couple donné, égale au double de la température du point neutre.

IV. La grandeur E prend la même valeur pour deux températures t_2 et t'_2 de la soudure la plus chaude, qui sont équidistantes de la température du point neutre, de sorte que l'on a

$$t'_2 - \tau = \tau - t_2.$$

Si on introduit t_i, on obtient les expressions suivantes :

$$t_1 + t_0 = t_i = const., \tag{21}$$

$$t_i = 2\tau, \tag{22}$$

$$t_2 + t'_2 = 2\tau = t_i = const. \tag{23}$$

Considérons maintenant les résultats des recherches expérimentales et voyons comment elles concordent avec les conséquences que nous venons de déduire de l'hypothèse où la formule (11) serait conforme à la réalité.

La non-proportionnalité entre E et $t_2 - t_1$, la croissance de E jusqu'à un maximum suivie d'une décroissance jusqu'à zéro et le changement de sens du courant ont été observés par de nombreux physiciens, parmi lesquels Cumming (1823), Becquerel (1826), Draper (1840), Hankel (1844), Regnault (1847) et en particulier Gaugain (1862).

La disparition du courant a été étudiée pour la première fois par W. Thomson (1856), qui a reconnu qu'elle se produit toujours, dans un couple donné de métaux, pour une même valeur moyenne des températures des soudures ; mais la première étude complète est due à Avenarious (de Kieff, 1863), qui a montré que, dans un grand nombre de couples différents, la grandeur E est donnée par l'expression suivante :

$$E = (t_2 - t_1)\left[a + c\,(t_1 + t_2)\right], \tag{24}$$

où a et c sont des constantes ; c'est la célèbre *formule d'*Avenarious. Comme on le voit, elle est identique aux formules (13) et (17) et par suite la théorie exposée ci-dessus, qui découle de la formule (11), est applicable à tous les couples qui satisfont à la formule d'Avenarious. Avenarious a étudié toute une série de couples de métaux ; pour quelques-uns, par exemple pour (Pt, Pb), a et c ont le même signe, pour d'autres des signes contraires. L'expression $= -a : 2c$ donne la température du point neutre. Nous citerons, à titre d'exemple, la formule relative au couple (Ag, Fe) :

$$E = (t_2 - t_1)\left[3{,}29424 - 0{,}00737\,(t_1 + t_2)\right]$$

On a $E = 0$, pour $(t_1 + t_2) : 2 = \tau = 223^\circ{,}5$. Avenarious a trouvé en outre $\tau = 69^\circ{,}7$ pour (Ag, Zn), $\tau = 275^\circ{,}8$ pour (Cu, Fe), etc.

Beaucoup de physiciens, parmi lesquels Tait, Kohlrausch et Ammann, Knott, Mc Gregor, Tidblom, Naccari et Bellati, Noll et d'autres encore se sont occupés de la vérification de la formule d'Avenarious. Tait a déterminé τ

pour un grand nombre de couples du *fer* avec d'autres métaux ; il a trouvé notamment $\tau = 159°$ pour (Fe, Cd), $\tau = 199°$ pour (Fe, Zn), $\tau = 235°$ pour (Fe, Ag), etc. TIDBLOM a cherché les valeurs des constantes a et c de la formule d'AVENARIOUS pour 14 couples du *platine* avec Sn, Pb, Zn, Cd, Mg et divers alliages de deux des trois métaux Pb, Sn et Zn. NACCARI et BELLATI ont trouvé $\tau = 187°,8$ pour (Pb, Na), $\tau = 71°,7$ pour (Pb, K) et $\tau = 71°,8$ pour (Pt, K). NOLL a déterminé les valeurs de a et c pour de nombreux couples de *métaux aussi purs que possible.*

Des recherches très précises ont été entreprises au Reichsanstalt. JAGER et DIESSELHORST (1900) ont constaté que, pour le thermoélément (Cu, constantan), la formule d'AVENARIOUS est tout à fait applicable pour de petites valeurs de $t_2 - t_1$ (non supérieures à 37°). HOLBORN et DAY ont étudié les éléments où le *platine* est associé à Au, Ag, Rh, Ir, Pd, 90 Pt + 10 Ru, 90 Pt + 10 Pd et 10 Pt + 90 Pd et où tous les métaux étaient presque chimiquement purs. La formule d'AVENARIOUS s'est trouvée confirmée entre de très larges limites, pour $t_1 = 0$. Ainsi, avec (Ag, Pt), elle est valable de $t_2 = 0°$ à $t_2 = 950°$; avec (Ir, Pt), de $t_2 = 100°$ à $t_2 = 1200°$. Pour (Pd, Pt), elle reste exacte de $t_2 = 0°$ à $t_2 = 350°$ et, en introduisant d'*autres valeurs* pour les constantes, de $t_2 = 600°$ à $t_2 = 1200°$; pour (Au, Pt), de $t_2 = 300°$ à $t_2 = 1000°$, mais elle est absolument inapplicable pour $t_2 < 300°$.

ABT a construit un appareil simple pour la détermination rapide du point neutre des thermoéléments.

De ce qui précède, il résulte que, pour beaucoup de thermoéléments, la formule (11) est valable, ainsi que celle d'AVENARIOUS qui en découle. Cependant cette dernière n'exprime pas exactement la véritable loi ; elle est inapplicable à certains couples et ne concorde pas avec les observations, lorque t_2 varie de températures très voisines de 0° à des températures très élevées. HOLBORN et DAY ont aussi étudié les thermoéléments qu'ils ont considérés ($t_1 = 0°$) pour $t_2 = -80°$ et $t_2 = -185°$, et des écarts de nature différente se sont alors manifestés ; en tous cas, la formule d'AVENARIOUS n'a été trouvée applicable pour aucun élément de $t_2 = -185°$ à $t_2 = +950°$. Voici quelques-unes des valeurs données par HOLBORN et DAY pour la grandeur E en *microvolts* (10^{-6} volt) ; on a toujours $t_1 = 0°$ et le second métal est constamment le *platine*.

t_2	Au	Ag	Rh	Ir	Pd	$\frac{90\ \text{Pt}}{10\ \text{Ru}}$	$\frac{90\ \text{Pt}}{10\ \text{Pd}}$	$\frac{10\ \text{Pt}}{90\ \text{Pd}}$
+ 950°	15532	17484	12798	11688	10670	9814	4068	2566
+ 450°	5270	5320	4422	4146	3296	4102	1714	— 290
— 80°	— 307	— 302	— 312	— 320	— 392	— 388	— 87	+ 146
— 185°	— 130	— 160	— 235	— 283	— 774	— 534	— 106	+ 240

JÄGER et DIESSELHORST ont trouvé que la formule d'AVENARIOUS n'est pas applicable à (Fe, constantan), lorsque pour $t_1 = 0°$ on fait varier t_2 de 0° à

120° ; ils ont exprimé par suite les résultats de leurs observations dans une formule empirique moins simple.

Les écarts à l'égard de la formule d'Avenarious ont été étudiés par Tait (Fe + Ni, Cu, alliage de Pt et Ir), Chassagny et Abraham (Fe + Cu, Ag, Pt), Battelli (Ni + Pb), Harrison (Cu + Ni, Fe + Cu), Barrett (Fe + acier au nickel) et d'autres encore. Holman (1896) a montré que, dans beaucoup de cas, la formule

$$E = m(T_1^n - T^n),$$

concorde mieux avec les observations ; T_1 et T_2 sont les températures absolues des soudures, m et n deux constantes.

Il serait peut-être plus rationnel d'ajouter encore un terme ct^3 à la formule (11) ; on aurait alors, au lieu de la formule (13), l'expression

$$(25) \qquad E = (t_2 - t_1)\left[a + b(t_1 + t_2) + c(t_1^2 + t_1 t_2 + t_2^2)\right].$$

Les phénomènes thermoélectriques ont été étudiés *aux très basses températures* par Dewar et Fleming (1895), Holborn et Day (voir plus haut) et en particulier par De Metz (1904). Ce dernier a trouvé que, pour toute une série d'éléments, les lois II et III, et par suite aussi les formules (21) et (22), c'est-à-dire $t_1 + t_0 = t_i = const.$ et $t_i = 2\tau$, ne sont pas satisfaites, lorsqu'on abaisse t_2 jusqu'à la température de l'air liquide, autrement dit jusqu'à — 184°,4. *Les deux lois ne sont confirmées que pour* (Pt, Zn) ; mais, pour (Pt, Au), (Pt, Cu), (Pt, Pb), (Pt, Al), (Pt, laiton) et (Pt, Ag), De Metz a reconnu que la somme $t_i = t_1 + t_0$ *augmente* à mesure que t_1 s'abaisse (et que par suite t_0 s'élève) ; avec (Ag, Zn), t_i *diminue* au contraire, quand t_1 s'abaisse. Nous allons donner un petit tableau très intéressant, où les nombres des trois dernières colonnes sont les valeurs de $t_i = t_1 + t_0$ pour les trois valeurs de t_1 indiquées en tête de ces colonnes ;

Eléments	2τ	$t_1 = 16°,1$	$t_1 = -79°,1$	$t_1 = -184°,4$
Pt — Au	— 4°,4	— 5°,1	— 3°,9	+ 17°,3
Pt — Cu	— 13°,0	— 12°,5	— 4°,5	+ 21°,7
Pt — laiton	+ 52°,0	+ 51°,5	+ 54°,8	+ 70°,2
Pt — Pb	122°,0	119°,8	126°,1	139°,3
Pt — Al	167°,4	167°,4	188°,2	237°,6
Ag — Zn	81°,0	80°,0	72°,5	26°,4
Pt — Ag	— 106°,8	»	— 110°,7	— 89°,9

Hamilton Dickson (1911), en se basant sur les expériences de Dewar et Fleming, a construit, pour un grand nombre de métaux, les courbes thermoélectriques relatives aux températures entre — 200° et + 100°, notamment pour Ni, Ag, Pd, Pt, Al, Mg, Au, Zn, Cu, Sb et Cd. Lecher (1908) a tenu fermé pendant plusieurs mois les thermoéléments (Fe — Pt, Fe — Cu,

Fe — Ni, Fe — constantan) à 500°; il a constaté que la persistance du courant n'a aucune influence sur la force électromotrice.

Le *sélénium* associé aux métaux donne une force électromotrice particulièrement élevée. RIGHI (1888) et WEIDERT (1906) ont étudié l'élément (Se, Pb); WEIDERT a trouvé que l'*éclairement* du sélénium diminue la force électromotrice d'environ 5 %.

Un phénomène très intéressant est l'*hystérésis thermoélectrique*; il consiste en ce que, pour une valeur invariable de t_1, on obtient des valeurs différentes de E avec le même t_2, suivant que cette température t_2 est atteinte par échauffement ou par refroidissement. Un phénomène de ce genre a été observé par BACHMÉTIEFF (1897) avec (Cu, Zn), (Cu, Pb), (Cu, Ni), (Cu, argentan) et (Cu, Fe), ainsi que par BARRETT (1900) avec (Cu, acier au nickel), (Pt, acier), (Pt, Fe), et par d'autres encore. Dans tous les cas, E se trouve *plus grand* dans l'échauffement. Dans les expériences de BARRETT, la différence observée était parfois notable.

Nous pouvons maintenant introduire la notion de *pouvoir thermoélectrique des métaux*, qui est due à W. THOMSON, et faire connaître la *représentation graphique* des valeurs de la force thermoélectrique E, dans tous les cas possibles, qui a été donnée par TAIT. Nous avons vu que, pour un couple donné (A, B), la grandeur E est une fonction de t_1 et de t_2, et qu'on peut poser

$$E = e_2 - e_1 = f(t_2) - f(t_1),$$

où l'on a $e = f(t)$. Si on fait $t_1 = t$ et $t_2 = t + \Delta t$, on obtient pour l'accroissement Δe l'expression

$$\Delta e = f(t + \Delta t) - f(t) = \frac{df}{dt}\Delta t.$$

A la limite et en introduisant la nouvelle notation $\varphi(t)$, on a

$$\frac{de}{dt} = f'(t) = \varphi(t). \tag{26}$$

Comme $e = A \mid B$, on peut écrire

$$\varphi(t) = f'(t) = \frac{de}{dt} = \frac{d(A \mid B)}{dt}.$$

La grandeur $\varphi(t)$, qui dépend de la nature des métaux A et B, s'appelle le *pouvoir thermoélectrique du couple de métaux* A *et* B. On peut la représenter symboliquement de la manière suivante :

$$\varphi(t) = \frac{d(A \mid B)}{dt} = [A, B].$$

On a l'habitude d'écrire $\frac{dE}{dt}$ au lieu de $\frac{de}{dt}$, en admettant que dE est la force thermoélectromotrice, quand $t_1 = t$ et $t_2 = t + dt$; mais une telle notation peut induire en erreur, lorsqu'on aborde la question pour la première fois, car la grandeur E est une fonction de t_1 et de t_2 et non de t ; il n'est donc pas correct de parler de la dérivée de E par rapport à t. Il convient de raisonner de la manière suivante : supposons $t_2 = t$, on a $E = f(t) - f(t_1)$ et par suite E est une fonction de t, dont la dérivée est égale à celle de $e = f(t)$, c'est-à-dire égale à $\varphi(t)$; on peut alors écrire

$$(27) \qquad \varphi(t) = f'(t) = \frac{de}{dt} = \frac{dE}{dt} = \frac{d(A \mid B)}{dt} = [A, B].$$

Comme $A \mid B = A \mid C + C \mid B$ ou $A \mid B = A \mid C - B \mid C$, on a évidemment aussi

$$(28) \qquad [A, B] = [A, C] - [B, C].$$

Le pouvoir thermoélectrique d'un couple de métaux A et B à t^0 est égal à la différence des pouvoirs thermoélectriques des couples que l'on obtient en associant séparément chacun des métaux A et B à un troisième métal quelconque C à la même température t^0.

La formule (27) et l'égalité $E = f(t_2) - f(t_1)$ montrent que l'on a

$$(29) \qquad E = (A, B) = \int_{t_1}^{t_2} \varphi(t)\, dt.$$

Les formules (28) et (29) conduisent à la *représentation graphique* suivante. Supposons que l'on ait figuré par des courbes (*fig.* 265) les deux fonctions

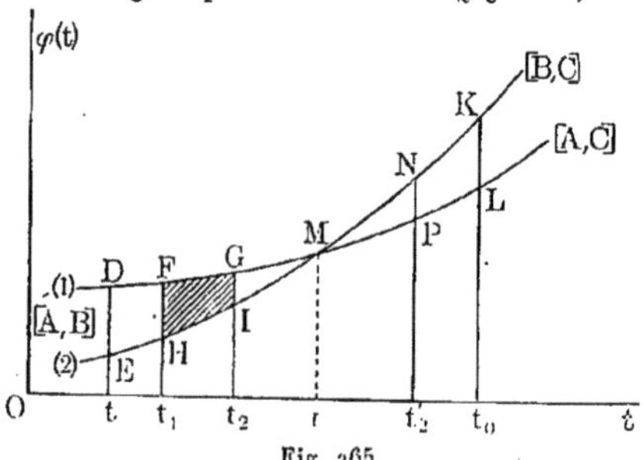

Fig. 265

$\varphi(t)$ relatives à $[A, C]$ et $[B, C]$. Si $Ot = t$, la différence DE des ordonnées des points D et E des deux courbes est égale au pouvoir thermoélectrique $[A, B]$ à t^0 du couple constitué avec les métaux A et B. Le point M détermine la température τ du point *neutre*, où on a évidemment $\frac{de}{dt} = 0$. Lorsque $t > \tau$, $[A, B]$ change de signe. La grandeur $E = (A, B)$, pour les températures t_1 et t_2 aux soudures, est mesurée par l'aire FGJH, voir (29). Si t restant invariable, on fait croître t_2, E prend sa valeur maximum FMH pour $t_2 = \tau$. L'aire à droite de M doit être considérée comme négative. Pour les températures t_1 et t'_2 aux soudures, où $t'_2 - \tau = \tau - t_2$, on obtient la même valeur pour E qu'avec les températures t_1 et t_2, car l'aire FMH + MNP est égale à l'aire FGJH. Pour les températures t_1 et t_0 aux soudures, où $t_0 - \tau = \tau - t_1$, on a $E = 0$; enfin, pour $t_2 > t_0$, E devient négatif.

En dehors de la notion de pouvoir thermoélectrique [A, C] d'un couple de métaux, on peut encore introduire la notion de *pouvoir thermoélectrique d'un seul métal* A. Nous désignerons symboliquement ce dernier pouvoir par [A] ; il n'est autre que le pouvoir thermoélectrique d'un couple de métaux comprenant le métal A et un métal *déterminé* C, auquel on compare tous les autres. Pour des raisons qui seront indiquées plus tard, on choisit, comme métal de comparaison, le *plomb*, c'est-à-dire qu'on pose

$$[A] = [A, Pb]. \tag{29, a}$$

La formule (28) donne maintenant

$$[A, B] = [A] - [B] ; \tag{30}$$

autrement dit, *le pouvoir thermoélectrique* [A, B] *d'un couple de métaux est égal à la différence des pouvoirs thermoélectriques* [A] *et* [B] *de ces métaux*. On a évidemment [Pb] = 0, c'est-à-dire que *le pouvoir thermoélectrique du plomb est nul*. Lorsqu'on suppose que, dans la figure 265, le métal C est le plomb, les deux courbes représentent les pouvoirs thermoélectriques [A] et [B], tout ce qui a été dit au sujet de cette figure restant vrai. Quand e est une fonction du second degré telle que (11), le pouvoir thermoélectrique $\varphi(t)$ du couple est une *fonction linéaire* de la température t,

$$\varphi(t) = [A, B] = a + 2bt. \tag{31}$$

Les formules (15), page 738, donnent

$$\varphi(t) = [A, B] = \frac{2\eta_m}{\tau^2}(\tau - t). \tag{32}$$

Il est clair que les pouvoirs thermoélectriques des métaux pris isolément doivent être également des fonctions linéaires de t, puisqu'on a [A] = [A, Pb].

Tait (1873) a déterminé la fonction $\varphi(t)$ pour de nombreux métaux (par rapport au plomb) et il a trouvé que cette fonction est effectivement *linéaire*. Il a calculé les valeurs numériques des constantes a et $2b$ de la formule (31) : Everett les a mesurées en unités él. mag. C. G. S. (10^{-8} volt) et a obtenu, par exemple, [Fe] = $1734 - 4{,}87\,t$, [Zn] = $234 + 2{,}40\,t$, [Pd] = $625 - 3{,}59\,t$, etc. On trouve graphiquement un système de lignes droites, dans lequel la ligne [Pb] = 0 coïncide avec l'axe des abscisses. Knott et Mc Gregor (1878) ont déterminé aussi les constantes de la fonction $\varphi(t)$ et ont obtenu des valeurs numériques un peu différentes. Lorsqu'on admet que la fonction $\varphi(t)$ est linéaire, on doit remplacer les deux courbes de la figure 265 par des lignes droites, leurs points d'intersection déterminant les points neutres et les aires les valeurs de E, comme cela a déjà été expliqué plus haut. La détermination des constantes a et b de la formule (31) a été reprise dans ces derniers temps par beaucoup de physiciens, notamment par Noll (1894), Steele (1894), Jäger et Diesselhorst (1900), Holborn et Day (1900).

Nous ne nous arrêterons pas à décrire *les piles et les batteries thermoélectriques*. Nous avons indiqué dans le Tome II, Chap. I, § **10**, la construction de différentes piles thermoélectriques, entre autres celle de la pile très sensible de Rubens. Les batteries thermoélectriques sont des ensembles de thermoéléments, où une série de soudures peut être portée à une température élevée à l'aide de brûleurs à gaz ou même de charbon incandescent, et qui fournissent un courant assez intense pour qu'on puisse l'utiliser dans la technique. Les soudures dont la température doit être élevée se trouvent autour de la source de chaleur, tandis que les soudures intermédiaires sont éloignées de celles-ci autant que possible, vers l'extérieur, où elles sont refroidies par l'air environnant. Telles sont les batteries de Noé (melchior et alliage de Zn avec Sb), de Clamond (Fe et alliage de Zn avec Sb), de Marcus (alliage de Cu — Zn et alliage de Zn — Pb). La force électromotrice de ces batteries peut atteindre plusieurs volts ; on a construit aussi des batteries où E s'élevait jusqu'à 20 volts, pour une résistance intérieure de 4 ohms. Le rendement des batteries thermoélectriques est en général très faible. Dans l'appareil de Clamond, il ne dépasse pas 0,002. Hoffmann (1898) a déterminé le rendement η de plusieurs thermoéléments simples ; pour l'élément (Fe, alliage de Cu — Ni), on a, à 500°, $\eta = 0{,}000134$; pour (Fe, Ni), on a, à 500°, $\eta = 0{,}0000385$; pour (Fe, Cu), à 300°, on a même $\eta = 0{,}0000304$. Une monographie détaillée sur les dispositions et les applications des piles thermoélectriques a été publiée par Peters (1908).

4. Phénomènes thermoélectriques dans les liquides. — Au contact des *métaux* avec les *liquides*, on observe des phénomènes thermoélectriques. Nous entendons ici par liquides les *solutions d'électrolytes* ; nous n'y comprenons pas le mercure et les métaux en fusion. Le mercure se comporte comme tous les autres métaux. Noll a déterminé les valeurs de E pour les systèmes (Au, Hg) et (Co, Hg) ; Braun et Burnie ont étudié E pour les métaux en fusion. Cermak et H. Schmidt (1911) ont étudié les phénomènes qui se produisent dans les éléments Sn — constantan, Sn — Fe et Pb — constantan, quand la température s'élève de manière que Sn ou Pb entrent en fusion. Il a été constaté que la *fusion* d'un métal n'est accompagnée d'*aucun saut* de la force thermoélectrique.

Les phénomènes thermoélectriques, qui ont lieu entre les métaux et les liquides, peuvent être mis en évidence de diverses manières.

Nobili, Walker, Gore et d'autres encore ont observé un courant en plongeant dans un liquide deux plaques d'un même métal, l'une froide, l'autre chaude. Faraday plaçait le liquide dans un tube en U, chauffait l'une des branches et introduisait dans les deux branches du tube des électrodes identiques. Bleckrode a fait des expériences analogues. Le sens du courant varie suivant le liquide et le métal, et aussi suivant la grandeur de la différence des températures.

Bouty, en chauffant la surface de contact de l'une des électrodes avec le liquide, a trouvé que, dans beaucoup de cas, la force thermoélectromotrice E est proportionnelle à la différence $t_2 - t_1$ des températures des deux surfaces de contact et indépendante, dans de larges limites, de la concentration de la solution. D'autres recherches sont dues à EBELING, BRAUDER, HAGENBACH (1894), BAGARD, EMERY, HENDERSON (1906), etc. Ils ont trouvé que, pour les systèmes formés par des métaux et les solutions des sels de ces métaux, E croît *plus vite* que la différence $t_2 - t_1$ et dépend aussi en partie de la concentration.

ANDREWS, HANKEL et L. POINCARÉ ont étudié les *sels fondus*. L. POINCARÉ a constaté qu'avec Ag dans $AgAzO^3$, l'électrode la plus chaude est négative, mais qu'avec Zn dans $ZnCl^2$ elle est positive. La valeur de E est à peu près la même que celle que BOUTY a obtenue pour les solutions. HAGENBACH (1898) s'est occupé des *amalgames* et des *solutions d'électrolytes*; entre 0° et 70°, E est proportionnel à $t_2 - t_1$, sauf pour l'amalgame de plomb dans $PbCl^2$, et croît avec la concentration de la solution.

NOBILI (1828) avait déjà observé des phénomènes thermoélectriques entre *liquides*(solutions d'électrolytes). WILD (1858) et E. BECQUEREL (1866) ont fait les premiers une étude approfondie de ces phénomènes. WILD s'est servi d'un appareil semblable à celui qui est représenté dans la figure 96, page 259, avec cette seule différence que l'un des tubes verticaux, à l'endroit où les liquides différents sont en contact, était entouré par un manchon traversé par de la vapeur d'eau bouillante. Il a trouvé que E est à peu près proportionnel à la différence des températures; en outre que, dans le cas de solutions différant seulement par la concentration, on obtient aussi un courant, la solution la plus concentrée étant thermoélectriquement positive. Les solutions en contact, qui suivent la loi de VOLTA (page 258), peuvent être rangées, comme les métaux (page 731), en série thermoélectrique; pour les autres, cela n'est pas possible. D'autres recherches sont dues à NACCARI et BATTELLI (1884), DONLE (1886), GOCKEL (1890), BAGARD (1892), DUANE (1897), etc. BAGARD a observé un changement de sens du courant, pour $t_1 = 0°$ et $t_2 = 70°$, avec des solutions de $CuSO^4$ et $ZnSO^4$.

NERNST a étendu sa théorie des *éléments de concentration* au cas d'un *circuit thermoélectrique*, formé de solutions ne différant que par la concentration. Nous avons établi, à la page 219, la formule (39)

$$E = V_1 - V_2 = -\frac{u - v}{u + v} RT \log \frac{c_1}{c_2},$$

où V_1 désigne le potentiel de la solution la plus concentrée, V_2 celui de la moins concentrée, c_1 et c_2 ($c_1 > c_2$) les concentrations, R la constante des gaz, voir (34), page 216, T la température absolue, u et v les vitesses respectives du cathion et de l'anion. On en déduit, pour un circuit thermoélectrique,

$$E = R\left(T_1 \frac{u_1 - v_1}{u_1 + v_1} - T_2 \frac{u_2 - v_2}{u_2 + v_2}\right) \log \frac{c_1}{c_2}, \tag{33}$$

u_1 et v_1 étant les vitesses des ions à la température T_1, u_2 et v_2 celles à la température T_2. Une formule de PLANCK (1890), que nous ne donnerons pas, est relative au cas de solutions *différentes* ayant même degré de concentration. La formule (33) a été vérifiée par DUANE (1897), qui l'a trouvée *parfaitement confirmée* avec toute une série de solutions *diluées* (KCl, NaCl, HCl, $HAzO^3$). Il a observé, pour deux solutions de HCl (0,114 et 0,009 de la solution normale) à $t_1 = 13°,5$, un maximum très net de E vers $t_2 = 50°$; la formule (33) indique aussi, pour cette substance, un maximum près de la même température. La formule de PLANCK ne s'est pas en revanche vérifiée pour les couples (HCl + NaCl, KCl + NaHO, HCl + KCl, NaCl + NaHO, NaCl + $HAzO^3$). BUCHERER (1900) a montré comment l'expression de E peut être établie par voie purement thermodynamique et il a retrouvé ainsi l'une des formules de DUANE. PODSZUS (1908) a étendu les recherches de DUANE à de nombreuses solutions. Il a trouvé que la force thermoélectrique entre solutions d'électrolytes est proportionnelle à la différence de température et dépend peu de la concentration. Le courant va, dans la plupart des cas, de l'endroit le plus froid à l'endroit le plus chaud, lorsque l'élément est fermé peu de temps. Dans les électrolytes avec même anion, les forces thermoélectriques s'ordonnent en une série qui correspond à la position du cathion dans le système périodique. La théorie de NERNST a été vérifiée.

5. Le phénomène de Peltier. — Nous avons déjà parlé à la page 213 du phénomène découvert par PELTIER : au passage d'un courant à travers la soudure de deux métaux, il se produit à cette soudure, outre l'échauffement conforme à la loi de JOULE (page 604), un dégagement ou une absorption d'une certaine quantité de chaleur, suivant le sens que possède le courant. Il y a *absorption* d'une certaine quantité de chaleur q, lorsque le courant va du métal thermoélectriquement négatif au métal thermoélectriquement positif, c'est-à-dire quand il a le sens du courant thermoélectrique que l'on obtiendrait si la soudure avait *la température la plus élevée*. Quand le sens du courant est contraire, il se produit à la soudure un *dégagement* d'une quantité identique q de chaleur. On obtient une absorption de chaleur, lorsque, par exemple, le courant va de Bi vers Cu, et un dégagement quand il va de Cu vers Bi. Conformément au principe de LE CHATELIER-BRAUN (Tome III, Chap. VIII, § **11**), le courant produit aux soudures une action calorifique, qui engendre un courant de sens contraire, et, inversement, toute action thermique sur la soudure produit un courant qui diminue cette action. PELTIER a montré l'exactitude de cette règle d'une manière particulièrement nette au moyen d'une *croix* constituée de la façon suivante. Deux barreaux (*fig.* 266), l'un WW′ de bismuth et l'autre AA′ d'antimoine sont soudés entre eux en leurs milieux ; deux extrémités W′ et A′ sont réunies à une pile S et les deux autres W et A à un galvanomètre G. Quand le courant de l'élément S traverse la soudure du bismuth W′ vers l'antimoine A′, le galvanomètre G indique un courant allant de l'antimoine A vers le bismuth W à travers la soudure, ce qui dénote le refroidissement de celle-ci. Lorsque le courant part de S dans

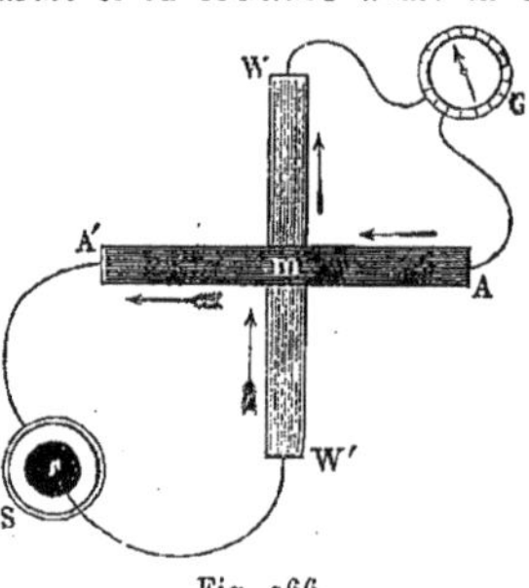

Fig. 266

la direction $A'mW'$, il se produit, dans l'autre circuit, un courant dans la direction WmA. LENZ pratiquait dans la soudure de Bi et Sb une petite cavité, dans laquelle il versait de l'eau et plongeait le réservoir d'un thermomètre ; il entourait la soudure elle-même de glace fondante, de sorte que le thermomètre marquait 0°. En faisant alors passer un courant de Bi vers Sb, il faisait descendre le thermomètre jusqu'à — 3°,5 et l'eau se congelait. E. BECQUEREL (1847) a montré que la valeur de q est d'autant plus grande que les métaux sont plus éloignés l'un de l'autre dans la série thermoélectrique (page 731).

La dépendance entre la quantité de chaleur q et l'intensité I du courant a été étudiée par QUINTUS ICILIUS (1853), FRANKENHEIM (1854), LE ROUX (1867), EDLUND, SUNDELL, WALTENHOFEN et d'autres encore. Les deux premiers de ces auteurs ont trouvé presque simultanément que *la quantité de chaleur q est directement proportionnelle à l'intensité* I *du courant*. En faisant passer un courant I d'abord dans un sens, puis dans l'autre, FRANKENHEIM a pu mesurer les quantités totales de chaleur $Q_1 = q' + q$ et $Q_2 = q' - q$ dégagées dans la petite portion du circuit renfermant la soudure ; q' désigne la chaleur de JOULE. En calculant $q' = (Q_1 + Q_2) : 2$ et $q = (Q_1 - Q_2) : 2$, il a reconnu que q' est proportionnel à I^2 et q à I. EDLUND s'est servi d'un thermomètre différentiel (Tome III), dont chaque réservoir contenait une soudure. Comme on le voit facilement, les indications du thermomètre sont proportionnelles à $Q_1 - Q_2$, c'est-à-dire mesurent précisément la grandeur q. LE ROUX a placé les soudures dans deux calorimètres et a envoyé un courant I dans le circuit, dans un sens, puis dans l'autre, durant des intervalles de temps égaux. Soient Q_1 et Q_2 les quantités de chaleur accusées par les calorimètres dans le premier cas, Q'_1 et Q'_2 celles observées dans le second. Dans l'hypothèse où les chaleurs de JOULE q'_1 et q'_2 ne sont pas les mêmes, on a les égalités $Q_1 = q'_1 + q$, $Q_2 = q'_2 - q$, $Q'_1 = q'_1 - q$, $Q'_2 = q'_2 + q$; on en déduit $Q_1 - Q_2 = q'_1 - q'_2 - 2q$, $Q'_1 - Q'_2 = q'_1 - q'_2 - 2q$ et enfin $q = \frac{1}{4}(Q_1 - Q_2 - Q'_1 + Q'_2)$. Les expériences d'EDLUND et de LE ROUX ont confirmé que q est proportionnel à I.

La quantité totale de chaleur Q, dégagée dans une certaine portion du circuit renfermant la soudure, est déterminée par une expression de la forme.

$$Q = \alpha I^2 \pm \beta I. \tag{34}$$

Lorsqu'il y a *absorption* de chaleur à la soudure, on a

$$Q = \alpha I^2 - \beta I. \tag{34, a}$$

Pour de petites valeurs de I, Q est négatif, c'est-à-dire qu'il se produit un *refroidissement* à la soudure, lequel est maximum lorsque $I = \beta : 2\alpha$. Pour $I = \beta : \alpha$, on a $Q = 0$ et pour $I > \beta : \alpha$, on a $Q > 0$; il y a alors *échauffement* à la soudure.

Supposons maintenant qu'il y ait dégagement ou absorption de la quantité q de chaleur à la soudure, quand celle-ci est traversée par l'*unité de quantité d'électricité*. Nous avons dit à la page 251 qu'il serait inexact de considérer

q comme l'énergie calorifique équivalente au travail du passage de l'électricité d'un corps dans l'autre, dont le potentiel est plus élevé ou plus bas de la quantité e. Nous avons établi à la page 214, par voie *thermodynamique*, la formule (33)

$$q = \pm T \frac{de}{dT}; \tag{35}$$

il en résulte que l'on a

$$q = \pm e, \tag{35, a}$$

seulement lorsque

$$e = aT, \tag{36}$$

c'est-à-dire *quand e est proportionnel à la température absolue*, et par suite lorsque la force thermoélectromotrice E,

$$E = a(T_2 - T_1) = a(t_2 - t_1), \tag{36, a}$$

croît proportionnellement à la différence des températures des soudures, voir (10) page 737. Si, par exemple, e est de la forme

$$e = gT + hT^2 = T(g + hT), \tag{37}$$

on a

$$\pm q = gT + 2hT^2 = T(g + 2hT). \tag{37, a}$$

Lorsque $b < 0$, on obtient le maximum $e = e_m = -g^2 : 4h$, pour $T = T_m = -g : 2h$. En introduisant les grandeurs T_m et e_m à la place de g et h, il vient

$$e = \frac{e_m}{T_m^2}(2T_m - T)\,T, \tag{38}$$

$$q = \pm \frac{2e_m}{T_m^2}(T_m - T)\,T, \tag{38, a}$$

T_m désignant la température absolue du *point neutre*. Quand on s'en tient à l'expression (11), page 738, $e = e_0 + at + bt^2$, on a

$$q = \pm \frac{2\eta_m}{\tau^2}(\tau - t)\,T; \tag{38, b}$$

on a d'ailleurs $\tau - t = T_m - T$, puisque $T = t + 273$ et $T_m = \tau + 273$. On s'assure facilement de l'identité des formules (38, a) et (38, b), en posant $gT + hT^2 = e_0 + at + bt^2$, c'est-à-dire $a = g + 2.273\,h$, $b = h$. Les formules (38, a) et (38, b) montrent que *q doit dépendre de la température de la soudure et qu'à la température du point neutre $q = 0$ et change de signe ;* autrement dit, l'absorption de chaleur se change en dégagement de chaleur et inversement.

La dépendance entre le phénomène de PELTIER et la température a été étudiée par beaucoup d'auteurs. LE ROUX (1867) a trouvé le premier que q dépend de t ; avec le thermoélément (Bi, Cu), il a obtenu, pour $t = 100°$, une valeur de q égale à 1,28 fois la valeur correspondant à $t = 25°$. GORE (1886) a fait une observation analogue. LE ROUX (1884) a vu en outre qu'avec (Fe, Cu), q change de signe à température élevée. SKOBELTSINE et TSINZERLING (1887) ont fait une étude approfondie de la soudure (Fe, Cu) et ont trouvé que q diminue quand la température augmente. BATTELLI (1887) a observé le premier la disparition du phénomène de PELTIER à la température du point neutre, dans les soudures de Pb avec les alliages $Sb^{10}Sn$ et Sn^{18} Cd. Il a en outre reconnu que, dans sept couples, q s'exprime par une formule telle que (38, a). JAHN (1888) a trouvé qu'avec les soudures de Cu et Ag, Fe, Pt, Zn, Cd et Ni, la formule (35) donne, pour la grandeur q, des valeurs *numériques*, qui concordent suffisamment avec celles observées directement. Remarquons que le quotient $\frac{de}{dt}$ dans (35) n'est autre que la différence des pouvoirs thermoélectriques des métaux soudés, voir (27) et (30). BAUSENWEIN (1904) a étudié très soigneusement les grandeurs E et q pour (Fe, Cu) et (Fe, Ag) de 20° à 800°. Il a constaté que $q = 0$ à la température du point neutre (330° pour le premier couple, 310° pour le second), comme l'exige la théorie. Vers 650° commencent à se manifester des écarts, probablement dus à des modifications qui se produisent dans le fer. LA ROSA (1904) a trouvé qu'avec (Zn, Fe), le phénomène de PELTIER disparaît à 36°,5, alors que le point neutre se trouve à 36°,6. Quelques auteurs ont émis des doutes sur la rigueur avec laquelle est établie la formule (35). LECHER (1905) a regardé d'abord comme possible une non-coïncidence exacte de la température, pour laquelle $q = 0$, avec la température du point neutre ; mais il a donné lui-même plus tard (1906) une démonstration rigoureuse de la nécessité de cette coïncidence. LECHER (1906) a en outre étudié l'élément Fe — constantan et a montré qu'en changeant le sens du courant, l'effet PELTIER change de signe, sa grandeur absolue restant invariable ; la formule (34) est donc exacte. Le même élément a ensuite été considéré par CERMAK (1907) entre 0° et 560° ; par coulomb, on trouve les effets suivants en 10^{-3} calorie-kilog. et en une seconde

0°	20°	130°	240°	320°	560°
3,1	3,6	4,5	6,2	8,2	12,5. 10^{-3} cal.-kilog.

RZIHA (1907) a observé l'effet PELTIER avec Ni — Cu de 20° à 800° ; à 250° se manifeste un maximum, à 350° un minimum et à 700° un second maximum. JORDAN (1911) a étudié l'élément Bi — Cu. BECK (1910) a mesuré l'effet PELTIER dans Fe — constantan, Cu — constantan et Cu — Ni ; il a obtenu une très bonne confirmation de la formule (35).

Le phénomène de PELTIER s'observe également à la surface de contact *des métaux avec les liquides et des liquides entre eux*. Le premier cas a été considéré par BOUTY (1880), HOORWEG, JAHN, GILL, GOCKEL et d'autres encore. BOUTY et GILL ont obtenu des résultats concordant avec la théorie générale qui a été exposée plus haut. A la limite séparative de deux *électrolytes*, le phénomène de Peltier est difficile à mettre en évidence. Cependant il a été observé par Schultz-Sellack (1870) et par Hoorweg (1880); Naccari et Battelli (1896), et tout particulièrement Bagard l'ont étudié d'une manière approfondie. Bagard a montré que, dans ce cas aussi, la grandeur q change de signe à la température du point neutre.

6. L'effet Thomson. — Des considérations théoriques, sur lesquelles nous reviendrons dans le § suivant, ont conduit W. Thomson (Lord Kelvin) (1856) à penser qu'une différence de potentiel doit exister non seulement entre des corps de nature différente en contact, mais aussi entre les parties voisines d'un même corps, lorsque ces parties sont à des températures inégales. D'après cela, une *chute de potentiel* doit avoir lieu dans les parties d'un conducteur où existe une *chute de température*, le sens de ces deux chutes pouvant être le même ou non. Dans un circuit homogène *fermé*, la somme des variations du potentiel est nulle et il ne se produit de courant pour aucune distribution de température. Si une différence de température dt entre des sections infiniment voisines produit dans celles-ci une différence de potentiel $dV = f(t)\,dt$, $f(t)$ dépendant de la nature de la substance, la différence $V_2 - V_1$ des potentiels aux extrémités du conducteur, qui se trouvent aux températures t_2 et t_1, est

$$(39) \qquad V_2 - V_1 = \int_{t_1}^{t_2} f(t)\,dt = \varphi(t_2) - \varphi(t_1)\,;$$

elle est évidemment indépendante de la distribution de température le long du conducteur. Supposons maintenant qu'au passage d'un courant à travers une partie du conducteur, où existe une chute de température et par suite aussi une chute de potentiel, le phénomène de Peltier se produise, c'est-à-dire qu'indépendamment du dégagement de la chaleur de Joule, un autre *dégagement* de chaleur ait lieu, le courant ayant même sens dans la partie considérée que la chute de potentiel, et une *absorption*, si le courant et la chute de potentiel sont de sens contraires. Cherchons ce qui doit alors se

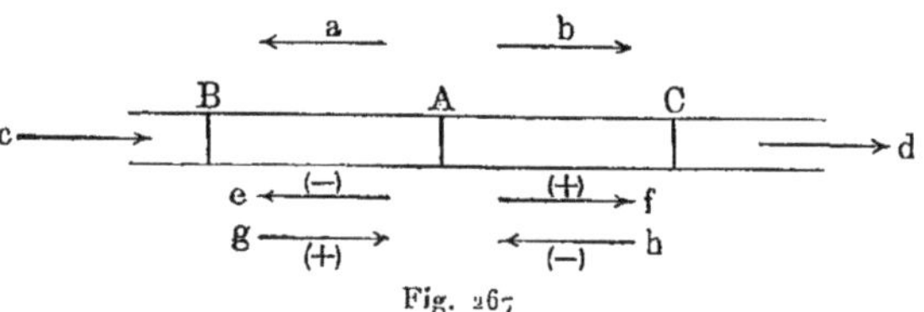

Fig. 267

passer, lorsqu'on chauffe au milieu A (*fig.* 267) une longue tige et qu'on y fait passer ensuite un courant. Soient B et C deux sections du conducteur; les flèches a et b indiquent le sens de la chute de température et on envoie le courant dans la tige suivant les flèches c et d. Supposons d'abord que les chutes de potentiel aient le sens des flèches e et f; le courant doit alors produire dans la partie BA (abstraction faite de l'échauffement dû à la chaleur de Joule) un refroidissement (—), et dans la partie AC un échauffement (+). Le résultat est le même que si une partie de la chaleur avait passé de BA en AC, ou que *si le courant avait la faculté de transporter la chaleur dans le sens qu'il possède lui-même.* Lorsque le sens des chutes de potentiel est celui des flèches g et h, il doit se produire en BA un dégagement de chaleur, en AC, au contraire, une absorption ; le courant effectuant, pour ainsi dire, un transport de chaleur dans un sens *contraire* au sien. W. Thomson a observé effectivement un *transport apparent de chaleur* produit par le courant. On désigne ce transport sous le nom d'*effet* Thomson. Les substances où le transport apparent a lieu *dans le sens du courant* s'appellent des substances *positives* : on dit encore, dans ce cas, que l'effet Thomson est positif. Lorsque le transport de chaleur a le sens contraire, les substances correspondantes ou l'effet Thomson sont négatifs. W. Thomson a étudié Fe et Cu. Un faisceau de lamelles de *fer*, divergent par endroits, serré en d'autres, se trouve disposé, comme l'indique la figure 268. La caisse K renferme de l'eau chaude ; dans

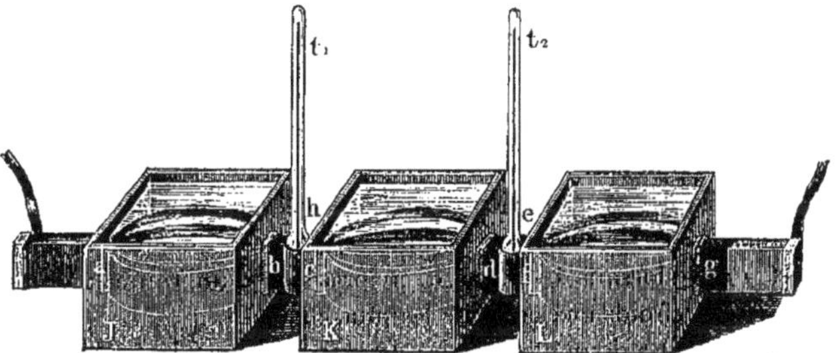

Fig. 268

les caisses J et L coule de l'eau froide. Les thermomètres t_1 et t_2 accusent une certaine différence accidentelle, en tout cas petite, des températures. En faisant passer un courant d'abord dans un sens, puis dans l'autre, on obtient des différences de température inégales, s'interprétant complètement par un transport apparent de chaleur dans le sens *contraire* à celui du courant ; le fer est donc une substance *négative*. Avec Cu, on observe le phénomène inverse et la chaleur est pour ainsi dire transportée par le courant ; le cuivre est donc une substance *positive*.

Le Roux (1867) a étudié par une méthode ingénieuse un grand nombre de métaux purs et d'alliages. Deux tiges identiques AB et A'B' sont disposées parallèlement ; leurs extrémités A et A' sont réunies métalliquement et se trouvent à 100° ; les extrémités B et B' sont placées dans un espace à la température de 0°. Dans la partie médiane, protégée par un écran contre les extrémités chauffées, se trouve entre les tiges une pile thermoélectrique, dont les deux extrémités sont appliquées contre les faces latérales des tiges en regard l'une de l'autre, de sorte que la pile mesure la différence de température entre les parties médianes des deux tiges. L'identité des tiges permet de réduire cette différence à zéro ; mais, quand les extrémités B et B' sont réunies à une source de courant, le courant passant évidemment dans l'une des tiges dans le sens de l'accroissement de température, et dans l'autre dans le sens de la chute de température, la pile indique une différence de température, dont la grandeur et le signe définissent l'effet Thomson pour la substance dont les tiges sont formées. Le Roux a trouvé que *l'effet* Thomson *est proportionnel à l'intensité du courant*; il a reconnu en outre que Sb, Cd, Zn, le bronze d'aluminium, Cu, Ag, le laiton et l'alliage 10 Bi + 1 Sb sont positifs; Bi, l'argentan, Pt, Al, Sn, Fe et l'alliage 5Sb + 5Cd + 1Bi sont négatifs. Il a aussi déterminé les valeurs relatives de l'effet, qui est particulièrement grand dans les deux alliages mentionnés, dans Bi, l'argentan, Pt, Cd, Fe et Sb. Le Roux a observé que *l'effet* Thomson *est nul dans le plomb*. Hoorweg (1880), Trowbridge et Penrose (1882), ainsi que Bidwell (1884) ont effectué d'autres recherches sur divers métaux.

La quantité q de chaleur, qui *disparaît* au cours d'une seconde dans une portion du conducteur dont les extrémités ont une différence de température de 1°, alors que le conducteur est parcouru par un courant i dans le sens *opposé* au transport de chaleur, est égale à

$$q = \sigma i. \tag{40}$$

La quantité de chaleur σ, transportée par l'unité de courant dans l'unité de temps, dans une partie du conducteur où la chute de température est de 1°, a été appelée par W. Thomson *la chaleur spécifique de l'électricité dans la substance donnée*. Cette chaleur spécifique est positive, quand le métal est positif, c'est-à-dire lorsque q disparaît en présence d'un courant qui va des endroits les plus froids aux endroits les plus chauds.

Battelli (1886) a donné le premier des valeurs numériques de la grandeur σ et a déterminé sa dépendance à l'égard de la température. Il s'est servi de la méthode de Le Roux, avec cette différence toutefois que les parties médianes des deux tiges (qui étaient laquées) traversaient deux calorimètres à mercure identiques, permettant de mesurer la chaleur q de Thomson. On mesure en outre, à l'aide d'éléments thermoélectriques, les températures respectives des tiges des deux côtés des calorimètres, en vue d'obtenir la *température moyenne* des parties de ces tiges à l'intérieur des calorimètres; la grandeur de l'effet Thomson est rapportée à ces températures. Battelli a déduit de ses expériences que *q est proportionnel à l'intensité i du courant et, si on excepte le fer, proportionnel à la température absolue* T, de sorte qu'on a

$$q = aTi, \tag{40, a}$$

a désignant une constante, qui dépend de la substance. En mesurant i en unités C. G. S. et q en calories-grammes, Battelli a trouvé les valeurs suivantes pour la grandeur $10^8 a$ (intensité du courant = 10 ampères) :

Cd	Sb	Bi	Pb	Argentan	10Bi + 1 Sb
3,678	7,081	— 3,909	0,0433	— 2,560	10,002.

Comme on le voit, BATTELLI a observé l'effet THOMSON dans le plomb, quoique à un degré très faible. En comparant (40) et (40, a), on trouve

$$(40, b) \qquad \sigma = aT ;$$

autrement dit, *la chaleur spécifique de l'électricité est, pour une substance donnée, proportionnelle à la température absolue.*

HAGA (1887) a étudié l'effet THOMSON dans Pt, Pb et Hg. Avec Pt, la formule (40, b) ne s'est pas trouvée vérifiée. Avec Pb, σ est négatif, quand le métal est pur, positif au contraire dans le métal du commerce. Il est très intéressant de remarquer que *l'effet* THOMSON *se produit aussi dans le mercure,* où l'apparition d'une différence de potentiel ne peut être attribuée aux variations de structure dues à un changement de température. La grandeur σ est *négative* pour le mercure et environ 3 fois plus petite que pour Bi.

LAWS (1903) a considéré les alliages de Bi avec Zn et a reconnu que, dans ces alliages, σ croît plus vite que proportionnellement à la température absolue. Nous passerons sur les recherches de KING (1898) et de HALL (1905) et nous mentionnerons surtout le travail important de LECHER (1905), qui a déterminé la dépendance entre σ et la température pour Fe, Cu, Ag et le constantan. En exprimant, dans la formule (40), l'intensité du courant en *ampères,* la quantité de chaleur en *calories-grammes,* LECHER a obtenu les valeurs numériques suivantes :

pour le *fer* entre 91° et 441°,

$$(41) \qquad \sigma = -(1{,}860 + 0{,}02057\,t - 0{,}00005120\,t^2)\,10^{-6} ;$$

pour le *cuivre* entre 252° et 678°,

$$(41, a) \qquad \sigma = +(3{,}01 + 0{,}00662\,t)\,10^{-7} ;$$

pour l'*argent* entre 123° et 525°,

$$(41, b) \qquad \sigma = +(7{,}363 + 0{,}00887\,t)\,10^{-7} ;$$

pour le *constantan* entre 87° et 481°,

$$(41, c) \qquad \sigma = -(4{,}73 + 6{,}10 \,.\, 10^{-3}\,t - 2{,}40 \,.\, 10^{-5}\,t^2)\,10^{-6}.$$

Pour aucune de ces substances, la formule (40, b) *ne se confirme.* Pour le *fer,* la valeur absolue ($-\sigma \,.\, 10^6$) croît d'abord en même temps que la température de 3,23 à 3,92, atteint un maximum vers 185° et diminue ensuite jusqu'à 1,06 à 440°. Pour le *constantan,* σ est également une fonction non linéaire de la température et la grandeur $-\sigma \,.\, 10^6$ diminue quand la température croît. Pour le *cuivre* et l'*argent,* σ est une fonction linéaire croissante de la température, mais la croissance est plus lente que la proportionnalité à la température absolue.

Plus récemment, l'effet THOMSON a été étudié par HALL (1906), SCHOUTE (1907), BERG (1910), W. KÖNIG (1910), CERMAK (1910), AALDERINK (1910), KOENIGSBERGER et WEISS (1911). SCHOUTE s'est occupé du mercure et a obtenu une bonne confirmation de la formule (40, b). BERG a considéré l'effet

Thomson dans Cu, Fe et Pt ; il a observé dans Cu un petit effet *positif* avec un petit coefficient de température, dans Pt un grand effet *négatif* avec une dépendance également petite à l'égard de la température, dans Fe un grand coefficient de température, tel qu'à — 50° l'effet est nul et, en dessous de cette température, positif ; la formule (40, *b*) n'est pas non plus approximativement vérifiée. Cermak a constaté dans Cd, Zn et Pb un effet positif, dans Al, Sn et Hg un effet négatif ; ces effets sont très petits dans Pb, Sn et Al, très grands dans Cd ; il a étudié ces métaux à des températures variant de 0° à 350° : quand la température augmente, l'effet croît, mais non conformément à la formule (40, *b*). Dans le passage à l'état liquide du métal, l'effet Thomson ne subit aucune variation brusque. Koenigsberger et Weiss ont étudié Fe, Si, le graphite et le sulfure de molybdène ; ils ont observé dans le silicium un effet Thomson si fort que, sous certaines conditions, un courant électrique peut produire du froid, au lieu de la chaleur.

Bagard (1893) a étudié *l'effet* Thomson *dans les liquides* ; il a réussi à démontrer l'existence de cet effet, dans les solutions de $CuSO^4$, $ZnSO^4$ et $ZnCl^2$, qui toutes les trois sont positives.

7. Théorie des phénomènes thermoélectriques. — Il existe de nombreuses recherches théoriques sur les phénomènes thermoélectriques. En partant de certaines hypothèses sur la cause des différences de potentiel dans un circuit non homogène et inégalement chauffé, constitué par des conducteurs appartenant surtout à la première classe, les auteurs des diverses théories proposées ont cherché à rattacher entre eux le phénomène du courant thermoélectrique, le phénomène de Peltier et l'effet Thomson, et à établir les lois ou les règles suivies par ces phénomènes. On trouvera une exposition détaillée et très complète de ces théories, jusqu'aux plus récentes, dans l'ouvrage de Weinstein, *Thermodynamik und Kinetik der Körper*, Tome III, pages 348-400, Braunschweig 1905. Une autre exposition a été récemment donnée par Cermak dans le *Jahrbuch der Radioaktivität und Elektronik*, **8**, p. 241, 1911.

Nous parlerons ici brièvement des théories thermodynamiques pures seulement, sans avoir égard aux théories électroniques que nous présenterons dans le Tome suivant.

Les premières théories thermodynamiques ont été publiées presque simultanément par Clausius (1853) et W. Thomson (1854). Clausius ne connaissait pas encore l'effet Thomson, de sorte qu'il n'a pas compris ce dernier parmi les phénomènes auxquels se rapportent ses recherches. La théorie de Clausius est en substance la suivante. Envisageons un circuit fermé, qui se compose de deux métaux soudés aux points A et B ; les températures des soudures diffèrent infiniment peu, la température de la soudure A étant t, celle de la soudure B étant $t + dt$. Clausius admet que le mouvement calorifique qui a lieu dans la soudure donne naissance à une différence de potentiel, ce mouvement chassant les électricités de noms contraires dans des sens opposés, jusqu'à ce qu'il se forme une double couche faisant équilibre à l'action du mouvement calorifique. La grandeur de la différence de potentiel qui se produit dépend de la température ; supposons-la égale à e en A, à $e + de$ en B. Dans le circuit fermé agit une force électromotrice infiniment petite $dE = de$. Soit η la quantité d'électricité qui passe dans le circuit durant un certain intervalle de temps. CLAUSIUS admet que le travail des forces électriques à la soudure, qui est exprimé par le produit de η et de la différence de potentiel, est équivalent à la chaleur de PELTIER. On a donc à la soudure A (en unités mécaniques) la chaleur de PELTIER $q_2 = e\eta$ et à la soudure B la chaleur de PELTIER $q_1 = (e + de)\,\eta$. La chaleur q_1 est *absorbée* à la soudure *la plus chaude* B ; la chaleur q_2 est *dégagée* à la soudure *la plus froide* A. Remarquons que pour $\eta = 1$, on obtient, pour la chaleur de PELTIER, $q = e$; mais, comme nous l'avons vu, ce résultat n'est pas exact, car q est exprimé par la formule moins simple (35), page 750. En se plaçant au point de vue de CLAUSIUS, on voit que le passage de la quantité d'électricité η dans le circuit est accompagné d'une absorption de chaleur $q_1 = (e + de)\,\eta$ à la soudure chaude B et d'un dégagement de chaleur $q_2 = e\eta$ à la soudure froide A. Si $dE = de$ est infiniment petit, on obtient un courant infiniment faible ; on peut donc négliger la chaleur de JOULE, qui est proportionnelle au carré de l'intensité du courant, ce qui permet de considérer tout le processus comme réversible et de lui appliquer le *second principe de la Thermodynamique*. Soient $T = t + 273$ et $T + dT$ les températures absolues des soudures ; on a, pour tout cycle réversible (Tome III, Chap. VIII, § **13**),

$$\frac{q_1}{q_2} = \frac{T}{T + dT}.$$

En substituant les valeurs $q_1 = (e + de)\,\eta$ et $q_2 = e\eta$, il vient

$$\frac{de}{e} = \frac{dT}{T},$$

ou en intégrant

$$e = aT, \tag{42}$$

a étant un facteur constant. CLAUSIUS trouve donc que *la force électromotrice de contact de deux conducteurs est proportionnelle à la température absolue*, ce qui donne, pour la force thermoélectromotrice E, l'expression

$$E = e_2 - e_1 = a(T_2 - T_1) = a(t_2 - t_1), \tag{42, a}$$

c'est-à-dire la formule (10), page 737. Nous avons vu que la formule exacte (35) conduit, précisément dans l'hypothèse où $e = aT$, à l'égalité $q = e$, voir (35, a) et (36, a), c'est-à-dire à la formule (42, a). Naturellement, l'hypothèse $q = e$, placée à la base de la théorie de CLAUSIUS, conduit inversement à l'égalité $e = aT$. CLAUSIUS savait que l'égalité (42, a) n'est pas confirmée par l'expérience et déjà en 1853, il avait indiqué qu'on peut expliquer cette discordance en admettant qu'il se produit, dans un métal homogène, des différences de potentiel entre les parties inégalement chaudes de ce métal. Il supposait toutefois que cela est seulement possible dans les métaux où une variation de température est accompagnée d'un changement d'état moléculaire.

La théorie de Clausius a été développée dans ce sens par Budde (1874), dont Clausius lui-même a, dans la suite, regardé les conclusions comme très précieuses (voir sa *Mecanische Wärmetheorie*, Tome II, pp. 193-203, 1879). On doit d'ailleurs remarquer que la théorie de Budde ressemble en beaucoup de points à la théorie donnée antérieurement, en 1854, par W. Thomson.

Les raisonnements de Budde sont, dans leurs grandes lignes, les suivants. L'existence d'une série thermoélectrique (page 731) indique que l'on doit considérer la constante a dans (42) comme la différence de deux grandeurs α et β, respectivement caractéristiques des deux métaux ; on a donc

$$e = (\alpha - \beta)\,\mathrm{T}, \tag{42, b}$$

α et β étant des *fonctions de la température* T. Une force électromotrice apparaît en outre entre deux couches voisines quelconques du conducteur ; si l'une de ces couches est caractérisée par la grandeur α, la voisine par la grandeur $\alpha + d\alpha$, et si la température de la surface de contact est T, la force électromotrice $\mathrm{T}d\alpha$ prend naissance entre les deux couches considérées. Soient α_1, β_1 et α_2, β_2 les valeurs de α, β aux soudures ; la force électromotrice totale E dans le circuit fermé est égale à

$$\mathrm{E} = \int_{\mathrm{T}_1}^{\mathrm{T}_2} \mathrm{T}\,d\beta + (\alpha_2 - \beta_2)\,\mathrm{T}_2 + \int_{\mathrm{T}_2}^{\mathrm{T}_1} \mathrm{T}\,d\alpha - (\alpha_1 - \beta_1)\,\mathrm{T}_1. \tag{42, c}$$

En intégrant par parties, on a, par exemple,

$$\int_{\mathrm{T}_1}^{\mathrm{T}_2} \mathrm{T}\,d\beta = \mathrm{T}_2\beta_2 - \mathrm{T}_1\beta_1 - \int_{\mathrm{T}_1}^{\mathrm{T}_2} \beta\,d\mathrm{T},$$

et on trouve

$$\mathrm{E} = \int_{\mathrm{T}_1}^{\mathrm{T}_2} (\alpha - \beta)\,d\mathrm{T}, \tag{42, d}$$

ou, en faisant $\mathrm{T}_1 = \mathrm{T}_0$ et $\mathrm{T}_2 = \mathrm{T}$,

$$\mathrm{E} = \int_{\mathrm{T}_0}^{\mathrm{T}} (\alpha - \beta)\,d\mathrm{T}. \tag{43}$$

On déduit de là pour le *pouvoir thermoélectrique* (page 743)

$$\frac{d\mathrm{E}}{d\mathrm{T}} = \alpha - \beta. \tag{44}$$

Les formules (42, b) et (44) donnent

$$e = \mathrm{T}\,\frac{d\mathrm{E}}{d\mathrm{T}} = (\alpha - \beta)\,\mathrm{T}. \tag{45}$$

En étudiant E en fonction de la température, on trouve la différence $\alpha - \beta$ et, connaissant l'une de ces grandeurs (pour un métal quelconque) on peut déterminer l'autre. Si on pose, par exemple, $\beta = 0$ pour le plomb, on obtient α pour tous les autres métaux. Lorsque l'unité de quantité d'électricité traverse la soudure, on a, d'après BUDDE, pour la *chaleur* de PELTIER,

$$(45, a) \qquad q = \pm e = \pm T \frac{dE}{dT}.$$

Occupons-nous maintenant de la théorie de W. THOMSON. Celui-ci a d'abord fait l'hypothèse (1852) qu'une chute de température est liée à une chute de potentiel de même sens ou de sens contraire, et qu'un courant, circulant dans un conducteur inégalement chaud, est accompagné d'un dégagement ou d'une absorption de chaleur; plus tard (1856), il a démontré par des expériences directes, comme nous l'avons vu, l'existence de ce phénomène, qui a reçu le nom d'effet THOMSON. Une substance déterminée est caractérisée par une certaine grandeur σ, appelée par THOMSON la *chaleur spécifique de l'électricité*; nous en avons donné la définition à la page 754. Nous rappellerons que σ est positif, lorsque le passage de l'électricité de l'endroit le plus froid vers l'endroit le plus chaud est acccompagné d'une *absorption* de chaleur, c'est-à-dire quand le courant transporte, pour ainsi dire, de la chaleur. Nous avons aussi indiqué les déterminations les plus récentes de la grandeur σ, parmi lesquelles les plus importantes sont dues à BATTELLI (1886) et à LECHER (1905). Les considérations théoriques qui ont guidé W. THOMSON se résument comme il suit.

Soient A et B les soudures des deux métaux (*fig.* 269), T_1 et T_2 leurs tem-

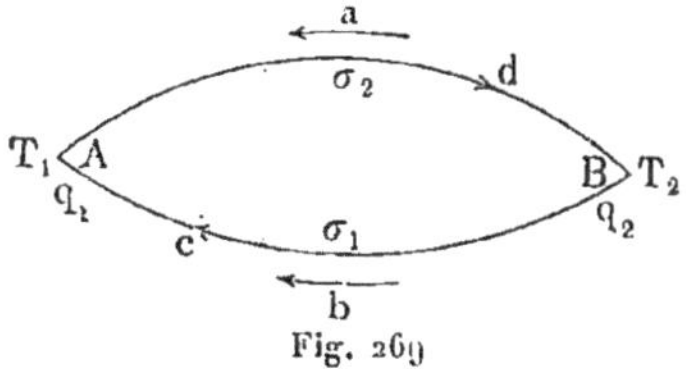

Fig. 269

pératures ($T_2 > T_1$), de sorte que le mouvement de la chaleur a lieu dans le sens marqué par les flèches *a* et *b*. Prenons, pour sens du courant thermoélectrique, celui des flèches *c* et *d* et désignons par E la force électromotrice totale agissant dans le circuit. Supposons que l'unité de quantité d'électricité traverse le circuit ; l'énergie *électrique* totale qui apparaît dans le circuit est alors E. Elle doit être égale à la chaleur qui a disparu dans le circuit. Soit q_1 la quantité de chaleur qui *apparaît* à la soudure froide A, q_2 celle qui *disparaît* à la soudure chaude B : nous mesurerons q_1 et q_2 en unités mécaniques. Dans le conducteur (σ_2), le courant a un sens contraire à celui du mouvement de la chaleur ; dans chaque couche du conducteur (σ_2) *disparaît* la chaleur $\sigma_2 dT$; dans chaque couche de l'autre conducteur (σ_1) *apparaît* la chaleur $\sigma_1 dT$, dT devant toujours être considéré comme positif. Le principe de la conservation de l'énergie donne donc

$$(46) \qquad E = q_2 - q_1 + \int_{T_1}^{T_2} (\sigma_2 - \sigma_1) dT.$$

W. Thomson considère en outre le processus entier du transport de chaleur comme un cycle réversible, ce qui n'est exact que pour une intensité de courant infiniment petite, alors qu'on peut négliger la chaleur de Joule. On a, d'après le second principe de la thermodynamique,

$$\frac{q_2}{T_2} - \frac{q_1}{T_1} + \int_{T_1}^{T_2} \frac{\sigma_2 - \sigma_1}{T}\, dT = 0. \tag{46, a}$$

Si on fait $T_1 = T_0$, $T_2 = T$, $q_2 = q$, les deux équations (46) et (46, a) peuvent s'écrire

$$\frac{dE}{dT} = \frac{dq}{dT} + \sigma_2 - \sigma_1, \tag{47}$$

$$\frac{d\left(\frac{q}{T}\right)}{dT} + \frac{\sigma_2 - \sigma_1}{T} = 0. \tag{47, a}$$

En effectuant la différentiation, cette dernière donne

$$\frac{q}{T} = \frac{dq}{dT} + \sigma_2 - \sigma_1 \tag{47, b}$$

et des équations (47) et (47, b) on déduit

$$\frac{dE}{dT} = \frac{q}{T}, \tag{47, c}$$

c'est-à-dire

$$q = T\frac{dE}{dT}, \tag{47, d}$$

comme expression de la *chaleur de* Peltier. D'après (47, c), on a

$$E = \int_{T_1}^{T_2} \frac{q}{T}\, dT. \tag{48}$$

Si on porte (47, d) dans (47, b), il vient

$$\sigma_2 - \sigma_1 = -T\frac{d^2E}{dT^2}. \tag{48, a}$$

Les trois dernières formules expriment les propositions les plus importantes de la théorie de W. Thomson. Tait a admis que *la grandeur σ est, pour une substance donnée, proportionnelle à la température absolue*, c'est-à-dire qu'on peut poser

$$\sigma = aT. \tag{49}$$

Dans ce cas, (47, a) donne

$$\frac{d\left(\frac{q}{T}\right)}{dT} + a_2 - a_1 = 0;$$

d'où

$$\frac{q}{T} + (a_2 - a_1)T + C = 0.$$

Soit τ la température du point neutre, pour laquelle $q = 0$; on a $(a_2 - a_1)\tau + C = 0$ et par suite

$$q = (a_2 - a_1)(\tau - T)T. \tag{49, a}$$

Posons $a_2 - a_1 = k$; en portant (49, *a*) dans (48), on a

$$E = k(T_2 - T_1)\left[\tau - \frac{T_1 + T_2}{2}\right]; \tag{49, b}$$

cette formule est identique à celle d'Avenarious, voir (17), page 739). Nous avons vu que Battelli a déduit de ses expériences la relation $\sigma = aT$, mais que les recherches plus récentes de Lecher (1905) ne concordent pas du tout avec elle.

Parmi les théories thermoélectriques proposées avant 1885, il faut encore mentionner celle de F. Kohlrausch (1875). Elle est basée sur l'hypothèse que tout flux de chaleur est accompagné d'un transport d'électricité et qu'inversement tout flux d'électricité dans un conducteur *uniformément chaud* est accompagné d'un transport de chaleur ; en d'autres termes, la chaleur entraîne avec elle l'électricité et l'électricité transporte avec elle la chaleur. Ce point de départ permet à Kohlrausch d'expliquer les phénomènes thermoélectriques que nous avons considérés.

De nombreuses théories thermoélectriques ont été publiées depuis 1885. Les plus importantes sont dues à Lorentz (1885), Duhem (1886), Boltzmann (1887), Planck (1889), W. Voigt (1895), Riecke (1898), Liebenow (1899), Drude (1900), Wiedeburg (1900), Weinstein (1905), Lecher (1906), Krüger (1910), Bernoulli (1911), Königsberger et Weiss (1911), Altenkirch (1911) et à d'autres encore. L'exposé de ces théories, qui reposent sur des hypothèses très diverses et en partie très compliquées, sortirait du cadre de cet ouvrage. Nous remarquerons seulement que les théories les plus récentes cherchent à expliquer les phénomènes thermoélectriques en s'appuyant sur la théorie des électrons; nous avons déjà dit que nous reviendrions sur ce nouveau point de vue dans le Tome suivant.

BIBLIOGRAPHIE

2. — Courant thermoélectrique. Corps solides.

STREIT. — *Jahresberichte der Gymnasien zu Schlawe* (1902), Kattowitz (1903), Wittenberge (1905).

SEEBECK. — *Gilb. Ann.*, **73**, pp. 115, 430, 1823 ; *P. A.*, **6**, pp. 1, 133, 159, 253, 1826 ; *Abhandl. Berl. Akad.*, 1822/23, p. 265 ; *Ann. de chim. et phys.*, (2), p. 199, 1823.

A. BECQUEREL. — *Ann. de chim. et phys.*, **31**, p. 386, 1826 ; **41**, p. 353, 1829 ; *P. A.*, **17**, p. 545, 1829.

MAGNUS. — *P. A.*, **83**, p. 469, 1851.

HANKEL. — *P. A.*, **62**. p. 197, 1844.

W. THOMSON (LORD KELVIN). — *Rep. Brit. Assoc.*, 1855 ; *Papers*, **2**, p. 181 ; *P. A.*, **99**, p. 334, 1856.

ERHARD. — *W. A.*, **14**, p. 504, 1881.

MATTHIESSEN. — *P. A.*, **103**, p. 412, 1858.

E. BECQUEREL. — *Ann. de chim. et phys.*, (4) **8**, p. 403, 1866 ; *C. R.*, **61**, p. 146, 1865.

BACHMÉTIEFF. — *J. de la Soc. russe phys.-chim.*, **18**, p. 47, 1886 ; **21**, p. 264, 1889 ; **23**, pp. 220, 301, 370, 430, 1891 ; **25**, p. 256, 1893 ; *W. A.*, **43**, p. 723, 1891 ; *Rep. d. Phys.*, **26**, p. 705, 1890 ; **27**, pp. 442, 607, 1891.

HOLBORN et DAY. — *Berl. Ber.*, 1899, p. 691.

JÄGER et DIESSELHORST. — *Wiss. Abhandl. d. Reichsanstalt*, **3**, p. 270, 1900.

ROLLMANN. — *P. A.*, **83**, p. 77, 1851 ; **84**, p. 275, 1851 ; **89**, p. 90, 1853.

HUTCHINS. — *Amer. Journ. of Sc.*, (3) **48**, p. 226, 1894.

C. L. WEBER. — *W. A*, **23**, p. 447, 1884.

DES COUDRES. — *W. A.*, **43**, p. 673, 1891.

ENGLISCH. — *W. A.*, **50**, p. 88, 1893.

PÉCHEUX. — *C. R.*, **149**, p. 1062, 1909.

RUDOLFI. — *Ztschr. f. anorgan. Chemie*, **67**, p. 65, 1910.

HAKEN. — *Ann. d. Phys.*, (4) **32**, p, 291, 1910 ; *Verh. d. d. phys. Ges.*, **12**, p. 229, 1910 ; *Diss.*, Berlin 1909.

BRONIEWSKI. — *C. R.*, **149**, p. 853, 1909 ; **150**, p. 1754, 1910 ; *Revue de Métallurgie*, **7**, p. 39, 1910.

WEIDERT. — *Diss.* Rostock, 1905.

STEFAN. — *Wien. Ber.*, 1865, n° 9 ; *P. A.*, **124**, p. 633, 1865.

LUSSANA. — *Atti. R. Ist. Veneto*, **51**, p. 1489, 1893.

W. THOMSON. — (Cristaux). *Papers*, **1**, p. 266.

PERROT. — *Arch. des Sc. phys. et natur.*, (4) **6**, pp. 105, 229, 1898 ; **7**, p. 149, 1899 ; *C. R.*, **126**, p. 1194, 1898.

CHASSAGNY et ABRAHAM. — *C. R.*, **111**, pp. 602, 732, 1890.

OVERBECK. — *W. A.*, **22**, p. 344, 1884.

BARUS. — *W. A.*, **7**, p. 383, 1879 ; *Diss.*, Leipzig, 1879.

W. THOMSON. — (Actions mécaniques). *Phil. Trans.*, **3**, 1856 ; *Papers*, **2**, p. 267.

Le Roux. — *Ann. de chim. et phys.*, (4) **10**, p. 217, 1867.
Tunzelmann. — *Phil. Mag.*, (5) **5**, p. 339, 1878 ; *Chem. News*, **37**, p. 118, 1878.
E. Cohn. — *W. A.*, **6**, p. 385, 1879.
Ewing. — *Proc. R. Soc.*, **32**, p. 399, 1881.
Des Coudres. — *W. A.*, **43**, p. 680, 1891 ; *Verh. Phys. Ges.*, **9**, p. 18, 1890.
Agricola. — *Diss.* Erlangen, 1902.
E. Wagner. — *Annal. d. Phys.*, (4) **27**, p. 955, 1908.
Hörig. — *Annal. d. Phys.*, (4) **28**, p. 371, 1909.
G. S. Meyer. — *W. A.*, **59**, p. 154, 1896.
A. Becquerel. — (Températures différentes). *Ann. de chim. et phys.*, (2) **23**, p. 135, 1823.
Magnus. — (Températures différentes). *P. A.*, **83**, p. 469, 1851 ; *Ann. de chim. et phys.*, (3) **34**, p. 105, 1855.
Gaugain. — *Ann. de chim. et phys.*, (3) **65**, p. 75, 1862.
Matteucci. — *P. A.*, **44**, p. 629, 1838 ; **47**, p. 600, 1839 ; *Bibl. univers.*, (3) **13**, p. 199 ; **15**, p. 187, 1838.
Rosing. — *J. de la Soc. russe phys.-chim.*, **30**, p. 151, 1898.
Egg-Sieberg. — *Elektrotechn. Ztschr.*, 1900, p. 619 ; Heinke, *Handbuch d. Elektrotechnik*, **1**, p. 260, Leipzig 1902.
Borgmann. — *J. de la Soc. russe phys.-chim.*, **9**, p. 314, 1877.

3. — Rôle de la température dans les phénomènes thermoélectriques.

Pouillet. — *C. R.*, **4**, p. 515, 1837 ; **5**, p. 785, 1837 ; *P. A.*, **42**, p. 297, 1837.
Regnault. — *Mém. de l'Acad. des Sc.*, **21**, p. 240, 1847.
Gaugain. — *Ann. de chim. et phys.*, (3) **65**, p. 5, 1862.
Cumming. — *Ann. of Phil.*, (New Series) **5**, p. 427, 1823 ; *Schweigg. Journ.*, **40**, p. 320, 1823.
Draper. — *Phil. Mag.*, (3) **16**, p. 451, 1840.
A. Becquerel. — *Ann. de chim. et phys.*, **31**, p. 371, 1826.
Hankel. — *P. A.*, **62**, p. 491, 1844.
Avenarious. — *Sur la thermoélectricité* (en russe), Saint-Pétersb., 1864 ; *P. A.*, **119**, p. 406, 1863 ; **122**, p. 193, 1864 ; **149**, p. 372, 1873.
Tait. — *P. A.*, **152**, p. 427, 1874 ; *Proc. Edinb. R. Soc.*, **8**, pp. 32, 44, 182 ; **9**, pp. 208, 350, 362, 1872-1874 ; *Trans. R. Soc. Edinb.*, **27**, 1873.
W. Thomson. — *Phil. Trans.*, London 1856, Part III.
Kohlrausch et Ammann. — *P. A.*, **141**, p. 456, 1870 ; *Gött. Nachr.*, 1870, p. 400.
Tidblom. — *Lunds Univers. Ars-Skrift* (2) **10**, 1873.
Knott et Mc Gregor. — *Proc. R. Soc. Edinb.*, **9**, p. 421, 1876 ; **18**, p. 310, 1894 ; *Trans. R. Soc. Edinb.*, **28**, p. 321, 1878.
Naccari et Bellati. — *N. Cim.*, (2) **16**, pp. 5, 120, 1876.
Noll. — *W. A.*, **53**, p. 874, 1894.
Jäger et Diesselhorst. — Voir § **2**.
Holborn et Day. — Voir § **2**.
Abt. — *Annal. d. Phys.*, (4), p. 320, 1900.
Chassagny et Abraham. — *C. R.*, **111**, pp. 602, 732, 1890 ; **112**, p. 1198, 1891.
Battelli. — *Atti di Torino*, **22**, p. 169, 1888.
Holman. — *Phil. Mag.*, (5) **41**, p. 463, 1896.
Barrett. — *Phil. Mag.*, (5) **49**, p. 309, 1900.
Harrison. — *Phil. Mag.*, (6) **3**, p. 177, 1902.
Dewar et Fleming. — *Phil. Mag.*, (5) **40**, p. 95, 1895.

HAMILTON DICKSON. — *Trans. R. Soc. of Edinburgh*, **47**, Part IV, p. 737, 1911.
LECHER. — *Wien. Ber.*, **117**, p. 373, 1908.
STEELE. — *Phil. Mag.*, (5) **37**, p. 218, 1894.
DE METZ. — *C. R.*, **138**, 1904.
RIGHI. — *Sulla forza electromotrice del Selenio*, Padova, 1888 ; *Naturwiss. Rundchau*, **4**, p. 236.
WEIDERT. — *Annal. d. Phys.*, (4) **18**, p. 811, 1905 ; *Diss.* Rostock, 1905.
BACHMÉTIEFF. — *J. de la Soc. russe phys.-chim.*, **29**, p. 108, 1897.
HOFFMANN — *Diss.* Rostokc, 1898.
PETERS. — *Thermoelemente und Thermosaülen*, Halle, 1908 (*Monographien über angewandte Elektrochemie* nº 30), 148 pages.

4. — Phénomènes thermoélectriques dans les liquides.

NOLL. — Voir § **3**.
BRAUN. — Voir WINKELMANN, *Handb. d. Phys.*, **4** (1), p. 740, 1905.
BURNIE. — *Phil. Mag.*, (5) **43**, p. 397, 1897.
CERMAK et H. SCHMIDT. — *Annal. d. Phys.*, (4) **36**, p. 575, 1911.
NOBILI. — *Schweigg. Journ.*, **53**, p. 271, 1828.
WALKER. — *P. A.*, **5**, p. 327, 1825.
GORE. — *Phil. Mag.*, (4) **13**, p. 1, 1857 ; **43**, p. 54, 1872 ; *Proc. R. Soc.*, **19**, p. 324, 1871 ; **27**, p. 213, 1878 ; **29**, p. 472, 1879 ; **31**, p. 214, 1880 ; **37**, p. 521, 1884.
FARADAY. — *Exper. Res. Ser.*, **17**, §§ 1932, 1952, 1840.
BLEEKRODE. — *P. A.*, **138**, p. 571, 1869.
BOUTY. — *C. R.*, **90**, p. 917, 1880 ; *Journ. de phys.*, (1) **9**, p. 229, 1880.
EBELING. — *W. A.*, **30**, p. 530, 1887.
BRANDER. — *W. A.*, **37**, p. 457, 1889.
HAGENBACH. — *W. A.*, **53**, p. 447, 1894 : **58**, p. 21, 1896.
LINDIG. — *P. A.*, **123**, p. 1, 1864.
BAGARD. — *C. R.*, **113**, p. 849, 1891.
EMERY. — *Proc. R. Soc.*, **55**, p. 356, 1895.
ANDREWS. — *Phil. Mag*, (3) **10**, p. 433, 1837 ; *P. A.*, **41**, p. 164, 1837.
HANKEL. — *P. A.*, **103**, p. 612, 1858.
L. POINCARÉ. — *C. R.*, **110**, p. 339, 1890.
ARNDT. — *Ztschr. f. Elektrochem.*, **12**, p. 337, 1906.
GOODWIN et WENTWORTH. — *Phys. Rev.*, **24**, p. 77, 1907.
R. LORENZ et KALMUS. — *Phys. Chem.*, **59**, p. 17, 1905.
WILD. — *P. A.*, **103**, p. 353, 1858 ; *Ann. de chim. et phys.*, (3) **53**, p. 370, 1858.
E. BECQUEREL. — *Ann. de chim. et phys.*, (4) **8**, p. 389, 1866.
DONLE. — *W. A.*, **28**, p. 574, 1886.
GOCKEL. — *W. A.*, **40**, p. 450, 1890.
BAGARD. — (Liquides). *C. R.*, **114**, p. 986, 1892 : *Ann. de chim. et phys.*, (7) **3**, p. 83, 1894.
NACCARI et BATTELLI. — *Atti d. R. Acad. di Torino*, **20**, 1884/85 ; **25**, 1885/86.
DUANE. — *W. A.*, **65**, p. 374, 1898 ; *Berl. Ber.*, 1896, p. 967 ; *Diss.*, Berlin, 1897.
BUCHERER. — *Annal. d. Phys.*, (4) **3**, p. 204, 1900.
NERNST. — *Phys. Chem.*, **4**, p. 129, 1889.
PLANCK. — *W. A.*, **39**, p. 161, 1890 ; **40**, p. 561, 1890 ; **44**, p. 385, 1891.
PODSZUS. — *Annal. d. Phys.*, (4) **27**, p. 859, 1908.

5. — Le phénomène de Peltier

PELTIER. — *Ann. de chim. et de phys.*, (2) **56**, p. 371, 1834; *P. A.*, **43**, p. 324, 1838.

E. BECQUEREL. — *Ann. de chim. et phys.*, (3) **20**, p. 60, 1847.

E. LENZ. — *P. A.*, **44**, p. 342, 1838.

QUINTUS ICILIUS. — *P. A.*, **89**, p. 377, 1853.

FRANKENHEIM. — *P. A.*, **91**, p. 161, 1854.

LE ROUX. — *Ann. de chim. et phys.*, (4), **10**, p. 243, 1867; *C. R.*, **99**, p. 842, 1884.

EDLUND. — *P. A.*, **140**, p. 435, 1870; **143**, pp. 404, 534, 1871.

SUNDELL. — *Öfvers. Vetensk. Acad. Forhandl*, 1872, n° 3; *P. A.*, **149**, p. 144, 1873.

WALTENHOFEN. — *Wien. Ber.*, **75**, 1877; *W. A.*, **21**, p. 360, 1884.

GORE. — *Phil. Mag.*, (5), **21**, p. 359, 1886.

SKOBELTSINE et TSINZERLING. — *J. de la Soc. russe phys.-chim.*, **19**, p. 121, 1887.

BATTELLI. — *Rend. d. Acad. dei Lincei*, (4), **3**, p. 404, 1887; **5**, p. 631, 1889.

JAHN. — *W. A.*, **34**, p. 755, 1888.

BAUSENWEIN. — *Wien. Ber.*, **113**, p. 663, 1904; **114**, p. 1625, 1905; *Annal. d. Phys.*, (4), **15**, p. 213, 1904.

LECHER. — *Phys. Ztschr.*, **6**, p. 781, 1905; **7**, p. 34, 1906; *Wien. Ber.*, **115**, p. 186, 1505, 1906.

CERMAK. — *Wien. Ber.*, **116**, p. 657, 1907; *Annal. d. Phys.*, (4), **24**, p. 351, 1907; **26**, p. 521, 1908.

RZIHA. — *Wien. Ber.*, **116**, p. 715, 1907.

JORDAN. — *Phil. Mag.*, (6), **21**, p. 454, 1911.

BECK. — *Diss.* Zürich, 1911; *Vierteljahrsschr. d. naturf. Ges.* Zürich, **55**, p. 103, 1910.

LA ROSA. — *Rendic. Acc. d. Lincei*, (5), **13**, p. 167, 1904.

BOUTY. — *C. R.*, **89**, p. 146, 1879; **90**, p. 987, 1880.

HOORWEG. — *W. A.*, **9**, p. 568, 1880; **11**, p. 146, 1880.

GILL. — *W. A.*, **40**, p. 115, 1890.

GOCKEL. — *W. A.*, **24**, p. 618, 1885.

SCHULZ-SELLACK. — *P. A.*, **141**, p. 467, 1870.

NACCARI et BATTELLI. — *Atti di Torino*, **20**, p. 581, 1886; *N. Cim.*, (3), **20**, p. 201, 1886.

BAGARD. — *C. R.*, **114**, p. 980, 1892; **116**, pp. 27, 1126, 1893; *Ann. de chim. et phys.*, (7), **3**, p. 83, 1894.

LUSSANA. — *Atti d. R. Ist. Venet.*, (7), **4**, pp. 477, 1489, 1892/93.

6. — L'effet Thomson.

W. THOMSON. — *Phil. Trans.*, **3**, p. 661, 1856; *Ann. de chim. et phys.*, (3), **54**, p. 105, 1858; *Math. and Phys. Papers*, **1**, p. 246; **2**, p. 192.

LE ROUX. — *Ann. de chim. et phys.*, (4), **10**, p. 258, 1867.

HOORWEG. — *W. A.*, **9**, p. 955, 1880.

TROWBRIDGE et PENROSE. — *Amer. J. of Sc.*, (3), **24**, p. 379, 1882; *Phil. Mag.*, (5), **14**, p. 440, 1882.

BIDWELL. — *Proc. R. Soc.*, **37**, p. 25, 1884.

BATTELLI. — *Atti di Torino*, **22**, pp. 48, 369, 1886/87; *Rend. d. Acc. dei Lincei*, **3**, pp. 105, 212, 1887; *N. Cim.*, (3), **21**, pp. 228, 250, 1887; **22**, pp. 157, 221, 1887.

HAGA. — *Ann. de l'École polytechn. de Delft*, **3**, p. 43, 1887; *W. A.*, **28**, p. 179, 1886; **32**, p. 131, 1887.

LAWS. — *Cambridge Proc.*, **12**, p. 179, 1903; *Phil. Mag.*, (6), **7**, p. 560, 1904.

KING. — *Proc. Amer. Acad. Boston*, **33**, p. 353, 1898.

HALL. — *Proc. Amer. Acad. of Arts and Sc.*, **41**, n° 2, Mai 1905; *Contrib. Phys. Labor. of Harvard Univers.*, 1904.

LECHER. — *Wien. Ber.*, **114**, p. 1599, 1905; **115**, p. 173, 1906; *Annal. d. Phys.*, (4) **19**, p. 853, 1906; **20**, p. 480, 1906.

SCHOUTE. — *Arch. Néerl. Sect. II*, **12**, p. 175, 1907.

BERG. — *Annal. d. Phys.*, (4), **32**, p. 477, 1910; *Götting. Nachr.*, 1910, p. 141.

HALL. — *Contrib. Jefferson Lab.*, **4**, n° 12, 1906.

W. KÖNIG. — *Phys. Zeitschr.*, **11**, p. 913, 1910.

CERMAK. — *Annal. d. Phys.*, (4), **33**, p. 1195, 1910.

AALDERINK. — *Arch. Néerl.*, (2), **15**, p. 322, 1910.

KÖNIGSBERGER et WEISS. — *Annal. d. Phys.*, (4), **35**, p. 1, 1911.

BAGARD. — *C. R.*, **117**, p. 97, 1893; *Ann. de chim. et phys.*, (7), **3**, p. 83, 1894; *Thèse de doctorat*, Paris, 1894.

RADAKOWITS. — *Phys. Ztschr.*, **8**, p. 505, 1907.

7. — Théorie des phénomènes thermoélectriques.

CLAUSIUS. — *P. A.*, **90**, p. 513, 1853; *Abhandl.*, **2**, p. 175, 1867; *Mech. Wärmetheorie*, **2**, p. 170, 1879.

BUDDE. — *P. A.*, **153**, p. 343, 1874; *W. A.*, **21**, p. 277, 1884; **25**, p. 564, 1885; **30**, p. 664, 1887.

W. THOMSON. — *Proc. Edinb. R. Soc.*, déc. 1851; *Phil. Mag.*, (4), **3**, 1852; **11**, pp. 214, 281, 1856; *Trans. Edinb. R. Soc.*, **21**, p. 123, 1854; *Phil. Trans.*, **3**, p. 661, 1856; 1875; *Math. and Phys. Papers*, **1**, p. 246; **2**, p. 192; *Ann. de chim. et phys.*, (3), **54**, p. 105, 1858.

TAIT. — Nature, 23 Mai 1873; *Trans. R. Soc. Edinb.*, **27**, p. 125, 1873; *P. A.*, **152**, p. 427, 1874.

F. KOHLRAUSCH. — *P. A.*, **156**, p. 601, 1875; *W. A.*, **23**, p. 477, 1884; *Gött. Nachr.*, 1874, p. 65.

LORENTZ. — *Arch. Néerland.*, **20**, p. 129, 1885; *W. A.*, **36**, p. 594, 1889.

DUHEM. — *C. R.*, **104**, p. 1606, 1887; *Ann. de l'École normale*, (3), **2**, pp. 363, 405, 1885. *Le potentiel thermodynamique*, p. 222, Paris, 1886; *Leçons sur l'électricité et le magnétisme*, **1**, p. 478, Paris, 1891.

BOLTZMANN. — *Wien. Ber.*, **96**, p. 1258, 1887.

LORBERG. — *W. A.*, **34**, p. 662, 1888.

PLANCK. — *W. A.*, **36**, p. 624, 1889; **44**, p. 385, 1891.

PARKER. — *Phil. Mag.*, (5), **26**, p. 353, 1888; **27**, p. 72, 1889; *Proc. Cambr. Phil. Soc.*, **7**, p. 269, 1891.

W. VOIGT. — *W. A.*, **67**, p. 715, 1899; **69**, p. 706, 1899.

RIECKE. — *W. A.*, **66**, pp. 353, 545, 1898; *Phys. Ztschr.*, **2**, p. 639, 1901; *Annal. d. Phys*, (4), **2**, p. 835, 1900.

DRUDE. — *Annal. d. Phys.*, (4), **1**, p. 566, 1900; **3**, p. 369, 1900; **7**, p. 687, 1902.

WIEDEBURG. — *Annal. d. Phys.*, (4), **1**, p. 758, 1900.

LIEBENOW. — *W. A.*, **68**, p. 316, 1899; *Annal. d. Phys.*, (4), **2**, p. 636, 1900; **3**, p. 155, 1900; *Verh. d. deutsch. phys. Ges.*, **1**, pp. 74, 82, 1899.

WEINSTEIN. — *Thermodynamik u. Kinetik der Körper*, **3**, pp. 390-400, Braunschweig, 1905.

Lecher. — Voir § **6**.
Stansfield. — *Phil. Mag.*, (5), **46**, p. 59, 1898.
Ponsot. — *C. R.*, **140**, p. 1585, 1905.
Lodge. — *Phil. Mag.*, (5), **2**, p. 524, 1876.
Edlund. — *P. A.*, **137**, p. 474, 1869.
Le Roux. — *Ann. de chim. et phys.*, (4), **10**, p. 241, 1867.
Liebmann. — *W. A.*, **68**, p. 316, 1899.
Reinganum. — *Annal. d. Phys.*, (4), **2**, p. 398, 1900.
Bernoulli. — *Verh. d. d. phys. Ges.*, 1911, p. 573.
Krüger. — *Phys. Zeitschr.*, **11**, p. 860, 1910.
Altenkirch. — *Phys. Zeitschr.*, **12**, p. 920, 1911.

CHAPITRE VII

ACTIONS PONDÉROMOTRICES DU CHAMP MAGNÉTIQUE.

1. Introduction. — Nous avons considéré, dans les Chapitres précédents de ce second Livre, les propriétés et les deux sources (aimants et courants) du champ magnétique. Passons maintenant aux *actions* de ce champ sur les corps qu'il contient et occupons-nous d'abord des actions purement mécaniques, c'est-à-dire des forces qui peuvent mettre *en mouvement* ces corps.

Les forces magnétiques agissent, d'après leur définition même, sur le *magnétisme libre* ; elles agissent en outre aussi sur le courant. Nous savons déjà que le magnétisme libre est simplement *fictif* (voir page 437) et qu'il ne peut être séparé de l'aimant lui-même. Nous avons également considéré jusqu'ici le courant électrique comme un phénomène qui se produit dans certains corps, dans les conducteurs. Les forces magnétiques agissent directement sur le magnétisme et sur le courant, mais cette action se transmet toujours, en quelque sorte, au corps, aimant ou conducteur du courant, auquel est lié l'objet de l'action immédiate. Nous avons donc à parler des actions du champ magnétique que l'on appelle *pondéromotrices* (pour les distinguer des actions électromotrices), en premier lieu sur les *aimants*, et en second lieu sur les conducteurs où passe un *courant électrique*. Dans ce dernier cas, on dit habituellement pour abréger qu'il y a action sur le *courant*, en entendant par là *l'action sur les conducteurs parcourus par le courant*.

Dans l'étude des forces pondéromotrices, auxquelles sont soumis les aimants et les courants dans un champ magnétique donné, on doit apporter, dans certains cas, une attention particulière aux *liaisons* qui interviennent dans *l'équilibre* des aimants ou des courants, ces derniers ne possédant qu'une mobilité compatible avec ces liaisons. On peut avoir à considérer, par exemple, les conditions d'équilibre d'aimants ou de courants assujettis à tourner autour d'axes donnés.

Comme nous l'avons vu, un champ magnétique peut être dû à la présence d'aimants ou de courants; il semble donc que nous devions rencontrer *quatre* cas essentiellement différents d'actions pondéromotrices dans le champ magnétique; on peut avoir en effet des aimants dans un champ d'aimants, des aimants dans un champ de courants, des courants dans un champ d'aimants et enfin des courants dans un champ de courants. Si l'on imagine que la cause des actions pondéromotrices observées soit transportée du champ lui-même à la source de ce champ, on peut donc considérer les quatre actions suivantes : aimants sur aimants, aimants sur courants, courants sur aimants et courants sur courants. Mais, comme les aimants et les courants, qui subissent des actions pondéromotrices, sont eux-mêmes des sources de champ magnétique, il est clair que les aimants et courants constituant les sources du champ donné sont soumis en même temps à des actions pondéromotrices. Nous avons par conséquent à envisager les *actions mutuelles* entre les sources respectives de deux champs magnétiques, existant simultanément et pour ainsi dire superposés. D'après la troisième loi de Newton (Tome I), c'est-à-dire d'après la loi de l'égalité de l'action et de la réaction, le problème des actions mutuelles entre un courant et un aimant ne comprend pas deux cas tout à fait distincts, dans l'un desquels il s'agirait de l'action d'un courant sur un aimant, dans l'autre de l'action d'un aimant sur un courant; ces actions se réduisent en effet l'une et l'autre, suivant la loi précédente, à des forces de même grandeur, mais opposées. Nous devons donc distinguer non pas quatre, mais seulement *trois* cas essentiellement différents d'action mutuelle :

1. Action mutuelle des aimants,
2. Action mutuelle des aimants et des courants,
3. Action mutuelle des courants.

Pratiquement, on a ordinairement affaire à deux corps, dont l'un a une *position invariable*, et on n'étudie que les forces sous l'action desquelles l'autre corps entre en mouvement ou prend une position d'équilibre déterminée. On peut effectivement alors envisager séparément *quatre* cas d'action mutuelle entre aimants et courants; mais il ne faut pas oublier qu'au fond deux de ces cas ne sont pas distincts. Bien entendu, il est également d'un grand intérêt de considérer les circonstances où les deux corps qui agissent l'un sur l'autre sont mobiles; ces circonstances se prêtent à une réalisation pratique facile. Nous allons étudier d'une manière approfondie les trois cas d'action mutuelle que nous avons énumérés.

2. Action mutuelle des aimants. — Pour soumettre au calcul les forces qui agissent sur un aimant placé dans le champ magnétique d'un autre aimant, on part de la loi de Coulomb, qui a été indiquée à la page 435 et dont nous nous sommes déjà servi à plusieurs reprises pour établir diverses formules. En mesurant la quantité de magnétisme au moyen de l'unité *électromagnétique* (page 439) et en admettant que la perméabilité magnétique $\mu = 1$ pour le milieu environnant, la loi de COULOMB s'exprime par la formule suivante, voir (3), page 439,

$$f = \frac{mm'}{r^2}, \tag{1}$$

où m, m' sont deux masses magnétiques distantes de r et où f est la grandeur de la force qui agit sur m et m'. Cette force est *répulsive*, quand m et m' ont le même signe, *attractive*, quand m et m' sont de signes contraires.

On peut faire la *vérification* de cette loi de COULOMB en partie par les deux méthodes que l'on emploie pour s'assurer de l'exactitude de l'autre loi de COULOMB relative aux forces électriques, que nous avons considérée pages 306 à 313. Mais il faut avoir égard à deux circonstances qui compliquent la question, lorsqu'on a affaire à des aimants. D'abord, dans l'étude à la surface de la Terre de l'action d'un aimant (ou d'un courant) sur un autre aimant, il ne faut pas perdre de vue que ce second aimant se trouve soumis à *la force du magnétisme terrestre*, dont l'effet se fait sentir dans ses mouvements, sa position d'équilibre, etc. Une seconde circonstance, qui possède ici une importance toute particulière, est que la distribution du magnétisme à l'intérieur d'un aimant et à sa surface ne peut être déterminée exactement ; le calcul ne peut donc être conduit de telle sorte que l'action mutuelle observée soit le résultat des actions mutuelles de toutes les particules de magnétisme libre de l'un des aimants sur toutes les particules de magnétisme libre de l'autre aimant. Il n'y a que deux cas où l'on peut supposer tout le magnétisme libre d'un aimant concentré en ses *pôles* ; c'est quand l'aimant se trouve dans un champ uniforme (page 469), et quand on considère l'action d'un aimant sur des points, dont la distance à l'aimant est très grande comparativement aux dimensions linéaires de ce dernier (page 496).

Nous allons indiquer les deux méthodes au moyen desquelles COULOMB a vérifié la partie de sa loi, d'après laquelle l'action mutuelle f entre deux masses magnétiques m et m' est inversement proportionnelle au carré de la distance r entre ces masses.

La *première* de ces méthodes, *la méthode des oscillations*, est analogue à celle que nous avons exposée à la page 311 (voir *fig.* 119) ; elle est presque identique à la méthode de détermination de la distribution du magnétisme libre sur un aimant (voir page 495). Un aimant aussi long que possible est disposé verticalement. Dans le plan horizontal, passant par l'un de ses pôles, se trouve une aiguille aimantée, pouvant osciller dans ce plan ; en outre, le plan passant par l'axe de l'aimant et par le centre de l'aiguille aimantée coïncide avec le plan du méridien magnétique. Soit H_0 la composante horizontale de l'intensité du magnétisme terrestre, H_1 et H_2 les intensités respectives du champ de l'*aimant* aux distances r_1 et r_2 du pôle considéré, n_0 le nombre des oscillations de l'aiguille aimantée en l'absence de l'aimant, n_1 et n_2 les nombres d'oscillations de cette aiguille aux distances r_1 et r_2. On a alors $H_0 = cn_0^2$, $H_0 + H_1 = cn_1^2$, $H_0 + H_2 = cn_2^2$, c étant un facteur de proportionnalité ; on en déduit $H_1 = c(n_1^2 - n_0^2)$, $H_2 = c(n_2^2 - n_0^2)$. Si la loi est exacte, on doit avoir $H_1 : H_2 = r_2^2 : r_1^2$ et par suite

$$(2) \qquad \frac{n_1^2 - n_0^2}{n_2^2 - n_0^2} = \frac{r_2^2}{r_1^2}.$$

Les expériences de COULOMB ont confirmé cette égalité, quoique avec une approximation assez grossière, pour des valeurs différentes de r_1 et r_2.

La *seconde méthode* de COULOMB est basée sur l'emploi de la balance de torsion et est analogue à celle indiquée à la page 309. Nous donnerons à cette méthode une forme plus générale que celle adoptée par COULOMB lui-même. Soit AB (*fig.* 270) la position de l'aimant mobile, qui se trouve dans

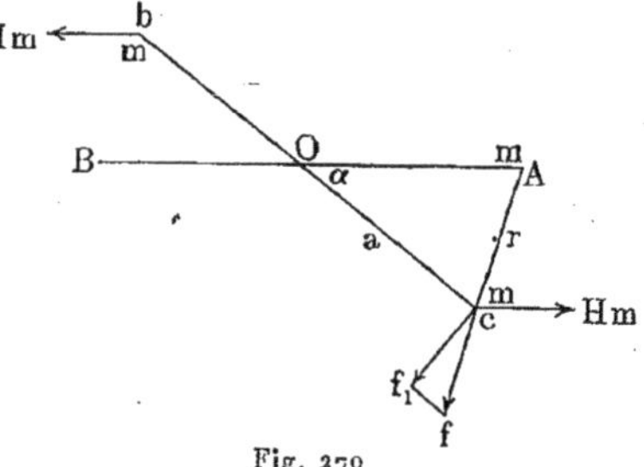

Fig. 270

le méridien magnétique quand le fil est sans aucune torsion. Si on tord le fil d'un angle φ_0, l'aimant est dévié d'un certain angle α_0. Au moyen de la formule (12), page 469, dans laquelle on a maintenant $\varphi = \alpha_0$, on obtient l'égalité

$$(2, a) \qquad C\varphi_0 = MH \sin \alpha_0,$$

C étant le coefficient de torsion du fil, M le moment magnétique de l'aimant et H la composante horizontale de l'intensité du magnétisme terrestre. Amenons en A le pôle m_1 d'un aimant vertical, ce pôle étant de même nom que le pôle de l'aimant mobile qui est en A. Ce dernier aimant est alors dévié d'un certain angle α, la torsion *réelle* donnée au fil étant égale à φ. La condition d'équilibre est alors, voir fig. 270.

$$f_1 a = fa \cos\frac{\alpha}{2} = C\varphi + MH \sin\alpha = C\left(\varphi + \varphi_0 \frac{\sin\alpha}{\sin\alpha_0}\right).$$

Lorsque l'angle de torsion est égal à φ', on obtient l'angle α' et la force f', et on a

$$f'a \cos\frac{\alpha'}{2} = C\left(\varphi' + \varphi_0 \frac{\sin\alpha'}{\sin\alpha_0}\right),$$

d'où

$$\frac{f}{f'} = \frac{\varphi \sin\alpha_0 + \varphi_0 \sin\alpha}{\varphi' \sin\alpha_0 + \varphi_0 \sin\alpha'} \cdot \frac{\cos\frac{\alpha'}{2}}{\cos\frac{\alpha}{2}}.$$

Ce rapport $\frac{f}{f'}$ des forces est donné par l'expérience. D'après la loi de Coulomb, on doit avoir, voir (7, a), page 310,

$$f : f' = \sin^2 \frac{\alpha'}{2} : \sin^2 \frac{\alpha}{2}.$$

En égalant ces deux expressions de $f : f'$, on trouve

$$\sin \frac{\alpha}{2} \operatorname{tg} \frac{\alpha}{2} (\varphi \sin \alpha_0 + \varphi_0 \sin \alpha) = \sin \frac{\alpha'}{2} \operatorname{tg} \frac{\alpha'}{2} (\varphi' \sin \alpha_0 + \varphi_0 \sin \alpha').$$

Il résulte de cette égalité que l'on a, pour toute torsion du fil,

$$(3) \qquad \sin \frac{\alpha}{2} \operatorname{tg} \frac{\alpha}{2} (\varphi \sin \alpha_0 + \varphi_0 \sin \alpha) = const.,$$

si la loi de Coulomb est exacte. Les observations confirment, dans la limite des erreurs inévitables, que l'expression (3) est constante : φ_0 et α_0 sont, comme on l'a dit plus haut, déterminés par une expérience préalable.

La vérification la plus précise de la partie de la loi de Coulomb relative à la dépendance entre f et r est due à Gauss ; nous indiquerons plus loin la méthode qu'il a suivie.

La seconde partie de la loi de Coulomb, qui exprime la relation existant entre la force f et les quantités m et m_1 de magnétisme libre, ne peut être vérifiée expérimentalement, car on ne dispose d'aucun moyen pour faire varier m ou m_1 dans un rapport déterminé, comme on peut le faire pour les charges électriques (page 311). On ne connaît l'existence de la grandeur m que par son action, et on fait une *hypothèse*, en prenant la grandeur m, dans des circontances identiques, proportionnelle à cette action ; dans la définition de m, on suppose donc déjà que la seconde partie de la loi de Coulomb est exacte. En voici pourtant une certaine confirmation indirecte. Soient A, B, C, D, etc. les pôles de plusieurs aimants ; on constate que le *rapport* des actions des pôles A et B reste le même, quel que soit le pôle C, D, etc. sur lequel ces actions s'exercent.

On peut, en partant de la loi de Coulomb, résoudre un grand nombre de problèmes relatifs à l'action mutuelle des aimants. La méthode à adopter dépend du but, théorique ou purement pratique, que l'on veut atteindre, ainsi que du degré d'exactitude que doit avoir le résultat. Il faut d'abord décider s'il est nécessaire de tenir compte de la *distribution du magnétisme libre* dans les deux aimants qui agissent l'un sur l'autre, ou s'il est possible de considérer les deux magnétismes libres comme concentrés aux deux pôles dans chaque aimant. Dans le premier cas, on peut s'appuyer sur la formule (16), page 472, pour le potentiel d'un aimant en un point extérieur quelconque, dont les coordonnées ξ, η, ζ figurent dans l'expression de ce potentiel ; nous avons déjà donné à la page 497 un exemple très simple de l'application de cette formule.

Si on regarde l'action de chacun des deux aimants comme émanant seulement de ses *pôles* et si on se contente de solutions approchées, on peut, dans certains cas, employer la formule (13, *c*), page 470, qui donne l'intensité H du champ d'un aimant de petite longueur en des points éloignés.

Pour rester dans les applications *pratiques*, nous supposerons que les axes des deux aimants se trouvent dans un même plan, qui est le plus souvent horizontal. Nous supposerons en outre que l'aimant A, *qui produit la déviation*, a une position invariable, et que l'aimant B, *qui est dévié*, peut seulement tourner autour d'un axe passant par son centre et perpendiculaire au plan contenant les deux aimants; en pratique, cet axe est presque toujours vertical. Sur l'aimant B agissent quatre forces, appliquées deux à deux à ses pôles et émanant des pôles de l'aimant A. Les composantes de ces forces, dans une direction normale à l'axe de l'aimant B, donnent un *couple*, dont il s'agit de déterminer le moment $\mathfrak{M}$. En l'absence de l'aimant A, l'axe de l'aimant B se place dans le plan du méridien magnétique. Sous l'action de A, l'axe de B *est dévié* d'un certain angle φ, qu'on détermine facilement quand on a trouvé le moment $\mathfrak{M}$ du couple qui produit la déviation.

Des formules très générales ont été établies par Lamont, O. D. Chwolson et A. Schmidt (1907). Soient AB et A_1B_1 (*fig.* 271) les axes des aimants, aux

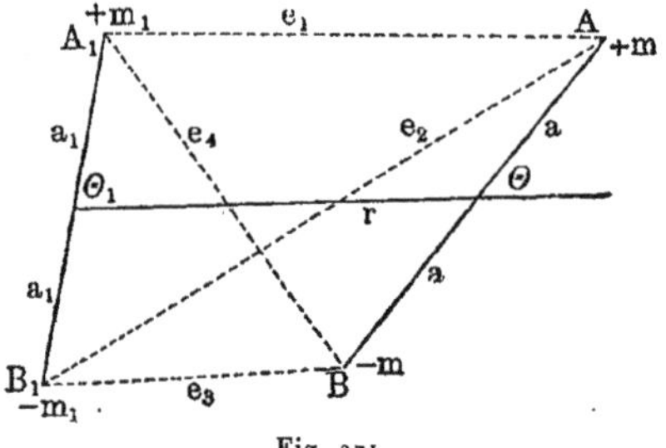

Fig. 271

pôles desquels sont concentrées les quantités de magnétisme $\pm m$ et $\pm m_1$; ces axes font des angles θ et θ_1 avec la droite qui joint les centres des aimants ; désignons en outre par e_1, e_2, e_3, e_4 les distances entres les pôles pris deux à deux, par a et a_1 les demi-distances entre les pôles d'un même aimant, enfin par $M = 2am$ et $M_1 = 2a_1m_1$ les moments magnétiques. Le potentiel mutuel des deux aimants est égal à

$$W = mm_1\left(\frac{1}{e_1} - \frac{1}{e_2} + \frac{1}{e_3} - \frac{1}{e_4}\right).$$

O. D. Chwolson a donné à cette expression la forme suivante

$$(4)\qquad W = -\frac{MM_1}{r^3}\left(k_0 + \frac{k_2}{r^2} + \frac{k_4}{r^4} + \ldots\right),$$

où r est la distance entre les centres des aimants et où k_0, k_2, k_4, etc. sont des fonctions de a, a_1, θ et θ_1 ; il a calculé les trois premiers de ces coefficients ; on a, en particulier,

$$(4, a) \quad \begin{cases} k_0 = 2\cos\theta\cos\theta_1 - \sin\theta\sin\theta_1, \\ k_2 = -\frac{3}{2}(a^2 + a_1^2)(4\cos\theta\cos\theta_1 - \sin\theta\sin\theta_1) \\ \qquad + \frac{5}{2}(a_1^2\cos^2\theta_1 + a^2\cos^2\theta)(4\cos\theta\cos\theta_1 - 3\sin\theta\sin\theta_1). \end{cases}$$

Les dérivées $\frac{\partial W}{\partial \theta}$ et $\frac{\partial W}{\partial \theta_1}$ sont égales respectivement aux moments cherchés des couples qui agissent sur les aimants.

Nous allons considérer les deux cas particuliers connus sous le nom de *positions principales de* Gauss.

Première position principale de Gauss. L'aimant fixe NS (*fig.* 272) est normal au méridien magnétique. Sur le prolongement de son axe se trouve le centre B de l'aimant mobile *ns* (aiguille aimantée). Cet aimant mobile, sous l'action de NS, éprouve une déviation φ à partir du méridien magnétique. La condition d'équilibre s'exprime par l'égalité du moment du couple qui

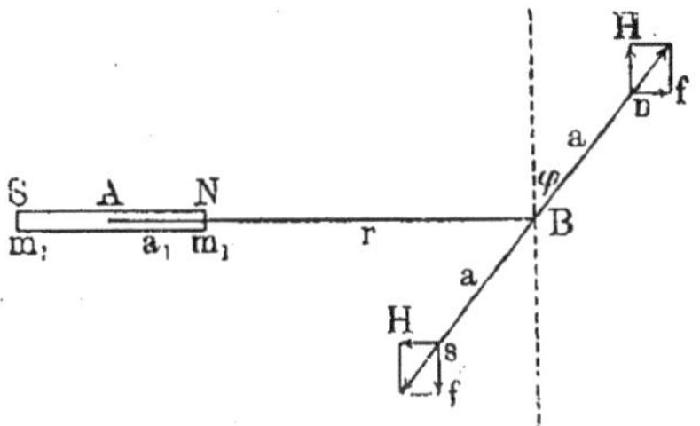

Fig. 272

fait dévier l'aiguille du méridien magnétique, et du moment MH sin φ, voir (12), page 469, du couple par lequel le magnétisme terrestre tend à ramener l'aiguille dans le méridien magnétique. O. D. Chwolson a établi cette condition, dans le présent cas particulier, sans utiliser la formule (4) ; elle s'écrit de la manière suivante :

$$(5) \qquad \frac{2MM_1}{r^3}\cos\varphi\left(1 + \frac{p_2}{r^2} + \frac{p_4}{r^4} + \frac{p_6}{r^6} + \ldots\right) = MH\sin\varphi,$$

p_{2k} étant une fonction de a, a_1 et φ, dont O. D. Chwolson a calculé la forme pour une valeur *quelconque* de k ; on a, en particulier,

$$(5, a) \quad \begin{cases} p_2 = 2a_1^2 - 3a^2 + 15a^2\sin^2\varphi, \\ p_4 = 3a_1^4 - 15a^2a_1^2(1 - 5\sin^2\varphi) + \frac{45}{8}a^4(1 - 14\sin^2\varphi + 21\sin^4\varphi). \end{cases}$$

Ces deux expressions avaient déjà été données par Lamont ; on peut les déduire de (4) et (4, a), en faisant $\theta_1 = 0$ et $\theta = 90^0 - \varphi$. En limitant la série dans (5) aux deux premiers termes, on a

(6) $$\operatorname{tg}\varphi = \frac{2M_1}{Hr^3}\left(1 + \frac{p_2}{r^2}\right).$$

Si on néglige les dimensions de l'aiguille mobile ($a = 0$), on obtient

(6, a) $$\operatorname{tg}\varphi = \frac{2M_1}{Hr^3}\left(1 + \frac{2a_1^2}{r^2}\right),$$

et en négligeant également $\frac{a^2}{r^2}$,

(6, b) $$\operatorname{tg}\varphi = \frac{2M_1}{Hr^3}.$$

Il est facile d'établir directement la formule (6, a) en supposant que l'intensité f du champ de l'aimant NS en n et s est la même qu'en B. On a alors

$$f = \frac{m_1}{(r-a_1)^2} - \frac{m_1}{(r+a_1)^2} = \frac{4a_1m_1r}{(r^2-a_1^2)^2} = \frac{2M_1}{r^3}\left(1 - \frac{a_1^2}{r^2}\right)^{-2} = \frac{2M_1}{r^3}\left(1 + \frac{2a_1^2}{r^2}\right),$$

en limitant le développement de $\left(1 - \frac{a_1^2}{r^2}\right)^{-2}$ aux deux premiers termes.

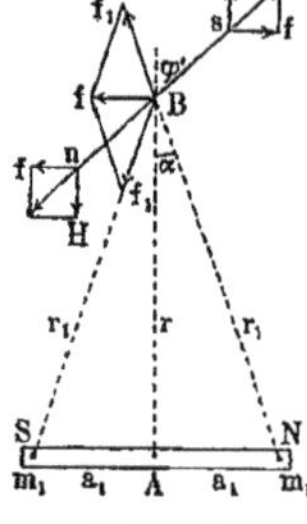

Fig. 273

Pour que l'aiguille soit en équilibre, il faut que la résultante des intensités f et H ait la direction de l'axe ns. Ceci donne $f = H \operatorname{tg}\varphi$, d'où la formule (6, a), que l'on peut aussi déduire de (58), page 498, de même que (6, b) de (13, c), page 470.

Seconde position principale de Gauss. L'aimant fixe NS (*fig.* 273) est encore normal au méridien magnétique, mais le centre B de l'aiguille ns se trouve sur une droite qui est perpendiculaire à l'axe de l'aimant SN et qui passe par son centre A. Dans ce cas, où $\theta_1 = 90^0$ et $\theta = -\varphi'$, les formules générales (4) et (4, a) donnent, comme condition d'équilibre,

(7) $$\frac{MM_1\cos\varphi'}{r^3}\left(1 + \frac{q_2}{r^2} + \frac{q_4}{r^4}\right) = HM\sin\varphi',$$

en limitant le développement du premier membre aux trois premiers termes, et on a

(7, a) $$\begin{cases} q_2 = 6a^2 - \dfrac{3}{2}a_1^2 - \dfrac{45}{2}a^2\sin^2\varphi', \\ q_4 = \dfrac{15}{8}a_1^4 - \dfrac{15}{4}a_1^2a^2(6-23\sin^2\varphi') + 15a^4\left(1 - \dfrac{21}{2}\sin^2\varphi' + \dfrac{105}{8}\sin^4\varphi'\right). \end{cases}$$

Lamont donne comme coefficients dans la dernière parenthèse, au lieu de $-\frac{21}{2}$ et $+\frac{105}{8}$, les nombres $-\frac{21}{4}$ et $-\frac{21}{8}$, ce qui entraîne une correction.

En arrêtant le développement dans (7) aux deux premiers termes, on a

$$\text{(7, b)} \qquad \operatorname{tg} \varphi' = \frac{M_1}{Hr^3}\left(1 + \frac{q_2}{r^2}\right),$$

et en négligeant a,

$$\text{(7, c)} \qquad \operatorname{tg} \varphi' = \frac{M_1}{Hr^3}\left(1 - \frac{3a_1^2}{2r^2}\right).$$

Si on néglige aussi a_1, il reste

$$\text{(7, d)} \qquad \operatorname{tg} \varphi' = \frac{M_1}{Hr^3}.$$

Les formules (6, b) et (7, d) donnent

$$\text{(7, e)} \qquad \operatorname{tg} \varphi = 2 \operatorname{tg} \varphi';$$

pour de très petites valeurs de φ et φ', l'angle de déviation, dans la première position de Gauss, est donc deux fois plus grand que dans la seconde.

On établit aisément la formule (7, c), en supposant que l'intensité f du champ de l'aimant NS est la même en n et s qu'en B. La force f se décompose en deux forces égales f_1 qui, comme on le voit sur la figure, sont dirigées suivant NB et SB, et l'on a $f = 2f_1 \sin \alpha$, α étant l'angle ABN ; en outre, $f_1 = m_1 : r_1^2$ et $\sin \alpha = a_1 : r_1$, de sorte que

$$f = \frac{2m_1 a_1}{r_1^3} = \frac{M_1}{(r^2 + a_1^2)^{\frac{3}{2}}} = \frac{M_1}{r^3}\left(1 + \frac{a_1^2}{r^2}\right)^{-\frac{3}{2}} = \frac{M_1}{r^3}\left(1 - \frac{3a_1^2}{2r^2}\right),$$

en arrêtant le développement de $\left(1 + \frac{a_1^2}{r^2}\right)^{-\frac{3}{2}}$ aux deux premiers termes. La condition d'équilibre est, comme précédemment, $f = H \operatorname{tg} \varphi'$, ce qui conduit à (7, c). On déduit facilement la formule (7, d) de (13, c), page 470.

Nous pouvons montrer maintenant comment Gauss *a vérifié la loi de* Coulomb. Gauss admet que la force f est inversement proportionnelle à la n^e puissance de la distance r, n étant un nombre inconnu, mais *entier*; il calcule, dans ce cas, $\operatorname{tg} \varphi$ et $\operatorname{tg} \varphi'$, et obtient des expressions de la forme

$$\text{(8)} \qquad \left\{\begin{aligned} \operatorname{tg} \varphi &= \frac{nP}{r^{n+1}} + \frac{Q}{r^{n+3}}, \\ \operatorname{tg} \varphi' &= \frac{P}{r^{n+1}} + \frac{Q'}{r^{n+3}}, \end{aligned}\right.$$

où P, Q et Q' sont, pour les deux aimants donnés, des nombres indépendants de r. Lorsque les valeurs de r sont très grandes, celles de φ et φ' très petites, on a

$$\text{(8, a)} \qquad \varphi = n\varphi'.$$

Gauss a mesuré, pour deux aimants, les angles φ et φ' correspondant à

15 valeurs différentes de r, depuis $r = 1^m,1$ jusqu'à $r = 4^m$. Il a constaté d'abord que, pour de grandes valeurs de r, l'angle φ est très voisin du double de φ'; il a trouvé, par exemple, pour $r = 3^m,5$, les valeurs $\varphi = 6'55'',9$ et $\varphi' = 3'28'',9$; il en résulte que $n = 2$. Il a calculé en outre, par la méthode des moindres carrés (Tome I), les coefficients numériques des formules (8), en faisant $n = 2$. Il a trouvé

$$\operatorname{tg} \varphi = 0,086870\, r^{-3} - 0,002185\, r^{-5},$$
$$\operatorname{tg} \varphi' = 0,043435\, r^{-3} + 0,002449\, r^{-5}.$$

Les valeurs des angles φ et φ', calculées à l'aide de ces formules, ne diffèrent de celles observées que de quelques secondes. Ces recherches ont fourni une confirmation très complète et très précise de la loi de Coulomb.

Nous n'avons pas tenu compte, dans le calcul de l'action mutuelle des aimants, des dimensions *transversales* de ces derniers. O.D. Chwolson a donné, pour le cas général, aussi bien que pour les deux positions de Gauss, des formules contenant des termes complémentaires, qui dépendent des dimensions transversales des aimants. Pour des aimants cylindriques *creux*, on peut calculer ces termes d'une manière tout à fait exacte.

Dans le champ magnétique, les actions pondéromotrices s'exercent non seulement sur les aimants permanents (naturels ou en acier), mais aussi sur les corps qui acquièrent par l'existence de ce champ un magnétisme temporaire, comme le fer par exemple. L'étude très complexe de ces actions a été faite par Kirchhoff (1884).

Les actions mutuelles entre un grand nombre d'aimants mobiles (nageant sur un liquide, par exemple) ont été envisagées par Lloyd, Weihrauch, A. M. Mayer, Wood et d'autres encore. Dans les expériences de Mayer, les aimants étaient des aiguilles d'acier magnétisées de même moment, enfoncées dans de petits disques de liège qui flottaient sur l'eau. Ces aiguilles étaient disposées de manière que les pôles positifs se trouvaient tous au-dessus de la surface de l'eau ; ces pôles se repoussaient en raison inverse du carré de leurs distances mutuelles. Une force attractive était due à un pôle négatif placé à une certaine distance au-dessus du liquide ; la composante de cette force, parallèle à la surface de l'eau, pouvait être considérée comme dirigée vers la projection O du pôle négatif sur cette surface et comme très approximativement proportionnelle à la distance de chaque pôle positif à ce centre O.

Mayer a donné les configurations que prennent les aimants flottants, lorsque leur nombre passe de 2 à 19. Quand ce nombre n'excède pas 5, les aimants se disposent aux sommets d'un polygone régulier ; lorsqu'il est plus grand que 5, un tel arrangement simple disparaît. Ainsi, 6 aimants ne se placent pas aux sommets d'un hexagone, mais se divisent en deux systèmes, un aimant au centre O et 5 aimants aux sommets d'un pentagone régulier. Cette division en deux groupes s'observe pour 6 à 15 aimants, où apparaissent 3 groupes. Avec 27 aimants se produisent 4 groupes et ainsi de suite.

J. J. Thomson (1903) a fait remarquer que ces faits avaient une certaine analogie avec la loi périodique des propriétés des éléments chimiques. Supposons ces éléments rangés dans l'ordre des poids atomiques croissants; en prenant un élément de poids atomique faible, tel que le lithium, on trouve certaines propriétés qui lui sont associées. Ces propriétés n'appartiennent pas aux éléments qui suivent immédiatement dans la série, mais réapparaissent quand on arrive au sodium, puis disparaissent dans les éléments suivants pour se trouver dans le potassium, etc. Considérons d'autre part les arrangements d'aimants flottants et supposons le nombre d'aimants proportionnel au poids de combinaison d'un élément chimique. Si une propriété quelconque est associée à un arrangement triangulaire d'aimants, elle disparaît quand le nombre des aimants passe de 3 à 10 ; mais 10 aimants se disposent en un triangle central entouré d'un anneau de 7 aimants. Quand le nombre des aimants dépasse 10, l'arrangement triangulaire disparaît de nouveau, mais réapparaît avec 20 aimants, puis avec 35. L'arrangement triangulaire apparaît et disparaît par conséquent comme les propriétés des éléments chimiques dans le classement périodique de Mendéléieff. Des analogies du même genre se remarquent d'ailleurs dans les spectres des éléments.

3. Action mutuelle entre un aimant et un courant. — Nous avons dit au § **1** que l'action d'un aimant sur un courant et celle d'un courant sur un aimant obéissent à la loi de l'égalité de l'action et de la réaction. Il en est de même naturellement des forces pondéromotrices et nous pouvons, par suite, réunir en un seul les deux cas. Nous avons déjà abordé en partie dans le Chap. III, à partir du § **7** (page 572), l'étude de ces forces pondéromotrices. Nous avons vu que l'action mutuelle entre un pôle d'aimant et un courant fermé peut se déduire de l'action mutuelle entre un pôle d'aimant et un *élément de courant*, qui est exprimée par la loi de Biot et Savart, voir (48), page 572, c'est-à-dire par la formule

$$f = \frac{m\mathrm{I}ds}{r^2} \sin \varphi, \tag{9}$$

m désignant la quantité de magnétisme que l'on suppose concentrée au pôle, I l'intensité du courant en *unités électromagnétiques* (page 573), ds la longueur de l'élément de courant, r la distance entre le pôle et l'élément de courant, φ l'angle compris entre r et ds. La force f est en outre normale au plan qui passe par m et ds. Lorsqu'il s'agit de la force qui agit *sur le pôle d'aimant*, le sens de f est celui des lignes de force du courant rectiligne que l'on obtient en imaginant ds prolongé indéfiniment des deux côtés ; ce sens est déterminé par la règle d'Ampère ou par celle de la *vis* (page 521). Quand f est la force qui sollicite *l'élément de courant*, son sens est contraire et s'obtient par la *règle de la main gauche* (page 591), la ligne de force coïncidant avec r. En introduisant l'intensité H' du champ magnétique au point où est situé ds, nous avons trouvé, voir (66) page 590,

$$f = \mu \mathrm{H}'\mathrm{I}ds \sin \varphi; \tag{9, a}$$

on peut dire alors que f est une force normale au plan (H', ds), son sens étant déterminé par la règle de la main gauche.

L'application du principe de l'égalité de l'action et de la réaction aux forces *élémentaires* que la loi de Biot et Savart définit de la manière que nous venons d'indiquer a fait naître une discussion qu'il est intéressant de connaître. L'action d'un élément de courant ds sur un pôle magnétique m est perpendiculaire au plan (m, ds). Comment concilier une telle direction avec l'égalité regardée nomme nécessaire entre l'action et la réaction? L'action est appliquée en m et perpendiculaire à (m, ds). Le principe exige que la réaction exercée par le pôle m sur l'élément ds soit aussi appliquée en m et perpendiculaire à (m, ds). Comment l'action exercée sur un fil peut-elle être appliquée en un point m qui en est indépendant?

Ampère écartait cette difficulté comme il suit. Une force, pour agir sur un point matériel, doit être appliquée à ce point ; mais un système de forces appliquées à un corps solide, si petit qu'on veuille le supposer, peut être d'une infinité de manières remplacé par un système équivalent de forces appliquées à de grandes distances; l'un de ces systèmes peut se réduire à une force par laquelle on aura le droit de dire que le corps est sollicité, quoiqu'elle puisse ne pas le rencontrer. Le cas de deux forces parallèles de directions opposées est bien connu ; le point d'application de la résultante peut s'éloigner indéfiniment. Le point d'application de la résultante doit être supposé lié au corps sur lequel elle agit. Si elle ne l'est pas, les forces réellement appliquées au corps sollicitent, bien entendu, les points qui le composent ; mais elles ont une résultante par laquelle on pourrait les remplacer, si les points d'application étaient solidaires.

On peut donner une autre forme à l'idée d'Ampère en admettant que l'action du pôle m sur l'élément ds est bien appliquée au point où se trouve situé cet élément, mais en considérant, au contraire, l'aimant comme un corps solide dont le pôle m fait partie.

Plusieurs physiciens n'ont pas accepté ces expédients; ils ont proposé de modifier dans ce cas le principe de l'égalité de la réaction à l'action, en supposant que les deux forces d'action de ds sur m et de m sur ds, parallèles et de sens contraires, forment un couple dont le bras de levier est la distance r qui figure dans la formule (9).

On pourrait croire qu'il est facile de décider expérimentalement entre ces diverses manières de voir ; mais, comme nous l'avons déjà dit (page 598), la loi exprimée par les formules (9) et (9, a) est une *loi différentielle*, qui ne se rapporte qu'à une partie infiniment petite de l'ensemble dont les actions peuvent être étudiées par l'expérience. Comme toutes les lois différentielles, cette loi ne peut être vérifiée, car on ne peut séparer d'un circuit fermé un élément de courant et soumettre à l'épreuve les forces en nombre infini qui agissent sur ce courant ou en émanent. On ne peut vérifier que les *lois intégrales* qui résultent de (9) ou (9, a) et sont relatives à la totalité du circuit fermé. Du fait que l'expérience confirme les résultats d'une telle intégration, il ne suit pas que la loi différentielle dont on part soit exacte. Nous avons vu (page 599) qu'à l'expression d'une telle loi on peut ajouter des fonctions arbitraires, soumises à la seule condition de donner, par intégration le long d'un contour fermé, une action intégrale nulle. Il en est ainsi, en particulier, lorsqu'on fait porter l'intégration sur le couple dont nous avons parlé plus haut ; c'est ce que J. Bertrand (1890) a montré de la manière suivante. Soit S le circuit fermé parcouru par le courant sur lequel agit le pôle magnétique m. Le couple considéré a r pour bras de levier : la force, dans ce couple, étant perpendiculaire au plan (m, ds), est normale au cône de sommet m dont S est la base ; enfin, la grandeur de cette force est proportionnelle à

$$\frac{ds \sin \varphi}{r^2}.$$

Le moment du couple est donc proportionnel à

$$r \frac{ds \sin \varphi}{r^2} = \frac{ds \sin \varphi}{r},$$

et $\frac{ds \sin \varphi}{r}$ est l'angle sous lequel l'élément ds est vu du point m. On peut le représenter par la portion de l'intersection du cône avec une sphère de rayon unité comprise entre les génératrices qui passent aux extrémités de ds. Cette petite ligne représente en grandeur et en direction l'axe du couple, puisqu'en grandeur elle représente le moment et qu'elle est perpendiculaire à son plan, qui est le plan normal au cône mené suivant la génératrice r.

Lorsque des couples sont définis par leurs axes, la condition d'équilibre est la suivante. Si, par un point de l'espace, on mène une droite parallèle et égale à l'axe du premier couple et que l'on continue le polygone ayant ses côtés égaux et parallèles aux axes des divers couples, la condition nécessaire et suffisante pour l'équilibre est que le polygone soit fermé.

Lorsque le polygone n'est pas fermé, la ligne qui joint le premier sommet au dernier est l'axe du couple résultant.

La courbe d'intersection du cône de sommet m et de base S avec la sphère de rayon unité ayant son centre en m est une courbe fermée ; les éléments de cette courbe sont, nous l'avons montré, les axes des divers couples introduits dans l'application du principe d'égalité de l'action et de la réaction ; ces couples se font donc équilibre et, quand on supposera les forces par lesquelles le pôle m agit sur les éléments de courant appliqués en m, elles formeront un système équivalent à celui des forces égales et parallèles appliquées aux éléments ds du courant.

La formule (9) montre que *l'action mutuelle entre un pôle magnétique donné et un courant est indépendante des propriétés magnétiques du milieu environnant*, quand ce milieu est homogène et illimité. On se rend facilement compte qu'il doit en être ainsi, car on a vu (page 566) que l'intensité du champ d'un courant est, sous ces mêmes conditions, indépendante du milieu environnant. La formule (9, a) n'est pas en contradiction avec cette remarque, bien que la perméabilité magnétique μ du milieu environnant y figure, puisque la grandeur H' elle-même est inversement proportionnelle à μ, lorsque la source du champ est un pôle magnétique.

Considérons un courant fermé I et un pôle magnétique m, et soit F la force *qui agit sur le pôle m*. Si V est le potentiel du courant au point où se trouve m, on a

$$(10) \qquad F = -m \frac{\partial V}{\partial n},$$

n étant la normale au point m à la surface $V = const.$ et étant dirigée du côté des V décroissants. En substituant à V sa valeur (60), page 581, et en désignant par F_x, F_y, F_z les composantes de la force F, on a

$$(10, a) \qquad F_x = -mI \frac{\partial \Omega}{\partial x}, \quad F_y = -mI \frac{\partial \Omega}{\partial y}, \quad F_z = -mI \frac{\partial \Omega}{\partial z}.$$

On peut établir d'autres expressions de la force F et de ses composantes, en partant directement de la formule (9). Soit AB (*fig.* 274) une portion d'un courant *fermé* I, et un éléments ds dont les extrémités ont pour coordonnées x, y, z et $x + dx$, $y + dy$, $z + dz$. Plaçons l'origine O des coordonnées au pôle m. Désignons maintenant la force que Ids exerce sur m par dF, ses composantes par dF_x, dF_y, dF_z ; cette force a même direction que n, c'est-à-dire qu'elle est perpendiculaire au plan (r, ds), son sens étant déterminé par la règle de la vis. La formule (9) donne

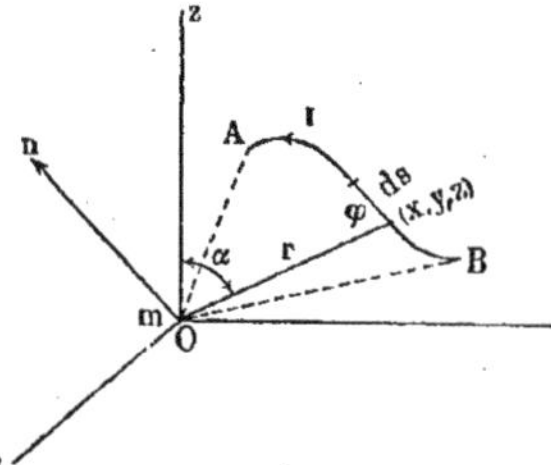

Fig. 274

$$(10, b) \qquad dF_x = \frac{mIds}{r^2} \sin \varphi \cos (n, x) ;$$

mais $rds \sin \varphi \cos (n, x)$ est la projection sur le plan yOz de l'aire du parallélogramme construit sur les droites r et ds ; cette projection est égale à $ydz - zdy$ et, en portant cette dernière expression dans la formule (10, b), puis en intégrant sur tout le contour fermé, on obtient la première des trois formules

$$(11) \qquad \begin{cases} F_x = mI \int \dfrac{ydz - zdy}{r^3}, \\ F_y = mI \int \dfrac{zdx - xdz}{r^3}, \\ F_z = mI \int \dfrac{xdy - ydx}{r^3} ; \end{cases}$$

en outre, la grandeur et la direction de F sont déterminées par les relations

$$(11, a) \qquad F = \sqrt{F_x^2 + F_y^2 + F_z^2},$$

$$(11, b) \qquad \cos (F,x) = \frac{F_x}{F}, \quad \cos (F,y) = \frac{F_y}{F}, \quad \cos (F,z) = \frac{F_z}{F}.$$

Remarquons qu'on peut encore écrire (11) sous la forme suivante :

$$(11, c)\quad F_x = mI \int \frac{z^2}{r^3} d\left(\frac{y}{z}\right), \quad F_y = mI \int \frac{x^2}{r^3} d\left(\frac{z}{x}\right), \quad F_z = mI \int \frac{y^2}{r^3} d\left(\frac{x}{y}\right).$$

Lorsque le pôle m ne se trouve pas à l'origine O des coordonnées, mais au point (x_1, y_1, z_1), on doit remplacer, dans les formules (11), x, y, z par $x - x_1$, $y - y_1$ et $z - z_1$. On peut alors écrire

$$(11, d)\quad F_x = mI \int \frac{(y - y_1)\,dz - (z - z_1)\,dy}{r^3} = mI \int \frac{\partial \frac{1}{r}}{\partial y_1} dz - \frac{\partial \frac{1}{r}}{\partial z_1} dy,$$

avec des expressions analogues pour F_y et F_z.

Demandons-nous *où doit être cherchée la source du travail qui est accompli lorsqu'un pôle magnétique se meut dans le champ d'un courant électrique.* Nous allons voir que ce travail n'est pas effectué aux dépens d'une énergie potentielle particulière quelconque de l'aimant et du courant et par suite le cas d'un aimant et d'un courant diffère essentiellement à cet égard de celui de deux aimants. Deux pôles magnétiques m et m' de même nom, par exemple, possèdent pris ensemble une provision déterminée d'énergie potentielle ; lorsque ces pôles s'éloignent l'un de l'autre, le travail des forces répulsives a lieu aux dépens de cette énergie potentielle, qui diminue en effet quand la distance des pôles augmente. Il est impossible que, *par suite de l'action mutuelle* de pôles d'aimants permanents, l'un deux soit en mouvement le long d'une ligne fermée, c'est-à-dire puisse revenir à son point de départ, puisque la provision d'énergie potentielle reprendrait ainsi sa valeur primitive. Il en est tout autrement avec un pôle magnétique m et un courant I. Les lignes de force du courant sont des courbes *fermées* et un pôle d'aimant peut, sous l'action du champ magnétique du courant, se mouvoir indéfiniment le long d'une de ces lignes de force fermées. Nous verrons plus loin comment on peut pratiquement réaliser un tel mouvement ininterrompu d'un aimant autour d'un courant (ou d'un courant autour d'un aimant). A chaque tour complet est accompli le travail $R = 4\pi Im$, comme on le voit sur la formule (42), page 562. Or, après chaque tour complet, tout le système reprend sa position primitive et, par conséquent, *l'énergie potentielle du courant et de l'aimant*, si elle existe, retrouve sa valeur primitive. Il est clair que le travail R n'a pu être effectué aux dépens d'une telle énergie. Nous verrons *qu'il est accompli aux dépens de l'énergie qui entretient le courant électrique.* Cette dernière est dépensée plus rapidement, lorsque l'intensité I du courant reste constante malgré le mouvement du pôle magnétique. Si, pour une raison quelconque, la dépense d'énergie reste constante, le mouvement du pôle produit une diminution de l'intensité I du courant ; autrement dit, le travail s'accomplit aux dépens de l'énergie du courant lui-même et le dégagement de chaleur dans le conducteur où passe le courant diminue. Nous entrons ici dans le domaine des phénomènes d'induction électrodynamique, que nous n'étudierons que dans le Livre III. Nous verrons que l'on peut démontrer rigoureusement que l'énergie du champ magnétique et du courant est égale à la somme des énergies propres de l'aimant et du courant et qu'il n'y a par suite aucune énergie potentielle spéciale au système de l'aimant et du courant. La démonstration repose sur une formule que nous indiquerons plus tard et qui est analogue à la formule (53, *c*), page 97.

Nous allons étudier divers cas particuliers de l'action pondéromotrice qu'exerce *un courant sur un aimant.*

La force F qu'exerce un *courant rectiligne* I *de très grande longueur* sur un pôle magnétique *m* est donnée par la formule (4), page 521, ou (48, *a*), page 573 ; elle est égale à

$$F = \frac{2mI}{r}, \tag{12}$$

r étant la distance entre *m* et la ligne du courant, et l'intensité I du courant étant exprimée en unités él. mag. Comme nous l'avons vu (page 561), un aimant ne peut sous l'action d'un courant tourner autour d'un axe coïncidant avec la ligne du courant. Mais, lorsque l'axe de rotation de l'aimant ne coïncide pas avec la ligne du courant, l'aimant éprouve une déviation. Sous l'effet du champ du magnétisme terrestre et des forces qu'exerce le courant sur les pôles de l'aimant, celui-ci prend une position d'équilibre déterminée. Divers cas d'une telle action d'un courant rectiligne ont été étudiés par Decharme, Garnault et Raveau.

On trouve facilement par le calcul qu'un courant, dont le conducteur forme *les côtés d'un angle* 2φ, exerce sur un pôle *m*, placé sur la bissectrice, à l'extérieur de l'angle et à la distance *r* de son sommet, une force F égale à

$$F = \frac{2mI}{r} \operatorname{tg} \frac{\varphi}{2}. \tag{12, a}$$

Pour $\varphi = 90°$, on retrouve la formule (12). Biot et Savart ont confirmé par l'expérience l'exactitude de ce résultat.

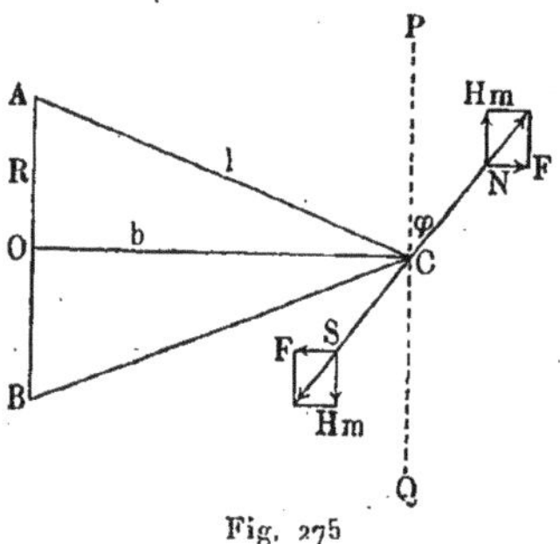

Fig. 275

Passons à l'action d'un *courant circulaire* sur une aiguille aimantée. Supposons que le courant se trouve dans le plan du méridien magnétique et soit AB (*fig.* 275) sa projection sur un plan horizontal, R son rayon. Sur l'axe du courant est situé en C le centre de l'aiguille aimantée NS, dont l'axe est dans le méridien magnétique PQ, quand il n'y a pas de courant. Sous l'action du courant, l'aiguille est déviée d'un certain angle φ que nous nous proposons de déterminer. Considérons d'abord le cas où l'aiguille aimantée est assez courte pour qu'on puisse regarder les intensités du champ du courant en N et en S comme égales à l'intensité du champ en

C, où la formule (49), page 574, est applicable. Les forces $\pm$ F, qui agissent sur les pôles, sont parallèles à OC et égales à

$$(12, b) \qquad F = \frac{2\pi m R^2 I}{l^3},$$

l étant égal à AC. La résultante des forces F et Hm, H étant la composante horizontale de l'intensité du champ magnétique terrestre, doit coïncider avec l'axe de l'aimant, d'où résulte que $\operatorname{tg} \varphi = F : Hm$; en introduisant la valeur de F, il vient

$$(13) \qquad \operatorname{tg} \varphi = \frac{2\pi R^2 I}{H l^3},$$

$$(13, a) \qquad I = \frac{H l^3}{2\pi R^2} \operatorname{tg} \varphi.$$

Lorsque le centre C de l'aimant se trouve en O, on a $l = R$, et, la déviation étant désignée par φ_0, on a

$$(13, b) \qquad \operatorname{tg} \varphi_0 = \frac{2\pi I}{RH},$$

$$(13, c) \qquad I = \frac{RH}{2\pi} \operatorname{tg} \varphi_0.$$

Si on veut tenir compte de la dimension de l'aiguille aimantée, il faut calculer l'intensité du champ du courant aux points N et S, situés en dehors de l'axe OC du courant. Nous indiquerons simplement le résultat, les calculs étant assez longs. Soit CN = CS = a la demi-longueur de l'aiguille aimantée et OC = b. Au lieu de la formule (13), on obtient la suivante

$$(13, d) \quad \left\{ \begin{aligned} & \operatorname{tg} \varphi = \frac{2\pi R^2 I}{H l^3} K \\ & K = 1 - \frac{3a^2(4b^2 - R^2)}{4l^4}(1 - 5 \sin^2 \varphi) \\ & + \frac{45a^4(8b^4 - 12b^2R^2 + R^4)}{64 l^8}(1 - 14 \sin^2 \varphi + 21 \sin^4 \varphi). \end{aligned} \right.$$

En négligeant le troisième terme dans l'expression de K, on a, au lieu de la formule (13, a),

$$(13, e) \qquad I = \frac{H l^3}{2\pi R^2} \operatorname{tg} \varphi \left\{ 1 + \frac{3a^2(4b^2 - R^2)}{4l^2}(1 - 5 \sin^2 \varphi) \right\}.$$

Lorsque le centre C de l'aiguille se trouve en O ($b = 0$, $l = R$), on a, au lieu de (13, c),

$$(13, f) \qquad I = \frac{RH}{2\pi} \operatorname{tg} \varphi \left\{ 1 - \frac{3a^2}{4R^2}(1 - 5 \sin^2 \varphi) \right\}.$$

Le premier terme complémentaire dans (13, d) *et dans* (13, e) *disparaît, quand on pose*

$$(13, g) \qquad b = \frac{R}{2}.$$

On peut alors se servir des formules (13) à (13, c), l'erreur étant déterminée par le troisième terme de l'expression (13, d) de K; on a pour ce dernier

$$(13, h) \qquad K = 1 - \frac{54}{125}\left(\frac{a}{R}\right)^4 (1 - 14 \sin^2 \varphi + 21 \sin^4 \varphi).$$

Considérons maintenant l'action pondéromotrice d'une *bobine* sur un pôle magnétique m. Supposons la bobine *cylindrique* et constituée par *une seule couche* de fil isolé, enroulé sur un cylindre circulaire. Soit ABCD (*fig.* 276) la section longitudinale de la bobine, de sorte que les enroulements du fil sont approximativement perpendiculaires au plan de la figure. Désignons par 2L la longueur de la bobine, par R son rayon, par I l'intensité du courant, par N le nombre *total* de tours du fil, par $n = N : 2L$ le nombre de tours par unité de longueur de la bobine. Calculons la force F exercée sur un pôle magnétique m, qui se trouve en P sur l'axe de la bobine, à la distance a du centre O de cette bobine. Les éléments du courant font, comme on l'a dit, un angle très petit avec un plan perpendiculaire à l'axe de la bobine; supposons cet angle nul, c'est-à-dire admettons que la bobine se com-

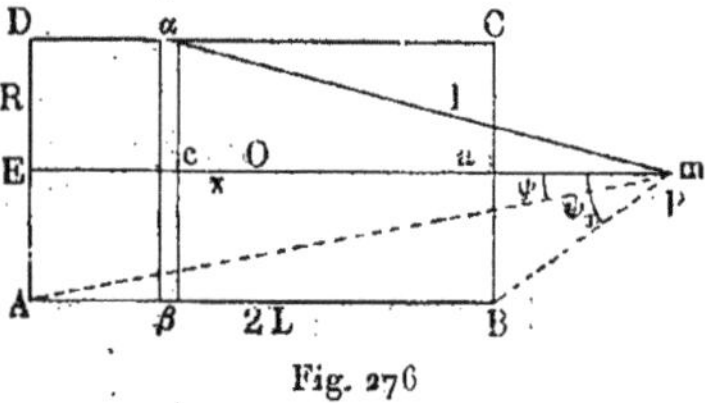

Fig. 276

pose de N tours circulaires. L'action de chacun de ces tours est déterminée par (12, b). La sommation de ces N forces conduirait à des expressions compliquées et incommodes. Nous remplacerons donc cette sommation par une intégration, en imaginant tout le courant NI uniformément distribué le long de la génératrice 2L du cylindre, de sorte que, par *unité de longueur* de cette génératrice, on aura un courant $NI : 2L = nI$. Considérons à la distance $Oc = x$ un tronçon $\alpha\beta$ de largeur dx; il représente un courant circulaire de rayon R et d'intensité $nI dx$, qui exerce sur P, d'après la formule (12, b), une force $dF = 2\pi m R^2 n I dx : l^3$, où $l^2 = \overline{P\alpha}^2 = R^2 + (a + x)^2$. On a donc pour la force totale F :

$$(14) \qquad F = 2\pi R^2 n I m \int_{-L}^{+L} \frac{dx}{\{R^2 + (a + x)^2\}^{\frac{3}{2}}}$$

$$= 2\pi n I m \left\{ \frac{a + L}{\sqrt{R^2 + (a + L)^2}} - \frac{a - L}{\sqrt{R^2 + (a - L)^2}} \right\}.$$

Désignons par ψ l'angle EPA et par ψ_1 l'angle EPB, sous lesquels on voit respectivement de P les rayons des deux bases. On a

$$(14, a) \qquad F = 2\pi n I m (\cos \psi - \cos \psi_1).$$

Lorsque le pôle m se trouve au *centre* de la bobine ($a = 0$), on a simplement

$$(14, b) \qquad F_0 = 4\pi n I m \frac{L}{\sqrt{R^2 + L^2}}.$$

Quand la bobine est *très longue*, c'est-à-dire quand L est très grand comparativement à R, on obtient

$$(14, c) \qquad F_0 = 4\pi n I m.$$

On trouve le même résultat pour F, lorsque R est très petit comparativement à $L - a$, ce qui indique que, dans une bobine très longue et à une certaine distance du centre, d'un côté ou de l'autre, la force F est approximativement constante. Pour $L = 20$ R, la force F varie de 0,01 F_0 sur $\frac{7}{8}$ de la longueur totale de la bobine et de 0,001 F_0 sur $\frac{2}{3}$ de cette longueur. On peut introduire, dans toutes les formules précédentes, le nombre total de tours $N = 2nL$, ainsi que la longueur totale du fil $D = 2\pi RN = 4\pi nRL$. Lorsqu'en P se trouve le centre d'une aiguille aimantée assez petite pour qu'on puisse supposer égales à F les forces agissant sur les pôles de l'aiguille et quand l'axe de la bobine est perpendiculaire au plan du méridien magnétique, l'axe de l'aiguille est dévié à partir de ce plan d'un angle φ déterminé par l'égalité

$$(15) \qquad \operatorname{tg} \varphi = \frac{F}{Hm};$$

le facteur m disparaît d'ailleurs toujours, car il est aussi contenu dans F.

D'une bobine qui ne possède qu'une seule couche de fil, on peut passer à une bobine comportant une *série de couches*, qui remplissent l'espace compris entre les surfaces de deux cylindres circulaires de même axe et de rayons R_1 et R_2. Le nombre de couches par unité de longueur étant n, le nombre total de couches dans la bobine est $N_1 = n(R_2 - R_1)$. Si on procède de nouveau par intégration, on doit, dans la formule (14), remplacer F par dF et I par $nIdR$, et prendre R_1 et R_2 pour limites de l'intégrale; on obtient alors

$$(15, a) \qquad F = 2\pi n^2 I m \left\{ (a + L) \log \frac{R_2 + \sqrt{R_2^2 + (a+L)^2}}{R_1 + \sqrt{R_1^2 + (a+L)^2}} - (a - L) \log \frac{R_2 + \sqrt{R_2^2 + (a-L)^2}}{R_1 + \sqrt{R_1^2 + (a-L)^2}} \right\}.$$

En faisant $a = 0$, on a, pour la force F_0 au centre de la bobine,

$$(15, b) \qquad F_0 = 4\pi n^2 I L m \log \frac{R_2 + \sqrt{R_2^2 + L^2}}{R_1 + \sqrt{R_1^2 + L^2}}.$$

On peut modifier ces formules, en introduisant le *nombre total* de tours du fil, c'est-à-dire

$$N_2 = NN_1 = 2n^2 L (R_2 - R_1).$$

Nous avons supposé que le pôle magnétique se trouve *sur l'axe* de la bobine. Le cas où le pôle se trouve hors de cet axe a été étudié par MAXWELL, HICKS, JAMES, STUART, MINCHIN, NAGAOKA, etc. Nous nous bornerons à indiquer qu'*à l'intérieur d'une bobine très longue, la force* F *a la même grandeur en tous les points suffisamment éloignés des extrémités*, non seulement sur l'axe de la bobine, comme nous l'avons vu plus haut, mais aussi en un endroit quelconque d'une section transversale. On trouvera un exposé très complet de cette question dans l'ouvrage de MASCART et JOUBERT, *Leçons sur l'électricité et le magnétisme* **2**, p.p. 101-118, 1886.

Les formules (14) et (15, a) permettent de déterminer l'effet d'une bobine sur un aimant, dont l'axe est disposé suivant l'axe de la bobine. Lorsque les extrémités voisines de la bobine et de l'aimant sont de noms contraires, l'aimant est en quelque sorte aspiré dans la bobine, avec une force qu'on peut facilement calculer par les formules précédentes, si on ne tient pas compte de l'action magnétisante de la bobine. L'aimant atteint sa position d'équilibre, quand son centre coïncide avec le centre de la bobine. On obtient des formules très différentes, lorsqu'il s'agit de la force avec laquelle la bobine attire à son intérieur du fer doux; celui-ci est en effet aimanté par la bobine, le degré d'aimantation dépendant de la position relative de la bobine et du fer. Nous mentionnerons à ce sujet les travaux de HANKEL, DUB, WALTENHOFEN, ST LOUP et CAZIN.

La bobine peut être enroulée sur un cylindre avec une épaisseur variable dans les différentes sections transversales, en sorte que sa surface extérieure n'est pas cylindrique. La surface intérieure de la bobine peut aussi ne pas être cylindrique; le fil peut être enroulé sur un parallélépipède rectangle, une sphère, un ellipsoïde. Beaucoup d'auteurs ont calculé les actions exercées par des bobines de ce genre sur un pôle magnétique; mais les résultats de ces calculs n'ont pas actuellement grand intérêt pratique et nous nous bornerons à signaler sur ce point les recherches de C. NEUMANN, RIECKE, WALLENTIN, MINCHIN. Nous indiquerons seulement une formule relative à un courant I qui parcourt le périmètre d'un polygone régulier de n côtés; en désignant par a la longueur d'un côté, la force F exercée sur un pôle m placé au centre du polygone est égale à

$$F = \frac{4n\mathrm{I}m}{a} \sin\frac{\pi}{n} \operatorname{tg}\frac{\pi}{n}. \tag{15, c}$$

Si on fait $n = \infty$ et $na = 2\pi R$, on trouve une expression qui, pour $l = R$, est identique à (12, b).

L'action d'un courant I, qui parcourt un fil enroulé sur un *anneau* de section transversale quelconque, offre un intérêt tout particulier. On obtient un anneau de ce genre, en faisant tourner une figure plane telle que $abcde$ (*fig.* 277) autour d'un axe AB. Un plan passant par l'axe AB coupe l'anneau suivant les deux figures $abcde$ et $a'b'c'd'e'$. Soit N le nombre total de tours du fil; remplaçons ces N tours par N courants fermés parcourant les contours des sections méridiennes de l'anneau, et proposons-nous de déterminer la force F exercée sur le pôle m, placé au point intérieur M à distance r de l'axe AB. Si l'on a égard à la distribution *symétrique* des courants autour de l'axe AB et à la proposition fondamentale d'après laquelle *les lignes de force sont des courbes fermées enlaçant les lignes de courant*, on voit que la ligne de force qui passe par M ne peut être qu'une circonférence de rayon r. Par suite, le travail accompli par les forces magnétiques dans le déplacement $2\pi r F$ du pôle m, le

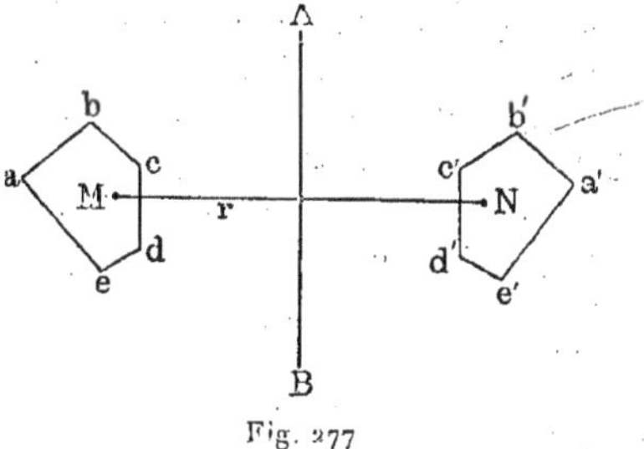

Fig. 277

long de la ligne de force passant par ce pôle, est égal à $4\pi N I m$, comme le montre d'ailleurs la formule (42, d), page 562. Il en résulte que :

$$F = \frac{2NIm}{r}. \tag{16}$$

Comme les lignes de force ne traversent nulle part la surface de l'enroulement annulaire et que chaque ligne de force enlace le courant en passant à l'intérieur de la figure plane que parcourt ce courant, il est clair qu'*une bobine annulaire fermée ne donne naissance à aucun champ magnétique dans l'espace extérieur*. A l'intérieur de l'anneau, les lignes de force sont des circonférences, qui ont la position indiquée plus haut; *la force* F *à l'intérieur de l'anneau est inversement proportionnelle à la distance à l'axe* AB. Elle ne dépend ni de la forme, ni des dimensions de la section transversale de l'anneau, mais seulement de l'intensité I du courant et du nombre N de tours du fil. La formule (16) s'applique aussi au cas où l'enroulement de l'anneau présente un nombre quelconque de couches.

Nous avons parlé à la page 585 du *solénoïde électrodynamique* et de son champ magnétique ; nous avons vu que ce champ est identique à celui d'un solénoïde magnétique, dont les pôles se trouvent aux extrémités du solénoïde et sont affectés de la quantité de magnétisme $\pm m = I_s\sigma = nI\sigma$, n étant le nombre de courants circulaires I enroulés, par unité de longueur, autour de l'axe du solénoïde ; $I_s = nI$ est la puissance du solénoïde et σ l'aire limitée par chacun des courants. Pour abréger, nous appellerons simplement *solénoïde* le solénoïde électrodynamique. *On obtient pratiquement un tel solénoïde, en faisant passer un courant dans l'enroulement d'une bobine, dont la longueur n'est pas trop petite.* Le pôle sud se trouve à l'extrémité où le sens du courant paraît être celui du mouvement des aiguilles d'une montre, quand on regarde de l'extérieur l'extrémité du solénoïde. *L'action pondéromotrice d'un solénoïde sur un aimant mobile est égale à l'action exercée sur cet aimant par un autre aimant, dont les pôles ont la position et possèdent la masse indiquées plus haut.*

Nous considérerons plus loin le cas particulier de l'*action unipolaire* du champ d'un courant électrique.

Envisageons maintenant l'*action du champ d'un aimant sur un courant électrique mobile*. Comme nous l'avons vu, sur un élément de courant Ids, qui se trouve dans un champ d'intensité H', agit une force, dont la grandeur est déterminée par la formule (9, *a*) et le sens par la règle de la main gauche (page 591). Il résulte de cette règle qu'un courant, qui *descend* verticalement et qui se trouve sous l'influence du champ du magnétisme terrestre, doit tendre à se déplacer vers l'*est*, tandis qu'un courant vertical dirigé *vers le haut* tend à se déplacer vers l'*ouest*. D'après ce que nous avons dit au début de ce paragraphe, si on change le signe des expressions (11) à (11, *d*), on obtient les composantes de la force F qu'exerce le pôle magnétique m sur un conducteur invariable AB parcouru par le courant I. On a, par exemple :

$$F_x = -mI\int\frac{ydz - zdy}{r^3} = mI\int\frac{z^2}{r^3}\,d\left(\frac{y}{z}\right). \tag{17}$$

De l'égalité de l'action et de la réaction résulte qu'*un solénoïde mobile est soumis, dans le champ magnétique, aux mêmes forces qu'un aimant équivalent.*

On peut établir une expression générale de l'action pondéromotrice du champ sur un *courant fermé*. Nous avons trouvé, pour l'énergie potentielle W d'un courant fermé I placé dans un champ magnétique, la formule (64, *b*), page 589,

$$W = -IN, \tag{18}$$

où N est le nombre des lignes d'induction, *qui traversent, du côté sud vers le côté nord*, l'aire limitée par la ligne du courant. Si un paramètre p quelconque, qui détermine la position du courant, varie *sous l'influence du champ* de la quantité dp et si le travail Pdp est ainsi accompli, on a $Pdp = -dW$, d'où

$$P = I\frac{dN}{dp}. \tag{19}$$

Le travail Pdp ne peut qu'être positif ; *le déplacement du courant, produit par le champ, sera donc accompagné d'un accroissement du nombre* N *des lignes d'induction. Il y a équilibre stable, quand le nombre* N *atteint la plus grande valeur possible.* On a aussi P = 0, dans le cas où N est *minimum* ; mais, on le voit facilement, ce cas correspond à un *équilibre instable* du conducteur. En regardant dans (19) la grandeur p comme une coordonnée rectiligne, on reconnaît qu'*un champ uniforme* ne peut produire de déplacement de *translation* d'un courant fermé. Dans un champ *non uniforme*, un courant fermé tend à se déplacer du côté où l'intensité du champ augmente. Si le courant peut seulement *tourner* autour d'un axe fixe A et si, dans la formule (19), on prend, pour paramètre p, l'angle α qui détermine la position du conducteur, alors P est le moment $\mathfrak{M}$ du couple qui fait tourner le conducteur autour de l'axe A, de sorte qu'on a :

$$\mathfrak{M} = I\frac{dN}{d\alpha}. \tag{19, a}$$

Lorsque l'axe A est parallèle aux lignes de force d'un *champ uniforme*, on a évidemment $\mathfrak{M} = 0$. Supposons l'axe A perpendiculaire aux lignes de force et en outre $\alpha = 0$, quand la projection de la ligne fermée du courant, sur un plan perpendiculaire aux lignes de force, limite une aire S qui est maximum. Lorsque le courant est dans un plan, S est l'aire limitée par le courant. On voit aisément que les valeurs $\alpha = 0$ et $\alpha = \pi$ correspondent aux positions d'équilibre. Supposons l'équilibre stable pour $\alpha = 0$; pour une valeur quelconque de α, on a $N = BS \cos \alpha$, B étant l'induction. La formule (19, *a*) donne, pour le moment du couple,

$$\mathfrak{M} = -IB \sin \alpha. \tag{19, b}$$

Quand les lignes de force font l'angle $90° - \beta$ avec l'axe de rotation, on a :

$$\mathfrak{M} = -IB \cos \beta \sin \alpha; \tag{19, c}$$

le signe — indique que le couple tend à diminuer l'angle α. Considérons le cas où le courant peut tourner autour d'un axe vertical et se trouve dans le champ du magnétisme terrestre ; supposons en outre que la ligne du courant soit plane. On a alors :

$$\mathfrak{M} = -IH \sin \alpha, \tag{19, d}$$

H étant la composante horizontale de l'intensité du magnétisme terrestre. Un solénoïde, dont l'axe est horizontal et qui peut tourner autour d'un axe vertical passant par son centre, se place dans le méridien magnétique.

Quand une partie du conducteur est mobile ou peut subir une *déformation*, la position d'équilibre *stable* correspond à la plus grande aire réalisable dans les conditions données. Considérons un courant fermé plan I (*fig.* 278), dans un champ uniforme dont les lignes de force sont normales au plan de la figure et partent du lecteur ; le sens du courant est indiqué par des flèches. Le conducteur lui-même se trouvera en équilibre, mais à tous ses éléments seront appliquées des forces (voir les flèches), tendant à faire subir une extension à la ligne du courant, c'est-à-dire à augmenter l'aire S.

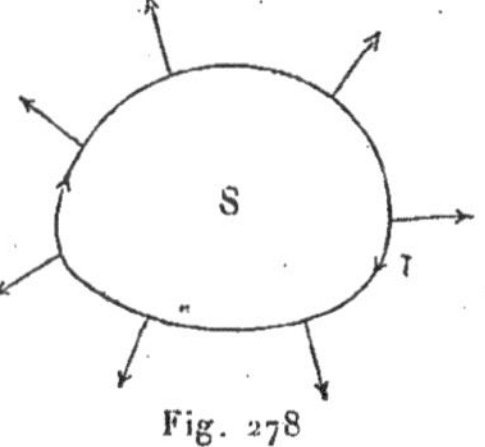

Fig. 278

Fig. 279

Un cas intéressant d'action pondéromotrice d'un aimant sur un courant est celui que présente la *roue de* Barlow (*fig.* 279). Une roue, mobile autour d'un axe horizontal, plonge, par la partie inférieure de sa jante ou par des dents, dans une cuvette remplie de mercure, qui se trouve entre les pôles d'un aimant en fer à cheval. Le courant est amené par l'axe de la roue au mercure et s'écoule suivant le rayon vertical de la roue. Sous l'action de l'aimant, ce rayon subit un déplacement perpendiculaire aux lignes de force (entre les pôles de l'aimant) et à ce rayon lui-même; la roue se met à tourner dans la direction de la flèche. En changeant le sens du courant, la rotation a lieu en sens inverse. Cette expérience met nettement en évidence la liaison qui existe entre le courant proprement dit et la substance du conducteur, auquel se transmettent les forces que l'on doit regarder comme agissant d'abord sur le courant lui-même.

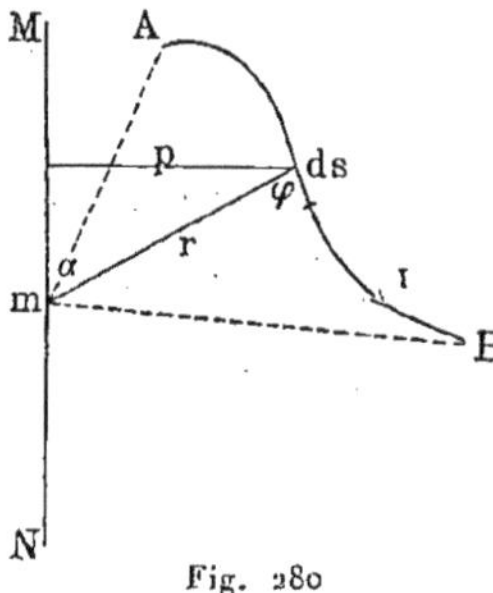

Fig. 280

Il nous reste à considérer les circonstances très importantes, surtout au point de vue théorique, où se produit une *rotation continue* d'un courant ou d'un aimant; les phénomènes dont il s'agit peuvent être appelés *unipolaires*. Considérons d'abord la figure 280 et déterminons la composante $\mathfrak{M}_z$ du moment de rotation $\mathfrak{M}$ qui agit sur la partie AB du courant I soumise à l'influence du pôle m placé en O. Sur l'élément Ids s'exerce une force, dont la composante dF_x est donnée par la formule (10, b). En remplaçant, comme précédemment, $rds \sin\varphi \cos(n,x)$ par $ydz - zdy$, on a, voir (11),

$$dF_x = Im \frac{ydz - zdy}{r^3},$$

avec des expressions analogues pour dF_y et dF_z. La composante $d\mathfrak{M}_z$ du moment $d\mathfrak{M}$ qui agit sur Ids est égale à

$$d\mathfrak{M}_z = xdF_y - ydF_x = \frac{Im}{r^3}\left\{ z(xdx + ydy) - (x^2 + y^2)dz \right\};$$

mais $r^2 = x^2 + y^2 + z^2$ et $rdr = xdx + ydy + zdz$; par suite

$$d\mathfrak{M}_z = \frac{Im}{r^3}\left\{ z(rdr - zdz) - (r^2 - z^2)dz \right\} = \frac{Im}{r^2}(zdr - rdz) = -\operatorname{Im}\frac{dz}{r}.$$

Désignons par α l'angle (r,z); on a $z = r\cos\alpha$ et par suite

$$d\mathfrak{M}_z = -\operatorname{Im} d\cos\alpha;$$

on trouve en intégrant

$$\mathfrak{M}_z = Im(\cos\alpha_1 - \cos\alpha_2), \tag{20}$$

α_1 étant l'angle BOz et α_2 l'angle AOz.

Cette formule montre que *le moment des forces agissant sur le conducteur* AB *du courant* I, *par rapport à un axe passant par le pôle m, ne dépend pas de la forme du conducteur, mais seulement de la position de ses extrémités* A *et* B. Lorsque le courant est *fermé* on a $\mathfrak{M}_z = 0$. Un pôle magnétique ne peut faire tourner un courant fermé autour d'un axe passant par ce pôle. La résultante de toutes les forces qu'exerce un pôle magnétique sur un courant fermé passe donc par ce pôle.

En raison de l'importance de ce résultat, nous donnerons une autre démonstration très simple de la formule (20). Comme le moment est indépendant de la forme du conducteur AB, on peut admettre que celui-ci se trouve dans le plan passant par le pôle m et les extrémités A et B. Soit MN l'axe de rotation (*fig.* 280), m le pôle magnétique. La force

$$dF = \frac{Im}{r^2} \sin \varphi \, ds,$$

exercée sur l'élément ds, est perpendiculaire au plan de la figure et par suite son moment $d\mathfrak{M}$ est égal à $\frac{Imp}{r^2} \sin \varphi \, ds$, p désignant la distance de l'élément ds à l'axe MN ; mais $p = r \sin \alpha$, α étant l'angle (r, MN), et $ds \sin \varphi = r d\alpha$; on a donc $d\mathfrak{M} = Im \sin \alpha d\alpha = - Im d \cos \alpha$, d'où

(20, *a*) $$\mathfrak{M} = Im (\cos \alpha_1 - \cos \alpha_2),$$

en désignant par α_1 l'angle AmM et par α_2 l'angle BmM.

Nous allons maintenant envisager le cas particulièrement intéressant où *une partie du circuit tourne autour d'un axe coïncidant avec l'axe de l'aimant donné.* Soit ns (*fig.* 281, I à IV) un aimant, MN son axe qui passe par les

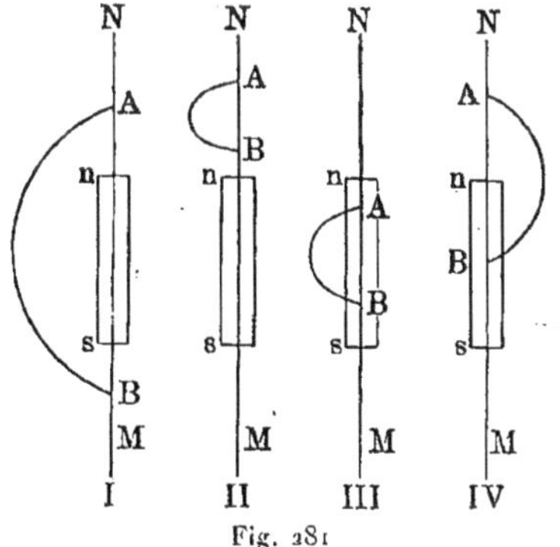

Fig. 281

deux pôles. La formule (20, *a*) donne le moment produit par l'un des pôles ; l'autre pôle exerce un moment analogue, mais de signe contraire, α_1 et α_2 devant être en outre remplacés par les angles α'_1 et α'_2 compris entre l'axe de l'aimant et les droites menées du second pôle aux extrémités A et B de la partie mobile du circuit. On a donc

(20, *b*) $$\mathfrak{M} = Im (\cos \alpha_1 - \cos \alpha_2 - \cos \alpha'_1 + \cos \alpha'_2).$$

Comme la rotation a lieu autour de l'axe MN de l'aimant, les extrémités A et B doivent évidemment se trouver sur l'axe MN lui-même. *Quatre cas* sont possibles :

I. (*fig.* 281, I). Les points A et B se trouvent respectivement de chaque côté de l'aimant ; $\alpha_1 = \alpha_2 = 0$, $\alpha'_1 = \alpha'_2 = \pi$; (20, *b*) donne $\mathfrak{M} = 0$; *la rotation est impossible.*

II. (*fig.* 281, II). Les points A et B se trouvent d'un même côté de l'aimant ; $\alpha_1 = \alpha_2 = \alpha'_1 = \alpha'_2 = 0$; (20, *b*) donne $\mathfrak{M} = 0$; *la rotation est impossible.*

III. (*fig.* 281, III). Les points A et B se trouvent entre les pôles de l'aimant ; $\alpha_1 = \alpha_2 = \pi$, $\alpha'_1 = \alpha'_2 = 0$; (20, *b*) donne $\mathfrak{M} = 0$; *la rotation est impossible.*

IV (*fig.* 281, IV). L'une des extrémités du conducteur mobile se trouve en dehors de l'aimant, l'autre entre les pôles : $\alpha_1 = 0$, $\alpha_2 = \pi$, $\alpha'_1 = 0$ $\alpha'_2 = 0$; (20, *b*) donne

$$\mathfrak{M} = 2mI. \tag{21}$$

Une rotation a lieu ; elle dure indéfiniment, puisque la position relative du courant et de l'aimant ne change pas pendant la rotation. On obtient donc le résultat suivant : la rotation continue d'une partie du circuit du courant autour de l'axe de l'aimant est possible, quand les deux extrémités de cette partie du circuit situées sur l'axe se trouvent respectivement de chaque côté de l'un des pôles ou, en d'autres termes, quand une seule de ces extrémités est entre les pôles de l'aimant.

La rotation continue d'un *aimant* peut être produite par un courant ; deux cas sont à distinguer :

1. Rotation de l'un des pôles de l'aimant autour du courant, l'autre pôle se trouvant sur l'axe même de rotation ou ayant une position telle qu'il ne soit pas soumis à une action du courant tendant à le faire tourner (en sens contraire).

2. *Rotation d'un aimant autour de son axe même.* Ce cas tout à fait remarquable d'action pondéromotrice se réalise dans le schéma de la figure 281, IV et constitue la contre-partie de la rotation continue de la partie mobile AB d'un conducteur autour d'un aimant fixe. Quand on rend immobile la partie AB du circuit et que l'aimant est libre de tourner autour de son axe, une telle rotation a lieu effectivement : *l'aimant tourne sans interruption autour de son axe, dans un sens contraire à celui de la rotation continue d'un conducteur mobile* AB *autour de l'axe d'un aimant fixe.*

La rotation continue d'un courant ou d'un aimant, dans les trois cas que nous venons d'indiquer, a été obtenue pour la première fois par Faraday (1821). Nous allons décrire quelques appareils où l'on peut produire une telle rotation.

La figure 282 représente l'un des appareils de Faraday, dans lequel se produisent simultanément la rotation de l'aimant *sn* autour de la partie fixe *gac* du circuit du courant et celle de la partie mobile *k* de ce circuit autour de l'aimant *s'n'*. L'appareil se compose de deux vases renfermant du mercure ;

le sens du courant est *caghkbz*. L'extrémité inférieure de l'aimant *ns* est liée par un fil à l'extrémité du conducteur *c* ; l'aimant *n's'* est enfilé dans un tube métallique et l'extrémité inférieure du conducteur *k* flotte à la surface du mercure. Comme on le reconnaît aisément, vu d'en haut, le pôle *s* tourne autour de *ga* dans le sens du mouvement des aiguilles d'une montre ; de

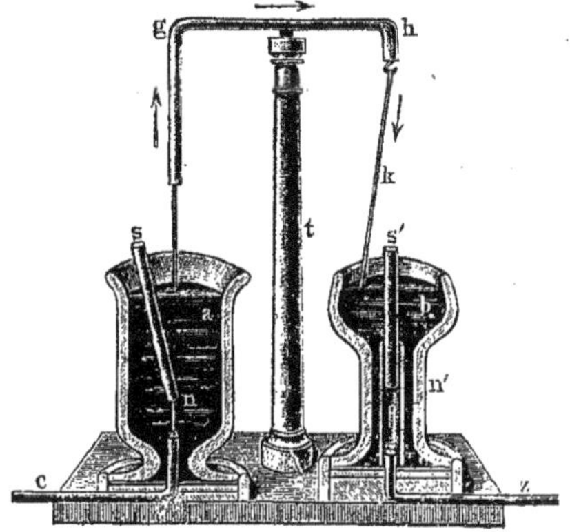

Fig. 282

même le conducteur *k* autour du pôle *s'*. On se sert souvent aujourd'hui de l'appareil représenté par la figure 283. Une petite colonne métallique *dd*, mise en relation avec la borne *e*, porte à son extrémité supérieure une petite

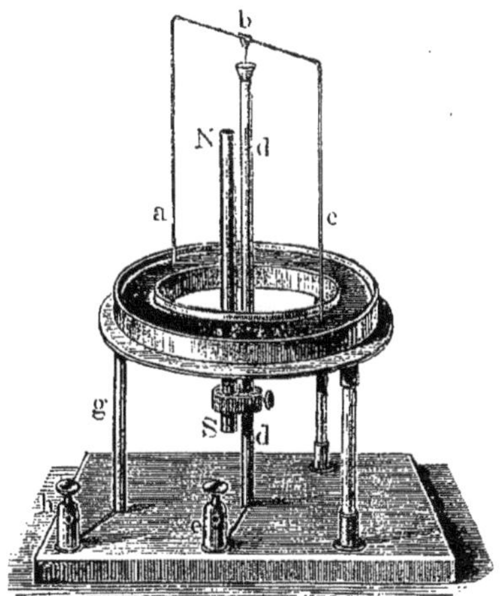

Fig 283

coupelle remplie de mercure ; dans celui-ci plonge une pointe *b* qui supporte le fil *abc*. Les extrémités de ce fil plongent dans du mercure, versé dans un vase annulaire *f* relié à la borne *h*. Près de l'axe se trouve un aimant NS. Si le sens du courant est *hgfbde*, les deux fils tournent en sens inverse du mouvement des aiguilles d'une montre.

Lorsqu'on envoie un courant dans un mince ruban métallique flexible, suspendu librement, et qu'on amène contre lui un aimant, le ruban s'enroule en hélice autour de l'aimant. Riecke (1884), Lamprecht (1885) et Colard (1895) ont fait l'étude théorique de la forme que prend un conducteur flexible et inextensible, parcouru par un courant, sous l'action de forces magnétiques : des recherches expérimentales ont été faites à ce sujet par Le Roux, Gore et d'autres encore.

Une rotation peut aussi être observée dans un liquide parcouru par un courant ; Davy (1823) a mis en évidence, pour la première fois, un tel phénomène. On produit très simplement cette rotation, en disposant, sur le pôle N (*fig.* 284) d'un aimant, un vase contenant du mercure et en plongeant dans celui-ci les extrémités B et C d'un conducteur parcouru par un courant. Lorsque le sens du courant est celui indiqué par les flèches, on remarque à la surface du mercure deux tourbillons où le mouvement a le sens des flèches *b* et *c*. Bertin, de la Rive et d'autres encore ont construit divers appareils destinés à observer une telle rotation d'un liquide. La théorie de ces phénomènes a été faite d'une manière très approfondie par Riecke (1885).

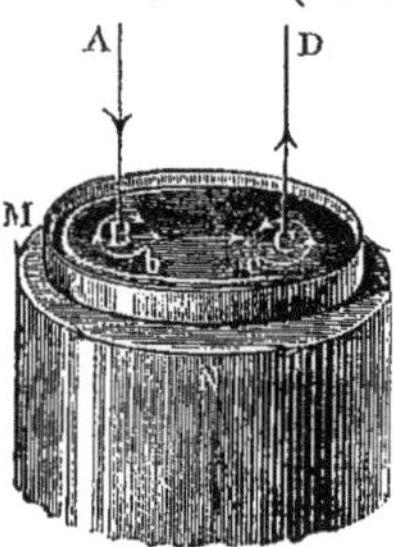

Fig. 284

La rotation d'un aimant autour de son axe peut être manifestée au moyen de l'appareil représenté par la figure 285. L'aimant *ns* est muni de pointes à ses extrémités et peut ainsi tourner librement autour de son axe ; l'extrémité

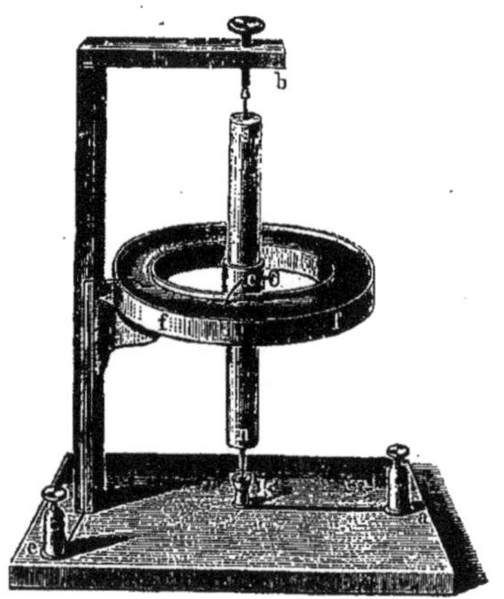

Fig. 285

inférieure *k* est reliée à la borne *a*. A l'anneau *c*, fixé au milieu de l'aimant, est soudé un fil, dont l'autre extrémité recourbée plonge un peu dans le mercure que contient un vase annulaire *f* relié à la borne *e*. Comme on le voit, cet appareil répond entièrement au schéma de la figure 281, IV. Quand on envoie un courant dans le sens *efcka*, l'aimant, vu d'en haut, se met à tourner dans le sens du mouvement des aiguilles d'une montre.

Pour montrer *la rotation continue d'un aimant autour d'un courant*, on se sert aujourd'hui, au lieu de l'appareil simple de Faraday (*fig.* 282), de celui qui est représenté dans la figure 286. Une colonne métallique *ab*, reliée à une borne *e*, porte une coupelle remplie de mercure, où plonge l'extrémité inférieure d'une tige de cuivre *d*, suspendue à un fil. Deux aimants *ns* et n_1s_1 sont fixés à cette tige, ainsi qu'un fil *e*, dont une extrémité plonge, comme dans l'appareil précédent, dans le mercure que contient un vase annulaire relié à la borne *g*. Lorsqu'on fait passer un courant dans le sens *ghfedbac*, les pôles *s* et s_1 se mettent à tourner autour du courant *ba*, en sens inverse du mouvement des aiguilles d'une montre si on regarde d'en haut.

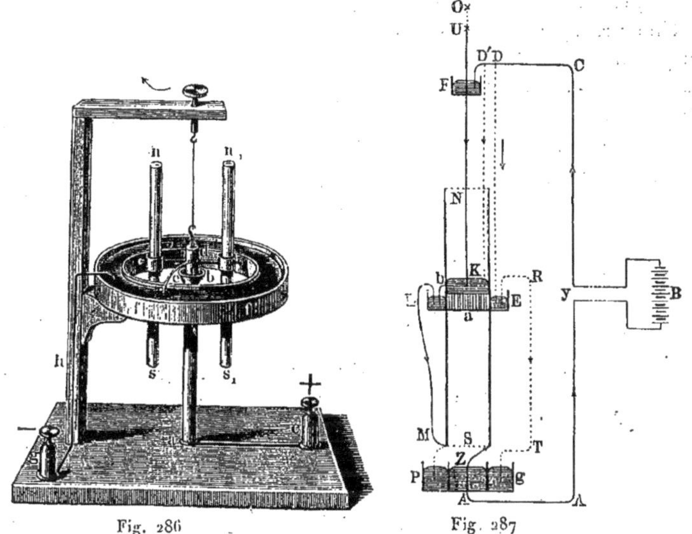

Fig. 286 Fig. 287

De nouveaux appareils ont été récemment construits par Ulsch, W. König, et en particulier W. Nikolaieff. Nous allons décrire quelques-uns des ingénieux appareils de Nikolaieff. L'un deux est représenté dans la figure 287. Un électro-aimant *creux* NS est suspendu à un fil fixé au point O ; l'enroulement de la bobine n'est pas figuré, mais on voit en M et Z ses extrémités. En *a* se trouve un bouchon, sur lequel est versé du mercure; E est un vase *annulaire* avec du mercure; la tige KU traverse le vase F qui renferme du mercure; dans Z se trouve aussi du mercure, ainsi que dans le vase annulaire *pg*. Le courant de la batterie B peut être fermé suivant quatre circuits.

I. Les conducteurs ML et DF sont mis hors circuit ; le sens du courant est BCDERT*gp*ZAB. Tout le circuit, à l'exception de l'enroulement entre *p* et Z, qui ne peut évidemment mettre en mouvement l'aimant, est situé en dehors de l'aimant et non relié avec lui. *L'aimant reste en repos.*

II. Les conducteurs M*p*DF et ERT*g* sont mis hors circuit ; le sens du courant est BCDELMZAB. La partie ML du circuit est fixée invariablement à l'aimant, qui prend un mouvement de rotation rapide sous l'action du reste du circuit.

III. Les conducteurs DE, D'K et ML sont mis hors circuit ; le sens du courant est BCD'FNK*b*ERT*gp*ZAB. C'est maintenant la partie FK qui est fixée invariablement à l'aimant, lequel tourne en sens *inverse*.

IV. Les conducteurs D'F, DE et ML sont mis hors circuit ; le sens du courant est BCD'K*b*ERT*gp*ZAB ; autrement dit, la partie FNK fixée invariablement à l'aimant est remplacée par la partie D'K qui en est indépendante. L'aimant tourne aussi rapidement que dans le troisième cas ; cela montre que le courant D'K n'a pas plus d'effet que le courant FNK fixé invariablement à l'aimant et qu'un circuit, dont une partie se trouve à l'intérieur d'un aimant creux, produit une rotation.

Un autre appareil est représenté dans la figure 288. Un aimant NS est suspendu librement à l'intérieur du tube CCDD, lequel est entouré par deux vases annulaires C et D contenant du mercure ; cet aimant est *fixé* invariablement au conducteur rectiligne AB ; le vase annulaire supérieur C, est relié métalliquement au tube CD. Le courant a le sens indiqué par les flèches ; il passe par AB et le tube CCDD. L'aimant tourne en même temps que le conducteur AB.

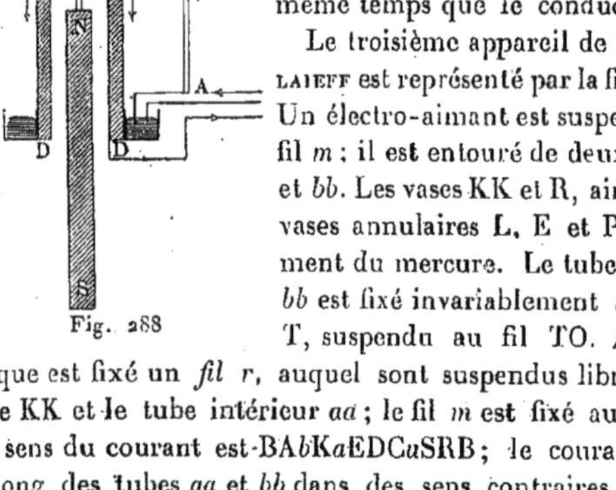

Fig. 288

Le troisième appareil de W. Nikolaieff est représenté par la figure 289. Un électro-aimant est suspendu à un fil *m* : il est entouré de deux tubes *aa* et *bb*. Les vases KK et R, ainsi que les vases annulaires L, E et PC renferment du mercure. Le tube extérieur *bb* est fixé invariablement au disque T, suspendu au fil TO. Au même disque est fixé un *fil r*, auquel sont suspendus librement le vase KK et le tube intérieur *aa* ; le fil *m* est fixé au vase KK. Le sens du courant est BA*b*K*a*EDC*a*SRB ; le courant circule le long des tubes *aa* et *bb* dans des sens contraires. L'aimant peut être fixé invariablement au tube intérieur *aa* ; l'ensemble du système SNE*aa*K est alors suspendu au fil *r*. Lorsque NS et *aa ne sont pas fixés* l'un à l'autre *invariablement*, l'aimant reste en repos et les deux tubes tournent en sens contraires. Si l'aimant est fixé invariablement au tube *aa*, tous deux tournent dans un même sens, le tube extérieur *bb* en sens contraire.

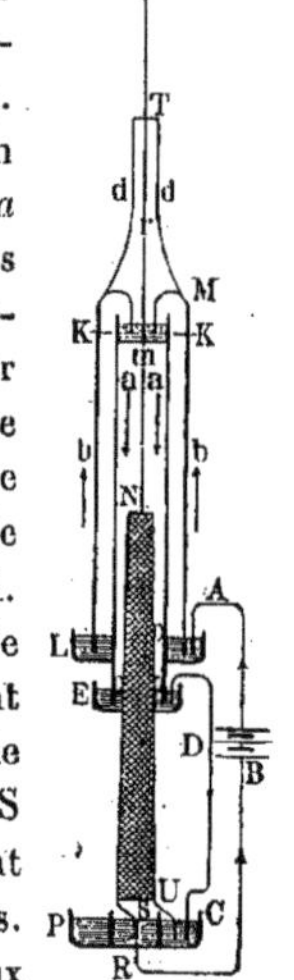

Fig. 289

En 1895 s'est élevée une longue controverse, provoquée par Lecher, sur les conditions dans lesquelles peut se produire la rotation continue d'un aimant ou d'un courant. Nous reviendrons sur cette controverse, à laquelle ont pris part de nombreux physiciens, quand nous étudierons les phénomènes d'induction unipolaire.

4. Action mutuelle des courants. — L'étude de l'action mutuelle de deux courants fait partie de l'*électrodynamique*, à laquelle se rattache aussi celle des courants induits (Tome V, Livre III).

Un conducteur parcouru par un courant et placé dans le champ magnétique d'un autre courant doit être soumis à des forces pondéromotrices. *La règle de la main gauche* permet, dans beaucoup de cas, de déterminer la direction et le sens de ces forces, et par suite aussi les mouvements que prennent des conducteurs mobiles dans les diverses circonstances qui peuvent se présenter. Nous allons considérer quelques cas particuliers.

Deux courants parallèles A *et* B (*fig.* 290, I) *de même sens s'attirent*. Les lignes de force du courant A rencontrent, d'après la règle de la vis, le courant B et ont la direction qui vient du lecteur. La règle de la main gauche (paume de la main vers le haut, index en avant, médium vers le haut, pouce vers la *gauche*) montre que la force f, qui agit sur les éléments du courant B, est dirigée vers le courant A.

Deux courants parallèles A *et* B (*fig*. 290, II) *de sens contraires se repoussent*, car, d'après la règle de la main gauche (paume de la main vers le bas, index

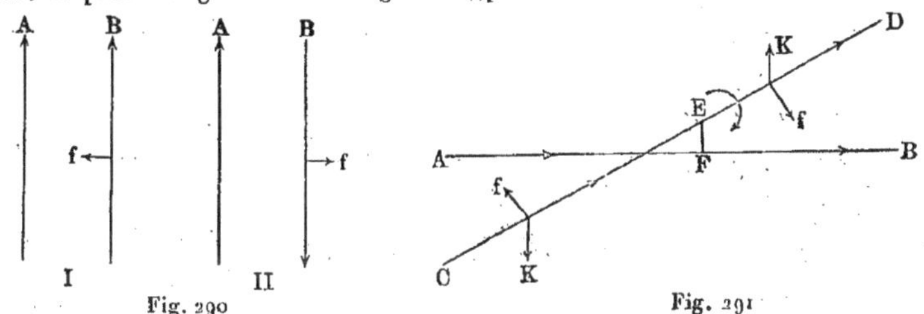

Fig. 290

Fig. 291

en avant, médium vers le bas, pouce vers la *droite*), la force f est maintenant dirigée de B vers la droite.

Supposons que les courants AB et CD (*fig*. 291) forment un *angle aigu*, et que le courant CD puisse tourner autour de la plus courte distance EF des deux courants, en restant toujours dans un certain plan P (non représenté sur la figure) parallèle à AB. Un tel mouvement ne peut être produit que par la composante K de l'intensité du champ, qui est normale à P. Aux points situés sur ED, la composante K est dirigée vers le haut et par suite la force pondéromotrice f est dirigée vers la droite ; aux points qui se trouvent sur EC, la composante K est dirigée vers le bas et par suite la force f vers la gauche. Le courant CD tournera donc dans le sens inverse du mouvement des aiguilles d'une montre et tendra à se placer parallèlement à AB. Si le courant était de sens opposé (de D vers C), auquel cas les courants formeraient un angle obtus, les forces f auraient aussi une direction contraire. Le courant CD tournerait en sens inverse de celui du mouvement des aiguilles d'une montre et tendrait à se placer parallèlement à AB, de façon que les deux courants aient même sens. Le résultat auquel nous arrivons est parfois formulé comme il suit :

deux courants, qui forment un angle, s'attirent, quand ils sont tous deux dirigés vers le sommet de l'angle ou lorsqu'ils s'en éloignent tous deux; ils se repoussent, quand l'un est dirigé vers le sommet, tandis que l'autre s'en éloigne. On peut dire, plus brièvement, que *deux courants formant un angle tendent à se placer parallèlement, de manière à être de même sens.*

Supposons enfin que CD (*fig.* 292) soit *une partie mobile du second circuit, perpendiculaire au courant* AB. En CD, les lignes de force du courant AB sont normales au plan de la figure et dirigées vers le lecteur. La règle de la main gauche montre que, sur le conducteur CD, agit un système de forces parallèles, dont la résultante f est dirigée vers la droite; *le conducteur* CD *se déplace parallèlement à lui-même dans la direction du courant* AB et vers la moitié de ce courant qui, d'après ce qui précède, l'attire.

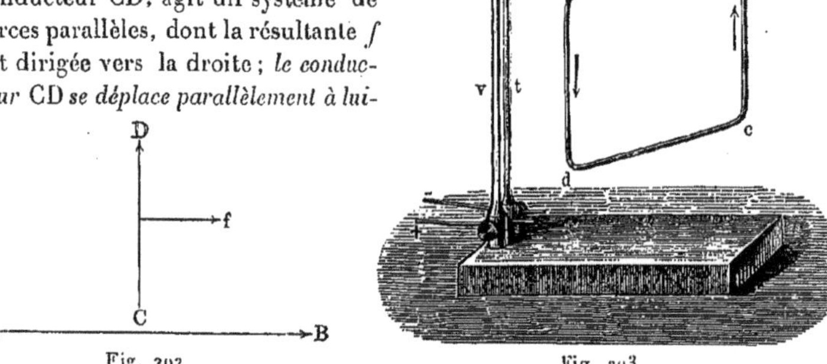

Fig. 292

Fig. 293

Divers appareils, dont nous allons décrire quelques-uns, ont été disposés pour l'*observation expérimentale* des cas considérés d'action mutuelle pondéromotrice entre deux courants. Pour suspendre un conducteur mobile, on se sert de deux supports métalliques coudés t et v (*fig.* 293), portant à leurs extrémités de petites coupelles (x et y) remplies de mercure, placées l'une au-dessus de l'autre. Dans ces coupelles, plongent les extrémités, munies de pointes, de circuits de formes diverses, par exemple d'un circuit rectangulaire *abcd* ou circulaire, etc. On approche de ce circuit mobile un autre conducteur parcouru par un courant, dont la forme peut également varier beaucoup; ce sera, par exemple, un cadre rectangulaire en bois, sur lequel sont enroulées plusieurs couches de fil (*fig.* 294). Si on amène ce cadre auprès des côtés *ad* ou *bc* du rectangle *abcd* (*fig.* 293), l'attraction ou la répulsion des courants parallèles se manifeste; en tenant le cadre au-dessous du fil *dc*, on peut mettre en évidence la rotation d'un courant mobile, formant un angle avec un autre courant en repos.

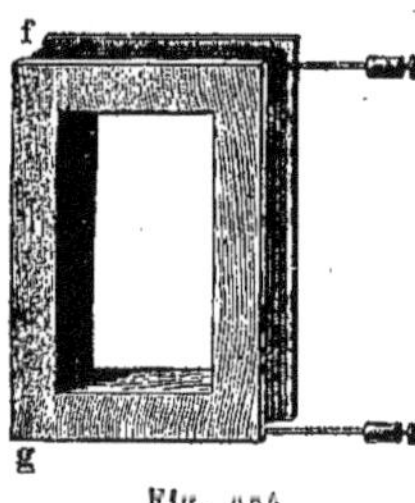

Fig. 294

On peut également montrer, sur les parties d'un même circuit, l'attraction mutuelle des courants parallèles et de même sens. On emploie à cet effet ce qu'on appelle la spirale Roget (*fig.* 295). La partie principale de cet appareil est constituée par un fil élastique enroulé en hélice et suspendu verticalement; à l'extrémité inférieure de ce fil, est soudée une petite sphère, portant une pointe en contact avec la surface du mercure qui remplit un godet métallique. Lorsqu'on fait passer un courant dans ce fil, les spires s'attirent mutuellement; le fil se raccourcit et la pointe inférieure sort du mercure, ce qui coupe le courant. L'attraction entre les spires cessant, l'extrémité inférieure du fil redescend sous l'action du poids de la petite sphère; mais, aussitôt que la pointe revient en contact avec la surface du mercure, le courant se ferme de nouveau, les spires s'attirent, la pointe remonte, etc. Le résultat est une oscillation verticale continue de la petite sphère.

Le mouvement latéral d'une partie du circuit, perpendiculairement au courant (voir *fig.* 292), peut enfin être observé avec l'appareil représenté dans la figure 296. Cet appareil se compose d'un vase annulaire *a* rempli de mercure, qui est relié à la borne *c*. La colonne verticale reliée à la borne *b* porte à sa partie supérieure un godet rempli de mercure, où plonge la pointe *o* soudée au fil *ngp*, dont les extrémités viennent au contact du mercure de *a*. Le vase *a* est entouré par plusieurs tours d'un fil *dd*, dont les extrémités sont fixées aux bornes *f* et *e*. Quand, à l'aide de ces bornes, on fait passer un courant dans le fil *dd*, en même temps qu'au moyen des bornes *b* et *c* on fait passer un autre courant dans les deux branches de *ngp*, le fil se met à tourner autour de son support d'axe. Si les courants ont le sens indiqué par les flèches, la rotation, vue d'en haut, s'effectue dans le sens du mouvement des aiguilles d'une montre.

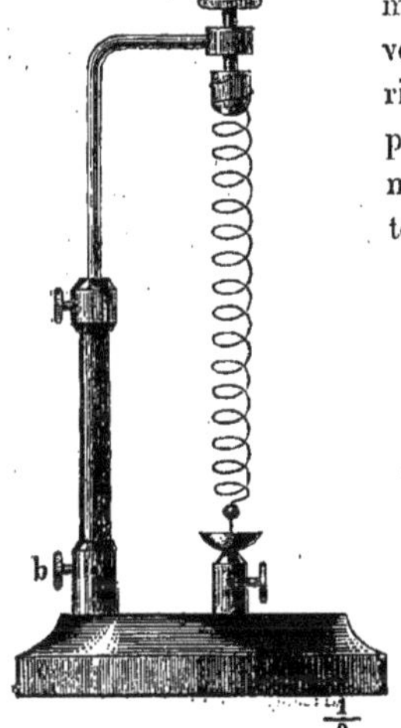

Fig. 295

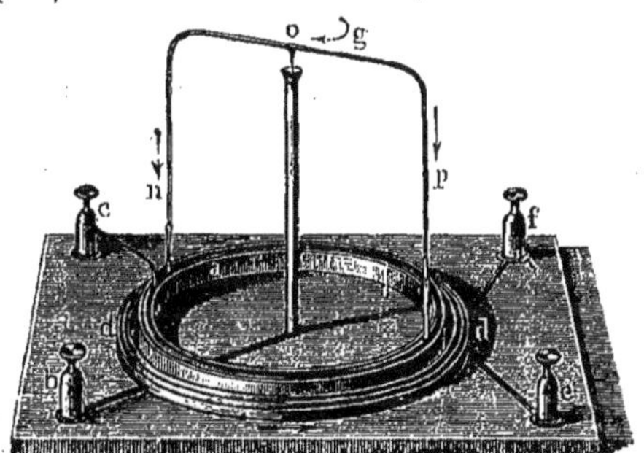

Fig. 296

Les premiers appareils appropriés à l'étude et à la démonstration des différents cas d'action mutuelle des courants sont dus à Ampère. D'autres appareils ont été construits ensuite par Savary, Ritchie, Bertin, Mühlenbein, Benecke, Oberbeck, etc.

Connaissant la position des lignes de force d'un courant, nous avons pu déjà déterminer, dans quelques cas particuliers, la direction et le sens des forces pondéromotrices agissant sur les parties mobiles d'un circuit, par suite de l'action mutuelle de deux courants. Les conclusions, auxquelles nous sommes parvenu dans les Chapitres précédents, nous permettent de pénétrer maintenant beaucoup plus avant dans l'étude de l'action mutuelle des courants.

Considérons d'abord *l'influence du milieu sur l'action mutuelle des courants*. Comme nous l'avons vu, le champ magnétique d'un courant d'intensité I_1, circulant le long d'une ligne fermée s_1, est identique au champ magnétique d'un feuillet magnétique, qui recouvre une surface arbitraire S_1 limitée par la courbe s_1, la puissance ω de cette double couche étant donnée par la formule (59, *d*), page 815,

$$\omega = \mu I; \tag{22}$$

μ est la perméabilité magnétique du milieu supposé *homogène* et l'on a $\omega = k\delta$, δ étant l'épaisseur du feuillet, $\pm k$ la densité superficielle du magnétisme sur les deux faces du feuillet. Deux courants I_1 et I_2 agissent l'un sur l'autre, comme deux feuillets magnétiques dont les puissances sont $\omega_1 = \mu I_1$ et $\omega_2 = \mu I_2$. L'action mutuelle de deux tels feuillets est, d'après la loi de Coulomb, proportionnelle à $\omega_1\omega_2 : \mu$. Il en résulte que l'action mutuelle de deux courants est proportionnelle à $\mu I_1 I_2$. On peut encore raisonner de la manière suivante : remplaçons l'un des courants, par exemple I_1, par un feuillet de puissance $\omega_1 = \mu I_1$. L'action de ce feuillet sur le courant I_2 est proportionnelle à $\omega_1 I_2$ et indépendante du milieu (page 779). En substituant la valeur $\omega_1 = \mu I_1$, on trouve de nouveau que l'action mutuelle de deux courants est proportionnelle à $\mu I_1 I_2$. *L'action mutuelle de deux courants est donc directement proportionnelle à la perméabilité magnétique μ du milieu homogène environnant.* Ziegler (1907) a confirmé expérimentalement l'exactitude de cette proposition, en employant comme milieu une suspension de fer en poudre dans la glycérine. A titre de comparaison, rappelons que l'action mutuelle de deux aimants est, *inversement*, *indépendante* de μ.

A l'aide des résultats antérieurs, on peut, d'autre part, envisager sous une forme très générale *les forces pondéromotrices dues à l'action mutuelle de deux courants*, ainsi qu'à l'action mutuelle des différentes parties d'un même courant. Nous avons vu que l'énergie potentielle $W_{1,2}$ de deux courants fermés I_1 et I_2 l'un par rapport à l'autre est donnée par la formule (70), page 595,

$$W_{1,2} = - I_1 I_2 \mu L_{1,2}, \tag{23}$$

$\mu L_{1,2}$ étant le *coefficient d'induction mutuelle* des deux courants. Nous avons vu de plus que le flux $\Psi_{1,2}$ d'induction magnétique (ou le nombre $N_{1,2}$ des lignes d'induction du champ du courant I_1), qui traverse la ligne de parcours du courant I_2, est, *lorsque* $I_1 = 1$, égal au flux $\Psi_{2,1}$ ou au nombre $N_{2,1}$ des lignes d'induction du champ du courant $I_2 = 1$, qui traversent la ligne de parcours du courant I_1, de sorte que $\Psi_{1,2} = \Psi_{2,1}$ et $N_{1,2} = N_{2,1}$; en outre, voir (71, *c*), page 596,

$$\mu L_{1,2} = \Psi_{1,2} = N_{1,2}. \tag{23, a}$$

Nous avons d'abord trouvé, pour la grandeur $L_{1,2}$, la formule (71), page 595,

$$L_{1,2} = -\int\int \frac{\partial^2 \frac{1}{r}}{\partial n_1 \partial n_2} dS_1 dS_2, \tag{23, b}$$

dS_1 et dS_2 étant les éléments de deux surfaces quelconques menées par les lignes de parcours des courants I_1 et I_2, n_1 et n_2 les normales à ces surfaces du côté sud, r la distance entre les éléments dS_1 et dS_2; les intégrales s'étendent à tous les éléments des surfaces S_1 et S_2. En appliquant le théorème de Stokes, nous avons transformé l'expression (23, b), et nous lui avons donné la forme (73), page 597,

$$L_{1,2} = \int\int \frac{\cos \varepsilon}{r} ds_1 ds_2, \tag{23, c}$$

ds_1 et ds_2 étant les éléments respectifs des contours des surfaces S_1 et S_2, c'est-à-dire les éléments des deux courants considérés, r la distance entre ds_1 et ds_2, ε l'angle (ds_1, ds_2) ; les intégrales s'étendent aux lignes de parcours des deux courants. Les formules (23) et (23, c) donnent

$$W_{1,2} = -I_1 I_2 \mu \int\int \frac{\cos \varepsilon}{r} ds_1 ds_2; \tag{24}$$

(23, a) donne

$$W_{1,2} = -I_1 I_2 N_{1,2}. \tag{24, a}$$

Si on désigne par Pdp le travail des forces pondéromotrices, pour une variation infiniment petite du paramètre p qui détermine la position de l'un des courants, l'égalité $Pdp = -dW$ fournit, conformément à la formule (19), page 788, les expressions

$$P = -\frac{\partial W_{1,2}}{\partial p} = I_1 I_2 \frac{\partial N_{1,2}}{\partial p} = I_1 I_2 \mu \frac{\partial L_{1,2}}{\partial p}. \tag{25}$$

Dans le cas particulier où p est l'une des coordonnées x, y, z, on obtient les composantes de la force qui déplace l'un des courants parallèlement à lui-même. Mais, lorsque le courant ne peut que tourner autour d'un certain axe et qu'on prend pour p l'angle α qui définit la position du courant, P est le moment $\mathfrak{M}$ du couple qui produit la rotation. Les formules (25) montrent que, *dans l'action mutuelle de deux courants, le déplacement a lieu du côté où croît le nombre $N_{1,2}$ des lignes d'induction, issues de l'intérieur de l'un des courants et qui passent à l'intérieur de l'autre* (en allant du côté sud vers le côté nord).

Nous avons trouvé, pour l'*énergie potentielle $W_{1,1}$ d'un courant I_1 par rapport à lui-même*, l'expression suivante, voir (75), page 597,

$$W_{1,1} = -\frac{1}{2} I_1^2 \mu L_{1,1}, \tag{25, a}$$

et nous avons appelé $\mu L_{1,1}$ *le coefficient de self-induction*. La grandeur $L_{1,1}$ est donnée par une formule analogue à celle qui exprime $L_{1,2}$, voir (23, *c*), de sorte que l'on a, voir (77), page 598,

$$(25, b) \qquad W_{1,1} = -\frac{1}{2} I_1^2 \mu \int\int \frac{\cos \varepsilon}{r} ds_1 ds'_1,$$

ds_1 et ds'_1 désignant les éléments d'un même courant I_1.

Nous avons déjà indiqué à la page 597 que l'action mutuelle des parties d'un même courant donne lieu à des déplacements de ces parties, qui augmentent l'aire ayant pour contour la ligne de courant. Bien entendu, un courant ne peut produire de déplacement d'ensemble de sa ligne de parcours. Les actions pondéromotrices ne peuvent se manifester que par une déformation de la ligne du courant, c'est-à-dire par un déplacement des parties mobiles sans variation de leur forme, ou par un changement de la forme des parties flexibles ou extensibles du circuit. Le calcul de $L_{1,1}$ présente certaines difficultés particulières, qui seront indiquées dans le Chapitre sur l'induction électrodynamique.

Les formules (24) et (25) ramènent la détermination de l'action mutuelle de deux courants au calcul de $L_{1,2}$ à l'aide de (23, *c*), c'est-à-dire à une question purement mathématique. Ce calcul est très compliqué, dans presque tous les cas ; nous nous bornerons à considérer ici le cas très simple de *deux courants rectilignes parallèles*, dont l'un I_1 a une très grande longueur et l'autre I_2 une longueur b finie. Désignons par r la distance entre les courants et supposons que la partie rectiligne du conducteur du courant I_2 puisse se déplacer parallèlement à elle-même, sans entraîner avec elle les autres parties du circuit, ce qui est possible lorsque, par exemple, les extrémités de la partie rectiligne nagent dans du mercure. On pourrait se servir de la formule (24), dans laquelle on aurait $\cos \varepsilon = \pm 1$, suivant le sens des courants ; mais, dans le cas envisagé, il est plus simple de considérer le nombre $N_{1,2}$ des lignes d'induction. Supposons que les courants aient même sens et que r ait diminué de dr ; la force cherchée F, qui agit sur le courant I_2, est alors déterminée par l'égalité $-Fdr = I_1 I_2 dN_{1,2}$, où $dN_{1,2}$ est l'accroissement du nombre des lignes d'*induction* du courant $I_1 = 1$, qui traversent la ligne du courant I_2. L'intensité du champ magnétique du courant I_1 à l'endroit où se trouve le courant I_2 est $2I_1 : r$; l'aire décrite par le courant I_2 est $-bdr$; par suite $dN_{1,2} = -2\mu bdr$. On a donc

$$-Fdr = -2\mu I_1 I_2 \frac{b}{r} dr,$$

d'où

$$(25, c) \qquad F = 2\mu I_1 I_2 \frac{b}{r}.$$

On voit aisément que F change de signe, quand les courants sont de sens contraires.

Quelques cas plus compliqués ont été traités par divers auteurs, par exemple celui de deux courants rectilignes dans un même plan ou dans des plans différents (AMPÈRE), celui de deux courants circulaires ou d'un courant circulaire et d'un courant elliptique situés dans le même plan (PLANA, KIRCHHOFF), celui de deux courants circulaires situés dans des plans perpendiculaires (W. WEBER), celui de deux carrés de même grandeur et de même disposition dans des plans parallèles, perpendiculaires à la droite qui joint les centres des carrés (MASCART et JOUBERT), etc.

D'après le § **3** de ce Chapitre, l'*action mutuelle d'un courant et d'un solénoïde* est identique à l'action mutuelle d'un courant et d'un aimant; *deux solénoïdes* agissent l'un sur l'autre comme deux aimants. On a représenté en haut de la figure 297 un solénoïde mobile autour d'un axe, l'axe du solénoïde étant situé dans le plan d'un conducteur rectangulaire. Lorsqu'on fait passer, dans ce conducteur et dans le solénoïde, des courants ayant respectivement le sens indiqué par les flèches, le solénoïde tourne et se met dans la position indi-

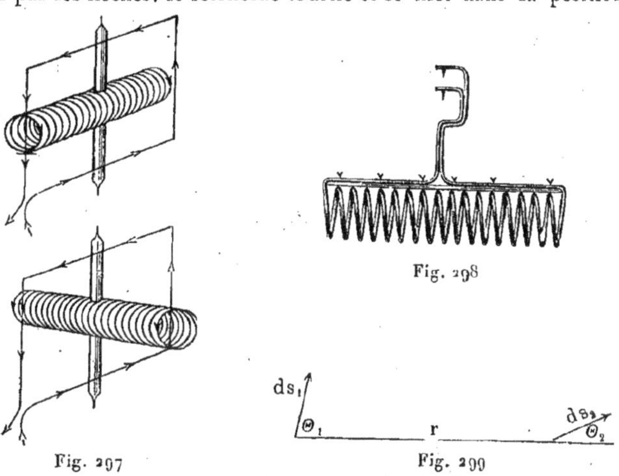

Fig. 297 Fig. 298 Fig. 299

quée au bas de la figure. Il est plus commode de donner au solénoïde la forme de la figure 298 et de le suspendre au support représenté dans la figure 293, page 798.

On peut obtenir l'expression de l'énergie potentielle $W_{1,2}$ de deux courants fermés en substituant (23, *b*) dans (23). Nous allons montrer maintenant comment on peut transformer l'expression (24) de cette même énergie potentielle. Soit r (*fig.* 299) la distance entre les origines des élément ds_1 et ds_2 des deux courants I_1 et I_2 ; désignons par x_1, y_1, z_1 et x_2, y_2, z_2 les coordonnées respectives de ces origines. Appelons θ_1 l'angle (ds_1, r), θ_2 l'angle (ds_2, r), ε l'angle (ds_1, ds_2). Si ds_1, ds_2 et r font avec les axes de coordonnées les angles $(\alpha_1, \beta_1, \gamma_1)$, $(\alpha_2, \beta_2, \gamma_2)$, et (α, β, γ), on a

$$(25)\qquad \begin{cases} \cos\theta_1 = \cos\alpha\cos\alpha_1 + \cos\beta\cos\beta_1 + \cos\gamma\cos\gamma_1, \\ \cos\theta_2 = \cos\alpha\cos\alpha_2 + \cos\beta\cos\beta_2 + \cos\gamma\cos\gamma_2, \\ \cos\varepsilon = \cos\alpha_1\cos\alpha_2 + \cos\beta_1\cos\beta_2 + \cos\gamma_1\cos\gamma_2. \end{cases}$$

En outre, $\cos\alpha = (x_2 - x_1) : r$, etc., $\cos\alpha_1 = dx_1 : ds_1$, etc., enfin $\cos\alpha_2 = dx_2 : ds_2$, etc. L'égalité $r^2 = (x_2 - x_1)^2 + (y_2 - y_1)^2 + (z_2 - z_1)^2$ donne

$$(26, a) \quad - r\frac{\partial r}{\partial s_1} = (x_2 - x_1)\frac{dx_1}{ds_1} + (y_2 - y_1)\frac{dy_1}{ds_1} + (z_2 - z_1)\frac{dz_1}{ds_1} :$$

d'après (26), on a donc $\frac{\partial r}{\partial s_1} = -\cos\theta_1$; on obtient de même $\frac{\partial r}{\partial s_2} = \cos\theta_2$, de sorte que

$$(26, b) \qquad \frac{\partial r}{\partial s_1}\frac{\partial r}{\partial s_2} = -\cos\theta_1\cos\theta_2.$$

En différentiant (26, a) par rapport à s_2, on a en outre

$$(26, c) \quad - r\frac{\partial^2 r}{\partial s_1 \partial s_2} - \frac{\partial r}{\partial s_1}\frac{\partial r}{\partial s_2} = \frac{dx_1}{ds_1}\frac{dx_2}{ds_2} + \frac{dy_1}{ds_1}\frac{dy_2}{ds_2} + \frac{dz_1}{ds_1}\frac{dz_2}{ds_2} = \cos\varepsilon.$$

Cette égalité et la formule (26, b) donnent

$$(26, d) \qquad r\frac{\partial^2 r}{\partial s_1 \partial s_2} = \cos\theta_1\cos\theta_2 - \cos\varepsilon,$$

et par conséquent

$$-\iint \frac{\cos\varepsilon}{r}\,ds_1 ds_2 = \iint \frac{\partial^2 r}{\partial s_1 \partial s_2}\,ds_1 ds_2 - \iint \frac{\cos\theta_1\cos\theta_2}{r}\,ds_1 ds_2.$$

La première intégrale du second membre, qui s'étend à *deux lignes fermées*, est évidemment nulle, et l'on trouve

$$(26, e) \qquad \iint \frac{\cos\varepsilon}{r}\,ds_1 ds_2 = \iint \frac{\cos\theta_1\cos\theta_2}{r}\,ds_1 ds_2.$$

On peut donc écrire la formule (24)

$$(27) \qquad W_{1,2} = -I_1 I_2 \mu \iint \frac{\cos\varepsilon}{r}\,ds_1 ds_2,$$

sous la forme suivante

$$(28) \qquad W_{1,2} = -I_1 I_2 \mu \iint \frac{\cos\theta_1\cos\theta_2}{r}\,ds_1 ds_2.$$

Puisque les deux intégrales dans (26, e) sont égales, on peut évidemment écrire aussi $W_{1,2}$ sous la forme d'une somme de ces deux intégrales, multipliées chacune par un coefficient, pourvu que la somme des deux coefficients soit égale à $-I_1 I_2 \mu$, l'un d'eux restant complètement arbitraire. On a par suite

$$(29) \quad W_{1,2} = -I_1 I_2 \mu \iint \frac{1}{r}\left\{(k+1)\cos\theta_1\cos\theta_2 - k\cos\varepsilon\right\} ds_1 ds_2,$$

où k est un *nombre arbitraire*. Si on fait, par exemple, $k = 2$, on obtient

$$(30)\qquad W_{1,2} = -2 I_1 I_2 \mu \iint \frac{1}{r}\left(\frac{3}{2}\cos\theta_1 \cos\theta_2 - \cos\varepsilon\right) ds_1 ds_2 ;$$

on peut appeler cette expression la formule d'AMPÈRE. Pour $k = -1$ et $k = 0$, on a respectivement les formules (27) et (28). Si on remplace k par $-(1+k):2$, de sorte que $k+1$ doit être lui-même remplacé par $(1-k):2$, il vient l'expression

$$(31)\qquad W_{1,2} = -\frac{1}{2} I_1 I_2 \mu \iint \frac{1}{r}\left\{(1+k)\cos\varepsilon + (1-k)\cos\theta_1\cos\theta_2\right\} ds_1 ds_2,$$

qu'on peut désigner sous le nom de formule d'HELMHOLTZ. En faisant dans cette dernière $k = -5$, on retrouve la formule (30) d'AMPÈRE.

Lorsqu'on remplace, dans la formule générale (29), les cosinus par leurs valeurs (26, b) et (26, c), on a

$$(32)\qquad W_{1,2} = -I_1 I_2 \mu \iint \left(k\frac{\partial^2 r}{\partial s_1 \partial s_2} - \frac{1}{r}\frac{\partial r}{\partial s_1}\frac{\partial r}{d s_2}\right) ds_1 ds_2,$$

et, pour $k = 2$, on obtient, au lieu de (30),

$$(33)\qquad W_{1,2} = -2 I_1 I_2 \mu \iint \left(\frac{\partial^2 r}{\partial s_1 \partial s_2} - \frac{1}{2r}\frac{\partial r}{\partial s_1}\frac{\partial r}{\partial s_2}\right) ds_1 ds_2.$$

Il est aisé de voir qu'on peut encore écrire cette dernière formule de la manière suivante :

$$(33, a)\qquad W_{1,2} = -4 I_1 I_2 \mu \iint \sqrt{r}\,\frac{\partial^2 \sqrt{r}}{\partial s_1 \partial s_2}\, as_1 ds_2,$$

et (32) sous la forme

$$W_{1,2} = -k I_1 I_2 \mu \iint \sqrt[k]{r}\left(\frac{1}{\sqrt[k]{r}}\frac{\partial^2 r}{\partial s_1 \partial s_2} - \frac{1}{kr\sqrt[k]{r}}\frac{\partial r}{\partial s_1}\frac{\partial r}{\partial s_2}\right) ds_1 ds_2,$$

c'est-à-dire

$$(34)\qquad W_{1,2} = -k I_1 I_2 \mu \iint \sqrt[k]{r}\,\frac{\partial}{\partial s_2}\left(\frac{1}{\sqrt[k]{r}}\frac{\partial r}{\partial s_1}\right) ds_1 ds_2.$$

Pour $k = 2$, on obtient, au lieu de (30), l'expression

$$(34, a)\qquad W_{1,2} = -2 I_1 I_2 \mu \iint \sqrt{r}\,\frac{\partial}{\partial s_2}\left(\frac{1}{\sqrt{r}}\frac{\partial r}{\partial s_1}\right) ds_1 ds_2.$$

On peut, en partant de la formule (23), écrire toute une série d'expressions pour le *coefficient d'induction mutuelle* $\mu L_{1,2}$, en utilisant les formules (28) à (34, a).

Pour l'énergie potentielle $W_{1,1}$ d'un courant par rapport à lui-même et par suite aussi pour le *coefficient de self-induction* $L_{1,1}$, on peut évidemment obtenir, à la place de (25, *b*), des formules transformées tout à fait analogues à celles que nous venons d'établir.

Les résultats des Chapitres précédents permettent encore de déterminer *l'action d'un courant fermé sur un élément d'un autre courant*; on peut se servir pour cela des deux mêmes méthodes suivies dans la détermination de l'action d'un courant fermé sur un pôle magnétique. Soit I_1 (*fig.* 300) un courant

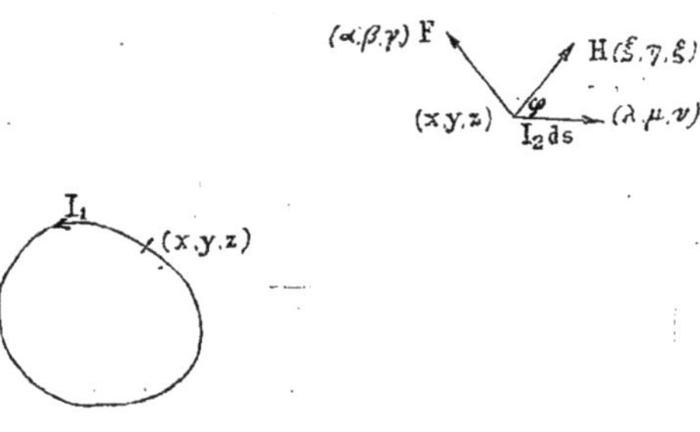

Fig. 300

fermé, $I_2 ds$ un élément du second courant, H l'intensité du champ magnétique produit par le courant I_1, φ l'angle (H, *ds*). La force F, qui agit sur l'élément *ds*, est, voir (9, *a*),

$$F = \mu H I_2 \sin \varphi ds, \tag{35}$$

(35, *a*) F normale au plan (H, *ds*).

Le sens de la force est déterminé par la règle de la main gauche; on a supposé, dans la figure, que le sens de H vient du lecteur. Si on désigne par Ω l'angle solide sous lequel on voit de l'origine de l'élément *ds* la ligne du courant I_1, par n la normale à la surface $\Omega = const.$ (du côté de Ω décroissant), on a

$$H = -I_1 \frac{\partial \Omega}{\partial n}. \tag{35, b}$$

La direction de H coïncidant avec celle de n, les trois dernières formules déterminent complètement la force cherchée F.

On peut suivre une autre voie pour obtenir les composantes de la force F. Soient x, y, z les coordonnées d'un point de la ligne du courant I_1, x_1, y_1, z_1 les coordonnées de l'élément *ds*; la direction *ds* fait les angles λ, μ, ν avec les axes de coordonnées, la direction de H les angles ξ, η, ζ, celle de F, les angles α, β, γ. On voit facilement que

$$\frac{\cos \alpha}{\cos \nu \cos \eta - \cos \mu \cos \zeta} = \frac{\cos \beta}{\cos \lambda \cos \zeta - \cos \nu \cos \xi} = \frac{\cos \gamma}{\cos \mu \cos \xi - \cos \lambda \cos \eta}. \tag{35, c}$$

Les signes sont déjà choisis ici conformément au sens de la force F, c'est-à-dire conformément à la règle de la main gauche, ce dont on s'assure aisément en menant l'axe des x (vers la droite) parallèle à ds, l'axe des z (vers le haut) parallèle à H et en remarquant que F doit avoir la direction et le sens de l'axe des y, qui, comme d'ordinaire, se dirige *en avant* de la figure (pour $\lambda = 0$ et $\zeta = 0$, on doit avoir $\beta = 0$). La somme des carrés des dénominateurs, dans (35, c), est égale à $\sin^2 \varphi$ et on a par suite

$$(35, d) \qquad \cos \alpha = \frac{\cos \nu \cos \eta - \cos \mu \cos \zeta}{\sin \varphi}, \text{ etc.}$$

Les composantes de l'intensité H s'obtiennent en faisant $m = 1$ dans la formule (11, d).

Introduisons les grandeurs suivantes :

$$(36) \qquad \left\{ \begin{aligned} &\int \frac{(y - y_1)dz - (z - z_1)dy}{r^3} = A, \\ &\int \frac{(z - z_1)dx - (x - x_1)dz}{r^3} = B, \\ &\int \frac{(x - x_1)dy - (y - y_1)dx}{r^3} = C \end{aligned} \right.$$

et soit

$$(36, a) \qquad \sqrt{A^2 + B^2 + C^2} = D;$$

le vecteur, dont les composantes sont A, B, C, a été appelé par AMPÈRE la *directrice* du courant fermé.

La formule (11, d) montre que les composantes de l'intensité H ont les valeurs suivantes :

$$(36, b) \qquad H_x = I_1 A, \quad H_y = I_1 B, \quad H_z = I_1 C$$

et que par suite

$$(36, c) \qquad H = I_1 D.$$

On a en outre évidemment

$$(36, d) \qquad A = D \cos \xi, \quad B = D \cos \eta, \quad C = D \cos \zeta.$$

Les composantes cherchées F_x, F_y, F_z, de la force F se déduisent de (35); on a, par exemple,

$$F_x = \mu H I_2 \sin \varphi \cos \alpha ds,$$

ou, voir (35, d) et (36, c),

$$F_x = \mu I_1 I_2 D (\cos \nu \cos \eta - \cos \mu \cos \zeta) ds.$$

Les formules (36, d) donnent finalement

$$(37) \qquad \left\{ \begin{aligned} F_x &= \mu I_1 I_2 (B \cos \nu - C \cos \mu) ds, \\ F_y &= \mu I_1 I_2 (C \cos \lambda - A \cos \nu) ds, \\ F_z &= \mu I_1 I_2 (A \cos \mu - B \cos \lambda) ds. \end{aligned} \right.$$

Les formules (36) *et* (37) *déterminent complètement l'action pondéromotrice d'un courant fermé* I_1 *sur un élément de courant* $I_2 ds$, λ, μ, ν désignant les angles formés par ds avec les axes de coordonnées. La grandeur de la résultante F est égale à

$$F = \mu I_1 I_2 D \sin\varphi ds, \tag{38}$$

où D est donné par (36, a). Les angles α, β, γ que cette résultante fait avec les axes de coordonnées sont déterminés par les formules (35, c), où λ, μ, ν sont connus ; les angles ξ, η, ζ sont fournis par (36, d) et (36, a).

5. Action mutuelle de deux éléments de courant. — Nous avons traité complètement, dans le paragraphe précédent, la question de l'action mutuelle *intégrale* de deux courants fermés. Il faut avoir toujours bien présent à l'esprit que tous les résultats obtenus reposent exclusivement sur la formule de Biot et Savart ; c'est cette formule, qui nous a fait découvrir l'analogie entre l'action d'un courant et celle d'un feuillet magnétique. Le problème de l'action mutuelle pondéromotrice de deux courants est entièrement résolu par les formules (24) et (25), *dans la mesure où la solution peut être soumise à une vérification expérimentale directe*. Mais, comme toutes les conséquences tirées de ces formules dans des cas particuliers ont été complètement confirmées par l'expérience, *on ne peut élever le moindre doute contre l'exactitude de ces formules* (24) *et* (25). On ne peut en dire autant des formules (37), bien qu'on puisse évidemment en déduire les formules (24) et (25). Les vérifier expérimentalement est impossible et l'on peut seulement affirmer que l'action mutuelle de deux courants fermés *est la même que si* chaque élément ds de l'un des courants était soumis de la part de l'autre courant fermé à des forces données par les formules (37). Cependant, c'est par une tout autre voie que l'on est primitivement arrivé à la formule définitive (24). Lorsqu'Ampère a découvert l'action mutuelle des courants, il a fait l'hypothèse que *le phénomène observé est le résultat de forces s'exerçant entre chaque couple d'éléments* ds_1 *et* ds_2 *des deux courants*, de même que l'attraction universelle et les actions mutuelles des corps électrisés ou aimantés étaient alors expliquées par des forces agissant entre les points matériels, les charges électriques ou les quantités de magnétisme libre que l'on devait prendre deux à deux. Dans ces trois derniers cas, les forces élémentaires, attractions ou répulsions, sont dirigées suivant la droite qui joint les deux éléments agissant l'un sur l'autre. Ampère *a supposé aussi, par analogie, que deux éléments* ds_1 *et* ds_2 *des deux courants* I_1 *et* I_2 *s'attirent ou se repoussent suivant la droite* r *qui les joint*. Aujourd'hui, on ne peut plus admettre une action mutuelle *instantanée* à distance (*actio in distans*, voir Tome I) entre les éléments de courant. L'action pondéromotrice observée sur le conducteur du courant I_2, qui se trouve dans le champ magnétique du courant I_1, est le résultat de l'*action* de la partie de ce champ *immédiatement voisine* du conducteur I_2. *A priori*, on ne peut admettre que cette action, en vue de faciliter l'application de l'*analyse mathématique*, soit simplement le résultat de forces agissant entre les éléments de courant pris deux à deux. Une telle différentiation de l'action intégrale est déjà en soi une hypothèse, que l'on rétrécit encore plus par cette autre supposition que les forces différentielles agissent uniquement suivant les droites qui joignent les éléments. Même dans le cas où on réussit à trouver pour ces forces une expression qui, par sommation étendue à tous les éléments des deux courants, conduit à la formule certainement exacte (24), il faut néanmoins considérer ces forces comme *fictives* et ne leur attribuer aucune signification physique réelle; on devra dire que deux courants agissent l'un sur l'autre, *comme si* les forces élémentaires de la forme considérée agissaient entre les éléments de courant pris deux à deux. On doit d'ailleurs se demander encore si la forme trouvée pour les forces élémentaires est seule possible et s'il n'existe pas d'autres forces conduisant à la même action mutuelle *intégrale* de deux courants *fermés*. La réponse est immédiate; il existe certainement une infinité de formes possibles de forces différentielles, dès qu'il en existe *une*, car on peut ajouter à l'expression analytique de cette dernière des termes, qui disparaissent dans l'intégration suivant deux contours fermés. *D'après cela, on doit s'attendre, dans la recherche de la forme possible d'une loi différentielle régissant l'action mutuelle de deux courants, à n'obtenir qu'un résultat indéterminé, ne représentant en tous cas qu'une simple fiction.*

En même temps que la question de la loi différentielle de l'action mutuelle de deux courants, s'en pose une autre non moins intéressante, celle de l'existence d'un *potentiel élémentaire* de deux éléments de courant. Il est aisé de voir que les hypothèses faites par AMPÈRE sont *incompatibles avec l'existence d'un tel potentiel élémentaire*. En effet, la position relative de deux éléments de courant ds_1 et ds_2 est définie par la distance r entre ces éléments et par certains angles tels que l'angle θ_1 de r avec ds_1, l'angle θ_2 de r avec ds_2, enfin l'angle ε de ds_1 avec ds_2. Soit $f\,ds_1\,ds_2$ la force agissant entre les éléments ds_1 et ds_2 et $w\,ds_1\,ds_2$ leur potentiel mutuel. Il n'est pas douteux que f dépend non seulement de r, mais aussi des paramètres augulaires θ_1, θ_2, ε; l'expression de f est donc de la forme suivante :

$$f = I_1 I_2 F(r, \theta_1, \theta_2, \varepsilon). \tag{39}$$

Si le potentiel w ne dépendait que de r, sa dérivée par rapport à r, qui est proportionnelle à f, ne dépendrait aussi que de r. On doit prendre par suite, pour le potentiel w, une expression telle que

$$w = I_1 I_2 \Phi(r, \theta_1, \theta_2, \varepsilon); \tag{39, a}$$

mais alors il existe des dérivées partielles de w par rapport aux paramètres angulaires; autrement dit, dans une *rotation* de l'un des éléments (sans variation de r), un certain travail est effectué. Si ce travail de rotation était nul, l'un des éléments ds_1, ds_2 pourrait se déplacer et revenir ensuite à sa position initiale, sans que le travail total effectué soit nul. En effet, soit AB l'un des éléments ds_1, ds_2, qui vient en A′ B′; on peut choisir AA′ tel que le travail accompli dans ce déplacement ne soit pas nul. On pourra toujours ramener l'élément en AB sans travail, si les hypothèses d'Ampère sont vraies. Faisons tourner A′B′ autour de A′, jusqu'à ce que sa direction coïncide avec AA′. Nous admettons que le travail effectué dans cette rotation est nul. Faisons ensuite mouvoir l'élément dans sa propre direction ; il vient en AB″ et il n'y a aucun travail, puisque l'action du courant fermé auquel appartient le second élément est normale à l'élément A′ B′ ; une rotation autour de A peut ramener ensuite AB″ en AB, en n'effectuant encore aucun travail.

L'existence de couples, qui tendent à faire tourner les éléments de deux courants et dont les moments sont de l'ordre de grandeur de la force dirigée suivant la droite de jonction, a donné lieu à une controverse célèbre entre J. Bertrand et Helmholtz. Selon J. Bertrand, tous ces couples, agissant sur tous les éléments d'un fil conducteur parcouru par un courant et soumis à l'action d'un autre courant ou de la Terre, devraient immédiatement briser le fil et le réduire en poussière. Helmholtz répondait qu'une aiguille aimantée ne se brisait pas sous l'action de la Terre, quoique sur chaque élément de longueur agit un couple dont le moment est de l'ordre de grandeur de l'élément. J. Bertrand a répliqué que personne ne croyait plus aujourd'hui à l'existence réelle des fluides magnétiques de Coulomb et que la réponse d'Helmholtz n'avait pas de sens; H. Poincaré (*Électricité et Optique*, 2e éd. 1901, page 275) a fait remarquer qu'Helmholtz aurait pu dire qu'on ne croyait pas davantage à l'existence objective d'un courant matériel circulant dans un conducteur. Le malentendu entre Helmholtz et J. Bertrand était le suivant. Pour Helmholtz, le couple agissant sur un élément de courant n'était qu'une sorte de tendance à tourner qui a une existence propre indépendante de ses deux forces composantes, lesquelles peuvent ne pas avoir de point d'application déterminé. Le couple existe toutes les fois que la rotation produit un travail. En d'autres termes, Helmholtz suppose que, si loin que l'on pousse la division de la matière, chaque partie restera toujours soumise à un couple. J. Bertrand pensait au contraire qu'il arrive un moment où les parties ultimes de la matière sont soumises à une force unique et qu'en adoptant une autre manière de voir, on est dupe d'une fiction mathématique qui cache la réalité des faits.

Nous allons indiquer les expériences et les raisonnements qui ont conduit Ampère à sa célèbre formule pour la force $f ds_1 ds_2$, c'est-à-dire à la détermination de la fonction F qui entre dans (39).

Ampère a d'abord admis que l'action mutuelle de deux éléments ds_1 et ds_2 des courants I_1 et I_2 est proportionnelle au produit $I_1 I_2 ds_1 ds_2$. Quand le sens de l'un des courants change, le sens de la force change aussi ; cela résulte de ce que deux parties rectilignes infiniment voisines d'un même courant, égales et parallèles (*fig.* 301), n'exercent aucune action et ne sont soumises à aucune action. Ampère a *supposé* ensuite que la force cherchée est inversement proportionnelle à une certaine puissance n de la distance r entre les éléments, de sorte qu'on peut écrire

$$f ds_1 ds_2 = \frac{C I_1 I_2 ds_1 ds_2}{r^n} \Omega,$$

Ω dépendant des paramètres angulaires qui définissent le système des deux éléments ds_1 et ds_2, par exemple des angles θ_1, θ_2 et ε, et C étant un facteur de proportionnalité. Ampère s'est assuré en outre, par l'expérience, que deux courants de même intensité et de sens contraires n'exercent non plus aucune action extérieure, quand l'un des conducteurs est rectiligne et que l'autre, en forme d'hélice ou de ligne sinueuse, est *infiniment voisin* du premier (*fig.* 301, à gauche). Au point de vue de l'action pondéromotrice, tout élément de courant AB (*fig.* 301, à droite) peut donc être remplacé par le système des éléments AC, CD, DB ; de là découle cette conséquence importante qu'*un élément de courant peut être remplacé par ses composantes suivant la règle du parallélogramme ou du parallélépipède.* Enfin Ampère s'est appuyé sur ce que $f' = 0$,

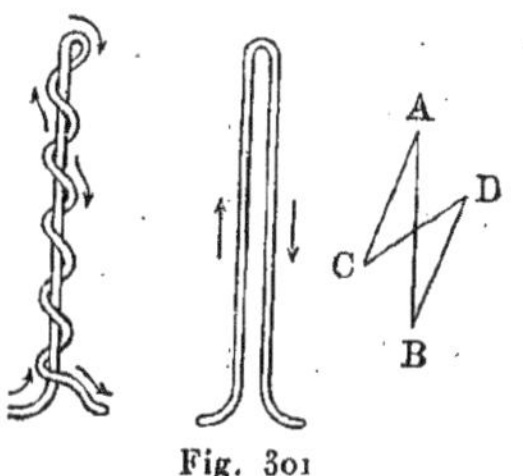

Fig. 301

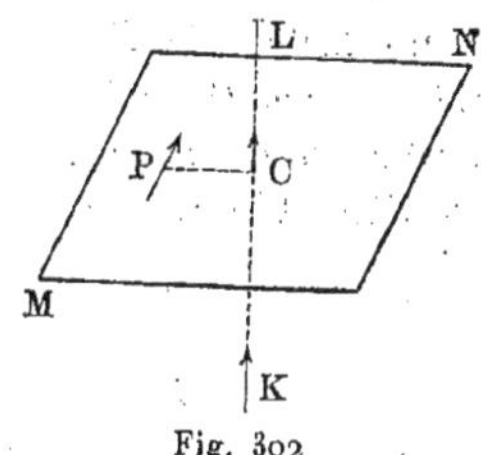

Fig. 302

lorsque l'on peut mener par l'un des éléments un plan perpendiculaire à l'autre élément ($\varepsilon = 90°$ et l'un des angles θ_1 ou θ_2 égal à $90°$). Liouville (1829) a donné la démonstration suivante de cette proposition. Supposons l'élément P (*fig.* 302) dans le plan MN passant au centre C du second élément normal à ce plan. Considérons deux éléments L et K, situés à égale distance de MN sur les prolongements de l'élément C. En raison de la symétrie parfaite de la figure, il est clair que K et L agissent de la même manière sur P, s'ils sont de sens *contraires* et s'éloignent, par exemple, tous deux du plan MN. Lorsque les éléments L et K ont même sens, ils exercent donc sur P des actions contraires et il en doit être ainsi, si rapprochés que soient L et K du plan MN. Quand ils coïncident avec C, ce dernier élément doit simultanément attirer et repousser P, d'où résulte qu'aucune action mutuelle n'existe entre C et P.

Soient maintenant $A_1B_1 = ds_1$ et $A_2B_2 = ds_2$ (*fig.* 303) les éléments de

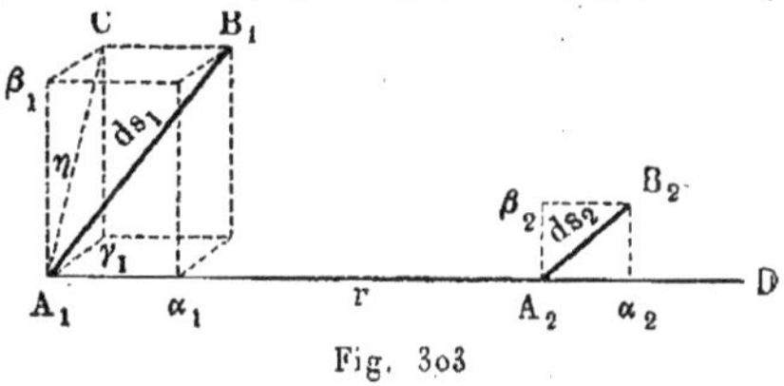

Fig. 303

deux courants I_1 et I_2, $A_1A_2 = r$, θ_1 l'angle $B_1A_1A_2$ de r et ds_1, θ_2 l'angle B_2A_2D de r et ds_2. Prenons le plan (r, ds_2) pour l'un des plans de coordonnées, A_1A_2 pour l'un des axes de coordonnées et soient α_2, β_2 les composantes de ds_2, $\alpha_1, \beta_1, \gamma_1$ les composantes de ds_1 ; désignons par η l'angle dièdre β_1A_1C compris entre les plans (r, ds_1) et (r, ds_2). On peut remplacer l'action mutuelle entre ds_1 et ds_2 par *six* actions mutuelles auxquelles nous attribuerons les notations suivantes : (α_1, α_2), (β_1, β_2), (α_1, β_2), (β_1, α_2), (γ_1, α_2) et (γ_1, β_2). D'après la proposition que nous avons établie en dernier lieu, les quatre dernières actions mutuelles sont nulles, de sorte que l'on a

$$fds_1 ds_2 = (\alpha_1, \alpha_2) + (\beta_1, \beta_2). \tag{39, b}$$

Or,

$$(\beta_1, \beta_2) = \frac{CI_1I_2\beta_1\beta_2}{r^n}, \tag{39, c}$$

C étant un facteur de proportionnalité ; *lorsqu'on pose* $C = 1$, *on introduit par là même une unité particulière pour l'intensité de courant, que nous appellerons l'unité électrodynamique.*

En substituant les valeurs $\beta_1 = ds_1 \sin \theta_1 \cos \eta$ et $\beta_2 = ds_2 \sin \theta_2$, on obtient

$$(\beta_1, \beta_2) = \frac{I_1I_2 ds_1 ds_2}{r^n} \sin \theta_1 \sin \theta_2 \cos \eta ; \tag{39, d}$$

on a de même, puisque $\alpha_1 = ds_1 \cos \theta_1$ et $\alpha_2 = ds_2 \cos \theta_2$,

$$(\alpha_1, \alpha_2) = \frac{KI_1I_2 ds_1 ds_2}{r^n} \cos \theta_1 \cos \theta_2, \tag{39, e}$$

où K est un nouveau facteur de proportionnalité. On a donc

$$fds_1 ds_2 = \frac{I_1I_2 ds_1 ds_2}{r^n} (K \cos \theta_1 \cos \theta_2 + \sin \theta_1 \sin \theta_2 \cos \eta),$$

et, en remarquant que $\cos \varepsilon = \cos \theta_1 \cos \theta_2 + \sin \theta_1 \sin \theta_2 \cos \eta$, on trouve finalement

$$fds_1 ds_2 = \frac{I_1I_2 ds_1 ds_2}{r^n} \{ \cos \varepsilon - (1 - K) \cos \theta_1 \cos \theta_2 \}. \tag{40}$$

Ampère a déterminé la valeur numérique de l'exposant n par l'expérience suivante. Un courant circulaire O_1 peut tourner librement autour d'un axe vertical entre deux courants circulaires immobiles O et O_2 (J est un contrepoids). Les rayons respectifs des trois cercles sont entre eux comme les nombres 1, 2 et 4. Un même courant est envoyé dans les trois conducteurs circulaires, dans un sens (voir les flèches, *fig.* 304) tel que le courant O_1 soit repoussé par les courants O et O_2. On voit O_1 prendre une position, dans laquelle la distance des centres de O_1 et O_2 est *deux fois* plus grande que la distance des centres de O et O_1 ; par conséquent, lorsqu'on double les dimensions de deux cercles et leur distance (en considérant, par exemple, O_1 et O_2 au lieu de O et O_1), l'action mutuelle de ces deux cercles ne change pas (puisque O et O_2 agissent de même sur O_1) ; or, en doublant les dimensions de ds_1 et ds_2, on rend la force quatre fois plus grande, et il faut par suite que $n = 2$, d'où

$$(40, a) \qquad f ds_1 ds_2 = \frac{I_1 I_2 ds_1 ds_2}{r^2} \left\{ \cos \varepsilon - (1 - K) \cos \theta_1 \cos \theta_2 \right\}.$$

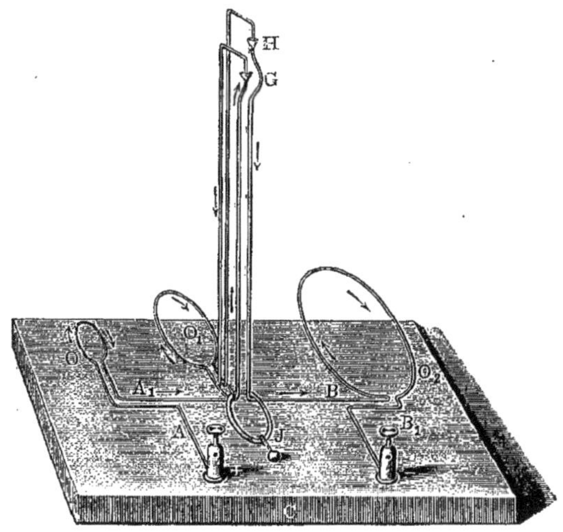

Fig. 304

Ampère s'est aussi adressé à l'expérience pour déterminer la grandeur K. Soit un arc métallique *ik* (*fig.* 305), fixé normalement à *hg* ; cet arc peut tourner librement autour de la pointe *g*, en touchant en deux points la surface du mercure qui se trouve dans les rigoles *ab* et *cd*. Le courant est envoyé dans

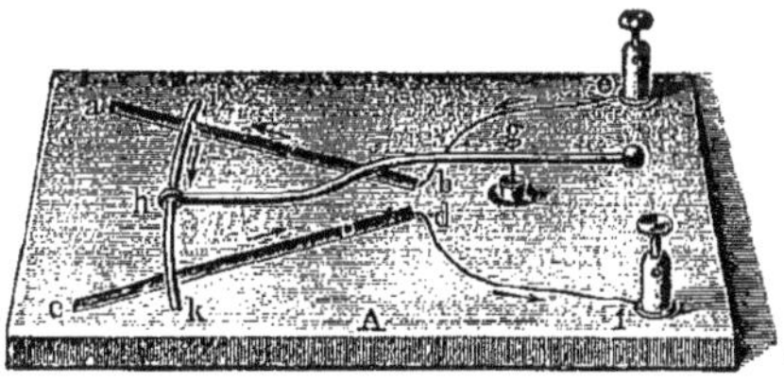

Fig. 305

le sens indiqué par les flèches. On trouve que l'arc *ik* reste immobile, quand son centre se trouve au point *g*, bien qu'un courant, presque fermé aux deux points très voisins *b* et *d*, agisse sur lui. L'arc *ik* reste également immobile sous l'action d'un aimant (ou d'un solénoïde). Mais, si on donne à *ik* un petit déplacement angulaire autour de *h*, l'arc se met en mouvement aussi bien sous l'action du courant lui-même que sous celle d'un aimant. Ampère en a conclu que *la force exercée par un courant fermé sur un élément de courant est normale à ce dernier.*

Calculons l'action du courant fermé I_1 sur l'élément $I_2 ds_2$. D'après les formules (26, *b*) et (26, *c*), page 804, on a

$$(40, b) \qquad f ds_1 ds_2 = -\frac{I_1 I_2 ds_1 ds_2}{r^2}\left(r\frac{\partial^2 r}{\partial s_1 \partial s_2} + K\frac{\partial r}{\partial s_1}\frac{\partial r}{\partial s_2}\right)$$

$$= -\frac{I_1 I_2 ds_1 ds_2}{r^{K+1}}\frac{\partial\left(r^K \frac{\partial r}{\partial s_2}\right)}{\partial s_1} = \frac{I_1 I_2 ds_1 ds_2}{r^{K+1}}\frac{\partial\left(r^K \cos\theta_2\right)}{\partial s_1}.$$

La composante de cette force suivant la direction de ds_2 est égale à

$$f\cos\theta_2\, ds_1 ds_2 = \frac{I_1 I_2 ds_1 ds_2}{r^{K+1}}\cos\theta_2\frac{\partial\left(r^K\cos\theta_2\right)}{\partial s_1}.$$

La composante suivant ds_2 de l'action totale du courant I_1 doit être nulle : par conséquent

$$ds_2\int f\cos\theta_2\, ds_1 = I_1 I_2 ds_2\int\frac{\cos\theta_2}{r^{K+1}}\frac{\partial\left(r^K\cos\theta_2\right)}{\partial s_1}ds_1 = 0,$$

d'où, par une transformation évidente,

$$\int\frac{1}{r^{K+1}}\frac{\partial\left(r^K\cos\theta_2\right)^2}{\partial s_1}ds_1 = 0,$$

et en intégrant par parties

$$\left|\frac{\cos^2\theta_2}{r}\right| + (2K+1)\int\frac{\cos^2\theta_2}{r^2}ds_1 = 0.$$

Comme l'intégration a lieu suivant un contour fermé, le premier terme s'annule identiquement ; l'élément différentiel dans l'intégrale du second terme est toujours positif ; on a donc $2K + 1 = 0$, c'est-à-dire $K = -\frac{1}{2}$. La formule (40, *a*) prend donc la forme suivante :

$$(41) \qquad f ds_1 ds_2 = \frac{I_1 I_2 ds_1 ds_2}{r^2}\left(\cos\varepsilon - \frac{3}{2}\cos\theta_1\cos\theta_2\right).$$

C'est la célèbre formule d'Ampère. Une littérature très étendue a été consacrée à cette formule et à l'examen critique de sa démonstration ; mais tous ces travaux n'ont plus guère aujourd'hui qu'un intérêt historique. Nous savons que la démonstration de la formule d'Ampère ne supporte pas une étude approfondie, en particulier l'expérience décrite en dernier lieu. Nous avons exposé au début de ce paragraphe les questions de principe qu'elle soulève. Nous nous bornerons à mentionner quelques-uns des travaux qui renferment une critique de la formule d'Ampère ou qui en donnent une autre démonstration ; ils sont dus à Liouville, Stefan, C. Neumann, Margules, Korteweg, Riecke, D. Bobyleff, Lorentz, Moutier, Ettinghausen, Felici, Savary,

Blanchet, Pellat, Buguet, Duhem, Isarn, H. Poincaré et d'autres encore.

De la formule (41) découlent diverses conséquences. Supposons les éléments ds_1 et ds_2 parallèles ; on a alors $\varepsilon = 0$ et $\theta_1 = \theta_2$; on obtient, dans la parenthèse, $1 - \frac{3}{2}\cos^2\theta_1$. Lorsque $\cos\theta_1 < \sqrt{\frac{2}{3}}$, les éléments s'attirent ; quand $\cos\theta_1 > \sqrt{\frac{2}{3}}$, ils se repoussent ; si enfin $\cos\theta_1 = \sqrt{\frac{2}{3}}$, c'est-à-dire $\theta_1 = 24°$ $13'$ ..., ils n'exercent aucune action l'un sur l'autre. Ce résultat est très peu vraisemblable.

Les éléments d'un même courant rectiligne se repoussent, car, pour $\varepsilon = \theta_1 = \theta_2 = 0$, on a

$$f ds_1 ds_2 = -\frac{I_1 I_2 ds_1 ds_2}{2r^2}.$$

Ampère, Faraday, Lenz, Forbes et d'autres encore ont cherché à vérifier ce résultat par des expériences, mais celles-ci ne sont pas tout à fait convaincantes.

On peut transformer de diverses manières la formule (41). Si on fait $K = -\frac{1}{2}$, (40, b) donne

$$(41, a) \qquad f ds_1 ds_2 = \frac{I_1 I_2 ds_1 ds_2}{r^2}\left(\frac{1}{2}\frac{\partial r}{\partial s_1}\frac{\partial r}{\partial s_2} - r\frac{\partial^2 r}{\partial s_1 \partial s_2}\right),$$

$$(41, b) \qquad f ds_1 ds_2 = -\frac{I_1 I_2 ds_1 ds_2}{\sqrt{r}} \frac{\partial\left(r^{-\frac{1}{2}}\frac{\partial r}{\partial s_1}\right)}{\partial s_2}$$

$$= \frac{I_1 I_2 ds_1 ds_2}{\sqrt{r}} \frac{\partial\left(r^{-\frac{1}{2}}\cos\theta_2\right)}{\partial s_2}.$$

On voit aisément qu'on peut écrire aussi

$$(41, c) \qquad f ds_1 ds_2 = -\frac{2 I_1 I_2 ds_1 ds_2}{\sqrt{r}} \frac{\partial^2 \sqrt{r}}{\partial s_1 \partial s_2}.$$

Il est très important de remarquer que, dans toutes ces formules, la force f est comptée positivement, quand les éléments de courant s'attirent, et que les intensités sont mesurées en unités électrodynamiques, qui donnent, pour deux éléments parallèles de même sens, perpendiculaires à r ($\varepsilon = 0$, $\theta_1 = \theta_2 = 90°$), *l'expression*

$$(41, d) \qquad f ds_1 ds_2 = \frac{I_1 I_2 ds_1 ds_2}{r^2}.$$

Calculons maintenant le *potentiel mutuel* $W_{1,2}$ *de deux courants fermés* I_1 *et* I_2. Supposons que les deux courants éprouvent un très petit déplacement ; le travail qui est alors accompli par l'ensemble des forces fds_1ds_2 doit être égal à la diminution de la grandeur $W_{1,2}$, que nous désignerons par — $\delta W_{1,2}$. Soit δr la variation de la distance entre ds_1 et ds_2 ; le travail de la *force d'attraction* fds_1ds_2 est égal à — $fds_1ds_2\delta r$, et on a, voir (41, c),

$$\delta W_{1,2} = \iint fds_1ds_2\delta r = -2I_1I_2\iint \frac{\partial^2\sqrt{r}}{\partial s_1\partial s_2}\frac{\delta r}{\sqrt{r}}ds_1ds_2$$

$$= -4I_1I_2\iint \frac{\partial^2\sqrt{r}}{\partial s_1\partial s_2}\delta\sqrt{r}\,ds_1ds_2$$

$$= -2I_1I_2\left\{\int ds_1\int \delta\sqrt{r}\frac{\partial^2\sqrt{r}}{\partial s_1\partial s_2}ds_1 + \int ds_2\int \delta\sqrt{r}\frac{\partial^2\sqrt{r}}{\partial s_1\partial s_2}ds_1\right\}.$$

En intégrant par parties et en remarquant qu'il s'agit de circuits fermés, on trouve

$$\delta W_{1,2} = 2I_1I_2\iint\left\{\frac{\partial\sqrt{r}}{\partial s_1}\delta\left(\frac{\partial\sqrt{r}}{\partial s_2}\right) + \frac{\partial\sqrt{r}}{\partial s_2}\delta\left(\frac{\partial\sqrt{r}}{\partial s_1}\right)\right\}ds_1ds_2$$

$$= 2I_1I_2\iint\delta\left(\frac{\partial\sqrt{r}}{\partial s_1}\frac{\partial\sqrt{r}}{\partial s_2}\right)ds_1ds_2 = 2I_1I_2\delta\iint\frac{\partial\sqrt{r}}{\partial s_1}\frac{\partial\sqrt{r}}{\partial s_2}ds_1ds_2$$

$$= \frac{1}{2}I_1I_2\delta\iint\frac{1}{r}\frac{\partial r}{\partial s_1}\frac{\partial r}{\partial s_2}ds_1ds_2 = -\frac{1}{2}I_1I_2\delta\iint\frac{\cos\theta_1\cos\theta_2}{r}ds_1ds_2,$$

voir (26, *b*), page 804. On en déduit

(42) $$W_{1,2} = -\frac{1}{2}I_1I_2\iint\frac{\cos\theta_1\cos\theta_2}{r}ds_1ds_2,$$

ou, voir (26, *d*), page 804,

(43) $$W_{1,2} = -\frac{1}{2}I_1I_2\iint\frac{\cos\varepsilon}{r}ds_1ds_2.$$

Cette expression a été donnée pour la première fois par F. Neumann (1845).

En comparant les formules (42) et (43) aux formules (27) et (28), page 804, on voit qu'elles diffèrent par le facteur $\frac{1}{2}$. Ce fait s'explique ainsi : nous sommes parti, pour établir les expressions (27) et (28) de la formule de Biot et Savart, page 572, dans laquelle nous avons pris le facteur de proportionnalité C égal à 1, et nous avons introduit par là l'unité *électromagnétique* (él. mag.) d'intensité de courant ; nous avons obtenu, au contraire, les expressions (42) et (43), après avoir posé C = 1 dans la formule (39, *c*), ou ce qui revient au même dans (41, *d*), ce qui nous a conduit à l'unité *électrodynamique* (él. dyn.) d'intensité de courant. Désignons par I_d et I_m les *valeurs numériques* de l'intensité d'un même courant mesurée en unités él. dyn. et en unités él. mag. et cherchons les *dimensions* de l'unité él. dyn. d'intensité de courant. Dans la formule (41, d), le premier membre représente une force de dimensions MLT^{-2}; on a donc

$$[I_d]^2 = MLT^{-2}$$

ou

$$[I_d] = M^{\frac{1}{2}}L^{\frac{1}{2}}T^{-1}.$$

En comparant cette expression à (46, b), page 564, ou à (4, b), page 522, on voit que l'unité él. mag. et l'unité él. dyn. d'intensité de courant ont les mêmes dimensions (nous avons posé $\mu = 1$, en établissant (42) et (43)). Ceci est aussi confirmé par le fait que (42) et (43) ne diffèrent de (27) et (29) que par le facteur $\frac{1}{2}$, indépendamment du choix des unités fondamentales L, M, T. Les formules indiquées donnent $\frac{1}{2} I_d^2$ et I_m^2, c'est-à-dire

$$I_d = I_m \sqrt{2}. \tag{44}$$

La valeur numérique de l'intensité d'un courant mesurée en unités él. dyn. est $\sqrt{2}$ fois plus grande que la valeur numérique de l'intensité du même courant mesurée en unités él. mag. Si on désigne ces *unités* par i_d et i_m, on a

$$i_d = \frac{i_m}{\sqrt{2}}. \tag{44,a}$$

L'unité él. dyn. d'intensité de courant est $\sqrt{2}$ fois plus petite que l'unité él. mag., indépendamment du choix des unités fondamentales de longueur, de masse et de temps. Le système d'unités él. dyn. n'est plus usité aujourd'hui.

Il est facile de voir que les formules (42) et (43) peuvent être remplacées par toute une série d'autres expressions, qui ne diffèrent de (29), (30), (31), (32), (33), (33, a), (34) et (34, a) que par le facteur $\frac{1}{2}$; on se rend compte maintenant de l'intérêt particulier que présente la formule (30), qui rappelle la formule (41) d'Ampère.

L'ensemble des recherches expérimentales et théoriques d'Ampère sur l'électrodynamique l'a conduit à sa célèbre *théorie du magnétisme*, qui repose sur l'identité des actions d'un aimant et d'un solénoïde. D'après cette théorie, on doit considérer tout aimant comme un système d'*aimants élémentaires*, constitués chacun par un courant électrique fermé. Si on suppose tous ces courants dans des plans perpendiculaires à l'axe de l'aimant, l'ensemble des courants dans un même plan (*fig.* 306) peut être remplacé par un courant unique suivant le contour de la section de l'aimant, comme nous l'avons déjà montré sur la figure 212, page 566. En effectuant une telle substitution pour toutes les sections transversales de l'aimant, celui-ci est en réalité remplacé par un solénoïde. On doit faire l'hypothèse que les courants élémentaires n'éprouvent aucune

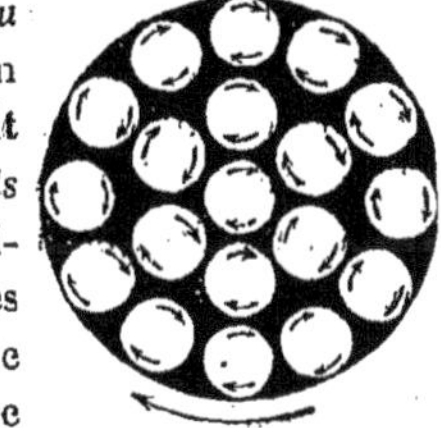
Fig. 306

résistance, en sorte que leur énergie ne se transforme pas en énergie calorifique.

Beaucoup d'auteurs ont cherché à remplacer la formule (41) d'Ampère par d'autres expressions de l'action mutuelle $f ds_1 ds_2$ de deux éléments de courant. On trouve d'abord qu'on peut, d'après les formules (42) et (43), admettre les deux lois différentielles suivantes pour l'action mutuelle de deux éléments de courant, les intensités étant exprimées en unités él.-dyn.,

$$(45) \qquad f ds_1 ds_2 = \frac{1}{2} I_1 I_2 \frac{\cos \varepsilon}{r^2} ds_1 ds_2,$$

$$(45, a) \qquad f ds_1 ds_2 = \frac{1}{2} I_1 I_2 \frac{\cos \theta_1 \cos \theta_2}{r^2} ds_1 ds_2.$$

On peut, en effet, démontrer rigoureusement qu'avec ces lois différentielles on obtient, pour l'énergie $W_{1,2}$, les expressions (42) et (43). Les formules (41), (45) et (45, a) conduisent, quand les éléments ds_1 et ds_2 occupent une position particulière, à des résultats tout différents ; mais, *pour deux courants fermés*, elles donnent toutes les trois la même expression de $W_{1,2}$ et par suite aussi la même action mutuelle. Si on pouvait, dans (42) et (43), considérer les fonctions qui sont sous le signe d'intégration comme des *potentiels élémentaires*, on obtiendrait, pour la force qui agit dans la direction de r, précisément les expressions (45) et (45, a) ; mais à cette force s'en ajouteraient d'autres, tendant à faire tourner l'élément, comme nous l'avons expliqué au début de ce paragraphe. Parmi les formules qui ont été proposées à la place des trois précédentes, nous mentionnerons celle de Grassmann (1845), Hankel (1865) et Reynard (1870) qui, en unités él. dyn., a la forme suivante

$$(45, b) \qquad f ds_1 ds_2 = \frac{1}{2} I_1 I_2 ds_1 ds_2 \frac{\sin \theta_2 \cos \psi}{r^2},$$

où $\theta_2 = (r_1, ds_2)$ et où ψ est l'angle que fait ds_1 avec le plan passant par ds_2 et r. Cette formule donne, pour deux *courants fermés*, les mêmes résultats que la formule d'Ampère. Si l'un des éléments coïncide avec r, la formule (45, b) donne $f = 0$, ce qui la distingue essentiellement de celles considérées plus haut. Il convient en outre de remarquer qu'elle viole la loi de Newton sur l'action et la réaction sous sa forme classique. Grassmann a montré qu'elle obéit néanmoins au principe de l'égalité de l'action et de la réaction, mais de la manière suivante. Si les deux éléments sont situés dans un même plan et si R_1, R_2 désignent les distances de ds_1 et ds_2 à leur point d'intersection, on a

$$(\text{pour } ds_1) \qquad \frac{1}{2} I_1 I_2 ds_1 ds_2 \frac{1}{r^2} \cdot \frac{\sin \theta_2}{R_1} = \frac{1}{2} \frac{I_1 I_2 ds_1 ds_2}{r^3} \sin(ds_1, ds_2)$$

$$(\text{pour } ds_2) \qquad \frac{1}{2} I_1 I_2 ds_1 ds_2 \frac{1}{r^2} \cdot \frac{\sin \theta_1}{R_2} = \frac{1}{2} \frac{I_1 I_2 ds_1 ds_2}{r^3} \sin(ds_1, ds_2).$$

Grassmann en conclut que, dans l'application de la loi de Newton, on doit envisager non les accélérations suivant la distance entre les éléments, mais les accélérations *angulaires* autour du point d'intersection de ces éléments. REYNARD a au contraire montré que la violation de la loi de NEWTON n'était qu'apparente et qu'on pouvait la rendre tout à fait légitime en considérant non une action directe à distance des deux éléments, mais une action qui se produit par l'intermédiaire d'un milieu.

RIECKE (1880) a indiqué une série d'actions mutuelles possibles entre les éléments ds_1 et ds_2, qui découlent de la formule d'AMPÈRE convenablement décomposée. STEFAN (1869) a établi avec beaucoup de clarté qu'il existait une infinité de lois élémentaires, conduisant toutes au même résultat pour deux courants fermés. E. et F. COSSERAT (1909) dans leur note sur la théorie des corps déformables ajoutée au Tome II (voir § 5, l'action euclidienne à distance, p. 1130) ont montré quelle était l'origine de toutes ces lois et de celles dont nous allons maintenant parler.

Après les recherches d'AMPÈRE et celles de F. NEUMANN, qui a donné la formule (43), il convient de mentionner les travaux classiques d'HELMHOLTZ et de W. WEBER. Comme nous l'avons vu sur (39, *a*), l'existence d'un potentiel élémentaire wds_1ds_2 est incompatible avec l'hypothèse fondamentale d'AMPÈRE que la force entre ds_1 et ds_2 est dans la direction de r. Néanmoins, on a parfois considéré les expressions qui sont sous le signe d'intégration dans (42) et (43), savoir

$$wds_1ds_2 = -\frac{1}{2}I_1I_2\frac{\cos\theta_1\cos\theta_2}{r}ds_1ds_2, \tag{46}$$

$$wds_1ds_2 = -\frac{1}{2}I_1I_2\frac{\cos\varepsilon}{r}ds_1ds_2, \tag{46, a}$$

comme des potentiels mutuels de deux éléments de courant. HELMHOLTZ a posé à la base de sa théorie l'hypothèse que deux éléments ds_1 et ds_2 ont en réalité un potentiel déterminé, égal à

$$wds_1ds_2 = \frac{AI_1I_2ds_1ds_2}{r}\{(1+k)\cos\varepsilon + (1-k)\cos\theta_1\cos\theta_2\} \tag{47}$$

où A et k désignent des constantes, A dépendant du choix des unités. Pour deux courants fermés, on obtient l'expression (31), page 805, de $W_{1,2}$ (en unités él.-dyn.), qui est certainement exacte, car, d'après (26, *d*), elle est identique à (27) ou (28). La formule de WEBER que nous allons indiquer dans un instant est un cas particulier de celle d'HELMHOLTZ : on la retrouve en donnant à k la valeur $k = 0$; alors le potentiel a la forme

$$wds_1ds_2 = \frac{AI_1I_2ds_1ds_2}{r}(\cos\varepsilon + \cos\theta_1\cos\theta_2). \tag{47, a}$$

En faisant $k = 1$, on a l'expression du potentiel qu'avait proposée F. NEUMANN. En faisant $k = \frac{1}{3}$, HELMHOLTZ dit qu'on retrouverait l'électrodynamique de MAXWELL (Tome V) ; mais H. POINCARÉ (*Electricité et Optique*,

2e éd., Paris, 1901, page 329) a montré qu'il s'agit plutôt d'un cas *limite* que d'un cas particulier. L'hypothèse d'HELMHOLTZ que l'action mutuelle de deux éléments a *effectivement* un potentiel de la forme (47) a donné lieu à de longues discussions; parmi les auteurs qui y ont pris part, il faut citer J. BERTRAND, qui a nié même la possibilité de l'existence d'un potentiel élémentaire, en outre C. NEUMANN, ZÖLLNER, HERWIG et d'autres encore. Les expériences sur des courants fermés ne peuvent bien entendu résoudre la question; il faut recourir à des courants induits, non fermés; les expériences entreprises dans ce but par N. SCHILLER n'ont pas une signification décisive, pour des raisons qu'il a lui-même indiquées en détail.

W. WEBER a cherché une solution dans une tout autre direction; il a placé à la base de sa théorie, non une loi différentielle, mais une loi ponctuelle régissant l'action mutuelle entre deux particules électriques librement mobiles dans les conducteurs. Si η, η_1 sont les masses électriques, r leur distance, t le temps, la loi de W. WEBER est exprimée par la formule (9, a), page 33, savoir

$$f = \frac{C\eta\eta_1}{r^2}\left\{1 - a^2\left(\frac{dr}{dt}\right)^2 + 2a^2 r\frac{d^2 r}{dt^2}\right\}. \tag{48}$$

La force f dépend donc non seulement de la distance r, mais aussi des deux premières dérivées de r par rapport à t; pour des particules immobiles, la loi se change dans celle de COULOMB. Il est très remarquable que la force f ait un *potentiel*

$$w = -\frac{C\eta\eta_1}{r}\left\{1 - a^2\left(\frac{dr}{dt}\right)^2\right\}; \tag{48, a}$$

on a, en effet,

$$f = -\frac{dw}{dr}. \tag{48, b}$$

WEBER a montré que la formule (48) conduit, pour l'action mutuelle des particules électriques en mouvement dans deux conducteurs, à une expression identique à la formule d'AMPÈRE et qu'elle peut servir de base dans l'établissement des lois de l'induction électrodynamique (Tome V). Dans la théorie de WEBER, l'action mutuelle de deux éléments se réduit à une force unique dirigée suivant la droite qui les joint. Il y a là en apparence une contradiction avec le fait de l'existence d'un potentiel; mais il convient de remarquer que, dans cette théorie, on suppose que les particules électriques sont animées d'un mouvement uniforme; cela n'est possible que pour un courant fermé, non pour un courant ouvert. A l'extrémité d'un courant ouvert, en effet, les particules électriques *s'arrêtent*; leur accélération n'est donc pas nulle. Les éléments voisins des extrémités n'obéiraient pas à la loi d'AMPÈRE, parce qu'il y aurait à tenir compte de l'accélération des particules électriques qui y circulent, accélération qui n'est plus nulle.

Il y aurait donc divergence entre les deux théories, si on avait à faire, par exemple, à un courant fermé et à une portion de courant entièrement libre. Mais ce n'est pas le cas où l'on se place d'ordinaire, quand on examine expérimentalement l'action d'un courant fermé sur un élément de courant. En effet, quand on étudie l'action d'un conducteur fermé sur un élément mobile, cet élément mobile fait partie lui-même d'un courant fermé et ses extrémités sont mobiles le long de conducteurs fixes. Il n'y a pas alors d'accélération pour la particule qui arrive à l'une de ces extrémités, et, dans ce cas, la théorie de WEBER conduit à la loi d'AMPERE. On trouve alors, en effet, que les forces qu'indiquent les deux lois admettent toutes deux un potentiel, et le même potentiel ; seulement, dans la théorie d'AMPÈRE, il n'y a un potentiel qu'en vertu des liaisons particulières imposées au système. Si, au contraire, on considérait des courants instantanés ouverts, la loi d'AMPÈRE et l'hypothèse de WEBER conduiraient à des résultats différents ; mais dans ce cas l'expérience ne semble guère possible.

A la controverse très longue qui s'est engagée sur la possibilité d'admettre la formule de WEBER, ont pris part W. THOMSON et P. G. TAIT, HELMHOLTZ, C. NEUMANN, CLAUSIUS et d'autres encore.

W. THOMSON et P. G. TAIT, ont fait observer que la loi de la conservation de l'énergie n'est pas respectée dans la formule de WEBER. Cette objection, qui a été publiée dans la 1ère édition du *Treatise on Natural Philosophy* de ces auteurs, n'a pas été maintenue dans les éditions suivantes. WEBER a fait remarquer en effet qu'il suffisait d'ajouter à w, dans (48, a), l'énergie cinétique des deux particules d'électricité mobiles, pour obtenir l'équation de l'énergie. Il est intéressant d'ajouter que C. NEUMANN (1869), en considérant l'expression

$$w' = \frac{C\eta\eta_1}{r} \left\{ 1 + a^2 \left(\frac{dr}{dt}\right)^2 \right\},$$

a pu, en appliquant le principe d'HAMILTON, retrouver la loi de force de WEBER. B. RIEMANN (1861) avait déjà eu l'idée d'introduire les méthodes de la mécanique dans l'étude de l'électrodynamique.

Les objections d'HELMHOLTZ sont plus graves. Si m est la masse qui porte la charge électrique η, laquelle est soumise à la répulsion d'une charge η_1 de même signe en repos, l'équation du mouvement est

$$m\frac{d^2r}{dt^2} = \frac{C\eta\eta_1}{r^2} \left\{ 1 - a^2 \left(\frac{dr}{dt}\right)^2 + 2a^2r\frac{d^2r}{dt^2} \right\},$$

d'où l'on déduit, pour l'équation de l'énergie, en multipliant par $\frac{dr}{dt}$ et en intégrant,

$$\frac{m}{2}\left(\frac{dr}{dt}\right)^2 + \frac{C\eta\eta_1}{r} \left\{ 1 - a^2 \left(\frac{dr}{dt}\right)^2 \right\} = const.$$

D'après cela, la vitesse est infiniment grande pour

$$r = \frac{2C\eta\eta_1 a^2}{m},$$

c'est-à-dire pour une distance finie, ce qui paraît inadmissible.

Beaucoup d'auteurs ont proposé soit des modifications des théories électrodynamiques que nous avons déjà considérées, soit des théories plus indépendantes. Le but de toutes ces recherches est de donner une explication non seulement des actions pondéromotrices, mais aussi des actions électromotrices (induction) de l'électricité en mouvement. Nous ne dirons que quelques mots à ce sujet, d'abord parce que nous n'avons pas encore étudié les phénomènes d'induction, mais surtout parce qu'aujourd'hui toutes ces théories n'ont plus guère qu'un intérêt historique. Il nous suffira de mentionner, par exemple, les travaux de C. Neumann, R. Clausius, B. Riemann, Hankel, Reynard, Moutier, Edlung et d'autres encore.

C. Neumann a consacré toute une série de mémoires et notamment la première partie de son ouvrage *Die elektrischen Kräfte*, Leipzig 1873, à une analyse rigoureuse des principes de l'électrodynamique. Il introduit en particulier l'idée déjà exprimée par Gauss en 1845, dans une lettre de Weber, et que B. Riemann a essayé de réaliser un peu plus tard en 1858, d'une propagation dans le temps du potentiel, conformément à une équation analogue à celle de Poisson, que l'on retrouve actuellement dans les théories électroniques (voir Tome V).

La théorie de Weber oblige d'admettre la conception *dualistique* du mouvement de l'électricité, d'après laquelle les électricités positive et négative doivent se mouvoir, dans le courant électrique, avec des vitesses égales et opposées. R. Clausius a cherché à remplacer cette conception dualistique par la conception *unitaire*, qui lui paraissait plus simple. Il incline vers l'hypothèse que, dans le courant électrique, seule l'électricité positive se meut, l'électricité négative restant en repos ; mais sa théorie permet d'attribuer aux deux électricités des vitesses différentes, conformément aux idées récentes des physiciens. Dans l'établissement de sa loi fondamentale, Clausius procède systématiquement en partant, pour les composantes de force, d'expressions générales, qui dépendent des coordonnées relatives des particules d'électricité et des dérivées du premier et du second ordre par rapport au temps des coordonnées de ces particules. Ces expressions sont ensuite particularisées par des raisons de symétrie et par l'application aux faits d'expérience. Il arrive finalement à la formule suivante, pour le potentiel électrodynamique w,

$$w = -\frac{\eta\eta'}{r^2}(1 + kvv'\cos\varepsilon), \tag{49}$$

où v et v' sont les vitesses *absolues* du mouvement des particules η et η' et ε l'angle compris entre les directions de ces deux vitesses. La formule (49) conduit à ce résultat que deux particules *en repos relatif* à la surface de la Terre agissent l'une sur l'autre avec une force qui dépend de la vitesse v de la Terre, car on a alors

$$f = \frac{\eta\eta'}{r^2}(1 + kv^2).$$

Fröhlich, Budde, Lorberg, Levy, Wand, et d'autres encore ont élevé des objections contre la théorie de Clausius.

Edlund suppose, comme Weber, que la force f dépend de $\frac{dr}{dt}$ et de $\frac{d^2r}{dt^2}$: d'après lui, la force retarde pour ainsi dire sur le mouvement de la particule électrique, de sorte qu'elle ne peut atteindre la valeur que fournit la loi de Coulomb, lorsque la particule est en mouvement. Herwig, Baumgarten, Lecher, O. D. Chwolson et d'autres encore ont dirigé des critiques contre la théorie d'Edlund.

E. Budde (1887) a proposé diverses expériences en vue de décider entre les diverses lois élémentaires que nous venons de passer en revue; aucune n'a été exécutée, parce qu'elles sont de réalisation difficile et parce qu'à cette époque des questions plus pressantes, relatives à la théorie de Maxwell (Tome V), sollicitaient les physiciens.

Au point de vue électronique, on donnerait aujourd'hui la préférence, parmi les lois électrodynamiques, à celles de Grassmann et de Clausius, en ayant égard toutefois à la notion de propagation dans le temps des actions électriques.

6. Vérification expérimentale des lois de l'action mutuelle des courants. — Nous avons vu que le problème de l'action mutuelle de deux courants fermés se trouve entièrement résolu théoriquement par les formules (24) et (25), page 801. W. Weber a entrepris le premier la vérification expérimentale de ces formules. Il a construit à cet effet l'*électrodynamomètre*, qui consiste essentiellement en deux bobines ou anneaux de fil isolé. L'une des bobines est immobile, l'autre possède une suspension bifilaire, dont les fils servent en même temps à conduire le courant.

Weber a établi deux électrodynamomètres. Dans le premier, la bobine immobile a un diamètre intérieur et une largeur de 76^{mm} ; elle renferme 3600 tours de fil de 0^{mm},7 de diamètre. La bobine mobile (5000 tours de fil de 0^{mm},4) est suspendue *à l'intérieur* de la précédente, leurs centres coïncidant, mais les plans de leurs enroulements étant perpendiculaires. La bobine mobile est munie d'un miroir, pour la mesure, au moyen d'une lunette et d'une échelle graduée, des rotations que subit cette bobine. Weber a employé cet appareil pour la vérification de la loi de dépendance entre l'action mutuelle des courants et leurs intensités. *Lorsque les courants sont de même intensité, leur action mutuelle doit être proportionnelle au carré de cette intensité.* Weber plaçait l'axe de la bobine immobile normalement au plan du méridien magnétique et, au nord de la bobine, à une distance de 583^{mm}, se trouvait un aimant mobile (miroir en acier), dont la déviation, sous l'action de la bobine fixe, servait à la mesure de l'intensité I du courant. En faisant passer un même courant dans les deux bobines et en faisant varier l'intensité de ce courant dans le rapport des nombres 1, 2, 3 approximativement, Weber a constaté que l'action mutuelle des bobines varie rigoureusement comme le carré de l'intensité du courant.

Le second électrodynamomètre de Weber (*fig.* 307) comporte une bobine A immobile (pendant la durée des observations), dont l'axe est supporté par un banc : la bobine mobile *aa* entoure la première et, afin qu'on puisse observer ses déviations, elle porte un petit miroir *d*. La bobine A peut être installée de façon que les centres des deux bobines coïncident ; mais on peut aussi l'enlever et la placer à côté de *aa* (voir la figure), au nord ou au sud, à l'est ou à l'ouest et à différentes distances de *aa* ; dans les expériences de Weber, les plans des enroulements des bobines étaient toujours perpendiculaires et l'axe de la bobine mobile était amené, avant de faire passer le courant, dans le plan du méridien magnétique. Une autre bobine immobile, dans laquelle on envoyait le même courant I que dans les deux bobines de l'électrodynamomètre, servait à mesurer l'intensité du courant. Weber a calculé le moment du couple qui agit sur la bobine mobile, en premier lieu à différentes distances *r*, et en second lieu pour les trois dispositions suivantes des

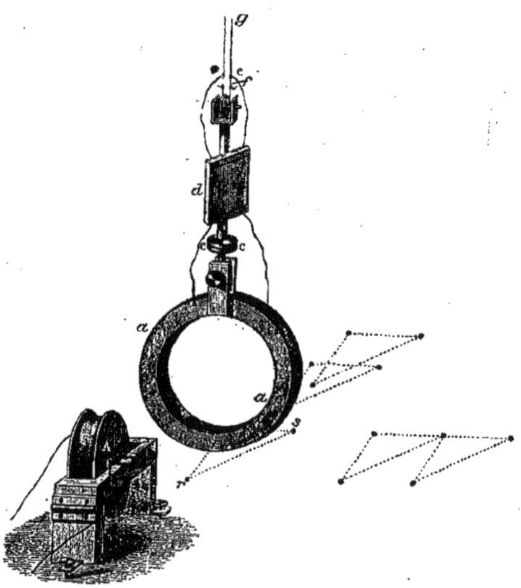

Fig. 307

bobines : 1° les centres des bobines coïncident ; 2° le plan des enroulements de la bobine immobile passe par le centre de la bobine mobile (la première se trouve au nord ou au sud de la seconde) ; 3° le plan des enroulements de la bobine mobile passe par le centre de la bobine fixe (la seconde se trouve à l'est ou à l'ouest de la première). Weber a fait ses observations aux distances $r = 0$, 300, 400, 500 et 600mm. Il a trouvé la concordance la plus complète entre les actions mutuelles observées et celles calculées par la formule d'Ampère.

D'autres vérifications des lois de l'action mutuelle des courants ont été faites plus tard par Cazin (1864), Boltzmann (1869) et Niemöller (1878).

BIBLIOGRAPHIE.

2. — Action mutuelle des aimants.

Coulomb. — *Mem. Ac. Roy. de Paris*, 1785, p. 587; *Collection des mémoires I*, p. 127.

Lamont. — *Handbuch des Erdmagnetismus*, Berlin, 1849, p. 21.

Chwolson. — *Mém. de l'Acad. imp. de St-Pétersbourg*, (7), **31**, n° 10, 1883.

A. Schmidt. — *Berl. Ber.*, 1907, p. 306.

Gauss. — *Intensitas viris magneticae ad mensuram absolutam revocata. Commentat. Soc. reg. scient. Gottingensis*, **8**, 1841; *Werke*, **5**, p. 79, 1867; *P. A.*, **28**, pp. 241, 604, 1833; *Resultate aus den Beobachtungen des magnet. Vereins in Göttingen*, 1836.

Kirchhoff. — *Berl. Ber.*, 28 fév. 1884; *W. A.*, **24**, p. 52, 1885; *Vorles. über Elektr. u. Magnet.*, Leipzig, 1891, p. 170.

Weihrauch. — *Mém. Soc. des Natur. de Moscou*, **14**, n° 4, 1883.

Lloyd. — *Trans. R. Irish.*, **19**, pp. 159, 249, 1843.

A. M. Mayer. — *Phil. Mag.*, (5), **5**, p. 397, 1878; **7**, p. 98, 1879.

Wood. — *Phil. Mag.*, (5), **46**, p. 162, 1898.

J. J. Thomson. — *Electricity and Matter*, Westminster, 1904, p. 114.

3. — Action mutuelle entre un aimant et un courant.

Biot et Savart. — *Ann. de chim. et phys.*, (2), **15**, p. 222, 1820.

Ampère. — *Ann. de chim. et phys.*, (2), **15**, pp. 67, 198, 1820; **37**, p. 133, 1828; *Gilb. Ann.*, **67**, p. 123, 1821.

J. Bertrand. — *Leçons sur la théorie mathématique de l'électricité*, Paris 1890, p. 143.

Garnault. — *J. de Phys.*, (3), **1**, p. 245, 1892.

Raveau. — *C. R.*, **130**, p. 31, 1900.

Decharme. — *C. R.*, **115**, p. 651, 1892.

Maxwell. — *Electricity and Magnetism*, **2**, p. 304.

Minchin. — *Phil. Mag.*, (5), **35**, p. 354, 1893; **36**, p. 201, 1893; **37**, p. 204, 1894.

Nagaoka. — *Phil. Mag.*, (6), **6**, p. 19, 1903.

Hicks. — *Phil. Mag.*, 1881, p. 628.

James Stuart. — *Phil. Mag.*, (4), **45**, p. 219, 1873.

Hankel. — *Ber. K. Sächs. Ges.*, 1850, p. 78.

Dub. — *P. A.*, **90**, p. 255, 1853; **105**, p. 54, 1858.

Waltenhofen. — *P. A.*, **141**, p. 407, 1870; *Wien. Ber.*, (2), **62**, p. 438, 1870; *Carls Repert.*, **6**, p. 305, 1870.

St-Loup. — *Ann. de l'Ec. norm.*, **7**, p. 181, 1870.

Cazin. — *C. R.*, **74**, p. 733, 1872; **75**, p. 261, 1872.

C. Neumann. — *Crelles Journ.*, **37**, p. 47, 1848.

Riecke. — *P. A.*, **145**, p. 218, 1872.

Wallentin. — *W. A.*, **1**, pp. 452, 545, 1877.

Minchin. — *Electrician*, **35**, pp. 603, 706, 1895.

Barlow. — *Phil. Mag.*, (2), **59**, p. 241, 1822; *On magnetic attraction*, London, 1823, p. 279.

Faraday. — *Royal Instit.*, Sept., 1821; *Ann. de chim. et phys.*, (2) **18**, p. 337, 1821; *Gilb. Ann.*, **71**, p. 124, 1822; **73**, p. 113, 1823.

RIECKE. — *W A.*, **23**, p. 252, 1884 ; **25**, p. 496, 1885.
LAMPRECHT. — *W. A.*, **25**, p. 71, 1885.
COLARD. — *Éclair. électr.*, 1895, p. 162.
LE ROUX. — *Ann. de chim. et phys.*, (3), **61**, p. 409, 1860.
GORE. — *Phil. Mag.*, (4), **48**, p. 39, 1874.
DAVY. — *Trans. R. Soc.*, 1823, p. 153 ; *Ann. de chim. et phys.*, (2), **25**, p. 64, 1824.
BERTIN. — *Ann. de chim. et phys.*, (3), **58**, p. 90, 1860 ; (4), **16**, p. 74, 1869 ; *Mém. de la Soc. des sc. natur. de Strasbourg*, **6**, p. 47, 1865.
DE LA RIVE. — *Ann. de chim. et phys.*, (3), **56**, p. 286, 1859.
RITCHIE. — *Trans. R. Soc.*, 1833, II, p. 318 ; *P. A.*, **27**, p. 552, 1833 ; **32**, p. 538, 1834.
ULSCH. — *Ztschr. f. phys. u. chem. Unterr.*, **16**, p. 82, 1903.
W. KÖNIG. — *W. A.*, **60**, p. 519, 1897.
NIKOLAÏEFF. — *C. R.*, **119**, p. 469, 1894 ; **129**, pp. 202, 475, 1899 ; *J. de Phys.*, (3), **4**, p. 472, 1895 ; **10**, pp. 140, 142, 1901.

4. — Action mutuelle des courants.

AMPÈRE — *Ann. de chim. et phys.*, (2), **15**, pp. 59, 170, 1820 ; **18**, pp. 88, 313, 1821 ; **20**, p. 414, 1822 ; **26**, pp. 145, 390, 1824 ; *J. de Phys.*, **93**, p. 441, 1821 ; *Gilb. Ann.*, **67**, pp. 113, 225, 1821 ; *Mém. de l'Acad. de Paris*, (2), **6**, pp. 175, 387, 1823 ; *Coll. des mém.*, **3**, p. 1, Paris, 1887.
SAVARY. — *Ann. de chim. et phys.*, (2), **22**, p. 91, 1823.
RITCHIE — *Phil. Mag.*, (3), **4**, p. 13, 1834.
ROGET. — *P. A.*, **36**, p. 550, 1835.
BERTIN. — *Mém. de la Soc. des sc. natur. de Strasbourg*, **5** et **6**, 1865 ; *Ann. de chim. et phys.*, (3), **55**, p. 304, 1859 ; **58**, p. 90, 1860.
MÜHLENBEIN. — *Ztschr. f. phys. Unterr.*, **1**, p. 202, 1888.
BENECKE. — *Ztschr. f. phys. Unterr.*, **2**, p. 181, 1885.
OBERBECK. — *Ztschr. f. phys. Unterr.*, **5**, p. 284, 1892.
ZIEGLER. — *Sitzungsber. d. Marburger Ges.*, 1907, p. 220.
PLANA. — *Giorn. acad.*, **111**, p. 3.
KIRCHHOFF. — *Fortschr. d. Phys*, 1848, p. 336.
W. WEBER. — *Elektrodynam. Massbestimmungen*, 1846, p. 42.
MASCART et JOUBERT. — *Leçons sur l'électr. et le magnét.*, **1**, p. 540, 1882.

5. — Action mutuelle de deux éléments de courant.

AMPÈRE. — Voir § **4**.
LIOUVILLE. — *Ann. de chim. et phys.*, (2), **41**, p. 415, 1829.
STEFAN. — *Wien. Ber.*, **59**, p. 693, 1869.
C. NEUMANN. — *Elektrische Kräfte*, 1873, p. 43.
MARGULES. — *Wien. Ber.*, **78**, p. 779, 1878.
KORTEWEG. — *Crelles Journ.*, **90**, 49, 1880.
RIECKE. — *W. A.*, **11**, p. 278, 1880.
BOBYLEFF. — *Journ. de la Soc. russe phys.-chim.*, **7**, p. 173, 1875.
LORENTZ. — *Arch. Néerl.*, **17**, p. 85, 1882.
MOUTIER. — *C. R.*, **63**, p. 299, 1866 ; **78**, p. 1201, 1874 ; *Ann. de chim. et de phys.*, (5), **4**, p. 267, 1875 ; *Bull. de la Soc. philomathique*, (7), **3**, p. 148, 1882.
ETTINGHAUSEN. — *Wien. Ber.*, **77**, p. 109, 1878.
FELICI. — *N. Cim.*, (3), **9**, p. 243, 1882.

Savary. — *Ann. de chim. et phys.*, **22**, p. 91, 1823.
Blanchet. — *Ann. de l'Éc. norm.*, **2**, p. 1, 1865.
Pellat. — *J. de Phys.*, (2), **3**, p. 117, 1884.
Buguet. — *J. de Phys.*, (2), **2**, p. 462, 1884.
P. Duhem. — *J. de Phys.*, (2), **5**, p. 26, 1886.
Izarn. — *C. R.*, **98**, p. 143, 1884.
H. Poincaré. — *Électricité et Optique*, 2e éd., Paris, 1901, p. 231.
F. Neumann. — *Berl. Ber.*, 1845, p. 24 ; 1847, p. 6.
Faraday. — *Quarterly Journ. of Sc.*, **12**, p. 416, 1822 ; *Gilb. Ann.*, **72**, p. 127, 1822.
E. Lenz. — *P. A.*, **47**, p. 461, 1839.
Forbes. — *Phil. Mag.*, (4), **21**, p. 81, 1861.
Grassmann. — *P. A.*, **64**, p. 1, 1845.
Reynard. — *Ann. de chim. et phys.*, (4), **19**, p. 272, 1870.
Hankel. — *P. A.*, **126**, p. 440, 1865 ; **131**, p. 607, 1860 ; *Ber. d. sächs. Ges. d. Wiss.*, 1865, p. 30 ; 1866, p. 269.
Helmholtz. — *Wissenschaftliche Abhandl.*, **1**, p. 545, 1882 ; *Crelles Journ.*, **72**, p. 1, 1870 ; **75**, p. 35, 1872 ; **78**, p. 273, 1874 ; *Berl. Ber.*, 1873, p. 91 ; *P. A.*, **153**, p. 545, 1874.
J. Bertrand. — *C. R.*, **73**, p. 965, 1871 ; **75**, p. 860, 1872 ; **79**, p. 337, 1874 ; **158**, p. 87, 1876.
C. Neumann. — *Ber. d. k. sächs. Ges*, 1872, p. 144 ; 1874, p. 145 ; *P. A.*, **155**, p. 226, 1875.
Zöllner. — *P. A.*, **154**, p. 321, 1875 ; **158**, p. 106, 1876.
Schiller. — *P. A.*, **159**, pp. 456, 537, 1876 ; **160**, p. 333, 1877.
Herwig. — *P. A.*, **153**, p. 263, 1874.
W. Weber. — *Elektrodynamische Massbestimmungen*, **1**, p. 99, 1846 ; **2**, p. 323 ; *P. A.*, **73**, p. 229, 1848 ; **136**, p. 485, 1869 ; **156**, p. 21, 1875 ; *W. A.*, **4**, p. 366, 1878.
Helmholtz. — (Loi de Weber). *Crelles Journ.*, **72**, p. 1, 1870 ; **75**, p. 35, 1872 ; *Wiss. Abhandl.*, **1**, pp. 545, 647, 1882.
Thomson et Tait. — *Treatise on natural philosophy*, 1re éd., Oxford 1867 ; trad. allem., Braunschweig, 1871.
Tait. — *Sketch of Thermodynamics*, 1868, p. 76.
C. Neumann. — (Vitesse du potentiel). *Math. Ann.*, **1**, p. 317, 1869 ; *Prinzipien der Elektrodynamik*, Tübingen, 1868.
Clausius. — *P. A.*, **156**, p. 657, 1875 ; **157**, p. 489, 1876 ; *W. A*, **1**, p. 14, 1877 ; **10**, p. 613, 1880 ; **11**, p. 604, 1880 ; *Journ. f. Math.*, **82**, p. 85, 1876 ; *Die mechan. Wärmetheorie*, **2**, 227, 1879.
Fröhlich. — *W. A.*, **9**, p. 261, 1880 ; **12**, p. 121, 1881.
Budde. — *W. A.*, **10**, p. 553, 1880 ; **12**, p. 644, 1881 ; **29**, p. 488, 1886 ; **30**, p. 100, 1887 ; *Verh. Berl. Ges.*, **7**, p. 10, 1888.
Lorberg. — *P. A. Ergbd.*, **8**, p. 599, 1877 ; *W. A.*, **36**, p. 671, 1889.
Riemann. — *P. A*, **131**, p. 257, 1867.
Wand. — *P. A.*, **159**, p. 94, 1876.
Levy. — *C. R.*, **95**, p. 986, 1882.
Moutier. — *C. R.*, **63**, p. 299, 1866 ; **78**, p. 1201, 1875 ; *Ann. de chim. et phys.*, (5), **4**, p. 267, 1875.
Edlund. — *Théorie des phénom. électr.*, 1874 ; *P. A.*, **148**, p. 421, 1873 ; **149**, p. 87, 1873 ; **156**, p. 590, 1875 ; *Ergbd.*, **6**, pp. 95, 241, 1873 ; *Arch. des sc.*

phys., (2), **43**, pp. 209, 297, 1872; *W. A.*, **1**, p. 161, 1877; **2**, p. 347, 1877; **15**, p. 165, 1882.

HANKEL. — *P. A*, **126**, p. 440, 1865; **131**, p. 607, 1870; *Ber. d. k. Sächs. Ges. d. Wiss.*, 1865, p. 30; 1866, p. 269.

REYNARD. — *Ann. de chim. et phys.*, (4), **19**, p. 272, 1870.

BAUMGARTEN. — *P. A.*, **154**, p. 305, 1875.

HERWIG. — *P. A.*, **150**, p. 623, 1873.

LECHER. — *Repert. d. Phys.*, **20**, p. 151, 1884.

CHWOLSON. — *P. A. Ergbd.*, **8**, p. 140, 1876.

6. — Vérification expérimentale des lois de l'action mutuelle des courants.

W. WEBER. — *Elektrodyn. Massbest.*, 1846.

CAZIN. — *Ann. de chim. et phys.*, (4), **1**, p. 257, 1864; *Repertorium d. Physik*, **1**, p. 42, 1866.

BOLTZMANN. — *Wien. Ber.*, **60**, p. 69, 1869.

NIEMÖLLER. — *W. A.*, **5**, p. 433, 1878.

CHAPITRE VIII

INDUCTION DE L'ÉTAT MAGNÉTIQUE DANS LES CORPS

1. Introduction. — Après avoir considéré, dans le Chapitre précédent, les forces pondéromotrices qui prennent naissance dans le champ magnétique, nous allons étudier les autres actions de ce champ sur les corps qu'il contient. Nous envisagerons d'abord, dans ce Chapitre, les phénomènes *purement magnétiques*, qui se manifestent quand on introduit un corps quelconque dans un champ magnétique. L'intensité de ces phénomènes dépend avant tout, pour un champ magnétique donné, de la *substance* du corps; elle est très grande pour un petit nombre de substances (en particulier, pour Fe, l'acier, Ni, Co), et très petite pour presque toutes les autres, quoique jamais nulle selon toute probabilité. A un point de vue purement *extérieur*, les phénomènes considérés peuvent être définis de la manière suivante : *un corps, placé dans un champ magnétique, devient lui-même un aimant*; *il est magnétisé*. On dit encore qu'*un état magnétique est induit dans le corps* ou que *du magnétisme y a été induit*. *L'induction magnétique* peut être interprétée de deux manières. On peut dire que, sous l'action du champ ou même sous l'action directe des sources du champ (actio in distans), il se produit dans le corps des modifications qui le transforment en un aimant. Le champ de cet aimant nouveau se superpose, pour ainsi dire, au champ qui existait déjà, de sorte qu'on obtient une certaine distribution nouvelle de force dans l'espace extérieur. Si le champ primitif disparaît, une partie du magnétisme induit et le champ qui lui est propre subsistent. Cette conception pose la question du *mécanisme* de l'induction magnétique ; elle conduit, par exemple, à essayer de ramener ce mécanisme à une rotation d'aimants moléculaires (voir plus loin). Mais on peut encore envisager autrement la manifestation de l'induction magnétique ; si on introduit, dans un champ magnétique, un corps dont la perméabilité magnétique μ diffère de la perméabilité μ_0 du milieu (l'air, par exemple), il se produit une *nouvelle distribution des lignes d'induction*, qui, pour $\mu > \mu_0$ notamment, se condensent à l'intérieur du corps et font acquérir à ce dernier toutes les propriétés d'un aimant, les magnétismes fictifs nord et sud, etc. En adoptant cette manière de voir, on ne doit plus parler d'une influence du champ sur le corps, mais bien d'une *action du corps sur le champ*. Le corps lui-même joue seulement le rôle de milieu pour les lignes d'induction. On pourrait croire que cette seconde conception est plus exacte, plus conforme à l'état actuel de la science ; il n'en est rien cependant. En premier lieu, le phénomène du magnétisme rémanent ne peut entrer dans ce cadre nouveau sans hypothèses additionnelles. En second lieu, le changement qu'éprouve le champ est loin d'être le seul phénomène que l'on observe, quand on introduit un corps dans un champ magnétique ; toute une série de propriétés de ce corps se modifient également, comme nous le verrons plus tard. En troisième lieu, la théorie *électronique* du magnétisme, qui vient à peine de prendre naissance (1907), conduit à la conclusion qu'il se produit réellement des modifications à l'intérieur d'un corps amené dans un champ magnétique. Tout ceci nous donne le droit de parler, comme précédemment, d'une action magnétisante du champ magnétique. A la fin de ce Chapitre, nous exposerons les importantes théories nouvelles du magnétisme de J.J. Thomson, W. Voigt, P. Langevin et P. Weiss.

Nous allons d'abord rappeler quelques formules établies précédemment. Soit H l'intensité du champ en un point quelconque du corps. Nous avons désigné par I le degré d'aimantation au point considéré ; il est égal, voir (23), page 445, au moment magnétique rapporté à l'unité de volume et aussi à la densité k du magnétisme fictif qui se trouve sur la base d'un parallélépipède découpé dans le corps, cette base étant normale à l'axe magnétique de la partie détachée du corps, voir (23, a), page 445. En regardant l'aimantation I comme produite par le champ H, on a, voir (24),

$$I = \varkappa H, \tag{1}$$

où $\varkappa$ est la *susceptibilité magnétique* de la substance considérée. Soit à l'intérieur du corps une fente infiniment étroite (voir page 446), dont les faces sont perpendiculaires à H et sont par suite couvertes de magnétisme fictif de densité $\pm k'$. L'intensité du champ à l'intérieur de cette fente est alors l'induction $B = \mu H$, μ désignant la *perméabilité magnétique* de la substance. La grandeur de ce champ est égale à

$$H + 4\pi k' = H + 4\pi I = H + 4\pi\varkappa H = (1 + 4\pi\varkappa) H.$$

On en déduit, voir (25), page 446,

$$\mu = 1 + 4\pi\varkappa. \tag{2}$$

On distinguait autrefois seulement les corps *paramagnétiques* et les corps *diamagnétiques* ; aux premiers appartenaient les substances pour lesquelles on a $\varkappa > 0$, aux seconds ceux pour lesquels $\varkappa < 0$; pour tous les corps, on a $\mu > 0$. La grandeur μ est analogue au pouvoir inducteur K des diélectriques. Si on introduit, dans un champ magnétique uniforme, une sphère diamagnétique ($\mu < 1$), les lignes de force se distribuent comme le représente la figure 70, page 170 ; avec une sphère paramagnétique, on obtient la distribution de lignes de force représentée dans la figure 71, page 171. Il n'existe pas, dans le domaine des phénomènes magnétiques, de cas qui correspondent à la figure 72, page 171 ($\mu = \infty$).

Aujourd'hui, on a l'habitude de grouper les corps, à l'égard de leurs propriétés magnétiques, en corps *fortement magnétiques* ou *ferromagnétiques* et en corps *faiblement magnétiques*. On range, parmi les premiers, les différentes sortes de fer et d'acier, le nickel, le cobalt, ainsi que quelques alliages et minéraux naturels. D'ordinaire, on n'emploie actuellement les dénominations de substances *paramagnétiques* et de substances *diamagnétiques* que pour les corps faiblement magnétiques. Ceci a d'autant plus d'opportunité que certaines théories contemporaines conduisent à ce résultat que les phénomènes observés dans les substances ferromagnétiques diffèrent essentiellement de ceux qui se produisent dans les corps paramagnétiques, par exemple. Si ces théories devaient se confirmer, il serait absolument incorrrect de ranger les corps ferromagnétiques parmi les substances paramagnétiques.

Nous avons désigné par A, B, C (page 471) les composantes du vecteur d'aimantation I. La *densité de volume* ρ du magnétisme fictif en un point quelconque est déterminée, voir (18), page 473, par l'équation

$$\rho = -\left(\frac{\partial A}{\partial x} + \frac{\partial B}{\partial y} + \frac{\partial C}{\partial z}\right). \tag{3}$$

A la surface d'un aimant, la *densité superficielle* k du magnétisme fictif est, voir (17) et (20), page 473,

$$k = \bar{A} \cos(n, x) + \bar{B} \cos(n, y) + \bar{C} \cos(n, z) = \bar{I} \cos(I, n), \tag{4}$$

où $\bar{I}\,(\bar{A}, \bar{B}, \bar{C})$ est l'aimantation à la surface, n la direction de la normale à cette surface. Le potentiel V de l'aimant est, voir (19), page 473,

$$V = \int \frac{k\,ds}{r} + \int \frac{\rho\,dv}{r}, \tag{5}$$

ds et dv étant les éléments de la surface et du volume, r la distance entre ces éléments et le point auquel se rapporte V. Nous avons qualifié l'aimantation de *solénoïdale*, quand on a partout $\rho = 0$, c'est-à-dire lorsque

$$\frac{\partial A}{\partial x} + \frac{\partial B}{\partial y} + \frac{\partial C}{\partial z} = 0, \tag{6}$$

voir (41, *a*), page 485 ; nous l'avons appelée *lamellaire*, quand il existe un *potentiel* φ *d'aimantation*, c'est-à-dire lorsqu'on peut poser

$$A = \frac{\partial \varphi}{\partial x}, \quad B = \frac{\partial \varphi}{\partial y}, \quad C = \frac{\partial \varphi}{\partial z}, \tag{7}$$

voir (43, *a*), ainsi que (44), page 486.

Nous verrons plus loin que $\varkappa$, et par suite μ, ne sont pas des grandeurs, qui ont, pour une substance donnée, une valeur numérique déterminée, *mais que ces grandeurs dépendent à un haut degré du champ* H *lui-même*. Ceci est vrai, en particulier, des substances fortement paramagnétiques, représentées surtout par le *fer*. Comme nous le verrons, la cause principale de la complexité du phénomène de l'induction magnétique réside dans cette dépendance des grandeurs $\varkappa$ et μ à l'égard de H.

2. Théorie mathématique de l'induction magnétique. — Cette théorie s'occupe de résoudre le problème suivant : étant donné un champ magnétique, dans lequel on introduit un corps de grandeur, de forme et de substance déterminées, trouver l'état magnétique de ce corps, c'est-à-dire la distribution du magnétisme à son intérieur ou, ce qui revient au même, le potentiel en tous les points de l'espace, aussi bien dans le corps qu'à l'extérieur. Poisson (1824) a donné, pour la première fois, une méthode pour obtenir la solution de ce problème, qu'il a appliquée de plus à quelques cas particuliers. Nous ne mentionnerons pas les nombreux auteurs qui ont développé cette théorie de l'induction magnétique et en ont poursuivi l'application ; les travaux les plus importants auxquels elle a donné lieu sont cités dans la bibliographie. Mais nous indiquerons déjà ici un défaut essentiel de la construction théorique de Poisson ; elle est basée sur l'hypothèse que $\varkappa$ ou μ sont des grandeurs constantes pour une substance donnée, c'est-à-dire indépendantes de l'intensité H du champ *à l'intérieur* du corps, ce qui ne répond pas à la réalité, comme on l'a dit. En outre, cette théorie ne tient pas compte du tout de l'existence possible d'un magnétisme rémanent. En laissant de côté cette dernière circonstance, on peut ajouter que l'on n'obtient une représentation exacte de la *distribution* du magnétisme induit que quand H a la même valeur en tous les points à l'intérieur du corps. Mais, même dans ce cas, la théorie de Poisson ne répond pas à la question de la dépendance entre le degré d'aimantation et la *grandeur* H du champ extérieur donné. Nous ne considérerons pas les essais faits en vue d'introduire, dans le traitement du problème, une relation entre $\varkappa$ et H.

Introduisons les notations suivantes. Soit H_0 l'intensité du champ extérieur *donné*, V_0 le potentiel ; l'induction donne naissance à l'intérieur du corps à la densité de volume ρ du magnétisme et à la densité k à la surface. Soit H_i le champ produit par ce magnétisme à l'intérieur du corps, V_i le potentiel, H_e et V_e les grandeurs correspondantes à l'extérieur du corps. Désignons par $H = H_0 + H_i$ le champ total à l'*intérieur* du corps, par $V = V_0 + V_i$ le potentiel, par I le vecteur d'aimantation et par A, B, C ses composantes ; Δ étant l'opérateur laplacien, on a à l'intérieur du corps $\Delta V_0 = 0$, par suite $\Delta V = \Delta V_i$. On a ensuite

$$\Delta V = \Delta V_i = -4\pi\rho, \tag{8}$$

$$\frac{\partial V_e}{\partial n} - \frac{\partial V_i}{\partial n} = -4\pi k, \tag{8, a}$$

$$I = \varkappa H = \varkappa(H_0 + H_i). \tag{8, b}$$

En posant $-\varkappa(V_0 + V_i) = -\varkappa V = \varphi$, on a

$$A = \frac{\partial \varphi}{\partial x}, \quad B = \frac{\partial \varphi}{\partial y}, \quad C = \frac{\partial \varphi}{\partial z}.$$

Il s'ensuit que l'aimantation est *lamellaire*, voir (7). La formule (3) donne $\rho = -\Delta\varphi = \varkappa\Delta V$; en portant cette valeur dans (8), on obtient $(1 + 4\pi\varkappa)\Delta V = \mu\Delta V = 0$. Mais on a $\mu \neq 0$; par suite $\Delta V = 0$, ce qui donne $\rho = 0$; et il en résulte que l'aimantation est *solénoïdale*. On a donc, dans l'induction magnétique, une aimantation à la fois lamellaire et solénoïdale ; *il n'y a de magnétisme fictif qu'à la surface du corps*. La densité k de ce magnétisme est, voir (4),

$$k = I\cos(I, n) = -\varkappa\left(\frac{\partial V_0}{\partial n} + \frac{\partial V_i}{\partial n}\right); \tag{8, c}$$

mais on a, voir (5),

$$V_i = \int \frac{k\,ds}{r}; \tag{9}$$

par suite

$$V_i = -\varkappa \int \frac{ds}{r}\left(\frac{\partial V_0}{\partial n} + \frac{\partial V_i}{\partial n}\right). \tag{10}$$

Les formules (9) *et* (10) *renferment toute la théorie générale de l'induction magnétique*. Le problème sera résolu, quand on aura trouvé une distribution de masse fictive de densité k à la surface du corps, telle que son potentiel V_i satisfasse à la condition (10). Si on porte (9) dans (8, c), on obtient pour k l'expression suivante :

$$k = -\varkappa\left(\frac{\partial}{\partial n}\int \frac{k\,ds}{r} + \frac{\partial V_0}{\partial n}\right). \tag{10, a}$$

Il n'est pas sans intérêt de remarquer qu'on obtient les équations générales précédentes, en partant de la loi d'invariabilité du flux d'induction magnétique. Si on désigne par $H_{o,n}$, $H_{e,n}$, $H_{i,n}$ les composantes des forces H_o, H_e, H_i dans la direction de la normale n, cette loi s'écrit

$$H_{e,n} + H_{o,n} = \mu(H_{i,n} + H_{o,n}), \tag{11}$$

ou

$$\frac{\partial V_e}{\partial n} - \frac{\partial V_i}{\partial n} = (\mu - 1)\left(\frac{\partial V_o}{\partial n} + \frac{\partial V_i}{\partial n}\right).$$

En remplaçant le premier membre par $-4\pi k$, voir (8, a), et en posant $\mu - 1 = 4\pi\varkappa$, on obtient l'expression (8, c) pour k.

Le champ H_i a en général une direction telle que l'intensité $H = H_o + H_i$ est *plus petite* que l'intensité H_o. L'aimantation I est plus petite que l'aimantation $I_o = \varkappa H_o$ que l'on obtiendrait en l'absence d'une couche superficielle de densité k. Cette couche exerce par suite une *action démagnétisante*, pour la mesure de laquelle nous prendrons la grandeur [1]

$$N = -\frac{H_i}{I}; \tag{12}$$

cette grandeur se rapporte à un point déterminé du corps, mais on peut introduire aussi des valeurs moyennes (voir page 487). Les formules (8, b) et (12) nous donnent

$$N = \frac{\varkappa H_o - I}{\varkappa I} = \frac{I_o - I}{\varkappa I}, \tag{12, a}$$

$$I = \frac{\varkappa H_o}{1 + \varkappa N} = \frac{I_o}{1 + \varkappa N}, \tag{12, b}$$

$$H_i = -\frac{\varkappa N}{1 + \varkappa N} H_o, \tag{12, c}$$

$$H = H_o + H_i = \frac{H_o}{1 + \varkappa N}, \tag{12, d}$$

$$\varkappa = \frac{I}{H_o - NI}, \tag{12, e}$$

$$\mu = 1 + 4\pi\varkappa = \frac{H_o + (4\pi - N)I}{H_o - NI}. \tag{12, f}$$

Pour l'*induction* $B = \mu H = \mu(H_o + H_i)$, on obtient, en substituant (12, c) et en introduisant μ à la place de $\varkappa$,

$$B = \frac{4\pi\mu}{4\pi + (\mu - 1)N} H_o, \tag{13}$$

---

(1) Nous nous sommes servi à la page 487 d'autres notations : I et I' au lieu de I_o et I, et nous avons introduit les valeurs moyennes H_i' et N' ; en outre, nous n'avons pas eu égard au sens des vecteurs H_i' et I' et par suite, nous avons supprimé le signe —.

d'où,

$$\mu = \frac{(4\pi - N)B}{4\pi H_o - NB}. \tag{13, a}$$

$B = \mu(H_o + H_i)$ et (8, b) donnent $B = \frac{\mu I}{\varkappa}$; on a donc, d'après (12, e) et (12, f),

$$B = H_o + (4\pi - N)I, \tag{13, b}$$

$$I = \frac{B - H_o}{4\pi - N}, \tag{13, c}$$

$$\mu = \frac{B}{H_o - NI}. \tag{13, d}$$

Dans l'établissement des formules qui précèdent, nous avons introduit dès le début la grandeur $\varkappa$; remarquons que beaucoup d'auteurs se servent d'un autre coefficient p, qui est égal à

$$p = \frac{4\pi\varkappa}{3 + 4\pi\varkappa} = \frac{\mu - 1}{\mu + 2}. \tag{13, e}$$

Quand $\varkappa$ est *très petit*, on peut négliger H_i comparativement à H_o et poser $I = \varkappa H_o$, $N = 0$; la forme du corps ne joue dans ce cas aucun rôle. Si $\varkappa$ est *très grand* et si N *n'est pas petit*, on déduit de (12, b) $I = H_o : N$, de sorte qu'alors l'aimantation ne dépend pas du tout de $\varkappa$.

H. Poincaré (1896), dans son célèbre mémoire sur la méthode de Neumann dont nous avons déjà parlé au Livre I, Chap. I, § 6, p. 87, a posé le problème, résolu depuis par plusieurs géomètres, de trouver sur une surface fermée un potentiel de simple couche pour lequel on ait

$$\frac{\partial V_e}{\partial n} + \nu \frac{\partial V_i}{\partial n} = 0,$$

ν étant une constante convenablement choisie. En recourant aux relations (47, e), (47 e'), page 86, on voit que l'on a pour la densité k, l'équation de Fredholm

$$k + \frac{1 + \nu}{1 - \nu} \int k \frac{\cos \psi}{2\pi r^2} ds = 0 ;$$

les valeurs de ν sont donc liées simplement aux valeurs singulières de λ, considérées à la page 152. C'est ainsi que E. Picard (1906) a rattaché le problème de l'induction magnétique à celui de Fredholm. Considérons un corps limité par une surface S. D'après la théorie de Poisson, le problème de l'induction magnétique revient à trouver une fonction $V(x, y, z)$ de la nature d'un potentiel à l'infini, continu dans tout l'espace, harmonique à l'intérieur et à l'extérieur de S, et telle, que, pour tout point m de S, on ait

$$(1 + 4\pi\varkappa) \frac{\partial V_i}{\partial n} - \frac{\partial V_e}{\partial n}$$

égale à une fonction connue du point m. Or, nous pouvons représenter V par un potentiel de simple couche étendue sur S. En nous servant des équations (47, e), (47, e'), page 86, nous avons tout de suite pour la densité k de cette couche l'équation fonctionnelle

$$k - \frac{2\pi\varkappa}{1 + 2\pi\varkappa} \int k \frac{\cos\psi}{2\pi r^2}\, ds = \textit{fonction donnée sur } S.$$

Pour $\varkappa$ positif, l'équation a certainement une solution et une seule, car nous avons vu que les valeurs singulières λ de l'équation (74, m'), page 152, étaient au moins égales à *un* en valeur absolue. Il peut en être autrement si $\varkappa$ est négatif. Par exemple, si S est une surface sphérique de rayon *un*, on aura, d'après ce qui a été dit page 153, les valeurs singulières de $\varkappa$ correspondant à

$$2\pi\varkappa = -\left(1 + \frac{1}{2n}\right),$$

où n est un entier positif. La théorie classique de l'induction magnétique n'est sans doute pas applicable à de tels corps diamagnétiques, s'il en existe.

Nous allons maintenant considérer quelques applications particulières de la théorie de Poisson. Dans un *champ uniforme* ($H_0 = const.$) est introduite une très grande *plaque*, dont les faces sont perpendiculaires à H_0. Soit k la densité du magnétisme sur la face de la plaque, dont la normale extérieure a le sens de H_0, et k' la densité sur l'autre face. Il est facile de voir que $k' = -k$. En effet, on a $H_i = -2\pi(k \pm k')$, par suite $H_0 + H_i = H_0 - 2\pi(k \pm k') = const.$ et par conséquent $I = \varkappa(H_0 + H_i) = const.$ La formule (4) donne $k = I$, $k' = -I$; on a donc $k' = -k$. Cela posé, $H_i = -4\pi k = -4\pi I$, d'où

$$I = \varkappa(H_0 + H_i) = \varkappa(H_0 - 4\pi I).$$

Il en résulte que

$$(14) \qquad I = k = \frac{\varkappa H_0}{1 + 4\pi\varkappa} = \frac{1 - \mu}{4\pi\mu} H_0,$$

$$(14, a) \qquad H_i = -\frac{1 - \mu}{\mu} H_0,$$

$$(14, b) \qquad H = H_0 + H_i = \frac{H_0}{\mu},$$

$$(14, c) \qquad N = \frac{H_i}{I} = 4\pi,$$

voir (45, c) page 488.

Passons au cas où une sphère de rayon r se trouve dans un *champ uniforme* ($H_0 = const.$). Comme nous l'avons vu (page 488), une sphère *uniformément* aimantée ($I = const.$) donne naissance à un champ intérieur

$$(15) \qquad H_i = -\frac{4}{3}\pi I,$$

voir (22, *b*), page 474 ; son moment magnétique M est, voir page 475,

$$(15, a) \qquad M = \frac{4}{3} \pi r^3 I.$$

Une telle aimantation uniforme satisfait aux équations de l'induction magnétique, car la formule (15) n'est pas en contradiction avec l'équation fondamentale (8, *b*), c'est-à-dire avec

$$(15, b) \qquad I = \varkappa (H_0 + H_i),$$

où H_0 et I sont des grandeurs constantes. En introduisant la valeur (15), on a

$$I = \varkappa \left(H_0 - \frac{4}{3} \pi I\right),$$

d'où

$$(15, c) \qquad I = \frac{\varkappa H_0}{1 + \frac{4\pi\varkappa}{3}} = \frac{3}{4\pi} \cdot \frac{\mu - 1}{\mu + 2} H_0,$$

$$(15, d) \qquad H_i = -\frac{\mu - 1}{\mu + 2} H_0,$$

$$(15, e) \qquad H = H_0 + H_i = \frac{3}{\mu + 2} H_0.$$

Si on compte l'angle φ comme dans la figure 173, page 474, (H_0 dirigé de la gauche vers la droite), on a

$$(15, f) \qquad k = I \cos \varphi = \frac{3}{4\pi} \cdot \frac{\mu - 1}{\mu + 2} H_0 \cos \varphi,$$

$$(15, g) \qquad N = -\frac{H_i}{I} = \frac{4\pi}{3},$$

ce qui est d'accord avec la formule (45, *b*), page 488. Enfin, le moment magnétique M de la sphère est, voir (15, *a*) et (15, *c*),

$$(15, h) \qquad M = \frac{\mu - 1}{\mu + 2} r^3 H_0.$$

On voit par là que la grandeur *p*, voir (13, *d*), n'est autre que le moment magnétique d'une sphère de rayon *un*, placée dans un champ uniforme dont l'intensité $H_0 = 1$.

On a, pour l'induction B, d'après (13) et (15, *g*),

$$(15, i) \qquad B = \frac{3\mu}{\mu + 2} H_0.$$

Lorsque μ est très grand, on peut poser $B = 3H_0$; autrement dit, les lignes de force à l'intérieur de la sphère sont trois fois plus denses que dans le champ extérieur primitif. L'expression (15, *f*) concorde parfaitement avec (77), page 169, lorsqu'on fait $K_1 = 1$, $K_2 = \mu$, $F = -H_0$; on voit aisément pourquoi.

Lorsqu'on introduit, dans un *champ uniforme* H_0, un *ellipsoïde de révolution*, dont l'axe est dirigé suivant H_0, l'ellipsoïde est uniformément aimanté ($I = const.$). Nous avons donné à la page 488 les formules (45, *d*), (45, *e*) et (45, *f*) pour la grandeur N', qui est identique à la grandeur N des formules (12) et (12, *f*). Si on porte la valeur de N dans (12, *b*), (12, *c*), (12, *d*), on obtient I, H_i et H. La densité est $k = I \cos \varphi$, φ étant l'angle que fait l'axe de révolution avec la normale à la surface de l'ellipsoïde au point où la densité est k.

Quand on place, dans un *champ uniforme* H_0, un *très long cylindre*, de façon que *son axe soit parallèle à* H_0, on peut, dans les parties du cylindre éloignées des bases, négliger l'action démagnétisante du magnétisme et poser $H_i = 0$, $N = 0$; on a alors

$$(16) \qquad I = \varkappa H_0, \qquad B = \mu H_0.$$

Si l'axe du très long cylindre est perpendiculaire au champ H_0, on a, voir (45, *g*) page 488,

$$(17) \qquad N = 2\pi.$$

Les formules (12, *b*), (12, *c*), (12, *d*) et (13) donnent

$$(17, a) \qquad I = \frac{\varkappa H_0}{1 + 2\pi\varkappa} = \frac{1}{2\pi} \cdot \frac{\mu - 1}{\mu + 1} H_0,$$

$$(17, b) \qquad H_i = \frac{2\mu\varkappa H_0}{1 + 2\pi\varkappa} = \frac{\mu - 1}{\mu + 1} H_0,$$

$$(17, c) \qquad H = \frac{H_0}{1 + 2\pi\varkappa} = \frac{2}{\mu + 1} H_0,$$

$$(17, d) \qquad B = \frac{2\mu}{\mu + 1} H_0.$$

Pour une très grande valeur de μ, on peut poser $B = 2H_0$, tandis qu'avec la sphère on avait à la limite $B = 3H_0$.

Le problème de *l'aimantation d'un anneau*, engendré par la rotation d'une figure plane quelconque autour d'un axe situé dans le plan de cette figure et ne la coupant pas (voir fig. 277, page 787), est très important au point de vue pratique. Prenons des coordonnées cylindriques ; soit r la distance d'un point M à l'axe, z la distance de ce point à un plan quelconque perpendiculaire à l'axe, φ l'angle compris entre le plan passant par M et l'axe et un plan origine quelconque passant également par l'axe. KIRCHHOFF a considéré le cas où le champ donné H_0 est partout normal au plan $\varphi = const.$, c'est-à-dire à la section droite de l'anneau, et est indépendant de φ. Les lignes de force du champ H_0 sont des circonférences, pour tous les points desquelles on a $z = const.$ et $r = const.$, et de plus $H_0 = f(r, z)$. L'anneau est aimanté, mais il n'y a pas de magnétisme superficiel, de sorte que $N = 0$, $H_i = 0$,

$H_e = 0$; autrement dit l'anneau n'exerce aucune action dans l'espace extérieur; on a $H = H_0$ et $B = \mu H$. Lorsque le champ est dû au passage d'un courant i dans un fil enroulé uniformément sur l'anneau (solénoïde fermé), le problème présente un intérêt particulier. On a alors, voir (16), page 787,

$$H = H_0 = \frac{2ni}{r}, \tag{18}$$

n étant le nombre *total* de tours du fil. Dans ce cas

$$I = \frac{2\kappa ni}{r}, \tag{18, a}$$

$$B = \frac{2\mu ni}{r}. \tag{18, b}$$

Le flux d'induction total Ψ est égal à

$$\Psi = 2\mu ni \iint \frac{dr\,dz}{r}, \tag{18, c}$$

l'intégrale s'étendant à tous les éléments d'une section droite. Pour une section *rectangulaire* de hauteur h (parallèlement à l'axe), de largeur b, et dont le centre est à une distance de l'axe égale à R, on obtient

$$\Psi = 2\mu nih \log \frac{2R + b}{2R - b}. \tag{18, d}$$

Si $\frac{b}{R}$ est très petit, on peut poser

$$\Psi = \frac{2\mu inS}{R}, \tag{18, e}$$

où $S = hb$. Pour une *section droite circulaire* (tore) de rayon ρ, dont le centre est à une distance R de l'axe de l'anneau, on a

$$\Psi = 4\pi\mu ni \left(R - \sqrt{R^2 - \rho^2}\right); \tag{18, f}$$

en posant $S = \pi\rho^2$ et en prenant $\frac{\rho}{R}$ très petit, on obtient

$$\Psi = \frac{2\mu inS}{R}. \tag{18, g}$$

Boltzmann, Sauter, Mues, Schütz, Boulgakoff, etc., ont étudié la magnétisation d'un anneau pour des champs moins simples.

Le cas d'un *anneau ouvert* (avec une fente ou une coupure), voir fig. 308, offre un très grand intérêt pratique; il a été traité par du Bois. Conservons à R et à ρ leur précédente signification, et soit d la largeur de la fente; l'anneau est, comme plus haut, muni d'un enroulement où passe un courant. Les lignes d'induction se disposent comme il est indiqué sur la figure : dans le voisinage de S, c'est-à-dire à une grande distance de la fente, elles diffèrent très peu des circonférences que l'on avait dans l'anneau fermé. Sous l'action du magnétisme superficiel des deux faces de la coupure, H et B *diminuent*, lorsqu'on s'approche de cette coupure; par suite, les lignes d'induction divergent et viennent couper en partie la surface latérale de l'anneau sous des angles très aigus. Ces lignes s'échappent à l'extérieur presque normalement à cette surface latérale, quand μ a une grande valeur (fer), ainsi que le montre (18), page 444, où l'on doit faire $\mu_1 = \mu$, $\mu_2 = 1$, d'où $\text{tg}\,\alpha_1 = \mu\,\text{tg}\,\alpha_2$, α_1 et α_2 étant les angles que font les lignes d'induction avec la normale à la surface latérale de l'anneau. Tout le flux d'induction ne passe donc pas par la fente et on a donné à ce phénomène le nom de *dispersion* (*Streuung* en allemand, *leakage*, en anglais). Soit maintenant Ψ le flux moyen à l'intérieur de l'anneau, Ψ_e le flux d'induction dans la coupure; la grandeur

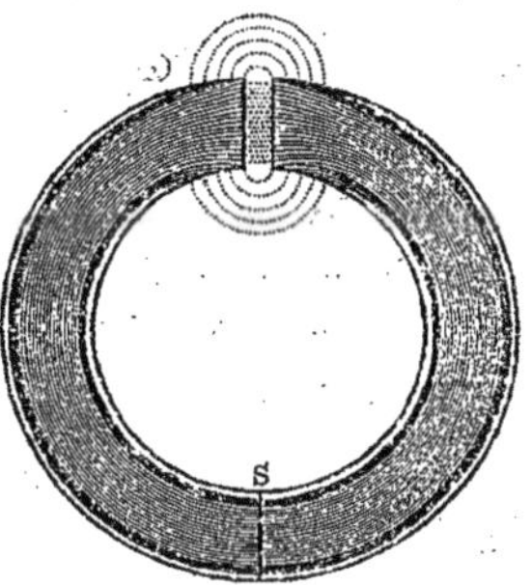

Fig. 308

$$\sigma = \frac{\Psi}{\Psi_e} \tag{19}$$

est appelée le coefficient de *dispersion* ou de *perte de flux*; on a évidemment $\sigma > 1$ et σ est d'autant plus grand que la fente est plus large. En négligeant le magnétisme superficiel sur la surface latérale de l'anneau et en supposant que la densité k est partout la même sur les deux faces de la coupure, du Bois a trouvé, pour le coefficient N de démagnétisation, l'expression

$$N = \frac{4\pi\left(d + s - \sqrt{d^2 + s^2}\right)}{2\pi R - d}. \tag{19, a}$$

Si d est très petit, c'est-à-dire si la fente est très étroite, on a

$$N = \frac{2d}{R}. \tag{19, b}$$

En exprimant la largeur de la fente en centièmes p de la circonférence $2\pi R$ ou en degrés α de l'angle sous lequel la fente est vue du centre de l'anneau, on obtient approximativement, d'après la dernière expression de N,

$$N = \frac{1}{2}p = 0{,}035\,\alpha. \tag{19, c}$$

H. Lehmann (1893) a vérifié expérimentalement les formules de du Bois, avec un anneau de fer de Suède ($R = 7^{cm},96$, $\rho = 0^{cm},895$) et pour cinq valeurs de d ($0^{cm},040$ à $0^{cm},357$); il a obtenu les valeurs suivantes pour N et σ :

$d = 0^{cm},040$	$0^{cm},063$	$0^{cm},103$	$0^{cm},202$	$0^{cm},357$
$N = 0\ ,0079$	$0\ ,0102$	$0\ ,0140$	$0\ ,0203$	$0\ ,0246$
$\sigma = (1,31)$	$1\ ,52$	$1\ ,79$	$2\ ,48$	$3\ ,81.$

Le nombre 1,31 a été trouvé par extrapolation, au moyen de la formule empirique $\sigma = 1 + 7d : R$. Les résultats de ces mesures présentent un accord très satisfaisant avec les formules de DU BOIS.

Le phénomène de l'*ombre magnétique*, qui prend naissance dans les corps creux que l'on appelle *écrans magnétiques*, est lié à l'action intérieure démagnétisante du magnétisme superficiel induit. Lorsqu'on introduit, dans un champ magnétique, un corps creux, par exemple une enveloppe sphérique ou une enveloppe cylindrique très longue, de substance fortement magnétique, le magnétisme superficiel induit sur ce corps produit, dans la cavité même, une action contraire au champ extérieur H_0, de sorte que le champ H' à l'intérieur de la cavité devient plus faible que le champ H_0. La cavité se trouve dans l'*ombre magnétique* et le corps lui-même agit comme un écran, qui protège la cavité contre les actions magnétiques venant de l'extérieur. L'action pondéromotrice du champ extérieur sur les corps qui se trouvent dans la cavité (aimants, courants) est diminuée, mais en revanche apparaissent des forces pondéromotrices qui s'exercent sur le corps creux servant d'écran. Les lignes de force du champ extérieur sont fortement réfractées à leur entrée dans le corps et suivent ensuite, pour la plupart, l'intérieur de sa masse, en entourant, pour ainsi dire, la cavité intérieure. STEFAN (1882), RÜCKER (1894), DU BOIS (1897), WILLS (1899), DU BOIS et WILLS (1900), DE LA RIVE (1909) et ESMARCH (Moscou, 1911) se sont occupés des problèmes que pose le phénomène de l'ombre magnétique. Nous nous bornerons à indiquer deux formules. Pour une *sphère creuse* de rayon intérieur R_1 et de rayon extérieur R_2, on a

$$\frac{H_0}{H_1} = 1 + \frac{2}{9}\frac{(\mu - 1)^2}{\mu}\left(1 - \frac{R_1^3}{R_2^3}\right). \tag{20}$$

Lorsque μ a une grande valeur et que l'épaisseur $d = R_1 - R_2$ est petite, on peut poser

$$\frac{H_0}{H_1} = 1 + \frac{9\pi\varkappa}{3}\frac{d}{R}. \tag{20, a}$$

Pour *un cylindre creux très long*, dont l'axe est perpendiculaire au vecteur H_0 et dont les rayons intérieur et extérieur sont respectivement R_1 et R_2, on a

$$\frac{H_0}{H_1} = 1 + \frac{1}{4}\frac{(\mu - 1)^2}{\mu}\left(1 - \frac{R_1^2}{R_2^2}\right). \tag{20, b}$$

Quand μ a une grandeur valeur et que $d = R_2 - R_1$ est petit, on peut poser

$$\frac{H_0}{H_1} = 1 + 2\pi\varkappa\frac{d}{R}. \tag{20, c}$$

RÜCKER, DU BOIS et WILLS ont donné des formules pour les écrans *doubles* et *triples*, c'est-à-dire pour deux et trois couches sphériques ou cylindriques concentriques. ESMARCH a obtenu une solution tout à fait générale et très élégante pour un nombre *quelconque* de couches sphériques ou cylindriques concentriques.

Tout ce qui a été dit jusqu'ici sur la théorie de l'induction magnétique est basé sur l'hypothèse que $\varkappa$ et μ sont des grandeurs constantes, indépendantes de l'intensité H du champ magnétique, de sorte que l'aimantation est proportionnelle à cette intensité. Mais, comme on l'a déjà mentionné, $\varkappa$ et μ dépendent de H et l'aimantation I, qui croît en même temps que H, tend vers une certaine limite appelée la *saturation magnétique*. La théorie précédente ne donne en outre aucune indication sur le phénomène du *magnétisme rémanent*. Bien que les résultats des recherches *expérimentales* faites en vue de déterminer la dépendance entre $\varkappa$, μ et H n'aient pas encore été considérés, nous croyons nécessaire de faire connaître dès maintenant un essai d'explication *théorique* de la saturation et du magnétisme rémanent. Cette explication repose sur l'*hypothèse de la rotation des aimants moléculaires*, dont nous avons déjà dit quelques mots à la page 463. Les premiers calculs faits à ce sujet sont dus à W. WEBER (1852), qui suppose que la force magnétique H tend à faire tourner la molécule et à placer son axe parallèlement à H, une force F antagoniste, parallèle à la direction qu'avait l'axe de la molécule avant sa rotation, se développant alors. Soit n le nombre très grand de molécules dans l'unité de volume, m le moment magnétique d'une molécule. La *valeur limite* de l'aimantation I, qui correspond à $H = \infty$, est égale à mn. Supposons que l'axe de la molécule fasse d'abord l'angle α avec la direction H, mais qu'après la rotation cet angle devienne β. La condition d'équilibre sera $H \sin\beta = D \sin(\alpha - \beta)$, d'où

$$\operatorname{tg}\beta = \frac{D \sin\alpha}{H + D\cos\alpha}. \tag{21}$$

Un moment magnétique ΔI prend naissance, par suite de la rotation, dans la direction de H ; il est égal à

$$\Delta I = m(\cos\beta - \cos\alpha).$$

Si on introduit, dans cette formule, la valeur de β déduite de (21), et si on admet que toutes les directions α se présentent avec une égale fréquence, on obtient pour I le résultat suivant :

Pour $0 < H < D$, on a

$$I = \frac{2}{3} mn \frac{H}{D}; \tag{21, a}$$

pour $H > D$, on a

$$I = mn\left(1 - \frac{1}{3}\frac{H^2}{D^2}\right). \tag{21, b}$$

Pour de petites valeurs de H, l'aimantation I croît donc proportionnellement à H, I devenant égal aux $\frac{2}{3}$ du maximum mn, lorsque $H = D$. Pour $H > D$, l'aimantation se rapproche asymptotiquement de la valeur mn. La théorie de WEBER laisse sans réponse la question du magnétisme rémanent.

Maxwell a comblé cette lacune. Il suppose que lorsque l'angle de rotation $\alpha - \beta$ de la molécule reste inférieur à une certaine valeur θ, la molécule revient *exactement* à sa position primitive, après disparition du champ H ; mais, si l'on a $\alpha - \beta > \theta$, la molécule, après suppression de H, ne tourne en arrière que d'un angle θ et reste par suite déviée de l'angle $\alpha - \beta - \theta$, ce qui explique le magnétisme rémanent. Le résultat final de cette théorie n'est pas assez voisin de la réalité, pour qu'on puisse y attacher une grande importance. O. D. Chwolson paraît avoir donné le premier une explication de la force D qui, d'après lui, serait la résultante des actions exercées sur la molécule considérée par toutes les molécules voisines. On trouvera d'autres développements de la théorie de la rotation des aimants moléculaires, dans les travaux de Righi (1880), Auerbach (1881), Ewing (1899), Du Bois (1894), etc.

Quand l'intensité du champ augmente ou diminue *brusquement*, il se produit d'abord une variation très rapide de l'état magnétique ; ensuite, après un état stationnaire dont la durée paraît faible, une variation lente, qui peut se prolonger plusieurs minutes. Ce phénomène a été étudié par Holborn (1896), Martens (1897), Klemenčič (1897) et plus récemment par Gildemeister (1907). Gildemeister a considéré spécialement la partie de l'aimantation qui disparaît très rapidement, lorsque le champ s'annule brusquement (par ouverture du courant d'aimantation). Il a trouvé que *cette aimantation* baisse à moins de moitié en 1/300 000 de seconde, à moins d'un dixième en 1/150 000 de seconde et qu'elle paraît avoir complètement disparu en 1/50 000 de seconde. De 1/50 000 à 1/2000 de seconde, il ne se produit aucune nouvelle variation ; le décroissement lent de l'aimantation ne commence en tout cas que plus tard.

3. Electro-aimants. — Dans le paragraphe précédent, nous avons considéré le phénomène de l'induction magnétique dans un champ magnétique d'origine quelconque, et c'est seulement pour un anneau que nous avons supposé que le champ était dû à un courant électrique, passant dans un enroulement autour de l'anneau. Envisageons maintenant le cas général où *l'aimantation est produite par un courant*, le corps à aimanter étant en *fer*, autrement dit μ possédant une grande valeur. Un tel système s'appelle un *électro-aimant* ; il se compose d'un *noyau* en fer et d'un *enroulement* ou *bobine* ; cette dernière peut être constituée par une ou plusieurs couches de fil isolé, dans lequel on envoie le courant. Les électro-aimants peuvent recevoir des formes très diverses ; les plus usuels sont les électro-aimants *droits* (où le noyau est une tige rectiligne à section ordinairement circulaire) et les électro-aimants en *fer à cheval*. Ces derniers ont été construits pour la première fois par Sturgeon (1825) et Brewster (1826). Ils sont ordinairement munis de deux bobines *rectilignes*, enveloppant les deux branches du noyau en fer à cheval. La plaque de fer doux, qui est parfois appliquée contre les pôles de l'électro-aimant, s'appelle l'*armature*.

L'intensité H du champ magnétique à l'intérieur de la bobine est déterminée par la formule (15, *a*), page 785, en posant $m = 1$. On peut aussi prendre la formule approchée (14, *c*), page 785, n étant le nombre de tours de fil par *unité de longueur* de la bobine dans toutes les couches, autrement dit en posant $H = 4\pi ni$, où i est l'intensité du courant. Si S est l'aire de la section de la cavité intérieure de la bobine, on a, pour le *flux de force*

$$(22) \qquad \Phi = 4\pi niS.$$

Lorsqu'on remplit cette cavité avec le noyau de fer, le *flux d'induction* Ψ à l'intérieur de la bobine devient égal à

$$(22, a) \qquad \Psi = 4\pi n(1 + 4\pi k)iS = 4\pi n\mu iS.$$

Mais l'intensité H *du champ, par suite aussi le flux de force à l'intérieur de la bobine, ne changent pas, quand on remplit de fer la cavité intérieure de la bobine.* L'intensité du champ à l'intérieur d'un canal étroit rectiligne, supposé découpé dans le noyau parallèlement à l'axe de la bobine, est donc encore égale à $H = 4\pi ni$. Au contraire, dans une fente perpendiculaire à l'axe, l'intensité du champ, qui mesure l'*induction* B, est $\mu H = 4\pi n\mu i$.

Nous indiquerons ici quelques-unes des différentes formes que l'on a données aux électro-aimants. La figure 309 représente un électro-aimant dû à Joule ; il est constitué par un cylindre creux en fer, découpé parallèlement à l'axe en deux parties inégales : sur la plus grande, un fil est enroulé *longitudinalement*, tandis que la plus petite sert d'armature.

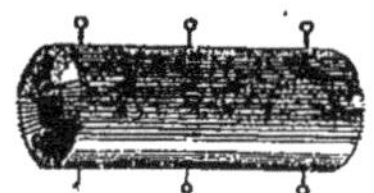

Fig. 309

Ruhmkorff a construit un électro-aimant commode dans certaines recherches et qui est encore fréquemment utilisé. Il se compose d'un banc en fer K (*fig.* 310), le long duquel peuvent se déplacer des plaques de fer épaisses O et O′ coudées à angle droit. Aux extrémités supérieures de ces plaques, sont vissés

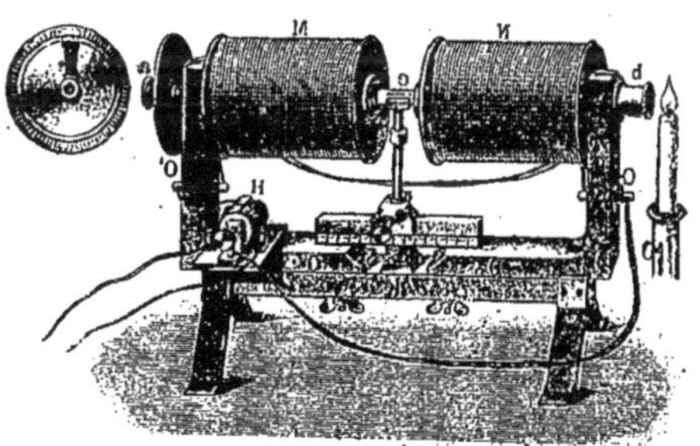

Fig. 310

deux cylindres horizontaux en fer enveloppés par les bobines N et M. Sur une tablette de niveau variable se trouve le corps c que l'on veut soumettre à l'action d'un champ magnétique puissant. Les noyaux en fer sont percés suivant leur axe, dans un but qui sera indiqué plus loin.

Les électro aimants de du Bois, qui permettent d'obtenir un champ magnétique d'une intensité très élevée dans un petit espace, se sont récemment beaucoup répandus. Du Bois (1894) a construit d'abord *l'électro-aimant annulaire* représenté schématiquement par la figure 311. Un anneau en fer est monté sur un trépied en bois, où il est maintenu par des agrafes en laiton. La table TT sert à recevoir des appareils auxiliaires. L'anneau est coupé suivant le plan horizontal S, qui est tangent à la circonférence intérieure ; en faisant tourner la manivelle G, on peut changer la distance entre les deux moitiés de l'anneau. Douze bobines en forme de secteurs enveloppent l'anneau; la largeur de chacune d'elles correspond à un angle au centre de 20°, de sorte qu'au total elles recouvrent 240°, c'est-à-dire les $^2/_3$ de la surface de l'anneau. A la partie supérieure est percé un canal L_1L_2, qui peut être occupé par les cylindres de fer K_1 et K_2. Une tige de cuivre à tirage M_1M_2 sert à empêcher l'anneau de fléchir, par suite de l'attraction des pôles. Pour une très forte aimantation, il faut introduire des plaques de cuivre dans la fente Z. Aux pôles de l'électro-aimant peuvent être vissées des pièces en fer de formes diverses ; deux de ces pièces P_1P_2 sont représentées sur la figure.

Stefan et en même temps Ewing et Low (1888) ont montré que, pour obtenir le maximum d'intensité du champ magnétique dans un petit espace, il faut se servir de pièces polaires ayant la forme de cônes tronqués, dont les génératrices font avec l'axe un angle $\alpha = 54°44'$ ($\alpha = arctg\sqrt{2}$). Walter

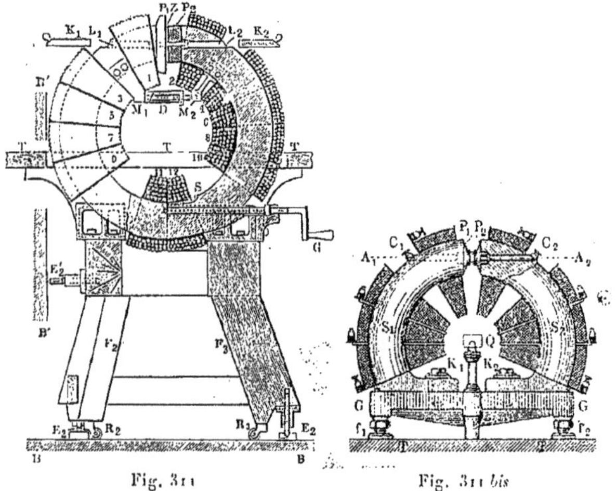

Fig. 311 Fig. 311 *bis*

(1904) a depuis développé la théorie de Stefan et fait ressortir son utilité pratique. Du Bois a obtenu la plus grande intensité avec $\alpha = 60°$, c'est-à-dire quand l'ouverture du cône est de 120° ; *il a réussi à atteindre une intensité de champ de 40 000 gauss (unités C. G. S)*, dans un espace de quelques millimètres de largeur ; en diminuant la largeur de cet espace jusqu'à une fraction de millimètre, il a pu obtenir des intensités encore plus grandes.

En 1900, Du Bois a construit un *électro-aimant annulaire*, dont la figure 311 *bis* indique la disposition. Il suffit de mentionner que les vis K_1 et K_2 permettent de faire varier la distance entre les deux branches de l'électro-aimant et de faire tourner chaque branche autour d'un axe vertical ; huit bobines recouvrent $22°,5 \times 8 = 180°$, c'est-à-dire une demi-circonférence. Le support Q sert à installer divers appareils. De 1909 à 1912, Du Bois a publié une série de mémoires, dans lesquels il a décrit de nouvelles améliorations et transformations importantes de ses électro-aimants et où il a aussi traité théoriquement (1912) la question de la forme la meilleure à donner aux garnitures polaires. Il est arrivé à atteindre dans un espace un champ de plus de 50 000 *gauss* (unités C. G. S.).

P. Weiss (1907) a construit un électro-aimant très puissant (*fig.* 312). Il est monté sur un pied à rotation sur billes, avec cercle de calage divisé en degrés et dispositif de bloquage. Les bobines étant placées directement sur les noyaux polaires concentrent la saturation magnétique uniquement dans cette région, tandis que le reste du circuit magnétique, ayant une section notablement plus forte, travaille avec une induction beaucoup plus faible. Les noyaux

Fig. 312

polaires sont susceptibles d'être éloignés ou rapprochés micrométriquement; la longueur de l'entrefer peut être lue au dixième de millimètre. Les parois des carcasses des bobines sont creuses et parcourues par une circulation d'eau, ce qui empêche la chaleur produite par l'échauffement du bobinage de se communiquer aux garnitures polaires. L'entrefer reste absolument froid, ce qui est un avantage important pour beaucoup d'expériences. Entre des pôles coniques, l'intensité du champ peut s'élever à 40 000 gauss.

Deux électro-aimants *rectilignes* très puissants ont été construits et étudiés par Ollivier (1910) ; ils produisent des champs qui sont rigoureusement de révolution. Avec un courant de 31 ampères et un entrefer de $0^{mm},8$, on obtient un champ de 45 100 gauss.

Nous allons considérer quelques propriétés des électro-aimants. On a fait un très grand nombre de recherches en vue de déterminer *empiriquement* la dépendance entre l'aimantation et l'intensité de la force magnétisante, ainsi que les dimensions du noyau. Nous indiquerons seulement d'une manière sommaire quelques *travaux anciens*, qui n'ont plus aujourd'hui qu'un intérêt historique. Par aimantation, les auteurs de ces travaux entendaient une grandeur, qui représentait une certaine valeur moyenne de I ou qui était mesurée directement par le moment magnétique du noyau ; nous conserverons, pour la désigner, la lettre I. La force magnétisante H était mesurée par le produit de l'intensité du courant et du nombre de tours de la bobine. Lenz et Jacobi (1839), qui employaient des noyaux épais et des courants faibles, ont trouvé que I croît proportionnellement à H, ce qui ne répond à la réalité que dans des limites très étroites. Les formules empiriques suivantes présentent quelque intérêt :

(23) J. Müller .... $I = c \operatorname{arctg} bH$,

b et c dépendant des dimensions du noyau ;

(23, a) Lamont .... $I = a(1 - e^{-cH})$,

(23, b) O. Fröhlich ..... $I = \dfrac{kI_0H}{1 + kH}$,

a, c, k étant des constantes, I_0 le maximum de I. Fröhlich (1894) a remplacé plus tard sa formule par une autre plus compliquée. D'autres expressions empiriques ont encore été proposées par Sohncke, Ruths, Müllendorf, Kapp, etc.

Un très grand nombre d'auteurs ont cherché à déterminer comment le *moment magnétique* M ou l'aimantation *moyenne* I de tiges de fer, surtout cylindriques, *dépend de leur longueur l et de leur dimension transversale d*. Nous nous bornerons à quelques indications sur les résultats très divers et purement empiriques qui ont été obtenus. On a évidemment $M = vI$, où v est le volume de la tige ; on peut par suite poser $M = Cld^2I$, C étant un coefficient constant. Dub a trouvé que M croît proportionnellement à $\sqrt{d}$, et par conséquent I proportionnellement à $d^{-\frac{3}{2}}$; il a déduit en outre de ses observations que I est proportionnel à $l\sqrt{l}$, d'où M proportionnel à $l^2\sqrt{l}$. Les recherches de Waltenhofen, G. Wiedemann et d'autres encore ont montré cependant que cette dépendance à l'égard des dimensions de la tige n'est pas confirmée par les expériences. Il n'existe pas de loi simple et il ne peut certainement y en avoir. On peut écrire approximativement

$$M = Cld^2\left(\frac{l}{d}\right)^{1+p}, \quad I = C_1\left(\frac{l}{d}\right)^{1+p},$$

où $p = 0,3$. Des formules analogues sont applicables au magnétisme rémanent.

Passons à la question intéressante de ce qu'on appelle la *force portante des électro-aimants*. Nous ne nous arrêterons pas non plus ici sur les nombreuses recherches expérimentales entreprises par FECHNER (1833), LENZ et JACOBI (1839), JOULE (1851), DUB (1852), WALTENHOFEN (1870), SIEMENS (1881) et d'autres, qui n'ont pas donné de résultats bien nets, ni bien définis. Ces travaux sont exposés avec tous les détails nécessaires dans l'ouvrage de G. WIEDEMANN, *Lehre von der Elektrizität*, Tome III, pages 638 à 661 et 688 à 709, Braunschweig 1895. Une étude théorique est due à STEFAN (1880) et à MAXWELL (dans son célèbre *Treatise on Electricity and Magnetism*, Tome II, §§ **641** à **644**). La théorie de STEFAN conduit à la formule

$$P = 2\pi I^2 S, \tag{24}$$

où P est la force portante, S l'aire de la section droite du noyau de l'électro-aimant, I son aimantation moyenne. La théorie de MAXWELL conduit à une expression de la force portante essentiellement différente, qui peut s'établir par des procédés élémentaires. Considérons un électro-aimant rectiligne, coupé en deux parties *en même temps que la bobine* par une section transversale; ces parties sont ensuite rapprochées de manière qu'il y ait le contact le plus intime possible entre les noyaux et les bobines, où on fait passer le courant d'aimantation. Il s'agit de trouver la force P nécessaire pour détacher une partie de l'électro-aimant de l'autre. Supposons une aimantation I *uniforme*, égale à la densité k du magnétisme sur les surfaces S en contact. Soit H l'intensité du champ des bobines. La formule (63), page 587, et la dépendance indiquée au même endroit entre un solénoïde (courant) et un aimant permettent d'imaginer qu'on remplace les bobines partielles par des aimants dont l'aimantation I_1 est égale à $H : 4\pi$. On peut donc substituer au noyau avec sa bobine un noyau simple, les deux surfaces S étant alors recouvertes de magnétisme, avec une densité superficielle $I + H : 4\pi$. L'intensité du champ au voisinage de l'une de ces surfaces est $2\pi(I + H : 4\pi)$, et par suite la force P, qui agit sur le plan voisin S, est égale à

$$P = 2\pi\left(I + \frac{H}{4\pi}\right)^2 S = \frac{(H + 4\pi I)^2 S}{8\pi} = \frac{B^2 S}{8\pi}. \tag{24, a}$$

Telle est la *formule de* MAXWELL. *Lorsqu'une seule des tiges est enveloppée d'une bobine*, l'intensité du champ à sa surface extrême est $H + 2\pi I$; par suite la force portante est

$$P' = (H + 2\pi I) IS = (2\pi I^2 + HI) S. \tag{24, b}$$

La différence $P - P' = H^2 S : 8\pi$ est évidemment égale à la force d'attraction des bobines partielles, c'est-à-dire à $2\pi I_1^2 S = 2\pi(H : 4\pi)^2 S$. Cette dernière force est très petite comparativement à P, quand le noyau est fortement aimanté. SIEMENS et WASSMUTH (1882) ont vérifié la formule (24) de STEFAN; BOSANQUET (1886), BIDWELL, THRELFALL (1894) et E. T. JONES (1895) ont vérifié celle de MAXWELL. Une importance particulière s'attache au travail de E. T. JONES, qui a montré que la force P est proportionnelle à B^2, mais non à I^2 ; il a en effet observé que, pour de très grandes valeurs de H, la force P continue à augmenter, alors que I reste constant.

Si, dans la formule (24, *a*), la grandeur B est exprimée en unités C. G. S., l'aire S en centimètres carrés et la force P en *grammes*, on a

$$(24, c) \qquad P = \frac{B^2 S}{8\pi \cdot 981} \text{ grammes} = \left(\frac{B}{5\,000}\right)^2 S \text{ kilog.}$$

Nous verrons qu'il est aisé en pratique d'obtenir la valeur $B = 20\,000$, ce qui donne pour P une valeur d'environ 16^{kg} par cmq. ; la plus grande valeur réalisable $B = 60\,000$ donne pour P environ 144^{kg} par cmq.

La notion de *circuit magnétique*, qui a une grande importance pratique, mais ne supporte pas au point de vue théorique une critique sérieuse, est en relation étroite avec ce qui précède. Nous avons établi à la page 450 la formule

$$(25) \qquad \psi = \frac{\int H dl}{\int \frac{dl}{\mu\sigma}} = \frac{\int H dl}{r},$$

qui se rapporte à une partie quelconque d'un tube d'induction ; ψ est le flux d'induction dans le tube, dl l'élément de longueur de ce dernier, σ l'aire de la section droite de l'élément dl, H et μ sont relatifs au même élément dl. La grandeur $\int H dl$ est la *force magnétomotrice* agissant dans le tronçon de tube et la grandeur $r = \int \frac{dl}{\mu\sigma}$ la *résistance magnétique (réluctance)* du tronçon. La formule (25) est tout à fait analogue à celle qui exprime la loi d'Ohm.

Kapp et les frères J. et E. Hopkinson (1886) ont montré presque simultanément qu'une relation semblable à (25) peut rendre de grands services dans la construction des machines électrodynamiques ; cette relation n'est pas il est vrai tout à fait exacte, mais elle est suffisamment voisine de la réalité *dans la pratique*. Comme nous le savons, les lignes d'induction sont des courbes *fermées* et on peut, par suite, dans tout système dont la partie constituante principale est un électro-aimant, considérer isolément un espace annulaire parcouru par *la plupart* des lignes d'induction. C'est à cet espace que l'on applique la formule (25) ; lorsqu'il se compose de parties pour lesquelles la longueur l, ainsi que σ et μ ont des valeurs différentes, la résistance totale r du *circuit magnétique* est

$$(25, a) \qquad r = \sum \frac{l_i}{\mu_i \sigma_i}.$$

Si on suppose le champ magnétique produit par une bobine comptant au total n tours de fil, on a, voir (42), page 562,

$$(25, b) \qquad \int H dl = 4\pi n i = 0{,}4\pi n i_a,$$

i étant l'intensité du courant en unités C. G. S., i_a l'intensité du courant en *ampères* ; ni_a est le nombre des *ampères-tours*. L'expression du flux d'induction est alors

$$\psi = \frac{0,4\pi ni_a}{\sum \frac{l_i}{\mu_i \sigma_i}}. \qquad (25, c)$$

Pour un *anneau fermé de section circulaire* (tore), sur lequel le fil est uniformément enroulé, on a

$$\psi = \frac{4\pi in\mu\sigma}{l}, \qquad (25, d)$$

où l est la longueur de la ligne centrale de l'anneau. Quand *une partie* seulement de l'*anneau* est couverte par le fil et que l'anneau est assez épais, on peut encore se servir, comme approximation, de la formule (25, d), en admettant que tous les tubes d'induction sont contenus dans la masse de l'anneau, c'est-à-dire que la perte de flux dans l'air environnant est négligeable. Le cas d'un anneau ouvert ou présentant une fente offre un intérêt particulier dans la pratique. Soit d la largeur de la fente ; on a alors

$$\psi = \frac{4\pi ni}{\frac{l-d}{\mu\sigma} + \frac{d}{\sigma}} = \frac{4\pi in\mu s}{l + d(\mu - 1)}, \qquad (25, e)$$

μ étant égal à *un* pour l'air. Pour une grande valeur de μ, cette expression de ψ peut être beaucoup plus petite que (25, d) même si d est petit comparativement à l ; une couche d'air augmente dans une proportion notable la résistance du circuit magnétique. Les expériences de K. Kahle (1890) ont montré que la formule (25, e) ne fournit pas des résultats exacts, pour peu que d prenne une grande valeur (il a été jusqu'à $d = 20^{mm},18$).

L'analogie entre la relation (25, c) et celle qui exprime la loi d'Ohm est purement formelle, car la notion de résistance magnétique a été introduite d'une manière artificielle et ne correspond pas à une grandeur physique déterminée, comme c'est le cas pour la résistance électrique. Il doit être particulièrement remarqué que μ et par suite aussi la résistance magnétique dépendent de l'intensité du champ, de sorte que, dans l'expression (25, c), le dénominateur dépend du numérateur. Par là disparaît définitivement la possibilité de poursuivre une analogie plus intime entre le circuit magnétique et le courant électrique. Néanmoins, la formule (25) est très utile pour s'orienter dans les calculs électrotechniques.

4. Influence du champ magnétique sur la forme et les dimensions des corps. — Nous avons fait connaître brièvement à la page 319 les phénomènes de l'électrostriction, c'est-à-dire les variations de forme et de dimension que subissent les corps placés dans un champ électrique. Des variations analogues se produisent dans les corps placés dans un champ magnétique ; elles constituent ce qu'on appelle la *magnétostriction*. Maxwell,

HELMHOLTZ, KIRCHHOFF, P. DUHEM, KOLAČEK, LORBERG, CANTONE, R. GANS, F. POCKELS et d'autres auteurs dont les noms sont indiqués dans la bibliographie, ont développé diverses *théories* de la magnétostriction. Des travaux tout à fait récents sont dus à HOUSTOUN (1911) et à LEDUC (1911). Nous nous bornerons à dire quelques mots de la théorie de KIRCHHOFF, d'après laquelle la relation entre les composantes A, B, C de l'aimantation I et les composantes H_x, H_y, H_z de l'intensité du champ est

$$(26) \qquad A = [\varkappa - \varkappa'(\lambda_x + \lambda_y + \lambda_z) - \varkappa''\lambda_x] H_x,$$

avec deux formules analogues pour B et C ; $\varkappa$ conserve ici sa signification antérieure, $\varkappa'$ et $\varkappa''$ sont deux nouvelles constantes, λ_x, λ_y, λ_z sont les dilatations linéaires suivant les directions des axes. KIRCHHOFF a trouvé qu'à l'intérieur d'un corps aimanté doit partout s'exercer une *pression* analogue à la pression hydrostatique et égale à $\frac{BH}{8\pi} - \frac{\varkappa' H^2}{2}$, et un effort d'*extension* dans la direction des lignes de force égal à $\frac{BH}{4\pi} + \frac{\varkappa'' H^2}{2}$. Il a calculé la déformation d'une *sphère* dans le champ magnétique ; CANTONE l'a fait pour un ellipsoïde de révolution allongé, uniformément aimanté dans la direction de l'axe de révolution et a donné des formules pour l'allongement de cet axe, ainsi que pour l'accroissement de volume de l'ellipsoïde. La théorie de KIRCHHOFF, aussi bien que celles proposées par d'autres savants, ont donné lieu à de nombreuses objections et la question reste encore entièrement ouverte au point de vue théorique. On ne peut dire que les conséquences de l'une quelconque de ces théories aient été confirmées par l'expérience sous le rapport quantitatif ; il n'y a accord avec l'observation qu'en ce qui concerne le caractère général du phénomène et son aspect *qualitatif*.

Passons aux recherches *expérimentales*, qui ont été faites en vue de déterminer l'influence du champ magnétique sur les dimensions des corps. *La variation de la longueur* d'un corps, dans son aimantation *longitudinale*, a été étudiée par de très nombreux auteurs. On a employé à cet effet plusieurs méthodes, par exemple un levier très sensible muni d'un miroir, dont les déplacements sont observés au moyen d'une lunette et d'une échelle graduée, ou un micromètre à contact qui ferme le courant ou enfin une méthode d'interférence analogue à celle que FIZEAU a employée pour déterminer la dilatation thermique des corps (Tome III). Les premières mesures sont dues à JOULE (1847), qui a trouvé, pour le fer, un allongement proportionnel au carré du degré d'aimantation. Sans nous arrêter aux travaux de A. M. MAYER et de BARRETT, nous passerons aux expériences de SHELFORD BIDWELL (1885 à 1905). Les résultats de quelques-unes des nombreuses recherches de ce physicien, qui ont porté sur des tiges et des anneaux de Fe, Co et Ni, sont indiqués sur la figure 313, où l'intensité H du champ exprimée en unités C. G. S. est comptée en abscisse, et l'allongement (au-dessus de la ligne zéro) ou le raccourcissement (en dessous) en ordonnée. On voit que le *fer* éprouve, pour une faible intensité du champ, un *allongement* qui, suivant la nature du fer, oscille entre $2,5 \cdot 10^{-6}$ et $5 \cdot 10^{-6}$ de la longueur totale. Pour $H > 100$, l'allongement diminue, devient égal à zéro, et se change en un raccourcissement, quand H continue à augmenter. Le COBALT se comporte exactement en sens inverse : il y a raccourcissement pour de petites valeurs de H et allongement pour de grandes valeurs. Enfin le *nickel* subit un raccourcissement très prononcé qui, pour H très grand, paraît tendre asymptotiquement vers une limite voisine de $50 \cdot 10^{-6}$ de la longueur totale.

Parmi les nombreux travaux ultérieurs, ceux des savants japonais NAGAOKA, HONDA et SHIMIZU offrent un intérêt particulier. Ces auteurs ont montré que les variations de longueur, qui se produisent sour l'influence du champ magnétique, mettent en évidence le phénomène d'*hystérésis* ; la longueur n'est pas la même, quand H prend une valeur déterminée par accroissement ou par diminution. Dans un cycle complet de variation du champ de + H à — H et inversement, la variation de longueur est représentée par une courbe fermée ; la figure 314 donne la courbe relative à Ni. Lorsqu'on soumet du nickel, *pour la première fois*, à l'action d'un champ H croissant progressivement, le raccourcissement se traduit par la courbe *abc* ; pour $H = + 30$, il est égal à $110 \cdot 10^{-7}$. Quand le champ diminue d'une manière continue de

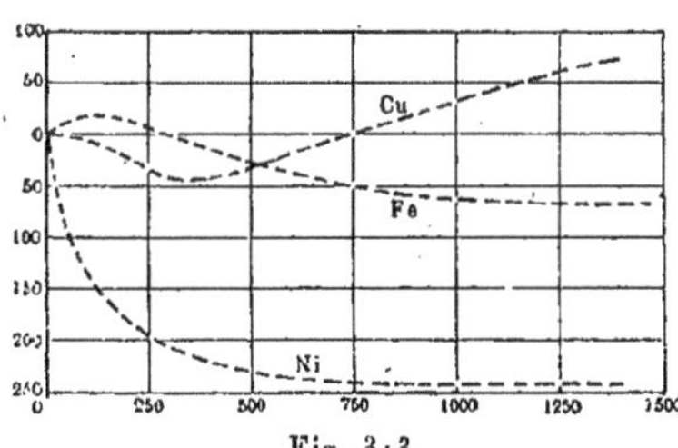

Fig. 313

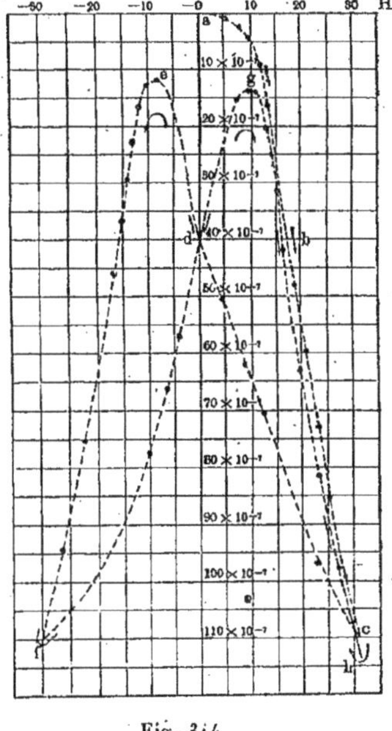

Fig. 314

$H = + 30$ à $H = 0$, on obtient la courbe *cd*, de sorte que, pour $H = 0$, un allongement de $40 \cdot 10^{-7}$ subsiste. Quand on produit ensuite l'aimantation en sens inverse, de $H = 0$ à $H = - 30$, on a la courbe *edf* ; autrement dit, le raccourcissement continue d'abord à diminuer, et croît ensuite rapidement jusqu'à la valeur obtenue pour $H = + 30$. Un passage progressif en sens contraire, de $H = - 30$ à $H = + 30$, donne la courbe *fdgc*. Si alors on fait varier H de $H = + 30$ à $H = - 30$ et inversement, les raccourcissements sont représentés, dans chaque *cycle* parcouru, par la courbe *cdefdgc*. ROSING a découvert, en même temps que NAGAOKA, l'existence d'une telle hystérésis. Il a étudié un fil de fer tendu par un poids de 380gr par mmq de section et il a trouvé que son allongement relatif $\frac{\Delta l}{l}$ est exprimé par la formule

$$10^9 \frac{\Delta l}{l} = 0{,}00004 4834\, I^2 - 0{,}00365023\, IH + 0{,}0301531\, H^2.$$

Les expériences de Cantone sur la variation de longueur d'un ellipsoïde de révolution allongé (rapport des axes 16,7 : 1) ont déjà été mentionnées à la page 850. En comparant les formules, qui donnent la variation de longueur et de volume d'après la théorie de Kirchhoff, avec les résultats d'observation, il a pu déterminer les grandeurs $\varkappa$, $\varkappa'$ et $\varkappa''$ entrant dans (26); il a trouvé que $\varkappa'$ et $\varkappa''$ sont très grands comparativement à $\varkappa$ et qu'on a pour le fer $\varkappa' > 0$, $\varkappa'' < 0$; au contraire, pour le nickel, $\varkappa' < 0$, $\varkappa'' > 0$.

Nagaoka et Honda (1902) ont étudié l'acier au nickel, mais les résultats de leurs expériences ont été contestés par van Aubel et Osmond. Bidwell a observé un allongement du *bismuth* dans le champ magnétique, mais ce résultat ne s'est pas trouvé confirmé dans les expériences de van Aubel et de Wills.

Honda et Shimizu (1902) se sont proposés de déterminer l'influence de la *température* sur la variation de longueur dans le champ magnétique. Nous indiquerons quelques-uns des résultats de leurs observations. Le raccourcissement du *nickel* diminue quand on chauffe et disparaît presque complètement à 400°. A la température de l'air liquide (— 186°), il est plus petit, pour de petites valeurs de H, qu'à la température ordinaire, et au contraire plus grand pour des valeurs élevées de H. Le raccourcissement du *fer doux*, qui correspond à de *grandes* valeurs de H, disparaît aux températures élevées. L'allongement maximum ne change pas entre — 186° et + 200°. Dans le *cobalt fondu*, lorsque la température s'élève, le raccourcissement, qui correspond aux petites valeurs de H, diminue, et l'allongement, pour de grandes valeurs de H, augmente; à 800° le raccourcissement disparaît, mais on observe un allongement même à 1020°. En partant de — 186° le raccourcissement du *cobalt recuit* croît d'abord jusqu'à un maximum, diminue ensuite jusqu'à zéro et se change en un allongement, ayant également un maximum et diminuant ensuite, mais restant encore très notable même à 1634°. De récentes recherches ont été faites par Guthe et Austin (1906), Davies (1906), Mc Lennan (1907), Tieri (1908), Dorsey (1910) et Williams (1911). Dorsey, qui a donné une bibliographie très complète (1847-1908), a étudié différents alliages de fer et de carbone. Il a trouvé que l'allongement maximum est le plus petit, pour une teneur en carbone de 0,9 % et que la tige lentement refroidie subit un plus grand allongement que lorsque le refroidissement est rapide.

Nous considérerons plus tard la torsion qui est produite par le champ magnétique; on ne peut évidemment, en effet, observer ce phénomène dans les corps que lorsque la symétrie se trouve altérée dans des conditions particulières.

La variation du volume, sous l'influence du champ magnétique, a été observée par quelques-uns des auteurs qui ont étudié la variation de la longueur, notamment par Knott et Shand, Maurain et d'autres encore. Les résultats ne sont pas très nets; en tous cas la variation du volume est très faible. La variation de la longueur, dans une aimantation longitudinale, est accompagnée d'une variation de sens contraire des dimensions transversales. Le rapport σ de la variation *relative* des dimensions transversales à la variation *relative* de la longueur est une grandeur, qui rappelle le coefficient de POISSON (Tome I) et qui paraît être voisine de 0,5, ce qui entraîne l'invariabilité du volume v. JOULE a trouvé $\Delta v = 0$ pour le fer ; CANTONE a obtenu le même résultat, mais a observé que $\Delta v < 0$ pour Ni. NAGAOKA et HONDA ont d'abord trouvé $\Delta v < 0$ pour Ni ; mais ils ont constaté plus tard (1902) que $\Delta v > 0$, pour le fer, l'acier, Ni et l'acier au nickel, et que $\Delta v < 0$ pour Co ; le cobalt fondu possède un minimum de volume pour $H = 900$.

KNOTT et SHAND (Fe), ainsi que BIDWELL (Ni et Co) ont étudié la variation de capacité d'un *tube* placé dans un champ magnétique. Les résultats de leurs expériences sont compliqués et ne peuvent être regardés comme définitifs.

HURMUZESCU (1897) a observé une *diminution* du volume d'un *liquide* (solution d'un sel de fer), qui se trouvait dans un champ magnétique *uniforme*, et QUINCKE (1900) a obtenu le même résultat avec des solutions de $FeCl^3$ et de $K^4Fe(CAz)^6$.

Lorsque la surface de séparation de *deux liquides* ou *d'un liquide et d'un gaz* est dans un champ magnétique H, il s'exerce à cette surface une pression

$$\Delta p = \frac{\varkappa - \varkappa'}{2} H, \tag{27}$$

$\varkappa$ et $\varkappa'$ se rapportant aux deux substances en contact. QUINCKE, TÖPLER et HENNIG ont appliqué cette formule à la mesure de $\varkappa$ (voir plus loin).

A la magnétostriction est évidemment lié le *son* émis par une tige de fer soumise à une aimantation discontinue ou variable (en direction). Ce phénomène a été observé pour la première fois par PAGE (1838) ; il a été ensuite étudié par DELEZENNE, MARIAN, MATTEUCCI, WERTHEIM, DE LA RIVE, FERGUSON, ADER, TROWBRIDGE, BACHMÉTIEFF et récemment par HONDA et SHIMIZU. Il s'observe facilement, quand la tige de fer est fixée en son milieu et que chacune de ses moitiés est enveloppée par une bobine, qui ne touche pas la surface de la tige. Si on lance un courant discontinu (intermittent) ou alternatif dans l'enroulement des bobines, la tige se met à résonner, la hauteur du son correspondant parfaitement au nombre d'aimantations de la tige par unité de temps. La question de savoir si les vibrations longitudinales de la tige, c'est-à-dire ses variations de longueur, sont seulement dues à l'aimantation ou aussi à l'attraction des bobines, reste controversée. BACHMÉTIEFF a montré qu'une tige soumise à une forte extension ne donne pas de son ; HONDA et SHIMIZU ont observé que l'amplitude des vibrations est beaucoup plus grande que l'allongement qui résulte seulement de l'aimantation. La construction du téléphone de REIS repose sur le phénomène précédent.

5. Méthodes de mesure de $\varkappa$ et μ dans les corps ferromagnétiques. — Rappelons les équations fondamentales $I = \varkappa H$, $B = \mu H$ et $\mu = 1 + 4\pi\varkappa$, où H, B et I se rapportent à un même point *à l'intérieur* du corps. Ces équations donnent

$$B = \mu H = (1 + 4\pi\varkappa) H = H + 4\pi I. \tag{28}$$

Lorsque le *champ extérieur* H_0 est donné, on a, voir (12, *d*), page 833,

$$H = \frac{H_0}{1 + \varkappa N}, \tag{28, a}$$

N désignant l'action démagnétisante du magnétisme superficiel. La grandeur μ a pour expressions, voir (12, *f*) et (13, *a*),

$$\mu = \frac{H_0 + (4\pi - N) I}{H_0 - NI}, \tag{28, b}$$

$$\mu = \frac{(4\pi - N) B}{4\pi H_0 - NB}. \tag{28, c}$$

Pour de *grandes* valeurs de $\varkappa$, on peut poser

$$\mu = 4\pi\varkappa = 12{,}566\varkappa, \tag{28, d}$$

$$B = 4\pi I = 12{,}566 I. \tag{28, e}$$

Quand $N = 0$, on a $H = H_0$ et

$$\mu = 1 + 4\pi \frac{I}{H} = \frac{B}{H}. \tag{28, f}$$

Dans l'étude expérimentale de la magnétisation, on prend H pour variable indépendante. Si on produit l'aimantation au moyen d'une longue bobine, on détermine le champ *extérieur* H_0 à l'aide de la formule

$$H_0 = 4\pi n_1 i = 0{,}4\pi n_1 i_a, \tag{28, g}$$

n_1 étant le nombre de tours de la bobine par *unité de longueur*, i l'intensité du courant en unités C. G. S., i_a l'intensité du courant en ampères. En outre de H_0, on considère aussi N comme connu. Le problème que l'on se pose est *d'exprimer* B *ou* I, *ou* μ *en fonction de* H. *On détermine par l'expérience l'une des grandeurs* I *ou* B. Dans le premier cas, on obtient H par la formule, voir (12),

$$H = H_0 - H_i = H_0 - NI. \tag{29}$$

Dans le second cas, où l'expérience donne B, on a, voir (28, *c*),

$$H = \frac{B}{\mu} = \frac{4\pi H_0 - NB}{4\pi - N}. \tag{29, a}$$

Les formules (28, *b*) et (28, *c*) donnent immédiatement μ.

Nous ferons la remarque suivante relativement à la grandeur N. Dans la pratique, on donne au corps à étudier la forme d'un *anneau*, auquel cas $N = 0$, ou la forme d'une *longue tige*, pour laquelle on peut aussi poser $N = 0$, ou enfin la forme d'un *ovoïde*, où N est donné par la formule (45, *d*), page 488. Un ovoïde s'aimante uniformément, comme on sait, dans un champ uniforme ; on a donc, pour son *moment magnétique* M, l'expression

$$M = vI, \tag{30}$$

v désignant le volume de l'ovoïde. La même formule s'applique aussi à une tige, quand on peut faire $N = 0$.

Nous allons maintenant exposer les méthodes employées pour l'étude des propriétés des substances fortement magnétiques.

I. Méthode magnétométrique. Cette méthode donne I en fonction de H. On prépare, avec la substance à étudier, un ovoïde très allongé ou une longue tige, que l'on dispose suivant l'axe d'une longue bobine horizontale et perpendiculaire au méridien magnétique. Un *magnétomètre*, c'est-à-dire un petit aimant suspendu à un fil, est placé dans l'une des positions principales de Gauss (page 773). De l'autre côté du magnétomètre se trouve une seconde bobine, de sorte qu'en envoyant un même courant dans les deux bobines, leurs actions sur le magnétomètre se détruisent mutuellement, quand l'ovoïde ou la tige n'est pas à l'intérieur de la première bobine. Si on introduit ensuite, dans cette bobine, le corps à étudier, on observe, dans le magnétomètre, une déviation de l'aimant, qui n'est due qu'au corps aimanté. Nous verrons, dans le Chapitre X, comment on peut déterminer ainsi le *moment magnétique* M de l'ovoïde ou de la tige ; connaissant M, on obtient I à l'aide de la formule (30). On connaît H_0 par (28, g) ; pour un ovoïde, on déduit H de (29) ; pour une longue tige mince, on peut poser $H = H_0$. La formule (28) donne en outre les grandeurs $B = H + 4\pi I$, $\mu = B : H$ et $\varkappa = (\mu - 1) : 4\pi$; on peut calculer μ directement au moyen de (28, b) ou $\varkappa$ à l'aide de (12, e), page 833,

$$\varkappa = \frac{I}{H} = \frac{I}{H_0 - NI}. \tag{30, a}$$

Pour une tige cylindrique de faible longueur, il faut introduire la grandeur N.

Il existe une *deuxième* méthode magnétométrique, qui a été proposée par Ewing (1891). On place la bobine *verticalement*, de façon que le plan passant par l'axe de la bobine et par le centre de l'aimant mobile soit perpendiculaire au méridien magnétique ; en outre, on amène le *pôle supérieur* de l'ovoïde ou de la tige à la hauteur de l'axe de l'aimant mobile. Remarquons que, dans un ovoïde uniformément aimanté, la distance entre les pôles est égale aux 2/3 de la longueur de l'axe de révolution. L'action de la bobine est compensée à l'aide d'une seconde bobine. Sous l'influence de l'ovoïde ou de la tige aimantée, on obtient une certaine déviation φ de l'aimant mobile. Soit πa^2 l'aire de la section droite de la tige ou de la section équatoriale de l'ovoïde. Dans les deux cas, l'action de l'aimant est égale à celle des quantités de magnétisme $\pm \pi a^2 I$ concentrées aux pôles. Soit r la distance du pôle supérieur au centre de l'aimant mobile, l la distance entre les pôles. La composante *horizontale* F de la force avec laquelle l'ovoïde ou la tige agit sur le pôle de l'aimant mobile est égale à

$$F = \pi a^2 I \left\{ \frac{1}{r^2} - \frac{r}{(r^2 + l^2)^{\frac{3}{2}}} \right\} = \frac{\pi a^2 I}{r^2} \left\{ 1 - \left(\frac{r}{\sqrt{r^2 + l^2}} \right)^3 \right\}. \tag{30, b}$$

Dans la position d'équilibre de l'aimant mobile, on a

$$F = H' \operatorname{tg} \varphi,$$

où H' est la composante horizontale de l'intensité du magnétisme terrestre. On en déduit

$$(30, c) \qquad I = \frac{r^2 H' \operatorname{tg} \varphi}{\pi a^2 \left\{ 1 - \left(\frac{r}{\sqrt{r^2 + l^2}} \right)^3 \right\}}.$$

Si $\frac{r}{l}$ est très petit, on peut poser

$$(30, d) \qquad I = \frac{r^2}{\pi a^2} H' \operatorname{tg} \varphi.$$

II. — Méthode balistique. Cette méthode repose sur le phénomène de l'induction des courants, dont nous parlerons dans le Tome V. Il suffira ici des indications suivantes. Supposons que, dans une bobine qui renferme *au total* n_1 tours de fil, passe un flux d'induction ψ parallèle à l'axe. Supposons en outre que ce flux disparaisse soit parce que la cause qui l'a produit s'annule, ou parce que la bobine est amenée rapidement en un endroit où $\psi = 0$, ou enfin parce qu'on la fait tourner rapidement de 90° autour d'un axe perpendiculaire au flux. Dans toutes ces circonstances, il se manifeste dans le circuit fermé où la bobine est intercalée, un courant d'induction de faible durée, la quantité totale d'électricité η, qui passe dans le circuit, étant égale à

$$(31) \qquad \eta = \frac{n_1 \psi}{R},$$

où R désigne la résistance du circuit. On se sert, pour la mesure de η, du galvanomètre *balistique* ; l'aiguille aimantée d'un tel galvanomètre est chargée d'un poids, qui augmente son moment d'inertie et retarde son mouvement. On peut admettre que le courant d'induction agit sur elle comme un choc, durant lequel elle n'a pas le temps de sortir sensiblement de sa position d'équilibre. La déviation de l'aiguille sous l'action de ce choc permet de déterminer η.

La méthode balistique donne immédiatement la grandeur de l'induction B. Pour étudier par cette méthode les propriétés magnétiques d'une substance, on en fait un anneau ou une tige, sur lesquels on enroule un fil où on envoie le courant i d'aimantation ; ce fil constitue ce qu'on appelle la bobine *primaire*. Celle-ci est enveloppée sur toute la longueur ou seulement sur une partie de la longueur de l'anneau, par la bobine *secondaire* qu'on relie au galvanomètre balistique. Lorsqu'on fait varier brusquement l'intensité du courant de zéro à une certaine valeur i_m, ensuite de i_m à zéro et de zéro à $-i_m$, enfin de $-i_m$ à zéro (Ewing), à chaque variation de l'intensité du courant le galvanomètre balistique donne une mesure de la *variation* du flux d'induction. Quand on fait passer le courant i et qu'on change brusquement son sens, le galvanomètre accuse une déviation qui mesure le double du flux d'induction (2ψ). Supposons que la bobine secondaire renferme n_1 tours de fil et que chaque tour embrasse une aire S_1 ; désignons par S l'aire de la section droite de l'anneau ou de la tige, S étant en général plus petit que S_1. Le flux total, qui traverse la bobine secondaire, est égal à $S\psi + (S_1 - S)H$; il est donc facile de faire la correction nécessaire, lorsque S_1 n'est pas égal à S.

Pour un anneau à petite section circulaire, ainsi que pour un anneau plat de faible largeur, on peut prendre pour H et B les formules (18) et (18, *b*), en considérant la grandeur *r*, qui entre dans ces formules, comme la distance de la ligne moyenne de l'anneau à l'axe de ce dernier. Si le corps a la forme d'une tige, on enroule la bobine secondaire sur un anneau spécial, qui peut se déplacer librement le long de la bobine primaire. Après avoir envoyé dans la bobine primaire un courant *i*, auquel correspond une valeur déterminée de H, on déplace rapidement la bobine secondaire et on l'éloigne de la primaire. Dans ce cas, le galvanomètre balistique mesure la grandeur du flux d'induction qui a traversé la bobine secondaire.

Comme on le voit, la méthode balistique permet généralement de mesurer la grandeur de la variation $\Delta\psi$ du flux d'induction *à l'intérieur* du corps étudié ; dans des cas particuliers, on a $\Delta\psi = \psi$. La variation correspondante de l'induction est

$$(31, a) \qquad \Delta B = \frac{\Delta\psi}{S}.$$

Le nombre n_1 de tours de la bobine secondaire n'entre pas dans cette formule, car on suppose le galvanomètre balistique calibré pour le circuit utilisé, de sorte que ses déviations déterminent la grandeur $\Delta\psi$. Ayant obtenu B et H, on déduit I, μ et $\varkappa$ des formules (28).

L'importance de cette méthode, notamment pour les anneaux, a été indiquée par Kirchhoff et mise en relief par les travaux de Stoliétoff et Rowland.

III. Méthode de J. Hopkinson. Cette méthode permet l'étude d'une petite tige, sans que l'on ait à introduire de correction relative à l'action démagné-

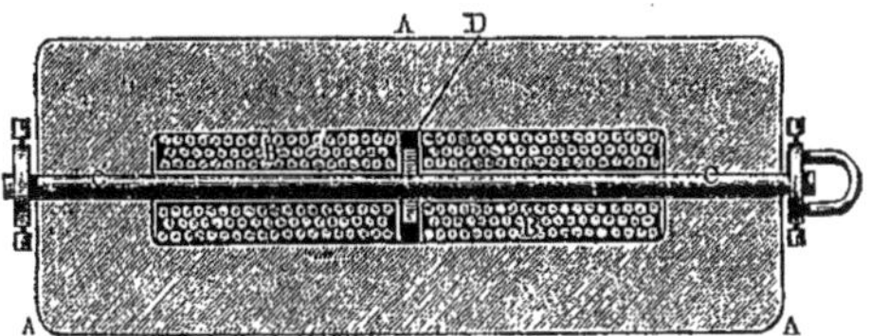

Fig. 315

tisante des extrémités. On atteint ce but en reliant ces extrémités au moyen de bandes de fer épaisses, de sorte qu'il se forme un circuit magnétique fermé. La partie principale de l'appareil consiste en un cadre épais AAA de fer doux (*fig.* 315), percé d'un canal CC. Dans ce dernier est introduite la tige à étudier ; elle est enveloppée d'une double bobine d'aimantation BB, ainsi que de la bobine d'induction D reliée à un galvanomètre balistique. Si n est le nombre de tours de la bobine BB, i l'intensité du courant (en ampères) dans cette bobine, l la longueur de la partie de la tige à l'intérieur du cadre, s la section de la tige, S la section transversale des *deux* branches du cadre, L la longueur du cadre seul et μ' la perméabilité magnétique de la substance du cadre, on a

$$(32) \qquad 0{,}4\pi ni = Bs\left(\frac{l}{\mu s} + \frac{L}{\mu' S}\right) = \frac{B}{\mu}\left(l + \frac{s}{S}\frac{\mu}{\mu'}L\right)$$

ou

$$(32, a) \qquad \frac{0{,}4\mu ni}{l} = H\left(1 + \frac{s}{S}\cdot\frac{\mu}{\mu'}\cdot\frac{L}{l}\right).$$

La fraction $s : S$ est très petite et on a $\mu' > \mu$; on peut par suite poser

$$H = 0{,}4\pi\frac{ni}{l}\left(1 - \frac{s}{S}\frac{\mu}{\mu'}\cdot\frac{L}{l}\right).$$

Dans le second membre, on peut remplacer le premier facteur par $H = B : \mu$, de sorte que

$$(32, b) \qquad H = 0{,}4\pi\frac{ni}{l} - \frac{s}{S}\frac{B}{\mu'}\frac{L}{l}.$$

On peut, à l'aide de cette formule, calculer H, lorsque B est connu. On obtient cette dernière grandeur ou ses variations de la même manière que dans la méthode précédente. En faisant varier i, par exemple d'une certaine valeur jusqu'à zéro ou jusqu'à $-i$, on a les variations correspondantes du flux Bs. La méthode suivante peut aussi être adoptée : la tige à étudier est formée de deux parties, qui se rencontrent près de l'extrémité de droite de la bobine de *gauche* B. La bobine D est reliée à un ruban de caoutchouc tendu. Si on tire, au moyen d'une poignée, sur la partie de *droite* de la tige, la bobine D est rapidement attirée hors du cadre et lancée de côté; le courant induit mesure le flux Bs. Diverses variantes de cette méthode ont été proposées par Ewing, Corsepius, Behn-Eschenburg, Kapp, Drysdale et d'autres encore.

IV. Méthode de l'isthme magnétique. Cette méthode, qui sert à la détermination de μ dans les très fortes aimantations, a été proposée par Ewing et

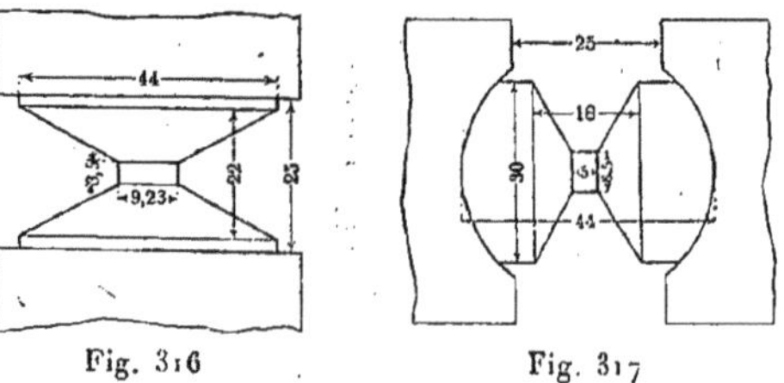

Fig. 316 Fig. 317

Low (1887). On donne sur le tour à un morceau de la substance à étudier la forme d'une carcasse de bobine. Les figures 316 et 317 représentent deux formes de ce genre ; la première se compose d'une partie étroite (l'isthme) et de deux troncs de cône, disposés entre les pôles d'un électro-aimant puissant ; la deuxième forme a des extrémités cylindriques, placées, comme le montre la figure 317, dans des entailles cylindriques des masses polaires de l'électro-aimant. Sur l'isthme, est enroulée la bobine d'induction ; on enveloppe celle-ci d'une substance indifférente et on enroule la seconde bobine sur cette substance. On peut mettre très vite de côté le corps à étudier qui possède la première forme (*fig.* 316) et on peut faire rapidement tourner de 180° le corps de la seconde forme (*fig.* 317) autour d'un axe perpendiculaire au plan de la figure. Si la bobine intérieure est reliée à un galvanomètre balistique, les indications de ce dernier permettent de calculer B. Lorsque la bobine extérieure est reliée au galvanomètre, à l'action du flux d'induction B dans le fer s'ajoute l'action du flux de force H dans l'intervalle qui sépare les bobines, de sorte que la différence des deux indications du galvanomètre donne le moyen de calculer H, qu'on peut prendre égal à l'intensité H cherchée à l'intérieur du fer. Ayant déterminé B et H, on obtient comme précédemment I, μ et $\varkappa$.

V. Méthode optique de du Bois. Cette méthode est basée sur le phénomène de Kerr, que nous étudierons plus tard. Supposons que la direction de l'aimantation à la surface de l'aimant coïncide avec la direction de la normale extérieure. Si un rayon polarisé rectilignement (Tome II) tombe normalement sur une telle surface, le plan de polarisation tourne, dans la réflexion du rayon, d'un certain angle

$$\varphi = kI, \tag{33}$$

k étant la constante de Kerr, qui dépend de la substance et à un haut degré de la longueur d'onde du rayon lumineux incident ; la température n'agit presque pas sur k. Du Bois a déterminé les valeurs numériques de cette grandeur, pour Fe, Co et Ni. Son appareil est représenté dans la figure 318 : P_1 et P_2 sont les pôles d'un électro-aimant puissant, M est une plaque polie de la substance à étudier. JJ est une caisse dans laquelle on fait passer de la vapeur d'eau bouillante, ce qui permet de faire des observations à 100°. Le rayon incident et le rayon réfléchi traversent le pôle P_2 percé d'un trou, ce qui donne le moyen de mesurer φ et I. Pour déterminer B, qui est égal à l'intensité du champ dans le voisinage de M, on se sert d'une plaque de verre G argentée du côté S, sur laquelle se produit la *rotation magnétique* du plan de polarisation (voir plus loin) ; la grandeur de cette rotation détermine le flux d'induction B. L'égalité $H = B - 4\pi I$ donne l'intensité H à l'intérieur de la plaque.

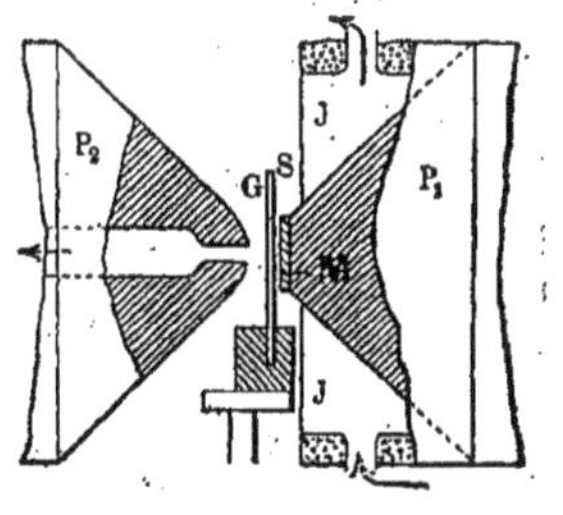

Fig. 318

VI. Méthode de l'arrachement. Cette méthode consiste en une application de la formule (24, *a*), page 847, et de la formule (24, *b*) qui en diffère à peine.

Si la force P nécessaire pour rompre le circuit magnétique est exprimée en grammes, on a

$$B = \sqrt{\frac{8 \cdot 981 \pi P}{S}}, \tag{34}$$

où S est l'aire de la section transversale de la tige à arracher. Parmi les appareils basés sur cette méthode, les plus importants sont le *perméamètre* de S. Thompson et la balance magnétique de du Bois. Le premier de ces appareils se compose d'un cadre en fer doux A (*fig.* 319) percé d'un canal en *a*. Une tige de la substance à étudier est introduite dans ce canal et touche en *b* l'autre côté du cadre ; *c* est la bobine d'aimantation, B une balance à ressort qui sert à déterminer la force P nécessaire pour détacher la tige du cadre. On a $H = 0,4\pi n i$, *n* étant le nombre de tours de la bobine par *unité* de longueur.

La *balance magnétique* de du Bois est représentée schématiquement dans la figure 320. La tige à étudier T est solidement fixée entre les blocs en fonte V_1 et V_2 ; elle est entourée par la bobine C. Autour du couteau triangulaire E, oscille un arc massif en fer YY ; l'amplitude d'oscillation de cet arc est très

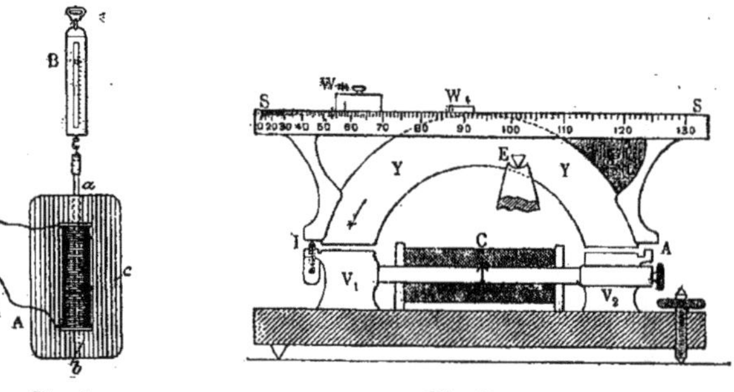

Fig. 319

Fig. 320

petite, elle est limitée par le ressaut A et par la vis I. L'axe E ne se trouve pas au milieu de l'arc, mais l'excédent de poids du côté gauche est équilibré par une masse de plomb P. Les attractions de même grandeur dues à V_1 et V_2 agissent sur des bras de levier inégaux et font baisser la partie de gauche de l'arc jusqu'à l'amener en contact avec la vis I. En déplaçant les deux poids W le long de l'échelle double supérieure SS, on peut compenser ces attractions de façon que la partie de gauche soit sur le point d'abandonner la vis I. Les divisions des échelles sont tracées de manière à obtenir le nombre B par simple multiplication de la lecture par 10 ou par 2, selon que l'un ou l'autre des deux poids est déplacé à partir du zéro de l'échelle. La bobine a une longueur de 4π centimètres et contient 100 tours ; la valeur de H en son milieu est donc obtenue en multipliant le nombre d'ampères par 10. Le circuit magnétique n'est pas fermé ; il est interrompu en I et A. Du Bois a développé la théorie de son appareil, en s'appuyant sur les formules du circuit magnétique, page 848. Il a trouvé, pour le coefficient de démagnétisation, $N = 0,02$.

VII. MÉTHODES DIVERSES. Nous mentionnerons brièvement quelques autres méthodes de mesure de B et μ pour les substances ferromagnétiques. BRUYER place une spirale de bismuth dans la fente d'un cadre fermé et détermine la grandeur B d'après la résistance électrique de cette spirale (voir plus loin l'influence du champ sur la résistance du bismuth).

SIEMENS et HALSKE disposent, dans une cavité cylindrique pratiquée à l'intérieur de l'arc de fermeture, un cadre mobile de fil, où on fait passer un courant d'intensité déterminée. L'angle de rotation du cadre permet de déterminer B (voir plus loin le galvanomètre de DEPREZ et D'ARSONVAL).

L'appareil de HOLDEN est également intéressant; il sert à comparer les valeurs de μ dans deux tiges, dont l'une a été étudiée au préalable et joue le rôle de corps de comparaison. Récemment, un appareil appelé *fluxmètre* s'est beaucoup répandu. La théorie de cet appareil et son mode d'emploi seront décrits plus tard.

Des études critiques sur les différentes méthodes ont été faites récemment par LLOYD (1909), PEIRCE (1910), BEATTIE et GERRARD, GRAY et ROSS (1910), et d'autres encore.

6. Dépendance des grandeurs B et $\varkappa$ à l'égard de H, dans les corps ferromagnétiques. Hystérésis. — Nous allons étudier maintenant les résultats obtenus pour les grandeurs B et μ à l'aide des méthodes qui viennent d'être décrites. Comme variable indépendante, on prend presque toujours l'intensité H du champ *à l'intérieur* du corps considéré. Habituellement, on présente les résultats des recherches sous forme de tableaux donnant B, μ, $\varkappa$, et I pour les diverses valeurs de H ou plus souvent par des courbes indiquant la dépendance entre ces grandeurs et H; il est rare que l'on choisisse B ou I comme variable indépendante.

La dépendance des grandeurs B et μ à l'égard de H est, en particulier, extrêmement complexe. Quand on part, par exemple, du fer le plus doux pour aller jusqu'à l'acier le plus dur, cette dépendance varie en même temps que la *nuance* de substance considérée. Nous verrons en outre que B et μ varient beaucoup, suivant que le champ H est le plus *intense* des champs qui ont exercé leur action sur le corps donné, ou suivant que celui-ci a déjà été soumis à un champ plus puissant. Nous supposerons, dans ce paragraphe, que *chacun des champs successifs, croissant graduellement, agit pour la première fois sur le corps*. Écrivons encore une fois de plus les formules fondamentales

$$B = H + 4\pi I = (1 + 4\pi\varkappa) H = \mu H. \tag{35}$$

L'étude des grandeurs B et μ a une grande importance pratique pour l'électrotechnique, dans la construction des dynamos, des électro-aimants, etc.

Les propriétés magnétiques du *fer* dépendent à un haut degré de sa nature, notamment de sa teneur en carbone et en diverses autres subtances étrangères, en outre de son mode de fabrication; de ce dernier mode dépend d'ailleurs aussi, entre autres, l'état du carbone, lequel peut être dissous ou, du moins en partie, combiné chimiquement avec le fer, comme dans la *cémentite* Fe^3C, par exemple.

Nous allons indiquer les valeurs de H, I, B, μ et $\varkappa$. L'intensité du champ peut facilement être portée à quelques milliers d'unités C. G. S. Ewing et Low (1889) sont parvenus jusqu'à $H = 24\,500$; E. T. Jones (1896) a même été jusqu'à $H = 51\,600$. On ne peut produire de tels champs que dans un très petit espace entre les masses polaires coniques des plus puissants électro-aimants.

L'aimantation I, qui est égale au moment magnétique d'un centimètre cube, croît, quand H augmente à partir de $H = 0$, d'abord lentement, ensuite rapidement et enfin de nouveau plus lentement, en tendant vers un certain *maximum* I_m, qui correspond à la saturation. Cette dernière est en général atteinte lorsque H est égale à 2000 ou 3000 unités C. G. S. et I égal à environ $I_m = 1\,600$ unités C. G. S. ; dans des cas exceptionnels, on est arrivé jusqu'à $I_m = 1\,850$. Pour la fonte, on a $I_m = 1\,250$.

La *grandeur* B se trouve à peu près dans la même dépendance que I à l'égard de H, car on peut, dans la formule $B = H + 4\pi I$, négliger le premier terme, tant que l'aimantation reste éloignée de la saturation. Mais, pour $H > 3000$, quand I cesse de croître, la grandeur B continue à augmenter en même temps que H, *de sorte qu'il n'y a pas de maximum pour* B. Ewing et Low sont parvenus jusqu'à $B = 45\,350$, pour $H = 24\,500$; E. T. Jones a même atteint la valeur $B = 74\,200$ pour $H = 51\,600$. Weiss (1907, 1910), Droz (1910), Hadfield et Hopkinson (1910) ont déterminé le maximum I_m. Weiss et Droz ont trouvé $I_m = 1\,708$ (20°) ; on a reconnu que lorsque H est grand, la valeur de I est une fonction linéaire de $1 : H$. Hadfield et Hopkinson ont obtenu, pour le fer pur, $I_m = 1\,680$ et, pour toutes les autres sortes de fer, des valeurs plus petites.

Occupons-nous de la dépendance particulièrement intéressante, qui existe entre les grandeurs μ et $\varkappa$ et l'intensité H. Pour de très petites valeurs de H, on a approximativement $\mu = 200$; mais on obtient, pour le fer très doux, des valeurs encore plus petites, descendant jusqu'à $\mu = 100$. Quand H augmente, μ croît d'une manière très rapide jusqu'à un certain maximum μ_m, qui est déjà atteint pour de petites valeurs de H, notamment pour $H = 2$ à 3 ; ce maximum se manifeste rarement pour de plus grandes valeurs de H atteignant $H = 10$. Le maximum μ_m est égal à 3000 environ et correspond à peu près aux valeurs $I = 400$ et $B = 5000$. Wilson (1898) a cependant trouvé, pour du fer pur, $\mu_m = 5\,480$ avec $B = 9\,100$, ce qui donne $H = 1,66$ et $I = 720$. On obtient, au contraire, pour la fonte par exemple, $\mu_m = 300$ à 700 avec $B = 2000$ à 6000. Lorsque H continue à augmenter, μ diminue de nouveau rapidement et sans limite, comme le montre la formule $\mu = 1 + 4\pi\varkappa = 1 + \frac{4\pi I}{H}$, I cessant de varier (saturation). Ewing et Low sont parvenus jusqu'à $\mu = 1,85$; E. T. Jones a même été jusqu'à $\mu = 1,44$, pour les valeurs de H et de B précédentes. La limite théorique, pour $H = \infty$, est évidemment $\mu = 1$.

La *grandeur* $\varkappa$ se trouve à peu près dans la même dépendance que μ à l'égard de H, car, pour de grandes valeurs de μ, on a la relation $\mu = 4\pi\varkappa$. La plus grande valeur possible est à peu près $\varkappa_m = 200$; mais le nombre de WILSON $\mu = 5480$ correspond à $\varkappa_m = 425$. Pour de très grandes valeurs de H, alors que μ tend vers 1, $\varkappa$ est une petite fraction. Ainsi, au nombre $\mu = 1,85$ (EWING et LOW) correspond la valeur $\varkappa = 0,07$; pour $\mu = 1,44$ (E. T. JONES), on a $\varkappa = 0,036$. La valeur limite théorique, pour $H = \infty$, est évidemment $\varkappa = 0$.

Pour de *petites valeurs* de H, μ et $\varkappa$ augmentent, comme nous l'avons vu, en même temps que H, ainsi que l'a montré pour la première fois A. STOLIÉTOFF (1872), qui a fait ses expériences sur un anneau par la méthode balistique. Pour $H = 0,4302$, il a trouvé $\varkappa = 21,54$; pour $H = 3,212$, il a obtenu le maximum $\varkappa_m = 174,0$; $\varkappa$ décroît ensuite jusqu'à $\varkappa = 42,13$, pour $H = 30,73$. Plus tard BAUR (1880) et LORD RAYLEIGH (1887) ont étudié $\varkappa$ et μ, pour de très petites valeurs de H. BAUR a trouvé, pour le fer *doux*,

$$\varkappa = 14,5 + 110\,H,$$

$$\mu = 183 + 1382\,H,$$

entre $H = 0,0158$ et $H = 0,384$. LORD RAYLEIGH a trouvé, pour du fer de Suède plus dur, qu'on peut considérer les grandeurs $\varkappa$ et μ comme constantes depuis $H = 0,00004$ jusqu'à $H = 0,04$; il a obtenu en outre jusqu'à $H = 1,2$

$$\varkappa = 6,4 + 5,1\,H,$$

$$\mu = 81 + 64\,H.$$

WEISS (1896), HOLBORN (1897) et d'autres encore ont également constaté une dépendance linéaire entre $\varkappa$, μ et H, pour de petites valeurs de H. Les expériences de CULMANN et de RÖSSLER ont montré que lorsque H reste très petit, $\varkappa$ et μ sont presque constants. Pour de petites valeurs de H, on observe un *magnétisme résiduel* notable : l'aimantation n'atteint pas d'un seul coup sa valeur définitive, mais au bout d'un certain temps. Deux mémoires sur la magnétisation du fer avec H très petit ont été récemment publiés par PEIRCE (1910) et par GUMLICH et RAGOWSKI (1911). PEIRCE a étudié une sorte de fer très pur de Norwège et une autre sorte américaine. Le fer norwégien a donné le maximum $\mu = 5480$ avec $H = 1,40$ et $I = 610$; avec $H = 20$, on a $\mu = 748$; le fer américain a donné $\mu = 3670$ avec $H = 2,0$ et $I = 584$; avec $H = 20$, on a $\mu = 792$. GUMLICH et RAGOWSKI ont considéré diverses sortes de fer, de fonte, d'acier et d'alliages de fer et de silicium pour H compris entre 0,01 gauss et 0,5 gauss et ont amélioré les méthodes employées. Par extrapolation, ils ont déterminé la valeur $\mu = \mu_0$ pour $H = 0$. Pour l'acier dur, on a $\mu_0 = 58,0$; pour l'acier doux, $\mu_0 = 131,5$; pour un alliage avec 4,45 % de Si, $\mu_0 = 450$, etc. La valeur numérique de μ_0 oscille entre 43,2 et 528.

Pour des aimantations plus fortes, on a proposé différentes formules empiriques $\mu = f(B)$. Ainsi, on peut poser, pour quelques sortes de fer,

$$\mu = cB^{\frac{2}{3}}, \tag{36}$$

lorsque B reste compris entre 5 000 et 10 000 ; pour le fer doux, on a $c = 5,6$. D'autres observateurs ont trouvé pour le fer doux, entre B = 7 000 et B = 16 000,

$$\mu = 4\,850 - \frac{B}{3,5}. \tag{36, a}$$

Dans Ni et Co, le caractère général de la dépendance entre B, μ, $\varkappa$ et H est le même que pour Fe, mais les valeurs numériques sont pour la plupart différentes.

Dans le *nickel doux*, les maxima sont approximativement $\mu_m = 296$ et $\varkappa_m = 23,5$, pour H = 9,5. Avec un fil de nickel dur, on a $\mu_m = 108$ et $\varkappa_m = 8,3$. Le maximum de l'aimantation est $I_m = 400$, mais on a aussi observé $I_m = 540$, avec H = 13 000, B = 19 800 et $\mu = 1,52$; une autre sorte a donné $\mu = 1,32$ pour H = 16 000. Weiss et Droz (1910) ont trouvé $I_m = 490,5$ (19°,5) ; dans Ni, I est aussi une fonction linéaire de 1 : H, quand H est grand.

Le *cobalt* s'aimante comme la fonte, pour de très grandes valeurs de H ; avec H = 5 000, la valeur I = 1 300 est déjà atteinte. Les maxima $\mu_m = 174$ et $\varkappa_m = 13,8$ sont atteints avec H = 25, c'est-à-dire avec une valeur de H beaucoup plus grande que pour le fer. Avec H = 15 000, on obtient $\mu = 2,10$. Weiss (1910) a trouvé $I_m = 1412$ (17°), Droz $I_m = 1383$. Pour de grandes valeurs de H, à partir de H = 4 280, I est une fonction linéaire de $1 : H^2$, ce qui distingue Co de Ni et Fe.

Dans ce qui précède, nous avons supposé que chaque champ H agissait pour la première fois sur le corps considéré. Les phénomènes prennent un autre caractère, quand un champ agit après que le corps a déjà été soumis à l'action d'un champ plus intense. Nous commencerons par le cas le plus simple, celui où H augmente graduellement depuis H = 0 jusqu'à une certaine valeur H = H', pour décroître ensuite également d'une manière progressive jusqu'à la valeur H = 0, et nous représenterons le résultat graphiquement en portant H en abscisse, B ou I en ordonnée ; les deux dernières grandeurs donnent deux courbes presque complètement identiques, à des échelles différentes naturellement, car ce n'est que pour des valeurs de H extrêmement petites et pour de très grandes valeurs qu'on ne peut poser $B = 4\pi I$. La *première* aimantation donne, pour I ou B, une courbe de forme OA (*fig.* 321) ; pour H = H', on a I = H'A. Si on fait maintenant décroître H, I diminue peu à peu et il subsiste, pour H = 0, l'*aimantation rémanente* $I_r = B_r : 4\pi = OC$. Pour amener I à zéro, il faut agir sur le corps avec une force *négative* $OD = H_k$, qui est appelée *force coercitive*.

Le rapport de l'aimantation rémanente I_r à l'aimantation temporaire I (pour H = H') dépend de la substance, de la forme du corps et de la grandeur I elle-même. Ce rapport peut se rapprocher notablement de l'unité. EWING a trouvé, pour un *long* fil de fer doux par exemple, les valeurs suivantes :

H	=	0,42	0,99	1,44	2,02	2,51	3,16	5,02	7,20	11,91	45,51
I	=	16	62	195	468	614	764	984	1070	1150	1230
$\frac{I_r}{I}$	=	0,24	0,40	0,68	0,81	0,84	0,85	0,84	0,82	0,80	0,76.

Le magnétisme rémanent atteint ici jusqu'à 85 % du magnétisme temporaire. Le même fil a donné, après extension, le maximum $I_r : I = 0,625$, pour $H = 7120$ et $I = 359$. L'influence considérable de la forme du corps sur I_r s'explique par l'action démagnétisante du magnétisme superficiel. Plus le coefficient N (page 487) est grand, plus I_r est petit pour la *même* valeur de I produite évidemment par des champs H différents. Dans des tiges très longues, et en particulier dans des anneaux, on obtient le maximum de $I_r : I$. Dans une tige, dont la longueur est 50 fois plus grande que sa dimension transversale, on a déjà pour I_r une valeur presque 2 fois plus petite que dans le cas idéal où $N = 0$. Dans une sphère et *a fortiori* dans une plaque mince

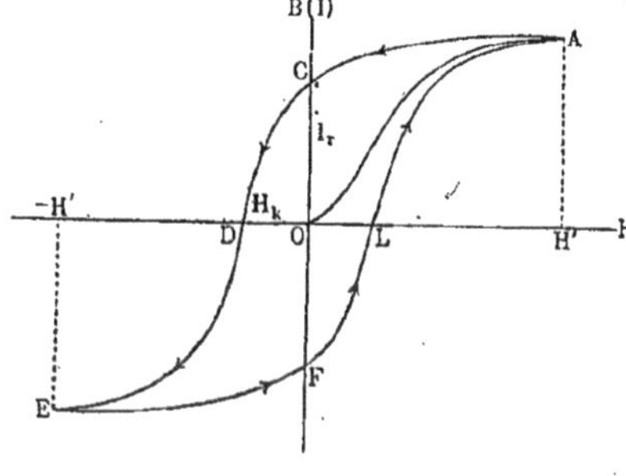

Fig. 321

aimantée transversalement, on trouve pour I_r une valeur extrêmement petite. BOUTY a montré que, dans une aimantation répétée, I_r croît, conformément à la formule $I_r = A - B : n$, jusqu'à une certaine valeur limite ; n désigne le nombre de magnétisations.

La grandeur I_r dépend aussi de la façon dont on fait passer H de la valeur H' à la valeur zéro. WALTENHOFEN (1863) a observé le premier que, dans une disparition *brusque* du champ (interruption du courant), on obtient pour I_r une valeur notablement plus petite que lorsqu'on passe progressivement à $H = 0$. Dans quelques cas, I_r peut même prendre une valeur négative : c'est ce qu'on appelle l'*aimantation anomale*. FROMME, AUERBACH (1882), RIGHI (1880), PEIRCE (1912) et d'autres encore ont étudié ce phénomène et ont montré qu'il ne peut s'expliquer par l'action de courants d'induction, mais résulte de la nature même des phénomènes magnétiques.

BOUTY (1876) avait remarqué que, dans la démagnétisation d'une tige d'acier au moyen d'une spirale, une partie du magnétisme disparu réapparaissait après quelque temps. Le même phénomène d'une lente remagnétisation spontanée a été ensuite de nouveau découvert par OLLIVIER (1910), avec son grand électro-aimant (page 845), et étudié par lui d'une manière précise.

La *force coercitive* H_k ne dépend que de la substance et de l'aimantation I atteinte, laquelle peut être annulée par la force $-H_k$, mais *elle ne dépend pas de la forme du corps et en ce sens ne dépend pas non plus du magnétisme rémanent* I_r qu'elle fait disparaître. Si donc, dans des corps de même substance, mais de forme différente, on produit par des H' différents les mêmes valeurs de I, on obtient, par diminution de H' jusqu'à zéro, des valeurs différentes de I_r ; mais, pour annuler celles-ci, il faut toujours la même force $-H_k$. Pour les diverses sortes de fer, H_k oscille entre $H_k = 1$ et $H_k = 4$; pour l'acier, H_k s'élève jusqu'à 30, parfois même jusqu'à 80.

Le phénomène que nous décrivons actuellement a été découvert par WARBURG (1880) et ensuite, d'une manière indépendante, par EWING (1882), qui a proposé de l'appeler l'*hystérésis* ; ce nom a été appliqué dans la suite à tous les phénomènes où une certaine grandeur y (ici I) prend des valeurs différentes pour la même valeur x de la cause (ici H) qui la produit, suivant que x est atteint par accroissement à partir de plus petites valeurs ou par diminution à partir de plus grandes. Plus simplement, il y a *hystérésis*, lorsque y dépend non seulement de la cause x qui agit à un instant donné, mais aussi des valeurs antérieures de x. Après EWING et avant d'autres, HOPKINSON a étudié d'une manière approfondie l'hystérésis magnétique.

Pour connaître plus complètement ce phénomène, nous devons considérer un *cycle* complet d'aimantation, voir *fig.* 321. Lorsqu'on fait varier le champ négatif jusqu'à $-H'$, on obtient la courbe DE, l'ordonnée du point E étant en valeur absolue égale à celle du point A. Si on fait ensuite varier le champ négatif de $-H'$ à zéro, on a la courbe EF symétrique de AC, de sorte que $OF = -OC = -I_r$. Enfin, en faisant croître H de zéro à H', on a $I = 0$ pour $H = OL = OD = H_k$ et on revient, pour $H = H'$, à la valeur primitive de I égale à l'ordonnée du point A. *Dans l'aimantation cyclique entre* $H = +H'$ *et* $H = -H'$, *la grandeur* I (*ou* B) *est donc représentée graphiquement par une courbe fermée de la forme* ACDEFLA. Quand on soumet pour la première fois un corps à des aimantations cycliques, on n'obtient pas immédiatement cette courbe ; dans les premiers cycles, les ordonnées des points A et E augmentent progressivement, comme nous l'avons déjà dit (BOUTY).

La forme de la courbe fermée dépend de la *vitesse des aimantations alternatives*. De très nombreux auteurs se sont occupés de cette question, entre autres WARBURG et HÖNIG, WEIHE, OBERBECK, LORD RAYLEIGH, TANAKADATÉ, NIETHAMMER, HOPKINSON, WILSON, LYDALL et plus récemment M. WIEN, ÅNGSTRÖM, MAURAIN, SCHAMES et d'autres encore. Quelques-uns ont observé que, quand le nombre n des cycles parcourus par seconde augmente, les ordonnées des points A et E diminuent un peu ; la courbe s'arrondit en A et E et ses deux branches s'éloignent l'une de l'autre, de sorte que l'aire embrassée par la courbe s'élargit et *augmente*. D'autres ont trouvé que cette aire est indépendante du nombre n de cycles par seconde. Ceci a été confirmé par SCHAMES (1907), qui a comparé ces aires pour des inductions B maxima égales,

B n'étant pas supérieur à 10000. Pour de plus grandes valeurs de B, l'aire augmente en même temps que la fréquence n.

On obtient une variété infinie de courbes, quand on fait varier H par cycles incomplets; on trouve, par exemple, en passant de $H = 0$ à $H = H'$, ensuite à $H = 0$ pour revenir à $H = H'$, la courbe OAaCbA (*fig.* 322). Si, au milieu du cycle, on passe d'une certaine valeur négative de H à $H = 0$, et si on revient à la valeur initiale, on a la courbe DcEhD.

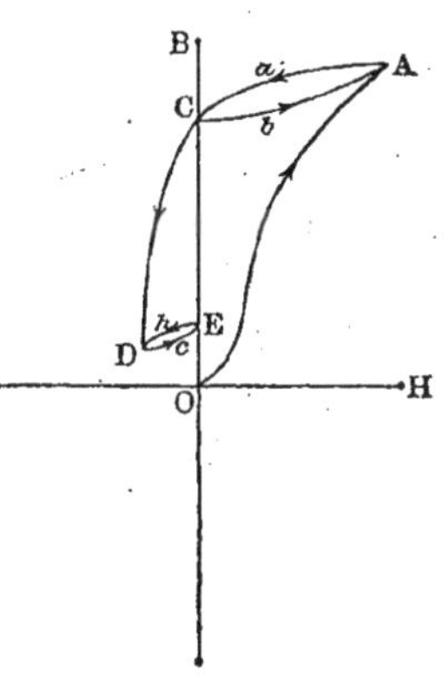

Fig. 322

Lord Rayleigh (1887) a constaté que, pour de très petites valeurs de H, de $H = 0{,}00004$ à $H = 0{,}04$, entre lesquelles μ est une grandeur constante et par suite B et I des fonctions linéaires de H, il n'existe pas d'hystérésis.

Pour obtenir les courbes d'aimantation cyclique, on mesure I ou B par l'une des méthodes décrites plus haut. On fait varier la grandeur H progressivement et on obtient ainsi successivement des points de la courbe cherchée. Mais on peut encore procéder autrement (Ewing). En faisant $H = H'$, on a le point A (*fig.* 321); en diminuant ensuite H de la petite quantité ΔH, on trouve un point sur la branche AC; *on parcourt tout le cycle*, pour revenir au point A, et on diminue H de la quantité $\Delta' H > \Delta H$, ce qui donne un nouveau point sur la branche AC; on parcourt de nouveau tout le cycle, etc. Searle et Ewing ont construit des appareils, qui permettent de projeter sur un écran le mouvement d'un point lumineux parcourant un cycle d'aimantation fermé; on peut alors dessiner ou photographier cette courbe. Le point lumineux est obtenu par réflexion d'un rayon sur un petit miroir, qui tourne autour d'un axe vertical et autour d'un axe horizontal, l'une des rotations étant proportionnelle à H, l'autre à B. Wehnelt (1909) a également construit un appareil pour la représentation objective des courbes magnétiques. Ångström (1899), Piola (1906) et Madelung (1907) se sont servis, dans le même but, du tube de Braun à rayons cathodiques (Tome V).

Des recherches *théoriques* sur le phénomène de l'hystérésis ont été publiées dans ces dernières années par Balwin (1907), Weiss (1908), R. Gans (1910), Silv. Thompson (1910), Madelung (1912), Kunz (1912) et d'autres encore. Nous ne pouvons ici que signaler ces travaux. De même, nous ne parlerons pas des nombreuses recherches expérimentales relatives aux diverses sortes de fer ou aux différents genres d'action de courant. Pourtant, nous mentionnerons une série d'études récentes très intéressantes qui ont été faites sur les propriétés du *fer déposé électrolytiquement*. Le dépôt du fer dans un champ magnétique offre un intérêt particulier. Les travaux faits à ce sujet sont dus à Maurain (1900), Schild (1908), Ferry (1910), Kaufmann et Meier (1911), R. Gans (1911) et Vallauri (1912). Maurain a trouvé que I considéré comme fonction de H croît beaucoup plus vite, lorsque le champ magnétique agit pendant l'électrolyse, que si cette dernière a lieu avec $H = 0$ et si le fer est amené plus tard dans le champ. MAURAIN a observé en outre que déjà des champs faibles (10 à 15 gauss), lorsqu'ils agissent durant l'électrolyse, magnétisent le fer à saturation, et que les courbes d'hystérésis affectent alors presque la forme de rectangles, dont les côtés sont parallèles aux axes de coordonnées. Quand on a $H = 0$ pendant l'électrolyse, on obtient la forme habituelle de la courbe d'hystérésis. KAUFMANN et MEIER ont reconnu également la saturation rapide et la forme rectangulaire de la courbe d'hystérésis; mais ils ont montré que cette forme s'observe aussi dans le cas où le champ $H = 0$ pendant l'électrolyse.

La solution soumise à l'électrolyse doit posséder certaines propriétés, en vertu desquelles le fer contient de l'*hydrogène* occlus, et ce dernier est la cause de la forme singulière de la courbe. Après un temps assez court, notamment par échauffement, le fer perd ses propriétés particulières et la courbe prend la forme ordinaire, évidemment parce que l'hydrogène s'est dégagé. Si le fer est ensuite polarisé comme cathode, on obtient de nouveau la forme rectangulaire de la courbe d'hystérésis.

7. Travail et échauffement dans l'aimantation. — WARBURG (1881) a indiqué le premier la dépendance très simple qui existe entre l'hystérésis et le travail dépensé dans le changement d'état magnétique d'un corps. Nous allons donner la démonstration due à HOPKINSON de la formule fondamentale qui traduit cette dépendance. Considérons une bobine très longue présentant n tours par unité de longueur et supposons qu'on fasse passer dans cette bobine un courant i; on a, dans ce cas, $H = 4\pi ni$. A l'intérieur de la bobine de longueur l se trouve une tige de fer ; soit s l'aire de la section droite de cette tige, $v = ls$ son volume. Lorsque l'induction B augmente de dB, et par suite le flux d'induction de sdB, dans chaque tour de la bobine naît une force électromotrice (Tome V), numériquement égale à sdB et de sens opposé à celui du courant i. Dans la bobine entière apparaît la force électromotrice $nlsdB$. Pour que l'intensité i du courant ne change pas, l'énergie $inlsdB$ doit être produite aux dépens de celle qui est la source du courant. Cette énergie $inlsdB$ est dépensée dans le travail de changement d'état magnétique du corps. Soit dW le travail dépensé dans l'*unité de volume* du corps ; on a

$$dW = \frac{inlsdB}{v} = indB.$$

La relation $H = 4\pi ni$ donne

$$dW = \frac{1}{4\pi} HdB. \tag{37}$$

Cette formule très importante détermine le travail cherché en ergs par centimètre cube, lorsque H et B sont donnés en unités C.G.S. Si on substitue $H = B - 4\pi I$ et $dB = dH + 4\pi dI$, on obtient les expressions

$$dW = \frac{1}{8\pi} d(H^2) + HdI, \tag{37, a}$$

$$dW = \frac{1}{8\pi} d(B^2) - IdB. \tag{37, b}$$

Pour un *cycle d'aimantation fermé quelconque*, on a, pour le travail total W dépensé dans l'unité de volume du corps,

(38) $$W = \frac{1}{4\pi}\int HdB;$$

or, $\int HdB$ est numériquement égal à l'aire limitée par la courbe (dont le sens de parcours est *inverse* du sens de rotation des aiguilles d'une montre) qui représente la relation entre B et H dans l'aimantation cyclique (*fig.* 321). De là découle le résultat important qui suit : *l'aire limitée par la courbe, qui représente graphiquement la relation entre* B *et* H *dans l'aimantation cyclique, divisée par* 4π, *est numériquement égale au travail dépensé par unité de volume dans un cycle*. Telle est la relation entre l'hystérésis et le travail. S'il n'y avait pas d'hystérésis, c'est-à-dire si à toute valeur de H ne correspondait qu'une valeur de B, le travail total dans l'aimantation *cyclique* serait égal à zéro.

On peut trouver, en dehors de la formule (38), pour le travail W correspondant au *cycle*, toute une série d'autres expressions, à l'aide de (37, *a*) et (37, *b*) ; les intégrales des premiers termes des seconds membres sont en effet nulles, et on a

(38, *a*) $$W = \frac{1}{4\pi}\int HdB = \int HdI = -\int IdB.$$

Dans une courbe fermée, on a en général $\int dxy = \int ydx + \int xdy = 0$; par suite (38, *a*) donne encore la relation

(38, *b*) $$W = -\frac{1}{4\pi}\int BdH = -\int IdH = \int BdI.$$

Les équations $B = \mu H$ et $I = \varkappa H$ donnent

(38, *c*) $$\begin{cases} W = \frac{1}{8\pi}\int \frac{1}{\mu}d(B^2) = -\frac{1}{8\pi}\int \mu d(H^2) \\ \quad = \frac{1}{2}\int \frac{1}{\varkappa}d(I^2) = \frac{1}{2}\int \varkappa d(H^2) = -\int \varkappa HdB. \end{cases}$$

Il est intéressant de comparer (38) à la dernière des expressions (38, *c*) ; on passe directement de l'une à l'autre avec facilité à l'aide des formules

$$\int (1 + 4\pi\varkappa)HdB = \int \mu HdB = \int BdB = \frac{1}{2}\int d(B^2) = 0.$$

Dans une variation *non-cyclique* de l'état magnétique, il faut se servir de (37), 37, *a*) ou (37, *b*). *Quand l'aimantation est très forte*, on peut poser $dI = 0$; (37, *a*) donne alors

(38, *d*) $$dW = \frac{1}{8\pi}d(H^2).$$

Pour les corps *faiblement magnétiques*, on peut écrire $\mu = const.$; le travail W_0' d'aimantation d'un centimètre cube d'un tel corps, dépensé lorsque le champ croît de zéro à H, est

$$(39)\qquad W_0' = \frac{1}{4\pi}\int_0^H HdB = \frac{\mu}{4\pi}\int_0^H HdH = \frac{\mu}{8\pi}H^2.$$

Cette formule détermine la provision d'énergie d'un corps aimanté *faiblement magnétique*.

L'aire de la figure ACDEFLA (*fig.* 321) est approximativement égale à 2DL. AH' $= 4IH_k$. On peut donc, en calculant le travail par centimètre cube dans un cycle, appliquer la formule

$$(40)\qquad W = \frac{1}{\pi} IH_k \text{ ergs.}$$

Adler, Duhem, Cisotti (1908), Leduc (1911) et d'autres encore ont aussi étudié cette question du travail d'aimantation. Leduc a montré que, pour une courbe d'hystérésis fermée, les formules précédentes donnent la valeur exacte du travail W, mais que, dans un changement infiniment petit de l'état magnétique de l'unité de volume, on doit écrire $dW = HdI$. Quand on adopte la théorie de la rotation des aimants moléculaires, on peut considérer le travail d'aimantation comme employé à vaincre le frottement qui s'oppose à cette rotation.

Nous avons appelé *hystérésis* un certain phénomème ; mais la même dénomination est appliquée aussi à la *grandeur* W elle-même, c'est-à-dire à la perte d'énergie qui se produit dans une aimantation ; on entend alors par *mesure de l'hystérésis* la détermination de W. La grandeur $W = \int HdI$, dans un cycle qui conduit presque jusqu'au maximum de I, peut servir à *caractériser la substance.* Pour les différentes sortes de fer doux employées en électrotechnique, W oscille autour de la valeur 10000 ergs (dans un cycle et par centimètre cube). Avec le fer dur, W est beaucoup plus grand et peut atteindre dans certaines sortes d'acier, jusqu'à plusieurs centaines de mille ergs. Warburg pensait que le fer chimiquement pur ne manifeste aucune hystérésis ; mais Kreusler et Gumlich (1908), qui ont étudié un échantillon de fer parfaitement pur au point de vue chimique, ont trouvé qu'il présentait une hystérésis très forte. Avec le nickel, on a obtenu des valeurs de W variant de 11 000 à 25 000 ; avec le cobalt (contenant 2 °/₀ de Fe), on a W = 30 400.

Steinmetz a donné la relation empirique suivante entre W et la plus grande valeur qu'atteint ± B :

$$(41)\qquad W = \eta B^{1,6}.$$

Le même exposant figure évidemment aussi dans la relation entre W et I, puisqu'on peut poser $I = B : 4\pi$. La formule (41) a été vérifiée par un très grand nombre de physiciens, par exemple par Ewing et Miss Klassen, Baily

Maurach, Gray, Weiss, etc. Il a été constaté que l'exposant oscille entre 1,3 et 1,8 ; pour le fer, le coefficient η a une valeur comprise entre 0,001 et 0,004 : mais pour les aciers les plus durs, il s'élève jusqu'à 0,1. Maurach a trouvé, avec un anneau de fer, que l'exposant diminue de 2,47 à 1,22, quand H augmente de 0,31 à 27,8, I croissant de 4,78 à 1567 et W de 0,12 à 9817. Richter (1910) a proposé la formule

$$W = aB + bB^2, \tag{41, a}$$

plus commode dans les calculs. Cette formule donne, à l'égard des valeurs mesurées, des écarts moindres que la formule (41).

La question de la dépendance entre la grandeur W et la vitesse de parcours du cycle doit être considérée comme non résolue, malgré le grand nombre de recherches que l'on a faites à ce sujet. L'hystérésis dans un champ magnétique *tournant* a une grande importance pratique. Elle a été étudiée d'abord par Baily (1894), puis par Grau et Hiecke (1896), Schennel (1902), plus récemment par Weiss et Plauer (1908), Fuller et Brace (1909), Vallauri (1909), et d'une manière particulière par Perrier (1909-1910). Baily a observé que, dans un champ tournant, l'hystérésis W augmente d'abord avec B, lorsque B varie de 16 000 à 17 000, mais atteint un maximum et ensuite diminue très vite; pour B = 20 500, W est seulement le 1/13 de sa plus grande valeur et, dans la saturation magnétique, s'annule probablement. Ces résultats ont été confirmés par Weiss et Plauer ; ils ont trouvé que, dans Fe et Ni, le maximum de W avec un champ tournant est environ la moitié du maximum qui se présente pour la saturation dans un champ alternatif. Lorsque B est très grand, W s'abaisse jusqu'à quelques millièmes de la valeur maximum. Dans un champ tournant faible, W est plus grand (environ 4 fois pour H = 10 gauss) que dans un champ alternatif. Perrier a étudié Fe, Ni et la magnétite pour différentes valeurs de B ; il a constaté notamment que le rapport des valeurs maxima dans l'une et l'autre espèces de champ est presque indépendant de la température.

Des appareils destinés à mesurer l'hystérésis (*hystérésimètres*) ont été construits par Ewing, Marcel Deprez, Blondel et Holden. L'hystérésimètre Blondel, construit par J. Carpentier, a pour but l'essai industriel du fer au point de vue de l'hystérésis. Le fer à essayer, découpé en anneaux de 38^{mm} de diamètre intérieur et 55^{mm} de diamètre extérieur, est empilé sur un support cylindrique, de façon à former une épaisseur de 4^{mm} ; le support étant ensuite monté sur un arbre vertical, l'échantillon se trouve placé dans un champ créé par un aimant en U (*fig.* 322 *bis*). Des pièces polaires, portées par l'aimant, embrassent l'anneau, en laissant un entrefer de longueur suffisante pour assurer, dans le fer, une induction magnétique pratiquement constante et voisine de 10000 gauss. Une manivelle, placée sur le côté du socle, permet à l'aide d'un disque et d'un galet, de faire tourner l'aimant en U autour d'un axe vertical. A chaque tour de l'aimant, tous les points de l'échantillon passant par un cycle complet d'aimantation, la dépense d'énergie, occasionnée par l'hystérésis, produit un couple qui tend à entraîner le fer, mais un ressort à boudin, fixé à l'arbre vertical, s'oppose à ce mouvement, et la torsion de ce ressort donne la mesure de l'hystérésis. Un index, fixé sur l'arbre, et un cadran divisé, permettent de mesurer la torsion du ressort. L'appareil est destiné à la *comparaison* de l'échantillon essayé avec un autre d'hystérésis connue, le rapport des torsions donnant le rapport des pertes par hystérésis ; il est accompagné d'un échantillon longuement étudié, dont l'hystérésis est constante et bien connue.

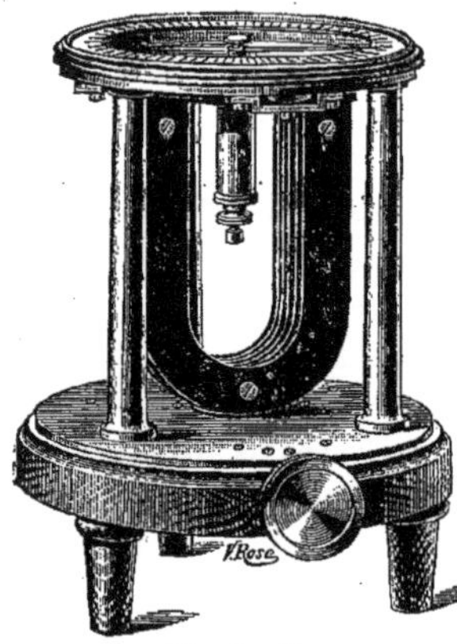

Fig 322 *bis*

L'hystérésimètre Blondel-Carpentier mesure l'*hystérésis tournante* ; les coefficients sont plus élevés de 25 % environ que ceux des appareils qui mesurent l'*hystérésis alternative*. L'approximation des mesures atteint environ 5 %.

Le travail W doit avoir pour résultat l'apparition d'une énergie quelconque. Comme l'état *magnétique* d'un corps ne change pas dans l'aimantation *cyclique*, il est clair que cette énergie ne peut être que de l'énergie calorifique. Exprimons W en ergs ; la quantité équivalente de chaleur q, qui se dégage dans un cycle par centimètre cube, est égale à $W : 4{,}16 \,.\, 10^7$ calories-grammes. Si n cycles sont parcourus en une seconde, la quantité de chaleur Q dégagée durant le temps t dans 1[cmc] de fer est égale à

$$(42) \qquad Q = \frac{nWt}{4{,}16 \,.\, 10^7} \text{ calories-grammes.}$$

Le nombre de watts dépensés est égal à $nW : 10^7$. Sur une tonne (10^3 kg) de fer, dont le volume est de $10^6 : 7{,}7$ cmc, on dépense

$$(42, a) \qquad N = \frac{nW \,.\, 10^6}{10^7 \,.\, 7{,}7 \,.\, 736} = 0{,}000177 nW \text{ chevaux}$$

(1 cheval = 736 watts). Si on a, par exemple, W = 10 000 (fer doux) et n = 100, on obtient N = 17,7 chevaux. Lorsqu'on prend la densité du fer égale à 7,7 et sa capacité calorifique égale à 0,11, on a, pour l'*élévation* θ *de température* du fer, dans *un cycle*,

$$(42, b) \qquad \theta = \frac{W}{4{,}16 \,.\, 10^7 \,.\, 7{,}7 \,.\, 0{,}11} = 2{,}84 \,.\, 10^{-8} W \text{ degrés.}$$

Pour W = 10 000, on trouve $\theta = 0^\circ{,}000284$. L'élévation θ_1 de la température en une seconde (n cycles) est égale à $2{,}84 \,.\, 10^{-8} nW$ degrés. Pour W = 10 000 et n = 100, on a $\theta_1 = 0^\circ{,}0284$. Si on ne faisait pas disparaître la chaleur, la température, en une heure, s'élèverait de 102° dans le fer *doux*. Dans l'acier *dur*, on obtient un échauffement *moindre* pour de faibles aimantations, lorsque $H < 15$; mais si $H > 15$, l'acier s'échauffe plus fortement et on observe, par exemple dans le fer doux, avec $H = 75$, $\theta = 0°,0003$, et dans l'acier dur $\theta = 0°,0019$.

La détermination expérimentale de la quantité de chaleur Q, qui se dégage dans le fer comme équivalent du travail W de l'aimantation cyclique, présente de grandes difficultés, car, à côté de ce dégagement de chaleur, se produit un échauffement du fer par les courants d'induction (courants de FOUCAULT, Tome V), ainsi que par la bobine d'aimantation, échauffée ellemême par le courant qui la traverse. La chaleur Q a été mesurée notamment par JOULE, CAZIN, GROVE, WARBURG, HEBURG, JAMIN et ROGET, BORGMANN, WARBURG et HÖNIG, PILLEUX, EDLUND, TROWBRIDGE, B. STRAUSS, M. WIEN, MAURAIN. Nous ne pouvons nous arrêter à l'étude de ces travaux ; nous dirons seulement qu'en général ils démontrent avec certitude l'existence du dégagement de chaleur Q, mais qu'ils n'ont donné aucun résultat qu'on puisse considérer comme définitif,

8. Influence des actions mécaniques et de la température sur l'aimantation. — Nous nous sommes déja occupés, pages 500 à 504, des influences en question sur le magnétisme *rémanent*; nous avons à envisager ici les influences qui se manifestent *pendant l'aimantation*.

I. Les *secousses* et les *chocs* augmentent l'aimantation *temporaire* I et diminuent l'aimantation *rémanente* I_r. Ils favorisent en général la variation de I résultant de celle du champ H à l'instant considéré. La grandeur W de l'hystérésis décroît notablement ; dans le fer doux, W est presque nul, si on soumet le fer, pendant l'aimantation cyclique, à des chocs assez forts. L'induction B, qui était dans un fil de fer égale à 190 pour $H = 0,32$, a augmenté par des chocs jusqu'à 6620 ; de la valeur $B = 7120$, on est passé à $B = 11600$. Dans une diminution de H d'une valeur élevée à 0,33, on a obtenu $B = 6880$ et à la suite de chocs B s'est abaissé à 320. Dans Ni, le maximum de I peut être décuplé par des secousses et des chocs. EWING, G. WIEDEMANN, FROMME, VILLARI, BERSON, ASCOLI, RUSSEL (1907) et d'autres encore se sont occupés de l'influence des secousses et des chocs.

II. L'*extension* et la *compression* ont été étudiées par beaucoup d'auteurs au point de vue de leur action sur l'aimantation. Il faut distinguer entre l'influence exercée par une extension modérée, avec une valeur variable de H, et celle d'une extension croissant graduellement, dans un champ H donné. WERTHEIM (1852) et MATTEUCCI (1858), qui les premiers ont étudié ces influences, ont observé que l'extension *augmente* l'aimantation d'un *fil de fer dur*. VILLARI (1868) a trouvé que, dans un champ *faible* H, une extension *augmente* l'aimantation temporaire I, mais la *diminue* dans un champ *intense*. Pour une certaine intensité H du champ, l'extension n'a aucun effet : c'est ce qu'on appelle le *point critique de* VILLARI. Plus l'extension est grande, plus l'intensité critique H est petite ; plus H est grand, plus est petite l'extension pour laquelle I commence à diminuer. Pour $H = 2,46$, la grandeur I a augmenté de 450 à 620, l'effort d'extension p augmentant de zéro à $1^{kg},8$, et elle a ensuite diminué jusqu'à 520, pour $p = 6^{kg}$. Vers $H = 7,5$,

I décroît, quand on part de $p = 0$. Avec du fer *dur*, on obtient un accroissement très net de I pour $H < 25$ et une charge modérée ; ainsi, pour $H = 4,31$, la grandeur I peut passer de 150 à 550, pour $H = 8,6$ de 350 à 880, etc. ; dans une forte extension, I commence à décroître de nouveau. Lorsqu'on soumet un fil, dans un champ donné H, à une *extension cyclique*, on ne retrouve pas l'aimantation ancienne I, en revenant à la déformation primitive ; on observe une *hystérésis magnéto-élastique*, où la courbe fermée présente une forme compliquée qui rappelle un huit irrégulier (voir EWING, *Magnetic Induction in Iron*, 3e éd., p.p. 217 à 221, 1890 ; traduction allemande, p.p. 196 à 200, 1896). De nouvelles recherches sur cette hystérésis sont dues à HONDA et TERADA (1907), MAURAIN (1908) et ERCOLINI (1911).

La compression agit sur l'aimantation I du fer en sens inverse de l'extension.

L'extension a un effet considérable sur un fil de *nickel*, comme l'ont montré les recherches de HEYDWEILLER, EWING et d'autres encore. HEYDWEILLER a établi qu'il existe aussi, pour Ni, un point critique de VILLARI, mais il ne se manifeste qu'avec de très petites valeurs de H. En général, l'extension diminue très fortement l'aimantation I. Nous allons citer quelques nombres relatifs à un fil de nickel de $0^{mm},68$ d'épaisseur. Pour $H = 100$, on a $I = 400$, $I_r = 250$; sous une charge $p = 12^{kg}$, on obtient $I = 100$, $I_r = 16$. Avec le même fil, mais rendu un peu plus dur, I s'abaisse de 375 à 50 sous une charge de 18^{kg}. L'hystérésis magnéto-élastique est insignifiante dans Ni. EWING (1888) a montré que, par compression longitudinale, I et I_r augmentent très rapidement dans le nickel, par exemple, avec $H = 20$, de $I = 100$ à $I = 430$ et de $I_r = 50$ à $I_r = 390$. Le rapport $I_r : I$ augmente de 0,5 à 0,9 ; par extension, il peut descendre jusqu'à 0,19. On se rend compte très aisément que l'extension et la compression agissent plus fortement sur I_r que sur I.

W. THOMSON a trouvé également un point critique pour le *cobalt*, mais les effets d'extension sont inverses de leurs analogues sur le fer : avec de petites valeurs de H, une extension diminue l'aimantation I ; elle l'augmente, au contraire, avec de grandes valeurs de H. Le phénomène inverse a lieu dans la compression, comme CHREE l'a montré. D'autres observations sur le cobalt ont été faites par G. S. MEYER (1896), ainsi que par NAGAOKA et HONDA (1902).

III. L'effet de la *torsion* sur l'aimantation a donné lieu à un très grand nombre de travaux ; les plus importants sont dus à WERTHEIM, G. WIEDEMANN, W. THOMSON, KNOTT, EWING, ZEHNDER, NAGAOKA, MOREAU, SCHREBER, BARUS, etc. A la question de l'influence d'une torsion sur l'aimantation d'un corps est étroitement liée la question de l'effet de l'aimantation sur un corps préalablement tordu et celle de la torsion produite par l'aimantation longitudinale d'un fil de fer parcouru par un courant électrique, de sorte qu'une aimantation circulaire est déjà induite dans le plan d'une section droite. Nous ne pouvons ici exposer les phénomènes complexes et variés qui prennent alors naissance. On trouvera tous les détails nécessaires sur ces phénomènes dans l'ouvrage de G. WIEDEMANN, *Die Lehre von der Elektrizität* Tome III, p. p. 767 à 812, 1895 et dans l'ouvrage d'EWING cité plus haut (p.p. 231 à 249 de la 3e édition anglaise et p.p. 211 à 225 de l'édition allemande). Nous nous bornerons à quelques indications. Lorsqu'on soumet, durant l'aimantation, une tige de *fer* à une torsion cyclique, dans un seul sens ou dans les deux sens, I *diminue* dans la *torsion*, augmente dans la détorsion ; il se manifeste une hystérésis magnéto-élastique. Quand on fait passer, dans un fil de fer, un courant, qui produit dans ce fil une aimantation circulaire transversale, insensible dans l'espace extérieur, la torsion donne naissance à une aimantation longitudinale appréciable. Le phénomène réciproque est particulièrement intéressant : si un fil de fer parcouru par un courant est soumis à une magnétisation longitudinale, le fil se tord dans un sens qui dépend du sens du courant et de celui de l'aimantation. Ce phénomène a été étudié d'une manière précise sur quatre fils d'acier par Williams (1911) ; il n'a trouvé aucune dépendance entre cet effet Wiedemann et l'effet Joule, c'est-à-dire l'allongement d'un fil dans la magnétisation.

En outre, G. Wiedemann a observé qu'un fil, déjà tordu, se tord un peu plus par aimantation longitudinale. G. Wiedemann, en partant de la théorie de la rotation des aimants moléculaires, a expliqué un grand nombre de ces phénomènes. De nouvelles recherches ont été faites à ce sujet dans ces dernières années par Bouasse et Berthier (1907), Maurain (1907), et Pellet (1909).

Le *nickel* manifeste en général les mêmes phénomènes que le fer, mais ils sont de sens opposé. Ainsi, la *torsion*, au moment de la magnétisation, augmente l'aimantation I. Les nombreux travaux de Nagaoka ont conduit à des résultats très intéressants. Nous nous bornerons à illustrer l'un d'eux par une représensation graphique. Sur la figure 323, la courbe *aa* représente

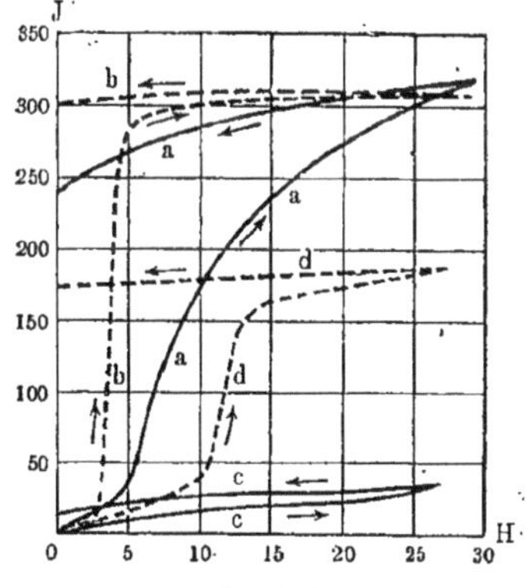

Fig. 323

l'accroissement et la diminution de I, pendant la *première* aimantation d'un fil de nickel doux. La courbe *bb* se rapporte au cas où le fil est soumis à une *torsion* de 3° par centimètre ; pour les valeurs de H très petites, l'aimantation I est diminuée ; pour les valeurs moyennes, elle est très fortement augmentée et la courbe présente une région à forte courbure ; l'hystérésis est diminuée. La courbe *cc* est relative à un fil soumis à une extension : l'aimantation I diminue ici considérablement, l'hystérésis est presque nulle. Enfin, la courbe *dd* se rapporte au cas où l'extension et la torsion agissent *simultanément* sur le fil.

IV. Il nous reste à considérer l'*effet de la température* sur l'aimantation. Cette influence de la température a donné lieu aux recherches de Kupfer, G. Wiedemann, Perkins, Hopkinson, Tomlinson, Baur, Curie, Guillaume, Houllevigue, Osmond, du Bois, L. Dumas, Dumont, Kunz, Wills, Le Chatelier, Berson, Honda et Shimizu et d'autres encore.

Dans le *fer*, on constate qu'avec de *petites* valeurs de H un échauffement produit parfois un très fort *accroissement* de l'aimantation I. Avec de grandes valeurs de H, un échauffement produit une diminution de I. Il existe, pour chaque sorte de fer, un certain *champ critique* H, dans lequel l'influence de l'échauffement sur I change de signe. Ce qui précède se rapporte à des échauffements modérés. A une certaine température, comprise entre 700° et 800° pour le fer et entre 600° et 700° pour l'acier, l'aimantation $I = 0$; Hopkinson appelle cette température la température critique ; Auerbach a proposé de nommer température critique la température à laquelle l'accroissement de I se change en une diminution. Ces deux définitions diffèrent peu l'une de l'autre, car le passage de I maximum à $I = 0$ (pour H petit) s'effectue avec une rapidité étonnante. Ainsi, Hopkinson a trouvé que dans Fe, pour $H = 0,075$, l'induction B croît de 17 à 512, avec une augmentation de température de 10° à 778°. Pour $H = 0,3$, on obtient les valeurs suivantes de μ :

Temp. :	20°	480°	580°	730°	750°	770°	775°	785°
$\mu =$	500	700	900	2500	3800	7700	11000	1 ($I = 0$).

Jusqu'à 600°, l'accroissement de μ est lent (jusqu'à la valeur 1 000); ensuite, jusqu'à 750°, l'accroissement est plus rapide (jusqu'à 3800); enfin, entre 750° et 775°, l'accroissement est presque subit (de 3800 à 11000). Pour une nouvelle augmentation très petite de la température, l'aimantation, qui est très forte, tombe à zéro. On obtient un tableau tout autre avec de grandes valeurs de H. On a, par exemple, pour $H = 4$, un accroissement très lent de μ jusqu'à 620°, et ensuite une diminution rapide jusqu'à zéro. Pour des valeurs de H encore plus grandes, l'accroissement de μ disparaît ; on a, par exemple, pour $H = 45$,

Temp. :	20°	370°	570°	720°	750°	785°
$\mu =$	300	300	260	240	200	1 ($I = 0$).

Lorsqu'on détermine, pour différentes températures, la valeur de B en fonction de H, on obtient les courbes représentées dans la figure 324, lesquelles se coupent.

La disparition rapide du magnétisme à une certaine température peut être rapprochée du phénomène de la *recalescence* découvert par Barrett. Ce phénomène consiste en ce que, vers 780°, se produit dans le fer un changement moléculaire, accompagné d'une absorption de chaleur et d'une diminution de volume ; malgré un apport régulier de chaleur, il se manifeste un arrêt dans l'élévation de température. Quand on refroidit du fer, qui a été chauffé au-dessus de 800°, on remarque à 780° un dégagement de chaleur, c'est-à-dire une *élévation de température* et un accroissement de volume. Pour l'acier, la température de recalescence est plus basse ; l'acier étant refroidi jusqu'à 680°, s'échauffe de nouveau jusqu'à 712°, de sorte que l'accroissement de température est de 32°. Tous ces phénomènes sont en relation étroite avec les transformations qui se produisent dans le fer à différentes températures. Van't Hoff (1900) a montré que ces transformations peuvent être déterminées par la règle des phases (Tome III) et qu'il existe un *point quadruple*, où quatre phases (martinsite, cémentite, ferrite et leur vapeur saturante) sont en équilibre avec les deux composants (Fe et C). Ce point se trouve à 670°,

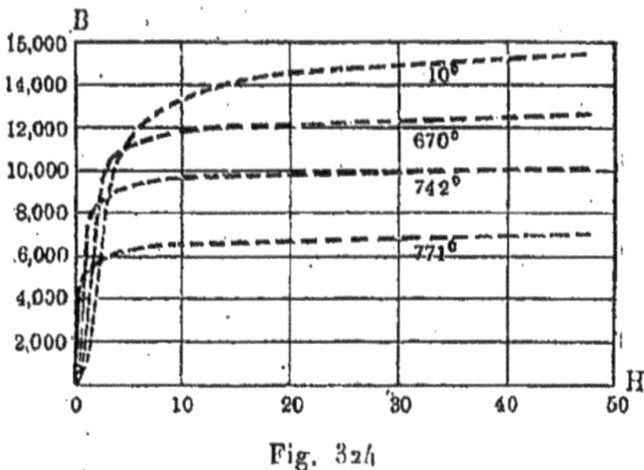

Fig. 324

pour une concentration correspondant à 0,8 % de carbone ; il est analogue au point cryohydratique (Tome III) d'une solution saline aqueuse ; toutefois, avec le fer, il s'agit d'une solution solide.

Curie a étudié le fer à des températures *plus élevées* et avec $H = 1000$. Il a trouvé qu'après une forte chute vers 760°, l'aimantation continue à décroître lentement ; à 860°, a lieu une chute plus rapide, ensuite une plus lente ; enfin, à 1280°, se produit un *accroissement* très fort (de 50 %), suivi de nouveau jusqu'à 1365° d'une chute lente. La température θ, à laquelle la magnétisation s'abaisse pour la première fois très vite, jusqu'à une valeur relativement très petite, est appelée habituellement *point de* Curie (Umwandlungspunkt) et par beaucoup d'auteurs (par exemple Ashworth, 1912) *température critique*. A la température θ, les propriétés physiques du fer, notamment la chaleur spécifique, se modifient. Curie a trouvé qu'au-dessus de la température θ, l'aimantation avec H donné change en raison inverse de la température absolue. Weiss, d'après sa théorie, dont nous parlerons à la fin de ce Chapitre, a établi la formule

$$\varkappa' (T - \theta) = C,$$

où $\varkappa'$ désigne la susceptibilité spécifique (rapportée à l'unité de volume) ; il appelle C la *constante de* Curie. Weiss et Foëx (1911) ont vérifié la formule précédente pour Fe, Ni, Co, la magnétite et divers alliages Fe — Ni et ont trouvé qu'il y avait un bon accord pour certains intervalles de température.

Des phénomènes analogues à ceux du fer se manifestent quand on chauffe le *nickel* et le *cobalt*. Dans le *nickel*, le point critique se trouve un peu au-dessus de 300°. HONDA et SHIMIZU (1905) ont trouvé $\theta = 320°$, tandis qu'ASHWORTH (1912) a obtenu la température particulièrement élevée de 388°. Pour le *cobalt*, on a $\theta = 1080°$. ASHWORTH (1912) a comparé Fe, Ni et Co à des températures *correspondantes*, qu'on obtient en posant $\theta = 1$ pour la température critique *absolue* et a constaté que lorsque $T : \theta$ est le même pour les trois métaux, on trouve la même valeur pour $I : I_0$, I_0 se rapportant à 0° C.

BAIKOW (1910) a montré pour la première fois que le nickel, de même que Fe et Co, sont doués de polymorphisme et que le point de transformation se trouve à 360°.

L'effet des températures très basses a été étudié par FLEMING et DEWAR, CLAUDE, OSMOND, HONDA et SHIMIZU et d'autres encore; tout récemment cette étude a été reprise notamment par WEISS et KAMERLINGH-ONNES (1910) et par PERRIER et KAMERLINGH-ONNES (1912). Le refroidissement jusqu'à la température de l'hydrogène liquide (20° abs.) donne, dans les champs faibles, une diminution, dans les champs forts, un accroissement de l'aimantation. Ce dernier n'est pas grand ; il s'élève (comparé à celui à 0° C.) dans Ni (17°,3 abs.) à 5,46 %. dans le fer (20°,0 abs.) à 2,1 %, dans la magnétite (15°,5 abs.) à 5,69 % ; dans le cobalt, l'accroissement est d'environ 1 %. RADOVANOVIĆ (1912) a établi, pour un *anneau de nickel*, la formule

$$\theta = 359 + 0,198\sqrt{H},$$

où θ désigne la température de transformation (Cels.). PERRIER et KAMERLINGH-ONNES ont étudié le même anneau de nickel et la susceptibilité $\varkappa$ dans des champs très *faibles* (0,017 à 0,090 gauss) à températures *basses*. Ils ont trouvé, pour les températures *absolues* T suivantes :

T =	291°	90°	76°,5	20°,5 abs.
$\varkappa$ =	3,045	0,955	0,881	0,782.

KUNZ, THIESEN, MORRIS, ROGET, MAURAIN (1910) et d'autres encore se sont occupés de l'influence de la température sur l'hystérésis W. On constate en général que la perte d'énergie W *diminue*, lorsque la température croît.

TOMLINSON a trouvé que le champ critique (VILLARI, voir page 873), dans lequel une extension n'exerce aucun effet sur I, s'élève quand la température augmente.

SCHWÉDOFF, EDISON, STEFAN et d'autres encore ont construit des moteurs basés sur la propriété que possède le fer de perdre presque complètement son état magnétique à température élevée.

9. Propriétés ferromagnétiques des poudres, des alliages et des minéraux naturels. — Nous avons supposé, dans ce qui précède, que les corps ferromagnétiques, le fer, le nickel ou le cobalt, se trouvaient en pièces massives de forme très allongée ou annulaire. Il n'est pas sans intérêt de déterminer les propriétés magnétiques de ces mêmes substances, lorsqu'on les prend en poudre, soit homogène, soit mêlée à une autre poudre non-magnétique, ou enfin distribuée uniformément dans la masse d'un corps mou quelconque, une graisse par exemple. WALTENHOFEN (1870), BÖRNSTEIN (1875), TOEPLER et v. ETTINGSHAUSEN (1877), AUERBACH (1880), HAUBNER (1886), KOBYLINE et TÉRESCHINE (1886), MAURAIN (1903) et en particulier TRENKLE (1905) ont étudié différents cas de ce genre. Il résulte de leurs travaux que l'aimantation I est d'autant plus petite, que la poudre de la substance ferromagnétique est plus diluée par l'autre poudre amagnétique et que par suite l'action mutuelle entre les molécules les plus voisines est plus faible. KOBYLINE et TÉRESCHINE ont trouvé que, dans les mélanges de poudres de fer et de charbon, le maximum de μ (ou de $\varkappa$) a lieu pour une même valeur de H, qui est cependant plus petite que la valeur de H donnant le maximum de μ pour le fer massif. Ils ont observé en outre qu'une légère addition de charbon à la poudre de fer augmente le moment rémanent. TRENKLE a réussi à aimanter jusqu'à la saturation des poudres de fer pur (I_1) et des mélanges de 60 °/₀ de Fe et 40 °/₀ de bronze (I_2). Il a trouvé que le maximum $I_1 = 300$ est atteint avec $H = 2900$, mais le maximum $I_2 = 190$ avec $H = 3500$ seulement. Le rapport $I_1 : I_2$, qui est égal à 2,46 pour $H = 200$, diminue quand H croît, mais à partir de $H = 2400$ jusqu'à $H = 3100$, ce rapport conserve la valeur constante 1,55.

Passons maintenant aux *alliages qui renferment des parties constituantes ferromagnétiques*. Nous avons déjà indiqué qu'une addition de carbone au *fer* et l'état dans lequel se trouve ce carbone agissent fortement sur les propriétés magnétiques. De *petites* additions de Cr, Ni, W et Mo au fer augmentent la force coercitive, mais exercent une faible influence sur l'aimantation temporaire ; il en est de même, comme DAUBRÉE l'a montré, pour une addition de platine. Une teneur plus élevée en Si (jusqu'à 5 °/₀) élève le maximum de μ de 3000 à 4000 et diminue considérablement l'hystérésis W. GUMLICH (1910) a trouvé au contraire que la valeur de saturation *diminue* proportionnellement à la teneur du fer.

Quand on ajoute à l'acier 12 °/₀ de Mn, on obtient un alliage amagnétique, qui ne présente non plus aucun magnétisme rémanent.

WEISS a étudié les alliages Fe + Sb. Avec 56,8 °/₀ de Fe, on a $\mu = 14,3$; avec 42,7 °/₀ de Fe, on a $\mu = 2,57$; avec 34 °/₀, on a déjà $\mu = 1,006$. Le manganèse agit peu, lorsqu'il n'entre pas pour plus de 2 °/₀ ; mais un alliage, renfermant 12 °/₀ de Mn et 1 °/₀ de C, donne la valeur $\mu = 1,4$ et ne manifeste pas de magnétisme rémanent.

Les alliages de *fer* et d'*aluminium* ont été considérés par PARSHALL et en particulier par RICHARDSON, qui a été jusqu'à 18,47 °/₀ de Al et jusqu'à des températures de $-83°$ et $+940°$. Les résultats obtenus sont très complexes ; nous nous bornerons à indiquer qu'un alliage à 18,47 °/₀ de Al donne un maximum pour μ à une température qui est bien inférieure à $-90°$ et présente à $+25°$ le point critique où μ diminue rapidement.

L'alliage Ni + Cr perd ses propriétés magnétiques, quand il renferme 10 °/₀ de Cr ; l'alliage Fe + Co + Cr au contraire reste fortement magnétique, même avec 40 % de Cr. HILL (1902) a étudié les alliages Ni + Cu et Ni + Sn; il a trouvé les températures de transformation t suivantes, auxquelles l'induction B diminue rapidement et s'annule :

Teneur en Cu :	0 %	4 %	8 %	20 %	40 %
t =	355°	310°	280°	155°	— 100°.

Les alliages Cu + Co restent encore magnétiques, même pour 98,5 % de Cu. Dans un travail ultérieur, HILL (1907) a trouvé pour l'abaissement Δt de la température de transformation, par addition de m molécules-grammes de Cu ou Sn à une molécule-gramme de Ni, les valeurs m . 10°,5 et m . 7°,3.

Les alliages de Ni avec Cu et de Co avec Cu ont été étudiés par REICHARD (1901), qui a trouvé les premiers amagnétiques, tandis que Cu + Co, même à une teneur en Co de 1,5 % seulement, manifeste un magnétisme, qui disparaît au rouge clair. BLOCH (1912) s'est occupé des alliages Ni + Co et a trouvé que la valeur de saturation est une fonction *linéaire* de la teneur, tandis que la température à laquelle le magnétisme disparaît rapidement est une fonction *parabolique*.

GRAY (1912) a fait une étude très complète des alliages de Ni avec 5 à 30 % de Mn, à + 15° et à — 190°, et en outre de ces alliages recuits à 900° et durcis à 900°. A — 190°, dans les champs forts, la magnétisation est toujours plus intense qu'à 15°, tandis que, dans les champs faibles, on observe l'inverse. Avec un alliage, qui contient par exemple 15 % de Mn, les courbes correspondant à un champ de 14 gauss se coupent, quand l'alliage est recuit.

TAMMANN (1908), qui a étudié les alliages de Fe, Ni et Co avec Si, Sn, Al, Sb, Bi, Mg et Zn, a obtenu des résultats de très grande importance. Parmi les alliages, il y en a, comme on sait, un très grand nombre qui correspondent à des *combinaisons chimiques* déterminées, par exemple $FeAl^3$, $CoSi^2$, $CoZn^4$, $NiSn^2$, NiBi, etc. TAMMANN indique environ 40 combinaisons de ce genre. Les autres alliages forment des cristaux mixtes, où soit le métal ferromagnétique, soit l'autre composant de l'alliage joue le rôle de solvant. TAMMANN a trouvé les règles générales suivantes :

Les combinaisons binaires de métaux ferromagnétiques avec d'autres métaux sont presque toutes amagnétiques.

Les cristaux mixtes, dans lesquels le métal ferromagnétique est le solvant, sont généralement magnétisables.

Les cristaux mixtes, qui consistent en solutions solides de métaux ferromagnétiques dans d'autres métaux, ne sont pas magnétiques.

Il y a exception pour les alliages, dans lesquels la température de transformation s'abaisse au-dessous de la température ordinaire, par exemple pour certains alliages Cu — Ni, Cu — Co et Cr — Ni. A une température suffisamment basse, ces exceptions disparaissent.

HONDA (1910) a confirmé les règles trouvées par TAMMANN. Il a étudié les alliages Ni — Cr, Co — Cr, Fe — V, Ni — Sn et Ni — Al. FRIEDRICH (1908) a observé que la première règle de TAMMANN n'est valable que pour les combinaisons *métalliques*; les combinaisons Co^5As^2, Fe^3P, Fe^2P, Fe^2S et Fe^3O^2 (aimant naturel) sont fortement magnétiques.

Les *amalgames* ont été étudiés par NAGAOKA ($Fe + Hg$ et $Co + Hg$, entre — 100° et + 250° et jusqu'à $H = 3\,200$) et WÜNSCHE ($Ni + Hg$). Il est remarquable que, dans les amalgames de Fe et Co, la force coercitive soit énorme, bien qu'on obtienne un magnétisme rémanent insignifiant. Avec 2,3 % de Fe, la force coercitive est égale à 370, tandis que sa valeur maximum pour l'acier est égale à 80 ; pour $Hg + Co$, elle atteint 150. Ceci se rattache au fait que l'hystérésis est extraordinairement grande dans les amalgames. Il est curieux que les amalgames $Hg + Ni$ soient très peu magnétiques, comme le montrent les nombres suivants (pour $H = 8\,000$) :

Teneur en Ni	0,5 %	1 %	2 %	3 %	3,5 %
$10^6\,\varkappa =$	24,9	49,3	121,9	249,1	349,8.

Aucun accroissement n'est sensible à — 78°.

Les alliages de *fer* et de *nickel* présentent un grand intérêt ; ils ont été étudiés par HOPKINSON, GUILLAUME, OSMONT, DUMONT, L. DUMAS, HOULLEVIGUE, ABT et d'autres encore. Pour expliquer les propriétés de ces alliages, on peut se servir de la figure 325, où la teneur en Ni est portée en abscisse, la température en ordonnée. On distingue les alliages *réversibles*, qui renferment plus de 25 % de Ni, et les alliages *irréversibles*, qui en contiennent moins de 25 %.

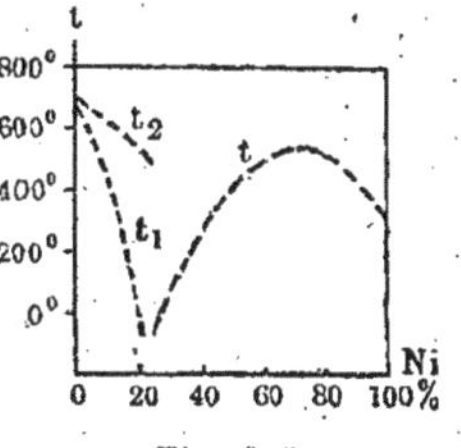

Fig. 325

Nous commencerons par les alliages irréversibles. Il y a pour ceux-ci deux températures t_1 et t_2, entre lesquelles l'alliage peut exister sous deux états, l'un magnétique et l'autre non-magnétique. Lorsqu'on chauffe l'alliage magnétique, il devient amagnétique à t_2^0 et reste tel s'il est refroidi jusqu'à t_1^0 ; refroidi au-dessous de t_1^0, l'alliage acquiert de nouveau la propriété de pouvoir être aimanté et il la conserve quand on le chauffe. Lorsque la teneur en Ni augmente, la température t_2 baisse lentement, mais la température t_1 très rapidement (*fig.* 325). Pour 4,7 % de Ni, la propriété de pouvoir être aimanté disparait vers $t_2 = 780°$ et apparait de nouveau par refroidissement au-dessous de $t_1 = 650°$; les deux états de l'alliage sont possibles dans un intervalle de 130°. Si l'alliage renferme environ 25 % de Ni, on a $t_2 = 580°$ et t_1 est bien au-dessous de 0°, de sorte qu'un alliage, qui a été chauffé au-dessus de 580°, ne peut être aimanté à la température ordinaire ; l'intervalle est de 600°. On peut dire que ces alliages possèdent une hystérésis thermique considérable.

Les alliages renfermant plus de 25 % de Ni perdent la propriété de pouvoir être aimantés à une certaine température t^0 ; lorsqu'on les refroidit, ils deviennent de nouveau magnétiques à une température t_1^0, qui diffère peu de t^0 si l'alliage renferme *un peu* plus de 25 % de Ni. Ainsi, pour 30 % de Ni, on a $t = 140°$, $t_1 = 125°$. Avec des alliages plus riches en nickel, les deux températures se confondent ; on n'a représenté par suite qu'une seule courbe t dans la figure 325. La température t augmente en même temps que la teneur en nickel, jusqu'à 600° pour 70 % de Ni, et elle baisse ensuite jusqu'à 320° pour le nickel pur.

Hilpert et Colver-Glauert (1911) ont étudié différentes sortes *d'acier au nickel* entre 950° et — 180° ; ils ont reconnu que le même alliage peut se comporter de manières très diverses au point de vue de la faculté d'aimantation, qui dépend des changements de température auxquels il a été soumis antérieurement.

Parlons maintenant de la découverte intéressante et toute nouvelle des *alliages ferromagnétiques de métaux amagnétiques*. Déjà en 1892, Hogg avait observé que, tandis que les alliages 80 % Fe + 20 % Al et 88 % Fe + 12 % Mn sont tout à fait amagnétiques, les alliages 10,80 % Fe + 54,86 % Mn + 25,34 % Al (les autres parties constituantes étant C, Si, P, S, Cu,) et 14,80 % Fe + 75,40 % Mn + 3,05 % Al possèdent presque les mêmes propriétés magnétiques que le fer. En 1900, Heusler (son premier travail a été publié en 1903) a découvert que l'alliage *amagnétique* 30 % Mn + 70 % Cu, que l'on trouve dans le commerce (fourni par l'Isabellenhütte à Dillenburg, près de Wiesbaden), acquiert le pouvoir d'être aimanté si on lui ajoute l'un des métaux Al, Sn, Sb, Bi ou même As et Bo. Une addition de C, Si, P ou même de 1,2 % de Fe ne donne naissance à aucune propriété magnétique. *Les alliages les plus fortement ferromagnétiques s'obtiennent en ajoutant* Al, *autrement dit en formant un alliage* Mn + Cu + Al. Le meilleur rapport entre Mn et Al est celui qui correspond au composé MnAl, le poids de manganèse étant alors à peu près le double de celui d'aluminium. La première étude expérimentale de ces alliages a été faite par Haupt et Stark, sous la direction de Richarz ; ils ont trouvé notamment, avec $H = 100$, pour les alliages de Cu et MnAl :

MnAl	28,8 %	36,6 %	39,7 %
$B =$	3200	4645	5380.

Le dernier nombre correspond à $I = 430$. L'addition d'une petite quantité de Pb augmente encore la faculté d'aimantation de ces alliages ; ainsi un alliage renfermant 36,1 % de MnAl a donné $B = 6480$, pour $H = 150$, c'est-à-dire $I = 514$. D'autres recherches sur ces alliages et leurs analogues ont été effectuées par un très grand nombre d'auteurs (voir les indications de la bibliographie qui vont jusqu'à la fin de 1912).

L'influence de la température est très grande et très complexe. A une certaine *température* θ *de transformation*, les propriétés magnétiques disparaissent. Suivant la composition de l'alliage, θ oscille entre 60° et 350°. En chauffant longtemps, on change les propriétés de l'alliage ; on obtient le maximum d'aimantation, en chauffant longtemps un alliage frais à 110° (toluol bouillant). Austin a observé une magnétostriction notable ; pour $H = 400$, l'allongement est égal à 11.10^{-7} de la longueur, ce qui représente $^1/_3$ de l'allongement maximum dans le fer. Avec des champs puissants, il se produit une contraction, qui est proportionnelle à H^2.

Gumlich a trouvé, pour l'un de ces alliages, une force coercitive aussi grande que pour les meilleures sortes d'acier.

Un abaissement de température jusqu'à — 185° n'a pas d'effet sur les propriétés magnétiques de ces alliages. Take a trouvé qu'en chauffant d'une manière répétée des alliages renfermant Pb, la température de transformation 0 s'élève beaucoup, par exemple de 120° à 240° ou de 75° à 120°. Il a pu observer, à l'aide d'un dilatomètre, des variations de volume à 0°. Entre 400° et 500°, se produisent de nouvelles transformations, dans lesquelles quelques alliages perdent complètement leurs propriétés magnétiques, qui ne se rétablissent plus à — 185°. Hill a trouvé qu'en chauffant fortement, les propriétés magnétiques diminuent d'abord (après refroidissement), mais augmentent par un échauffement encore plus fort. Nous indiquons, dans le petit tableau suivant, les valeurs de I obtenues *après* avoir chauffé jusqu'à t° ($H = 85$) :

Avant échauffement	368°	500°	650°	850°
I = 311	267	27	90	155.

Gumlich a observé que les alliages précédents possèdent un *magnétisme résiduel* important, c'est-à-dire que H variant leur nouvel état magnétique est loin de s'établir instantanément ; il a trouvé aussi que l'hystérésis peut atteindre jusqu'à 1520 ergs par centimètre cube et que, dans la formule (41) de Steinmetz, page 870, on a $\eta = 0{,}0045$.

Dans ces dernières années (1907-1912) de nouveaux travaux ont été publiés en grand nombre sur les alliages d'Heusler ; nous les indiquons dans la bibliographie. En première ligne, doivent être mentionnées les recherches étendues de Take (1911) sur la vieillesse de ces alliages et les phénomènes de transformation qui s'y produisent. Un exposé d'ensemble détaillé de la question a été donné par Richarz (*Congrès internat. de Radiologie et d'Électricité*, Bruxelles, 1911) et par Heusler et Take (*Phys. Zeitschr.*, 1912).

Guillaume (1907) a essayé d'expliquer le ferromagnétisme des alliages au manganèse par l'hypothèse que le point de transformation du manganèse se trouve à une température très basse ; par suite, ce métal n'est pas ferromagnétique à la température ordinaire. Par addition d'autres métaux, tels que Cu, Al, Pb, etc, le point de transformation s'élève. Les physiciens de Marburg (Richarz et ses élèves) ne tiennent pas cette explication pour exacte. Par des recherches nombreuses et de différents genres, ils ont soutenu et étendu la théorie établie par Heusler. D'après cette théorie, ce sont les *combinaisons chimiques* entièrement définies de *métaux* qui possèdent le ferromagnétisme. Richarz a approfondi cette théorie, en se plaçant au point de vue de la théorie électronique. Le ferromagnétisme apparaît ici comme une propriété *constitutive* de la molécule composée, dans laquelle les électrons possèdent un degré de mobilité plus élevé que dans les molécules des métaux purs prises isolément. Les combinaisons ferromagnétiques particulièrement fortes doivent avoir, d'après Heusler (1912), la forme $Al^xMn^yCu^{3x-y}$.

Il nous reste maintenant à dire quelques mots des *minéraux* ferromagnétiques. Tels sont la pierre d'aimant naturelle (magnétite Fe^3O^4), la pyrrhotine (à peu près Fe^7O^8), l'hématite (FeO^2), l'ilménite ($FeTiO^3$), la limonite ($Fe^4H^6O^9$), la chromite ($FeCr^2O^4$), l'almandine ($Fe^3Al^2Si^3O^{12}$), la cyanite, l'augite, etc. On peut obtenir artificiellement l'hydrate ferromagnétique $Fe^3(OH^2)^3$, qui correspond à la magnétite. Quelques-uns de ces minéraux présentent une anisotropie magnétique très nette, sur laquelle nous reviendrons plus loin. Nous nous bornerons à donner ici quelques indications. E. Becquerel (1845) a trouvé que la magnétite possède environ 0,48 de l'intensité magnétique du fer. Holz a découvert que le magnétisme rémanent de ce minéral est 1,5 fois plus grand que celui de l'acier le plus dur ; sa force coercitive est cependant moindre que celle de l'acier, ce qui a été confirmé par Abt, qui a constaté que le magnétisme rémanent peut même être 2,75 fois plus grand que celui de l'acier. Avec $H = 800$, la magnétite est saturée ; la force coercitive est égale à 50 ; dans la pyrrhotine, elle est égale à 200, dans l'hématite à 150 environ ; ce dernier minéral n'est pas encore saturé avec $H = 1000$. La basaltine, qui renferme de l'hématite, a été étudiée par Pockels. Curie a trouvé que, dans la magnétite, $\varkappa$ diminue rapidement vers 535° (point critique) et décroît ensuite régulièrement lorsque la température augmente. Nous parlerons plus loin des travaux de Weiss sur les *cristaux* de magnétite et de pyrrhotine.

10. Paramagnétisme et Diamagnétisme. Propriétés fondamentales. — Nous avons indiqué à la page 830 qu'on peut distinguer les corps, relativement à leurs propriétés magnétiques, en corps fortement magnétiques ou ferromagnétiques et en corps faiblement magnétiques ; ces derniers se divisent de nouveau en *paramagnétiques* et en *diamagnétiques*. A un point de vue purement *extérieur*, les corps ferromagnétiques représentent des substances très fortement paramagnétiques, mais il est très possible qu'il existe entre le ferromagnétisme et le paramagnétisme, non seulement une différence quantitative, mais aussi une différence qualitative beaucoup plus profonde. Quantitativement, on ne peut tracer une limite rigoureuse entre les corps ferromagnétiques et les paramagnétiques, car on trouve, par exemple, des alliages ou même des minéraux, dont la susceptibilité magnétique $\varkappa$ possède une valeur intermédiaire quelconque entre la plus grande valeur relative au fer et la plus petite de celles qui se rapportent aux corps très faiblement paramagnétiques.

Dans les substances *diamagnétiques*, on a $\varkappa < 0$ et par suite $\mu < 1$, puisque $\mu = 1 + 4\pi\varkappa$. Il faut cependant remarquer que, même dans les corps les plus fortement diamagnétiques, $\varkappa$ est très petit, de l'ordre de 10^{-5}, de sorte que μ n'est jamais inférieur à 0,9988 environ.

Quand on se borne aux phénomènes purement extérieurs, on peut dire qu'un corps paramagnétique, par exemple une petite sphère paramagnétique, est attiré par le pôle d'un aimant, tandis qu'*un corps diamagnétique est repoussé*. Ce phénomène a été observé, pour la première fois, par Brugmans (1778), en approchant le pôle d'un aimant d'un petit morceau de *bismuth*, qui reposait dans un petit flotteur sur l'eau ou le mercure. Plus tard E. Becquerel (1827) a observé un phénomène analogue avec l'antimoine. En 1845, ont été publiées les premières expériences de Faraday, qui a montré qu'un champ magnétique suffisamment puissant agit sur presque tous les corps et que ceux-ci se distinguent en paramagnétiques et en diamagnétiques. Lorsqu'on pénètre un peu plus intimement dans le caractère des phénomènes observés dans un champ magnétique, on doit dire que les corps paramagnétiques se déplacent des endroits de moindre intensité du champ vers ceux de plus forte intensité et que les diamagnétiques se meuvent en sens opposé.

Un autre caractère extérieur est le suivant. Si on dispose entre les pôles d'un aimant une tige horizontale mobile de la substance à étudier, l'axe de cette tige prend une position *axiale*, autrement dit se place dans la direction des lignes de force (suivant une droite joignant les pôles), lorsque la substance est *paramagnétique*. L'axe d'une tige diamagnétique prend une position *équatoriale*, c'est-à-dire normale aux lignes de force (perpendiculaire à la droite qui joint les pôles). Mais en réalité, ce n'est pas la *direction* des lignes de force qui détermine la position de la tige ; c'est le caractère du champ. Cohn (1900), Meslin (1908), R. Gans (1908) et Perrier (1910) ont étudié les conditions d'équilibre d'une petite tige ou d'un ellipsoïde dans un champ magnétique. Meslin a considéré le cas d'un ellipsoïde *anisotrope* (cristallin, voir plus loin) dans un champ uniforme. R. Gans a envisagé un champ, qui possède un axe de symétrie et un plan de symétrie perpendiculaire à cet axe ; le centre de la petite tige doit être situé sur l'axe et dans ce plan. Qand l'intensité du champ croît à partir du centre le long de l'axe, la tige se place comme il a été dit ci-dessus ; c'est le cas habituel d'un champ entre les pôles d'un électro-aimant. Mais si l'intensité du champ diminue à partir du centre le long de l'axe, une tige paramagnétique se dispose *perpendiculairement* à l'axe, par conséquent aussi aux lignes de force, et une tige diamagnétique, parallèlement aux lignes de force, c'est-à-dire suivant l'axe. R. Gans a réalisé un tel cas, en plaçant sur les pôles plans d'un électro-aimant deux cylindres creux en fer de 2^{cm} de longueur, 2^{cm} de diamètre, à paroi épaisse de 3^{mm}, de manière à ce qu'il reste entre eux un espace de 4^{mm}. La plus grande intensité du champ se trouve ici au centre de cet espace intermédiaire, et on constate qu'une tige de Pt se place perpendiculairement aux lignes de force, une tige de Bi parallèlement. Perrier a montré que lorsque $\varkappa$ est grand, un ellipsoïde diamagnétique peut aussi se placer, dans un champ *homogène*, de telle manière que son grand axe soit parallèle aux lignes de force.

Les figures 70 et 71, page 170, montrent comment se modifie la forme des lignes de force rectilignes, quand on introduit, dans un champ magnétique uniforme, un corps diamagnétique (*fig.* 70) ou un corps paramagnétique (*fig.* 71) ; nous avons déjà parlé de ces modifications à la page 436. On doit ajouter cependant ici que lorsqu'on tient compte de la valeur extrêmement faible de la grandeur $\varkappa$ dans les corps diamagnétiques, la figure 70 ne correspond pas aux cas que l'on rencontre réellement, car la divergence des lignes de force à l'intérieur du corps se trouve très exagérée dans cette figure ; même dans les corps les plus fortement diamagnétiques, cette divergence est extrêmement petite.

Sans entrer dans des considérations plus approfondies sur la nature intime du paramagnétisme et du diamagnétisme, on peut néanmoins aborder aisément la question de l'*influence du milieu* sur les propriétés magnétiques d'un corps quelconque. Plaçons un liquide quelconque paramagnétique ou diamagnétique dans un champ magnétique et imaginons qu'une partie quelconque M *à l'intérieur* de ce liquide soit séparée du reste de la masse. Si cette partie M était effectivement enlevée de la masse totale et transportée dans un champ magnétique, ses propriétés paramagnétiques ou diamagnétiques seraient mises en évidence par les forces pondéromotrices agissant sur elle. Mais, quand elle se trouve à l'intérieur du liquide, la partie M ne peut évidemment être soumise à aucune action pondéromotrice. Il est donc déjà visible que *tout corps, placé dans un milieu quelconque, éprouve une perte apparente de paramagnétisme ou de diamagnétisme, qui est égale au paramagnétisme ou au diamagnétisme du volume du milieu occupé par ce corps* Une perte de diamagnétisme est équivalente à un gain de paramagnétisme et inversement. En particulier, un corps paramagnétique doit, dans un milieu plus fortement paramagnétique, manifester les propriétés d'un corps diamagnétique et de même, un corps diamagnétique, dans un milieu plus fortement diamagnétique, doit manifester les propriétés d'un corps paramagnétique. Un corps diamagnétique, dans un milieu paramagnétique, paraît plus fortement diamagnétique, etc. Il est facile de concevoir tous les autres cas possibles où se produisent de tels changements apparents des propriétés magnétiques des corps. L'analogie avec le *principe* d'Archimède est évidente. Faraday, Plücker, Becquerel et d'autres encore ont vérifié expérimentalement les conséquences précédentes. Un petit tube de verre contenant une solution de sel paramagnétique paraît paramagnétique, si on le place à l'intérieur d'une solution plus diluée, et diamagnétique, à l'intérieur d'une solution plus concentrée.

Lorsqu'on effectue des mesures *dans l'air*, il ne faut pas perdre de vue que l'air est une substance *paramagnétique* et que, par suite, on observe la différence entre le magnétisme du corps et celui de l'air. Dans ce qui suit, nous supposerons que dans le vide, c'est-à-dire dans l'*éther*, mais non dans l'air, on a $\mu = 1$ et $\varkappa = 0$. Cependant, comme cela est *plus commode*, on peut imaginer que l'éther est un corps paramagnétique et que seuls nous *paraissent* diamagnétiques tous les corps qui sont moins paramagnétiques que l'éther. Une telle conception peut entraîner une grande simplification, car elle supprime la notion de deux groupes essentiellement différents de substances magnétiques. Mais il est très douteux qu'elle réponde à la réalité ; quelques-unes des théories les plus récentes conduisent précisément à l'idée que les substances paramagnétiques et celles qui sont diamagnétiques (dans le vide) diffèrent les unes des autres par l'essence même des phénomènes intérieurs, dont dépendent leurs propriétés magnétiques.

En envisageant uniquement de nouveau l'aspect *extérieur* des phénomènes, on peut aussi s'occuper de ce qu'on appelle la *polarité diamagnétique* ; un corps diamagnétique placé dans un champ magnétique exerce, dans l'espace extérieur, des actions correspondant à l'apparition dans ce corps de deux pôles disposés en sens inverse de ceux qui existeraient, dans les mêmes conditions, dans un corps paramagnétique. En particulier, à l'extrémité d'une tige diamagnétique *la plus voisine* du pôle d'un aimant, apparaît un pôle de *même nom* et, quand on introduit une tige diamagnétique dans une bobine, il existe dans cette tige des pôles de *noms contraires* aux pôles les plus voisins de la bobine. W. Weber, Tyndall et d'autres encore ont montré, par diverses expériences, l'existence de cette polarité diamagnétique. W. Weber (1848) a placé d'un côté d'une aiguille aimantée *ns* (*fig.* 326) un électro-aimant puissant NS et de l'autre côté un aimant compensateur n_1s_1. Quand on amène entre les pôles N et S un gros morceau de bismuth W, le pôle *n* de l'aiguille aimantée dévie vers l'électro-aimant, d'où résulte la présence d'un pôle magnétique *sud* sur la face du bismuth tournée vers le pôle S. W. Weber (1852) a en outre construit un appareil appelé *diamagnétomètre*, qui consiste en deux bobines verticales parallèles, à l'intérieur desquelles peuvent se déplacer verticalement dans les deux sens des tiges de bismuth ; l'action de ces tiges, sur

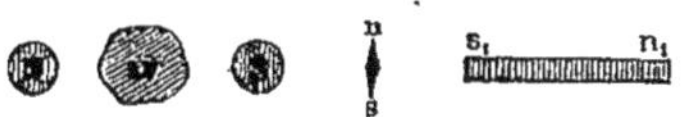

Fig. 326

une aiguille aimantée placée dans le voisinage, indique l'existence d'une polarité diamagnétique, inverse de la polarité paramagnétique. W. Weber a montré, à l'aide d'un autre appareil, que les courants induits (Tome V), produits par le déplacement d'un aimant diamagnétique dans un champ magnétique, ont un sens inverse de celui des courants induits produits, dans les mêmes conditions, par un corps paramagnétique. Tyndall a suspendu une tige de bismuth à l'intérieur d'une bobine horizontale, qui pouvait être légèrement déplacée dans une direction horizontale perpendiculairement à sa longueur. Sur les extrémités de la tige, faisant saillie à l'extérieur, agissaient latéralement les pôles de deux électro-aimants. Le sens du mouvement de la tige met aussi dans ce cas en évidence la polarité diamagnétique du bismuth.

L'influence du milieu environnant que nous avons d'abord considérée et l'existence de la polarité diamagnétique peuvent s'expliquer d'une *manière purement formelle* comme il suit. Soit N (*fig.* 327) le pôle nord d'un aimant,

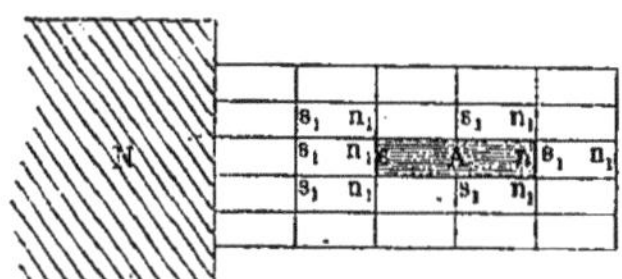

Fig. 327

dans le voisinage duquel est placé le corps paramagnétique A, qui se trouve environné par un milieu paramagnétique. On obtient aux extrémités du corps A les magnétismes fictifs *s* et *n* et aux extrémités des éléments, dans lesquels on peut supposer le milieu décomposé, les magnétismes fictifs n_1 et s_1. Aux extrémités du corps A, ces magnétismes sont deux à deux en contact. Si le milieu est *plus faiblement* paramagnétique, on a, par exemple, à l'extrémité de gauche du corps A un excès de magnétisme sud et le corps A reste paramagnétique, en perdant précisément autant de paramagnétisme que la partie du milieu occupée par le corps en manifesterait. Si au contraire le milieu est *plus fortement* paramagnétique que le corps A, il subsiste à l'extrémité de gauche de ce corps du magnétisme nord ; autrement dit, le corps manifeste une polarité diamagnétique.

Voyons maintenant de plus près quelle influence exerce le milieu sur les valeurs de μ et $\varkappa$ données par l'expérience. Soient μ_0 et $\varkappa_0$ les valeurs vraies de ces grandeurs pour le corps donné (dans le vide), μ' et $\varkappa'$ les valeurs pour un milieu quelconque ; supposons enfin que les valeurs μ et $\varkappa$ soient relatives au corps environné par le milieu. Désignons par H et H' les intensités du champ magnétique à la surface même du corps, respectivement à l'intérieur et à l'extérieur de celui-ci. Lorsque le corps se trouve dans le *vide*, on a

$$\mu_0 H = H'.$$

Quand il est environné par le milieu, on a $\mu_0 H = \mu' H'$ ou

$$\frac{\mu_0}{\mu'} H = H'.$$

On en déduit, pour la perméabilité magnétique *apparente* μ du corps environné par le milieu, $\mu = \mu_0 : \mu'$ ou $1 + 4\pi\varkappa = (1 + 4\pi\varkappa_0) : (1 + 4\pi\varkappa')$, c'est-à-dire

$$\varkappa = \frac{\varkappa_0 - \varkappa'}{1 + 4\pi\varkappa'}. \tag{43}$$

Dans les corps faiblement magnétiques, on peut négliger $4\pi\varkappa'$ vis-à-vis de l'unité, et poser

$$\varkappa = \varkappa_0 - \varkappa'. \tag{43,a}$$

Les formules que nous avons établies pour l'induction magnétique se simplifient également toutes, quand on les applique à des substances faiblement magnétiques. On peut, par exemple, dans la formule (12,*b*), page 833,

$$I = \frac{\varkappa}{1 + \varkappa N} H_0,$$

négliger le terme $\varkappa N$ et admettre que *l'action démagnétisante du magnétisme superficiel est nulle*. On obtient ainsi, *indépendamment de la forme du corps*,

$$I = \varkappa H_0. \tag{44}$$

Tout ce qui précède ne touche pas à la nature intime des phénomènes paramagnétiques et diamagnétiques. Beaucoup d'auteurs se sont proposé de déterminer quel était le caractère essentiel et primitif de ces phénomènes : W. Weber, P. Duhem, Richarz, B. Rosing, R. Lang, du Bois, P. Langevin, P. Weiss et d'autres encore.

La théorie de W. Weber, dont nous allons indiquer les traits principaux, ne présente pas seulement, comme nous le verrons, un intérêt historique. Nous avons vu que, d'après la théorie d'Ampère, les molécules d'un corps paramagnétique sont encerclées par des courants moléculaires constants qui, ne rencontrant aucune résistance dans leur parcours, ne peuvent disparaître. L'aimantation consiste, suivant cette manière de voir, dans une rotation des molécules avec leurs courants, les plans de ces courants tendant à prendre une position où ils sont normaux aux lignes de force. W. Weber (1852) a admis que les molécules des substances diamagnétiques ne sont pas entourées de courants moléculaires, mais que de tels courants sont *induits* lorsque le corps est amené dans un champ magnétique. Nous verrons que le sens des courants induits à la naissance ou au changement d'intensité d'un courant quelconque, est *contraire* à celui des courants qui pourraient produire le champ donné. Lorsqu'on admet que de tels courants sont induits autour des molécules d'une substance diamagnétique, on voit qu'un corps constitué par cette substance doit manifester une polarité contraire à celle d'un corps paramagnétique amené dans le même champ. Un courant induit reste constant, tant que le champ ne varie pas ; mais, lorsque l'intensité du champ diminue, il se produit une nouvelle induction électrodynamique de sens contraire à la première, qui affaiblit par suite les courants établis à l'origine jusqu'à leur disparition complète, quand l'intensité du champ devient nulle. La théorie ingénieuse de Weber est restée longtemps dans l'oubli, mais de nouvelles théories ont été proposées dans ces dernières années, qu'on peut regarder comme un retour à la théorie de Weber, développée et transformée suivant les idées modernes. Dans les derniers paragraphes de ce Chapitre nous parlerons, avec tous les détails nécessaires, de ces théories récentes, en particulier de celles de P. Langevin et de P. Weiss.

11. Étude des substances paramagnétiques et diamagnétiques. — Nous allons faire connaître les méthodes expérimentales employées dans l'étude des substances faiblement magnétiques. On peut, pour l'étude *qualitative* des substances à l'état *solide*, se servir des méthodes déjà mentionnées : l'observation de l'action d'un pôle magnétique puissant sur un petit corps, par exemple une petite sphère, ou l'observation de la position que prend une petite tige horizontale, suspendue entre les pôles d'un électro-aimant. Cette dernière méthode peut également être adoptée dans l'étude *qualitative* des substances à l'état *liquide*, en plaçant le liquide dans un tube en verre scellé que l'on suspend entre les pôles ; l'action du champ sur le tube lui-même doit être déterminée au préalable. On peut en outre (Quet, 1854)

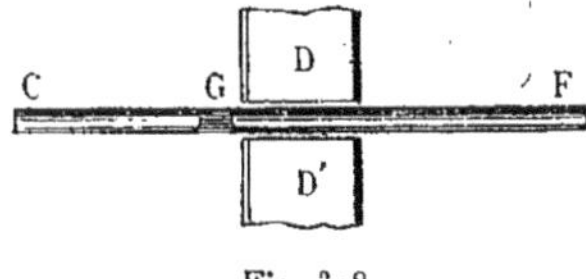

Fig. 328

placer une goutte G du liquide étudié (*fig.* 328) dans un tube horizontal CF, entre les pôles DD' d'un électro-aimant. Une goutte diamagnétique se meut, après fermeture du courant, dans la direction de C, une goutte paramagnétique est attirée dans l'espace entre les pôles. Lorsqu'on verse un peu du liquide étudié dans un verre de montre posé sur les masses polaires rapprochées DD′ d'un électro-aimant (*fig.* 329 et 330), un liquide paramagnétique, d'abord limité par une circonférence *abdc* (*fig.* 329 supérieure), se contracte et son contour devient la ligne *a′b′d′c′* ; le liquide se rassemble sur les bords des masses polaires, en y formant de *petits monticules* (*fig.* 329 inférieure). Un liquide diamagnétique se creuse, au contraire, au-dessus des bords des masses polaires (*fig.* 330). D'ailleurs, la forme de la surface du liquide dépend du rapprochement des pôles magnétiques.

Pour l'étude *qualitative des gaz*, on peut observer l'action d'un aimant sur une petite enveloppe sphérique en verre remplie du gaz étudié et qui est suspendue, ou sur une bulle de savon renfermant le gaz, laquelle s'élève ou s'abaisse librement entre les pôles de l'électro-aimant. Pour montrer l'action d'un aimant sur un courant de gaz qui s'élève entre les pôles, Faraday a ajouté à ce gaz un peu de HCl et a placé, au-dessus du courant gazeux, une

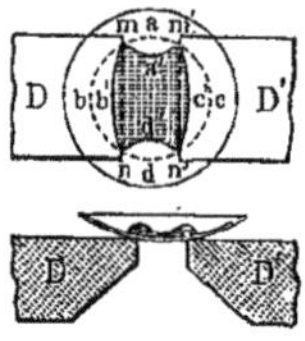

Fig. 329

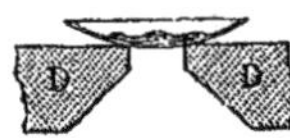

Fig. 330

série de tubes ouverts humectés avec une solution de AzH^3. Le côté, vers lequel un électro-aimant puissant incline le courant de gaz, est déterminé par celui des tubes où apparaissent des nuages de sel ammoniac.

Toutes ces méthodes n'indiquent bien entendu que la nature du magnétisme de la substance donnée *comparativement à l'air*, lequel, en raison de sa teneur en oxygène, est *paramagnétique*.

Le *diamagnétisme* considérable des *flammes* peut être facilement reconnu par les variations de forme de ces flammes entre les pôles d'un puissant électro-aimant. La figure 331 I représente la section équatoriale d'une telle flamme, la figure 331 II sa section axiale ; la figure 331 III montre la section équatoriale pour une position plus élevée de la flamme ; la figure 331 IV donne l'image d'une flamme, qui se trouve légèrement sur le côté de la droite qui joint les centres des pôles ; une flamme fortement enfumée (térébenthine) se divise en deux (*fig.* 331 V).

Occupons-nous maintenant des méthodes qui servent à l'étude *quantitative* des corps *faiblement magnétiques*, c'est-à-dire à la détermination numérique de $\varkappa$ et μ dans ces corps. Presque toutes ces méthodes reposent sur la mesure de la force pondémotrice p, qui agit sur le corps étudié, lorsqu'il est placé dans un champ magnétique *non-uniforme*. Deux cas sont à distinguer.

I. Un corps de très petite dimension, par exemple une petite sphère, est placé dans un champ H non-uniforme ; on détermine la force p, qui déplace le corps dans une certaine direction x; nous supposerons p exprimé en *grammes* et g égal à 981. On a

$$(45) \qquad pg = \varkappa v H \frac{\partial H}{\partial x},$$

v étant le volume du corps en centimètres cubes et H étant exprimé en unités C. G. S. On peut établir autrement la formule (45), par exemple de la manière suivante. L'énergie magnétique du petit corps est égale à

$$E = \frac{v}{2} \, IH = \frac{1}{2} \varkappa v H^2;$$

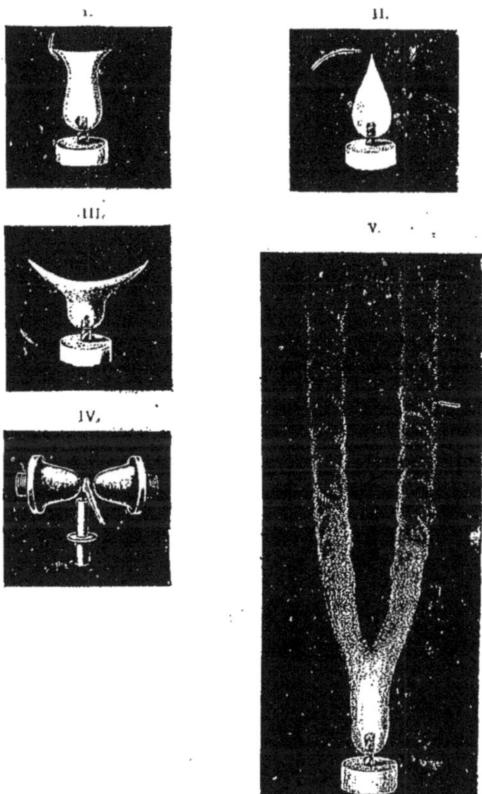

Fig. 331

lorsque le corps se déplace dans la direction de l'axe des x sous l'action du champ, le travail $pgdx$ doit être égal à l'accroissement dE de l'énergie magnétique, ce qui donne immédiatement la formule (45).

II. Le corps a la forme d'une *tige*; désignons par S l'aire de sa section droite. L'une des bases de la tige est placée à un endroit, où l'intensité du champ a une très grande valeur H. L'axe de la tige est perpendiculaire aux lignes de force ; on suppose que l'autre base de la tige se trouve à un endroit où on peut négliger l'action du champ. On mesure la force p (en grammes), qui agit sur la tige *dans la direction de son axe*. On a

$$pg = \frac{1}{2} S\varkappa H^2,$$

d'où

(46) $$\varkappa = \frac{2pg}{SH^2}.$$

Dans les formules (45) et (46), la grandeur $\varkappa$ est déterminée par l'équation (43,a), page 888.

(47) $$\varkappa = \varkappa_0 - \varkappa',$$

$\varkappa_0$ se rapportant au même corps dans le *vide*, et $\varkappa'$ au *milieu environnant*, à l'air par exemple.

En dehors des deux cas, que nous venons de considérer, d'autres plus complexes sont encore possibles. On peut mesurer la force pondéromotrice p, soit à l'aide de la balance de torsion, soit au moyen d'une balance ordinaire. Dans ce dernier cas, le corps est suspendu au fléau de la balance ; la force p doit avoir une direction verticale. La balance ordinaire a été employée par Becquerel (1855), W. Thomson (Lord Kelvin, 1890), Jäger et Meyer (1899), Stephan Meyer (1900), Stearns 1903), Wills (1904), Pascal (1910) et d'autres encore. Curie (1895), Curie et Chéneveau et enfin Meslin (1906) ont appliqué la formule (45) ; beaucoup d'auteurs, en particulier Stefan Meyer, se sont servis de la formule (46).

Mentionnons quelques autres méthodes. E. Becquerel (1850) a suspendu une petite tige horizontale entre les pôles d'un électro-aimant et l'a amenée, par torsion de son fil de suspension, à faire un angle déterminé avec les lignes de force. La torsion du fil peut servir de *mesure relative* de la grandeur $\varkappa$, lorsqu'on étudie différentes subtances avec un champ de même intensité. Boltzmann a donné des formules dans quelques cas où une bobine agit sur un corps magnétique. En employant l'une de ces formules, Ettingshausen (1882) a mesuré la force avec laquelle la bobine repousse une tige diamagnétique, placée à l'intérieur et au voisinage de l'une des extrémités de cette bobine ; dans l'expression de cette force entre la grandeur $\varkappa$, qui peut ainsi être calculée.

Rowland et Jacques ont mesuré la durée d'oscillation d'une tige faiblement magnétique dans un champ magnétique, ce qui permet aussi de mesurer $\varkappa$.

Indiquons encore que A. Toepler a employé une méthode de comparaison des propriétés magnétiques de divers corps, qui consiste à mesurer les courants induits par ces corps, dans leur mouvement à travers le champ magnétique. Avec Ettingshausen, il a fait, à l'aide de cette méthode, une série de mesures ; ces deux auteurs ont, entre autres, déterminé le rapport des aimantations de *poids* égaux de fer et de bismuth.

Passons à la description de quelques appareils récemment construits. Curie (1895) s'est servi d'une méthode basée sur l'application de la formule (45) ; son appareil est représenté schématiquement dans la figure 332. Deux électro-aimants horizontaux EE font un angle obtus ; ox est l'axe de symétrie, dans la direction duquel agit la force pondéromotrice p. Curie a étudié en premier lieu la distribution des grandeurs H, $\frac{\partial H}{\partial x}$ et $H\frac{\partial H}{\partial x}$ sur la droite ox ; le résultat est représenté sur la figure 332 par trois courbes. La force H possède un maximum au point α, où on a $\frac{\partial H}{\partial x} = 0$. Le maximum de $H\frac{\partial H}{\partial x}$ et par suite aussi celui de la force p correspond au point o ; c'est là qu'est placé le corps à étudier. On a représenté, dans la figure 333, les

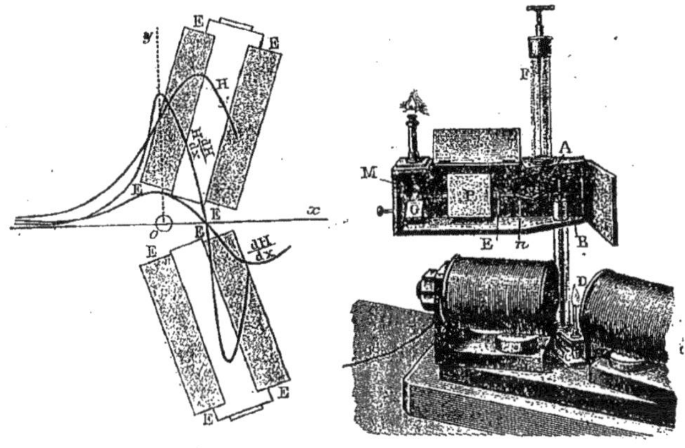

Fig. 332 Fig. 333

parties principales de l'appareil. La substance étudiée se trouve dans le réservoir en verre D. La balance de torsion AF sert à mesurer la force p ; à l'un de ses bras de levier est fixée une tige de cuivre coudée ABC, et à celle-ci le réservoir D ; l'autre bras de levier est muni d'une échelle M, éclairée par le miroir G et observée à travers un microscope. La plaque d'aluminium P sert d'amortisseur à air ; sur la plaque n peuvent être placés des poids, en vue de mettre préalablement l'appareil au point. La partie verticale, qui porte le réservoir D, peut être enveloppée par un four électrique, dont il n'est pas nécessaire de donner la description. Curie et Chéneveau (1903) ont construit plus tard un autre appareil avec un aimant annulaire, qu'on peut déplacer perpendiculairement à la ligne de jonction des pôles. La figure 334 montre schématiquement la position initiale de l'aimant (position supérieure) ; le corps à étudier se trouve à l'intersection des axes x et y. Le point o est la trace du fil de la balance de torsion, m un index dont on observe les déplacements au moyen d'un microscope. Quand on amène graduellement l'aimant NS dans la position N'S', on obtient d'abord une certaine déviation maximum t d'un côté de l'axe y, et ensuite une déviation égale t' de l'autre côté. La grandeur de cette déviation peut servir à mesurer la valeur *relative* de la grandeur $\varkappa_0 - \varkappa'$, $\varkappa'$ se rapportant à l'air. Lorsqu'on considère $\varkappa_0$ comme connu pour un corps donné (pour l'eau), on peut trouver $\varkappa_0$ pour toutes les autres substances. Chéneveau (1910) a donné ultérieurement une description précise d'un appareil amélioré, dont il a développé la théorie. Meslin (1906), qui s'est servi d'abord de l'appareil de Curie et Chéneveau, en a construit un autre, dont le schéma est indiqué par la figure 335 ; H' et H'' sont les branches d'un électro-aimant,

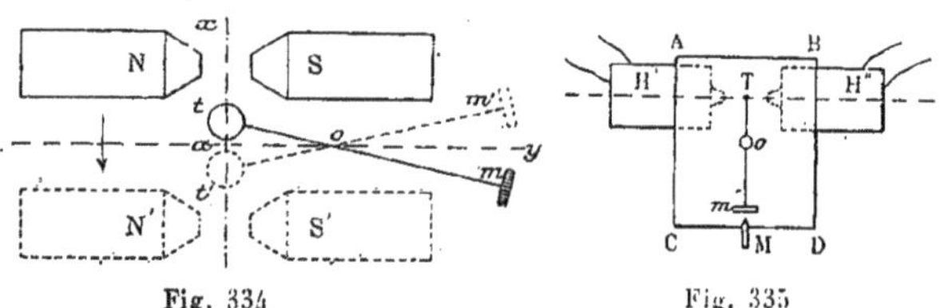

Fig. 334 Fig. 335

T le corps à étudier ; la trace du fil de la balance de torsion se trouve en o. M est un microscope pour l'observation du déplacement de l'échelle m. Le courant est d'abord envoyé *dans l'une* des bobines *seulement* de l'électro-aimant, ensuite dans l'autre, ce qui produit une déviation du corps dans les deux sens. Une étude soignée du champ permet d'employer la formule (45), où x désigne la direction de la droite qui joint les pôles. Meslin a comparé $\varkappa$, pour différentes substances, avec la valeur de cette grandeur pour l'eau. Jolley (1910) a utilisé l'appareil décrit par Chéneveau, pour déterminer $\varkappa$ dans divers alliages employés pour les mesures de résistance et aussi dans une série de liquides. Il a constaté qu'il est très difficile d'obtenir une substance amagnétique pour les résistances.

Toutes les méthodes que nous venons de faire connaître peuvent être adoptées avec les *liquides* et les *gaz*. Ainsi, Curie a étudié les gaz en les comprimant fortement dans le réservoir D (*fig.* 333). Schuhmeister s'est servi de la méthode de Rowland et Jacques indiquée plus haut, en mesurant la durée d'oscillation dans le champ magnétique d'un tube rempli de liquide. Borgmann (1878) a employé la méthode balistique (page 856). Son appareil se compose de deux anneaux creux, tournés dans un bloc de laiton ; l'épaisseur de la paroi de ces anneaux est de $2^{mm},5$, le diamètre intérieur de 33^{mm} et le diamètre moyen des anneaux de $246^{mm},5$. Les anneaux sont entourés d'un gros fil (1 000 tours) servant à l'aimantation et en outre d'un fil fin (enroulement secondaire, 2 600 tours), dans lequel est induit un courant au *changement de sens* du courant d'aimantation i. L'un des anneaux est rempli du liquide étudié, l'autre reste vide ; la différence I des courants d'induction se mesure au galvanomètre. Connaissant les dimensions des anneaux, les nombres de tours des deux enroulements, ainsi que le rapport I : i des deux courants, on peut en déduire la valeur de $\varkappa$ pour le liquide étudié.

G. Wiedemann (1865) a déterminé pour la première fois la force pondéromotrice p à l'aide de la balance de torsion. Une partie de son appareil est représentée dans la figure 336. Au fil de la balance est fixé le petit vase k, qui renferme le liquide étudié, ainsi qu'un contre-poids, un petit miroir g servant à l'observation de la rotation et un amortisseur à huile n; l'électro-aimant agissant sur k est fixé à droite. Les observations faites suivant cette méthode ne fournissent que des valeurs *relatives* de $\varkappa$. Schuhmeister a perfectionné cette méthode, en donnant au petit vase la forme d'une sphère, ce qui permet de déterminer aussi la valeur *absolue* de $\varkappa$.

Nous allons encore considérer quelques méthodes, spécialement applicables aux liquides et aux gaz. Ziloff (1877) s'est servi d'un système astatique d'aiguilles aimantées, placé à peu près perpendiculairement au méridien magnétique. Au-dessous de ce système est suspendu un vase avec le liquide

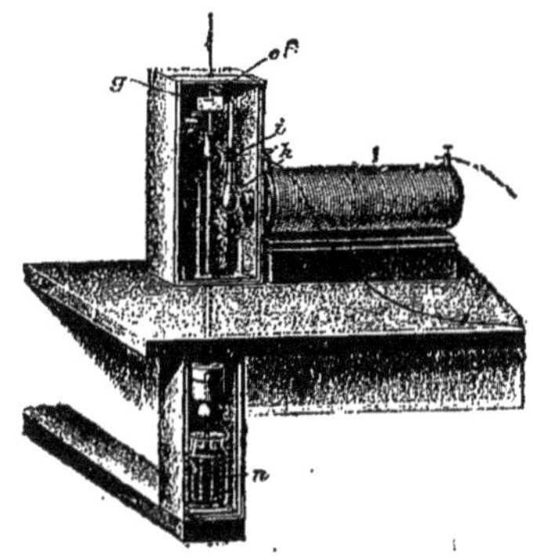

Fig. 336

étudié, qui est aimanté par le champ magnétique terrestre, de sorte que les aiguilles aimantées sont déviées; on peut calculer la grandeur $\varkappa$ d'après la grandeur de la déviation. Ziloff (1879) a plus tard suspendu un aimant *à l'intérieur* d'un vase sphérique contenant le liquide et entouré d'un fil dans lequel on envoie le courant d'aimantation. En observant la déviation de l'aimant, qui est produite par le liquide seulement, on peut trouver $\varkappa$. Dans une autre série d'expériences, l'aimant à dévier était placé *au-dessus* de la sphère contenant le liquide.

Borgmann (1878) a déterminé la grandeur de $\varkappa$ dans un liquide, en mesurant les courants induits d'une bobine *plongée dans ce liquide*. Comme nous le verrons, la force électromotrice E d'induction est proportionnelle à $\mu = 1 + 4\pi\varkappa$. Si on mesure la différence ΔE des forces électromotrices E dans l'air ($\mu = 1$) et dans le liquide, on a $\Delta E : E = 4\pi\varkappa$, d'où on déduit $\varkappa$ par le calcul. Ziloff (1880) et Townsend (1896) ont comparé l'action inductrice d'une bobine rectiligne vide et celle d'une bobine *remplie* du liquide étudié.

La méthode *différentielle* est très commode pour la détermination de $\varkappa$ dans les liquides et dans les gaz. On détermine à cet effet la susceptibilité magnétique $\varkappa$ d'un corps quelconque, d'abord dans l'air ou dans le vide, ensuite dans le liquide ou le gaz étudiés. La différence des grandeurs obtenues donne la valeur de $\varkappa$ pour le milieu environnant le corps. E. Becquerel (1851),

Plücker, Iéphimoff (1888), Fleming et Dewar (1898, oxygène liquide) et d'autres encore ont appliqué cette méthode.

L'une des méthodes le plus souvent employées est celle de Quincke (1885), qui est basée sur l'action pondéromotrice dans le champ magnétique. Quet (1854) a observé pour la première fois le mouvement d'un liquide dans un tube capillaire, sous l'influence d'un champ magnétique. Dans la méthode de Quincke, le liquide est placé dans des vases communicants ; l'un des tubes, large, se trouve en dehors du champ magnétique ; l'autre, étroit, est disposé de façon que le niveau du liquide se trouve dans un champ d'intensité H. Il s'exerce alors, par *unité* de surface du liquide, la pression $\frac{1}{2}(\varkappa - \varkappa')H^2$, $\varkappa$ se rapportant au liquide, $\varkappa'$ au gaz qui est au-dessus du liquide ; par cette pression, le niveau du liquide est modifié de la hauteur h, et on a

$$\frac{1}{2}(\varkappa - \varkappa')H^2 = hg\delta. \tag{48}$$

où $g = 981$ et où δ désigne la densité du liquide. Le tube est incliné sur l'horizon, pour que le déplacement du niveau du liquide que l'on doit mesurer soit augmenté. Jäger et Stefan Meyer ont compensé la pression, en reliant le tube à un grand réservoir, dont on peut faire varier le volume par le déplacement du mercure dans un tube capillaire en communication avec ce réservoir. Du Bois (1881) a proposé de préparer des solutions aqueuses de substances paramagnétiques, dans lesquelles $\varkappa = 0$, l'eau étant diamagnétique ; connaissant $\varkappa$ pour l'eau, on calcule facilement cette grandeur pour la substance dissoute. Liebknecht et Wills (1900) ont tellement perfectionné cette méthode (le tube est presque horizontal), qu'on peut rendre sensible (avec $H = 40\,000$) l'aimantation persistant dans la solution, même quand elle ne dépasse pas d'un cent-millième l'aimantation de l'eau. La méthode de Quincke a été employée par Königsberger et d'autres encore. On voit facilement qu'en changeant le gaz qui se trouve au-dessus du liquide, on peut obtenir la grandeur $\varkappa'$ pour différents gaz à l'aide de la formule (48) ; Du Bois, A. Tœpler, Hennig et d'autres ont procédé de cette manière.

12. Résultats de l'étude des substances faiblement magnétiques. — Les divers auteurs sont loin de considérer les mêmes grandeurs physiques dans les résultats des mesures qu'ils ont publiées. La question se trouve encore compliquée du fait qu'on a étudié tantôt des substances massives, tantôt des substances en poudre ou en solution. Il nous paraît donc nécessaire de donner tout d'abord une énumération complète des grandeurs, dont les valeurs numériques sont indiquées dans les mémoires des différents expérimentateurs. Nous adopterons les notations suivantes :

$\varkappa$, pour la *susceptibilité magnétique d'une substance massive* ; cette grandeur est indépendante du choix des unités fondamentales et se trouve liée à la perméabilité magnétique μ par la relation $\mu = 1 + 4\pi\varkappa$; on peut la regarder comme rapportée au *volume*, car le moment magnétique $\mathfrak{M} = \varkappa H v$, v désignant le *volume* de la partie qu'on suppose séparée du corps ;

δ, pour la densité du corps *massif*;

$\varkappa' = \varkappa : \delta$, pour la susceptibilité magnétique de la substance massive, *rapportée à la masse*; elle est déterminée par la formule $\mathfrak{M} = \varkappa' HM$, M désignant la *masse* de la partie détachée du corps.

Les expériences sur les poudres et les solutions ont montré que, pour les substances faiblement magnétiques, $\varkappa$ est proportionnel à la densité de la substance; $\varkappa'$ est donc égal à la valeur de $\varkappa$ que l'on obtiendrait, dans une compression ou une raréfaction (dilution) de la substance, telle que 1 gr. de substance se trouve contenu dans 1 cmc. C'est la grandeur $\varkappa'$ que donnent, par exemple, Curie, Curie et Chéneveau, Meslin et d'autres encore.

$\varkappa_p$ sera la susceptibilité magnétique d'une poudre;

δ_p, la densité d'une poudre; on a évidemment

$$\frac{\varkappa_p}{\varkappa} = \frac{\delta_p}{\delta}; \tag{49}$$

m sera le poids *moléculaire* ou le poids *atomique* de la substance étudiée, *k* la susceptibilité *moléculaire* (ou *atomique*), qui est égale à

$$k = \frac{\varkappa m}{\delta} = \frac{\varkappa_p m}{\delta_p}. \tag{50}$$

Comme on le voit facilement, *k* est la valeur que prend $\varkappa$, *lorsqu'une molécule-gramme de la substance se trouve dans 1 cmc.*

La grandeur k (M), où M rappelle le nom de Stefan Meyer, sera la susceptibilité moléculaire ou atomique, *quand une molécule-gramme de la substance est contenue dans un litre*; on a

$$k\,(\mathrm{M}) = \frac{\varkappa m}{1\,000\,\delta} = \frac{\varkappa_p m}{1\,000\,\delta_p}. \tag{51}$$

Entre les grandeurs $\varkappa$, $\varkappa_p$, $\varkappa'$, k et k (M) existent les relations suivantes :

$$k\,(\mathrm{M}) = \frac{\varkappa' m}{1\,000}, \tag{52, a}$$

$$\varkappa = \varkappa'\delta = \frac{1\,000\,\delta k\,(\mathrm{M})}{m} = \frac{k\delta}{m}, \tag{52, b}$$

$$\varkappa = \frac{\varkappa_p \delta}{\delta_p}. \tag{52, c}$$

La formule (52, *b*) sert à calculer la susceptibilité ordinaire (rapportée au volume) au moyen de la valeur numérique de $\varkappa'$ donnée par Curie, de la valeur de k (M) donnée par Jäger et Stefan Meyer, ou enfin de la valeur de k que donnent, par exemple, Liebknecht et Wills. On a évidemment $k\,(\mathrm{M}) = k : 1\,000$.

Nous nous en tiendrons d'abord à la distinction purement *qualitative* que l'on peut établir entre les substances. Parmi les *éléments*, les suivants (en y comprenant les substances ferromagnétiques) sont *paramagnétiques*, d'après les recherches de Stefan Meyer : Be, B, O, Mg, Al, Si, Ti, V, Cr, Mn, Fe,

Co, Ni, Y (?), Nb (?), Mo, Ru, Rh, Pd, Sn (?), Ce, Pr, Nd, Eu, Sa, Gd, No, Er, Yb, Ta (?), W, Os, Ir, Pt, Th (?), U ; sont *diamagnétiques* : Li, C, Fl, Na, P, S, Cl, K, Ca, Cu, Zn, Ga, Gl, Se, Br, Rb, Sr, Zr, Ag, Cd, In, Sb, Te, I, Cs, Ba, La, Au, Hg, Tl, Pb, Bi. WEDEKIND (1911), en se basant sur les observations les plus récentes de HONDA, a établi la série suivante, qui commence par les substances les plus fortement paramagnétiques (+) et finit par les plus fortement diamagnétiques (—) : (+) (substances ferromagnétiques), Mn, Pd, Cr, Ce (?), La (?), Ti, V, Nb (?), Rh, Pt, Ta, U, Al, Ru, Mg, Na, K, W, Th, Zr, Mo, Os, Sn (métal) ; (—) Cu, Cd, Pb, Si, Au, Zn, Hg, Ag, Tl, Sn (gris), As, Se, Te, I, Br, C (diamant), Sr, S, B, P, Sb, Bi, C (charbon de lampe à arc). Il est important de remarquer que Na et K doivent être rangés parmi les substances paramagnétiques. Lorsqu'on porte les poids atomiques en abscisses, les volumes atomiques en ordonnées, on obtient, comme STEFAN MEYER l'a montré, une courbe qui présente des maxima et des minima successifs ; les éléments paramagnétiques se placent sur les parties de la courbe qui descendent, les diamagnétiques sur les parties ascendantes.

Parmi les autres substances, nous ne mentionnerons pour le moment que l'*eau*, l'alcool, l'éther et le sulfure de carbone, qui sont *diamagnétiques*. Parmi les gaz, l'*oxygène* est plus fortement magnétique que l'air ; sont moins magnétiques : CO^2, CO, AzO, Az^2O, H^2, C^2H^4, SO^2, HCl, HI, AzH^3, Cl, C^2Az^2, les vapeurs de Br, I et d'autres encore.

Voyons comment la grandeur $\varkappa$ dépend, pour les substances faiblement magnétiques, de l'intensité du champ et de la température.

E. BECQUEREL (1851), TYNDALL (1851), REICH (1856) et d'autres encore avaient déjà observé que le moment magnétique des corps faiblement magnétiques est proportionnel à l'intensité H du champ, c'est-à-dire que *$\varkappa$ est indépendant de* H. Le même résultat a été retrouvé dans la suite par de nombreux auteurs, notamment par G. WIEDEMANN (1865, solution de chlorure de fer), EATON, DU BOIS (1888, de $H = 700$ à $H = 9\,800$ pour l'eau, les solutions de $MnCl^2$, $FeCl^3$, $CuCl^2$, etc.), ETTINGSHAUSEN (1882), CURIE (1892, de $H = 50$ à $H = 1350$), HENRICHSEN (1892), TOWNSEND (1896 de $H = 0{,}001$ à $H = 0{,}01$), KÖNIGSBERGER (1898, de $H = 3\,400$ à $H = 12\,510$), STEFAN MEYER (1899, différents sels, des oxydes, etc., sauf Fe^2O^3, de $H = 6\,000$ à $H = 10\,000$), DU BOIS et LIEBKNECHT (1900, de $H = 2\,000$ à $H = 40\,000$), LOMBARDI (1897, solutions de chlorure de fer) et d'autres encore. Quelques expérimentateurs ont d'autre part observé une dépendance entre $\varkappa$ et H. Ainsi, ZILOFF a trouvé que $\varkappa$, dans une solution de chlorure de fer, croît d'abord et diminue ensuite, lorsque H augmente ; le maximum est atteint pour la valeur très petite $H = 2{,}15H_0$, H_0 étant la composante horizontale du magnétisme terrestre. SCHUHMEISTER a aussi reconnu, pour une série de liquides et de gaz, une décroissance de $\varkappa$, quand H augmente. STEPHAN MEYER (1899) a observé que $\varkappa$ diminue dans Fe^2O^3, lorsque H croît. KÖNIGSBERGER a trouvé $\varkappa = const.$ dans les liquides et les substances diamagnétiques ; mais pour de nombreuses substances paramagnétiques, $\varkappa$ dépend de H. HEYDWEILLER (1903) a cherché à déterminer, d'après l'ensemble des recherches des divers auteurs, si $\varkappa$ varie, lorsque H varie de 0,1 à

40000. Ses propres observations ont montré que, dans les solutions de $FeCl^3$, $MnCl^2$, $Fe^2(SO^4)^3$, $FeSO^4$ et $MnSO^4$, $\varkappa$ ne varie pas entre $H = 0,1$ et $H = 1,2$. Quand H croît jusqu'à 40000, la grandeur $\varkappa$ augmente de 30 à 40 % dans les sulfates indiqués. Pour $FeCl^3$ et $FeCl^2$, les variations de $\varkappa$ sont très faibles, pour $MnCl^2$ elles sont un peu plus grandes. Heinrich et Freitag ont trouvé, dans une série de substances organiques, que $\varkappa$ est inversement proportionnel à H. Ce résultat peu vraisemblable est contredit par les observations de Henrichsen (1892) et de Stefan Meyer.

Honda, dans un grand travail, a étudié 43 éléments ; ce travail a été continué par Morris Owen (1912) pour 15 autres éléments. Ces savants ont observé, pour un grand nombre des substances envisagées, une *diminution* de la grandeur $\varkappa'$, lorsque l'intensité du champ augmente; mais ce phénomène s'explique par la présence de traces de fer; dans les produits absolument libres de fer, $\varkappa'$ est bien *indépendant* de l'intensité du champ. Ihde (1912) a trouvé pour Mn, que $\varkappa$ dépend fortement de l'intensité du champ.

Dans un petit nombre de corps faiblement magnétiques, on a observé du *magnétisme rémanent*, mais à un degré très peu élevé. Ainsi, Tumlirz en a trouvé dans les cristaux de quartz et dans le cristal de roche, Lodge dans quelques métaux et autres substances. Königsberger n'a pas trouvé les observations de Tumlirz confirmées, mais il a découvert du magnétisme rémanent dans l'oxyde de fer. Joubin a observé des traces d'hystérésis dans Bi.

Passons à la dépendance entre les propriétés magnétiques des corps faiblement magnétiques et la *température*. Soient $\varkappa_0$ et k_0 les valeurs de $\varkappa$ et k à 0°, la relation entre $\varkappa$ et k étant donnée par (50). Désignons par α, β, γ les coefficients de température du volume et des grandeurs $\varkappa$ et k. On a alors, pour la densité, $\delta = \delta_0 : (1 + \alpha t)$, et en outre

$$(53) \qquad \varkappa = \varkappa_0(1 + \beta t), \qquad k = k_0(1 + \gamma t).$$

La formule (52, *b*) donne $1 + \gamma t = (1 + \beta t) : (1 + \alpha t)$, ou approximativement

$$(53, a) \qquad \gamma = \beta - \alpha.$$

Il ne faut pas perdre de vue que certains auteurs donnent la grandeur β, d'autres la grandeur γ. Nous indiquerons plus loin les valeurs numériques ; nous ferons connaître actuellement seulement les résultats généraux.

Faraday (1846), Plücker (1848) et Matteucci (1853) avaient déjà observé que lorsque la température s'élève, le magnétisme aussi bien des corps paramagnétiques que des substances diamagnétiques *diminue* ; ils ont étudié les oxydes de Fe, Co et Ni, divers minéraux, le bismuth, ainsi que les gaz. D'autres recherches sont dues à G. Wiedemann, Plessner, Curie, Quincke, Henrichsen, Jäger et Stefan Meyer, Mosler, Piaggesi et d'autres encore. G. Wiedemann et Plessner ont trouvé que, pour les *solutions* des sels de Fe, Mn, Ni et Co, la grandeur β est égale à 0,00356, c'est-à-dire que $\varkappa$ varie à peu près en raison inverse de la température absolue. Curie a déduit de ses expériences que, dans les corps *diamagnétiques* (dans l'*eau*, par exemple), la grandeur $\varkappa'$, dont le coefficient de température est évidemment égal à γ, se trouve tout à fait indépendante de t; Bi et Sb font exception et pour eux $\varkappa'$ diminue assez rapidement quand t augmente. A l'égard des substances *paramagnétiques*, CURIE a trouvé que $\varkappa'$ *varie en raison inverse de la température absolue*. Ce résultat s'applique aussi à l'oxygène ; la formule (50) montre que la grandeur $\varkappa$, que l'on doit retrancher pour les expériences dans l'air, est inversement proportionnelle au carré de la température absolue.

HONDA et MORRIS OWEN, dans leurs recherches précédemment mentionnées, ont déterminé pour 58 éléments la dépendance de la grandeur $\varkappa'$ à l'égard de la température ; HONDA a été jusqu'à 0°, MORRIS OWEN, dans beaucoup de cas, jusqu'à — 170°. Les résultats obtenus par CURIE n'ont pas été confirmés par ces expérimentateurs. Ils ont reconnu que la grandeur $\varkappa'$ est *indépendante* de la température, pour les éléments paramagnétiques Na, K, Ca, V, Cr, Mn, Rb, W, Os, Li. Parmi les éléments paramagnétiques, Cr, Mo, Ba, Th, etc., par exemple, ont manifesté un accroissement, d'autres éléments une diminution, à température croissante. Dans beaucoup d'éléments diamagnétiques, $\varkappa'$ diminue à température croissante ; il augmente, au contraire, seulement dans Be, B, Ag, I, Hg et le diamant. P. WEISS et KAMERLINGH-ONNES (1910) ont étudié Mn, Cr et V à 13° abs. (hydrogène liquide), mais ils n'ont observé aucune variation essentielle du paramagnétisme très faible de ces substances.

KAMERLINGH-ONNES et PERRIER (1910) ont fait l'étude de l'*oxygène liquide*, entre — 183° et — 210° par la méthode d'élévation et celle de l'*oxygène solide*, sous la forme d'un ellipsoïde, entre — 253° et — 259°, par la mesure du moment de rotation dans le champ magnétique. Ils ont trouvé que, dans les deux cas, $\varkappa$ est inversement proportionnel à $\sqrt{T}$ et qu'au moment de la fusion, $\varkappa$ s'élève subitement de 50 %. Jusqu'à 16000 gauss, $\varkappa$ est indépendant de l'intensité du champ. La loi de CURIE ne peut être appliquée qu'à des températures élevées. Dans un nouveau travail (1911), les mêmes savants se sont occupés du sulfate de gadolinium $Gd^2(SO^4)^3, 8H^2O$, du sulfate de fer, de l'oxyde de dysprosium Dy^2O^3 et de Bi électrolytique jusqu'à 14° abs. La loi de CURIE apparaît comme rigoureusement exacte dans le sulfate de gadolinium jusqu'à 17° abs., dans le sulfate de fer jusqu'à 64° abs. ; à des températures plus basses des déviations se produisent. Celles-ci, dans l'oxyde de dysprosium, atteignent déjà 4 % entre + 18° C et 170° abs. Dans Bi, $\varkappa$ paraît être indépendant de T aux températures très basses.

JÄGER et ST. MEYER ont déterminé γ pour toute une série de solutions, ainsi que pour l'*eau* ; ils ont trouvé pour celle-ci un coefficient de température négatif. Ce résultat a été confirmé par PIAGGESI. FLEMING et DEWAR (1898) ont montré que la loi de CURIE reste vraie, dans les substances paramagnétiques, jusqu'à des températures très basses.

Nous allons indiquer quelques résultats *numériques* des déterminations de $\varkappa$ ou k pour les corps faiblement magnétiques, en nous bornant aux plus récents, qui méritent le plus de confiance. Remarquons que le nombre abstrait $\varkappa$ est généralement égal à quelques *millionièmes* d'unité ; c'est pourquoi nous donnons partout la valeur numérique de $10^6\varkappa$.

Considérons d'abord quelques substances spéciales, qui présentent un intérêt particulier.

L'eau est diamagnétique; sa densité $\delta = 1$ et par conséquent $\varkappa' = \varkappa$. Voici quelques-unes des déterminations de la grandeur $-10^6\varkappa$; il n'est pas facile de reconnaître les nombres qui se rapportent à l'air et ceux relatifs au vide.

Schuhmeister, 1881	0,44	Jäger et St. Meyer, 1899 (0°).	0,69
Wähner, 1887	0,54	Königsberger, 1901 (vide) . .	0,78
Quincke, 1888	0,84	Piaggesi, 1902.	0,77
Du Bois, 1888 (15°).	0,84	Stearns, 1903.	0,73
Henrichsen, 1892	0,75	Scarpa, 1905 (vide)	0,77
Curie, 1895 (vide)	0,79	Jolley, 1910	0,79
Townsend, 1896	0,77	Haas et Drapier, 1912 . . .	0,73
Königsberger, 1898.	0,80	Sève, 1912 (vide) 24° . . .	0,723.

Le travail étendu de Sève (1912) a une valeur toute particulière; cet auteur a fait aussi une étude critique des mesures antérieures.

Il a été proposé trois formules pour la dépendance entre $\varkappa$ et la *température* :

Du Bois, 1888 . . . . . $10^6\varkappa = -0{,}837\,\{1 - 0{,}0025\,(t - 15)\}$,

Jäger et St. Meyer, 1899. . $10^6\varkappa = -0{,}689\,(1 - 0{,}0016\,t)$

Piaggesi, 1903 . . . . . $10^6\varkappa = -0{,}80\,(1 - 0{,}00175\,t)$.

Pour le *mercure*, on a $\varkappa' = \varkappa : \delta = -0{,}18 \cdot 10^{-6}$.

Le *bismuth*, qui est le corps le plus fortement diamagnétique, a fait l'objet de très nombreuses recherches. Sa densité est $\delta = 9{,}82$, de sorte que l'on a $\varkappa = 9{,}82\,\varkappa'$. Nous ne mentionnerons pas d'une manière détaillée les résultats de mesure; nous indiquerons seulement qu'on peut poser en moyenne

$$\varkappa' = -1{,}4 \cdot 10^{-6}, \quad \varkappa = -13{,}7 \cdot 10^{-6}.$$

Mendenhall et Kent (1911) ont trouvé, pour le bismuth pur, $\varkappa = -14{,}32 \cdot 10^{-6}$.

Curie a étudié Bi jusqu'au point de fusion (273°) et au-dessus, jusqu'à 408°. Il a trouvé, entre 20° et 273°,

$$10^6\varkappa' = -1{,}35\,\{1 - 0{,}00115\,(t - 20)\}.$$

A 273°, pour le bismuth encore solide, on a $10^6\varkappa' = -0{,}96$; pour le bismuth fondu et indépendamment de la température, on a $10^6\varkappa' = -0{,}038$. Fleming et Dewar ont obtenu, pour la même grandeur, $-1{,}37$ à 15° et $-1{,}59$ à $-182°$; la formule de Curie donne, au lieu de la dernière valeur, $-1{,}68$.

Le *fer*, aux températures élevées, appartient, comme les expériences de Curie déjà mentionnées à la page 877 l'ont montré, aux substances faiblement magnétiques. Curie a trouvé, pour $10^6\varkappa'$, les nombres suivants :

$t^0 =$	756	758	760	780	800	840	900	940		1280	1336
$10^6\varkappa' =$	7500	5800	4680	1480	776	348	61	28,4	23,9 |	38,3	32,3.

On voit qu'une décroissance rapide a lieu jusqu'à 940°, une constance presque complète entre 940° et 1280°, un saut à 1280° et une décroissance lente jusqu'à 1336°. Curie a obtenu, pour la *fonte*, $10^6 \varkappa' = 0{,}0385 : T$, entre 850° et 1267° (T = température absolue); pour le minerai de fer magnétique, on a $10^6 \varkappa' = 0{,}0280 : T$.

Les métaux, qui entrent dans la composition des alliages d'Heusler (page 882), possèdent une très faible susceptibilité magnétique. Nous choisirons, arbitrairement parmi les valeurs un peu incertaines trouvées par divers expérimentateurs, quelques nombres destinés seulement à montrer l'ordre de grandeur de $\varkappa \,.\, 10^6$; on a 0,2 pour le *cuivre*, 1,9 pour l'*aluminium*, 50 pour le *manganèse*, — 5,2 pour l'*antimoine*, + 0,3 pour le *zinc*, 1,0 pour le *plomb*. Tous ces nombres sont extrêmement faibles relativement aux valeurs de $\varkappa$ que l'on obtient pour les alliages d'Heusler.

Les *éléments* sont, comme on l'a déjà dit à la page 897, en partie paramagnétiques, en partie diamagnétiques. Citons quelques valeurs numériques, en laissant toutefois de côté celles qui se rapportent aux éléments à l'état gazeux.

Stefan Meyer a déterminé la grandeur $k(M)$, dont la relation avec $\varkappa$ est donnée par la formule (52, *b*). Il a calculé (voir la correction d'Auerbach dans le *Phys. Zeitschr.* **7**, p. 175, 1906) les valeurs de $10^6 \varkappa$ pour les éléments suivants :

Sb	— 3,6	Er	1260	Th	757
Be	142	Mg	1,0	Ti	70,6
B	10,5	Os	8,7	V	18,3
Ce	1627	P (rouge)	— 0,5	Bi	— 9,5
Di	715	Si	0,5	Zr	— 0,65

On est frappé par les valeurs relativement très grandes obtenues pour les éléments paramagnétiques Ce, Er, Di (voir plus loin pour plus de détails) ; mais on a pourtant, même pour Ce, $\varkappa = 0{,}0016$ seulement, et par suite $\mu = 1{,}02$; cette valeur de $\varkappa$ n'est qu'un cent-millième de celle relative au fer.

St. Meyer donne encore, pour la grandeur $k(M) \,.\, 10^6$, les valeurs suivantes :

Sélénium	Yttrium	Niobium	Osmium
— 0,0013	3,2	0,49	0,074.

Königsberger a déterminé $\varkappa \,.\, 10^6$ pour les éléments suivants :

Cu	— 0,30	Pb	— 1,1	Graphite	2,0
Cu'	— 0,82	Tl	— 4,61	Al	1,7
Zn	— 0,70	S	— 0,86	Pt	29,0
Sn	0,14	Se	— 1,28	Pd	55,0
Sn'	0,46	Te	— 2,10	W	14,0 ;

Cu' et Sn' désignent ici les métaux obtenus électrolytiquement ; Se est le sélénium pur fondu ; S est le souffre rhombique.

Curie a donné pour $\varkappa' \,.\, 10^6 = \varkappa\delta \,.\, 10^6$:

Se	Te	Br	I	P (blanc)	Sb
— 0,31	— 0,31	— 0,41	— 0,385	— 0,92	— 0,47.

Il a trouvé qu'on a, pour le *palladium*, jusqu'à 1370° :

$$\varkappa' = \frac{0,00152}{T},$$

d'où on déduit $10^6 . \varkappa = 61$ à 20° ; il a obtenu, pour Pt, $10^6 . \varkappa = 29$.

Dans ces dernières années, de nombreuses mesures de la grandeur $\varkappa . 10^6$ ont encore été publiées pour différents métaux et alliages.

Gebhardt (1909) a trouvé, pour le *manganèse* (en poudre), la valeur 34,5 ; Kamerling-Onnes et Weiss (1910) ont constaté que le manganèse en poudre, fondu dans le four électrique en présence de l'hydrogène, est *ferromagnétique*, $\varkappa$ prenant environ 0,01 de sa valeur dans le fer. Ihde (1912) est arrivé aussi à la conclusion qu'on doit ranger Mn, d'après son caractère (dépendance à l'égard de l'intensité du champ), parmi les substances ferromagnétiques. Pour Mn massif, il a trouvé avec 1500 gauss la valeur $\varkappa . 10^6 = 78,6$. Gray et Ross (1909) ont reconnu dans le *cuivre*, sous certaines conditions, du magnétisme rémanent. Behnsen (1911) a observé que le cuivre électrolytique est diamagnétique et ne manifeste aucun magnétisme rémanent ; au contraire, CuO et Cu^2O sont paramagnétiques. Chéneveau (1910) a montré que Cu *pur* est diamagnétique et il a trouvé $\varkappa . 10^6 = -0.090$. Loutchinsky (1909) a obtenu pour le plomb $\varkappa . 10^6 = 2,4$, quand il est fondu fraîchement et cristallisé ; on obtient au contraire $\varkappa . 10^6 = 0,2$ seulement, quand il est soumis à un travail mécanique, par exemple martelé ou étiré. Finke (1910) a étudié Pt, Pd, Ir, Rh et a trouvé pour $\varkappa . 10^6$ les valeurs suivantes : Pt 22,6, Pd 66,26, Ir 4,89, Rh 12,58. Clifford (1908) a obtenu pour le *zinc* pur $\varkappa . 10^6 = 0,31$, pour le *cuivre* $\varkappa . 10^6 = -1,22$. Pour un alliage de Cu et Sn, avec 30 % en volume de zinc, on a $\varkappa . 10^6 = -2,07$. Gnesotto et Binghinotto (1910) se sont occupés des alliages Sn — Bi, Cd — Bi, Pb — Bi, Pb — Bi, Cd — Pb, Cd — Sn, Sn — Pb, avec compositions diverses.

Joukow (1908) a porté au rouge différents métaux dans l'*azote* ; Mg, Ca, Al, Ti, Cr, Mn et Mo absorbent le gaz et des solutions solides ou des combinaisons, qui sont magnétiques, prennent naissance. Le manganèse avec 12 % de Az est fortement ferromagnétique. Wedekind et Veit ont aussi étudié les combinaisons de Mn avec Az, S, Se, Te et ont trouvé, par exemple, Mn^7Az^2 fortement magnétique.

Divers oxydes et sels solides ont été étudiés par Liebknecht et Wills, Königsberger, Stefan Meyer, Curie et Chéneveau, Meslin, R. H. Weber (1906, 1911), Berndt (1908) et d'autres encore ; ces travaux contiennent un ensemble considérable de matériaux intéressant le sujet que nous traitons ici. *Les oxydes et les sels des métaux rares*, dont Stefan Meyer a fait une étude très approfondie, (entre autres ceux des métaux La, Ce, Pr, Nd, Sa, Gd, Er, Yb, V, Ho, Y, Th, Eu) présentent un intérêt particulier. Nous indiquerons seulement quelques nombres relatifs aux oxydes, aux sels et à quelques autres substances solides. Königsberger a donné pour $\varkappa . 10^6$:

Quartz	Gypse	Fluorite	Celluloïde	Tourmaline	Verres divers
— 1,20	— 0,86	— 1,30	— 0,2	— 1,4	— 0,6 à — 1,0.

Lombardi a obtenu pour l'ébonite 34, pour l'argentan 4,8, pour le laiton — 1,3, pour la paraffine — 0,78 ; Wills indique pour le bois — 0,16 à — 0,51, pour le marbre — 0,8. Curie et Chéneveau (1903) ont trouvé que le *chlorure de radium* pur est paramagnétique et qu'on a $\varkappa' = \varkappa : \delta = 1{,}05 \cdot 10^{-6}$; le chlorure de baryum pur est diamagnétique et on a $\varkappa' = -0{,}40 \cdot 10^{-6}$; pour le chlorure de baryum contenant $\frac{1}{6}$ de chlorure de radium, on a $\varkappa' = -0{,}20 \cdot 10^{-6}$.

Parmi les résultats de St. Meyer pour $\varkappa \cdot 10^6$, nous citerons les suivants :

$NaCl$	— 0,89	Al^2O^3	— 1,50	$CaFl^2$	— 0,95	$CuSO^4$	+ 36	AgI	— 1,62
Na^2CO^3	— 0,47	KCl	— 0,94	$CaCl^2$	— 0,88	$CuCl^2$	+ 3,5	HgO	— 2,22
MgO	— 0,64	KBr	— 0,95	$CaSO^4$	— 1,13	Cu^2Br^2	— 0,76	$HgCl$	— 1,28
$MgSO^4$	— 0,95	KI	— 0,95	Cr^2O^3	+ 120,0	$AgCl$	— 1,56	$HgCl^2$	— 0.81
$MgCO^3$	— 1,22	CaO	— 0,86	CuO	+ 19,8	$AgBr$	— 1,64	PbO	— 1,1

Berndt a pu, pour l'oxyde de fer Fe^2O^3 et pour l'hydroxyde de fer $Fe\,(OH)^3$ dans un champ allant jusqu'à 400 gauss, relever des *courbes d'hystérésis*. Le chlorure de fer $FeCl^3$, le sulfate de fer $FeSO^4$ et le sulfate ferrique $Fe^2(SO^4)^3$ n'ont manifesté aucune hystérésis.

Les propriétés magnétiques des *solutions* ont été étudiées par beaucoup d'expérimentateurs. Les travaux de G. Wiedemann, de Königsberger et en particulier de Jäger et Stefan Meyer ont nettement établi que la susceptibilité magnétique de beaucoup de solutions est la résultante additive des susceptibilités de la substance dissoute et du dissolvant. Quelques auteurs, Königsberger par exemple, ont trouvé que ceci s'applique à la grandeur $\varkappa : \delta = \varkappa'$. Jäger et St. Meyer ont conclu de leurs expériences que $\varkappa$ est, dans les solutions, une fonction linéaire du nombre p de molécules-grammes contenues dans un litre de solution. Lorsque $p = 0$, on obtient la valeur de $\varkappa$ pour l'eau ; quand $p = 1$, il est évident qu'on a précisément la grandeur $k(M)$ pour la substance dissoute, laquelle grandeur est liée à $\varkappa$ par la relation (51).

Les premières déterminations de $\varkappa$ pour les solutions sont dues à Borgmann et à Ziloff. Le premier a trouvé, pour une solution de chlorure de fer de densité $\delta = 1{,}487$, la valeur $10^6 \cdot \varkappa = 48{,}8$; une autre méthode a donné 37,0, pour $\delta = 1{,}52$. Ziloff a obtenu des valeurs comprises entre 72 et 179 pour $\delta = 1{,}475$, et des valeurs variant de 61 à 157 pour $\delta = 1{,}52$, selon l'intensité du champ (voir plus haut). Borgmann a en outre trouvé la valeur 15,2 pour une solution de sulfate de fer ($\delta = 1{,}24$), Ziloff la valeur 185 pour une solution de chlorure de manganèse ($\delta = 1{,}25$).

Königsberger a exprimé les résultats de ses observations par une formule telle que

$$10^6\,\varkappa' = \varkappa'_1 \cdot \frac{p}{100} - 0{,}80\left(1 - \frac{p}{100}\right),$$

où $\varkappa'$ se rapporte à la solution, $\varkappa'_1$ à la substance *compacte* qui est dissoute ; p est le nombre de grammes dissous dans 100^{gr} de solution, le nombre — 0,80 est la valeur de $10^6 \varkappa$ pour l'eau pure. On a, par exemple, pour une solution de sulfate de cuivre,

$$\varkappa' = 10,4 \frac{p}{100} - 0,80\left(1 - \frac{p}{100}\right).$$

Studley (1907) a confirmé les résultats de Königsberger pour les solutions de $CuSO^4$ et de $MgSO^4$. Jäger et Stef. Meyer ont étudié les solutions de $FeCl^3$, $FeSO^4$, $Fe^2(AzO^3)^6$, $FeCl^2$, $MnCl^2$, $MnSO^4$, $Mn(AzO^3)^2$, $CaCl^2$, $CoSO^4$, $Co(AzO^3)^2$, $NiCl^2$, $NiSO^4$, $Ni(AzO^3)^2$, $CrCl^3$ et $Cr^2(SO^4)^3$, pour divers degrés de concentration et à différentes *températures*, depuis les températures voisines de 0° jusqu'à celles voisines de 90°. Ils ont trouvé que $\varkappa$ est une fonction linéaire décroissante de la température ; le coefficient de température de la grandeur $\varkappa$ oscille entre — 0,0022 et — 0,0032. Mosler a constaté qu'il varie entre — 0,00256 et — 0,00358, Piaggesi entre — 0,00271 et — 0,00293 pour les sels de fer, entre — 0,00262 et — 0,00301 pour les sels de Mn et Co ; ces valeurs sont à peu près les mêmes que les précédentes.

Parmi les liquides inorganiques, nous mentionnerons CS^2, pour lequel on a $\varkappa = -0,77 \cdot 10^{-6}$. Fleming et Dewar ont obtenu, pour l'*oxygène liquide*, $\varkappa = 325 \cdot 10^{-6}$, pour l'air liquide $\varkappa = 180 \cdot 10^{-6}$; l'hydrogène liquide est faiblement diamagnétique, d'après les observations de Dewar.

Les liquides *organiques* ont été étudiés par Henrichsen (1888), Königsberger (1898), St. Meyer (1904) et Meslin (1906). Tous ces liquides se sont montrés diamagnétiques. Nous allons citer quelques valeurs de $-\varkappa \cdot 10^6$:

Acétone	0,51	Chloroforme (H.).	0,78	Xylol	0,69
Ether éthylique	0,61	» (M.).	0,86	Acide acétique	0,61
Alcool éthylique	0,67	Bromoforme	1,02	Aniline	0,73
Alcool méthylique	0,60	Glycérine	0,82	Huile de paraffine	0,48
Alcool amylique	0,69	Benzine	0,70	» vaseline	0,73

Dans ce tableau, H. désigne Henrichsen, M. Meslin. Les *mélanges* d'eau et d'alcool ont été étudiés par Meslin et March (1907). Ce dernier a déterminé $\varkappa$ pour des solutions de mélanges de $CuCl^2$, $MnCl^2$ et $AlCl^3$ et aussi de mélanges de $CuSO^4$, $MnSO^4$ et $Al^2(SO^4)^3$, c'est-à-dire pour des sels des trois métaux entrant dans la composition des alliages d'Heusler; aucun accroissement de l'aimantation n'a été constaté et $\varkappa$ se trouve avoir, pour le mélange, une propriété additive.

Pour les *gaz*, la grandeur $\varkappa$ est directement proportionnelle à la densité δ ou à la pression p ; $\varkappa' = \varkappa : \delta$ est donc une grandeur constante, indépendante de la pression. Nous donnons ici quelques nombres pour l'*oxygène* (rassemblés par du Bois) :

	Température	Pression $1 = 750$ m/m	$\varkappa \cdot 10^6$ sous 750 m/m	$\varkappa' \cdot 10^6$ à 18°
Du Bois	15°	1	+ 0,115	87
Quincke	16°	1 — 8	0,121	91
Quincke	16°	40	0,156	117
Curie	20°	18	0,151	116
Hennig	25°	1 — 4	0,119	95
Iéphimoff	—	—	0,125	—

D'après Curie, $\varkappa'$ est 145 fois plus grand pour O^2 que pour l'eau (masses égales). En ce qui concerne la dépendance à l'égard de la température absolue T, Curie donne la formule (applicable entre 20° et 450°) :

$$10^6 \cdot \varkappa' = \frac{33\,700}{T}.$$

Pour l'*air*, on a $10^6 : \varkappa' = 7\,830 : T$ et, sous la pression de 760 m/m :

$$10^6 \cdot \varkappa = \frac{2\,760}{T}.$$

A 20°, on obtient $10^6 \cdot \varkappa = 0{,}0322$, soit 4 % de la valeur de $\varkappa$ pour l'eau (volumes égaux). La correction à introduire, dans la détermination de $10^6\,\varkappa$ pour un corps quelconque dans l'air, est égale à $0.0322 : d$, où d est la densité du corps. Quincke a trouvé que le coefficient de température de $\varkappa'$ pour l'air varie de — 0,0043 à 20° à 0,0011 à 100°. L'*ozone* est encore plus magnétique que l'oxygène.

Relativement aux autres gaz, Iéphimoff a indiqué les valeurs *relatives* suivantes :

Air	O^2	AzO	C^2H^4	CH^4	CO^2	Az^2O	Az	CO
1	4,83	1,60	— 0,068	— 0,063	— 0,033	— 0,018	0,015	— 0,009.

Quincke a donné les valeurs :

	AzO	Az^2O	CO^2	CH^4	Az	CO
$\varkappa \cdot 10^6 =$	0,053	0,0031	0,0029	0,0011	0,0009	0,0003.

Tänzler (1907) a admis pour l'oygène la valeur moyenne $\varkappa \cdot 10^6 = 0{,}123$ et a trouvé les nombres suivants :

	Air	Argon	Hélium
$\varkappa \cdot 10^6 =$	+ 0,0264	— 0,00953	— 0,00175.

Pascal (1909) a déterminé $\varkappa$ pour les gaz *liquéfiés* SO^2, AzH^3, C^2Az^2, Az^2O^4, CH^3AzH^2, CH^3Cl et Cl et a calculé d'après cela la susceptibilité *spécifique* de ces gaz à 0° et sous la pression de 760mm. Roop (1911) a observé, d'après la méthode de Töpler (Tome II), la forme d'un filet de CO^2 dans l'air, sous l'action d'un champ magnétique non-uniforme. En posant $\varkappa = 0$ pour CO^2, il a obtenu, au moyen de la courbure du filet, $\varkappa \cdot 10^6 = 0{,}0260$ pour l'air.

Beaucoup d'expérimentateurs ont cherché à trouver une relation entre les propriétés magnétiques d'une substance et sa *composition chimique*. Nous allons indiquer quelques-uns des résultats obtenus.

G. Wiedemann a trouvé que, dans beaucoup de cas, la susceptibilité moléculaire $\varkappa'_m$ (voir page 897) se déduit additivement des susceptibilités atomiques $\varkappa'_i$, de sorte que l'on a

$$\varkappa'_m = \sum p_i \varkappa'_i. \tag{54}$$

p_i désignant le nombre d'atomes d'une nature donnée dans la molécule. Il a observé en outre que le magnétisme moléculaire des sels d'une même substance dépend peu de l'acide, c'est-à-dire de l'anion.

Henricusen a reconnu que $\varkappa'_m$ a presque la même valeur dans les isomères et que de plus chaque introduction du radical CH^2 dans la molécule augmente le magnétisme moléculaire de la même quantité. Nous avons parlé à la page 904 des sels de Fe, Mn, Co, Ni et Cr, dont les solutions ont été étudiées par Jäger et St. Meyer (dans la suite, St. Meyer a aussi fait l'étude de V). Ces auteurs ont mis en évidence le fait très remarquable que $\varkappa$ ne dépend que du cathion : par exemple, pour tous les sels de fer, sauf $FeCl^3$, $\varkappa$ a la même valeur, lorsque, dans un litre de solution, est contenue la même quantité de fer ou, ce qui revient au même, *le même nombre de molécules-grammes du sel dissous*, sous la condition, bien entendu, que la valence du métal soit la même dans tous les sels.

Appelons magnétisme atomique $\varkappa\ (a)$ d'un *métal*, la valeur de $\varkappa$ pour une solution où un atome-gramme du *métal* se trouve dans un litre de la solution du sel ; on obtient alors

	V	Ni	Cr	Fe ($FeCl^2$)	Co	Fe (autres sels, voir plus haut)	Mn
$10^6\ \varkappa\ (a)$	1,25	4,95	6,25	7,5	10,0	12,5	15,0
ou	$\frac{1}{2}$. 2,5	2.2,5	2,5 . 2,5	3 . 2,5	4 . 2,5	5 . 2,5	6 . 2,5.

La loi est tout à fait claire. Stef. Meyer a déduit de ses nombreuses mesures une série d'autres conséquences, dont nous mentionnerons quelques-unes.

Un composé de deux éléments diamagnétiques est toujours diamagnétique. Un composé de deux éléments paramagnétiques est le plus souvent paramagnétique, mais il y a des exceptions ; ainsi, Be^2O^3, MgO, Al^2O^3, SiO^2, Mo^2O^3, WO^3, ThO^2 sont diamagnétiques.

Les métaux rares V, Pr, Eu, Nd, Yb, Sa, Gd, Er, Ho sont, dans leurs composés, fortement paramagnétiques. Le plus paramagnétique de *tous les éléments*, dans des composés analogues, est Ho. Les valeurs relatives des susceptibilités moléculaires de ces métaux rares, ainsi que des métaux ferromagnétiques, sont les suivantes :

V	Pr	Eu	Ni	Nd	Yb	Cr	Co	Sa	Fe	Mn	Gd	Er	Ho
1,3	3,3	4,9	5	5,2	6	6,3	10	11,2	12,5	15	27,3	38,2	50.

Parmi les éléments rares que nous venons de mentionner, Yb et Ho ont été, dans ces derniers temps, reconnus comme étant des composés. *L'ytterbium* a été décomposé en deux éléments qui ont été appelés par Urbain *lutécium* et *néoytterbium*, et par Auer von Welsbach *aldebaranium* (Ad) et *cassiopeïum* (Cp). Stefan Meyer (1908) a trouvé, pour les susceptibilités moléculaires de ces nouveaux éléments, Ad = 10, Cp = 2. De même, l'*holmium* a été décomposé en *néoholmium* (Nh), *dysprosium* (Dy) et *terbium* (Tb). Urbain (1908) a obtenu, pour la susceptibilité spécifique de l'oxyde de dysprosium, rapportée à l'unité de masse, la valeur $290 \cdot 10^{-6}$, qui est 12,8 fois plus grande que celle relative à l'oxyde de fer. D'après ce résultat, Stef. Meyer a calculé le magnétisme atomique du dysprosium et a trouvé la valeur 53,7 ; une mesure directe, effectuée par lui, a donné 46.

Urbain et Iantsch (1908) ont déterminé la valeur de $\varkappa$ pour une série d'oxydes de métaux rares (néodyme, samarium, europium, gadolinium, terbium, dysprosium) et Urbain (1910) a montré que, dans certains cas, on peut, d'après les propriétés magnétiques des mélanges, définir leur composition.

L'eau de cristallisation a une faible influence sur le magnétisme ; au contraire, l'addition d'eau, qui donne des groupes hydroxiles, modifie fortement le magnétisme moléculaire ; il en est ainsi, par exemple, pour CaO et $Ca(OH^2)$. Relativement à la formule (54), Stef. Meyer est arrivé au résultat suivant : lorsque tous les $\varkappa'_i$ sont > 0, le magnétisme moléculaire $\varkappa'_m$ est *inférieur* à la somme des magnétismes atomiques ; quand, au contraire, tous les $\varkappa'_i$ sont < 0, $\varkappa'_m$ est *plus grand* ou *plus petit* que cette somme, suivant que le volume moléculaire est *plus petit* ou *plus grand* que la somme des volumes atomiques.

Pascal (1908-1912) a publié dans ces dernières années de très nombreuses recherches magnéto-chimiques, qui sont analogues aux travaux de Brühl (Tome II) sur la réfraction moléculaire et ont une grande importance pour la chimie organique. Le produit $\varkappa'_m = \varkappa' \cdot m$ de la susceptibilité spécifique $\varkappa'$ par le poids moléculaire m a reçu de Pascal le nom de *susceptibilité moléculaire*, et de même le produit $\varkappa'_a = \varkappa' \cdot a$, où a est le poids atomique, le nom de *susceptibilité atomique*. Dans beaucoup de combinaisons, on a

$$\varkappa'_m = \sum p\varkappa'_a + \lambda,$$

p étant le nombre d'atomes d'un même élément dans la molécule, et λ un nombre qui représente l'influence de la constitution de la molécule ; $\varkappa'_a \cdot 10^7$ est égal, par exemple, pour C à — 62,5, pour H à — 30,5, pour Az à — 53,0, pour Cl à — 209,5, pour Br à — 319,2, pour I à — 465,0, pour S à — 156,0. Pour un anneau benzénique, on a $\lambda = -15{,}0$, pour une liaison éthylénique $\lambda = +57{,}0$, etc. Dans une série d'hydrocarbures et de combinaisons halogènes, les valeurs calculées de $\varkappa'_m$ s'accordent d'une manière remarquable avec les valeurs observées. Nous ne pouvons entrer ici dans d'autres détails, qui appartiennent au domaine de la chimie organique.

Mlle E. Feytis (1911) a étudié le magnétisme d'un grand nombre de sels ordinaires et complexes de Fe, Mn, Co, Bi, etc., et a déterminé l'influence des radicaux qu'ils contiennent.

13. Magnétisme des substances anisotropes. — Les corps anisotropes peuvent se diviser en corps *artificiellement* anisotropes, tels que les corps soumis à une compression linéaire, le verre trempé, etc., et en corps *naturellement* anisotropes, auxquels appartiennent les substances cristallines. Au point de vue de leurs propriétés magnétiques, les corps anisotropes ferromagnétiques se distinguent essentiellement des corps anisotropes faiblement magnétiques. Nous nous occuperons d'abord de ces derniers.

La faculté que possèdent les corps anisotropes de pouvoir s'aimanter, qui est caractérisée par la grandeur $\varkappa$, *n'est pas la même dans toutes les directions*. Il existe, dans chacun des corps, trois directions rectangulaires, que l'on nomme les *axes magnétiques principaux* et qui possèdent les propriétés suivantes : à ces trois directions correspondent trois grandeurs déterminées $\varkappa_1$, $\varkappa_2$ et $\varkappa_3$; lorsque le champ H a la direction de l'un de ces axes, l'aimantation du corps anisotrope possède aussi cette même direction ; le moment magnétique m du corps est égal à $m = \varkappa_i v H$, v étant le volume du corps et $\varkappa_i$ celle des trois grandeurs mentionnées qui correspond à l'axe considéré. Pour toute autre direction du champ H, la direction du moment magnétique fait avec H un certain angle ω, dont nous calculerons la grandeur plus loin.

Lorsqu'on place un corps anisotrope dans un champ *uniforme*, *l'axe auquel appartient la plus grande valeur absolue* $\varkappa_i$, tend à se disposer axialement, c'est-à-dire dans la direction des lignes de force, si le corps est paramagnétique ; il tend à se placer équatorialement, c'est-à-dire perpendiculairement aux lignes de force, si le corps est diamagnétique. La direction de l'axe, qui correspond à la plus grande aimantation, peut ne pas coïncider avec la direction de plus grande extension linéaire du corps, et il peut arriver par suite qu'une tige paramagnétique se place équatorialement et une tige diamagnétique axialement.

Dans les cristaux *uniaxes* (Tomes I et II, système quadratique et système hexagonal), il y a un axe magnétique principal tout à fait déterminé, qui paraît toujours coïncider avec l'axe optique ; désignons par $\varkappa_1$ la grandeur qui correspond à cet axe. Dans toutes les directions perpendiculaires à cet axe, la grandeur $\varkappa$ possède une même valeur $\varkappa_2$, de sorte qu'on peut poser $\varkappa_3 = \varkappa_2$; les directions du second et du troisième axes magnétiques principaux deviennent donc indéterminées. Quand H a la direction de l'axe optique (axe du cristal), le moment magnétique m_1 est égal à $m_1 = \varkappa_1 v H$; lorsque le champ est perpendiculaire à l'axe optique, le moment magnétique m_2 est égal à $m_2 = \varkappa_2 v H$, *indépendamment de la direction particulière* que peut prendre le champ. Un cristal est appelé *positif*, lorsque ses propriétés paramagnétiques ou diamagnétiques sont plus fortement accusées *dans la direction de l'axe optique* que perpendiculairement à celui-ci ; dans le cas contraire, il est dit *négatif*. D'après ce qui précède, on peut reconnaître facilement comment doit se disposer l'axe optique d'un cristal, placé dans un champ magnétique uniforme :

Nature de l'aimantation	Signe	Susceptibilité	Position de l'axe
Paramagnétique. . .	+	$\varkappa_1 > \varkappa_2$	axiale
Paramagnétique. . .	—	$\varkappa_1 < \varkappa_2$	équatoriale
Diamagnétique . . .	+	$-\varkappa_1 > -\varkappa_2$	équatoriale
Diamagnétique . . .	—	$-\varkappa_1 > -\varkappa_2$	axiale.

Aux cristaux paramagnétiques positifs appartiennent le fer spathique ($FeCO^3$), le corindon (Al^2O^3), la cassitérite ou étain oxydé (SnO^2) ; le rutile (TiO^2) ; aux cristaux négatifs, la tourmaline, le béryl, la dioptase, l'idocrase ou vésuvienne, $NiSO^4 . 6H^2O$, AzH^4Cl. $CuCl . 2H^2O$. Aux cristaux diamagnétiques positifs appartiennent le spath calcaire, $NaAzO^3$, $CaSO^4 . 4H^2O$; aux cristaux négatifs, Bi, Sb, Ar, la glace, Hg^2Cl, Zr, $H^2(AzH^4)AsO^4$, $Hg(CAz)^2$, $MgPt(CAz)^4 . 7H^2O$, $H^2AzH^4PO^4$, H^2KPO^4, H^2KAsO^4, l'urée (CH^4Az^2O).

Les propriétés magnétiques des cristaux ont été découvertes par Plücker (1847) et Faraday (1848). Le premier a observé que l'axe de la tourmaline paramagnétique se dispose équatorialement et qu'il en est de même de l'axe d'un cylindre de verre trempé paramagnétique. Faraday a découvert que l'axe d'un cristal de bismuth diamagnétique se dispose axialement. Knoblauch et Tyndall ont préparé des tiges avec de la farine, de la gomme et de l'eau, qui se sont placées équatorialement ; ces tiges étant comprimées dans le sens de la longueur en disques circulaires, les bases de ces disques sont restées dans la position axiale, bien que l'axe des disques fût plus petit que le diamètre de la base ; la substance considérée possède en effet une plus grande valeur absolue de $\varkappa$ dans la direction de la compression. La même observation a été faite sur une tige constituée avec de la poudre de bismuth et de la colle. Inversement, les bases d'un disque, obtenu par compression d'une tige renfermant du fer, se disposent équatorialement. Tyndall a trouvé que, dans le bois, les fibres se disposent équatorialement.

Tyndall (1851) a mesuré directement les attractions ou les répulsions exercées par un pôle magnétique sur des cristaux disposés d'une manière différente relativement à ce pôle ; ainsi, un cube de sulfate de fer a été attiré dans la direction de son axe avec une force égale à 41,5, et, dans une direction perpendiculaire, avec une force égale à 35,4 ; des mesures analogues ont été faites par Hankel (1851) sur le bismuth. Rowland et Jacques (1879) ont mesuré $\varkappa$, pour la première fois, suivant différentes directions, dans Bi et le spath calcaire.

Faraday avait déjà remarqué que les valeurs de $\varkappa$ diminuent, quand la *température* augmente. Une étude très approfondie de l'influence de la température a été faite par Lutteroth (1879), qui a trouvé que les *différences* entre deux des grandeurs $\varkappa_1$, $\varkappa_2$, $\varkappa_3$ sont des fonctions linéaires de la température (entre 0° et 50°) ; pour les cristaux isomorphes, les *rapports* des coefficients de température de ces grandeurs sont égaux entre eux. Pour $NiSO^4$ et $ZnSO^4$, ces coefficients ont des signes différents et leur rapport est égal à — 0,37.

Les cristaux *biaxes* ont été étudiés par Plücker et Beer, Grailich et v. Lang, etc., mais nous ne nous arrêterons pas sur les résultats de leurs travaux.

Les cristaux du système *régulier*, qui sont isotropes au point de vue optique (Tome II), mais anisotropes à l'égard des propriétés élastiques, ont été considérés comme isotropes relativement aux phénomènes magnétiques. Cependant P. Weiss (1896) a montré que les cristaux de la magnétite ou fer oxydulé (Fe^3O^4), qui appartiennent au système cubique, sont anisotropes au point de vue magnétique, notamment dans les champs faibles.

O. Lehmann a établi que le champ magnétique agit sur les cristaux liquides, découverts par lui ; il se produit, sous l'action du champ, une rotation des molécules du cristal et en même temps toute la goutte manifeste une tendance à tourner de façon que l'axe optique occupe la position équatoriale.

De nouvelles recherches *expérimentales* sur le magnétisme des cristaux ont été faites par Westmann (hématite, 1896), Bavink (ilménite, 1904), P. Weiss (magnétite, 1896 et pyrrhotine, 1905), P. Weiss et Kunz (pyrrhotine, 1905), P. Weiss et Planer (pyrrhotine, 1908), Quittner (magnétite, 1909), W. Voigt et Kinoshita (1907), Fincke (1910) et d'autres encore.

Voigt et Kinoshita ont déterminé la valeur *absolue* des $\varkappa$ pour une série de cristaux, en y découpant des disques circulaires (5mm,2 à 5mm,5 de diamètre et 1mm à 1mm,5 d'épaisseur) ; les faces de chaque disque étaient perpendiculaires à l'un des axes du cristal correspondant. Ces disques ont été suspendus, dans le plan équatorial d'un électro-aimant (excentriquement), à une balance de torsion et on a mesuré la force F, qui agit sur le cristal dans la direction d'un rayon vecteur du plan équatorial, par conséquent perpendiculairement aux lignes de force. Cette force est égale à

$$F = \frac{v}{2} (\varkappa_i - \varkappa_0) \frac{d\overline{H}^2}{ds};$$

v est le volume du disque, $\varkappa_i$ la susceptibilité normalement au disque, $\varkappa_0$ la susceptibilité de l'air et $\overline{H}^2$ la valeur moyenne du carré de l'intensité du champ qui agit sur le disque. La valeur de $\overline{H}^2$ a été mesurée directement au moyen d'une spirale de bismuth (Tome V). On a étudié les cristaux réguliers uniaxes et à trois axes magnétiques. Voici quelques valeurs de la grandeur $\varkappa \cdot 10^7$, qui ont été obtenues de cette manière :

	Spath calcaire	Dolomite	Quartz	Béryl	Rutile	Tourmaline
Parallèlement à l'axe	— 11,01	+ 34,9	— 12,3	+ 10,4	+ 88,9	+ 23,2
Perpendiculairement à l'axe	— 9,87	+ 22,6	— 12,2	+ 22,3	+ 83,3	+ 34,7.

Parmi les cristaux à trois axes magnétiques, la topaze et la célestine ont donné presque la même valeur de $\varkappa \cdot 10^7$ dans les trois directions principales, tandis qu'on a trouvé, pour l'arragonite, — 11,5, — 11,3 et — 13,0. Finke a amélioré au point de vue expérimental la méthode de Voigt et, en dehors des métaux lourds (page 903), a étudié encore les sulfates de Fe, Ni, Co, Co + K, Fe + AzH^4, Ni + AzH^4, Co + AzH^4 et Co + Cu, qui, sauf le cristal rhombique $NiSO^4 + 7H^2O$, sont tous monoclines ; il s'est occupé de plus du sucre de canne et de quelques minéraux. Dans quelques cas (sulfate de cobalt et d'ammonium, sulfate de cobalt et de potassium, augite), des différences très importantes se sont manifestées entre les trois valeurs de $\varkappa$ (jusqu'à 40 % dans l'augite).

Westmann (1896) a observé, dans l'hématite (Fe^2O^3, rhomboédrique), une magnétisation de 1,8 à 1,9 perpendiculairement à l'axe, de 0,05 à 0,09 seulement parallèlement à l'axe.

Les recherches de P. Weiss et de Quittner sur la magnétite et celles de P. Weiss et Kunz sur la pyrrhotine ont une grande importance.

Les cristaux de *magnétite* (Fe^3O^4) appartiennent au système régulier et prennent la forme du cube, de l'octaèdre et du dodécaèdre. Ils présentent trois axes de symétrie, qui sont perpendiculaires à une face des trois formes cristallines. Désignons par φ, ψ, θ les angles de l'un de ces axes avec les trois côtés du cube ; on a, pour le premier axe, $\cos\varphi = 1$, $\cos\psi = 0$, $\cos\theta = 0$; pour le second axe, $\cos\varphi = 0$, $\cos\psi = \cos\theta = 1 : \sqrt{2}$; pour le troisième axe, $\cos\varphi = \cos\psi = \cos\theta = 1 : \sqrt{3}$. Le premier axe est parallèle à un côté du cube, le second à la diagonale d'une face du cube, le troisième à une droite qui joint deux sommets opposés du cube.

Weiss a d'abord étudié des tiges ayant pour direction longitudinale l'un de ces trois axes. Il a reconnu que toutes ces tiges étaient ferromagnétiques ; leur aimantation n'était pas proportionnelle à l'intensité du champ. Il a observé en outre que la magnétisation est différente dans les trois directions principales. L'hystérésis n'est pas la même dans des exemplaires différents de magnétite. Aucune saturation n'a été atteinte avec les intensités du champ utilisées (jusqu'à 500 gauss). Weiss a considéré ensuite des *disques circulaires*, dont les faces étaient perpendiculaires à l'un des trois axes de symétrie. Un tel disque a été disposé horizontalement entre les pôles d'un aimant d'acier en forme de fer à cheval ; les lignes de force de l'aimant étaient horizontales. Le disque d (*fig.* 336, a) a été enveloppé de deux bobines de fil fin bb (40 tours) et pouvait tourner autour de son axe vertical d'un angle mesurable ; dans les bobines se trouvaient induits des courants dont la mesure permettait de déterminer le *changement* d'aimantation dans les différentes directions (diamètres) du disque. La normale aux bobines étant perpendiculaire aux lignes de force, on obtenait une aimantation parallèle à ces lignes. Mais P. Weiss a envisagé aussi le cas où la normale aux bobines d'induction est parallèle aux lignes de force et par conséquent l'aimantation *perpendiculaire* à ces lignes.

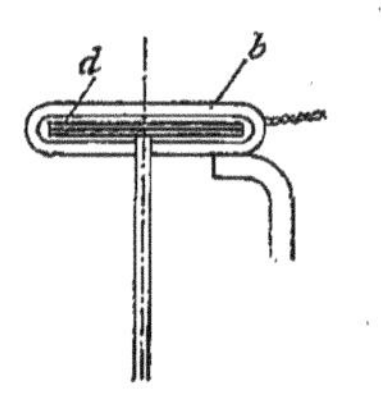

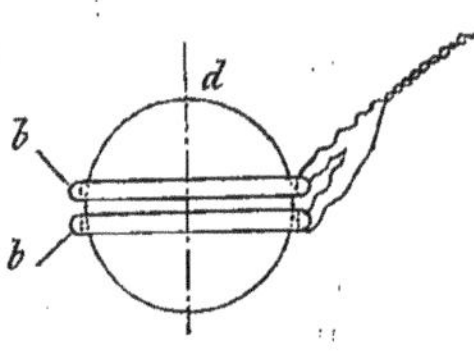

Fig. 336, *a*

La figure 336, b donne les résultats pour un disque, qui était perpendiculaire au premier axe de symétrie, par suite parallèle à une face du cube. Sur les rayons vecteurs issus d'un point, on a porté des longueurs proportionnelles à l'aimantation. La courbe extérieure qui représente la composante de l'aimantation parallèle au champ manifeste nettement la symétrie quaternaire ; les maxima d'aimantation correspondent aux axes binaires, les minima aux axes quaternaires. La courbe plus petite au centre représente la composante de l'aimantation normale au champ. Comme on devait s'y attendre, elle passe par l'origine pour les rayons vecteurs qui correspondent aux maxima et aux minima de l'aimantation parallèle au champ. Entre deux directions pour lesquelles elle est nulle, l'aimantation normale au champ passe par un maximum, qui est plus voisin de la position du minimum de

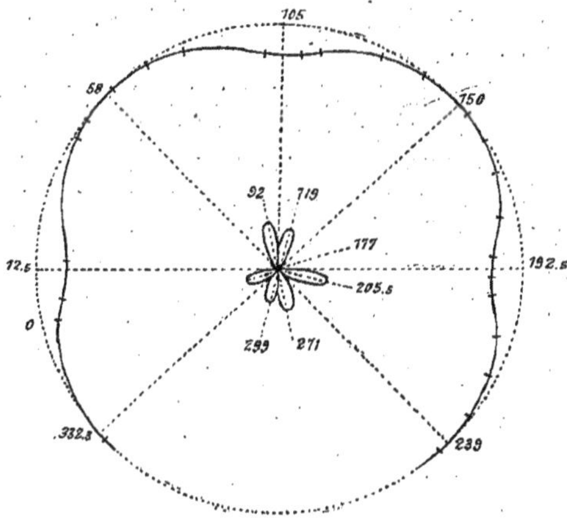

Fig. 336, *b*

l'aimantation parallèle au champ que du maximum. L'aimantation tourne donc plus vite que le champ, quand il s'écarte d'un axe d'aimantation minima et moins vite quand il s'écarte d'un axe d'aimantation maxima. La courbe de l'aimantation normale au champ se compose par conséquent de huit

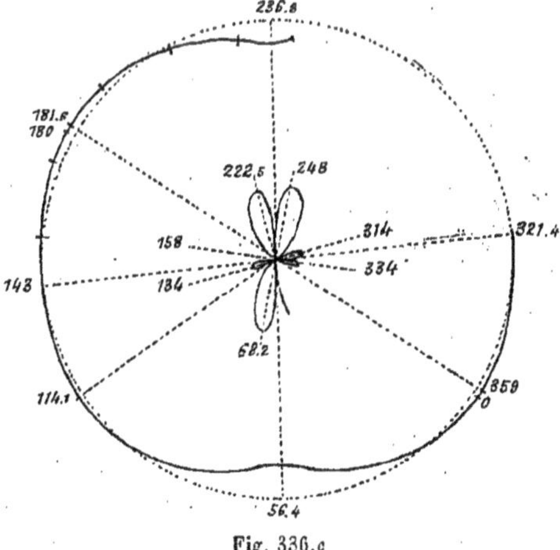

Fig. 336, *c*

boucles occupant chacune une région angulaire de 45°. Six d'entre elles seulement ont été déterminées et sont représentées dans la figure 336, *b*. Les dissymétries assez grandes qu'elles présentent sont dues probablement aux fissures du disque. Leur influence néanmoins ne masque pas la symétrie quaternaire, qui est indiquée avec netteté par la position des six maxima. Si le cristal était isotrope au point de vue magnétique, la courbe extérieure serait un cercle et la courbe intérieure se réduirait à un point.

La figure 336, *c* représente les observations sur un disque parallèle à la face du dodécaèdre ; l'aspect général des courbes représentant les aimantations parallèle et perpendiculaire au champ est encore conforme à ce que faisait supposer la symétrie cubique

Les expériences sur un disque parallèle à la face de l'octaèdre ont montré des propriétés sensiblement identiques dans toutes les directions.

Quittner (1908) a publié de nouvelles études sur la *magnétite* et en particulier des considérations théoriques sur la constitution intérieure de ce minéral. Il arrive à l'hypothèse que le cristal est traversé par d'innombrables fissures microscopiques qui, comparativement aux éléments du réseau cubique, sont pourtant très grandes et se trouvent disposées parallèlement aux quatre faces de l'octaèdre.

La *pyrrhotine* (approximativement FeS, mais avec un excédent de S, peut-être Fe^nS^m) appartient aux cristaux du système hexagonal. Elle a été étudiée par Abt (1896), Streng (1882) et, d'une manière particulièrement approfondie, par P. Weiss et ses collaborateurs Kunz et Planer. Nous nous bornerons à un bref exposé des résultats.

Dans la direction de l'axe principal du cristal *naturel*, l'aimantation est nulle. Dans le plan perpendiculaire à cet axe, que P. Weiss appelle le plan magnétique, on ne reconnaît pas la symétrie hexagonale. Lorsque le champ magnétique est dans ce plan, on obtient, pour les différentes directions de l'intensité du champ, une aimantation qui est représentée graphiquement

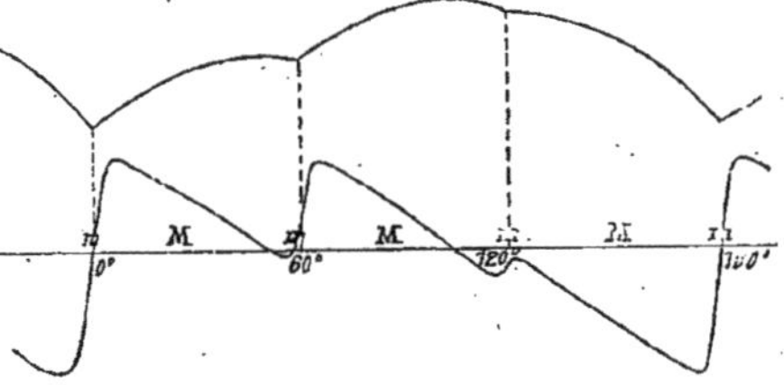

Fig. 336, *d*

dans la figure 336, *d*. Les abscisses sont les azimuts ; la courbe supérieure donne l'aimantation parallèlement aux lignes de force, la courbe inférieure perpendiculairement à ces lignes. L'étude de ces courbes pour différents cristaux et pour différentes intensités du champ a conduit à ce résultat que la pyrrhotine naturelle est une association de trois groupes de cristaux élémentaires *rhombiques*, dont les axes principaux sont tous parallèles à l'axe principal du cristal naturel. Ces cristaux sont associés dans le plan magnétique sous des angles de 60°, ou, ce qui revient au même, de 120°. L'amplitude des variations brusques de la composante d'aimantation perpendiculaire au champ donne l'importance relative des trois composantes élémentaires. La pyrrhotine est donc un cristal maclé, dont les éléments sont étroitement joints les uns aux autres.

Les *cristaux élémentaires* jouissent des propriétés remarquables suivantes. Dans la direction de l'axe principal, ils sont paramagnétiques et on a $\varkappa = 3{,}14 \cdot 10^{-6}$; dans le plan magnétique perpendiculaire à cet axe, ils sont *ferromagnétiques*. Dans ce plan, il y a deux directions particulières que nous désignerons par OX et OY et que nous appellerons, l'une OX direction de *facile* aimantation, l'autre OY direction de *difficile* aimantation. Toute force magnétique H, même extrêmement petite, qui agit dans la direction OX, donne naissance à une aimantation jusqu'à saturation. Dans la direction OY, l'aimantation est proportionnelle à l'intensité du champ jusqu'à 7 300 gauss environ ; pour H = 12 000 gauss, la saturation est atteinte et elle a même grandeur que celle dans la direction OX, alors que H est très petit. Si l'intensité H dans le plan magnétique fait un angle quelconque avec la direction OX, l'aimantation I fait un angle plus petit avec cette direction.

Supposons que l'on porte à partir du point O (*fig.* 336, *e*) les valeurs de H et de I dans toutes les directions possibles et soit AFE le *cercle de saturation*.

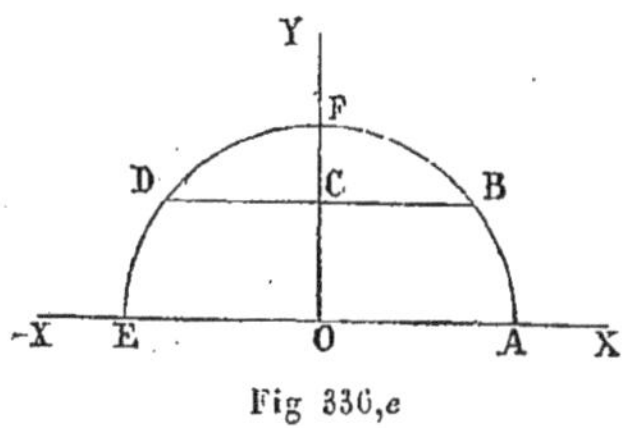

Fig 336,*e*

Lorsque H décrit presque complètement l'angle AOF, l'extrémité de I se déplace sur l'arc AB du cercle de saturation. Au moment où le champ H atteint la direction de difficile aimantation, l'extrémité de I décrit instantanément la corde BCD, et, quand le champ parcourt l'angle YO(— X), l'aimantation décrit l'arc DE. Plus H est grand, plus les arcs AB et DE sont grands ; pour H très grand, ABCDE se transforme dans le cercle ABFDE. La dépendance de l'aimantation *longitudinale* (composante parallèle au champ) à l'égard de l'azimut de l'intensité H est représentée graphiquement, dans la figure 336, *f*, pour quatre valeurs différentes de H ; les angles sont comptés (de 0° à 90°) à partir de la direction OX de facile aimantation. La figure 336, *g* donne à une échelle agrandie la magnétisation *transversale* (composante perpendiculaire au champ) pour cinq valeurs de H ; les courbes 1, 2, 3 et 5 correspondent aux mêmes valeurs de H que les courbes de la figure précédente, la courbe 4 est relative à la valeur H = 10 275 gauss. Le point moyen (0°) appartient à la direction OX ; pour ± 90° (direction OY), l'aimantation transversale est nulle. Nous ne pouvons aborder ici les autres résultats très intéressants de ces recherches sur les phénomènes de l'hystérésis magnétique et sur l'influence de la température ; nous nous bornerons à indiquer que P. Weiss distingue des cristaux de pyrrhotine normaux et des cristaux anormaux. Les cristaux normaux ne manifestent aucune hystérésis calorifique et l'aimantation disparait à 348°. Les cristaux anormaux montrent de l'hystérèse calorifique entre 170° et 230°.

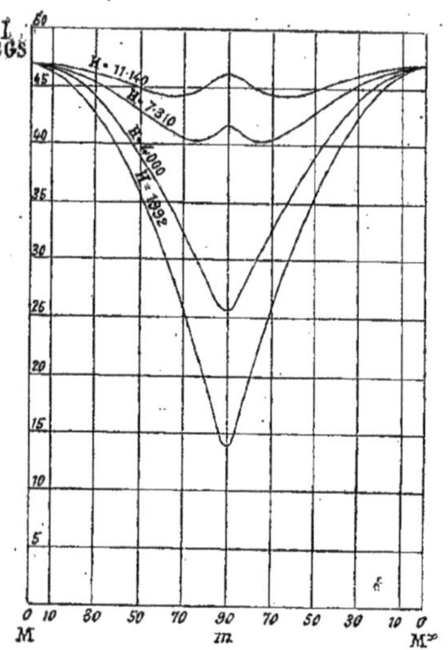

Fig. 336,*f*

Nous exposerons maintenant brièvement les fondements de la *théorie de l'induction magnétique dans les corps anisotropes faiblement magnétiques* ; cette

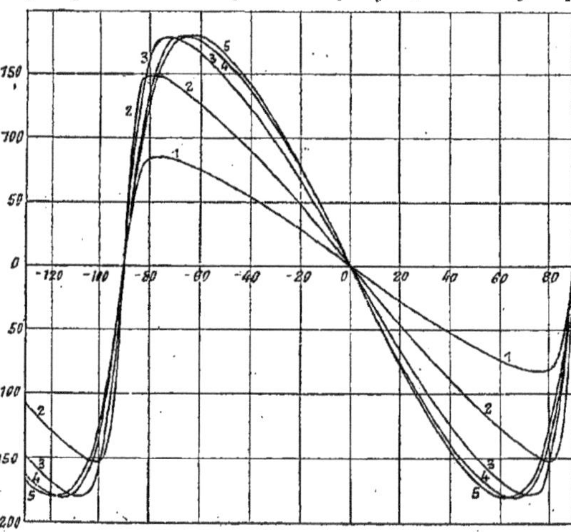

Fig. 336,*g*

théorie a été donnée par W. Thomson (Lord Kelvin) en 1851. Prenons trois axes de coordonnées et désignons par α, β, γ les angles que fait la direction du champ H avec ces axes. W. Thomson admet que chacune des trois composantes m_1, m_2, m_3 du moment magnétique m du corps est une fonction linéaire des trois composantes de l'intensité H, de sorte que, dans les formules, apparaissent neuf coefficients. Un raisonnement très simple montre que six de ces coefficients sont égaux deux à deux et qu'en outre il existe trois directions, dans lesquelles les directions de m et de H coïncident. Lorsqu'on mène les axes de coordonnées suivant ces directions, les six coefficients se réduisent à trois, $\varkappa_1$, $\varkappa_2$, $\varkappa_3$, qui sont les susceptibilités magnétiques dans ces trois directions principales. On a alors (v désignant le volume du corps) :

$$m_1 = v\varkappa_1 H \cos\alpha, \quad m_2 = v\varkappa_2 H \cos\beta, \quad m_3 = v\varkappa_3 H \cos\gamma, \tag{55}$$

d'où l'on déduit, pour le moment magnétique,

$$m = vH\sqrt{\varkappa_1^2 \cos^2\alpha + \varkappa_2^2 \cos^2\beta + \varkappa_3^2 \cos^2\gamma}. \tag{55, a}$$

Les angles φ, ψ, θ que fait l'axe magnétique du corps, c'est-à-dire le moment m, avec les axes de coordonnées, sont déterminés par les formules

$$\cos\varphi = \frac{m_1}{m} = \frac{vH\varkappa_1 \cos\alpha}{m}, \text{ etc.} \tag{55, b}$$

On obtient aisément, pour l'angle ω entre H et m, la relation

$$\cos\omega = \frac{\varkappa_1 \cos^2\alpha + \varkappa_2 \cos^2\beta + \varkappa_3 \cos^2\gamma}{\sqrt{\varkappa_1^2 \cos^2\alpha + \varkappa_2^2 \cos^2\beta + \varkappa_3^2 \cos^2\gamma}}. \tag{55, c}$$

Soit m_H la composante du moment m *suivant la direction de* H ; on a $m_H = m\cos\omega$. Si on pose $m_H = v\varkappa H$, on obtient, d'après (55, b) et (55, c),

$$\varkappa = \varkappa_1 \cos^2\alpha + \varkappa_2 \cos^2\beta + \varkappa_3 \cos^2\gamma. \tag{55, d}$$

Menons d'un point quelconque des rayons vecteurs $r = 1 : \sqrt{\varkappa}$; leurs extrémités se trouveront sur la surface de l'ellipsoïde $\varkappa_1 x^2 + \varkappa_2 y^2 + \varkappa_3 z^2 = 1$, qui est tout à fait analogue à l'ellipsoïde d'élasticité dans la théorie de Fresnel (Tome II, Chap. XVI) ; on peut l'appeler l'*ellipsoïde d'aimantation*.

Un corps, placé dans un champ magnétique *uniforme*, est soumis à un *couple*, dont le moment M est évidemment égal à

$$M = mH \sin\omega. \tag{56}$$

L'axe de ce moment de rotation est perpendiculaire au plan qui passe par H et m. Un calcul très simple donne, pour M et ses composantes M_1, M_2, M_3, les formules

$$\left\{\begin{aligned} M_1 &= vH^2(\varkappa_2 - \varkappa_3)\cos\beta\cos\gamma, \\ M_2 &= vH^2(\varkappa_3 - \varkappa_1)\cos\gamma\cos\alpha, \\ M_3 &= vH^2(\varkappa_1 - \varkappa_2)\cos\alpha\cos\beta, \end{aligned}\right. \tag{56, a}$$

$$M = \sqrt{M_1^2 + M_2^2 + M_3^2}. \tag{56, b}$$

Comme il n'entre dans ces formules que les différences des trois grandeurs $\varkappa_i$, il est clair que *le moment de rotation est indépendant du milieu environnant.*

Lorsqu'un corps peut tourner autour de l'un des trois axes magnétiques principaux, et que cet axe est perpendiculaire au champ uniforme H, l'*équilibre est stable*, si l'axe auquel correspond la plus grande susceptibilité $\varkappa_i$ devient parallèle au champ H. Quand un corps est porté par une suspension *bifilaire* (Tome I) parallèle, par exemple, à l'axe des z et qu'on tord le double fil de l'angle θ, le corps tourne, à partir de sa position d'équilibre, d'un certain angle α, tel que ($\beta = 90° - \alpha$)

$$\text{(57)} \qquad C \sin(\theta - \alpha) = v H^2 (\varkappa_1 - \varkappa_2) \cos\alpha \sin\alpha,$$

C étant le coefficient de torsion du double fil et $\varkappa_1 > \varkappa_2$ par hypothèse. La durée T_3 des oscillations très petites ($\cos\alpha = 1$, $\sin\alpha = \alpha$) est égale à

$$\text{(58)} \qquad T_3 = \frac{\pi}{H}\sqrt{\frac{K}{v(\varkappa_1 - \varkappa_2)}},$$

où K est le moment d'inertie par rapport à l'axe de rotation. Soient n_1, n_2, n_3 ($= 1 : T_3$) les nombres d'oscillations respectifs autour des trois axes d'un corps *sphérique*; on obtient facilement les égalités :

$$\frac{\varkappa_2 - \varkappa_3}{n_1^2} = \frac{\varkappa_1 - \varkappa_3}{n_2^2} = \frac{\varkappa_1 - \varkappa_2}{n_3^2},$$

d'où, en supposant $\varkappa_1 > \varkappa_2 > \varkappa_3$,

$$\text{(59)} \qquad n_2^2 = n_3^2 + n_1^2.$$

Plücker a vérifié cette dernière formule pour le formiate de cuivre. Les formules (57) et (58) peuvent être employées dans la mesure des différences entre les trois grandeurs $\varkappa_i$.

Dans les cristaux *uniaxes*, on a $\varkappa_2 = \varkappa_3$, en admettant que $\varkappa_1$ se rapporte à la direction de l'axe du cristal. Si on prend l'axe de rotation perpendiculaire à l'axe du cristal et, comme plus haut, au champ H, les formules (57) et (58) sont applicables, à la condition de remplacer $\varkappa_1 - \varkappa_2$ par $\varkappa_2 - \varkappa_1$, si $\varkappa_2 > \varkappa_1$.

Ces formules peuvent servir à déterminer la différence $\pm(\varkappa_1 - \varkappa_2)$. On voit aisément comment toutes les relations que nous avons établies se simplifient, dans le cas d'un cristal uniaxe.

La théorie de W. Thomson a été vérifiée par W. König, Stenger et d'autres encore; Lutteroth a montré qu'on peut établir toutes les équations de cette théorie en partant de la conception des aimants moléculaires tournants. P. Duhem a donné une théorie, dans laquelle il part de la notion de potentiel thermodynamique d'un système aimanté.

14. Les nouvelles théories moléculaires du magnétisme de J. J. Thomson, W. Voigt et P. Langevin. — Divers savants ont récemment établi des théories du magnétisme, qui reposent sur l'hypothèse de l'existence des électrons. Ces théories sont dues notamment à J. J. Thomson (1903), W. Voigt (1900-1903), P. Langevin (1904) ; il convient en outre de mentionner tout particulièrement les travaux de P. Weiss (à partir de 1907), qui ont conduit à la notion du *magnéton*.

J. J. Thomson est parti de l'hypothèse que, dans un atome, sont contenus des électrons, en mouvement sous l'influence de forces centrales *quasi-élastiques* dans des trajectoires circulaires, où leur vitesse reste petite comparée à la vitesse de la lumière. J. J. Thomson a d'abord étudié les ondes électromagnétiques (Tome V) que fait naître un seul électron, puis deux électrons et plus, également espacés sur une même orbite circulaire. Il a montré alors qu'un champ magnétique extérieur n'exerce aucun effet sur une substance, dans laquelle les trajectoires circulaires des électrons sont disposées d'une manière quelconque, et cela indépendamment de la loi qui règle l'action de la force centrale sur les électrons. Mais, si les électrons ne sont pas librement mobiles, c'est-à-dire se trouvent soumis à l'intérieur de l'atome à des liaisons, et s'il existe une résistance au mouvement analogue au frottement, la substance prend des propriétés paramagnétiques. J. J. Thomson n'a fait qu'indiquer la possibilité d'expliquer de la même manière le diamagnétisme et le ferromagnétisme.

La théorie du magnétisme cristallin, proposée par W. Thomson et exposée dans le paragraphe précédent, qui n'est pas applicable aux cristaux ferromagnétiques, a été étendue aussi à ces derniers par W. Voigt (1900, 1903). Sano (1902), Wallerant (1901), Beckenkamp (1902) et W. Voigt lui-même (1903) ont développé cette théorie plus générale, primitivement valable pour les cristaux centro-symétriques seulement, de façon à pouvoir y comprendre les autres formes cristallines.

Mais W. Voigt (1902) a en outre indiqué, avant J. J. Thomson, une théorie électronique du magnétisme. Comme ce dernier, il ne considère que des électrons assujettis à des liaisons telles qu'ils restent, dans leur mouvement, à l'intérieur de l'atome, et il étudie l'influence d'un champ magnétique extérieur sur le champ auquel les électrons d'une substance donnent naissance. Dans l'état naturel, les orbites des électrons doivent être distribuées d'une manière tout à fait irrégulière, afin que même un très petit élément de volume n'engendre aucun champ magnétique extérieur. Lorsqu'on part d'un tel état naturel, un champ extérieur peut modifier les trajectoires des électrons, mais le champ dû à ceux-ci reste nul, de sorte qu'aucune aimantation ne se trouve induite dans la substance. Pour expliquer l'induction magnétique, on doit admettre que les électrons, dans leur mouvement irrégulier, subissent des percussions, que l'on peut attribuer peut-être à leurs chocs mutuels ; après chaque percussion, un électron parcourt une trajectoire modifiée et, même pendant un très petit intervalle de temps, de nombreux électrons commencent, dans toutes les directions possibles et avec des vitesses très différentes, à suivre de nouvelles orbites circulaires. L'élément de volume du corps donne alors naissance à un champ magnétique extérieur, le moment magnétique de cet élément étant proportionnel à l'intensité du champ inducteur. Le corps se montre paramagnétique ou diamagnétique, suivant qu'il possède, immédiatement après les percussions, un excès moyen d'énergie potentielle ou cinétique. On doit supposer que, dans les substances anisotropes, toutes les directions de mouvement ne naissent pas avec une égale fréquence par l'effet des percussions.

W. Voigt a envisagé aussi le cas où les masses électriques dans l'atome sont en rotation sur elles-mêmes. Le champ magnétique inducteur provoque un changement dans ce mouvement de rotation et donne par suite naissance, dans le corps, à une polarisation diamagnétique. Pour que le paramagnétisme apparaisse, on doit admettre que la rotation est amortie par une résistance déterminée, que l'on peut expliquer par l'émission d'ondes électromagnétiques.

Passons maintenant à la théorie très importante qui a été établie par P. Langevin (1904). Il admet aussi que des électrons se trouvent soumis à des liaisons à l'intérieur d'une molécule ou d'un atome et se meuvent dans des trajectoires fermées avec une très grande vitesse. Nous considérerons seulement le cas où les électrons décrivent des orbites circulaires. La théorie de P. Langevin conduit, comme nous le verrons, à ce résultat que le diamagnétisme et le paramagnétisme sont des phénomènes *essentiellement* différents, dus à des causes totalement distinctes. Nous nous bornerons à indiquer les traits fondamentaux de cette théorie.

Lorsqu'un *seul électron* se meut dans une orbite circulaire, il produit, dans l'espace environnant, un champ magnétique, dont l'intensité moyenne est égale à celle du champ d'un aimant ayant son axe normal au plan de l'orbite et un *moment magnétique* M_0 donné par la formule

$$M_0 = \frac{eS}{\tau}, \tag{60}$$

où e est la charge de l'électron, S l'aire qui est limitée par la trajectoire, et τ la durée d'une révolution sur cette trajectoire. La totalité des électrons dans la molécule donne le moment M de cette molécule, lequel peut être ou différent de zéro, ou nul lorsque certaines conditions de symétrie sont remplies. Même dans ce dernier cas, où il y a compensation mutuelle des différents courants particulaires dans la molécule, cette compensation n'empêchera pas les courants particulaires d'exister et la molécule de produire un champ magnétique plus ou moins complexe à des distances comparables à ses dimensions ; ce champ pourra jouer un rôle important dans les actions de cohésion et dans l'orientation mutuelle des molécules très voisines, qui doit intervenir pour déterminer la structure cristalline.

Sous l'action d'un champ magnétique extérieur, uniforme dans l'étendue d'une semblable molécule magnétiquement neutre au total, celle-ci n'aura pas de tendance à s'orienter, il n'y aura pas de paramagnétisme. Nous verrons plus loin comment le cas du moment résultant non nul fournit, au contraire, la représentation des faits de paramagnétisme et permet de retrouver la loi expérimentale de Curie relative à la variation du magnétisme faible avec la température. Mais P. Langevin s'est d'abord proposé de montrer comment un semblable système moléculaire, possédant ou non un moment résultant, se modifie au moment de la production d'un champ magnétique extérieur, indépendamment de l'orientation d'ensemble, pour donner naissance au phénomène du diamagnétisme, propriété générale de la matière, visible seulement quand le moment résultant moléculaire est nul, et simplement masquée par le paramagnétisme beaucoup plus intense qui résulte de l'orientation des molécules quand le moment résultant de celles-ci n'est pas nul.

On trouve aisément que, par l'établissement d'un champ extérieur H, le moment magnétique *d'un seul* courant particulaire reçoit un accroissement

$$\Delta M_0 = -\frac{He^2S}{4\pi m}, \tag{61}$$

m étant la masse de l'électron. Le signe — fait voir que l'établissement du champ H donne naissance à une polarisation diamagnétique. Le résultat est d'autre part indépendant de ce que M peut être primitivement nul ou différent de zéro. *Le diamagnétisme apparaît donc comme une propriété générale de tous les corps* et il doit toujours se manifester dans l'établissement d'un champ. Le phénomène que nous venons de considérer se produit *à l'intérieur* de la molécule, et, quand on a $M = 0$, celle-ci ne peut subir aucune action mécanique ; l'énergie cinétique de son mouvement calorifique reste donc sans changement et les chocs mutuels des molécules se produisent exactement comme avant : le mouvement d'ensemble d'aucune molécule n'étant altéré, aucune variation de température ne suit la variation diamagnétique. De là résulte qu'inversement *la température ne peut avoir aucune influence sur la grandeur de la polarisation diamagnétique*, ainsi que l'a constaté CURIE (page 900). Le spectre d'une substance est provoqué par le mouvement des électrons et, puisque le spectre se trouve indépendant de la température entre de larges limites, on peut voir, dans ce fait, une autre explication de l'indépendance de la susceptibilité $\varkappa$ des corps diamagnétiques à l'égard de la température. P. LANGEVIN a trouvé pour $\varkappa$ l'expression suivante :

$$\varkappa = \frac{Ne^2}{12m}\,\overline{r^2} = \frac{\rho}{12}\left(\frac{e}{m}\right)^2\overline{r^2}, \tag{62}$$

où N désigne le nombre des électrons dans l'unité de volume et $\overline{r^2}$ la moyenne du carré des rayons des trajectoires ; $\rho = mN$ est la densité moyenne des électrons. La dépendance de la grandeur $\varkappa$ à l'égard de la température dans Bi et Sb tient peut-être, comme l'a supposé J. J. THOMSON, à la présence dans le métal de corpuscules cathodiques libres qui lui donnent sa conductibilité et dont le champ magnétique extérieur incurve, dans le sens qui correspond au diamagnétisme, les chemins de libre parcours, particulièrement longs dans le bismuth. Pour l'eau, on a $\varkappa = 0{,}8 \cdot 10^{-6}$; la densité ρ des électrons négatifs qui constituent seulement une partie de la molécule est inférieure à l'unité, et probablement très supérieure à $\frac{1}{2000}$, rapport de la masse d'un électron négatif à celle de l'atome d'hydrogène. Le rapport $\frac{e}{m}$

est d'ailleurs connu et égal à $1,8 \times 10^7$. On peut déduire de là une limite inférieure et une limite supérieure pour le rayon quadratique moyen r,

$$2 \times 10^{-10} < r < 10^{-8},$$

résultat parfaitement d'accord avec ce que l'on sait sur les grandeurs moléculaires.

Les formules (60) et (61) donnent

$$\frac{\Delta M_0}{M_0} = \frac{H\tau}{4\pi}\frac{e}{m} < 10^{-9}H,$$

si on introduit pour le rapport $e : m$ la valeur indiquée ci-dessus et si on admet que τ est de l'ordre de 10^{-15} (durée d'oscillation dans la radiation lumineuse). Le champ le plus fort $H = 10^5$ que l'on ait pratiquement atteint jusqu'ici produit donc un changement, dans le moment des aimants élémentaires, n'atteignant pas 0,0001.

D'après la théorie de P. Langevin, le *paramagnétisme* prend naissance d'une tout autre manière. Comme nous venons de le voir, dans *tous* les corps, à l'établissement du champ H, le diamagnétisme apparaît d'abord et reste tel ensuite, quand on a $M = 0$. Mais supposons maintenant que M ne soit pas nul, c'est-à-dire que le corps consiste en aimants moléculaires distribués irrégulièrement. Dans le champ H, chaque aimant possède l'énergie potentielle

$$-MH \cos(M, H),$$

voir Chap. II, § 3, formule (26) de ce second Livre. Sous l'influence du champ, une rotation des aimants moléculaires se produit et par suite une *diminution* de l'énergie potentielle et un accroissement de l'énergie cinétique du mouvement moléculaire; mais l'inégalité qui en résulte dans la répartition de l'énergie cinétique entre les différentes orientations et les différents degrés de liberté du mouvement d'ensemble des molécules (rotation et translation) ne sont pas compatibles avec l'équilibre thermique. Au moment des chocs, il se produit donc le réarrangement pendant lequel apparaît la polarité paramagnétique. Langevin compare ce phénomène à celui qui a lieu dans un gaz, non soumis d'abord à la pesanteur, lorsque subitement se manifeste un champ de gravitation. Les molécules du gaz prendront une accélération dirigée vers le bas et, en l'absence de chocs mutuels, chaque molécule aura une vitesse plus grande en bas qu'en haut du récipient : mais cette inégalité de vitesse est incompatible avec l'équilibre thermique, et un réarrangement aura lieu grâce aux chocs mutuels, à la suite duquel s'établit la répartition donnée par la formule du nivellement barométrique : le centre de gravité s'est abaissé et, pour maintenir le gaz à la température initiale, il faut lui enlever une quantité de chaleur équivalente au produit du poids du gaz par cet abaissement du centre de gravité.

De même, dans le réarrangement au moment des chocs, pendant lequel apparaît la polarité paramagnétique, la quantité de chaleur $dQ = HdM$ est dégagée, et M étant une fonction de H et de la température absolue T, on a

$$dQ = H\left(\frac{\partial M}{\partial H} dH + \frac{\partial M}{\partial T} dT\right).$$

En écrivant que $\frac{dQ}{T}$ est une différentielle exacte, on obtient

$$H\frac{\partial M}{\partial H} + T\frac{\partial M}{\partial T} = 0,$$

équation aux dérivées partielles dont l'intégrale générale est

$$M = f\left(\frac{H}{T}\right), \tag{63}$$

où f est le signe d'une fonction quelconque. Pour H petit, on peut admettre que M est de la forme $M = kH$. De (63) résulte que, dans ce cas, *k est inversement proportionnel à la température absolue*, comme l'exige la loi de Curie.

Pour trouver la forme générale de la fonction f, Langevin considère un corps paramagnétique à l'*état gazeux*, l'oxygène par exemple, et cherche à déterminer l'action du champ magnétique sur l'état cinétique des molécules d'une manière analogue à celle par laquelle Boltzmann a généralisé la loi du nivellement barométrique. Il obtient ainsi, pour l'intensité I de l'aimantation (moment de l'unité de volume) la formule

$$I = MN\left(\frac{\cos \mathrm{h}\, a}{\sin \mathrm{h}\, a} - \frac{1}{a}\right) \tag{64}$$

où

$$a = \frac{MH}{rT}. \tag{65}$$

Dans ces formules, N est le nombre de molécules dans l'*unité de volume* et rT représente les $\frac{2}{3}$ de l'énergie cinétique moyenne de translation d'*une seule* molécule, c'est-à-dire le double de l'énergie cinétique correspondant à chacun des trois degrés de liberté de cette translation. L'expression entre parenthèses dans (64) est nulle en même temps que a, proportionnel à H, et tend vers l'unité quand a augmente indéfiniment, l'intensité d'aimantation tendant alors vers la valeur maximum $I_0 = MN$, qui correspond à la saturation, à l'orientation parallèle au champ de tous les aimants moléculaires.

Pour atteindre une fraction donnée de la saturation, c'est-à-dire pour donner à a une valeur déterminée, il faudra une intensité de champ H proportionnelle à la température absolue d'après la définition de a. La courbe d'aimantation d'un gaz magnétique à température constante, représentant $\frac{I}{I_0}$ en fonction de a, c'est-à-dire de H (*fig.* 336, *h*), serait donc représentée par la fonction

$$\frac{I}{I_0} = \frac{\cos \mathrm{h}\, a}{\sin \mathrm{h}\, a} - \frac{1}{a} = f\left(\frac{H}{T}\right).$$

On voit que la susceptibilité magnétique ne sera constante et I ne pourra être proportionnel à H que pour des valeurs de a notablement inférieures à l'unité.

L'absence dans cette courbe du point d'inflexion qui existe dans la courbe d'aimantation du fer tient à l'absence d'actions mutuelles entre les molécules.

Utilisant les développements en série connus du cosinus et du sinus hyperboliques, on obtient, en se limitant aux termes du premier degré par rapport à la quantité a, petite tant qu'on est loin de la saturation,

$$(66) \qquad I = \frac{1}{3} \text{MN}a = \frac{\text{M}^2\text{N}}{3r\text{T}} \text{H},$$

correspondant à une *susceptibilité magnétique*

$$(67) \qquad \varkappa = \frac{\text{M}^2\text{N}}{3r\text{T}} = \frac{(\text{MN})^2}{3\text{RT}} = \frac{(\text{MN})^2}{3p} = \frac{\text{I}_0^2}{3p};$$

$\text{R} = \text{N}r$ étant la constante des gaz parfaits pour l'unité de volume ($v = 1$) et p la pression du gaz sous laquelle $\varkappa$ est mesurée, puisque l'on a $\text{RT} = pv = p$, pour $v = 1$.

Nous allons voir qu'il faudrait des champs extrêmement intenses pour

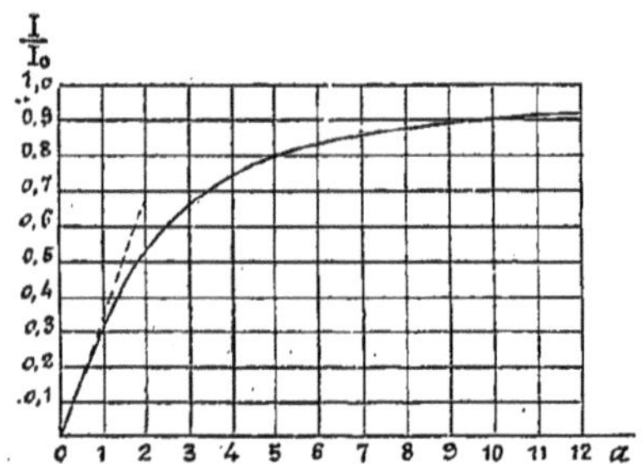

Fig. 336, *h*

atteindre, dans le cas des gaz, la région nettement incurvée de la courbe de la figure 336, *h*.

Curie a obtenu pour l'oxygène, sous la pression normale égale à 10^6 et à la température de $0°$, $\varkappa = 1{,}43 \cdot 10^{-7}$, ce qui donne $\text{I}_0 = 0{,}65$. Ceci correspondrait, pour l'oxygène liquide de densité au moins 500 fois plus forte, à une aimantation maximum $\text{I}_0 > 325$, qui n'est pas très inférieure à celle du fer; on s'explique ainsi que l'oxygène liquide présente des propriétés magnétiques intenses, au point de former un pont liquide entre les deux pôles d'un électro-aimant.

On peut voir par là de quel ordre de grandeur est la quantité a dans les conditions expérimentales ordinaires. On peut écrire

$$a = \frac{\text{MH}}{r\text{T}} = \frac{\text{MNH}}{\text{N}r\text{T}} = \frac{\text{I}_0\text{H}}{\text{N}r\text{T}};$$

or Nr est, comme nous l'avons déjà dit, la constante des gaz parfaits pour l'unité de volume supposée contenir N molécules; dans les conditions normales pour lesquelles I_0 à été calculé, on aura

$$NrT = p = 10^{-6},$$
$$a = 0,65 \,.\, 10^{-6} H\,;$$

pour un champ de 10 000 unités, a sera inférieur au $\frac{1}{100}$ et l'on sera encore pleinement dans la région initiale de la courbe d'aimantation. Pour arriver à $a = 1$, vers le commencement de la région incurvée, il faudrait des champs supérieurs à 10^6 que l'on ne sait pas produire.

On voit donc quelle est, dans les substances ferromagnétiques, l'importance des actions mutuelles entre molécules, qui seules rendent possible la saturation magnétique encore extrêmement éloignée, pour le même champ extérieur, dans le cas des substances faiblement magnétiques où les actions mutuelles ne sont pas sensibles. De ce point de vue se justifie pleinement l'assimilation faite par Curie de la transition entre le magnétisme faible et le ferromagnétisme à la transition entre les états gazeux et liquide, où les actions mutuelles jouent un rôle essentiel. Dans l'état gazeux pur, comme dans le magnétisme faible, chaque molécule réagit individuellement par son énergie cinétique seule contre les actions extérieures, pression ou champ magnétique.

En résumé, le paramagnétisme, postérieur au diamagnétisme et superposé à lui, résulte d'un équilibre statistique entre l'agitation thermique qui fait tourner les molécules sur elles-mêmes et tend à les orienter indifféremment dans tous les sens, et l'action directrice du champ magnétique extérieur. P. Langevin a établi suivant quelle loi la polarisation magnétique ainsi produite doit varier avec le champ magnétisant et a montré qu'en l'absence d'actions mutuelles des molécules on ne pouvait jamais, avec les champs expérimentalement réalisables, s'écarter de la proportionnalité. La loi obtenue fait voir immédiatement que la constante paramagnétique doit varier en raison inverse de la température absolue, donnant ainsi la démonstration théorique de la loi expérimentale trouvée par Curie. La loi théorique obtenue par P. Langevin pour le paramagnétisme a reçu, grâce aux travaux de P. Weiss, une confirmation expérimentale remarquable, puisqu'elle a permis à cet auteur de prévoir quantitativement comment varie avec la température l'aimantation à saturation de la magnétite.

P. Weiss a prolongé, comme nous allons le voir, la théorie de P. Langevin, en tenant compte des actions mutuelles entre molécules qui doivent intervenir dans les corps ferromagnétiques. Il y est parvenu par l'hypothèse du *champ moléculaire* où il admet que ces actions mutuelles se traduisent par la production d'un champ proportionnel à l'intensité d'aimantation. Ce champ, en raison de son énorme intensité, peut orienter les molécules beaucoup plus efficacement que le champ extérieur seul, et permet par conséquent de vérifier la loi que P. Langevin a prévue pour cette orientation.

15. La théorie de P. Weiss ; le magnéton. — Les nombreux travaux de P. Weiss (depuis 1907) peuvent se diviser en deux groupes ; le premier groupe est consacré à la théorie du *champ moléculaire*, le second à la théorie des *magnétons*. Nous commencerons par l'exposition de la première théorie et des nombreuses applications que P. Weiss en a faites. P. Weiss part de la théorie de Langevin que nous avons fait connaître dans le paragraphe précédent ; d'après cette théorie, I est exprimé en fonction de l'intensité H du champ magnétisant et de la température absolue T par les formules (64) et (65). P. Weiss se propose de montrer comment l'on peut fonder une théorie du ferromagnétisme sur une hypothèse extrêmement simple concernant les actions mutuelles entre molécules qui doivent alors intervenir. Il suppose que *chaque molécule éprouve de la part de l'ensemble des molécules environnantes une action égale à celle d'un champ uniforme proportionnel à l'intensité* I *d'aimantation et de même direction qu'elle*. L'intensité H de ce *champ moléculaire* est donc égale à

$$H = bI, \tag{68}$$

b étant une constante (que P. Weiss désigne par N). On pourrait donner à bI le nom de champ intérieur, pour marquer l'analogie avec la pression intérieure de van der Waals. Ce champ, en effet, s'ajoutant au champ extérieur, va rendre compte de la grande intensité d'aimantation des corps ferromagnétiques au moyen des lois des corps paramagnétiques, comme la pression intérieure, s'ajoutant à la pression extérieure, rend compte de la forte densité des liquides en invoquant la compressibilité des gaz. Mais cette expression donnerait lieu à de fréquentes confusions et P. Weiss lui a préféré celle de *champ moléculaire*. Il admet en outre qu'il n'y a pas d'autres actions qui dérivent d'une énergie potentielle de rotation des molécules, c'est-à-dire qui se traduisent par des moments exercés sur celles-ci. En d'autres termes, à part les actions mutuelles exprimées par le terme bI, les rotations sont, dans les corps ferromagnétiques, aussi libres que dans un gaz. L'énergie potentielle de translation n'est l'objet d'aucune hypothèse déterminée.

P. Weiss suppose d'abord que le champ *intérieur* existe seul et montre que, de même que les liquides peuvent exister sous une pression extérieure nulle (et même négative), les corps ferromagnétiques peuvent prendre une intensité d'aimantation finie, prenant naissance spontanément, en l'absence de champ extérieur.

Portons dans (65) la valeur (68) de H ; nous obtenons

$$a = \frac{MbI}{rT},$$

d'où

$$I = \frac{rT}{Mb}a. \tag{69}$$

Les équations (64) et (69) doivent être satisfaites simultanément ; la première se traduit par la courbe OAB, la seconde par la droite OA (*fig.* 336, k) ; les points d'intersection de la courbe et de la droite donneront donc les valeurs de I. Une solution est évidente : c'est $I = 0$, $a = 0$, et par suite $H = 0$. Mais il est facile de voir que ce n'est pas celle-ci, mais celle qui est donnée par le point A, qui correspond à un état stable. Imaginons, en effet, que, modifiant l'orientation des molécules par une intervention directe, on donne à l'intensité d'aimantation une valeur un peu inférieure à AA'. La valeur de a, donnée par la droite, sera alors un peu supérieure à celle que donne la courbe pour la même intensité d'aimantation. Or ces valeurs de a sont proportionnelles au champ moléculaire et au champ exigé par la formule de Langevin. Le premier l'emporte donc et l'aimantation remontera jusqu'à la valeur AA'. De même, une aimantation un peu supérieure à AA' décroîtra jusqu'à cette valeur.

Pour mettre d'accord cette conception assez imprévue d'une aimantation finie obtenue dans un champ nul avec les faits expérimentaux du ferromagnétisme dans lesquels le champ extérieur joue un rôle considérable, P. Weiss a dû invoquer, comme on le verra plus loin, les propriétés ferromagnétiques des cristaux.

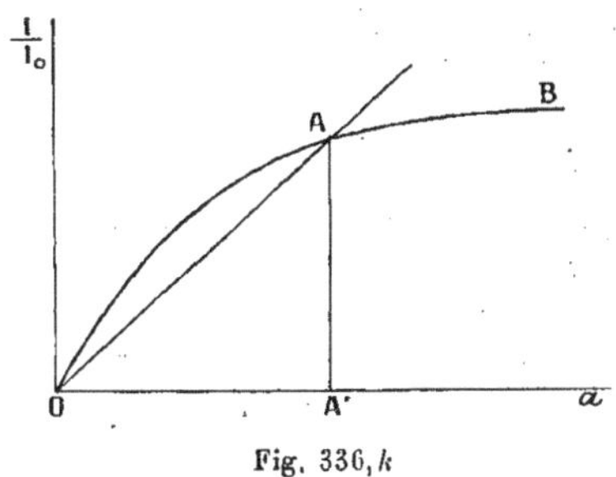

Fig. 336, k

Remarquons seulement ici que, par suite de la petitesse de la susceptibilité paramagnétique, il faudrait des champs énormes pour augmenter encore cette aimantation spontanée ; elle ne peut donc être égale qu'à ce que l'on appelle communément l'intensité d'aimantation à saturation à la température considérée T.

Si, malgré sa grande intensité, le champ moléculaire est insensible à l'extérieur du corps, cela tient à ses très petites dimensions : sa direction est fortuite et, même dans un très petit volume, toutes les directions de champ possibles existent, de sorte que le corps apparaît comme neutre. Le champ extérieur ne provoque donc pas l'aimantation, mais rend accessible à l'observation celle qui est préexistante.

P. Weiss a développé une longue série d'applications de sa théorie. Nous devons nous borner ici à quelques brèves indications.

De (69) résulte qu'*à température* T *croissante*, l'angle AOa augmente ; AA', ainsi que le champ moléculaire deviennent donc plus petits. A une certaine température θ, la droite OA est tangente au point O à la courbe OAB. Pour

a très petit, nous avons obtenu la formule (66) $I = \frac{1}{3} I_0 a$; d'autre part, d'après (69), $I = r\theta a : Mb$; on a donc

$$\frac{1}{3} I_0 a = \frac{r\theta a}{Mb},$$

d'où

$$(70) \qquad \theta = \frac{1}{3} \frac{I_0 Mb}{r}.$$

Les équations (69) et (70) donnent alors l'intéressante relation

$$(71) \qquad \frac{T}{\theta} = \frac{3}{a} \cdot \frac{I}{I_0},$$

a étant la fonction de $I : I_0 = I : MN$, qui est définie par (64). P. Weiss a vérifié expérimentalement la formule (71) pour différentes substances et a trouvé, avec la magnétite, la pyrrhotine et Fe^3Ni, un accord remarquable avec la théorie; pour Fe, Ni, Co, la courbe théorique ne présente qu'une ressemblance générale avec celle obtenue expérimentalement.

P. Weiss a expliqué les *propriétés magnétiques des cristaux* de la manière suivante. Dans chaque cristal, il y a trois directions rectangulaires, pour lesquelles le coefficient b de l'équation (68) prend respectivement les trois valeurs $b_1 > b_2 > b_3$. Prenons les axes de coordonnées suivant ces directions. Soient H_x, H_y, H_z les composantes du champ *extérieur* et I_x, I_y, I_z les composantes de l'aimantation I, en un point quelconque du corps. En ajoutant les composantes $b_1 I_x$, $b_2 I_y$, $b_3 I_z$ du champ moléculaire, on obtient les composantes $H_x + b_1 I_x$, $H_y + b_2 I_y$, $H_z + b_3 I_z$ du champ existant réellement au point considéré; la direction de ce champ devant coïncider avec la direction de I, on a

$$(72) \qquad \frac{H_x + b_1 I_x}{I_x} = \frac{H_y + b_2 I_y}{I_y} = \frac{H_z + b_3 H_z}{I_z}.$$

Si on suppose que H et I sont situés dans le plan des xy et que les angles $(H, x) = \alpha$, $(I, x) = \varphi$, on a

$$(72, a) \qquad \frac{H \cos \alpha + b_1 I \cos \varphi}{I \cos \varphi} = \frac{H \sin \alpha + b_2 I \sin \varphi}{I \sin \varphi},$$

d'où résulte aisément

$$(73) \qquad H \sin(\alpha - \varphi) = (b_1 - b_2) I \sin \varphi \cos \varphi,$$

avec des équations analogues pour les plans (x, z) et (y, z). Cette équation (73) avait déjà été établie antérieurement d'une manière empirique par P. Weiss, pour la *pyrrhotine*. Par comparaison avec les observations, il a obtenu, pour les *différences des champs moléculaires composants*, dans la *pyrrhotine*,

$$(73, a) \qquad \begin{cases} (b_1 - b_2) I = 7300 \text{ gauss}, \\ (b_2 - b_3) I = 150000 \text{ gauss}. \end{cases}$$

P. WEISS, dans un travail étendu, a appliqué sa théorie au fer ferromagnétique, qu'il regarde comme un conglomérat de cristaux satisfaisant isolément aux équations (72). Il a étudié l'action des champs faibles, moyens et forts, l'influence de la température et les phénomènes d'hystérèse. Nous ne pouvons reproduire les calculs de l'auteur, qui sont un peu longs, et nous nous bornerons à indiquer quelques résultats. Avec les *champs très faibles*, P. WEISS a trouvé la susceptibilité

$$\varkappa = \frac{1}{3}\left(\frac{1}{b_1 - b_2} + \frac{1}{b_1 - b_3}\right), \tag{74}$$

c'est-à-dire une expression *indépendante de la température*, ce qui a été vérifié pour le fer entre 6° et 100°. Au lieu de l'équation (71), il a obtenu, pour le fer, la relation

$$\frac{T}{\theta} = \frac{3}{a}\frac{I}{I_0} + \frac{3H}{abI_0}\,; \tag{75}$$

H est le champ extérieur et θ la température à laquelle le ferromagnétisme disparaît.

De (64) et (75), on déduit la dépendance entre $T:\theta$ et $I:I_0$ pour H donné. Quand H est petit, (66) donne

$$\frac{T}{\theta} = 1 - \frac{H}{bI}. \tag{76}$$

La différence $T - \theta$ est donc inversement proportionnelle à l'aimantation restante I, ce qui s'accorde d'une manière remarquable avec les expériences de P. CURIE. Pour les températures élevées, P. WEISS obtient, au lieu de la formule de CURIE $\varkappa T = const.$, la relation

$$\varkappa'_m (T - \theta) = const., \tag{77}$$

$\varkappa'_m$ se rapportant à une température au-dessus du point de transformation de CURIE. Une étude plus précise des propriétés du *fer*, au-dessus des trois différents points de transformation, a donné l'énorme valeur du champ moléculaire

$$bI = 80\,000\,000 \text{ gauss}. \tag{78}$$

WEISS et FOËX (1911) ont vérifié la relation (77) dans Fe, Ni, Co, la *magnétite* et 9 alliages Fe — Ni et ont déterminé la valeur des constantes correspondantes pour les intervalles entre les points de transformation.

WEISS et BECK (1908) ont aussi appliqué la théorie du champ moléculaire dans la question du changement de *chaleur spécifique* à la température de transformation. La chaleur spécifique c d'un corps magnétique comprend deux parties :

$$c = c_0 + c_m\,; \tag{79}$$

$c = c_0$, quand le corps n'est pas magnétique, et on a

$$c_m = A\frac{dE}{dt}, \tag{80}$$

A signifiant l'équivalent calorifique du travail et E l'énergie magnétique de l'unité de masse. On a

$$E = -\frac{1}{2}HI, \tag{81}$$

où $H = bI$ est l'intensité du champ *moléculaire*. Le second terme dans (79), qui exprime le travail de magnétisation naissante moléculaire, s'annule subitement à la température θ et un saut se produit dans la valeur de c ; ce saut, égal à $c_m(\theta)$, peut être calculé au moyen des données magnétiques. On a rassemblé, dans le tableau suivant, les valeurs calculées de $c_m(\theta)$ et celles mesurées par voie calorimétrique :

		Valeur calculée	Valeur observée
Fer	θ	$= 753° + 273°$	$758° + 273°$
	$c_m(\theta)$	$= 0,136$	$0,112$
Nickel	θ	$= 376° + 273°$	$376° + 273°$
	$c_m(\theta)$	$= 0,025$	$0,027$
Magnétite	θ	$= 588° + 273°$	$580° + 273°$
	$c_m(\theta)$	$= 0,048$	$0,050.$

L'accord est remarquable.

Passons maintenant à la très importante *théorie des magnétons* de P. WEISS, qui est analogue à la théorie des électrons. L'idée fondamentale est la suivante. Soit I_0 l'intensité de saturation d'un atome-gramme de la substance magnétique. Si on détermine cette grandeur I_0 pour différentes substances, on constate que les nombres I_0 sont des multiples d'un seul et même nombre K, que P. WEISS a appelé *magnéton-gramme*. En divisant K par le nombre N d'AVOGADRO, c'est-à-dire par le nombre d'atomes dans un atome-gramme, on obtient le moment magnétique m de l'aimant élémentaire ou *magnéton*. Les expériences de P. WEISS et KAMERLINGH-ONNES ont donné, pour l'intensité de saturation à la température de l'hydrogène liquide, dans le fer $I_0 = 13360$, dans le nickel $I_0 = 3370$; on a ainsi

Fer	13 360 : 11	= 1 123,6
Nickel	3 370 : 3	= 1 123,3
Moyenne		1 123,5.

Le magnéton gramme est donc égal à K = 1 123,5. P. WEISS *prend* $N = 68,5 \cdot 10^{22}$ et obtient, pour le *moment m du magnéton*,

$$m = 16,40 \cdot 10^{-22}. \tag{82}$$

Une molécule de fer contient 11 magnétons, une molécule de nickel 3 magnétons.

P. Weiss a montré que I_0 est proportionnel à $\sqrt{C}$, C étant la constante de Curie. Pour la *magnétite*, P. Weiss a déterminé la valeur de C dans 5 intervalles de température, entre les divers points de transformation, savoir 581° — 622°, 622° — 680°, 710° — 770°, 770° — 900°, et au-dessus de 900°. Il en résulte les valeurs relatives des grandeurs que prend I_0, et on constate que ces valeurs sont entre elles très approximativement comme 4 : 5 : 6 : 8 : 10. Dans les transformations, le moment d'une molécule change suivant un rapport rationnel simple.

P. Weiss a en outre étudié les *solutions* de sels paramagnétiques, et, utilisant les coefficients de température de l'intensité magnétique trouvés par Pascal, il a calculé les constantes correspondantes de Curie et ensuite les intensités de saturation moléculaires. Pour 17 substances (sur 27), il a obtenu un très bon accord, de sorte que *l'existence du magnéton doit être considérée comme démontrée pour* Fe, Ni, Co, Mn, Cu, Hg et U. Comme valeur moyenne, P. Weiss a trouvé, par ces calculs, K = 1122,1, résultat qui diffère très peu du nombre 1123,5 indiqué plus haut, lequel a été obtenu pour les métaux ferromagnétiques *solides* Fe et Ni.

Au moyen des mesures de Liebknecht et Wills sur différents sels de nickel, P. Weiss a trouvé 16,06 — 16,11 — 16,06 — 16,01 — 15,95 — 16,02, c'est-à-dire, avec une grande précision, 16 magnétons dans la molécule de nickel. Il a utilisé en outre les expériences de Melle Feytis (1911) sur les sels magnétiques *solides* de Fe, Mn, Co et Cr et a obtenu des concordances du même ordre.

Les résultats que P. Weiss a déduits de ses expériences en commun avec Foëx (1911) sur les métaux ferromagnétiques *au-dessus du point de* Curie, sont également très intéressants. Pour Ni pur, il a trouvé 8 magnétons, pour le fer au nickel 9 magnétons. Bloch (1911) a trouvé aussi les nombres 8 et 9. Il est remarquable qu'aux très basses températures, on ait trouvé seulement 3 magnétons dans la molécule de nickel et, dans les solutions de sels de nickel, 16 magnétons. Dans le cobalt, on trouve 15 magnétons, aussi bien pour le métal pur que pour les alliages Ni — Co.

Dans Fe, P. Weiss a distingué trois modifications : le fer β_1 entre 774° et 828°, le fer β_2 entre 828° et 920°, et le fer γ entre 920° et 1395°. En admettant que le fer β consiste en Fe^3 et le fer γ en Fe^2, on trouve dans le fer β_1 12 magnétons, dans le fer β_2 10 et dans le fer γ 20.

Au moyen des recherches d'Urbain sur les *terres rares*, P. Weiss (1911) a obtenu pour le magnéton-gramme la valeur K = 1122,7. En septembre 1912, P. Weiss a fait connaître que l'existence du magnéton est démontrée pour Fe, Ni, Co, Cr, Mn, V, Cu et U (peut-être Hg doit-il être substitué à V ?).

Nous mentionnerons encore brièvement quelques autres travaux se rapportant au sujet actuel. Kunz (1910) a étendu la théorie de l'hystérèse et l'a appliquée à Fe, Ni et la magnétite. Bloch (1912) a étudié de nouveau Ni et Co et a trouvé que Ni pur, entre T = 770° et 1200°, contient 8 magnétons, mais aux températures plus élevées 9. Le cobalt pur contient, entre T = 1460° et 1645°, 15 magnétons. R. H. Weber (1911) a étudié les propriétés magnétiques des sels de Fe, Ni, Co, Mn et Cr et a comparé les résultats avec la théorie des magnétons. En désignant par n le nombre de magnétons, on obtient $n = 19$ dans $CrCl^3$, $n = 25$ dans $CrCl^2$, $n = 25$ dans $MnPO^4$, $n = 27$ dans $FeSO^4$, $n = 16$ dans $NiSO^4$. Au contraire $CoSO^4$, $MnSO^4$ et $Fe^2(SO^4)^3$ n'ont accusé aucune concordance avec la théorie. Stifler (1911) s'est occupé des propriétés magnétiques du *cobalt* et a déterminé le point de Curie θ, l'intensité H du champ moléculaire, le moment m d'un magnéton et le nombre n de magnétons dans un aimant élémentaire. Il a obtenu $\theta = 1075°$ C., $H = 8\,870\,000$ gauss, $m = 6{,}21 \cdot 10^{-20}$ C. G. S. et $n = 4$. Wedekind et Horst (1912) ont déterminé le nombre de magnétons pour les combinaisons du vanadium VO, VS, VAz et VOCl. Heydweiller (1911) a exprimé des doutes sur les bases expérimentales de la théorie des magnétons, mais R. Gans (1912) a montré qu'ils n'étaient pas fondés. P. Langevin, dans une réunion de savants tenue à Bruxelles du 30 octobre au 3 novembre 1911, sous les auspices de E. Solvay, a signalé une relation remarquable entre l'hypotèse des magnétons et celle des éléments d'action de Planck, sous la forme que lui a donnée Sommerfeld (voir *Rapports et discussions sur la théorie du rayonnement et des quanta*, publiés par P. Langevin et de Broglie, Paris 1912, p. p. 313-392, 393-404).

BIBLIOGRAPHIE

2. — Théorie mathématique de l'induction magnétique.

Poisson. — *Mém. de l'Acad.*, **5**, pp. 248, 488, 1824 ; **6**, p. 441, 1827 ; *Ann. de chim. et phys.*, (2), **25**, p. 113, 1824 ; **28**, p. 1, 1825.

W. Thomson. — *Phil. Mag.*, (4), **1**, p. 177, 1851.

F. Neumann. — *Crelles J.*, **37**, p. 44, 1848.

Kirchhoff. — *Crelles J.*, **48**, p. 348, 1854 ; *P. A. Ergbd.*, **5**, p. 1, 1870.

Stefan. — *Wien. Ber.*, (2), **69**, p. 168, 1874.

Beer. — *Pogg. Ann.*, **94**, p. 192, 1855.

Plücker. — *Phil. Trans.*, **2**, p. 255, 1858.

Greenhill. — *Journ. de Phys.*, **10**, p. 294, 1881.

Reecke. — *W. A.*, **13**, p. 465, 1881.

P. Duhem. — *De l'aimantation par influence*, Paris, 1888.

Green. — *Crelles J.*, **47**, p. 215, 1852.

Lipschitz. — *Diss.* Berlin, 1857 ; *Crelles J.*, **58**, p. 1, 1859.

Sauter. — *W. A.*, **62**, p. 85, 1897.

Mues. — *Diss.*, Greifswald, 1893.

Schütz. — *Journ. f Mathem*, **113**, p. 161, 1894.

Boulgakoff. — *Aimantation d'un anneau*, etc. (en russe), St-Pétersb., 1901.

Du Bois. — (Anneau ouvert). *W. A.*, **46**, p. 493, 1892 ; *Verh. d. phys. Ges.*, **9**, p. 84, 1890.
Wassmuth. — (Anneau ouvert). *Wien. Ber.*, **102**, p. 81, 1893.
Stefan. — (Ecran). *W. A.*, **17**, p. 928, 1882.
Du Bois. — (Ecran). *W. A.*, **46**, p. 494, 1892 ; **63**, p. 348, 1897 ; **65**, p. 1, 1898.
Du Bois et Wills. — *Ann. d. Phys.*, (4), **2**, p. 78, 1900.
Wills. — *Phys. Rev.*, **9**, p. 193, 1899.
De la Rive. — *Journ. de Phys.*, (4), **8**, p. 670, 1909 ; **9**, p. 224, 1910.
Esmarch. — *Etude de l'action d'écran due aux systèmes lamellaires*, Moscou, 1910 (expériences) ; *Journ. de la Soc. russe phys.-chim.*, **43**, p. 347, 1911 (Théorie) ; *Annalen d. Physik*, (4), **39**, pp. 1540, 1553, 1912.
Föppl. — *W. A.*, **48**, p. 252, 1893.
H. Lehmann. — *W. A.*, **48**, p. 406, 1893.

Théorie des aimants moléculaires tournants.

W. Weber. — *Elektrodyn. Massbest.*, **3**, p. 566, 1864 ; *Abh. d. K. sächs. Ges.*, **1**, p. 458, 1852 ; *P. A.*, **87**, p. 167, 1852.
Maxwell. — *Treatise on Electr. and Magnet.*, **2**, p. 79, 1881.
O. D. Chwolson. — *Sur le mécanisme de l'induction magnétique dans l'acier* (en russe), St-Petersb., 1876.
Righi. — *Mem. di Bologna*, (4), **1**, p. 433, 1880.
Stefan. — *Wien. Ber.*, **69**, p. 165, 1874.
W. Siemens. — *Berl. Ber.*, 1881, 1884 ; *W. A.*, **14**, p. 642, 1882.
Ewing. — *Phil. Mag.*, (5), **30**, p. 205, 1890 ; *Phil. Trans.*, **2**, p. 523, 1885 ; *Proc. R. Soc.*, **48**, p. 342, 1890.
Du Bois. — *Ann. d. Phys.*, (4), **13**, p. 289, 1904 ; **14**, p. 209, 1904 ; *Boltzmann Festschrift*, 1904, p. 809.
Holborn. — *Berl. Ber.*, 1896, p. 173.
Martens. — *W. A.*, **60**, p. 61, 1897.
Klemenčič. — *W. A.*, **62**, p. 68, 1897.
Gildemeister. — *Ann. d. Phys.*, (4), **23**, p. 401, 1907.

3. — Electro-aimants.

Sturgeon. — *Proceedings of the Soc. of Arts*, 1825 ; *Phil. Mag.*, **11**, p. 194, 1832 ; *P. A.*, **24**, p. 632, 1832.
Brewster. — *Edinb. Journ. of Science*, 1826, n° 6, p. 210.
Joule. — *Annals of Electr.*, **5**, p. 187, 1840 ; *P. A.*, **51**, p. 371, 1840.
Ruhmkorff. — *C. R.*, **23**, pp. 417, 538, 1846.
Du Bois. — *W. A.*, **35**, p. 146, 1888 ; **51**, p. 537, 1894 ; *Annal. d. Phys.*, (4), **1**, p. 199, 1900 ; *Verh. d. d. phys. Ges.*, 1892, p. 54 ; 1894, p. 34 ; 1898, p. 99 ; 1909, p. 709 ; 1912, p. 758 ; *Instr.*, **19**, p. 357, 1899 ; **31**, pp. 362-378, 1911 ; *Versl. Akad. Wet. Amsterdam*, **18**, p. 118, 1909 ; **19**, p. 397, 1910.
Stefan. — *Wien. Ber.*, **97**, p. 176, 1888 ; *W. A.*, **38**, p. 440, 1889.
Ewing et Low. — *Proc. R. Soc.*, **42**, p. 200, 1887 ; **45**, p. 40, 1888 ; *Phil. Trans.*, **180**, p. 227, 1889.
Weiss. — *L'éclair. électr.*, **15**, p. 481, 1898 ; *Journ. de Phys.*, (4), **6**, p. 353, 1907.
Ollivier. — *Ann. de chimie et phys.*, (8), **21**, p. 289, 1910.
Walter. — *Ann. d. Phys*, (4), **14**, p. 106, 1904.
Lenz et Jacobi. — *P. A.*, **47**, pp. 225, 415, 1839 ; **61**, p. 255, 1844 ; *Bull. de l'Acad. de St-Pétersb.*, 1838.

J. Müller. — *P. A.*, **79**, p. 337, 1850 ; **82**, p. 181, 1851.
Lamont. — *Handbuch des Magnetismus*, p. 41, 1867.
O. Frölich. — *Elektrotechn. Ztschr.*, 1881, pp. 141, 170 ; 1882, p. 73 ; 1886, p. 160 ; 1894, p. 368.
Sohncke. — *Elektrotechn. Ztschr.*, 1883, p. 160.
Ruths. — *Magn. weicher Eisenzylinder*, Dortmund, 1876.
Müllendorf. — *Elektrotechn. Ztschr.*, 1901, p. 925 ; 1902, p. 25.
Kapp. — *Electrician*, **18**, p. 21, 1886.
Dub. — *P. A.*, **86**, p. 553, 1852 ; **90**, pp. 250, 441, 1853 ; **94**, p. 580, 1855 ; **102**, p. 208, 1857 ; **120**, p. 573, 1863.
G. Wiedemann. — *P. A.*, **117**, p. 236, 1862.
Waltenhofen. — *Wien. Ber.*, **48**, p. 518, 1864 ; **52**, p. 87, 1865 ; **61**, pp. 739, 771, 1870 ; *P. A.*, **121**, p. 450, 1864 ; *W. A.*, **27**, p. 630, 1886 ; **32**, p. 133, 1887.
Fechner. — *Schweigg. Journ.*, **69**, pp. 277, 316, 1833.
Joule. — *Phil. Mag.*, (4), **2**, pp. 306, 447, 1851 ; **3**, p. 32, 1852.
Siemens. — *W. A.*, **14**, p. 640, 1881.
Stefan. — *Wien. Ber.*, **81**, p. 89, 1880.
Wassmuth. — *Wien. Ber.*, **85**, p. 327, 1882.
Bosanquet. — *Phil. Mag.*, (5), **22**, p. 535, 1886.
Bidwell. — *Proc. R. Soc.*, **40**, p. 486, 1886.
Threlfall. — *Phil. Mag.*, (5), **38**, p. 89, 1894.
E. Jones. — *W. A.*, **54**, p. 641, 1895 ; **57**, p. 258, 1896.
J. et E. Hopkinson. — *Phil. Trans.*, **177**, p. 331, 1886 ; *Electr. Rev.*, **19**, p. 472, 1886.
Kapp. — *Electrician*, 1885, pp. 14, 15, 16 ; *Journ. Soc. Tel. Eng.*, **15**, p. 518, 1886.
Kahle. — *Diss.*, Marburg, 1890.

4. — Influence du champ magnétique sur la forme et les dimensions des corps.

Maxwell. — *Trans. R. Soc.*, 1865.
Helmholtz. — *Berl. Ber.*, 1881 ; *W. A.*, **13**, p. 385, 1881.
Boltzmann. — *Wien. Ber.*, **80**, 1879 ; **82**, pp. 826, 1157, 1880.
Kirchhoff. — *W. A.*, **24**, p. 52, 1885 ; **25**, p. 601, 1885.
Korteweg. *W. A.*, **9**, p. 48, 1880.
P. Duhem. — *C. R.*, **112**, p. 157, 1891 ; *Leçons sur l'électricité et le magnétisme*, **2**, p. 405, 1892 ; *Amer. J. of Math.*, **17**, p. 117, 1895.
Kolaček. — *Ann. d. Phys.*, (4), **13**, p. 1, 1904 ; **14**, p. 177, 1904 ; *Phys. Ztschr.*, **6**, p. 143, 1905.
Heydweiller. — *Ann. d. Phys.*, (4), **12**, p. 602, 1903 ; **14**, p. 1036, 1904.
Pockels. — *Arch. f. Math. u. Phys.*, **12**, p. 57, 1893.
Lorberg. — *W. A.*, **21**, p. 300, 1884.
Adler. — *Wien. Ber.*, **92**, p. 1439, 1885 ; **100**, p. 477, 1892 ; **101**, p. 1537, 1892 ; *W. A.*, **28**, p. 509, 1886.
Sano. — *Phys. Rev.*, **13**, p. 158, 1902 ; *Phys. Ztschr.*, **3**, p. 401, 1902 ; **5**, p. 812, 1904 ; *Tokyo J.*, **8**, p. 229, 1901.
Cantone. — *Mem. Acc. di Lincei*, **6**, pp. 252, 487, 1890.
R. Gans. — *Ann. d. Phys.*, (4), **13**, p. 634, 1904 ; **14**, p. 638, 1904.
Reusing. — *Ann. d. Phys.*, (4), **14**, p. 363, 1904.
Nagaoka et Jones. — *Phil. Mag.*, (5), **41**, p. 454, 1896.

Nagaoka et Honda. — *Phil. Mag.*, (5), **46**, p. 261, 1898.
Nagaoka. — *Boltzmann-Festschrift*, p. 916, 1904.
E. Jones — *Proc. R. Soc.*, **63**, p. 44, 1898.
Quincke. — *W. A.*, **24**, p. 347, 1885; **34**, p. 401, 1888.
Beltrami. — *Rend. Istit. Lombardo*, (2), **16**, 1884; *Mem. Acc. di Bologna*, 1886.
Drude. — *W. A.*, **63**, p. 9, 1897.
Nagaoka. — *Rapp. prés. au Congr. internat. de Phys.*, **2**, p. 536, 1900.
Sano. — (Liquides). *Phys. Ztschr.*, **6**, p. 566, 1905; *Tokyo K.*, **2**, pp. 248, 265, 365, 1905.
Joule. — *Phil. Mag.*, **30**, pp. 76, 225, 1847.
Houston. — *Phys. Rev.*, **30**, p. 698, 1911.
Leduc. — *C. R.*, **152**, p. 853, 1911.
A. Mayer. — *Phil. Mag.*, (4), **46**, p. 177, 1873.
Barrett. — *Phil. Mag.*, (4), **47**, p. 51, 1874; *Nature*, **26**, pp. 515, 586, 1882.
Bidwell. — *Proc. R. Soc.*, **38**, p. 265, 1885; **40**, pp. 109, 257, 1886; **43**, p. 406, 1888; **47**, p. 469, 1890; **51**, p. 495, 1892; **56**, p. 94, 1894; **73**, p. 413, 1903; **74**, p. 60, 1905; *Trans. R. Soc.*, 1888, p. 205; *Nature*, **38**, p. 224, 1888.
Berget. — *C. R.*, **115**, p. 722, 1892; *J. de Phys.*, (3), **2**, p. 172, 1893.
Righi. — *Mem. di Bologna*, **4**, 1879.
Nagaoka. — *Phil. Mag.*, (5), **37**, p. 131, 1894; *W. A.*, **53**, p. 487, 1894.
Nagaoka et Honda. — *Phil. Mag.*, (5), **46**, p. 261, 1898; (6), **4**, p. 45, 1902; *Nature*, **65**, p. 246, 1902; *C. R.*, **134**, p. 536, 1902; *J. de Phys.*, (4), **1**, p. 627, 1902.
Honda et Shimizu. — *Phil. Mag.*, (6), **4**, p. 338, 1902; **6**, p. 392, 1903; *Phys. Ztschr.*, **3**, p. 378, 1902; **4**, p. 499, 1903; **10**, pp. 548, 642, 1905.
Rosing. — *J. de la Soc. russe phys.-chim.*, **26**, p. 253, 1894.
Bachmétieff. — *Wien. Ber.*, **104**, p. 71, 1895.
More. — *Phil. Mag.*, (5), **40**, p. 345, 1895.
Klingenberg. — *Diss.* Rostock, 1897.
Shaw et Laws. — *Electrician*, **46**, pp. 649, 738, 1901; **48**, pp. 699, 765, 1902.
Aubel. — *J. de Phys.*, (3), **1**, p. 424, 1892.
Guillaume. — *C. R.*, **134**, p. 538, 1902; *J. de Phys.*, (4), **1**, p. 633, 1902.
Osmond. — *C. R.*, **134**, p. 596, 1902.
Wills. — *Phys. Rev.* **15**, p. 1, 1902.
Guthe et Austin. — *Bull. Bur. Stand.*, **2**, p. 297, 1906.
Davies. — *Nature*, **75**, p. 102, 1906.
Mc. Lennan. — *Phys. Rev.*, **24**, p. 449, 1907.
Tieri. — *Atti Acc. di Lincei*, **17**, p. 204, 1908.
Dorsey. — *Phys. Rev.*, **30**, p. 698, 1910.
Williams. — *Phys. Rev.*, **32**, p. 281, 1911.
Knott. — *Proc. Edinb. Soc.*, **18**, p. 315, 1891; **22**, p. 216, 1898; *Trans. R. Soc. Edinb.*, (3), **38**, p. 527, 1896; **39**, p. 457, 1898.
Knott et Shand. — *Proc. Edinb. Soc.*, **19**, pp. 85, 249, 1892; **20**, p. 295, 1893; **22**, p. 216, 1898.
Hurmuzescu. — *Arch. Sc. phys. et natur.*, **4**, p. 431, 1897.
Maurain. — *Ecl. électr.*, **32**, p. 325, 1902.
Quincke. — *Berl. Ber.*, 1884, p. 17; 1900, p. 391.
Slouguinoff. — *Diss.*, (en russe) St-Pétersb., 1895.
Page. — *P. A.*, **43**, p. 411, 1838.

DELEZENNE. — *Bibl. univ. nouv.*, **16**, p. 406, 1838.
MARRIAN. — *Phil. Mag.*, **25**, p. 382, 1844 ; *P. A.*, **63**, p. 530, 1838.
MATTEUCCI. — *Arch. Sc. phys.*, **5**, p. 389, 1845.
WERTHEIM. — *Pogg. Ann.*, **77**, p. 43, 1848 ; *Ann. de chim. et phys.*, (3), **23**, p. 302, 1848.
DE LA RIVE. — *Arch. Sc. phys.*, **25**, p. 311, 1866 ; *Ann. de chim. et phys.*, (4), **8**, p. 305, 1866 ; *Pogg. Ann.*, **65**, p. 637, 1845 ; **76**, p. 270, 1847 ; **128**, p. 452, 1866 ; *C. R.*, **26**, p. 1287, 1845.
ADER. — *C. R.*, **88**, p. 641, 1879.
FERGUSON. — *Proc. R. Soc. Edinb.*, 6 Mars 1878.
TROWBRIDGE. — *Proc. Amer. Acad.*; **11**, p. 114, 1878.
BACHMÉTIEFF. — *Repert. d. Phys.*, **26**, p. 137, 1890.
HONDA et SHIMIZU. — *Phil. Mag.*, (6), **4**, p. 645, 1902.

5. — Mesure de $\varkappa$ et μ dans les corps ferromagnétiques.

EWING. — *Magnetic Induction in iron and other metals*, p. 39, 1891 ; édition allemande, p. 44, 1882.
STOLIÉTOFF. — *P. A.*, **146**, p. 439, 1872.
ROWLAND. — *Phil. Mag.*, (4), **46**, p. 140, 1873 ; **48**, p. 321, 1874.
J. HOPKINSON. — *Phil. Trans.*, **176**, p. 455, 1855.
CORSEPIUS. — *Unters. zur Konstrucktion magn. Maschinen*, pp. 46-61, Berlin, 1891.
BEHN-ESCHENBURG. — *Elektrotechn. Ztschr.*, **14**, p. 330, 1893.
KAPP. — *Electr. Engin.*, **23**, p. 199, 1894.
DRYSDALE. — *Electrician*, **28**, p. 267, 1901.
EWING et LOW. — *Proc. R. Soc.*, **42**, p. 200, 1887 ; *Phil. Trans.*, **180**, p. 221, 1889.
DU BOIS. — *Phil. Mag.*, (5), **29**, p. 293, 1890 ; *W. A.*, **39**, p. 25, 1890 ; **46**, p. 545, 1892.
SILV. THOMPSON. — *Dynamo-electric Machinery*, 4ᵉ édition, p. 138, 1892.
DU BOIS. — (Balance). *Elektrotechn. Ztschr.*, 1892, p. 579 ; *Instr.*, **12**, p. 404, 1892 ; **20**, pp. 113, 129, 1900 ; *Ann. d. Phys.*, (4), **2**, p. 317, 1900.
BRUGER. — *Berichte d. Sektions-Sitz. des Elektrotechn. Kongresses* (1891) *in Frankfurt*, p. 87, 1892.
SIEMENS et HALSKE. — *Instr.*, Février 1898.
LLOYD. — *Bull. Bur. of Stand.*, **5**, p. 435, 1909.
PEIRCE. — *Proc. Amer. Ak. of Arts a. Sc.*, **46**, p. 85, 1910.
BEATTIE et GERRARD. — *Electrician*, 61, p. 750, 1910.
GRAY et ROSS. — *Ann. d. Phys.*, (4), **33**, p. 1413, 1912.

6. — Dépendance de B et $\varkappa$ à l'égard de H dans les corps ferromagnétiques. Hystérésis.

EWING et LOW. — *Trans. R. Soc.*, **180**, p. 221, 1889.
E. T. JONES — *W. A.*, **57**, p. 273, 1896.
WILSON. — *Proc. R. Soc.*, **62**, p. 369, 1898.
STOLIÉTOFF. — *P. A.*, **146**, p. 439, 1872.
BAUR. — *W. A.*, **11**, p. 399, 1880.
LORD RAYLEIGH. — *Phil. Mag.*, (5), **23**, p. 225, 1887.
HOLBORN. — *W. A.*, **61**, p. 281, 1897.
CULMANN. — *W. A.*, **56**, p. 602, 1895.
WERNER SCHMIDT. — *W. A.*, **54**, p. 655, 1895.

RÖSSLER. — *Elektrotechn. Ztschr.*, 1893, p. 134.
WEISS. — *Eclair. électr.*, **8**, p. 436, 1896.
PEIRCE. — *Proc. Amer. Ac. of Arts and Sc.*, **46**, p. 207, 1910.
GUMLICH et ROGOWSKI. — *Annal. d. Phys*, (4), **34**, p. 235, 1911 ; *Elektrotechn. Zeitschr.*, **32**, p. 180, 1911.
WEISS. — (Lm). *C. R.*, **145**, p. 1155, 1907 ; *Arch. Sc. phys. et nat.*, (4), **29**, p. 175, 1910 ; *J. de Phys.*, (4), **9**, p. 373, 1910.
DROZ. — *Arch. Sc. phys. et nat.*, (4), **29**, p. 204, 1910.
HADFIELD et HOPKINSON. — *Electrician*, **66**, p. 324, 1910 ; *I. Inst. Electr. Engin.*, **46**, p. 235, 1911.
BOUTY. — *C. R.*, **80**, pp. 650, 879, 1875 ; **81**, p. 88, 1875; *Ann. de l'Ec. norm.*, (2), **4**, pp. 9, 49, 1875.
WALTENHOFEN. — *Wien. Ber.*, **48**, p. 504, 1863 ; *P. A.*, **120**, p. 650, 1863.
FROMME. — *W. A.*, **5**, p. 345, 1878 ; **13**, p. 326, 1881 ; **18**, p. 442, 1883 ; **33**, p. 236, 1888 ; **44**, p. 138, 1891.
AUERBACH. — *W. A.*, **14**, p. 308, 1881 ; **16**, p. 554, 1882.
RIGHI. — *C. R.*, **90**, p. 688, 1880 ; *Mem. di Bologna*, (4), **1**, 1880.
PENCKERT. — *W. A.*, **32**, p. 291, 1887.
PEIRCE. — *Proc. Amer. Acad. of Arts and Sc.*, **47**, p. 633, 1912.
BOUTY. — *C. R.*, **82**, p. 1050, 1876.
OLLIVIER. — *C. R.*, **150**, p. 1051, 1910.
WARBURG. — *Freiburger Berichte*, **8**, 8 Déc. 1880 ; *W. A.*, **13**, p. 141, 1881.
EWING. — *Proc. R. Soc.*, **34**, p. 39, 1882 ; *Phil. Trans.*, **176**, p. 523, 1885.
HOPKINSON. — *Phil. Trans.*, **176**, p. 455, 1885 ; *Proc. R., Soc.*, **47**, pp. 23, 138, 1889 ; **48**, p. 1, 1890.
OBERBECK. — *W. A.*, **21**, p. 672, 1884.
TANAKADATÉ. — *Phil. Mag.*, (5), **28**, p. 207, 1889.
NIETHAMMER. — *W. A.*, **66**, p. 29, 1898.
M. WIEN. — *W. A.*, **66**, p. 859, 1898.
ÅNGSTRÖM. — *Öfvers. K. Vetensk. Ak. Förhandl.*, **56**, p. 251, 1899.
MAURAIN. — *C. R.*, **137**, p. 914, 1903.
SCHAMES. — *Ann. d. Phys.*, (4), **22**, p. 448, 1907.
WILSON et LYDALL. — *Proc. R. Soc.*, **53**, p. 352, 1892.
WARBURG et HÖNIG. — *W. A.*, **20**, p. 814, 1883.
WEIHE. — *W. A.*, **61**, p. 578, 1897.
SEARLE. — *Proc. Phil. Soc Cambridge*, **7**, p. 330, 1892.
WEHNELT. — *Verh. d. d. phys. Ges.*, 1909, p. 109.
MADELUNG. — *Phys. Ztschr.*, **8**, p. 72, 1907 ; **13**, p. 436, 1912.
BALDWIN. — *Phil. Mag.*, (6), **13**, p. 232, 1907.
R. GANS. — *Götting. Nachr.*, 1910, p. 197 ; 1911, p. 1.
SILV. THOMPSON. — *Phil. Mag.*, (6), **20**, p. 417, 1910.
WEISS. — *Phys. Zeitschr.*, **9**, p. 358, 1908.
KUNZ. — *Phys. Zeitschr.*, **13**, p. 591, 1912.
MAURAIN. — *C. R.*, **130**, p. 410, 1900 ; *Journ. de Phys.*, (3), **10**, p. 123, 1901 ; *Eclairage électr.*, **26**, p. 212, 1901.
SCHILD. — *Annal. d. Physik*, (4), **25**, p. 586, 1908.
FERRY. — *Phys. Rev.*, **30**, p. 133, 1910.
KAUFMANN et MEIER. — *Phys. Zeitschr.*, **12**, p. 513, 1911.
R. GANS. — *Phys. Zeitschr.*, **12**, pp. 811, 911, 1911.

VALLAURI. — *Phys. Zeitschr.*, **13**, p. 314, 1912.
PIOLA. — *Atti Acc. dei Lincei*, (5), **15**, p. 222, 1906.

7. — Travail et échauffement dans l'aimantation.

WARBURG, HOPKINSON. — Voir § **6**.
ADLER. — *W. A.*, **46**, p. 503, 1892.
P. DUHEM. — *Théorie nouvelle de l'aimantation*, etc., Paris, 1888 ; *Leçons sur l'électr. et le magn.*, **2**, Paris, 1892 ; *Mém. de l'Acad. R. de Belg.*, **54**, p. 53, 1896.
CISOTTI. — *Rend. R. Acc. dei Lincei*, (5), **17**, p. 413, 1908.
LEDUC. — *C. R.*, **152**, p. 1243, 1911.
KREUSLER. — *Verh. d. d. Phys. Ges.*, 1908, p. 344.
GUMLICH. — *Verh d. d. Phys. Ges.*, 1908, p. 371.
STEINMETZ. — *Elektrotechn. Ztschr.*, **12**, p. 62, 1891 ; **13**, p. 519, 1892 ; *Electrician*, **28**, pp. 408, 425, 1892 ; *Trans. Amer. Inst. of electr. eng.*, **9**, p. 1, 1892.
BAILY. — *Electrician*, **36**, p. 118, 1895.
MAURACH. — *Ann. d. Phys.*, (4), **6**, p. 580, 1901.
GRAY. — *Proc. R. Soc.*, **56**, p. 48, 1894.
WEISS. — *Eclairage électr.*, **8**, p. 436, 1896.
EWING et MISS KLAASSEN. — *Electrician*, 6 Avril 1894 ; *Phil. Trans.*, 1894 ; *Proc. R. Soc.*, **54**, p. 75, 1893.
RICHTER. — *Elektrotechn. Zeitschr.*, **31**, p. 1291, 1910.
BAILY. — *Electrician*, **33**, p. 516, 1894 ; *Phil. Trans.*, **187**, p. 715, 1896.
GRAU et HIECKE. — *Wien. Ber.*, **105**, p. 933, 1896.
SCHENKEL. — *Elektrotechn. Zeitschr.*, **23**, p 429, 1902.
WEISS et PLANER. — *Journ. de Phys.*, (4), **7**, p. 5, 1908.
FULLER et BRACE. — *Phil. Mag.*, (6), **18**, p. 866, 1909 ; *Proc. Phys. Soc.*, **21**, p. 794, 1910 ; *Electrician*, **64**, p. 797, 1910.
VILLAURI. — *Assoc. elettrotecnica ital.*, **13**, p. 1, 1909.
PERRIER. — *Journ. de Phys.*, (4), **9**, pp. 785, 865, 1910 ; *Arch. Sc. phys. et nat.*, (4), pp. 5, 119, 237, 1909.
HOLDEN. — *The Electrical World*, 15 Juin 1895.
MARCEL DEPREZ. — *C. R.*, **128**, p. 61, 1899 ; *Eclair. électr.*, **17**, p. 148, 1899.
BLONDEL. — *C. R.*, **128**, p. 358, 1898 ; *Eclair. électr.*, **17**, p. 437, 1898 ; **18**, p. 227, 1899.
EWING. — *Eclair. électr.*, **3**, p. 427, 1895.
JOULE. — *Phil. Mag.*, (3), **23**, pp. 263, 347, 435, 1843.
CAZIN. — *Ann. de chim. et phys.*, (5), **6**, p. 493, 1875 ; *C. R.*, **78**, p. 845 ; **79**, p. 290, 1874 ; *J. de Phys.*, (1), **5**, p. 111, 1876.
GROVE. — *P. A.*, **78**, p. 567, 1849 ; *Phil. Mag.*, **35**, p. 153, 1849.
WARBURG. — *W. A.*, **13**, p. 141, 1881.
EDLUND. — *P. A.* **123**, p. 285, 1864.
JAMIN et ROGER. — *C. R.*, **68**, pp. 682, 1017, 1311, 1471, 1869.
HERWIG. — *W. A.*, **4**, p. 177, 1878.
BORGMANN. — *J. de la Soc. russe phys.-chim.*, **14**, p. 67, 1882 ; *J. de Phys.*, (2), **2**, p. 574, 1883.
WARBURG et HÖNIG — *W. A.*, **20**, p. 814, 1883.
PILLEUX. — *C. R.*, **94**, p. 946, 1882.
TROWBRIDGE. — *Proceed. Amer. Acad.*, 1878, p. 114.
R. STRAUSS. — *Diss.*, Zürich, 1896.
M. WIEN. — *W. A.*, **66**, p. 859, 1898.

MAURAIN. — *Ann. de chim. et phys.*, (7), **14**, p. 208, 1898 ; *J. de Phys.*, (3), **7**, p. 274, 1898.

8. — Influence des actions mécaniques et de la température sur l'aimantation.

EWING. — *Trans. R. Soc.*, **176**, pp. 535, 564, 1885.

G. WIEDEMANN. — *P. A.*, **100**, p. 241, 1857.

FROMME. — *W. A.*, **4**, p. 76, 1878 ; **5**, p. 345, 1878 ; **45**, p. 798, 1892 ; **61**, p. 55, 1897 ; **63**, p. 314, 1898.

VILLARI. — *Nuov. Cim.*, **27**, Mai-Juin 1868 ; *P. A.*, **137**, p. 569, 1869.

BERSON. — *C. R.*, **106**, p. 592, 1888 ; **108**, p. 94, 1889.

ASCOLI. — *Nuov. Cim.*, (5), **3**, p. 5, 1902

MATTEUCCI. — *Ann. de chim. et phys.*, (3), **53**, p. 416, 1858.

WERTHEIM. — *C. R.*, **35**, p. 702, 1852 ; *Ann. de chim. et phys.*, (3), **50**, p. 385, 1857.

VILLARI. — *P. A.*, **126**, p. 87, 1868.

HONDA et TERADA. — *Phil. Mag.*, (6), **14**, p. 65, 1907.

RUSSELL. — *Edinb. Trans.*, **45**, p. 490, 1907 ; *Phil. Mag.*, (6), **14**, p. 468, 1907 ; *Journ. de Phys.*, (4), **7**, p. 304, 1908 (compte-rendu de MAURAIN).

MAURAIN. — *Journ. de Phys.*, (4), **7**, p. 497, 1908.

ERCOLINI. — *N. Cim.*, (6), **1**, pp. 213, 237, 1911.

TOMLINSON. — *Phil. Mag.*, (5), **29**, p. 394, 1890 ; *Proc. R. Soc.*, **42**, p. 224, 1887 ; **47**, p. 13, 1889 ; **56**, p. 103, 1894.

CHREE. — *Phil. Trans.*, **181**, p. 329, 1890 ; *Proc. R. Soc.*, **47**, p. 41, 1889.

W. THOMSON. — *Proc. R. Soc.*, **23**, pp. 445, 473, 1875 ; **27**, p. 439, 1878 ; *Trans. R. Soc.*, **166**, p. 693, 1877.

HEYDWEILLER. — *W. A.*, **52**, p. 462, 1894 ; *Phys. Ztschr.*, **5**, p. 255, 1904.

HONDA et SHIMIZU. — *Ann. d. Phys.*, (4), **14**, p. 791, 1904 ; *Phys. Ztschr.*, **5**, p. 254, 1904.

NAGAOKA et HONDA. — *Phil. Mag.*, (6), **4**, p. 45, 1902.

BOUASSE et BERTHIER. — *Ann. de chimie et phys.*, (8), **10**, p. 199, 1907.

MAURAIN. — *Journ. de Phys.*, (4), **6**, p 380, 1907.

PELLET. — *Journ. de Phys.*, (4), **8**, p. 110, 1909.

WILLIAMS. — *Phys. Rev.*, **32**, p. 281, 1911.

G. S. MEYER — *W. A.*, **59**, p. 142, 1896.

WERTHEIM. — (Torsion). *C. R.*, **22**, p. 336, 1846 ; **35**, p. 702, 1852 ; *Ann. de chim. et phys.*, (3), **23**, p. 302, 1848 ; **50**, p. 385, 1857.

G. WIEDEMANN. — *P. A.*, **103**, p. 563, 1858 ; **106**, p. 161, 1859 ; **117**, p. 195, 1862 ; *W. A.*, **27**, p. 376, 1886 ; **37**, p. 610, 1889.

KNOTT. — *Trans. R. Edinb. Soc.*, **35**, p. 377, 1889 ; **36**, p. 485, 1891 ; *Phil. Mag.*, (5), **37**, p. 141, 1894.

ZEHNDER. — *W. A.*, **41**, p. 210, 1890.

NAGAOKA. — *Phil. Mag.*, (5), **29**, p. 123, 1890 ; *W. A.*, **53**, p. 481, 1894 ; *Journ. of Coll. of Sc. Tokyo*, **2**, p. 304, 1888 ; **3**, pp. 189, 335, 1889 ; **4**, p. 323, 1891.

MOREAU. — *C. R.*, **122**, p. 1192, 1896 ; **126**, p. 463, 1898 ; *J. de Phys.*, (3), **7**, p. 125, 1898.

SCHREBER. — *Phys. Ztschr.*, **2**, p. 18, 1900.

BARUS. — *Amer. J. of Sc.*, **10**, p. 407, 1900 ; **11**, p. 97, 1901.

NAGAOKA et HONDA. — *Journ. of Coll. of Sc. Tokyo*, **13**, p. 263, 1900.

INFLUENCE DE LA TEMPÉRATURE.

KUPFFER. — *P. A.*, **17**, p. 405, 1829.
G. WIEDEMANN. — *P. A.*, **122**, p. 346, 1864.
PERKINS. — *Amer. Journ. of Sc.*, (3), **30**, p. 218, 1885.
BAUR. — *W. A.*, **11**, p. 394, 1880.
HOPKINSON. — *Proc. R. Soc.*, **44**, p. 317, 1888 ; **45**, p. 318, 1889 ; **47**, pp. 23, 138, 1889 ; **48**, pp. 1, 442, 1890 ; *Trans. R. Soc*, **180**, p. 443, 1889.
TOMLINSON. — *Phil. Mag.*, (5), **25**, p. 372, 1888 ; **26**, p. 18, 1888.
VAN'T HOFF. — *Rapports présentés au Congrès intern. de Phys.*, **2**, p. 532, 1900.
CURIE. — *C. R.*, **118**, pp. 796, 859, 1134, 1894 ; *Journ. de Phys.*, (3), **4**, pp. 197, 263, 1895.
KUNZ. — *Progr. Ludw. Georgs-Gymn.*, Darmstadt, 1893 ; *Diss.*, Tübingen, 1893.
WILLS. — *Phil. Mag.*, (5), **50**, p. 1, 1900.
LE CHATELIER. — *C. R.*, **119**, p. 272, 1894.
BERSON. — *Ann. de chim. et phys.*, (5), **8**, p. 433, 1866.
HONDA et SHIMIZU. — *Phys. Ztschr.*, **5**, p. 816, 1904.
DU BOIS. — *Phil. Mag.*, (5), **29**, p. 293, 1890.
GAUGAIN. — *Journ. de Phys.*, (2), **7**, p. 186, 1888.
LEDEBOER. — *Journ. de Phys*, (2), **7**, p. 199, 1888 ; *C. R.*, **106**, p. 129, 1888.
BARRETT. — *Phil. Mag.*, (4), **46**, p. 472, 1873.
OSMOND. — (Recalescence). *C. R.*, **106**, p. 1156, 1888 ; *Mém. de l'artill. de marine*, **15**, p. 131, 1887.
WEISS et FOËX. — *Journ. de Phys.*, (5), **1**, pp. 274, 744, 805, 1911 ; *Arch. des Sc. phys. et nat.*, (4), **31**, pp. 5, 89, 1911.
ASHWORTH. — *Phil. Mag.*, (6), **23**, p. 36, 1912.
WEISS et KAMERLINGH-ONNES. — *Versl. kon. Ak. van Wiet.*, **18**, p. 768, 1910 ; *Comm. Phys. Labor. Leyden*, n° **114** ; *C. R*, **150**, p. 686, 1910 ; *Journ. de Phys.*, (4), **9**, p. 555, 1910 ; *Arch. Sc. phys. et natur.*, (4), **30**, pp. 341, 449, 1910.
RADOVANIĆ. — *Arch. Sc. phys. et natur.*, (4), **32**, p. 315, 1911 ; *Vierteljahrschr. der Naturf. Ges.*, Zürich, **55**, p. 493, 1911.
PERRIER et KAMERLINGH-ONNES. — *Versl. kon. Ak. van Wet.*, **20**, p. 1138, 1912 ; *Comm. Phys. Labor. Leyden*, n° **126** ; *Arch. Sc. phys. et natur.*, (4), **33**, p. 259, 1912.
MAURAIN. — *Ann. de chim. et phys*, (8), **20**, p. 353, 1910 ; *C. R.*, **150**, p. 777, 1910.
CLAUDE. — *C. R.*, **129**, p. 409, 1899.
FLEMING et DEWAR. — *Proc. R. Soc.*, **60**, p. 57, 1897.
OSMOND. — *C. R.*, **128**, p. 1395, 1899.
MORRIS. — *Phil. Mag.*, **44**, p. 213, 1897.
ROGET. — *Proc. R. Soc.*, **63**, p. 258, 1898.
ROWLAND. — (Ni). *Phil. Mag.*, (4), **48**, p. 321, 1874.

9. — Propriétés ferromagnétiques des poudres, des alliages et des minéraux.

WALTENHOFEN. — *Wien. Ber.*, **61**, p. 771, 1870 ; **89**, 1873 ; *W. A.*, **7**, p. 415, 1879.
BÖRNSTEIN. — *P. A.*, **154**, p. 336, 1875 ; *Ber. d. sächs. Ges.*, 29 juin 1874.
TÖPLER et v. ETTINGSHAUSEN. — *P. A.*, **160**, p. 1, 1877.
AUERBACH. — *W. A.*, **11**, p. 353, 1880.

HAUBNER. — *Repert. d. Phys.*, **22**, p. 71, 1886; *Wien. Ber*, **83**, p. 1167, 1881.
KOBYLINE et TÉRESCHINE. — *Journ. de la Soc. russe phys.-chim.*, **18**, p. 107, 1886.
TRENKLE. — *Ber. d. phys.-mediz. Soz. in Erlangen*, **37**, p. 161, 1905; *Ann. d. Phys.*, (4), **19**, p. 692, 1906.
MAURAIN. — *Eclair. électr.*, **34**, p. 465, 1903; *C. R.*, **131**, pp. 410, 880, 1900; *Journ. de Phys.*, (3), **10**, p. 123, 1901; (4), **1**, p. 151, 1902; *Rev. gén. des Sc.*, **12**, p. 1059, 1901.
BAUR. — *W. A.*, **11**, p. 411, 1880.

ALLIAGES.

DAUBRÉE. — *C. R*, **80**, p. 526, 1875.
GUMLICH. — *Ztschr. f. Elektrochemie*, **15**, p. 597, 1909.
WEISS. — *Eclair. électr.*, **8**, pp. 30, 248, 443, 1898; Thèse n° 890, Paris, 1896.
PARSHALL. — *Proc. Inst. Civ. Eng.*, **126**, p. 50, 1896.
RICHARDSON. — *Phil. Mag.*, (5), **49**, p. 121, 1900.
RICHARDSON et LOWNDS. — *Phil. Mag.*, (6), **1**, p. 601, 1901.
RICHARDSON et LAWS. — *Phil. Mag.*, (6), **1**, p. 296, 1901.
HILL. — *Verhandl. d. d. phys. Ges.*, **4**, p. 194, 1902; *Phys. Rev.*, **24**, p. 321, 1907.
RICHARDT. — *Annal. d. Phys.*, (4), **6**, p. 832, 1901.
BLOCH. — *Arch. Sc. phys. et natur.*, (4), **33**, p. 293, 1912.
GRAY. — *Phil. Mag.*, (6), **24**, p. 1, 1912.
TAMMANN. — *Ztschr. f. phys. Chem.*, **65**, p. 73, 1908.
HONDA. — *Annalen d. Phys.*, (4), **32**, p. 1003, 1910.
FRIEDRICH. — *Métallurgie*, **3**, p. 129, 1908; **5**, p. 593, 1908.
HILPERT et COLVER-GLAUERT. — *Ztschr. f. Elektrochemie*, **17**, p. 750, 1911.
NAGAOKA. — *W. A.*, **59**, p. 66, 1896; *Ztschr. f. phys. Chem.*, **22**, p. 641, 1897.
WÜNSCHE. — *Ann. d. Phys.*, (4), **7**, p. 116, 1902; *Diss.*, Rostock, 1901.
HOPKINSON. — *Proc. R. Soc.*, **47**, p. 23, 1890; **48**, p. 1, 1890.
OSMOND — *C. R.*, **118**, p. 532, 1894; **128**, pp. 304, 1396, 1899.
GUILLAUME. — *C. R.*, **124**, pp. 176, 1515, 1897; **125**, p. 235, 1897; **126**, p. 738, 1898; *Les aciers au nickel*, Paris, 1898; *Journ. de Phys.*, (3), **7**, p. 262, 1898.
DUMONT. — *C. R.*, **126**, p. 741, 1898.
L. DUMAS. — *C. R.*, **130**, p. 357, 1900.
HOULLEVIGUE. — *Journ. de Phys.*, (3), **8**, p. 89, 1899.
ABT. — *Ann. d. Phys.*, (4), **6**, p. 774, 1901.

ALLIAGES D'HEUSLER.

HEUSLER. — *Verhandl. d. deutschen phys. Ges.*, **5**, pp. 219, 220, 1903; *Marburger Schriften*, **7**, p. 98, 1905; *Zeitschr. f. angewandte Chemie*, 1904, p. 260; *Wallach-Festschrift*, p. 467, Göttingen, 1909.
RICHARZ. — *Marburg. Schriften*, 1910, p. 67; *Phys. Zeitschr.*, **12**, p. 151, 1911; *Congrès internat. de Radiologie et d'Electr.*, I, p. 613, Bruxelles, 1911 (Compte-rendu).
RICHARZ et HEUSLER. — *Zeitschr. f. anorgan. Chemie*, **61**, p. 265, 1909; **65**, p. 110, 1910.
HEUSLER et TAKE. — *Phys. Zeitschr.*, **13**, p. 897, 1912 (Compte-rendu).
STARK et HAUPT. — *Verh. d. d. phys. Ges.*, **5**, p. 224, 1903.
HEUSLER, RICHARZ, STARK et HAUPT. — *Marburger Schriften*, **13**, p. 237, 1904; *Ztschr. f. angew. Chem.*, 1904, p. 260.
HOGG. — *Chem. News*, **66**, p. 140, 1892; *Chem. Zentralbl*, **63**, II, p. 734, 1892.

Austin. — *Verh. d. d. phys. Ges.*, **6**, p. 211, 1904.
Hadfield. — *Chem. News*, **90**, p. 180, 1904 ; *Chem. Zentralbl.*, **2**, pp. 1440, 1627, 1904.
Fleming et Hadfield. — *Electrician*, **9**, p. 329, 1905 ; *Proc. R. Soc.*, **76**, p. 271, 1905.
Binet du Jassoneix. — *C. R.*, **142**, p. 1336, 1906.
Wedekind. — *Ztschr. f. Elektrochem.*, 47, p. 850, 1905 ; *Verh. d. d. phys. Ges.*, **8**, p. 412, 1906 ; *Phys. Ztschr.*, **7**, p. 850, 1906 ; *Ztschr. f. phys. Chem.*, **66**, p. 614, 1909.
Gumlich. — *Ann. d. Phys.*, (4), **16**, p. 535, 1905 ; *Elektrotechn. Ztschr.*, 1905, p. 203.
Gray. — *Proc. R. Soc.*, **77**. p. 256, 1906 ; *Edinb. Proc.*, **28**, p. 403, 1908.
Hill. — *Phys. Rev.*, **21**, p. 335, 1905 ; **23**, p. 498, 1906.
Take. — *Diss. Marburg*, 1904 ; *Verh. d. d. phys. Ges.*, **7**, p. 133, 1905 ; **12**, p. 1059, 1910 ; *Marburger Schriften*, **14**, p. 35, 1905 ; **15**, p. 299, 1905 ; p. 165, 1909 ; *Ann. d. Phys.*, (4), **20**, p. 849, 1906 ; *Abhandl. d. K. Ges. der Wiss. zu Göttingen*, **8**, n° 2, Berlin, 1911 ; *Naturwiss. Rundschau*, **22**, pp. 209, 221, 1907 ; **26**, pp. 505, 521, 1911.
Haupt. — *Diss. Marburg*, 1904 ; *Naturw. Rundschau*, **21**, p. 69, 1906.
March. — *Phys. Rev.*, **26**, p. 29, 1907.
Mc Lennan et Wright. — *Phys. Rev.*, **24**, p. 276, 1907.
Ingersoll. — *Phil. Mag.*, (6), **11**, p. 41, 1906.
Zahn et Schmidt. — *Verh. d. d. phys. Ges.*, **9**, p. 98, 1907.
Mc Lennan. — *Phys. Rev.*, **24**, p. 449, 1907.
Ross. — *Edinb. Proc.*, **27**, p. 88, 1907.
Guthe et Austin. — *Bull. Bur. of Standards*, **2**, p. 297, 1906.
Asteroth. — *Diss. Marburg*, 1907 ; *Verh. d. d. phys. Ges.*, 1908, p. 21 ; *Naturwiss. Rundschau*, **23**, p. 249, 1908.
Fassbender. — *Verh. d. d. phys. Ges.*, 1908, p. 256.
Guillaume. — *Arch. Sc. phys. et natur.*, (4), **24**, p. 381, 1907.
Preusser. — *Diss.*, Marburg, 1908.
Ross et Gray. — *Edinb. Proc.*, **29**, p. 274, 1909 ; *Electrician*, **63**, p. 679, 1909 ; *Zeitschr. f. anorgan. Chemie*, **63**, p. 349, 1910.
Knowlton et Clifford. — *Phys. Rev.*, **30**, p. 125, 1910.
Knowlton. — *Phys. Rev.*, **30**, p. 123, 1910 ; **32**, p. 54, 1911.
Stephenson. — *Phys. Rev.*, **30**, p. 127, 1910 ; **31**, p. 252, 1910.
Steiner. — *Annal. d. Phys.*, (4), **35**, p. 727, 1911.
F. A. Schulze. — *Marb. Schriften*, 1910, p. 67 ; *Verh. d. d. Phys. Ges.*, 1910, p. 822.
Ross. — *Edinb. Proc.*, **31**, p. 85, 1911.
Ihde. — *Diss.*, Marburg, 1912.
Dippel. — *Diss.*, Marburg, 1910.
Tokmatschew. — *J. de la Soc. russe phys.-chim.*, **42**, pp. 15, 353, 1910.
Hindrichs. — *Zeitschr. f. anorgan. Chemie*, **59**, p. 416, 1908.

Minéraux

Holz. — *W. A.*, **5**, p. 169, 1878.
E. Becquerel. — *C. R.*, **20**, p. 1708, 1845.
Abt. — *W. A.*, **45**, p. 80, 1892 ; **52**, p. 749, 1894 ; **57**, p. 135, 1896 ; **66**, p. 119, 1898 ; **68**, p. 658, 1899 ; *Ann. d. Phys.*, (4), **6**, p. 782, 1901.

Curie. — *C. R.*, **118**, pp. 796, 859, 1134, 1894.
Pockels. — *W. A.*, **63**, p. 195, 1897.
Weiss. — *J. de Phys.*, (3), **5**, p. 435, 1896 ; **8**, p. 542, 1899 ; (4), **4**, p. 469, 1905.
Du Bois. — *W. A.*, **39**, p. 36, 1890 ; *Phil. Mag.*, (5), **29**, pp. 262, 301, 1890.

10. — Paramagnétisme et diamagnétisme.

Brugmans. — *Magnetismus seu de affinitatibus magneticis observationes. Lugd. Batav.*, **40**, p. 130, 1778.
Cohn. — *Das elektromagnetische Feld*, p. 113, Leipzig, 1900.
Perrier. — *Arch. Sc. phys. et natur.*, (4), **29**, p. 469, 1910.
R. Gans. — *Phys. Zeitschr.*, **9**, p. 10, 1908.
Meslin. — *Journ. de Phys.*, (4), **7**, p. 861, 1908.
E. Becquerel. — *Bull. univers. des Sciences*, **7**, p. 371, 1827 ; *P. A.*, **10**, p. 292, 1827.
Faraday. — *Exp. Res.*, *Ser.* **20**, 1845 ; *Ser.* **25**, 1850.
Plücker. — *P. A.*, **73**, p. 580, 1848 ; **77**, p. 578, 1849.
E. Becquerel. — *Ann. de chim. et phys.*, (3), **28**, p. 283, 1850.
W. Weber. — *P. A.*, **73**, p. 241, 1848 ; *Elektrodyn. Massbest.*, 1852, p. 3.
Tyndall. — *Phil. Mag.*, (4), **2**, p. 333, 1851 ; **10**, p. 257, 1855 ; *P. A.*, **87**, p. 189, 1852 ; *Phil. Trans.*, 1855, p. 24 ; 1856, p. 237.
W. Weber. — (Théorie du diamagnétisme). *Abhandl. d. sächs. Ges. d. Wiss.*, **1**, p. 485, 1852 ; *P. A.*, **87**, p. 145, 1852.
P. Duhem. — *C. R.*, **108**, p. 1042, 1889 ; *Théorie nouvelle de l'aimantation par influence, fondée sur la thermodynamique*, Paris, 1888 ; *Mém. de la Faculté des Sciences de Lille*, 1889.
Richarz. — *W. A.*, **52**, p. 410, 1894.
R. Lang. — *Ann. d. Phys.*, (4), **2**, p. 483, 1900.
Rosing. — *Journ. de la Soc. russe phys.-chim.*, **24**, p. 105, 1892.
Du Bois. — *Arch. Néerl.*, (2), **5**, p. 242, 1901.
Langevin. — *Ann. de chim. et phys.*, (8), **5**, p. 70, 1905 ; *C. R.*, **139**, p. 1204, 1904.
P. Weiss. — *C. R.*, **143**, p. 1136, 1906 ; **144**, p. 25, 1907.

11. Etude des substances paramagnétiques et diamagnétiques.

Quet. — *C. R.*, **38**, p. 562, 1854.
Curie. — *J. de Phys.*, (3), **4**, pp. 197, 263, 1895 ; *C. R.*, **116**, p. 136, 1893.
Curie et Chéneveau. — *J. de Phys.*, (4), **2**, p. 796, 1903 ; *Ann. de chim. et phys.*, (8), **7**, p. 145, 1906.
Chéneveau. — *Phil. Mag.*, (6), **20**, p. 357, 1910 ; *Proc. Phys. Soc.*, **22**, p. 343, 1910 ; *Electrician*, **65**, p. 1019, 1910.
Meslin. — *Ann. de chim. et phys.*, (8), **7**, p. 145, 1906.
Jolley. — *Phil. Mag.*, (6), **20**, p. 366, 1910.
W. Thomson (Lord Kelvin). — *Brit. Assoc. Rep.*, 1890.
St. Meyer. — *W. A.*, **67**, p. 709, 1899.
Jäger et Meyer. — *W. A.*, **67**, **68**, **69**, 1899.
Pascal. — *C. R.*, **150**, p. 1054, 1910.
E. Becquerel. — *Ann. de chim. et phys.*, (3), **28**, p. 283, 1850 ; **32**, p. 68, 1851 ; **44**, p. 209, 1855.
Boltzmann. — *Wien. Ber.*, **80**, p. 687, 1879 ; **83**, p. 576, 1881.

ETTINGSHAUSEN. — *Wien. Ber.*, **85**, p. 37, 1882 ; **96**, p. 777, 1887 ; *W. A.*, **17**, p. 272, 1882.
ROWLAND et JAQUES. — *Amer. Journ. of Sc.*, **18**, p. 360, 1879.
SCHUHMEISTER. — *Wien. Ber.*, **83**, p. 45, 1881.
BORGMANN. — *J. de la Soc. russe phys.-chim.*, **10**, p. 155, 1878.
G. WIEDEMANN. — *P. A.*, **126**, p. 1, 1865 ; **135**, p. 177, 1868.
HENRICHSEN. — *W. A.*, **22**, p. 121, 1884 ; **34**, p. 180, 1888 ; **45**, p. 38, 1892.
ZILOFF. — *W. A.*, **1**, p. 481, 1877 ; **11**, p. 324, 1880 ; **16**, p. 247, 1882 ; *Diss.* Moscou, 1880 ; *Bulletin de Moscou*, **53**, p. 398, 1879 ; *Journ. de la Soc. russe phys.-chim.*, **9**, p. 308, 1877.
BORGMANN. — *Journ. de la Soc. russe phys.-chim.*, **9**, p. 285, 1878 ; **10**, p. 129, 1879 ; *Beibl.*, **3**, pp. 812-818, 1879.
TOWNSEND. — *Proc. R. Soc.*, **60**, p. 186, 1896.
PLÜCKER. — *P. A.*, **77**, p. 578, 1849 ; **83**, p. 299, 1851.
IÉPHIMOFF. — *Sur le magnétisme des gaz* (en russe). *Diss.*, St-Pétersb., 1888.
FLEMING et DEWAR. — *Proc. R. Soc.*, **63**, p. 311, 1898.
QUINCKE. — *W. A.*, **24**, p. 347, 1885 ; **34**, p. 403, 1888.
JÄGER et STEFAN MEYER. — *Wien. Ber.*, **106**, p. 594, 1897.
DU BOIS. — *W. A.*, **35**, p. 154, 1888 ; **65**, p. 38, 1898.
LIEBKNECHT et WILLS. — *Ann. d. Phys.*, (4), **1**, p. 178, 1900.
KÖNIGSBERGER. — *W. A.*, **66**, p. 698, 1898.
TÖPLER et HENNING. — *W. A.*, **34**, p. 790, 1888.
HENNING. — *W. A.*, **50**, p. 485, 1893.

12. — Résultats de l'étude des substances faiblement magnétiques.

REICH. — *P. A.*, **97**, p. 283, 1856.
G. WIEDEMANN. — *P. A.*, **126**, p. 8, 1865.
EATON. — *W. A.*, **15**, p. 225, 1882.
DU BOIS. — *W. A.*, **35**, p. 137, 1888.
ETTINGSHAUSEN. — *W. A.*, **17**, p. 304, 1882.
HENRICHSEN. — *W. A.*, **22**, p. 121, 1884 ; **31**, p. 180, 1887 ; **34**, p. 180, 1888 ; **45**, p. 38, 1892.
WEDEKIND. — *Magnetochemie*, Berlin, 1911, p. 71.
HONDA. — *Annal. d. Phys*, (4), **32**, p. 1027, 1910.
MORRIS OWEN. — *Annal. d. Phys.*, (4), **37**, p. 657, 1912 ; *Proc. Amsterd. Ak.*, **14**, II, p. 637, 1912.
P. WEISS et KAMERLINGH-ONNES. — *C. R.*, **150**, p. 687, 1910.
KAMERLINGH-ONNES et PERRIER. — *Arch. Sc. phys. et natur.*, (4), **29**, p. 528, 1910 ; *Versl. Ak. van Wet. Amsterd.*, **18**, p. 937, 1910 ; **20**, p. 75, 1911 ; *Comm. Phys. Lab. Leyden*, nos **116**, **122** *a*.
DU BOIS et LIEBKNECHT. — *Ann. d. Phys.*, (4), **1**, p. 189, 1900 ; *Verhandl. d. d. phys. Ges.*, **1**, p. 236, 1899.
G. JÄGER et STEFAN MEYER. — *Wien. Ber.*, **106**, pp. 594, 623, 1897 ; **107**, p. 5, 1898 ; *W. A.*, **67**, pp. 427, 707, 1899 ; *Ann. d. Phys.*, (4), **6**, p. 870, 1901.
STEFAN MEYER. — *Wien. Ber.*, **108**, pp. 171, 861, 1899 ; **109**, pp. 284, 400, 1900 ; **110**, p. 541, 1901 ; **111**, p. 38, 1902 ; **113**, p. 1007, 1904 ; **117**, p. 995, 1908 ; *W. A*, **68**, p. 325, 1899 ; **69**, p. 236, 1899 ; *Ann. d. Phys.*, (4), **1**, pp. 664, 668, 1900 ; *Verhandl. d. d. phys. Ges.*, **1**, p. 275, 1899 ; *Phys. Ztschr.*, **1**, p. 433, 1900.
HEYDWEILLER. — *Ann. d. Phys.*, (4), **12**, p. 608, 1903.

Heinrich. — *Münch. Ber.*, 1900, p. 35.
Freitag. — *Münch. Ber.*, 1900, p. 36.
Tumlirz. — *W. A.*, **27**, p. 133, 1886.
Lodge. — *Nature*, **33**, p. 484, 1886.
Joubin. — *C. R.*, **106**, p. 735, 1888.
Plessner. — *W. A.*, **39**, p. 336, 1890.
Mosler. — *Ann. d. Phys.*, (4), **6**, p. 84, 1901.
Piaggesi. — *N. Cim*, (5), **4**, p. 247, 1902 ; *Phys. Ztschr.*, **4**, p. 347, 1903.
Fleming et Dewar. — *Proc. R. Soc.*, **63**, p. 311, 1898.
Liebknecht et Wills. — *Ann. d. Phys.*, (4), **1**, p. 178, 1900 ; *Verhandl. d. d. phys. Ges.*, **1**, p. 170, 1899.
Stearns. — *Phys. Rev.*, **16**, p. 1, 1903.
Scarpa. — *N. Cim.*, (5), **10**, p. 155, 1905.
Königsberger. — *W. A.*, **66**, p. 703, 1898 ; *Annal. d. Phys.*, (4), **6**, p. 515, 1901.
Sève. — *Thèse* (A), n° 703, Paris, 1912 ; *Ann. de chim. et phys.*, (8), **27**, pp. 189, 425, 1912.
Jolley. — *Phil. Mag.*, (6), **20**, p. 366, 1910.
Haas et Drapier. — *Verh. d. d. phys. Ges.*, 1912, p. 761.
Mendenhall et Lent. — *Phys. Rev.*, **32**, p. 406, 1911.
Ihde. — *Diss.*, Marburg, 1912.
Gebhardt. — *Diss.*, Marburg, 1909.
Gray et Ross. — *Phys. Zeitschr.*, **10**, p. 59, 1909.
Behnsen. — *Phys. Zeitschr.*, **12**, p. 1157, 1911.
Chéneveau. — *Journ. de Phys.*, (4), **9**, p. 163, 1910.
Loutchinsky. *C. R.*, **148**, p. 1759, 1909.
Finke. — *Annal. der Phys.*, (4), **31**, p. 149, 1910.
Clifford. — *Phys. Rev.*, **26**, p. 428, 1908.
Gnesotto et Binghinetto. — *N. Cim.*, (5), **30**, p. 384, 1910 ; *Atti R. Ist. Veneto*, **69**, II, p. 1343, 1910.
Joukow. — *Journ. de la Soc. russe phys.-chim., Partie chim.*, p. 457, 1908.
Wedekind et Veit. — *Chem. Ber.*, **41**, p. 3769, 1908 ; **44**, p. 263, 1911.
R. H. Weber. — *Annal. d. Phys.*, (4), **19**, p. 1056, 1906 ; **36**, p. 624, 1911.
Berndt. — *Annal. d. Phys.*, (4), **27**, p. 712, 1908 ; *Verh. d. d. phys. Ges.*, 1908, p. 662 ; *Phys. Ztschr.*, **9**, p. 750, 1908.
Tänzler. — *Annal. d. Physik*, (4), **24**, p. 931, 1907.
Pascal. — (Gaz). *C. R.*, **148**, p. 413, 1909.
Roop. — *Phys. Zeitschr.*, **12**, p. 48, 1911.
Urbain. — (Dy). *C. R.*, **146**, p. 922, 1908 ; **150**, p. 913, 1910 ; **152**, p. 141, 1911 ; *Chem. News*, **97**, p. 277, 1908 ; **103**, p. 73, 1911.
Urbain et Jantsch. — *C. R.*, **147**, p. 1286, 1908.
Pascal. — *C. R.*, **147**, pp. 56, 242, 742, 921, 1290, 1908 ; **149**, pp. 342, 508, 1909 ; **150**, pp. 1054, 1167, 1910 ; **152**, pp. 862, 1010, 1852, 1911 ; *Ann. de chim. et phys.*, (8), **16**, p. 531, 1909 ; **19**, p. 5, 1910 ; **25**, p. 289, 1912 ; *Bull. Soc. chim. de France*, (4), **5**, pp. 1060, 1110, 1909 ; **7**, pp. 17, 45, 1910 ; **9**, pp. 6, 79, 134, 177, 336, 868, 1911 ; **11**, pp. 111, 159, 1912.
Mlle Feytis. — *C. R.*, **152**, p. 708, 1911.
Lombardi. — *Mem. Acc. Sc. Torino*, (2), **47**, 1897.
Studley. — *Phys. Rev.*, **24**, p. 22, 1907.
March. — *Phys. Rev.*, **24**, p. 29, 1907.
Curie. — *C. R.*, **115**, p. 803, 1892 ; **116**, p. 137, 1892.

13. — Magnétisme des substances anisotropes.

W. Voigt. — *Lehrbuch der Kristallphysik*, B. G. Teubner, Leipzig et Berlin, 1910, pp. 468-534.

Plücker. — *P. A.*, **72**, p. 315, 1847 ; **75**, p. 108, 1848 ; **76**, p. 576, 1849 ; **77**, p. 447, 1849 ; **78**, p. 428, 1849 ; **110**, p. 397, 1860 ; *Phil. Trans.*, 1858, p. 570.

Faraday. — *Exper. Research. Ser.* **22**, 1848 ; **26**, 1850 ; **30**, 1855.

Knoblauch et Tyndall. — *P. A.*, **79**, p. 233, 1850 ; **81**, p. 481, 1850 ; *Phil. Mag.*, (3), **36**, p. 178, 1850.

Tyndall. — *Phil. Mag.*, (4), **2**, p. 183, 1851 ; **10**, p. 180, 1855 ; **11**, p. 125, 1856 ; *P. A.*, **83**, p. 384, 1851.

Plücker et Beer. — *P. A.*, **81**, p. 115, 1850 ; **82**, p. 42, 1851.

W. Thomson. — *Phil. Mag.*, (4), **1**, p. 177, 1851 ; *Brit. Assoc. Rep.*, 1850 (2), p. 23.

P. Duhem. — *Leçons sur l'électr. et le magnét.*, **2**, p. 289, 1892.

Hankel. — *Ber. d. K. sächs. Ges. d. Wiss.*, 1851, p. **99**.

Rowland et Jacques. — *Amer. Journ. of. Sc.*, (3), **18**, p. 360, 1879.

Lutteroth. — *W. A.*, **66**, p. 1081, 1898 ; *Diss.*, Leipzig, 1898.

W. Voigt. — *Die fundam. Eigensch. d. Kristalle*, Leipzig, 1898 ; *Gött. Nachr.*, 1900, p. 331 ; 1903, p. 1.

Stenger. — *W. A.*, **20**, p. 304, 1883 ; **33**, p. 312, 1888 ; **35**, p. 331, 1888.

W. König. — *W. A.*, **31**, p. 273, 1887 ; **32**, p. 222, 1887.

Beckenkamp. — *Ztschr. f. Kristallogr.*, **36**, p. 102, 1902.

O. Lehmann. — *Ann. d. Phys.*, (4), **2**, p. 675, 1900.

Voigt et Kinoshita. — *Annal. d. Phys.*, (4), **24**, p. 492, 1907 ; *Götting. Nachr.*, 1907, p. 123.

Fincke. — *Annal. d. Phys.*, (4), **31**, p. 149, 1910 ; *Diss*, Göttingen, 1909.

P. Weiss. — (Magnétite). *Journ. de Phys.*, (3), **5**, p. 435, 1896 ; *Thèse*, Paris, 1896 ; *Eclair. électr.*, **7**, p. 487, 1896 ; **8**, pp. 56, 105, 436, 1896.

P. Weiss. — (Théorie générale). *Journ. de Phys*, (4), **3**, p. 194, 1904.

Quittner. — (Magnétite). *Arch. Sc. phys. et natur.*, (4), **26**, pp. 358, 455, 585, 1908 ; *Annal. d. Phys.* (4), **30**, p. 289, 1909 ; *Diss.*, Zürich, 1908.

Streng. — (Pyrrhotine). *Neues Jahrb. der Mineral.*, **1**, p. 197, 1882.

P. Weiss. — (Pyrrhotine). *C. R.*, **140**, pp. 1532, 1587, 1905 ; **141**, pp. 182, 245, 1905 ; *Journ. de Phys.*, (4), **4**, pp. 469, 829, 1905 ; *Arch. Sc. phys. et natur.*, (4), **19**, p. 537, 1905 ; **20**, p. 213, 1905 ; *Phys. Zeitschr.*, **6**, p. 779, 1905 ; **9**, p. 358, 1908 ; *Verhandl. d. Ges. d. Naturf. u. Aerzte*, Meran, 1905, II, p. 37 ; *Zentralblatt f. Mineral.*, 1906, p. 338 ; *Verh. d. d. phys. Ges.*, 1905, p. 325.

P. Weiss et Kunz. — (Pyrrhotine). *Journ. de Phys.*, (4), **4**, p. 847, 1905.

P. Weiss et Planer. — (Pyrrhotine). *Journ. de Phys.*, (4), **7**, p. 5 (voir p. 14), 1908.

Westmann. — (Hématite). *Upsala Univ. Arsskr*, 1896.

Borel. — *C. R.*, **126**, p. 1809, 1893.

Abt. — *W. A.*, **45**, p. 80, 1892 ; **52**, p. 749, 1894 ; **57**, p. 135, 1896 ; **68**, p. 658, 1899.

Du Bois. — *W. A.*, **39**, p. 36, 1890 ; *Phil. Mag.*, (5), **29**, pp. 262, 301, 1890.

Grailich et v. Lang. — *Wien. Ber.*, **32**, p. 43, 1858.

V. v. Lang. — *Wien. Ber.*, **108**, p. 557, 1900.

Bavink. — *Diss.*, Göttingen, 1904.

Kunz. — (Hématite). *Arch. Sc. phys. et natur.*, (4), **23**, p. 137, 1907.

14. — Les nouvelles théories moléculaires du magnétisme.

J. J. Thomson. — *Phil. Mag.*, (6), **6**, p. 673, 1903.
W. Voigt. — *Annal. d. Phys.*, (4), **9**, p. 115, 1902 ; *Götting. Nachr.*, 1900, p. 331 ; 1901, p. 169 ; 1903, p. 1 ; *Lehrbuch der Kristallphysik*, 1910, p. 502.
Sano. — *Phys. Zeitschr.*, **4**, p. 8, 1902.
Wallerant. — *C. R.*, **133**, p. 630, 1901 ; *Bull. Soc. min.*, **24**, p. 404, 1901.
Beckenkamp. — *Zeitschr. für Kristallogr.*, **36**, p. 102, 1902.
Langevin. — *C. R.*, **139**, p. 1204, 1904 ; *Ann. de chim. et phys.*, (8), **5**, p. 70, 1905 ; *Journ. de Phys.*, (4), **4**, p. 678, 1905.

15. — Théorie de P. Weiss ; le magnéton.

P. Weiss. — *Journ. de Phys.*, (4), **6**, p. 661, 1907 ; (5), **1**, pp. 900, 965, 1911 ; *Arch. Sc. phys. et natur.*, (4), **30**, p. 304, 1910 ; **31**, p. 401, 1911 ; **34**, p. 197, 1912 ; *C. R.*, **144**, p. 26, 1907 ; **145**, p. 1417, 1907 ; **152**, pp. 79, 187, 367, 688, 1911 ; *le Radium*, **7**, p. 240, 1910 ; **8**, p. 301, 1911 ; *Verh. d. d. phys. Ges.*, 1911, p. 718 ; *Phys. Zeitschr.*, **9**, p. 358, 1908 ; **12**, p. 935, 1911 ; *Jahrb. der Radioaktiv.*, **5**, p. 212, 1908 ; *Rev. gén. des Sc.*, **19**, pp. 99, 105, 1908 ; *Revue de Métallurgie*, **6**, p. 680, 1909.
Kunz. — *Phys. Rev.*, **30**, p. 359, 1910 ; *Phys. Zeitschr.*, **13**, p. 591, 1912.
Weiss et Bloch. — *C. R.*, **153**, p. 941, 1911.
Weiss et Beck. — *Arch. Sc. phys. et natur.*, (4), **25**, p. 529, 1908 ; *Journ. de Phys.*, (4), **7**, p. 249, 1908.
Bloch. — *Arch. Sc. phys. et natur.*, (4), **32**, p. 147, 1911 ; **33**, p. 293, 1912.
Stifler. — *Phys. Rev.*, **33**, p. 268, 1911.
R. H. Weber. — *Annal. d. Phys.*, (4), **36**, p. 624, 1911 ; *Rostock Sitzungsber.*, 1911.
Heydweiller. — *Verh. d. d. phys. Ges.*, 1911, p. 1063.
R. Gans. — *Verh. d. d. phys. Ges.*, 1912, p. 367.
Honda. — *Phys. Zeitschr.*, **11**, p. 1078, 1910.
Oxley. — *Cambr. Proc. Phil. Soc.*, **16**, p. 486, 1912.
Schroedinger. — *Wien. Ber.*, **121**, p. 1305, 1912.
Wedekind et Horst. — *Chem. Ber.*, **45**, p. 262, 1912.
Ehrenfest. — *Journ. de la Soc. de phys. russe*, **43**, II, p. 126, 1911.
Weiss et Foëx. — *Journ. de Phys.*, (5), **1**, pp. 274, 744, 805, 1911 ; *Arch. Sc. phys. et natur.*, (4), **31**, pp. 5, 89, 1911.
Schroedinger. — *Wien. Ber.*, **121**, p. 1305, 1912.
Mlle E. Feytis. — *C. R.*, **152**, p. 708, 1911.

CHAPITRE IX.

ACTION DU CHAMP MAGNÉTIQUE SUR LES CORPS QU'IL CONTIENT

1. Introduction. — Dans le Chapitre III du Livre I, nous avons étudié l'action du *champ électrique* sur les corps qu'il renferme. Le *champ magnétique* agit aussi, et même semble-t-il d'une manière plus intense et plus profonde, sur les propriétés des corps ; non seulement les diverses grandeurs physiques, qui caractérisent les substances, changent quantitativement, mais, dans beaucoup de cas, les phénomènes, qui se manifestent dans un corps ou un système de corps, présentent un nouvel aspect qualitatif, quand ils se passent dans un champ magnétique. L'action du champ magnétique prend des formes très nombreuses et très diverses. Nous avons déjà considéré l'aimantation, c'est-à-dire l'acquisition par les corps du ferromagnétisme, du paramagnétisme ou du diamagnétisme ; nous y avons consacré tout le Chapitre VIII, et nous avons vu qu'on doit envisager aussi une action des corps sur le champ magnétique, où les lignes de force reçoivent une nouvelle distribution en présence de ces corps. Dans le § 4 du même Chapitre, nous avons étudié l'action particulière du champ magnétique sur la forme et les dimensions d'un corps donné.

Toute une série de phénomènes très remarquables, dus à l'influence du champ magnétique, feront l'objet des Chapitres ultérieurs de cet ouvrage. Telle est l'action du champ magnétique sur la *conductibilité électrique*, qui sera considérée dans le Chapitre X. Plus tard (Tome V), nous ferons connaître le groupe important de phénomènes, dans lesquels se manifeste l'action du champ magnétique sur *l'énergie rayonnante* propagée dans les corps ou émise par eux (rotation magnétique du plan de polarisation, phénomène de Zeemann), ainsi que le groupe des phénomènes apparaissant dans les corps où existe un courant électrique ou calorifique (phénomène de Hall et ses analogues). Nous rencontrerons encore d'autres actions du champ magnétique, mais il serait prématuré d'en parler maintenant.

2. Réactions chimiques, force électromotrice et cristallisation. — Le champ magnétique ne paraît avoir presque aucune action sur les réactions chimiques. Les recherches de Cavallo (1787), d'Arnim (1800), de Rendu (1828), d'Erman (1829) et d'autres encore ont conduit à des résultats négatifs ou douteux. Il en est de même des travaux nouveaux de Fossati (1890, action du chlorure de fer sur le zinc) et de Löb (1891). Des résultats plus nets ont été obtenus par ANDREWS (1892), qui a observé que l'acier aimanté, placé dans une solution de $CuCl^2$ subit une perte de poids plus rapide que l'acier non aimanté. NICHOLS, encore plus récemment, a trouvé que le fer se dissout dans les acides plus vite et avec un dégagement de chaleur plus grand, quand la dissolution a lieu dans un champ magnétique ; mais BERNDT (1908) a montré que l'accroissement de chaleur dégagée est un phénomène secondaire, et que le champ magnétique, en distribuant les particules de fer le long des lignes de force, change le caractère de la dissolution, en la rendant plus ordonnée ; il ne croît pas qu'il y ait, dans ce cas, une action propre du champ. HEMPTINNE (1900) a établi que, théoriquement, le champ magnétique doit agir *sur l'équilibre chimique* d'un système complexe ; mais, pratiquement, cette action est trop insignifiante pour être décelée ; les expériences qu'il a faites n'ont pas mis en évidence une action du champ sur la vitesse de combinaison du chlore et de l'hydrogène. De même, SCHWEITZER (1902) n'a trouvé aucune action du champ magnétique sur les sels d'argent et de fer sensibles à la lumière, ni sur les réactions photochimiques dans ces sels.

L'action du champ magnétique sur la *force électromotrice* est beaucoup plus nette. Quand on plonge deux plaques de fer identiques dans un liquide et qu'on soumet l'une d'elles à l'action d'un champ, une force électromotrice E prend naissance. Un tel phénomène a été observé d'abord par GROSS (1885), ANDREWS (1887), NICHOLS et FRANKLIN (1887), ROWLAND et BELL (1888), GRIMALDI (1889), SQUIER (1893) et d'autres encore. NICHOLS et FRANKLIN ont trouvé que, dans le liquide, un courant va du fer aimanté au fer non aimanté ; mais ROWLAND et BELL ont observé un courant de sens inverse. NICHOLS et FRANKLIN ont également constaté qu'un champ intense change la force électromotrice E d'un élément constitué par Fe et Pt dans de l'acide sulfurique étendu avec un sel double de chrome et de potasse. Récemment, BUCHERER (1896), SALA et FOURNIER (1896), PAILLOT (1900), WYSS (1900) et HURMUZESCU (1894 — 1900) se sont occupés de la même question. PAILLOT a trouvé que, pour deux plaques de fer, E peut atteindre 0,04 volt, pour Bi 0,002 volt ; BUCHERER croît cependant que ces nombres sont trop élevés.

REMSEN (1881) a fait une expérience intéressante ; il a placé un vase de fer, rempli d'une solution de sulfate de cuivre, sur les pôles d'un électro-aimant puissant ; on constate que le cuivre se précipite inégalement, et en moindre quantité aux endroits les plus fortement aimantés, où par suite l'action chimique est plus faible.

JANET (1887), DUHEM (1888), J. J. THOMSON (1888) et HURMUZESCU (1895) ont donné des formules théoriques pour la force E. D'après HURMUZESCU, on a

$$E = \frac{l}{\delta} \frac{I^2}{2\varkappa},$$

où l est l'équivalent électrochimique, δ la densité du fer, I la tension (intensité) magnétique, $\varkappa$ la susceptibilité magnétique. HURMUZESCU a conclu de ses expériences que, dans un élément, le fer aimanté joue, à l'égard du fer non aimanté, le rôle de pôle *positif* ; il en est de même pour le nickel ; pour les corps diamagnétiques (bismuth), on observe le contraire. Wyss (1900) a trouvé que la valeur de E_r dans un élément Pt— solution d'un sel de fer— Fe, *diminue* sous l'action du champ magnétique ; il attribue ce phénomène à la variation de concentration de la solution due à l'attraction du sel par Fe.

Posejpal (1909) n'a pas observé d'action sensible du champ magnétique sur la force électromotrice au contact de deux métaux, quand toutes les soudures se trouvent à la *même* température. Adams (1910) est arrivé au même résultat négatif, en étudiant les couples de métaux Au | Zn, Pt | Zn, Au | Fe ; la variation n'atteignait pas 0,001 volt.

Urbasch (1900) a observé des mouvements de l'acide, sous l'action du champ magnétique, pendant la dissolution de divers métaux, c'est-à-dire quand les ions de ces métaux passent dans la solution. Ces observations ont amené une longue controverse entre lui et Drude, qui pensait que les mouvements du liquide s'expliquent par l'action du champ sur les courants thermoélectriques prenant naissance entre les régions inégalement chaudes du liquide.

Stephan Meyer (1899) a constaté une action du champ magnétique dans la *cristallisation* de $CuSO^4$, $MnSO^4$, $COCl^2$ et de quelques autres sels ; les axes des cristaux tendent à se disposer suivant les lignes de force ou transversalement à ces lignes ; pour beaucoup d'autres, $FeSO^4$, $CuSO^4$, $NiSO^4$, $ZnSO^4$, on n'a pas observé d'action du champ.

3. Élasticité, frottement intérieur et tension superficielle. — Nous considérerons d'abord l'action du champ magnétique sur le module de Young E et sur le module de cisaillement (glissement) N (Tome I).

Le module de Young E varie certainement très peu sous l'action du champ magnétique. Les expériences de Wertheim (1842), Tomlinson (1886), Barus (1887) et Bock (1895) n'ont pas conduit à des résultats appréciables ; Bracket (1897) et Stevens (1900) ont trouvé que le module E du fil de fer augmente par l'aimantation, mais Shakspear (1899) a observé qu'il diminue. Tangl (1901) a déduit de ses recherches que le module E de Fe et Ni *augmente* par l'aimantation. Les savants japonais Honda, Shimizu et Kusagabe (1902) ont fait une étude très étendue de la question ; ils ont reconnu que, pour Fe, l'acier et le cobalt, le module E croît en fonction du champ suivant la même loi que l'aimantation I ; pour Ni, on observe une diminution de E dans les champs faibles et une augmentation dans les champs puissants ; la variation de E atteint, dans quelques cas, 3,6 °/₀.

J. J. Thomson (1888), Houllevigue (1899), Koláček (1904), Heydweiller (1903), Gans (1904) et Sano (1904) ont étudié théoriquement l'action du champ magnétique sur les propriétés élastiques des substances ferromagnétiques. Comme il fallait s'y attendre, il existe une relation étroite entre les lois de la magnétostriction — déformation due à l'aimantation (Chap. VIII, § 4) —, l'influence de l'aimantation sur les propriétés élastiques (E et N) et celle de la déformation sur les propriétés magnétiques des corps (Chap. VIII, § 8). Houllevigue a trouvé que $dE : dI$ doit avoir un autre signe que $dl : dp$, p désignant l'effort d'extension dans un fil ; ceci se vérifie dans un fil de nickel, où la première grandeur est négative, la seconde positive. GANS a indiqué une formule très complète; la perméabilité magnétique du milieu environnant étant égale à *un* (air), on a

$$(1) \qquad \frac{\partial e}{\partial H} = \frac{\partial I}{\partial p} + \frac{I(1-2\sigma)}{E} + \frac{2\pi}{E}\frac{\partial I^2}{\partial H};$$

e désigne l'allongement relatif existant déjà dans le fil, p l'effort d'extension (par unité d'aire de la section droite), σ le coefficient de POISSON (Tome I), H l'intensité du champ magnétique. D'après la définition du module de YOUNG, on a $E de = dp$; l'équation (1) donne donc

$$(2) \qquad \frac{1}{E^2}\frac{\partial E}{\partial H} = -\frac{\partial^2 I}{\partial p^2} - \frac{1-2\sigma}{E}\frac{\partial I}{\partial p} - \frac{2\pi}{E}\frac{\partial^2 I^2}{\partial H \partial p}.$$

Si on admet que les derniers termes sont relativement petits, on peut poser

$$(3) \qquad \frac{1}{E^2}\frac{\partial E}{\partial H} = -\frac{\partial I^2}{\partial p^2}.$$

En introduisant la susceptibilité magnétique $\varkappa = I : H$ ou l'induction magnétique $B = \mu H = (1 + 4\pi\varkappa)H$, on a finalement

$$(4) \qquad \frac{\partial E}{\partial H} = -E^2 H \frac{\partial^2 \varkappa}{\partial p^2} = -\frac{E^2}{4\pi}\frac{\partial^2 B}{\partial p^2}.$$

Ces égalités donnent une idée très nette de la relation qui existe entre la dépendance des propriétés élastiques à l'égard de l'état magnétique et la dépendance des propriétés magnétiques à l'égard de la déformation élastique due aux forces extérieures. RENSING (1904), CANTONE (1904), et en particulier HONDA et TERADA (1905 à 1907) ont vérifié ces formules, qui s'accordent d'une manière satisfaisante avec les résultats de leurs mesures expérimentales. La théorie, sur laquelle elles reposent, ne tient pas compte cependant des phénomènes d'hystérésis (Chap. VIII, § 6), dont l'effet s'est manifesté dans les expériences de HONDA et TERADA, où l'ordre de succession de l'aimantation et de l'extension a influé sur le résultat de ces deux actions.

A ce qui précède se rattache l'action du champ magnétique sur le *nombre n des vibrations d'un diapason*. Les expériences de WARTMANN (1848) n'avaient donné aucun résultat bien net. TRÈVE (1868) a observé que les figures de LISSAJOUS (Tome I) changent, quand l'un des deux diapasons est aimanté, ce qui peut s'expliquer par l'action immédiate du champ sur les branches du diapason, et non par une variation de leurs propriétés élastiques. MAURAIN (1895) a trouvé que n diminue, quand les lignes de force sont parallèles au plan de vibration, et augmente, lorsqu'elles lui sont normales. KIRSTEIN (1903) est arrivé au même résultat: il a reconnu en outre que la variation de n est proportionnelle à l'intensité H du champ; pour H donné, la diminution de n est plus grande que son accroissement; quand H fait un angle de 45° avec le plan de vibration, n est indépendant de H.

Les auteurs précédents et de plus Löffler (1901) ont étudié l'action du champ magnétique sur le *module de cisaillement* N. On constate que le module N d'un fil de fer *augmente* par aimantation ; cet accroissement est indépendant de la grandeur de la torsion ; il dépasse celui du module E. Il faut donc s'attendre à ce que le coefficient de Poisson σ diminue par l'aimantation ; les expériences de Bock (1895) ont cependant donné un résultat contraire, mais elles ont besoin d'être vérifiées. On peut aussi établir, pour le module N, des formules théoriques analogues à celles qui ont été indiquées plus haut.

Nous avons considéré, dans le Chap. VIII, § **6**, l'action exercée par une extension ou une torsion sur l'aimantation du fer. On observe d'une manière analogue une *action de l'aimantation sur la déformation du fer due à des causes extérieures*. G. Wiedemann (1858) et Moreau (1896) se sont particulièrement occupés de cette question ; on trouvera une exposition détaillée de leurs recherches dans l'ouvrage de G. Wiedemann, *Die Lehre der Elektricität*, Tome III, pp. 790 à 812, 1895. D'une manière générale, on peut dire que lorsqu'une déformation de nature déterminée augmente (diminue) l'aimantation pour H donné, le champ H augmente (diminue) la même déformation préexistante. Ainsi la torsion du fer diminue (N augmente) dans le champ magnétique, et l'aimantation diminue par la torsion. Pour Ni, on observe le contraire dans les champs faibles.

Tomlinson (1886), ainsi que Gray et Wood (1902), ont considéré l'action du champ magnétique sur le *frottement intérieur* du fer et du nickel et ont observé le décrément logarithmique λ (Tome I) des vibrations de torsion. Ils sont arrivés à des résultats contradictoires, qui dépendent de l'histoire antérieure du fil. Gray et Wood ont trouvé que, pour le fer, λ *diminue*, quand le champ H augmente.

W. König (1885) a étudié les solutions de $MnSO^4$ et n'a pas constaté d'action du champ magnétique sur le frottement intérieur. Carpini (1903) a opéré sur divers liquides (chlorure de fer et autres) et a observé des variations n'excédant pas 0,3 %, provenant probablement des changements inévitables de température qui se produisent quand le champ magnétique prend naissance. La *cohésion* et la *tension superficielle* des liquides ne varient pas non plus, semble-t-il, sous l'action du champ magnétique, d'après les expériences de Brunner et Mousson (1850).

4. Tension de vapeur, capacité calorifique et conductibilité calorifique. — Nous avons vu, dans le Chap. VIII, § **11**, que, dans le champ magnétique, la hauteur de la colonne liquide dans un tube capillaire varie de la quantité h déterminée par la formule

$$h = \frac{(\varkappa - \varkappa')\,H^2}{2g\delta}, \tag{5}$$

$\varkappa$ et $\varkappa'$ étant les susceptibilités magnétiques respectives du liquide et du gaz ou de la vapeur qui se trouve au-dessus du liquide, H l'intensité du champ, δ la densité du liquide et $g = 981$. Considérons un tube fermé en forme de rectangle (coudé quatre fois à angle droit), disposé verticalement ; la branche horizontale inférieure et les branches latérales renferment un liquide surmonté par sa vapeur. Lorsqu'on amène l'une des branches latérales dans un champ magnétique H, le liquide s'élève dans cette branche de h^{cm} plus haut que dans l'autre. Soient p_0 et p les tensions de vapeur au-dessus du liquide, respectivement à l'extérieur et à l'intérieur du champ magnétique. Pour l'équilibre, il faut que l'on ait

$$p = p_0 - hg\sigma, \tag{6}$$

σ étant la densité de la vapeur. Königsberger (1898) a établi la formule (6) de la manière évidemment non rigoureuse que nous venons d'indiquer. P. Duhem (1890) a donné une formule beaucoup plus complète, qu'on peut écrire, pour $p - p_0$ petit, comme il suit :

$$p = p_0 - 2(1 + c)\left(1 + \frac{c}{2v}\frac{dv}{dc}\right)hg\sigma, \tag{7}$$

où c désigne la concentration, v le volume spécifique de la solution ; h est déterminé par la formule (5). En tout cas, il est hors de doute que le champ magnétique agit sur la tension d'une vapeur saturante. Du Bois (1898) est arrivé à l'expression suivante, pour la variation ΔT de la *température absolue d'ébullition du liquide* :

$$\Delta T = \frac{T\varkappa H^2}{2s\delta}, \tag{8}$$

où s désigne la chaleur latente de vaporisation. Cette formule, avec $H = 50000$ unités C. G. S., donne, pour l'oxygène liquide $\Delta T = +0°,01$, pour l'eau $\Delta T = -0°,000015$, pour l'éther éthylique $\Delta T = -0°,0001$, pour l'amalgame de fer étudié par Nagaoka $\Delta T = 0°,05$.

Sano (1905) a étudié d'une manière très générale les conditions d'équilibre d'un système de liquides électrolytiques dans un champ magnétique.

Stefan (1871) et Wassmuth (1882) ont montré théoriquement que la *capacité calorifique* C du fer aimanté doit être *plus grande* que la capacité calorifique c du fer non aimanté ; Stefan a obtenu comme valeur limite $C - c = 2,7 \cdot 10^{-8}$. On peut dire que, pratiquement, la capacité calorifique du fer ne change pas par l'aimantation. On obtient un résultat tout autre avec certains alliages *irréversibles* de Fe et de Ni, qui, comme nous l'avons vu (Chap. VIII, § **9**), peuvent, à une même température, exister sous deux états différents, l'un magnétique, l'autre non-magnétique.

B. Hill a observé que la capacité calorifique c d'un alliage non-magnétique est *plus grande* que la capacité calorifique C de l'alliage magnétique. Voici quelques-uns de ses chiffres :

	C	c
0 à 18°	0,0924	0,0992
20 à 100°	0,1136	0,1158
20 à 270°	0,1222	0,1235

Il faut considérer, comme non résolue jusqu'ici, la question très intéressante de l'action du champ magnétique sur la *conductibilité calorifique du fer*. MAGGI (1850) a constaté le premier, par la méthode de SÉNARMONT (Tome III, Chap. VIII, § 6), que le fer aimanté possède une conductibilité calorifique plus faible, dans la direction des lignes de force que perpendiculairement à ces lignes, dans le rapport de 5 à 6. Cependant, les expériences de HOLMGREN (1862), MATTEUCCI (1863), NACCARI et BELLATI (1877, méthode de SÉNARMONT et méthode de mesure des températures par le thermomètre), TROWBRIDGE et PENROSE (1883), FOSSATI (1890, méthode de DESPRETZ) n'ont décelé aucune action de l'aimantation sur la conductibilité calorifique k. Mais TOMLINSON (1878, méthode de DESPRETZ) a observé un accroissement de k par une aimantation transversale et une diminution de k par une aimantation longitudinale. Les variations ont atteint 3,3 % et même plus dans certains cas ; le fer et l'acier ont donné les mêmes résultats. BATTELLI (1886), qui a notablement amélioré la méthode de TOMLINSON, a trouvé une *diminution* de k par aimantation longitudinale, non seulement dans le fer, mais aussi dans le *cuivre* ; pour le fer, la variation a été de 0,002 k. Ensuite sont venues les expériences de SCHWEITZER (1900), KORDA (1899, 1902), BLYTH (1903) et LAFAY (1903). SCHWEITZER s'est servi de la méthode de l'anneau de NEUMANN (Tome III, Chap. VII, § 5) ; il a constaté que k diminue, dans la direction des lignes de force, d'une quantité Δk approximativement proportionnelle à l'aimantation I. KORDA (méthode de SÉNARMONT) avait auparavant déduit de ses expériences que k ne varie pas perpendiculairement aux lignes de force, mais diminue parallèlement à ces lignes (jusqu'à 12 %) ; il a trouvé, par des considérations théoriques, que Δk doit être proportionnel à I^2 et ne varie pas par suite quand il y a changement de sens, c'est-à-dire changement du signe de I. BLYTH (méthode de DESPRETZ) a obtenu, pour l'acier, une *diminution* de k de 3 % par aimantation transversale et de 4 % par aimantation longitudinale ; avec le fer doux, la diminution est de 10,5 % par aimantation longitudinale et de 1 % par aimantation transversale. LAFAY a fait des expériences très intéressantes par la méthode de SÉNARMONT et a reconnu d'abord que le grand axe de l'ellipse (isotherme) est disposé transversalement aux lignes de force, non seulement pour le fer et le nickel, mais aussi avec le *verre* et d'autres mauvais conducteurs de la chaleur. Mais, en renouvelant ses expériences dans le *vide* il a trouvé un cercle, au lieu d'une ellipse, c'est-à-dire *la même valeur de k dans toutes les directions*. Il en a conclu que, dans les expériences de MAGGI, KORDA et autres, le phénomène observé était dû à un *courant d'air chaud* normal aux lignes de force. Une autre série d'expériences a montré que, pour le fer, la grandeur k diminue un peu par l'aimantation et de la même quantité dans toutes les directions. Il résulte de tout ce qui précède qu'on doit considérer comme encore entièrement ouverte la question de l'influence de l'aimantation sur la conductibilité calorifique du fer.

Il en est autrement avec le bismuth. RIGHI et LEDUC ont trouvé simultanément (1887) que, dans le bismuth, la conductibilité calorifique *k diminue* (de même que la conductibilité électrique) sous l'action du champ magnétique. NERNST (1887) n'a pas observé cette influence, mais ETTINGSHAUSEN

(1888) a confirmé que k diminue de 2 à 3 °/₀ dans un champ magnétique puissant. BLYTH (1903) a trouvé que la variation de k atteint au plus 0,5 °/₀.

5. Polarisation diélectrique, force thermoélectromotrice, effet Peltier et dissolution. — HALL (1880), VAN AUBEL (1885), PALAZ (1887) et DRUDE (1894) ont déduit de leurs expériences que le champ magnétique est *sans influence* sur la polarisation diélectrique des non-conducteurs, et par suite aussi sur la constante diélectrique K. VAN AUBEL a étudié la paraffine, la gutta-percha, le verre et le soufre, et a montré que, dans les expériences de KIMBALL (1885), qui avait trouvé une influence du champ, certaines sources d'erreur n'avaient pas été considérées. KOCH (1897) n'a observé aucune influence du champ sur l'indice de réfraction n d'un grand nombre de corps solides, liquides et gazeux, ce qui indique également l'invariabilité de $K = n^2$. DUANE (1896) a remarqué une influence retardatrice du champ sur un diélectrique animé d'un mouvement de rotation ; mais, dans la suite (1897), il a reconnu que ce phénomène s'explique par la présence de traces de fer dans le diélectrique. CAMPETTI (1897) a expliqué théoriquement le phénomène observé par DUANE, mais BENNDORF a montré que son analyse était inexacte.

W. VOIGT (1910) a établi qu'il doit se produire une variation de concentration dans la solution d'un sel paramagnétique, qui se trouve à l'intérieur d'un champ magnétique *non-uniforme* ; STATESCU a effectivement observé ce phénomène avec une solution de 20 gr. de $FeCl^3$ dans 100 gr. d'eau.

Nous avons déjà indiqué, dans le Chap. VI, § **2**, de ce second Livre, que le champ magnétique exerce une influence remarquable sur la *force thermo-électromotrice e*. Considérons d'abord les corps ferromagnétiques. On observe que l'aimantation change la position du *fer* dans la série thermoélectrique, en le rendant *plus positif* ; autrement dit, *le courant traverse la soudure chaude en allant du fer non aimanté au fer aimanté*. Ce phénomène a été mis en évidence pour la première fois par W. THOMSON (LORD KELVIN, 1856) ; il a constaté en outre que le courant traverse la soudure chaude en allant du fer aimanté transversalement au fer aimanté longitudinalement. STROUHAL et BARUS (1881), TH. PÉTROUSCHEWSKI (1882), EWING (1886), P. BACHMÉTIEFF (1891), BATTELLI (1893), CHASSAGNY (1893), HOULLEVIGUE (1895), POSEJPAL (1909) et d'autres encore ont obtenu le même résultat. La valeur de e est très petite ; STROUHAL et BARUS ont trouvé que, dans la formule d'AVENARIUS $e = a(t_2 - t_1) + c(t_2^2 - t_1^2)$, Chap. VI, § **3**, on a, avec le couple fer-cuivre, $a \cdot 10^5 = 13{,}05$ et $c \cdot 10^7 = -2{,}62$; mais, avec un couple en fer aimanté et fer non aimanté, $a \cdot 10^5 = 0{,}037$ et $c \cdot 10^7 = 0{,}015$. BACHMÉTIEFF a aimanté des fils de fer et de nickel et les a ensuite soumis à une extension : il a constaté que l'effet d'une aimantation, qui produit un changement de longueur, est le même que celui de l'extension due à une cause mécanique ; autrement dit, la variation de e due à l'aimantation est une conséquence de la magnétostriction (Chap. VIII, § **4**). CHASSAGNY a étudié le couple Cu — Fe et a observé que lorsque le champ augmente, e croît d'abord, puis diminue. Houllevigue a déterminé très soigneusement les valeurs de e pour les couples fer-cuivre et acier-cuivre ; il a exprimé e sous forme de fonction empirique de l'intensité H du champ ; sa formule pour le couple fer-cuivre est la suivante :

$$e = 10^{-7} \{ 125 (t_2 - t_1) + 0,508 (t_2^2 - t_1^2) \} \frac{H (350-H)}{1 + 0,0428 H}.$$

Houllevigue a déduit de là la formule qui suit, pour la force thermoélectromotrice du fer par rapport au plomb (Chap. VI, § 3) :

$$[Fe, Pb] = - 14,39 + 0,430 t - 10^{-7} (125 + 1,016 t) \frac{H (350 - H)}{1 + 0,0428 H}.$$

Posejpal a étudié les couples Fe — Zn, Fe — Cu et Cu — Zn ; il est très remarquable qu'il ait reconnu aussi une action du champ sur le couple Cu — Zn.

Grimaldi (1887) s'est occupé du *bismuth* diamagnétique. Une tige de bismuth occupait une position équatoriale entre les pôles d'un électro-aimant ; ses points de soudure avec des fils de cuivre étant respectivement maintenus à 0° et 100°. Le bismuth du commerce a manifesté une diminution (3 %) de la force thermoélectromotrice e et le bismuth pur, au contraire, une augmentation. Dans une position polaire de la tige, l'action du champ est plus faible et reste la même pour toutes les sortes de bismuth. La variation relative de e semble proportionnelle à H^2. Plus tard, Defregger (1897) a trouvé que l'action du champ dépend de la direction considérée dans le cristal de bismuth ; elle augmente en même temps que l'angle entre l'axe du cristal et la direction des lignes de force. Spadavecchia (1899) a en outre étudié Bi et ses alliages avec Sn. L'action du champ sur le couple cuivre — alliage BiSn, c'est-à-dire la valeur de Δe, diminue d'abord à mesure qu'augmente la teneur en étain et s'annule pour 0,056 % à 0,113 % d'étain ; ensuite, Δe change de signe ; entre 0,237 % et 2 % d'étain se produit un second changement de signe, et un troisième entre 80 % et 83 % d'étain. Pour les mêmes quantités d'étain, la force e elle-même (sans présence d'un champ) change de signe. Spadavecchia a obtenu des résultats analogues pour les couples formés de cuivre et d'alliages de Bi avec Pb.

Battelli a montré que le phénomène de Peltier (Chap. VI, § 5) change aussi sous l'action du champ magnétique ; il est renforcé dans les éléments Fe — Cu et Fe — Ni, quelle que soit la direction d'aimantation. Houllevigue (1896), Pocchetino (1899) et van Aubel (1902) se sont occupés du même phénomène. Houllevigue a également observé une action du champ sur l'effet Thomson (Chap. VI, § 6) ; il a découvert en outre que, lorsqu'on fait passer un courant à travers une bande inégalement magnétisée, dont toutes les parties se trouvent à la même température, il se produit comme un transport de chaleur, de sorte que la température cesse d'être uniforme.

BIBLIOGRAPHIE

—

2. — Réactions chimiques, force électromotrice et cristallisation.

CAVALLO. — *Phil. Trans.*, 1787, p. 16.
ARNIM. — *Gilb. Ann.*, **3**, p. 59, 1800; **5**, p. 394, 1800; **8**, p. 279, 1801.
RENDU. — *Ann. de chim. et phys.*, **38**, p. 196, 1828.
ERMAN. — *Gilb. Ann.*, **26**, p. 139, 1807.
FOSSATI. — *Bull. del Electric.*, 1890.
LÖB. — *Chem. Centralblatt*, **62**, p. 690, 1891.
ANDREWS. — *Proc. R. Soc.*, **52**, p. 114, 1892.
NICHOLS. — *Amer. Journ. of Sc.*, (3), **31**, p. 272, 1886.
BERNDT. — *Phys. Ztschr.*, **9**, p. 512, 1908.
HEMPTINNE. — *Ztschr. f. phys. Chemie*, **34**, p. 669, 1900.
SCHWEITZER. — *Phys. Ztschr.*, **4**, p. 852, 1902-1903.
GROSS. — *Verhandl. d. Berl. Phys. Ges.*, 1885, p. 38; *Wien. Ber.*, (2), **92**, p. 1378, 1885.
ANDREWS. — *Proc. R. Soc.*, **42**, p. 459, 1887; **44**, p. 152, 1888; **46**, p. 176, 1890.
NICHOLS et FRANKLIN. — *Amer. Journ. of Sc.*, (3), **34**, p. 419, 1887; **35**, p. 290, 1888; *Lum. électr.*, **26**, p. 234, 1887.
ROWLAND et BELL. — *Amer. Journ. of Sc.*, (3), **36**, p. 39, 1888; *Phil. Mag.*, (5), **36**, p. 105, 1893.
SQUIER. — *Lum. électr.*, **48**, p. 588, 1893; *Amer. Chem. Journ. of Baltimore*, **14**.
GRIMALDI. — *Rend. Acc. Linc.*, 1888, 1889.
HURMUZESCU. — *C. R.*, **119**, p. 1006, 1894; *Journ. de Phys.*, (3), **4**, p. 118, 1895; *Arch. de Genève*, (4), **5**, p. 27, 1898; *Rapports prés. au Congr. intern. de Physique*, **2**, p 557, 1900.
BUCHERER. — *W. A.*, **58**, p. 564, 1896; **59**, p. 735, 1896; **61**, p. 807, 1897.
SALA et FOURNIER. — *C. R.*, **123**, p. 801, 1896.
PAILLOT. — *C. R.*, **131**, p. 1194, 1900; **132**, p. 1318, 1901; *J. de Phys.*, (4), **4**, p. 207, 1902.
WYSS. — *Diss.* Zürich, 1900.
CHASSAGNY. — *C. R.*, **116**, p. 977, 1893.
REMSEN. — Voir JUEPTNER, *Lum. électr.*, **10**, p. 468.
JANET. — *J. de Phys.*, (2), **6**, p. 286, 1887.
P. DUHEM. — *De l'aimantation par influence*, Thèse, p. 98, 1888.
J. J. THOMSON. — *Applicat. of dynamics to phys. and chemistry*, 1888, p. 240.
POSEJPAL. — *Annal. de chim. et phys.*, (8), **17**, p. 478, 1909; *C. R.*, **148**, p. 711, 1909; *J. de Phys.*, (4), **9**, p. 316, 1910.
ADAMS. — *Phys. Rev.*, **30**, p. 371, 1910.
URBASCH. — *Diss.*, Giessen, 1900; *Ztschr. f. Elektrochem.*, **8**, pp. 150, 559, 1902; **9**, p. 511, 1903.
DRUDE. — *Ztschr. f. Elektrochem.*, **8**, pp. 65, 229, 1902; **9**, p. 665, 1903.
ST. MEYER. — *Wien. Ber.*, **108**, p. 513, 1899.

3. — Elasticité, frottement intérieur et tension superficielle.

WERTHEIM. — *Ann. de chim. et phys.*, (3), **12**, p. 385, 1842; **23**, p. 302, 1848.
TOMLINSON. — *Proc. R. Soc.*, **40**, p. 447, 1886; *Trans. R. Soc.*, **179**, p. 1, 1888.
BYRON B. BRACKETT. — *Phys. Rev.*, **5**, p. 257, 1897.
BARUS. — *Amer. J. of Sc.*, **34**, p. 175, 1887; *Phys. Rev.*, **13**, p. 257, 1901.
BOCK. — *Ann. d. Phys.*, (4), **54**, p. 442, 1895; *Phil. Mag.*, (5), **39**, p. 548, 1895.
SHAKSPEAR. — *Phil. Mag.*, (5), **47**, p. 539, 1899.
STEVENS. — *Phys. Rev.*, **9**, p. 116, 1899; **10**, p. 161, 1900; **11**, p. 95, 1900; *Phys. Ztschr.*, **1**, pp. 234, 593, 1900; **2**, p. 233, 1901.
TANGL. — *Annal. d. Phys.*, (4), **6**, p. 34, 1901.
HONDA, SHIMIZU et KUSAGAUE. — *Phil. Mag.*, (6), **4**, pp. 459, 537, 1902; *Phys. Ztschr.*, **3**, pp. 380, 381, 1902.
HONDA et TERADA. — *Phil. Mag.*, (6), **13**, p. 36, 1907; **14**, p. 65, 1907; *Phys. Ztschr.*, **6**, p. 622, 1905.
J. J. THOMSON. — *Applic. of dynamics to phys. and chem.*, Chap. IV, 1888.
KOLÁČEK. — *Annal. d. Phys.*, (4), **13**, p. 1, 1904.
HEYDWEILLER. — *Annal. d. Phys.*, (4), **12**, p. 602, 1903.
GANS. — *Annal. d. Phys.*, (4), **13**, p. 634, 1904.
SANO. — *Proc. Tokyo Math.-Phys. Soc.*, **2**, pp. 175, 207, 1904.
RENSING. — *Annal. d. Phys.*, **14**, p. 363, 1904.
CANTONE. — *Rend. d. Ist. Lomb.*, (2), **37**, pp. 435, 474, 535, 567, 1904.
WARTMANN. — *Ann. de chim. et phys.*, **24**, p. 360, 1848.
TRÈVE. — *C. R.*, **67**, p. 321, 1868; *Arch. Sc. phys. et natur.*, (2), **33**, p. 74, 1868.
MAURAIN. — *C. R.*, **121**, p. 248, 1895.
KIRSTEIN. — *Phys. Ztschr.*, **4**, p. 829, 1903.
HEERWAGEN. — *Naturf. Ges. zu Dorpat*, Heft **6**, 1890.
WIEDEMANN. — *Pogg. Ann.*, **103**, p. 571, 1858; **106**, p. 161, 1859.
MOREAU. — *C. R.*, **122**, p. 1192, 1896.
GRAY et WOOD. — *Proc. R. Soc.*, **70**, p. 294, 1902.
BRUNNER et MOUSSON. — *Pogg. Ann.*, **79**, p. 141, 1850.
KÖNIG. — *W. A.*, **25**, p. 618, 1885.
CARPINI. — *Rend. Acc. Lincei*, (2), **12**, p. 341, 1903; *Journ. de Phys.*, (4), **4**, p. 309, 1905.

4 — Tension de vapeur, capacité et conductibilité calorifiques.

J. KÖNIGSBERGER. — *D. A.*, **66**, p. 709, 1898.
P. DUHEM. — *Ann. de l'Ecole norm.*, (3), **7**, p. 289, 1890.
DU BOIS. — *Verh. d. Phys. Ges. zu. Berlin*, **17**, p. 148, 1898.
SANO. — *Tokyo K.* **2**, pp. 248, 265, 365, 1905; *Phys. Ztschr.*, **6**, p. 566, 1905.
STEFAN. — *Wien. Ber.*, **64**, p. 219, 1871.
WASSMUTH. — *Wien. Ber.*, **85**, p. 997, 1882; **86**, p. 539, 1882; **87**, p. 82, 1883.
MAGGI. — *Arch. des Sc. phys.*, **14**, p. 132, 1850.
HOLMGREN. — *Ofvers. of Forh. K. Sventensb. Ak.*, 1862; *Pogg. Ann.*, **121**, p. 628, 1864.
MATTEUCCI. — *Mondes*, **6**, 1864.
TOMLINSON. — *Proc. R. Soc.*, **27**, p. 109, 1878.
NACCARI et BELLATI. — *N. Cim.*, (3), **72**, p. 107, 1877.
TROWBRIDGE et PENROSE. — *Proc. Amer. Acad.*, 1883, p. 210; *Phil. Mag.*, (5), **16**, p. 377, 1883.

Batteli. — *Atti di Torino*, **21**, p. 559, 1886.
Fossati. — *Firenze Lundi*, 1890.
Korda. — *C. R.*, **128**, p. 418, 1899; *J. de Phys.*, (4), **1**, p. 307, 1902.
Schweitzer. — *Diss.*, Zürich, 1900.
Blyth. — *Phil. Mag.*, (6), **5**, p. 529, 1903.
Lafay. — *C. R.*, **136**, p. 1308, 1903.
Leduc. — *C. R.*, **104**, p. 1783, 1887; *J. de Phys.*, (2), **6**, p. 373, 1887.
Righi. — *C. R.*, **105**, p. 168, 1887; *Rend. R. Acc. di Lincei*, (4), **3**, pp. 6, 481, 1887.
Nernst. — *W. A.* **31**, p. 760, 1887.
Ettingshausen. — *W. A.*, **33**, p. 129, 1888.

5. — Polarisation diélectrique, force thermoélectromotrice, dissolution.

Hall. — *Amer. J. of Sc.*, (3), **20**, p. 161, 1880.
Van Aubel. — *Bull. Ac. des Sc. de Belg.*, (3), **10**, p. 609, 1885; **12**, p. 280, 1886; *Arch. Sc. phys.*, (4), **5**, p. 142, 1898.
Palaz. — *Arch. Sc. phys.*, (3), **17**, pp. 422, 427, 1887.
Drude. — *W. A.*, **52**, p. 498, 1894.
Koch. — *W. A.*, **63**, p. 132, 1897.
Duane. — *W. A.*, **58**, p. 517, 1896; **61**, p. 436, 1897.
Benndorf. — *W. A.*, **65**, p. 891, 1898; *Wien. Ber.*, **106**, 1897.
Kimball. — *Proc. Amer. Ac. of arts and sc.*, **13**, I, p. 193, 1885.
Campetti. — *Atti di R. Accad. di Torino*, **32**, p. 52, 1897.
W. Thomson (Lord Kelvin). — *Phil. Trans.*, **3**, p. 722, 1856; *Papers*, **2**, p. 286.
Strouhal et Barus. — *W. A.*, **14**, p. 54, 1881; *Bull. U. S. Geol. Surv.*, 1885.
Pétrouschewski. — *J. de la Soc. russe phys.-chim.*, **14**, pp. 277, 278, 1882.
Battelli. — *Atti. R. Ist. Veneto*, (7), **4**, p. 1452, 1893; *Rend. Lincei*, (5), **2**, p. 162, 1893.
Bachmétieff. — *W. A.*, **43**, p. 723, 1891.
Ewing. — *Trans. R. Soc*, 1886, II, p. 361.
Chassagny. — *C. R.*, **116**, p. 977, 1893; *J. de Phys.*, (3), **4**, p. 45, 1895.
Houllevigue. — Thèse, Paris, 1895; *Ann. de chim. et de phys.*, (7), **7**, p. 495, 1895; *J. de Phys.*, (3), **5**, p. 53, 1896.
Posejpal. — *C. R.*, **148**, p. 711, 1909; *J. de Phys.*, (4), **9**, p. 316, 1910.
Grimaldi. — *Rend. R. Acc. dei Lincei*, **3**, p. 134, 1887; **4**, p. 353, 1888.
Pocchetino. — *Rend. R. Acc. dei Lincei*, (5), **8**, II, p. 50, 1899; *N. Cim.*, (4), **10**, p. 284, 1899.
Spadavecchia. — *N. Cim.*, (4), **9**, p. 532, 1899; **10**, p. 161, 1899.
Tomlinson. — *Phil. Mag.*, (5), **25**, p. 285, 1888.
Defregger. — *Diss.*, München, 1897.
W. Voigt. — *Götting. Nachr.*, Décembre 1910.

CHAPITRE X

MESURE DES RÉSISTANCES ÉLECTRIQUES. MÉTHODES ET RÉSULTATS [1].

1. Introduction. — Nous avons décrit au Chap. IV du Livre I les plus importantes méthodes de mesure des grandeurs qui jouent un rôle en électrostatique. Nous devons maintenant considérer les méthodes de mesure de *quelques-unes* des grandeurs que nous avons rencontrées dans les Chapitres précédents de ce Livre II, consacré à l'étude des grandeurs électromagnétiques ; nous indiquerons aussi, chemin faisant, les résultats de mesure qui, pour diverses raisons, peuvent présenter de l'intérêt. Il est absolument impossible et il n'est du reste nullement nécessaire d'envisager, dans un seul Chapitre, la mesure de toutes les grandeurs électromagnétiques. On est forcément conduit à répartir dans différents Chapitres l'exposition des méthodes employées, surtout si on se laisse guider par des considérations d'ordre didactique. C'est ce que nous avons déjà fait ; dans le Chap. V, § 3, se trouvent les *résultats* de mesure de la résistance des électrolytes (les méthodes elles-mêmes seront exposées plus loin) ; dans le Chap. VIII, §§ 5, 6 et 11, nous avons décrit en détail les méthodes de mesure de la susceptibilité magnétique $\varkappa$ et de la perméabilité magnétique μ des substances ferromagnétiques, paramagnétiques et diamagnétiques, ainsi que les résultats donnés par ces méthodes.

D'autre part, nous reporterons au Livre III (Tome V) l'étude des méthodes de mesure des grandeurs que nous rencontrerons, quand nous nous occuperons du champ magnétique variable.

Actuellement, nous nous arrêterons sur la mesure des résistances électriques, sur celle de l'intensité des courants, de la force électromotrice, de l'intensité du champ magnétique, et enfin sur celle du rapport v de l'unité électromagnétique de quantité d'électricité à l'unité électrostatique. Nous serons conduit souvent à supposer connus des phénomènes et à utiliser des lois, qui se rapportent à l'étude du champ magnétique variable. De telles dérogations à une logique rigoureuse sont inévitables et ce n'est pas la première fois qu'elles se produiront ; par exemple, dans les §§ 5 et 6 du Chap. IV du Livre I, il nous est arrivé, dans l'exposé des méthodes de mesure de la constante diélectrique, de parler des oscillations électriques, qui se propagent le long d'un fil.

---

[1] J'ai pu largement utiliser, pour la composition de ce Chapitre, les conseils et les indications de mon ami le Professeur A. L. Gerschoun, auquel j'adresse ici mes bien sincères remerciements.

Nous avons donné, dans le Tome I (3e Partie, Chap. I), quelques indications générales sur l'art de mesurer les grandeurs physiques. Nous avons dit alors (§ **1**) qu'il était impossible, dans un Traité de Physique générale, d'entrer dans tous les détails et d'envisager tous les cas particuliers. Les mesures électriques constituent, notamment, un domaine d'étude indépendant et très vaste, faisant l'objet d'un enseignement spécial dans beaucoup d'Universités et d'Écoles techniques supérieures. On ne peut apprendre, dans les livres, l'art d'effectuer les mesures électriques ; on ne peut arriver à le posséder que par la pratique.

De nombreux ouvrages spéciaux, ainsi que des parties étendues des Traités, qui s'occupent à un point de vue général de la mesure des grandeurs physiques, sont consacrés aux mesures électriques. On y trouvera exposées en détail les multiples méthodes de mesure de toutes les grandeurs électromagnétiques possibles ; ils contiennent la description des appareils que l'on emploie et des indications complètes sur les procédés opératoires. Nous ne pouvons ici entrer dans de tels développements et nous devons nous borner à faire connaître le principe des principales méthodes. Le nombre des instruments, qui peuvent servir à mesurer chacune des grandeurs dont nous avons parlé, est extrêmement grand ; sans cesse, on en imagine de nouveaux ou on perfectionne ceux qui existent déjà. On trouvera la description et les dessins de ces instruments dans les publications spécialement consacrées à l'électricité ou aux appareils de mesure, ainsi que dans les catalogues des constructeurs. Notre description se limitera à quelques instruments, les plus typiques parmi les appareils modernes.

2. Choix des trois unités pratiques principales : ohm, ampère et volt. — Nous avons fait connaître, dans le Chapitre III, §§ **2** et **3**, le système *électromagnétique* (él. mag.) d'unités et en particulier, le système él. mag. C. G. S. Nous avons en outre indiqué les unités *pratiques* employées dans la technique ; parmi elles se trouvent l'*ohm*, unité de résistance, l'*ampère*, unité d'intensité de courant, et le *volt*, unité de force électromotrice ou de différence de potentiel. Ces unités pratiques s'expriment en fonction des unités él. mag. C. G. S. de la manière suivante :

$$(1)\quad \left\{ \begin{array}{l} 1 \text{ ohm} = 10^9 \text{ unités él. mag. C. G. S. de résistance,} \\ 1 \text{ ampère} = 0{,}1 \text{ unité él. mag. C. G. S. d'intensité de courant,} \\ 1 \text{ volt} = 10^8 \text{ unités él. mag. C. G. S. de force électromotrice.} \end{array} \right.$$

Nous avons vu que ces unités satisfont à la loi d'OHM ; cela veut dire que si la résitance R est exprimée en ohms, l'intensité I du courant en ampères et la force électromotrice E en volts, la formule d'OHM peut être écrite sans coefficient de proportionnalité, c'est-à-dire sous la forme $I = E : R$. Nous avons en outre montré que le système d'unités pratiques est un système absolu ; il est régulièrement construit sur les unités fondamentales de longueur $L = 10^9$ cm, de masse $M = 10^{-11}$ gr. et de temps $T = 1$ sec. Les égalités (1), qui définissent les trois unités principales, ont un caractère purement théorique et dans une certaine mesure abstrait, qui ne les rendent pas propres à une application pratique immédiate. A cet égard, les égalités (1) rappellent un peu la définition du mètre comme partie déterminée du méridien terrestre. *Théoriquement*, on pourrait se borner à établir un étalon *unique*, par exemple de l'ohm, comme GUILLAUME (1911) l'a indiqué ; dans ce cas, le volt et l'ampère se détermineraient par les lois d'OHM et de JOULE, tandis que le watt, regardé comme une grandeur *purement mécanique*, serait défini non comme volt-ampère, mais comme la puissance produite, lorsque le point d'application de la force, imprimant à 1^{kg} une accélération de $\frac{1^{m}}{1\,(\text{sec})^2}$, se déplace dans la direction de cette force avec une vitesse de $\frac{1^{m}}{1\ \text{sec.}}$.

Considérons maintenant la question de la *réalisation pratique* des trois unités, sous forme d'étalons aussi commodes que possible, dont les méthodes de préparation et les propriétés pourraient être sanctionnées par une convention internationale et, dans chaque état par des lois précises. Chacune des trois unités pouvant être l'objet d'une telle réglementation, nous les envisagerons successivement.

I. UNITÉ DE RÉSISTANCE. Un corps quelconque à l'état solide ou liquide, dont la résistance est prise égale à l'unité, peut servir d'étalon. La substance qui le constitue, la méthode suivant laquelle elle doit être préparée, les dimensions géométriques du corps et les conditions physiques, dans lesquelles sa résistance est égale à l'unité, doivent être bien déterminées.

WHEATSTONE (1843) a proposé, comme étalon de résistance, un fil de cuivre de 1 pied de longueur pesant 100 grains, et JACOBI (1848), un fil de cuivre de 25 pieds ($7^{m},62$) de longueur et d'environ $\frac{2}{3}$ mm. d'épaisseur (poids de $22^{gr},4493$) ; JACOBI a envoyé des modèles de cette dernière unité à divers laboratoires de physique. Ces deux unités ont été trouvées incommodes, la résistance du cuivre dépendant des substances étrangères qu'il peut renfermer fortuitement, et la résistance d'un fil tel que ceux proposés variant avec le temps. L'unité de JACOBI était approximativement égale à 0,551 ohm.

POUILLET, MARIÉ-DAVY et DE LA RIVE ont proposé comme substance le *mercure* et, à partir de 1860, W. SIEMENS a construit des *étalons, dont la résistance était égale à celle d'une colonne de mercure de* 1^{m} *de longueur et de* 1^{mmq} *de section à* 0°. C'est la célèbre *unité de* SIEMENS, qui, pendant 25 ans environ, a été d'un usage général, sous forme de bobines de fil comparées à l'étalon normal constitué par une colonne de mercure dans un tube de verre.

II. UNITÉ D'INTENSITÉ DE COURANT. On ne peut bien entendu, pour cette unité, établir d'étalon au sens ordinaire du mot. L'unité doit être définie par l'une des *actions* du courant, les caractères qualitatif et quantitatif de cette action devant être déterminés d'une manière précise. Le choix le plus naturel est celui de l'action électrolytique ; on a proposé en effet à différentes époques de prendre pour unité l'intensité d'un courant, qui, en une seconde (ou une minute), décompose 1^{mgr} d'eau, ou 9^{mgr} d'eau (c'est-à-dire sépare 1^{mgr} d'hydrogène), ou produit 1^{cmc} de gaz tonnant (sous 760 m/m et à 0°) en une minute (JACOBI). Plus tard, on s'est arrêté à l'électrolyse d'un sel d'argent, l'intensité d'un courant étant mesurée par le *poids* de l'argent séparé, dans l'unité de temps; par l'unité d'intensité de courant (pour l'équivalent électrochimique de l'argent, voir Chap. V, § 1); les détails de construction du voltamètre et de toutes les opérations durant la mesure doivent naturellement être fixés avec soin.

III. UNITÉ DE FORCE ÉLECTROMOTRICE. Cette unité peut être définie à l'aide d'un élément *normal* (Chap. V, § 8). C'est ainsi que l'on a pris longtemps, pour unité, la force électromotrice de l'élément DANIELL. Les parties constituantes de l'élément choisi et leur préparation, la construction de cet élément, les conditions physiques dans lesquelles il doit être utilisé et son mode d'emploi doivent être bien déterminées.

On voit donc que chacune des trois unités principales peut être choisie et établie d'une manière particulière. Pour arriver à définir commodément, au point de vue pratique, l'ohm, l'ampère et le volt, on peut procéder comme il suit :

A. Chacune des *trois* unités reçoit une définition *fixée légalement* : l'ohm, au moyen de la longueur d'une colonne de mercure de section déterminée à 0°, l'ampère par le poids de l'argent déposé dans un temps assigné, le volt à l'aide du facteur numérique par lequel il faut multiplier la force électromotrice d'un élément, défini à tout point de vue avec précision.

B. Deux *unités fondamentales* seulement reçoivent une définition *fixée légalement*. La troisième unité est *dérivée* des deux premières et de la loi d'OHM ; la question de sa détermination pratique reste ouverte.

Il n'est pas douteux que *l'une des unités fondamentales doit être l'ohm*. On peut facilement construire, conserver et transporter des étalons en fil, équivalents à l'étalon normal en mercure ; on peut aussi choisir pour ces copies la substance qui subit la moindre modification avec le temps et possède, à l'égard de la résistance, un coefficient de température aussi petit que possible.

Quelle unité faut-il prendre comme seconde unité fondamentale ? L'*ampère* ou le *volt* ? Cette question n'a été définitivement tranchée *en faveur de l'ampère* qu'en 1908 (voir plus loin). LORD KELVIN a indiqué en 1884 les solutions suivantes :

1. L'ampère est défini par le travail électrique accompli avec 1 ohm de résistance en 1 seconde.

2. L'ampère est défini par une action électrolytique.

3. Le volt est défini à l'aide d'un élément normal.

Comme unité dérivée, on a, dans les deux premiers cas, le volt ; dans le dernier, l'ampère. LORD KELVIN a proposé cette *seconde solution*.

Toute une série de congrès de savants se sont réunis pour résoudre les différentes questions que nous venons de mentionner ; quelques-uns avaient un caractère officiel et international, en particulier les congrès de *Paris* (1884), de *Chicago* (1893) et de *Londres* (1908). Nous allons exposer brièvement les travaux des congrès qui se sont réunis à diverses époques et les principaux résultats de leurs délibérations.

Il faut d'abord remarquer que c'est une commission choisie en 1862 par l'Association Britannique qui a introduit les dénominations d'*ohm* et de *volt* et s'est occupée de la réalisation pratique de l'ohm, égal à 10^9 unités él. mag. C. G. S. Mais l'unité (B. A) ainsi construite était, comme Rowland (1878) l'a montré le premier, inférieure à l'ohm de plus de 1 °/₀ (0,9866 ohm environ). Le congrès de Paris de 1881 a confirmé les propositions générales de l'Association Britanique, a ajouté la dénomination d'*ampère*, pour l'intensité du courant produit par 1 volt avec 1 ohm et a reconnu que de nouvelles mesures étaient nécessaires pour déterminer la *longueur de l'ohm*, c'est-à-dire la longueur d'une colonne de mercure de 1^{mmq} de section à 0° ayant une résistance égale à l'ohm théorique. Le congrès de Paris de 1882 n'a rien ajouté d'essentiel à ces conclusions.

Le congrès international de Paris de 1884 a été très important, parce qu'il a introduit l'*ohm légal de* 106^{cm} *de longueur*, d'après les mesures effectuées jusqu'à la date de sa réunion; on s'est servi de cet ohm jusqu'en 1893.

Benoît (1885), Lorenz (1885), Strecker et Kohlrausch (1885), Glazebrook et Fitzpatrik (1889), Salvioni (1889), Passavant (1890) et Lindeck ont construit des étalons normaux de l'ohm légal. Dorn (1893) a comparé beaucoup de ces étalons et a trouvé entre eux des différences atteignant 0,01 °/₀. A l'égard du volt, la tension de l'*élément* Clark (Chap. V, § 8) a été fixée provisoirement en 1884 à 1,457 volt, mais sans indiquer pour quelle température ce chiffre était valable. Le congrès de Paris de 1889 n'a pas modifié d'une manière notable l'état de cette question.

En 1892, en même temps que le congrès de l'Association Britannique, s'est réunie à Edinbourg une conférence à laquelle ont pris part Helmholtz, Guillaume, Jäger, Kahle, Carhart et d'autres savants. Helmholtz ayant fait connaître que Dorn avait soumis toutes les déterminations de l'ohm à un examen critique soigné et avait trouvé $106^{cm},28$ pour la longueur la plus problable de l'ohm, la conférence à été d'avis qu'on devait *s'arrêter au nombre* 106,3; elle a proposé en outre de caractériser la colonne de mercure, non par l'aire de sa section droite, *mais par son poids à* 0° *égal à* $14^{gr},4521$. De plus, l'ampère a été défini par un poids de $1^{mgr},118$ d'argent déposé en une seconde, et le volt a été regardé comme une unité dérivée de l'ohm et de l'ampère. Enfin, on a précisé avec soin que l'élément Clark à 15° donne 1,434 volt, avec une erreur ne dépassant pas 0,001. Les travaux de cette conférence ont servi de préliminaires à ceux du Congrès international de Chicago, de même que les délibérations ultérieures de l'*American Institute of Electrical Engineers* et de la *Société internationale des Electriciens* à Paris.

Le congrès international de Chicago s'est réuni en 1893. Il a eu malheureusement l'imprudence de proposer des données *à fixer légalement* pour chacune des trois unités séparément :

L'*ohm*, c'est-à-dire 10^9 unités C. G. S., a été déterminé par une longueur de $106^{cm},3$ de mercure à 0° et par un poids de $14^{gr},4521$; il a reçu la dénomination d'*ohm international*, pour le distinguer de l'*ohm légal*.

L'*ampère*, c'est-à-dire 0,1 unité C. G. S., a été déterminé par le poids de $1^{mg},118$ d'argent déposé par seconde.

Le *volt*, c'est-à-dire 10^8 unités C. G. S. a été défini, *avec une précision consi-*

dérée comme suffisante, par la fraction $\frac{1\,000}{1\,435} = 0{,}6974$ de la force électromotrice de l'élément CLARK à 15°.

Les États-Unis, l'Angleterre avec toutes ses colonies et la France se sont empressés de consolider ces trois déterminations par voie législative, ce qui a mis ces nations dans une situation très difficile, car on a reconnu bientôt que la force électromotrice de l'élément CLARK est inférieure d'environ 0,1 % à celle adoptée à Chicago (1,4328 volt au lieu de 1,435 volt). L'Allemagne et, après elle, l'Autriche et la Belgique n'ont pas accepté la troisième résolution prise à Chicago, ce qui a même donné lieu à quelque critique, pendant un certain temps. Le Reichsanstalt de Charlottenbourg, qui avait préparé en 1891 et 1892 les étalons de deux ohms légaux (106^{cm}), en a établi trois autres, après le congrès de Chicago, de $\frac{1}{2}$, 1 et 2 ohms internationaux ($106^{cm},3$). Le congrès de St-Louis (1904) s'est borné à émettre un vœu tendant à instituer une commission internationale, pour résoudre les problèmes posés par les diverses suites données aux résolutions de Chicago. Il a proposé, dans ce but, de réunir un congrès international à Londres en 1906. Pour l'élaboration préalable des propositions à soumettre à ce congrès, WARBURG a provoqué une conférence officieuse, qui a eu lieu du 13 au 25 octobre 1905 et à laquelle ont pris part des délégués de l'Allemagne (WARBURG, KOHLRAUSCH, LEWALD, HAGEN, JÄGER), de l'Autriche (V. LANG, KUSMINSKI), de la France (MASCART, président), de l'Angleterre (GLAZEBROOK), de la Belgique (ERIC GÉRARD, CLÉMENT) et des Etats-Unis (CARHART) ; on s'est abstenu de convoquer des représentants des autres pays pour une raison inconnue. Cette conférence s'est prononcée pour les propositions suivantes :

L'*ohm* et l'*ampère* internationaux doivent être considérés comme des unités *fondamentales* et fixés légalement ; le *volt* est une unité dérivée, dont la dépendance à l'égard d'un élément déterminé ne doit pas encore être arrêtée. Les Etats-Unis (Bureau of Standards à Washington et CARHART) ont persisté dans leur proposition particulière de considérer le *volt* comme unité fondamentale et l'*ampère* comme unité dérivée.

2. Au lieu de l'élément CLARK, il y a lieu de prendre l'élément WESTON (Chap. V, § **8**).

3. Les définitions théoriques, voir formule (1), ne doivent pas être sanctionnées par la loi ; la longueur (ohm) et le poids d'argent (ampère) doivent être fixés une fois pour toutes et rester indépendants des déterminations ultérieures plus précises du rapport entre les mesures choisies et les mesures théoriques (1), pareillement à ce qui s'est passé pour le mètre et le kilogramme.

Le Physikalische Reichsanstalt a en outre proposé d'employer des *fils de manganine* pour la construction des étalons normaux ; la discussion de cette question n'a pas abouti à une conclusion.

Quelques jours auparavant (le 19 octobre), dans une séance du comité des mesures électriques à la Bristish Association (où étaient présents LORD RAYLEIGH, GLAZEBROOK, AYRTON, FORSTER, TROTTER et d'autres encore), on a également résolu de considérer l'ohm et l'ampère comme unités fondamentales, mais le volt comme unité dérivée.

Le *congrès international* de Londres s'est réuni seulement en octobre 1908 (sous la présidence de Lord Rayleigh). Avant la dissolution du congrès, une *commission de physiciens* composée de 15 membres (portée peu après à 20 membres, Warburg président) a été choisie pour l'étude ultérieure des questions de détail. Le congrès a pris les résolutions suivantes :

1. *Les unités fondamentales internationales sont l'ohm et l'ampère; le volt est une unité dérivée.* Non seulement les représentants des Etats-Unis, mais aussi ceux de la France (Lippmann, Benoît, de Nerville) se sont d'abord prononcés *contre* cette résolution et ont proposé de considérer le volt comme unité fondamentale et l'ampère comme unité dérivée; à la fin du congrès, ils ont cependant signé la résolution finale, qui a été ainsi prise *à l'unanimité*.

2. *L'ohm international est égal à la résistance à 0° d'une colonne de mercure de section constante, de 14gr,4521 de masse et de 106cm,300 de longueur.*

3. *L'ampère international est égal à l'intensité du courant, qui sépare 1mgr,11800 d'argent en 1 seconde.*

4. *Le volt international est la force électromotrice qui, avec un ohm international, donne un ampère international. On peut provisoirement admettre que l'élément* Weston *donne 1,0184 volt à 20°.*

Nous ne nous arrêterons pas sur les décisions et indications diverses du congrès, relatives aux détails de réalisation *pratique* de ces unités internationales. La subtitution aux nombres 106,3 et 1,118 des nombres 106,300 et 1,11800 a une importance capitale; *elle signifie qu'il faut considérer les unités concrètes comme établies une fois pour toutes* et qu'elles sont indépendantes des déterminations futures plus exactes des *unités théoriques*.

En 1910, s'est réunie à Washington une commission composée des représentants des laboratoires nationaux d'Amérique, d'Allemagne, de France et d'Angleterre. Elle a déterminé la force électromotrice de l'élément Weston à 20° ; Warburg (1911) a fait connaître pour la première fois que cette force est égale à

1,0183 volt international.

Comme en France règne une définition légale, d'après laquelle la force électromotrice de l'élément Clark est égale à 1,434 volt sans indication de température, on a proposé (1911) d'admettre que ce nombre se rapporte à la température de 13°,8 ; dans ce cas, le volt français serait identique au volt international.

Actuellement (1913), il reste à fonder un bureau international permanent, composé de délégués officiels des différents états, ainsi qu'à réunir un nouveau congrès international et à sanctionner légalement les unités fondamentales dans les différents états.

3. Mesure absolue des résistances ; détermination de l'ohm. — Les mesures de résistance peuvent être de deux sortes. En premier lieu, on peut faire des mesures *absolues*, c'est-à-dire déterminer la résistance R d'un *conducteur linéaire* en unités él. mag. C. G. S., ou ce qui revient au même en ohms *théoriques*, voir § **1**, (1). Avec de telles mesures absolues se trouve en relation étroite ce qu'on appelle la *détermination de l'ohm*, c'est-à-dire la détermination de la longueur L d'une colonne de mercure de section transversale égale à 1^{mmq} et dont la résistance à 0° est aussi voisine que possible de l'ohm théorique. Une telle détermination est possible, si on compare une résistance R déjà exprimée en ohms théoriques à la résistance d'une colonne de mercure (de 1^{mmq} de section et à 0°) de longueur L_0 arbitraire, ou à la résistance d'un fil antérieurement étalonné avec une telle colonne de mercure, par exemple l'étalon soigneusement vérifié de l'*unité de* SIEMENS, pour laquelle on a $L_0 = 100^{cm}$, ou encore à l'ohm légal ($L_0 = 106^{cm},3$). Nous parlerons, dans le paragraphe suivant, des étalons de mercure et autres résistances de comparaison. En second lieu, les mesures de résistance peuvent être *relatives* ; elles consistent alors dans la comparaison de la résistance cherchée à des résistances en forme de fils toutes prêtes, soigneusement calibrées et exprimées en ohms. Parfois, il s'agit d'une simple comparaison des résistances de deux corps donnés. Nous considérerons seulement ici les mesures absolues.

Entre 1880 et 1894, on a publié un grand nombre de mesures absolues de résistances et de déterminations connexes de l'ohm, c'est-à-dire de la longueur L de l'ohm en centimètres. Ces mesures ont été faites par diverses méthodes ; G. WIEDEMANN en a compté jusqu'à 13, mais ordinairement on n'en distingue que 6 : trois méthodes dues à W. WEBER et les méthodes respectives de KIRCHHOFF, de LORENZ (de Copenhague) et de LIPPMANN. Une description détaillée des différentes méthodes de mesure absolue et des particularités opératoires de ces méthodes se trouve dans G. WIEDEMANN, *Die Lehre von der Elektrizität*, Tome IV, pp. 642-728, Braunschweig, 1898 ; A. GRAY, *Absolute Measurements in Electricity* **2**, pp. 538-602, 1893 ; J. BORGMANN, *Principes de la théorie des phénomènes électriques et magnétiques* (en russe) **2**, pp. 586-599, 1899. WIEDEMANN (1882), LORD RAYLEIGH (1882) et en particulier DORN (1893) ont fait une étude comparative critique des méthodes de mesure absolue ; nous avons déjà parlé du travail de ce dernier dans le § **2**.

Dans l'exposé que nous allons donner des méthodes les plus importantes de détermination de l'ohm, il est nécessaire, comme nous l'avons fait remarquer précédemment, de considérer comme connus certains phénomènes dont nous n'avons pas encore abordé l'étude, par exemple les phénomènes d'induction, et d'utiliser les formules que nous établirons à ce sujet plus tard.

I. PREMIÈRE MÉTHODE DE W. WEBER. — Sur un cadre vertical est enroulé un fil fin (induit), de telle manière que la section transversale de la bobine ainsi constituée forme un rectangle ; le cadre peut tourner autour d'un axe vertical, situé dans le plan des tours moyens de la bobine ; l'induit est relié à un galvanomètre. Il s'agit d'exprimer en unités absolues la résistance totale R de tout le circuit, c'est-à-dire de l'induit et du galvanomètre. Le cadre est d'abord placé dans une position où les plans d'enroulement du fil sont perpendiculaires au plan du méridien magnétique. On le fait ensuite tourner rapidement de 180° ; il se développe alors une force électromotrice $E = 2FH$, où F est la somme des aires de tous les tours de fil de l'induit (en cmq.) et H la composante horizontale de l'intensité du magnétisme terrestre (en unités C. G. S.) à l'endroit où se trouve l'induit. Dans le circuit, se manifeste un courant *instantané*, mesuré par la grandeur $I = 2FH : R$, où I est la quantité *totale* d'électricité qui passe par le circuit ; on a donc

$$(1) \qquad R = \frac{2FH}{I}.$$

L'aimant du galvanomètre reçoit, sous l'action du courant I, une impulsion résultant de l'action d'un couple pendant un court instant. Si l'aimant ne peut, pendant la durée de cette impulsion, s'écarter sensiblement de sa position d'équilibre, il abandonne cette dernière avec une vitesse angulaire v_0, qui est sa vitesse initiale de rotation ; on observe la première déviation φ du galvanomètre. La vitesse v_0 est égale à $IDM : k$; M est le moment magnétique de l'aiguille aimantée, k son moment d'inertie par rapport à l'axe de rotation ; D est égal à $2n\pi : r$, n étant le nombre de tours du fil du galvanomètre, r ce qu'on appelle le rayon réduit de la bobine, c'est-à-dire le rayon de n tours identiques, qui exerceraient sur l'aimant la même action que la bobine considérée. On a maintenant $I = kv_0 : DM$ et par conséquent

$$(2) \qquad R = \frac{2FHDM}{kv_0}.$$

Le moment d'inertie k est déterminé par la durée T d'oscillation, à l'aide de la relation

$$(3) \qquad (1 + \beta)\, MH'T^2 = \pi^2 k,$$

où H' est la composante horizontale de l'intensité du champ magnétique terrestre à l'endroit qu'occupe le galvanomètre, β le coefficient de torsion du fil qui supporte l'aiguille aimantée. La vitesse v_0 est déterminée par la formule (69, e) du Chap. II, § 9, dans laquelle $a_1 = \varphi$ et où p et q doivent être remplacés par le décrément logarithmique λ et la durée d'oscillation T, d'après les formules (69, b) $\lambda = \pi p : q$ et (69, c) $T = \pi : q$. Toutes les grandeurs entrant dans la formule (2) sont donc connues. Remarquons qu'en éliminant k entre (2) et (3), le moment M disparaît. La résistance R est obtenue en unités él. mag. C. G. S, lorsqu'on exprime r en centimètres et T en secondes.

Des mesures ont été faites d'après cette méthode par W. Weber (1852), W. Weber et Zöllner (1880), Mascart, de Nerville et Benoît (1884), G. Wiedemann (1891) ; les résultats de ce dernier ont été calculés de nouveau par Peter (1894).

II. Seconde méthode de W. Weber. — Un anneau fermé de fil, disposé verticalement, tourne, comme dans le cas précédent, autour d'un axe vertical ; la rotation est continue et s'effectue avec une grande vitesse. Au centre de l'anneau est suspendue une aiguille aimantée, qui éprouve une certaine déviation constante φ, sous l'action du courant induit par le champ magnétique terrestre dans l'anneau tournant.

Une théorie de cette méthode, qui est élémentaire, mais loin d'être complète, est la suivante. Soit ψ l'angle compris entre le méridien magnétique et le plan de l'anneau à l'instant t ; la vitesse angulaire est $\omega = d\psi : dt$. A cet instant t agit la force électromotrice $E = FH \cos\psi \frac{d\psi}{dt}$, H ayant la même signification que dans la première méthode. Le courant $I = E : R$ exerce sur l'aimant un couple dont le moment est égal à $MDI \cos(\psi - \varphi)$; on en déduit, pour l'impulsion dans le temps dt,

$$\frac{MDFH}{R} \cos(\psi - \varphi) \cos\psi d\psi.$$

On obtient le moment total, en calculant l'impulsion pendant une seconde ; cette impulsion est égale à

$$\frac{nMDFH}{R} \int_0^{2\pi} \cos(\psi - \varphi) \cos\psi d\psi = \frac{\omega MDFH \cos\varphi}{2R},$$

où n est le nombre de tours par seconde et $\omega = 2n\pi$ la vitesse angulaire de rotation. Pour l'équilibre, le moment précédent doit être égal au moment $MH \sin\varphi$ du couple dû au magnétisme terrestre. On a donc

$$R = \frac{DF\omega}{2 \operatorname{tg}\varphi}. \tag{4}$$

Pour compléter ce calcul, il faut tenir compte de la self-induction dans l'anneau en rotation, le courant I n'étant pas constant, et avoir égard aussi à l'induction produite par l'aiguille aimantée elle-même. On doit par suite écrire

$$E dt = IR dt = FH \cos\psi d\psi + MD \cos(\psi - \varphi)\, d\varphi - L dI, \tag{5}$$

où L est le coefficient de self-induction. Comme $\frac{d\psi}{dt} = \omega$, on a

$$IR + L \frac{dI}{dt} = \{ FH \cos\psi + MD \cos(\psi - \varphi) \} \omega.$$

En intégrant cette équation et en négligeant le terme en $e^{-\frac{Rt}{L}}$, qui tend à s'annuler rapidement avec le temps, on obtient, pour l'intensité *constante* I du courant dans l'anneau,

$$I = \frac{\omega}{R^2 + L^2\omega^2} \{ HF(R\cos\psi + L\omega \sin\psi) + MD[R\cos(\psi - \varphi) + L\omega \sin(\psi - \varphi)] \}. \tag{6}$$

La valeur moyenne du moment du couple, qui agit sur l'aiguille aimantée, doit être égale au moment du couple dû au champ terrestre et à la torsion du fil. On a ainsi l'égalité

$$\frac{MD}{2\pi} \int_0^{2\pi} I \cos(\psi - \varphi)\, d\varphi = MH (\sin\varphi + \beta\varphi). \tag{7}$$

En introduisant la valeur (6) de I, on obtient pour R une expression, qui se transforme dans la formule (4) pour $L = 0$ et $\beta = 0$.

La commission instituée en 1863 par l'Association Britannique a effectué ses mesures suivant cette méthode ; nous avons déjà parlé dans le § 2 du résultat de ses travaux (unité B. A). LORD RAYLEIGH et SCHUSTER (1881), ainsi que LORD RAYLEIGH seul (1882) ont aussi fait des mesures d'après cette même méthode. H. WEBER (1882) l'a modifiée, en disposant l'axe de rotation *horizontalement*, de sorte que cet axe pouvait coïncider avec l'axe de l'aimant *dévié*, grâce à une rotation de tout l'appareil autour d'un axe vertical. Le courant était produit par la composante verticale $H \operatorname{tg} i$ de la force magnétique terrestre, i désignant l'inclinaison magnétique ; l'action inductrice de l'aiguille aimantée sur l'anneau tournant disparaît dans cette disposition.

III. TROISIÈME MÉTHODE DE W. WEBER. Une aiguille aimantée est suspendue, dans une position horizontale, au centre d'un cadre multiplicateur formé de gros fil de cuivre. Quand le circuit constitué par ce fil est fermé, toute la masse de cuivre qu'il contient agit comme amortisseur. Les courants induits dans le circuit par les oscillations de l'aiguille retardent et *amortissent* le mouvement de cette dernière (Chap. II, § 9). Désignons par R la résistance du fil, qu'il s'agit d'exprimer en unités absolues, et soit encore DM le moment du couple exercé sur l'aiguille aimantée, lorsque l'*unité* d'intensité de courant passe dans le fil ; M est le moment magnétique de l'aiguille, T la durée d'oscillation de cette aiguille quand le circuit est *ouvert*, τ la durée d'oscillation et λ le décrément logarithmique lorsque le circuit est *fermé*. L'aiguille est déviée et ensuite abandonnée à elle-même ; elle effectue alors des oscillations amorties. On mesure d'abord directement les grandeurs λ et T_0. On obtient l'équation du mouvement de l'aiguille aimantée de la manière suivante. Soit φ l'angle de déviation variable de l'aiguille ; quand la vitesse angulaire $\frac{d\varphi}{dt}$ de l'aiguille est égale à *l'unité*, la force électromotrice induite dans le fil est DM ; par suite, la force électromotrice à l'instant considéré est $MD\frac{d\varphi}{dt}$ et on a, pour l'intensité du courant,

$$I = \frac{MD}{R}\frac{d\varphi}{dt}.$$

Ce courant exerce sur l'aiguille aimantée un couple résistant dont le moment m est égal à

$$m = MDI = \frac{M^2D^2}{R}\frac{d\varphi}{dt}.$$

Le champ terrestre H et la torsion du fil donnent un couple, dont le moment, pour de petites valeurs de φ, peut être pris égal à $-(1+\beta)MH\varphi$, β représentant le coefficient de torsion du fil de suspension. L'équation du mouvement de l'aiguille aimantée est donc

$$\frac{d^2\varphi}{dt^2} + \frac{D^2M^2}{Rk}\frac{d\varphi}{dt} + \frac{(1+\beta)MH}{k}\varphi = 0, \tag{8}$$

k désignant le moment d'inertie de l'aiguille aimantée par rapport à l'axe de rotation. Nous avons écrit, dans le Chap. II, § **9**, l'équation des oscillations amorties sous la forme

$$(9) \qquad \frac{d^2\varphi}{dt^2} + 2p\frac{d\varphi}{dt} + c^2\varphi = 0,$$

et nous avons établi les formules suivantes, en posant $q = \sqrt{c^2 - p^2}$,

$$(9, a) \qquad T = \frac{\pi}{c},$$

$$(9, b) \qquad \tau = \frac{\pi}{q} = T\frac{\sqrt{\pi^2 + \lambda^2}}{\pi},$$

$$(9, c) \qquad \lambda = \frac{\pi p}{q};$$

les deux dernières donnent

$$(9, d) \qquad p = \frac{\lambda}{\tau} = \frac{\pi\lambda}{T\sqrt{\pi^2 + \lambda^2}}.$$

et, d'après (9, a) et (9, d), on a

$$(9, e) \qquad \frac{p}{c^2} = \frac{\lambda T}{\pi\sqrt{\pi^2 + \lambda^2}}.$$

En comparant (8) et (9), on voit que

$$p = \frac{D^2M^2}{2Rk}, \qquad c^2 = \frac{(1+\beta)MH}{k}.$$

Si on porte ces valeurs dans (9, e), le moment d'inertie k disparaît et on trouve

$$(10) \qquad R = \frac{D^2M\pi\sqrt{\pi^2 + \lambda^2}}{2(1+\beta)\lambda HT}.$$

Nous laisserons de côté la question des diverses corrections qui doivent être introduites dans cette formule. A cet égard, on doit tenir compte de l'amortissement produit par l'air, de la dépendance des grandeurs λ et D vis-à-vis de φ, de l'influence de la température et des forces magnétiques locales, de l'action du courant I sur le moment M. Schering et l'auteur ont étudié théoriquement comment le décrément λ dépend de φ. La grandeur M : H peut être déterminée par une méthode que nous indiquerons dans ce Chapitre. La grandeur D peut être calculée au moyen des dimensions géométriques du multiplicateur. La méthode précédente a été utilisée par H. F. Weber (1878) et F. Kohlrausch (1874, 1882). Il est cependant plus commode de déterminer D en faisant passer le même courant i dans un galvanomètre des tangentes soigneusement étalonné et de grandes dimensions, le multiplicateur étant placé en shunt. Les indications du galvanomètre des tangentes permettent de déterminer i en unités absolues et la grandeur D est ensuite déduite de la déviation de l'aiguille du multiplicateur. Des mesures absolues de R et aussi une détermination de l'ohm (par comparaison de R avec une *unité* normale de SIEMENS) ont été faites par DORN (1882 et 1889), WILD (1884), BAILLE (1884) et F. KOHLRAUSCH (1888).

IV. MÉTHODE DE KIRCHHOFF. On a l'habitude de comprendre sous ce nom toute une série de méthodes plus ou moins différentes les unes des autres, qui ont ceci de commun que l'*induction électrodynamique* y joue le rôle principal. On a deux bobines A et B à axe commun, placées l'une à côté de l'autre ou l'une à l'intérieur de l'autre. Dans le cas le plus simple, le schéma est le suivant : la bobine A est parcourue par le courant constant i ; la bobine B est reliée à un galvanomètre balistique G (voir Chap. XI) ; il s'agit de mesurer en unités absolues la résistance R du circuit secondaire, qui comprend la bobine B. Nous désignerons par L le coefficient d'induction mutuelle des deux bobines. Si on coupe brusquement le courant i, on obtient, dans le circuit secondaire, un courant induit instantané I (courant intégral), dont l'intensité peut être mesurée au galvanomètre G. On a $I = \frac{Li}{R}$, et par suite

$$R = \frac{Li}{I}. \tag{11}$$

ROWLAND (1878) a employé le premier cette méthode ; le courant i était mesuré au moyen d'un galvanomètre des tangentes, dont l'aiguille aimantée reposait sur une pointe, ce qui entraîne évidemment des inexactitudes. F. WEBER (1877, 1884), GLAZEBROOK, DODDS et SARGENT (1883) qui, au lieu de couper le courant i, en changeaient le sens, MASCART, de NERVILLE et BENOÎT (1884) l'ont aussi appliquée. Enfin ROITI (1884) et HIMSTEDT (1886) y ont apporté une modification essentielle. Le courant i était ouvert et fermé n fois par seconde ; la bobine B était parcourue par des courants induits de fermeture ou d'ouverture, de sorte que l'aiguille aimantée du galvanomètre G éprouvait une déviation *constante* φ. On obtenait une autre déviation ψ, en faisant passer par G une certaine fraction ai du courant i. Dans ce cas, on a $\frac{\varphi}{\psi} = \frac{nLi}{aiR}$, et par suite

$$R = \frac{nL\psi}{a\varphi}. \tag{11, a}$$

La disposition des deux circuits était aussi complètement différente de celle indiquée plus haut, mais nous ne pouvons entrer dans ces détails.

V. MÉTHOTE DE LORENZ. L'idée fondamentale de cette méthode peut s'expliquer par la figure schématique 337. Un disque circulaire en cuivre B tourne avec une vitesse constante autour d'un axe horizontal, en faisant n tours par seconde. Il est entouré d'une étroite bobine de fil A, qui se trouve dans le circuit d'un ou plusieurs éléments S. Dans ce même circuit est aussi intercalé le corps w, dont il s'agit de mesurer la résistance R en unités absolues Par la rotation du disque B, sont induits, dans celui-ci, des courants, qui ont une direction *radiale*. Entre le centre C du disque et un point quelconque D de son bord agit une force électromotrice, dont la grandeur peut être calculée au moyen des dimensions de la bobine A et du disque B. Supposons qu'elle soit égale à E unités él. mag. C. G. S, quand l'intensité du courant dans A est égale à l'unité et que le disque B fait un tour par seconde; lorsque l'intensité du courant dans A est I et le nombre de tours du disque par seconde égal à n, la force électromotrice d'induction $E_n = nIE$. Aux points C et D se trouvent des contacts glissants, qui conduisent le courant aux extrémités α et β du corps w; dans le circuit ainsi obtenu, est intercalé un galvanomètre sensible G. On peut régler la vitesse de rotation, c'est-à-

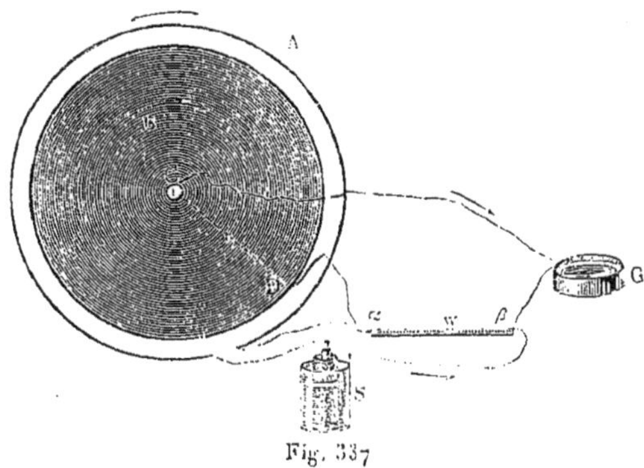

Fig. 337

dire le nombre n, de façon que le courant s'annule dans le circuit induit, ce que l'on reconnaît lorsque l'aiguille aimantée de G n'éprouve plus de déviation. Comme dans ce cas, la différence de potentiel IR des points α et β est équilibrée par la force électromotrice E_n, on a $nIE = IR$, d'où

$$R = nE. \tag{12}$$

Lorenz s'est servi pour la première fois de cette méthode en 1873 et l'a de nouveau appliquée en 1885 avec des appareils perfectionnés. Le corps w était un tube de verre soigneusement calibré et rempli de *mercure*, de sorte qu'on déterminait en unités absolues la résistance d'une colonne de mercure donnée; on pouvait donc en déduire la longueur L de l'ohm de mercure, dont nous avons parlé au § **2**. Lord Rayleigh et Mrs Sidgwick (1883), R. E. Lentz (1884), Rowland, Kimball et Duncan (1884), Rowland (1887), Duncan, Wilkes et Hutchinson (1889) et Jones (1890) ont aussi employé la même méthode. Une modification a été proposée par Rosa (1909).

VI. Méthodes de Lippmann. Lippmann (1881, 1882) a proposé trois méthodes différentes, dont l'une a été indiquée aussi, presque simultanément, par Carey Foster. Nous ne considérerons ici que celle de ces méthodes qui a effectivement servi pour la détermination de l'ohm (Wuilleumier, 1890). Dans une longue bobine fixe passe un courant i; dans le circuit auquel elle appartient se trouve la résistance à mesurer R, dont nous désignerons les extrémités par A et B. A l'intérieur de la bobine, tourne un anneau de fil autour d'un axe situé dans le plan de la section droite de la bobine ; à chaque tour, cet anneau vient en contact, pendant un intervalle de temps très court, avec les points A et B, au moment où la force électromotrice d'induction E dans l'anneau atteint son maximum. Si la bobine comporte N tours par centimètre, on a $E = 4\pi Ni\omega F$, ω étant la vitesse angulaire de rotation, F l'aire intérieure à chaque tour de l'anneau. La grandeur ω doit être choisie de façon qu'un galvanomètre ou un électromètre capillaire, intercalé dans le circuit induit, n'éprouve aucune déviation. On a, dans ce cas, $E = Ri$, et par suite

$$R = 4\pi NF\omega. \tag{13}$$

VII. *D'autres méthodes*, que nous ne décrirons pas, sont dues à M. Brillouin (1883), Mengarini (1884), Joubert (1882), J. Fröhlich (1883) et F. Weber (1877). Nous indiquerons simplement que la méthode calorimétrique de ce dernier repose sur la mesure de la quantité de chaleur dégagée dans le passage du courant à travers le conducteur étudié.

4. Etalons de résistance. — Nous avons déjà mentionné au § **2** que 5 étalons en *mercure* ont été construits au Reichsanstalt à Charlottenbourg. On trouvera des renseignements très détaillés sur la façon dont ils ont été préparés, dans les mémoires de Jäger (1896), Jäger et Kahle (1901), ainsi que dans un travail de Strecker (1885) relatif à la construction de l'unité normale de Siemens en mercure. Le choix, le nettoyage et le *calibrage* du tube de verre, son remplissage avec du mercure propre, la façon de l'introduire dans le circuit, la mesure de sa résistance en unités absolues et le calcul de la longueur L correspondant à l'ohm sont toutes des opérations d'une grande importance. Les congrès internationaux, dont il a été parlé au § **2**, ont aussi donné quelques indications sur ces divers points.

Le poids d'une colonne de mercure, dont la résistance est celle de l'ohm international ($L = 106^{cm},300$), est de $14^{gr},4521$; on a donc, pour la résistance r d'une colonne de mercure dont la longueur est de l^{cm} et le poids p^{gr}, l'expression

$$r = \frac{14,4521\ Cl^2}{(1063)^2 p} = 12,78982\ \frac{Cl^2}{p}\ \text{ohms}, \tag{14}$$

C désignant un facteur peu différent de l'unité, dont la présence tient à ce que le tube n'est jamais rigoureusement cylindrique. Une méthode de calcul de C, au moyen des résultats des mesures faites dans le calibrage du tube, se trouve dans le travail de Jäger (1896). Pour les cinq étalons préparés au Reichsanstalt, la grandeur C oscille entre 1,001878 et 1,000021. Quand la colonne de mercure est introduite dans le circuit, on la fait déboucher à ses extrémités dans de larges vases remplis de mercure.

A l'entrée ou à la sortie de l'ouverture relativement étroite du tube, le courant éprouve dans la masse étendue de mercure, une certaine *résistance d'épanouissement* (Ausbreitungswiderstand, end correction) que nous désignerons par s. Le calcul de s rappelle celui de la résistance d'un espace indéfini, dans lequel se trouvent deux électrodes sphériques (Chap. III, § 5) ; il est dû à MAXWELL et conduit à l'expression

$$s = \frac{a}{1063\,\pi}\left(\frac{1}{r_1} + \frac{1}{r_2}\right) \text{ ohms}, \tag{14, a}$$

r_1 et r_2 désignant les rayons des deux ouvertures du tube, exprimés en millimètres, a une constante comprise, d'après MAXWELL, entre 0,785 et 0,849. LORD RAYLEIGH (1875) a montré que l'on a $a < 0{,}8242$. BENOIT, KOHLRAUSCH, SCHRADER, GLAZEBROOK et FITZPATRICK et d'autres encore ont déterminé la grandeur a empiriquement et ont obtenu des nombres compris entre 0,789 et 0,805. Actuellement, le nombre généralement adopté est

$$a = 0{,}80. \tag{14, b}$$

La résistance totale R de la colonne de mercure *introduite dans le circuit* est, voir les formules (14) et (14, a),

$$R = r + s. \tag{15}$$

Pour les étalons du Reichsanstalt, la valeur de s est comprise entre 0,0007579 ohm et 0,001219 ohm. En dehors des étalons à mercure fondamentaux en forme de tube rectiligne, on a aussi construit des étalons à mercure secondaires en forme de tube hélicoïdal, en U et en W et leur résistance a été déterminée par comparaison avec les étalons fondamentaux.

Dans la pratique, on emploie de préférence des *résistances en fil*, qui peuvent se composer d'*un seul* fil (par exemple, pour les étalons normaux de l'ohm, de ses multiples ou sous-multiples) ou de toute une série de fils placés dans des boites, que l'on peut introduire dans le circuit séparément ou en les combinant à volonté ; on nomme ces dernières des *boîtes de résistances* ; chaque fil, qui représente une résistance déterminée, est ordinairement enroulé en forme de bobine.

Des recherches nombreuses et soignées ont été faites, notamment par le Physikalisch-Technische Reichsanstalt, en vue de résoudre diverses questions relatives au meilleur mode de construction des étalons de résistance en fil.

Comme la résistance des métaux et des alliages augmente, en général, assez fortement avec l'élévation de la température, il est clair que chaque étalon ne possède la résistance qu'on a inscrite sur lui qu'à une température déterminée ; cette température, de même que le coefficient de température de la résistance doivent être connus pour pouvoir utiliser l'étalon.

La substance du fil doit satisfaire à deux conditions principales : invariabilité de la résistance avec le temps et indépendance la plus grande possible à l'égard de la température. Il est désirable en outre que la force thermoélectromotrice qui naît au contact du métal avec le *cuivre* soit la plus petite possible, car un tel contact est inévitable quand on intercale l'étalon dans un circuit.

On se servait autrefois de fils d'argentan, de constantan (60 Cu + 40 Ni), de nickeline (Ni + Zn), de patentnickel (75 Cu + 25 Ni) et d'autres alliages; mais ces alliages ne satisfont pas d'une manière suffisante à la troisième des conditions précédentes. Récemment, l'emploi du fil de *manganine* (84 Cu + 12 Mn + 4 Ni) s'est beaucoup développé. Les recherches faites avec soin par Lindeck, Feussner, Jäger, Raps, Wolf et d'autres encore ont montré que cet alliage possède à un haut degré l'invariabilité avec le temps et un coefficient de température très petit (entre + 0,00001 et + 0,00002), qu'il n'est pas attaqué par la laque, la térébenthine et autres substances analogues, et qu'il ne donne naissance au contact du cuivre qu'à une très petite force thermoélectromotrice (1,5 microvolt par degré); il est enfin très bon marché.

Le fil d'une résistance doit être *isolé*; Burstall (1896) s'est servi d'un fil nu, mais plongé dans l'huile. *La dimension de la section* du fil doit être choisie de façon que la résistance ne varie pas d'une manière sensible par l'échauffement dû au passage du courant. Le plus souvent on emploie du fil à section circulaire, mais, dans certains cas et pour plus de commodité, on se sert de métal en ruban.

La *façon d'enrouler* le fil en bobine présente une grande importance, en particulier si on doit l'introduire dans le circuit d'un courant variable, car il faut alors diminuer le plus possible la self-induction. Le mode le plus simple consiste à *enrouler* le fil *doublé* en le repliant sur lui-même en son milieu, ou à enrouler deux fils côte à côte et à souder les extrémités voisines, de manière que le courant traverse la bobine dans deux sens contraires. Maxwell a montré qu'on obtient le meilleur résultat en employant du fil en forme de ruban.

Chaperon (1889) enroule le fil par couches, en changeant le sens de l'enroulement à chaque nouvelle couche. Ayrton et Mather (1891) et Ohrlich (1909) se sont servis (pour des courants intenses) d'un conducteur en ruban. Paterson et Rayner (1909) ont construit des étalons à tube de manganine parcouru par de l'eau ; par suite de la façon spéciale dont le courant est amené (tube de cuivre enveloppant celui de manganine), la self-induction est presque annulée.

Les étalons de grande résistance possèdent une *capacité* considérable, ce qui peut introduire des erreurs, quand on a affaire à des courants variables. Chaperon (1889) et Ohrlich (1910) ont montré comment il faut enrouler le fil pour diminuer le plus possible cette cause d'erreur.

Les *étalons normaux*, c'est-à-dire les unités de résistance comparées directement aux unités fondamentales en mercure, sont ordinairement disposés dans des boîtes en bois ou en métal (*fig.* 338), d'où émergent de grosses tiges métalliques horizontales, munies parfois à une extrémité d'une vis de pression et à l'autre de petites tiges verticales qu'on peut plonger dans du mercure; le fil qui se trouve dans la boîte possède, à une température donnée (habituellement 20° ou 16°,5), une résistance égale à un ohm par exemple.

Il existe un très grand nombre d'appareils de formes diverses, qui servent à intercaler des résistances dans un circuit; ils sont disposés de façon à pouvoir faire varier par sauts la résistance introduite (boîtes de résistances, rhéostats) ou d'une manière continue (rhéocordes, agomètres). Les boîtes de résistances sont aussi de constructions très différentes. Une boîte type très simple, avec fiches, est représentée dans la figure 339. A l'intérieur d'une caisse en bois fermée (la paroi avant est enlevée dans la figure), se trouvent les bobines, dont les fils ont leurs extrémités reliées à des bandes métalliques

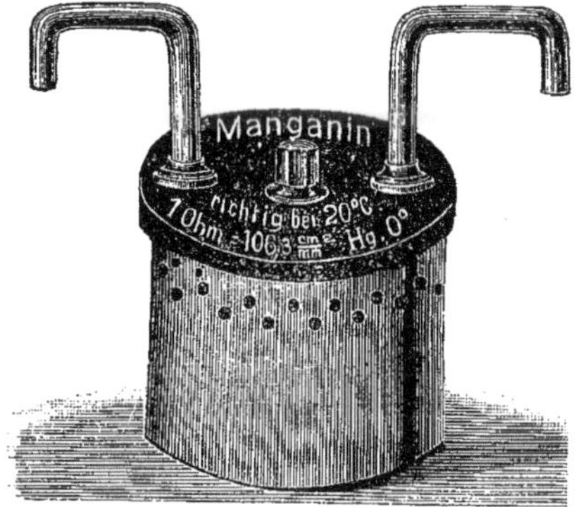

Fig 338

épaisses et courtes, placées sur le couvercle de la boîte. Dans des intervalles coniques entre ces bandes, peuvent être enfoncées des fiches ; quand toutes les fiches sont en place, elles forment avec les bandes un conducteur ininterrompu de très faible résistance, aux extrémités duquel sont des vis de serrage permettant d'intercaler la boîte dans un circuit. Si on enlève l'une des fiches,

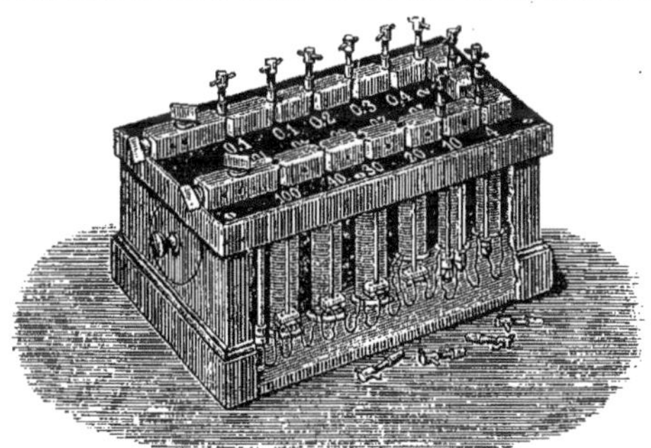

Fig 339

on introduit dans le circuit la résistance de la bobine placée au-dessous dans la boîte. Les diverses bobines ont des résistances respectives qui varient comme les poids d'une boîte de poids, par exemple de la manière suivante :

0,1 — 0,2 — 0,2 — 0,5 — 1 — 2 — 2 — 5 — 10 — 20 ohms, etc.

ou

0,1 — 0,1 — 0,2 — 0,5 — 1 — 1 — 2 — 5 ohms, etc.

On emploie quelquefois ce qu'on appelle des résistances par *décades*, qui renferment, en groupes de dix, des résistances égales à 0,1 — 1 — 10 ohms, etc. Nous considérerons plus loin les résistances à *ponts* comprenant trois branches du pont de WHEATSTONE (Chap. III, § 5). La figure 340 représente un *rhéostat à manette*; dans ce rhéostat, les extrémités des fils des bobines aboutissent à des bornes métalliques, disposées en cercle. La manette mobile est munie sur sa face inférieure d'un ressort, qui l'applique fortement sur chaque borne, et, en la faisant tourner, on introduit dans le circuit ou on supprime successivement les diverses résistances.

Parfois, il existe plusieurs séries circulaires de bornes de contact, correspondant chacune à dix bobines, la première de 1 ohm, la seconde de 10 ohms, etc. La figure 341 représente un rhéostat ouvert, formé d'une série de fils nus enroulés en hélice. En faisant tourner la manette G, on introduit ou on enlève plus ou moins de longueur de fil entre les bornes *k* et *k'*.

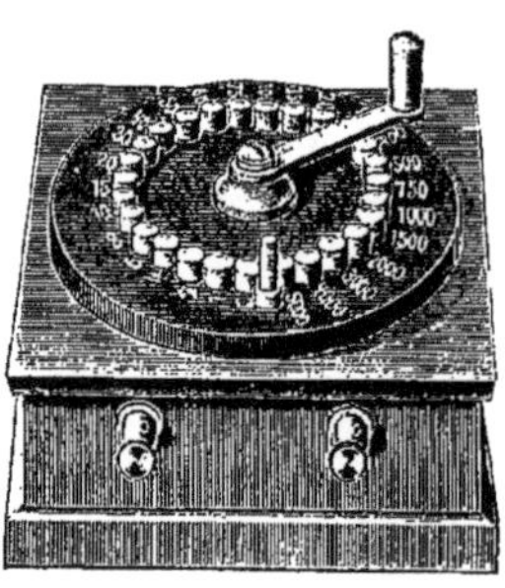

Fig. 340

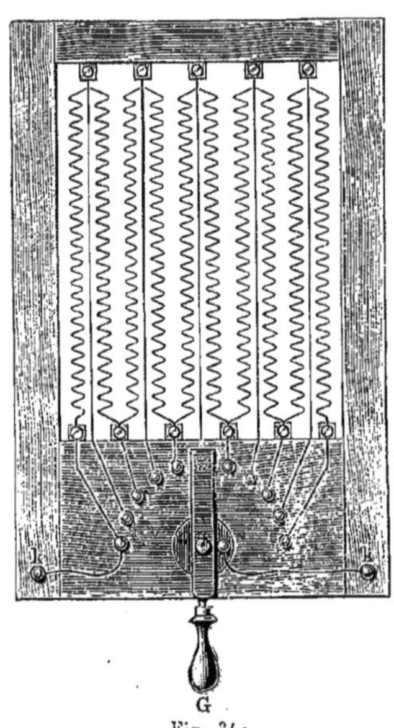

Fig. 341

Plusieurs appareils permettent d'introduire dans un circuit une résistance que l'on peut faire varier d'une façon *continue*. Une partie essentielle de ces appareils est constituée par un fil, le long duquel glisse un contact; celui-ci, ainsi que l'une des extrémités du fil, sont introduits dans le circuit. La longueur de la portion de fil comprise entre cette extrémité et le contact détermine la grandeur de la résistance intercalée. Tels sont le rhéocorde de POGGENDORFF, le rhéostat (agomètre) de JACOBI, etc.

La figure 342 représente l'appareil de JACOBI, encore en usage aujourd'hui. Sur un cylindre de substance non-conductrice (marbre, porcelaine) est enroulé un fil nu, dont l'une des extrémités est reliée à l'axe métallique autour duquel tourne le cylindre. Sur la tige *ab* glisse une roulette *r*, qui embrasse le fil par la gorge de sa jante. L'axe du cylindre est relié à la borne *s*, la tige *ab* à une seconde borne *t*. Lorsqu'on fait tourner la manivelle *h*, *r* glisse le long du fil et en même temps le long de la tige *ab*; la portion de fil entre *r* et *b* se trouve intercalée dans le circuit. Comme le contact en *r* est imparfait, on n'emploie aujourd'hui cet appareil que quand il y a une dérivation en r ; dans ce cas, on relie chaque extrémité du fil à une borne, et la roulette de contact r à la borne t. On peut encore mentionner les rhéostats à curseur employés souvent en électrotechnique et en général lorsqu'on a affaire

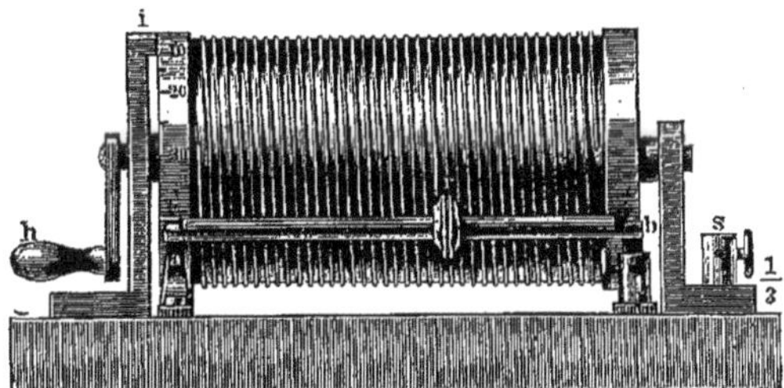

Fig. 342

à des courants intenses. La figure 343 représente un de ces rhéostats ; le fil de la résistance est enroulé sur une tige à section rectangulaire, le long de laquelle glisse le curseur de contact. Des rhéostats pour courants intenses, avec un faible coefficient de self-induction, ont été construits par Ohrlich (1909),

Fig. 343

qui a traité d'une manière complète la théorie de ces appareils. On utilise souvent aussi des rhéostats appelés *résistances à lampes*, formés d'une série de lampes à incandescence (*fig.* 344), leur self-induction est également très faible. Müller, ainsi que Jacobi, ont construit des rhéostats où la résistance

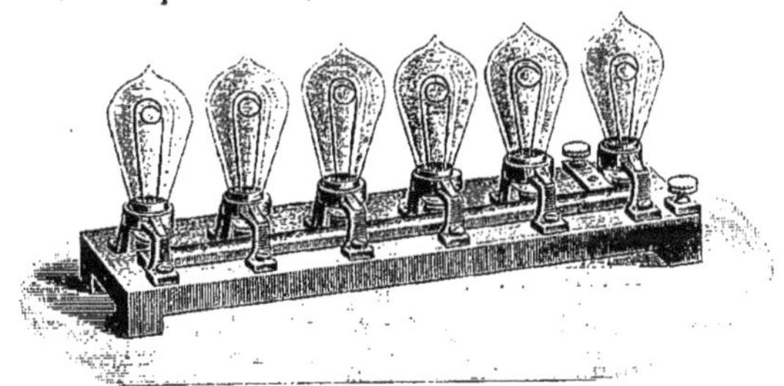
Fig. 344

variable est déterminée par une colonne de mercure, placée dans un tube vertical qui peut être enfoncé à diverses profondeurs dans un grand vase rempli de mercure. L'auteur a étudié et décrit l'appareil de Jacobi, après la mort de ce savant.

On obtient de *très grandes résistances* en traçant avec du graphite des traits fins sur du verre mat, de l'ébonite, etc. ; deux traits de ce genre de 40^{cm} de longueur peuvent atteindre une résistance de 100 mégohms. Des tubes remplis de divers liquides (*résistances liquides*) peuvent encore servir de grandes résistances. Hittorf recommande une solution de 1 partie de CdI^2 pour 10 parties d'alcool amylique entre des électrodes d'amalgame de cadmium. Une solution de sulfate de zinc et l'amalgame de zinc sont également assez commodes. Nernst a employé une solution de 181 gr. de mannite et de 62 gr. d'acide borique dans 1 litre 1/2 d'eau. E. Voigt (1903) s'est servi, pour la mesure des grandes résistances, de la résistance du *bois* (érable) ; des tiges de 7 mm. d'épaisseur étaient enveloppées d'une masse formée de 2 parties de paraffine et de 1 partie de cire.

Les boîtes de résistances, les rhéostats, etc. doivent être soigneusement *tarés*. Une description détaillée des méthodes de tarage des fils et des boîtes entières de résistances se trouve, par exemple, dans l'ouvrage de Heydweiller, *Hülfsbuch für die Ausführung elektrischer Messungen*, Leipzig, 1892, pp. 129-136. Des méthodes de tarage des fils ont été données par Strouhal et Barus (1880), Giese (1880), Carey Foster (1885), Ascoli (1885), Heerwagen (1889), G. Wiedemann (1891) et d'autres encore. L'auteur a indiqué en 1885 une méthode de tarage, pour des boîtes de résistances de construction particulière.

5. Méthodes principales de mesure des résistances. — Il y a un très grand nombre de méthodes pour la mesure ou, ce qui revient au même, la comparaison des résistances. Le choix de la méthode dépend, dans chaque cas particulier, de la substance du corps dont la résistance doit être déterminée, de la grandeur absolue de cette résistance, du degré d'exactitude désiré et enfin des appareils qui sont à la disposition de l'opérateur. Dans les livres consacrés aux mesures physiques, on trouvera des indications sur tous les détails relatifs à la façon d'effectuer les mesures par les différentes méthodes. Quand on veut procéder à une mesure de résistance et connaître les détails de la méthode que l'on a choisie, il faut bien entendu s'adresser à l'un de ces ouvrages spéciaux et non à un Traité de Physique générale. Nous devons ici nous borner à exposer les principes fondamentaux de quelques-unes des méthodes les plus importantes, en choisissant celles qui sont aujourd'hui le plus souvent utilisées ; nous ne ferons que mentionner rapidement les autres méthodes.

La mesure des résistances revient presque toujours à la comparaison d'une résistance inconnue X à la résistance R de quelques parties d'une boîte de résistances ou, dans des cas plus rares, d'un fil préalablement taré.

I. Dans beaucoup de méthodes, on doit mesurer une intensité de courant en suivant ses variations ou en la ramenant plusieurs fois à prendre une même valeur. Toutes ces méthodes sont peu sûres, car elles supposent que la force électromotrice agissant dans le circuit, ainsi que les résistances qu'il présente, ne varient pas (par exemple, si la température change) pendant la durée des mesures. Telle est la méthode de simple substitution : le circuit renferme entre autres un galvanomètre G, la résistance X et un rhéostat A. On observe l'intensité I du courant, on enlève X et on introduit, au moyen du rhéostat, une résistance R pour laquelle le galvanomètre indique la même intensité I qu'auparavant ; il est clair que X = R. On peut encore établir une dérivation dans le circuit et placer G sur une branche, X et A sur l'autre ; il en est ainsi dans l'ancienne méthode d'Horsford pour la mesure de la *résistance d'un liquide*, qu'on verse dans une grande auge rectangulaire et qu'on introduit dans le circuit au moyen de deux larges électrodes plongées aux extrémités de l'auge. Quand le courant I est devenu constant, c'est-à-dire lorsque la polarisation a atteint son maximum, on rapproche l'une des électrodes de l'autre et on introduit une résistance R telle que l'intensité du courant reprenne sa valeur primitive I ; R est alors égale à la résistance d'une colonne de liquide de longueur égale au déplacement de l'électrode.

II. Plusieurs méthodes sont basées sur la *mesure de la chute de potentiel le long de la résistance* X *à mesurer*. Le conducteur étudié, dont nous désignerons les extrémités par A et B, est intercalé dans un circuit où l'intensité est I. Aux points A et B, on branche une dérivation portant un ampèremètre, un voltmètre ou un électromètre. Supposons que ce soit un ampèremètre, que la résistance de la dérivation soit égale à r et que l'ampèremètre marque l'intensité i. Dans ce cas, la chute de potentiel le long de X est $X(I - i)$, puisque la résistance X est parcourue par le courant $I - i$. Cette chute est aussi égale à ri ; on a donc $X = ri : (I - i)$. Lorsqu'on intercale un voltmètre ou un électromètre sur la dérivation, l'instrument indique la différence de potentiel e entre les points A et B et on a $e = XI$, d'où $X = e : I$.

Il est préférable d'introduire, dans le circuit du courant I, successivement la résistance X et une certaine résistance constante R ou un rhéostat dont on fait varier la résistance R. On peut *alternativement* brancher la dérivation aux extrémités de X ou de R. Si on a intercalé un *rhéostat*, on choisit sa résistance R de façon que l'appareil placé sur la dérivation (ampèremètre, voltmètre ou électromètre) donne les mêmes indications dans les deux états du circuit. Si au contraire R est une résistance *invariable* et si on a intercalé un ampèremètre qui indique l'intensité de courant i, lorsque la dérivation est branchée aux extrémités de X, et l'intensité i_1, quand elle est branchée aux extrémités de R, on a $(I - i)X = ri$ et $(I - i_1)R = ri_1$. En éliminant I, on obtient une expression qui, pour r suffisamment grand, peut s'écrire

$$\text{(16)} \qquad \frac{X}{R} = \frac{i}{i_1}\left\{1 + \frac{R(i - i_1)}{ri_1}\right\}.$$

Lorsque r est très grand comparativement à X et à R, on a

$$\text{(16, }a\text{)} \qquad \frac{X}{R} = \frac{i}{i_1}.$$

Si on a placé sur la dérivation un voltmètre ou un électromètre, qui donnent les indications e et e_1, on a

$$\text{(16, }b\text{)} \qquad \frac{X}{R} = \frac{e}{e_1}.$$

Plus loin, nous indiquerons encore une autre méthode de comparaison des résistances X et R, *introduites successivement dans un même circuit*, à l'aide de dérivations partant des extrémités des résistances X et R. Dans tous les cas de ce genre, la méthode ingénieuse de LORD RAYLEIGH (1883) peut rendre de grands services, *si la résistance X est très petite* (par exemple, 0,01 ohm ou moins), tandis que R a une valeur de grandeur moyenne (par exemple, 10 ohms). Soit PQ (*fig.* 345) le circuit dans lequel passe le courant I, A et B les extrémités de la résistance R qu'il s'agit de comparer à la petite résistance X introduite dans le même circuit PQ. Désignons par α et β les fils de jonction de la dérivation, où est intercalé un voltmètre ou un électromètre, et enfin soit r une grande résistance, s une petite. Si les extrémités des fils α et β étaient fixées aux points A et B, une force électromotrice $E = RI$ agirait

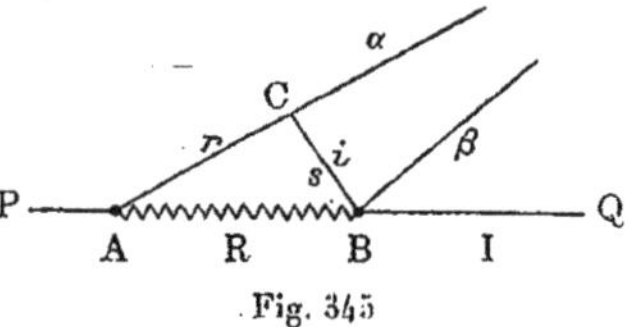

Fig. 345

dans la dérivation. Quand la dérivation ACB existe, il y passe un courant $i = RI : (R + r + s)$ et les points C et B ont une différence de potentiel $e = si$. On a donc

$$e = \frac{s}{R + r + s} E.$$

Si, par exemple, $R = 1$, $s = 1$ et $r = 98$, on a $e = 0{,}01$ E ; le résultat est le même qui si on n'avait intercalé qu'une résistance de 0,01 R au lieu de R, ce qui serait très difficile à réaliser pratiquement avec quelque exactitude.

III. D'autres méthodes reposent sur l'emploi d'un *galvanomètre différentiel*, c'est-à-dire d'un galvomètre dont l'enroulement se compose de deux bobines distinctes ou de deux fils enroulés l'un à côté de l'autre ; dans chaque cas, il y a deux enroulements où passent deux courants de sens tels qu'ils agissent sur l'aiguille du galvanomètre en *sens contraires*. On emploie toujours la *méthode du zéro*, dans laquelle ces actions sont de même grandeur, de sorte que l'aiguille aimantée reste au repos. Si on suppose les deux bobines absolument identiques, on peut les introduire dans deux dérivations parallèles d'un même circuit quelconque, dont l'une renferme un rhéostat, à l'aide duquel on amène la déviation du galvanomètre à zéro. On intercale ensuite la résistance X dans l'autre branche et on donne au rhéostat une résistance telle que l'aiguille reste toujours dans la position d'équilibre. E BECQUEREL (1846) a appliqué cette méthode. SIEMENS (1867) et MAICHE (1865) ont construit des appareils commodes, où les deux bobines distinctes se trouvaient à une certaine distance l'une de l'autre. L'aiguille aimantée fixée à une tige mobile, disposée suivant l'axe commun des deux bobines, est amenée dans une position où elle n'éprouve pas de déviation quand on introduit les deux bobines dans les deux branches parallèles du circuit. Cet appareil sert à comparer deux résistances qui doivent être égales entre elles. Lorsqu'elles sont intercalées dans les branches du circuit, il faut déplacer un peu la tige avec l'aiguille, pour ramener celle-ci au zéro. D'après la grandeur de ce déplacement, qui peut être mesuré très exactement, on juge, à l'aide de déterminations empiriques préalables, de la différence des résistances à comparer.

Supposons que les résistances r_1 et r_2 des deux branches parallèles (bobines et conducteurs) ne soient pas égales et que l'aiguille reste au repos si les intensités des courants dans les bobines sont les mêmes. Dans ce cas, on introduit X dans une branche et une résistance R_1 dans l'autre, telle que l'aiguille n'éprouve pas de déviation. On fait passer ensuite X et le rhéostat, à l'aide d'un commutateur, d'une branche dans l'autre; soit alors R_2 la résistance du rhéostat qui donne une déviation nulle. Les intensités des courants ne peuvent être égales que si les résistances des deux branches sont égales. On a donc

$$r_1 + X = r_2 + R_1, \qquad r_2 + X = r_1 + R_2,$$

d'où

$$X = \frac{1}{2}(R_1 + R_2).$$

Il est beaucoup plus commode d'introduire la résistance X et le rhéostat R *successivement* dans un même circuit quelconque PQ (*fig.* 346), comme dans les méthodes II. Désignons par M et N les deux enroulements du galva-

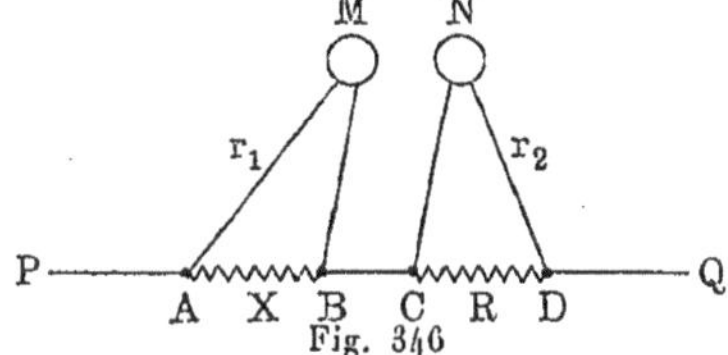

Fig. 346

nomètre différentiel ; on les réunit aux extrémités A, B, C et D des résistances X et R, de façon que les courants en M et N soient de sens contraires (méthode d'Heaviside, 1873) ; les bobines M et N sont établies pour des courants égaux. Lorsque leurs résistances r_1 et r_2 sont égales, on a $X = R$. Quand elles ne sont pas égales, mais cependant connues, on a évidemment

$$X : R = r_1 : r_2.$$

Si X est *très petit*, on peut se servir de la méthode de Lord Rayleigh (page 982, *fig.* 345) ou de la suivante proposée par Kirchhoff (1880). On introduit, dans la branche CND (*fig.* 346), une résistance complémentaire R_2 telle que l'aiguille ne dévie pas ; on intercale ensuite, dans l'autre branche AMB, une seconde résistance complémentaire R_1, qui compense la première. Les intensités des courants sont égales dans les branches, lorsque leurs résistances sont entre elles dans le rapport X : R. Des proportions $X : R = r_1 : r_2$ et $X : R = (r_1 + R_1) : (r_2 + R_2)$, on déduit

$$X : R = R_1 : R_2.$$

STRECKER (1885) a étudié cette méthode d'une manière approfondie et l'a perfectionnée.

La méthode de F. KOHLRAUSCH (1883) (Übergreifender Nebenschluss) offre des avantages marqués ; elle est indiquée schématiquement dans la figure 347. Soit R une résistance entre C et D, telle qu'il n'y ait pas déviation de l'aiguille. A l'aide d'un commutateur, on déplace les branches latérales, de façon que les extrémités des conducteurs, qui aboutissaient en B et C, viennent respectivement en D et A et inversement ; on produit ainsi le même effet que si on avait transporté entre B et C la source du courant, placée quelque part

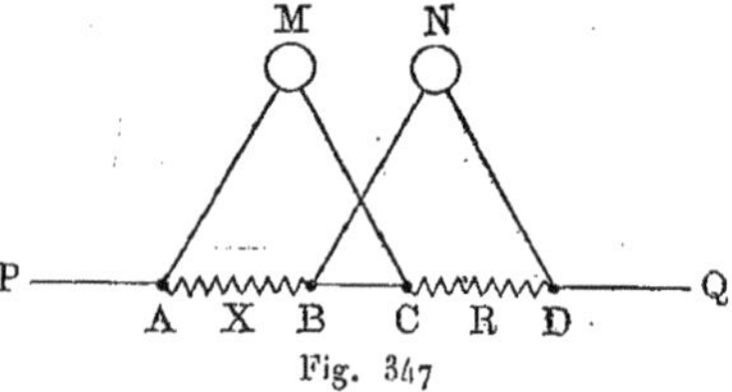

Fig. 347

dans le circuit PQ, en dehors du tronçon AD. Soit maintenant R_1 une résistance entre C et D, qui donne une déviation nulle. Le calcul, que nous n'effectuerons pas, montre que l'on a, dans ce cas,

$$X = \frac{1}{2}(R_1 + R_2).$$

JÄGER (1904) a étudié d'une façon très complète cette méthode.

IV. MÉTHODE DU PONT DE WHEATSTONE (1843). On fait aujourd'hui la plupart des mesures ordinaires de résistances par cette méthode, qui est ainsi la plus généralement employée. Nous avons vu, dans le Chap. III, § 5, quel était le schéma du pont ; nous le reproduisons de nouveau dans la figure 348. La source de courant se trouve en E ; AC, AD, BC et BD sont les branches du pont ; le pont CD renferme un galvanomètre G ou, lorsqu'une source de courant variable se trouve en E, un téléphone. Comme nous l'avons montré, le courant I_0 dans le pont s'annule quand les résistances des branches du pont forment une proportion géométrique. L'appareil G peut prendre la place de la source de courant E et réciproquement, sans que la condition $I_0 = 0$ se trouve modifiée. Soit maintenant X la résistance à mesurer, intercalée dans

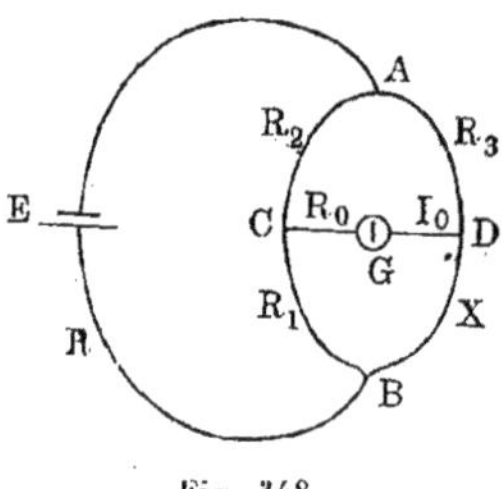

Fig. 348

la branche BD et R_1, R_2, R_3 des conducteurs (rhéostats), dont on peut faire varier les résistances jusqu'à ce qu'on obtienne $I_0 = 0$. La résistance cherchée X est alors donnée par la proportion suivante :

$$X : R_3 = R_1 : R_2. \tag{17}$$

Il est très commode de remplacer les deux branches AC et CB par un fil unique rectiligne, le long duquel peut glisser l'extrémité C du pont CD ; le schéma de cette disposition est donné par la figure 349. AB est un fil de platine, d'argentan, de nickeline ou de manganine ; il est tendu sur une échelle, qui permet de déterminer exactement la position du contact glissant pour laquelle on a $I_0 = 0$; ce fil de mesure doit être soigneusement calibré. Désignons par a et b les longueurs des tronçons CA et CB. On intercale la résis-

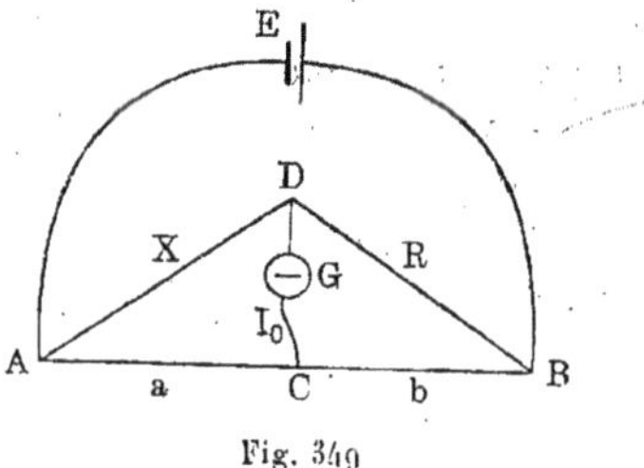

Fig. 349

tance à mesurer X dans la branche AD, et dans l'autre branche DB une résistance R, aussi voisine que possible de X, lequel est déterminé par la proportion

$$X : R = a : b. \tag{18}$$

Si la longueur totale du fil est L et s'il n'y a pas deux échelles dont les zéros se trouvent à ses extrémités, on a

$$X : R = a : (L - a). \tag{18, a}$$

On peut aussi ne pas connaître la longueur totale L ; en échangeant avec un commutateur les branches X et R, on obtient, dans le second mode de connexion, $R : X = a_1 : (L - a_1)$: mais $L = a + a_1$ et $X : R = a : a_1$; comme $2a = L + (a - a_1)$ et $2a_1 = L - (a - a)$, on peut écrire

$$X : R = (L + d) : (L - d), \tag{18, b}$$

où $d = a - a_1$ est égal au déplacement du contact glissant C, quand on échange X et R. La longueur L est déterminée un fois pour toutes, en introduisant à la place de X des résistances de grandeur connue (Slotte, 1882). Le galvanomètre G peut aussi être relié aux extrémités A et B du fil rectiligne et la source de courant placée entre D et le contact glissant C.

Au lieu d'un fil rectiligne, on peut se servir du rhéostat de Jacobi (page 979, *fig.* 342), la roulette remplaçant le contact glissant. La figure 350 représente l'appareil de F. Kohlrausch pour la mesure de la *résistance des électrolytes*. On trouvera une description très complète de tous les détails des mesures avec cet appareil, dans l'ouvrage de F. Kohlrausch et L. Holborn, *Das Leitvermögen der Elektrolyte*, Leipzig 1898. Dix tours d'un fil nu sont enroulés sur un cylindre de marbre, d'ébonite ou d'autre substance non-conductrice ; les extrémités du fil sont reliées métalliquement à deux bornes k et F, correspondant aux points A et B dans la figure 348. A ces bornes sont fixés des fils a et b, allant à une petite bobine d'induction J. Celle-ci sert de source de courant, car il faut un courant alternatif pour la mesure; un courant de sens constant produirait de la polarisation dans l'électrolyte. Le point de contact de la roulette mobile avec le fil correspond au point C dans la figure 348. La position de ce point est déterminée par l'échelle W et par l'index fixe i; on lit sur la première le nombre de tours entiers du cylindre et avec le second, sur un cercle divisé en 100 parties et fixé à la base du cylindre, les fractions de tour; la roulette est reliée à la borne L. A l'intérieur de la boîte K, se trouvent des résistances en fil de 10, 100 et 1 000 ohms, dont les extrémités aboutissent à des bandes métalliques placées entre les bornes k et F; en enlevant la cheville qui correspond à une résistance déterminée, on introduit celle-ci. Le vase R renferme le liquide étudié, où sont

Fig. 350

plongées deux électrodes en platine reliées aux bornes k et H; la borne H correspond au point D de la figure 348. Entre H et la roulette reliée à L est intercalé un téléphone T. Il faut maintenant faire tourner le cylindre avec une manivelle, pour chercher une position telle qu'il ne se produise aucun son dans le téléphone; quand on y est arrivé, la résistance cherchée X dans le vase R est à la résistance introduite entre H et F, comme sont entre elles les longueurs des deux portions de fil sur le cylindre. Pour déterminer la résistance spécifique d'un liquide, il faut d'abord remplir R avec un liquide, dont la résistance spécifique est déjà connue. On peut employer à cet effet différentes solutions d'acide sulfurique, de sulfate de magnésie, de NaCl, de KCl et de sulfate de chaux, indiquées par F. Kohlrausch. Wien (1891) a proposé d'employer un téléphone, dans lequel les vibrations de la plaque se transmettent à un petit miroir, où un rayon lumineux est réfléchi vers l'objectif d'une lunette (téléphone optique). On peut encore remplacer le téléphone par un galvanomètre à vibrations de Rubens (1898). On se sert aussi, à la place du vase R, de vases d'autre forme.

Quand on fait usage de la méthode du pont, on a besoin de trois résistances R_1, R_2 et R_3 (*fig.* 348), qui peuvent varier dans de larges limites, selon la grandeur de la résistance cherchée X. On a construit dans ce but des *résistances de pont* très nombreuses et très variées, qui représentent en quelque sorte des combinaisons de trois boîtes de résistances, auxquelles on relie la résistance cherchée X, les extrémités du circuit qui renferme la source de courant, et celles des conducteurs aboutissant au galvanomètre, c'est-à-dire les extrémités du pont, de manière à réaliser le schéma de ce dernier. Un appareil de ce genre est représenté par la figure 351. Dans la rangée supérieure, en par-

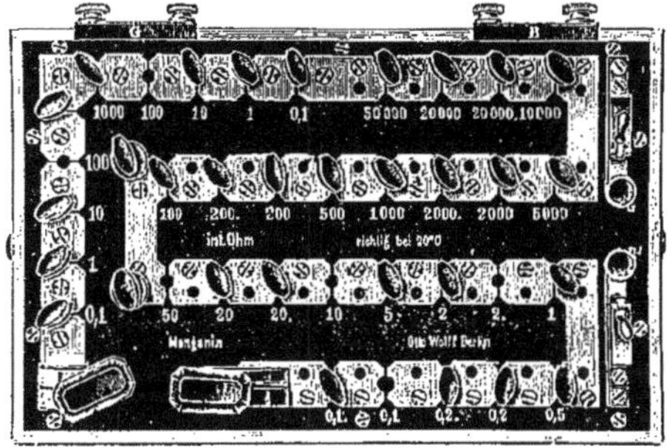

Fig. 351

tant du milieu, deux branches renferment chacune 1, 10 et 100 ohms et correspondent aux résistances R_1 et R_2 de la figure 348. Viennent ensuite, sur trois rangées en zigzag, des résistances de 0,1 à 50 000 ohms, correspondant à la résistance R_3 de la figure 348. On peut ainsi obtenir par un emploi convenable des chevilles une résistance allant de 0,1 à 100 000 ohms. La quatrième branche, qui doit renfermer la résistance à mesurer, est intercalée entre les deux grosses vis visibles sur le côté droit. Le pont renfermant le galvanomètre est relié à la vis qui se trouve au milieu de la rangée supérieure et à la vis G à l'extrémité de droite de la rangée inférieure ; enfin, les fils, qui partent de la source du courant, aboutissent à deux vis, placées aux extrémités de la rangée supérieure. La figure 352 représente des modèles de précision que construit J. Carpentier pour les boîtes de résistances en décades, avec pont de Wheatstone. Nous ne décrirons pas les autres nombreuses résistances de pont, pas plus que les divers appareils dits *universels*, qui servent à la mesure des résistances et des forces électromotrices. On trouvera à leur sujet tous les renseignements nécessaires dans les ouvrages spéciaux auxquels doit s'adresser celui qui désire en faire emploi.

Il existe un grand nombre d'*études théoriques* sur le pont de Wheatstone et sur la meilleure forme à lui donner pour obtenir *la plus grande sensibilité*, c'est-à-dire pour qu'une variation relative aussi petite que possible de la résistance R_3 (*fig.* 348) produise dans le pont un courant I_0 très intense. Nous avons déjà établi, dans le Chap. III, § 5, formule (32, *b*), l'expression de I_0 en fonction de R, R_0, R_1, R_2, R_3 et R_4. La question de sensibilité a été étudiée théoriquement par Maxwell, Heaviside (1873), Gray (1888), Lehfeldt (1891), Lord

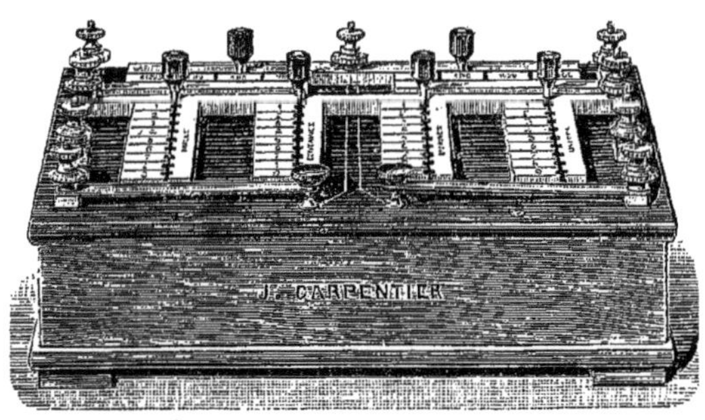

Fig. 352

Rayleigh (1891), Levy (1893), Schuster (1895), Armagnac (1897), Child et Stewart (1897), Crehore et Squier (1897), et d'autres encore. Nous nous bornerons à la remarque suivante : lorsque $R_4 = X$ est approximativement connu et que R et R_0 sont donnés, on obtient la sensibilité la plus élevée, quand on a (voir *fig.* 348) :

$$(19) \qquad R_1 = \sqrt{R_0 X \frac{R+X}{R_0+X}}, \quad R_2 = \sqrt{RR_0}, \quad R_3 = \sqrt{RX\frac{R_0+X}{R+X}}.$$

Si R_0 et R peuvent aussi être choisis arbitrairement, on obtient le maximum de sensibilité lorsque les six résistances sont toutes égales entre elles.

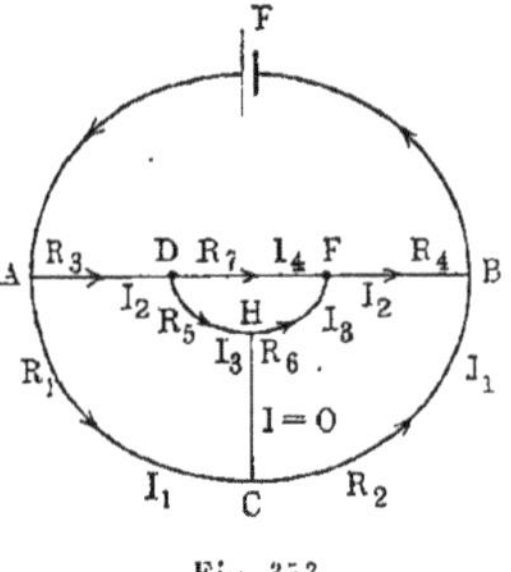

Fig. 353

Pour la mesure des *très petites résistances*, on peut se servir de la méthode de Lord Rayleigh, dont nous avons parlé plus haut (*fig.* 345). On emploie cependant le plus souvent le pont de Thomson (Lord Kelvin), que nous avons fait connaître dans le Chap. III, § 5 ; nous reproduisons de nouveau le schéma de ce pont (*fig.* 353). Comme nous l'avons vu, si l'intensité I est nulle dans le pont CH et si deux des rapports $R_1 : R_2$, $R_3 : R_4$ et $R_5 : R_6$ sont égaux, le troisième leur est aussi égal. En pratique, on établit le pont de manière que l'on ait $R_1 = R_5$ et $R_2 = R_6$; on a alors, pour $I = 0$,

$$(19, a) \qquad \frac{R_3}{R_4} = \frac{R_1}{R_2} = \frac{R_5}{R_6}.$$

En outre, on rend R_1 grand comparativement à R_2. On place entre F et B la résistance cherchée, de sorte que $R_4 = X$. Entre A et D est intercalé un gros fil, soigneusement calibré, muni d'une échelle. L'extrémité D du fil HD glisse le long de R_3 et on la dispose de façon que $I = 0$. On a alors $X : R_3 = R_2 : R_1$, d'où l'on déduit X.

Une modification de ce pont a été indiquée par Reeves (1896) et Appleyard (1896). Jäger, Lindeck et Diesselhorst (1903) ont fait une étude théorique et expérimentale approfondie du pont de Thomson. Nous avons vu, dans le Chap. III, § 5, sous quelles conditions $I = 0$, lorsque les rapports $R_1 : R_2$ et $R_5 : R_6$ *ne sont pas égaux*. Les auteurs précédents ont étudié les corrections qu'il faut apporter à la proportion $X : R_3 = R_2 : R_1$, quand les rapports $R_1 : R_2$ et $R_5 : R_6$ diffèrent peu l'un de l'autre.

Il existe aussi des résistances de pont spéciales au pont de Thomson. Nous mentionnerons celles qui ont été adoptées par J. Carpentier. La méthode de Lord Kelvin exige l'emploi de deux séries de résistances de proportion et d'une résistance linéaire servant de résistance de comparaison. Le modèle de J. Carpentier porte, en lui-même (*fig.* 354), toutes les liaisons des diffé-

Fig. 354

rents organes nécessaires à la mesure et ne laisse à l'opérateur que le soin d'établir les connexions avec la source de courant, le galvanomètre et la résistance à mesurer. Il permet donc d'éviter sûrement toutes les erreurs de montage que l'on commet fréquemment en se servant d'appareils indépendants. Les deux séries de résistances sont semblables entre elles et sont fractionnées chacune en six sections a, b, c, d, e, f; la valeur de chacune de ces sections est calculée de façon à satisfaire aux conditions suivantes :

$$(a) = \frac{1}{100}(b + c + d + e + f),$$

$$(a + b) = \frac{1}{10}(c + d + e + f),$$

$$(a + b + c) = 1\,(d + e + f),$$

$$(a + b + c + d) = 10\,(e + f),$$

$$(a + b + c + e) = 100\,(f).$$

Les résistances de chacune des deux séries sont reliées à un combinateur circulaire qui permet, par la simple manœuvre d'un curseur diamétral, de réaliser simultanément, dans chacune des deux séries de résistances, le groupement donnant le rapport cherché $\frac{1}{100}$, $\frac{1}{10}$, 1, $\frac{10}{1}$ ou $\frac{100}{1}$. La barre étalonnée, servant de résistance de comparaison, est une tige de maillechort, bien calibrée, de 4^{mm} de diamètre et de 50^{cm} de longueur. Sa résistance totale est déterminée aussi soigneusement que possible. La valeur de cette résistance est indiquée par une règle divisée et graduée placée parallèlement; sur cette règle se meut un curseur à manette dont l'extrémité inférieure porte un galet qui permet de prendre contact sur la tige étalon; l'intervalle entre deux grandes divisions est partagé en 20 parties égales correspondant chacune à $\frac{1}{20\,000}$ d'ohm. Une clef de pile K¹ (*fig.* 355) et une clef de galvanomètre K² complètent l'appareil.

Il suffit, pour installer ce pont, de relier le galvanomètre aux bornes 5 — 6, la source de courant aux bornes 7 — 8, d'intercaler entre les bornes 1 — 2

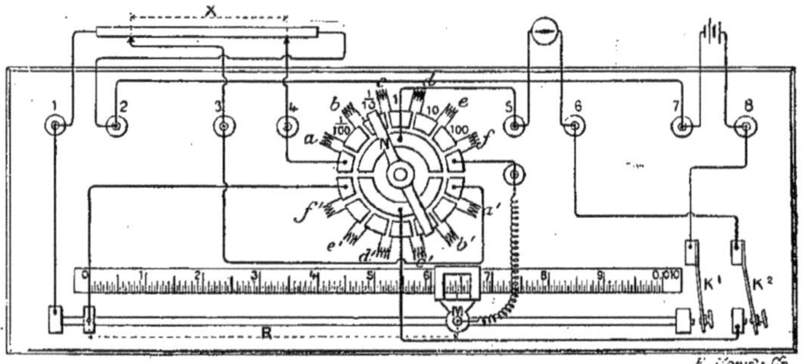

Fig. 355

le circuit à essayer, et de mettre en dérivation sur les bornes 3 — 4 la portion de ce circuit dont on veut mesurer la résistance.

Pour effectuer la mesure, on amène l'équilibre du galvanomètre en déplaçant le curseur M dans le sens convenable le long de la barre étalon; quand l'équilibre est établi, la valeur de la résistance est donnée par le chiffre de la règle graduée, correspondant à la position du curseur, multiplié par le coefficient indiqué, sur le combinateur, par le curseur diamétral N.

Cet appareil permet de mesurer des résistances comprises entre

$$\frac{1}{100} \times 0{,}0001 = 0{,}000\,001 \text{ ohm et } 100 \times 0{,}01 = 1 \text{ ohm.}$$

Matthiessen et Hockin, ainsi que Foster, ont indiqué d'autres dispositifs pour la mesure des petites résistances.

V. Méthodes diverses pour la mesure des résistances. Parmi les autres méthodes de mesure, qui sont nombreuses, nous ne mentionnerons que les suivantes.

Nous parlerons d'abord de la *méthode des oscillations amorties*. Dans un multiplicateur, oscille une aiguille aimantée; soit λ' le décrément logarithmique des oscillations en circuit *ouvert*, alors que l'amortissement n'est produit que par la résistance de l'air.

Quand le multiplicateur, dont la résistance propre est égale à R_0, est fermé brusquement, on obtient le décrément λ_0 ; lorsqu'il est fermé par une résistance connue R, on a le décrément λ_1 et enfin, quand il est fermé par la résistance cherchée X, le décrément λ.

Les différences $\lambda_0 - \lambda'$, $\lambda_1 - \lambda'$ et $\lambda - \lambda'$ sont inversement proportionnelles aux résistances R_0, $R_0 + R$, $R_0 + X$. On déduit très simplement de là que

$$X = R_1 \frac{(\lambda_0 - \lambda)(\lambda_1 - \lambda')}{(\lambda_0 - \lambda_1)(\lambda - \lambda')}. \tag{20}$$

Si les valeurs de λ_0, λ_1 et λ sont grandes, on peut les remplacer par $\lambda_0 - 0{,}269\,\lambda_0^3$, etc., ou, avec une exactitude suffisante par $\lambda_0 - \frac{1}{4}\lambda_0^3$, etc. Cette méthode a été étudiée théoriquement et expérimentalement par F. Kohlrausch (1871) et Dorn (1882) ; des modifications lui ont été apportées par Mayrhofer (1890) et R. H. Weber (1899).

La *balance d'induction* de Hughes (1879) peut, comme l'ont montré les travaux de Lodge (1880), Lord Rayleigh (1880), Oberbeck et Bergmann (1887, 1891), Elsas (1888, 1891) et M. Wien (1893), être employée pour la mesure des résistances.

Il existe différentes méthodes pour la mesure des *grandes résistances*, par exemple celle des mauvais conducteurs. La méthode la plus simple consiste à envoyer dans le conducteur donné un courant I, dont on mesure l'intensité avec un ampèremètre et la différence de potentiel en deux de ses points avec un voltmètre ; on a alors $X = E : I$.

La méthode de Siemens (1860) ou de la *décharge d'un condensateur* présente un intérêt particulier. Un condensateur, relié à un électromètre, est chargé, puis déchargé à travers le corps dont il s'agit de déterminer la résistance X. Ce corps peut être pris sous la forme d'une plaque, placée entre les armatures d'un condensateur plan. Soit q la capacité du condensateur et supposons que le potentiel du condensateur soit tombé de V_1 à V_2 dans le temps $t_2 - t_1$. Soient encore V et t les valeurs variables du potentiel et du temps ; pendant le temps dt l'intensité du courant est $\frac{V}{X}$ et la quantité d'électricité écoulée est $Vdt : X$; elle provoque une variation de potentiel $dV = Vdt : Xq$, et en intégrant, on obtient

$$X = \frac{t_2 - t_1}{q(\log V_1 - \log V_2)}. \tag{21}$$

Fuchs (1873), Lippmann (1876), Klemenčič (1886), Cardew (1892) et Rood (1900) ont proposé diverses modifications à cette méthode.

La mesure des résistances d'isolement ou de ce qu'on appelle l'*isolation des câbles* joue un grand rôle en télégraphie ; il en est de même en électrotechnique, pour l'isolation des machines sur leur socles, celle des circuits, etc. ; nous ne considérerons pas ici les méthodes et les instruments employés dans ce but.

La méthode dont s'est servi J. Curie (1889), dans ses travaux sur la conductibilité des cristaux, présente un grand intérêt. Une lamelle du cristal étudié est couverte des deux côtés d'une couche d'argent que l'on charge ; l'une des faces de la lamelle est mise à la terre, l'autre en communication avec une paire de quadrants d'un électromètre, dont l'autre paire est également à la terre : l'aiguille est chargée par une pile. La première paire de quadrants est en outre reliée à un piézoélectromètre en quartz, dont la charge *ramène l'aiguille au zéro*. La chute de potentiel $V_1 - V_2$ est mesurée par la charge qu'il faut ajouter ou enlever au piézoélectromètre.

La résistance de la bobine d'un galvanomètre peut évidemment être déterminée par l'une quelconque des méthodes considérées plus haut, l'appareil lui-même pouvant alors servir pour la mesure du courant qui le traverse. De là quelques variantes des méthodes décrites ; mais nous ne nous y arrêterons pas, car elles n'offrent rien d'essentiel.

La mesure de la *résistance intérieure des éléments* jouait autrefois un grand rôle, lorsque les piles constituaient presque uniquement la source de courant utilisée en pratique. On avait alors imaginé toute une série de méthodes pour la mesure de la résistance intérieure des éléments. Actuellement, on ne se sert presque plus des piles ; on les a remplacées par des dynamos et des accumulateurs, et ces derniers ont une résistance intérieure assez faible pour qu'on puisse souvent la négliger.

Une méthode simple de mesure de la résistance X d'un élément consiste à fermer l'élément par un voltmètre et un ampèremètre (montés en parallèle), une résistance quelconque étant introduite dans le circuit du second. Supposons que, le circuit de l'ampèremètre étant ouvert, le voltmètre indique une tension e, et que le même circuit étant fermé, on lise sur le voltmètre la tension e' et sur l'ampèremètre l'intensité I. On a alors $X = (e - e') : I$.

La méthode de Mance (*fig.* 356) est intéressante. L'élément est placé sur l'une des branches CB d'un pont de Wheatstone ; entre A et B est disposé un galvanomètre, entre C et D un commutateur P. Si les autres résistances sont choisies de façon qu'une fermeture au moyen de P *ne modifie pas* l'intensité du courant dans AB, on déduit X de la proportion $X : R = R_2 : R_1$. L'exactitude de cette formule résulte du schéma général de Fröhlich, que nous avons indiqué au Chap. III, § 5. Lodge, Guglielmo, Zolotareff (1882) et d'autres encore ont modifié cette méthode.

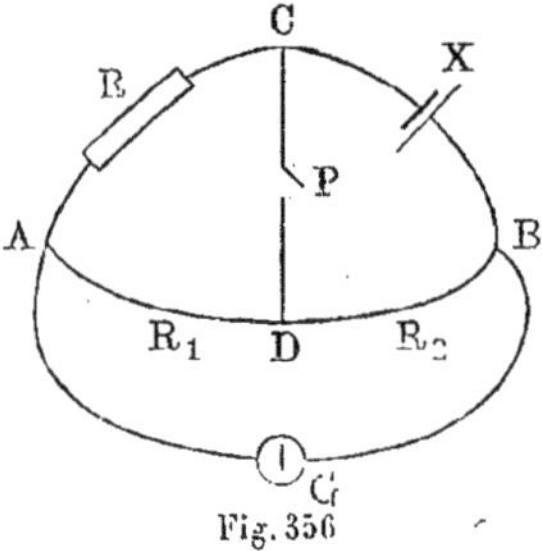

Fig. 356

Parmi les autres méthodes, nous devons encore citer celle de Nernst et Haagn (1896).

En terminant ce paragraphe, nous mentionnerons les importantes recherches de Schuster (1895), Jäger (1906) et Smith (1906), qui ont comparé théoriquement et expérimentalement les diverses méthodes de mesure des résistances au point de vue de leur sensibilité.

6. Quelques résultats de la recherche de la conductibilité. Métaux purs. — Nous allons maintenant exposer les résultats intéressants obtenus dans la recherche de la conductibilité des différentes substances. Nous nous bornerons aux *conducteurs de la première classe, c'est-à-dire aux non-électrolytes*, car nous avons déjà considéré la conductibilité des électrolytes au Chap. V, § **3**.

Nous avons à envisager deux questions : comment la conductibilité dépend de la substance du conducteur, et comment elle dépend, pour une substance donnée, des causes extérieures, telles que la température, l'éclairement, les actions mécaniques, l'action du champ magnétique, etc.

Nous avons déjà dit, dans le Chap. I, § **2**, du Livre I, qu'on a l'habitude de distinguer les corps (plus exactement, les substances) en conducteurs et non-conducteurs ou diélectriques, et nous avons alors énuméré un certain nombre de représentants de l'un et l'autre groupe. Sans vouloir ni répéter, ni étendre cette énumération, nous ajouterons qu'il n'existe évidemment pas de différence bien marquée entre les conducteurs et les diélectriques. Un grand nombre de substances manifestent des propriétés intermédiaires; on les appelle des semi conducteurs ou des mauvais conducteurs. Nous supposerons, en général, que la substance forme une masse *compacte*. Nous ne dirons que quelques mots de la conductibilité des poudres (cohéreurs) et nous ne nous occuperons pas de la conductibilité de l'ensemble de deux corps, de même nature ou non, dont les surfaces ne sont pas en contact intime (microphones).

Outre la *résistance* électrique, on a coutume de considérer la grandeur inverse, la *conductibilité* (ou *conductance*) électrique. Si r est la résistance d'un fil de longueur l et de section q, $s = 1 : r$ est la conductibilité de ce fil; on a

$$(22) \qquad r = \rho \frac{l}{q}, \qquad s = \sigma \frac{q}{l},$$

ρ et σ s'appelant respectivement la *résistance spécifique* ou *résistivité* et la *conductibilité spécifique* ou *conductivité* ; ρ et σ sont numériquement égaux à la résistance et à la conductibilité d'un fil pour lequel $l = 1$ et $q = 1$. Nous exprimerons la résistance r en ohms et la conductibilité s en ohms inverses (ohm^{-1}). On a proposé de donner à l'ohm inverse, c'est-à-dire à la conductibilité d'un corps dont la résistance est égale à un ohm, la dénomination de *mho* (obtenue en retournant le mot ohm), mais cette appellation n'est pas entrée dans l'usage.

Nous avons vu, dans le Chap. III, § **3**, que, dans le système électromagnétique, la résistance r est de dimension L : T ; par suite, la conductibilité s est de dimension T : L. Les formules (22) donnent en outre

$$(23) \qquad [\rho] = L^2T^{-1}, \qquad [\sigma] = L^{-2}T.$$

Parfois, on égale à l'unité les grandeurs ρ_0 et σ_0 relatives au *mercure* à 0° ; en désignant par ρ' et σ' les valeurs numériques que l'on obtient alors, on a

$$(24) \qquad \rho' = \frac{\rho}{\rho_0}, \qquad \sigma' = \frac{\sigma}{\sigma_0};$$

ρ' et σ' sont naturellement de *dimension zéro*. Actuellement, on rapporte d'ordinaire ρ et σ à un corps pour lequel $l = 1$ et $q = 1$, l et q étant exprimés en unités correspondantes, par exemple $l = 1^{cm}$, $q = 1^{cmq}$; cela veut dire que ρ et σ sont mesurés par la résistance ou la conductibilité d'un *centimètre cube de la substance*. Le plus souvent, on mesure cette résistance en *ohms*, de sorte que l'*unité de résistance spécifique* est la résistance d'une substance, dont un centimètre cube possède un ohm de résistance. On appelle cette unité *ohmcentimètre* ; l'*unité* correspondante de *conductibilité spécifique* est un (ohm-cm)$^{-1}$ ou un (mho : cm). Une substance, dont 1^{cmc} a une résistance de 1^{ohm}, possède l'unité de résistance et de conductibilité spécifiques. Pour le *mercure* (ρ_0 et σ_0), on a

$$\rho_0 \frac{106,3}{10^{-2}} = 1 \text{ ohm} ;$$

on en déduit

$$(24, a) \qquad \begin{cases} \rho_0 = \dfrac{1}{10\,630} \text{ ohm-cm}, \\ \sigma_0 = 10\,630 \text{ (ohm-cm)}^{-1} = 10\,630 \text{ mho : cm}. \end{cases}$$

Pour une substance quelconque, on a :

$$(24, b) \qquad \begin{cases} \rho = \dfrac{\rho'}{10\,630} \text{ ohm-cm}, \\ \sigma = 10\,630\,\sigma' \text{ (ohm-cm)}^{-1} = 10\,630\,\sigma' \text{ mho : cm}. \end{cases}$$

Lorsqu'on exprime ρ et σ en unités C. G. S., les nombres ci-dessus doivent être multipliés par 10^9 et 10^{-9} et on obtient

$$(24, c) \qquad \begin{cases} \rho_0 = \dfrac{10^5}{1,063} \dfrac{\text{cm}^2}{\text{sec}}, & \sigma_0 = 1,063 \,.\, 10^{-5} \dfrac{\text{sec}}{\text{cm}^2}, \\ \rho = \dfrac{10^5 \rho'}{1,063} \dfrac{\text{cm}^2}{\text{sec}}, & \sigma = 1,063 \,.\, 10^{-5} \sigma' \dfrac{\text{sec}}{\text{cm}^2}. \end{cases}$$

Dans les tables, on donne quelquefois en mètres la *longueur* L d'un fil, pour lequel $q = 1^{mm^2}$ et $r = 1^{ohm}$. On a évidemment

$$(24, d) \qquad L = \frac{1,063}{\rho'} \, m.$$

Pratiquement, il est commode d'indiquer dans les tables la *résistance* R d'un fil, pour lequel $l = 1^m$ et $q = 1^{mm^2}$; comme $RL = 1$, on a

$$(24, e) \qquad R = \frac{\rho'}{1,063} \text{ ohms}.$$

Quand la *température* t *augmente*, la résistance ρ de la plupart des non-électrolytes croît aussi. Empiriquement, on exprime d'ordinaire la dépendance entre ρ et t par une formule telle que

$$(25) \qquad \rho = \rho_0 (1 + at + bt^2 + ct^3 + \ldots),$$

où ρ_0 se rapporte à 0° et où a, b, c, ... sont des coefficients constants. Cependant, il existe aussi, pour exprimer cette dépendance, des formules établies théoriquement, dont nous parlerons plus tard. La construction du *bolomètre* (Tome II) repose sur l'action de la température sur la résistance.

Le nombre des recherches consacrées à la conductibilité est considérable ; nous n'en extrairons que les résultats présentant un intérêt particulier ou se distinguant d'une manière quelconque par leur caractère général. Nous ne donnerons pas de tableaux des valeurs numériques des conductibilités ; on les trouvera, par exemple, dans les tables bien connues de Landolt-Börnstein-Meyerhoffer, 3e éd. 1904, pp. 716-734, ainsi que dans le *Recueil de constantes physiques* publié récemment sous les auspices de la Société française de Physique par H. Abraham et P. Sacerdote, Paris, 1913.

Occupons-nous tout d'abord de la *conductibilité des métaux purs*. Les premières mesures soignées de conductibilité, sur les métaux aussi purs que possible chimiquement, sont dues à Matthiessen et Bose (1862), Lucien de la Rive (Tl, 1863), Erhard (In, 1881), Emo (1884), H. F. Weber (1880), Oberbeck et Bergmann (1887), van Aubel (Bi, 1889) et d'autres encore. La dépendance entre la conductibilité des métaux purs et la *température* a été étudiée non seulement par les auteurs que nous venons de citer, mais aussi et d'une manière toute particulière par Benoît (1873), Vicentini et Omodei (1889), et d'autres encore. Nous ne citerons pas de chiffres ; on les trouvera dans les tables que nous avons signalées, ainsi que dans l'ouvrage de G. Wiedemann, *Die Lehre von der Elektrizität*, Tome I, pp. 468 et suivantes, 1893.

Des recherches sur les métaux très purs ont été faites récemment par Dewar et Fleming (1893) et, au Phys.-Techn. Reichsanstalt, par Jäger et Diesselhorst (1900). Voici quelques valeurs numériques de σ, qui montrent la grande différence entre les résultats obtenus ; pour le mercure, voir (24, *b*), on a $\sigma = 1{,}063 \cdot 10^4$ (ohm-cm)$^{-1}$.

Métaux	Dewar et Fleming	Jäger et Diesselhorst
Ag (mou)	63, 4.10⁴	61, 4.10⁴
Au (dur)	42, 3.10⁴	41, 3.10⁴
Zn	16, 2.10⁴	15.98.10⁴
Pt.	9,17.10⁴	9,24.10⁴

On peut, pour exprimer la *dépendance entre la résistance* ρ *ou la conductibilité* σ *des métaux purs et la température* t, se servir de formules empiriques telles que (25) ; dans beaucoup de cas, on peut se contenter de trois termes, c'est-à-dire d'une formule telle que

$$\rho = \rho_0 (1 + at + bt^2). \tag{25, a}$$

où $a > 0$. Pour les métaux parfaitement purs, le coefficient b est généralement très petit, de sorte qu'on peut poser

$$(25, b) \qquad \begin{cases} \rho = \rho_0 (1 + at), \\ \sigma = \sigma_0 (1 - at). \end{cases}$$

D'anciennes mesures avaient conduit certains auteurs à penser que, pour les métaux purs, a est voisin de $\frac{1}{273} = 0,00366$, c'est-à-dire du coefficient de dilatation thermique des gaz parfaits. Mais les recherches de DEWAR et FLEMING (1893), ainsi que celles de JÄGER et DIESSELHORST (1900) n'ont pas confirmé cette hypothèse ; on le voit par quelques-unes des valeurs suivantes de a trouvées par ces auteurs :

Métaux	DEWAR et FLEMING	JÄGER et DIESSELHORST
Ag	0,00400	0,00400
Au	0,00377	0,00368
Zn	0,00406	0,00382
Cu	0,00428	0,00415

Les moyennes de ces nombres sont 0,0412 et 0,00411 ; elles sont presque identiques, mais se trouvent assez éloignées du nombre 0,00366. D'ailleurs, AUERBACH avait indiqué depuis longtemps (1879) que les expériences de MATTHIESSEN donnent la valeur moyenne $a = 0,00415$. Des considérations théoriques l'avaient conduit à ce résultat que, pour les métaux, on a $a = \frac{1}{273} + 2\beta$, où β est le coefficient de température de la capacité calorifique.

En dehors de (25, a) ou (25, b), on a encore proposé d'autres formules. IHLE (1896) a déterminé la dépendance entre σ et t pour une série de tiges métalliques, qui avaient été préparées par W. VOIGT pour la détermination des constantes d'élasticité, du frottement intérieur, de la dilatation thermique et des capacités calorifiques c_p et c_v. IHLE part de la formule $d\sigma = k\sigma dt$, c'est-à-dire de l'expression

$$(25\,c) \qquad \sigma = \sigma_0 e^{-k(t - t_0)}$$

et détermine les valeurs de k entre t_0 (20° environ) et t_1 (92°,5 environ). MARVIN (1910) a trouvé que l'on a pour Ni

$$(25, d) \qquad \log \rho = a + mt,$$

a et m étant des constantes. La *théorie des électrons* développée par RIECKE, DRUDE, J. J. THOMSON et H. LORENTZ conduit au résultat que ρ doit croître proportionnellement à $\sqrt{T}$, T étant la température absolue ; mais cette conclusion ne se confirme pas. KOENIGSBERGER et REICHENHEIM (1906) ont donné la formule

$$(25, e) \qquad \rho = A(1 + at + bt^2)\, e^{\frac{c}{T}},$$

où A, a, b, c sont des constantes et $A = \rho_0 e^{-\frac{c}{273}}$, ρ_0 se rapportant à 0°. Nous reviendrons plus tard sur les travaux des auteurs précédents. Pour le moment, indiquons quelques-uns des résultats des mesures.

Le *mercure* présente un intérêt particulier, aussi bien à cause du rôle qu'il joue dans la détermination de l'ohm que de la facilité relative avec laquelle on l'obtient à l'état très pur. La constante a prend, pour le mercure, une valeur très petite. Les dernières recherches au-dessus de 0° et jusqu'à des températures modérément élevées ont été faites par KREICHGAUER et JÄGER (1892), qui ont trouvé, entre 0° et 30°,

$$\rho = \rho_0 (1 + 0{,}000833\, t + 0{,}0000012 6\, t^2);$$

par GUILLAUME (1892) entre 0° et 60°, qui a obtenu

$$\rho = \rho_0 (1 + 0{,}000881\, t + 0{,}000001010\, t^2);$$

enfin par F. E. SMITH (1904) entre 0° et 22°, qui a trouvé

$$\rho = \rho_0 (1 + 0{,}0008803\, t + 0{,}00000104\, t^2).$$

Le *platine* offre un grand intérêt à cause du rôle qu'il joue en *pyrométrie*. Nous avons déjà parlé des travaux qui sont relatifs à ce métal dans le Tome III, Chap. II, § **12**. La résistance ρ du *tantale* possède, d'après PIRANI (1907), un coefficient de température relativement petit ; on a notamment

	— 190° à 0°	20° à 100°	20° à 380°	0° à 1750°
$a =$	0,0032	0,0029	0,0026	0,0025.

STREINTZ (1910) a trouvé que, pour les métaux, a est proportionnel à $\sqrt[3]{v}$, v représentant le volume atomique (poids atomique divisé par la densité). WILLIAMS (1902) a indiqué d'autres rapports entre v et les coefficients de température de la résistance, du volume et de la capacité calorifique.

L'étude de la résistance ρ des métaux purs aux *très basses températures*, en particulier la détermination de la limite que ρ atteint, quand la température absolue tend vers zéro, présentent une très grande importance aussi bien au point de vue expérimental qu'au point de vue théorique. Les premières recherches faites à ce sujet sont dues à CAILLETET et BOUTY (1885), ainsi qu'à WROBLEWSKI (1885) ; ils ont trouvé que *a augmente*, quand la température diminue. Une série d'expériences soignées ont été faites jusqu'à — 197° par DEWAR et FLEMING. Dans leur premier travail (1892), ils avaient accusé une décroissance continue de la résistance des métaux *purs*, de sorte que celle-ci *semblait tendre vers zéro ou vers une valeur très petite à* — 273°. Dans un second travail (1893), ils ont pu, pour certains métaux, descendre jusqu'à

— 222°, et ils ont reconnu qu'avec des métaux purs, toutes les courbes $\rho = f(t)$ prolongées coupent l'axe des abscisses vers $t = -273°$. Ils ont obtenu en 1896 le même résultat avec le bismuth pur produit électrolytiquement ; de même FLEMING (1900) avec le nickel pur.

Les expériences ultérieures de divers physiciens n'ont pas confirmé cette conclusion. LORD KELVIN a émis le premier l'idée que ρ *doit avoir un minimum et ensuite croître indéfiniment quand on se rapproche de* — 273°. DEWAR (1901) a observé le premier, que, pour le platine et le fer à — 252°,3 (ébullition de l'hydrogène liquide), ρ est notablement plus grand que dans l'hypothèse où il tendrait vers zéro à — 273°. Ensuite MEILINK (1901) et en particulier KAMERLINGH ONNES et CLAY (1904 à 1906) ont trouvé, pour Pt et Au, que les courbes $\rho = f(t)$ s'infléchissent fortement au-dessous de — 200° et accusent nettement l'existence d'un minimum vers — 258° pour Pt et vers — 265° pour Au. La formule (25, *e*) indique aussi une relation de ce genre entre ρ et t ; pour de grandes valeurs de T, le dernier facteur est égal à 1, de sorte que la formule se change en (25, *a*) ; mais, pour de très petites valeurs de T, ce facteur devient très grand et, lorsque T tend vers 0 ($t = -273°$), on obtient ρ *infini*. KOENIGSBERGER et SCHILLING (1908) ont, dans de nouvelles expériences sur le *silicium*, le *titane* et le *zircone* métalliques, obtenu, comme températures de moindre résistance, respectivement + 800°, + 150° et — 100° ; le *titane* mérite une mention spéciale, car sa température de moindre résistance (150°) est très facilement atteinte. Ces auteurs pensent que la température du minimum de résistance est relativement aisée à réaliser, c'est-à-dire n'est pas trop basse, pour les métaux à faible poids atomique (Li, Na, Be, Mg, Al, etc.). D'ailleurs, il faut ajouter que KAMERLINGH ONNES et CLAY, dans leurs travaux ultérieurs sur Au (jusqu'à — 262°), Hg, Ag, Bi et Pb (jusqu'à — 259°), n'ont pu trouver de minimum de résistance. Ils ont donné pour ρ l'expression empirique suivante :

$$(26) \qquad \frac{\rho}{\rho_0} = 1 + at + bt^2 + ct^3 + e\left(\frac{1}{T^3} - \frac{1}{T_0^3}\right) + f\left(\frac{1}{T^5} - \frac{1}{T_0^5}\right),$$

où $T_0 = 273{,}09$ et où ρ_0 se rapporte à 0°. Pour le *mercure pur*, ils ont obtenu (jusqu'à — 258°,81)

$$(26, a) \qquad \rho = \rho_0 (1 + 0{,}0035811\, t - 0{,}000000588\, t^2).$$

Une colonne de mercure, pour laquelle $\rho_0 = 97{,}152$ ohms à 0°, possède à — 83° une résistance $\rho = 7{,}265$ ohms et à — 258°,81 une résistance $\rho = 0{,}7534$ ohm.

Les expériences de NICOLAI (1908), qui a mesuré ρ pour Al, Ag, Fl, Mg, Ni, Co, Au, Pb, Pt et Cu jusqu'à — 189°, ont donné des résultats analogues à ceux de DEWAR et FLEMING.

La résistance ρ des métaux purs *à des températures élevées* a été étudiée par BENOÎT (1873), HOPKINSON (1889), LE CHATELIER (1890), GLEICHMANN (1894), HARRISON (1902), STRUTT (1902) et NICOLAI (1908). BENOÎT a été jusqu'à 860° (Cd bouillant) ; il a exprimé ρ par des formules telles que (25, *a*). A la température de transformation, se produit une variation brusque du coefficient a. Ainsi, HOPKINSON a observé que, pour le *fer*, a croît de 0,0048 à 20° jusqu'à 0,018 vers 855° ; à 855°, a tombe brusquement à 0,0067. LE CHATELIER a trouvé des sauts analogues pour différentes sortes de fer, pour le nickel (à 340°) et pour Ag dans l'hydrogène (à 650°).

A la fusion d'un métal, sa conductibilité *diminue brusquement*. A la solidification, la conductibilité du *mercure* devient 4,087 fois plus grande, comme l'ont montré CAILLETET et BOUTY (1885). Pour Hg liquide à 0°, on a $a = 0,00089$; pour Hg solide, voir (26, a), a est du même ordre de grandeur que pour les autres métaux solides. Des résultats analogues ont encore été obtenus par MATTHIESSEN (1857) pour K et Na, ainsi que pour Pb (1862), par SIEMENS (1861) pour Sn, par DE LA RIVE (1863) pour Cd. Ce dernier a trouvé pour Bi et Sb que le métal liquide conduit mieux que le métal solide ; VICENTINI et OMODEI (1889), ainsi que VASSURA (1892) ont confirmé ce résultat. Le rapport $\sigma_1 : \sigma_2$ des conductibilités à l'état solide et à l'état liquide a été reconnu égal à 2,21 pour Sn, 1,95 pour Pb, 1,96 pour Cd et 0,45 pour Bi. Enfin, BERNINI (1903) a étudié soigneusement K, Na et Li. Au point de fusion, le saut $\sigma_1 : \sigma_2$ est pour Na (97°,63) égal à 1,337 et pour K (62°,04) égal à 1,392 ; le coefficient de température à l'état liquide est plus grand qu'à l'état solide. Pour Li (177°,84), on obtient $\sigma_1 : \sigma_2 = 2,51$.

Quand un métal se présente sous la forme d'un *cristal anisotrope*, on a, pour σ, des valeurs variables avec la direction, comme MATTHIESSEN (1855) l'a observé dans les cristaux de *bismuth*. Il a obtenu, pour le rapport $\sigma_1 : \sigma_2$ des conductibilités, perpendiculairement et parallèlement aux plans de clivage (perpendiculairement et parallèlement à l'axe principal), le nombre 1,6. VAN EVERDINGEN (1900) a trouvé 1,68 (VOIGT a déduit de ses expériences le nombre 1,55). LOWNDS (1902) a obtenu $\sigma_1 : \sigma_2 = 1,78$.

La conductibilité des *lames métalliques très minces* a été étudiée par STONE (1898) et VINCENT (1898), qui ont observé que σ augmente avec le temps dans une lame mince d'argent ; LONGDEN (1900) a découvert que le coefficient de température est *négatif* pour une lame très mince de Pt, égal à zéro pour une lame plus épaisse et devient ensuite positif, lorsque l'épaisseur continue à augmenter.

7. Conductibilité des alliages. — L'étude de la conductibilité des alliages offre un très grand intérêt. Elle est importante au point de vue théorique, car elle peut contribuer à résoudre la question de la constitution intérieure des alliages, et, au point de vue pratique, elle peut amener la découverte d'alliages permettant de fabriquer des fils à propriétés précieuses pour l'électrométrie, et en général pour l'électrotechnique, telles que la constance et la petitesse du coefficient de température. Nous considérerons surtout les alliages formés de deux métaux. MATTHIESSEN (1862), qui a étudié ce genre d'alliages, a trouvé que les métaux considérés par lui pouvaient être rangés en deux groupes. Au premier groupe, appartiennent Pb, Zn, Sn et Cd ; au second, Cu, Ag, Au, Al, Pt, Sb, Fe, Bi et d'autres encore. Dans les alliages des métaux du *premier* groupe, la conductibilité σ est une propriété *additive*, c'est-à-dire qu'elle peut se calculer par la règle des mélanges. Dans les alliages des métaux du second groupe, σ est beaucoup plus petit que d'après la même règle. L'addition d'une petite quantité d'un métal du premier groupe à un métal du second groupe diminue très fortement la conductibilité σ. La figure 357 représente des courbes qui indiquent comment la conductibilité σ de l'alliage dépend de la proportion des deux métaux M_1 et M_2 ; les abscisses donnent le pourcentage en volume du *second* métal. La ligne droite 1 se rapporte à des alliages de Zn et Sn, la courbe 2 à des alliages de Ag et Au, 3 à des alliages de Ag et Bi, 4 à des alliages de Ag et Cu ; nous parlerons plus loin de cette dernière courbe. Le coefficient de température a, pour les alliages du premier groupe de métaux, diffère peu du coefficient a des métaux purs correspondants ; pour les autres alliages, il est beaucoup *plus petit*

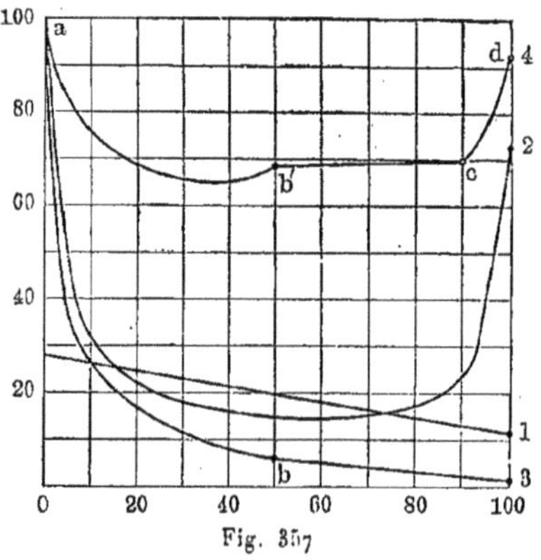

Fig. 357

que le coefficient relatif aux constituants. Nous ne nous arrêterons pas sur les nombreux travaux des autres auteurs ; nous mentionnerons seulement quelques résultats particulièrement intéressants.

Nous avons déjà dit que les alliages à très petit coefficient de température ont une grande importance pratique. Tels sont les suivants :

Argentan (60 Cu, 21 Ni, 19 Zn), $a = 0.00037$,
Nickeline (54 Cu, 26 Ni, 20 Zn), $a = 0,0002$,
Manganine (84 Cu, 4 Ni, 12 Mn), $a = 0,00002$,
Constantan (58 Cu, 41 Ni, 1 Mn), $a = -0,00003$.

Les deux derniers alliages offrent un intérêt spécial. La manganine a été étudiée par Jager et Lindeck (1898, 1906) et les propriétés remarquables qu'ils lui ont trouvées ont conduit à la proposer pour la fabrication des étalons de résistance (voir § 2). F. E. Smith (1908) a montré que l'humidité exerce une influence sur la conductibilité de la manganine. Le *constantan* a même un coefficient de température négatif. Le *platinoïde* (Ni, Zn, Cu et Wo) possède un coefficient a voisin de 0,00003. Reichardt (1901) a considéré les alliages de Cu et Co ; mais il a reconnu qu'ils n'ont pas un coefficient de température aussi petit que celui des alliages de Cu et Ni ; la plus petite valeur de a ($a = 0{,}0008$) correspond à 3 à 5 % de Co, et la plus petite valeur de σ à une teneur en cuivre comprise entre 0 et 10 %. Les alliages de Fe et Ni, dont nous avons fait connaître les propriétés magnétiques particulières au Chap. VIII, § **9**, ont été étudiés par Guillaume (1897); il a trouvé que σ et a varient régulièrement avec la composition de l'alliage, sans aucune discontinuité; il ne s'est manifesté aucune relation avec leurs propriétés magnétiques. F. A. Schulze (1910) s'est occupé de la conductibilité des alliages d'Heusler qui, comme on se le rappelle (Chap. VIII, § **9**), sont formés de métaux non magnétiques et possèdent des propriétés ferromagnétiques particulières. Il a chauffé ces alliages d'une manière prolongée à diverses températures comprises entre 140° et 300°. Un tel traitement calorifique *augmente* la conductibilité de 50 %; à 140°, le maximum n'est atteint qu'au bout de 250 heures; il suffit de 7 heures à 300°.

La grande influence qu'exercent, sur la conductibilité σ des métaux purs, de toutes petites *additions* d'autres métaux ou métalloïdes tels que S, P, As, C et d'autres encore, est remarquable. Ainsi, Le Chatelier (1891, 1898) a trouvé que σ diminue pour le fer, à mesure qu'on ajoute à ce métal du carbone. Pour le cuivre pur, $\sigma = 93{,}08$ (Ag = 100); une addition de 0,05 % de carbone abaisse σ jusqu'à 74,91. Rietzch (1900) a constaté que 0,87 % de P abaisse la valeur de σ pour le cuivre de 100 à 20,6 et 2,5 % de P jusqu'à 7,77; en outre 2,8 % de As jusqu'à 14,12.

Les métaux, qui renferment des gaz *occlus* (voir *Occlusion*, Tome I), n'appartiennent peut-être pas aux alliages; nous les considérerons cependant ici. Le *palladium*, après absorption d'*hydrogène*, a été étudié par Dewar (1881), Knott (1892), A. A. Krakaou (1892), Brucchieri (1893), Mc Elfresh (1904) et Fischer (1906). Knott a trouvé que, pour Pd saturé d'hydrogène, σ est $k = 1{,}83$ fois *plus petit* que pour Pd pur; Brucchieri a obtenu le nombre $k = 1{,}553$. Krakaou a reconnu que l'influence de petites quantités d'hydrogène est due à ce que l'hydrogène est dissous dans Pb ou forme avec lui une combinaison chimique. Jusqu'à absorption de 30 volumes d'hydrogène, la résistance ρ croît proportionnellement au volume v absorbé; entre $v = 30$ et $v = 50$ (le volume de Pd étant pris égal à 1), ρ augmente plus lentement, et ensuite de nouveau proportionnellement à la variation de v. Elfresch a trouvé $k = 1{,}67$. Fischer a confirmé les résultats de Krakaou: ρ croît avec rapidité proportionnellement à v jusqu'à $v = 30$, reste ensuite constant jusqu'à $v = 950$ et enfin augmente beaucoup plus lentement, jusqu'à la saturation qui a lieu pour $v = 1000$; une sursaturation ne modifie pas ρ. Entre $v = 30$ et $v = 950$, on a $k = 1{,}0292 + 0{,}000668\, v$; le maximum de k est 1,69. Joukoff (1910) a constaté qu'une dissolution *d'azote* dans un métal (Mn, Cr, Ti) influe peu sur la conductibilité, tandis que les combinaisons métalliques de l'azote ($AlAz$, Ca^3Az^2, Mg^3Az^2) ont une conductibilité presque nulle. D'après Belloc (1909), les gaz occlus dans le fer produisent au contraire une élévation de la résistance.

Les *amalgames* ont été étudiés par de nombreux auteurs, en dernier lieu par Gressmann (1899), Willows (1899), H. R. Weber (1899), Larsen (1900), etc. On a constaté que l'addition de *petites* quantités d'un métal quelconque au mercure *augmente* considérablement la conductibilité σ. Quand l'addition de métal devient plus forte, la valeur de σ, dans le cas de Sn et Cd, se rapproche de la résistance du métal lui-même ; si on ajoute Bi ou Pb, σ atteint d'abord un maximum, puis un minimum et continue à croître. Parfois, des irrégularités se présentent dans l'allure de la courbe qui détermine la relation entre σ et la quantité de métal ajouté, ce qui indique la formation de composés définis. Cela se manifeste aussi dans les irrégularités d'allure du coefficient de température, comme l'a montré WILLOWS pour les amalgames de Zn, Sn, Cd et Mg. GRESSMANN a trouvé que, dans la solidification d'un amalgame, σ *augmente* brusquement, quelquefois du quintuple. R. E. LENTZ (1883) a observé qu'une petite addition de métal au mercure, qui influe d'une façon sensible sur l'aspect extérieur et sur la densité du mercure, n'exerce aucune action sur la conductibilité, tandis que de l'air dissous se décèle plus par une variation de σ que par un changement d'aspect ou de densité.

DEWAR et FLEMING ont déterminé la conductibilité σ à de *très basses températures*, non seulement pour les métaux purs (voir § **6**), mais aussi pour les alliages. Ils ont trouvé, dans le bismuth impur du commerce, un *maximum* de conductibilité vers — 2° ; à — 234°, la conductibilité est plus faible qu'à + 100°. Les courbes $\rho = f(t)$ ont, pour des alliages différents, un aspect très variable et ne semblent pas converger vers zéro à — 273°. Une nouvelle étude des alliages de Ag et Au est due à CLAY (1909). Il a reconnu que l'excès de la valeur observée de ρ sur la valeur calculée par la règle des mélanges, que l'on appelle la *résistance complémentaire*, *augmente* lorsque la température diminue (jusqu'à — 252°,9) ; cet accroissement est d'autant plus grand que la teneur en *argent* est plus faible. Pour 20 % d'Ag, la résistance complémentaire varie entre 0° et — 252°,9 seulement de 0,5 %.

Beaucoup de recherches ont été faites pour établir les lois auxquelles la conductibilité σ des alliages est soumise, ou pour donner une *explication théorique* des particularités présentées par cette conductibilité. Ces questions ont été étudiées par MATTHIESSEN (1860), BARUS (1888), LE CHATELIER (1895), LORD RAYLEIGH (1896), LIEBENOW (1897), GUERTLER (1907), KOURNAKOFF et JEMTSCHOUJNYI (1907), SCHENK (1907) et RUDOLFI (1908).

Considérons d'abord ce qu'on appelle la loi de MATTHIESSEN. Soit

$$P(\sigma) = 100\,\frac{\sigma_0 - \sigma_{100}}{\sigma_0} = 100\,\frac{\rho_{100} - \rho_0}{\rho_{100}} \tag{27}$$

l'accroissement relatif exprimé en centièmes de la conductibilité σ entre 0° et 100° ; pour les métaux purs, on a en moyenne $P(\sigma) = 29$. Soient en outre σ_m et $P_m(\sigma)$ les valeurs numériques correspondant à la règle des mélanges. La loi de MATTHIESSEN est donnée par l'équation

$$\frac{\sigma}{\sigma_m} = \frac{P(\sigma)}{P_m(\sigma)}; \tag{27, a}$$

$P_m(\sigma)$ est naturellement voisin de 29. Une loi analogue a été indiquée par BARUS, en étudiant de près l'expression

$$(27, b) \qquad P(\rho) = 100\,\frac{\rho_{100} - \rho_0}{\rho_0} = 100\,\frac{\sigma_0 - \sigma_{100}}{\sigma_{100}}.$$

Pour les métaux purs, on a en moyenne $P(\rho) = 41$.

GUERTLER, dans une longue série de travaux, a comparé les deux lois. Il a trouvé qu'il faut renoncer aux températures particulières de 0° et 100° et considérer l'expression

$$(27, c) \qquad Q = \frac{1}{\rho}\frac{d\rho}{dt};$$

la loi prend alors la forme

$$(27, d) \qquad \frac{\sigma}{\sigma_m} = \frac{Q}{Q_m},$$

et elle se trouve confirmée par de nombreux exemples.

LE CHATELIER a donné l'explication suivante de la différence entre les alliages des métaux du premier groupe (Pb, Zn, Sn, Cd) et ceux des métaux du second. Lorsqu'un alliage est un *mélange de cristaux* de deux métaux, la conductibilité σ se calcule d'après la règle des mélanges (voir la courbe 1 sur la figure 357); mais s'il se forme des *cristaux du mélange* des deux métaux, σ a une autre valeur. La courbe 2 correspond au cas où de tels cristaux composés sont possibles pour toute composition centésimale de l'alliage. Quand au contraire de tels cristaux ne peuvent avoir une composition quelconque, la relation entre σ et la composition est plus complexe. Ainsi, dans le cas de la courbe 3, on a de a en b seulement des cristaux du mélange Ag et Bi; à partir de b, en allant vers la droite, l'alliage est constitué par un mélange de l'alliage b et de Bi pur. Dans la courbe 4, il n'y a entre a et b' que des cristaux du mélange de Au et Cu, de même entre c et d; entre b' et c l'alliage est formé de cristaux de même composition qu'en b' et c. Quoique cette explication soit probablement voisine de la vérité, elle n'épuise cependant pas complètement la question, ainsi que l'ont montré KOURNAKOFF et JEMTSCHOUJNYI, et GUERTLER.

LORD RAYLEIGH et LIEBENOW ont expliqué l'apparition de la *résistance complémentaire* $\rho - \rho_m$ dans les alliages (ρ_m est la valeur donnée par la règle des mélanges) par l'hypothèse que l'alliage est constitué de couches de métaux différents, entre lesquelles se produit, au passage du courant, le phénomène de PELTIER (Chap. VI, § 5), de sorte qu'une force thermoélectromotrice inverse prend naissance, qu'on ne peut différencier d'un accroissement de résistance; la résistance complémentaire serait donc une *pseudorésistance*. Mais les recherches de WILLOWS (1907), GUERTLER et CLAY (1909) ont montré que cette vue théorique était insoutenable. Nous ne nous arrêterons pas sur la théorie électronique de SHENK.

8. Conductibilité des substances non-métalliques. — Nous allons maintenant considérer quelques cas intéressants de conductibilité de substances non-métalliques.

Le diamant, de même que le charbon de bois et le charbon de terre purs, ne conduisent pas l'électricité. Le charbon calciné, le coke et le graphite sont de bons conducteurs. MATTHIESSEN a signalé le premier ce fait remarquable que la conductibilité du charbon *diminue* quand la température s'abaisse. BEETZ (1876) en a donné une explication en faisant remarquer que dans l'échauffement les molécules viennent en contact plus intime. BORGMANN (1877) a étudié les baguettes de graphite et de charbon de cornue dont on se sert pour l'éclairage électrique, le charbon de bois de pin et l'anthracite. Il a trouvé les coefficients a de température suivants :

Charbon de bois de pin	23° — 143°	$a = -0{,}00548$
	23° — 260°	$a = -0{,}00384$
Anthracite	25° — 152°	$a = -0{,}00390$
	25° — 260°	$a = -0{,}00265$
Graphite	25° — 193°	$a = -0{,}00088$
	25° — 279°	$a = -0{,}000816$
Charbon de cornue (pour l'éclairage électrique).	26° — 187°	$a = -0{,}000319$
	26° — 346°	$a = -0{,}000248$.

Quand la température s'élève, a diminue conformément à la formule (25,c). Il paraît probable que la température du maximum de conductibilité, qui est voisine de — 265° pour Au, de — 258° pour Pt, de — 100° pour le zircone, de + 150° pour le titane et de 800° pour le silicium (page 998), est très élevée pour le charbon et qu'en chauffant au-dessus de cette température la conductibilité commence à décroître. BORGMANN tient l'explication de BEETZ pour inexacte. SIEMENS (1880) est arrivé à des résultats tout à fait analogues. Des recherches plus récentes sont dues à MURAOKA (1881), DEWAR et FLEMING (1892, diminution de σ jusqu'à — 182°), BRION (1896), qui a étudié la transformation par échauffement du charbon non-conducteur en charbon conducteur, et CELLIER (1896). Nous parlerons plus loin de la résistance du *sélénium*.

Occupons-nous maintenant de la conductibilité des divers *minéraux où des métaux sont unis avec le soufre, l'oxygène, etc., ainsi que de celle des cristaux et des différents diélectriques*. Le fait même que des substances déterminées sont conductrices est intéressant, abstraction faite de l'influence de la température, de l'inégale conductibilité suivant la direction, ainsi que de la question de la conductibilité *métallique* ou *électrolytique*. D'abord FARADAY (1833), puis HITTORF (1851), BRAUN (1874), BEETZ (1876), BELLATI et LUSSANA (1888) ont étudié divers *minéraux* et ont constaté que quelques pyrites et oxydes conduisent bien l'électricité. Tels sont Cu^2S et Ag^2S, dont la conductibilité σ augmente rapidement avec la température : pour Cu^2S, σ devient, à 192°, 572 fois plus grand qu'à 0° ; pour Ag^2S, à 195°, 700 fois plus grand qu'à 84°,1. BRAUN a observé que le *psilomélane* ou manganèse oxydé hydraté barytifère (qui est une combinaison d'oxyde hydraté de manganèse avec de la baryte ou de la potasse) possède des valeurs de σ différentes dans des directions opposées (conductibilité unipolaire), la direction de plus grande conductibilité dépendant de l'intensité du courant ; sous l'action d'un courant constant, σ augmente. Beijerinck (1897) a reconnu que, dans la série des composés d'un métal donné avec O, S, Se, Te, la valeur σ croît, et que dans la série des composés avec Fl, Cl, Br, I elle décroît, lorsque le poids atomique de la partie électronégative du composé augmente.

J. Curie (1888) a déterminé quels sont les minéraux qui possèdent la conductibilité métallique (électronique) et ceux qui possèdent la conductibilité électrolytique. Bädecker (1907) a montré que, pour CuS et PbO^2 par exemple, σ se rapproche déjà du pouvoir conducteur de certains métaux (Bi). Beaucoup d'oxydes, qui, à des températures relativement peu élevées, sont de très mauvais conducteurs, deviennent à de hautes températures d'excellents conducteurs. Ainsi, Horton (1906) a trouvé que, pour CaO, $\rho = 7{,}25 \cdot 10^8$ à 490° et qu'on a déjà $\rho = 9{,}67 \cdot 10^2$ à 1193° ; pour BaO, on a $\rho = 1 \cdot 10^6$ à 34° et on a déjà $\rho = 22{,}7$ à 224°. Les *oxydes des métaux rares* et leurs mélanges possèdent la même propriété. C'est sur cette dernière que repose la construction de la *lampe* Nernst, dont le bâtonnet présente à la température ordinaire une résistance ρ égale à un *grand nombre de mégohms*. En le chauffant jusqu'au rouge, il devient conducteur et passe alors au rouge blanc sous l'influence du courant qui le traverse, sa résistance ρ tombant à 220 ohms environ. Nernst et Reynolds (1900), Bose (1902), Horton (1906) ont étudié ce phénomène, dans lequel on a affaire, du moins en partie, à une conduction électrolytique. Bose a réussi à observer une réduction des métaux sous l'action prolongée d'un courant constant.

Koenigsberger, dont nous avons déjà mentionné les travaux aux §§ **6** et **7**, a montré que sa formule (25, *e*), page 997, est applicable à beaucoup de minéraux ; il se manifeste nettement dans ces derniers un *minimum* de conductibilité. C'est ce qui apparaît d'une manière toute particulière dans la *pyrite*, comme le montrent les nombres suivants :

$t =$ 340°	121°	20°	0°	— 78°	— 180°
$\rho =$ 0,0388	0,0300	0,0240	0,0240	0,0251	0,550.

Au-dessus de 20°, le coefficient de température est à peu près le même que pour les métaux. Dans un nouveau travail, Koenigsberger et Schilling (1910) ont signalé entre autres l'*aimant naturel* (Fe^3O^4), qui présente un minimum de ρ à 220° ; on trouve à 15°, $\rho = 0{,}00794$; à 220°, $\rho = 0{,}00434$ et à 485°, $\rho = 0{,}0112$. Au lieu de la formule (25, *e*), ces deux auteurs ont employé, pour calculer ρ en fonction de t, une formule plus compliquée, établie théoriquement. La conductibilité des minéraux aux températures *élevées* a été déterminée notamment par Guinchant (1902, PbS, FeS et SnS) et Doelter (1910) ; ce dernier a rangé les minéraux qu'il a considérés en trois groupes : 1. Cristaux ne manifestant pas de polarisasion ; σ croît avec la température (rutile, chrysobéryl) ; 2. Cristaux décelant une faible polarisation à température élevée (adulaire) ; 3. Cristaux manifestant par échauffement une forte polarisation (baryte, saphir, topaze). Van Aubel (1902) a étudié ρ aux *basses* températures, en particulier dans PbS entre + 81° et — 187° ; il a trouvé qu'un minimum de ρ doit avoir lieu à une température encore plus basse ; dans la pyrite, il a constaté un accroissement de ρ de + 60° à — 180°.

Nous avons déjà parlé à la page 999 de l'*anisotropie* des cristaux de bismuth à l'égard de la conductibilité électrique. Le même phénomène a été aussi observé sur quelques autres cristaux. Le *cristal de roche* possède à 225° une bonne conductibilité suivant l'axe, tandis qu'il ne conduit pas p rpendiculairement à l'axe ; la conductibilité de ce cristal est certainement électrolytique. Il en est de même dans le *quartz*. Le *sel gemme* (système régulier) est anisotrope à l'égard de la conductibilité, comme pour les propriétés élastiques (Tome I).

Backström s'est occupé du *fer oligiste* : la résistance de ce minéral, dans la direction de l'axe, est à 0° 1,98 fois plus grande que perpendiculairement à l'axe ; à 236°,7 ce rapport devient 1,55 ; lorsque la température s'élève, ρ diminue et plus vite parallèlement que perpendiculairement à l'axe. Koenigsberger et Reichenheim (1906) ont obtenu un résultat analogue. Pierce (1907) a découvert une conductibilité *unipolaire* remarquable dans les cristaux de *carborundum* ; σ croît avec l'intensité du courant et jusqu'à 4 000 fois plus dans une direction que dans la direction opposée (voir Chap. V, § 2).

Les *sels solides* ont été étudiés par Braun (1875), Foussereau (1884), Graetz (1886), Bouty et L. Poincaré (1888), Bädecker (1909) et beaucoup d'autres encore. On a constaté que les sels sous forme cristalline ne présentent pas les mêmes phénomènes qu'à l'état amorphe (sel fondu). Sous la forme cristalline, ils manifestent la conductibilité métallique et ce n'est que dans le voisinage du point de fusion qu'apparaît peu à peu la conductibilité électrolytique : les sels amorphes, qu'on peut considérer comme des liquides à frottement intérieur énorme (Tome III, Chap. X, § 2), conduisent surtout électrolytiquement. Il est difficile de dire quel rôle joue ici la présence fortuite de substances étrangères. Un exemple intéressant, qui montre combien parfois ce rôle peut être grand, a été découvert par Bädecker ; il a observé que la conductibilité de CuI et AgI solides augmente considérablement (24 fois) par une addition d'iode, qui cependant n'est pas lui-même conducteur. Pour de petites additions, le coefficient de température de la résistance est positif ; pour de fortes additions et une petite résistance, il est négatif ; la conductibilité est métallique.

La conductibilité σ du *verre* a été étudiée par Becquerel (1853), Buff (1854), Beetz (1854), Gray (1880), Foussereau (1882), Warburg (1884), Tegetmeier (1890), Denizot (1897), Leblanc et Kerschbaum (1910), etc. ; celle de la *porcelaine* par Foussereau (1883), L. Poincaré (1889) et d'autres encore. La conductibilité σ augmente rapidement avec la température ; elle est en grande partie électrolytique.

Il est intéressant de voir que Cavendish (1774) avait déjà constaté que le verre chaud conduit l'électricité. Gray a trouvé que la résistance du verre entre 10° et 200° s'exprime par une formule telle que $\log \rho = a - bt$; Foussereau a posé $\log \rho = a - bt + ct^2$. Warburg a étudié le premier l'électrolyse du verre qu'il a observée à 300° ; le sodium contenu dans le verre se déplace vers la cathode. Lorsqu'on place le verre entre des amalgames de sodium, ce dernier métal traverse le verre ; ici la résistance ne varie pas et la loi d'Ohm reste applicable, comme l'ont montré Le Blanc et Kerschbaum.

L'étude du quartz a été faite par Warburg et Tegetmeier (1887) et par Schapojnikoff (1910). Ce dernier a reconnu que le quartz (dans la direction de l'axe, voir plus haut), pour une intensité du champ de plus de 4 000 volts par centimètre, *s'écarte d'autant plus de la loi d'*Ohm que le champ est plus intense et que le passage du courant est plus prolongé.

Beaucoup d'auteurs ont observé le passage du courant à travers les *non-conducteurs* (diélectriques), c'est-à-dire la très faible conductibilité qu'ils possèdent ou acquièrent dans certaines conditions. Pour la conductibilité spécifique σ, égale à 10 630 dans Hg, voir (24, *a*) page 994, on obtient ici de très petites valeurs, par exemple 10^{-15} dans l'ébonite (à 20°) et dans S (à 69°), 10^{-18} dans la paraffine, etc. Leick (1898) a trouvé que, dans ces trois substances, σ augmente avec l'intensité du courant, de sorte que la loi de Joule n'est pas applicable.

9. Relation entre la conductibilité et les autres propriétés de la substance. — Nous avons déjà indiqué dans le Tome III, Chap. VIII, §§ 4 et 5 qu'il y a approximativement proportionnalité entre la *conductibilité calorifique* k et la *conductibilité électrique* σ (alors désignée par la lettre λ) des métaux et des alliages. Lorsqu'on attribue, pour un même métal arbitrairement choisi, les mêmes valeurs à k et à σ, en posant, par exemple pour Ag, $k = 100$ et $\sigma = 100$, on doit obtenir pour tous les autres métaux à peu près les mêmes valeurs de k et de σ. Quand on exprime k et σ en unités C. G. S., on obtient approximativement pour Ag, $k = 1$. C. G. S. et $\sigma = 60 \cdot 10^{-5}$ C. G. S. et par suite $k : \sigma = 1666$; pour Hg, on a approximativement $k = 0{,}015$, $\sigma = 1{,}063 \cdot 10^{-5}$, voir (24, *c*), page 994, de sorte que $k : \sigma = 1411$. Ainsi, le rapport $k : \sigma$ oscille pour les métaux autour de la valeur moyenne

$$\frac{k}{\sigma} = 1\,500 \text{ C. G. S.} \tag{28}$$

La petite calorie est prise ici pour unité de quantité de chaleur, dans la détermination de k. Si on s'en tient plus strictement au système C. G. S., on doit prendre l'*erg* comme unité de quantité de chaleur, et k est encore à multiplier par le facteur $420 \cdot 10^5$. En exprimant en outre σ en unités *électrostatiques* C. G. S., il est nécessaire de multiplier sa valeur numérique par $9 \cdot 10^{20}$. Avec ce choix d'unités, on obtient

$$\frac{k}{\sigma} = \frac{1\,500 \cdot 420 \cdot 10^5}{9 \cdot 10^{20}} = 0{,}7 \cdot 10^{-10} \text{ unité él. st. C. G. S.} \tag{28, a}$$

On donne quelquefois le nom de loi de Wiedemann et de Franz à l'invariabilité du rapport $k : \sigma$ dans les métaux. Nous avons déjà parlé dans le Tome III des travaux de ces physiciens, ainsi que des recherches dues à F. Kohlrausch, Jäger et Diesselhorst, Rietzsch, van Aubel et Paillot, Giebe et Cellier. Nous avons vu que $k : \sigma$ est aussi presque constant pour les alliages, que ce rapport prend pour Fe et Bi, pour le constantan et la manganine des valeurs beaucoup plus grandes que celle donnée par (28) et que le coefficient de température de ce rapport pour les métaux purs est égal à 0,004 (Jäger et Diesselhorst) ; enfin, il a été indiqué que, d'après les expériences de Cellier, $k : \sigma$ possède des valeurs très différentes pour les diverses sortes de charbon ; nous ajouterons que ces valeurs sont de 15 à 20 fois *plus grandes* que la valeur normale. Mentionnons encore quelques autres travaux. Fr. Weber a trouvé que les écarts du rapport $k : \sigma$ à l'égard de la valeur moyenne sont assez grands ; il a proposé de poser

$$\frac{k}{\sigma} = a + bc\delta, \tag{29}$$

où a et b sont deux constantes, c la *capacité calorifique* du métal donné, δ la densité de ce métal. Kirchhoff et Hansemann (1881), L. Lorenz (1881), Berget (1890) et d'autres encore ont confirmé cette loi ; L. Lorenz a trouvé que $k : \sigma$ est proportionnel à la température absolue et qu'on peut par conséquent écrire

$$\frac{k}{\sigma} = a\text{T}. \tag{29, a}$$

F. A. Schulze (1897) a obtenu, pour différentes sortes de verre et d'acier, des valeurs de $k : \sigma$ oscillant entre 1406 (acier à 10 % de Mn) et 2402 (acier) et pour la fonte la valeur énorme 7017. Grüneisen (1900) a montré que la présence de *substances étrangères* dans Cu et Fe affecte plus fortement σ que k.

La découverte qu'a faite Pfleiderer (1910) de l'identité de $k : \sigma$ pour l'argent massif et pour l'argent poreux ou pour la poudre d'argent comprimée est intéressante. Les valeurs relatives de k et σ varient de 1 à 600, mais leur rapport reste constant.

Il nous paraît utile de faire connaître dès maintenant le résultat auquel a conduit la *théorie des électrons*, quand elle a été appliquée pour la première fois aux phénomènes qui se produisent dans les métaux. Drude (1900) a établi, pour $k : \sigma$ exprimé en unités él. st. C. G. S., la formule suivante :

$$\frac{k}{\sigma} = \frac{4}{3}\left(\frac{\alpha}{e}\right)^2 \text{T}, \tag{30}$$

α désignant une constante universelle, qui lie la force vive i de la particule en mouvement (molécule matérielle ou électron) à la température absolue T par la relation $i = \alpha\text{T}$ et e représentant la charge d'un électron exprimée en unités él. st. Reinganum (1900) a déterminé la valeur numérique de $k : \sigma$, d'abord en posant $\alpha = \frac{1}{2} mu^2 : \text{T}$, où m est la masse et u la vitesse de la molécule d'hydrogène ; on obtient alors

$$\frac{k}{\sigma} = \frac{1}{3\text{T}}\left(\frac{mu^2}{e}\right)^2. \tag{30, a}$$

Pour $T = 291$ (c'est-à-dire $t = 18°$), on déduit de la théorie cinétique des gaz la valeur $u^2 = 3{,}605 \cdot 10^{10} \frac{\text{cm}^2}{\text{sec}^2}$. Les mesures électrolytiques donnent, à l'aide de l'équivalent électrochimique de l'hydrogène, la relation suivante

$$\frac{2e}{m} = 9{,}654 \cdot 10^3 \cdot 3 \cdot 10^{10} \text{ unités él. st.,}$$

voir Chap. V, § 1, formule (1), où F est égal à $2Ne$: $Nm = 2e : m$, N désignant le nombre des *molécules* d'un équivalent-gramme. En portant les valeurs de u^2 et de $2e : m$ dans la formule (30, *a*), on a

$$\frac{k}{\sigma} = 0{,}7 \cdot 10^{-10} \text{ unité él. st. C. G. S.,}$$

valeur qui se trouve *fortuitement* concorder d'une manière parfaite avec (28, *a*). Remarquons que la formule (30) est d'accord avec la formule (29, *a*) de L. Lorenz. Drude a établi sa formule (30) dans l'hypothèse qu'il n'existe dans le métal que des électrons de charge $\pm e$, se mouvant isolément, mais non des noyaux $\pm 2e$, $\pm 3e$, etc. et que leur nombre est indépendant de la température. Il a aussi obtenu une formule plus générale pour le cas où le nombre des noyaux dépend de la température. Nous ne nous arrêterons pas sur la formule qui est due à Riecke.

Passons à la dépendance remarquable qui existe entre la *conductibilité* σ des métaux et leur *pouvoir émissif e pour les radiations de grande longueur d'onde* λ. Soit R le *pouvoir réfléchissant du métal exprimé en centièmes* pour les radiations de longueur d'onde λ, de sorte que $a = 100 - R$ est la mesure du *pouvoir absorbant* du métal pour les mêmes radiations. Drude (1894) a déduit de la théorie électromagnétique de la lumière la formule *approchée* suivante, qui lie les grandeurs σ et R pour les métaux :

$$(31) \qquad (100 - R)\sqrt{\sigma} = \frac{C}{\sqrt{\lambda}},$$

où C est une constante indépendante de la nature du métal.

Soit σ la conductibilité, exprimée en *ohms-inverses*, d'un fil de 1^m de longueur et de 1^{mmq} de section ; il est évident que les valeurs de σ seront 10 000 fois plus petites que celles que l'on obtient en prenant $1 \, (\text{ohm-cm})^{-1}$ comme unité de conductibilité. Nous supposerons en outre que λ est exprimé en microns ($0^{mm},001$). On trouve que, dans ce cas, $C = 36{,}5$ et on a

$$(31, a) \qquad (100 - R)\sqrt{\sigma} = \frac{36{,}5}{\sqrt{\lambda}}.$$

D'après la loi de Kirchhoff (Tome II), on a $100 - R = a = 100\, e : E$, où E désigne le pouvoir émissif du corps absolument noir ; enfin, soit $1 : \sigma = \rho$ la résistance en ohms d'un fil de 1^m de longueur et 1^{mmq} de section ; après substitution de ces grandeurs, on obtient

$$(31, b) \qquad \left(\frac{100\, e}{36{,}5\, E}\right)^2 \lambda = \frac{1}{\sigma} = \rho \text{ (ohm, mètre, mmq).}$$

Cette formule remarquable permet d'exprimer la résistance spécifique d'un métal en unités absolues, en comparant son pouvoir émissif e à celui du corps absolument noir. Si on pose $E = 1$ et si on exprime e en centièmes de E, on a la formule plus simple

$$(31, c) \qquad e = \frac{36,5}{\sqrt{\sigma\lambda}}.$$

Nous ne donnerons pas la description des expériences qui ont confirmé ces relations de la manière la plus complète ; nous indiquerons seulement que pour $\lambda = 26\mu$ (rayons restants du spath fluor, voir Tome II), on a trouvé que la concordance était parfaite. Pour les radiations visibles et aussi pour les radiations infrarouges, dont la longueur d'onde n'est pas très grande, les formules ne peuvent être exactes, car R dans (31, *a*) et par suite $e : E$ dans (31, *b*) ou simplement e dans (31, *c*) sont presque indépendants de la température, tandis que σ varie beaucoup avec la température. Nos formules montrent que, *pour de grandes longueurs d'onde, le rapport e : E doit varier avec la température dans la même mesure que* $\sqrt{\rho}$. La formule (31, *c*) est approchée ; la formule plus exacte est

$$(31, d) \qquad e = \frac{36,5}{\sqrt{\sigma\lambda}} - \frac{6.67}{\sigma\lambda};$$

elle est valable pour toutes les longueurs d'onde supérieures à 5μ.

Broniewski (1907) a trouvé une relation entre ρ et le coefficient de dilatation α des métaux. Il divise les métaux en monoatomiques (Ag, Al, Au, Cd, Cu, K, Pd, Pt, Ir) et polyatomiques (Fe, Co, Ni, Bi, Sb, Tl, In, As) et arrive à la conclusion que ρ varie proportionnellement à l'espace qui reste libre entre les molécules. Pour les métaux monoatomiques, on a $\rho : (2T_0 + T)\, T = const.$, où T_0 est la température absolue de fusion.

10. Influence de la structure et des actions mécaniques. — La structure d'une substance, qui dépend de son mode de préparation, influe sur la résistance spécifique ρ. Ainsi, la résistance de l'acier est d'autant plus grande et son coefficient de température d'autant plus petit que le métal a été plus fortement trempé, comme l'ont montré Strouhal et Barus (1883), ainsi que le Chatelier. O. D. Chwolson (1877) a trouvé qu'un premier échauffement faible d'un fil *dur* diminue la valeur de ρ, mais un recuit consécutif à haute température l'augmente ; une nouvelle trempe augmente encore plus la résistance. Gleichmann (1894) est arrivé au même résultat. Barus (1897) a observé une diminution graduelle de ρ, dans de l'acier trempé, au cours de 12 années et à la température ordinaire. Pendant ce temps, ρ a diminué dans une pièce d'acier de 45 à 38,25, dans une autre de 42 à 34,18. Chevalier (1900) a étudié l'influence de variations de température répétées sur la résistance d'un alliage de Pt et Ag. Streintz (1900) a mesuré la résistance de corps *pulvérulents*, soumis à une très forte pression, tels que la mousse de platine, le charbon, le graphite, les oxydes métalliques et les composés du soufre avec les métaux. Des expériences analogues sont dues à Du Moncel (1875), Auerbach (1886) et d'autres encore.

Considérons maintenant l'influence des *actions mécaniques* sur la résistance des métaux. Mosson (1885), en soumettant un fil à une *traction*, a reconnu le premier que la résistance r du fil croît plus rapidement qu'on ne devrait s'y attendre d'après l'augmentation de la longueur et la diminution de la section droite, ce qui montre que, dans une extension, la résistance spécifique ρ du métal *augmente*. Les expériences de Tomlinson (1876), ainsi que celles de O. D. Chwolson (1881) et de beaucoup d'autres ont conduit au même résultat. L'auteur a constaté que, dans l'extension d'un fil de laiton (63,66 °/₀ de Cu), la variation relative de la résistance *spécifique* est en moyenne 0,342 de l'allongement relatif. Pour trois fils de $0^{mm},91$, $0^{mm},79$ et $0^{mm},46$ de diamètre, dont les modules d'extension et de torsion décroissent dans l'ordre indiqué des diamètres, ce rapport avait les valeurs 0,298, 0,316 et 0,413. Des recherches ultérieures sont dues à Cantone (1897), Williams (1907), Ercolini (1907) et N. F. Smith (1909). Cantone a observé que, dans Ni, quand l'extension augmente, la résistance décroît d'abord et ensuite augmente. N. F. Smith a trouvé que, pour Fe, Cu, l'acier et le laiton, la variation de ρ est beaucoup moindre que celle de la conductibilité.

W. Thomson (Lord Kelvin, 1878) et Witkowski (1881) ont constaté que, dans la *torsion* d'un petit tube, la conductibilité décroît dans la direction du plus grand effort. Czily (1899) a étudié des fils, surtout de constantan, et a trouvé que ρ croît plus vite que proportionnellement à l'angle de torsion. N. F. Smith (1909) a observé, également dans le cas de la torsion, que la variation de ρ (0,1 à 0,2 °/₀) est bien moindre que celle de la conductibilité (3 à 5 °/₀).

La question de l'influence de la *pression* sur la conductibilité présente un grand intérêt. Les premières expériences sont dues à Wartmann (1859), qui a soumis des fils à une compression latérale et a observé un *accroissement* de ρ. O. D. Chwolson (1881) a ensuite comprimé des fils de Cu, Pb et de laiton (63,66 de Cu, traces de Pb, le reste en Zn) dans un piézomètre (jusqu'à 60 atm.), la température de l'eau restant voisine de 4°. A la pression d'une atmosphère, on trouve, pour la variation relative de la résistance r d'un fil de cuivre, la valeur $\Delta r : r = -0,13 \cdot 10^{-5}$, pour le laiton $\Delta r : r = -0,11 \cdot 10^{-5}$, pour le plomb $\Delta r : r = -0,11 \cdot 10^{-4}$, c'est-à-dire dix fois plus que pour Cu et le laiton. Le module d'Young, le module de torsion et le coefficient de Poisson (Tome I) ont été déterminés en même temps que la variation relative $\Delta\rho : \rho$ de la résistance *spécifique*. On a constaté que la compression transversale produisait une variation de $\Delta\rho$ deux fois plus grande que la compression longitudinale. Il s'ensuit que la variation $\Delta\rho : \rho$ est toujours proportionnelle à la variation relative du *volume* $\Delta v : v$; $\Delta\rho : \rho$ est en moyenne 3,6 fois plus grand que $\Delta v : v$. L'action de la pression sur les *métaux solides* a été étudiée aussi par Lussana (1899), Lisell (1902), Williams (1907) et Lafay (1909). Lussana, qui a été jusqu'à des pressions de 1 000 atm. et Lisell (Cu, Ni, Pb, Ag, Pt, Pt — Ir, constantan, Mn — Cu) qui s'est servi du piézomètre, ont confirmé le résultat que l'auteur a obtenu relativement à la *diminution* de r dans la compression des métaux purs et des alliages, exception faite de l'alliage Mn — Cu. WILLIAMS a trouvé, pour Pb, la valeur $\Delta r : r = -0,143 \cdot 10^{-4}$, qui se rapproche beaucoup de celle constatée par l'auteur ; il a obtenu, pour Pt, $\Delta r : r = -0,183 \cdot 10^{-5}$, valeur également voisine des valeurs observées par l'auteur pour Cu et le laiton. Enfin, LAFAY a trouvé, pour le platine, $\Delta r : r = -0,186 \cdot 10^{-5}$ et pour la manganine $\Delta r : r = +0,223 \cdot 10^{-5}$.

L'influence de la pression sur la conductibilité du mercure a été étudiée pour la première fois par R. LENZ (1882), qui a reconnu que la résistance spécifique ρ *diminue* de la quantité $\Delta\rho : \rho = -2 \cdot 10^{-4}$ par *atmosphère* de pression. BARUS (1891) a obtenu la valeur $-30 \cdot 10^{-6}$, FOREST-PALMER (1897) $-33,24 \cdot 10^{-6}$ à 9° et jusqu'à la pression de 4385 atm : ; BRIDGMAN (1909) a donné une relation compliquée entre la pression, la température et la résistance : LAFAY a trouvé $\Delta\rho : \rho = -32,7 \cdot 10^{-6}$ à 15° ; enfin E. BIRON (1910) a obtenu $\Delta\rho : \rho = -32,96 \cdot 10^{-6}$ à 20°. L'exactitude, avec laquelle la variation de la résistance peut être déterminée aux très hautes pressions, a donné à beaucoup d'auteurs l'idée de construire un *manomètre*, où la résistance d'un conducteur donné peut servir à mesurer la pression. LISELL (1902), en employant un fil de manganine, a construit pour la première fois un manomètre de ce genre ; on doit citer ensuite FOREST-PALMER (1898, Hg) et BIRON (1910, Hg), dont l'appareil permet d'évaluer des pressions atteignant 900 atmosphères, à l'aide d'une formule donnée par cet auteur et avec une erreur qui ne dépasse pas 0,5 %.

11. Influence des radiations lumineuses et autres rayons. Sélénium. — Les radiations lumineuses agissent sur la conductibilité de certaines substances, parmi lesquelles le *sélénium* occupe une place tout à fait spéciale, l'action de la lumière sur ce corps étant incomparablement plus grande que sur toute autre substance. Nous nous occuperons donc surtout du sélénium, dont la conductibilité *augmente* à la lumière.

Le sélénium fond à 217° ; il présente trois modifications allotropiques (Tome I) et peut-être un plus grand nombre. On distingue ordinairement trois variétés de sélénium : 1. le sélénium vitreux amorphe, très peu conducteur : 2. le sélénium rouge cristallisé ; 3. le sélénium gris cristallisé ou métallique. Il n'est pas douteux que le sélénium cristallisé à petits grains ne doit pas être confondu avec celui à gros grains ; le premier s'obtient en chauffant le sélénium amorphe jusqu'à 100°, le second par un chauffage prolongé jusqu'à 200°. Les méthodes de préparation, ainsi que les propriétés des différentes modifications du sélénium ont donné lieu à une littérature très étendue. Il est évident que la rapidité et l'ordre de succession des échauffements et des refroidissements, la durée de l'action de telle ou telle température, etc. doivent être pris en considération ; de ces circonstances dépendent la conductibilité, le coefficient de température et la sensibilité à la lumière du produit obtenu. Les résultats des diverses recherches que l'on a faites sont très contradictoires et nous devons renvoyer le lecteur à la bibliographie donnée plus loin. Une exposition de tous les travaux consacrés au sélénium a été entreprise par AMADUZZI (1904), MARC (1907) et RIES (1908) ; on trouvera un bref résumé des principaux résultats obtenus dans le Journal russe *Questions de Physique* de 1910, p. 175. Nous indiquerons ici quelques-uns des faits essentiels.

Le sélénium amorphe est un très mauvais conducteur et n'est pas sensible à la lumière. La variété grise à gros grains est celle qui possède la plus grande sensibilité ; sa conductibilité augmente fortement à la lumière. Quelques auteurs, Marc par exemple, pensent que la variété sensible à la lumière est un mélange de deux modifications, dont l'une seulement est conductrice, et dont aucune, prise isolément, n'est sensible à la lumière. Ries (1908) a trouvé aussi qu'il y a deux formes de sélénium sensible à la lumière. L'une d'elles s'obtient par un chauffage prolongé jusqu'à 195°, suivi d'un refroidissement rapide ; elle possède un coefficient de température négatif et une sensibilité à la lumière positive. La seconde forme s'obtient en chauffant au-dessus de 200° ; elle peut, dans certaines limites, posséder un coefficient de température positif et une sensibilité à la lumière négative. En pratique, on obtient presque toujours un mélange de ces deux variétés de sélénium. Comme nous l'avons dit, les résultats, auxquels sont arrivés les divers auteurs, sont extrêmement contradictoires et différents de sorte qu'il est très difficile d'apporter quelque clarté dans ce sujet. Ce qui suit est emprunté aux travaux les plus récents de Marc, Pfund, Athanasiadis, Dowell, Brown, Ries, Schrott, Ruhmer et d'autres encore ; quelques-uns sont en pleine polémique et ils ne sont même pas d'accord parfois dans la terminologie qu'ils emploient. La question des formes du sélénium est donc encore très complexe ; d'autre part, de faibles *additions* de corps étrangers influent considérablement sur les propriétés de cette merveilleuse substance.

L'action de la lumière sur la conductibilité du sélénium a été découverte par Mai, mais l'attention n'a été appelée sur ce phénomène que par Willoughby Smith (1873), auquel on attribue très souvent à tort l'honneur de l'avoir observé pour la première fois. La première étude approfondie de la nouvelle découverte est due à W. Siemens (1876). Il a reconnu que, déjà à la lumière diffuse du jour, la conductibilité σ peut devenir 2 à 3 fois plus

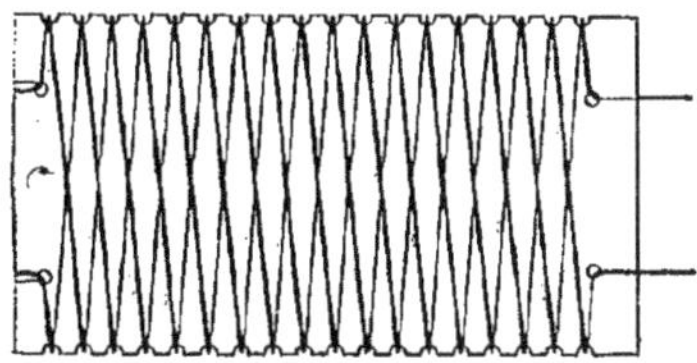

Fig. 358

grande, et jusqu'à 10 fois sous un éclairage intense, par exemple à la lumière directe du soleil. Ruhmer a observé un cas où, à la lumière d'une lampe de 16 bougies, la conductibilité est devenue 80 fois plus grande. Même une lumière très faible, comme celle d'une plaque phosphorescente, produit une action sensible.

On se sert, pour la recherche ou l'application des propriétés du sélénium, de divers *récepteurs*, dont le plus usité est actuellement celui de Bidwell, représenté schématiquement dans la figure 358. Il se compose d'une plaque rectangulaire (en mica, ardoise, porcelaine ou autre substance non-conductrice), dont deux bords présentent une très fine dentelure. On enroule sur cette plaquette deux fils fins, de Pt par exemple. Deux extrémités des fils sont fixées à la plaque, tandis que les deux autres servent à introduire le récepteur dans le circuit. La plaque est chauffée et recouverte d'une couche de sélénium, de sorte que le courant, en traversant le sélénium d'un fil à l'autre, suit un chemin très court à travers une grande aire de section transversale. Pour protéger le récepteur contre l'humidité, on le place à l'intérieur d'un récipient en verre (*fig.* 359), où on fait le vide. La résistance d'un tel récepteur dans l'obscurité n'est pas inférieure à 10 000 ohms, mais elle s'élève parfois jusqu'à plusieurs centaines de mille ohms. Mercadier (1881), Oulianine (1888) et Ruhmer (1902) ont construit des récepteurs d'une autre forme.

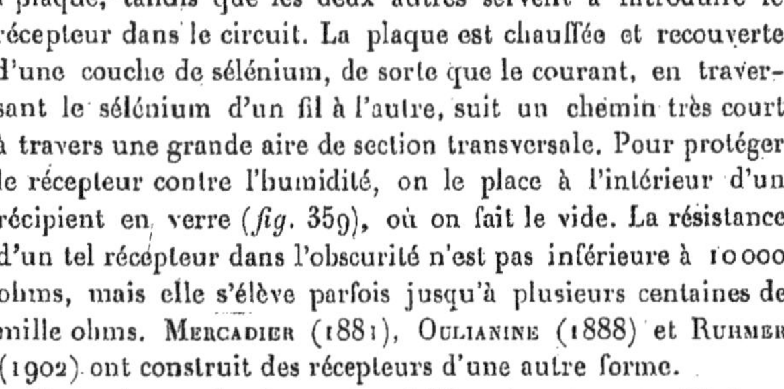

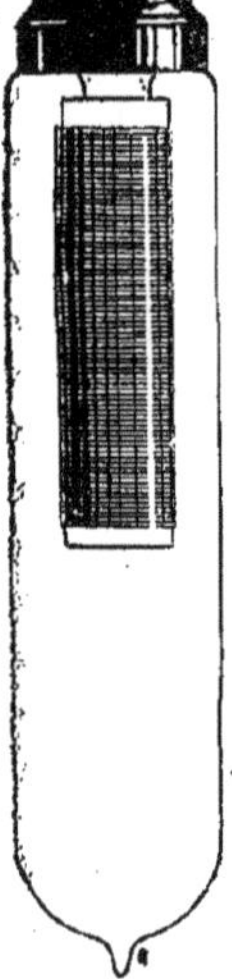

Fig. 359

Toutes les parties du spectre *visible* agissent sur le sélénium, mais le *maximum* d'action appartient aux radiations de longueur d'onde 0,7μ, c'est-à-dire à la partie moyenne des radiations *rouges*, comme l'a montré Pfund (1904 et 1909) ; la sensibilité à la lumière baisse brusquement vers 0,4μ ainsi que vers 1μ ; cependant, il y a des récepteurs qui sont sensibles même pour les radiations ultraviolettes.

Rösse (1874), Adams (1875), Siemens (1875) et Berndt (1904) ont trouvé que la *diminution de résistance est proportionnelle à la racine carrée de l'intensité lumineuse i*, mais ceci n'est vrai que pour de petites valeurs de *i*, car pour les grandes intensités la résistance tend vers une certaine limite. N. Héséhous et Ruhmer distinguent les récepteurs *mous* et les récepteurs *durs* ; on obtient les premiers en chauffant le sélénium jusqu'à 200°, puis en le refroidissant lentement, les seconds, au contraire, en chauffant jusqu'à 100 ou 150° et en refroidissant rapidement. Les récepteurs mous sont très sensibles à une lumière faible et peu sensibles à une lumière intense ; les récepteurs durs manifestent des propriétés opposées.

La *vitesse* d'action de la lumière est d'abord très grande, puis diminue, pour augmenter parfois ensuite ; une valeur limite n'est atteinte qu'après quelques heures ; on observe un phénomène analogue, comme l'ont montré Ruhmer (1902), Merritt (1907) et Dowell, en suspendant l'éclairement.

Par élévation de la *température*, la sensibilité diminue et disparaît complètement vers 200° : mais la vitesse, avec laquelle la conductibilité limite est atteinte, augmente. Pocchettino (1902) a trouvé qu'à — 185° la sensibilité atteint encore 75 % de celle qu'on observe à la température ordinaire. Browns et Stebbins (1907) ont constaté que la *pression* (jusqu'à 600 atm.) diminue la sensibilité à la lumière du sélénium. Ries (1908) a étudié l'influence de l'*humidité*, qui est très grande ; dans certains cas, on observe même une diminution de la conductibilité par l'éclairement. Van Aubel (1903) a observé l'action de certains corps (caoutchouc, camphre) traités par l'*ozone* ; placés dans l'obscurité au voisinage d'un récepteur, ils produisent un accroissement de conductibilité. L'eau oxygénée et l'huile de térébenthine manifestent la même action. Brown (1910) a découvert une nouvelle variété de sélénium, qui conduit un million de fois mieux que le sélénium ordinaire ; sa conductibilité *diminue* à la lumière.

Nous avons vu que, d'après les expériences de certains auteurs, l'accroissement s de la conductibilité σ est proportionnel à $\sqrt{i}$, i étant l'intensité de l'éclairement. N. A. Hésébous (1883) a donné la formule

$$(32) \qquad i = a(b^s - 1),$$

dans laquelle a et b sont des constantes. Gopious (1903) a posé

$$(32, a) \qquad s = C\sqrt[3]{i}.$$

Enfin, Athanasiadis (1908) a déduit de ses expériences une relation de la forme

$$(32, b) \qquad i = bs(s - a),$$

a et b étant comme précédemment des constantes.

Pour en finir avec les propriétés du sélénium et pour être complet, nous considèrerons encore l'action des rayons de Röntgen et celle des rayons émis par le radium, bien que nous ne devions étudier ces derniers que plus tard. Perreau (1899) et d'autres encore ont montré que la résistance du sélénium diminue sous l'action des *rayons de* Röntgen, par exemple de 40 000 à 33 000 ohms dans un certain cas. Athanasiadis (1908) a étudié les lois de ce phénomène ; il a observé une diminution de la résistance de 41 500 à 20 900 ohms ; l'action était entièrement analogue à celle de la lumière, c'est-à-dire pouvait se traduire par la formule (32, b), i étant inversement proportionnel au carré de la distance du centre d'émission des rayons.

Himstedt et Bloch (1901) ont observé que la résistance du sélénium diminue sous l'action des rayons du radium. Ce phénomène a été étudié par Brown et Stebbins, qui ont trouvé que, sous l'influence des rayons β, la résistance du sélénium peut diminuer de 33 %.

Il nous reste encore à parler de l'importante question des *causes* de la variation de résistance du sélénium à la lumière. Bidwell (1883) a émis l'hypothèse qu'il se forme sous l'action de la lumière des *sélénides*, aux endroits où le sélénium est en contact avec des conducteurs métalliques. Dans le sélénium non éclairé, ces substances forment des noyaux isolés ; dans le sélénium cristallisé qu'on éclaire, elles constituent des lignes continues. Carpini (1905) s'est prononcé pour cette conception ; mais elle a été combattue par Pfund (1904) et Berndt (1904), qui ont étudié du sélénium absolument pur entre des fils de *carbone* ; ils ont observé la sensibilité habituelle à la lumière et ont trouvé le maximum vers la longueur d'onde $0^\mu,7$.

Une autre théorie, qu'on pourrait appeler *théorie de dissociation moléculaire*, a été indiquée, dans ses traits généraux, par Siemens (1875), mais elle n'a été complètement développée, tant au point de vue théorique qu'à celui de la comparaison avec les résultats expérimentaux de nombreux auteurs (Fritts, Ruhmer), que par N. Hésébous (1883 à 1906).

Cette théorie admet l'existence de deux formes de sélénium, qu'on peut désigner par les lettres A et B. La forme A est non-conductrice ; au contraire, la forme B est conductrice. Sous l'action de la lumière, il se produit une transformation de A dans B, libérant un certain nombre d'électrons ou d'ions, lesquels s'unissent de nouveau aux molécules de sélénium dans l'obscurité. En partant de cette hypothèse, Hésébous a pu établir la formule (32), page 1015. D'après cela, N. Hésébous regarde l'apparition et la disparition de la conductibilité comme tout à fait analogues aux autres *actions résiduelles* que l'on observe, par exemple, dans les déformations élastiques (Tome I), dans les diélectriques polarisés (Tome IV, Livre I), etc. L'action de la lumière se produit presque instantanément dans une certaine couche superficielle et pénètre ensuite avec lenteur plus profondément à l'intérieur de la substance. N. Hésébous a trouvé que lorsque l'intensité lumineuse i devient 4 fois plus grande, l'accroissement relatif de la conductibilité doit varier de 4 à 1, si la valeur initiale de i varie elle-même de zéro à l'infini. Ceci est confirmé par les observations de Ruhmer, qui a obtenu pour les limites indiquées les nombres 3, 8 et 1, 12. Des ébranlements accélèrent l'action résiduelle de la lumière, comme cela a lieu dans les autres actions du même genre. La formule (32) n'est applicable qu'aux récepteurs *mous*, pour lesquels on a approximativement $a = 5$ et $b = 2$, si on mesure i en *lux* (intensité d'une bougie à la distance d'un mètre) et si on entend par s la variation de conductibilité *relative*, c'est-à-dire la grandeur $(\sigma - \sigma_0) : \sigma_0$. L'action résiduelle semble suivre la loi : $dx : dt = k\sqrt{n - x}$; autrement dit, la vitesse de variation est proportionnelle à la racine carrée de la différence entre la limite de la grandeur variable et la valeur de cette grandeur. L'existence de deux modifications du sélénium, dont l'une se transforme dans l'autre, a été aussi confirmée par les recherches de Marc (1906), Schrott (1906), etc.

On a utilisé les propriétés du sélénium dans divers appareils. Siemens a construit un jouet curieux, le modèle d'un œil à paupières mobiles où un récepteur en sélénium constitue la rétine ; si on approche une bougie par exemple, les paupières se ferment. Siemens a en outre établi un *photomètre* avec récepteur en sélénium. A plusieurs reprises, on a essayé de réaliser un *photophone*, servant de téléphone optique ; Korn (1907) a employé avec succès les propriétés du sélénium en *téléphotographie*, c'est-à-dire pour la transmission des images à distance. Les essais qu'ont faits de nombreux chercheurs pour construire un *télescope* à sélénium, autrement dit un appareil permettant de *voir* des objets éloignés, n'ont pas encore abouti à des résultats positifs.

Nous avons encore à considérer l'action des radiations lumineuses, ainsi que celle des rayons du radium sur la conductibilité des substances autres que le sélénium. Adams (1875) a observé que le *tellure* possède une certaine sensibilité à la lumière, qui est presque 1 000 fois plus petite cependant que celle du sélénium. Monckmann (1889) a remarqué une action de la lumière sur le *soufre*, mais elle n'a pas été confirmée notamment par les expériences de THRELFALL, BREARLEY et ALLEN (1894). BIDWELL (1885) a trouvé une action sur le *sulfure d'argent* ; ce résultat a été vérifié par MERCADIER et CHAPERON (1890), ainsi que par KHARITONOWSKYI (1886), qui a observé également une action sur le soufre pur. D'après TOMLINSON (1881) et TAINTER (1880), le *noir de fumée* est sensible aussi à la lumière. JÄGER et d'autres ont trouvé une forte sensibilité à la lumière de l'*antimonite* (sulfure d'antimoine) ; l'action la plus vive est exercée par les radiations rouges et bleu-clair.

Un intérêt particulier s'attache aux substances dites usuellement *sensibles à la lumière*, parce qu'elles donnent lieu, sous l'action des radiations lumineuses, à des réactions chimiques ; il en est ainsi, par exemple, pour les sels haloïdes d'argent. ARRHENIUS (1887) a étudié AgCl et AgBr à l'état solide. Il a trouvé que leur conductibilité augmente à la lumière et reprend sa valeur primitive dans l'obscurité. L'action est proportionnelle à l'intensité lumineuse et augmente de l'extrémité rouge à l'extrémité violette du spectre (raie G ou H de FRAUNHOFER), pour diminuer ensuite dans le domaine ultraviolet. FRITSCH (1897) a reconnu que la conductibilité de AgCl et AgBr ne varie que lorsque les sels ne sont pas chimiquement purs. SCHOLL (1899) et WILSON (1907) se sont occupés de AgI, dont les propriétés sont analogues à celles observées par ARRHENIUS dans AgCl et AgBr. Enfin, RUDERT (1909) a étudié CuI, dont la conductibilité croît *lentement* sous l'action de la lumière et diminue aussi avec lenteur dans l'obscurité ; l'action est d'autant plus vive que la longueur d'onde est plus courte ; il est très probable que de l'iode est mis en liberté à la lumière ; cet iode libre augmenterait considérablement, d'après les expériences de BÄDECKER (page 1006), la conductibilité de CuI. RUDERT admet que l'iode I^2, en se dissolvant dans CuI, se dissocie en ions d'iode libres, d'où l'accroissement de conductibilité.

Les nombreuses tentatives que l'on a faites en vue de reconnaître si l'éclairement avait une influence sur les *métaux purs* n'ont pas conduit à des résultats certains. L'ébonite, le caoutchouc, la cire à cacheter, la paraffine et d'autres substances subissent à la lumière une modification chimique dans la couche superficielle et leur conductibilité augmente.

P. CURIE (1902) a découvert que la *résistance* de certains *diélectriques liquides*, tels que CS^2, CCl^4, l'amylène, la benzine, l'air liquide, *diminue* sous l'influence des rayons émis par le *radium*. Ceci a été confirmé par RIGHI (1905), qui a trouvé qu'après éloignement du radium l'ancienne conductibilité se rétablit lentement. Plus tard, JAFFÉ a étudié l'action des rayons γ sur l'éther de naphte ; il est arrivé à ce résultat qu'il se produit dans le liquide un *courant de saturation* et en outre un courant obéissant à la loi d'OHM. Enfin, GREINACHER (1909) a trouvé que la conductibilité de l'huile de paraffine et de l'éther de naphte augmente sous l'action des rayons α (polonium).

Les *diélectriques solides* ont été étudiés par H. BECQUEREL (1903, paraffine), BECKER (1903, laque, paraffine, mica, ébonite), BIALOBJESKI (1909, soufre), HODGSON (1909, paraffine, ébonite, vaseline). On a constaté, dans tous les cas, une augmentation de la conductibilité sous l'influence des rayons du radium. PAILLOT (1904), a trouvé que la résistance du *bismuth* diminue sous l'action des rayons du radium ; l'action est instantanée ; une résistance de 15 ohms se réduit à 0,0052 ohm. Becker (1904) a observé que la résistance de la paraffine diminue sous l'action des rayons *cathodiques* (voir plus loin).

12. Influence du champ magnétique. — La résistance de certaines substances varie sous l'action du champ magnétique ; tel est le cas des substances ferromagnétiques Fe, Ni et Co. Parmi les autres substances, le *bismuth* diamagnétique occupe une situation spéciale ; l'action du champ est *beaucoup plus grande* sur lui que sur toutes les autres substances, sans excepter Fe, Ni et Co. Le nombre des recherches faites en vue de déterminer l'action du champ magnétique sur la conductibilité des substances (en particulier Bi, Fe, Ni et Co) est très grand. Parmi ces recherches, celles des physiciens russes D. A. Goldhammer et A. I. Sadowski ont une importance particulière. Les questions qui doivent être surtout envisagées dans l'étude de l'action du champ sur la conductibilité sont les suivantes : signe et grandeur de la variation de la conductibilité suivant les substances ; dépendance à l'égard de l'angle des lignes de force du champ avec la direction du courant, c'est-à-dire avec la direction suivant laquelle la conductibilité est déterminée. Pour les fils, il y a deux positions principales : l'une parallèle et l'autre perpendiculaire aux lignes de force. Pour les plaques, on doit distinguer trois positions principales : lignes de force parallèles à la plaque et au courant, lignes de force parallèles à la plaque et perpendiculaires au courant, lignes de force normales à la plaque et au courant. On doit en outre se demander comment le phénomène dépend de l'intensité H du champ, du degré d'aimantation I (moment magnétique de l'unité de volume), de la substance et du caractère (constant ou variable) du champ, de la température, etc.

Nous nous bornerons à indiquer les résultats les plus importants des recherches qui ont été faites et nous donnerons, dans la bibliographie, une liste un peu plus détaillée de ces travaux.

Le résultat principal, que nous mentionnerons tout d'abord, est le suivant : *la résistance ρ du fer, du nickel et du cobalt augmente en général parallèlement aux lignes de force et diminue dans la direction perpendiculaire ; dans le bismuth et aussi dans l'antimoine, mais à un degré incomparablement moindre, on observe un accroissement de résistance dans toutes les directions.*

Nous considérerons en premier lieu les corps ferromagnétiques, puis le bismuth et enfin les autres substances.

W. Thomson (Lord Kelvin, 1856) a montré le premier, par des expériences précises, que, dans le *fer*, ρ croît parallèlement et diminue perpendiculairement aux lignes de force ; la variation de ρ n'excède pas 1 : 300. Le même résultat a été obtenu dans Ni (1858). Ces observations ont ensuite été confirmées par Beetz (1866), Adams (1876), O. D. Chwolson (1877), Auerbach (1878), de Lucchi (1882), Tomlinson (1882), Righi (1884) et beaucoup d'autres. Adams, en particulier, a reconnu que l'accroissement $\Delta\rho$ de la résistance est proportionnel au carré de l'intensité du courant d'aimantation.

Tomlinson a cherché, pour la première fois, une relation entre $\Delta\rho : \rho$ et l'aimantation I ; il a trouvé

$$\frac{\Delta\rho}{\rho} = aH + bI, \tag{33}$$

a et b étant des constantes et H l'intensité du champ.

Les nombreuses recherches théoriques et expérimentales de Goldhammer ont été publiées de 1887 à 1890. Il a notamment soumis les travaux de ses devanciers à un examen critique et montré l'inexactitude de la formule (33), qu'il a remplacée par la relation beaucoup plus voisine de la vérité

$$\frac{\Delta\rho}{\rho} = aI^2. \tag{34}$$

Goldhammer a étudié Fe, Ni, Co, Sb, Te et Bi (les résultats obtenus avec les substances diamagnétiques Bi, Sb et Te seront indiqués plus loin). Il a préparé des plaques minces de ces substances (Bi et Te exceptés) par précipitation électrolytique sur une surface de verre platiné. Chacune de ces plaques recevait trois positions : I. Plaque et courant parallèles aux lignes de force du champ, II. plaque parallèle et courant perpendiculaire aux lignes de force, III. plaque perpendiculaire aux lignes de force. Avec Fe, Ni et Co, on obtient un accroissement de ρ dans la première position, c'est-à-dire parallèlement aux lignes de force et une diminution dans la seconde et la troisième positions, c'est-à-dire perpendiculairement aux lignes de force. Avec Ni, la diminution de ρ dans la position II est 2 à 5 fois moindre que l'accroissement dans la position I ; la diminution de ρ est très petite dans la position III ; dans les positions I et II se manifeste une variation *rémanente* de la résistance, presque identique en valeur *absolue*. Pour Co, l'accroissement $\Delta\rho$ dans la position I est moindre qu'avec Ni ; au contraire, la diminution dans la position II est au total de une à deux fois moindre que cet accroissement. Avec Fe, toutes les variations $\Delta\rho$ sont plus faibles, mais leur caractère reste le même que pour Ni et Co. Pour une variation graduelle de l'angle entre les lignes de force et la direction du courant, $\Delta\rho$ varie lui-même d'une manière continue et, pour une certaine valeur de cet angle, on a $\Delta\rho = 0$. Beattie s'est servi de la méthode de Goldhammer, dont les résultats se sont trouvés pleinement confirmés.

Parmi les travaux ultérieurs indiqués dans la bibliographie, nous mentionnerons particulièrement les suivants. Dumermuth (1907) a étudié soigneusement le fer ; dans une aimantation cyclique, on observe aussi une hystérésis pour la résistance. Pour H = 100 C. G. S., la résistance croît de 0,1 % ; le rapport $\Delta\rho : \rho$ a un maximum vers H = 35 C. G. S. à 0° et pour une valeur plus petite de H à 18°. Grunmach et Weidert (1907) ont étudié Fe, Ni et Co sous la forme de minces spirales planes, disposées perpendiculairement au champ magnétique, de sorte qu'on devait s'attendre à une *diminution* de ρ ; cependant, ils ont obtenu avec certaines sortes de fer, pour H croissant, d'abord une *augmentation* de ρ, qui est maximum pour

$H = 4\,000$ C. G. S. ; ρ reprend sa valeur primitive pour $H = 8\,000$ C. G. S. et diminue ensuite jusqu'à ce que $H = 30\,000$ C. G. S., on observe également pour Ni un maximum de $\Delta\rho$: $\rho = 0{,}0005$ pour $H = 600$ C. G. S. C'est Ni qui donne la plus grande diminution de ρ, pour de grandes valeurs de H ; cette diminution est moindre avec Co et encore plus petite avec Fe. Les expériences de D'Agostino (1908) n'ont pas confirmé le plus important de ces résultats ; il n'a pas trouvé d'accroissement de ρ avec Fe et Ni, dans une aimantation transversale. Mais Grunmach n'avait pas non plus observé ce phénomène sur toutes les sortes de fer ; en outre Blake (1909) l'a constaté sur Ni, mais pas avec une complète certitude (voir plus loin).

Les relations les plus diverses *entre* $\Delta\rho$ *et* H *ou* I ont été déduites des expériences précédentes. On a trouvé, par exemple, que $\Delta\rho$ est proportionnel à H, H^2, I, I^2 et même à I^4 (Gray et Jones, 1901). La formule (34) de Goldhammer est probablement la plus voisine de la vérité. J. J. Thomson (1901) a trouvé théoriquement que $\Delta\rho$ doit être proportionnel à H^2. En tenant compte de la *magnétostriction*, Goldhammer (1888) a proposé la formule

$$\frac{\Delta\rho}{\rho} = aI^2 + bHI. \qquad (34, a)$$

La dépendance entre $\Delta\rho$ et la *température* a été étudiée pour la première fois, dans une substance ferromagnétique, par Blake (1900). Il a porté une spirale plate de nickel à $-190°$, $-75°$, $0°$, $+18°$, $+100°$ et $+182°$ et l'a soumise à l'action d'un champ *transversal*, dont l'intensité a été élevée jusqu'à 36 600 C. G. S. Aux basses températures, il a observé un accroissement de résistance, dû peut-être à la déformation qu'a pu éprouver la spirale par suite de l'aimantation longitudinale. La diminution absolue de ρ, pour les très grandes valeurs de H, est d'autant plus grande que la température est plus élevée.

Passons maintenant aux substances *diamagnétiques*, parmi lesquelles on a particulièrement considéré Bi, Sb et Te. Le *bismuth* occupe, nous l'avons déjà fait remarquer, une position tout à fait exceptionnelle : la variation éprouvée par sa résistance dans le champ magnétique est *supérieure* à celle que subissent toutes les autres substances ; elle peut atteindre plusieurs dixièmes de la valeur initiale de la résistance, laquelle peut même être plus que doublée. La résistance ρ *augmente* dans toutes les positions par rapport au champ ; toutes les substances diamagnétiques se distinguent du reste par là des substances ferromagnétiques. Remarquons encore que la résistance spécifique ρ du bismuth, ainsi que son coefficient de température varient fortement, et que ce dernier *change* même de *signe* par l'addition de substances étrangères, en quantités si petites qu'on ne peut déceler leur présence que par l'analyse spectrale ; c'est ce qu'ont montré van Aubel (1889) et Lenard (1890). Pour le bismuth absolument pur que l'on obtient électrolytiquement, le coefficient de température est positif.

L'action d'un champ magnétique transversal sur la résistance du bismuth (en lames) a été découverte en 1883 presque simultanément par Leduc,

RIGHI et HURION ; l'action d'un champ longitudinal avait déjà été observée par TOMLINSON (1881). Des recherches ultérieures sont dues à v. ETTINGSHAUSEN et NERNST (1886), VAN AUBEL (1889), LENARD (1890), KUNDT (1893) et d'autres encore. Dans le travail dont nous avons parlé plus haut, GOLDHAMMER (1887) a étudié aussi le bismuth. Il a trouvé que, dans les positions I et III, l'accroissement $\Delta\rho$ est le même ; dans la position II (lame parallèle et courant perpendiculaire aux lignes de force), $\Delta\rho$ est une fois et demie *plus grand* que dans les deux autres positions ; une variation graduelle de position de la lame fait aussi varier ρ d'une manière continue. LENARD a préparé des fils minces de bismuth électrolytique pur, en forçant le métal à travers une petite ouverture ; il a formé avec de tels fils des spirales planes (*spirales de bismuth de* LENARD, *fig.* 360). Les extrémités du fil d'une spirale, qui est elle-même protégée des deux côtés par des lames de mica, sont

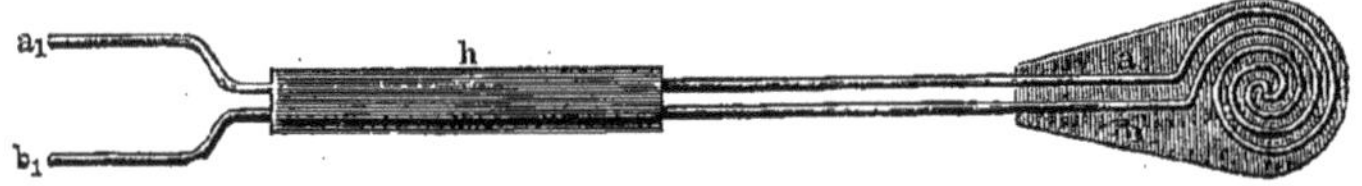

Fig. 360

soudées à deux fils de cuivre aa_1 et bb_1. Quand LENARD a placé cette spirale perpendiculairement aux lignes de force, il a obtenu les valeurs de ρ suivantes :

$H = 0$	2 000	6 000	10 000	12 000	14 000	16 000 C. G. S.
$\rho = 1$	1,049	1,217	1,420	1,527	1,634	1,740.

Lorsque le plan de la spirale est parallèle aux lignes de force on a, pour $H = 7390$ C. G. S. la valeur $\rho = 1,203$, et pour $H = 10930$ C. G. S. la valeur $\rho = 1,302$, c'est-à-dire des *valeurs* moindres que dans le cas précédent. LENARD a trouvé, pour la relation entre ρ et l'angle φ du plan de la spirale avec les lignes de force, l'expression

$$\rho = a + b \sin^2\varphi - c \sin^2 2\varphi \cos 2\varphi, \tag{35}$$

où a, b, c sont des constantes. CARPINI (1904) a indiqué, pour cette dépendance, la formule

$$\rho = \rho_0 + A(1 + \cos 2\varphi). \tag{35, a}$$

PATTERSON (1901) a observé qu'une couche très mince de bismuth est moins sensible à l'action du champ qu'un fil. V. EVERDINGEN (1897) a étudié les *cristaux* de bismuth et a trouvé que la plus petite variation de ρ perpendiculairement aux lignes de force se produit quand l'axe des cristaux est parallèle aux lignes de force. Lorsque les lignes de force sont perpendiculaires à l'axe, on obtient, dans le champ magnétique, *trois valeurs différentes de* ρ, dans la direction des lignes de force, dans celle de l'axe et perpendiculairement à ces deux directions.

La dépendance entre $\Delta\rho$ *et* H pour Bi a été considérée par beaucoup d'auteurs. Leduc (1886) a trouvé que $z = \frac{\Delta\rho}{\rho}$ est lié à H par une équation de la forme $z^2 + \beta z - \alpha H^2 = 0$, α et β désignant des constantes ; dans d'autres cas, il a obtenu $z = aH + bH^2 - cH^3$. Carpini (1904) est arrivé à une expression identique à la première relation de Leduc. Goldhammer pense que sa formule (34), page 1019, convient aussi pour le bismuth.

La *dépendance entre* $\Delta\rho$ *et la température* pour Bi a été étudiée par Righi, van Aubel, Leduc, Drude et Nernst (1891), Fleming et Dewar (1897), Jewett (1903), Lownds (1903), Blake (1909) et d'autres encore. On a constaté que la température croissant, $\Delta\rho$ diminue rapidement. Drude et Nernst ont trouvé à 18° la valeur $100 \frac{\Delta\rho}{\rho} = 21{,}9$; à 100° déjà 8,0 ; à 223°, 0,96 et à 290° (point de fusion) seulement 0,41. Dewar et Fleming (1896) ont obtenu un résultat remarquable aux *basses* températures. Un fil de bismuth électrolytique possède à 19°, en dehors du champ, une résistance $\rho_0 = 1{,}46$ ohm ; dans le champ magnétique transversal (H = 14150 C. G. S.), on a $\rho = 2{,}34$ ohms, de sorte que ρ est devenu 1,6 fois plus grand. A — 186°, on a, en dehors du champ, $\rho = 0{,}53$ ohm, et, dans le champ magnétique, $\rho = 22{,}4$ ohms soit 42,2 fois la valeur initiale. Dans un champ H = 22 000 C. G. S., ρ devient 150 fois plus grand. Avec le bismuth du commerce, on n'obtient pas des nombres aussi élevés, mais on observe cependant un accroissement de ρ égal à 4,5 ; dans un certain cas, on trouve à — 202° et pour H = 0 la valeur $\rho = 0{,}5723$, qui croît jusqu'à $\rho = 2{,}6801$ pour H = 2756 C G. S. Quand la température baisse, ρ *diminue*, en dehors du champ ou pour de petites valeurs de H ; ρ *augmente* pour de grandes valeurs de H, lorsque la température décroît. C'est ce que l'on voit, à l'aide des nombres suivants, par exemple, qui sont dus à Everdingen (1901) :

T (température absolue)	H = 0	3 000	6 000 C. G. S.
91°	$\rho = 1{,}711$	2 826	4.718
250°	$\rho = 1{,}600$	1,744	2,020
373°	$\rho = 2{,}094$	2,129	2,212

Lownds (1903) a observé que dans les *cristaux* de Bi, $\Delta\rho$ croît aussi bien parallèlement que perpendiculairement à l'axe, lorsque la température baisse. Il a obtenu, par exemple, pour H = 4980 C. G. S. et à 22°,5, $\Delta\rho = 19{,}8$ % parallèlement à l'axe, $\Delta\rho = 14{,}3$ % perpendiculairement à l'axe ; à — 186°, $\Delta\rho = 56{,}5$ % parallèlement à l'axe, $\Delta\rho = 11{,}4$ % perpendiculairement à l'axe. L'influence des très basses températures a été aussi étudiée par Du Bois et Wills (1899; $\rho = 1$ pour H = 0 et $t = 0°$, $\rho = 230$ pour H = 37 500 C.G.S. et $t = -180°$), ainsi que par Blake (1907). Ce dernier a donné les isothermes de $\rho = f(H)$ aux températures comprises entre — 192° et + 184° et de H = 0 à H = 36 600 C. G. S. Pour H > 30 000, on observe un maximum de ρ entre — 160° et — 190°. Jewett (1903) a trouvé les accroissements de ρ suivants, exprimés en centièmes, dans un champ H = 12 000 C. G. S. et à différentes températures :

$t =$	24°	80°	100°	140°	200°
$\Delta\rho =$	16,3	6,6	5,6	5,4	0,52.

Van Aubel (1888) et Faë (1887) ont étudié les *alliages* de Bi et Sn ; pour une teneur en Sn de 20 %, l'action du champ est déjà très faible.

Il nous reste encore à traiter l'intéressante question de la *résistance* ρ *du bismuth pour un courant non constant*. Lenard et Howard (1888), ainsi que Lenard (1890) et Zahn (1891) ont remarqué qu'en dehors du champ ou dans un champ très faible, on obtient pour ρ une valeur un peu *plus petite* (de 0,23 %), quand on la mesure au moyen d'un courant variable au lieu d'un courant constant. *Mais, dans les champs magnétiques puissants, le contraire a lieu ; le courant variable paraît rencontrer une résistance plus grande (jusqu'à 7 %) que le courant constant.*

Ce phénomène a été envisagé sous toutes ses faces par A. Sadowskyi (1895), dont les travaux semblent avoir été ignorés de quelques-uns des auteurs qui se sont occupés plus tard de la même question.

Sadowskyi divise le courant variable, à l'aide d'un commutateur ingénieusement construit, en *trois parties* d'égale durée, correspondant la première à la valeur *croissante* de l'intensité du courant, la seconde à sa valeur *maximum* et la troisième à sa valeur *décroissante* ; pour chacune de ces parties, on mesure la résistance de quatre spirales de bismuth, en dehors du champ et sous l'action d'un champ transversal. Une machine magnétoélectrique donne des courants de la forme $I_1 = I_0 \sin 2\pi \frac{t}{T}$, $I_2 = I' + I_0 \sin 2\pi \frac{t}{T}$ avec $I' < I_0$ et $I_3 = I'' + I_0 \sin 2\pi \frac{t}{T}$ avec $I'' > I_0$. Le temps T varie de $\frac{1}{3}$ à $\frac{1}{6}$ de seconde. Soit ρ la résistance pour le courant constant, ρ' pour le courant croissant, ρ'' pour le courant maximum et ρ''' pour le courant décroissant. Le résultat obtenu pour le courant I_1 a été le suivant. *En dehors* du champ magnétique, on n'observe aucune différence entre les quatre résistances. Mais, *dans un champ magnétique* sous l'action duquel ρ devient 2,20 à 2,23 plus grand, on trouve les inégalités.

$$\rho' > \rho'' > \rho > \rho'''. \tag{36}$$

Le maximum de résistance correspond au courant croissant (ρ'), *le minimum au courant décroissant* (ρ''') ; *le courant maximum, non complètement constant, donne une résistance un peu plus grande* (ρ'') *que celle d'un courant complètement constant* (ρ). En posant $\rho'' = 1$, on obtient, pour les quatre spirales de bismuth mentionnées (avec 4,5 oscillations du courant par seconde), les valeurs suivantes :

ρ'	ρ	ρ'''
1,0056 à 1,0060	0,9988 à 0,9976	0,9984 à 0,9902.

Pour 3,5 oscillations du courant par seconde, on trouve des nombres plus voisins de l'unité. Avec le courant I_2, la différence entre les quatre résistances est *moindre* qu'avec le courant I_1, mais encore plus petite avec le courant I_3, qui ne produit déjà plus de changement de signe. Toutes les différences doivent évidemment disparaître, lorsque I'' est très grand comparativement à I_0. SADOWSKYI a proposé, pour la relation générale entre I et ρ, la formule

$$\rho = \rho_0 \left(1 + \frac{k}{I}\frac{dI}{dt}\right). \tag{36, a}$$

La même question a été étudiée plus tard par WOLF (1897), EICHHORN (1899), WACHSMUTH et BAMBERGER (1899), BAMBERGER (1901), SIMPSON (1901), SAGNAC (1902), SCHNORR VON CAROLSFELD (1904), CARPINI (1904), PALLME KÖNIG (1908) et SEIDLER (1910).

EICHHORN a étudié ρ dans un *champ magnétique variable* : il a trouvé que la valeur de ρ retarde sur celle de l'intensité du champ, c'est-à-dire que quand le champ croît la valeur de ρ est moindre, et lorsqu'il décroît plus grande qu'elle ne serait avec un champ constant de même intensité H. Le bismuth manifeste donc une sorte d'hystérésis. WOLF, ainsi que WACHSMUTH et BAMBERGER, ont simplement confirmé les résultats de LENARD. SIMPSON a trouvé que le passage d'un courant alternatif, à travers une spirale de bismuth placée dans un champ magnétique, fait naître dans cette spirale une sorte de force électromotrice variable e, dont la phase est décalée d'un certain angle φ par rapport à la phase du courant. Cet angle est de 100°, lorsque le nombre n des changements de signe du courant est égal à 3 ; il est de 126° 30' pour $n = 60$. La force e est proportionnelle à l'intensité du courant ; c'est une fonction linéaire de l'intensité du courant, qui croît avec la fréquence n et possède un maximum à — 70° ; l'angle φ ne dépend ni de l'intensité du champ, ni de la température. PALLME KÖNIG et SEIDLER ont fait une étude approfondie de la grandeur e. Tous ces travaux ont confirmé les résultats essentiels des recherches de SADOWSKYI.

Parmi les autres substances *diamagnétiques*, le *tellure* et l'*antimoine* éprouvent aussi l'action du champ magnétique. GOLDHAMMER a trouvé que le *tellure* manifeste les mêmes phénomènes que le bismuth, mais à un degré beaucoup moindre. Pour *l'antimoine*, l'accroissement de ρ est le même dans les trois positions principales. LENARD, BAMBERGER et d'autres encore sont arrivés aux mêmes résultats. BAMBERGER a trouvé que ρ est *moindre*, dans Sb, avec un courant variable qu'avec un courant constant, et cela quelle que soit la valeur de H.

Les métaux non-magnétiques ont été étudiés pour la première fois par BALFOUR STEWART et SCHUSTER (1874), ainsi que par AUERBACH (1878), qui ont trouvé une faible action du champ sur Cu, Pb, le graphite et d'autres substances. PATTERSON (1902), GRUNMACH (1907), d'AGOSTINO (1908) et LAWS (1910) ont envisagé en outre l'action du champ sur la conductibilité des métaux. PATTERSON a trouvé, pour un champ *transversal* H, les *accroissements* suivants de la résistance.

	Cu	Hg	Cd	Zn	Au	Pt	Sn	Ag	Charbon
H (C. G. S.).	26500	24900	29200	29200	29200	29200	29200	29200	24400
$\frac{\Delta\rho}{\rho}\,10^4$ . .	2,01	3,18	21,16	6,35	3,02	0,44	1,87	2,02	2,73.

$\Delta\rho$ est approximativement proportionnel au carré de l'intensité du champ. On obtient avec un champ *longitudinal* de plus petites valeurs de $\Delta\rho$. Grunmach a trouvé également un *accroissement* de la résistance pour dix métaux paramagnétiques et diamagnétiques, dans un champ magnétique transversal. Ces métaux se rangent dans l'ordre suivant : Cd, Zn, Ag, Au, Cu, Sn, Pd, Pb, Pt, Ta. Avec Cd, on a $\frac{\Delta\rho}{\rho} = 0{,}000683$ pour $H = 16220$ C. G. S. ; avec Ta, $\frac{\Delta\rho}{\rho} = 0{,}0000079$ pour $H = 16\,180$ C. G. S. D'Agostino a observé un accroissement de ρ dans Cd, Au, Zn, Mg, Pd, aucune action sur Cu, Ag, Al, une diminution de ρ dans Pt, l'argentan, la manganine et l'invar. Laws a étudié Cd, Zn et le graphite ; la loi de Goldhammer ($\Delta\rho = cH^2$) s'est trouvée confirmée. Lorsque la température diminue, $\Delta\rho$ augmente rapidement, et, dans Cd et Zn, l'accroissement $\Delta\rho$ à — 186° est 20 fois plus grand qu'à + 16°, dans le graphite 3 fois plus grand. On a obtenu pour le *graphite* une action extraordinairement grande du champ, car on a trouvé $\frac{\Delta\rho}{\rho} = 0{,}01$ pour $H = 11\,000$ C. G. S.

Neesen (1884) n'a observé aucune action d'un champ transversal sur la résistance ρ d'une *solution de sulfate de fer*, tandis qu'un champ longitudinal produit une petite *diminution* de ρ. Lussana (1897), Hurmuzescu (1897) et Milani (1897) n'ont pas constaté d'action du champ sur la conductibilité des solutions de sels de fer. Bagard (1899) a étudié les solutions de sulfate de cuivre et observé une variation de ρ dans le champ magnétique, mais que l'on doit attribuer à d'autres causes. Enfin Berndt (1907) s'est occupé d'une longue série de solutions de sels de fer, nickel, cobalt, bismuth et cuivre, ainsi que du *mercure* et de Bi dissous ; aucune action du champ sur la conductibilité de ces subtances ne s'est manifestée.

BIBLIOGRAPHIE

2. — Unités pratiques principales.

Jacobi. — *C. R.*, **33**, p. 277, 1851.

Siemens. — *Pogg. Ann.*, **110**, p. 1, 1860.

Mercadier. — *C. R.*, **116**, pp. 800, 872, 974, 1893.

Mascart. — *C. R.*, **109**, p. 393, 1889.

De Baillehache. — *La Technique moderne*, **1**, n°s 11, 12 ; **2**, n°s 2, 4, 5, 6 ; *Rivista di Scienza*, **15**, n° 3, 1910 ; *Lum. électr.*, (2), **7**, n°s 31, 32, 33, 1909.

Wolf. — *Bull. of the Bur. of Standards*, **1**, p. 39 (Reprint n° 3), p. 104 ; **5**, p. 243 (Reprint n° 102), 1908 ; *Trans. St. Louis. Int. Electr. Congr.*, **1**, p. 448, 1904.

Janet. — *Journ. de Phys.*, (4), **6**, p. 286, 1887 ; **8**, p. 312, 1889 ; (4), **8**, p. 530, 1909.

Bucherer. — *Ann. d. Phys.*, **58**, p. 365, 1896.

Jäger et Lindeck. — *Elektrotechn. Ztschr.*, 1905, n° 10 ; 1909, n° 19.

Warburg. — *Verh. d. internat. Konf. über el. Masseinheiten in Charlottenburg.* 23-25 oct. 1905, Berlin, 1906 ; *Ztschr. f. phys. Chem.*, **75**, p. 674, 1911.

Lippmann. — *Unités électriques absolues*, Paris, 1899.

Guillaume. — *C. R.*, **152**, p. 47, 1911.

3. — Mesure absolue des résistances ; détermination de l'ohm.

G. Wiedemann. — *Phil. Mag.*, (5), **14**, p. 258, 1882 ; *Elektrotechn. Ztschr.*, 1882.

Lord Rayleigh. — *Phil. Mag.*, (5), **14**, p. 329, 1882.

Dorn. — *Über den wahrscheinlichsten Wert des Ohms nach den bisherigen Messungen*, *Ztschr. f. Instr.*, 1893, Beiheft.

Première méthode de W. Weber.

W. Weber. — *Elektrodynamische Massbestimmungen*, **2**, p. 226, 1885.

W. Weber et Zöllner. — *Ber. d. Sächs. Ges. d. Wiss.*, 1880, p. 77.

Mascart, de Nerville et Benoit. — *Résumé d'expériences sur la détermination de l'ohm*, etc., Paris, Gauthiers-Villars, 1884 ; *Ann. de chim. et de phys.*, (6), **6**, p. 5, 1885.

G. Wiedemann. — *Abhandl. Ber. Akad. d. Wiss.*, 1884 ; *W. A.*, **42**, pp. 227, 425, 1891.

Peter. — *Ber. d. math.-phys. Kl. d. Kgl. Sächs. Ges. d. Wiss.*, 4 Juin 1894.

Seconde méthode de W. Weber.

Commission de la British Association. — *Rep. Brit. Ass.*, 1863, p. 111 ; 1864, p. 350 ; *Reprint of Reports of the Com. on Electr. Standards*, London, Spon, 183.

Lord Rayleigh et Schuster. — *Proc. R. Soc.*, **32**, p. 104, 1881.

Lord Rayleigh. — *Phil. Trans.*, **173**, II, p. 661, 1882.

H. Weber. — *Der Rotationsinduktor*, Leipzig, Teubner 1882.

Troisième méthode de W. Weber.

W. Weber. — *Abh. d. Kgl. Sächs. Ges. d. Wiss.*, **1**, p. 232, 1852.

Schering. — *W. A.*, **9**, p. 287, 1880.

Chwolson. — *Mém. de l'Acad. de St-Pétersb.*, **26**, n° 14, 1879 ; **28**, n° 3, 1880 ; *Sur les amortisseurs magnétiques* (en russe), St-Pétersbourg, 1880.

H. F. Weber. — *Absolute elektromagnet. und calorimetr. Messungen*, Zürich, 1877 ; *Züricher Vierteljahrsschrift*, **22**, p. 273, 1877.

F. Kohlrausch. — *Pogg. Ann.*, *Ergbd.*, **6**, p. 1. 1873 ; *Götting. Nachr.*, 1882, p. 660 ; *W. A.*, **35**, p. 700, 1888 ; *Abhandl. d. Bayer. Akad. d. Wiss.*, **16**, p. 629, 1888.

Dorn. — *W. A.*, **17**, p. 773, 1882 ; **36**, pp. 22, 398, 1889.

Wild. — *Mém. de l'Acad. de St-Pétersb.*, **32**, n° 2, 1884 ; *W. A.*, **23**, p. 665, 1884.

Baille. — *Ann. télégr.*, 1884, pp. 89, 131.

Méthode de Kirchhoff.

Kirchhoff. — *Pogg. Ann.*, **76**, p. 412, 1849 ; *Gesammelte Abhandl.*, p. 118, 1881.

Rowland. — *Amer. J. of sc.*, (3), **15**, pp. 15, 281, 325, 430, 1878.

H. F. Weber. — *Der absolute Wert der Siemensschen Quecksilbereinheit und der Grösse des Ohms als Quecksilbersäule*, Zürich, 1884.
Glazebrook, Dodds et Sargent. — *Proc. R. Soc.*, **34**, p. 86, 1882.
Glazebrook et Sargent. — *Phil. Trans.* **174**, p. 223, 1883.
Mascart, de Nerville et Benoît. — Voir ci-dessus.
Kimball. — (1883), voir *Elektrotechn. Ztschr.*, **6**, p. 441, 1885.
Rowland et Kimball. — (1884), voir *Elektrotechn. Ztschr.*, **6**, p. 441, 1885.
Roiti. — *N. Cim.*, (3), **12**, p. 60, 1882 ; **15**, p. 97, 1884 ; *Atti di Torino*, **17**, 1882 ; **19**, 1884.
Himstedt. — *W. A.*, **22**, p. 281, 1884 ; **26**, p. 547, 1886 ; **28**, p. 339, 1886 ; **54**, p. 305, 1895 ; *Ber. d. Naturf. Ges. zu Freiburg i. B*, 1886, Heft 1.

Méthode de L. Lorenz.

L. Lorenz. — *Pogg. Ann.*, **149**, p. 251, 1873 ; *W. A.*, **25**, p. 1, 1885 ; *Journ. de Phys.*, (2), **1**, p. 477, 1882 ; *Conf. intern. pour la détermination de l'Ohm*, 2e Sess., Paris, 1884, p. 34.
Lord Rayleigh et Mrs. Sidgwick. — *Phil. Trans.*, **174**, p. 295, 1883 ; *Chem. News*, **47**, p. 21, 1883.
R. Lenz. — *Conf. intern. pour la détermination de l'Ohm*, 2e Sess., Paris, 1884, p. 30.
Rowland, Kimball et Duncan. — *Elektrotechn. Ztschr.*, **6**, p. 441, 1885.
Rowland. — *Brit. Assoc.*, 1887.
Duncan, Wilkes et Hutchinson. — *Phil. Mag.*, (5), **28**, pp. 17, 98, 1889.
Jones. — *Electrician*, **25**, p. 556, 1890 ; **35**, pp. 231, 253, 1890 ; *Lum. électr.*, **38**, p. 379, 1890 ; *Phil. Trans.*, **182**, p. 1, 1891 ; *Brit. Assoc.*, Leeds, 1891.
Rosa. — *Bull. Bur. of Stand.*, **5**, p. 499, 1909 ; *Electrician*, **63**, p. 1023, 1909.

Méthodes de Lippmann.

Lippmann. — *C. R.*, **93**, pp. 713, 955, 1881 ; **95**, pp. 634, 1154, 1348, 1882.
Carey Foster. — *Electrician*, **7**, p. 266, 1881 ; *Rep. Brit. Assoc.*, 1881, p. 426.
Brillouin. — *C. R.*, **93**, pp. 845, 1069, 1881 ; **94**, p. 36, 1882.
Wuilleumier. — *Journ. de Phys.*, (2), **9**, p. 220, 1890.
Leduc. — *C. R.*, **118**, p. 1246, 1894.

Autres Méthodes.

Brillouin. — *C. R.*, **96**, p. 190, 1883.
Mengarini. — *Atti d. R. Acad. dei Linc.*, (3), **8**, p. 318, 1884.
Joubert. — *C. R.*, **94**, p. 1519, 1882.
J. Fröhlich. — *W. A.*, **19**, p. 106, 1883.
F. Weber. — *Absolute elektromagnetische u. calorimetrische Messungen*, Zürich, 1877.

4. — Etalons de résistance.

Etalons en mercure.

Strecker. — *W. A.*, **25**, pp. 252, 456, 1885.
Jäger. — *Ztschr. f. Instr.*, **16**, p. 134, 1896 ; *Wiss. Abh. d. Phys. — Techn. Reichsanst.*, **2**, p. 379, 1895.
Jäger et Kahle. — *Ztschr. f. Instr.*, **21**, p. 1, 1901 ; *W. A.*, **64**, p. 456, 1898 ; *Wiss. Abh. d. Phys.-Techn. Reichsanst.*, **3**, p. 95, 1900.
Maxwell. — *Electricity and Magnet.*, I, §§ **308**, **309**.
Lord Rayleigh. — *London Math. Soc. Proc.*, **7**, p. 74, 1875-1876.

SCHRADER. — *W. A.*, **44**, p. 222, 1891.
KREICHGAUER et JÄGER. — *W. A.*, **47**, p. 563, 1892.
GLAZEBROOK et FITZPATRIK. — *Phil. Trans.*, **179**, p. 351, 1888.

ETALONS EN FIL.

FEUSSNER. — *Ztschr. f. Instr.*, **10**, p. 425, 1890 ; *W. A.*, **40**, p. 139, 1890.
FEUSSNER et LINDECK. — *Wiss. Abh. d. Phys.-Techn. Reichsanst.*, **2**, p. 501, 1895 ; *Ztschr. f. Instr.*, **15**, pp. 394, 426, 1895.
LINDECK. — *Ztschr. f. Instr.*, **23**, p. 1, 1903.
JÄGER et LINDECK. — *W. A.*, **65**, p. 572, 1898 ; *Ztschr. f. Instr.*, **18**, p. 97, 1898 ; **26**, p. 15, 1906 ; *Verhandl. d. intern. Konf. über elektr. Masseinheiten* (WARBURG), Berlin, 1906, p. 63.
RAPS. — *Ztschr. f. Instr.*, **16**, p. 22, 1896.
WOLF. — *Ztschr. f. Instr.*, **18**, p. 19, 1898.
BURSTALL. — *Phil. Mag.*, (5), **42**, p. 209, 1896.
CHAPÉRON. — *C. R.*, **108**, p. 799, 1889.
AYRTON et MATHER. — *Proc. Phys. Soc. London*, **11**, p. 269, 1892.
PATTERSON et BAYNER. — *Journ. Instr. Electr. Eng.*, **42**, p. 455, 1909 ; *Ztschr. f. Instr.*, **29**, p. 238, 1909.
ORLICH. — *Ztschr. f. Instr.*, **29**, p. 241, 1909.
POGGENDORFF. — *Pogg. Ann.*, **52**, p. 511, 1841.
JACOBI. — *Pogg. Ann.*, **54**, p. 340, 1841 ; **59**, p. 145, 1843.
CHAPERON. — *C. R.*, **108**, p. 799, 1889.
ORLICH. — *Ztschr. f. Instr.*, **29**, p. 241, 1909 ; *Verh. d. d. phys. Ges.*, 1910, p. 949.
MÜLLER. — *Progr. d. gymn. zu Wesel*, 1857.
CHWOLSON. — (App. de JACOBI), *Bull. de l'Acad. de St-Pétersb. Mélanges*, **22**, p. 665, 1876.
VOIGT. — *Ann. d. Phys.*, (4), **12**, p. 385, 1903.
STROUHAL et BARUS. — *W. A.*, **10**, p. 326, 1880.
GIESE. — *W. A.*, **11**, p. 443, 1880.
CAREY FOSTER. — *W. A.*, **26**, p. 239, 1885.
CAREY FOSTER et LODGE. — *Phil. Mag.*, (4), **49**, p. 368, 1875.
ASCOLI. — *Mem. R. Acc. dei Linc.*, (4), **4**, p. 409, 1887 ; *Rend. R. Acc. dei Linc.*, **1**, p. 197, 1885.
HEERWAGEN. — *Ztschr. f. Instr.*, **9**, p. 165, 1889.
WIEDEMANN. — *W. A.*, **42**, pp. 227, 425, 1891.
CHWOLSON. — *W. A.*, **24**, p. 45, 1885.

5. — Méthodes principales de mesure des résistances.

LORD RAYLEIGH. — *Phil. Trans.*, **174**, pp. 173, 295, 1883.
E. BECQUEREL. — *Ann. de chim. et phys.*, (3), **17**, p. 242, 1846.
MAICHE. — *Bull. intern. des Electriciens*, **2**, p. 67, 1865.
SIEMENS. — *Report. Brit. Assoc.*, 1867, p. 479.
HEAVISIDE. — *Phil. Mag.*, (4), **45**, p. 245, 1873.
KIRCHHOFF. — *W. A.*, **11**, p. 801, 1880 ; *Ber. Berl. Akad.*, 1880, p. 601 ; *Gesammelte Abhandl.*, p. 66.
KIRCHHOFF et HANSEMANN. — *W. A.*, **13**, p. 410, 1881 ; *Gesammelte Abhandl.*, *Nachr.*, p. 1.
STRECKER. — *W. A.*, **25**, p. 464, 1885.
F. KOHLRAUSCH. — *W. A.*, **20**, p. 76, 1883 ; *Ber. Berl. Akad.*, 1883, p. 465.

Jäger. — *Ztschr. f. Instr.*, **24**, p. 288, 1904.
Wheatstone. — *Phil. Trans.*, 1843, II, p. 323 ; *Pogg. Ann.*, **62**, p. 535, 1844.
Slotte. — *W. A.*, **15**, p. 176, 1882.
F. Kohlrausch. — *W. A.*, **11**, p. 653, 1880.
F. Kohlrausch et L. Holborn. — *Das Leitvermögen der Elektrolyte*, Leipzig, 1898.
Wien. — *W. A.*, **42**, p. 593, 1891 ; **44**, p. 681, 1891.
Rubens. — *W. A.*, **56**, p. 27, 1898.
Maxwell. — *Treatise on El. and Mag.*, I, § **490**.
Heaviside. — *Phil. Mag.*, (4), **45**, p. 114, 1873.
Gray. — *Absol. Measurem. in El. and Mag.*, **1**, p. 331, 1888.
Lehfeldt. — *Phil. Mag.*, (5), **32**, p. 60, 1891.
Levy. — *W. A.*, **49**, p. 196, 1893.
Schuster. — *Phil. Mag.*, (5), **39**, p. 175, 1895.
Armagnac. — *L'éclairage électr.*, **11**, p. 59, 1897.
Child et Stewart. — *Phys. Rev.*, **4**, p. 502, 1897.
Crehore et Squier. — *Phil. Mag.*, (5), **43**, p. 161, 1897.
W. Thomson. — *Phil. Mag.*, (4), **24**, p. 149, 1862.
Reeves. — *Phil. Mag.*, (5), **41**, p. 414, 1896.
Appleyard. — *Phil. Mag.*, (5), **41**, p. 506, 1896.
Jäger, Lindeck et Diesselhorst. — *Ztschr. f. Instr.*, **23**, pp. 33, 65, 1903 ; *Wiss. Abh. d. Phys.-Techn. Reichsanst.*, **4**, p. 118, 1903.
Matthiessen et Hockin. — Voir Maxwell, *Treatise*, I, § **352**.
Foster. — *Journ. Tel. Eng.*, 1872 ; *W. A.*, **26**, p. 239, 1885.
F. Kohlrausch. — *Pogg. Ann.*, **42**, p. 218, 1871.
Dorn. — *W. A.*, **17**, p. 773, 1882.
Mayrhofer. — *Dissert.*, Erlangen, 1890.
R. H. Weber. — *W. A.*, **68**, p. 705, 1899.
Hughes. — *Phil. Mag.*, (5), **8**, p. 50, 1879.
Lodge. — *Phil. Mag.*, (5), **9**, p. 123, 1880.
Lord Rayleigh. — *Rep. Brit. Assoc.*, 1880, p. 472.
Oberbeck et Bergmann. — *W. A.*, **31**, p. 792, 1877.
Oberbeck. — *W. A.*, **31**, p. 812, 1887.
Borgmann. — *W. A.*, **36**, p. 784, 1889 ; **42**, p. 90, 1891.
Elsas. — *W. A.*, **35**, p. 828, 1888 ; **42**, p. 165, 1891.
M. Wien. — *W. A.*, **49**, p. 306, 1893.
Siemens. — *Rep. Brit. Assoc.*, 1860 ; *Wiss. Arb.*, **1**, p. 128.
Fuchs. — *Pogg. Ann.*, **156**, p. 162, 1873.
Lippmann. — *C. R.*, **83**, p. 192, 1876.
Cardew. — *Proc. R. Soc.*, **50**, p. 340, 1892.
Klemenčič. — *Wien. Ber.*, **93**, p. 470, 1886.
Rood. — *Amer. J. of sc.*, (4), **10**, p. 285, 1900.
J. Curie. — *Ann. de chim. et phys.* (6), **17**, p. 385, 1889 ; **18**, p. 203, 1889.
Mance. — *Proc. R. Soc.*, **19**, p. 248, 1871.
Lodge. — *Phil. Mag.*, (5), **3**, p. 515, 1877.
Guglielmo. — *Atti di Torino*, **16**, 1881 ; **20**, p. 279, 1885.
Zolotareff. — *J. de la Soc. russe phys.-chim.*, **16**, p. 142, 1882.
Nernst et Haagn. — *Ztschr. f. Elektrochem.*, **2**, p. 483, 1896.
Haagn. — *Ztschr. f. phys. Chem.*, **23**, p. 97, 1897.
Schuster. — *Phil. Mag.*, (5), **39**, p. 175, 1895.
Jäger. — *Ztschr. f. Instr.*, **26**, pp. 69, 360, 1906.

SMITH. — *Electrician*, **57**, pp. 976, 1009, 1906.

6. — Conductibilité des métaux purs.

MATTHIESSEN et v. BOSE. — *Pogg. Ann.*, **115**, p. 353, 1862.
LUCIEN DE LA RIVE. — (Tl). *Arch. sc. phys.*, (2), **17**, p. 67, 1863.
ERHARD. — (Zn). *W. A.*, **14**, p. 504, 1881.
EMO. — *Atti R. Ist. Venet.*, (6), **2**, 1884.
VAN AUBEL. — (Bi). *Arch. sc. phys.*, (3), **19**, p. 108, 1888.
BENOÎT. — *C. R.*, **76**, 842, 1873 ; *Carl's Repert*, **9**, p. 55, 1873.
VICENTINI et OMODEI. — *Atti R. Acad. di Torino*, 1889, p. 25.
H. F. WEBER. — *Berl. Ber.*, 1880, p. 476.
OBERBECK et BERGMANN. — *W. A.*, **31**, p. 792, 1887.
DEWAR et FLEMING. — *Phil. Mag.*, (5), **31**, p. 271, 1893.
JAGER et DIESSELHORST. — *Abh. d. Phys.-Techn. Reichsanst.*, **3**, p. 269, 1900.
AUERBACH. — *W. A.*, **8**, p. 479, 1879.
MARVIN. — *Phys. Rev.*, **30**, p. 522, 1910.
KREICHGAUER et JÄGER. — *W. A.*, **47**, p. 513, 1892.
GUILLAUME. — *C. R.*, **115**, p. 414, 1892.
F. E. SMITH. — *Proc. R. Soc.*, **73**, p. 239, 1904.
PIRANI. — Voir KOENIGSBERGER, *Jahrb. d. Radioaktivität*, **4**, p. 182, 1907.
STREINTZ. — *Ann. d. Phys.*, (4), **8**, p. 847, 1902 ; **33**, p. 436, 1910.
WILLIAMS. — *Phil. Mag.*, (6), **3**, p. 515, 1902.
WROBLEWSKI. — *W. A.*, **26**, p. 27, 1885.
CAILLETET et BOUTY. — *C. R.*, **100**, p. 1188, 1885.
DEWAR et FLEMING. — *Phil. Mag.*, (5), **34**, p. 326, 1892 ; **36**, p. 271, 1893 ; **40**, p. 303, 1895 ; *Proc. R. Soc.*, **60**, p. 76, 1896.
FLEMING. — *Proc. R. Soc.*, **66**, p. 50, 1900.
DEWAR. — *Proc. R. Soc.*, **68**, p. 360, 1901 ; *Chem. News*, **84**, p. 49, 1901 ; *Ann. de chim. et phys.*, (7), **17**, p. 5, 1899.
MEILINK. — *Comm. Labor. Leiden*, 1904, Suppl. **9** ; *Amsterd. Akad.*, 1904, p. 312.
KAMERLINGH ONNES et CLAY. — *Comm. Labor. Leiden*, n° **95**, **99** c, **107** c ; *Amsterd. Akad.*, **15**, p. 349, 1906 ; **16**, p. 169, 1907.
KOENIGSBERGER et REICHENHEIM. — *Phys. Ztschr.*, **7**, p. 570, 1906 ; **8**, p. 833, 1907 ; *Verh. d. d. phys. Ges.*, 1907, p. 386.
KOENIGSBERGER. — *Jahrb. d. Radioaktivität*, **4**, p. 158, 1907.
KOENIGSBERGER et SCHILLING. — *Phys. Ztschr.*, **9**, p. 347, 1908 ; *Ann. d. Phys.*, (4), **32**, p. 179, 1910.
NICOLAI. — *Journ. de Phys.*, (4), **7**, p. 937, 1908 ; *Phys. Ztschr.*, **9**, p. 367, 1908.
BENOÎT. — *C. R.*, **76**, p. 342, 1873.
GLEICHMANN. — *Dissert.*, Marburg, 1894.
HARRISON. — *Phil. Mag.*, (6), **3**, p. 177, 1902.
STRUTT. — *Phil. Mag.*, (6), **4**, p. 596, 1902.
HOPKINSON. — *Proc. R. Soc.*, **45**, p. 457, 1889.
LE CHATELIER. — *C. R.*, **110**, p. 283, 1890 ; **111**, p. 454, 1890 ; *Journ. de Phys.*, (2), **10**, p. 369, 1891.
DE LA RIVE. — *C. R.*, **57**, p. 698, 1863.
SIEMENS. — *Pogg. Ann.*, **113**, p. 99, 1861.
VASSURA. — *N. Cim.*, (3), **31**, p. 25, 1892.
BERNINI. — *N. Cim.*, (5), **6**, p. 21, 1903 ; *Phys. Ztschr.*, **5**, pp. 241, 406, 1904 ; **6**, p. 74, 1905.

Matteucci. — *C. R.*, **40**, pp. 541, 913, 1855 ; **42**, p. 1133, 1856 ; *Ann. de chim. et phys.*, (3), **43**, p. 467, 1855.
Van Everdingen. — *Leiden Comm.*, n° **61**, 1900 ; Suppl., n° **2**, 1901.
Lownds. — *Ann. d. Phys.*, (4), **9**, p. 677, 1902.
Voigt. — *Lehrbuch der Kristallphysik*, 1910, p. 345.
Stone. — *Phys. Rev.*, **6**, p. 1, 1898.
Vincent. — *C. R.*, **126**, p. 820, 1898.
Longden. — *Phys. Rev.*, **11**, pp. 40, 84, 1900.

7. — Conductibilité des alliages.

Matthiessen. — *Pogg. Ann.*, **110**, p. 190, 1860 ; **116**, p. 369, 1862 ; **122**, pp. 19, 68, 1864.
Jäger et Lindeck. — *Ztschr. f. Instr.*, **18**, p. 97, 1898 ; **26**, p. 15, 1906 ; *W. A.*, **65**, p. 572, 1898.
F. E. Smith. — *Phil. Mag.*, (6), **16**, p. 450, 1908.
Reichardt. — *Ann. d. Phys.*, (4), **6**, p. 832, 1901.
Guillaume. — *C. R.*, **125**, p. 235, 1897 ; *Journ. de Phys.*, (3), **7**, p. 262, 1898.
F. A. Schulze. — *Verh. d. d. phys. Ges.*, 1910, p. 822 ; *Phys. Ztschr.*, **11**, p. 1004, 1910.
Le Chatelier. — *C. R.*, **112**, p. 40, 1891 ; **126**, p. 1709, 1898.
Rietzsch. — *Ann. d. Phys.*, (4), **3**, p. 403, 1900.
Dewar. — (Pd + H^2). *Trans. R. Soc. Edinb.*, **27**, 1881.
Knott. — *Proc. R. Soc. Edinb.*, 1882-1883, p. 181 ; **33**, p. 171, 1887.
Krakaou. — *Journ. de la Soc. russe phys-chim.*, **24**, p. 628, 1892 ; *Ztschr. f. phys. Chem.*, **17**, p. 689, 1898.
Brucchieri. — *Electrician*, **32**, p. 91, 1893.
Fischer. — *Ann. d. Phys.*, (4), **20**, p. 503, 1906.
Mc Elfresh. — *Proc. Amer. Acad.*, **39**, n° 14, 1904 ; *Contrib. Harvard-Univers.*, 1903, I, p. 305.
Joukoff. — *Journ. de la Soc. russe phys.-chim.*, *Sect. chim.*, **42**, p. 40, 1910.
Belloc. — *Ann. de chim. et phys.*, **18**, p. 569, 1909.
Gressmann. — *Phys. Rev.*, **9**, p. 20, 1899 ; *Phys. Ztschr.*, **1**, p. 345, 1900.
Willows. — *Phys. Mag.*, (5), **48**, p. 433, 1899 ; *Phys. Ztschr.*, **8**, p. 173, 1907.
H. R. Weber. — *W. A.*, **68**, p. 705, 1899.
Larsen. — *Ann. d. Phys.*, (4), **1**, p. 123, 1900.
R. Lenz. — *Recherches électrométrologiques* (en russe), I, St-Pétersbourg, 1883.
Clay. — *Comm. Labor. Leiden*, n° **107** d, 1909.
Barus. — *Amer. Journ. of Sc.*, (3), **36**, p. 427, 1888.
Lord Rayleigh. — *Nature*, **54**, p. 154, 1896 ; *Scientif. Papers*, **4**, p. 232.
Liebenow. — *Ztschr. f. Elektrochem.*, **4**, p. 201, 1897-1898 ; *Elektr. Widerst. d. Metalle*, Halle, 1898.
Guertler. — *Ztschr. f. anorg. Chem.*, **51**, p. 397, 1906 ; **54**, p. 58, 1907 ; *Ztschr. f. Elektrochem.*, **13**, p. 441, 1907 ; *Phys. Ztschr.*, **8**, pp. 424, 1130, 1907 ; **9**, pp. 29, 401, 1908 ; *Jahrb. f. Radioaktivität*, **5**, pp. 17-81, 1908.
Rudolfi. — *Phys. Ztschr.*, **9**, pp. 198, 607, 1908.
Kournakoff et Jemtschoujnyi. — *Ztschr. f. anorg. Chem.*, **54**, p. 149, 1907.
Schenk. — *Phys. Ztschr.*, **8**, p. 239, 1907 ; *Métallurgie*, **4**, p. 161, 1908.
Le Chatelier. — *Rev. gén. des sc.*, **6**, p. 531, 1895 ; *Contribution à l'étude des alliages*, 1901 ; *Bull. de la Soc. d'encouragement*, (4), **10**, p. 384, 1895.

8. — Conductibilité des substances non-métalliques.

BEETZ. — *Pogg. Ann.*, **158**, p. 653, 1876 ; *Münch. Ber.*, 1876, p. 26 : *W. A.*, **12**, p. 73, 1881.

BORGMANN. — *Journ. de la Soc. russe phys.-chim.*, **9**, p. 163, 1877 ; *Dissert.*, St-Pétersbourg, 1877 ; *W. A.*, **11**, p. 1041, 1880.

SIEMENS. — *W. A.*, **10**, p. 560, 1880.

MURAOKA. — *W. A.*, **13**, p. 307, 1881.

DEWAR et FLEMING. — *Phil. Mag.*, (5), **34**, p. 326, 1892.

BRION. — *W. A.*, **59**, p. 715, 1896.

CELLIER. — *W. A.*, **61**, p. 511, 1897 ; *Dissert.*, Zürich, 1896.

FARADAY. — *Exp. Res.*, § **380** et suiv. 1833 ; *Pogg. Ann.*, **31**, p. 241, 1834.

BEETZ. — *Pogg. Ann.*, **158**, p. 653, 1876 ; *Münch. Ber.*, 1876, p. 26.

HITTORF. — *Pogg. Ann.*, **84**, p. 1, 1851.

BRAUN. — *Pogg. Ann.*, **153**, p. 556, 1874 ; **154**, p. 161, 1875 ; *W. A.*, **4**, p. 95, 1877 ; **4**, p. 476, 1878.

BELLATI et LUSSANA. — *Atti R. Istit. Veneto*, (8), **6**, 1888.

BEIJERINCK. — *Dissert. Freiburg i. B.*, 1897 ; *Jahrb. f. Mineralogie, Beilagebd.*, **11**, p. 403, 1897.

J. CURIE. — Thèse, Paris, 1888.

BÄDECKER. — *Ann. d. Phys.*, (4), **22**, p. 749, 1822.

HORTON. — *Phil. Mag.*, (6), **11**, p. 505, 1906.

NERNST. — *Ztschr. f. Elektrochem.*, **6**, p. 41, 1899.

BOSE. — *Ann. d. Phys.*, (4), p. 164, 1902.

NERNST et REYNOLDS. — *Gött. Nachr.*, 1900, p. 328.

KŒNIGSBERGER et autres. — Voir § **6**.

GUINCHANT. — *C. R.*, **134**, p. 1224, 1902.

DOELTER. — *Wien. Ber.*, **116**, p. 1263, 1907 ; **117**, p. 849, 1908 ; **119**, p. 49, 1910 ; *Monatshefte f. Chem.*, **31**, p. 493, 1910 ; *Ztschr. f. anorgan. Chem.*, **67**, p. 387, 1910

VAN AUBEL. — *C. R.*, **135**, pp. 456, 734, 1902.

BÄCKSTRÖM. — *Öfvers. af k. Vetensk. Ak. Förhandl*, 1887, p. 343 ; 1888, p. 533 ; 1894, p. 545.

PIERCE. — *Phys. Rev.*, **25**, p. 31, 1907.

GRAETZ. — *W. A.*, **29**, p. 314, 1886 ; **40**, p. 18, 1890.

FOUSSEREAU. *C. R.*, **95**, p. 216, 1882 ; **96**, p. 785, 1883 ; **97**, p. 996, 1883 ; **98**, p. 1326, 1884 ; *Ann. de chim. et de phys.*, (6), **5**, p. 354, 1885 ; *Journ. de Phys.*, (2), **11**, p. 254, 1883.

BOUTY et L. POINCARÉ. — *C. R.*, p. 138, 1889 ; **109**, p. 174, 1889 ; *Journ. de Phys*, (2), **9**, p. 473, 1890.

BÄDECKER. — *Ann. d. Phys.*, (4), **22**, p. 757, 1907 ; **29**, p. 566, 1909.

L. POINCARÉ. — *Ann. de chim. et phys.*, (6), **17**, p. 52, 1889 ; **21**, p. 289, 1890 ; *C. R.*, **109**, p. 174, 1889.

BECQUEREL. — *C. R.*, **38**, p. 905, 1853.

BUFF. — *Ann. d. Chem. u. Pharm.*, **90**, p. 257, 1854.

BEETZ. — *Pogg. Ann.*, **92**, p. 462, 1854 ; *Jubelband*, p. 23, 1874.

DENIZOT. — *Dissert*, Berlin, 1897.

LEBLANC et KERSCHBAUM. — *Ztschr. f. phys. Chem*, **72**, p. 468, 1910.

CAVENDISH. — *Franklin, Experiments and observations on electricity*, 5e éd., London, 1774, p. 411.

Gray. — *Phil. Mag.*, (5), **10**, p. 226, 1880 ; *Chem. News*, **45**, p. 27, 1882 ; *Proc. R. Soc.*, **34**, p. 222, 1883 ; **36**, p. 488, 1884.
Warburg. — *W. A.*, **21**, p. 622, 1884.
Warburg et Tegetmeier. — *W. A.*, **32**, p. 442, 1887 ; **35**, p. 455, 1888.
Tegetmeier. — *W. A.*, **41**, p. 18, 1890.
Curie. — *Ann. de chim. et phys.*, **18**, p. 244, 1889.
A. Schaposchnikoff. — *Journ. de la Soc. russe phys.-chim.*, **37**, p. 376, 1910.
Leick. — *W. A.*, **66**, p. 1107, 1898.

9. — Relation entre la conductibilité et les autres propriétés de la matière.

Fr. Weber. — Zürich, *Vierteljahrsschrift*, **25**, p. 184, 1880.
Kirchhoff et Hansemann. — *W. A.*, **13**, p. 417, 1881.
L. Lorenz. — *W. A.*, **13**, p. 598, 1881.
Berget. — *C. R.*, **110**, p. 76, 1890.
F. A. Schulze. — *W. A.*, **63**, p. 23, 1897.
Grüneisen. — *Ann. d. Phys.*, (4), **3**, p. 43, 1900.
Pfleiderer. — *Ann. d. Phys.*, (4), **33**, p. 707, 1910.
Drude. — *Ann. d. Phys.*, (4), **1**, p. 566, 1900 ; **3**, p. 369, 1900.
Reinganum. — *Ann. d. Phys.*, (4), **2**, p. 398, 1900.
Broniewski. — *Journ. de chim. phys.*, **4**, p. 285, 1906 ; **5**, pp. 57, 609, 1907.

10. — Influence de la structure et des actions mécaniques.

Chwolson. — *Journ. de la Soc. russe phys.-chim.*, **9**, p. 100, 1877 ; *Bull. de l'Acad. des Sc. de St-Pétersbourg*, **23**, p. 465, 1877 ; *Mélanges phys. chim.*, **10**, p. 397, 1877.
Gleichmann. — *Dissert.*, Marburg, 1894.
Strouhal et Barus. — *W. A.*, **20**, p 529, 1883.
Le Chatelier. — *C. R.*, **126**, p. 1782, 1898.
Barus. — *Phil. Mag.*, (5), **26**, p. 397, 1888 ; **44**, p. 486, 1897.
Chevalier. — *C. R.*, **130**, pp. 120, 1612. 1900 ; **131**, p. 1192, 1900.
Streintz. — *Wien. Ber.*, **109**, p. 345, 1900 ; **111**, p. 345, 1902 ; *Ann. d. Phys.*, (4), **3**, p. 1, 1900 ; **9**, p. 854, 1902 ; *Phys. Ztschr.*, **4**, p. 106, 1902 ; **5**, p. 159, 1904 ; Voits *Samml. elektrotechn. Vorträge*, **4**, pp. 95-146, 1903.
Auerbach. — *W. A.*, **28**, p. 604, 1886.
Du Moncel. — *C. R.*, **81**, p. 766, 1875 ; **87**, p. 131, 1878.
Mousson. — *Neue Schweizer Ztschr.*, **24**, p. 33, 1855.
Tomlinson. — *Proc. R. Soc.*, **25**, p. 451, 1876 ; **26**, p. 401, 1877 ; **37**, p. 386, 1885 ; **39**, p. 503, 1886.
Chwolson. — *Journ. de la Soc. russe phys.-chim.*, **13**, p. 153, 1881 ; **14**, p. 226, 1882 ; *Bull. de l'Acad. de St-Pétersbourg*, **11**, p. 551, 1882 ; *Repert. d. Phys.*, **18**, p. 253, 1881 ; **19**, p. 155, 1882.
Cantone. — *Rendic. R. Acc. dei Lincei*, (5), **6**, I, p. 175, 1897.
Williams. — *Phil. Mag.*, (6), **13**, p. 635, 1907.
Ercolini. — *N. Cim.*, **14**, p. 537, 1907.
N. F. Smith. — *Phys. Rev.*, **28**, pp. 107, 429, 1909.
W. Thomson (Lord Kelvin). — *Nature*, **17**, p. 180, 1878.
Witkowski. — *Proc. R. Soc. Edinb.*, 1881 ; *Nature*, **23**, p. 475, 1881 ; *W. A.*, **16**, p. 161, 1882.

SZILY. — *Journ. de Phys.*, (3), **8**, p. 329, 1899; *C. R.*, **128**, p. 927, 1899.
WARTMANN. — *Arch. sc. natur.*, **4**, p. 12, 1859.
LUSSANA. — *N. Cim.*, (4), **10**, p. 73, 1899; (5), **5**, p. 305, 1903.
LISELL. — *Ofvers. af k. Vetensk. Akad. Förhandl.*, **55**, p. 697, 1898; *Dissert.*, Upsala, 1902.
WILLIAMS. — *Phil. Mag.*, (6), **13**, p. 635, 1907.
LAFAY. — *C. R.*, **149**, p. 566, 1909; *Ann. de chim. et phys.*, (8), **19**, p. 289, 1910.
R. LENZ. — *De l'influence exercée sur la résist. galv. du mercure par la pression*, Stuttgart, 1882.
BARUS. — *Amer. J. of Sc.*, (3), **40**, p. 219, 1891.
FOREST-PALMER. — *Amer. J. of Sc.*, (4), **4**, p. 1, 1897; **6**, p. 451, 1898.
BRIDGMAN. — *Proc. of the Amer. Acad. of arts and sc.*, **44**, pp. 201, 221, 1909.
BIRON. — *Journ. de la Soc. russe phys.- chim.*, **42**, p. 223, 1910.

11. — Influence des radiations lumineuses et autres rayons. Sélénium.

AMADUZZI. — *Il selenio (att. scientif. n° 7)*, Bologna, 1904.
MARC. — *Die phys.-chem. Eigenschaften d. Selens.*, Hamburg et Leipzig, 1907.
RIES. — *Die elektrischen Eigenschaften und die Bedeutung des Selens für die Elektrotechnik*, Berlin-Nikolassee, 1908.
MAI, voir WILLOUGHBY SMITH. — *Amer. J. of Sc.*, (3), **5**, p. 301, 1873.
SIEMENS. — *Pogg. Ann.*, **156**, p. 334, 1875; **159**, p. 117, 1876; *W. A.*, **2**, p. 534, 1877; *Gesammelte Abhandl.*, pp. 364, 417, 1881.
OULIANINE. — *W. A.*, **34**, p. 241, 1888.
RIES. — *Dissert.*, Erlangen, 1902; *Phys. Ztschr.*, **9**, pp. 164, 228, 569, 1908.
MARC. — *Ztschr. f. anorg. Chem.*, **37**, p. 459, 1903; **48**, p. 393, 1906; **50**, p. 446, 1906; **53**, p. 298, 1907; *Ber. d. deutsch. chem. Ges.*, **39**, p. 697, 1906; *Die phys.-chem. Eigenschaften d. Selens.*, Hamburg, 1907.
BIDWELL. — *Phil. Mag.*, (5), **20**, p. 178, 1885; **31**, p. 251, 1891; **40**, p. 233, 1895; *Electrician*, **26**, p. 213, 1890.
MERCADIER. — *C. R.*, **92**, pp. 705, 789, 1881; **105**, p. 801, 1887.
PFUND. — *Phil. Mag.*, (6), **7**, p. 26, 1904; *Phys. Ztschr.*, **10**, p. 340, 1909; *Phys. Rev.*, **28**, p. 324, 1909.
RUHMER. — *Phys. Ztschr.*, **3**, p. 468, 1902.
BERNDT. — *Phys. Ztschr.*, **5**, p. 121, 1904.
ROSSE. — *Phil. Mag.*, (4), **47**, p. 161, 1874.
ADAMS. — *Proc. R. Soc.*, **23**, p. 535, 1875; **24**, p. 163, 1875; **25**, p. 113, 1876; *Pogg. Ann.*, **159**, p. 629, 1876.
MERRITT. — *Phys. Rev.*, **25**, p. 502, 1907; *Electrician* **60**, p. 715, 1908.
POCCHETINO. — *Rendic. R. Acc. dei Lincei*, (5), **11**, I, p. 286, 1902.
VAN AUBEL. — *C. R.*, **136**, pp. 929, 1189, 1903.
BROWN et STEBBINS. — *Phys. Rev.*, **25**, pp. 501, 505, 1907; **26**, p. 273, 1908.
BROWN. — *Phys Ztschr.*, **11**, pp. 481, 482, 1910.
DOWELL. — *Phys. Rev.*, **29**, p. 1, 1909; **31**, p. 524, 1910.
ATHANASIADIS. — *Ann. d. Phys.*, (4), **25**, p. 25, p. 92, 1908; **27**, p. 890, 1908.
N. HÉSÉHOUS. — *Journ. de la Soc. russe phys.-chim*, **15**, pp. 123, 149, 201, 1883; **17**, pp. 215, 229, 1885; **35**, p. 661, 1903; *Repert. d. Phys.*, **20**, pp. 490, 565, 1884; **21**, p. 631, 1885; *Phys. Ztschr.*, **7**, p. 163, 1906.
GOPIOUS. — *Jour. de la Soc. russe phys.-chim.*, **35**, p. 581, 1903.
PERREAU. — *C. R*, **129**, p. 956, 1899.

Bloch. — *C. R.*, **132**, p. 914, 1901.
Carpini. — *Rendic. R. Acc. dei Lincei*, (5), **14**, p. 667, 1905.
Schrott. — *Wien. Ber.*, **115**, p. 1031, 1906 ; *Phys. Ztschr.*, **8**, p. 42, 1907.
Korn. — *Elektr. Fernphotographie*, Leipzig, 1907 ; *L'Illustration*, fév. 1907 ; *Revue de physique* (en russe), **8**, p. 88, 1907 ; *Phys. Ztschr.*, **8**, pp. 18, 19, 118, 1907.
Monckmann. — *Proc. R. Soc.*, **46**, p. 136, 1889.
Threlfall, Brearley et Allen — *Proc. R. Soc.*, **56**, p. 32, 1894.
Mercadier et Chaperon. — *Journ. de Phys.*, (2), **9**, p. 366, 1890.
Kharitonowscyi. — *Journ. de la Soc. russe phys.-chim.*, **18**, p. 53, 1886.
Tomlinson. — *Nature*, **23**, p. 457, 1881.
Tainter, voir Bell. — *C. R.*, **91**, p. 726, 1880 ; *Amer. J. of Sc.*, **22**, p. 305, 1880.
Jäger. — *Vers. K. Acad. v. Wet.*, **15**, p. 724, 1907 ; *Ztschr. f. Kristallogr.*, **44**, p. 45, 1907.
Rudert. — *Ann. d. Phys.*, (4), **31**, p. 559, 1910 ; *Dissert.*, Iéna, 1909.
Arrhenius. — *Wien. Ber.*, **96**, p. 831, 1887.
Fritsch. — *W. A.*, **60**, p. 300, 1897.
Scholl. — *W. A.*, **68**, p. 149, 1899 ; *Ann d. Phys.*, (4), **16**, pp. 193, 417, 1905 ; *Ztschr. f. wiss. Photogr.*, **4**, p. 1, 1906.
Wilson. — *Dissert.*, Leipzig, 1907 ; *Ann. d. Phys.*, (4), **23**, p. 107, 1907.
P. Curie. — *C. R.*, **134**, p. 420, 1902.
Righi. — *Phys. Ztschr.*, **6**, p. 877, 1905.
Jaffé. — *Journ. de Phys.*, (4), **5**, p. 263, 1906 ; *Ann. d. Phys.*, (4), **25**, p. 257, 1908.
H. Becquerel. — *C. R.*, **136**, p. 1173, 1903.
Becker. — *Ann. d. Phys.*, (4), **12**, p. 124, 1903 ; **13**, p. 394, 1904.
Bialobjeski. — *C. R.*, **149**, p. 120, 1909.
Hodgson. — *Phil. Mag.*, (6), **18**, p. 252, 1909.

12. — Influence du champ magnétique.

W. Thomson. — *Phil. Trans.*, **3**, p. 737, 1856 ; *Math. and Phys. Papers*, **2**, p. 307 ; *Instr.*, 1858, p. 243.
Beetz. — *Pogg. Ann.*, **128**, p. 202, 1866.
Balfour-Stewart et Schuster. — *Pogg. Ann.*, **153**, p. 205, 1874.
Adams. — *Phil. Mag.*, (5), **1**, p. 153, 1876.
De Lucchi. — *Atti R. Ist. Venet.*, **8**, p. 17, 1882.
Chwolson. — *Repert. d. Phys.*, **13**, p. 230, 1877.
Tomlinson. — *Proc. R. Soc. London*, **33**, p. 72, 1882 ; *Phil. Trans.*, **174**, p. 1, 1883 ; *Phil. Mag*, (5), **25**, p. 285, 1888 ; *Electrician*, **25**, pp. 376, 416, 1890.
Righi. — *Journ. de Phys.*, (2), **33**, p. 355, 1884 ; *N. Cim.*, (3), **17**, pp. 42, 92, 1885.
Auerbach. — *W. A.*, **5**, p. 298, 1878.
Des Coudres. — *Verh. Berl. phys. Ges.*, **10**, p. 50, 1891.
Cantone. — *Atti Acc. Lincei.*, (5), **1**, I, p. 424, 1892 ; **1**, II, pp. 119, 227, 1892.
Gray et Jones. — *Proc. R. Soc.*, **67**, p. 208, 1900.
Lownds. — *Ann. d. Phys.*, (4), **6**, p. 146, 1901 ; **9**, p. 677, 1902 ; *Phil. Mag.*, (6), **5**, p. 141, 1903.
Sagnac. — *Journ. de Phys.*, (4), **1**, p. 237, 1902.
Jewett. — *Phys. Rev.*, **16**, p. 51, 1903.

GOLDHAMMER. — *Journ. de la Soc. russe phys.-chim*, **19**, p. 145, 1887; *De l'action du champ magnétique sur les propriétés des métaux* (en russe), Moscou, 1888; *Sur la variation de la conductibilité des métaux par l'aimantation* (en russe), Kazan, 1890; *Mémoires scientifiques de l'Université impériale de Moscou* (en russe), Livraison VIII, 188 ; *W. A.*, **31**, p. 360, 1887; **36**, p. 804, 1889.

GARBASSO. — *Atti di Torino*, **27**, p. 839, 1891.

FAÈ. — *Atti R. Ist. Venet.*, (6), **5**, 188 .

v. ETTINGSHAUSEN. — *Wien. Ber.*, **95**, p. 714, 1887.

LENARD et HOWARD. — *Elektrotechn. Ztschr.*, **9**, 1888; *Lum. électr.*, **20**, p. 484, 1888.

VON WYSS. — *W. A.*, **36**, p 447, 1889.

BEATTI. — *Phil. Mag*, (5), **45**, p. 243, 1898.

LENARD. — *W. A.*, **36**, p. 636, 1890.

BAMBERGER. — *Dissert.*, Rostock, 1901.

GRAY et JONES. — *Proc. R. Soc.*, **67**, p. 208, 1901.

WILLIAMS. — *Phil. Mag.*, (6), **4**, p. 430, 1902; **6**, p. 693, 1903; **9**, p. 77, 1905.

KNOTT. — *Edinb. Trans.*, **40**, p. 535, 1902.

BARLOW. — *Proc. R. Soc.*, **71**, p. 30, 1902.

DUMERMUTH. — *Dissert.*, Zürich, 1907.

BLAKE. — *Verh. d. d. phys. Ges.*, **9**, p. 294, 1907; *Ann. d. Phys.*, (4), **28**, p. 449, 1909.

GRUNMACH et WEIDERT. — *Verh. d. d. phys. Ges.*, **8**, p. 359, 1906; *Phys. Ztschr.*, **7**, p. 729, 1906; *Ann. d. Phys.*, (4), **22**, p. 141, 1907.

ADAMS. — *Phys. Rev.*, **24**, p. 428, 1907.

D'AGOSTINO. — *Atti R. Acc. dei Lincei*, (5), **17**, p. 531, 1908.

J. J. THOMSON. — *Cambridge Proc.*, (2), **9**, p. 120, 1901.

VAN AUBEL. — *Bull. Ac. R. de Belg.*, **15**, p. 198, 1888; *Ann. de chim. et phys.*, (6), **18**, p. 433, 1889; *Phil. Mag.*, (5), **28**, p. 332, 1889; *Journ. de Phys*, (3), **2**, p. 407 1893; *Arch. des sc. phys. et natur.*, (3), **69**, p. 105, 1888; (4), **4**, p. 365, 1897.

LEDUC. — *Journ. de Phys.*, (2), **3**, p. 362, 1884; **5**, p. 116, 1886; **10**, p. 112, 1891; *C. R.*, **98**, p. 673, 1884; **102**, p. 358, 1886; **110**, p. 130, 1890.

HURION. — *Journ. de Phys.*, (2), **4**, p. 171, 1885; *C. R.*, **98**, p. 1257, 1884; **100**, p. 348, 1885.

KUNDT. — *W. A.*, **49**, p. 257, 1893.

ETTINGSHAUSEN et NERNST. — *Wien. Ber.*, **94**, p. 560, 1886.

HENDERSON. — *W. A.*, **53**, p. 912, 1894; *Verh. d. d. phys. Ges.*, **13**, p. 57, 1894; *Phil. Mag.*, (5), **38**, p. 488, 1894.

ZAHN. — *W. A.*, **42**, p. 351, 1891.

WACHSMUTH et BAMBERGER. — *Phys. Ztschr.*, **1**, p. 127, 1899.

PATTERSON. — *Cambridge Proc.*, (2), **9**, p. 118, 1901; *Phil. Mag.*, (6), **3**, p. 643, 1902.

VAN EVERDINGEN. — *Comm. Leiden*, nos **37, 41, 53, 58, 61**; *Arch. Néerl.*, (2), **4**, p. 371, 1901; *Dissert.*, Leiden, 1897; *Arch. sc. phys.*, (4), **11**, p. 433, 1901.

YAMAGUCHI. — *Ann. d. Phys.*, (4), **1**, p 214, 1900.

DEWAR et FLEMING. — *Proc. R. Soc.*, **60**, pp. 72, 425, 1897; *Phil. Mag.*, (5), **40**, p. 303, 1895; *L'Éclair. électr.*, **27**, p. 41, 1890; *Electrician*, **37**, p. 267, 1896.

JEWETT. — *Phys. Rev.*, **16**, p. 51, 1903.

CARPINI. — *N. Cim.*, (5), **8**, p. 171, 1904; *Phys. Ztschr.*, **5**, p. 819, 1904.

DRUDE et NERNST. — *W. A.*, **42**, p. 573, 1891.

Du Bois et Wills. — *Verh. d. d. phys. Ges.*, **1**, p. 169, 1890.
Sadowsky. — *Sur la question de la résistance du bismuth à un courant alternatif* (en russe), St-Pétersbourg, 1894; *Journ. de la Soc. russe phys.-chim.*, **25**, p. 295, 1893; **26**, p. 81, 1894.
Wolf. — *Dissert.*, Würgburg, 1897.
Eichhorn. — *Phys. Ztschr.*, **1**, p. 81, 1899; *Ann. d. Phys.*, (4), **1**, p. 20, 1900.
Wachsmuth et Bamberger. — *Phys. Ztschr.*, **1**, p. 127, 1899.
Simpson. — *Phil. Mag.*, (6), **2**, p. 300, 1901; **4**, p. 554, 1902.
Sagnac. — *Journ. de Phys.*, (4), **1**, p. 237, 1902.
Schnorr von Carolsfeld. — *Dissert.*, München, 1904.
Pallme König. — *Ann. d. Phys.*, (4), **25**, p. 921, 1908.
Seidler. — *Ann. d. Phys.*, (4), **32**, p. 337, 1910; *Dissert.*, Leipzig, 1909.
Laws. — *Phil. Mag.*, (6), **19**, p. 685, 1910.
Neesen. — *W. A.*, **23**, p. 482, 1884.
Hurmuzescu. — *Arch. sc. phys.*, (4), **4**, p. 545, 1897; *Eclair. électr.*, **13**, p. 361, 1897.
Lussana. — *N. Cim.*, (3), **34**, p. 149, 1893.
Milani. — *N. Cim.*, (4), **6**, p. 191, 1897.
Bagard. — *C. R.*, **128**, p. 91, 1899.
Berndt. — *Verh. d. d. phys. Ges.*, **9**, p. 240, 1907; *Phys. Ztschr.*, **8**, p. 778, 1907; *Ann. d. Phys.*, (4), **23**, p. 932, 1907; *Journ. de Phys.*, (4), **7**, p. 221, 1908.

CHAPITRE XI

MESURE DE L'INTENSITÉ D'UN COURANT, DE LA FORCE ÉLECTROMOTRICE ET DE L'INTENSITÉ DU CHAMP MAGNÉTIQUE (1)

1. Mesure de l'intensité d'un courant. — On peut exprimer l'intensité d'un courant avec l'unité absolue C. G. S. d'intensité de courant (*weber*) ou avec l'ampère international; cette dernière unité, qui doit être égale à 0,1 unité C. G. S. d'intensité de courant, a cependant été définie légalement (1908) comme l'intensité d'un courant, qui sépare en une seconde $1^{mgr},11800$ d'argent d'une solution d'azotate d'argent.

---

(1) La rédaction de ce Chapitre est due jusqu'au § **7** à A. L. Guerschoun.

A. **Mesure de l'intensité d'un courant en unités absolues.** Les nombreuses définitions qu'on peut donner de l'unité absolue C. G. S. d'intensité de courant reviennent toutes à exprimer l'unité d'intensité de courant au moyen de l'intensité du champ magnétique qui engendre ce courant dans des conditions déterminées. Par suite, la mesure de l'intensité d'un courant en unités absolues se ramène à la détermination du champ magnétique qui produit le courant. Ce champ magnétique peut être mesuré par comparaison avec le champ magnétique terrestre (*méthodes électromagnétiques*), ou par son action mécanique sur un conducteur parcouru par un autre courant (*méthodes électrodynamiques*).

a. Méthodes électromagnétiques. Nous avons vu qu'un courant circulaire d'intensité I crée un champ magnétique, dont l'intensité au centre du courant est égale à

$$H_0 = \frac{2\pi I}{R},$$

R désignant le rayon du courant circulaire. Lorsque le courant est disposé dans le plan du méridien magnétique, il fait dévier une petite aiguille aimantée placée en son centre d'un angle φ, tel que

$$\operatorname{tg} \varphi = \frac{2\pi I}{RH},$$

où H est la composante horizontale de l'intensité du magnétisme terrestre. Si le courant passe non dans une seule spire de fil, mais dans n spires de rayon R, bien serrées les unes contre les autres, l'intensité du champ est n fois plus grande, de sorte que

$$\operatorname{tg} \varphi = \frac{2\pi I}{RH} n.$$

A l'aide de cette égalité, on peut déterminer I en unités absolues, en mesurant R et φ, en comptant n et en déterminant H par l'une des méthodes connues (voir ci-après). On a

$$(1) \qquad I = \frac{RH}{2\pi n} \operatorname{tg} \varphi = C \operatorname{tg} \varphi.$$

En différentiant et en divisant le résultat par $I = C \operatorname{tg} \varphi$, puis en posant $2\varphi = \alpha$, on obtient l'équation

$$(2) \qquad \frac{dI}{I} = \frac{d\alpha}{\sin \alpha};$$

on voit donc que l'erreur en centièmes dans la détermination de I, qui provient de l'erreur $d\varphi$ dans la lecture de l'angle φ, est d'autant plus petite que φ est plus voisin de 45°.

Un appareil pour la détermination de l'intensité de courant, basé sur le principe qui précède, est la *boussole des tangentes*, proposée par Pouillet

(1837) et employée pour la première fois par W. Weber. Pendant longtemps, la boussole des tangentes a été l'instrument de mesure unique et fondamental dans l'étude du courant électrique. Le plus souvent, on s'en

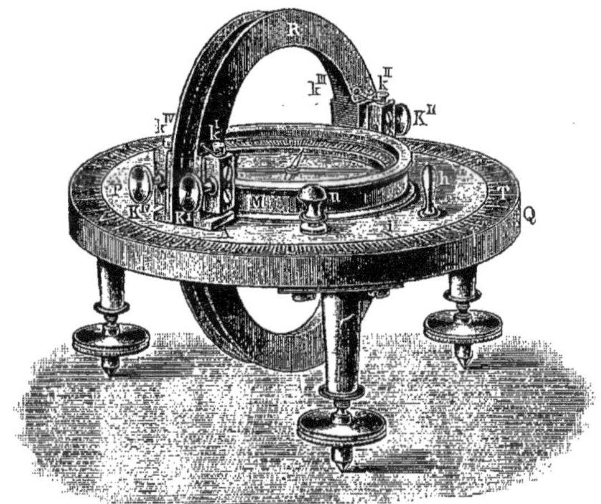

Fig. 361

servait pour comparer les intensités des courants ; on voit en effet sur la formule (1) que les intensités de deux courants sont entre elles comme les tangentes des angles de déviation produits par ces courants dans une boussole

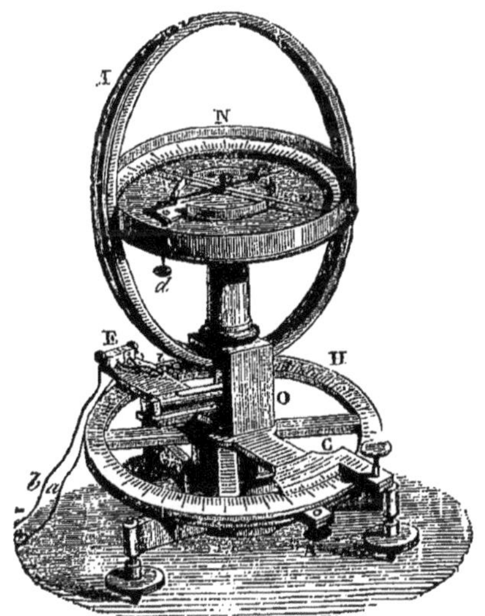

Fig. 362

des tangentes quelconque donnée. Parmi les types nombreux de cet instrument, l'un des plus connus est celui de Siemens et Halske (*fig.* 361), encore conservé dans beaucoup de laboratoires (il peut aussi servir de boussole des sinus, voir plus loin) ; l'anneau R porte deux bobines différentes, et on choisit, pour la mesure, celle qui donne, pour le courant considéré, des angles de déviation aussi voisins que possible de 45°. La figure 362 représente la boussole des tangentes et des sinus construite par J. Carpentier ; le cercle vertical a 305mm de diamètre ; deux circuits formés, l'un par 46 tours, l'autre par 36 tours de fil de cuivre de 1mm de diamètre, correspondent à 4 bornes fixées sur le support. En même temps que l'électrotechnique s'est développée, on a reconnu la nécessité d'avoir un nouvel appareil permettant d'effectuer des mesures précises et pouvant être employé pour des courants plus intenses. Parmi les nombreuses modifications de la boussole de Pouillet qui ont été

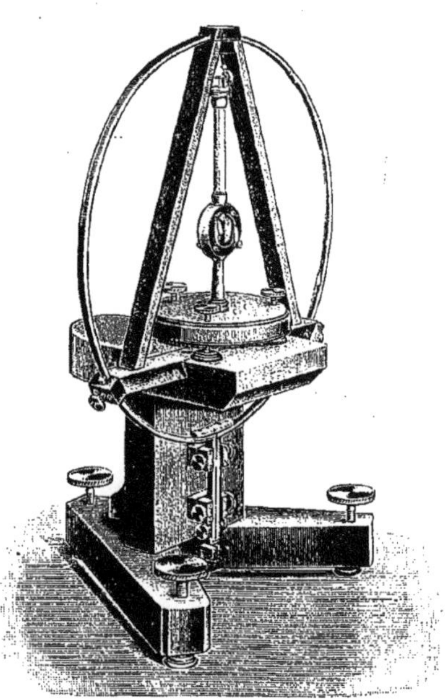

Fig. 363

proposées dans ce but, nous mentionnerons seulement celles d'Obach, de Himstedt et d'Oberbeck.

On se sert aujourd'hui de la boussole des tangentes uniquement pour la détermination précise d'une intensité de courant en mesure absolue. De telles boussoles des tangentes *absolues* sont ordinairement munies d'un seul tour ou d'un petit nombre de tours de fil, au centre desquels se trouve un très petit aimant muni d'un miroir ; les angles de déviation sont mesurés avec une règle graduée et une lunette. La figure 363 représente une boussole de ce genre (F. Kohlrausch). G. Quincke a décrit une forme simple de boussole des tangentes absolue. Quand on emploie un tel appareil pour des mesures précises, il faut introduire dans la formule (1) de l'intensité du courant toute une série de corrections, car on a supposé en l'établissant que l'aiguille aimantée est extrêmement fine, que toutes les spires sont concentrées sur une même ligne circulaire, que le mode de suspension de l'aiguille n'introduit aucun moment de torsion, etc., toutes hypothèses qui ne sont pas réalisées en pratique. La théorie complète de ces corrections (voir Chap. VII, § 3) a été donnée dans les travaux de R. KOHLRAUSCH et W. WEBER, ainsi que dans ceux de F. KOHLRAUSCH et de F. et W. KOHLRAUSCH. On y trouvera l'exposé des nombreuses précautions à prendre dans les mesures avec la boussole des tangentes, et les procédés à adopter pour la détermination précise des grandeurs entrant dans la formule (1). La précision qu'en fin de compte on peut atteindre, dans la mesure de l'intensité d'un courant avec une boussole des tangentes absolue, dépend surtout de l'exactitude avec laquelle on détermine H : or, cette grandeur peut actuellement être mesurée avec une erreur de moins de 0,01 %.

Nous avons vu dans le Chap. VII, § 3, que l'influence des dimensions finies de l'aiguille aimantée diminue notablement, lorsqu'on dispose le centre de l'aiguille, non pas dans le plan du courant circulaire, mais suivant son axe, à une distance $b = \frac{R}{2}$ du plan du courant. HELMHOLTZ et, indépendamment de lui, GAUGAIN ont proposé pour cette raison de construire une boussole des tangentes, dans laquelle l'aiguille est déplacée latéralement de la quantité $\frac{R}{2}$. Lorsque le galvanomètre porte une série de spires, ces spires sont disposées sur une partie de la surface d'un cône, de hauteur égale à la moitié du rayon de la base (l'angle d'ouverture du cône est de 126°52′) ; dans ce cas, l'aiguille aimantée satisfait, pour chacune des spires, à la condition précédente. La faible influence, exercée par la longueur de l'aiguille sur la grandeur de la déviation, montre que le champ magnétique, produit par le courant circulaire le long de son axe à la distance $\frac{R}{2}$ de son plan, est suffisamment uniforme sur une distance notable. HELMHOLTZ a encore accru l'homogénéité du champ, en plaçant l'aiguille aimantée entre deux bobines coniques disposées symétriquement et parcourues successivement par le courant. La théorie de ce genre de boussole des tangentes a été étudiée d'une manière approfondie par BRAVAIS. La figure 364 représente la boussole des tangentes à deux cercles que MASCART a fait construire par J. CARPENTIER. Cette boussole est entièrement construite en bois. Chacun des deux cadres est porté par une monture qui, glissant sur deux règles de bois, peut être fixée par une vis de pression et déplacée par une vis de rappel ; deux verniers permettent de mesurer la distance des cadres. L'aimant, muni d'un miroir et suspendu par un fil de cocon, est placé sur l'axe des bobines. La lecture des angles se fait avec une lunette et une échelle graduée. L'ensemble de l'appareil, tournant autour d'un axe vertical, peut être réglé de façon que l'aimant soit parallèle aux plans des cadres. Les deux cadres circulaires en bois ont 30^{cm} de diamètre extérieur ; chacun d'eux est recouvert de 280 tours de fil de cuivre de 1^{mm} de diamètre.

MAXWELL et F. NEUMANN ont montré que la formule précise donnant φ en fonction de I peut être notablement simplifiée, si on ajoute à la boussole des tangentes une série de spires complémentaires, convenablement disposées dans divers plans autour de l'aiguille aimantée. Toutes les modifications ainsi proposées ont pour but de créer autour de l'aiguille un champ magnétique aussi uniforme que possible. Mascart a fait construire à cet effet par J. Carpentier une boussole des tangentes à trois cercles ; dans ce modèle, les trois cadres sont fixés à demeure sur un bâti circulaire à vis calantes ; deux de ces cadres ont le même diamètre de $42^{cm},6$; le troisième, plus grand, a 57^{cm} ; les deux petits sont disposés parallèlement, de part et d'autre du grand cadre, à une distance, d'axe en axe, de $19^{cm},6$. Les bobines peuvent être considérées

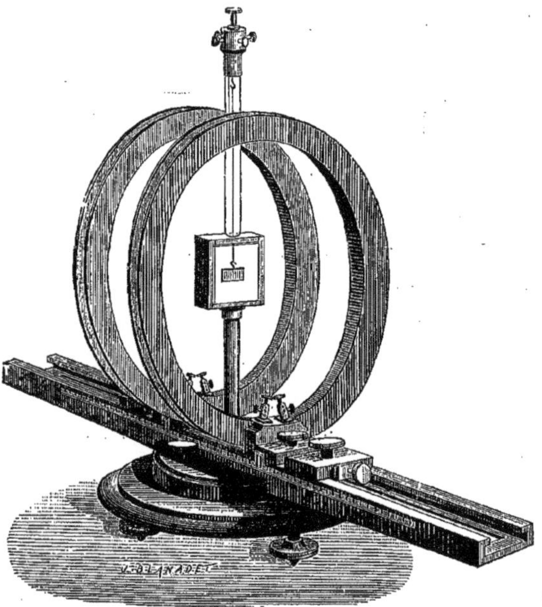

Fig. 364

comme représentant trois cercles de la sphère qui a pour centre le centre du grand cadre. Riecke a cherché à atteindre le même résultat, en plaçant l'aiguille aimantée à l'intérieur d'une spirale enroulée sur la surface d'un ellipsoïde de révolution ; un tel mode d'enroulement crée à l'intérieur de l'ellipsoïde un champ complètement homogène. Mais les difficultés de construction d'une boussole de forme aussi compliquée ne sont pas rachetées par la simplification des formules et on emploie, par suite, pour les mesures de haute précision, les formes de boussole les plus simples, dans le genre de celles décrites plus haut. Pour mesurer des courants très intenses (jusqu'à 1 000 ampères) en mesure absolue, Chopin a construit récemment une boussole des tangentes, dans laquelle une spire auxiliaire circulaire, perpendiculaire à l'enroulement principal, renforce le champ terrestre.

Dans la *boussole des sinus*, proposée également par POUILLET, la bobine, au centre de laquelle est disposée, parallèlement aux spires, l'aiguille aimantée, peut recevoir un mouvement de rotation autour d'un axe vertical. On la fait tourner vers l'aiguille déviée par le courant, jusqu'à ce que le plan de la bobine redevienne parallèle à l'aiguille. Si l'angle de cette rotation est égal à φ, on a évidemment

$$H_0 = \frac{2\pi I}{R} = H \sin \varphi,$$

où H_0 est l'intensité du champ produit par le courant et H la composante horizontale du champ terrestre. On a donc

$$I = \frac{RH}{2\pi} \sin \varphi = C \sin \varphi. \quad (3)$$

L'appareil représenté dans la figure 361 peut servir aussi de boussole des sinus ; la bobine R tourne en même temps que le disque A autour d'un axe vertical et les angles de rotation sont lus sur la graduation fixe T. Cette boussole, qui n'est plus en usage aujourd'hui, présente l'inconvénient de ne pouvoir mesurer des courants d'intensité $I > C$, voir formule (3) ; par contre, ses indications sont évidemment toujours proportionnelles au sinus de l'angle de rotation, quelles que soient la grandeur et la forme de l'aiguille aimantée.

Aux appareils de mesure absolue du genre précédent, appartient aussi le *galvanomètre bifilaire* de W. WEBER (1840), à l'aide duquel l'illustre savant a déterminé pour la première fois la quantité d'eau décomposée, dans l'unité de temps, par l'unité absolue d'intensité de courant. L'appareil se compose d'une bobine de fil circulaire à suspension bifilaire, placée dans le plan du méridien magnétique. Soit n le nombre de tours de la bobine, S l'aire limitée par chaque spire, I l'intensité du courant envoyé dans la bobine. Celle-ci est soumise, dans le plan du méridien magnétique, sous l'action du champ terrestre, à un moment de rotation $SnHI$, et elle s'écarte, par suite, du plan du méridien, d'un angle α tel que la composante $SnHI \cos \alpha$ du moment précédent devienne égale au moment de la suspension bifilaire, qui agit en sens contraire (Tome I, 3e Partie, Chap. VI, § **11**). On a donc

$$SnHI \cos \alpha = C \sin \alpha,$$

où C désigne le coefficient de la suspension bifilaire. On en déduit

$$I = \frac{C}{SHn} \operatorname{tg} \alpha. \quad (4)$$

F. KOHLRAUSCH a montré qu'on peut trouver l'intensité d'un courant en mesure absolue, sans connaître H, en lançant le courant successivement dans une boussole des tangentes et dans un galvanomètre bifilaire. En effet, en égalant les expressions (1) et (4), on peut calculer H et porter la valeur trouvée pour H dans (1) ou dans (4). Une variante de cette méthode, qui réunit dans un même appareil la boussole des tangentes et le galvanomètre bifilaire, a été proposée par W. THOMSON.

La méthode suivante, proposée par Helmholtz et appliquée par Köpsel, mérite une place à part. Entre deux bobines rectangulaires, parcourues par le courant dans des directions contraires, est suspendu verticalement un aimant à l'une des extrémités d'un fléau de balance. Le centre de l'aimant est dans le même plan horizontal que les centres des bobines, mais un peu en dehors de leur axe commun. Quand un courant passe dans les bobines, une force verticale est exercée sur l'aimant ; la grandeur de cette force est déterminée par une pesée. Toutefois, dans la relation, qui lie I à la force mesurée, se présente le moment magnétique de l'aimant, ce qui fait perdre de la précision à la méthode.

b. Méthodes électrodynamiques. L'action mutuelle de deux courants d'intensités I_1 et I_2 (Chap. VII, § 4) est donnée par les formules

$$P = I_1 I_2 \alpha \frac{\partial L_{1,2}}{\partial x} = C_1 I_1 I_2,$$

$$\mathfrak{M} = I_1 I_2 \alpha \frac{\partial L_{1,2}}{\partial x} = C_2 I_1 I_2.$$

Lorsque l'un des courants est fixe, tandis que l'autre ne peut se déplacer que parallèlement à lui-même, P est la force qui tend à déplacer la ligne de parcours mobile et à changer la distance x entre les deux courants ; $L_{1,2}$ est le coefficient d'induction mutuelle des courants distants de x. Quand l'une des lignes de parcours est fixe, alors que l'autre peut tourner autour d'un certain axe, $\mathfrak{M}$ désigne le moment qui tend à faire tourner la ligne de parcours mobile et à changer l'angle α compris entre les plans des deux courants ; dans ce cas $L_{1,2}$ est le coefficient d'induction mutuelle des courants pour la position caractérisée par l'angle α. Si le même courant I passe dans les deux lignes de parcours, on obtient pour P et $\mathfrak{M}$ les expressions suivantes :

$$(5) \qquad \begin{cases} P = C_1 I^2, \\ \mathfrak{M} = C_2 I^2. \end{cases}$$

En mesurant P ou $\mathfrak{M}$ et connaissant C_1 et C_2, on peut exprimer l'intensité de courant I en mesure absolue. Les appareils de mesure de l'intensité d'un courant, qui reposent sur ce principe, s'appellent des *électrodynamomètres absolus*. Dans ces appareils, la mesure de P ou de $\mathfrak{M}$ n'offre pas de difficulté, car la mesure de P se réduit à une pesée, et la détermination de $\mathfrak{M}$ à la mesure de l'angle de rotation d'une bobine, à suspension unifilaire ou bifilaire. La détermination des coefficients C_1 et C_2, à l'aide de la formule (23, *c*), Chap. VII, § 4, est beaucoup moins facile. Ce calcul n'est possible que pour des formes de ligne de parcours très simples (Chap. VII, § 4) ; il est ordinairement considérablement compliqué par le fait qu'en réalité les lignes de parcours des courants sont représentées par des bobines formées de toute une série de spires isolées ; la détermination précise des dimensions des bobines n'est pas elle-même une opération simple. En raison de ces difficultés, Lippmann a même proposé de déterminer les grandeurs C_1 et C_2 expérimentalement. Si on mesure, en effet, $L_{1,2}$ pour plusieurs valeurs de x ou de α

voisines de la position d'équilibre de la bobine mobile, on peut calculer C_1 ou C_2 ; or la mesure de $L_{1,2}$ peut se ramener à la comparaison de ce coefficient avec le coefficient d'induction mutuelle $L_{3,4}$ de deux bobines construites et disposées de façon que $L_{3,4}$ puisse être évalué facilement et exactement.

La construction de tout électrodynamomètre absolu doit donc satisfaire aux conditions principales suivantes : 1. Les bobines agissant l'une sur l'autre

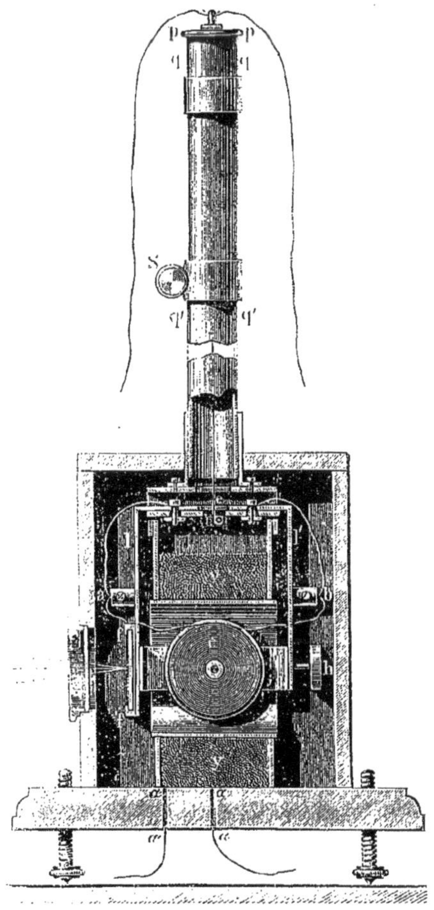

Fig. 365

doivent recevoir une forme et une position telles qu'il soit possible d'évaluer exactement les coefficients C_1 et C_2 ; 2. la bobine mobile doit avoir une position qui permette la mesure précise de P ou de $\mathfrak{M}$; 3. les conducteurs, qui amènent le courant à la bobine mobile, doivent être disposés de telle façon qu'ils ne gênent en rien la parfaite mobilité de cette dernière. L'influence du champ terrestre sur la bobine mobile peut toujours être éliminée, soit par une orientation convenable des bobines par rapport au méridien magnétique, soit par la mesure de P ou de $\mathfrak{M}$, pour deux sens contraires du courant dans les bobines fixes.

L'électrodynamomètre de W. Weber (*fig.* 365), qu'il a employé dans ses recherches classiques sur les lois d'Ampère et que nous avons déjà mentionné dans le Chap. VII, § 6, est le prototype de tous les électrodynamomètres. A l'intérieur de la bobine fixe y est suspendue à un double fil (les fils se recouvrent en projection dans la figure) la bobine mobile e, supportée par une sorte de fourchette ll' et dont l'axe est perpendiculaire à l'axe de la bobine fixe. Le courant traversant successivement les bobines, la bobine mobile e tend à se placer parallèlement à l'autre et tourne en produisant une torsion de la suspension bifilaire. Les angles de rotation sont lus à l'aide du petit miroir f fixé au cadre ll'. L'électrodynamomètre de F. Kohlrausch est tout à fait analogue à l'appareil ci-dessus, sauf que la bobine mobile est suspendue à un fil unique.

Les difficultés que présente la détermination de C_2 dans les appareils précédents ont conduit O. Frölich et ensuite J. Fröhlich à construire des électrodynamomètres *sphériques*. Comme Maxwell l'a montré, il se produit, à l'intérieur d'une bobine sphérique complètement enroulée de fil et parcourue par un courant, un champ magnétique uniforme dans toute son étendue ; l'action extérieure d'une telle bobine correspond à celle d'un aimant infiniment petit de moment magnétique fini. Il en résulte immédiatement qu'une petite bobine sphérique, suspendue à l'intérieur d'une plus grande de façon que les axes des bobines soient perpendiculaires, sera soumise, au passage d'un même courant successivement dans les deux bobines, à un couple proportionnel au sinus de l'angle formé par les axes des bobines. Si la bobine mobile a une suspension bifilaire, le carré de l'intensité du courant qui traverse les spires est proportionnel à la tangente de l'angle de rotation de la bobine intérieure. Mais, si un tel électrodynamomètre est extrêmement simple au point de vue théorique, sa construction doit présenter de grandes difficultés.

Sur le modèle de l'appareil de Weber a été construit un grand électrodynamomètre absolu, dont s'est servie la Commission électrique de la British Association. La partie fixe, aussi bien que la partie mobile, se composent de deux bobines étroites, à une distance l'une de l'autre égale au diamètre des spires, et dont les fils sont enroulés sur des surfaces coniques, comme l'a fait Helmholtz (page 1041) dans la boussole des tangentes. Au même type appartient encore l'électrodynamomètre absolu de Pellat (*fig.* 366). Cet appareil a été réalisé en 1886 par J. Carpentier. Il se compose de deux bobines concentriques à axes rectangulaires : l'une, longue et grosse, a son axe horizontal ; l'autre, placée à l'intérieur de la première, a son axe vertical. Le même courant passé dans les deux bobines ; la petite, se trouvant ainsi placée dans le champ, à peu près uniforme, produit par la plus grande, est soumise à un couple qui tend à dévier son axe de la verticale ; c'est la mesure de ce couple qui fait connaître l'intensité du courant. La petite bobine fait corps avec un fléau de balance qui porte à son extrémité un plateau suspendu à la façon ordinaire. En mettant des poids dans ce plateau, on fait équilibre au couple électrodynamique.

Si la grande bobine présente n spires par unité de longueur, le champ

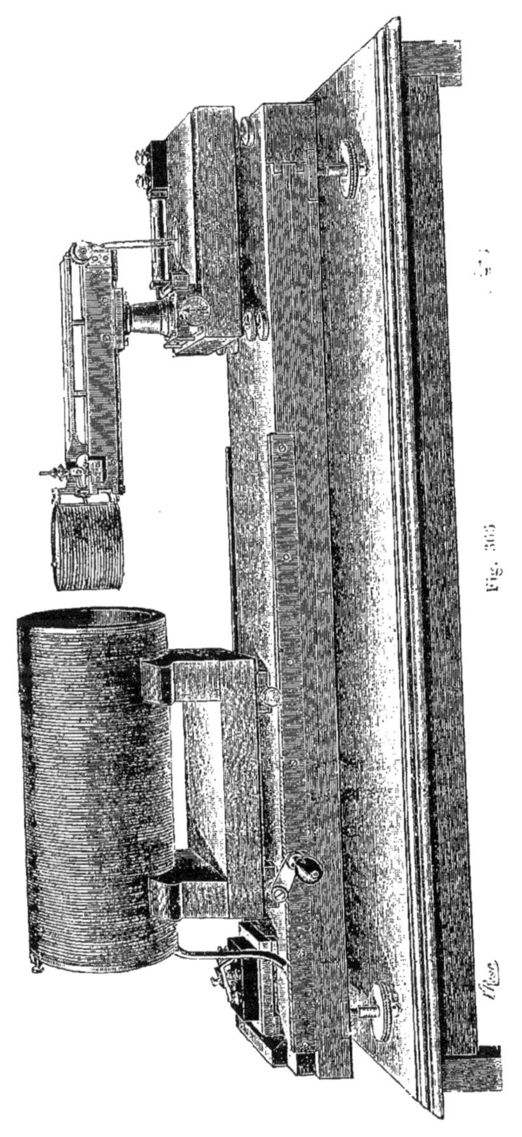

Fig. 366

magnétique vers son milieu sera égal à $4\pi n\mathrm{I}$: sur la petite bobine de rayon r, qui a n' spires, s'exerce le moment de rotation $4\pi n\mathrm{I} \,.\, n'\pi r^2\mathrm{I} = 4\pi^2 nn'r^2\mathrm{I}^2$. Ce moment est équilibré par un poids P agissant sur l'autre bras du fléau de longueur l, de sorte qu'on a

$$\mathfrak{M} = 4\pi^2 nn' r^2 I^2 = Pgl;$$

Pellat a déduit de là la formule suivante

$$(6) \qquad I = \frac{1}{2\pi r}\sqrt{\frac{l}{nn'(1-a)}} \cdot \sqrt{Pg} = A\sqrt{Pg},$$

où $1 - a$ est un facteur de correction introduit pour tenir compte de ce qu'on a appliqué à une bobine de dimension finie une formule valable seulement pour une bobine de longueur infinie. Les déterminations des longueurs qui entrent dans l'expression de la constante A ont été faites par le Bureau international des poids et mesures. Les nombres de tours ont été comptés avec le plus grand soin et toutes les vérifications possibles ont été faites, de manière à assurer à cet appareil le maximum de précision. Le terme correctif a a été déterminé par le calcul et son exactitude a été vérifiée, expérimentalement, au moyen de mesures successives correspondant à différentes positions de la bobine mobile par rapport à la bobine fixe.

Le coefficient A étant déterminé une fois pour toutes, l'intensité du courant est donnée par une simple pesée. Les oscillations du fléau sont observées à l'aide d'un microscope, pourvu d'un réticule, qui vise un micromètre, à traits horizontaux, porté par l'extrémité du fléau. On voit, dans le microscope, ces traits se déplacer verticalement pendant les oscillations. La balance est sensible à 0,1 de milligramme ; un courant de 0,3 ampère est équilibré, à Paris où $g = 908,896$, par un poids de $0^{gr},4180$. En supposant que les erreurs commises dans la détermination des facteurs de la constante s'ajoutent numériquement, on trouve que l'erreur, qui en résulte pour la valeur absolue de l'intensité du courant, ne dépasse pas $\frac{1}{2\,000}$.

Gray et après lui Patterson ont montré que l'expression très compliquée du moment de rotation, qui agit sur la bobine mobile dans l'électrodynamomètre de Weber, se simplifie beaucoup, lorsqu'on donne aux deux bobines une longueur $\sqrt{3}$ fois plus grande que le rayon. On a dans ce cas, avec un haut degré d'exactitude,

$$(7) \qquad \mathfrak{M} = \frac{2\pi^2 r^2 N_1 N_2 I^2}{c},$$

où N_1 et N_2 désignent respectivement le nombre total de spires sur la bobine mobile et sur la bobine fixe, r le rayon de la bobine mobile, et $c = \sqrt{R^2 + l^2}$; R est le rayon de la bobine fixe, $2l$ la longueur de cette bobine, et on a, comme on l'a déjà dit, $\frac{R}{2l} = \frac{1}{\sqrt{3}}$. Patterson et Guthe ont construit, d'après ce principe, un électrodynamomètre absolu, dans lequel la bobine mobile est munie d'une suspension unifilaire et le courant amené par le bas à l'aide de godets remplis de mercure.

La figure 367 représente un électrodynamomètre absolu construit avec le plus grand soin, suivant les indications d'HELMHOLTZ, par le Physikalisch-Technische Reichsanstalt de Charlottenburg. Deux bobines fixes rectangulaires S_1 et S_2 (cette dernière a été sectionnée pour la clarté de la figure) créent le champ magnétique, qui fait tourner la bobine mobile S. Celle-ci est fixée au fléau d'une balance sensible, au-dessus de l'axe de rotation. Le fléau est suspendu à des rubans d'argent $b_1 b_2$, qui amènent le courant à S, et glisse, dans les oscillations, par le demi-cylindre C sur les rubans. Le moment de rotation exercé par $S_1 S_2$ sur S est équilibré par des poids placés sur les plateaux s_1 et s_2. Le coefficient C_2 dans la formule (5) a été déterminé expérimentalement par une méthode analogue à celle de LIPPMANN mentionnée

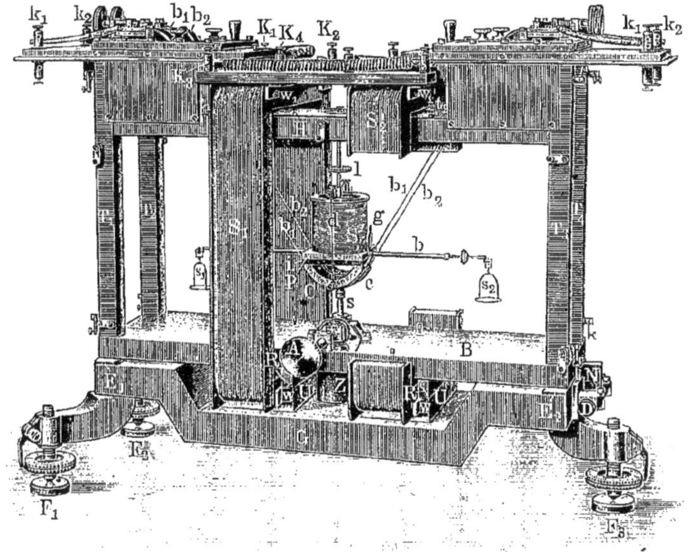

Fig. 367

plus haut. On a calculé tout d'abord le coefficient C_0, par des formules établies par WIEN et DIESSELHORST, pour l'action de S sur une bande métallique rectangulaire construite spécialement et soigneusement mesurée, qu'on pouvait amener entre $S_1 S_2$, dans un plan parallèle à ces bobines. On a comparé ensuite expérimentalement l'action électrodynamique de ce rectangle et des deux bobines S_1 et S_2 sur la même bobine S et on a déduit de l'expérience le nombre n, qui indique combien de fois, pour une même intensité de courant, l'action de S_1 et S_2 est plus grande que l'action du rectangle ; on a alors évidemment $C = nC_0$, C étant le coefficient cherché pour l'électrodynamomètre. Un électrodynamomètre absolu original a été construit récemment (1910) par Mc COLLUM. Dans cet appareil, une petite bobine mobile est suspendue à l'intérieur d'une grande bobine fixe horizontale, de façon que leurs axes soient parallèles ; l'intensité du courant se détermine au moyen du rapport des durées d'oscillation de la bobine mobile, quand il ne passe aucun courant dans les bobines et lorsqu'on y fait passer le courant à mesurer.

Dans un autre type fondamental d'électrodynamomètre, la bobine mobile se meut parallèlement à elle-même sous l'action des forces pondéromotrices exercées par la bobine fixe. De tels appareils ont été construits par Joule, Cazin et Neumann. Le premier électrodynamomètre de ce genre, méritant le nom d'absolu, a été construit par Helmholtz (1881) ; un perfectionnement de cet appareil consiste dans l'électrodynamomètre de Lord Rayleigh, avec lequel Lord Rayleigh et Mrs Sidgwick ont déterminé l'équivalent électrochimique de l'argent (1884). Dans cet électrodynamomètre, deux bobines

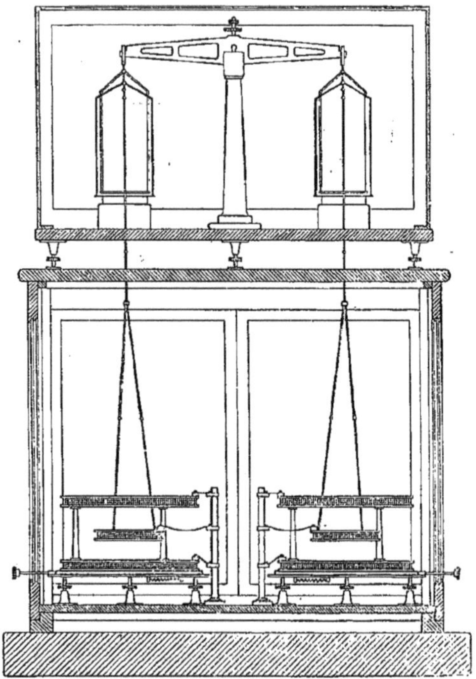

Fig. 368

mobiles, suspendues aux deux extrémités du fléau d'une balance sensible, sont disposées chacune entre deux bobines fixes ; ces dernières sont reliées l'une à l'autre de façon que leurs actions sur les bobines mobiles s'ajoutent. Les bobines fixes ont en moyenne un rayon d'environ 25^{cm} et les bobines mobiles un rayon d'environ 10^{cm} ; la section d'une spire est un carré ayant environ 1^{cm},5 de côté. La distance entre les bobines fixes est égale à leur rayon, ce qui donne, comme le montre une étude des formules, le maximum d'attraction sur les bobines mobiles. Le courant est amené à chaque bobine mobile par des spirales de fil extrêmement fin. L'électrodynamomètre absolu, dont se sont servis JANET, LAPORTE et JOUAUST en 1908 pour la détermination de l'équivalent électrochimique de l'argent, a été construit exactement d'après le même principe ; il est représenté dans la figure 368.

Dans l'appareil d'HEYDWEILLER, entre deux bobines circulaires fixes, parallèles et verticales, se trouve une bobine mobile autour d'un axe horizontal perpendiculaire à l'axe commun des bobines fixes. Cet axe de rotation passe par le plan médian de la bobine mobile et est situé au-dessus de l'axe commun des bobines fixes. Dans l'électrodynamomètre absolu de MASCART (1882) une longue bobine mobile (500^{mm}) est attirée dans une bobine fixe peu haute (40^{mm}). Dans un appareil décrit récemment par AYRTON, MATHER et SMITH, la bobine mobile, qui est courte, est suspendue à l'intérieur de deux longues bobines fixes, contiguës.

Les électrodynamomètres du type d'HELMHOLTZ-LORD RAYLEIGH possèdent la propriété particulière, indiquée par LORD RAYLEIGH, qu'une détermination précise des dimensions des spires n'est pas nécessaire pour obtenir le coefficient C_1 de la formule (5). La formule fondamentale relative à cet électrodynamomètre a été établie par MAXWELL ; si on désigne par R et r les rayons de deux courants circulaires parallèles, qui ont même axe et se trouvent à la distance l l'un de l'autre, on a

$$C_1 = \pi \frac{l\gamma}{\sqrt{Rr}} \left(2F - \frac{2 - \gamma^2}{1 - \gamma^2} E \right), \tag{8}$$

où

$$\gamma = 2 \sqrt{\frac{Rr}{(R + r)^2 + l^2}},$$

F et E étant des intégrales elliptiques complètes de premier et de second ordre, de module γ. Le calcul de la formule (8) est très facilité par des tables que LORD RAYLEIGH a établies et dans lesquelles on trouve, pour une valeur donnée de γ, d'un seul coup les logarithmes des grandeurs entrant dans l'expression entre parenthèses de la formule (8). On peut se rendre compte aisément que C_1 est simplement une fonction de $\frac{r}{R}$ et $\frac{l}{R}$; avec la condition $l = R$ déjà mentionnée plus haut, l'unique grandeur, dont la connaissance est nécessaire pour la détermination de C_1, est $\frac{r}{R}$. On peut déterminer cette grandeur soit en mesurant les bobines, soit directement par voie expérimentale, ainsi que cela a été indiqué pour la première fois par BOSSCHA : les conducteurs circulaires étudiés sont placés concentriquement l'un à l'intérieur de l'autre, dans le plan du méridien magnétique. Les boîtes de résistances W_1 et W_2 (*fig.* 369) sont successivement ajoutées aux conducteurs et les deux circuits sont reliés comme les dérivations d'un même courant, mais de façon que les champs magnétiques produits par les conducteurs circulaires soient de sens contraires. On choisit W_1 et W_2 de façon que les champs magnétiques se compensent parfaitement, c'est-à-dire de manière qu'une aiguille aimantée, suspendue au centre commun des cercles, n'éprouve pas de déviation au passage d'un courant. Si I_1 et I_2 sont les intensités de courant dans les branches de la dérivation et w_1, w_2 les résistances des enroulements, on a évidemment dans ce cas

$$\frac{I_1}{I_2} = \frac{R}{r} = \frac{W_2 + w_2}{W_1 + w_1};$$

autrement dit, la mesure du rapport $\frac{r}{R}$ est ramenée à celle du rapport de deux résistances, qu'on peut effectuer avec une grande exactitude.

Tout ce qui a été dit ci-dessus ne se rapporte, en toute rigueur, qu'à deux courants circulaires, tandis qu'en réalité on a affaire dans les électrodynamomètres à des bobines circulaires, portant un grand nombre de spires. Les méthodes analytiques et les formules permettant de passer du cas théorique de deux courants circulaires au cas réel des bobines ont été indiquées par Purkiss et ensuite par Lyle; Rosa a fait une étude critique de ces méthodes.

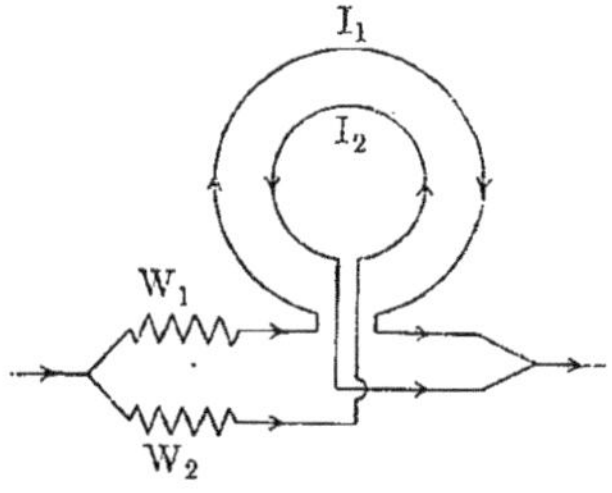

(Fig. 369)

Il nous reste encore à mentionner les *électrodynamomètres techniques*, employés en électrotechnique pour la vérification des appareils de mesure calibrés, par exemple des ampèremètres. Le plus connu de ces appareils est l'*ampère-balance* de W. Thomson, dont la construction est analogue à celle de l'électrodynamomètre de Lord Rayleigh ; l'équilibre détruit par les actions électrodynamiques est rétabli par le déplacement d'un petit poids spécial le long du fléau d'une balance et de la position de ce poids on déduit l'intensité du courant ; des appareils de ce genre ont été construits pour des courants de un centième d'ampère à plusieurs milliers d'ampères. *L'ampère-étalon* Pellat est basé sur le même principe que l'électrodynamomètre absolu de ce physicien et n'en diffère que par ses dimensions. Il est représenté dans la figure 370 ; la bobine fixe est très réduite de longueur ; la bobine mobile est montée au milieu du fléau de la balance. Dans le modèle construit par J. Carpentier, la résistance de la bobine fixe est d'environ 15 ohms et celle de la bobine mobile de 10 ohms. Les ampère-étalons sont gradués par comparaison avec l'électrodynamomètre absolu et leur constante est déterminée très exactement. Cette constante a une valeur très voisine de 0,2. L'intensité du courant est donnée, comme avec l'électrodynamomètre absolu, par une simple pesée. Les ampère-étalons sont destinés à la mesure directe des courants variant en 0,1 et 0,5 ampère. La balance est sensible à 0,1 de milligramme ; un courant de 0,3 ampère est équilibré par 1,5 gramme environ. Les mesures d'un même courant, faites par divers ampère-étalons, ne doivent pas différer de plus de $\frac{1}{10\,000}$ de leur valeur, ni de la valeur donnée par l'électrodynamomètre absolu. Un ampère-étalon Pellat permet en outre, joint à un étalon de résistance, de mesurer exactement toutes les forces électromotrices, et joint à une boussole des tangentes, de mesurer la composante horizontale du magnétisme terrestre.

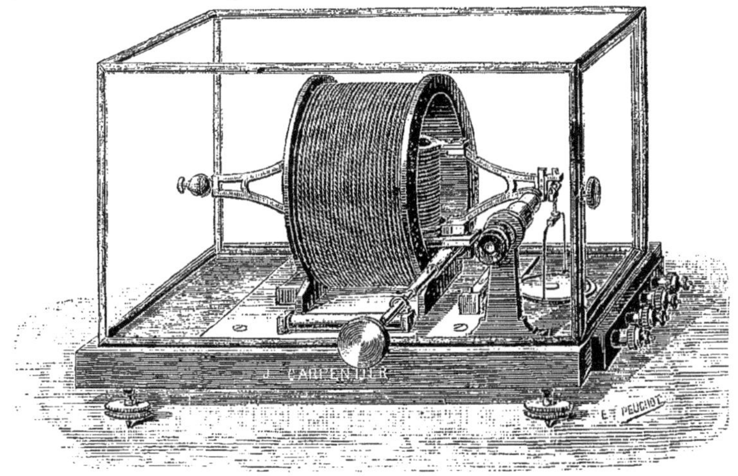

Fig. 370

B. **Mesure de l'intensité d'un courant à l'aide du voltamètre.** Les phénomènes de l'électrolyse, qui suivent rigoureusement les lois de Faraday, fournissent les méthodes les plus précises pour la mesure de l'intensité des courants. Si on désigne par p l'équivalent électrochimique du métal, dont le sel dissous est soumis à l'électrolyse, et si le courant constant à mesurer sépare de la solution, en T secondes, P milligrammes du métal, l'intensité I du courant est égale à

$$I = \frac{P}{pT}. \tag{9}$$

La détermination de l'intensité d'un courant se ramène ainsi à la mesure d'un poids et à l'évaluation d'un intervalle de temps, mesures qu'on peut effectuer avec un haut degré de précision. De la seconde loi de Faraday résulte qu'on a besoin simplement de connaître l'équivalent électrochimique d'un seul ion, pour obtenir cette grandeur à l'égard de tous les ions. Il s'ensuit que, pour pouvoir appliquer la méthode électrolytique à la mesure de l'intensité des courants, il faut déterminer avec la plus grande exactitude possible l'équivalent électrochimique d'un métal quelconque. On a choisi dans ce but l'*argent* et en effet, son poids équivalent élevé (107,88), sa monovalence dans toutes les combinaisons, la propriété qu'il possède de donner de très bons précipités, rendent ce métal particulièrement bien choisi pour l'objectif que l'on poursuit.

Les travaux les plus importants sur la détermination de l'équivalent électrochimique de l'argent ont déjà été cités, en même temps que leurs résultats. Toutes ces recherches ont été faites suivant le même schéma : l'intensité d'un courant, ayant décomposé une solution aqueuse de $AgAzO^3$, a été déterminée en mesure absolue à l'aide d'une boussole des tangentes (F. et W. Kohlrausch, Dijk et Kunst) ou d'un électrodynamomètre (Lord Rayleigh et Mrs Sidgwick, Pellat et Potier, Patterson et Guthe), ou bien d'après la loi d'Ohm, en mesurant la différence de potentiel qu'accuse le courant à mesurer aux extrémités d'un conducteur de résistance connue (Kahle).

Aux travaux déjà mentionnés, quelques autres sont venus s'ajouter récemment (tous effectués à l'aide de l'électrodynamomètre), savoir :

	p
Guthe (1906)	$1^{mg},11773$ et $1^{mg},1182$
Smith, Mather et Lowry (1907) . .	1,11827
Janet, Laporte et de la Gorce (1908).	1,11821
Laporte et de la Gorce (1910) . . .	1,11829

En outre F. Kohlrausch (1908) a soumis les travaux de F. et W. Kohlrausch (1884) à une nouvelle étude critique, qui l'a conduit à s'en tenir à la valeur $1^{mgr},1183$ obtenue dans ces recherches, laquelle concorde d'une façon tout à fait surprenante avec les résultats des récentes expériences.

Lorsqu'on choisit, dans la détermination de l'intensité d'un courant, l'une des valeurs données plus haut pour l'équivalent électrochimique de l'argent, on a l'intensité du courant en mesure absolue (en ampères théoriques = 0,1 unité C. G. S. d'intensité de courant) avec un degré d'exactitude, qui ne dépasse pas celui avec lequel a été obtenue la grandeur p dont on se sert. Pour avoir l'intensité du courant en ampères internationaux, il faut poser $p = 1,11800$, valeur adoptée par la Conférence internationale de 1908 pour la détermination de l'ampère, (page 966), de sorte qu'ici l'exactitude du résultat final dépend exclusivement de la précision réalisée dans les mesures elles-mêmes.

Pour déterminer l'intensité d'un courant, l'électrolyse a lieu dans des appareils spéciaux, appelés par Faraday *voltaélectromètres* ou *voltamètres*. Il serait assurément plus exact de les dénommer *coulombmètres*, car ils donnent immédiatement $Q = \int_0^T I dt$; ce n'est que dans le cas où I est constant que l'on peut écrire $I = \frac{Q}{T}$.

a. Voltamètre a argent. On se sert comme électrolyte d'une solution aqueuse contenant 10 à 20 % d'azotate d'argent pur, neutre, qu'on obtient par recristallisation de $AgAzO^3$ du commerce, chimiquement pur. On emploie ordinairement comme cathode une coupelle de platine, renfermant la solution, et comme anode une plaque ou une tige d'argent pur, plongée dans la couche supérieure de la solution. L'argent se dépose sur la paroi de la coupelle de platine, sous forme d'une couche cohérente finement cristallisée. Pour que les particules d'argent, qui peuvent se détacher de l'anode mécaniquement par érosion due au courant, ne tombent pas au fond de la coupelle de platine où elles augmenteraient le poids de l'argent précipité, on entoure l'anode d'un petit sac de papier à filtrer ou d'un petit cylindre d'argile poreuse ; on suspend encore au-dessous de l'anode une coupelle en verre. Les formes extérieures que les divers expérimentateurs ont données au voltamètre à argent sont très variées ; GUTHE (1904), SMITH (1908), ainsi que JÄGER et STEINWEHR (1908) ont fait une étude critique de ces formes et ont trouvé qu'avec un usage rationnel toutes donnent des résultats à peu près identiques. Toutefois l'emploi de petits sacs en substances organiques (papier) autour de l'anode soulève quelque objection, car les voltamètres munis de ces enveloppes donnent des dépôts sensiblement plus importants que les voltamètres à coupelle de verre ; ROSA, VINAL et MC DANIELL (1910) ont donné une explication de ce fait en faisant remarquer que la cellulose du papier, dans l'électrolyse, sépare de la solution, par un processus chimique complexe, de l'argent colloïdal, qui se précipite sur la cathode. Comme type des voltamètres à argent modernes, on peut citer celui de KOHLRAUSCH (1883 et 1908) représenté en coupe à l'échelle de 2/3 sur la figure 371. L'anode

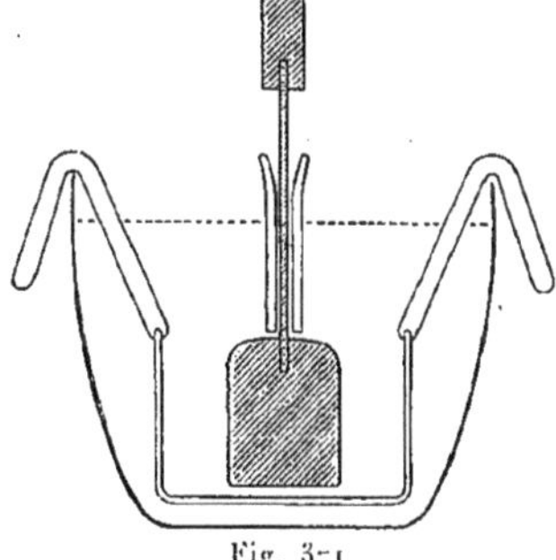

Fig. 371

massive d'argent est suspendue à une tige en argent protégée par un petit tube en verre, tandis que les bords du creuset en platine portent trois crochets en verre, qui soutiennent le petit vase protecteur en verre. Ce petit vase recueille non seulement les particules d'argent détachées de l'anode, mais tient aussi éloignée de la cathode la partie de l'électrolyte, voisine de l'anode, dans laquelle se forment des combinaisons oxygénées d'argent, qui peuvent comme RICHARDS et HEIMROD l'ont montré, agir sur le processus de l'électrolyse. Pour que le dépôt d'argent soit suffisamment dense et cohérent, il faut que la densité de courant sur la cathode ne dépasse pas 0,02 ampère par cmq, et sur l'anode 0,2 ampère par cmq. Pour que le dépôt s'enlève facilement par lavage avant la pesée, on ne précipite pas ordinairement plus de 100^{mgr} d'argent par cmq de la cathode. Nous ne pouvons entrer ici dans l'indication détaillée des règles établies pour l'emploi des voltamètres à argent, ni dans celle des précautions à prendre pour effectuer des mesures précises avec ce genre d'instrument; on trouvera ces renseignements dans les travaux des auteurs précédents, ainsi que dans ceux de Kahle, Jäger et Steinwehr, Richards, Collins et Heimrod, et dans les comptes rendus de la Commission internationale de 1908.

De nombreuses recherches ont été consacrées à l'étude des actions de divers facteurs sur le voltamètre à argent ainsi qu'à la question importante de savoir si la température et la pression n'agissent par sur la charge de l'ion d'argent, c'est-à-dire sur l'équivalent électrochimique. Les observations de Merril (1900) ont montré que ni la pression (jusqu'à 12 atm.), ni la température (jusqu'à 90°) n'ont d'influence sur l'équivalent; l'absence d'effet dû à la température a été également confirmée par les expériences de Kohlrausch et Weber (1907).

Parmi les diverses formes du voltamètre à argent, il faut mentionner le *voltamètre à titrage* de W. Kistiakowskyi, dans lequel la quantité d'argent séparée de l'anode est déterminée par titrage; cet appareil est particulièrement commode pour la mesure rapide des faibles courants (jusqu'à 0,2 ampère). Les *microvoltamètres* de Bose et Conradt, ainsi que ceux de Brill et Evans représentent des variantes du voltamètre à argent, que l'on emploie pour mesurer des courants très faibles de quelques milliampères. Farup a même mesuré des courants de 0,1 milliampère, dans un voltamètre à argent renfermant une solution de cyanate de potasse et d'argent protégée contre l'accès de l'oxygène de l'air.

b. Voltamètre a cuivre. L'équivalent électrochimique du cuivre a été déterminé à plusieurs reprises expérimentalement. Les anciennes déterminations (Vanni, Meikle) ont donné des valeurs un peu trop petites, probablement à cause des phénomènes chimiques secondaires qui accompagnent l'électrolyse des solutions de sulfate de cuivre. Les déterminations très soignées de Richards, Heimrod et Collins (1900 et 1902) ont donné les valeurs 0^{mgr},3292 et 0^{mgr},32929, très voisines de celles qui peuvent être obtenues par le calcul, en partant de l'équivalent électrochimique de l'argent. Si on prend pour point de départ la valeur conventionnelle de l'équivalent électrochimique de l'argent $p = 1,11800$, qui a servi pour la définition de l'ampère international, le poids équivalent de l'argent étant 107,88 (ainsi qu'il a été admis par la Commission internationale pour la détermination des poids atomiques en 1909) et celui du cuivre étant 31,8, on arrive à ce résultat qu'un ampère international sépare, en une seconde, 0^{mgr},3296 de cuivre d'une solution de sulfate de cuivre.

Dans le voltamètre à cuivre, on doit se servir comme anode d'une plaque de cuivre pur et comme cathode d'une plaque de cuivre ou de platine. On emploie comme électrolyte une solution non complètement saturée de $CuSO^4$ pur (15 à 20^{gr} de $CuSO^4$ cristallisé pour 100^{gr} d'eau); parfois, on acidule la solution en ajoutant de petites quantités d'acide sulfurique. Oettel recommande d'ajouter de l'alcool à la solution (125^{gr} de $CuSO^4$, 50^{gr} de H^2SO^4 et 50^{gr} d'alcool pour 1 litre d'eau). Pour obtenir un précipité de cuivre compact et dense, la densité de courant sur la cathode ne doit pas dépasser 0,04 ampère par cmq. Les résultats donnés par le voltamètre à cuivre ne peuvent pas avoir le haut degré d'exactitude qu'on obtient avec le voltamètre à argent, aussi bien à cause de l'équivalent électrochimique relativement petit du cuivre qu'en raison des phénomènes chimiques assez complexes, qui accompagnent l'électrolyse du sulfate de cuivre et qui peuvent modifier la quantité de cuivre déposée par le courant. FÖRSTER, MEYER et RICHARDS, COLLINS et HEIMROD ont étudié ces phénomènes. Ces auteurs et déjà avant eux SHEPART ont montré cependant qu'en prenant les précautions voulues, le voltamètre à cuivre ne le cède pas beaucoup, pour l'exactitude de ses résultats, au voltamètre à argent.

Le voltamètre à cuivre est surtout appliqué à la mesure des courants intenses, c'est-à-dire en électrotechnique. On a proposé fréquemment, pour rendre son emploi plus commode, de suspendre directement la cathode à l'un des bras du fléau d'une balance (WENDLER).

c. VOLTAMÈTRE A EAU. Les quantités d'hydrogène et d'oxygène, dégagées dans la décomposition de l'eau par le passage d'un coulomb, peuvent être facilement calculées. Si on prend l'équivalent électrochimique de l'argent égal à $1^{mgr},11800$ (poids équivalent 107,88), on obtient, pour l'hydrogène (1,008), $0^{mgr}010446$ et, pour l'oxygène (8,000), $0^{mgr},08291$; ces quantités correspondent à $0^{mgr},09335$ d'eau décomposée ; les gaz dégagés occupent à 0° et sous 760^{mm} de pression un volume de $0^{cmc},1740$, les deux tiers de ce volume étant pris par l'hydrogène et un tiers par l'oxygène. La détermination expérimentale très soignée de l'équivalent électrochimique pour l'hydrogène et l'oxygène, effectuée par LEHFELDT (1908), a donné $0^{cmc},17394 \pm 0^{cmc},00001$ de gaz par coulomb, ce qui se rapproche beaucoup du résultat trouvé par le calcul, qui a été indiqué plus haut.

Dans le voltamètre à eau, on électrolyse ordinairement une solution contenant 10 à 20 % d'acide sulfurique, entre des électrodes de platine. A l'anode, en dehors de l'oxygène, sont encore produits, en faibles quantités, de l'ozone, de l'eau oxygénée et de l'acide persulfurique ; par suite, dans les mesures précises, en particulier celles des faibles courants, on rassemble et on mesure seulement l'hydrogène. COEHN et OSAKA ont montré qu'avec des électrodes de nickel, dans une solution de potasse caustique proposée comme électrolyte par OETTEL, il ne se produit pas d'ozone ; mais par contre, RIESENFELD a établi que les électrodes de nickel donnent lieu à toute une série de phénomènes chimiques secondaires, qui peuvent entraîner, dans le résultat, des erreurs atteignant jusqu'à 15 %. LEHFELDT a étudié avec un soin particulier la question du choix du meilleur électrolyte. En comparant au voltamètre à argent un voltamètre rempli de différents électrolytes, il a trouvé qu'entre des électrodes de platine on n'obtient des valeurs tout à fait exactes qu'avec une solution contenant 10 à 30 % de Na^2SO^4 et une solution contenant 5 à 10 % de $K^2Cr^2O^7$; H^2SO^4 donne des écarts atteignant jusqu'à 1 %. Quand on détermine l'intensité d'un courant au moyen du voltamètre à eau, il faut ramener par le calcul le volume de gaz obtenu dans l'électrolyse à 0° et à 760mm de pression. En désignant par V le volume de gaz qui s'est dégagé à $t°$, par H la pression barométrique, par h la différence des niveaux respectifs de l'électrolyte, dans la partie du vase au-dessus de laquelle se trouve le gaz et dans la partie qui communique avec l'air extérieur, par δ la densité de l'électrolyte, par s la densité de vapeur de l'électrolyte à la température t, le volume réduit V_0 est évidemment égal à

$$(10) \qquad V_0 = V \cdot \frac{H - \frac{h\delta}{13,6} - s}{760(1 + 0,00367\,t)}.$$

Les formes les plus usuelles du voltamètre à eau, celles de A. W. Hoffmann et de F. Kohlrausch, ont déjà été décrites dans le Chap. V, § 2. D'autres formes de voltamètres à eau ont été proposées par Müller, Kolbe, Grimsehl, Turrentine, etc. Brüggemann et Lehfeldt ont décrit des voltamètres spécialement disposés pour les mesures précises d'intensité de courant; on peut, avec ces appareils, obtenir l'intensité d'un courant à 0,1 % près. On a aussi souvent décrit des voltamètres à eau, dans lesquels la quantité d'hydrogène dégagé est déterminée *par pesée* du voltamètre avant et après l'expérience. Un type original de voltamètre à eau est l'*ampère-manomètre* de Bredig et Hahn (*fig.* 372). Dans cet appareil, le gaz tonnant, formé par électrolyse d'une faible solution de potasse caustique entre des électrodes de nickel b et c, se dégage d'une façon continue du voltamètre par le tube capillaire f: le tube sinueux d et un tampon d'ouate e retiennent les gouttelettes d'électrolyte entraînées par le courant gazeux. Au passage du courant la pression dans le manomètre monte, aussi longtemps que la quantité de gaz qui sort par f dans l'unité de temps n'est pas égale à celle dégagée par l'électrolyse; on lit la pression sur le manomètre à eau g. Comme, d'après la loi de Poiseuille, la quantité de gaz qui s'échappe est proportionnelle à la pression, que celle-ci est elle-même proportionnelle à la quantité de gaz dégagée dans l'unité de temps, c'est-à-dire à l'intensité du courant, les indications du manomètre doivent être proportionnelles à l'intensité du courant. D'après les expériences de Hahn, on a, pour le gaz tonnant humide à la température ordinaire, $P = \frac{8,4lI}{10^4 . r^4}$, où l est la grandeur du tube capillaire en centimètres, r son rayon en millimètres, I l'intensité du courant en ampères, P l'indication du manomètre en centimètres de colonne d'eau. Par un choix convenable de la longueur et du rayon du tube capillaire, on arrive facilement à faire corres-

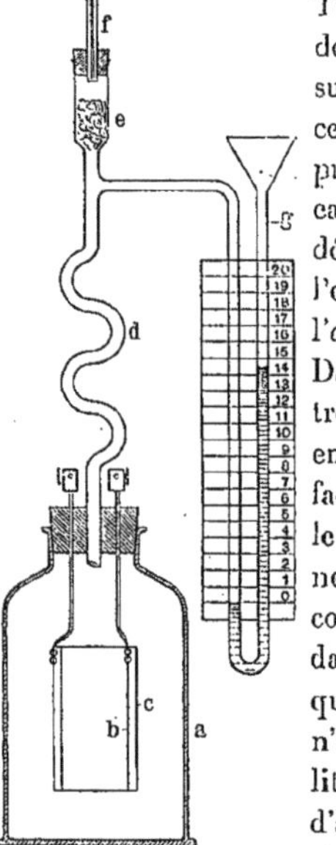

Fig. 372

pondre un centimètre de la colonne d'eau à 1 ampère, 10 ampères ou toute autre valeur de l'intensité du courant.

Des recherches des auteurs précédents, ainsi que de celles de NABER, il résulte que le voltamètre à eau peut, en prenant les précautions voulues, donner des résultats dont l'erreur n'atteint qu'un faible pourcentage. Un inconvénient commun à tous les voltamètres à eau réside dans leur grande force électromotrice de polarisation, ce qui limite l'emploi de ces voltamètres aux forces électromotrices supérieures à la force de polarisation.

d. VOLTAMÈTRES A IODE, PLOMB OU MERCURE. Le poids atomique élevé de l'iode (126,5) a conduit HERROUN à proposer un *voltamètre à iode*, dans lequel la quantité d'iode libre, formé par électrolyse de l'iodure de zinc entre une anode en platine et une cathode en zinc, est déterminée par titrage avec de l'hyposulfite de soude. Le voltamètre à iode a été étudié d'une manière approfondie par DANNEEL et par KREIDER ; celui-ci a montré que ce voltamètre semble toujours donner des valeurs dépassant jusqu'à 0,1 % celles du voltamètre à argent. Parmi les autres types de voltamètres, nous mentionnerons encore le voltamètre à plomb de BATTS et KORN, le voltamètre à brome de HATFIELD, mais en particulier les voltamètres à mercure de WRIGHT (décrit par DICK et DANNEEL), HATFIELD et d'autres encore, qui ont récemment trouvé emploi dans la technique, en qualité de compteurs d'ampère-heures ; LEHFELDT a décrit un voltamètre à mercure pour de faibles courants.

C. **Mesure de l'intensité d'un courant à l'aide de la loi d'Ohm.** Soit un courant d'intensité inconnue I, qui passe dans un circuit renfermant une résistance connue R. En mesurant la différence de potentiel E aux extrémités de cette résistance, on peut, à l'aide de la loi d'OHM, obtenir l'intensité du courant par la formule $I = \frac{E}{R}$. Lorsque la différence de potentiel et la résistance sont exprimées en unités absolues, il en est de même de l'intensité du courant. Si R est exprimé en ohms internationaux et E en volts internationaux, on a I en ampères internationaux, et, dans le résultat de la mesure de I, se retrouvera l'inexactitude avec laquelle aura été déterminé l'étalon de force électromotrice au moyen de I et R. Cette méthode, très commode pour la mesure rapide et exacte de l'intensité d'un courant, s'est particulièrement répandue, depuis que le remarquable développement des méthodes de compensation a permis de comparer avec rapidité et précision toute différence de potentiel à l'étalon de force électromotrice, l'élément normal. Il sera parlé plus en détail de cette méthode de mesure de l'intensité d'un courant à propos des méthodes de compensation ; nous dirons seulement ici que tous les meilleurs instruments techniques récents pour la mesure de l'intensité des courants, les ampèremètres, sont en principe basés sur la méthode que nous venons d'indiquer.

D. **Méthode électrométrique de mesure de l'intensité d'un courant.** Si le courant I à mesurer amène en t secondes un corps, dont la capacité est de C farads, à un potentiel de V volts, la quantité d'électricité passée sur le corps est $Q = It = VC$, d'où $I = \frac{VC}{t}$. Cette méthode, qui permet de mesurer, avec une exactitude peu élevée il est vrai, des courants d'une intensité descendant jusqu'à 10^{-15} ampère, est actuellement beaucoup employée pour l'étude des courants électriques dans les gaz ionisés.

2. Galvanomètres. — Pour déceler et mesurer de faibles courants, on emploie les *galvanomètres*, instruments aussi indispensables au physicien que la balance et le thermomètre. Le premier galvanomètre a été le *multiplicateur* de SCHWEIGGER (1820), construit aussitôt après la découverte par

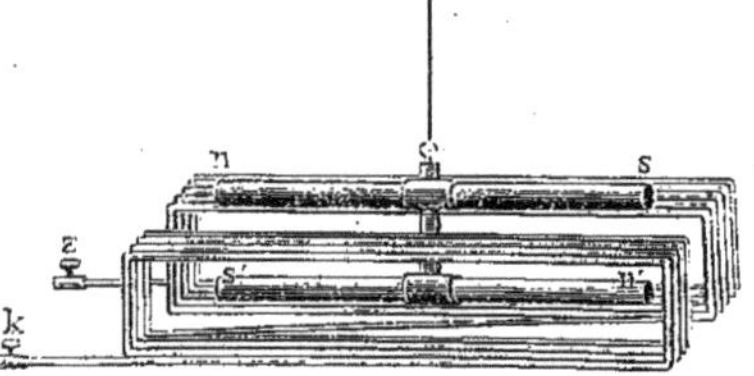

Fig. 373

OERSTEDT de l'action du courant sur l'aiguille aimantée ; il était constitué par un cadre rectangulaire, sur lequel était enroulé un fil isolé ; à l'intérieur du cadre se trouvait une aiguille aimantée suspendue à un fil fin. En 1826, NOBILI a proposé l'aiguille double *astatique* (*fig.* 373), et a augmenté ainsi

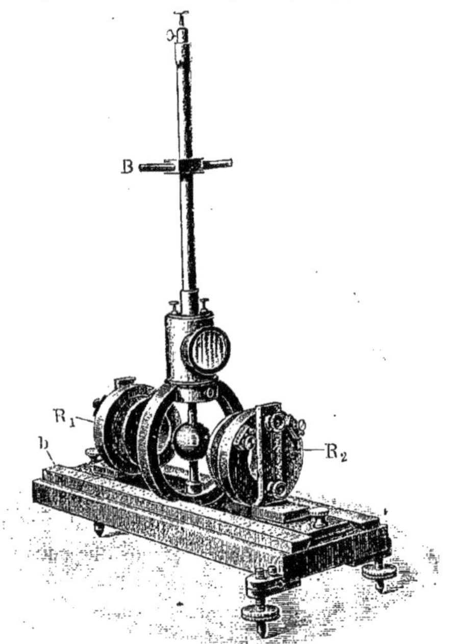

Fig. 374

d'un seul coup considérablement la sensibilité du galvanomètre ; en effet, la force directrice du champ terrestre sur une telle aiguille peut être rendue aussi petite que l'on veut, tandis que le champ du courant fait dévier les deux aiguilles dans le même sens. Faraday (1832 à 1855) s'est servi, dans tous ses travaux, d'un galvanomètre de ce genre. Gauss et Weber ont employé, dans leurs célèbres recherches (1833 à 1846), un grand multiplicateur à section elliptique, dont l'aimant pesant environ $0^{kg},5$ était suspendu à un long fil de soie ; ils se sont servis en outre, pour la lecture des déviations, de la méthode du miroir proposée dès 1826 par Poggendorff. L'aimant, long (30^{cm}) et lourd, avait une durée d'oscillation d'environ 14 secondes, et ne venait jamais au repos complet, ce qui obligeait les opérateurs à recourir à des méthodes compliquées, pour le calcul de la déviation finale de l'aimant au moyen des déviations dans différentes oscillations. Les mêmes causes ont conduit Weber à sa méthode du *rejet* et à celle du *multiplicateur* (voir plus loin), pour l'observation des faibles courants.

Dans ce même galvanomètre, a été aussi employé pour la première fois un *amortisseur*, reposant sur l'action des courants induits engendrés par les

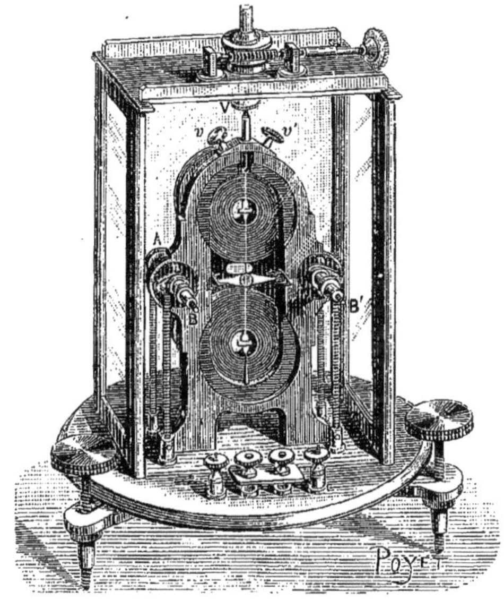

Fig. 375

oscillations de l'aiguille dans une masse de cuivre entourant l'aimant. G. Wiedemann (1853) a décrit un type de galvanomètre très commode, qui s'est beaucoup répandu et se trouve encore en usage aujourd'hui (*fig.* 374) ; le champ magnétique est produit par deux bobines R_1 et R_2, entre lesquelles est suspendue à un fil fin de cocon l'aiguille aimantée à l'intérieur d'un amortisseur sphérique D en cuivre. Les déviations de l'aiguille sont observées, par une petite fenêtre pratiquée dans le tube de suspension, au moyen d'une lunette et d'un miroir léger fixé à la petite tige qui porte l'aimant. On voit en B, sur le tube de suspension, l'aimant qui rend le système astatique, et dont l'emploi, en vue d'augmenter la sensibilité de l'instrument, a été proposé en 1841 par Melloni. Cet aimant est disposé de telle façon qu'il affaiblit l'action du champ terrestre à l'endroit où se trouve l'aiguille aimantée et diminue par suite le couple qui tend à ramener l'aiguille déviée dans sa position d'équilibre. Par un déplacement convenable de l'aimant qui rend l'appareil astatique et par le rapprochement ou l'éloignement des bobines

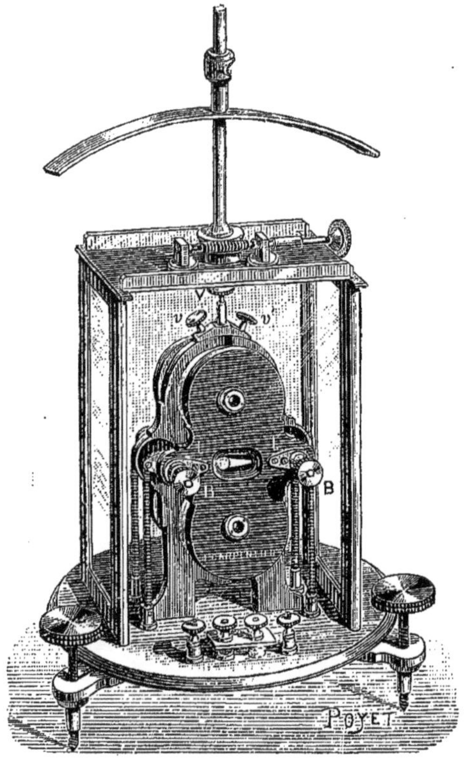

Fig 376

B_1 et B_2, on peut faire varier dans de larges limites la sensibilité du galvanomètre.

Un progrès important a ensuite été réalisé dans la galvanométrie par W. Thomson (1851), qui a construit, pour les besoins de la télégraphie transatlantique, un galvanomètre astatique particulièrement sensible. La caractéristique essentielle de cet instrument réside dans l'extrême légèreté du système mobile, constitué par un équipage de très petits aimants muni d'un très petit miroir et suspendu par un fil de cocon extrêmement fin à l'intérieur d'une double paire de bobines (*fig.* 375, une paire de bobines est démontée) ;

les mouvements du petit miroir sont observés par une petite fenêtre dans les flasques portant les bobines. Le galvanomètre est placé dans une cage en verre ; le long d'une tige verticale en laiton, fixée au couvercle de la cage (*fig.* 376), peut se déplacer l'aimant qui rend le système astatique. Le

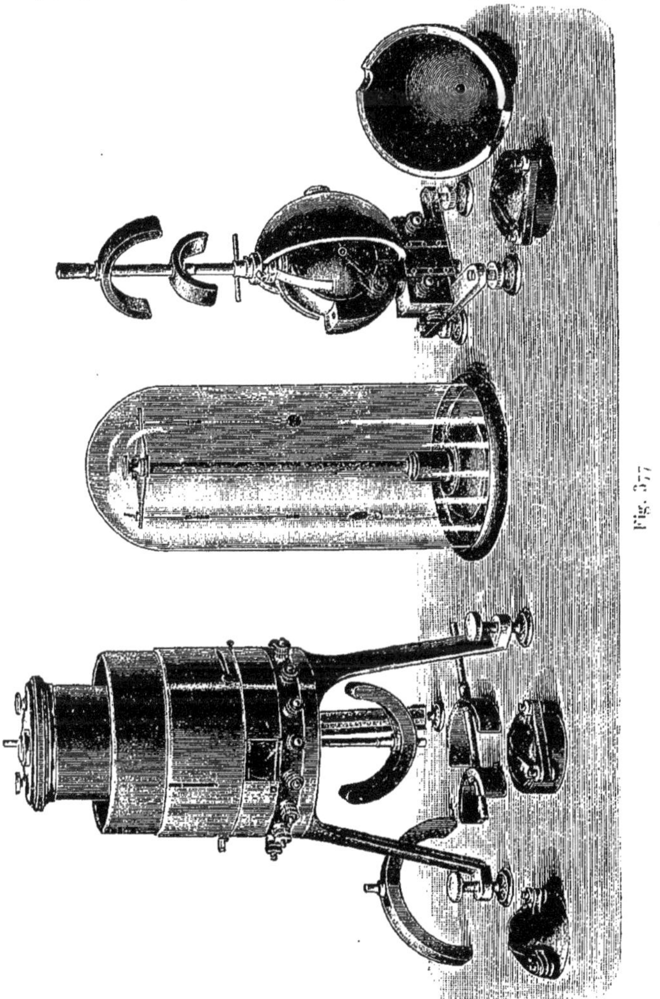

Fig. 377

galvanomètre de W. Thomson, extraordinairement sensible, a supplanté toutes les anciennes formes de galvanomètres et se trouve actuellement le plus employé.

Un appareil du même genre, particulièrement commode, est le *galvanomètre cuirassé* de Du Bois et Rubens (1900), représenté sous deux formes différentes dans la figure 377. A gauche est le galvanomètre astatique ordinaire de W. Thomson, analogue à celui représenté par les figures 375 et 376. Il est enfermé dans deux cylindres concentriques en acier moulé. Le but de ce cuirassement est d'affaiblir le champ magnétique terrestre à l'intérieur du galvanomètre, et surtout de protéger le système suspendu contre les actions magnétiques extérieures variables des aimants, courants, dynamos, etc., placés dans le voisinage. On voit auprès du galvanomètre les aimants avec lesquels on obtient un système astatique et les bobines. A droite est représenté un galvanomètre cuirassé sphérique non-astatique, dont la protection magnétique est constituée par des bobines hémisphériques à enveloppe d'acier et par deux hémisphères creux en acier (dont l'un a été enlevé) renfermant le galvanomètre. Comme le dispositif de protection magnétique affaiblit considérablement l'action des aimants extérieurs destinés à rendre l'appareil astatique, à l'intérieur du cuirassement se trouvent de fins aimants supplémentaires jouant le même rôle, qui sont courbés en arcs de cercle et que l'on reconnaît facilement sur la figure. Les équipages d'aimants, extrêmement légers (visibles sous la cloche de verre de la figure centrale), sont suspendus à des fils de quartz (Tome I) de 40^{mm} de longueur seulement et ont un poids total de 50 à 300^{mgr} ; les petits miroirs légers fixés à l'extrémité inférieure des équipages sont observés par des fenêtres pratiquées dans le cuirassement. Avec des galvanomètres de ce genre, on peut encore déceler un courant dont l'intensité ne dépasse pas 10^{-12} ampère, c'est-à-dire qui déposerait 1^{mgr} d'argent en 30 000 ans.

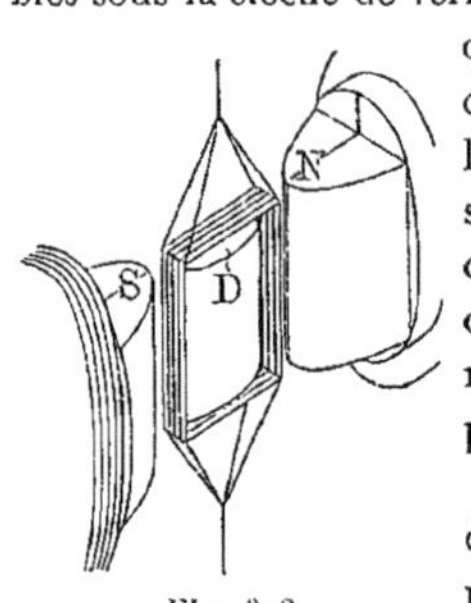

Fig. 378

Un type de galvanomètre tout particulier a été dérivé de l'appareil proposé en 1867 par W. Thomson pour manifester les courants faibles qui servent à la transmission des signaux dans la télégraphie transatlantique.

Dans le champ intense produit par les pôles N et S (*fig.* 378) d'un électro-aimant, est suspendue à un fil fin une bobine légère ; afin de concentrer les lignes de force près des faces latérales de la bobine, on a placé un corps D en fer doux au milieu de l'espace entre les pôles. Quand un courant passe dans la bobine, celle-ci tend à se disposer perpendiculairement aux lignes de force, en tordant le fil de suspension. Deprez (1880) et d'Arsonval (1881) ont appliqué le même principe à la construction d'un galvanomètre, mais en remplaçant l'électro-aimant par un aimant permanent en acier ; un cadre très léger (*fig.* 379), constitué par un fil de cuivre à spires isolées, est suspendu entre deux fils très fins en argent, verticaux et dans le prolongement l'un de l'autre ; ils sont fixés, d'une part, au fil de cuivre du cadre mobile, et, d'autre part, à des pièces métalliques communiquant avec les bornes du galvanomètre ; ils peuvent donc servir à amener le courant dans le cadre. Celui-ci est placé entre les branches verticales d'un puissant aimant en fer à cheval ; en outre, un cylindre en fer doux est disposé à l'intérieur du cadre, afin de réduire l'entrefer ; les côtés verticaux du cadre se trouvent ainsi dans un champ magnétique intense. Un petit miroir sert à observer l'angle de déviation de la partie mobile. On appelle les appareils de ce genre *galvanomètres* Deprez-d'Arsonval ou *galvanomètres à circuit mobile* ; il se sont très répandus, grâce à la propriété précieuse qu'ils possèdent de rendre les déviations du cadre mobile tout à fait indépendantes de la grandeur et des variations accidentelles des champs magnétiques créés par la Terre et les courants, aimants, etc., placés dans le voisinage. En effet, le champ de l'aimant en acier est si puissant que tous les champs extérieurs existant près de l'instrument sont absolument négligeables. Un autre avantage important des galvanomètres Deprez-d'Arsonval est leur construction extrêmement simple et la possibilité de leur donner une position quelconque par rapport au méridien

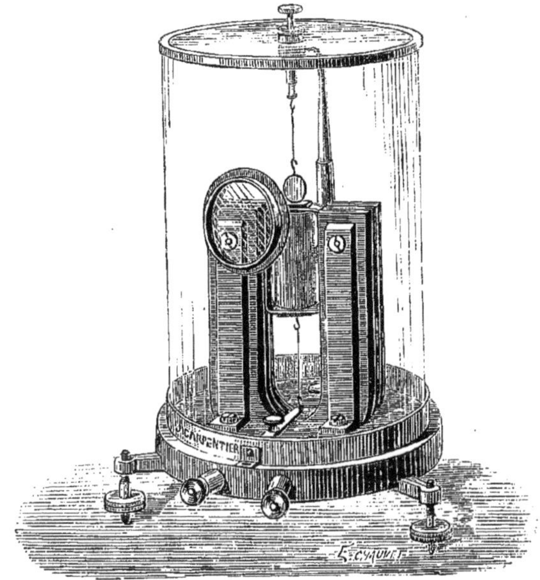

Fig. 379

magnétique. De plus, ils sont d'un emploi commode ; lorsque le circuit total n'offre pas une résistance trop grande, l'équipage mobile, au moment où on lance le courant, passe sans oscillation de sa première position d'équilibre à la seconde. Cette *apériodicité* (voir page 507) abrège beaucoup les opérations et permet même de mesurer à chaque instant l'intensité d'un courant variable. Cet amortissement est dû aux phénomènes d'induction auxquels donne lieu le déplacement du cadre. Il existe un très grand nombre de formes différentes de galvanomètres Deprez-d'Arsonval. Les modèles suivants sont construits par la maison J. Carpentier. Le modèle représenté par la figure 380, très portatif, est destiné aux mesures à effectuer soit au laboratoire, soit à l'extérieur, dans tous les cas où l'installation d'une échelle divisée transparente n'est pas réalisable. La lecture des déviations se fait à l'aide d'un microscope monté dans l'axe du miroir ; le microscope porte, devant son oculaire, un micromètre sur glace, divisé en 120 parties; le champ est éclairé uniformément, soit par une petite lampe à essence, soit par une petite glace dont la monture à deux rotations, analogue à celle des échelles divisées transparentes, peut être fixée sur le corps du microscope, à la place de la lampe. Le grossissement de l'oculaire permet de faire les lectures avec la même précision que celle que l'on obtient en employant directement une échelle divisée en millimètres. Un système de relevage, disposé dans l'intérieur du noyau de fer central, permet d'immobiliser le cadre mobile pendant les transports, et évite toute chance de rupture ou d'avarie des fils de suspension; ce relevage est

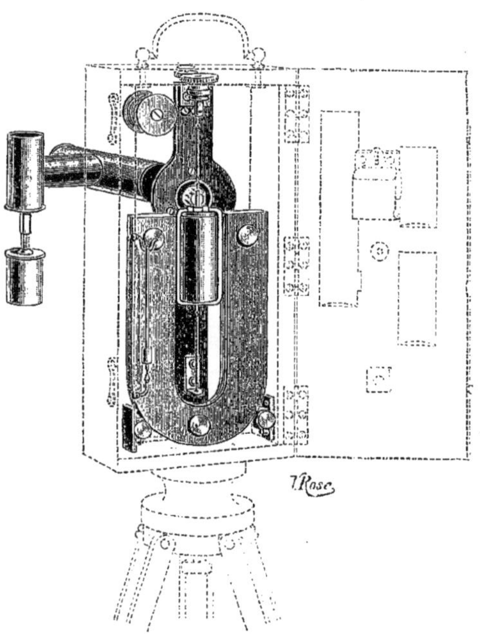

Fig. 380

manœuvré de l'extérieur de la boîte. Ce galvanomètre peut être monté sur un pied photographique à trois branches. Un petit pendule, monté dans l'intérieur de la boîte, permet de s'assurer de la verticalité.

Le modèle de la figure 381, sensiblement différent des modèles ordinaires, comprend un cadre mobile rectangulaire de 64^{mm} de hauteur et 150^{mm} de longueur, constitué par 500 tours de fil de cuivre de $0^{mm},1$ de diamètre; le cadre est suspendu dans un champ magnétique créé par deux lames d'aimant en forme d'U, réunies bout à bout de façon à déterminer deux points conséquents. Une forte masse de fer doux diminue la réluctance du circuit magnétique. Grâce à son grand moment d'inertie, le système mobile a une durée d'oscillation d'environ 8 secondes. La résistance du cadre est de 500 ohms:

l'image du réticule, sur l'échelle placée à 1 mètre du miroir, dévie de 1^{mm} pour un courant de 0,01 microampère. La résistance d'amortissement critique est d'environ 4 000 ohms, soit 8 fois celle du cadre. La longue durée d'oscillation de ce galvanomètre permet de l'employer pour les méthodes balistiques, même dans le cas où les décharges ne sont pas instantanées : il est donc approprié à toutes les mesures d'induction, même quand les bobines essayées contiennent du fer. La sensibilité balistique de ce galvanomètre est telle qu'une quantité d'électricité égale à 1 microcoulomb produit, à circuit ouvert, une élongation de 40 à 50^{mm}. Cet appareil, monté dans une cage en bois, est disposé soit pour être accroché à une paroi verticale, soit pour être

Fig 381

placé sur un support horizontal ; dans ce dernier cas, l'embase porte des vis calantes.

Dans le galvanomètre de la figure 382, le cadre mobile est suspendu entre deux fils, fixés dans le prolongement d'un de ses côtés ; son second côté vertical se déplace dans le champ annulaire formé par deux pièces polaires fixées sur les branches de l'aimant ; la portion du circuit placée suivant l'axe de rotation est ainsi soustraite à l'action du champ magnétique. Ce dispositif permet d'obtenir des déviations proportionnelles aux intensités dans des limites très étendues ; la graduation est pratiquement établie pour 180 degrés. Le cadre porte une aiguille recourbée qui se déplace sur un cercle divisé. Cet appareil peut être gradué directement en milliampères. La sensibilité maximum est environ 0,02 milliampère par degré de déviation.

Dans le modèle de la figure 383, le cadre mobile est suspendu par un seul fil métallique de 12^{cm} de longueur. Le courant est amené par un godet à mercure, placé à la partie inférieure, dans lequel plonge un fil fin, en platine, soudé à l'un des bouts du fil du cadre. L'équipage mobile est supporté par une tête réglable fixée par deux boutons, à l'extrémité d'une colonne ajourée ; tout cet ensemble est facilement amovible. L'appareil est recouvert par un système de deux cloches cylindriques, réunies par une cage rectangulaire, munie, sur une de ses faces, d'une glace légèrement inclinée pour éviter les réflexions. Le cadre mobile a une résistance de 200 ohms : sa durée d'oscillation est d'environ 4 secondes ; une déviation de 1mm, sur l'échelle

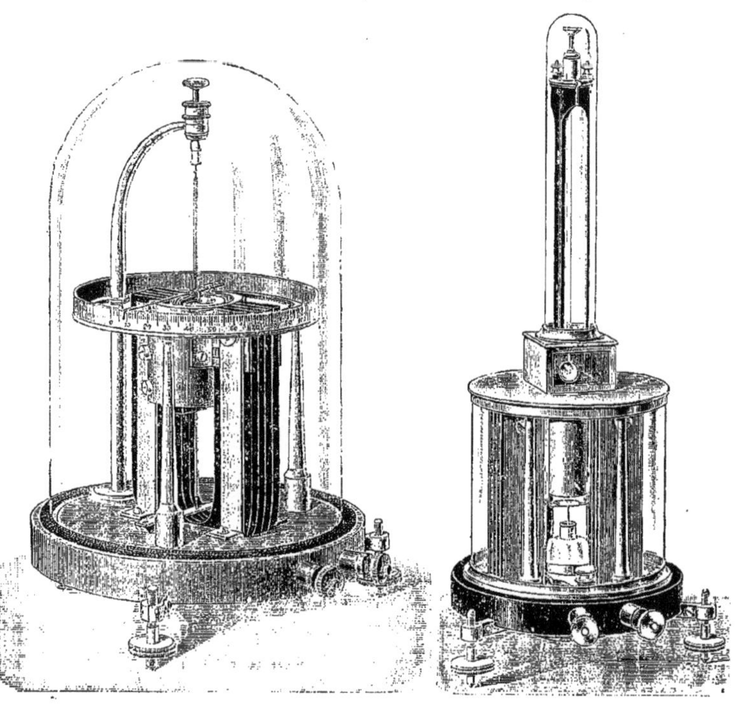

Fig. 382 Fig. 383

placée à 1 mètre, correspond à un courant de 60×10^{-10} ampère ; la résistance critique d'amortissement est de 1 650 ohms.

Nous décrirons encore le galvanomètre de la maison Siemens et Halske (*fig.* 384). Dans cet appareil, le champ magnétique est produit par un aimant formé de lamelles en acier et placé verticalement. Le cadre mobile est suspendu, en même temps qu'un cylindre en fer, à un mince ruban en bronze phosphoreux, à l'intérieur d'un tube cylindrique particulier, représenté à part sur la figure ; le tout est placé entre les masses polaires demi-cylindriques de l'aimant.

Il ne faut pas considérer la construction des galvanomètres à cadre mobile comme ayant atteint la perfection définitive ; la sensibilité des appareils de ce genre, même des meilleurs, reste encore inférieure à celle des galvanomètres à aimants mobiles les plus sensibles.

Aux galvanomètres à conducteur mobile appartiennent aussi les *galvanomètres à corde* proposés par Ader (1897), et qu'Einthoven (1903) a construits et étudiés avec soin. Dans ces appareils, le conducteur mobile est un fil de quartz argenté CC (*fig.* 385), extrêmement fin (son épaisseur descend jus-

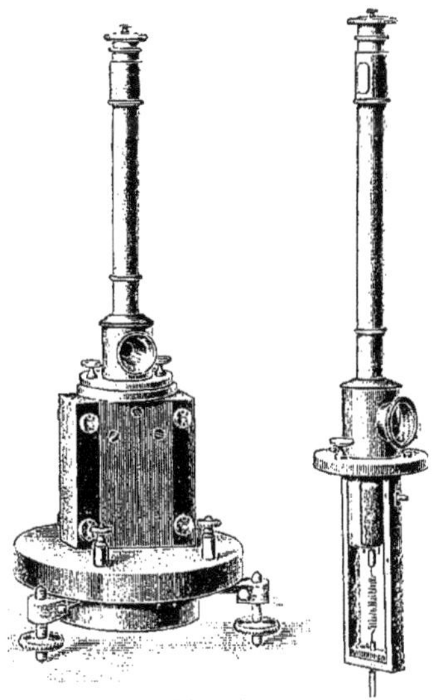

Fig. 384

qu'à $0^{mm},003$) et tendu comme une corde dans le champ magnétique intense NS d'un électro-aimant ou d'un aimant permanent. Au passage du courant

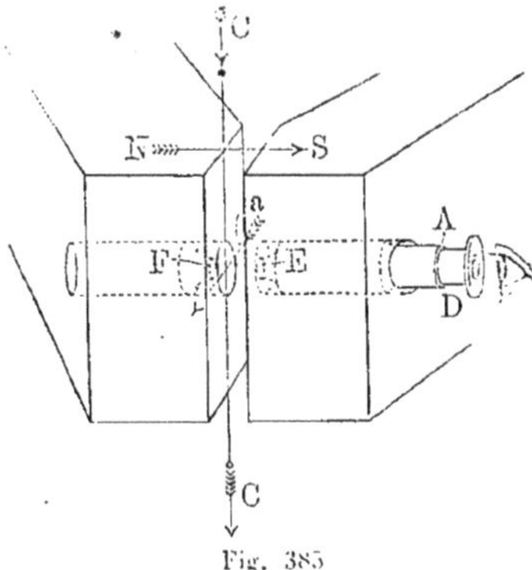

Fig. 385

dans ce fil, il subit une flexion dans la direction de la flèche a, perpendiculairement aux lignes de force du champ : ce déplacement latéral du fil est observé par des ouvertures percées dans les pôles, à l'aide d'un microscope EA grossissant jusqu'à 1 000 fois ; F est un condensateur qui éclaire le fil.

La figure 386 représente l'un des nombreux exemplaires de cet appareil qu'EDELMANN de Münich a construits; on voit sur cette figure l'électro-aimant, le petit cadre qui porte le fil de quartz et le microscope qui émerge du noyau de droite de l'électro-aimant. Les galvanomètres à corde peuvent déceler des courants tout aussi faibles (de 10^{-12} ampère) que les meilleurs galvanomètres THOMSON ; mais, tandis que dans les galvanomètres sensibles à aimants mobiles la période d'oscillation de l'équipage mobile se compte par secondes, dans les galvanomètres à corde elle est seulement de centièmes ou de millièmes de seconde. Aussi, les galvanomètres à corde sont-ils particulièrement employés pour l'observation des courants faibles, dont l'intensité varie périodiquement d'une manière très rapide.

Le galvanomètre est un instrument si important pour le physicien que

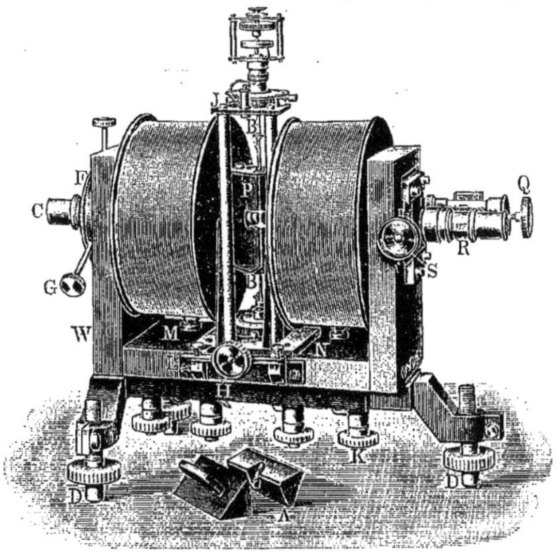

Fig. 386

nous croyons devoir nous arrêter avec quelque détail sur la théorie et les particularités de forme des galvanomètres les plus employés.

A. GALVANOMÈTRES A AIMANTS MOBILES. Supposons que, sous l'action du courant d'intensité I, le système magnétique du galvanomètre ait dévié du petit angle φ ; dans cette position, le moment de rotation du courant est égal au moment de rotation opposé du champ, qui tend à ramener le système magnétique dans la position d'équilibre. Soit M le moment magnétique du système total, M_1 le moment de la partie sur laquelle agit le courant ; désignons enfin par H_1 l'intensité du champ qui tend à ramener le système magnétique dans la position d'équilibre. On a alors, φ étant l'angle de déviation du système,

$$(11) \qquad MH_1 \sin \varphi = M_1 GI \cos \varphi,$$

où G désigne la *constante galvanométrique*, c'est-à-dire l'intensité du champ magnétique créé par le passage de l'unité d'intensité de courant dans les bobines du galvanomètre. En toute rigueur, il faudrait encore ajouter au second membre le moment de rotation du fil de suspension, tordu ; mais, dans les instruments récents très sensibles à système magnétique mobile, ce moment est si petit qu'on peut le négliger complètement. On déduit de (11), pour de petites déviations φ,

$$S = \frac{\varphi}{I} = \frac{M_1}{M} \cdot \frac{G}{H_1} = \frac{q}{D}. \tag{12}$$

La grandeur S, qui est la déviation du système magnétique dans le cas où le courant possède une intensité égale à *un*, s'appelle la *sensibilité* du galvanomètre ; $M_1G = q$ est le moment de rotation du système mobile pour l'unité d'intensité de courant et s'appelle la *constante dynamique* du galvanomètre ; $MH_1 = D$ s'appelle la *force directrice* et correspond au moment de rotation pour une déviation du système mobile de l'angle $\varphi = 1$. La durée T d'une demi-oscillation du système magnétique est égale à

$$T = \pi \sqrt{\frac{K}{MH_1}} = \pi \sqrt{\frac{K}{D}}, \tag{13}$$

K étant le moment d'inertie du système mobile par rapport à l'axe de rotation.

En portant dans (12) la valeur de H_1 que l'on déduit de (13), on trouve pour S l'expression

$$S = \frac{M_1}{K} \cdot G \cdot \frac{T^2}{\pi^2}. \tag{14}$$

Dans la construction des galvanomètres sensibles, on cherche à rendre S aussi grand que possible, sans que T devienne excessivement grand. A cet effet : 1. il faut augmenter M_1 le plus possible et diminuer M, comme cela se voit sur la formule (12) ; 2. mais, comme une diminution de M entraîne un accroissement de la durée d'oscillation T, on doit en même temps diminuer le plus possible le moment d'inertie K, ainsi qu'il résulte de la formule (14) ; 3. il faut en outre augmenter le plus possible la constante G et 4. diminuer le plus possible l'intensité du champ H_1 ; toutefois, une diminution de H_1 entraîne de nouveau un accroissement de T incommode en pratique, de sorte qu'on doit essayer de le réduire par la plus grande diminution possible de K.

Dans les galvanomètres non-astatiques à un seul système mobile, on a $M_1 = M$. Pour ne pas augmenter démesurément la durée d'oscillation T, il faut rendre $\frac{M}{K}$ le plus grand possible. On ne peut obtenir de grandes valeurs pour le moment magnétique M qu'en employant les meilleures sortes d'acier pour l'aimant et en donnant à celui-ci un volume suffisant ; mais l'aimant doit rester court, afin que K ne devienne pas trop grand. Or, dans les aimants courts, l'action démagnétisante des extrémités est sensible et le moment de l'aimant s'en trouve diminué. W. Thomson a indiqué un moyen d'éviter cet inconvénient ; le premier, il a employé, au lieu d'un aimant court massif, une série d'aimants parallèles, minces et courts ; dans ceux-ci, grâce à leurs petites dimensions transversales, l'action démagnétisante est notablement diminuée, tandis que le moment magnétique, ainsi que le moment d'inertie de leur ensemble sont les mêmes que dans l'aimant plus épais, qui serait formé par leur réunion. On peut voir sur la figure 387 un tel système magnétique de W. Thomson, collé sur un disque mince en mica. W. Siemens a eu recours, dans le même but, à un aimant en fer à cheval ; si on ploie en effet une tige aimantée de façon que la distance entre ses pôles devienne n fois plus petite, on rend ainsi son moment magnétique n fois plus petit seulement, tandis que le moment d'inertie autour de l'axe de rotation devient n^2 fois plus petit ; le rapport $\frac{M}{K}$ est donc de cette manière n fois plus grand. On a représenté un tel aimant dans la figure 388 ; creux à l'intérieur et muni de fentes, il a la forme d'une cloche entaillée (Glockenmagnet) ; on l'a représenté à gauche à l'intérieur d'un amortisseur (voir plus loin).

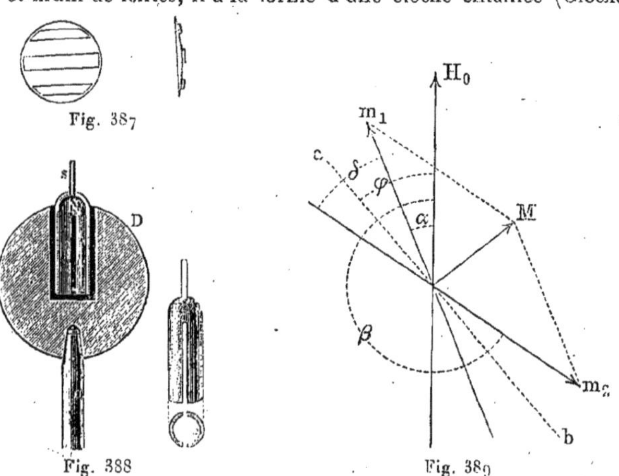

Fig. 387

Fig. 388

Fig. 389

On peut atteindre une sensibilité bien plus grande par l'emploi d'un *système astatique*, c'est-à-dire en augmentant le rapport $\frac{M_1}{M}$. Supposons que le système astatique se compose de deux systèmes magnétiques, possédant respectivement les moments magnétiques m_1 et m_2 (*fig.* 389) et faisant avec le plan du méridien magnétique les angles α et $\beta = \pi + \alpha + \delta$, où δ est l'angle compris entre les axes magnétiques des systèmes. L'ensemble des systèmes m_1 et m_2 est équivalent à un aimant dont le moment magnétique est

$$M = \sqrt{m_1^2 + m_2^2 - 2m_1m_2 \cos \delta} = \sqrt{(m_1 - m_2)^2 + 4m_1m_2 \sin^2 \frac{\delta}{2}}.$$

Si les bobines du galvanomètre font dévier m_1 et m_2 du même côté, on a, dans la formule (12), $M_1 = m_1 + m_2$ et

$$\frac{M_1}{M} = \frac{m_1 + m_2}{\sqrt{(m_1 - m_2)^2 + 4m_1m_2 \sin^2 \frac{\delta}{2}}}. \tag{15}$$

Cette formule montre qu'il faut rendre m_1 et m_2 aussi grands que possible, égaux et parallèles le mieux possible. En pratique, la condition du parallélisme est la plus difficile à réaliser, tandis qu'on peut arriver à l'égalité de m_1 et m_2 par une fabrication et une aimantation convenables des aimants : Wadsworth a même construit un électro-aimant spécial destiné à l'aimantation de tels systèmes. Un système astatique, suspendu dans le champ magnétique terrestre, peut prendre des positions d'équilibre tout à fait imprévues. En effet, il se place dans une position telle que la somme des moments de rotation, produits sur lui par le champ terrestre H_0, soit nulle, c'est-à-dire telle que

$$H_0 m_1 \sin \alpha + H_0 m_2 \sin \beta = 0. \tag{16}$$

Si on désigne par φ l'angle compris entre le méridien magnétique et la bissectrice *ab* de l'angle δ, on a

$$\alpha = \varphi - \frac{\delta}{2}, \quad \beta = \pi + \varphi + \frac{\delta}{2},$$

et l'équation (16) peut s'écrire

$$m_1 \sin\left(\varphi - \frac{\delta}{2}\right) + m_2 \sin\left(\pi + \varphi + \frac{\delta}{2}\right) = 0, \tag{17}$$

d'où

$$\operatorname{tg} \varphi = \frac{m_1 + m_2}{m_1 - m_2} \operatorname{tg} \frac{\delta}{2}. \tag{18}$$

Lorsque $\delta = 0$, on a $\varphi = 0$; autrement dit, le système se place dans le méridien magnétique. Si $\delta > 0$ et $m_1 - m_2 = 0$, on a $\varphi = 90^\circ$ et le système se dispose perpendiculairement au méridien En général, pour $m_1 \neq m_2$ et $\delta > 0$, le système prend la position d'équilibre la plus inattendue.

Dans le galvanomètre astatique, il est encore plus important que dans le galvanomètre non-astatique de diminuer autant que possible le moment d'inertie de tout le système suspendu. Sous ce rapport, les physiciens, qui ont construit des galvanomètres d'une sensibilité exceptionnelle, sont arrivés à des résultats remarquables. Ainsi, dans le galvanomètre de Snow, le système magnétique se compose de deux complexes de six petits aimants chacun, collés sur un petit tube de verre extrêmement fin, et pèse, y compris le petit miroir, 80^{mgr} seulement. Les petits aimants du galvanomètre de Paschen ont été fabriqués avec un ressort de montre en acier extrêmement ténu et n'ont que 1^{mm} à 1^{mm},5 de longueur ; le système total, composé de

26 aimants, ne pèse avec le petit miroir que 5^{mgr}. Le système astatique de V. BOYS ne pèse même que 2^{mgr}.

On a cherché encore par une autre voie à diminuer le moment d'inertie dans les systèmes astatiques, en disposant les aimants parallèlement à l'axe de rotation. On a représenté, dans la figure 390 A, un tel système d'aimants dû à WEISS, et, dans la figure 390 B un autre système adopté par HARTMANN et BRAUN, GRAY et BROCA. Dans l'appareil de ce dernier, le circuit galvanométrique est formé par deux petites bobines de 28^{mm} de diamètre et de 8^{mm} d'épaisseur ; ces deux bobines laissent entre elles un espace de 2^{mm} dans

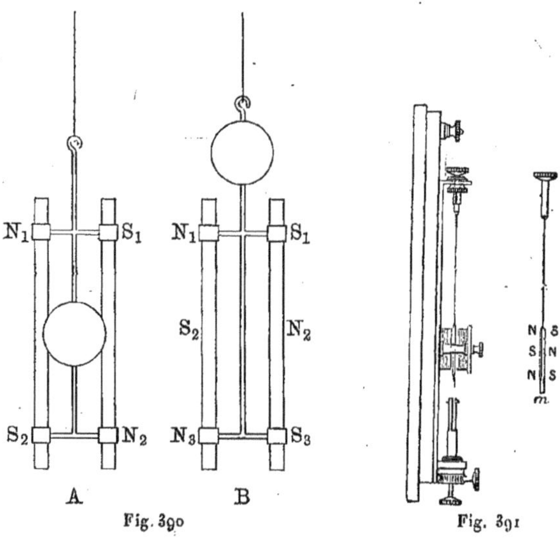

Fig. 390 Fig. 391

lequel est suspendu l'équipage mobile (*fig.* 391). Les extrémités des bobines communiquent à 4 bornes fixées sur le socle de l'appareil. L'une des deux bobines, la bobine antérieure, est montée sur un support amovible, de sorte que l'emplacement de l'équipage est facilement accessible. Le système aimanté est constitué par deux barreaux parallèles écartés l'un de l'autre de 2^{mm} ; chacun des barreaux est formé par un tube en acier magnétique de $0^{mm},7$ de diamètre extérieur et de 35^{mm} de longueur. Chacun des barreaux a trois pôles, deux de même nom aux extrémités et un pôle conséquent en son milieu ; de plus, l'aimantation est telle que les pôles conséquents des deux barreaux sont : l'un nord et l'autre sud. L'équipage est suspendu à un fil de cocon de 8^{cm} de longueur, et porte, à sa partie inférieure, un très petit miroir plan *m*, de 2^{mm} de largeur sur 8^{mm} de hauteur ; l'ensemble de tout le système mobile ne pèse que 2 décigrammes. L'équipage est suspendu dans l'espace libre compris entre les deux bobines, à une hauteur telle que les deux pôles conséquents correspondent au centre des bobines. Un petit aimant directeur, d'environ 2^{cm} de longueur, est supporté par une tige verticale qui, à l'aide de deux boutons moletés, peut recevoir un mouvement ascensionnel et un mouvement de rotation : il peut ainsi être approché très près de l'extrémité inférieure de l'équipage et, de plus, être orienté dans différents azimuts. Il y a lieu de remarquer à l'égard de tous les systèmes précédents qu'à valeur égale de M, ils doivent cependant posséder un plus grand moment d'inertie que ceux construits d'après le principe de W. THOMSON.

Un pas de plus vers l'accroissement de la sensibilité du galvanomètre a été fait par la diminution de l'intensité H_1 du champ, qui ramène le système magnétique dans la position d'équilibre. A cet effet, on emploie habituellement *un aimant extérieur pour obtenir l'astatisme*. Soit H_0 (*fig.* 392) la composante horizontale de l'intensité magnétique terrestre et h l'intensité du champ créé par l'aimant astatisant ; les deux champs se composent en un seul, qui a pour intensité

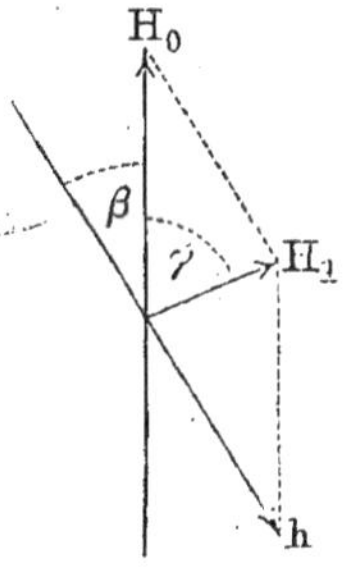

Fig. 392

$$H_1 = \sqrt{H_0^2 + h^2 - 2H_0h\cos\beta}$$

et qui fait avec la direction du méridien magnétique l'angle γ tel que

$$\sin\gamma = \frac{h}{H_1}\sin\beta.$$

Par un choix convenable du moment magnétique de l'aimant astatisant et de sa position, on peut donner au champ H_1 une valeur et une direction quelconques ; une étude théorique de cette question est due à CHARPENTIER. Cependant, quand H_1 est extrêmement petit, les variations périodiques inévitables de H_0 peuvent agir si fortement sur H_1 et γ que le système magnétique éprouve des déplacements continuels et la sensibilité du galvanomètre manifeste des écarts notables. Il est par suite bien plus commode d'affaiblir le champ qui ramène le système dans la position d'équilibre, à l'aide d'une *cuirasse magnétique*, comme l'ont fait W. THOMSON (1852) et, après lui, DU BOIS et RUBENS (1900). En même temps qu'il affaiblit le champ magnétique terrestre, le cuirassement magnétique réduit aussi dans la même proportion toutes les variations et perturbations produites par les sources extérieures de champ magnétique. L'action d'un écran magnétique sur les galvanomètres a été traitée théoriquement par STEFAN et, en particulier, par DU BOIS, WILLS et ESMARCH. DU BOIS a montré théoriquement et expérimentalement que l'action protectrice du cuirassement est à peu près proportionnelle au cube de la perméabilité (très faible pour des intensités aussi petites que celle du champ terrestre) ; on ne doit donc employer pour le cuirassement que le meilleur fer doux ou le meilleur acier moulé doux. Dans les galvanomètres cuirassés de DU BOIS et RUBENS (*fig.* 377), la triple cuirasse affaiblit de presque 1 000 fois le champ magnétique terrestre ; NICHOLS et WILLIAMS ont construit un galvanomètre avec 6 cuirasses, dans lequel la protection magnétique est 40 fois plus grande encore.

Si on veut augmenter la constante galvanométrique G, il faut rechercher quel

Dans les galvanomètres à bobine mobile, l'amortissement des oscillations joue un rôle extrêmement important. Dans l'enroulement de la bobine mobile, par suite du mouvement de cette dernière dans le champ magnétique, se produit un courant induit, qui, d'après la loi de Lenz, s'oppose à ce mouvement; lorsque le fil de la bobine est enroulé sur un cadre métallique rectangulaire fermé, un courant, qui s'oppose au mouvement, prend aussi naissance dans ce cadre; en pratiquant une entaille dans le cadre, on empêche la production d'un tel courant. L'amortissement dû à la résistance de l'air est ordinairement si faible, comparé à l'amortissement électromagnétique, qu'on peut ne pas en tenir compte. La force électromotrice d'induction engendrée dans le cadre mobile est égale en mesure absolue à $e = \frac{d\Phi}{dt}$, Φ étant le flux de force magnétique qui traverse le cadre; quand le plan du cadre fait avec la direction des lignes de force magnétique l'angle φ, on a, dans l'hypothèse d'un champ magnétique uniforme, $\Phi = \text{H}s \sin\varphi$ et $e = \frac{d\Phi}{dt} = \text{H}s \cos\varphi \frac{d\varphi}{dt}$. Lorsque l'angle φ reste petit, on peut écrire $e = \text{H}s \frac{d\varphi}{dt}$ et l'intensité i du courant d'induction est égale à $i = \frac{e}{\text{W}} = \frac{\text{H}s}{\text{W}} \cdot \frac{d\varphi}{dt}$, W étant la résistance totale (résistance de l'enroulement plus la résistance extérieure) que le courant d'induction doit vaincre. Le courant i, qui parcourt l'enroulement, produit le moment de freinage $\text{H}si = \text{H}s \frac{\text{H}s}{\text{W}} \frac{d\varphi}{dt} = \frac{(\text{H}s)^2}{\text{W}} \frac{d\varphi}{dt} = \frac{q^2}{\text{W}} \frac{d\varphi}{dt}$. D'après cela, le coefficient d'amortissement (moment de réaction pour une vitesse angulaire égale à l'unité) est

$$n = \frac{q^2}{\text{W}}. \tag{24}$$

On voit sur cette formule qu'en augmentant q, on accroît non seulement la sensibilité S du galvanomètre, mais à un degré encore plus élevé son amortissement. En désignant par K le moment d'inertie de l'équipage mobile, on obtient, pour le mouvement du système, l'équation

$$\text{K} \frac{d^2\varphi}{dt^2} + n \frac{d\varphi}{dt} + \text{D}\alpha = 0. \tag{25}$$

Posons $\frac{n}{\text{K}} = 2p$ et $\frac{\text{D}}{\text{K}} = c^2$, l'équation (25) s'écrit

$$\frac{d^2\varphi}{dt^2} + 2p \frac{d\varphi}{dt} + c^2\varphi = 0, \tag{26}$$

et sous cette forme elle devient identique à (66) du Chap. II, § 9. On a donc aussi, dans le cas actuel, des vibrations amorties pour $p < c$, un mouvement apériodique pour $p > c$, et pour $p = c$, le cas de transition où le système mobile revient le plus vite à la position d'équilibre. Pour éviter le cas $p > c$, dans lequel la bobine mobile *rampe* lentement en quelque sorte vers la position d'équilibre, on peut, dans le but d'accroître la sensibilité S, n'augmenter q que jusqu'à ce que $p = \frac{n}{2K} = \frac{q^2}{2WK}$ devienne égal à $c = \sqrt{\frac{D}{K}}$. On a alors les relations

$$\frac{q^2}{2WK} = \sqrt{\frac{D}{K}} = \frac{\pi}{T}, \tag{27}$$

où $T = \pi\sqrt{\frac{K}{D}}$ est la demi-période d'oscillation du système mobile non-amorti, c'est-à-dire en circuit ouvert. Supposons réalisé le cas de transition, qui est le plus favorable ; on peut alors, en se servant de la relation (27), donner à $S = \frac{q}{D}$ les expressions suivantes :

$$S = \sqrt{\frac{2WT}{\pi D}} = \frac{1}{\pi}\sqrt{\frac{2WT^3}{\pi K}}. \tag{28}$$

Jäger, qui a soigneusement étudié les galvanomètres à bobine mobile, indique l'expression plus exacte de S qui suit :

$$S = \sqrt{\frac{2WT}{\pi D}} \cdot \sqrt{1 - \frac{n_0 T}{2K}} \cdot \sqrt{1 + \frac{w_1}{w_2}}, \tag{28, a}$$

où n_0 est l'amortissement en circuit ouvert, w_1 la résistance de l'enroulement et $w_2 = W - w_1$ la résistance du circuit extérieur.

La sensibilité P pour de petites différences de potentiel est

$$P = \frac{\varphi}{e} = \frac{\varphi}{IW} = \frac{S}{W} = \sqrt{\frac{2T}{W\pi D}}. \tag{29}$$

L'expression plus exacte donnée par Jager est

$$P = \sqrt{\frac{2T}{\pi WD}}\sqrt{1 - \frac{n_0}{2}\frac{T}{K}}\left[1 + \frac{w_1}{w_2}\right]^{-\frac{1}{2}}. \tag{29, a}$$

Les formules (28) et (29) montrent que, pour obtenir une sensibilité S élevée, il faut augmenter le plus possible la durée d'oscillation T, sans dépasser toutefois une certaine limite, au-delà de laquelle les observations deviennent très difficiles. Si on s'arrête à une valeur déterminée pour T, on peut l'obtenir par un choix convenable de D et K ; on voit cependant, d'après les formules (28) et (29), qu'il est préférable d'arriver à une grande valeur pour T, par diminution de D et non par augmentation de K. La *résistance limite* W, pour laquelle a lieu le cas de transition mentionné, est ordinairement déterminée aussi par la destination que l'on donne au galvanomètre. Les valeurs données pour T et W déterminent alors le maximum de $q = Hs$ admissible pour le galvanomètre. Un accroissement de la sensibilité ne peut donc être atteint que par diminution de la force directrice du dispositif de suspension, c'est-à-dire surtout par diminution du diamètre du fil de sus-

aiguille aimantée ne doit pas dévier, quand on envoie un même courant dans les deux enroulements reliés en série ; 2. les résistances de ces enroulements doivent être égales. Si ces conditions ne sont pas remplies, il faut ajouter quelques tours de fil à l'un des enroulements et intercaler une résistance dans le circuit de l'enroulement dont la résistance est la plus faible. On se sert de galvanomètres différentiels dans quelques-unes des méthodes les plus parfaites de comparaison des résistances. Les questions techniques relatives à leur emploi ont été étudiées par KIRCHHOFF et HANSEMANN, KOHLRAUSCH, DIETERICI et JÄGER. Un galvanomètre différentiel à cadre mobile a été décrit par SHEDD.

E. INDICATIONS POUR L'EMPLOI DES GALVANOMÈTRES. La sensibilité élevée des galvanomètres récents, obtenue par une diminution extrême de la force directrice, rend nécessaires une série de précautions dans l'emploi de ces appareils. Tout d'abord, il faut installer le galvanomètre de façon que les ébranlements inévitables des murailles et du plancher n'exercent aucune action sur les mouvements de la partie suspendue. DU BOIS et RUBENS ont montré que les ébranlements du point de suspension de la partie mobile ne produisent pas de moment de rotation dans la partie suspendue, si l'axe principal d'inertie de celle-ci se trouve en prolongement du fil de suspension. Mais, même si cette condition est réalisée le plus parfaitement possible, il faut protéger l'appareil contre toute propagation perturbatrice. Les travaux théoriques d'HAMY et les recherches de JULIUS ont mis en évidence les conditions auxquelles doit satisfaire l'installation d'un galvanomètre. JULIUS fixe le galvanomètre sur un cadre ou un trépied, suspendu au mur ou au plafond au moyen de trois fils en acier de même longueur et également tendus. Le centre de gravité de tout le système suspendu aux fils doit se trouver dans le plan des points de fixation des fils au cadre ; la partie de l'appareil, qu'il convient de protéger le plus contre les ébranlements (le point de fixation du fil de suspension), doit également se trouver dans ce plan. La figure 394 représente le dispositif de JULIUS, qui supporte un galvanomètre sphérique cuirassé de DU BOIS et RUBENS ; l'amortisseur en forme de croix au-dessous du galvanomètre est plongé dans une cuvette remplie d'huile et amortit les vibrations de torsion qui peuvent se produire dans tout le système. Un support antivibrateur, monté pour un galvanomètre DEPREZ-D'ARSONVAL, a été également installé à l'Exposition universelle de 1900 à Paris par J. CARPENTIER avec des dispositions analogues et a fonctionné d'une manière très satisfaisante dans un emplacement tout à fait instable. EINTHOVEN a placé des appareils, qui devaient être protégés contre les perturbations extérieures, sur une lourde plaque en fer ($1^{m} \times 1^{m} \times 11^{mm}$), qui flottait dans une cuve en fer sur une couche de mercure de 1^{mm} d'épaisseur. WHITE, qui a étudié aussi les méthodes de protection contre les vibrations, a proposé des variantes aux dispositifs de JULIUS et d'EINTHOVEN ; un mode simple de suspension à la façon de JULIUS a été décrit par VOLKMANN. Des galvanomètres sensibles, isolés des impulsions extérieures, manifestent cependant encore de légères rotations arbitraires du système mobile (*déplacements du zéro*), qui sont d'autant plus accusées et d'autant plus incommodes que l'appareil est lui-même plus sensible. Dans les galvanomètres à aimant mobile, fortement astatiques, ces déplacements peuvent provenir de faibles variations du champ magnétique extérieur et

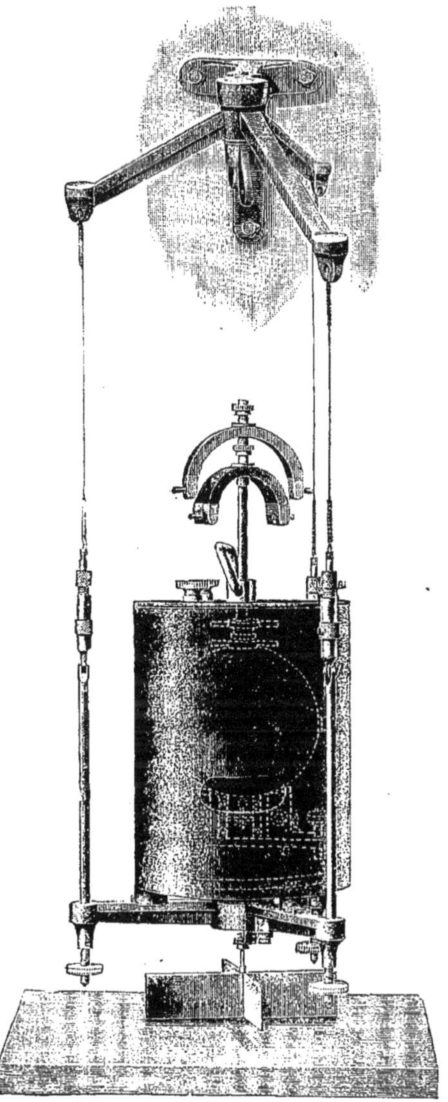

Fig 394

peuvent, jusqu'à un certain point, être éliminées par le cuirassement magnétique ; dans les galvanomètres à cadre mobile, les déplacements du zéro tiennent parfois à ce que les métaux employés pour la construction du cadre et du dispositif de suspension sont faiblement magnétiques et à ce que leur moment magnétique varie pour des causes quelconques ; White et Zeleny ont étudié ces mouvements et les moyens de les éviter.

La rotation du système mobile, dans les galvanomètres sensibles, s'observe d'habitude subjectivement à l'aide d'une *lunette* et d'une *échelle graduée* (Tome I). Comme Lord Rayleigh et Wadsworth l'ont montré, la sensibilité de cette méthode d'observation est limitée par le pouvoir séparateur de tout le système optique, qui ne dépend ordinairement que des dimensions du petit miroir ; déjà, à une distance égale à 4 000 fois le rayon du miroir, les traits de l'échelle millimétrique se confondent, par suite de la diffraction. Le grossissement de la lunette ne joue ici aucun rôle, mais il ne doit pas cependant être trop petit, car la faculté de distinguer les différentes divisions de l'échelle se trouve limitée par le pouvoir séparateur de l'œil. Volkmann, qui a étudié d'une manière approfondie ces circonstances, recommande d'employer des grossissements trois à six fois plus grands que le nombre de millimètres contenus dans le rayon du miroir. Un accroissement des dimensions du miroir augmente bien le pouvoir séparateur, mais diminue en même temps la sensibilité du galvanomètre, car le moment d'inertie de la partie suspendue se trouve augmenté. D'après les calculs de Volkmann, le rapport le plus favorable a lieu, quand le moment d'inertie du petit miroir seul entre pour un cinquième dans le moment d'inertie du système total.

En faisant réfléchir le rayon lumineux sur un miroir fixe, interposé sur le trajet du rayon entre le miroir mobile et l'échelle, on peut augmenter notablement l'angle de déviation visible sur l'échelle ; des procédés analogues ont été proposés par Piltschikoff, Julius, Geiger et d'autres encore. Volkmann en a fait un examen critique et a indiqué aussi d'autres méthodes, où l'on utilise par exemple les interférences, suivant une proposition faite d'ailleurs à diverses époques ; mais ces méthodes n'offrent pas d'avantages essentiels sur la méthode simple de déviation du miroir. Quand on veut effectuer une mesure précise de l'angle de rotation suivant la méthode de Poggendorff, il faut, comme on l'a déjà mentionné dans le Tome I, introduire toute une série de corrections, dont une étude approfondie est due à F. Kohlrausch. J. Carpentier a construit une échelle divisée transparente (*fig.* 395) qui rend très simple l'observation des instruments à miroir ; sa mise en place et son réglage sont d'une telle facilité et son emploi si commode, qu'elle s'est répandue avec rapidité dans tous les laboratoires et qu'elle a remplacé, presque totalement, tous les anciens modèles d'échelles à réflexion. Elle se prête à l'emploi d'une source lumineuse quelconque, lampe à incandescence, bec de gaz, lampe d'appartement, bougie ordinaire, et permet même, la plupart du temps, d'utiliser la lumière du jour. La lumière utilisée est recueillie et renvoyée sur le miroir à l'aide d'une petite glace rectangulaire supportée par une monture à deux rotations. L'observation par transparence a l'avantage, très précieux, de donner la possibilité de placer l'échelle juste en face de l'observateur et sur le trajet des rayons lumineux réfléchis par le miroir.

Depuis quelque temps, on enregistre souvent les oscillations de la partie mobile des galvanomètres. Dans les appareils peu sensibles une plume fixée à l'aiguille aimantée en enregistre les mouvements sur un cylindre tournant avec une vitesse uniforme ou sur une bande de papier animée d'un mouvement uniforme. En raison de leur faible force directrice, les galvanomètres actionnés directement par les couples thermo-électriques en pyrométrie ne peuvent se prêter à l'enregistrement, que si la plume dont ils sont munis ne frotte pas constamment sur le papier ; dans un modèle de pyromètre enregistreur à pointé établi par J. Carpentier, le rouage d'horlogerie comporte un interrupteur qui périodiquement lance un courant dans un mécanisme agissant sur la plume et produisant le pointé. Un diagramme continu peut être obtenu, en utilisant la force électromotrice d'un couple, lorsqu'on adjoint

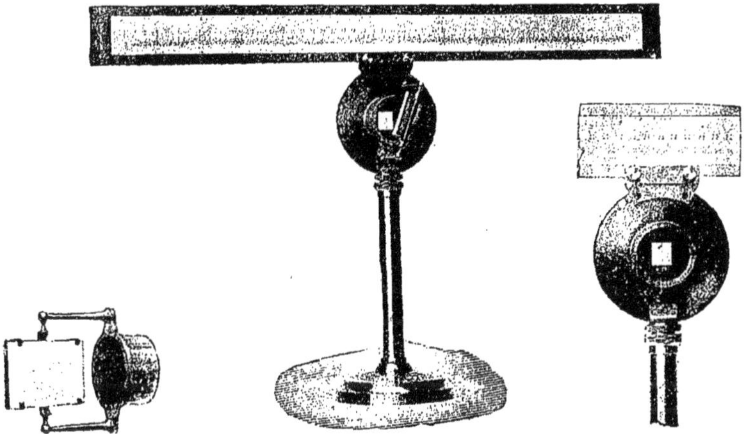

Fig. 395

à ce couple un enregistreur électrique Callendar (*fig.* 396). Cet appareil se compose essentiellement d'un pont de Wheastone, d'un galvanomètre Deprez-D'Arsonval, d'un cylindre enregistreur et de trois mouvements d'horlogerie. Le curseur à contact du pont de Wheatstone se déplace automatiquement parallèlement au fil du pont, et ses déplacements dans un sens ou dans l'autre, sont provoqués par les déviations du galvanomètre. Lorsque l'équilibre est établi, le cadre du galvanomètre ayant repris sa position normale, le curseur reste immobile ; une plume à encre, montée sur le chariot du curseur, trace sur le cylindre enregistreur la position d'équilibre. Dans les galvanomètres très sensibles, le pinceau lumineux réfléchi par le miroir inscrit son chemin sur une feuille de papier sensible en mouvement ; des exemples d'enregistrement photographique des mouvements des galvanomètres ont été donnés par Schering et Zeissig, Diesselhorst, Schmidt et d'autres encore.

Pour diminuer la sensibilité des galvanomètres, on se sert des *shunts* décrits dans le chap. III, § 5 ; la résistance r d'un shunt, qui rend n fois plus petite la sensibilité d'un galvanomètre de résistance ρ, est égale à

$r = \frac{\rho}{n - 1}$. Ayrton et Mather ont proposé un shunt universel, qui s'adapte à tout galvanomètre ; la figure 397 fait aisément comprendre le principe de cet appareil. Le galvanomètre ρ est fermé sur une résistance R très grande, à la partie ab de laquelle est relié un circuit qui porte le courant I à

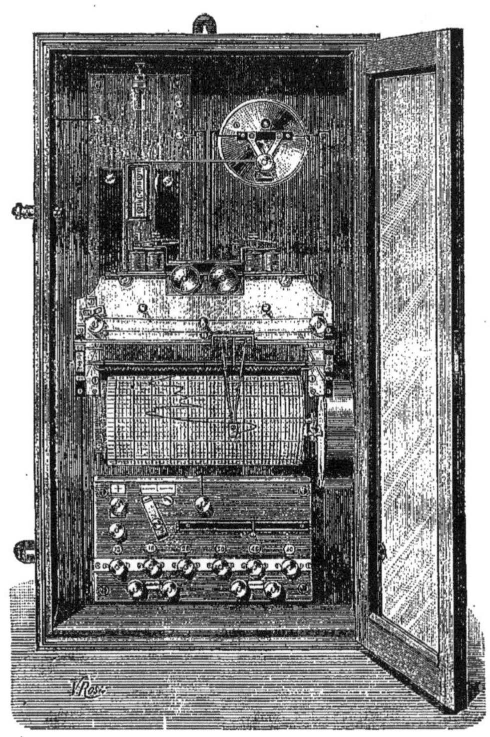

Fig. 396

mesurer. Le courant i, qui traverse le galvanomètre, est, d'après la loi d'Ohm, égal à

$$i = \mathrm{I}\frac{r}{\mathrm{R} + \rho} = \mathrm{I}\alpha r, \tag{30}$$

r désignant la résistance de la portion de R qui se trouve entre les points a et b. Il résulte de la formule (30) que i est proportionnel à r et indépendant de la résistance ρ du galvanomètre ; toutefois, la valeur de α diffère suivant les galvanomètres ; en outre, une variation de r produit aussi une variation de I, d'autant plus petite cependant que R et r sont plus grands comparativement à la résistance du reste du circuit. On peut réaliser facilement un tel shunt universel au moyen d'une grande boîte de résistances quelconque, dont on a retiré toutes les chevilles et dans laquelle on lance le courant par les deux bornes du shunt. Si on veut que la résistance totale du circuit ne change pas, quand on fait varier la sensibilité du galvanomètre, on peut utiliser le shunt d'Armagnat, représenté sur la figure 398. Ici le courant est amené par les bornes A et B ; lorsqu'on met en place la cheville 1, le courant se rend directement au galvanomètre ; si on met en place la cheville 2, le courant est fermé en dehors du galvanomètre. On a indiqué sur la figure les résistances comprises à l'intérieur du shunt, exprimées en fractions de la résistance du galvanomètre. Comme on le voit, on lance dans le galvanomètre 0,001 du courant en chevillant 3 et 3, 0,01 en chevillant 4 et 4, 0,1 en chevillant 5 et 5 etc. ; on se rend aisément compte que la résistance totale entre A et B reste toujours la même et égale à la résistance du galvanomètre.

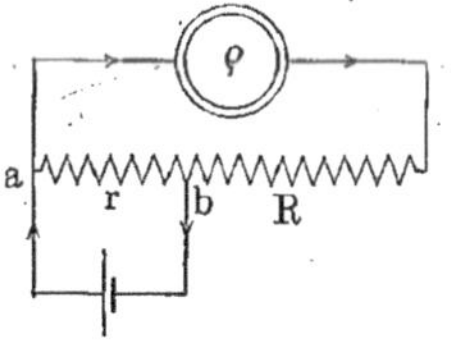

Fig. 397

Dans le shuntage d'un galvanomètre à bobine mobile, il ne faut pas perdre de vue qu'en même temps que varie la résistance, sur laquelle est fermé le galvanomètre, l'amortissement de ce dernier change. Wolkmann a construit un shunt spécial pour galvanomètre à bobine mobile, dans lequel non seulement la résistance totale du circuit reste constante, mais aussi la résistance sur laquelle est fermée la bobine du galvanomètre.

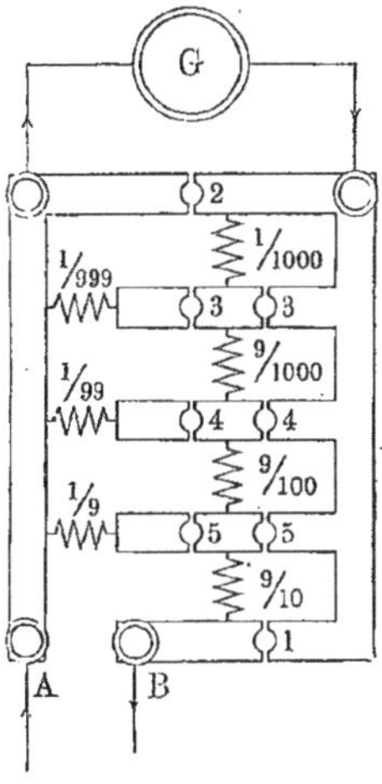

Fig. 398

Dans l'emploi ordinaire des galvanomètres sensibles, les angles de déviation obtenus sont si petits qu'on peut considérer l'intensité I du courant comme proportionnelle à l'angle de déviation φ et poser $I = \frac{1}{S}\varphi$. Pour un plus grand angle de déviation, on a $I = \frac{1}{S} F(\varphi)$, où $F(\varphi)$ est une fonction compliquée, dépendant de la forme de la bobine du galvanomètre, de la disposition et des dimensions des aimants, etc. ; on la détermine empiriquement, en calibrant le galvanomètre au moyen de différences de potentiel connues. Dans de petites limites de φ, on peut poser, avec une approximation suffisante,

$$F(\varphi) = \varphi(1 + \mu\varphi^2),$$

μ étant un coefficient déduit des mesures.

On trouvera des indications plus ou moins détaillées relatives à la galvanométrie, en dehors des auteurs que nous avons cités (du Bois et Rubens, Jäger, en particulier), dans quelques mémoires de Ayrton, Mather et Sumpner et dans un travail de Descoudres ; de très nombreux galvanomètres modernes ont été décrits dans la monographie de Hausrath, *Die Galvanometer*, Leipzig 1909.

3. Galvanomètre balistique. — Dans les mesures électriques, on a souvent affaire à des courants de très faible durée, dont l'intensité i varie continuellement durant leur existence, s'élevant rapidement de zéro jusqu'à un certain maximum, pour redescendre ensuite rapidement jusqu'à zéro ; tel est le caractère, par exemple, des courants obtenus dans la décharge d'un condensateur, dans certains phénomènes d'induction, etc. Très souvent, on n'a pas besoin de connaître la loi de variation de i avec le temps, mais il suffit de connaître la quantité totale d'électricité Q, qui s'est écoulée pendant la durée τ d'existence du courant, c'est-à-dire

$$Q = \int_0^\tau i dt \tag{31}$$

Pour mesurer Q, on peut, comme nous allons nous en rendre compte, envoyer le courant considéré dans l'enroulement d'un galvanomètre, dont la période d'oscillation T est assez grande pour qu'on puisse regarder τ comme infiniment petit. On déduit alors la quantité d'électricité Q de la valeur de l'angle de la première déviation du galvanomètre sous l'impulsion qui lui a été imprimée par le courant instantané. Pour obtenir une durée d'oscillation suffisamment longue, il faut recourir à des galvanomètres à grand moment d'inertie K de la partie mobile ; si, comme cela a ordinairement lieu dans les galvanomètres sensibles, la valeur de K n'est pas assez grande, on l'augmente en alourdissant la partie mobile par un petit poids additionnel, distribué symétriquement par rapport à l'axe de rotation. Les galvanomètres destinés à des mesures de ce genre s'appellent des *galvanomètres balistiques.*

Supposons qu'on lance un courant instantané dans l'enroulement d'un galvanomètre balistique sans amortissement, d'une durée d'oscillation T et de constante dynamique q. Un courant d'intensité i produit, dans un tel galvanomètre, un moment de rotation qi ; lorsque le courant i a passé pendant l'élément de temps dt, l'impulsion de rotation est égale à $qidt$, et par suite l'impulsion totale pour la durée τ du courant est égale à $q\int_0^\tau idt = qQ$. En égalant cette impulsion totale au produit du moment d'inertie K par la vitesse de rotation $\frac{d\alpha}{dt}$, où α désigne l'angle de rotation, on a

$$K\frac{d\alpha}{dt} = qQ, \quad \text{ou} \quad Q = \frac{1}{q}Kv_0, \tag{32}$$

v_0 étant la vitesse prise par le système mobile sous l'impulsion du courant ; on suppose ici qu'à l'instant $t = 0$, on a aussi $\alpha = 0$, c'est-à-dire que le galvanomètre se trouvait au repos. Pour la détermination de v_0, on peut procéder de la façon suivante : l'énergie cinétique acquise par le système mobile est $\frac{1}{2}Kv^2$ et doit être égale au travail total effectué par le système mobile contre la force directrice D. Si le travail élémentaire, nécessaire pour faire tourner le système de l'angle α, est égal à $D\varphi(\alpha)d\alpha$, la fonction $\varphi(\alpha)$ dépendant du caractère que prend la cause qui tend à ramener le système dans la position d'équilibre, le travail total, dans la rotation du système de l'angle maximum de déviation α_1, sera $D\int_0^{\alpha_1}\varphi(\alpha)\,d\alpha = DF(\alpha_1)$. On a donc

$$(32, a) \qquad \frac{1}{2}Kv_0^2 = DF(\alpha_1) \quad \text{et} \quad v_0 = \sqrt{2F(\alpha_1)}\cdot\sqrt{\frac{D}{K}}.$$

En portant cette valeur de v_0 dans (32), on obtient

$$(32, b) \qquad Q = \frac{1}{q}\sqrt{K}\cdot\sqrt{D}\cdot\sqrt{2F(\alpha_1)}.$$

Si on introduit dans (32, *b*) la valeur de $\sqrt{K}$ déduite de la relation

$$T = \pi\sqrt{\frac{K}{D}},$$

et si on remarque que l'on a, d'après (23), $S = \frac{q}{D}$, il vient

$$(32, c) \qquad Q = \frac{T}{\pi}\frac{1}{S}\sqrt{2F(\alpha_1)}.$$

Dans un galvanomètre *non-astatique, à aimant mobile*, on a $\varphi(\alpha) = \sin\alpha$ et $F(\alpha_1) = 2\sin^2\frac{\alpha_1}{2}$; par suite

$$(32, d) \qquad Q = \frac{T}{\pi}\frac{1}{S}\cdot 2\sin^2\frac{\alpha_1}{2}.$$

Dans un galvanomètre *non-astatique, à bobine mobile*, on a $\varphi(\alpha) = \alpha$ et $F(\alpha_1) = \frac{\alpha_1^2}{2}$; par conséquent

$$(32, e) \qquad Q = \frac{T}{\pi}\cdot\frac{1}{S}\alpha_1.$$

Pour de petites valeurs de α_1, les formules (32, *d*) et (32, *e*) prennent, pour les deux types de galvanomètre, la forme générale

$$(32, f) \qquad Q = \frac{T}{\pi}\cdot\frac{1}{S}\alpha_1.$$

En désignant par I_0 l'intensité d'un courant *constant*, qui donnerait dans le galvanomètre considéré la même déviation α_1 constante, on peut, au moyen de (12), page 1071 et de (23), page 1079, exprimer Q par la formule extrêmement simple suivante

$$(32, g) \qquad Q = I_0\frac{T}{\pi}.$$

Dans les galvanomètres *astatiques* sans amortissement, $\varphi(\alpha)$ a une forme plus compliquée ; ce cas a été considéré par Wilson à l'égard du pendule balistique.

Lorsque la décharge de la quantité d'électricité Q se reproduit régulièrement N fois par seconde dans le galvanomètre balistique, cela revient au passage d'un courant $I = QN$ dans le galvanomètre, lequel courant donne une déviation constante $\alpha = SI = SQN$, d'où

$$Q = \frac{\alpha}{NS}. \tag{33}$$

Si le galvanomètre est muni d'un *amortisseur*, on doit de nouveau envisager trois cas différents : celui des oscillations amorties, pour $p < c$; celui du mouvement apériodique, pour $p > c$, et le cas de transition $p = c$. Dans le premier cas ($p < c$), la dépendance entre v_0 et α_1 est donnée par la formule (69, e) du Chap. II, § 9, qui se ramène facilement à la forme

$$v_0 = \alpha_1 \frac{\pi}{T} e^{\frac{\lambda}{\pi} \operatorname{arc\,tg} \frac{\pi}{\lambda}}. \tag{33, a}$$

En portant (33, a) dans (32) et en tenant compte de la relation $T = \pi\sqrt{\frac{K}{D}}$, on trouve

$$Q = \frac{1}{S} \cdot \frac{T}{\pi} \cdot e^{\frac{\lambda}{\pi} \operatorname{arc\,tg} \frac{\pi}{\lambda}} \alpha_1. \tag{33, b}$$

Exactement de la même manière, en se servant de (78, c) du Chap. II, § 9, on a, pour le cas de transition, qui est le plus intéressant,

$$Q = \frac{1}{S} \cdot \frac{T}{\pi} e\alpha_1, \tag{33, c}$$

e étant la base des logarithmes naturels. Le cas $p > c$ présente moins d'intérêt ; on peut alors établir l'expression de Q à l'aide de (74, c) du Chap. II, § 9.

Le facteur $e^{\frac{\lambda}{\pi} \operatorname{arc\,tg} \frac{\pi}{\lambda}}$ dans la formule (33, b) est, pour de petites valeurs de λ, voisin de $e^{\frac{\lambda}{2}}$ ou $\sqrt{k}$, en désignant par k le rapport des valeurs absolues de deux amplitudes d'oscillation successives, c'est-à-dire en posant $k = \frac{\alpha_n}{\alpha_{n+1}}$; si on observe α_1 et α_3 par exemple, on peut exprimer le facteur mentionné par $\left(\frac{\alpha_1}{\alpha_3}\right)^{\frac{1}{4}}$. On peut encore, plus exactement et dans des limites plus larges, exprimer ce facteur par $1 + \frac{\lambda}{2}$; ainsi, même pour $\lambda = 1$ ($k = 2,7$), la différence entre la valeur exacte de ce facteur et la valeur de $1 + \frac{\lambda}{2}$ est inférieure à un centième. A mesure que λ croît, $\operatorname{arc\,tg} \frac{\pi}{\lambda}$ se rapproche de la valeur $\frac{\pi}{\lambda}$ et, tout le facteur, de la valeur e.

Les formules précédentes (33) à (33, c) supposent la durée du courant infiniment petite par rapport à la durée d'oscillation du galvanomètre ; quand il n'en est pas ainsi, la dépendance entre Q et la déviation du galvanomètre est beaucoup plus compliquée ; Dorn, Diesselhorst et Weiss ont étudié d'une manière approfondie ce dernier cas.

Lorsque la déviation produite par le passage de la quantité d'électricité Q est très petite et par suite difficilement mesurable, on peut répéter la décharge Q dans le galvanomètre à des instants choisis à volonté et, en vue d'obtenir une mesure plus précise de Q, on peut recourir à la méthode de *multiplication* de W. Weber. Quand l'aiguille du galvanomètre a subi la première impulsion, on attend que, revenant du maximum de déviation, elle atteigne de nouveau la position d'équilibre, et à cet instant, on lui communique une nouvelle impulsion, de même grandeur que la première, mais de sens contraire ; au passage suivant par la position d'équilibre, on lui imprime de nouveau une impulsion de même sens que la première, etc. Si le galvanomètre est muni d'un amortisseur et si, par suite, l'aiguille effectue des oscillations amorties, elle atteint, au bout de peu de temps, des déviations maxima constantes ; plus l'amortissement est énergique, plus cette déviation limite est atteinte rapidement. En désignant par α_m le demi-angle entre les positions extrêmes de l'aiguille pour la déviation maximum et par α_0 la déviation, correspondant à une seule impulsion, que donnerait le même galvanomètre, l'étude théorique de la méthode de multiplication montre que l'on a

$$(34) \qquad \frac{\alpha_m}{\alpha_0} = \frac{e^\lambda}{e^\lambda - 1} e^{-\frac{\pi}{\lambda} \operatorname{arc\,tg} \frac{\pi}{\lambda}}.$$

Dans l'emploi de cette méthode, Dorn a envisagé le degré d'influence des impulsions intempestives et de leur durée notable ; Guillet a décrit un commutateur, qui envoie automatiquement des courants de sens convenable dans le galvanomètre, aux instants où l'aiguille passe par sa position d'équilibre. W. Weber a encore proposé, en dehors de la méthode de multiplication, une autre méthode pour mettre en mouvement la partie mobile d'un galvanomètre balistique (méthode du *rejet*) ; mais nous ne nous y arrêterons pas, car, dans les galvanomètres balistiques modernes sensibles, les deux méthodes ont beaucoup perdu de leur intérêt.

On peut se servir, en qualité de galvanomètre balistique, aussi bien d'un galvanomètre à aimant mobile que d'un galvanomètre à spire mobile. Diesselhorst, qui a considéré les galvanomètres de ce dernier genre, a montré que, pour ceux-ci, le cas de transition de l'apériodicité est le plus commode. Patterson, Stewart, Peirce et Zeleny ont étudié la même question ; Peirce a aussi envisagé le cas intéressant où l'amortissement, comme cela peut avoir lieu dans un amortissement par l'air, n'est pas proportionnel à la vitesse du système mobile.

Dans les galvanomètres balistiques, on préère déterminer expérimentalement le facteur $\frac{T}{\pi S}$, qui entre dans la formule (33, c). A cet effet, on envoie dans le galvanomètre ou bien la décharge d'un condensateur de capacité connue C, chargé à une différence de potentiel V déterminée ($Q = CV$), ou bien l'impulsion d'un courant d'induction, produit dans l'enroulement secondaire d'une bobine connue, quand le courant primaire est ouvert ; M. Wien a montré qu'il est commode de prendre dans ce but une bobine de self-induction déterminée. Remarquons encore qu'on peut aussi, avec le galvanomètre balistique, employer des *shunts* pour diminuer la sensibilité ; la self-induction de ces shunts ne joue aucun rôle, car les lois de Kirchhoff s'appliquent tout aussi bien à $\int idt$ qu'aux courants constants.

Un galvanomètre balistique à cadre mobile commode, qui peut trouver un emploi fréquent, est le *fluxmètre de* Grassot, spécialement destiné à mesurer l'intensité des flux magnétiques. Cet instrument intéressant (*fig.* 399) se compose d'un galvanomètre, dont le cadre mobile BB est suspendu à un fil de cocon tellement fin, que la force directrice est pour ainsi dire nulle et la durée d'oscillation en circuit ouvert, voisine d'*une* minute ; le courant est amené dans la bobine et en sort au moyen de fins ressorts d'argent mou s et s' ; pour les résistances qui ne sont pas trop grandes (moins de 500 à 1 000

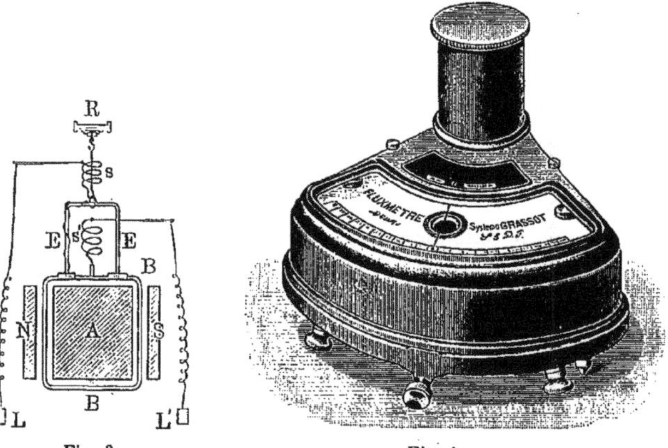

Fig. 399 Fig. 400

ohms), les mouvements de la bobine sont apériodiques, et, pour de faibles résistances (quelques dizaines d'ohms), la bobine revient avec une extrême lenteur à la position d'équilibre. La bobine est munie d'une aiguille, qui se déplace sur une échelle graduée, et un miroir permet l'emploi de la méthode de lecture de Poggendorff au moyen d'une lunette. Quand la bobine est fermée sur une faible résistance et déviée par un courant de faible durée, grâce à la très petite force directrice et au fort amortissement de l'instrument, elle reste si longtemps dans la position de la première déviation, qu'on peut lire très commodément cette dernière ; pour ramener rapidement la bobine à la position d'équilibre, on peut lui donner une impulsion en sens inverse. La sensibilité du fluxmètre est très grande :

1^{mm} de l'échelle placée à une distance de 1^{m} correspond à environ 10^{-7} coulomb. La figure 400 montre l'aspect extérieur de cet appareil.

Nous indiquerons plus loin comment on emploie le fluxmètre pour la mesure de l'intensité des champs magnétiques. W. Mitkéwitsch s'est occupé de la théorie du fluxmètre et A. Korolkoff de ses diverses applications.

4. Mesure des différences de potentiel. — Pour la mesure des potentiels, on se sert des unités suivantes : A. Unité électrostatique absolue de potentiel, définie, conformément à la loi de Coulomb, par les actions pondéromotrices de deux charges l'une sur l'autre ; A'. Unité électromagnétique absolue de potentiel, 3.10^{10} fois plus petite que l'unité électrostatique absolue ; elle est définie en partant du phénomène d'induction, de sorte que dans sa définition entre la notion d'intensité du champ magnétique ; 10^{8} unités él. mag. absolues de potentiel $= \frac{1}{3} 10^{-2}$ unité él. st. absolue représentent l'unité pratique de potentiel, le volt ; B. un volt international, unité pratique qui découle de la loi d'Ohm et repose sur la définition de l'ampère et de l'ohm ; C. un volt, unité pratique résultant de la différence de potentiel d'un élément normal choisi conventionnellement, et exprimée en volts.

Toutes ces unités doivent de par leur nature différer légèrement les unes des autres. Les unités A et A' sont définies théoriquement : on ne peut évidemment effectuer une mesure réelle de potentiel qu'en unités A et qu'en déduire la valeur correspondante en unités A'. La mesure du potentiel en unités B est basée sur les valeurs adoptées conventionnellement et fixées par voie légale pour l'ampère et l'ohm internationaux, et le résultat de la mesure est obtenu en volts internationaux également conventionnels et rendus légaux ; on suppose d'ailleurs que l'intensité de courant est déterminée avec un voltmètre, mais non avec un électrodynamomètre, qui donnerait l'intensité d'un courant en ampères absolus et non en ampères conventionnels. Une mesure de potentiel en unités C se ramène à une comparaison entre la différence de potentiel cherchée et l'étalon de force électromotrice, l'élément normal, la force électromotrice de l'étalon exprimée en volts étant adoptée conventionnellement, d'après des mesures faites avec soin en unités B. Si on pouvait mesurer avec une exactitude *absolue* une même différence de potentiel invariable dans les diverses unités mentionnées ci-dessus, on obtiendrait des valeurs numériques différentes ; mais, comme le degré d'exactitude des mesures ordinaires est bien moindre que celui des mesures extrêmement soignées à l'aide desquelles ont été déterminées les grandeurs électriques fondamentales consacrées législativement, une telle différence n'existe pas en pratique ; néanmoins, dans toute mesure précise, il faut se rendre un compte bien net des unités dans lesquelles a été effectuée la mesure.

Dans la mesure des différences de potentiel, en particulier quand il s'agit de grandes différences de potentiel, on a souvent à *fractionner* la grandeur à mesurer. Dans ce but, on relie les points A et B (*fig.* 401), dont on veut mesurer la différence de potentiel E, par une grande résistance R, et on mesure la différence de potentiel e entre deux points quelconques de R, entre lesquels est intercalée une résistance r. On a donc

$$E = \frac{R}{r} e. \tag{35}$$

On suppose ici que l'introduction de R entre A et B ne change pas la différence de potentiel E, ce qui est d'autant plus exact que R est plus grand comparativement à la résistance ρ de tout le reste du circuit reliant A et B. Il est donc désirable que R soit le plus grand possible ; pour le fractionnement de très grandes différences de potentiel, E. Voigt a employé pour R des tiges de bois sec (érable) de 120^{cm} de longueur et 7^{mm} de diamètre, ayant une résistance d'environ 10^4 mégohms. Le fractionnement des différences de po-

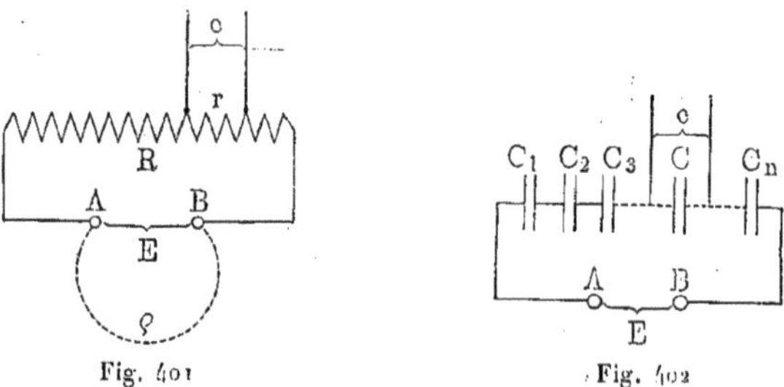

Fig. 401 Fig. 402

tentiel au moyen de condensateurs (*fig.* 402) est encore plus parfait, au point de vue théorique, dans les mesures électrométriques A ; lorsqu'on relie les points A et B par une série de condensateurs placés à la suite les uns des autres, dont les capacités sont C_1, C_2, ... C_n, et qu'on mesure la différence de potentiel e sur les armatures de l'un des condensateurs de capacité C, la différence totale de potentiel E entre A et B est égale à

$$E = Ce \sum_1^n \frac{1}{C_m}. \tag{36}$$

Dans la mesure électrométrique des très petites différences de potentiel entre les bornes des sources de courant, on a parfois appliqué le principe de la *multiplication* de la différence de potentiel cherchée. R. Kohlrausch charge dans ce but, avec la différence de potentiel cherchée E, un condensateur à air relié à un électromètre ; ayant ensuite éloigné le condensateur de la source de différence de potentiel, il écarte l'un de l'autre les plateaux du condensateur ; une diminution de capacité du condensateur de C à $C' < C$ produit un accroissement de la différence de potentiel entre les plateaux, qui devient nE; le facteur n devant être déterminé empiriquement ; en supposant $n = \frac{C}{C'}$, on ne peut déterminer ce facteur par le calcul, car ici intervient la capacité de l'électromètre, qui varie avec la position de la partie mobile. Les multiplicateurs de potentiel proposés par W. Thomson et

HALLWACHS ne sont au fond que des perfectionnements ultérieurs dans la réalisation du même principe. Le multiplicateur construit par EINSTEIN, d'après une idée de HABICHT, est particulièrement intéressant. Dans cet appareil, le potentiel est augmenté successivement à six reprises et n atteint ainsi la valeur 360 000. Grâce à ce coefficient de multiplication énorme, on peut observer et mesurer, sur un électroscope ordinaire calibré, des potentiels de l'ordre du dix-millième de volt.

Nous considérerons les méthodes de mesure des différences de potentiel dans l'ordre indiqué au début de ce paragraphe.

A. MESURE ÉLECTROMÉTRIQUE DES DIFFÉRENCES DE POTENTIEL. Pour la mesure des différences de potentiel en unités él. st. absolues, on se sert des *électromètres absolus*, déjà décrits en détail dans le Chap. IV du Livre I. Nous ajouterons seulement à ce qui a été dit alors que la plupart des électromètres absolus existants ne sont que des variantes de l'électromètre absolu de W. THOMSON ; tels sont les électromètres de KIRCHHOFF (celui-ci décrit par QUINCKE), d'ABRAHAM et LEMOINE, dans lesquels l'attraction d'une plaque mobile, suspendue à l'un des bras du fléau d'une balance, est équilibrée par des poids posés sur le plateau de l'autre bras ; l'appareil d'ABRAHAM et LEMOINE peut mesurer des différences de potentiel s'élevant jusqu'à 40 000 volts, avec une erreur qui ne dépasse pas 0,1 %. Il faut aussi mentionner l'électromètre absolu sensible de FABRY et PEROT, dans lequel le déplacement d'une plaque de verre mobile, à demi argentée sur sa face inférieure et suspendue à trois ressorts légers, est déterminé par le déplacement des franges d'interférence, qui se forment entre la face inférieure de cette plaque et la face supérieure d'une plaque fixe. A l'aide de cet appareil, FABRY et PEROT ont mesuré directement la force électromotrice de l'élément normal de CLARK à 0° et l'ont trouvée égale à $484{,}51 \cdot 10^{-5}$ unité él. st. absolue de potentiel. En mesurant en même temps cette grandeur en unités B (voir plus loin), ils ont obtenu, pour sa valeur à 0°, 1,4522 volt international ; il en résulte immédiatement, pour le rapport v entre l'unité él. st. absolue de potentiel et le volt international, la valeur $v = \frac{1{,}4522}{484{,}51 \cdot 10^{-5}} = 299{,}73$. ABRAHAM et VILLARD (1911) ont fait construire récemment par J. CARPENTIER un voltmètre électrostatique destiné à la mesure des très hautes tensions, depuis 10 000 volts jusqu'à 200 000 environ, en courant continu ou alternatif. Essentiellement, il comprend un instrument de mesure renfermé dans un boîtier métallique arrondi et muni d'un piston mobile de surface sensiblement sphérique, dont les petits déplacements amplifiés produisent la déviation de l'index. Autour de ce piston, formant anneau de garde, est disposé un plateau métallique de grand diamètre (*fig.* 403). Le boîtier de l'appareil et son plateau sont reliés par une fiche et un cordon à l'un des pôles de la source. D'autre part, en face du piston, parallèlement au premier plateau, est disposé un deuxième plateau métallique isolé, dont la distance est variable à volonté. Ce plateau est relié au deuxième pôle et il est destiné à exercer sur le piston une force attractive, fonction de la tension à mesurer. Dans le modèle destiné aux tensions au-dessus de 50 000 volts, deux longues colonnes de verre fixées sur un même socle portent, l'une le boîtier de l'appareil et son plateau, l'autre le deuxième plateau mobile. Cette dernière est scellée dans un pied à glissières, portant un trait de repère, qu'on fixe suivant la sensibilité à obtenir en regard des traits correspondants du socle.

L'électromètre absolu d'Ebert et Hoffmann, destiné à la mesure des très

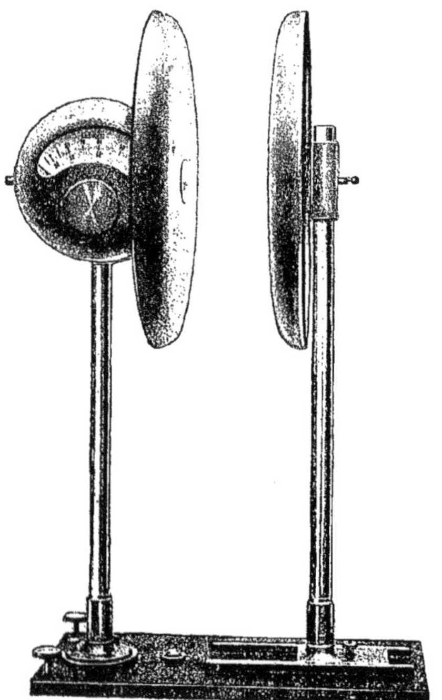

Fig. 403

hauts potentiels, repose sur un autre principe. Dans cet appareil (*fig.* 404), un petit ellipsoïde *e* en aluminium est suspendu à deux fils entre les plateaux chargés P, P d'un condensateur à air, de façon que son grand axe fasse avec la direction des lignes de force du champ électrique un angle de 45°. Si l'ellipsoïde *e* est chargé, il tourne en tordant les fils de suspension ; l'angle de rotation se lit à l'aide du petit miroir *s*. La petite tige à laquelle *e* et *s* sont attachés se termine en bas par un cylindre de cuivre, plongé dans l'espace interpolaire d'un puissant aimant en acier ; celui-ci est caché dans la base de l'appareil et sert d'amortisseur. Comme on peut calculer théoriquement les forces agissant sur l'ellipsoïde conducteur chargé, placé dans un champ électrique uniforme, l'appareil décrit peut servir d'électromètre absolu.

On doit encore ranger parmi les électromètres absolus, les appareils réalisant une idée due à Crémieu ; l'action mutuelle de parties chargées électrostatiquement est équilibrée par une attraction électrodynamique entre deux bobines parcourues par le même courant I. Le schéma de ces appareils est donné dans la figure 405; lorsque la différence de potentiel entre les parties a et b est égale à V, la force d'attraction entre ces parties est $F_1 = mV^2$;

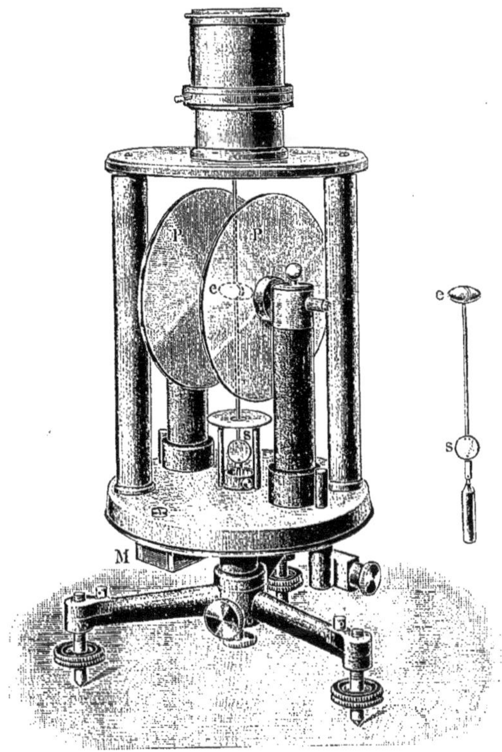

Fig. 404

d'autre part, la force d'attraction entre les bobines c et d est $F_2 = nI^2$. Si on augmente I, de façon que l'équilibre s'établisse, on a $mV^2 = nI^2$ et

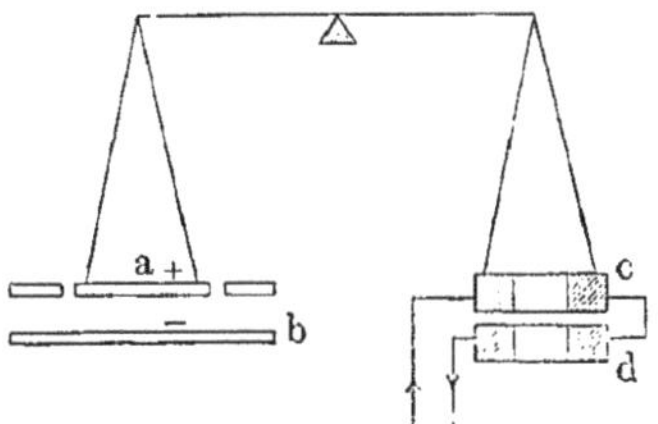

Fig. 405

$V = \sqrt{\frac{n}{m}} \cdot I = kI$. Pour la détermination de k, Crémieu a proposé, dans un appareil où a et b ont la forme d'un cylindre creux et d'un cône, d'équilibrer avec l'appareil lui-même la différence de potentiel V_0 aux bornes de la batterie qui produit le courant des bobines; R étant la résistance qu'il est nécessaire d'introduire à cet effet dans le circuit de la batterie, et r la résistance des bobines, on a $V_0 = k \frac{V_0}{R+r}$, d'où $k = R + r$ et $V = (R + r) I$; il ne faut pas perdre de vue que, dans ce cas, on mesure V non pas en unités A, mais en unités B. Müller, qui s'est servi de l'appareil de Crémieu, a déterminé k en mesurant, au moyen de l'appareil, des différences de potentiel connues. Sur le même principe, repose l'intéressant électromètre absolu de A. Tscherkyscheff, qui peut servir à mesurer des différences de potentiel de 10 000 à 180 000 volts. Dans cet appareil, les parties a et b sont construites comme dans l'électromètre de W. Thomson, de sorte qu'on peut calculer le coefficient m; le coefficient n est déterminé par comparaison directe de la force F_2 avec la force de la pesanteur, d'où résulte qu'on obtient V en unités A.

Tout électromètre, dans lequel on mesure la force mutuelle entre les parties chargées et pour lequel on connaît la relation $F = \alpha\varphi(V)$, peut être employé comme instrument absolu en déterminant le coefficient α par comparaison avec un électromètre. Nous avons déjà mentionné, dans le Chapitre IV du Livre I, toute une série de tels électromètres; nous citerons encore celui de A. Heydweiller, perfectionné dans la suite par Müller, qui l'a employé pour mesurer des différences de potentiel atteignant jusqu'à 100 000 volts. Une théorie des électromètres, sous sa forme la plus générale, a été donnée par Pulgar et Wulf et appliquée par eux à l'électromètre à quadrants; un travail de Scholl est consacré à la question pratiquement importante de l'étalonnage des électromètres de ce type.

Nous indiquerons en outre ici quelques formes nouvelles d'*électroscopes* sensibles proposées récemment et qui n'ont pas par suite été décrites dans le Livre I; nous commencerons par les *électromètres à corde* (plus exactement électroscopes), dans lesquels, comme dans les galvanomètres à corde, la partie mobile est un fil de quartz argenté tendu ou un fil métallique extrêmement fin. Ils ont tous en commun le principe suivant : entre deux plateaux a et b (*fig.* 406) est tendu un fil cd extrêmement fin et conducteur. Lorsqu'on amène a et b à des potentiels élevés égaux, mais de signes contraires, le fil fléchit déjà sous la charge la plus faible, attiré qu'il est par l'un des plateaux et repoussé par l'autre; la flèche du fil est observée au moyen d'un microscope, muni d'un oculaire micrométrique. Avec un tel appareil, tout à fait analogue à l'électromètre à quadrants (les plateaux a et b correspondent aux quadrants, le fil à l'aiguille de l'électromètre), tous les modes d'emploi, indiqués à propos de l'électromètre à quadrants dans le § 3 du Chap. IV, Livre I, sont

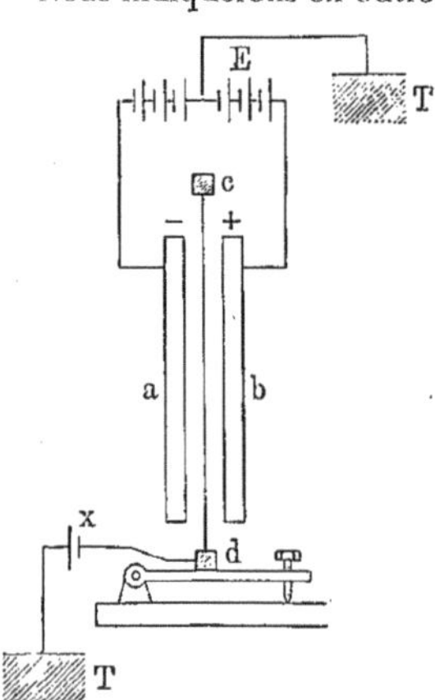

Fig. 406

évidemment possibles. Les électromètres à corde présentent l'avantage d'avoir une faible capacité (5 à 15^{cm}) et une grande sensibilité; ils sont d'un usage très commode.

Dans l'électromètre à corde de Cremer, construit par Edelmann pour un potentiel du fil de 1 500 volts, une différence de potentiel de 10^{-4} volt entre a et b produit une flèche dans le fil qui, grossie 1 000 fois dans le microscope, paraît égale à 1^{mm}. Des appareils analogues ont été construits par Lutz, Laby et Jones.

Le développement rapide des recherches sur la radioactivité et sur l'ionisation des gaz a fait naître le besoin d'électroscopes sensibles et d'emploi commode et a conduit à perfectionner ces appareils. Ainsi, en dehors des électroscopes à corde dont nous venons de parler, des électroscopes ont été construits par Wulf, Wiechert, Elster et Geitel, dans lesquels les feuilles d'or traditionnelles sont remplacées par des fils de quartz rendus conducteurs à la surface ; les déplacements de ces fils sont également observés à l'aide d'un microscope. Le vieil électroscope à feuilles d'or a reçu lui-même, entre les mains de Wilson, une nouvelle forme perfectionnée, où le mouvement de la feuille est observé dans un microscope ; la figure 407 reproduit l'aspect extérieur de cet appareil très répandu.

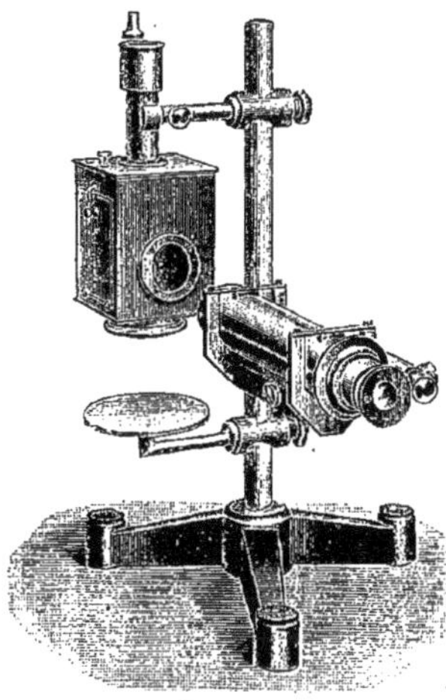

Fig. 407

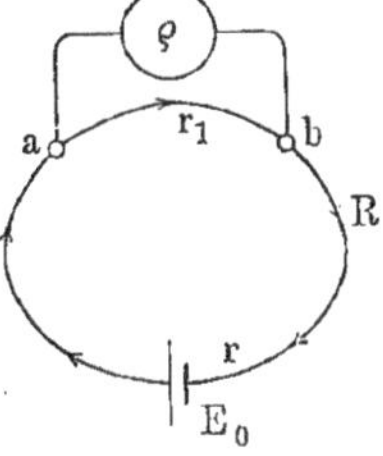

Fig. 408

B. Détermination des différences de potentiel a l'aide de la loi d'Ohm. Lorsqu'on relie deux points a et b, entre lesquels est maintenue une différence de potentiel e_0, par un galvanomètre de résistance ρ, et que le galvanomètre indique un courant d'intensité i, on a, d'après la loi d'Ohm, $e_0 = i\rho$, pourvu que la fermeture du galvanomètre sur a et b ne modifie pas la valeur même de e_0. Cette valeur ne varie pas, si ρ est très grand comparativement à la résistance des autres parties du circuit qui relient a et b. Dans le cas général, quand les points a et b (*fig.* 408) font partie d'un circuit qui renferme une source de force électromotrice E et de résistance intérieure r, la différence de potentiel e_0, avant l'introduction du galvanomètre, est égale à

$$e_0 = \frac{Er_1}{R + r + r_1}, \tag{37}$$

r_1 désignant la résistance du circuit entre a et b, R la résistance de tout le reste du circuit. Après introduction du galvanomètre, la valeur de e_0 diminue et devient égale à

$$(38) \qquad e = \frac{E r_1}{(r + R)\left(\frac{r_1}{\rho} + 1\right) + r_1} = e_0 \frac{R + r + r_1}{(R + r)\left(\frac{r_1}{\rho} + 1\right) + r_1}.$$

Comme on le voit sur cette expression, e est d'autant plus voisin de e_0 que ρ est plus grand comparativement à r_1. Quand on veut déterminer e_0 à l'aide d'un galvanomètre, on obtient en réalité $e < e_0$ et, pour avoir la vraie valeur de e_0, il faut apporter des corrections à la valeur e observée ou employer un galvanomètre à très grande résistance ρ. Lorsque $r_1 = \infty$, on a $e_0 = E$ et $e = E \frac{1}{\frac{r + R}{\rho} + 1}$; si on a en outre $R = 0$, c'est-à-dire si la source est fermée directement sur le galvanomètre, on a

$$(38, a) \qquad e = E \frac{1}{\frac{r}{\rho} + 1}.$$

Avant l'introduction du principe de compensation (voir plus loin), *toutes* les méthodes de détermination des différences de potentiel reposaient sur les considérations précédentes, qui découlent de la loi d'Ohm. Un galvanomètre, gradué en unités d'intensité de courant, était relié aux points a et b, dont on cherchait la différence de potentiel, et on calculait e_0 ou E, à l'aide de l'intensité de courant observée, par les formules ci-dessus. Si la résistance intérieure r de la source ou même la résistance totale $r + R$ était inconnue, on observait, pour la détermination de E ($r_1 = \infty$), d'après une proposition d'Ohm, les intensités de courant i_1 et i_2 correspondant à deux résistances différentes R_1 et R_2; des formules $i_1 = E(r + R_1 + \rho)$ et $i_2 = E(r + R_2 + \rho)$, on déduit alors

$$(38, b) \qquad E = \frac{i_1 i_2}{i_2 - i_1}(R_1 - R_2).$$

Il faut remarquer que toutes les méthodes de détermination de e_0 et E, basées sur les raisonnements indiqués, ne peuvent donner de résultats déterminés que dans le cas où la force électromotrice E de la source ne dépend pas de l'intensité du courant qu'elle fournit, c'est-à-dire quand la source (par exemple, la pile) est *constante*. Mais, dans tous les éléments, E baisse plus ou moins à mesure que croît l'intensité du courant fourni; la vraie valeur de E, relative au cas où l'élément ne débite pas, ne peut donc pas du tout être déterminée de la manière considérée. Un très grand progrès a donc été réalisé, quand Poggendorff a introduit en 1841 la *méthode de compensation*, à l'aide de laquelle on peut déterminer avec un galvanomètre la différence de potentiel entre deux points, cette différence de potentiel ne produisant pas de courant. Le principe de la méthode de compensation est le suivant :

(les points a et b, dont il s'agit de déterminer la différence de potentiel E, par exemple les bornes d'un élément) (*fig.* 409), sont reliés par un galvanomètre sensible à la portion r d'un circuit, dans lequel passe le courant d'une batterie auxiliaire E_1, les connexions étant faites de façon que, dans la chaîne abr, les différences de potentiel entre a et b et aux extrémités de r soient opposées. On fait varier l'intensité i du courant qui passe dans r ou la résistance r de ce tronçon, jusqu'à ce que le galvanomètre G n'indique plus aucun courant ; dans ce cas (voir Chap. III, § 5), la différence de potentiel cherchée E est égale à la chute de potentiel le long du tronçon de résistance r, c'est-à-dire qu'on a

$$E = ri.$$

Ordinairement, ayant choisi une valeur convenable pour r, on fait varier l'intensité i du courant par l'introduction de résistances dans le circuit de E_1, jusqu'à ce qu'il n'y ait plus de courant dans le circuit E ; on mesure l'intensité i au moyen d'un galvanomètre précis A, calibré en ampères (par exemple, un milliampèremètre shunté du système WESTON), d'un voltamètre à argent (c, dans la figure 409), d'un électrodynamomètre ou d'un galvanomètre des tangentes. Si la valeur de i est connue en ampères légaux, celle de r en ohms légaux, on obtient la valeur de E en volts légaux. La méthode que nous venons de décrire est certainement la meilleure pour la mesure des différences de potentiel en unités B ; elle a été employée notamment dans toutes les récentes déterminations de la force électromotrice des éléments normaux. LINDECK et ROTHE ont fait construire chez SIEMENS et HALSKE un appareil de compensation particulier, pour déterminer par la méthode ci-dessus la force électromotrice de thermoéléments destinés à des mesures de température.

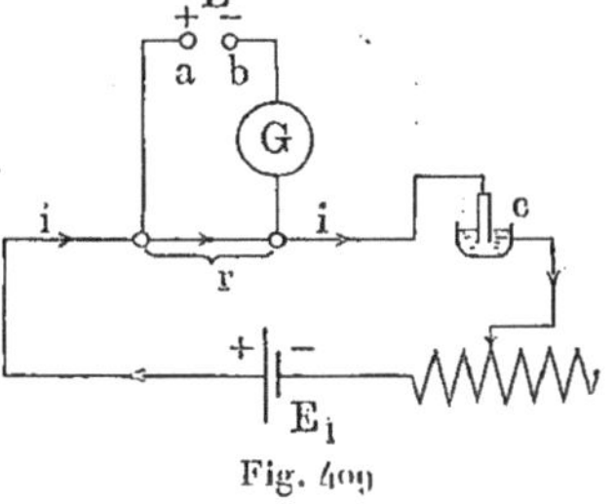

Fig. 409

C. COMPARAISON DES DIFFÉRENCES DE POTENTIEL. Avant de connaître la méthode de compensation, on comparait le plus souvent les forces électromotrices par des méthodes tout à fait analogues à celles dont nous venons de parler (B). Nous en indiquerons ici seulement quelques-unes :

a) Si deux éléments E_1 et E_2, fermés successivement sur un même circuit de résistance R et contenant un galvanomètre de résistance ρ, donnent les intensités de courant i_1 et i_2, on a

$$\frac{E_1}{E_2} = \frac{i_1 (R + \rho + r_1)}{i_2 (R + \rho + r_2)},$$

où r_1 et r_2 désignent les résistances intérieures des éléments ; lorsque r_1 et r_2 sont très petits comparativement à $R + \rho$, on peut poser $\frac{E_1}{E_2} = \frac{i_1}{i_2}$.

b) Un élément E_1 donne, dans le circuit $R_1 + \rho$, l'intensité de courant i ;

on cherche la valeur de la résistance $R_2 + \rho$, pour laquelle l'élément E_2 donne, dans le circuit $R_2 + \rho$, la même intensité i de courant ; on a alors

$$\frac{E_1}{E_2} = \frac{R_1 + \rho + r_1}{R_2 + \rho + r_2}.$$

Les grandeurs r_1 et r_2 sont ordinairement inconnues ; on peut les négliger, quand $R + \rho$ est suffisamment grand comparativement à ces résistances.

c) Reprenons le schéma de la figure 206, Chap. III ; on intercale dans la branche milieu AB un galvanomètre sensible et on choisit les résistances R_1 et R_2 de deux boîtes intercalées respectivement dans la branche de droite et dans celle de gauche, de façon qu'il ne passe pas de courant dans AB ; on a alors $\frac{E_1}{E_2} = \frac{R_1 + r_1}{R_2 + r_2}$ (Poggendorff). Si R_1 et R_2 sont suffisamment grands comparativement à r_1 et r_2, on peut poser $\frac{E_1}{E_2} = \frac{R_1}{R_2}$.

Toutes ces méthodes présentent le même inconvénient : on mesure les forces électromotrices des sources de courant, pendant que ces sources débitent ; elles sont tout à fait inapplicables, si l'une des sources est un élément normal, car on ne peut fermer celui-ci sur une petite résistance. C'est seulement sous la forme que lui ont donnée Bosscha et plus tard Du Bois-Reymond et Clark que la méthode de compensation, pour la comparaison des forces électromotrices, n'offre pas cet inconvénient. On se rend compte de l'idée de cette méthode en considérant la figure 410. Une source de courant auxiliaire A est

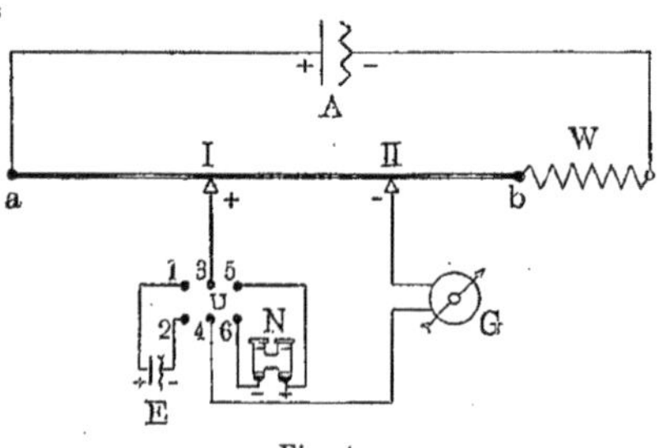

Fig. 410

fermée par une résistance (fil) ab, le long duquel le potentiel s'abaisse de a jusqu'à b ; le long de ce fil glissent deux contacts I et II, qui, au moyen d'un commutateur U, peuvent être reliés à tour de rôle, par le galvanomètre G, avec chacun des éléments E et N à comparer (au lieu d'un galvanomètre, on peut aussi employer un électromètre capillaire) ; on a représenté ici, pour l'un de ces éléments, l'élément normal de Weston. Lorsqu'on a intercalé dans le circuit l'un des éléments, par exemple N (en reliant les plots 3 et 5, 4 et 6), on cherche pour quelle distance entre les contacts glissants il n'y a pas de courant dans G ; soit l^{cm} cette distance. Ayant ensuite introduit l'élément E (en reliant 1 avec 3, 2 avec 4), on cherche la nouvelle distance l' entre les contacts, pour laquelle il y a toujours absence de courant dans G. Si on désigne par r la résistance de 1^{cm} du fil ab, par i l'intensité du courant fourni par la source A qui traverse ce fil, on a

$$\frac{E}{N}=\frac{lri}{l'ri}=\frac{l}{l'};$$

autrement dit, la détermination du rapport de deux forces électromotrices se ramène à la *mesure du rapport* de deux résistances ou même de deux longueurs, et les forces électromotrices à comparer ne donnent pas de débit de courant pendant la mesure.

Parmi les nombreuses variantes de la méthode de compensation, nous citerons celle d'Orloff, qui permet la compensation simultanée de plusieurs forces électromotrices.

Bouty a proposé de remplacer le fil à contacts glissants par deux boîtes de résistances absolument identiques (*fig.* 411). Avant de commencer la mesure, on enlève toutes les chevilles de la boîte a, tandis que toutes celles de b sont en place ; ayant intercalé l'un des éléments, par exemple N, on commence à enlever des chevilles dans b, que l'on place dans les trous correspondants de a, jusqu'à ce que le galvanomètre G n'indique plus le passage d'un courant ; soit alors R_1 la résistance de a. Comme on le voit, dans ce transport des chevilles, la résistance totale du circuit reste égale à $a+b$, et par suite l'intensité de courant ne varie pas non plus ; seul le rapport des résistances de a et b change. Si on opère de même avec l'élément E, on trouve qu'il y a absence de courant dans G, quand la résistance de a est égale à R_2. On a donc

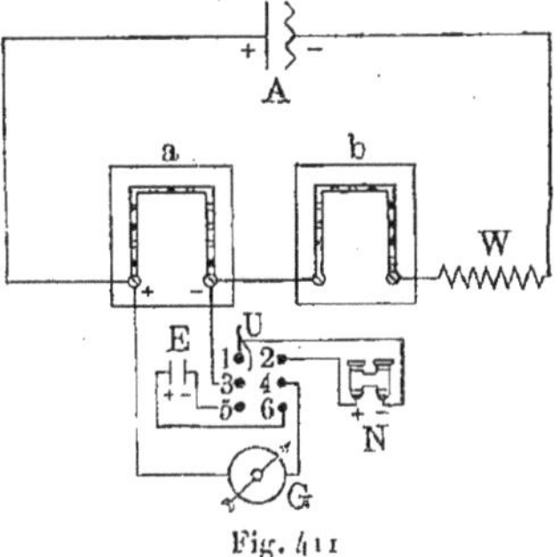

Fig. 411

$$\frac{E}{N}=\frac{R_2}{R_1}.$$

La méthode de compensation acquiert une importance particulière, lorsqu'on emploie, pour obtenir l'une des forces électromotrices à comparer, un élément normal, dont la valeur en volts internationaux légaux a été exactement déterminée (par exemple, un élément Weston = 1,0183 volt international à 20°). Dans ce cas, on obtient immédiatement en volts internationaux la force électromotrice de l'élément qu'on compare. Comme les éléments normaux se polarisent rapidement pendant le passage du courant, il faut placer en série avec l'élément N une grande résistance (quelques dizaines de mille ohms), qu'on laisse dans le circuit jusqu'à ce que la résistance de compensation soit trouvée. Quand G n'indique plus de courant, on enlève la résistance et on trouve finalement la valeur de la résistance de compensation.

La méthode suivante est également très commode. Si la force électromotrice de l'élément normal est égale à N volts, on donne à l'avance à la résistance de a (*fig.* 411) la valeur d'environ 1 000 N ohms ; il faut alors que, dans le circuit entre a et b passe un courant de 10^{-3} ampère, pour que la chute de potentiel le long de a compense la force électromotrice N. Au moyen d'une résistance W et d'un ampèremètre intercalé dans le circuit de A, on amène l'intensité de courant dans ce circuit à être aussi voisine que possible de 10^{-3} ampère. En fermant alors le commutateur U sur l'élément N, celui-ci est déjà presque complètement compensé et une légère variation de la résistance W suffit pour obtenir la compensation exacte. Ayant ensuite intercalé l'élément E, on cherche la résistance R_2 qui le compense et on a $E = 10^{-3} \cdot R_2$ volts.

La méthode de compensation à l'aide de l'élément normal est si simple, si commode et donne des résultats si exacts, qu'elle est actuellement adoptée d'une manière générale pour la détermination en unités internationales aussi bien des différences de potentiel que des intensités de courant et des résistances. La figure 412 représente schématiquement différents procédés d'application de cette méthode; on doit supposer que les conducteurs m (+) et n (—) aboutissent, dans le schéma de la figure 410, aux plots 1 et 2 et, dans le schéma de la figure 411, aux plots 6 et 5. La figure 412, I indique comment on mesure la différence de potentiel entre les points a et b d'un circuit parcouru par un courant. Si la différence de potentiel est trop grande, pour qu'elle puisse être immédiatement comparée avec l'élément normal, on la fractionne comme il est indiqué en II (voir aussi page 1096) et on mesure une fraction déterminée

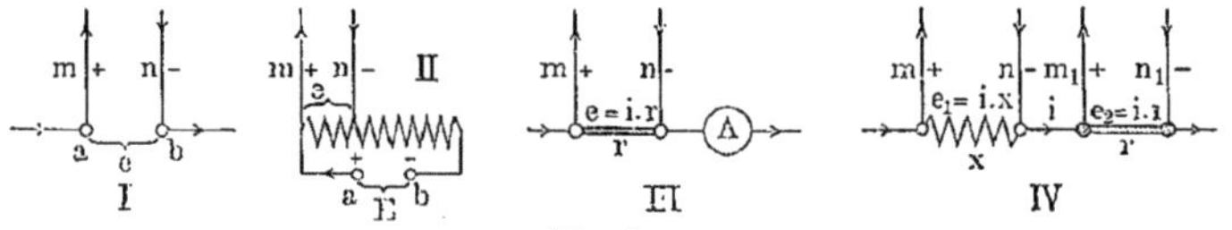

Fig. 412.

de cette différence, par exemple 0,1 ou 0,01. Pour la mesure d'une intensité de courant (*fig.* 412, III), on compare la différence de potentiel aux extrémités d'une résistance r bien connue (selon l'intensité du courant, on prend 1, 0,1 ou 0,01 ohm) avec l'élément normal; on vérifie et on étalonne commodément de cette manière un ampèremètre A intercalé dans le circuit. Lorsqu'on a une résistance x à mesurer (*fig* 412, IV), on l'intercale dans le circuit d'un courant constant, en série avec une résistance r bien connue, et on mesure les différences de potentiel e_1 et e_2 aux extrémités de x et de r; on a alors $x = r\frac{e_1}{e_2}$.

On a été conduit, par le grand développement et la propagation rapide des méthodes de compensation, à construire des *appareils de compensation* spéciaux, qui réunissent sous une forme commode tout ce qui est nécessaire pour les mesures. L'idée de ces appareils, qui ont été employés pour la première fois en Angleterre, est due à FLEMING; on les appelle des *potentiomètres*. On a représenté sur la figure 413 la forme primitive de l'appareil de FEUSSNER, construit par WOLFF. Une batterie auxiliaire E_0'' est reliée par l'interrupteur A_1 à plusieurs résistances en série; celles qui se trouvent dans les rangées supérieures vont de 10 à 50000 ohms (en tout 101000 ohms), celles de la rangée du milieu vont de 2 à 50 ohms (en tout 970 ohms), celles des rangées inférieures vont de 2 à 50 ohms (en tout 97 ohms) et de 0,1 à 1 ohm (en tout 3 ohms). En outre, deux rhéostats à manette de 9 × 1 000 et 9 × 100 ohms se trouvent à gauche et à droite. Par un chevillage convenable, on peut obtenir une résistance quelconque dans la 1e, la 2e et la 5e rangées, tandis que la somme des résistances des 3e et 4e rangées reste constante et égale à 97 ohms, les chevilles que l'on enlève de l'une de ces rangées devant aussitôt être placées dans les trous correspondants de l'autre. La résistance totale intercalée dans le circuit de E''_0 peut donc varier entre 9 997 et 110 000 ohms. Entre les rhéostats à manette C et D se trouve un galvanomètre et l'un ou l'autre des deux éléments à comparer ; par rotation des manettes, transport des chevilles de la 3e rangée dans la 4e ou inversement et par enlèvement des chevilles de la 5e rangée, on peut, comme le montre la figure, donner à la partie du circuit entre C et D une résistance quelconque depuis zéro jusqu'à

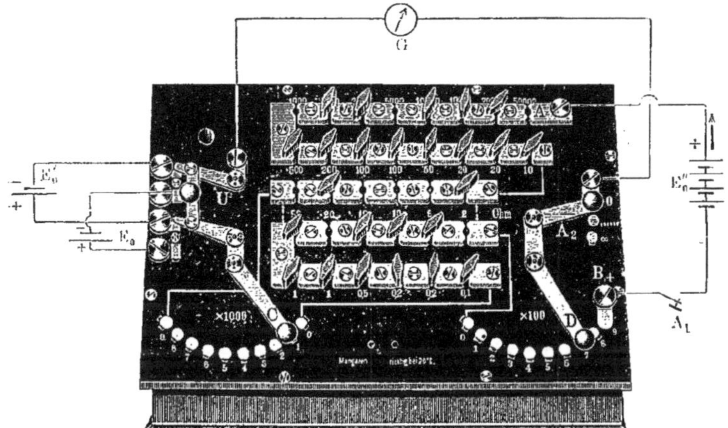

Fig. 413

10 000 ohms. Il est vrai qu'en enlevant des chevilles de la 5e rangée, on change la résistance totale du circuit qui ferme E_0, mais la résistance totale de cette rangée (3 ohms) est si faible comparativement à la résistance totale du circuit qu'on peut négliger cette variation. La manette A_2, qui ferme le circuit du galvanomètre, peut, au début de la mesure, être amenée sur le plot inférieur ; on introduit alors une résistance additionnelle de 100 000 ohms, qui protège à la fois l'élément normal et le galvanomètre contre un courant trop intense. Quand on a trouvé approximativement la valeur de la résistance de compensation, on ramène, pour déterminer plus exactement cette résistance, la manette A_2 sur le plot O. Le commutateur U sert à introduire l'un ou l'autre des deux éléments à comparer.

Dans les nouveaux appareils de compensation de Feussner (*fig.* 414), l'opération incommode de l'enlèvement des chevilles est remplacée par l'introduction et la suppression automatiques de résistances complémentaires, qui maintiennent la résistance entre les bornes B constante et égale à 14999,9 ohms. A cet effet, on se sert de séries de 9 résistances de 0,1,1 et 10 ohms, disposées en demi-cercles. Des manettes doubles, en se déplaçant sur la moitié inférieure des rhéostats, introduisent dans le circuit du galvanomètre une résistance plus grande ou plus petite et en se déplaçant en même temps sur la moitié supérieure des rhéostats enlèvent des résistances de même grandeur dans le circuit de la batterie auxiliaire B. On a représenté, sur la figure 414, en traits continus, le circuit de la batterie fermée en B, en traits interrompus celui du galvanomètre G ; on voit à droite l'interrupteur, à l'aide duquel le circuit du galvanomètre peut être fermé directement ou par l'intermédiaire d'une résistance protectrice de 100000 ohms. A gauche, se trouve un commutateur qui introduit dans le circuit du galvanomètre soit l'élément normal qu'on ferme en N, soit la différence de potentiel cherchée qu'on place en X.

Parmi les autres appareils de compensation, nous mentionnerons ceux de

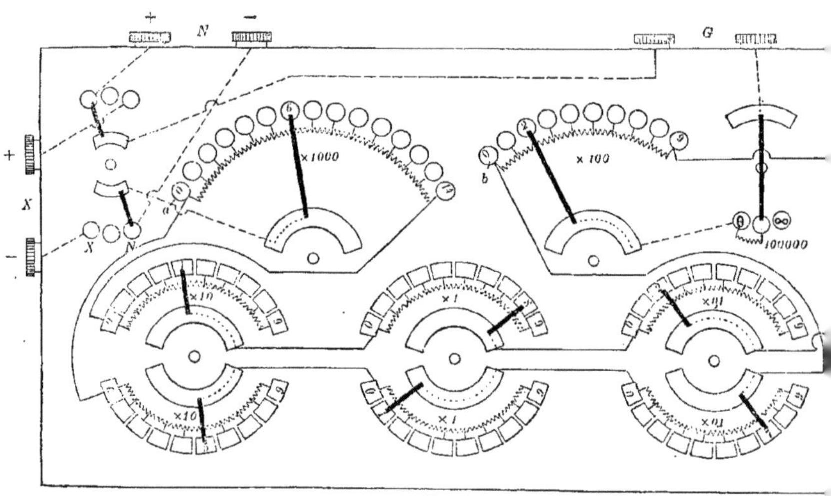

Fig. 414.

Raps (construits par Siemens et Halske), d'Hausrath, de Franke et de J. Carpentier. Le potentiomètre de J. Carpentier (*fig.* 415) se compose de deux parties distinctes : le potentiomètre proprement dit et le rhéostat de réglage. Ces deux parties sont complètement séparées, de sorte qu'aucune confusion n'est possible dans la manœuvre : une fois le réglage effectué, l'opérateur n'a plus qu'à utiliser les manettes qui se trouvent sur le devant de l'appareil et qui correspondent au circuit potentiométrique. Le circuit du potentiomètre a une résistance constante de 20100 ohms et est constitué (*fig.* 416) par : 1° une bobine de 10000 ohms A ou A' ; 2° une série de 11 bobines de 1000 ohms B ; 3° une série de 11 bobines de 10 ohms C ; 4° une série de 10 bobines de 200 ohms *b*, en dérivation sur deux quelconques des bobines voisines de la série B ; 5° une série de 10 bobines de 2 ohms *c*, en dérivation sur deux quelconques des bobines voisines de la série C. Un jeu de cinq commutateurs à manette permet d'obtenir, avec ces résistances, toute

Fig. 415

l'échelle potentiométrique. Le rhéostat de réglage a une résistance totale de 22 220 ohms ; ce rhéostat est constitué par quatre séries de 10 résistances

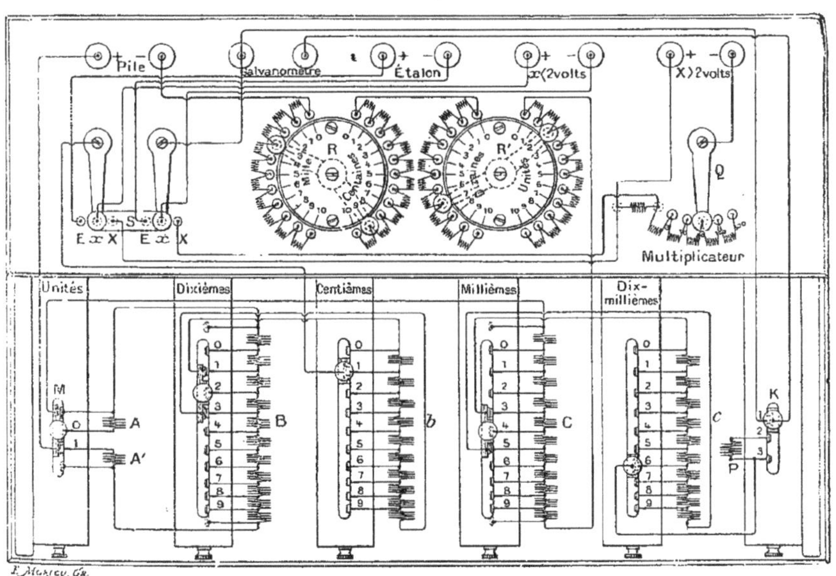

Fig. 416

ayant chacune 2000, 200, 20 et 2 ohms. Une manette K commande la clef du galvanomètre ; dans sa position de repos, le galvanomètre est mis en court-circuit ; dans sa position moyenne, le circuit du galvanomètre est bien établi, mais à travers une résistance de protection de 100 000 ohms P ; cette résistance auxiliaire a pour but d'éviter le débit de la pile étalon, tant que le réglage du circuit de compensation n'est pas parfait. Cette résistance de protection est mise en court-circuit, et le galvanomètre reste seul en communication, lorsque la manette est abaissée à fond de course dans sa troisième position. L'appareil est complété par un commutateur double à trois directions S qui permet, sans changer aucune connexion, de placer le circuit dérivé, soit sur les contacts E auxquels est relié l'étalon, soit sur les contacts x et X auxquels sont reliées les forces électromotrices à mesurer. Les bornes x sont utilisées pour les forces électromotrices inférieures à 2 volts, les bornes X pour les forces électromotrices supérieures ; à cet effet, le circuit correspondant à X passe par un réducteur de potentiel Q dont la résistance totale a une valeur de 300 000 ohms, et dont les pouvoirs multiplicateurs sont 3 — 10 — 30 — 100 — 300. Pour faire de ce potentiomètre un appareil à lecture directe, il suffit de faire traverser le circuit total par un courant connu ; si ce courant a une intensité de 0,0001 ampère, la différence de potentiel aux extrémités de la bobine de 10 000 ohms A sera de 1 volt et les différences de potentiel correspondant à chacune des divisions des séries de résistances BbCc seront respectivement 0,1 — 0,01 — 0,001 — 0,0001 volt. Pour faire ce réglage, on place aux bornes marquées E une pile étalon de force électromotrice connue : soit 1,434 volt, et, à l'aide des manettes, on inscrit ce chiffre comme s'il s'agissait d'une machine à calculer. On relie aux bornes « pile » une pile auxiliaire de 2 à 4 volts ; cette pile se trouvant en opposition avec la pile étalon, on règle son débit au moyen des rhéostats R, R', jusqu'à ce qu'elle équilibre rigoureusement l'élément étalon, c'est-à-dire jusqu'à ce que l'on ne constate plus aucune déviation du galvanomètre lorsque l'on appuie sur la clef K. L'appareil étant gradué, on substitue à l'étalon, au moyen du commutateur S, la force électromotrice à mesurer ; si cette force électromotrice est plus petite que 2 volts, elle est reliée aux bornes x ; si elle est supérieure, aux bornes X. Le commutateur S est placé dans la position correspondante. Il suffit alors de manœuvrer les commutateurs A, B, b, C, c, dans le sens convenable jusqu'à ce que le nouvel équilibre du galvanomètre soit atteint, pour obtenir la force électromotrice cherchée par la simple lecture des chiffres indiqués en regard des manettes. Dans le cas d'une force électromotrice supérieure à 2 volts, le réducteur de tension Q permet de ne mettre, aux extrémités du circuit potentiométrique, qu'une fraction de cette force électromotrice inférieure à 2 volts ; la position de la manette indique, dans ce cas, le rapport de la fraction mesurée à la force électromotrice totale ; dans ces conditions, l'équilibre une fois établi, la lecture faite sur le potentiomètre sera multipliée par ce rapport. Le potentiomètre de J. Carpentier permet de mesurer des différences de potentiel variant de 0,0001 à 600 volts.

Des appareils de compensation à faible résistance, spécialement destinés à la mesure des très petites différences de potentiel, ont été construits par Lehfeldt, Harker, Diesselhorst et White. Feussner (1911), dans un travail récent, a décrit une nouvelle forme perfectionnée de son appareil et a donné un historique des appareils de compensation.

Dans la méthode de compensation, le rôle principal est joué par l'*élément normal*, qui est devenu actuellement, grâce au perfectionnement de cette méthode, l'un des instruments fondamentaux du physicien. Si on se rappelle que le résultat de presque toutes les mesures précises récentes d'intensité de courant, de différence de potentiel, parfois même de résistance, aboutit finalement à la force électromotrice de l'élément normal, on comprend les efforts considérables que l'on a faits et que l'on fait encore sans cesse pour perfectionner le plus possible l'étalon de différence de potentiel, et pour déterminer aussi exactement que l'on peut, en volts internationaux, la valeur de sa force électromotrice.

Parmi les éléments normaux déjà considérés au Chapitre V, § **8**, on emploie aujourd'hui presque exclusivement l'élément au cadmium de Weston, surtout sous la forme qui présente un excès de cristaux de $CdSO^4$. La figure 417 représente la coupe d'un tel élément, auquel on donne ordinairement, suivant une proposition de Lord Rayleigh, la forme d'un H ; M est le mercure, P la pâte de Hg^2SO^4, C les cristaux de $CdSO^4$, S la solution saturée de $CdSO^4$, A l'amalgame de cadmium. Conformément à une proposition de Smith, on rétrécit les tubes en C, ce qui provoque une agglomération des cristaux de $CdSO^4$, qui forment en quelque sorte bouchon, empêchant ainsi le mélange des couches de liquide entre elles dans le transport des éléments. Une fois l'élément rempli, ses deux tubes en verre sont soudés à la lampe. Les éléments très répandus de la *Weston European Co* renferment une solution de $CdSO^4$ saturée à 4° (non saturée à une température plus élevée), sans excès de cristaux de $CdSO^4$. La coupe de ces éléments est donnée dans la figure 418 : A est un bouchon recouvert de poix, B une couche de paraffine, C la solution de $CdSO^4$, D le Hg^2SO^4, E le mercure, F l'amalgame de cadmium à 12,5 %, H de l'amiante imbibée de sulfate de cadmium, K une aiguille en porcelaine. Les éléments *W. E. Co* présentent l'avantage particulier d'avoir un coefficient de température excessivement petit ; d'après des expériences faites au *Laboratoire central d'électricité* à Paris, leur force électromotrice ne varie pas de plus de 5.10^{-5} volt, entre 10° et 20°.

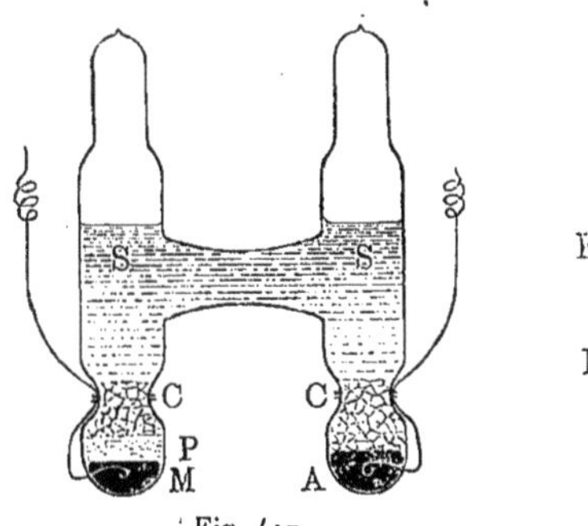

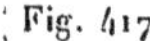
Fig. 417

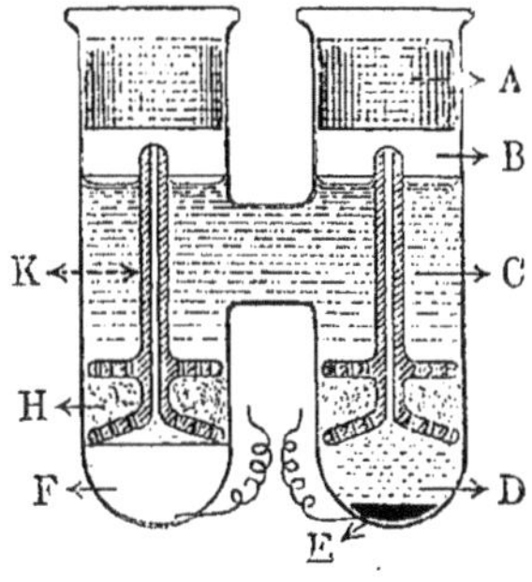

Fig. 418

Cela tient à ce que la diminution de force électromotrice par l'élévation de température est exactement compensée par l'accroissement de force électromotrice dû à la diminution concomitante de la concentration de la solution de $CdSO^4$. Il semble toutefois que la force électromotrice des éléments *W. E. Co* diminue légèrement avec le temps ; c'est pourquoi on s'est arrêté, pour l'étalon normal, aux éléments renfermant une solution saturée avec excès de cristaux de $CdSO^4$. Les plus grands efforts ont été faits pour obtenir aussi pures que possible toutes les substances entrant dans la constitution de ces éléments, ainsi que pour déterminer l'influence non seulement de la composition, mais même de la structure moléculaire des dites substances sur la force électromotrice et le fonctionnement des étalons. Les travaux des expérimentateurs isolés (aux noms cités dans le Chap. V, § 8, on doit encore ajouter ceux de Steinwehr, Hulett, Wolff, Waters, Smith et Cohen) et des Instituts ont éclairci ces questions au point que les forces électromotrices des éléments Weston, préparés dans les divers pays, ne diffèrent pas de plus de 10^{-5} volt. Les recherches se poursuivent encore dans cette direction ; Cohen a donné récemment (1910) un aperçu des questions qui restent encore à résoudre. Des instructions détaillées pour la construction des éléments normaux de Weston (et de Clark) ont été publiées par Wolff et par Waters, dont les mémoires renferment une bibliographie jusqu'en 1907, ainsi que par beaucoup d'autres auteurs, notamment Janet, Laporte et Jouaust. Comme introduction à l'étude des éléments normaux, l'ouvrage suivant de W. Jäger est très utile : *Die Normalelemente und ihre Anwendung in der elektrischen Messtechnik*, Halle 1902.

La force électromotrice des éléments Weston à excès de $CdSO^4$ a été déterminée à maintes reprises. Nous donnons, dans le tableau ci-après, les résultats des principales déterminations faites récemment :

1906	Guthe	1,01847 à 20°
1906	Guthe	1,01877 à 20°
1908	Ayrton, Mather et Smith	1,01830 à 17°
1908	Pellat	1,01841 à 20°
1908	Janet, Laporte et Jouaust	1,01885 à 16°
1910	Haga et Boerema	1,01836 à 17°
1911	Janet, Laporte et Jouaust	1,01836 à 20°.

Toutes ces recherches, à l'exception de celles de Haga et Boerama faites avec le galvanomètre absolu des tangentes, ont été effectuées avec des électrodynamomètres absolus et toutes donnent par suite E en unités ohm international $\times 10^{-1}$ unité él. mag. absolue d'intensité de courant, non immédiatement reliée au volt international, ce dernier étant égal au produit ohm international $\times$ ampère international. Guthe a aussi déterminé la force électromotrice de l'élément Clark à 15°, 1,43300, et Ayrton, Mather et Smith ont obtenu la valeur 1.4066 pour le rapport $\frac{\text{Clark } 15°}{\text{Weston } 17°}$.

D'après la décision du Congrès international de Londres de 1908, la force électromotrice de l'élément de WESTON doit être donnée en volts internationaux. A cet effet, le Comité international constitué à Londres a fait en 1910 à *Washington* une série de travaux voltamétriques, à la suite desquels on a recommandé de considérer, à partir du 1er janvier 1911, comme force électromotrice de l'élément de WESTON, 1,0183 *volt international à* 20° (WARBURG). Comme formule thermique, le Congrès international a proposé la suivante, obtenue par WOLFF au *National Bureau of Standards* à Washington :

$$E_t = E_{20} - 406.10^{-7}(t - 20°) - 95.10^{-8}(t - 20°)^2 + 1.10^{-8}(t - 20°)^3.$$

L'élément de WESTON, de même que tout autre élément normal, ne doit jamais être fermé sur une faible résistance. Un semblable court-circuit, même s'il ne dure qu'un instant, fait tomber tout à coup d'une façon sensible la force électromotrice de l'élément et il faut ensuite un repos assez long pour que sa force électromotrice primitive réapparaisse. Ainsi, d'après SMITH, il faut un repos de 1 heure 1/2 après un court-circuit de 5 minutes et un repos de 3 semaines après un court-circuit de 5 heures. JÄGER en particulier s'est occupé de l'étude du court-circuit de l'élément de WESTON ; il a soumis cette question à une analyse théorique très complète. Les éléments doivent être conservés dans l'obscurité, en raison d'une action possible de la lumière sur Hg^2SO^4. La résistance d'un élément de dimensions usuelles oscille entre 500 et 1 000 ohms.

5. Mesure du travail d'un courant. — Dans un conducteur de r ohms de résistance, parcouru par un courant d'une intensité de I ampères et, entre les extrémités duquel est maintenue une différence de potentiel $e = Ir$ volts, le travail W fourni par le courant est (Chap. III, § 3)

$$W = I^2 r = Ie = \frac{e^2}{r} \text{ joules par seconde.} \tag{39}$$

La puissance du courant dans ce conducteur est de W watts. Si le conducteur fait partie d'une chaîne sans dérivation, dont la résistance totale est $R = r + \rho$ et qui ferme une source de force électromotrice E, W n'est qu'une fraction du travail total W_0 fourni dans le circuit ; on a en effet

$$W_0 = \frac{E^2}{\rho + r}, \qquad W = \frac{E^2 r}{(\rho + r)^2} = W_0 \frac{r}{\rho + r}. \tag{39, a}$$

Lorsque le travail dépensé ne produit d'effet utile que dans le tronçon r de la chaîne, tandis qu'il est absorbé en pure perte partout ailleurs,

$$\pi = \frac{W}{W_0} = \frac{r}{\rho + r} \tag{39, b}$$

est l'*effet utile* ou le *rendement* du circuit. On voit sur (39, *a*) que si, pour ρ donné (résistance intérieure d'un élément, par exemple), on augmente la résistance r (résistance extérieure fermant l'élément), à mesure que r croît, W croît aussi jusqu'à ce que l'on ait $r = \rho$; dans ce cas, W atteint un maximum $W_m = \frac{E^2}{4r}$; quand r continue à augmenter, W diminue. Le rendement π croît d'une façon continue depuis $\pi = 0$ jusqu'à $\pi = 1$, quand r augmente depuis $r = 0$ jusqu'à $r = \infty$; il est égal à 0,5 pour $r = \rho$, alors que $W = W_m$.

La formule (39) montre que, pour la détermination du travail W, il faut connaître deux des trois grandeurs e, I, r, qui caractérisent la portion considérée du circuit. Ordinairement, on calcule W à l'aide de e et I : en effet 1° la résistance r est souvent inconnue, elle varie fréquemment durant l'expérience et parfois même ne peut être déterminée (arc voltaïque) ; 2° e et I peuvent être mesurés facilement, avec une précision suffisante dans la plupart des cas, au moyen d'instruments étalonnés (voltmètres et ampèremètres, voir plus loin) qui, introduits dans le circuit, indiquent d'une façon continue les valeurs de e et I. La figure 419 indique comment on monte un voltmètre B et un

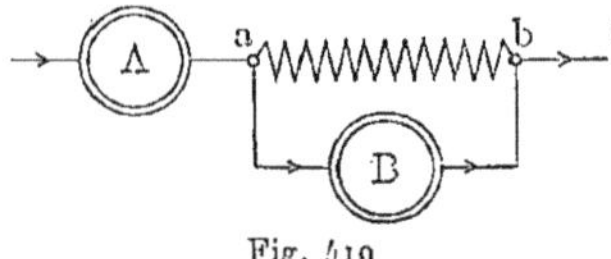

Fig. 419

ampèremètre A, pour la mesure du travail dans le tronçon de conducteur ab ; il faut naturellement retrancher de l'indication de l'ampèremètre A le courant qui passe dans l'enroulement du voltmètre ; ce courant est $i = \frac{e}{r}$, e désignant l'indication du voltmètre, r sa résistance.

Tout électrodynamomètre peut servir à mesurer le travail dans un circuit ; à cet effet, on monte l'une des deux bobines, qui agissent l'une sur l'autre, en série avec le conducteur où on doit mesurer le travail, tandis que l'autre bobine B est montée en dérivation aux extrémités de ce conducteur avec une grande résistance. Soit r la résistance de la bobine A, R la résistance de toute la dérivation dans laquelle se trouve la bobine B. Supposons en outre que la force mutuelle entre les bobines soit $F = \alpha I i$, I étant l'intensité du courant qui passe dans A, i celle du courant qui traverse B et α un facteur de proportionnalité (voir § **1**). Si les bobines sont montées comme l'indique la figure 420, I, la force mutuelle entre les deux bobines est

(40) $$F = \alpha I i = \alpha I \frac{e + Ir}{R},$$

e désignant la différence de potentiel aux extrémités de ab. On en déduit

(40, a) $$W = Ie = \frac{F}{\alpha} R - I^2 r.$$

Dans le mode de montage des bobines représenté sur la figure 420, II, l'intensité du courant, qui traverse le conducteur ab, est $I_1 = I - \frac{e}{R}$ et

(40, b) $$F = \alpha I i = \alpha \left(I_1 + \frac{e}{R}\right) \frac{e}{R}.$$

d'où

$$(40, c) \qquad W = I_1 e = \frac{F}{\alpha} R - \frac{e^2}{R}.$$

Dans la formule (40, a), le terme $I^2 r$ représente la quantité d'énergie libérée, dans l'unité de temps, à l'intérieur de la bobine A, et, dans la formule (40, c), $\frac{e^2}{R}$ est la quantité d'énergie libérée, dans l'unité de temps, dans la

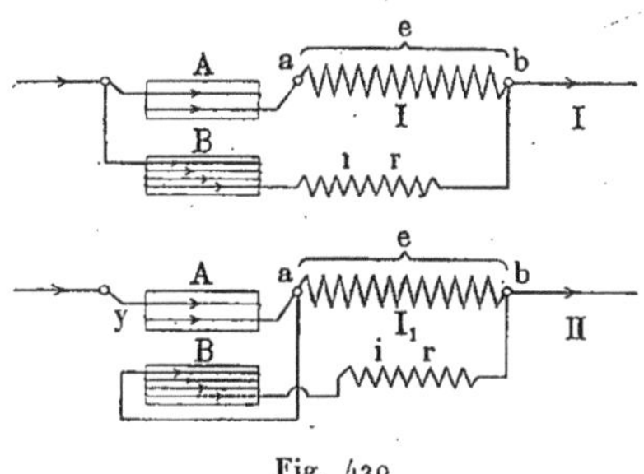

Fig. 420

bobine B. Lorsque ces termes sont tous deux très petits comparés à W, c'est-à-dire quand r est très petit et R très grand comparativement à la résistance de ab, on peut poser

$$(40, d) \qquad W = \frac{F}{\alpha} R ;$$

autrement dit, l'électrodynamomètre donne immédiatement dans ce cas le travail libéré dans la portion de circuit à laquelle on l'a appliqué. Les électrodynamomètres employés en électrotechnique à cette fin (*wattmètres*) consistent aussi ordinairement en deux circuits agissant électrodynamiquement l'un sur l'autre, dont l'un de faible résistance est mis en série avec le circuit étudié et l'autre de très grande résistance est monté en dérivation sur ce circuit ; les appareils de ce genre sont gradués immédiatement en watts. Nous nous bornerons à mentionner, parmi ces appareils, l'électrodynamomètre de J. Carpentier ; il se compose (*fig.* 421) de deux cadres fixes et d'un cadre mobile, analogue à celui du galvanomètre Deprez-d'Arsonval. Les deux cadres fixes sont enroulés d'une lame de cuivre rouge, et reliés entre eux en série ; le cadre mobile est fait en fil de cuivre fin, et placé en dérivation sur le circuit fixe ; dans ces conditions, le courant qui le traverse, et qui lui est amené par ses deux ressorts de suspension, n'est qu'une faible fraction du courant total. Une aiguille en aluminium, fixée au cadre mobile, se meut entre deux butoirs ; un trait de repère indique la position d'équilibre. A la partie supérieure, un bouton en ébonite porte un index qui permet de lire l'angle de torsion sur un cadran divisé. L'intensité du courant mesuré est égale au produit de la racine carrée de l'angle de torsion par la constante de l'appareil. Si au lieu d'être reliés ensemble, les deux circuits sont indépendants, le circuit fixe est parcouru par le courant total, le cadre mobile par une dérivation proportionnelle au voltage, on réalise avec cet électrodynamomètre un wattmètre à torsion. Dans ce cas, J. Carpentier lui donne la forme représentée par la figure 422, de manière qu'il puisse être contenu dans une boîte permettant son transport en dehors du laboratoire, en vue de mesures industrielles. Le plateau supérieur, en ébonite, porte un petit commutateur inverseur qui permet, le courant étant amené au wattmètre dans un sens quelconque, de faire passer ce courant, dans le cadre mobile, dans le sens convenable, c'est-à-dire de façon que l'index ait sa déviation de gauche à droite, et cela sans que l'on soit obligé d'intervertir les connexions. Le watt-

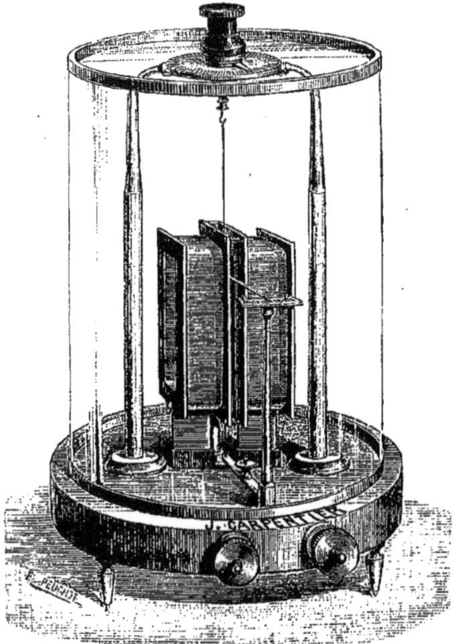

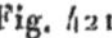
Fig. 421

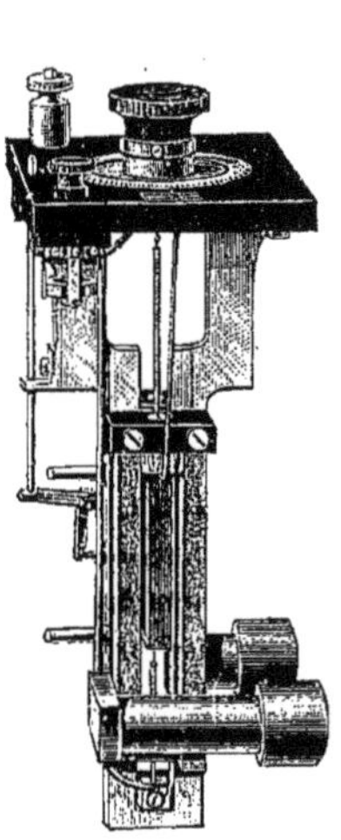

Fig. 422

mètre est complété par une série de résistances sans induction, contenues dans une boîte indépendante et destinées à être jointes en série à la résistance du cadre mobile. L'emploi de ces résistances additionnelles est indispensable, car le circuit mobile est incapable, vu sa faible résistance (environ 200 ohms), de supporter seul la totalité de la dérivation ; il ne peut supporter plus de 20 volts sans danger. Les subdivisions des résistances, calculées d'après la constante du wattmètre, permettent des combinaisons procurant plusieurs sensibilités ; elles sont choisies de telle sorte que les coefficients, à introduire dans les calculs, sont toujours des nombres entiers. Pour avoir la puissance en watts, il suffit de multiplier le nombre de degrés de torsion par le coefficient de tarage.

Nous ne nous arrêterons pas plus longtemps sur ce genre d'appareils, qui comprennent aussi les *compteurs d'électricité* basés sur le même principe, car ils sont surtout intéressants pour la technique.

6. Appareils (techniques) étalonnés pour la mesure des intensités de courant et des différences de potentiel. — Le physicien a, dans ses travaux de chaque jour, à se servir d'appareils électrotechniques calibrés pour la mesure des différences de potentiel (*voltmètres*) et des intensités de courant (*ampèremètres*). Ces appareils ont actuellement atteint une perfection telle qu'on peut les employer non seulement pour des mesures grossières et approchées, mais aussi pour des déterminations plus précises, dans lesquelles l'erreur ne doit pas dépasser quelques dixièmes pour cent de la grandeur à mesurer. Les meilleurs ampèremètres et voltmètres récents donnent en effet, quand on observe les précautions nécessaires pour obtenir le maximum de précision, des erreurs qui ne dépassent pas 0,1 %. En raison du rôle important que jouent ces instruments dans la pratique du laboratoire du physicien, nous croyons nécessaire de nous en occuper ici, en ne considérant toutefois que les types les plus perfectionnés, savoir A. les appareils à bobine mobile et B. les appareil thermiques. Il existe un nombre considérable de voltmètres et d'ampèremètres, basés sur les déplacements d'une légère masse de fer, sous l'influence du champ magnétique produit par la bobine que parcourt le courant à mesurer. Ces appareils n'offrent pas un bien haut degré de sensibilité ; ils ne sont ni très précis, ni, dans la plupart des cas, apériodiques et n'entrent presque pas par suite dans la pratique du physicien ; nous nous bornerons donc à les mentionner ; on en trouvera la description dans tous les traités un peu détaillés d'électrotechnique.

A. Appareils a bobine mobile. Les appareils techniques à *bobine mobile* ont

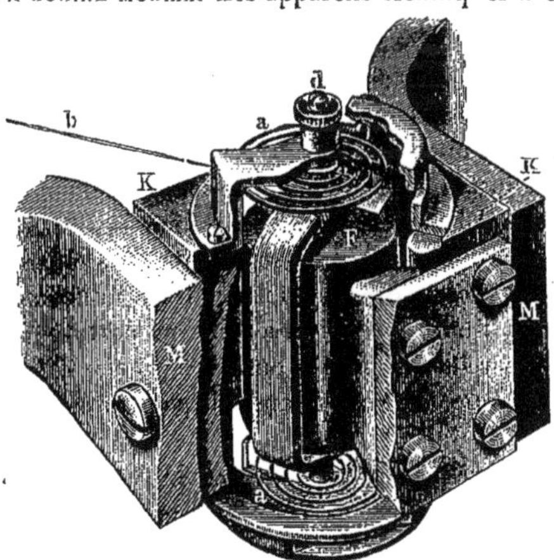

Fig 423

été introduits par Weston et on les appelle souvent, pour cette raison, appareils de Weston ; leur construction rappelle celle du galvanomètre Deprez-d'Arsonval. Les parties constitutives principales de ces appareils sont représentées dans la figure 423. Entre les masses polaires demi-cylindriques KK d'un puissant aimant en acier MM et le cylindre de fer doux concentrique F, règne un champ magnétique radial intense ; dans l'espace annulaire étroit ($1^{mm},25$ à $1^{mm},5$ de largeur) entre F et MM est suspendue une bobine à enroulement en aluminium extrêmement légère ($1^{gr},5$ à 3^{gr}), pivotant autour d'axes en acier trempé très fins, sur des supports en saphir ou autre pierre précieuse dure. Des ressorts en spirale *aa* de substance non-magnétique servent à amener le courant dans la bobine et produisent une force antagoniste, qui tend à ramener l'aiguille déviée dans sa position d'équilibre ; cette aiguille légère, plate, en aluminium *b*, reliée à la bobine, se déplace sur une échelle graduée et indique les déviations de la bobine ; pour éviter des erreurs de parallaxe dans la lecture, un long miroir est ordinairement placé au-dessous de l'échelle : il faut que, dans la lecture, l'aiguille recouvre exactement son image spéculaire. La figure 424 représente l'aspect extérieur

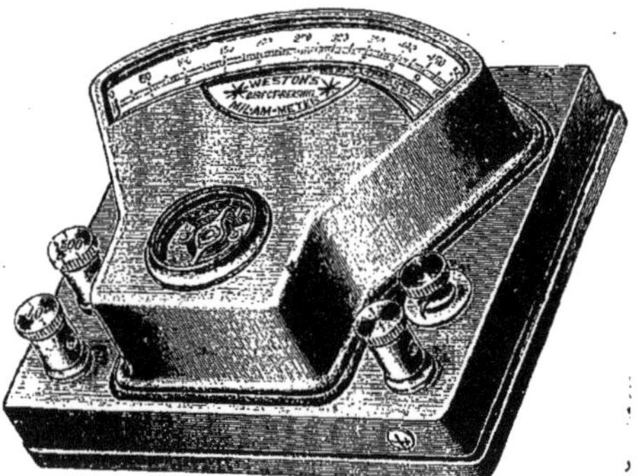

Fig. 424

d'un voltmètre de ce genre, tel qu'il est construit par la *Weston Electrical Instrument Co*; sa construction intérieure est donnée par la figure 425. Grâce au champ magnétique intense qu'ils réalisent et à la faible force antagoniste qu'ils exercent, les instruments de ce genre sont extrêmement sensibles : un milliampère traversant l'enroulement de la bobine suffit pour dévier l'aiguille de plusieurs divisions de l'échelle (nous rencontrerons plus loin des appareils encore plus sensibles) ; comme le champ radial est uniforme, les déviations sont, entre de larges limites, rigoureusement proportionnelles à l'intensité du courant. Ces appareils offrent en outre l'avantage d'être complètement apériodiques et de donner des indications indépendantes des champs magnétiques extérieurs.

Supposons l'échelle graduée en milliampères, de sorte que l'instrument représente un *millliampèremètre*. Si la résistance de son enroulement est égale à r ohms, une différence de potentiel de $nr \cdot 10^{-3}$ volts agit entre ses bornes pour une déviation de n divisions de l'échelle ; on peut donc, connaissant r, employer aussi l'appareil comme *millivoltmètre*. Pour plus de commodité, on choisit la résistance r égale à *un* ohm, car alors n donne simultanément l'intensité du courant, qui traverse l'appareil, en milliampères et la différence de potentiel à ses bornes en millivolts; sous cette forme, on appelle l'appareil *millivolt-ampèremètre*. Pour pouvoir aussi employer l'appareil comme voltmètre pour de grandes différences de potentiel, on lui ajoute en série des *résistances supplémentaires*; si la résistance additionnelle a une valeur de $(10^k\, m - r)$ ohms, chaque division de l'échelle correspond, comme on s'en rend aisément compte, à une différence de potentiel de $10^{k-3}\, m$ volts aux extrémités du circuit du voltmètre et de la résistance additionnelle. Ainsi, lorsque $r = 1$, une résistance additionnelle de 999 ohms transforme le millivoltmètre en voltmètre, où chaque division correspond à un volt ($m = 1$, $k = 3$). Quand l'appareil ne doit servir que de voltmètre, on place ordinairement la résistance additionnelle à l'intérieur de l'appareil et on donne à r des valeurs assez grandes pour que la résistance totale de l'appareil soit la plus grande possible (voir page 1102). Ordinairement, on fait en sorte qu'à chaque volt de l'échelle, la résistance totale augmente de 100 à 300 ohms. La figure 425 représente un tel voltmètre,

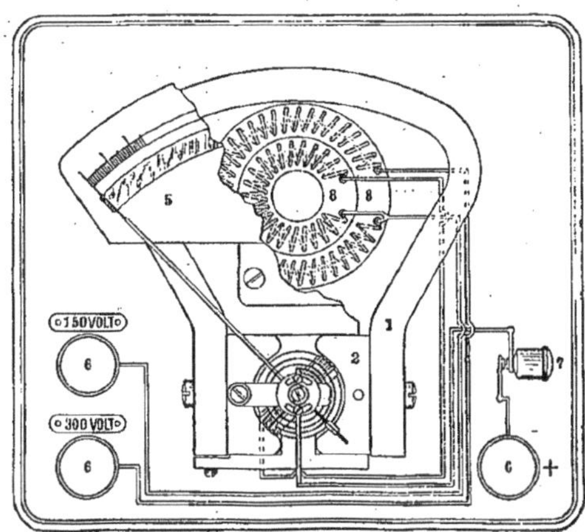

Fig. 425

dont l'échelle est divisée en 150 parties; il comporte deux résistances additionnelles (8,8) pour 0 à 150 et pour 0 à 300 volts, chaque division de l'échelle correspondant repectivement à 1 volt ou à 2 volts. On reconnaît sur la figure qu'en intercalant la différence de potentiel cherchée entre (6 +) et (6 — 150) et en pressant sur le bouton-poussoir (7), on ne fait passer le courant que dans l'une des résistances additionnelles, tandis qu'en l'intercalant entre (6 +) et (6 — 300), on le fait passer successivement dans les deux.

Pour transformer un milliampèremètre en *ampèremètre* et mesurer des courants plus intenses, on le munit d'un *shunt* (voir page 1087). Si la résistance du shunt est $\frac{r}{10^k - 1}$, chaque division de l'échelle correspond à 10^{k-3} ampères; par exemple, pour $r = 1$, un shunt de $\frac{1}{999}$ ohm transforme le milliampèremètre en un ampèremètre où chaque division correspond à un ampère. Lorsque l'appareil ne doit être employé que pour la mesure d'intensités de courant pas très fortes, on place souvent le shunt à l'intérieur de l'appareil lui-même. La figure 424 représente un milliampèremètre qui va jusqu'à 10 milliampères (échelle inférieure où on peut lire immédiatement $\frac{1}{10}$ milliampère) ; à l'intérieur, se trouve un shunt de $\frac{r}{49}$ ohms, qui permet d'étendre le champ des mesures jusqu'à 500 milliampères (0,5 ampère). On relie le pôle positif du circuit à la borne de droite, le pôle négatif, selon la valeur de l'intensité de courant à mesurer, à la borne supérieure ou inférieure de gauche ; le bouton-poussoir qui est à droite sert à mettre le shunt en circuit ou hors circuit. Quand l'appareil doit être employé à la mesure de très forts courants, on place les shunts, qui s'échauffent fortement au passage du courant et sont volumineux, à l'extérieur de l'appareil, et on les relie à celui-ci par des fils. Tous les meilleurs ampèremètres modernes sont des milliampèremètres pareillement construits, munis de shunts appropriés.

Un tel milliampèremètre, avec un jeu suffisant de résistances additionnelles et de shunts, est un instrument de laboratoire absolument parfait, qui permet de mesurer avec une précision relativement grande (à l'extrémité de l'échelle à 0,1 % près de la grandeur mesurée) des intensités de courant de millièmes d'ampère jusqu'à des milliers d'ampères et aussi, avec la même précision, si la résistance de l'appareil est suffisamment grande, des différences de potentiel de millièmes de volt à des centaines de volts (on ne peut mesurer avec de tels instruments de très grandes différences de potentiel, car

Fig 426

il faudrait pour cela un isolement spécial). La figure 426 donne l'aspect extérieur des ampèremètres et voltmètres de précision pour courant continu que construit J. Carpentier. Ces appareils, à cadre mobile, sont établis de façon à donner une grande précision tout en présentant la légèreté, l'encombrement réduit et la commodité d'emploi qu'exige la pratique du laboratoire. Le pivotage est garanti par la légèreté du cadre. L'entrefer très réduit évite la désaimantation et rend négligeable l'influence des champs extérieurs, tout en assurant un amortissement considérable. Un miroir placé sous l'aiguille facilite l'exactitude du pointé. L'étalonnage est fait au potentiomètre ; la courbe des déviations est traduite rigoureusement par la déviation du cadran. Divers modèles ont été établis pour réaliser des appareils à sensibilités multiples. Comme voltmètres, en dehors des appareils simples à sensibilité unique, il existe des modèles à 3 sensibilités présentant 4 bornes et des modèles à 4 sensibilités présentant 2 bornes seulement et un commutateur à 4 plots. Les sensibilités adoptées varient jusque 600 volts. Au-dessus, un réducteur indépendant est nécessaire. Les voltmètres de J. Carpentier ont normalement une résistance de 100 ohms par volt, mais ils peuvent être établis avec une résistance de 1 000 ohms par volt. Comme millivoltmètres, en dehors du modèle normal à 2 bornes (100 millivolts) il existe des modèles à 3 sensibilités (par exemple 50 — 100 et 1 000 millivolts). Les voltampèremètres présentent 4 bornes, 2 pour la mesure des volts marquées U, 2 pour celle des ampères marquées I. Un commutateur à 4 directions permet de couper le circuit des volts et de faire varier sa résistance, de sorte qu'il est possible, sans avoir à toucher aux connexions établies, d'obtenir 4 sensibilités successives, par exemple 300, 150, 15 et 3 volts. D'autre part, la mesure des courants s'opère en reliant par un cordon isolé les 2 bornes marquées I aux prises de dérivation du shunt employé.

Les shunts qui accompagnent les millivoltmètres ou les voltampèremètres de J. Carpentier sont du type de la figure 427. Ces shunts à lames de man-

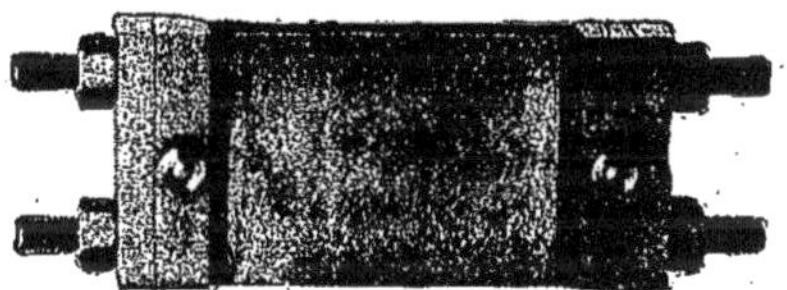

Fig. 427

ganine sont tous réglés pour une différence de potentiel de 100 millivolts aux bornes. Ils sont exempts de couple thermo-électrique et présentent pour le courant maximum un échauffement toujours modéré. Toutefois, pour les courants qui ne dépassent pas 150 ampères, il est parfois plus commode d'adopter le shunt multiple à 4 sensibilités (*fig.* 428 et 429). Ce shunt permet de faire varier la sensibilité sans couper le courant et sans toucher aux connexions établies, en agissant simplement sur la tirette T disposée à droite des bornes. On remarque que le contact mobile C peut être plus ou moins parfait, sans que le rapport entre les deux résistances mises en parallèle BC et BGEC soit aucunement affecté ; il n'existe donc dans un tel dispositif aucune cause d'erreur du fait des contacts.

Dans les appareils très sensibles à cadre mobile, ce dernier est suspendu à une bande mince en bronze. Des appareils de ce genre peuvent encore déceler des courants de 10^{-7} ampère et, dans beaucoup de cas où une très grande

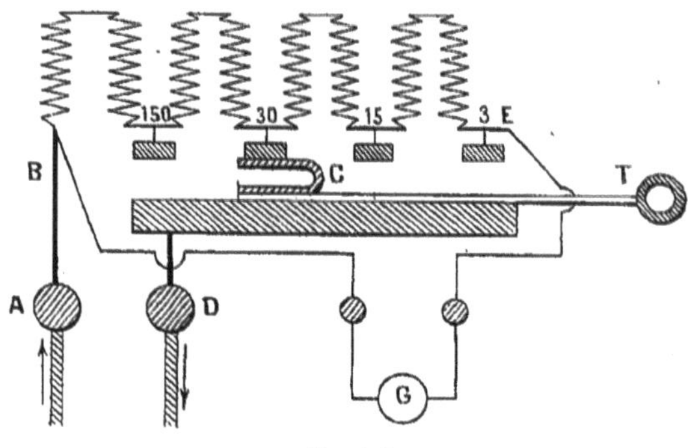

Fig. 428

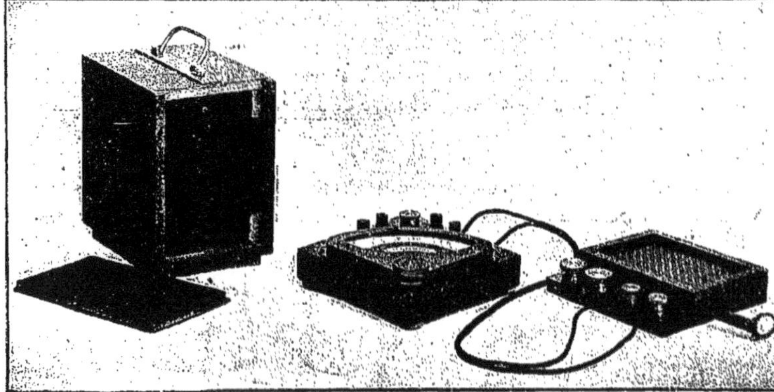

Fig. 429

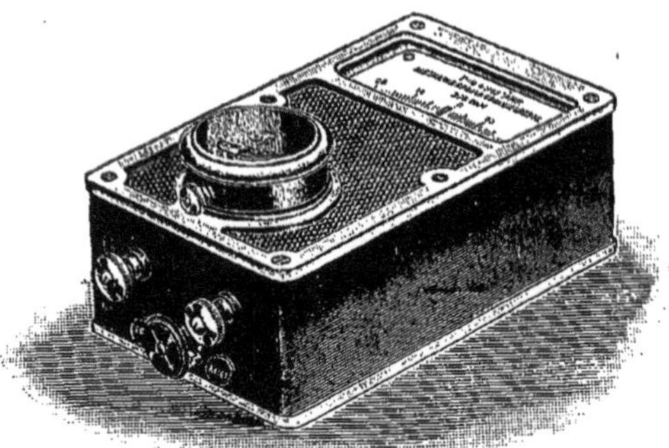

Fig. 430

sensibilité n'est pas exigée, peuvent remplacer les galvanomètres à miroir dans les ponts de Wheatstone et dans les schémas de compensation. La figure 430 représente un tel galvanomètre à aiguille construit par Hartmann et Braun (décrit par Mohs), où chaque division de l'échelle correspond à $0{,}4 \cdot 10^{-6}$ ampère, de sorte que des courants de moins de 10^{-7} ampère peuvent encore être décelés.

Un millivoltampèremètre de *un* ohm de résistance est la partie constituante principale du *galvanomètre universel* très commode de Siemens et Halske. Ce dernier peut être employé aussi bien pour la mesure des intensités de courant et des différences de potentiel que pour la mesure des résistances d'après la méthode du pont de Wheatstone. L'aspect extérieur de cet utile appareil est donné par la figure 431 et la figure 432 en donne le schéma.

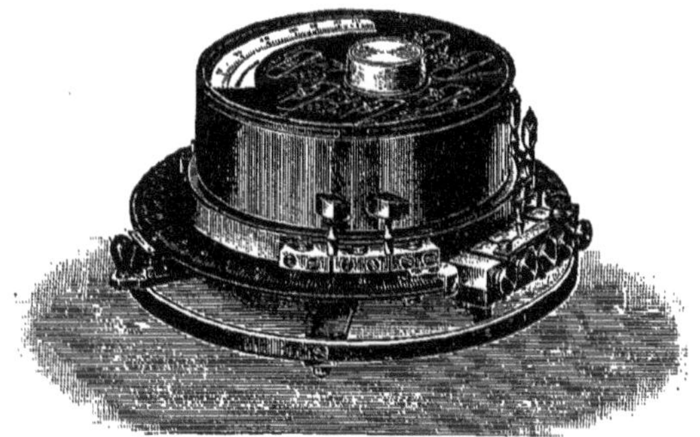

Fig. 431

L'appareil est monté sur un disque en ardoise, sur le pourtour duquel court le fil de mesure aKb du pont. La face supérieure du disque porte une échelle disposée de façon que le nombre lu sur l'échelle indique toujours le rapport des longueurs des deux tronçons, en lesquels la totalité du fil se trouve partagée en ce point (K). Le long du fil, glisse le contact K de la manette D, qui sert de contact mobile pour le pont. Sur le même disque est disposé le galvanomètre G, dont on peut shunter l'enroulement par la résistance ρ, en plaçant une cheville en y ; quand le galvanomètre est shunté, chaque division de son échelle correspond à 10^{-3} ampère et la résistance est égale à 1 ohm ; lorsque le galvanomètre n'est pas shunté, sa sensibilité est naturellement plus grande. Sous le galvanomètre, sont disposées une série de résistances de 1, 9, 90 et 900 ohms. Les connexions du galvanomètre avec ces résistances,

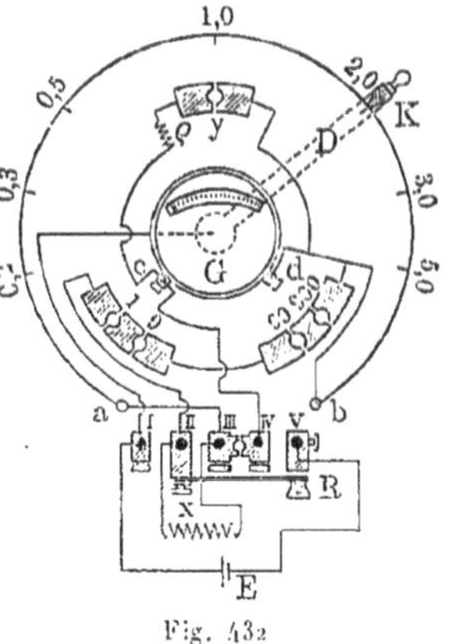

Fig. 432

un fil x et cinq vis de pression se voient facilement sur la figure 432, qui correspond au cas où on mesure avec l'appareil la résistance de x. Il faut placer une fiche entre III et IV, enlever celle de y. En déplaçant la manette D, on cherche une position du contact K pour laquelle la fermeture du courant, au moyen de la clef R, ne produit pas de déviation du galvanomètre. Une fois cette position trouvée, le produit de la lecture faite sur l'échelle par la résistance de la boîte donne la résistance cherchée x ; ainsi, dans la figure 432, la résistance $x = 2\,000$ ohms. Lorsqu'on veut employer l'instrument comme ampèremètre, toutes les chevilles, à l'exception de celle entre III et IV, doivent être mises en place. Si le courant à mesurer est inférieur à 0,15 ampère, il est amené directement aux bornes II et IV (l'échelle renferme 150 divisions de 1 milliampère) ; si le courant est plus fort, on établit entre II et IV un shunt de $\frac{1}{9}$ ohm (une division $= 10^{-2}$ amp.), $\frac{1}{99}$ ohm (une division $= 10^{-1}$ amp.) ou $\frac{1}{999}$ ohm (une division = 1 amp.) et le galvanomètre est shunté. Pour se servir de l'appareil comme voltmètre, il faut enlever les chevilles en 9, 90 et 900, ainsi qu'entre III et IV, et au contraire mettre en place celles en 1 et en y. La différence de potentiel à mesurer est reliée à II et IV ; chaque division de l'échelle correspond alors à 1 volt et l'appareil représente un voltmètre de 1 000 ohms de résistance, allant jusqu'à 150 volts. Quand on met en place la cheville 900, la résistance totale de l'appareil est égale à 100 ohms et une division correspond à 0,1 volt, l'échelle entière comprenant 15 volts ; si on cheville le trou 90, chaque division de l'échelle correspond à 0,01 volt et l'échelle entière à 1,5 volt.

B. Appareils thermiques. — La température stationnaire, à laquelle s'échauffe un conducteur donné parcouru par un courant, est une certaine fonction de l'intensité du courant qui traverse ce conducteur. A l'aide de cette température, et par suite aussi au moyen de la dilatation thermique d'un fil due à cet échauffement, on peut juger de l'intensité du courant qui traverse le conducteur. Sur ce principe, sont basés les appareils thermiques de mesure introduits par Cardew et perfectionnés dans la suite par la maison Hartmann et Braun. Le schéma des appareils de cette maison est donné dans la figure 433. Le conducteur AB échauffé par le courant est tiré vers le bas par le fil EF, lequel est à son tour tiré vers la gauche par le fil EH. Celui-ci est enroulé autour d'une petite poulie, qui porte une aiguille P. Le petit ressort S agit par l'intermédiaire du fil EH sur la poulie, qu'il tend à faire tourner en sens inverse du mouvement des aiguilles d'une montre, et le fil EF se trouve tendu en même temps que AB. Le plus petit allongement de AB produit un déplacement assez sensible du point E vers la gauche et une rotation correspondante de la poulie et de l'aiguille. Si l est la longueur primitive de A jusqu'au point de fixation du fil vertical et si dl est l'allongement de cette partie de AB, le point de fixation s'abaisse de la quantité

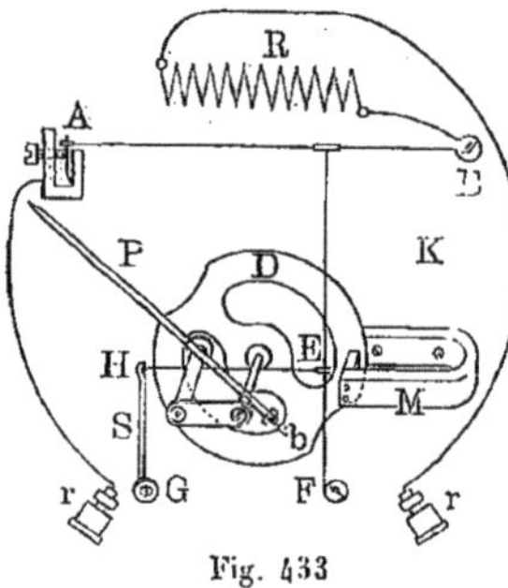

Fig. 433

$a = \sqrt{(l + dl)^2 - l^2} = \sqrt{2ldl}$, en négligeant $(dl)^2$. Exactement de même, la partie λ du fil vertical depuis le point de fixation jusqu'à E, en s'abaissant de a, permet un déplacement de E vers la gauche de la quantité $b = \sqrt{2\lambda a} = \sqrt[4]{8\lambda^2 ldl}$, qui est beaucoup plus grande que dl. Si, par exemple, $l = \lambda = 50^{mm}$, $dl = 0^{mm},01$, on a $b = 10^{mm}$; b est donc 1 000 fois plus grand que dl. Pour que les variations de la température de l'air ne puissent agir sur la position de l'aiguille P, on fixe tout le système de fils sur un cadre, qui a le même coefficient de dilatation thermique que les fils. L'amortissement des oscillations de l'aiguille est réalisé par un amortisseur magnétique, formé d'un disque de cuivre D fixé à la petite poulie, qui, dans son mouvement de rotation, se déplace dans l'espace interpolaire étroit d'un puissant aimant M. Lorsque l'appareil doit servir de voltmètre, une résistance additionnelle R est intercalée entre les bornes rr et le fil AB ; s'il doit être employé comme ampèremètre, on place entre r, r une résistance convenable formant shunt. Les divisions de l'échelle d'un tel appareil ne sont naturellement pas égales et, comme elles sont très petites au commencement de l'échelle, on ne se sert pas de l'appareil à partir du zéro de la graduation, mais seulement à partir d'une certaine division correspondant à peu près à 10 ou 15 °/₀ de la plus grande indication.

Les appareils thermiques trouvent leur principale application dans la mesure des *courants alternatifs*, pour lesquels ils conviennent aussi bien que pour les courants constants. Sur le principe précédent reposent aussi des *galvanomètres thermiques* plus sensibles, *avec lecture au miroir*, tels que ceux construits par K. E. F. Schmidt, Fleming, etc. ; mais ces instruments, de même que les appareils thermo-galvanométriques de Duddel et d'autres, sont presque exclusivement employés à la mesure des courants alternatifs et leur description doit être reportée au Tome V.

A diverses époques, on a proposé, pour la mesure technique de l'intensité des courants constants, beaucoup d'appareils, basés souvent sur des principes très intéressants, mais qui ne sont pas entrés dans la pratique ou ont été complètement supplantés par les instruments à cadre mobile et les appareils thermiques. Parmi tous ces appareils, nous n'en mentionnerons qu'un seul, l'*ampèremètre à mercure* de Lippmann, qui repose sur l'action pondéromotrice du champ magnétique sur un conducteur liquide parcouru par un courant. La partie principale de l'appareil, représenté schématiquement dans la figure 434, est une cuve plate en verre ou en ébonite ab, remplie de mercure et communiquant latéralement avec des tubes A et B, qui renferment aussi du mercure. La cuve est placée entre les pôles d'un puissant aimant en acier, dans une position telle que les lignes de force du champ magnétique soient normales à la mince lame de mercure de la cuve. Par les bases supérieure et inférieure pénètrent dans la cuve les lames de platine c et d, au moyen des-

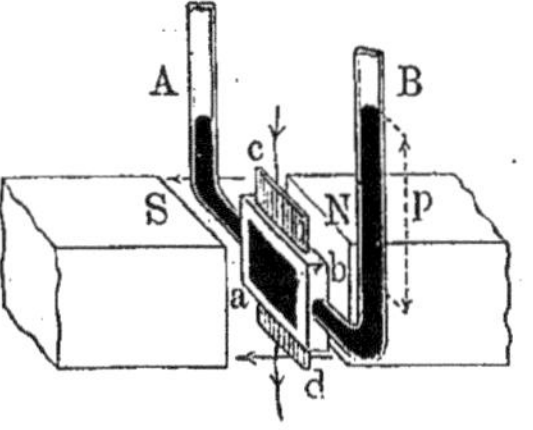

Fig. 434

quelles on peut lancer le courant à mesurer à travers la couche verticale de mercure. Soit l la longueur de la colonne de mercure, dans le sens du courant dont nous désignerons l'intensité par I; la force due à l'action du champ magnétique H sur le conducteur liquide est $\mathrm{HI}l$. Si a est l'épaisseur de la couche de mercure, la section de cette couche est al et la pression du mercure, par unité d'aire de la paroi b, est $\frac{\mathrm{HI}l}{la} = \frac{\mathrm{HI}}{a}$; cette pression est d'autant plus grande que le courant et le champ magnétique sont plus intenses et la cuve plus étroite, et elle fait monter le mercure dans B jusqu'à un niveau tel que la pression de la colonne soulevée soit égale à la pression du mercure dans la cuve. Si le diamètre du tube A est choisi de manière que l'ascension du mercure dans B ne fasse pas varier sensiblement le niveau dans A, la hauteur de la colonne de mercure soulevée est proportionnelle à l'intensité du courant, et, après une graduation empirique préalable de l'appareil, peut servir à lire directement l'intensité du courant. Inversement, un tel appareil, quand la cuve ab est disposée perpendiculairement aux lignes de force d'un champ magnétique, dont l'intensité n'est pas connue, peut être employé à mesurer cette dernière, en envoyant dans la cuve un courant d'intensité connue et en mesurant l'ascension du mercure ainsi produite.

7 (1). Mesure de la composante horizontale de l'intensité du champ terrestre. — L'étude d'un champ magnétique quelconque consiste dans la détermination de la *grandeur de l'intensité* de ce champ et de sa *direction* en un point donné de l'espace. Lorsqu'on est en présence de champs produits artificiellement (par des bobines ou des aimants), on peut le plus souvent considérer comme connue la direction du champ et on n'a à déterminer que la grandeur de son intensité. Dans des cas exceptionnels, quand la direction du champ est horizontale, par exemple, on peut trouver cette direction à l'aide d'une petite aiguille aimantée. Mais, s'il s'agit du champ magnétique terrestre, la question de la grandeur de l'intensité de ce champ et la recherche de sa direction présentent une égale importance.

Désignons la grandeur de l'intensité d'un champ par H; nous avons trouvé, comme équation des dimensions de cette grandeur, voir Chap. II, § **6**, formule (47, a),

$$[\mathrm{H}] = \mathrm{L}^{-\frac{1}{2}}\,\mathrm{M}^{\frac{1}{2}}\,\mathrm{T}^{-1}. \tag{41}$$

Nous avons parlé aussi à cet endroit de l'unité C. G. S. d'intensité d'un champ et nous l'avons comparée à celle employée par Gauss (mm, mgr, sec). L'unité C. G. S. d'intensité de champ a reçu le nom de *gauss*; on a donc

$$1 \text{ gauss} = 1\ \frac{\mathrm{mgr}^{\frac{1}{2}}}{\mathrm{mm}^{\frac{1}{2}}.\ \mathrm{sec}} \text{ unités d'intensité de champ.} \tag{41, a}$$

(1) Les trois derniers paragraphes de ce Chapitre ont été rédigés par l'auteur.

Considérons le *champ terrestre*. Nous désignerons là grandeur de son intensité par F, sa *composante horizontale* par H, sa *composante verticale* par V. Comme on le sait, le plan vertical passant par la direction de F s'appelle le *méridien magnétique* ; l'angle δ entre les méridiens magnétique et géographique se nomme la *déclinaison magnétique* et l'angle i entre F et le plan horizontal l'*inclinaison magnétique*. On a coutume d'appeler les grandeurs H, δ et i les *éléments* du magnétisme terrestre ; elles sont liées par les relations suivantes :

$$F = \sqrt{H^2 + V^2} = \frac{H}{\cos i}, \tag{42}$$

$$\operatorname{tg} i = \frac{V}{H}. \tag{42, a}$$

A l'aide de δ, on obtient la *composante nord* $H \cos \delta$ de H et sa *composante ouest* $H \sin \delta$, en regardant la déclinaison ouest comme positive.

Les éléments H, δ et i dépendent du lieu d'observation ; en outre, en un endroit donné, ils varient avec le temps. L'étude de ces trois grandeurs fait l'objet de la vaste science du *magnétisme terrestre*, qui a des représentants nombreux et savants et à laquelle sont consacrés des ouvrages et des journaux spéciaux. Des *observatoires magnétiques* particuliers suivent les variations de ces grandeurs avec le temps, au moyen d'appareils construits pour cette destination, tandis que d'autres instruments servent à mesurer les valeurs absolues de H, δ et i dans les observatoires ou dans les *relevés magnétiques* que l'on entreprend sur une partie donnée de la surface de la Terre ; il existe aussi des appareils pour la mesure directe de V. Nous ne pouvons évidemment aborder ici l'étude complète des questions relatives au magnétisme terrestre et nous devons nous borner à une exposition succincte des méthodes de mesure des grandeurs précédentes.

Considérons d'abord les méthodes de *mesure de la composante horizontale* H *de l'intensité du champ terrestre*. Poisson (1828) a donné, pour la première fois, une méthode permettant de comparer H avec le champ d'un aimant artificiel, mais nous ne nous arrêterons pas sur cette méthode, qui n'est plus aujourd'hui en usage. Les fondements des méthodes actuelles sont dues à Gauss (1832). L'appareil, dont on se sert pour la détermination de H, s'appelle un *magnétomètre*. Comme nous voulons nous borner à exposer les *principes* des diverses méthodes de mesure, nous ne décrirons pas en détail les appareils, en grande partie très complexes, dont on se sert maintenant dans les observatoires magnétiques. La partie principale du magnétomètre est un aimant en acier suspendu à un fil (suspension *unifilaire*) ou à deux fils voisin l'un de l'autre (suspension *bifilaire*). En décrivant, dans le Tome I, les balances de torsion, nous avons fait connaître ces deux façons de suspendre des tiges, qui oscillent librement dans un plan horizontal.

Soit M le moment magnétique (Chap. II) d'un aimant déterminé en acier. L'une des méthodes principales de détermination de la composante H consiste dans la combinaison de deux mesures, dont l'une donne la valeur numérique

A de la grandeur MH et l'autre la valeur numérique B de la grandeur M : H. Connaissant A et B, on a

$$\text{(43)} \qquad H = \sqrt{\frac{A}{B}}, \quad M = \sqrt{AB}.$$

Cette méthode donne donc, pour ainsi dire accessoirement, la valeur M du moment magnétique de l'aimant en acier choisi. Envisageons séparément les méthodes de détermination des grandeurs MH et M : H, en supposant, pour le moment, l'emploi exclusif d'une suspension *unifilaire*; nous examinerons plus tard le cas d'une suspension bifilaire.

I. Détermination de la grandeur MH. La méthode la plus simple et la plus employée, pour la détermination de la grandeur MH, consiste dans la mesure de la durée T d'une oscillation (plus exactement d'une demi-oscillation) de l'aimant de moment M. A cet effet, l'aimant est suspendu à un fil, qui doit être complètement détordu, quand l'axe de l'aimant oscillant dans le plan horizontal se trouve dans le méridien magnétique; la direction de l'axe coïncide alors avec celle de H. Dans le Chap. II, § 9, nous avons considéré les oscillations d'un aimant et, à l'aide de l'équation (60, *a*), savoir

$$\text{(44)} \qquad \frac{d^2\varphi}{dt^2} = -\frac{MH}{K}\varphi,$$

nous avons établi l'expression (65)

$$\text{(44, a)} \qquad T = \pi\sqrt{\frac{K}{MH}};$$

φ désigne l'angle variable dont l'aimant est dévié de sa position d'équilibre, t le temps et K le moment d'inertie de l'aimant par rapport à son axe de rotation. En établissant les formules ci-dessus, on a supposé que les forces du champ terrestre, qui produisent un moment de rotation $-MH\varphi$, agissent seules sur l'aimant. Mais, quand l'aimant est suspendu à un fil, il est en outre soumis, dans ses oscillations, à un couple provenant de la torsion du fil. Le moment de ce couple est proportionnel à l'angle de torsion, de sorte qu'on peut le supposer égal à $D\varphi$. Le rapport $\theta = D : HM$ se détermine, en faisant tourner l'extrémité supérieure du fil d'un certain angle α et mesurant le *petit* angle φ dont tourne l'aimant. Dans ce cas il y a équilibre entre le moment $MH\varphi$ du couple dû au magnétisme terrestre et le moment de torsion $D(\alpha - \varphi)$ du fil. En égalant ces deux grandeurs, on obtient

$$\text{(45)} \qquad \theta = \frac{D}{MH} = \frac{\varphi}{\alpha - \varphi}.$$

Il faut, dans l'équation (44), remplacer maintenant MH par

$$MH + D = MH(1 + \theta),$$

et $(44, a)$ prend alors la forme suivante :

$$T = \pi \sqrt{\frac{K}{MH(1+\theta)}}, \tag{45, a}$$

d'où

$$MH = \frac{\pi^2 K}{T^2(1+\theta)}. \tag{46}$$

La grandeur K peut être déterminée par une méthode analogue à celle considérée dans le Tome I (moment d'inertie d'un pendule).

On peut aussi déterminer MH, sans mesurer la durée d'oscillation T sous l'influence du champ terrestre. A cet effet, on fait tourner l'extrémité supérieure du fil d'un très grand angle α, pour que l'axe de l'aimant fasse un angle φ très voisin de $90°$ avec le méridien magnétique ; l'angle $\varphi_0 = 90° - \varphi$ peut être mesuré très exactement. De l'égalité $MH \sin\varphi = D(\alpha - \varphi)$, on déduit, pour φ_0 très petit, la relation

$$MH = \frac{D(\alpha + \varphi_0 - 90°)}{1 - \frac{1}{2}\varphi_0^2}. \tag{46, a}$$

La durée T_0 d'une oscillation de l'aimant, dans cette position, est déterminée par la formule

$$T_0 = \pi\sqrt{\frac{K}{D}}, \tag{46, b}$$

les oscillations (très lentes) n'étant maintenant produites que par la torsion du fil. Ayant observé T_0, on obtient D et ensuite MH par la formule $(46, a)$.

A. Töpler (1884) a indiqué une méthode intéressante pour la détermination de MH au moyen de la *balance*. Une balance sensible à fléau et à plateaux légers est disposée de manière qu'on puisse la faire tourner autour d'un axe vertical, passant par le point de suspension du fléau. L'aimant est fixé de telle sorte que son milieu coïncide avec le milieu du fléau et que son axe soit vertical. On amène d'abord le fléau de la balance dans une position normale au méridien magnétique et on réalise l'équilibre ; ensuite, on fait tourner la balance de $90°$. Un couple agit maintenant sur l'aimant et par suite aussi sur le fléau ; le moment de ce couple est MH. Pour rétablir l'équilibre, on place sur le plateau dirigé vers le *sud* $p^{gr} = pg$ dynes, où $g = 981 \frac{\text{cm}}{(\text{sec})^2}$. Si l désigne la longueur du fléau entier, on déduit de l'égalité

$$MH = \frac{1}{2} pgl$$

la valeur cherchée de MH. Freiberg (1885) a étudié cette méthode d'une manière approfondie et Guglielmo (1900) l'a modifiée.

II. Détermination de la grandeur M : H. Cette grandeur se détermine en mesurant l'angle φ, dont est dévié un aimant auxiliaire (aiguille aimantée) sous l'action de l'aimant de moment M. L'aiguille aimantée est suspendue à un fil à l'intérieur d'un magnétomètre, dont nous ne décrirons pas ici la construction. Un magnétomètre relativement simple est représenté dans la figure 435 ; P. Schulz (1902), Du Bois (1902 à 1903), ainsi que F. Kohlrausch et Holborn (1903) ont perfectionné la construction du magnétomètre. En établissant les formules qui déterminent l'angle φ, il ne faut pas perdre de vue qu'en dehors de H, la torsion D du fil agit encore sur l'aiguille déviée. La grandeur $\theta = D : mH$, où m désigne le moment magnétique de l'aiguille *mobile*, se détermine par la formule (7), en remplaçant M par m. On n'a pas

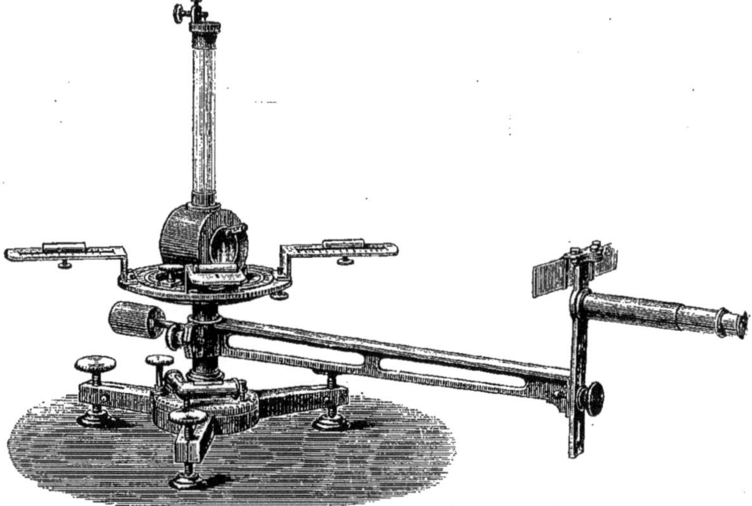

Fig. 435

besoin de connaître la grandeur m, car elle n'entre pas dans les formules finales.

L'angle de déviation φ de l'aiguille aimantée est observé dans les *deux positions principales de* Gauss, que nous avons considérées dans le Chap. VII, § 2.

Première position de Gauss. L'axe de l'aimant mobile (M) est placé normalement au méridien magnétique (voir Chap. VII, fig. 272), à l'est ou à l'ouest de l'aiguille aimantée (m), le prolongement de l'axe de l'aimant passant par le centre de l'aiguille.

Soit r la distance entre les centres de l'aimant et de l'aiguille, $2a$ la longueur de cette dernière, $2a_1$ celle de l'aimant. Nous avons donné, dans le Chapitre VII, les formules exactes (5) et (5, a) pour la détermination de l'angle de déviation φ. Nous devons maintenant, dans ces formules (5), remplacer M_1 par M, M par m et substituer $mH(1 + \theta)$ à mH, pour tenir compte de la torsion du fil. Divisons par m, supprimons le dernier terme dans l'expression de p_2 et bornons-nous au premier terme complémentaire ;

posons en outre $2a = l$ et $2a_1 = L$; en toute rigueur, l et L ne sont pas les longueurs respectives de l'aiguille et de l'aimant, mais les distances entre leurs pôles. La formule (5) s'écrit maintenant de la manière suivante :

$$\frac{2M}{r^3} \cos \varphi \left(1 + \frac{p}{r^2}\right) = H (1 + \theta) \sin \varphi,$$

d'où

$$\frac{M}{H} = \frac{r^3 (1 + \theta) \operatorname{tg} \varphi}{2\left(1 + \frac{p}{r^2}\right)}; \tag{47}$$

on a ici

$$p = \frac{1}{2} L^2 - \frac{3}{4} l^2. \tag{47, a}$$

Pour une détermination plus précise de φ, on observe cet angle dans quatre positions de l'aimant : l'aimant à l'est de l'aiguille, l'extrémité nord tournée vers l'aiguille ; même position, mais avec le pôle sud tourné vers l'aiguille ; l'aimant à l'ouest de l'aiguille, ses pôles orientés successivement comme ci-dessus ; on prend ensuite la moyenne arithmétique des quatre valeurs trouvées pour l'angle φ. Si on veut éviter les corrections de la grandeur p, on peut observer à deux distances différentes r_1 et r_2 de l'aimant, auxquelles correspondent les angles de déviation φ_1 et φ_2. D'après (47), on a

$$\frac{M}{H} = \frac{1}{2} (1 + \theta) \frac{r_1^5 \operatorname{tg} \varphi_1 - r_2^5 \operatorname{tg} \varphi_2}{r_1^2 - r_2^2}. \tag{47, b}$$

F. Kohlrausch (1887) a donné des formules particulières, dans le cas où L, l et r sont petits.

Seconde position de Gauss. A cette position se rapportent la figure 273 et les formules (7) et (7, a) du Chap. VII, § **2**. L'axe de l'aimant est encore normal au méridien magnétique, mais son centre se trouve au nord ou au sud de l'aiguille, dans le prolongement de l'axe magnétique de cette dernière. Désignons par φ' l'angle de déviation de l'aiguille, et conservons pour les autres grandeurs les notations antérieures. On détermine l'angle φ' par les observations dans quatre positions de l'aimant. Les formules mentionnées (7) et (7, a) donnent

$$\frac{M}{H} = \frac{r^3 (1 + \theta) \operatorname{tg} \varphi'}{1 + \frac{q}{r^2}}, \tag{47, c}$$

$$q = \frac{3}{8} l^2 - \frac{3}{2} L^2, \tag{47, d}$$

$$\frac{M}{H} = (1 + \theta) \frac{r_1^5 \operatorname{tg} \varphi'_1 - r_2^5 \operatorname{tg} \varphi'_2}{r_1^2 - r_2^2}. \tag{47, e}$$

On prend finalement la moyenne arithmétique des deux valeurs de M : H obtenues avec les observations dans les deux positions principales. F. Kohlrausch (1887) a donné aussi, pour la seconde position principale, des formules valables pour de petites valeurs de L, l et r. Nous n'entrerons pas dans plus de détails et nous remarquerons seulement qu'en combinant les expressions obtenues pour MH et M : H, voir formule (43), il est nécessaire d'introduire une correction, car, dans la détermination de MH l'aimant est parallèle, et dans celle de M : H normal au méridien magnétique. Dans le premier cas, il se trouve sous l'influence du champ magnétique et, par suite, son moment M est un peu plus grand que dans le second cas.

Au lieu de mesurer les angles φ_1 et φ_2 (ou φ'_1 et φ'_2) correspondant aux distances r_1 et r_2, Edelmann (1882) a proposé de mesurer les distances r_1 et r_2 (ou r'_1 et r'_2), pour lesquelles on obtient des déviations φ_1 et φ_2 déterminées une fois pour toutes. Wild (1880, 1883), Schering (1881) et d'autres encore ont étudié la méthode de Gauss, au point de vue particulier du degré de précision que l'on peut atteindre; des variantes de cette méthode sont dues à F. et W. Kohlrausch (1886), van Dijk (1904), Hansemann (1886), etc.

On peut déterminer la grandeur M : H *en mesurant la durée des oscillations* de l'aiguille aimantée (m) pour 16 positions de l'aimant déviateur M, correspondant complètement aux 8 positions relatives à chacune des deux positions principales de Gauss (nord, sud, est, ouest, deux distances r_1 et r_2, rotation de l'aimant de 180°), avec cette différence toutefois que l'axe de l'aimant est *parallèle* au méridien magnétique. L'aimant ne produit pas alors de déviation, mais change l'intensité du champ. On obtient, pour la grandeur M : H, l'expression :

$$\frac{M}{H} = k(1+\theta)\frac{D_1 r_1 - D_2 r_2}{r_1^2 - r_2^2}, \tag{48}$$

dans laquelle

$$D_1 = \frac{1}{4}\left(\frac{1}{t_1^2} - \frac{1}{t_2^2} + \frac{1}{t_3^2} - \frac{1}{t_4^2}\right), \quad D_2 = \frac{1}{4}\left(\frac{1}{\tau_1^2} - \frac{1}{\tau_2^2} + \frac{1}{\tau_3} - \frac{1}{\tau_4^2}\right), \tag{48, a}$$

les durées d'oscillation t se rapportant à la distance r_1, les durées τ à la distance r_2. Quand l'aimant se trouve à l'est ou à l'ouest de l'aiguille, on a $k = -1$; lorsqu'il est au nord ou au sud, on a $k = +\frac{1}{2}$. Pfannstiel (1880) a employé cette méthode; Häbler (1884) en a fait une étude approfondie et complète.

Suspension bifilaire. Nous avons supposé jusqu'ici l'aimant mobile suspendu à un fil unique; passons maintenant à la détermination de MH et M : H avec une suspension bifilaire pour l'aimant : la théorie générale de ce cas a été donnée dans le Tome I. Nous avons alors trouvé que, pour faire tourner l'extrémité inférieure des fils de l'angle φ, il faut un couple C sin φ, C étant une constante caractéristique de la suspension bifilaire donnée. Gauss (1837), F. Kohlrausch (1882) et en particulier Wild (1880, 1886) ont étudié expérimentalement et théoriquement la méthode de suspension bifilaire.

Pour obtenir MH, on place le plan des fils perpendiculairement au méridien magnétique; l'aimant suspendu fait tourner l'extrémité inférieure de ces fils de l'angle φ. On a $\mathrm{MH}\cos\varphi = \mathrm{C}\sin\varphi$, d'où $\mathrm{MH} = \mathrm{C}\,\mathrm{tg}\,\varphi$. La grandeur M : H se détermine, comme précédemment, en observant la déviation d'une aiguille aimantée par l'aimant donné. Wild a imaginé une méthode de détermination de H au moyen de trois aimants de même poids, mais de moments magnétiques différents; il a aussi comparé (1898) l'exactitude des résultats des mesures effectuées respectivement avec une suspension unifilaire et une suspension bifilaire.

Détermination de H (sans détermination de M). Il existe un grand nombre de méthodes pour déterminer H, sans détermination simultanée de M. Telles sont la méthode de compensation de Weber, développée par F. Kohlrausch (1871), et toute une série de méthodes *galvanométriques*; nous considérerons seulement ces dernières.

Lorsqu'on lance un courant d'*intensité connue* dans une boussole des tangentes, on peut, d'après la grandeur de la déviation de l'aiguille, juger de la valeur de H. Soit n le nombre de tours du fil de la boussole, R le rayon de ces tours, I l'intensité du courant en unités C. G. S., φ la déviation de l'aiguille. D'après le § 3 du Chapitre VII, on a

$$\mathrm{H} = \frac{2\pi n \mathrm{I}}{\mathrm{R}\,\mathrm{tg}\,\varphi}. \tag{49}$$

On peut, pour la mesure de l'intensité I du courant, se servir d'un *voltamètre* (page 1053).

On établit facilement les formules relatives au cas où on emploie une boussole des sinus ou un galvanomètre quelconque, pour lequel la dépendance entre l'angle de déviation et l'intensité du courant est connue. Tanakadaté (1889) et Lehfeldt (1892) ont développé cette méthode. F. Kohlrausch (1869) a proposé d'employer un *galvanomètre bifilaire*, où la bobine est suspendue à deux fils dont le plan, ainsi que celui des tours de fil de la bobine se trouvent dans le méridien magnétique. Quand on envoie un courant I dans le galvanomètre, la bobine mobile tourne d'un certain angle φ; le même courant est envoyé simultanément dans une boussole des tangentes, où il produit une déviation de l'aiguille de l'angle α. On a

$$\mathrm{I} = \frac{\mathrm{D}\,\mathrm{tg}\,\varphi}{\mathrm{H}f} = \frac{\mathrm{HR}}{2n\pi}\,\mathrm{tg}\,\alpha, \tag{49, a}$$

I étant exprimé en unités C. G. S., R et n ayant la même signification que dans (49), D étant le coefficient de torsion de la suspension bifilaire et f l'aire totale limitée par le fil de la bobine mobile. Les deux expressions de I donnent

$$\mathrm{H}^2 = \frac{2n\pi\mathrm{D}\,\mathrm{tg}\,\varphi}{\mathrm{R}f\,\mathrm{tg}\,\alpha}. \tag{49, b}$$

Dans cette formule, l'intensité I du courant n'entre plus. F. KOHLRAUSCH (1882) a plus tard remplacé la boussole des tangentes par un simple magnétomètre, placé à l'est ou à l'ouest de la bobine mobile, les centres de l'aimant et de la bobine devant se trouver à même hauteur ; désignons par r la distance entre les centres, par R le rayon de la bobine mobile. Quand le courant I traverse la bobine et que cette dernière a tourné de l'angle φ, elle dévie l'aimant d'un certain angle α donné par la relation suivante :

$$H \operatorname{tg} \alpha = 2fI \cos \varphi (r^2 + R^2)^{-\frac{3}{2}}.$$

En éliminant fI au moyen de la première des égalités (49, a), on a

$$(49, c) \qquad H^2 = \frac{2D \sin \varphi}{(r^2 + R^2)^{\frac{3}{2}} \operatorname{tg} \alpha}.$$

L. DUNOYER (1910) a construit un appareil formé de deux aimants de même longueur $2l$ et de même moment M ; ils sont disposés l'un au-dessus de l'autre et tournent librement, chacun séparément, autour d'un axe vertical commun. Pour un rapport convenable entre le champ et leur moment magnétique, ils font entre eux un certain angle 2α ; par raison de symétrie, cet angle est bissecté par la direction du champ. On obtient aisément l'équation d'équilibre du système, soit en écrivant que l'énergie potentielle de l'ensemble est minimum, soit en écrivant que l'équilibre est atteint quand, pour chaque aimant, le moment par rapport à l'axe de rotation des forces qui agit sur lui est nul. Cette équation d'équilibre est

$$(49, d) \qquad H = \frac{M}{8l^3} \cos \alpha \left[\frac{1}{\left(\frac{h^2}{4l^2} + \sin^2 \alpha\right)^{\frac{3}{2}}} + \frac{1}{\left(\frac{h^2}{4l^2} + \cos^2 \alpha\right)^{\frac{3}{2}}} \right],$$

en désignant par h la distance verticale entre les centres des aimants. Désignons, pour abréger, par $\varphi(\alpha)$ le second membre. Quand $\frac{h}{2l} > 2$, on peut poser $\varphi(\alpha) = A \cos \alpha$, A étant une grandeur sensiblement constante, à condition que le champ soit suffisamment uniforme.

On peut étendre beaucoup le domaine d'application de la méthode de L. DUNOYER, en compensant le champ à mesurer par un champ connu et en employant le dispositif des deux équipages magnétiques pour vérifier, avec une très grande précision, que la compensation est effectuée. L. DUNOYER a étudié un appareil d'enregistrement qui donne à la fois la grandeur et la direction de la composante horizontale du champ terrestre. L'appareil qu'il a appelé *dygographe*, parce qu'il trace les courbes auxquelles l'usage maritime a donné le nom de *dygogrammes*, fournit aux navires, pour tous les cas où la force directrice moyenne est suffisante, le *moyen d'effectuer la compensation de leurs compas en un temps minimum et sans observations extérieures*. De plus le dygogramme obtenu et daté est un document complet et faisant image pour l'histoire magnétique du navire. Il est, en effet, de plus en plus reconnu par tous les marins que l'état magnétique de beaucoup de navires est, en certains points, soumis à de perpétuelles fluctuations qu'il est essentiel de pouvoir suivre facilement.

8. Mesure des grandeurs V, δ et i; instruments de variations. — La composante verticale V et la grandeur F de l'intensité du champ terrestre se déterminent presque exclusivement au moyen des formules (42) et (42, a) : $V = H \operatorname{tg} i$, $F = H : \cos i$, c'est-à-dire à l'aide de mesures directes de la composante horizontale H et de l'inclinaison magnétique i. Cependant Lloyd (1838, 1858), Wild (1872), Riecke (1881), Töpler (1883), Brunhes et David (1908) ont construit des appareils qui mesurent V directement. Brunhes et David placent l'axe de rotation de l'aiguille d'inclinaison (voir plus loin) dans le plan du méridien magnétique, de sorte que l'axe magnétique de l'aiguille prend la position verticale. Ils mesurent ensuite l'angle φ, dont est déviée l'aiguille par un aimant horizontal, qui se trouve à l'est ou à l'ouest de l'aiguille. On a évidemment $V = K \operatorname{cotg} \varphi$, K étant une constante qui doit être déterminée une fois pour toutes en un lieu, par mesure de H et i.

La *déclinaison magnétique* δ est déterminée à l'aide d'appareils appelés *théodolites magnétiques* ou *déclinomètres*. Ce sont des appareils qui permettent de mesurer très exactement l'angle entre l'axe magnétique de l'*aiguille de déclinaison*, tournant librement autour d'un axe vertical, et le méridien géographique. Nous ne pouvons faire connaître en détail la construction très compliquée de ces instruments. L'appareil le plus simple, qui indique la direction du méridien magnétique, est le *compas*.

L'*inclinaison magnétique* i se détermine par deux méthodes, à l'aide de l'*inclinomètre ordinaire* et de l'*inclinomètre d'induction*. La partie principale de l'inclinomètre ordinaire est une *aiguille d'inclinaison*, c'est-à-dire une aiguille aimantée tournant librement autour d'un axe qui passe par son centre de gravité et est normal au méridien magnétique. Un cercle vertical gradué, dont le centre est sur l'axe de rotation de l'aiguille, et qui se trouve aussi près que possible du plan de rotation de l'aiguille, permet de déterminer la direction de la droite joignant les pointes de cette aiguille. Tout l'appareil peut tourner autour d'un axe vertical. Le zéro de la graduation du cercle doit être exactement dans le plan horizontal. La figure 436 représente l'une des formes d'inclinateur ; la construction de l'instrument se comprend d'elle-même. Les lectures se font au moyen de deux microscopes mobiles et aux deux extrémités de l'aiguille, car l'axe de rotation de cette dernière peut ne pas passer exactement par le centre du cercle. On fait ensuite tourner l'*aiguille* de 180° autour de son axe magnétique, sans toucher au cercle lui-même ; on élimine ainsi l'erreur due à la non-coïncidence parfaite de l'axe magnétique avec la droite qui joint les pointes de l'aiguille. On répète les mêmes observations après avoir fait tourner *tout l'appareil* de 180° autour de l'axe vertical, pour éviter l'erreur qui pourrait provenir de la non-horizontalité parfaite de la division zéro du cercle. Enfin on réaimante l'aiguille, de façon que sa pointe supérieure devienne la pointe inférieure et inversement, pour éliminer l'erreur due à la non-coïncidence du centre de gravité de l'aiguille avec l'axe de rotation de celle-ci. Lorsque toutes les lectures effectuées de cette manière diffèrent très peu l'une de l'autre, il suffit de prendre leur moyenne arithmétique. Si au contraire les différences sont notables, il faut recourir à des formules plus compliquées, telles que celles que F. Kohlrausch a données

Fig. 436

dans son *Lehrbuch der praktischen Physik* (11e édition, 1910, page 395), ou celles établies par Leyst (1887).

Inclinomètre d'induction. Cet appareil repose sur le phénomène de l'in-

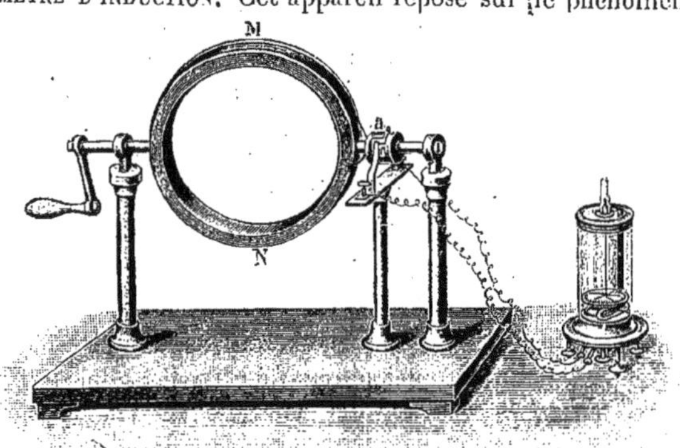

Fig. 437

duction, dont nous avons déjà parlé à plusieurs reprises, bien que nous ne devions en faire l'étude approfondie que dans le Tome V. Le schéma de l'appareil est donné par la figure 437. Sur le contour d'un cadre circulaire MN est enroulé un fil, dont les extrémités aboutissent à deux lames métalliques a, où frottent des ressorts reliés aux bornes d'un galvanomètre. Le cadre peut tourner autour d'un axe coïncidant avec l'un de ses diamètres. On place d'abord le plan du cadre *horizontalement*, ainsi que l'axe de rotation, qui est en outre disposé dans le plan du méridien magnétique. Si on fait alors tourner brusquement l'anneau de 180°, sous l'influence de la composante *verticale* V du champ terrestre prend naissance un courant d'induction I_1, qui est mesuré par le galvanomètre ; sa grandeur est proportionnelle à V. Lorsqu'on rend au contraire l'axe de rotation *vertical*, le plan de l'anneau étant *perpendiculaire* au méridien magnétique, et qu'on fait tourner le cadre brusquement de 180°, un courant d'induction I_2 apparaît, qui est proportionnel à la *composante horizontale* H du champ terrestre. L'inclinaison i se calcule par la formule $\operatorname{tg} i = I_1 : I_2$. L'appareil doit être construit de façon qu'on puisse l'amener avec précision dans les deux positions et le faire tourner exactement de 180°. On utilise, pour la mesure de I_1 et I_2, un galvanomètre balistique (page 1090) muni d'un amortisseur, et on fait tourner plusieurs fois l'axe de 180°, alternativement dans un sens et dans l'autre, en employant la méthode de multiplication (page 1093).

L'inclinomètre d'induction a été proposé par W. Weber (1838, 1853). Il a reçu diverses modifications de Wild (1878 à 1895), Schering (1882),

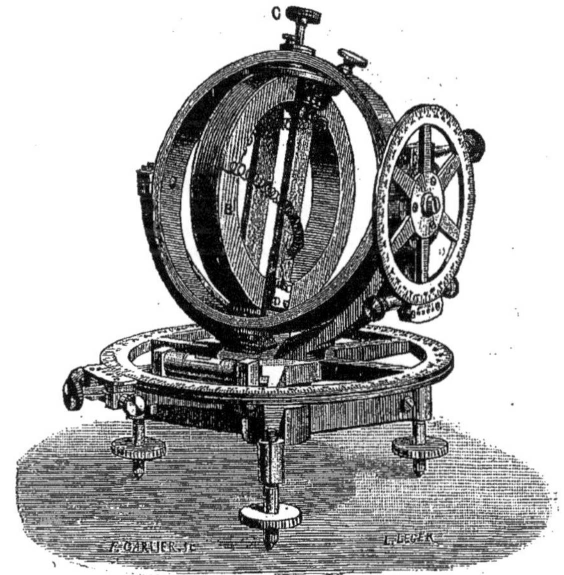

Fig. 438

Mascart (1883), L. Weber (1885), G. Meyer (1898) et d'autres encore. Wild et Mascart amènent l'axe de rotation dans une position où il ne se produit pas du tout d'induction dans la rotation de l'anneau ; dans ce cas, la direction de l'axe correspond à la direction cherchée de la force F. L'inclinomètre de Mascart est représenté par la figure 438 ; l'appareil est portatif et construit sous la forme d'une boussole d'inclinaison. Un cercle azimutal, divisé en demi-degrés, avec vernier donnant la minute, est monté par son centre sur un trépied à vis calantes. Sur ce cercle est fixé un bâti vertical qui sert de support à la partie mobile ; un anneau mobile pivote autour d'un axe horizontal, et ses différentes inclinaisons sont lues sur un cercle divisé qu'il entraîne dans son mouvement. Dans l'intérieur de cet anneau est montée la bobine induite qui peut tourner autour d'un axe perpendiculaire au premier ; deux butoirs fixes limitent sa rotation à un angle de 180°. Cet instrument permet de déterminer l'inclinaison à moins d'une minute. Venske (1909) a étudié la méthode de Mascart. G. Meyer fait tourner l'axe constamment dans le *même* sens, ce qui donne naissance à des courants alternatifs reçus

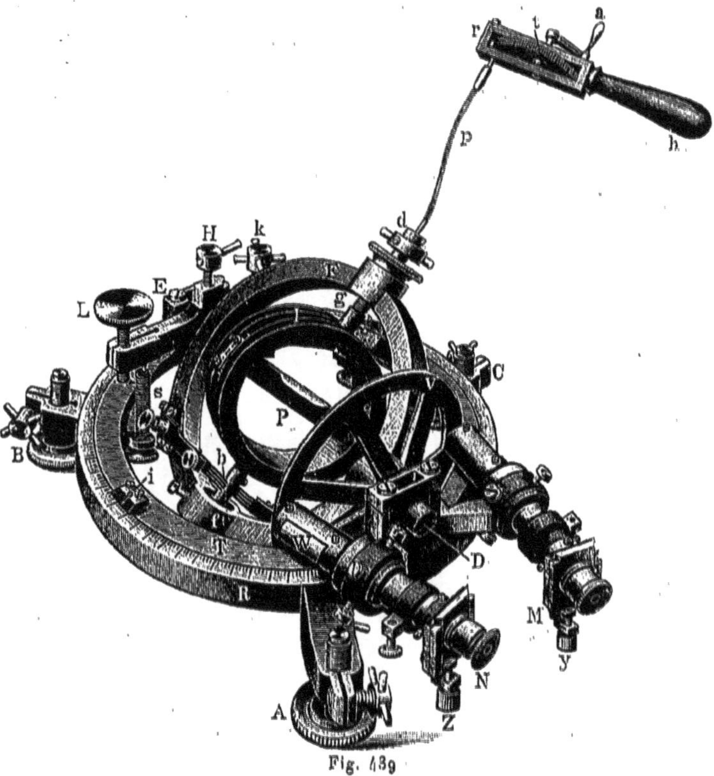

Fig. 439

par un téléphone ; tout phénomène sonore disparaît dans le téléphone, quand l'axe de rotation a la direction de la force F. Taudin-Chabot (1908) a imaginé une disposition extrêmement ingénieuse, qui permet de faire tourner l'anneau constamment dans le même sens, sans employer de contacts glissants.

Wild a construit l'appareil représenté dans la figure 439. L'anneau I tourne autour de l'axe df, qu'on peut amener dans une position quelconque. Le commutateur b sert à redresser les courants, qui sont conduits à un galvanomètre sensible. A l'axe DE est fixé un cercle gradué V, dont on lit les divisions au moyen des microscopes M et N ; l'inclinaison de cet axe DE sur l'horizon est égale à l'angle cherché i.

D'autres méthodes pour la mesure de l'inclinaison sont dues à Pscheidl (1879), Liznar (1888), etc.

Appareils de variations. Les grandeurs H, V, δ, i sont soumises à des variations continuelles qu'il est extrêmement important de suivre. Les appareils de variations que l'on emploie dans ce but se divisent en deux groupes : dans les instruments du premier groupe, l'observateur doit suivre lui-même les variations qui se produisent ; dans ceux du second, l'enregistrement se fait automatiquement (magnétographes). Considérons les appareils du premier groupe.

Les *variations de la déclinaison* s'observent à l'aide d'un simple magnétomètre unifilaire suivant la méthode de Poggendorff. Cet instrument a été étudié et perfectionné récemment par Heydweiller (1898, 1908), V. Eschenhagen (1899), Bidlingmaier (1907), Edelmann (1908), Maurer (1908), Erich Meyer (1908) et d'autres encore. Les *variations de l'inclinaison* ne sont presque jamais observées directement ; les quelques travaux que l'on peut citer à ce sujet sont dus à Wild (1900), Cady (1901) et V. Eschenhagen (1901). La balance de Lloyd, dont il sera question plus loin, peut être employée dans ce but. Pour l'observation des *variations de la composante horizontale* H, on suspend un aimant de façon que son axe magnétique soit *normal* au plan du méridien magnétique. On y arrive ordinairement au moyen d'une suspension *bifilaire*, dont on fait tourner comme il convient l'extrémité supérieure. On peut aussi donner la direction voulue à un aimant à suspension unifilaire, en se servant d'un fil d'acier, de platine ou de quartz (W. Eschenhagen, 1899) ; l'extrémité supérieure reçoit une rotation convenable. Enfin, on peut encore employer la suspension unifilaire ordinaire, en approchant de cette suspension un aimant déviateur. Ad. Schmidt (1907) se sert de deux aimants déviateurs. F. Kohlrausch (1871, 1882) dispose quatre aimants déviateurs sur un cadre tournant, comme il est indiqué dans la figure 440. L'étude théorique de cette méthode a été faite par Wind (1894) et plus particulièrement par Poppendieck (1911).

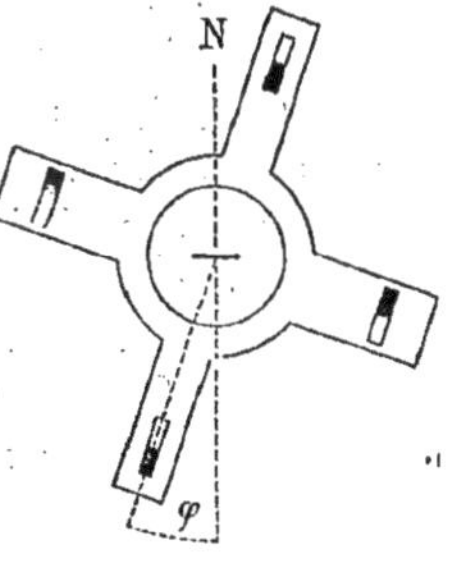

Fig. 440

Nous avons mentionné à la page 1134 l'appareil de L. Dunoyer et nous avons indiqué la formule (49, d) ; comme nous l'avons vu, l'appareil peut être employé commodément à la mesure de H, quand le rapport $h : 2l$ est suffisamment grand (supérieur à 2 par exemple), la fonction $\varphi(\alpha)$ étant dans ce cas pratiquement constante ; c'est sur cette propriété qu'est fondé le *dygographe*. Mais si le rapport $h : 2l$ est très petit (0,01 à 0,1) la fonction $\varphi(\alpha)$ possède un minimum au voisinage de 49°,5 et l'appareil devient très sensible aux variations. Dans l'instrument qui a été construit par les établissements HENRY-LEPAUTE, l'une des aiguilles, de 10^{cm} de longueur, est portée par un étrier à longues branches verticales en verre, soutenue par un fil de cocon ; à l'extrémité supérieure de cette fourche est accroché un deuxième fil de cocon qui supporte un étrier semblable, mais plus court, destiné à soutenir la deuxième aiguille, identique à la première. Les deux étriers portent des miroirs fixes qui renvoient à 45° la lumière qu'ils reçoivent à travers une fente et une lentille. Les deux faisceaux lumineux tombent à 45° sur deux autres miroirs fixes qui forment sur une même échelle deux images de la fente. Ce sont les variations de distance de ces deux images que l'on mesure. Si α varie de 48° à 49°, l'angle des deux faisceaux réfléchis varie de 4°. Sur une échelle placée à 2^{m}, 1^{mm} correspond donc à une variation relative du champ égale à 25.10^{-6}. Cette sensibilité a même été dépassée expérimentalement, en s'approchant davantage du minimum de $\varphi(\alpha)$. Cette position marque la frontière, pour α croissant, de positions d'équilibre instable pour le système des deux aiguilles. L'examen des courbes de $\varphi(\alpha)$ permet d'indiquer un cas simple, numériquement étudié, où l'action directrice d'un champ extérieur uniforme sur un système d'aimants se traduit par des changements d'équilibre *brusques et irréversibles*, les plages d'équilibre correspondant aux valeurs croissantes de α ne coïncidant pas avec celles qui correspondent aux valeurs décroissantes de cet angle. C'est l'image simplifiée de ce qui se passe dans les expériences d'EWING et dans l'aimantation des corps ferromagnétiques.

Pour l'observation des variations de la *composante verticale V*, on se sert de la balance magnétique de LLOYD (1838), dans laquelle l'aiguille aimantée joue le rôle de fléau, l'axe de l'aiguille étant normal au plan du méridien magnétique. Une variation de V est accompagnée d'un changement d'inclinaison du fléau, qu'on suit par la méthode des déviations d'un miroir. WATSON (1904) a modifié la balance de LLOYD, en fixant l'aiguille aimantée à un axe horizontal formé par deux fils de quartz tendus. De nouveaux instruments de variations pour la grandeur V ont été construits par ANDREESEN (1905) et v. BÖKY (1905).

Dans les observatoires magnétiques, les *appareils enregistreurs* sont installés dans des locaux spéciaux, quelquefois souterrains, où la température reste aussi constante que possible. On dispose, à une distance suffisante l'un de l'autre, un magnétomètre unifilaire (variation de la déclinaison δ), un bifilaire (H) et une balance de LLOYD (V). Les rayons de lampes particulières sont réfléchis par les petits miroirs reliés aux aimants mobiles et parviennent à des bandes de papier sensible enroulées sur des cylindres tournant d'un mouvement uniforme. WILD (1889) a donné une description détaillée de l'installation des appareils de l'observatoire de Constantin près de Pawlowsk. De nouveaux appareils enregistreurs ont été construits par A. SCHMIDT (1906, 1907), CADY (1906), KASHIWAGI (1906), K. SCHERING (1911) et d'autres encore.

Un groupe particulier d'appareils est celui des instruments *portatifs*, dont on se sert dans les voyages scientifiques pour les mesures magnétiques. Des appareils de ce genre ont été construits par WILD, HAUSSMANN (1906), BRUNNER, WAGNER, etc.

9. Mesure de l'intensité des champs magnétiques artificiels. — On appelle artificiels les champs produits par les aimants, les courants et leur combinaison, c'est-à-dire les électro-aimants. Contrairement au champ terrestre (de moins *d'un* gauss), les champs artificiels sont ordinairement d'intensité élevée. Dans une bobine de fil de cuivre, on peut, par exemple, atteindre 800 gauss et même, par un refroidissement continu, 1 500 gauss. Entre les pôles d'un électro-aimant on peut, comme on l'a déjà indiqué dans le Chap. VIII, § **3**, obtenir jusqu'à 50 000 gauss. Il existe un grand nombre de méthodes de mesure des champs magnétiques ; nous considérerons seulement les plus importantes.

I. Détermination du champ par le calcul. L'intensité du champ produit par un courant peut souvent être obtenue par le calcul. Nous avons cité des exemples de calcul de ce genre dans le Chap. III, § **7** et dans le Chap. VII, § **3**. Bestelmeyer (1911) a indiqué un cas intéressant, où l'on obtient un champ très uniforme dans un espace assez grand. Un tel champ se forme dans une bobine, dont la longueur dépasse 2 fois et demie le diamètre, une bobine supplémentaire étant installée à chacune des extrémités, comme le représente la figure 441 en coupe.

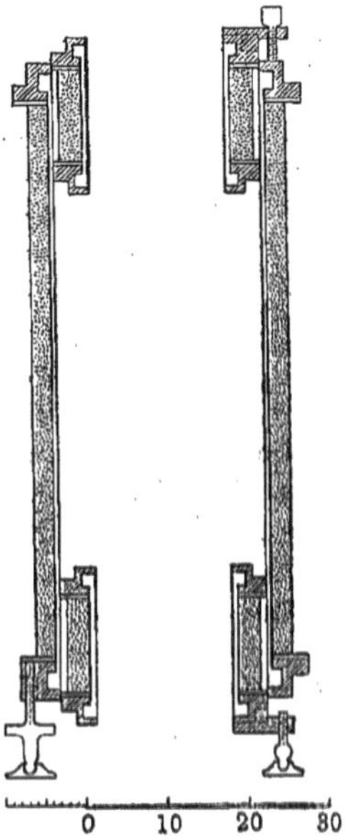

Fig. 441

II. Méthode d'induction. On amène un anneau d'un ou plusieurs tours de fil isolé dans un plan perpendiculaire aux lignes de force du champ magnétique et on l'éloigne ensuite rapidement à une distance où l'intensité du champ est *pratiquement* nulle, ou bien on effectue le mouvement en sens contraire. Dans l'anneau apparaît alors un courant de courte durée, qui produit dans un galvanomètre balistique (page 1090) une certaine déviation s. Cette déviation s est proportionnelle à l'aire entourée par les spires de la bobine et à l'intensité H cherchée du champ. On a donc

$$H = \frac{cs}{f}, \tag{50}$$

c désignant une constante, qui dépend des propriétés du galvanomètre balistique. La même formule convient aussi dans le cas où on fait tourner rapidement l'anneau de 90° ; pour une rotation de 180°, il faut remplacer f par $2f$ au dénominateur de la formule (50). La constante c peut se déterminer à l'aide de l'inducteur terrestre (page 1136) par la formule $c = 2H_0 f_0 : s_0$, où H_0 désigne la composante du champ terrestre qui produit l'induction et où f_0 se rapporte à l'anneau de l'inducteur terrestre ; s_0 est l'indication du galvanomètre. On peut aussi enfoncer un aimant de moment connu M dans une longue bobine, qui présente n tours par centimètre ; on a alors $c = 4\pi n M : s'$. Hibbert

(1892), R. Gans (1907) et Duddell (1908) ont construit des *étalons d'intensité de champ*, servant à la détermination de la constante *c*. L'appareil d'Hibbert est représenté dans la figure 442 ; il se compose d'un aimant en acier, placé à l'intérieur d'un récipient BB en fer doux, presque complètement fermé par un couvercle en fer AA. L'anneau en fil PP fixé à la tête K peut être introduit dans la fente annulaire entre A et B, son déplacement ayant toujours même grandeur.

L'emploi qu'a fait Königsberger (1901) de *l'électromètre à quadrants*, au lieu du galvanomètre balistique, est intéressant. Le circuit de la bobine mobile demeure ainsi non fermé. Au moment du déplacement de la bobine, sa force électromotrice intérieure produit sur les quadrants une différence de potentiel et l'aiguille reçoit par suite un choc. La déviation de l'aiguille sert de mesure pour la force électromotrice d'induction.

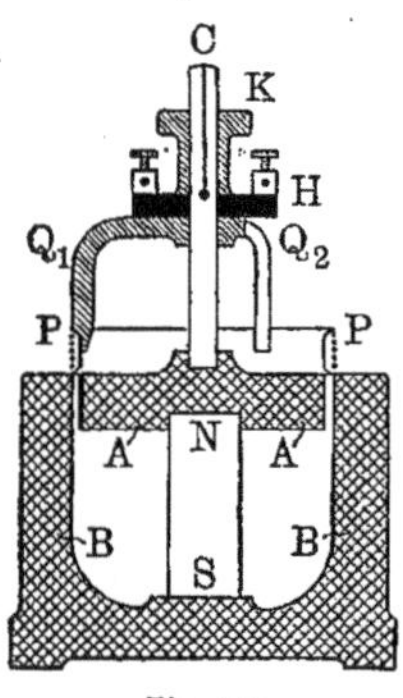

Fig. 442

Sur l'induction, repose également l'intéressante méthode de Bouty (1898). Un filet d'eau ou de mercure coule dans une direction perpendiculaire aux lignes de force du champ magnétique. Dans ce filet, apparaît une force électromotrice transversale E, qui est mesurée au moyen de l'électromètre capillaire (Livre I, Chap. II, § 8). Si d est le diamètre du filet, q la masse de liquide qui s'écoule par seconde, on a $H = Ed : q$.

On peut aussi ranger parmi les méthodes d'induction la *méthode du plateau tournant*. Un petit plateau métallique, dont les faces sont perpendiculaires à la direction du champ H, est mis en rotation rapide (n tours par seconde). Entre deux points de la surface du plateau, distants respectivement de l'axe de rotation de r_1 et r_2, se produit la différence de potentiel

$$(50, a) \qquad E = \pi n H (r_1^2 - r_2^2) \text{ C. G. S.} = 10^{-8} \pi n H (r_1^2 - r_2^2) \text{ volts},$$

Ayant mesuré E, on déduit de cette relation la valeur de H. Fischer (1905) a construit un appareil, dans lequel un plateau en bronze phosphoreux (de $3^{cm},1$ de diamètre) fait 18,5 tours par seconde ; il est mis en rotation par un mécanisme d'horlogerie. Hartmann et Braun ont porté le nombre de tours jusqu'à 50 par seconde. On mesure E avec un millivoltmètre. Cet appareil donne des indications précises, même sous l'influence du champ terrestre.

Aux méthodes d'induction appartient aussi la *méthode des oscillations amorties d'une bobine*. Une petite bobine (anneau) est suspendue à un ou deux fils ; ses spires sont parallèles aux lignes de force du champ ; elle peut rester ouverte ou être fermée par une résistance w (rhéostat). Soit f l'aire enveloppée par les spires de la bobine, T la durée des oscillations, λ_0 le décrément logarithmique des oscillations en circuit ouvert, λ le même décrément en circuit fermé, K le moment d'inertie de la bobine ; la résistance totale du circuit fermé est W ohms $= 10^9 w$ C. G. S.

On a, dans ce cas,

$$H = \frac{1}{f}\sqrt{\frac{2\pi 10^9 w K (\lambda - \lambda_0)}{T\sqrt{\pi^2 + \lambda^2}}}. \tag{50, b}$$

On peut aussi procéder autrement, en cherchant la résistance w pour laquelle les oscillations de la bobine deviennent exactement apériodiques. On a alors (Gray, 1893)

$$H = \frac{1}{f}\sqrt{\frac{4\pi 10^9 \omega K}{T}}. \tag{50, c}$$

III. Méthode de la spirale de bismuth. Nous avons vu dans le Chapitre IX, § **12** que la résistance électrique du bismuth dépend de l'intensité du champ magnétique. Dans la figure 360, on a représenté une spirale de bismuth, dont la résistance permet de juger de l'intensité du champ, lorsque le plan de cette spirale est perpendiculaire aux lignes de force du champ. Il existe des tables, qui permettent, connaissant la température et la résistance de la spirale dans le champ, de trouver immédiatement l'intensité de ce champ. Leduc (1886) a proposé le premier de se servir du bismuth pour la mesure du champ magnétique ; la spirale dont nous venons de parler a été construite par Lenard (1890). Henderson (1894) a indiqué le rôle important que joue la température dans une telle méthode et il a proposé de placer, dans le voisinage de la spirale de bismuth, un thermomètre sensible, une spirale de platine par exemple, dont la résistance peut mesurer la température.

IV. Mesure de l'action pondéromotrice sur le courant. Nous avons considéré dans le Chapitre III les forces qui agissent sur un conducteur parcouru par un courant, lorsque ce conducteur se trouve dans un champ magnétique ; la grandeur de ces forces peut servir à mesurer l'intensité du champ. Les méthodes suivantes s'inspirent de cette idée.

1. Dans une bobine à suspension *bifilaire*, dont les spires sont parallèles à la direction du champ, on lance un courant d'une intensité déterminée ; la bobine tourne alors d'un certain angle φ. La formule

$$H = \frac{D \operatorname{tg} \varphi}{f I}, \tag{50, d}$$

où D est la constante de torsion des fils, f l'aire limitée par les spires de la bobine, I l'intensité du courant en unités C. G. S., donne l'intensité du champ. Himstedt (1880), Luggin (1887) et Stenger (1888) se sont occupés de cette méthode. La torsion simple a été employée par A. du Bois-Reymond (1891) ainsi que par Edser et Standsfield (1892), dont les appareils sont en quelque sorte une transformation du galvanomètre Deprez-d'Arsonval (page 1064), par laquelle I est mesuré dans un champ magnétique invariable.

2. L'action du champ sur le courant peut être mesurée *avec une balance* au moyen de poids. Ce principe est appliqué dans l'appareil de K. Ångström et en particulier dans celui de Cotton (1900). Une partie courte et rectiligne d'un fil, parcouru par un courant de I unités C. G. S., est disposée perpen-

diculairement aux lignes de force; elle est fixée à l'une des extrémités du fléau d'une balance. La force Hil (l étant la longueur de la portion considérée du fil) est équilibrée par p grammes, c'est-à-dire par pg dynes, de sorte que

$$(50, e) \qquad H = \frac{pg}{il}.$$

FAERBER (1902), WEISS (1907), JORDAN (1909) et SÈVE (1910, 1911) ont modifié et perfectionné la méthode de COTTON. L'appareil de SÈVE permet de mesurer l'intensité du champ à 0,1 % près.

CRÉMIEU et PENDER (1903) ont construit un appareil sensible, avec lequel on peut mesurer de très faibles champs (de l'ordre de 10^{-6} C. G. S.).

3. LORD KELVIN a construit un appareil schématiquement représenté dans la figure 443. La partie supérieure FW d'un fil f tendu verticalement est placée dans le champ H étudié (par exemple entre les pôles w d'un électro-aimant); on envoie dans ce fil le courant d'une batterie au moyen des coupelles CC remplies de mercure. Les fils t_1 et t_2 sont fixés à f et à deux fils latéraux, tendus par des poids P_1 et P_2 : les extrémités supérieures de ces fils sont attachées aux curseurs p_1 et p_2. Les lignes de force du champ à mesurer sont perpendiculaires

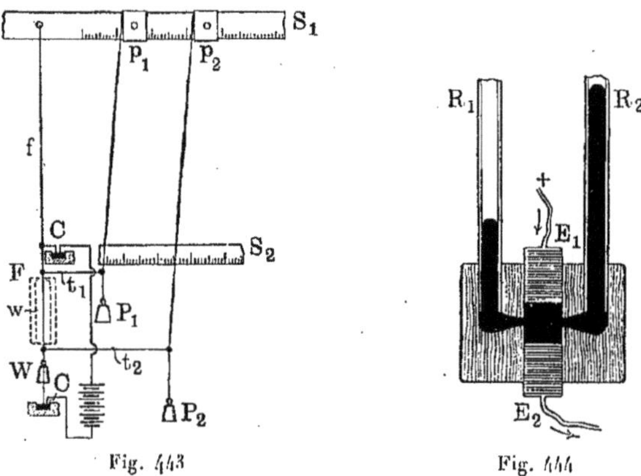

Fig. 443 Fig. 444

au plan de la figure. Sur le fil FW agit une force dirigée de la droite vers la gauche : elle est équilibrée par la traction (exercée vers la droite) des fils t_1 et t_2, lorsqu'on déplace les curseurs p_1 et p_2 vers la droite. La grandeur de cette traction et par suite la valeur de H peuvent être calculées d'après les lectures faites sur les échelles S_1 et S_2, quand l'intensité du courant, les poids P_1 et P_2 et les dimensions des fils sont connus.

V. MÉTHODE DE LEDUC. La méthode de LEDUC (1887) est également basée sur la mesure de l'action pondéromotrice exercée par le champ sur un conducteur parcouru par un courant. Le conducteur est ici un liquide, du mercure, placé entre E_1 et E_2 (*fig.* 444), dans un espace dont la largeur d est très petite suivant la direction du champ magnétique, perpendiculaire au plan de la figure. Un courant de I unités C. G. S. passe de E_1 à E_2, de sorte que sur le mercure agit une force, équilibrée par la pression P exercée par la colonne de mercure qui s'écoule de R_1 en R_2. On a dans ce cas

$$H = \frac{Pd}{I}. \tag{51}$$

Du Bois (1888), Field et Walker (1893) ont perfectionné cet appareil, qui est en quelque sorte un ampèremètre de Lippmann inversé.

VI. Méthode de Quincke. Dans le Chapitre VIII, § **11**, nous avons fait connaître la méthode due à Quincke (1885), pour la mesure de la susceptibilité magnétique $\varkappa$ des liquides par l'observation de la hauteur du liquide dans un tube. La formule (48) nous a donné la grandeur $\varkappa$, lorsque l'intensité H du champ est connue. On peut écrire cette formule

$$H = C\sqrt{h}, \tag{52}$$

h désignant la hauteur d'ascension du liquide paramagnétique et C une constante que l'on détermine en mesurant h dans un champ d'intensité connue. Les travaux de Quincke (1885), Du Bois (1888), Liebknecht et Wills (1900) ont déjà été mentionnés dans le Chap. VIII, § **11**. Nous ajouterons ici que récemment C. Chéneveau (1910), étant donné la petite dénivellation qu'on obtient en plaçant un liquide magnétique dans un champ, a proposé d'augmenter la sensibilité en plaçant dans le champ le niveau de séparation de deux liquides de densités voisines, l'un paramagnétique et l'autre diamagnétique, disposés dans deux gros réservoirs reliés par un tube fin. On peut ainsi obtenir une dénivellation qui permet déjà de voir nettement, sans instrument d'optique, cet effet appréciable du champ. Pour avoir une mesure exacte du champ, au point où se trouve le niveau, si le champ est supérieur à 1 000 gauss, on peut mettre en communication le dispositif de deux tubes précédents, d'une part avec un petit compresseur, d'autre part avec un manomètre différentiel, et comprimer l'air jusqu'à ce que le niveau soit revenu au même point et à l'équilibre. En d'autres termes, on compense la pression due au champ par une pression, due au compresseur, qui est mesurée par la dénivellation h du manomètre différentiel. On peut ainsi multiplier par 130 environ l'effet produit dans le champ, c'est-à-dire observer $6^{cm},7$ de dénivellation au manomètre au lieu de $0^{cm},05$ dans un champ de 2800 gauss. L'intérêt de cet appareil, qui ne nécessite pas un dispositif de mesure très précis, est de donner le champ H par la formule simple (52), C étant la constante de l'appareil et de mesurer un champ, d'une étendue excessivement petite ou en une région très étroite, qu'il soit ou non uniforme, continu ou alternatif.

VII. Méthodes optiques. 1. Nous verrons dans le tome V que, dans les corps qui se trouvent dans un champ magnétique, se produit une *rotation du plan de polarisation des rayons lumineux* qui se propagent dans la direction des lignes de force du champ. Comme la grandeur de cette rotation est proportionnelle à l'intensité H du champ, la valeur de cette dernière peut être mesurée de cette manière. Quincke (1885) et Du Bois (1894) ont étudié cette méthode.

2. Nous ferons connaître aussi dans le Tome V ce qu'on appelle le *phénomène de* ZEEMANN (*effet de* ZEEMANN). Lorsqu'une source lumineuse, donnant un spectre de lignes, est placée dans un champ magnétique et qu'on observe au spectroscope les radiations émises perpendiculairement aux lignes de force, chaque ligne spectrale est divisée, pour les subtances *normales*, en trois lignes (*triplet*); la différence $\Delta\lambda$ entre les longueurs d'onde respectives de la ligne médiane (λ) et de l'une des lignes extrêmes du triplet est égale à

$$\Delta\lambda = 4{,}7 . 10^{-5} H\lambda^2. \tag{53}$$

Connaissant λ et mesurant $\Delta\lambda$, on peut déterminer H.

3. CORBINO (1910) et TENANI (1910) se sont proposé de mesurer le champ magnétique au moyen de la *double réfraction*, qui se produit dans ce champ. Ce dernier phénomène sera également considéré dans le Tome V.

VIII. MÉTHODE BASÉE SUR LE PHÉNOMÈNE DE HALL (*effet de* HALL). Supposons que dans une mince plaque conductrice, par exemple une plaque rectangulaire, on envoie un courant électrique, les fils d'amenée du courant étant fixés au milieu des deux petits côtés. Si on relie deux points des longs côtés *ayant le même potentiel*, par exemple leurs milieux, avec un galvanomètre sensible, ce dernier ne décèle évidemment aucun courant. Mais, lorsqu'on dispose la plaque normalement aux lignes de force d'un champ magnétique, il se produit une rotation des lignes équipotentielles et un courant passe dans le galvanomètre. Nous reviendrons sur ce phénomène dans le Tome V. L'intensité de ce courant est, pour beaucoup de substances et entre certaines limites, proportionnelle à l'intensité H du champ ; il en est ainsi pour Ag et Au, par exemple, jusqu'à $H = 22\,000$ gauss. PEUCKERT (1910) a proposé d'utiliser l'effet de HALL, dans une plaque de Bi, pour la mesure de H. ZAHN (1910) a indiqué les sources d'erreurs qui peuvent se présenter dans cette méthode.

IX. MÉTHODES DIVERSES. On peut déterminer l'intensité H d'un champ, en la comparant au champ à l'intérieur d'une bobine. Une telle méthode a été proposée par PASCHEN (1905) ; elle a été étudiée d'une manière approfondie par PRÜMM (1907). Sur un axe commun sont montés deux inducteurs, dont l'un se trouve dans le champ H à mesurer, l'autre à l'intérieur d'une bobine, dans les spires de laquelle on envoie un courant d'intensité telle que les deux inducteurs couplés en opposition ne donnent aucun courant. Dans ce cas, H est égal à l'intensité du champ à l'intérieur de la bobine. Sur un principe analogue, repose aussi la méthode de VOEGE (1909), qui compense l'action d'un champ (de 1 à 100 gauss) sur une aiguille aimantée, par l'action d'une bobine. R. GANS et GMELIN (1909) ont modifié et perfectionné la méthode de PASCHEN et ont réussi à mesurer des champs intenses à 0,2 % près. GEHRCKE et WOGAN (1909) ont été encore plus loin ; ils ont atteint, dans la comparaison des champs de deux bobines par une méthode analogue, une précision de 0,01 %.

Le *fluxmètre* de GRASSOT (page 1094) peut aussi servir à la mesure de l'intensité d'un champ.

Remarques finales. Nous avons exposé, dans les deux derniers Chapitres, les méthodes de mesure des différentes grandeurs électriques et magnétiques, ainsi que quelques résultats de la mesure de la conductibilité électrique. Mais nous n'avons pas ainsi donné un aperçu complet de toutes les grandeurs qui peuvent être mesurées. Il existe par exemple, des méthodes de mesure du moment magnétique, de la distance entre les pôles d'un aimant, etc. Relativement au premier point, on pourra se reporter aux formules du § **7**, dans lesquelles entre le moment magnétique; en ce qui concerne la seconde question, quelques indications ont été données dans le Chapitre II, § **7**. On trouvera des renseignements plus détaillés sur ces questions, ainsi que sur d'autres relatives aux mesures électriques et magnétiques, dans les ouvrages spéciaux.

BIBLIOGRAPHIE

1. — Mesure de l'intensité d'un courant.

Pouillet. — *C. R.*, **4**, p. 267, 1837; *Pogg. Ann.*, **42**, p. 284, 1837.
Weber. — *Pogg. Ann.*, **55**, p. 27, 1842.
Obach. — *Carls Rep.*, **14**, p. 507, 1878; *Phil. Mag.*, (5), **16**, p. 77, 1883.
Himstedt. — *Ann. d. Phys.*, **41**, p. 871, 1890.
Oberbeck. — *Ann. d. Phys.*, **42**, p. 502, 1891.
F. Kohlrausch. — *Ann. d. Phys.*, **15**, p. 550, 1882.
G. Quincke. — *Ann. d. Phys.*, **48**, p. 29, 1893.
R. Kohlrausch et Weber. — W. Webers *Werke*, **3**, p. 645, 1893; *Abhandl. d. K. Sächs. Ges. d. Wiss.* **3**, p. 257, 1857.
F. Kohlrausch. — *Ann. d. Phys.*, **15**, p. 550, 1882; **17**, p. 737, 1882; **18**, p. 513, 1883; **19**, p. 130, 1883.
F. et W. Kohlrausch. — *Ann. d. Phys.*, **27**, p. 21, 1886.
Gaugain. — *C. R.*, **36**, p. 191, 1853; *Pogg. Ann.*, **88**, p. 442.
Helmholtz (1849). — Voir G. Wiedemann, *Elektrizität III*, p. 275, 1895.
Bravais. — *Ann. de chim. et phys.*, (3), **38**, p. 301, 1853; *Pogg. Ann.*, **88**, p. 446, 1853.
Maxwell. — *Treatise on electricity*, **2**, §§ 708-715.
Riecke. — *Ann. d. Phys.*, **3**, p. 36, 1878; **4**, p. 226, 1878.
Chopin. — *C. R.* **151**, p. 1037, 1910.
Weber. — *Resultate aus d. Beob. d. magn. Vereins*, p. 96, 1840.
F. Kohlrausch. — *Pogg. Ann.*, **138**, p. 1, 1869.
W. Thomson. — Voir Maxwell, *Treatise on electricity*, **2**, § 724.
Helmholtz. — *Sitzungsber. d. Berlin. Ak.*, 1883, p. 405.

Kœpsel. — *Ann. d. Phys.*, **31**, p. 250, 1881.
Lippmann. — *C. R.*, **142**, p. 69, 1906.
W. Weber. — *Elektrodynamische Massbestimmungen*, p. 10, 1846; *Pogg. Ann.*, **73**, p. 194, 1848.
F. Kohlrausch. — *Ann. d. Phys.*, **15**, p. 550, 1882.
O. Frölich — *Pogg. Ann.*, **143**, p. 643, 1871.
J. Fröhlich. — *W. A.*, **8**, p. 563, 1879.
Pellat. — *C. R.*, **103**, p. 1189, 1886; *Journ. de Phys.*, **6**, p. 175, 1887; *Bull. de la Soc. intern. des Electriciens*, **8**, p. 573, 1908; *Ztschr. f. Instr.*, **30**, p. 21, 1910.
Gray. — *Absolute Measurements II*, p. 276; *Phil. Mag.*, **33**, p. 62.
Patterson. — *Phys. Rev.*, **20**, p. 300, 1905.
Patterson et Guthe. — *Phys. Rev.*, **7**, p. 261, 1898.
Kahle. — *Ann. d. Phys.*, **59**, p. 532, 1896; *Ztschr. f. Instr.*, **17**, p. 97, 1907.
Wien. — *Ann. d. Phys.*, **59**, p. 523, 1896.
Dieselhorst. — *Inaug.-Diss.*, Berlin, 1896.
Mc Collum. — *Bull. Bur. of Stand.*, **6**, p. 503, 1910.
Helmholtz. — *W. A.*, **14**, p. 52, 1881.
Lord Rayleigh et Sidgewick. — *Trans. R. Soc.*, **175**, p. 411, 1844; Lord Rayleigh, *Scient. Papers II*, p 278, 1900.
Janet, Laporte, Jouaust. — *Bull. de la Soc. intern. des Electriciens*, **8**, p. 573, 1908; *Ztschr. f. Instr.*, **30**, p. 21, 1910.
Heydweiller. — *W. A.*, **44**, p. 533, 1891.
Mascart. — *Journ. de Phys.*, **1**, p. 109, 1882; **3**, p. 283, 1884; *Repert. d. Phys.*, **19**, p. 220, 1883.
Ayrton, Mather, Smith. — *Trans. R. Soc.*, **207**, p. 463, 1908; *Ztschr. f. Instr.*, **28**, p. 278, 1908.
Maxwell. — *Treatise on electricity II*, p. 338, § 701, 1892.
Bosscha. — *Pog. Ann.*, **113**, p. 393, 1854.
Purkiss. — Voir Maxwell, *Treatise on electricity II*, p. 350, App. II, 1892.
Lyle. — *Phil. Mag.*, **3**, p. 310, 1912.
Rosa. — *Bull. Bur. of Stand.*, **2**, pp. 71 et 359, 1906; **3**, p. 232, 1907.
Guthe. — *Ann. d. Phys.*, (4), **20**, p. 429, 1906; **21**, p. 913, 1906; *Phys. Rev.*, **22**, p. 117, 1906; *Bull. Bur. of Stand.*, **2**, p. 33, 1906.
Smith, Mather et Lowry. — *Phil. Trans.*, (A), **207**, pp. 463 et 545, 1908.
Janet, Laporte et de la Gorce. — *Bull. Soc. intern. des Electriciens*, **8**, p. 459, 1908.
Laporte et de la Gorce. — *Bull. Soc. intern. des Electriciens*, **10**, p. 157, 1910; *C. R.*, **150**, p. 278, 1910.
F. Kohlrausch. — *Ann. d. Phys.*, (4), **26**, p. 580, 1908.
Guthe. — *Phys. Rev.*, **18**, p. 445, 1904; **19**, p. 138, 1904.
Smith. — *Proc. R. Soc.*, (A), **80**, p. 77, 1908; *Phil. Trans.*, (A), **207**, p. 545, 1908.
Jäger et Steinwehr. — *Ztschr. f. Instr.*, **28**, p. 327, 1908.
Rosa, Vinal et Mc Daniel. — *Phys. Rev.*, **30**, p. 658, 1910.
Richards et Heimrod. — *Ztschr. f. phys. Chem.*, **41**, p. 302, 1902.
Kahle. — *W. A.*, **67**, p. 1, 1899; *Ztschr. f. Instr.*, **18**, p. 229, 1898.
Richards, Collins et Heimrod. — *Proc. Amer. Acad.*, **35**, p. 123, 1899; **37**, p. 415, 1902.
Merril. — *Phys. Rev.*, **10**, p. 167, 1900.

F. Kohlrausch et Weber. — *Verh. d. Deutsch. Phys. Ges.*, **9**, p. 681, 1907.
W. Kistiakowski. — *Ztschr. f. phys. Chem.*, **6**, p. 105, 1890 ; *Ztschr. f. Elektrochem.*, **12**, p. 713, 1906.
Bose et Conrat. — *Ztschr. f. Elektrochem.*, **14**, p. 86, 1908.
Brill et Evans. — *Journ. Chem. Soc.*, **93**, p. 1442, 1908.
Farup. — *Ztschr. f. Elektrochem.*, **8**, p. 569, 1902.
Vanni. — *W. A.*, **44**, p. 214, 1891.
Meikle. — *Proc. Phys. Soc. Glasgow*, Janv. 27, 1888.
Richards, Heimrod et Collins. — *Ztschr. f. phys. Chem.*, **32**, p. 321, 1900 ; **41**, p. 302, 1902.
Fœrster. — *Ztschr. f. Elektrochem.*, **3**, pp. 479 et 493, 1897 ; **15**, p. 73, 1909.
Meyer. — *Ztschr. f. Elektrochem.*, **15**, pp. 12 et 65, 1909.
Shepard. — *Chem. News*, **84**, p. 226, 1901.
Wendler. — *Phys. Ztschr.*, **9**, p. 806, 1908.
Lehfeldt. — *Phil. Mag.*, (6), **15**, p. 614, 1908.
Cœhn et Osaka. — *Ztschr. f. anorg. Chem.*, **34**, p. 86, 1903.
Riesenfeld. — *Ztschr. f. Elektrochem.*, **12**, p. 621, 1906.
Müller. — *Ztschr. f. phys.-chem. Unterr.*, **14**, p. 140, 1901.
Kolbe. — *Ztschr. f. phys.-chem. Unterr.*, **10**, p. 75, 1897 ; **14**, p. 77, 1901.
Grimsehl. — *Ztschr. f. phys.-chem. Unterr.*, **18**, p. 283, 1905.
Turrentine. — *Journ. phys. Chem.*, (5), **13**, p. 349, 1909.
Brüggemann. — *Ztschr. f. Instr.*, **13**, p. 417, 1893.
Bredig et Hahn. — *Phys. Ztschr.*, **1**, p. 560, 1900.
Naber. — *Elektrochem. Ztschr.*, **5**, p. 45, 1898.
Herroun. — *Phil. Mag.*, (5), **40**, p. 91, 1895.
Danneel. — *Ztschr. f. Elektrochem.*, **4**, p. 154, 1897.
Kreider. — *Phys. Ztschr.*, **6**, p. 582, 1905.
Batts et Kohn. — *Electrician*, **54**, p. 16, 1904.
Hatfield. — *Ztschr. f. Elektrochem.*, **19**, p. 728, 1909.
Dick. — *Electrician*, **47**, p. 997 ; **48**, p. 22, 1901.
Danneel. — *Ztschr. f. Elektrochem.*, **11**, p. 139, 1905.
Lehfeldt. — *Proc. Phys. Soc.*, **18**, p. 82, 1902.

2. — Galvanomètres.

Schweigger. — *Allgemeine Litteraturzeitung*, n° 296, p. 622, 1820 ; *Schweiggers Journ.*, **32**, p. 48, 1821.
Nobili. — *Pogg. Ann.*, **8**, p. 338, 1826.
Weber. — *Elektrodynamische Massbestimmungen*, p. 337, 1846 ; *Gött. Anz.*, 1833, p. 205.
Poggendorff. — *Pogg. Ann.*, **7**, p. 121, 1826.
G. Wiedemann. — *Pogg. Ann.*, **89**, p. 504, 1853.
Melloni. — *Arch. de l'électr.*, **1**, p. 662, 1841.
Du Bois et Rubens. — *W. A.*, **48**, p. 236, 1893 ; **2**, p. 84, 1900 ; *Elecktrotechn. Ztschr.*, **15**, p. 321, 1894 ; *Ztschr. f. Instr.*, **20**, p. 65, 1900.
D'Arsonval. — *Lum. électr*, **4**, p. 309, 1881 ; **32**, p. 268, 1889.
Einthoven. — *Ann. d. Phys.*, (4), **12**, p. 1059, 1903 ; **14**, p. 182, 1904.
Edelmann. — *Ztschr. f. Instr.*, **26**, p. 231, 1906 ; *Saitengalvanometer*, München, 1906.
Wadsworth. — *Phil. Mag.*, (5), **38**, p. 482, 1894.
Snow. — *Ann. d. Phys.*, **47**, p. 213, 1892.

PASCHEN. — *Ann. de Phys.*, **48**, p. 272, 1893 ; **50**, p. 415, 1893.
WEISS. — *C. R.*, **120**, p. 728, 1895.
BROCA. — *C. R.*, **123**, p. 101, p. 1896 ; *Journ. de Phys.*, (3), **6**, p. 67, 1897.
CHARPENTIER. — *Ecl. électr.*, **40**, p. 380, 1904.
STEFAN. — *Ann. d. Phys.*, **17**, p. 928, 1882.
DU BOIS. — *Ann. d. Phys.*, **63**, p. 348, 1897 ; **65**, p. 1, 1898.
DU BOIS et WILLS. — *Ann. d. Phys.*, (4), **2**, p. 78, 1900.
WILLS. — *Phys. Rev.*, **9**, p. 193, 1899.
ESMARCH. — *Journ. de la Soc. russe phys.-chim.*, **43**, p. 347, 1911.
NICHOLS et WILLIAMS. — *Phys. Rev.*, **27**, p. 250, 1908.
MAXWELL. — *Treatise on Electr.*, **2**, §§ 716-720.
ROSENTHAL — *Ann. d. Phys.*, **23**, p. 677, 1884.
GRAY. — *Proc. Roy. Soc.*, **36**, p. 287, 1884.
KOLLERT. — *Ann. d. Phys.*, **29**, p. 491, 1886.
TŒPLER. — *Pogg. Ann.*, **149**, p. 416, 1873.
O. D. CHWOLSON. — *Sur les amortisseurs magnétiques* (en russe), St-Pétersbourg, 1880.
SCHERING. — *Ann. d. Phys.*, **9**, pp. 287 et 452, 1880.
RIECKE. — *Ann. d. Phys.*, **51**, p. 156, 1894.
LEMKE. — *Ann. d. Phys.*, **67**, p. 828, 1899.
PASCHEN. — *W. A.*, **48**, p. 272, 1893 ; **50**, p. 415, 1893 ; *Ztschr. f. Instr.*, **13**, p. 13, 1893.
WADSWORTH. — *Phil. Mag.*, (5), **38**, p. 553, 1894.
WEISS. — *C. R.*, **120**, p. 728, 1895.
ABBOT. — *Astrophys. Journ.*, **18**, p. 1, 1903.
JÄGER. — *Ztschr. f. Instr.*, **23**, pp. 261, 353, 1903 ; **98**, p. 206, 1908 ; *Ann. d. Phys.*, (4), **21**, p. 64, 1906.
REINGANUM. — *Phys. Ztschr.*, **10**, p. 91, 1909.
DIBBERN. — *Ztschr. f. Instr.*, **31**, p. 105, 1911.
DIESSELHORST. — *Ztschr. f. Instr.*, **31**, p. 247, 1911.
STEWART. — *Phys. Rev.*, **16**, p. 158, 1903.
WHITE. — *Phys. Rev.*, **19**, p. 305, 1904 ; **23**, p. 382, 1906.
ABRAHAM. — *Journ. de Phys.*, (3), **6**, p. 455, 1897.
FÉRY. — *C. R.*, **128**, p. 663, 1869 ; **150**, p. 524, 1910.
MATHER. — *Phil. Mag.*, (5), **29**, p. 434, 1890.
JAHN. — *Ztschr. f. Instr.*, **31**, p. 145, 1911.
EINTHOVEN. — *Ann. d. Phys.*, (4), **16**, p. 20, 1905.
SALOMONSON. — *Phys. Ztschr.*, **8**, p. 195, 1907.
EINTHOVEN. — *Ann. d. Phys.*, (4), **12**, p. 1059, 1903 ; **14**, p. 182, 1904 ; **21**, pp. 483, 665, 1906.
HERTZ. — *Ztschr. f. Math. u. Phys.*, **58**, p. 1, 1910.
M. LEWITSKAÏA. — *Journ. de la Soc. russe phys.-chim.*, (2), **40**, p. 114, 1908.
E. BECQUEREL. — *Ann. de chim. et de phys.*, (3), **17**, p. 242, 1846.
KIRCHHOFF et HANSEMANN. — *W. A.*, **13**, p. 406, 1881.
KOHLRAUSCH. — *W. A.*, **20**, p. 76, 1883.
DIETERICI. — *W. A.*, **16**, p. 234, 1882.
JÄGER. — *Ztschr. f. Instr.*, **24**, p. 288, 1904.
DU BOIS et RUBENS. — *W. A.*, **48**, p. 241, 1893.
HAMY. — *C. R.*, **136**, p. 990, 1903.
JULIUS. — *W. A.*, **56**, p. 151, 1895 ; *Ann. d. Phys.*, (4), **18**, p. 206, 1905 ; *Ztschr. f. Instr.*, **16**, p. 268, 1896.

Einthoven. — *W. A.*, **56**, p. 161, 1895.
White. — *Ann. d. Phys.*, (4), **22**, p. 195, 1907 ; *Phys. Rev.*, **19**, p. 323, 1904.
Volkmann. — *Phys. Ztschr.*, **12**, p. 75, 1911.
White. — *Phys. Rev.*, **30**, p. 782, 1910.
Lord Rayleigh. — *Phil. Mag.*, (5), **20**, p. 360, 1885.
Wadsworth. — *Phil. Mag.*, (5), **44**, p. 83, 1897.
Volkmann. — *Phys. Ztschr.*, **12**, p. 76, 1911.
Piltschikoff. — *Journ. de Phys.*, (2), **8**, p. 330, 1889.
Julius. — *Ztschr. f. Instr.*, **18**, p. 205, 1898.
Geiger. — *Phys. Ztschr.*, **12**, p. 67, 1911.
Volkmann. — *Phys. Ztschr.*, **11**, p. 814, 1910 ; **12**, pp. 30, 76, 183, 223, 1911.
F. Kohlrausch. — *W. A.*, **31**, p. 95, 1887.
Siemens et Halske. — *Ztschr. f. Instr.*, **24**, p. 350, 1904 ; **25**, p. 273, 1905.
Schering et Zeissig. — *W. A.*, **53**, p. 1039, 1894.
Diesselhorst. — *Verh. d. Deutsch. Phys. Ges.*, **7**, p. 32, 1905.
Schmidt. — *Ztschr. f. Instr.*, **26**, p. 269, 1906 ; **27**, p. 137, 1907.
Ayrton et Mather. — *Electrician*, **32**, p. 627, 1894.
Armagnat. — *Instruments et méthodes de mesures électr.*, 2e éd., Paris, 1902.
Volkmann. — *Ann. d. Phys.*, (4), **10**, p. 217, 1903.
Ayrton, Mather et Sumpner. — *Phil. Mag.*, (5), **30**, p. 58, 1890 ; **46**, p. 350, 1898.
Des Coudres. — *Ztschr. f. Elektrochem.*, **3**, p. 417, 1896 à 1897.

3. — Galvanomètre balistique.

Wilson. — *Phil. Mag.*, (6), **12**, p. 269, 1906.
Dorn. — *W. A.*, **17**, p. 654, 1882.
Diesselhorst. — *Ann. d. Phys.*, (4), **9**, p. 712, 1902.
Weiss. — *Journ. de Phys.*, (3), **4**, p. 420, 1905.
Guillet. — *C. R.*, **147**, p. 45, 1903 ; *Journ. de Phys.*, (3), **6**, p. 585, 1907.
Diesselhorst. — *Ann. d. Phys.*, (4), **9**, p. 458, 1902.
Patterson. — *W. A.*, **69**, p. 39, 1899.
Stewart. — *Phys. Rev.*, **16**, p. 158, 1903.
Peirce. — *Proc. Amer. Acad.*, **44**, pp. 61, 283, 1909 ; **52**, p. 161, 1906.
Zeleny. — *Phys. Rev.*, **23**, p. 399, 1906.
M. Wien. — *W. A.*, **62**, p. 702, 1897.
Grassot. — *Journ. de Phys.*, (3), **3**, p. 696, 1904.
Mitkéwitsch. — *Journ. de la Soc. russe phys.-chim.*, **38**, p. 86, 1906.
Korolkow. — *Journ. de la Soc. russe phys.-chim.*, **40**, (2), p. 388, 1908.

4. — Mesure des différences de potentiel.

E. Voigt. — *Ann. d. Phys.*, (4), **12**, p. 385, 1903.
F. Kohlrausch. — *Pogg. Ann.*, **72**, p. 353, 1847.
Hallwachs. — *W. A.*, **29**, p. 300, 1886.
W. Thomson. — *Phil. Mag.*, (4), **35**, p. 66, 1868.
Einstein. — *Phys. Ztschr.*, **9**, p. 216, 1908.
Habicht. — *Phys. Ztschr.*, **11**, p. 532, 1910.
Quincke. — *W. A.*, **19**, p. 561, 1883.
Abraham et Lemoine. — *C. R.*, **120**, p. 726, 1895 ; *Journ. de Phys.*, (3), **4**, p. 466, 1885.

Fabry et Perot. — *Ann. de chim. et phys.*, (7), **13**, p. 404, 1898; *Journ. de Phys.*, (3), **7**, p. 650, 1898.
Crémieu. — *C. R.*, **138**, p. 563, 1904.
Müller. — *Ann. d. Phys.*, (4), **28**, p. 585, 1909.
Tscherkyscheff. — *Journ. de la Soc. russe phys.-chim.*, **42**, p. 161, 1910; *Phys. Ztschr.*, **11**, p. 445, 1910.
Heydweiller. — *Ztschr. f. Instr.*, **12**, p. 377, 1892.
Pulsar et Wulf. — *Ann. d. Phys.*, (4), **30**, p. 697, 1909.
Scholl. — *Phys. Ztsch.*, **9**, p. 915, 1908.
Cremer. — *Mitt. d. phys.-mech. Inst. von Th. Edelmann*, München, n° 6, p. 22; *Ztschr. f. Instr.*, **27**, p. 129, 1907.
Lutz. — *Phys. Ztschr.*, **9**, pp. 100, 642, 1908.
Laby. — *Proc. Cambr. Phil. Soc.*, **15**, p. 106, 1909.
Jones. — *Phil. Mag.*, (6), **14**, p. 238, 1907.
Wulf. — *Phys. Ztschr.*, **8**, pp. 246, 527, 780, 1907; **10**, p. 251, 1909.
Wiechert. — *Ztschr. f. Instr.*, **29**, p. 381, 1909.
Elster et Geitel. — *Phys. Ztschr.*, **10**, p. 664, 1909.
Wilson. — *Proc. Cambr. Phil. Soc.*, **12**, p. 135, 1903.
Poggendorff. — *Pogg. Ann.*, **54**, p. 161, 1841.
Lindeck et Rothe. — *Ztschr. f. Instr.*, **20**, p. 293, 1900.
Bosscha. — *Pogg. Ann.*, **94**, p. 172, 1855.
Du Bois-Reymond. — *Berl. Ber.*, 1862, p. 707.
Clark. — *Proc. R. Soc.*, London, **20**, p. 444, 1872.
Orloff. — *Journ. de la Soc. russe phys.-chim.*, **41**, p. 86, 1909.
Feussner. — *Ztschr. f. Instr.*, **10**, p. 113, 1890; **21**, p. 227, 1901; **23**, p. 301, 1903; *Elektrotechn. Ztschr.*, **32**, p. 187, 1911.
Raps. — *Ztschr. f. Instr.*, **15**, 215, 1895; *Elektrotechn. Ztschr.*, **16**, p. 507, 1895.
Hausrath. — *Ann. d. Phys.*, (4), **17**, p. 735, 1905.
Francke. — *Elektrotechn. Ztschr.*, **24**, p. 978, 1903.
Carpentier. — *Electricien*, **21**, p. 1, 1901.
Lehfeldt. — *Phil. Mag.*, (6), **5**, p. 668, 1903.
Harker. — *Phil. Mag.*, (6), **6**, p. 41, 1903.
Diesselhorst. — *Ztschr. f. Instr.*, **26**, pp. 173, 297, 1906.
White. — *Phys. Rev.*, **23**, p. 447, 1906; *Ztschr. f. Instr.*, **27**, p. 210, 1907.
v. Steinwehr. — *Ztschr. f. Instr.*, **25**, p. 205, 1905; *Ztschr. f. Elektrochem.*, **12**, p. 578, 1906.
Hulett. — *Ztschr. phys. Chem.*, **49**, p. 483, 1904; *Electrician*, **55**, p. 856, 1905; **58**, p. 708, 1906; **59**, p. 341, 1907; *Phys. Rev.*, **22**, pp. 47, 321, 1906; **23**, pp. 166, 321, 1906; **25**, p. 16, 1907; **27**, pp. 33, 337, 1908; **30**, p. 648, 1910; **32**, p. 257, 1911.
Wolff. — *Trans. Amer. Electrochem. Soc.*, **5**, p. 49, 1904; *Bull. Bur. of Standards*, **5**, p. 309, 1908.
Wolff et Waters. — *Bull. Bur. of Standards*, **3**, p. 623, 1907; **4**, pp. 1, 81, 1907; *Phys. Rev.*, **24**, p. 251, 1907; *Electrician*, **60**, pp. 674, 711, 1907.
Smith. — *Electrician*, **55**, p. 856, 1905; **60**, p. 403, 1908; 65, p. 943, 1910; *Phil. Trans. Roy. Soc.*, **207**, p. 393, 1908; *Phil. Mag.*, (6), **19**, p. 250, 1910; **20**, p. 206, 1910.
Cohen et ses collaborateurs. — *Ztschr. phys. Chem.*, **68**, p. 706, 1907; **65**, p. 359, 1909; **72**, pp. 38, 84, 1910; **75**, p. 437, 1910.
Cohen. — *Phys. Ztschr.*, **11**, p. 852, 1910.

JOUAUST. — *C. R.*, **147**, p. 42, 1908.

GUTHE. — *Bull. Bur. of Standards*, **2**, p. 33, 1906 ; *Ann. d. Phys.*, (4), **21**, p. 913, 1906.

AYRTON, MATHER et SMITH. — *Phil. Trans. Roy. Soc.*, **207**, p. 463, 1908.

PELLAT. — *Bull. de la soc. intern. des Electriciens*, **8**, p. 573, 1908.

JANET, LAPORTE, JOUAUST. — *Bull. de la soc. intern. des Electriciens*, **8**, p. 459, 1908 ; *C. R.*, **153**, p. 718, 1911.

HAGA et BOERKEMA. — *Versl. K. Ak. van Wetensch.*, **19**, p. 621, 1910 ; *Arch. de Genève*,, (4), **31**, p. 185, 1911.

WARBURG. — *Ztschr. f. Instr.*, **31**, p. 20, 1911.

JÄGER. — *Ann. d. Phys.*, (4), **14**, p. 726, 1904.

6. — Appareils techniques étalonnés.

MOHS. — *Phys. Ztschr.*, **11**, p. 55, 1910.

K. E. F. SCHMIDT. — *Ztschr. f. Instr.*, **25**, p. 10, 1905.

FLEMING. — *Phil. Mag.*, (6), **7**, p. 595, 1904.

LIPPMANN. — *C. R.*, **98**, p. 1256, 1884 ; *Journ. de Phys.*, (2), **3**, p. 384, 1884.

7. — Mesure de la composante horizontale de l'intensité du champ terrestre.

LAMONT. — *Handbuch des Erdmagnetismus*, Berlin, 1849.

MASCART. — *Traité du magnétisme terrestre*, Paris, 1900.

POISSON. — *Connais. des temps pour 1828*, p. 113.

GAUSS. — *Gött. Abhandl.*, **8**, 1832 ; *Pogg. Ann.*, **27**, pp. 241, 581, 1833 ; *Resultate aus den Beob. d. magn. Vereins*, I, 1837, p. 58 ; *Ges. Werke*, **5**, p. 107, 1877.

W. WEBER. — *Resultate aus den Beob. d. magn.*, *Vereins*, 1836, p. 63.

A. TÖPLER. — *W. A.*, **21**, p 158, 1884.

FREIBERG. — *W. A.*, **25**, p. 511, 1885.

GUGLIELMO. — *Arch. Néerl.*, (2), **5**, p. 175, 1900.

P. SCHULZ. — *Ann. d. Phys.*, (4), **8**, p. 714, 1902 ; **12**, p. 893, 1903.

DU BOIS. — *Ann. d. Phys.*, (4), **9**, p. 938, 1902 ; **11**, p. 609, 1903.

F. KOHLRAUSCH et L. HOLBORN. — *Ann. d. Phys.*, (4), **10**, p. 287, 1903 ; **13**, p. 1054, 1904.

F. KOHLRAUSCH. — *W. A.*, **31**, p. 613, 1887 ; *Lehrbuch d. prakt. Phys.*, 11e édit. 1910, p. 377 ; *W. A.*, **17**, pp. 737, 765, 1882 ; *Pogg. Ann.*, **142**, p. 551, 1871 ; *Gött. Nachr.*, 1871, p. 50 ; 1869, p. 36 ; *Pogg. Ann.*, **138**, p. 1, 1869.

EDELMANN. — *Neuere Apparate usw.*, Stuttgart, 1882, Tome I, p. 8.

WILD. — *W. A.*, **10**, p. 597, 1880 ; *Revue de météorologie* (en russe) **8**, n° 7, 1883 ; *Bull. de l'Acad. de St-Pétersb.*, (5), **8**, p. 239, 1898.

F. et W. KOHLRAUSCH. — *W. A.*, **27**, p. 1, 1886.

VAN DIJK. — *Arch. Néerl.*, (2), **9**, p. 442, 1904.

SCHERING. — *Gött. Nachr.*, 1881, p. 133.

HANSEMANN. — *W. A.*, **28**, p. 245, 1886.

PFANNSTIEL. — *Ztschr. f. Math. u. Phys.*, **25**, p. 271, 1880.

HÄBLER. — *Diss.*, Iéna, 1884.

TANAKADATÉ. — *Phil. Soc*, Glasgow, 1889.

LEHFELDT. — *Phil. Mag.*, (5), **33**, p. 78, 1892.

L. DUNOYER. — *Journ. de Phys.*, (4), **9**, p. 994, 1910 ; *C. R.*, **150**, p. 1679, 1910 ; *Bull. Soc. franç. de phys.*, n° 310, p. 5, 1910 ; n° 315, p. 3, 1910.

8. — Mesure des grandeurs V, δ et i ; instruments de variations.

LLOYD. — *Proc. Irish. Acad.*, **1**, p. 334, 1838 ; **2**, p. 210, 1842 ; *Journ. Irish. Acad.*, **23**, 1858.
A. TOEPLER. — *Berl. Ber.*, 1883, p. 1042.
WILD. — *Bull. Acad. de St-Pétersb.*, 1872, p. 456.
BRUNHES et DAVID. — *C. R.*, **146**, p. 878, 1908.
RIECKE. — *W. A.*, **13**, p. 198, 1881.
WILD. — *Mém. de l'Acad. de St-Pétersb.*, **26**, n° 8, 1878 ; **37**, n° 4, 1889 ; **37**, n° 6, 1890 ; **38**, n° 3, 1891 ; *Mélanges tirés du Bull. de l'Acad. de St-Pétersb.*, **11**, p. 467, 1881 ; *Bull. de l'Acad. de St-Pétersb.*, (4), **27**, p. 320, 1881 ; (5), **2**, p. 205, 1895 ; **13**, p. 509, 1900.
VENSKE. — *Gött. Nachr.*, 1909, p. 219.
LEYST. — *Rep. f. Meteorol.*, **10**, n° 5, 1887.
W. WEBER. — *Pogg. Ann.*, **43**, p. 293, 1838 ; **90**, p. 209, 1853 ; *Abhandl. Gött. Ges.*, (5), **2**, p. 3. 1853 ; *Ges. Werke*, **2**, p. 277, 1892.
SCHERING. — *Gött. Nachr.*, 1882, p. 345.
MASCART. — *C. R.*, **97**, p. 1191, 1883.
L. WEBER. — *Berl. Ber.*, 1885, p. 1105.
G. MEYER. — *W. A.*, **64**, p. 742, 1898.
TAUDIN-CHABOT. — *Phil. Mag.*, (6), **16**, p. 916, 1908 ; *Phys. Ztschr.*, **9**, p. 226, 1908.
PSCHEIDL. — *Wien. Ber.*, **80**, p. 1, 1879.
LIZNAR. — *Rep. d. Phys.*, **23**, p. 306, 1888.
HEYDWEILLER. — *W. A.*, **64**, p. 735, 1898 ; *Phys. Ztschr.*, **8**, p. 302, 1907.
v. ESCHENHAGEN. — *Verh. Phys. Ges.*, 1899, p. 147 ; *Terr. Magn.*, **6**, p. 59, 1901.
BIDLINGMAIER. — *Phys. Ztschr.*, **8**, pp. 176, 440, 1907.
EDELMANN. — *Phys. Ztschr.*, **8**, p. 416, 1907.
MAURER. — *Ztschr. f. Instr.*, **28**, p. 211, 1908.
E. MEYER. — *Ann. d. Phys.*, (4), **25**, p. 783, 1908.
CADY. — *Terr. Magn.*, **6**, p. 63, 1901 ; *Phys. Ztschr.*, **7**, p. 710, 1906.
AD. SCHMIDT. — *Ztschr. f. Instr.*, **27**, p. 137, 1907.
WIND. — *Dissert.*, Groningen, 1894.
F. KOHLRAUSCH. — *Pogg. Ann.*, **142**, p. 547, 1871 ; *W. A.*, **15**, p. 533, 1882.
POPPENDIECK. — *Dissert.*, Giessen, 1911.
LLOYD. — *Proc. R. Irish. Acad.*, 1838-1839, p. 334.
WATSON. — *Phil. Mag.*, (6), **7**, p. 393, 1904 ; *Proc. Phys. Soc.*, **19**, p. 102, 1904 ; *Terr. Magn.*, **9**, p. 62, 1904 ; *Electr. Rev.*, **44**, p. 480, 1904.
ANDREESEN. — *Dissert.*, Kiel, 1905.
v. BÜKY. — *Phys. Ztschr.*, **6**, p. 536, 1905.
SCHMIDT. — *Ztschr. f. Instr.*, **26**, p. 269, 1906 ; **27**, p. 137, 1907.
KASHIWAGI. — *Mem. Coll. Kyoto*, **1**, p. 217, 1907.
SCHERING. — *Phys. Ztschr.*, **12**, p. 1047, 1911.
HAUSSMANN. — *Ztschr. f. Instr.*, **26**, p. 2, 1906.
O. E. MEYER. — *W. A.*, **40**, p. 489, 1890.
WAGNER. — *Wien. Ber.*, **114**, p. 1221, 1905.

9. — Mesure de l'intensité des champs artificiels.

BESTELMEYER. — *Phys. Ztschr.*, **12**, p. 1107, 1911.
HIBBERT. — *Phil. Mag.*, (5), **33**, p. 307, 1892.

DUDDELL. — *Cambridge scient. Instrum. Comp. list* n° 53, p. 42 (n° 2575), fig. 25, 25 *a*, 1908.
R. GANS. — *Phys. Ztschr.*, **8**, p. 523, 1907.
KŒNIGSBERGER. — *Ann. d. Phys.*, (4), **6**, p. 506, 1901.
BOUTY. — *C. R.*, **126**, p. 238, 1898 ; *Journ. de Phys.*, (3), **7**, p. 253, 1898.
LEDUC. — *C. R.*, **102**, p. 358, 1886 ; **103**, p. 926, 1886 ; *Journ. de Phys.*, (2), **5**, p. 116, 1886 ; **6**, p. 184, 1887.
LENARD. — *W. A.*, **39**, p. 619, 1890.
GRAY. — *Absol. measur. in El. and Magn.*, **2**, II, p. 708, 1893.
HENDERSON. — *W. A.*, **53**, p. 912, 1894.
HIMSTEDT. — *W. A.*, **11**, p. 828, 1880.
LUGGIN. — *Wien. Ber.*, **95**, p. 646, 1887.
STENGER. — *W. A.*, **33**, p. 312, 1888.
A. DU BOIS-REYMOND. — *Elektrotechn. Ztschr.*, **12**, p. 305, 1891.
EDSER et STANDSFIELD. — *Phil. Mag.*, (5), **34**, p. 186, 1892
ÅNGSTRÖM. — *Repert. d. Phys.*, **25**, p. 383, 1889.
COTTON. — *Journ. de Phys.*, (3), **9**, p. 383, 1900 ; *Eclair. électr.*, **24**, p. 257, 1900.
FAERBER. — *Ann. d. Phys.*, (4), **9**, p. 886, 1902 (voir p. 892).
WEISS. — *Journ. de Phys.*, (4), **6**, p. 436, 1907.
SÈVE. — *C. R.*, **150**, p. 1309, 1910 ; **152**, p. 1478, 1911.
JORDAN. — *Proc. R. Soc.*, **21**, p. 922, 1909.
LORD KELVIN. — Voir Gray, *Absol. measur. in El. and Magn.*, 2, II, p. 701, 1893.
FISCHER. — *Verh. d. Deutsch. Phys. Ges.*, 1905, p. 434.
CHÉNEVEAU. — *C. R.*, **150**, p. 1046, 1910 ; *Journ. de Phys.*, (4), **9**, p. 692, 1910.
DU BOIS. — *W. A.*, **35**, p. 142, 1888 ; **51**, p. 549, 1894.
FIELD et WALKER. — *Electrician*, **32**, p. 186, 1893.
QUINCKE. — *W. A.*, **24**, p. 606, 1885.
CRÉMIEU et PENDER. — *C. R.*, **136**, p. 607, 1903.
PEUCKERT. — *Elektrotechn. Ztschr.*, **31**, p. 636, 1910.
ZAHN. — *Elektrotechn. Ztschr.*, **31**, p. 1319, 1910.
PASCHEN. — *Phys. Ztschr.*, **6**, p. 371, 1905 ; **8**, p. 522, 1907.
R. GANS et GMELIN. — *Ann. d. Phys.*, (4), **28**, p. 925, 1909.
VOEGE. — *Elektrotechn. Ztschr.*, **30**, p. 871, 1909.
PRÜMM. — *Dissert.*, Tübingen, 1907.
GEHRCKE et WOGAN. — *Verh. d. Deutsch. Phys. Ges.*, 1909, p. 664.

FIN DU TOME QUATRIÈME.

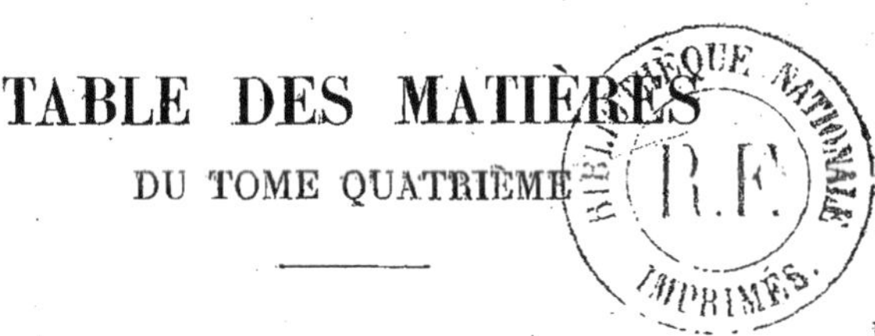

TABLE DES MATIÈRES

DU TOME QUATRIÈME

DIXIÈME PARTIE

L'ÉNERGIE ÉLECTRIQUE

LIVRE I

CHAMP ÉLECTRIQUE CONSTANT

Chapitre II. — **Les sources du champ électrique.**

Chapitre III. — **Action du champ électrique sur les corps qu'il renferme.**

Chapitre IV. — **Mesures électrostatiques.**

Chapitre V. — **Electricité atmosphérique (terrestre).**

LIVRE II

CHAMP MAGNÉTIQUE CONSTANT

Chapitre premier. — **Propriétés du champ magnétique constant.**

Chapitre II. — **Sources du champ magnétique. Aimants.**

CHAPITRE III. — Sources du champ magnétique. Courant électrique.

CHAPITRE IV. — Phénomènes thermiques et mécaniques à l'intérieur d'un circuit.

CHAPITRE V. — Phénomènes chimiques à l'intérieur d'un circuit. Electrolyse. Théorie du courant hydroélectrique.

Pages

CHAPITRE VI. — **Phénomènes thermoélectriques à l'intérieur d'un circuit.**

CHAPITRE VII. — **Actions pondéromotrices du champ magnétique.**

CHAPITRE VIII. — **Induction de l'état magnétique dans les corps.**

Pages

Chapitre IX. — Action du champ magnétique sur les corps qu'il renferme.

Chapitre X. — Méthodes de mesure des résistances électriques et résultats.

Chapitre XI. — Mesure de l'intensité de courant, de la force électromotrice et de l'intensité du champ magnétique.

FIN DE LA TABLE DES MATIÈRES DU TOME QUATRIÈME.

Saint-Amand (Cher). — Imprimerie Bussière.

TRAITÉ COMPLET D'ANALYSE CHIMIQUE
APPLIQUÉE AUX ESSAIS INDUSTRIELS

PAR

J. POST
Professeur honoraire
à l'Université de Gœttingue

B. NEUMANN
Professeur à la Technische
Hochschule de Darmstadt

Avec la collaboration de nombreux chimistes et spécialistes. Deuxième édition française *entièrement refondue*, traduite d'après la troisième édition allemande et augmentée de nombreuses additions par G. Chenu, M. Pellet et L. Gautier. La deuxième édition française, entièrement refondue, du **Traité d'analyse chimique appliquée aux essais industriels** de J. Post et B. Neumann comprend trois volumes grand in-8° d'environ 1 000 pages chacun, avec de nombreuses figures ; elle est publiée en neuf fascicules se vendant séparément et renfermant, autant que possible, un groupe d'industries ayant entre elles certaines analogies.

Prix de l'ouvrage complet en trois volumes formant environ 3 000 pages avec nombreuses figures . . . . 100 fr.

CHWOLSON (O. D.)
Professeur à l'Université Impériale de Saint-Pétersbourg

TRAITÉ DE PHYSIQUE

Ouvrage traduit sur les éditions russe et allemande par Ed. Davaux, Ingénieur de la Marine, avec notes de MM. Eug. et F. Cosserat. Cinq fort volumes grand in-8°, avec nombreuses figures, se vendant séparement. Les fascicules se vendent séparément :

Tome I. — 1er volume. — Introduction. Mécanique, Méthodes et Instruments de mesure. Un volume de 530 pages, avec 219 figures, 1912. (*Seconde édition refondue*) . . . . 17 fr.

Tome I. — 2e fascicule. — L'état gazeux des corps, avec 60 figures dans le texte 1906 . . . . 6 fr.

Tome I. — 3e fascicule. — L'état liquide et l'état solide des corps, avec 136 figures dans le texte, 1907. . . . . 12 fr.

Tome I. — 4e fascicule. — Acoustique, avec 87 figures dans le texte . . . . 8 fr.

Tome II. — 1er fascicule. — Emission et absorption de l'énergie rayonnante. Vitesse de propagation. Réflexion et réfraction. Un vol. de 202 pages avec 105 fig. 6 fr.

Tome II. — 2e fascicule. — L'indice de réfraction. Dispersion et transformation de l'énergie rayonnante, avec 157 figures dans le texte. . . . . 10 fr.

Tome II. — 3e fascicule. — Photométrie. Instruments d'optique. Interférence de la lumière. Notions d'optique physiologique, avec 150 figures et 3 épreuves stéréoscopiques . . . . 9 fr.

Tome II. — 4e fascicule. — Diffraction. Double réfraction et polarisation de la lumière, avec 182 figures dans le texte . . . . 17 fr.

Tome III. — 1er fascicule. — Thermométrie. Capacité calorifique. Thermochimie. Conductibilité calorifique, avec 126 figures, 408 pages. 1909. . . . . . . 13 fr.

Tome III. — 2e fascicule. — Thermodynamique générale. Fusion. Vaporisation, 335 pages et 206 figures, 1910. . . . . 11 fr.

Tome III. — 3e fascicule. — Propriétés des Vapeurs. Equilibre des substances en contact, avec 93 figures . . . . 9 fr.

Tome IV. — L'énergie électrique. Fascicule I. — Champ électrique constant, 440 pages et 165 figures. . . . . 12 fr.

Tome IV. — L'énergie électrique. Fascicule II. — Champ magnétique constant. 22 fr.

Tome V et dernier. — Fascicule I. — Champ magnétique variable (*Sous presse*).

Extrait du Catalogue des publications de la Librairie Scientifique
A. HERMANN ET FILS

FABRY (E). — **Problèmes d'Analyse Mathématiques.** 1912. gr. in-8° 12 fr. »»
CHWOLSON (O. D.). — **Traité de physique.** Tome V. Fascicule 1. Champ magnétique variable (*Sous presse*).
GOURSAT (E.). — **Leçons sur l'intégration des équations aux dérivées partielles du second ordre.** 2 volumes grand in-8°, 1896-98 . . . . 18 fr. »»
TANNERY (J.). — **Introduction à la Théorie des fonctions d'une variable.** 2e édition en 2 volumes. Tome Ier, 1904 . . . . 14 fr. »»
Tome II, 1911, avec note de J. HADAMARD . . . . 15 fr. »»
MACH (E). — **La Mécanique. Exposé historique et critique de son développement.** Trad. sur la 4e édition par ED. BERTRAND, avec introduction de EM. PICARD, 500 pages avec fig. et portrait, 1904 . . . . . . 15 fr. »»
ROUSE BALL (W.) — **Histoire des mathématiques.** Traduction FREUND. 2 volumes grand in-8°, 1906-1908 . . . . 20 fr. »»
ROUSE BALL. — **Récréations mathématiques.** 2e édit. 3 vol. . . . 15 fr. »»
FABRY (E.). — **Traité de Mathématiques générales,** avec préface de M. DARBOUX, 1912 . . . . 9 fr. »»
BJERKNES (Traduction HOUEL). — **Niels-Henrik Abel.** Grand in-8°, 380 pages avec portrait. . . . . 6 fr. »»
DUHEM (P.). — **Les origines de la statique,** 2 vol. . . . . . . 20 fr. »»
DUHEM (P.). — **Etudes sur Léonard de Vinci.** 2 vol . . . . . . 27 fr. »»
GOURSAT (E.). — **Leçons sur l'intégration des équations aux dérivées partielles du premier ordre.** . . . . 14 fr. »»
KLEIN (F.). — **Leçons sur les Mathématiques** . . . . 6 fr. »»
LEGENDRE (A. M.). — **Théorie des Nombres.** Nouvelle édit. 2 vol. 40 fr. »»
TANNENBERG. — **Leçons sur les applications géométriques du calcul infinitésimal** . . . . 6 fr. »»
FABRY (E.). — **Problèmes et Exercices de Mathématiques générales,** 2e éd. 1913 . . . . 10 fr. »»
ANDOYER (H.). — **Cours d'Astronomie.** 2 vol. 1909-1910 . . . . . 22 fr. »»
HADAMARD (J.). — **Leçons sur le calcul des variations.** T. Ier, 1911. 18 fr. »»
SOMMER. — **Introduction à la Théorie des nombres algébriques.** 1911 . . . . 15 fr. »»
BURALI-FORTI et MARCOLONGO. — **Calcul vectoriel et applications.** 1911 . . . . 8 fr. »»
HEYWOOD et FRÉCHET. — **L'équation de Fredholm et ses applications à la physique mathématique,** 1912 . . . . 5 fr. »»
LALESCO. — **Introduction à la Théorie des Equations intégrales** 1912 . . . . 4 fr. »»
FABRY (E.). — **Théorie des Séries à termes constants. Applications aux calculs numériques,** 1912 . . . . 6 fr 50
BOREL (E.). — **Eléments de la Théorie des probabilités.** 2e éd. 1910 6 fr. »»
POINCARÉ (H.). — **Leçons sur les hypothèses cosmogoniques.** 2e édition, 1913. . . . . 12 fr. »»
SVANTE ARRHÉNIUS. — **Conférences sur quelques Thèmes choisis de la Chimie physique,** 1912 . . . . 3 fr. »»
DARBOUX (G.). — **Eloges académiques et Discours,** 1912. In-12 de 528 pages avec portrait. . . . . 5 fr. »»
AMAGAT (E. H.). — **Notes sur la Physique et la Thermodynamique,** 1912 . . . . 6 fr. »»
COSSERAT (E. et F.). — **Théorie des corps déformables,** 1909 . . 6 fr. »»
BURALI-FORTI et MARCOLONGO. — **Analyse vectorielle générale.** — I. Transformations linéaires, 1912. . . . . 6 fr. 75
DUHEM (P.). — **Thermodynamique et Chimie.** 2e édition, 1910. . 16 . »»
PERRY (J.), trad. DAVAUX. — **Mécanique appliquée.** Tome Ier. L'Energie mécanique (avec 205 fig.), 1913 . . . . 10 fr. »»

SAINT-AMAND (CHER). — IMPRIMERIE BUSSIÈRE

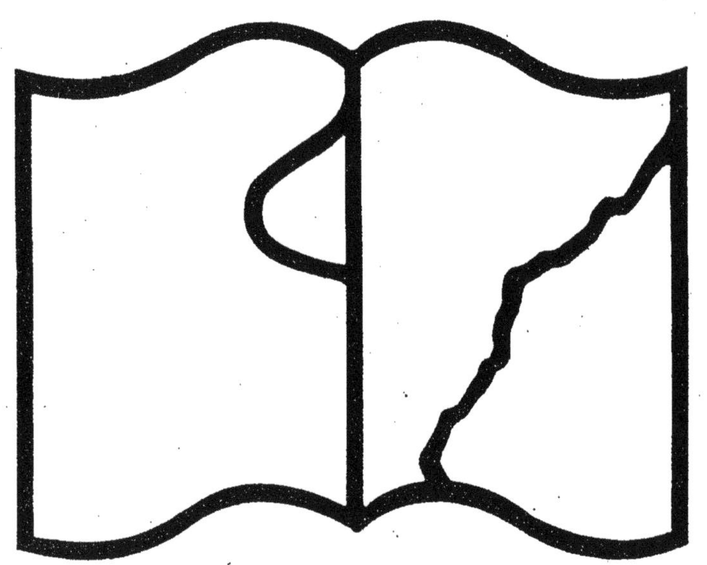

Texte détérioré — reliure défectueuse

NF Z 43-120-11

www.ingramcontent.com/pod-product-compliance
Ingram Content Group UK Ltd.
Pitfield, Milton Keynes, MK11 3LW, UK
UKHW020253230726
13925UKWH00001B/29

9 782013 669788